"全国重点物种资源调查"项目系列成果

丛书主编：薛达元

中国野生果树物种资源调查与研究

主编　王建中　刘忠华

中国环境出版社·北京

图书在版编目(CIP)数据

中国野生果树物种资源调查与研究/王建中，刘忠华主编．—北京：中国环境出版社，2014.10
（全国重点物种资源调查丛书）
ISBN 978-7-5111-2041-0

Ⅰ．①中⋯　Ⅱ．①王⋯②刘⋯　Ⅲ．①野生果树—植物资源—调查研究—中国　Ⅳ．①S66

中国版本图书馆 CIP 数据核字（2014）第 178948 号

出 版 人	王新程
责任编辑	张维平
封面设计	彭　杉

出版发行　中国环境出版社
（100062　北京市东城区广渠门内大街 16 号）
网　　址：http://www.cesp.com.cn
电子邮箱：bjgl@cesp.com.cn
联系电话：010-67112765（编辑管理部）
　　　　　010-67112738（管理图书出版中心）
发行热线：010-67125803，010-67113405（传真）

印　　刷	北京中科印刷有限公司
经　　销	各地新华书店
版　　次	2015 年 4 月第 1 版
印　　次	2015 年 4 月第 1 次印刷
开　　本	787×1092　1/16
印　　张	41
字　　数	924 千字
定　　价	156.00 元

【版权所有。未经许可请勿翻印、转载，侵权必究。】
如有缺页、破损、倒装等印装质量问题，请寄回本社更换

"全国重点物种资源调查"系列成果编辑委员会

名誉主任：李干杰　万本太
主　　任：庄国泰
副 主 任：朱广庆　程立峰　柏成寿
委　　员：蔡　蕾　张文国　张丽荣　武建勇　周可新
　　　　　赵富伟　臧春鑫

"全国重点物种资源调查"项目专家组

组　　长：薛达元
成　　员（按姓氏拼音顺序）：
　　　　　陈大庆　龚大洁　顾万春　侯文通　黄璐琦
　　　　　蒋明康　蒋志刚　姜作发　雷　耘　李立会
　　　　　李　顺　马月辉　牛永春　覃海宁　王建中
　　　　　魏辅文　张启翔　张　涛　郑从义　周宇光

本册主编及完成单位

主　　编：王建中　刘忠华
副 主 编：周云龙　尹五元　张丽荣　张钢民
　　　　　王丰俊　郭丽荣　王宪昌　杨文利
参编人员：张乔会　王晋飞　金世超　李建霞
　　　　　顾　欣　崔　洁　刘　晓　魏会琴
牵头单位：环境保护部南京环境科学研究所
完成单位：北京林业大学

前 言

《生物多样性公约》(Convention on Biological Diversity) 是一项保护地球生物资源的国际性公约,中国是《生物多样性公约》的缔约国。

为了履行《生物多样性公约》,进一步加强我国生物物种资源保护和管理,尽快遏制生物物种资源的丧失和流失,2003 年按照国务院专题协调会议意见,由国家环境保护总局牵头,建立了由 17 个政府部门组成的生物物种资源保护部际联席会议机制,成立了"国家生物物种资源保护专家委员会",并决定启动"全国生物物种资源调查与联合执法检查"专项工作。

2004 年 11 月 11 日,国家环境保护总局发布了"关于贯彻落实国务院办公厅《关于加强生物物种资源保护和管理的通知》的意见"。意见明确提出:为了建立生物物种资源保护与管理的决策基础,国家环境保护总局携手国务院有关部门,联合启动生物物种资源调查,开展国家重点植物品种资源、动物物种及品种资源、林木资源、观赏花卉植物、药用动植物、水生生物以及微生物物种资源的重点调查,争取用较短时间完成调查工作,初步摸清我国重点生物物种资源的底数,为制定我国重点生物物种资源保护规划,有效实施生物物种资源管理,切实履行《生物多样性公约》等有关国际公约提供基础。 同时,会同农业部、国家林业局、中国科学院等部门,组织有关单位,开展与调查相关的生物物种资源整理和编目工作,组织制定生物物种资源评价指标体系和等级标准。农业部、国家林业局等部门修订完善各类国家重点保护生物物种名录。在生物物种资源调查的基础上,争取短期内初步建立统一的国家生物物种资源数据库,并建立国家生物物种资源信息交换和共享机制,实现部门信息网络连通和信息资源共享。

"中国重要林木资源调查"是全国生物物种资源调查的主要内容之一,由中国林业科学研究院牵头，2005年开始实施调查研究工作。为了更系统地掌握我国野生果树物种资源信息，2006年，国家环境保护总局生物物种调查专项领导小组决定在"中国重要林木资源调查"专题下加设"中国重要野生果树物种资源调查"子专题。该子专题由北京林业大学负责，由北京林业大学联合其他相关单位完成。子专题自2006年春开始调查工作，至2009年底结束，历时4年。

生物资源是自然资源的一个重要组成部分，也是维持人类存续与文明繁衍的物质基础。在当今经济与技术全球化格局背景下，经济植物多样性与社会经济发展的关系更加密切。全球竞争性优势越来越突出地表现在对生物遗传信息的认识、掌握和利用方面，其实质是一种资源优势、知识优势和技术优势。"物种资源"、"遗传资源"或"基因资源"被看做是化石能源之后人类最宝贵的一块"淘金场"。对此，我们应该有足够的认识和具体的行动。

我国是世界上著名的生物多样性富集国家，其生物多样性丰富程度在北半球位列第一。我国是世界著名的温带和亚热带果树起源中心之一，许多果树如核桃属（*Juglans*）、杏属（*Armeniaca*）、木瓜属（*Chaenomeles*）、山楂属（*Crataegus*）、梨属（*Pyrus*）、荔枝属（*Litchi*）、猕猴桃属（*Actinidia*）、栗属（*Castanea*）、悬钩子属（*Rubus*）、茶藨子属（*Ribes*）、枣属（*Zizyphus*）、柑橘属（*Citrus*）等都起源于我国。

尽管我国的野生果树资源极其丰富，然而许多资源至今未被认识、开发和利用，其资源种类、地理分布、蕴藏量和化学内涵不尽翔实。因此，急需开展实地调查，摸清野生果树家底，掌握物种资源动态，建立野生果树物种评价指标体系，系统评估我国的野生果树资源，并尝试提出"中国野生果树保护物种建议名单"。同时，根据调查中发现的问题，提出资源保护对策措施。

"中国重要野生果树物种资源调查"子专题由北京林业大学王建中教授主持，北京林业大学刘忠华、张钢民副教授，华南师范大学周云龙教授、郭丽荣实验师，西南林学院尹五元教授，内蒙古农业大学丛林副教授，贵州大学安明态副教授等多位老师及其研究生参加调查。调查实施过程如下：

2006年，专题组对我国西南地区10种重点野生果树资源进行了系统的调查研究。重点调查了滇东南地区（红河和文山两州）、滇西北地区（澜沧江、怒江大峡谷地区和横断山纵谷区）和金沙江干热河谷地区。

2007年，专题组在补充调查西南地区野生果树的基础上，对我国西北、华北、东北地区的重要野生果树资源进行了重点调查，包括北京市、天津市、河北省、山西省、辽宁省（南部）、内蒙古自治区及新疆维吾尔自治区的野生果树。

2008年，对我国华中、华南地区和西藏自治区的主要野生果树资源进行了调查，地点包括湖北、安徽、河南、广东省的部分地区以及藏东南林芝地区。

2009年，专题组对内蒙古大兴安岭地区的笃斯越橘（*Vaccinium uliginosum*）和越橘（*Vaccinium vitis-iduea*）以及平榛（*Corylus heterophylla*）、毛榛（*Corylus mandshurica*）等进行了重点调查。同时，对主要栽培果树的野生种或野生近缘种进行了补充调查。

在野外调查研究的基础上，对国产野生果树进行了系统编目；结合实地调查和既往资料，提出了《中国野生果树保护物种（建议名单）》；开展了中国野生果树资源评价指标体系研究，撰写了"中国重点野生果树资源评估报告"，提出了中国野生果树保护管理对策建议。

在本书付梓刊印之际，我们代表子专题组同仁向所有参与、支持、指导专题工作的领导、专家、学生表示衷心的感谢！

王建中　刘忠华

目 录

第一篇 成果综述

1 成果概要 3
   1.1 实地调查成果 3
   1.2 资源评价与建议保护名录 7
   1.3 最突出的成果亮点 8

2 中国野生果树编目工作 9
   2.1 编目任务 9
   2.2 编目工作进展与成果 9
   2.3 编目成果评估 10

3 中国野生果树野外调查 11
   3.1 野外调查任务 11
   3.2 野外调查工作进展与成果 12

4 物种评估体系 13
   4.1 野生果树物种评估指标体系的研究进展 13
   4.2 指标体系的实地应用与评估结果 14
   4.3 评估指标体系实地评估应用效果的评估 22

5 中国野生果树保护现状与对策 23
   5.1 野生果树物种及遗传资源保护与管理现状 23
   5.2 野生果树物种及遗传资源丧失和流失案例分析 25
   5.3 野生果树物种及遗传资源引进的案例分析 35
   5.4 影响野生果树物种及遗传资源的主要因素 38
   5.5 野生果树物种及遗传资源保护策略与建议 41

第二篇　野外调查报告

1 杨梅科 Myricaceae 49
　1.1 毛杨梅 *Myrica esculata* 物种资源调查 49
　1.2 野生杨梅 *Myrica rubra* 物种资源调查 56

2 胡桃科 Juglandaceae 60
　2.1 核桃楸 *Juglans mandshurica* 物种资源调查 60
　2.2 野核桃 *Juglans regia* 物种资源调查 65
　2.3 泡核桃 *Juglans sigillata* 物种资源调查 77

3 桦木科 Betulaceae 88
　3.1 平榛 *Coryllus heterophylla* 物种资源调查 88
　3.2 毛榛 *Corylus mandshurica* 物种资源调查 94

4 壳斗科 Fagaceae 100
　4.1 野生锥栗 *Castanea henryi* 物种资源调查 100
　4.2 茅栗 *Castanea seguinii* 物种资源调查 103
　4.3 银叶栲 *Castanopsis argyrophylla* 物种资源调查 107

5 桑科 Moraceae 110
　5.1 构树 *Broussonetia papyrifera* 物种资源调查 110
　5.2 聚果榕 *Ficus racemosa* 物种资源调查 116
　5.3 桑树 *Morus alba* 物种资源调查 119
　5.4 蒙桑 *Morus mongolica* 物种资源调查 125

6 铁青树科 Olacaceae 129
　6.1 蒜头果 *Malania oleifera* 物种资源调查 129

7 木通科 Lardizabalaceae 139
　7.1 野木瓜 *Stauntonia chinensis* 物种资源调查 139

8 木兰科 Magnoliacea 143
　8.1 南五味子 *Kadsura longipedunculata* 物种资源调查 143

9 虎耳草科 Saxifragaceae ... 146
9.1 黑果茶藨（黑加仑）*Ribes nigrum* 物种资源调查 ... 146
9.2 茶藨子 *Ribes* spp. 物种资源调查 ... 151

10 蔷薇科 Rosaceae ... 156
10.1 山桃 *Amygdalus davidiana* 物种资源调查 ... 156
10.2 蒙古扁桃 *Amygdalus mongolica* 物种资源调查 ... 163
10.3 扁桃 *Amygdalus* spp. 物种资源调查 ... 172
10.4 光核桃 *Amygdalus mira* 物种资源调查 ... 180
10.5 东北杏 *Armeniaca mandshurica* 物种资源调查 ... 187
10.6 西伯利亚杏 *Armeniaca sibirica* 物种资源调查 ... 193
10.7 野杏 *Armeniaca vulgalis* 物种资源调查 ... 201
10.8 欧李 *Cerasus humilis* 物种资源调查 ... 213
10.9 毛樱桃 *Cerasus tomentosa* 物种资源调查 ... 221
10.10 西藏木瓜 *Chaenomeles thibetica* 物种资源调查 ... 227
10.11 山楂 *Crataegus pinnatifida* 物种资源调查 ... 232
10.12 移依 *Docynia indica* 物种资源调查 ... 238
10.13 野生枇杷 *Eriobotrya* sp. 物种资源调查 ... 240
10.14 山定子 *Malus baccata* 物种资源调查 ... 242
10.15 新疆野苹果 *Malus sieversii* 物种资源调查 ... 246
10.16 稠李 *Padus racemosa* 物种资源调查 ... 262
10.17 扁核木（青刺尖）*Prinsepia utilis* 物种资源调查 ... 266
10.18 野樱桃李 *Prunus cerasifera* 物种资源调查 ... 274
10.19 野生梅 *Prunus mume* 物种资源调查 ... 289
10.20 毛梗李 *Prunus salicina* var. *pubipes* 物种资源调查 ... 295
10.21 云南火棘 *Pyracantha fortuneana* 物种资源调查 ... 300
10.22 杜梨 *Pyrus betulaefolia* 物种资源调查 ... 303
10.23 豆梨 *Pyrus calleryana* 物种资源调查 ... 309
10.24 野生川梨 *Pyrus pashia* 物种资源调查 ... 315
10.25 山刺玫 *Rosa davurica* 物种资源调查 ... 321
10.26 金樱子 *Rosa laevigata* 物种资源调查 ... 325
10.27 野生缫丝花（刺梨）*Rosa roxburghii* 物种资源调查 ... 332
10.28 粉枝莓 *Rubus biflorus* 物种资源调查 ... 340
10.29 黄藨 *Rubus ellipticus* var. *obcordatus* 物种资源调查 ... 345
10.30 茅莓 *Rubus parvifolius* 物种资源调查 ... 347

11 蒺藜科 Zygophyllaceae ... 352
11.1 白刺 *Nitraria schoberi* 物种资源调查 ... 352

12 芸香科 Rutaceae ... 358
12.1 红河橙 *Citrus hongheensis* 物种资源调查 ... 358
12.2 黎檬 *Citrus limonia* 物种资源调查 ... 363
12.3 华南野生柑橘 *Citrus* sp. 物种资源调查 ... 366
12.4 黄皮 *Clausena lansium* 物种资源调查 ... 369
12.5 竹叶椒 *Zanthoxylum armatum* 物种资源调查 ... 373
12.6 崖椒 *Zanthoxylum schinifolium* 物种资源调查 ... 378

13 橄榄科 Burevaceae ... 382
13.1 橄榄 *Canarium album* 物种资源调查 ... 382

14 大戟科 Euphorbiaceae ... 384
14.1 余甘子 *Phyllanthus emblica* 物种资源调查 ... 384

15 漆树科 Anacardiaceae ... 392
15.1 林生杧果 *Mangifera sylvatica* 物种资源调查 ... 392
15.2 槟榔青 *Spondias pinnata* 物种资源调查 ... 396
15.3 南酸枣 *Choerospondias axillaris* 物种资源调查 ... 398

16 无患子科 Sapindaceae ... 402
16.1 野生龙眼 *Dimocarpus longana* 物种资源调查 ... 402
16.2 野生荔枝 *Litchi chinensis* var. *euspontanea* 物种资源调查 ... 405
16.3 文冠果 *Xanthoceras sorbifolia* 物种资源调查 ... 408

17 鼠李科 Rhamnaceae ... 414
17.1 野生酸枣 *Ziziphus jujuba* var. *spinosa* 物种资源调查 ... 414
17.2 野生滇刺枣 *Ziziphus mauritiana* 物种资源调查 ... 420

18 葡萄科 Vitaceae ... 427
18.1 山葡萄 *Vitis amurensis* 物种资源调查 ... 427
18.2 广东野生葡萄 *Vitis* sp. 物种资源调查 ... 431

19 猕猴桃科 Acnidiaceae 434
19.1 紫果猕猴桃 Actinidia arguta var. purpurea 物种资源调查 434
19.2 中华猕猴桃 Actinidia chinensis 物种资源调查 442
19.3 狗枣猕猴桃 Actinidia kolomikta 物种资源调查 448

20 藤黄科 Guttiferae 452
20.1 多花山竹子 Garcinia multiflora 物种资源调查 452
20.2 双籽藤黄 Garcinia tetralata 物种资源调查 454

21 胡颓子科 Elaeagnaceae 456
21.1 沙枣 Elaeagnus angustifolia 物种资源调查 456
21.2 密花胡颓子 Elaeagnus conferta 物种资源调查 462
21.3 翅果油树 Elaeagnus mollis 物种资源调查 466
21.4 野生沙棘 Hippophae rhamnoides 物种资源调查 474
21.5 云南沙棘 Hippophae rhamnoides L. ssp. Yunnanensis 物种资源调查 481

22 桃金娘科 Myrtaceae 484
22.1 桃金娘 Rhodomyrtus tomentosa 物种资源调查 484

23 山茱萸科 Cornaceae 487
23.1 香港四照花 Dendrobenthamia hongkongensis 物种资源调查 487

24 杜鹃花科 Ericaceae 490
24.1 乌饭树 Vaccinium bracteatum 物种资源调查 490
24.2 江南越橘 Vaccinium mandarinorum 物种资源调查 497
24.3 越橘 Vaccinium vitis-idaea 物种资源调查 498
24.4 笃斯越橘 Vaccinium uliginosum 物种资源调查 506

25 柿树科 Ebenaceae 516
25.1 浙江柿 Diospyros glaucifolia 物种资源调查 516
25.2 野柿 Diospyros kaki var. silvestris 物种资源调查 520
25.3 黑枣 Diospyros lotus 物种资源调查 523
25.4 罗浮柿 Diospyros morrisiana 物种资源调查 528

26 茄科 Solanaceae 531
26.1 宁夏枸杞 *Lycium barbarum* 物种资源调查 531

27 忍冬科 Caprifoliaceae 538
27.1 蓝靛果 *Lonicera caerulea* var. *edulis* 物种资源调查 538

28 芭蕉科 Musaceae 545
28.1 野芭蕉 *Musa balbisiana* 物种资源调查 545

附录 1　汉拉英中国野生果树名录 553
附录 2　中国重点保护野生果树（建议名单）..629
附录 3　中国野生果树濒危状况评价结果表 635

结　　语 642

第一篇
成果综述

第一篇

緒論

 成果概要

1.1 实地调查成果

"中国主要野生果树调查与编目"专题组 3 年来调查了中国重点野生果树近 100 种，其中，栽培果树野生种、野生近缘种 30 余种，各地区代表性野生果树 30 余种，有发展潜力的主要野生果树 30 余种。分类型评述如下：

1.1.1 栽培果树野生种和野生近缘种

本专题对 30 余种栽培果树野生种和野生近缘种进行了实地调查，发现了诸多问题。主要种类简述如下：

（1）野生核桃（*Juglans regia* L.），栽培核桃的野生种，是现代栽培核桃的直系祖先。野生核桃主要分布于西天山、帕米尔至阿赖山地，在中国仅分布于新疆维吾尔自治区伊犁地区的局部山区，是新疆西部天山伊犁谷地野果林的主要组成树种。巩留县现存野生核桃 5 000 余株。由于长期的实生繁殖，野生核桃有许多变异类型，不仅可以直接利用，更是核桃育种不可或缺的资源。核桃位居世界四大坚果之首，近 60 个国家有栽培。因此，野生核桃是弥足珍贵的种质资源，具有极其重要的挖掘开发价值。同时，野生核桃对于研究和阐明栽培核桃的起源与演化历程也具有弥足珍贵的资源价值。现已建立自治区级保护区，需要在加强保护的同时开展深入研究，特别是遗传资源挖掘利用研究，使资源更好地造福于人类。

（2）泡核桃（云南核桃、铁核桃）（*Juglans sigillata* Dode），我国两大核桃栽培种——西南区栽培核桃的野生种，主要分布于云南、贵州、四川和西藏。由于长期的实生繁殖，野生核桃有许多变异类型，不仅可以直接利用，更是核桃育种不可或缺的种质资源。同时，野生泡核桃对于研究和阐明栽培核桃的起源与演化历程也具有弥足珍贵的资源价值。西南地区的泡核桃改造破坏严重，需要在资源集中分布区建立自然保护小区，保护和利用好珍贵的种质资源。

（3）新疆野苹果（*Malus sieversii*（Ldb.）Roem.），是现代栽培苹果的直系祖先，也是中亚第三纪残遗的少数几种喜暖阔叶树种之一，主要分布于西天山、帕米尔至阿赖山地，在中国仅分布于新疆维吾尔自治区伊犁地区的局部山区，是新疆西部天山伊犁谷地野果林

的主要组成树种。苹果位居世界四大水果之首，世界许多国家都有大量栽培，因此，新疆野苹果是弥足珍贵的育种材料，具有极其重要的种质资源价值。（历史上）改造破坏明显，生物（小吉丁虫）入侵严重。现已建立了自治区级保护区，需要特别加强对小吉丁虫防治技术研究（专题组提出了内吸剂防治方案）。

（4）中华猕猴桃（*Actinidia chinensis* Planch.），栽培猕猴桃的野生种，主要分布在北纬 23°~34°30′的暖温带和亚热带山地，以河南伏牛山、陕西秦岭、湖南湘西山区为最多，其次是赣西、鄂西、桂西北、四川盆地边缘、皖西等地。全国年蕴藏量 10 万 t 左右，资源虽有不同程度的破坏，但蕴藏量仍很丰富。建议加强保护与育种利用研究。

（5）野生杏（*Armeniaca vulgalis* Lam.），栽培杏的野生种。野杏在我国集中分布于新疆维吾尔自治区伊犁地区，与野苹果（*Malus sieversii*（Ldb.）Roem.）、野核桃（*Juglans regia* L.）、野樱桃李（*Prunus cerasifera* Ehrh.）一起形成世界著名的新疆野果林。野杏为新疆四大野生果树之一，主要分布于新源县阿吾拉勒山、伊宁县吉里格浪中段、皮里青沟、榆树沟一带、厦察汗乌孙山西坡，霍城县境内的大西沟、小西沟、果子沟一带。类型多样，种质珍贵，需要加强保护和挖掘利用研究。

（6）野生樱桃李（*Prunus cerasifera* Ehrh.），欧洲李（*P. domestica* L.）的亲本之一。在我国，野生樱桃李仅分布于新疆伊犁地区霍城县科古尔琴山海拔 1 000~1 600 m 的大西沟和小西沟野果林区，是我国新疆维吾尔自治伊犁野果林的四大组成树种之一。树体强健，抗逆性极强，令人叹为观止！专题组调查认为，新疆的野生樱桃李是目前最需保护的珍稀濒危野生果树之一。

（7）野芭蕉（*Musa balbisiana* Colla），是目前世界上栽培香蕉的亲本种之一，不仅可以直接利用，更是我国香蕉育种不可或缺的资源，同时，云南热带地区的野芭蕉资源对于研究和阐明栽培香蕉的起源与演化历程也具有重要价值。建议采取积极措施，加强原生境保护，同时，开展种质资源挖掘利用研究。

（8）红河橙（*Citrus hongheensis* Ye et al.），我国真正的大翼橙特有种，不仅在学术上对研究柑橘的起源、演化有重要意义，而且在生产、育种上也有价值。通过红河橙的调查进一步证实了中国是真正的柑橘起源中心之一，我国的进化柑橘类型和原始柑橘资源都很丰富。红河橙分布范围小，现存数量极少，处于濒危状态，建议加大保护力度，建立红河橙基因库，开展种质资源的收集、保护、鉴定和创新利用。

（9）黎檬（*Citrus limonia* Osb.），分布于四川、贵州、广西、海南、广东、福建和台湾，为南亚共有种。调查发现，由种子繁殖的黎檬，未见有任何明显的性状分离现象，若它是杂交起源的种，那它一定是保持着绝对优势的无融合生殖，这一繁殖方式与有性生殖迥然不同。据细胞遗传学的推论，黎檬是个异合子体，基因型是稳定的，需要加强原生境保护和种质挖掘利用研究。

（10）林生杧果（*Mangifera sylvatica* Roxb.），在中国主要分布于云南南部，生于海拔 620~1 900 m，山坡或沟谷林中。常零散生长，结果虽多，但因内果皮厚而坚硬，落地后不易发芽，天然繁殖较困难，近年来森林破坏严重，林生杞果亦被砍伐，林生杞果资源日益减少。建议对林生杞果群落采取原生境保护，而对其他难以或不能在自然界里形成优势种的林生杞果，以及人为干扰严重的林生杞果进行异生境保护。

（11）野柿（*Diospyros kaki* Thunb. var. *silvestris* Makino），产于我国长江流域以南山区，生于山地自然林或次生林中，或在山坡灌丛中，垂直分布约达 1 600 m。野柿是目前世界上栽培家柿的亲本种之一，不仅可以直接利用，更是我国柿树育种不可或缺的资源。由于天然植被日益减少，野柿的生境也日益恶化，自然种群数量和分布面积日益减少。建议开展野柿遗传种质资源清查工作，从种群生态系统、物种与类型、基因多样性方面开展全方位研究，切实认识、保护、利用好大自然留给我们宝贵的遗传种质资源。

（12）野生梅（*Armeniaca mume* Sieb.），栽培梅的野生种。梅在我国自然分布范围很广，北界是秦岭南坡、西起西藏通麦、南至云南、广东，共有 16 个省、自治区有梅的自然分布。在此范围内，川、滇、藏交界的横断山区是梅的自然分布中心与变异中心，该区域内有较多的大片野生梅林，且变异类型较多。建议加强野生梅种质资源研究，同时，加强原生境保护工作。

（13）毛梗李（*Pruns salieina* Lindl. var. *pubipes*（Koehne）Bailcy），分布于云南、四川和甘肃南部，生于海拔 400～2 600 m 的山坡灌丛中、山谷疏林中或水边、沟底、路旁等处。采摘破坏和生境破碎化威胁着毛梗李种群的繁衍，建议开展毛梗李遗传种质资源清查工作，从种群生态系统、物种与类型、基因多样性方面开展全方位研究，切实认识、保护、利用好大自然留给我们宝贵的遗传种质资源。

（14）野生荔枝（*Litchi chinensis* Sonn. var. *euspontanea* Hsue.），分布于海南、广东、广西、云南，多以片林或老龄古树残留，是荔枝育种和遗传改良的珍贵种质资源。野生荔枝具有多种优良的园艺学性状，如果实早熟、植株抗旱等；具有比栽培品种更加丰富的形态多样性和遗传多样性；具有很好的抵御生物和非生物胁迫的基因源和土壤适应性。其材质优良，被称为"中国酸枝木"，极为珍贵。调查发现，广东野生荔枝种群，可能是野生荔枝遗留并经自然驯化而来的，或者经过民间选择后种子繁殖保留下来的经济性状较好的类型。广东霸王岭的金鼓岭建有野生荔枝保护区。目前，在海南省的 17 个省级或国家级自然保护区中，大部分保护区都有野生荔枝分布，资源得到了一定的保护。建议加强种质资源利用研究。

（15）野生龙眼（*Dimocarpus longana* Lour.），分布于广东、广西、海南、云南。海南省是野生龙眼的主要原产地，逾百年的野生龙眼在海南不为罕见，老者可达 400 余年，具有典型的原生性状，是珍贵的龙眼育种种质资源。建议加强原生境保护。

（16）野生杨梅（*Myrica rubra* Sieb. et Zucc.），主要分布于海南、广东、广西、云南等省（区）。调查结果显示，广东北部连州、连山、连阳等山区为主要产地之一。我国野生杨梅类还有青杨梅（*M. adenophora* Hance）、毛杨梅（*M. esculenta* Buch. Ham.）、矮杨梅（*M. nana* Cheval）等。建议加强原生境保护，同时，开展种质资源利用研究。

（17）道县野橘（*Citrus daoxianensis* S. W. He et G. F. Liu），分布于湖南省道县境内的月岩林场，共200余株。道县野橘是柑橘亚属的一个自然野生种，具有生长势旺、抗病虫能力强、结果习性好等优良性状，是多种柑橘育苗过程中很有希望的砧木品种。建议加强原生境保护和种质资源挖掘利用研究。

（18）笃斯越橘（*Vaccinium uliginosum* L.），笃斯越橘在大兴安岭分布广泛，资源量惊人。调查发现笃斯越橘资源基本上处于自生自灭状态，无人管理，滥采现象普遍，资源破坏严重，甚至经常遭受火灾。建议对笃斯越橘资源加强保护，制定发展规划，划定轮采区域，限定采果量，禁止野蛮采摘，并有组织、有计划地组织林场职工科学采摘。收集大兴安岭地区不同种源、不同产地、不同群落下的越橘种质资源，建立野生笃斯越橘种质资源圃，保护珍贵的大自然遗产。

（19）光核桃（*Amygdalus mira*（Koehne）Yu et Lü），光核桃是中国特有植物，主要分布于我国西藏高原、云南西部和西北部、四川西部等地。与桃属（*Amygdalus*）其他种不同，光核桃树体高大，具有适应性强、耐旱、抗病、长寿等优良特性，是国内外极其罕见的野桃种质资源。加强光核桃种质资源研究，保护并合理利用现有资源，对于发展我国果树产业十分必要。

（20）刺梨（*Rosa roxburghii* Tratt. f. *normalis* Rehd.et Wil），又称单瓣缫丝花，以野生或作水果栽培为主。在我国以贵州、四川、云南、陕西南部、湖北、湖南分布面积大，产量多。果实富含维生素C，是名副其实的维生素C之王，发展潜力巨大。建议加强种质资源收集，建立相应种质资源圃，挖掘其珍贵的基因资源，开展育种研究，为我国特种果树发展作出贡献。

1.1.2 地方代表性野生果树

各地区代表性野生果树如平榛（*Corylus heterophylla*）、毛榛（*Corylus mandshurica*）、东北杏（*Armeniaca mandshurica*）（东北），酸枣（*Ziziphus jujube* var. *spinosa*）、山桃（*Amygdalus davidiana*）、毛樱桃（*Cerasus tomentosa*）（华北），矮扁桃（*Amygdalus nana*）、野杏（*Armeniaca vulgaris*）、沙枣（*Elaeagnus angustifolia*）（西北），茅栗（*Castanea seguinii*）、金樱子（*Rosa laevigata*）（华中—华东），余甘子（*Phyllanthus emblica*）、滇刺枣（*Ziziphus mauritiana*）、火棘（*Pyracantha fortuneana*）（西南），黄皮（*Clausena lansium*）、聚果榕（*Ficus racemosa*）（华南）等。

1.1.3 有发展潜力的野生果树

3年的实地调查发现一些有发展潜力的野生果树，其中，一些种类通常不作为野生果树对待。主要代表种有野生锥栗（*Castanea henryi*）、野生黄皮（*Clausena lansium*）、毛葡萄（*Vitis heyneana*）、野生枇杷（*Eriobotrya japonica*）、越橘（*Vaccinium vitis-idaea*）、西藏木瓜（*Chaenomeles thibetica*）、罗浮柿（*Diospyros morrisiana*）、豆梨（*Pyrus calleryana*）、

浙江柿（*Diospyros glaucifolia*）、金樱子（*Rosa laevigata*）、竹叶椒（*Zanthoxylum armatum*）、南五味子（*Kadsura longipedunculata*）、桃金娘（*Rhodoyrtus tomentosa*）、南酸枣（*Choerospondias axillaris*）等。

1.2 资源评价与建议保护名录

在定义野生果树概念、综述野生果树资源、阐述野生果树资源类别（栽培果树的野生种、栽培果树的野生近缘种、极具发展前景的新型小杂果、果树抗性育种材料、优良的果树砧木、特殊营养野生果树、木本粮油型野生果树、药食兼用野生果树）的基础上，按生物自然地理特征，对中国野生果树资源进行了分区（东北野生果树分布区、华北野生果树分布区、西北野生果树分布区、华中、华东野生果树分布区、西南野生果树分布区、华南野生果树分布区、内蒙古野生果树分布区、青藏野生果树分布区）概述。在以上工作基础上，专题组开展了如下工作：

（1）制定中国重点保护野生果树物种名录的筛选原则。与一般重点保护野生植物珍稀濒危状况为首选原则不同，重点保护野生果树名录筛选，首先考虑物种作为野生果树的资源价值，结合珍稀濒危状况、特有性、开发利用现状及其在生态系统中的作用和地位等因素。所谓珍稀濒危状况主要参考物种的国内分布频度、国内现存多度、种群消失速率和种群结构等几个方面，提出《中国重点保护野生果树名录》的初稿。

（2）野生果树保护等级的划分。首先根据物种作为野生果树的资源价值，对国产野生果树进行初选，对初选名录中各种的"急切保护值"进行评估，并依此作为野生果树保护等级划分的主要依据。"急切保护值"由受威胁植物的利用价值系数、濒危系数、遗传损失系数和保护现状系数按一定的权重分配（利用价值系数为 0.45、濒危系数为 0.25、遗传损失系数为 0.20、保护现状系数为 0.10）处理后累加而得。

（3）建议保护名录编写。根据调查研究结果，编写《中国重点保护野生果树建议名单》，建立中国重点保护野生果树数据库（电子版），内容包括科名（中文名和拉丁名）、属名（中文名和拉丁名）、种名（中文名和拉丁名）、生活型、分布地点、生境、利用价值、繁殖特性、濒危状况、保护等级和保护措施等。

（4）建议名单。本专题提交的《中国重点保护野生果树建议名单》包括 227 种，其中，建议一级保护野生果树 15 种，建议二级保护野生果树 212 种，建议将猕猴桃属（*Actinidia*）、越橘属（*Vaccnicium*）所有种作为二级保护野生果树进行保护。

建议国家一级保护的野生果树名单如下：

樱桃李（*Prunus cerasifera* Ehrh.）

核桃（野生种群）（*Juglans regia* Maxim.）

龙眼（野生种群）（*Dimocarpus longana* Lour.）

野生荔枝（*Litchi chinensis* Sonn. var. *euspontanea* Hsue.）

泡核桃（野生种群）（*Juglans sigillata* Dode）
杏（野生种群）（*Armeniaca vulgaris* Lam.）
麻核桃（*Juglans hopeiensis* Hu）
野柿（*Diospyros kaki* Thunb. var. *silvestris* Makino）
新疆野苹果（*Malus sieverssii*（Ldb.）Roem.）
道县野橘（*Citrus daoxianensis* S. W. He et G. F. Liu）
红河橙（*Citrus hongheensis* Y. L. D. L.）
莽山野橘（*Citrus mangshanensis* S. W. He et G. F. Liu）
光核桃（*Amygdalus mira*（Koehne）Yu et Lü）
杨梅（野生种群）（*Myrica rubra* Sieb. et Zucc.）
林生杧果（*Mangifera sylvatica* Roxb.）
枇杷（野生种群）（*Eriobotrya japonica*（Thunb.）Lindl.）
中华猕猴桃（*Actinidia chinensis* Planch.）

1.3 最突出的成果亮点

（1）对中国原产的30余种主要栽培果树的野生种和野生近缘种，近30余种有重要研究、发展、利用价值的野生果树进行了较系统的实地调查，进一步掌握了其资源状况、保护与利用现状，针对每个种的具体情况，提出了相应的保护与利用建议。

（2）实地调查发现，泡核桃资源破坏以嫁接改造破坏为主，生境破坏也较严重；广布于东北地区特别是大兴安岭地区的越橘和笃斯越橘资源以采摘破坏和生境破坏为主；金樱子的药用、食用价值很高，金樱子资源破坏以采挖开发破坏为主。

（3）调查发现光核桃（藏桃）、蓝靛果、野生杨梅、毛梗李等野生果树资源蕴量极其丰富，果实口感良好、营养特点明显、开发前景广阔，是值得直接合理开发利用的特色野生果树资源。

（4）除对个别野生果树种类设有针对性保护区（如广东野生荔枝道县野橘）外，大部分被调查的野生果树物种种群，其主体一般都不在现有自然保护区内。因此，珍贵野生果树物种保护任重道远。

（5）提出了中国野生果树评价指标体系，以野生果树的资源价值为首选，结合珍稀濒危状况、特有性、开发利用现状及其在生态系统中的作用和地位等因素。

所谓珍稀濒危状况主要参考物种的国内分布频度、国内现存多度、种群消失速率和种群结构等。

2 中国野生果树编目工作

2.1 编目任务

鉴于我国野生果树本底不详，植物名称比较混乱的现实，编写《汉拉英中国野生果树名录》，完成环境保护部"全国生物资源调查与联合执法检查专项"野生果树专题系统编目任务。

2.2 编目工作进展与成果

2.2.1 2007 年编目工作成果

（1）结合既往资料和本次调查信息，确定并提交了 800 种国产野生果树名录；

（2）筛选其中的 400 种主要野生果树资源，包括乔木野生果树、灌木野生果树、藤本和草本野果植物，并对 400 种野果资源进行了系统编目。

2.2.2 2008 年编目工作成果

（1）完成了 235 种重点野生果树物种编目；

（2）完善了《汉拉英中国野生果树名录》信息，完成了《汉拉英中国主要野生果树名录》初稿编写；

（3）完成《中国野生果重树点保护名录》初步建议名单。

2.2.3 2009 年编目工作成果

（1）完善了《汉拉英中国野生果树名录》信息，补充了全部 807 种中国野生果树地理分布；完成了《汉拉英中国主要野生果树名录》定稿工作。

（2）完成《中国野生果树重点保护名录》建议名单。

2.3 编目成果评估

经过三年的努力,完成了635种国产主要野生果树的系统编目,包括植物名称(中文名、拉丁名、异名)、隶属科属、主要形态特征描述、用途分述、国内分布、保护现状、电子照片等。完成的《汉拉英中国主要野生果树名录》包含807种、变种,涵盖了国产野生果树种类的95%左右(详见附录1)。

3 中国野生果树野外调查

3.1 野外调查任务

3.1.1 2007 年野外调查工作

专题任务：实地调查西南地区重点野生果树 10 种，了解其生物学特性、分布现状、资源蕴藏量、保护与利用状况、存在的问题及其保护对策等。

完成情况：完成了我国西南地区 10 种重点野生果树野外调查工作，掌握了其生物学特性、分布现状、资源蕴藏量、保护与利用状况，针对存在的问题，提出了针对性保护利用对策。

3.1.2 2008 年野外调查工作

专题任务：实地调查华北、西北、西南地区重点野生果树 30 种，了解其生物学特性、分布现状、资源蕴藏量、保护与利用状况、存在的问题及其保护对策等。

完成情况：项目组重点调查了新疆维吾尔自治区（伊犁市、新源县、巩留县、霍城县、伊宁县及乌鲁木齐市等地）、内蒙古自治区（赤峰市、呼和浩特市、包头市、鄂尔多斯等地）、辽宁省（千山山区、辽西地区、医巫闾山脉等）、河北省（太行山区、燕山山区）、北京市（太行山区、燕山山区）、天津市（盘山、滨海区）6 个北方省市区的野生果树。补充调查了云南省重点野生果树。共计完成 40 种野生果树调查。

3.1.3 2009 年野外调查工作

专题任务：实地调查华南、西北、东北地区重点野生果树 25～30 种，了解其生物学特性、分布现状、资源蕴藏量、保护与利用状况、存在的问题及其保护对策等。

完成情况：专题组先后调查了广东省（肇庆市、高要市、鼎湖山国家自然保护区等地）、新疆伊犁（伊犁市、新源县、巩留县等地）、大别山区（安庆市、潜山县、怀宁县、太湖县等）、大兴安岭地区（呼伦贝尔、海拉尔、牙克石、乌尔旗罕、莫尔道嘎、绰尔、阿尔山、乌兰浩特等地）、西藏（成都、林芝、色季拉山脉、米林、工布江达、雅鲁藏布江沿岸、米拉山口、拉萨等地）、广西（柳州、三江、桂林）及云南（尹五元小组）、广东（周云龙小组）等地区的野生果树。

2009 年的主要调查任务是针对资源本底的动态变化，对重点野生果树物种资源进行实地调查，填补现状不详的空白。本年度野生果树专题组共调查了 44 种野生果树，超额完成了合同书规定（25～30 种）的调查任务。

3.2 野外调查工作进展与成果

专题组分别对我国华北、西北、东北、西南、华南、华中—华东地区的 100 种重点野生果树进行了野外实地调查，取得了第一手资料，并针对我国野生果树保护与利用方面存在的问题，提出了加强保护及合理利用建议。

根据专题组 3 年野外调查结果，初步将我国野生果树分为三种类型，即：

（1）栽培果树野生种及野生近缘种：如野生核桃、野生杏、野生泡核桃、新疆野苹果、中华猕猴桃、野樱桃李、野芭蕉、红河橙、林生杧果、野生梅等。

（2）各地区代表性野生果树：如平榛、毛榛、东北杏（东北），酸枣、山桃、毛樱桃（华北），扁桃、野杏、沙枣（西北），茅栗、金樱子、米饭花（华中—华东），余甘子、滇刺枣、火棘（西南），黄皮、枸橘、聚果榕（华南）等。

（3）有发展潜力的野生果树：笃实越橘、越橘、欧李、山杏、青刺果、茅莓、刺梨、海红果、山葡萄、黑果茶藨、沙棘、蓝靛果、乌饭树、光核桃等。

根据野外调查，结合既往资料，专题组将我国野生果树受威胁（生存）状况分为如下四种类型，即：

（1）濒危种：11 种，如樱桃李、核桃（野生）、麻核桃、新疆野苹果、道县野橘、红河橙、莽山野橘、林生杧果等。

（2）易危种：39 种，如多种猕猴桃、多种越橘、锡金海棠、富民枳、翅果油树、云南枸杞、柱筒枸杞等。

（3）近危种：202 种，如光核桃、枇杷、喙核桃、贵州山核桃、台湾榛等。

（4）安全种：555 种，约占统计野生果树种类的 68%，尚处于安全状态。如悬钩子属、蔷薇属、茶藨子属、山楂属、海棠属、火棘属、花椒属、柿属、榕属、桑属、沙棘属、沙枣属、木瓜属等。

根据野生果树物种的分类隶属，编写了重要野生果树调查报告（详见第二篇）。

4 物种评估体系

4.1 野生果树物种评估指标体系的研究进展

物种受威胁等级的评估是确定物种优先保护顺序和制订濒危物种保护策略的重要依据，是生物多样性保护工作中的一个重要步骤，对于物种的保护具有重要意义。目前，国内外有许多濒危物种等级的划分标准，其中 IUCN 物种红色名录的濒危等级和标准（IUCN Red List Categories and Criteria）是被全球广泛接受的受威胁物种的分级标准体系（IUCN，2001）。目的是为地区乃至全球范围内各类物种依据其绝灭危险程度来划分受威胁等级提供明晰、统一、科学客观的技术框架。现在已经成为全球生物多样性保护的一个非常重要的工具数据（Rodrigues et al.，2006）。

世界自然保护联盟（IUCN）是物种受威胁等级评估的主要倡导者，美国、加拿大等国是较早开展物种受威胁等级评估的国家。我国从20世纪80年代开始这方面的研究工作。由于起步相对较晚，有关动植物濒危等级评定标准体系还没有正式出台，相关的政策法规、管理体制和专家库建设还不健全，物种濒危等级的评价程序和数据共享机制还不完备，这些因素都制约了我国的物种濒危状态评价，从而影响到我国濒危物种的有效保护。

崔国发等（2000）讨论了国际上物种濒危等级评价标准研究概况；成可武等（2004）对物种濒危状态等级评价进行了概述；丁晖等（2010）以江苏省为例对生物物种资源的保护和利用价值进行了评估；张殷波等（2011）对国家重点保护野生植物受威胁等级进行了评估。截至目前，尚未见与野生果树评估相关的工作。

国际上物种濒危状态评价工作呈现出以下几个方面的发展趋势：① 物种濒危等级评价标准由定性指标向定量指标发展；② 物种濒危状况评价程序逐步规范严格，评价过程透明，公众积极参与；③ 数据信息的采集逐步标准化，储存与管理更新采用计算机及网络技术；④ 物种濒危等级的公布与更新逐步以网络形式为主；⑤ 全球对物种濒危状态评价工作日益重视，物种濒危等级信息在物种资源利用、保护及其他方面的应用愈加广泛。在此基础上，成可武等（2004）提出了我国在物种濒危状况评价中急需加强的3个方面的工作：① 建立我国的物种濒危等级评价标准；② 建立完善的物种濒危等级评价程序并制定相关的指导性文件；③ 加强濒危物种评价中数据信息的规范采集、网络管理和数据共享。

4.2 指标体系的实地应用与评估结果

4.2.1 中国（重点保护）野生果树生存状态评估指标体系研究

（1）目的意义

随着社会的发展，人类对自身生存环境和自然资源的破坏日益加剧，生物多样性正以前所未有的速度丧失，生物物种保护成为人类共同面临的全球性问题，世界各国为此都展开了积极的工作。评定物种的濒危状况和保护级别是一个国家或地区有效开展物种保护工作的前提，也是当前保护生物学研究的焦点问题。

在当今经济与技术全球化格局背景下，生物多样性与经济社会发展的关系密切相关，特别是经济植物多样性与社会经济发展的关系更加密切。全球竞争性优势越来越突出地表现在对生物遗传信息的认识、掌握和利用方面，其实质是一种资源优势、知识优势和技术优势。"物种资源"、"遗传资源"和"基因资源"被看做是化石能源之后人类最宝贵的一块"淘金场"，发达国家正通过各种途径从生物多样性丰富国家或地区获取生物物种及其遗传资源，并通过生物技术手段，获得相关专利，然后再从提供生物物种和遗传资源的发展中国家牟取暴利。

由于许多野生果树具有直接的利用价值，因此不合理的利用导致的资源破坏比较严重；同时，我国所面临的环境和人口压力巨大，许多野生果树资源面临着丧失的威胁。另一方面，我国的野生果树备受国外关注，资源流失现象时有发生，因此，如何进一步加强对我国珍稀濒危野生果树植物的研究与保护工作已成为一项非常紧迫的任务。依据《中华人民共和国野生植物保护条例》，各级地方人民政府有责任根据当地具体情况规定地方重点保护野生植物名录并进行保护。同时我国于1980年12月25日加入了《濒危野生动植物种国际贸易公约》，并将履行各种义务。在珍稀濒危植物保护这项工程中，评定或预测物种的濒危状况和保护等级是有效开展物种保育工作的首要任务。本项目就是在开展全国野生果树物种资源实地调查的基础上，尝试对我国野生果树物种的濒危状况进行评价，确定物种的优先保护级别，并提出相应的建议保护名录，为我国珍稀濒危植物的保护工作提供依据。

（2）名录涵盖范围

1）本名录所涉及的范围为中华人民共和国行政区划内的31个省市区，由于调查区域和资料收集所限，暂未包括台湾省和香港、澳门特别行政区。

2）本"名录建议名单"所涉及的物种仅为天然生长的种子植物野生果树，即可作为野生果树的裸子植物和被子植物，不包括人工栽培的及外来引进种。

（3）研究内容

1）重点保护野生果树名录的筛选

制定中国重点保护野生果树物种名录的筛选原则：与一般重点保护野生植物珍稀濒危状况为首选原则不同，重点保护野生果树名录筛选，首先考虑物种作为野生果树的资源价值，结合珍稀濒危状况、特有性、开发利用现状及其在生态系统中的作用和地位等因素。所谓珍稀濒危状况主要参考物种的国内分布频度、国内现存多度、种群消失速率和种群结构等几个方面，提出《中国重点保护野生果树名录》的初稿，提交评议专家组成员进行审定。

总结各评议专家组成员的意见，结合本项目组的野外调查结果，对名录的筛选原则及名录初稿进行修订。

2）中国重点保护野生果树保护等级的制定

对名录中各种的"急切保护值"进行评估，并依此作为野生果树保护等级划分的主要依据。"急切保护值"由受威胁植物的利用价值系数、濒危系数、遗传损失系数和保护现状系数按一定的权重分配（利用价值系数为45%、濒危系数为25%、遗传损失系数为20%、保护现状系数为10%）处理后累加而得到。参考各评议专家组成员的意见，对名录中各成员的保护等级进行修正。

3）特殊类群的考证

对名录中的少数来源不明（栽培还是野生）的野生果树进行详尽考证。同时根据野外调查，结合评议专家的意见，对那些分布数量极少，有的可能甚至是已消失种的野生果树进行调查，进一步搞清其分布地点和生存现状。

4）《中国重点保护野生果树名录（建议名单）》编写

根据调查研究结果，编写《中国重点保护野生果树名录》，建立中国重点保护野生果树数据库（电子版），内容包括科名（中文名和拉丁名）、属名（中文名和拉丁名）、种名（中文名和拉丁名）、生活型、分布地点、生境、利用价值、繁殖特性、濒危状况、保护等级和保护措施等。

5）名录研究所涉及的基本术语

① 野生果树（wild fruit trees and shurbs）：是指那些生长在天然分布区内的以果实和种子为主要食用对象，能提供可食性干鲜果品或种实加工后适于食用，通常具有一定的果树育种、繁殖价值的野生经济植物。包括乔木野生果树、灌木野生果树、藤本和草本野果植物。其个体都是自然繁殖而来。在本研究中所涉及的野生果树多是具有重要经济、科学研究、文化价值的濒危、稀有植物。相对于野生果树而言，栽培果树是由于生产或科研等方面的需要，人为引种或种植的果树植物。

② 栽培果树的野生种（wild species of cultivated fruit trees）：是指栽培果树的直接祖先，它们在植物分类学中与栽培果树系同一个物种。由于长期在自然环境中生存，多为携带抗病、抗虫、抗逆性基因的重要载体，有的还含有细胞质不育、无融合生殖及其他有用的特

殊生殖生理和生长发育基因等，可供育种家利用。如分布于新疆伊犁河谷的野生杏、分布于云南、四川、贵州、西藏的泡核桃等。

③ 栽培果树野生近缘种（wild relatives of cultivated fruit trees）：是指栽培果树的祖先或与之遗传关系较近的野生种，它们在植物分类学中与栽培果树不属于同一个物种。由于长期在自然逆境中生存，多演化为携带抗病、抗虫、抗逆性基因的重要载体，有的还含有细胞质不育、无融合生殖及其他有用的特殊生殖生理和生长发育基因等，可供育种家利用。如麻核桃、新疆野苹果等。

④ 珍稀濒危植物（rare and endangered plants）：是指那些与人类关系密切，具有重要用途、数量十分稀少或极容易因对其直接利用或生态环境变化而处于受严重威胁状况的植物。

在先前出版的《中国珍稀濒危保护植物名录（第一册）》（1987）和傅立国主编的《中国植物红皮书》（1992）中，我国学者普遍采用世界自然保护联盟（IUCN）于1978年出版的《植物红皮书》中的系统，将珍稀濒危植物按其在自然界中可能绝灭的危险程度分为濒危、渐危、稀有3个等级。

a. 濒危种（endangered species）：是指那些植株极少、自然种群极少、分布范围窄而处于濒临绝灭的物种。这些植物地理分布有很大的局限性，且生境极其脆弱，已经不再适宜其生长发育，自然繁殖较困难。

b. 渐危种（vulnerable species）：指那些目前尚未进入濒危状态，但在其自然分布区种群开始走向衰退，或由于人为大量采伐、自然繁殖力低等原因所致，在可以预见的将来，它们在整个分布区或分布区的重要地段很可能成为濒危的种类。

c. 稀有种（rare species）：指那些并不是立即有绝灭危险的我国特有的单型科、单型属或少种属的代表类型，但在分布区内只有很少的群体，或是存在于非常有限的地区内，可能很快消失；或者虽有较大的分布范围，但只是零星存在的种类。

由于以上这些濒危、渐危和稀有植物一般都具有重要的实用价值或科研价值，并因稀缺而珍贵，因此在通常情况下都将它们称为珍稀濒危植物。

⑤ 特有植物（endemic plants）：指仅分布于单个有限地理区域的植物（野生果树）。如果植物的分布严格局限于某一区域，则为真特有；如果植物（野生果树）的分布区以某地区为主，少数种群可扩展到周边区域，这类现象为亚特有。毫无疑问，那些区域性狭限分布的特有植物（野生果树）一般应划为稀有或濒危植物（野生果树）的范畴。

⑥ 生态系统关键种（keystone species）：是指在生态系统中具有重要的作用与地位，它们的存在与否有时会影响到一个生态系统的结构和功能，这类植物（野生果树）一旦受严重的干扰，很多依赖于它们而生存的物种也将受到严重的威胁或即将消失。在植物群落中，这些物种往往是群落的优势种或建群种，为群落中的其他物种创造了特殊的生境和生态位。如果它们受严重的威胁或消失，其群落的结构和成分将发生较大的变化，甚而发生群落类型的替换。在珍稀濒危野生果树的优先保护评价中，受严重威胁的关键种保护应优

先于其他稀有濒危物种。

⑦ 乡土植物（local endemic plants）：原产于当地的植物种类群，而非引进植物。

（4）中国重点保护野生果树名录的筛选原则

1）局部服从整体原则

依据局部服从国家整体的原则，根据1999年国务院正式批准公布的《国家重点保护野生植物名录》（第一批）进行筛选，凡进入国家级保护名录的野生果树，不再列入《中国重点保护野生果树名录（建议名单）》，如林生杧果、翅果油树，该类植物单独列入《国家级重点保护野生果树名录》，其保护措施直接参考1996年9月30日中华人民共和国国务院令第204号发布的《中华人民共和国野生植物保护条例》。

在尚未公布的《国家重点保护野生植物名录》（第二批）及先前出版的《中国植物红皮书（第一册）》（1992）、《中国珍稀濒危保护植物名录（第一册）》（1987）、《中国生物多样性保护行动计划》（1994）"植物种优先保护名录"和"急需保护的农作物野生亲缘种"等中出现过，该类植物暂不列入《国家级重点保护野生果树名录》，而在本项目的《中国重点保护野生果树名录（建议名单）》中予以优先考虑。

2）资源价值优先原则

保护野生果树首先要保护的是具有重要果树资源价值的野生果树。本书所谓的资源价值，主要是指该物种作为果品提供者的直接利用价值（经济价值）和遗传价值（果树育种价值）。

在现实生活中，有重要经济价值而因过度开发利用，致使野生种群及其资源急剧减少，生存受到威胁或严重威胁的野生果树物种非常多见。如猕猴桃、刺梨、越橘等野生果树及药食兼用植物资源五味子、余甘子等，相对于其他价值较低的野生果树物种更容易受到破坏而导致濒危灭绝，因而更应列入《中国重点保护野生果树名录（建议名单）》。

重要栽培果树的野生种群和有遗传价值的近缘种，国际上极其注重它们的保护，如杏野生种群、核桃野生种群、泡核桃野生种群等，须列入《中国重点保护野生果树名录（建议名单）》。

3）濒危性原则

在国内分布的野生果树物种，因植株/自然种群极少、分布范围窄而处于受威胁状态的列入《中国重点保护野生果树名录（建议名单）》，如野樱桃李、政和杏等。

植物种在自然分布状态下其种群的受威胁程度用濒危系数来表示，该系数有以下定量评价指标：

① 国内分布频度：根据某植物种在全国范围内分布省（自治区）的数量而评分，最高设5分，其中：5分为1个省（区）分布；4分为2～3个省（区）分布；3分为4～6个省（区）分布；2分为7～10个省（区）分布；1分为11个省（区）以上分布。

② 现存多度：根据近年调查确认的某濒危野生果树物种在国内现存实际数量而评分。小于1 000株为很少，为最高值5分；1 000～5 000株为尚多，3分；大于5 000株为很多，

1 分。

③种群消失速率：依据某珍稀植物的自然种群在近 30 年中减少的速度而评分，它反映了一个种在自然进化过程中的动态地位和对人为生境破坏的敏感程度。最高设 3 分，其中：3 分——人为破坏严重，消失快（种群消失大于原种群的 1/2）；2 分——消失中等（种群消失为原种群的 1/4～1/2）；1 分——消失缓慢（种群消失为原种群的 1/4 以下）。

④种群结构：依据某珍稀濒危植物其种群在群落中的层次结构而评分，它反映了种群的生活强度、自然更新能力及其稳定性。最高设 3 分，其中：3 分为种群年龄结构不合理，自然更新能力差，不稳定；2 分为自然更新能力较差，稳定性差；1 分为种群年龄结构合理，自然更新能力较好，稳定性较好。

濒危系数的计算如下式：

$$C_{濒} = \sum_{i=1}^{n} x_i / \sum_{i=1}^{n} \max_i$$

式中：x_i 是指植物在各项指标中的具体得分，$\max_i$ 是指对应指标中的最高得分值。

根据对国产野生果树濒危系数的计算结果，参照《IUCN 物种红色名录濒危等级和标准》（3.1 版，2001），把野生果树濒危状况分为 4 个等级：濒危种、易危种、近危种和安全种。

a. 濒危种：一般分布范围极狭窄，仅在个别地点有分布，生长环境极为特殊，种群成熟个体数量很少，具有较高的经济价值，自然繁殖较困难，或受人为活动影响，数量在近年来急剧减少，如山楂海棠、滇波罗蜜等。

b. 易危种：分布范围较狭窄，在数个调查区域内有分布，生长环境较特殊，成熟个体数量较少，自然繁殖较容易，具有一定的经济价值，受人为影响，个体数量减少。如猕猴桃属植物等。

c. 近危种：分布范围较宽，在多个省市有分布，生长环境一般，成熟个体数量较多，自然繁殖容易，多具有一定的经济价值或观赏价值，目前开发或破坏强度大，对种群繁衍构成威胁，需给予关注，如越橘属的一些植物。

d. 安全种：分布广泛，个体数量多，自然繁殖容易，多数利用价值较低，如火棘属、悬钩子属、茶藨子属等的大部分种类。

在上述类型中，濒危、易危和部分近危种都应列入《中国重点保护野生果树名录（建议名单）》。

4）特有及特殊性原则

凡中国特有的野生果树或具有特别保护意义（如孑遗植物）的野生果树列入《中国重点保护野生果树名录（建议名单）》，如藏杏、政和杏、仙居杏等。

5）保护生态关键种原则

生态系统关键种是指在生态系统中具有重要的作用与地位，它们的存在与否有时会影响到一个生态系统的结构和功能，这类野生果树也应列入《中国重点保护野生果树名录（建议名单)》。如野生梅、野生樱桃李,它们的消失将直接导致其所处群落的结构及物种组成的变化,应给予保护,须列入《中国重点保护野生果树名录(建议名单)》。

6) 专家评议原则

依靠长期从事植物分类、果树资源及保护研究的权威专家,通过他们的推荐和评议,为名录的提出、修改、补充和完善奠定权威性和科学性基础。

(5) 保护等级的制定原则

1) 物种保护级别的确定

目前在世界范围内还没有统一的标准,各个国家和地区在确定其物种保护级别时主要从物种濒危程度和物种遗传价值、经济价值的角度去考虑。由于评价标准不一、方法不同,结果也不一致。如《世界自然保护联盟大纲》对物种的保护优先考虑保护遗传的多样性,从物种损失的急切性顺序和遗传损失的大小而排列了受威胁种的优先保护次序,我国将重点保护的物种主要从科学意义上和经济意义上划分为三个保护级别。由于保护级别的确定依赖于对物种濒危状况的评价,而对物种濒危状况的评定,长期以来世界各国主要依据IUCN 标准,采用定性的方法,在评价中存在着相当程度的模糊性、主观性,评价的结果往往不是很准确,因此造成对物种保护级别的确定也具有主观性。其后果是:一方面对某些濒危物种保护级别的确定不当,据此而采取的不合理的保护措施造成一些濒危物种的灭绝;另一方面对某些相对安全的物种没有确定保护级别,没有引起足够的重视,使该物种也步入了濒危灭绝者之列。

野生果树领域内涵虽然不大,但范围涉及全国,故保护等级划分尽量遵从国家标准,应尽量采取量化的指标体系,同时具体情况具体分析,并体现野生果树物种资源的特点。

2) 急切保护值的确定与计算

野生果树保护等级参考了"急切保护值"(the value of superior conservation)这一指标来确定。"急切保护值"是依据保护目的的不同而选取不同的评价指标,将指标量化分级后计算出来的一个用以反映物种急需保护程度的数值。在本评价指标体系中,"急切保护值"由受威胁植物的资源价值系数、濒危系数(the coefficient of endangerment)、遗传损失系数和保护现状系数按一定的权重分配(利用价值系数为45%、濒危系数为25%、遗传损失系数为20%、保护现状系数为10%)处理后累加而得到,即:

$$V_{急} = 0.45C_{资} + 0.25C_{濒} + 0.20C_{遗} + 0.10C_{保}$$

式中:$C_{资}$为利用价值系数;$C_{濒}$为濒危系数;$C_{遗}$为遗传损失系数;$C_{保}$为保护现状系数。

① 利用价值系数:用来表示某受威胁野生果树其经济、遗传价值的大小,主要指作为野生果树经济上的用途和作为果树育种方面的价值,而且是指迄今已被人们认识并开发利用或正待开发利用的价值,如作为果品、药食兼用品、果树育种、加工原料、水土保持及维持生态平衡、保护环境等方面的价值。在这个指标体系中,尤其要关注的是栽培果树的

野生种和野生近缘种等。国际上极其注重栽培果树的野生种和野生近缘种种质资源的保护，它们的价值是毋庸置疑的，应当受到严格的保护。药食兼用野生果树是一类特殊的野生果树，相对于其他用途的物种更容易受到破坏而导致濒危灭绝。利用价值系数最高设 1 分，其中栽培果树野生种——1 分，栽培果树野生近缘种——0.8 分，重要的药食兼用或有发展前景的野生果树——0.6 分；较重要的野生果树及重要的栽培果树砧木——0.4 分；一般野生果树物种——0.2 分。

② 濒危系数：用以表示某植物种在自然分布状态下其种群的受威胁程度，其评价指标如上面所述。

③ 遗传损失系数：是表示某一物种在遭到灭绝后，对生物多样性可能产生的遗传基因损失程度，即受威胁植物种潜在遗传价值的定量评价。主要评价指标有：

a. 种型情况：根据受威胁种所在属和所在科含种数量而评分，最高设 5 分，其中 5 分——单型科或单型属种；3 分——少型属种（所在属含 2～3 种）；1 分——多型属种（所在属含 4 种以上）。

b. 特有情况：根据植物种的特有分布程度而评分，最高设 5 分，其中 5 分——中国特有种；3 分——亚洲特有种；1 分——其他物种。

c. 古老残遗情况：即根据植物种的发生地质年代而评分。有些古老种发生在中生代—第三纪，是第四纪冰期的残遗植物，潜在遗传价值较高，对研究植物系统发育、植物遗传和植物地理也具重要意义。其评价最高设 2 分，其中，2 分——冰期残遗植物；1 分——非冰期残遗植物。

遗传损失系数的计算如下式：

$$C_{遗} = \sum_{i=1}^{n} x_i / \sum_{i=1}^{n} \max_i$$

式中：x_i 是指植物在各项指标中的具体得分；$\max_i$ 是指对应指标中的最高得分值。

④ 保护现状系数：用以表示在人类迄今已采取保护措施的情况下，受威胁植物得以保护的程度，主要指标为就地保护现状和迁地保护现状。

a. 就地保护：根据某植物种在原产地自然状态下已受保护的种群量大小而评分。最高设 4 分，其中：4 分——未进行保护（种群中尚无植株得到任何形式的就地保护）；3 分——少量保护（种群中仅有少量植株或 1/4 种群量以下植株处于自然保护区、国家森林公园和国家重点风景名胜区内，或有少量植株作为"风水树"得到群众的自发保护）；2 分——部分保护（有相当部分植株或 1/4～1/2 种群量的植株处于上述保护区域内）；1 分——充分保护（有足够多的植株或 1/2 种群量以上植株处于自然保护区内）。

b. 迁地保存：根据多年来在植物园、树木园迁移引种保护植物的数量或保护植物经人为繁育、扩大栽培的种群量而评分。最高设 4 分，其中：4 分——未作任何迁地保存措施，或虽做过迁地保存试验，但未能成活；3 分——试验性迁地保存，即对于木本植物，迁移引种成活在 20 株以下，或利用种子及营养体繁育苗在 100 株以内，对于草本植物，迁移引种成活在 100 株以内或种子及营养体繁育苗在 1 000 株以内；2 分——大量迁地保存，即对于木本植物，迁移引种成活 20～100 株或种子及营养体繁育苗 100～1 000 株，对于草本植物，迁移引种超过 100 株或种子及营养体繁育苗 1 000～10 000 株；1 分——大量引种栽培，即对于木本植物，迁移引种超过 100 株或种子及营养体繁育苗超过 1 000 株，对于草本植物，种子及营养体繁育苗超过 10 000 株。

保护现状系数的计算如下式：

$$C_{保} = \sum_{i=1}^{n} x_i / \sum_{i=1}^{n} \max_i$$

式中：x_i 是指植物在各项指标中的具体得分；$\max_i$ 是指对应指标中的最高得分值。

3）重点保护野生果树保护等级的划分

保护等级确定除参考"急切保护值"的大小外，还重点考虑评议专家的意见。为管理方便，保护等级划分两个级别，分别是一级保护、二级保护。

① 一级保护野生果树：必须是重要栽培果树的野生种或野生近缘种，或是野生果树中濒危的种类，即具有极为重要的资源、育种、经济价值，同时在它们整个分布区内，处于有绝灭危险的野生果树。

② 二级保护野生果树：部分濒危种、易危种和部分近危种。前者尽管濒危，但作为果树资源的经济价值意义不大，受人为影响较小。后二者尽管并不立即有绝灭的危险，但它们在国内只有较小的群体，或只存在于非常有限的环境中，或虽然不是濒危物种，但由于人为的或自然的原因所致，在可以预见的将来，在它们整个分布区或分布区的重要部分有可能成为濒危的种类。这些植物多具有一定的经济价值或育种价值，目前开发或破坏强度大，对种群繁衍构成威胁等。

4）中国重点保护野生果树名录及保护等级的确定

除上述方法量化指标外，重点考虑各评议专家的意见，并根据他们的理解和认识加以修正。目前，无论是国际或国家级野生保护植物保护等级的确定，还基本上以专家的意见为主。本项目尽管将部分指标进行了量化，但所选择的指标体系及各指标的赋值实际上也具有一定的人为主观性。

4.2.2 评估效果的亮点与不足

北京林业大学野生果树专题组首次提出了中国野生果树资源评估体系，提出了制定中国重点保护野生果树物种名录的筛选原则：与一般重点保护野生植物珍稀濒危状况为首选原则不同，重点保护野生果树名录筛选，首先考虑物种作为野生果树的资源价值，结合珍稀濒危状况、特有性、开发利用现状及其在生态系统中的作用和地位等因素。其中，珍稀濒危状况主要参考物种的国内分布频度、国内现存多度、种群消失速率和种群结构等几个方面。专题组应用该评估体系对国产 807 种野生果树进行了评估，提出了《中国重点保护野生果树名录（建议名单）》，建议重点保护野生果树 227 种，其中建议一级保护野生果树

15 种，二级保护野生果树 212 种。

由于时间仓促，资料尚显不足，提交的《中国重点保护野生果树名录（建议名单）》未来得及送请更多专家评议、审定，需要进一步开展工作。

4.3 评估指标体系实地评估应用效果的评估

利用上述评价指标体系，专题组对中国野生果树进行了濒危状况评价，提出了《中国重点保护野生果树（建议名单）》。

评价结果表明，国产 807 种野生果树中，濒危种 11 种，易危种 39 种，近危种 202 种，安全种 555 种。中国野生果树濒危状况评价结果详见附录 3。

《中国重点保护野生果树（建议名单）》包括 225 种，其中，建议一级保护种 17 种，建议二级保护种 208 种。《中国重点保护野生果树（建议名单）》详见附录 2。

5 中国野生果树保护现状与对策

5.1 野生果树物种及遗传资源保护与管理现状

我国是世界上生物物种最丰富的国家之一，拥有高等植物 3 万余种，占全世界现存种类的 10%以上，居世界第三位，北半球第一位。近年来，随着人类活动范围和活动强度的增大，全球性的物种灭绝也随之加剧。据统计，目前地球上生物物种的灭绝速度比形成速度快 100 万倍。截至 21 世纪初，世界上有 5 万～6 万种植物受到不同程度的威胁，在我国 3 万种高等植物中，200 种植物已经灭绝，另有 4 000~5 000 种高等植物处于濒危或临近濒危状态（朱广庆，1999）。

我国也是世界上最著名的果树起源中心之一，野生果树资源极为丰富。古今中外的许多植物学家、果树学家和资源学家曾对我国的果树资源进行过调查和研究，出版了一批专著，最具代表性的著作有余德浚（1979）主编的《中国果树分类学》，曲泽洲、王永蕙（1993）主编的《中国果树志·枣卷》，郭善基（1993）主编的《中国果树志·银杏卷》，邱武陵、章恢志（1996）主编的《中国果树志·龙眼 枇杷卷》，赵焕谌、丰宝田（1996）主编的《中国果树志·山楂卷》，郗荣庭、张毅平（1996）主编的《中国果树志·核桃卷》，刘孟军（1998）主编的《中国野生果树》，褚孟嫄（1999）主编的《中国果树志·梅卷》，汪祖华、庄恩及（2001）主编的《中国果树志·桃卷》，张加延、张钊（2003）主编的《中国果树志·杏卷》，张宇和（2005）主编的《中国果树志·板栗 榛子卷》，中国农业科学院果树研究所编的《中国果树科技文摘》（1—40），阎国荣、许正（2010）主编的《中国新疆野生果树研究》等。从以上专著可以看出，我国的果树资源相对清楚，而野生果树资源研究不够。

据日本分类学家田中长三郎统计，世界果树（包括原生种、栽培种、砧木和野生种）多达 2 792 种，分属 134 个科 659 个属。我国地域辽阔，地形地势复杂，土壤类型多样，气候资源丰富，在长期的自然选择和进化过程中，形成了丰富多样、绚丽多彩的野生果树资源种类，是世界八大果树起源中心之一，果树有 81 个科、223 个属、1 282 个种、161 个亚种、变种和变型，其中蔷薇科的种最多，达 434 种，其次是猕猴桃科 63 种，虎耳草科 54 种，山毛榉科 49 种。在属中以悬钩子属最多，达 196 种，其次是猕猴桃属 62 种，梅子属 57 种，茶藨子属 56 种，蔷薇属 40 种，胡颓子属 25 种，葡萄属 23 种，樱桃属 22

种，苹果属 21 种，柿属 19 种，越橘属 18 种，锥栗属 16 种，山楂属 13 种，枣属 13 种，梨属 12 种。其中，尚未规模化商品栽培的野生果树（包括引入后逸为野生者）计 73 科，173 属，1 076 种及 81 个亚种、变种和变型，分别占我国果树的 90.12%、75.88% 和 80.18%。

野生果树物种及遗传资源保护与管理的现状与一般问题如下：

（1）认识严重不足

野生果树是极其珍贵的自然资源，任何一种栽培果树都是由野生果树选育、驯化、长期定向培育而来的。野生果树一般都具有抗性优良、适应性强、食药兼用、经济价值和生态价值俱佳的特性。然而，长期以来，由于人们对野生果树的重要意义和遗传资源价值认识不足，资源保护意识淡薄，许多野生果树被作为杂木杂灌对待，资源遭到不同程度的破坏。

（2）性状评价严重滞后

我国以往与果树相关的资源调查大多偏重于栽培果树，野生果树通常只作为一般野生植物对待，调查只涉及种，至多到变种，有关其种群生产能力、分布式样及种下变异等与其自身生产紧密相关项目的详细调查至今仍很薄弱。在性状评价方面更显落后，过去多侧重于野生果树作为栽培果树砧木有关的抗性、矮化、嫁接亲和性等方面，而对其开花结果习性、早实性、丰产性、化学内涵、贮藏加工特性等缺乏足够的重视，这种现状严重影响着野生果树种质资源的开发利用和栽培化的进程。

（3）掠夺式索取

近些年，随着人们生活水平和对野果健康价值认识水平的提高，对于野生果品的需求量重逐年上升，而由于野生果树资源权属不清，又缺乏合理的保护措施，因此面对市场需求和经济利益诱惑，常常出现争相抢收、掠青的局面，如云贵川地区的刺梨和长江三峡地区的猕猴桃，都存在抢收、掠青现象。有些地区采取"竭泽而渔"的掠夺式采收和开发方式，如东北某些地区的猕猴桃，先砍棵再采果，导致资源逐步衰竭。

（4）资源浪费现象严重

受认识和技术水平以及资金状况等限制，目前我国已规模开发的野生果树种类尚不足 10%，而且开发工作大多局限于少数地区和个别有用器官，开发的产品中高新技术含量还普遍较低。从整体上看，我国野生果树资源的综合利用率只有 1% 左右。在大量资源年复一年闲置浪费的同时，还存在另外一种人为的资源浪费，即由于缺乏有效的制度和法规，致使一些市场需要量大、经济价值高的野生果树如沙棘（带枝）、刺梨（地上棵）等采集物浪费现象十分严重，造成产量、质量和效益的巨大损失。

（5）重开发轻保护，资源破坏严重

除了沙漠化和发展工农业造成的野生果树资源减少外，一些企业和个人在利益驱动下，雇用未经过任何培训的农村劳动力采取砍枝、砍树、割藤等竭泽而渔的掠夺式采收，如东北的猕猴桃，南方的金樱子，有些地区则大量砍伐用做篱笆或烧柴，如云南的火棘、青刺果，华北的酸枣、山桃、山杏等，造成资源的严重破坏。我国野生果树资源虽然丰富，但具体到每个变异型的个体数量通常很少,因而在毁林的同时,导致了大量有利基因资源的永久丧失。

(6) 生境条件恶劣,生产效率低下

由于长时期的实生繁殖和自然变异,野生果树个体间良莠不齐现象非常突出,加之生境条件恶劣、无人管护、杂草杂木丛生,导致野果的产量和质量低而不稳,商品率和经济效益普遍较低。而这种现状反过来又影响了人们管护和开发利用野果的积极性。

(7) 缺乏管理,可再生性遭破坏

新疆伊犁谷地的野苹果、野杏、野樱桃李组成了我国最大的野果林,然而,由于不注重资源保护,面积已大幅度缩小;由于缺乏相应的管理机制,果树引种导致生物(小吉丁虫)入侵,造成毁灭性虫害;另一方面,由于只注重索取(采果)不注意管理,乱踩滥牧,野果林下几乎见不到幼苗幼树,导致野生果树时代序列的破裂,物种的可再生性遭到破坏,从而为上述野生果树资源解体埋下了祸根。

(8) 缺乏高级别自然保护区

我国虽然也有针对野生果树的自然保护区,如新疆巩留野核桃自然保护区、新疆塔城野扁桃自然保护区、湖南道县野橘自然保护区等,但多属于县级或地区级自然保护区,没有经费,缺少资助,不得不靠旅游和多种经营来维持,其长远保护效果可想而知。

(9) 缺乏相应的保护名录

尽管我国不同机构和政府部门先后出台过不少有关植物的保护名录,但都将野生果树作为一般植物对待,不像林木物种或濒危植物那样受重视。究其原因,主要是对野生果树的综合资源价值认识不够。而实质上,许多野生果树既是重要的果树资源,也是相当不错的生态环境建设先锋树种,其综合价值绝非一般杂木杂灌所能及。长期以来,由于认识不足,缺乏相应的科研立项,野生果树保护名录缺失,导致保护目的物种不详,广大的林业和自然保护工作者无所适从,并严重影响我国野生果树保护工作的深入开展。

5.2 野生果树物种及遗传资源丧失和流失案例分析

5.2.1 中国野生果树遗传资源流失的历史

与其他领域一样,中国林木和野生果树物种遗传资源丧失和流失的历史相当久远,可以说国际交往的历史有多久远,中国林木和野生果树物种遗传资源丧失和流失的历史就有多久远。以大家熟知的原产于中国的桃、核桃、中国猕猴桃、杏早早落户国外就可窥见一斑。浅析几例:

桃:桃起源于中国这一事实,直至19世纪中叶才被世界各国所确认,尽管在此以前,中国就有数以千计的诗赋文章记述桃,且早在公元前1世纪甚至更早的时期,桃就经丝绸之路传至波斯国。但由于封建帝制的长期闭关自锁和故步自封,较少与外界联系,以至于后来经历文艺复兴及工业革命以后的欧洲学者，以未发现有桃之野生种及欧洲各地的桃皆引自于波斯国为由，便以拉丁名 *Prunus persica* 对桃命名，意桃源于波斯，由此引发出英文的 peach、法文的 Pecher、德文的 Pfirsich、意大利文的 Pesea、西班牙文的 Persigo、葡萄牙文的 Persego 等，皆由 *persica* 演绎而来。最早认为桃起源于中国的人是瑞士植物学家德堪道尔（A. de Candolle），他在1855年所著的《植物地理学》一书中，明确表示桃原产中国，西亚之桃来自于遥远的中华，后又在其《农艺信物考源》（1882）中，根据语言、文献和地理分布，进一步说明桃的栽培确实以中国为最早。中国之有桃树，其时代较希腊罗马与梵语民族之有桃树犹早在千年以上，且桃之变种几全产于中国。"进化论创定者达尔文，亦在其《动物和植物在家养下的变异》（1868）提到，最早的桃不是从波斯传播而来，而来自中国，他还研究了中国水蜜桃、重瓣花桃、蟠桃等品种的发育特性，并与英国、法国的桃树特性相比较，认为欧洲桃都来源于中国桃的血缘。

进入20世纪80年代以来，中国学者在西藏、云南、四川西南等地发现了多种类型的光核桃野生种（*Amygdalus mira* (Koehne) Yü et Lu ─ *Prunus mira* Koehne），通过研究，确定光核桃就是桃的原生种（宗学普，等，1987；周建涛，等，1994）。越来越多的事实说明，桃起源于中国。（本段根据《中国果树志·桃卷》改写）

核桃：根据文献记载，核桃属（*Juglans*）植物原产于我国的有4个种，即核桃楸（*Juglans mandshurica* Maxim.）、野核桃（*J. cathayensis* Dode）、铁核桃（*J. sigillata* Dode）和河北核桃（*J. hopeiensis* Hu）。上述4种核桃为中国原产，国内外学者均无异议。而对中国栽培最为广泛的核桃（*J. regia* L.）（国外称为波斯核桃或英国核桃）的原产地，却众说纷纭。

关于各国核桃起源问题，居于主导地位流传最广的文字记载是汉武帝时由张骞出使西域（公元前139—前114年）带回胡桃（即核桃）以后，中国始有核桃。并认为伊朗是核桃的原产中心，并由此传播到世界各地。如《博物志》（西晋·张华，公元3世纪）中载："张骞使西域还，乃得胡桃种，故以胡羌为名。"据此，后世各种本草、农书、历史书籍以及林业、果树方面的教材，甚至中小学生课本，皆以此为据，照抄入书，认为中国核桃的唯一来源是张骞从西域带回的种子，以后才广为种植。但是，以记实述史的《史记·大宛传》（西汉·司马迁，公元前97年成书）中却只有"汉使取其实来。天子始种蒲陶、目宿肥沃土地……"之记载，并无张骞带回胡桃之文字记述。此后，在东汉班固和班昭所著《汉书·西域传》（卷90—100）（公元1世纪至公元2世纪）中亦只载："汉使采蒲陶、目宿种归……益种蒲陶、目宿离宫馆旁极目焉。"蒲陶和目宿系指今日之葡萄和苜蓿无疑，亦无带回胡桃种子的只字片言。

从史料记载看，张骞卒于公元前114年，而司马迁开始撰写《史记》是汉太初元年（公元前104年），两者相距仅10年。以取材丰富、记述严谨著称的我国第一部纪传体文书《史记》作者司马迁对当时张骞出使西域和东归过程以及从西域带回珍稀果品，是绝不会漏记的。东汉正史《汉书》虽为后记，其于《史记》所述完全一致。但距张骞出使西域以后300余年的张华，在其所著《博物志》却提出"张骞带回胡桃种"，唯一的解释可能是后人强加给张华并讹传至今。

近年来,中国核桃科技工作者通过多种途径和方法、考古察今、分析论证,证明中国是世界核桃原产中心之一。从而使讹传多年的中国核桃来自外国的说法得以澄清。既然中国是世界核桃原产中心之一,那么算不算资源流失?(本段根据《中国果树志·核桃卷》改写)

猕猴桃:猕猴桃(*Actinidia chinensis* Planch)是著名的水果,很多人以为是新西兰特产,其实它的祖籍是中国,原名猕猴桃,一个世纪以前才引进入新西兰。1904年,新西兰一位名叫伊莎贝尔的女校长到中国湖北宜昌看望她的姐姐,并把中国的猕猴桃种子带回新西兰。回新西兰后,伊莎贝尔将种子转送给当地的果树专家,之后辗转送到当地知名的园艺专家亚历山大手中,培植出新西兰第一株奇异果树。迄今为止,新西兰出产的绿色奇异果已经风行全世界,而新西兰在奇异果营销、研发和价格方面已具有充分的话语权。

我国与国际间交流生物资源的历史悠久。陆路交流大约从西汉张骞出使西域开始(公元134年)。自公元7世纪(唐朝)开始,中国逐渐强盛起来,一些国家开始派使节来华学习、交流,中国的生物物种开始流向世界(有观点认为,柿树就是被日本使节带回日本的)。到元代末年(1368年),主要通过丝绸之路和中亚、近东国家进行活跃的植物交流,有人认为该时期交流的物种资源主要是坚果和仁果类,由于"果核"坚硬,便于携带,经意或不经意间就完成了物种输入或输出。

15世纪初,郑和率船队七次下西洋,历经28年,出访了东南亚、南亚、西亚,远至阿拉伯地区和东非等30多个国家和地区,同时,也将中国的生物资源传带到这些国家和地区。据张加延先生考证,国际上公认起源于亚美尼亚的杏(*Armeniaca vulgalis*)就是由郑和下西洋时期传播过去的。

进入18世纪,当植物分类学成为欧洲时尚科学的时候,欧洲探险家、科学家、旅行家、标本采集家、传教士等就开始纷纷踏上中国的国土,或是探险旅行,或是考察采集,中国林木和野生果树、花卉、香料、药用植物物种遗传资源逐渐流失到世界主要国家。

19世纪至20世纪初,欧美和日本探险家、科学家、旅行家、标本采集家、传教士等来中国更为频繁,采集中国植物的数量更为庞杂,甚至出现了外国公司雇用的专业采集家,中国林木和野生果树物种遗传资源流失也随之加剧。翻开中国植物志,绝大部分的植物名称都由外国人定名,一些名家甚至称为"中国通",如 Wilson(美国人,号称中国通)、Fortuno(英国人,熟悉长江流域)、David(法国人,采集家、传教士)、Forster(德国人、分类学家)、Nakai(日本植物学家,东北通)、Komalov(俄国植物学家,东北通)、Maximowicz(俄国植物学家,熟悉黑龙江流域)、Bunge(俄国植物学家,熟悉华北、东北)、Hayata(日本学者,台湾通)、Kitagawa(日本学者,熟悉东北、华北)等,这从一个侧面反映了中国生物物种流失的历史。

5.2.2 林木及野生果树物种流失的途径、现状与趋势

在当今经济与技术全球化格局背景下，生物多样性与经济社会发展的关系密切相关，特别是经济植物多样性与社会经济发展的关系更加密切。全球竞争性优势越来越突出地表现在对生物遗传信息的认识、掌握和利用方面，其实质是一种资源优势、知识优势和技术优势。"物种资源"、"遗传资源"和"基因资源"被看做是化石能源之后人类最宝贵的一块"淘金场"，发达国家正通过各种途径从生物多样性丰富国家或地区获取生物物种及其遗传资源，并通过生物技术手段，获得相关专利，然后再从提供生物物种和遗传资源的发展中国家牟取暴利。

我国的重要林木和（野生）果树资源流失状况尚无评估材料可查，但流失是公认的事实，据课题组分析，主要有如下流失途径：

① 贸易流失途径：一些外国公司或外籍公民个人通过贸易活动（如购买苗木）来获得中国的生物遗传资源。

② 合作培养流失途径：个别国外大学或研究机构通过合作培养人才途径，要求（主动或被动）受培养者提供材料，从而获得中国的生物遗传资源。

③ 合作研究流失途径：国外发达国家以合作研究途径，中方提供试验材料和基地，将我国的生物遗传资源携带/运输出境，使得我国的林木和野生果树物种资源一再流失。

④ 交流赠送流失途径：物种交流赠送是国际交流中常见的现象，往往无意中造成资源流失。

⑤ 旅游考察流失途径：据重庆晚报和中新网报道，2006 年 3 月 2 日，一名日本旅客擅自脱离旅游团队，到重庆南川市金佛山偷采我国珍稀植物巴山榧、红豆杉，被公安机关现场抓获。报道称，该名游客是日本的一名生态学者，他自称是想把巴山榧和红豆杉带回国入药使用。随后，该游客被移交公安机关出入境管理部门处理，同时公安机关对其采撷的巴山榧和红豆杉予以收缴。情况上报到公安部和外交部后，两部门联合宣布其为不受欢迎的人，要求他 3 天内离开中国。

⑥ 被盗窃流失途径：另据报道，老外多次到金佛山偷树。金佛山丰富的珍稀植物资源频频引起部分外国人觊觎。据介绍，警方已破获多起到金佛山偷采巴山榧、红豆杉等珍稀树木的案件。

5.2.3 我国野生果树种质资源流失报告

中国是世界北半球生物多样性最丰富的国家，有高等植物 3 万余种，其中，木本植物约 1 万种。在木本植物中，既有众多珍贵的森林树种，也包括不少野生果树。野生果树（wild fruit tree）是指一类以果实（种实）为主要利用对象、能提供干鲜果品或各种食品加工原料或具有显著的果树育种价值的野生经济植物。包括乔木野生果树、灌木野生果树、藤本和草本野果植物。中国是世界著名的温带和亚热带果树的起源中心之一，许多果树如木瓜

(*Chaenomeles*)、梨（*Pyrus*）、山楂（*Crataegus*）、荔枝（*Litchi*）、猕猴桃（*Actinidia*）、枣（*Zizyphus*）、栗（*Castanea*）、杏（*Armeniaca*）、桃（*Amygdalus*）等都起源或部分起源于中国。

随着科技的进步和栽培果树的兴起，野生果树作为人类主要食物来源的时代虽已成为过去，但野生果树并未随之成为历史，而是在更广泛的领域发挥着越来越重要的作用。目前，野生果树除直接提供可食果品和加工原料外，许多还是栽培果树的优良砧木和抗性育种的上佳材料，许多种还是重要的观赏、蜜源、药用、香料、油脂、用材和水土保持树种。随着人们生活水平的提高和对遗传资源开发的深入，野生果树以其庞大的数量、丰富的遗传多样性、突出的抗性和适应性、显著的食疗功效、独特的风味，以及纯天然、无污染、富含营养成分等独特优势，正在成为果树育种、食药加工以及山区开发等有关部门关注的焦点。

在当今经济与技术全球化格局背景下，生物多样性与经济社会发展的关系密切相关，特别是经济植物多样性与社会经济发展的关系更加密切。全球竞争性优势越来越突出地表现在对生物遗传信息的认识、掌握和利用方面，其实质是一种资源优势、知识优势和技术优势。"物种资源"、"遗传资源"和"基因资源"被看做是化石能源之后人类最宝贵的一块"淘金场"，发达国家正通过各种途径从生物多样性丰富国家或地区获取生物物种及其遗传资源，并通过生物技术手段，获得相关专利，然后再从提供生物物种和遗传资源的发展中国家牟取暴利。对于我国的（野生）果树资源，一些外国公司或外籍公民个人通过贸易活动（如购买苗木）、合作培养人才（受培养者提供材料）或合作研究（提供试验材料），将我国的果树苗木携带/运输出境，使得我国的果树物种资源一再流失。

下面，通过几个具体案例反映一下我国果树物种资源的流失状况。

案例 1：新疆野苹果资源流失案例报告

（1）新疆野苹果简介

新疆野苹果（*Malus sieversii*（Ldb.）Roem.），别名：塞威氏苹果（新疆）、天山苹果（新疆）、习瓦阿尔马（新疆，维、哈语）、伊犁野苹果（新疆），属蔷薇科（Rosaceae）苹果属（*Malus* Mill.）植物，是世界著名的野生果树。

地理分布：北起准噶尔盆地西端的塔尔哈台山，向西南经巴尔鲁克山、准噶尔的阿拉套山北坡而至天山（包括伊犁山地和哈萨克斯坦外伊犁阿拉套山），再经西南天山至帕米尔—阿赖山地而与前苏联中亚诸山系相连，呈带状或块状不连续分布，表现出明显的植物"残遗"分布特征和对地方气候的选择性。

新疆野苹果在国内的具体分布区包括伊犁地区 5 个县：新源、巩留、霍城、伊宁、察布查尔的 65 条大小不同的山沟和塔城地区裕民、托里两县的巴尔鲁克山。在伊犁地区以新源、巩留最多，分别占国内分布总面积的 46% 和 41%，其他各县约占 13%。在新源县的交吾托海区和巩留县的莫库尔地区，野苹果林面积大而集中。其次是霍城县的大西沟和小西沟，虽然面积不大，但集中连片。

新疆野苹果林的垂直分布与地形、气候、海拔、水源、土壤有密切关系，分布层次非常明显。野苹果的垂直分布范围是海拔 1 100～1 600 m，在 1 200～1 500 m 内生长稠密，葱郁成林，遮蔽天日。由于生态条件的不同，有时野苹果分布最高极限超过 1 700 m，混生在云杉林中。大面积成片的野苹果多分布于山坡北坡和荫蔽洼地，沿山间小河各岸边更占优势。如伊犁主要林区巩留和新源的野苹果全部分布在天山主脉北坡；霍城大西沟主沟虽属南向但它集中分布在支沟的北坡；还有著名的南向果子沟，虽无明显的支沟，野苹果也均分布在北向的荫蔽洼地。

起源和演化：张新时等国内外学者认为天山伊犁野苹果林是第三纪的残遗种，或是第三纪北半球温带阔叶林的后裔或孑遗的喜暖阔叶成分和从北方迁来的中生森林草甸的混合群落，分布在未受第四纪冰川覆盖的地区，在复杂的山地地形条件下保留至今。在野果林分布的前山带，通常覆盖着十分深厚的第四纪黄土堆积层，形成圆顶的丘陵或缓斜的台地，这说明野苹果起源距今至少有 300 万年。根据新疆野苹果林的分布、栽培果树的起源和有关果树的历史记载，初步认为新疆野苹果和栽培苹果（*M. pumilla* Mill.）有直接的亲缘关系，新疆伊犁野果林是世界苹果的起源地之一。

1956 年 H. F. 茹赤科夫提出："在史前时期即开始苹果的栽培，有 3 000 年以上的历史……在高加索、中亚细亚、……苹果栽培的历史是很悠久的。这里大量生长着野生的东方苹果。在这些古老的人类生活的地方，苹果是很早就开始被栽培了。"公元 1218 年，元代耶律楚材出使西域时写的《西游录》记载："山顶有池（赛里木湖），周围七八十里，池与地皆林檎（野苹果）。……出阴山（果子沟）有阿里马城（维语、哈语，指苹果域），西人目林檎曰阿里马。附郭皆林檎园，故以名……又西有大河曰亦列（伊犁）。""池与地皆林檎"指的是现在的科古尔琴山南坡果子沟至大西沟一带的野苹果林，古时苹果城在野苹果林下限，相距很近，古人栽培的苹果必然选自野苹果林。由于阿里马城是元代统治中亚广大地区的政治、经济中心，由野苹果培育的栽培苹果，也会随之传至四方。这段文字十分清楚地把伊犁野苹果林和栽培苹果园记载在一起，说明苹果起源于新疆野苹果。

李育农（1989）根据植物分类学、酶学和细胞学的研究亦确认"塞威氏苹果是苹果的原生种，它不起源于高加索，而起源于中亚细亚，一直延伸到东部与我国新疆接壤的前苏联地区阿拉木图。世界苹果基因中心应当包括与前苏联阿拉木图接壤的我国新疆的伊犁地区，并进一步说明了新疆野苹果是新疆原有地方种及我国栽培绵苹果的祖先"。前苏联果树学者波罗马连科通过形态学和生态学的研究认为"塞威氏苹果与所有其他野生种的最主要区别在于，它有由基因决定的特征（果味甜，果实大），这就是其建立栽培品种和栽培它的基础。地球上最古老的原始果树栽培的发源地在中亚山区。""塞威氏苹果栽培首先是从发源地中亚推广到相邻的国家（伊朗、阿富汗……土耳其）。……从外高加索苹果传入古希腊、古罗马。苹果传入西欧是从意大利传入的，中亚苹果曾是新种质的携带者，是它提供了创造大量品种和形成西欧苹果二级发源地的基础。""中亚山区是全世界苹果的最古老的起源地，而栽培苹果的祖先是野生的塞威氏苹果，在引种过程中历史地形成了二级地理和遗传中心，……但原始基因中心是基因群和种内分类群的坚实的源泉"。

综上所述，中亚山区是全世界苹果最古老的起源地，栽培苹果的祖先是新疆野苹果，不是东方苹果（*M. orientalis* Uglitzk）。

（2）新疆野苹果资源破坏与流失状况

2008—2009 年，北京林业大学野生果树专题组对我国新疆维吾尔自治区分布的新疆野苹果种质资源破坏与流失情况进行了调查。调查了解到如下情况：

① 野苹果林改造破坏：1958 年 4 月，新疆八一农学院在新源县交吾托海地区建立了野果林改良场，除在缺株地进行补栽外，主要对野苹果幼年树、生长结果期树和结果生长期树进行了大面积的高接换种工作，采用劈接法（局部劈接法）、皮下接等嫁接内地引入的金冠、青香蕉、祝光、倭锦、红元帅、红星、黄魁、国光等优良西洋苹果品种以及立蒙、夏立蒙、蒙派斯、斯托诺维、金沙依拉木、假沙依拉木等中亚品种，共计 70 多个。1959—1981 年共嫁接改良野苹果 6 000 多亩，28 万株，成活率为 50%左右，文化大革命后仅剩下 3 万多株。经过 20 多年的观察，许多高接的栽培品种果实变小，树体出现高接病，即由于高接部位伤口愈合不良而出现结合部位大面积坏死，有的出现腐烂病，树势减弱，有的从接口自上而下坏死，而整棵树死亡。其原因可能是野果林立地条件较差，加之栽培管理粗放，营养不良，无法满足栽培苹果的要求，著名果树资源专家俞德俊教授认为，这种改造方法不利于野苹果种质资源的保护。

② 小吉丁虫入侵破坏：目前，伊犁地区近 6 000 hm^2 新疆野苹果正遭受着"小吉丁虫"虫害的威胁，2 000 hm^2 野苹果树已经枯死。据了解，小吉丁虫是 1993 年由伊犁州新源县某部门从山东文登引进果树苗时带入的。1995 年在新源县首次被发现，由于当时对小吉丁虫的危害认识不足，没有采取积极有效的防治措施，导致虫害大面积扩散蔓延。事件发生后，引起了新疆维吾尔自治区、伊犁州以及所在县的关注，有关部门申请专项防治资金进行治理，但由于对小吉丁虫的生物学特性和活动规律缺乏了解和掌握，加上面积大，资金少，防治难度大，防治效果很不明显。

为研究小吉丁虫的生物特性，找出科学有效的治理方法，新疆林科院、伊犁州森防站于 2004 年启动了"野果林苹果小吉丁虫综合治理研究示范项目"，同时，发动当地驻军协助打梢作业。目前，虫害蔓延的趋势不但没有从根本上得到遏制，反而有迅速蔓延的趋势，大致每年随海拔上侵入数十米。考评专家组和专题组认真考察了野苹果虫灾区的现状，提出了采取"树贴"技术遏制小吉丁虫蔓延的设想（待实践验证）。

③ 国际合作研究与可能的资源流失：新疆伊犁地区园艺研究所与日本国立静冈大学合作，1992—1998 年在新疆新源县建立了天山野生植物就地研究保护基地——"中日合作野生果树与天山农用植物资源圃"；日本农林水产省国际农业研究中心、果树研究所也先后开展了"农用植物资源的研究与保护"国际合作项目；哈萨克斯坦科学院植物研究所也在此开展过"天山野生果树植物资源的研究与保护"国际合作项目。

国际合作研究本是一件好事，但资源是否流失，众说纷纭。

野苹果林

野苹果调查

小吉丁虫危害状

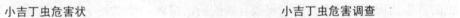
小吉丁虫危害调查

嫁接改造破坏了野苹果的原始性状

可能引起种质流失的国际合作研究

案例2：笃斯越橘和越橘资源流失案例报告

（1）笃斯越橘与越橘简介

笃斯越橘（*Vaccinium uliginosum*）和越橘（*Vaccinium vitis-idaea*）是我国东北地区独特的蓝莓野生资源。与普通蓝莓相比，果实富含花色苷、熊果苷等功能性成分，其花色苷含量是国际上流行栽培蓝莓的10倍以上；此外，树体适应性很强，能抗-40℃的低温，可以分布到海拔1 500～2 000 m地区，是蓝莓育种的上佳材料，一直是国际蓝莓育种专家梦寐以求想要得到的种质资源。

蓝莓（Blueberry）又名越橘、蓝浆果，属杜鹃花科（Ericaceae）越橘属（*Vaccinium*）多年生落叶或常绿灌木，主要分布在北半球寒温度至亚热带高山。该属植物全世界有450种。我国有90余种，南北均有分布。美国自20世纪30年代开始育种，到80年代末，美国已选育出适应各地气候条件的优良品种100多个，形成了南部、东部、北部各州蓝莓产区。由于蓝莓果实含有防止脑神经衰老、增强心脏功能、保护视力及抗癌、抗氧化等独特功效物质，被FAO列为人类五大健康食品之一。在美国，蓝莓已成为继葡萄之后的丰栽浆果果品。继美国之后，荷兰、加拿大、德国、英国、波兰、澳大利亚、新西兰、日本、智利、阿根廷、巴西、乌拉圭等国相继开展了规模化引种栽培，并达到可观的产业规模，仅高灌蓝莓栽培面积美国就有2.6万hm^2，产量近35万t，年创产值70亿～100亿美元。

从80年代开始引种栽培以来，我国已从国外引入近百个蓝莓品种，特别是近几年发展极快。2008年，中国常年从事蓝莓等小浆果种植生产一线的人数约3万人，从事包装、运输、加工、贸易的人数约7 000人。据本项目组最近在国内开展的调查，黑龙江、吉林、辽宁、内蒙古东部的牙克石、北京、河北、山西、山东、安徽、浙江、江西、云南、贵州、四川均有蓝莓种植。其中东北、西南、华东是我国蓝莓种植的主要地区。

2008—2009 年，北京林业大学野生果树项目组在新疆和东北大兴安岭调查期间了解到，日本科学家曾经到中国上述地区开展过调查研究，并采集走笃斯越橘（*Vaccinium uliginosum*）和越橘（*Vaccinium vitis-idaea*）的育种材料。项目组 2009 年曾从旅日华侨（也在开展相应研究）处了解并证实了该信息。

大兴安岭产笃柿越橘

大兴安岭笃柿越橘调查

大兴安岭地区的越橘　　　　　　　　大兴安岭越橘生境

5.3 野生果树物种及遗传资源引进的案例分析

5.3.1 木本果树物种及遗传资源引进的历史、现状、趋势

果树引种驯化简称果树引种，通常包括果树引种与开发利用本地果树资源两大部分，果树引种是指引进、驯化外来果树树种，选择优良者加以繁殖利用的工作。外来果树是指被引到自然分布区以外栽植的果树，在引入区统称为外来树种。因此，果树引种的一般概念也可理解为从外地或外国引进本地区原本没有的果树树种，通过驯化培育使其成为本地或本国的栽培果树。

我国是一个文明古国，引种外来树种（包括果树）的历史悠久，大体分为四个阶段，即古代引种阶段、近代引种阶段、新中国成立后引种阶段和 948 引种阶段。公元 134—1368 年为古代引种阶段，1369—1948 为近代引种阶段，1949—1993 年为新中国成立后引种阶段，1994 年以后属于 948 引种阶段。

据考证，我国古代引种阶段大约从西汉张骞（公元 134 年）出使西域开始，到元代末年（1368 年），先后经历 1 200 余年。陆路引种是当时的主流引入途径，主要通过丝绸之路和中亚、近东国家（历史上称为西域）进行活跃的植物交流。由西域引进的主要代表性果树有石榴（*Punica granatum* Linn.）（安石榴）、葡萄（*Vitis vinifera* Linn.）（古称蒲陶）、无花果（*Ficus carica* Linn.）、阿月浑子（*Pistacia vera* L.）（开心果）等。

从近代起海运畅通，特别是 15 世纪初，郑和率船队七次下西洋，历经 28 年，出访了东南亚、南亚、西亚，远至阿拉伯地区和东非等 30 多个国家和地区，带回部分生物物种的同时，也将中国的生物资源传带到这些国家和地区。15 世纪末欧洲航海探险盛行，1492 年，哥伦布发现了新大陆——中美洲巴勒比海中的巴哈马群岛（当时命名为圣萨尔瓦多），国际交流开始转向以海上交通为主。到新中国成立之前（公元 1948 年），美洲区系的植物，如一些农作物[著名的有玉米（*Zea mays* L.）、甘薯（*Ipomoea batatas* Lam.）、马铃薯（*Solanum tuberosum* L.）等]、花卉及园林植物相继也引入我国。特别是 19 世纪中叶以后，我国从国外引进的树种种类大大增加，包括果树、药用树种，有宗教色彩树种[如菩提树（*Ficus religiosa* Linn.）、诃子（*Terminalia chebula* Retz.）等]、园林观赏树种及一些用材树种。用材树种如桉树（*Eucalyptus* spp.）1884 年引进，刺槐（*Robinia pseudoaccacia* L.）于 1877 年引种到南京后又于 1897 年之后引种到青岛，湿地松（*Pinus elliottii* Engelm.）、火炬松（*Pinus taeda* L.）从 1933 年至 1946 年在我国亚热带地区有少量引种。外来树种来自东南亚、马来群岛、中亚细亚地区，以后又有美洲地区。不少是由华侨、留学生、外国传教士、洋商、外交使节等带进的，因此，引进地区多为沿海大城市，并多为零星小片栽植，或偶见于庭院、植物园。

新中国成立后林木和果树引种工作逐步发展。新中国成立初期农垦部对巴西橡胶

(*Hevea brasiliensis*（Willd. ex Adr.Juss.）Muell.-Arg.）等热带经济树种进行了引种驯化。20世纪50—60年代，林木和果树引种对象主要是油橄榄（*Olea europaea* L.）、欧美杨和部分观赏树种。林业上推广的外来树种有刺槐（*Robinia pseudoaccacia* L.）、日本黑松（*Pinus thunbergii* Parl.）和一些欧美杨树种等。湿地松（*Pinus elliottii* Engelm.）、火炬松（*Pinus taeda* L.）、桉树（*Eucalyptus* spp.）等树种的引种仍处于试验阶段。70年代末以来，随着我国实行改革开放政策，开始有计划、有目的地开展了林木引种驯化工作。林木引种科研与国外的合作、交流日益广泛，1977年，中国林业科学研究院林业研究所成立了林木引种室，由吴中伦教授亲自领导，组织了引种专业调查组，对我国过去引进的外来树种进行了比较全面系统的调查研究，于1983年编著了我国第一部林木引种专著《国外树种引种概论》，概述了85个科570种外来树种的引种表现。

为了缩小我国农业科技与世界先进水平的差距，1994年8月，经国务院批准，从"九五"开始组织实施"引进国际先进农业科学技术计划"，简称"948"计划，由农业部、水利部、国家林业局、财政部共同组织实施。1996年至2009年，中央财政共投入资金14.15亿元。截至2008年，我国共引进粮食、棉花、油料、糖料、水果、蔬菜、牧草、花卉、微生物和动物等优良品种、自交系、亲本和种质材料8万余份，挖掘出高产、优质、抗病虫、抗逆的育种材料近50万份，培育新品种500多个，累计推广14亿亩以上，为农业生产提供了强有力的技术支撑。"948"计划还围绕主要粮油作物和特色农产品生产加工等领域引进了一大批先进技术，经过消化吸收再创新和推广应用，有力促进了农业产业结构调整和农民增收，丰富了"肉蛋奶""瓜果菜"的市场供应。

从1984年起，"国内外重要造林树种引种驯化"列入国家"六五"和"七五"科研攻关课题，组织了全国50多个科研、生产和管理单位共同开展林木引种科研攻关，从理论和方法上都取得了显著的突破。该阶段引入种类最多，除少量野生种外，引入生物材料多为经过优选或选育且具有重要经济价值或生态价值的品种、无性系及其栽培、繁殖、利用技术。强调引种与种源试验相结合，如对我国引种成功的主要外来树种，如湿地松、火炬松、加勒比松、巨桉、尾叶桉、赤桉、细叶桉、蓝桉、木麻黄、热带相思等，均进行了系统的全分布区种源试验。建立了以科研院、所树木园，部、省联营良种基地为基础的跨地区跨行业的全国林木引种网点。注重总结栽培技术和利用的研究以及技术手段的现代化。制订了《林木引种》国家标准，于1993年颁布执行，使林木引种工作从此走上了规范化健康发展的轨道。同时，开展了全方位的国际交流与合作。

5.3.2 木本果树引种范例

薄壳山核桃（*Carya illinoensis*（Wang.）K.Koch）：山核桃原产地美国，在原产地天然分布于密西西比河流域的冲积滩地上，美国伊利诺伊州以南、亚拉巴马州以西到得克萨斯州东部，及墨西哥东北局部地区，约处25°~40°N，而以30°~35°N地区生长最好。

薄壳山核桃于1900年左右引入我国，1907—1944年，由教会传教士，大学和科研部门的学者曾多次从美国引入种子和苗木,先后在江苏江阴、南京,浙江杭州、余姚、绍兴、嘉兴、建德、金华、桐庐,江西九江,福建莆田、厦门,北京,安徽合肥、芜湖等地零星种植,保存数量较少。部分引种植株开花结实后,通过采种育苗再扩大繁殖。

新中国成立后,1954年南京科学院从前苏联塔什干植物园引入种子,播种育苗后,定植于校园内。1965年法国植物病理学家来华访问,赠送马罕和伊丽莎白两个品种的苗木分别栽植于广东、福建、浙江、四川省。在浙江黄岩柑橘研究所定植的三年苗木即开始结实,1973年由浙江省科学院亚热带作物研究所进行繁殖,开展了品种对比试验。1978年浙江农业大学林学系郑止善教授从美国山核桃试验站引进巴通(Barton)等15个品种(其中有10个品种是美国1965—1974年已推广的优良品种),分别在浙江临安和江苏南京种植,从而为选种丰富了种源。1980年以来,南京中山植物园曾数次引入种子和接穗。1991年中国林业科学研究院也从美国引入良种接穗,嫁接在浙江余杭县长乐林场。我国南方一些地区比较重视这一树种的发展,列为绿化造林的主要树种之一。据1975年调查,南京地区已定植10年生以上大树4 045株,年产坚果1 135 kg左右。据1983年调查,浙江省有薄壳山核桃面积约20 hm^2,年产坚果约500 kg。目前,北自北京市、辽宁省,南达广东、海南省,西至陕西、四川、云南等省,东及浙江、台湾省都有引种。

扁桃(*Amygdalus commnis* L.):扁桃属植物主产中亚各地,东起我国新疆西部,西到地中海沿岸,再达北非,北自哈萨克斯坦经伊朗至巴基斯坦。但现代栽培区则以地中海沿岸为中心,在意大利的西西里岛及突尼斯最为集中,在西半球,美国引种栽培约有100余年,其产量居世界首位。

扁桃别称巴旦、巴旦杏,原于波斯名(Badam),商品名又称美国大杏仁,属于世界四大坚果之一。扁桃栽培历史约4 000年。我国引种记载始于唐代,距今至少已有1 300余年。自古波斯(今伊朗)经丝绸之路,直接引入关中长安,在新疆、甘肃、陕西、宁夏均曾栽培。后因战乱及内地湿度过高,气候型不同而渐绝迹。明李时珍编《本草纲目》记载:"巴旦杏出回回旧地,今关西诸土亦有"。现今我国栽培最广的当属新疆的喀什、英吉沙、莎车及和田等县。

1956年中国科学院植物研究所北京植物园从前苏联引入8个品种在北京试种,1963年从新疆喀什、莎车引入5个品种在北京试种,1965年从意大利、法国引入8个品种在北京试种,1974年重新由意大利西西里岛引入4个品种的接穗在北京进行嫁接试种。北京林业大学(前北京林学院)也于1958年从新疆引入了几个品种,在妙峰山试种;西安植物园1958年也从新疆引入几个品种在西安和陕西几个县试种。从1964年开始,天津茶叶土产进出口公司,为了扩大杏仁出口,曾引种意大利、法国、阿尔巴尼亚的扁桃种子,委托北京植物园开展试验,1974年引进接穗,分别在北京、西安、银川进行嫁接试种。北京植物园于1965年将初步引种成功的前苏联扁桃品种,在河北省涿鹿县杨家坪林场进行扩大试种,1974年将意大利品种接穗在该场嫁接。各单位的初期引种,基本能够生长,并完成阶段发育和开花结实。但是由于内地的气候多为夏季季风雨型,高温高湿,植株极易感染病害，枝条停止生长晚，冬眠准备差，常使植株越冬时受害，因而结实量大大降低。在河北涿鹿杨家坪林场试种，其生长良好，夏季雨水虽多，但温度不太高，病害极少。但开花多，结实少，这可能与授粉树不恰当有关，因而产量极低，缺乏生产意义，而未能发展。西安植物园在秦岭、大巴山都分别设立了试验栽培点，其结果与北京相似，未能大面积发展。近年，山东省个体老板通过大量嫁接试验，成功地将扁桃嫁接在山桃上，获得了成功。

石榴（Punica granatum L.）：石榴属安石榴科（Punicaceae）落叶树种，原产中亚伊朗（古安石国）、阿富汗、喜马拉雅及地中海地区。

石榴在伊朗公元前已有栽培，并向西传至地中海沿岸各国，向东传至印度、中国等地，以后又传到朝鲜及日本，目前，全世界各大洲均有栽培。

石榴由原产中心传入印度并广泛栽培。最早从波斯（今伊朗）引种到印度的时间大约在公元1世纪。中国的石榴据称是汉武帝时代张骞出使西域（公元前122年左右）带回的，但在典籍上未得到证实。辛树帜教授据张衡"南部赋"（约成书于1世纪末）中若榴的记载，认为若榴即是指石榴。如果此说成立，那么在公元1世纪前已引入中国，这充分说明我国与西方的交流实际不是自张骞开始，而且引种的途径也不止一条。

石榴引入我国最初即在陕西关中栽培，以后逐渐向全国各地扩展，唐宋时期海上丝绸之路开通，又从印度向广东、福建传入，至明、清两代，东起滨海，西迄川、滇、黔，北自黄河，南达两广等地均可见石榴栽培；西北的新疆南疆地区现有500年以上树龄的老树；长城以北寒冷地区也有栽培。我国栽培石榴最著名的地区有：陕西临潼、河南荥阳广武、山东枣庄、新疆叶城、安徽肖县及怀远、四川会理及会东、云南巧家及蒙自等。栽培历史均在2 000年以上，形成了众多的石榴栽培品种。

5.4 影响野生果树物种及遗传资源的主要因素

5.4.1 资源丧失、流失及受威胁的主要因素

与其他生物物种一样，野生果树物种及遗传资源丧失、流失及受威胁的主要因素大体如下：

（1）生境破坏或破碎化

由于人类无节制的活动，譬如大面积砍伐、毁坏森林、垦荒种地、围沼造田、大兴土木、过度放牧等，使得自然植被遭到严重破坏，原生态环境丧失殆尽，导致分布于森林、草原、荒漠中的大量林木和野生果树资源受到威胁，生物多样性急剧萎缩。以野生果树为例，近年来，世界范围内"回归自然"的呼声日益增强，人们对原汁原味的野果需求量与日俱增，10年间翻了两番。各种社会因素和对野果需求量的增加，给自然环境和野生果树资源造成了巨大的压力，致使大面积植被被毁，生态环境急剧恶化，野生果树资源快速萎缩。刺梨、各种猕猴桃、金樱子、余甘子、五味子、笃柿越橘、越橘、野樱桃李、野生沙

棘等 100 多种野生果树的资源量普遍下降，严重影响野生果树的生物多样性，导致历经数十亿年演化的自然遗产，在还没有得到充分认识的当今就要告别人类，这不能不说是人类社会发展的一大悲剧。

（2）盲目开垦，乱砍滥伐

资源调查发现，野生果树资源有逐年减少的趋势。主要原因之一是许多偏远落后的地区不知道野生果树资源的价值，一旦了解，又随意破坏；特别是随着人口的不断增长，毁林开荒，乱砍滥伐的事件经常发生。较典型的实例就是蒜头果。20 年前，云南与广西交界处的广南地区，还有比较多的蒜头果资源，经过短短 20 年的环境破坏，目前已很难在该区找到成片的蒜头果资源。新疆的野生樱桃李本来就被荒漠包围，时常有牧群践踏破坏，资源已岌岌可危。东北的笃斯越橘和越橘经常生于湿草甸，为了造林，不惜清除宝贵的越橘资源营造落叶松，使大片的野果林惨遭毁灭。

（3）杀鸡取卵，野蛮采摘

由于野生果树多分布在较偏远的山区，交通不便，加之采收方法简单、采收工具落后，因此，在群众性的采集过程中，缺乏"保护资源，合理利用"的计划，往往只顾眼前利益，而不计后果。如有些人在采收滇刺枣、猕猴桃、沙棘、野生梅过程中，由于树高难采，于是就采取最原始野蛮的方式，要么割蔓，要么砍头再行采摘。这种"竭泽而渔"的做法，常使大片野生资源毁于一旦。东北的野生猕猴桃加工品曾经是日本客商的抢购产品，由于猕猴桃属于藤本植物，野外采摘困难，部分林区采用砍棵采果等非科学的采收方式，资源骤减，产品现早已销声匿迹。

（4）不合理过度利用

新疆野苹果、野杏、野樱桃李等大宗野生果树资源近年逐渐萎缩，新疆野苹果资源量比新中国成立初期减少了 3/5，无法提供或只能提供少量商品野果；大兴安岭的笃斯越橘、越橘曾支撑十几家加工企业，目前仅有个别企业仍在经营；新疆野苹果、野樱桃李曾支撑新疆伊犁有名的果汁企业，目前，由于种种原因早已经下马。

（5）管理不善导致基因污染

新疆野苹果由于疏于管理，不科学的引种、嫁接将基因资源搅乱，病虫害泛滥严重，小吉丁虫几乎将野苹果逼到濒临灭绝的边缘。云南省野生泡核桃嫁接栽培泡核桃如火如荼，不仅破坏了野生资源，泡核桃基因也遭到污染。湖北某高校教授，大张旗鼓宣传、推广野生板栗嫁接栽培板栗，将长江三峡野生板栗大树大部分嫁接成栽培品种，并由此得到媒体大肆宣传。新疆部分高校很早就在野苹果林中开展嫁接改造试验，使得野苹果基因也遭到污染。

（6）植物自身的生物学特性

部分珍稀濒危林木物种和野生果树植物自身的生物学特性也是资源减少的原因之一，如狭窄的自然分布区域、生长缓慢、雌雄异株、结实困难、种子发育不良、种子休眠等都造就了植物的脆弱本性，使得物种的自我更新困难。即使在自然保护区内，要想在自然条件下使种群个体数量得以恢复也有很大难度。

（7）缺乏相应的自然保护区

自然保护区是国家为了保护珍贵和濒危动、植物以及各种典型的生态系统，保护珍贵的地质剖面，为进行自然保护教育、科研和宣传活动提供场所，并在指定的区域内开展旅游和生产活动而划定的特殊区域的总称。截至2007年底，我国各级各类自然保护区共有2 531处，但以野生果树为重点保护对象的保护区屈指可数，300多处国家级自然保护区中，没有一处是针对野生果树保护而设立的，就连世界上少见的新疆伊犁野果林也不在其中。

（8）律法执行力度影响因素

在中国宪法的第9条和第26条中分别规定，国家保障自然资源的合理利用，保护珍贵动植物。禁止任何组织和个人利用任何手段侵占或破坏自然资源。在刑法中，增加了破坏环境资源罪。另外，中国制定了一些生物遗传资源保护的相关法律。环境保护方面有1989年颁布的《环境保护法》，1982年颁布的《海洋环境保护法》；与陆栖野生动植物栖息地保护有关的法有《森林法》《草原法》《农业法》《水土保持法》等。为有效实施这些法律，加强对生物遗传资源的保护与管理，保护生物遗传资源的安全，我国政府亦相继颁布了一系列涉及遗传资源保护和利用的政策法规。国务院于1994年4月颁布了《种畜禽管理条例》，1995年颁布了《中华人民共和国进出境动植物检疫法》，1996年9月颁布了《野生植物保护条例》，1997年3月颁布了《中华人民共和国植物新品种保护条例》。但这些律法执行力度不够，有法不依或执法不严情况相当严重。

（9）法律法规体系尚不完善

首先，我国现有的遗传资源保护和管理的法律法规体系尚不完善，目前缺乏综合的遗传资源管理法，没有一部完整的能够统一其他规章的规范遗传资源获取和惠益分享的法律法规，现有的遗传资源管理规定是在其他法律法规下附带作出的（如濒危物种保护只是在《野生动物保护法》《渔业法》《进出境动物检疫法》等法律法规中提供了法律依据。）内容很不完善，也不具体，缺乏可操作性。现有法规主要强调生物品种的保护，而忽略了遗传资源和遗传能力的保护，很少涉及遗传资源经济开发所获得利益的分享机制方面的内容。缺乏与国际规则接轨的法律法规。没有专门的生物遗传资源管理机构，遗传资源的输入输出缺少统一的法定程序和渠道，致使我国遗传资源不断无偿流失。例如，猕猴桃原产于我国，其资源流失到新西兰后，新西兰培育出优质高产的新品种，已畅销全世界，并源源不断地销售到中国市场。

5.4.2 野生果树资源流失的主要途径

野生果树资源流失的途径主要有：

（1）贸易流失途径

一些外国公司或外籍公民个人通过贸易活动（如购买苗木）来获得中国的生物遗传资源。

(2) 合作培养流失途径

个别国外大学或研究机构通过合作培养人才途径，要求（主动或被动）受培养者提供材料，从而获得中国的生物遗传资源。

(3) 合作研究流失途径

国外发达国家以合作研究途径，中方提供试验材料和基地，将我国的生物遗传资源携带/运输出境，使得我国的林木和野生果树物种资源一再流失。

(4) 交流赠送流失途径

物种交流赠送是国际交流中常见的现象，往往无意中造成资源流失。

(5) 旅游考察流失途径

随着改革开放的深入，到中国旅游/考察的外国客人越来越多，其中不乏一些从事相关研究的专业人士，借旅游/考察的机会将我国的珍稀物种种质资源携带出境。

(6) 被盗窃流失途径

据报道，金佛山丰富的珍稀植物资源频频引起部分外国人觊觎，有外客多次到四川金佛山偷树。据介绍，警方已破获多起到金佛山偷采巴山榧、红豆杉等珍稀树木的案件。如2006年3月2日，一名日本旅客到重庆南川市金佛山偷采我国珍稀植物巴山榧、红豆杉，被公安机关现场抓获。

5.5 野生果树物种及遗传资源保护策略与建议

(1) 认识保护生物物种及遗传资源的紧迫性

生物遗传资源是指包含全部或部分生物体，以及衍生于上述生物活体的新陈代谢和上述生物体的以分子和物质形式存在的活体或死体萃取物标本中的遗传信息，是人类生存和社会经济可持续发展的战略性资源。地球上生存的物种繁多，经过几十亿年的繁衍、进化和生存竞争，保留下许多生物物种，这些生物物种蕴藏着丰富多样的遗传资源。但近几百年来，这种和谐开始被打破，人类社会现代文明的发展使全球生态环境受到极大破坏，许多物种面临灭顶之灾。物种的灭绝不仅意味着一个物种的消失，更重要的是这些物种所携带的基因资源，也随之永远消失。物种的生存能力与其遗传多样性成正比，物种急剧减少的结果，会导致各个生态系统的脆弱。人类也是生物界生命链中的一环，每一次平衡被打破，每一个生态系统遭破坏，大自然满足人类需求的能力就会大打折扣，人类就不可避免遭受一个又一个灾难性的打击。认识保护生物物种及遗传资源的紧迫性，加强生物物种及遗传资源保护全民教育，对于维护自然和人类社会的可持续发展至关重要。

(2) 加强宣传，充分认识野生果树的资源价值

一般而言，野生果树抗逆性强，野果污染少、无公害，营养和保健功能独特，是一种地道的天然食品，具有潜在的开发利用价值。无论从经济建设的角度还是生态保护的角度考虑，都要加大宣传力度，使人们对野生果树资源有一个全面的认识，引导全社会重视、

关心、支持野生果树资源的保护工作。

（3）加快种质资源调查与相关科学研究

我国野生果树资源丰富，种类多样，果树科研工作者对于野生果树分布与种类做了不少调查工作。但是随着我国居民生活活动以及开发范围的不断扩大，气候条件对于我国野生果树资源也进行了自然筛选，野生果树的种类、习性以及分布可能会发生不同程度的变化，因而有必要对我国野生果树种类、数量、生物学特性、资源分布现状进行全面的调查，以尽快弄清野生果树种质资源重要种、稀有种的分布、储藏量和开发潜力的最新资料。在资源普查基础上，加强对资源的建圃保存、抗性鉴定、品质鉴定、评价利用以及生态习性、引种驯化技术、栽培生理等应用基础的研究，并对各种资源的化学成分、营养和医疗保健价值进行深入研究，开展对主要树种抗性、栽培和加工性状的系统评价，进行丰产栽培和深加工等实用技术研究，实现野生资源的科学利用，为合理开发利用提供依据，并对研究成果进行推广，迅速转化为生产力。

（4）确定中国重点野生果树保护名录

我国涉及植物保护的立法可谓不少，珍稀濒危保护植物名录主要有：《国家保护植物名录（第一批）》(1984)、《中国珍稀濒危保护植物名录》(1987)、《中国植物红皮书》(1992)、《林业部关于保护珍贵树种的通知》(1992年)、《国家重点保护野生植物名录（第一批）》(1999)和《濒危野生动植物种国际贸易公约》(附录·2003)等，但国家重点保护植物名单的确立多以植物的濒危状况为基本原则，对特殊类别植物的资源价值考虑的很少。因此，需要建立国家重点保护野生果树名录。该名录的筛选，首先应考虑物种作为野生果树的资源价值，结合珍稀濒危状况、特有性、开发利用现状及其在生态系统中的作用和地位等因素。所谓珍稀濒危状况主要参考物种的国内分布频度、国内现存多度、种群消失速率和种群结构等几个方面，提出《中国重点保护野生果树名录》，以便指导中国重点野生果树资源的保护。

（5）加强原产地自然保护区保护

应在著名野生果树的原产地建立野生果树的绝对保护区，或在其他保护区内绝对禁止采摘。对一些濒危种现存的母树要有专人进行保护，采收种子扩大繁殖，如野生荔枝、野生核桃、藏杏等。对集中连片分布，周边环境不利于保护的野生果树种群加强原产地自然保护区保护，如野樱桃李、野杏、野苹果、野核桃。对天然繁殖能力弱、结实率低或种实易遭到破坏、自然更新能力差的物种采用人工手段提高繁殖系数，增加野生个体数量，如黑果茶藨、野香蕉、道县野橘、翅果油树、刺梨、蒜头果等。

（6）建立科学的采收利用方法

应根据各地区的资源蕴藏量确定合理的采收量，保证物种能够进行自我更新，蕴藏量不致下降。野生果树的传统采收期多在有性繁殖期内，进行采收量与自然更新种实需求量关系的研究，在保证植物繁衍的前提下进行适时、适量的采收。对藤本类野生果树应研究和完善采摘技术，坚决杜绝原来那种砍藤采果的习惯。坚持边采边育，保护幼树幼苗，引栽不能挖光挖尽。

(7) 进行野生变家栽和引种驯化技术的研究

珍稀濒危野生果树，特别是濒危种在野外的个体数量已经很有限，要绝对禁止采挖是件不好操作也不现实的事情。通过人工栽培来满足市场需要，才能从根本上缓解对野生果树资源的压力。同时也只有在人工栽培技术成熟的前提下，才有可能对濒危野生果树进行迁地保护和物种复壮。由于长期的实生繁殖和自然变异，野生果树个体间良莠不齐现象非常突出，加之生境条件恶劣，无人管护，杂草丛生，导致野果产量和质量低而不稳，商品率和经济效益较低，而这种现象又反过来影响了人们管护和开发的积极性。随着社会和人民生活水平的不断提高，对野生可食性植物资源的需求量会越来越大，仅仅依靠利用天然野生资源难以满足生产需要。为了确保市场对野果的消费以及加工需求，对于那些开发价值大、经济效益高的野生果树，有关科研部门应加强引种驯化工作，发展人工种植，开展野生果树栽培技术、选种和育种等工作，培育经济性状好、价值高的优良品种，在生产上推广应用，建立原料生产基地。

(8) 保护性开发和可持续利用

目前，由于大多数野生果树资源的开发是直接利用，资源破坏严重，因此开发利用要在保护的前提下进行，在开发利用前要对该地该野生果树资源的现状、存有量、可利用量以及物种的多样性、可持续发展进行深入研究，杜绝掠夺式的生产行为，维持物种多样性。在开发利用野果资源时，及时对前景广阔而受到严重威胁的野生果树物种资源加以保护，建立物种基因库。对于稀有的野生果树，应加以封禁保护，待扩大栽培后再转为利用，防止引起新的破坏。对于资源蕴藏量很大的野生果树，如笃斯越橘和越橘，可采用轮封轮采的方式加工利用。力争把对野生果树的开发利用建立在尊重科学并讲求实效的基础上，使野生果树的资源总量在动态平衡中增长，实现资源的可持续发展。

(9) 因地制宜，深度发展

野生果树的发展利用是一项极其复杂的工作，需要开展相应的基础性工作。目前，我国野生果树丰产栽培和繁殖等实用技术的研究与推广工作基础薄弱，远不能适应当前野生果树商品化和产业化开发的需要。从整体上看，我国野生果树资源的综合利用率只有1%，规模发展、开发的野生果树种类尚不足10%。根据野生果树的地域分布特点，在不同的地区发展各自的优势品种和特色资源，应因地制宜，统筹规划，集中优势力量有重点、有步骤地进行发展、开发。以骨干企业野果栽培园区为龙头，带动科研、生产、加工和销售的全面繁荣，实现因地制宜、深度发展和产业化开发的目标。

(10) 建立珍稀濒危野果树的基因库

在进行广泛的野外调查的基础上大量收集和保护种内变异，在适宜地点建立种质基因库，尽可能多地对遗传多样性进行保护。新疆维吾尔自治区为保存、发展和利用野生果树资源，建立了3个自然保护区，即巩留野核桃保护区、塔城野扁桃保护区和伊犁野苹果保护区，尽管3个保护区离种质库基地还有很大距离，但至少搭建起了基本构架。在科学研究的基础上，在必要时可以人为增加个体间的基因流动，促进基因重组，对物种进行复壮。同时应对离体保护技术进行深入的研究，在低温条件下对种子、胚、愈伤组织等进行长期的保存，争取在较小的空间中最大限度地对植物的遗传多样性进行保护。如黑胡桃的胚在剥出后快速冷冻能长期保存，经升温后可在试管里发芽，一个 2 ml 的试管能保存 900 个胚。

（11）对致危因素进行系统、全面的研究

一个物种濒临灭绝除了外在因素（如生态系统的破坏、采挖过度）外，往往还存在着内在的原因，如有性繁殖困难、种子出芽率低等，致使其自我更新困难或速度较慢，找出致危因素并加以解决，对原产地资源的恢复及人工栽培都是至关重要的。蒜头果属于濒危野生果树，经研究发现，蒜头果自身的生物学特性（花粉管短且弯曲，可能影响授粉，造成蒜头果生殖效率低；落果率很高；果实 9—11 月成熟脱落，因种实较大而暴露于土表，而分布区在 9—11 月及以后降水较少，不能满足发芽需要），导致蒜头果繁殖困难，进而引起蒜头果种群更新不良。植被破坏，引起土地旱化，气温偏高，空气湿度低，使得蒜头果种子难以转化成幼苗，即使转化为幼苗，幼苗也难以成活。加之鼠类对蒜头果果实的取食，使得种子减少，即使是强度不大的人为破坏和砍伐，对种群的生存也构成严重的威胁。而这些反过来又引起种群数量下降和分布区减小，形成恶性循环。

（12）遗传多样性的研究与确定

野生果树以实生繁殖为主，所萌生的植株产生自父本和母本生殖细胞结合后形成的有性胚，高度遗传杂合性的基因在受精过程中再次重组分离，就会使种子繁殖的植株其遗传性状产生很大的变异，在植株间也表现出较大的性状差异。实生繁殖为遗传变异奠定了基础，但植物外观上的变异并不一定是遗传上的变异，外观无差异也不代表遗传上没有差异，随机采集个体进行保护不能全面有效地、科学地保护好一个物种。利用现代技术手段，如等位酶、限制性片段长度多态性等技术对野生果树物种进行研究，确定变异类型，有针对性地加以保护，才是最科学和有效的。

（13）建立物种保护信息管理系统

对我国重点野生果树进行保护，研究对象是复杂系统，数据量巨大。要充分利用有关数据，使保护决策尽量科学，建立计算机信息管理系统是十分必要的。现在我国已有珍稀濒危植物信息库和濒危动物信息库，但它们所包含的有关野生果树方面的信息是有限的。建立重要和珍稀濒危野生果树物种保护信息管理系统，不但能提供准确的信息和资源，监测物种的动态变化，也可为政府部门制定保护政策、法规提供有力的依据。对重要和珍稀濒危野生果树进行有效的保护是一项系统工程，有大量艰苦的工作要做，而且在短期内也不会有显著的效果，政府部门和研究人员都不可急功近利，只有在法律、法规健全、进行充分的基础性研究和细致的基层工作的基础上，才有可能真正保护好这些珍贵的野生果树。

参考文献

[1] 成克武，臧润国. 物种濒危状态等级评价概述[J]. 生物多样性，2004，12（5）：534-540.

[2] 崔国发，成可武，路端正，等. 北京喇叭沟门自然保护区植物濒危程度和保护级别研究[J]. 北京林业大学学报，2000，22（4）：8-13.

[3] 丁晖，徐海根. 生物物种资源的保护和利用价值评估——以江苏省为例[J]. 生态与农村环境学报，2010，26（5）：454-460.

[4] 顾云春. 中国国家重点保护野生植物现状[J]. 中南林业调查规划，2003，22（4）：1-7.

[5] IUCN. IUCN Red List Categories and Criteria（Version 3.1）.IUCN Species Survival Commission. IUCN，Gland，Switzerland and Cambridge，UK．2001．

[6] IUCN.Guidelines for Application of IUCN Red List Criteria at Regional Levels（Version 3.0）.IUCN Species Survival Commission. IUCN.Gland，Switzerland and Cambridge，UK．2003．

[7] IUCN.IUCN Red List of Threatened Species.Http：//www.iucnredlist.org Pimm SL，Russell GJ，Gittle，2006．

[8] Rodrigues ASL，Pilgrim JD，Lamoreux JF，et al. The value of the IUCN Red List for conservation. Trends in Ecology and Evolution，2006，21，71-76.

[9] 汪松，解焱. 中国物种红色名录[M]. 北京：高等教育出版社，2004.

[10] 张殿波，苑虎，喻梅. 国家重点保护野生植物受威胁等级的评估[J]. 生物多样性，2011,19（1）：57-62.

[11] 潘志刚，游应天. 中国主要外来树种引种栽培[M]. 北京：北京科学技术出版社，1994.

[12] 朱广庆. 《生物多样性公约》与中国的生物多样性保护[J]. 世界环境，1999，（3）：30.

[13] 余德浚. 中国果树分类学[M]. 北京：农业出版社，1979.

[14] 曲泽洲，王永蕙. 中国果树志·枣卷[M]. 北京：中国林业出版社，1993.

[15] 郭善基. 中国果树志·银杏卷[M]. 北京：中国林业出版社，1993.

[16] 邱武陵，章恢志. 中国果树志·龙眼 枇杷卷[M]. 北京：中国林业出版社，1996.

[17] 赵焕谆，丰宝田. 中国果树志·山楂卷[M]. 北京：中国林业出版社，1996.

[18] 郗荣庭，张毅平. 中国果树志·核桃卷[M]. 北京：中国林业出版社，1996.

[19] 刘孟军. 中国野生果树[M]. 北京：中国林业出版社，1998.

[20] 褚孟嫄. 中国果树志·梅卷[M]. 北京：中国林业出版社，1999.

[21] 汪祖华，庄恩及. 中国果树志·桃卷[M]. 北京：中国林业出版社，2001.

[22] 张加延，张钊. 中国果树志·杏卷[M]. 北京：中国林业出版社，2003.

[23] 张宇和. 中国果树志·板栗 榛子卷[M]. 北京：中国林业出版社，2005.

[24] 中国农业科学院果树研究所. 中国果树科技文摘（1～40）[M]. 北京：农业出版社，1985.

[25] 阎国荣，许正. 中国新疆野生果树研究[M]. 北京：中国林业出版社，2010.

第二篇

野外调查报告

第二章

古典金属分子理论

1 杨梅科 Myricaceae

1.1 毛杨梅 *Myrica esculata* 物种资源调查

1.1.1 毛杨梅概述

（1）名称

毛杨梅（*Myrica esculata* Buch.-Ham.）又称火杨梅（峨山）、杨梅树（红河）、野杨梅（广南），为杨梅科（Myricaceae）杨梅属（*Myrica* L.）植物。杨梅科植物约50种，分布于温带和亚热带，我国有6种，产西南至东部，其中毛杨梅为我国南方地区主要野生种之一，具有重要的资源价值。

（2）形态特征

毛杨梅为杨梅科杨梅属常绿乔木，高 4～10 m，胸径约 40 cm，树皮灰色；小枝和芽密被毡毛，皮孔密而明显。叶片革质，楔状倒卵形至披针状倒卵形或长椭圆状倒卵形，长 5～18 cm，宽 1.5～4 cm，先端钝圆或急尖，基部楔形，渐狭至叶柄，全缘或有时在中上部有少数不明显的圆齿或明显的锯齿，表面深绿色，除近基部沿主脉被毡毛外，其余无毛，背面淡绿色，具极稀疏的金黄色树脂质腺体，中脉及侧脉两面隆起，侧脉每边 8～11 条，弧曲上升，于边缘网结，细脉网状，明显；叶柄 5～20 mm，密被毡毛，雌雄异株；雄花序为多数穗状花序组成的圆锥花序，通常生于叶腋，直立或顶端稍俯垂，长 6～8 cm，花序轴密被短柔毛及极稀疏的金黄色树脂质腺体；分枝（即小穗状花序）基部具卵形苞片，苞片背面具上述腺体及短柔毛，具缘毛，分枝长 5～10 mm，圆柱形，直径 2～3 mm，具密接的覆瓦状排列的小苞片，小苞片背面无毛及腺体，具缘毛，每小苞片腋内具 1 雄花，每花具 3～7 枚雄蕊，花药椭圆形，红色；雌花序亦为腋生，直立，长 2～3.5 cm，分枝极短，每枝仅有 1～4 花，因而整个花序仍似穗状，通常每花序上仅有数个雌花发育成果实；每苞片腋内有 1 雌花；雌花具 2 小苞片；子房被短柔毛，具 2 细长的鲜红色花柱，核果椭圆形，略压扁，成熟时红色，外面具乳头状突起，长 1～2 cm，外果皮肉质，多汁液及树脂；核椭圆形，长 8～1.5 mm，具厚而硬的木质内果皮。花期 9—10 月，果期次年 3—4 月。

本种与同属国产种类的主要区别在于：常绿乔木，小枝和芽密生毡毛，雄花序较长，长 6～8 cm，核果椭圆形，略压扁。

（3）地理分布

分布于云南、广东、广西、四川、贵州等省区。中南半岛、马来西亚、印度、缅甸、尼泊尔、不丹等也有分布。

云南省毛杨梅产马关、麻栗坡、广南、富宁、泸水、勐海、禄劝、腾冲、盈江、龙陵、临沧、沧源、景东、思茅、勐海、峨山、新平、石屏、文山等地，生于海拔 1 000～2 500 m 的沟谷密林或山坡疏林中，也常见于干燥山坡上。

1.1.2 杨梅与毛杨梅研究概况

（1）杨梅种质资源研究概况

杨梅系杨梅科杨梅属植物，国内外杨梅属（*Myrica* Linn.）植物约有 60 种。根据《中国植物志》（1974）记载，我国杨梅属植物仅有 4 个种，即杨梅（*Myrica. rubra* Sieb. et Zucc.）、毛杨梅（*Myrica esculenta* Buch.-Ham.）、青杨梅（*Myrica adenophora* Hance）和矮杨梅（*Myrica nana* Cheval.）。后来，李时荣等（1994）在云南的西南部发现我国文献上尚未记载的 2 个种，即全缘叶杨梅（*Myrica .integrifolia* Roxh）和大杨梅（*Myrica arborescues* S. R. Li et X. L. Hu.），至此，我国的杨梅属植物共有 6 个种，其中以杨梅分布最广，而毛杨梅、矮杨梅、全缘叶杨梅和大杨梅只分布在云贵高原及四川的部分地区，青杨梅则产于海南岛，其变种恒春杨梅产于台湾。

庄卫东等（2001）综述了我国杨梅种质资源研究进展：概述了我国杨梅属植物种、变种的分类，杨梅栽培种的资源整理、分布、分类，以及生物技术在杨梅分类遗传研究中的应用等方面的研究现状，提出开发利用意见。

据全国杨梅科研协作组有关的调查和整理（庄卫东等，2000），我国杨梅共有 305 个品种和 105 个品系，现已定名的品种共 268 份。张跃建等（1999）对现有品种资源进行整理认为，我国品种资源呈现 3 个特点：一是品种间差异悬殊，表现出丰富的遗传多样性。如果实小的单果重仅 3 g，大的达 25 g 以上，最大单果重有超过 50 g。二是成熟期跨度较大，早的 4 月成熟，迟的 7 月中旬成熟，其中早熟种（6 月上旬以前成熟的）占 21.1%，迟熟种（7 月成熟的）占 12.4%。三是果实色泽十分丰富，有白色、粉红、红色、深红、紫红、深紫红紫黑和乌黑等，其中紫红的最多，共有 100 份，占 37.3%。总体来看，实用价值较高的品种，几乎都是深色品种，包括乌梅类和红梅类的一些优良品种，它们的果实品质优异，适应性广泛，在全国范围内广为应用，而浅色品种，如白杨梅、粉红杨梅也有优良品种，但其最大的缺点是适应能力差，产量不及红杨梅和乌杨梅，因而各地仅少量栽培。

现保存的 400 份种质资源中，已通过省级鉴定或审定或认定的杨梅品种共 18 个，依据成熟期早晚的顺序排列为：长蒂乌梅、旱荠蜜梅、大火炭梅、临海早大梅、早色、安海变、丁岙梅、西山乌梅、洞口乌、荸荠种、甜山杨梅、大叶细蒂、小叶细蒂、乌酥核、火炭梅、晚荠蜜梅、晚稻杨梅、东魁。其中浙江省的品种 8 个，江苏省的品种 4 个，福建省的品种3个。江苏的甜山杨梅虽经省级认定，但因采前落果十分严重，趋于淘汰；福建的二色杨梅、江苏的光叶杨梅等品种虽未经省级认定（审定），但其形状较佳，现已作为商品性栽培应用。浙江的荸荠种、东魁、丁岙梅、晚稻杨梅等已成为全国性主栽品种，分别在全国推广3万hm^2，2.7万hm^2，2.7万hm^2和0.7万hm^2。

我国是杨梅主产国，现有杨梅栽培面积约15.34万hm^2，主要分布在东经97°～122°和北纬18°～33°之间，东起台湾东岸，西至云南瑞丽，北至陕西汉中，南至海南南端。地跨北、中热带和北、中、南亚热带。但经济栽培则集中在我国的浙、苏、闽、粤、赣、皖、湘、黔等省，其他如川、琼、台等省仅少量栽培或大多呈野生状态。

张跃建等（1999）把我国主要杨梅品种资源的分布划分成5大区：江苏太湖沿岸和杭州湾南岸地区（该区是我国著名品种的集中产区，优良品种数量多，产量最高）、浙闽沿海区（该区品种数量最多，栽培面积最大）、华南滨海区、滇黔高原区和湘西黔东区。就长江以南各地区适应性比较而言，东部比西部好，沿海比内地好。其中以浙江杨梅栽培面积最大，产量最多，品质最佳。

对杨梅品种的分类，国内目前尚无统一的方法。俞德浚（1979），吴耕民（1995）等按果实色泽、树势、果熟期等形态特征进行分类研究，把杨梅品种分为野杨梅、红种、粉红种、白种、钮珠杨梅、乌种、阳平梅和早性梅等8个类型；郭枢等（1994）按照果核的形状和大小把浙江南部杨梅归纳为5个大类（卵圆形核、扁圆形核、椭圆形核、纺锤形核、长圆形核）和9个小类（小卵形核、广卵形核、扁圆形核、椭圆形核、小椭圆形核、大椭圆形核、短椭圆形核、纺锤形核、长圆形核）。

同工酶分析已被广泛地应用于植物的分类起源、亲缘关系、遗传突变分析乃至基因定位等，但在杨梅上的应用研究报道不多。Handa等对26个杨梅品种进行了GOT和POD同工酶分析鉴定，其结果表明，通过同工酶分析可鉴定出异名同种和同名异种的品种，而且还认为利用同工酶可明显把日本栽培品种与2个原产种的品种区分开来；我国曾对杨梅雌雄株进行了同工酶等方面的研究（李国梁，1995），结果表明，雌雄株的POD同工酶在快带区存在差异并表现出规律性：雌性为1F，而雄性为3F；谷晓明等（1998）采用聚丙烯酰胺垂直板凝胶电泳法，获得了矮杨梅种7个类型和毛杨梅的POD酶谱。矮杨梅种各类型的POD谱带具有多型性；以POD谱带为性状，对矮杨梅种各类型和毛杨梅进行了聚类分析，矮杨梅各类型和毛杨梅被分为两大类，相对应于形态分类学上的2个种。同工酶虽然是基因表达较直接的产物，但检测到的仅是一定测试条件下能表现活性的部分。随着测试手段和测试条件的改变，可能检测到不同的同工酶谱，这样往往难以进行比较。因此，在应用同工酶对杨梅进行分析时，必须对它的基本酶谱及酶带的遗传背景有一定的认识。

林伯年等（1999）首次对杨梅属植物的24个材料进行了RAPD带型及聚类分析，对经典形态分类学作出了验证。其所得到的树状图与传统的种类分析和杨梅的地理分布相一致。原产于我国的3个种（毛杨梅、矮杨梅和杨梅）可与原产于北美洲的蜡杨梅明显地区分开，而我国的3个杨梅种也各自聚类，各材料之间都有不同的遗传距离。通过一个引物或几个引物就能把所有的材料区分开，证明 RAPD 可用于杨梅属种、品种间的分类鉴定。但这方面工作有待于进一步深入。

(2) 毛杨梅研究概况

谷晓明等（1998）对矮杨梅不同类型和毛杨梅过氧化物酶同工酶（POX）的遗传学分析：采用聚丙烯酰胺垂直板凝胶电泳法，获得了矮杨梅种下 7 个类型和毛杨梅的过氧化物酶同工酶（POX）酶谱。矮杨梅种下各类型的 POX 谱带具有多型性；以 POX 谱带为性状，对矮杨梅各类型和毛杨梅进行了聚类分析，矮杨梅各类型和毛杨梅被分为两大类，对应于形态分类学上的两个种；矮杨梅的 7 个类型，被分为两类 4 组，其中，小乔木型和青白果型差异程度较大，是相对独立的两个类型。

邹天才（2001）对贵州杨梅科植物的地理分布与资源利用进行了评价，认为贵州产杨梅属植物 3 种，即杨梅（*M. rubra*）、毛杨梅（*M. esculata*）和矮杨梅（*M. nana*），但资源破坏严重，有 32 个县约占全省 40%的自然植被中数量日趋稀少，资源的有效保护和合理利用十分必要。贵州毛杨梅果实浓甜少酸，鲜果核脆，是引种栽培和遗传育种的特优种质资源。毛杨梅在贵州由于大山、沟谷的阻碍隔离，或者人为破坏的原因使其连续分布带中断了，形成"越过生物障碍的连续分布区"。贵州杨梅野生约 10 万 hm^2，果品储量约 17 000 t。

关于毛杨梅的利用研究相对较多，赵祖春等（1987）对毛杨梅及油柑树皮单宁组分进行了研究；郑光澄等（1988）对黑荆树栲胶和毛杨梅栲胶水溶液的流变特性进行了研究；孙达旺等（1991）对毛杨梅树皮中的黄酮醇进行了研究；陈武勇等（2002）对毛杨梅栲胶重度亚硫酸化改性与应用开展了研究；梁发星等（2004）对毛杨梅栲胶磺甲基化改性及其产物的应用进行了研究。

1.1.3 云南杨梅资源调查

(1) 野生毛杨梅生境调查

项目组西南林学院分组 2007 年专程到云南麻栗坡、广南、富宁等地进行了毛杨梅调查。调查发现，云南的毛杨梅基本处于野生状态，生于海拔 1 000～2 500 m 的沟谷密林或山坡疏林中，也常见于干燥山坡上。

毛杨梅以散生为主，个别地带呈团块状簇生。在季雨林和亚热带常绿阔叶林中较为常见，主要树种有云南松（*Pinus yunnanensis*）、云南油杉（*Keteleeria evelyniana*）、杉木（*Cunninghamia lanceolata*）、木荷（*Schima superba*）、西南桦（*Betula alnoides*）、桤木（*Alnus cremastogyne*）、杨树（*Populus* sp.）、麻栎（*Quercus acutissima*）、红椿（*Toona ciliata*）、圣诞树（*Acacia dealbata*），其他阔叶树有旱冬瓜（*Alnus nepalensis*）、南酸枣（*Choerospondias axillaris*）、柏木（*Cpuressus funebris*）、枫香（*Liquidambar formosana*）、苦楝（*Melia azedaeach*）、喜树（*Camptotheca acuminata*）、麻竹（*Dendrocalamus latiflorus*）、吊丝竹（*D.minor* var. *amoenus*）、滇青冈（*Cyclobalanopsis glaucoides*）、漆树（*Toxicodendron verniciflnum*）、悬钩子（*Rubus* spp.）、蕨类以及多种藤本植物和杂草。

野生毛杨梅多生长在由上述树种组成具有一定郁闭度的乔灌木林中，在郁闭度差的山地或草丛中的杨梅产量及品质都较差，在较原始的丛林中生长的毛杨梅产量与品质较好。

（2）云南杨梅生产现状调查

杨梅是云南的新兴水果，云南红河州石屏县1985年从浙江台州、宁波等地引进东魁、丁岙梅等品种，在20世纪90年代中期开始结果投产后，表现出了良好的品质特性和经济比状。

云南省现有杨梅面积约8 000 hm²，产量1万t，杨梅园多为近年发展，因此投产面积不大，总产不高。据有关人员介绍，云南除两个地（市、自治州）外，目前都有杨梅栽培，主产地为红河州的石屏县和昆明市的富民县，其中石屏县现有面积2 667 hm²，产量约7 000 t，富民县1 333 hm²，年产约1 000 t，两县面积占全省杨梅总面积的50%以上。现有栽培品种为从浙江省引种的东魁、荸荠种，其中东魁占了80%左右。当地虽有火杨梅、毛杨梅、云南杨梅等5个野生杨梅种，但由于品质差，经济价值低，未作为栽培品种开发种植。

云南杨梅最早的在4月中旬就可开采，直至5月底，采收期长达50 d左右。荸荠种开采期在4月中旬，东魁在4月底，比盛产杨梅的浙江提早1个半月以上。而且云南海拔差异大，同一品种成熟期差距可达1个月。云南杨梅园栽植密度多为4 m×4 m，树形主要为矮化栽培，不定干，多主枝，呈灌木状，6年生树高达4.2 m，树冠直径4.5 m，株产可达100 kg，正常成龄果园每亩可达1～2 t。

1.1.4 毛杨梅资源价值及保护利用现状

（1）毛杨梅资源价值

毛杨梅木材坚硬，为建筑、农具等用材。树皮含单宁10%～27%，可制栲胶或做染料。树皮及根入药，有散瘀止血，止痛的功效。果实可食，有生津止渴的功效。亦可做清凉饮料。果实中含有人体必需的K、Ca、Zn、Cr、Mo、Se、Ni等无机元素及丰富的维生素、纤维素、葡萄糖、果糖、柠檬酸、苹果酸、乳酸等，其中维生素C对防癌有积极作用；纤维素可刺激肠管蠕动，有利于体内有害物质的排泄。除食用外，果实还可制成杨梅酒和杨梅醋。毛杨梅果实浓甜少酸，鲜果核脆，是引种栽培和遗传育种的特优种质资源，在园艺、林业、轻工、食品方面合理开发利用具有重要意义。

（2）从毛杨梅的民族认识看资源保护与利用

杨梅属植物在云南民间有异物同名和同物异名现象，如酸杨梅、野杨梅、山杨梅和杨梅都是民间对杨梅属植物的俗称。在峨山将所有结红果的杨梅都称为火杨梅；在红河哈尼族、彝族、壮族、回族将毛杨梅和其他杨梅统称为树杨梅；在广南地区，将矮杨梅称为酸杨梅，将毛杨梅称为山杨梅或野杨梅。

通过访谈，杨梅属植物的经济价值主要集中于食用、药用、建筑和薪材等几个方面。云南民间对杨梅属植物的经济利用体现于食用与药用两方面，虽然在建筑、烧炭、薪材等方面也有使用价值,但用量较少；毛杨梅和矮杨梅以药用为主,杨梅以食用为主。其中,民族民间对毛杨梅和矮杨梅的食用价值与药用价值的认识和利用最为突出。恰恰是民族民间对毛杨梅食用价值与药用价值的上述认识,所以资源破坏比较严重。

1.1.5 毛杨梅保护与利用建议

（1）发掘现有的种质资源

由于野生毛杨梅长期自然杂交,变异类型多,毛杨梅种质资源丰富,其果实性状和适应性差别较大,可根据其不同特点进行选育并合理区划与利用。如将干旱区生长的结果多、口感好的毛杨梅筛选出来,在干旱区进行推广,或作为育种的亲本材料,培育抗旱杨梅品种。

另外,毛杨梅果实含有丰富的果胶,根、枝、叶含有大量单宁、多酚、芳香油和黄酮类物质,可以充分筛选,以备开发利用。

（2）加强野生毛杨梅区域的保护

由于人们的盲目砍伐和恶性采摘,已对云南野生毛杨梅资源构成一定威胁,尤其是一些野生的稀有、遗传上具有特殊价值类型。各级政府与有关技术、科研部门要及早采取措施,严禁砍伐,强化封山育林,科学采摘利用,并加强对毛杨梅经济价值与开发利用价值的宣传,切实保护好现有的自然种质资源。

参考文献

[1] 陈武勇,陈发奋,田金平. 毛杨梅栲胶重度亚硫酸化改性与应用研究[J]. 林产化学与工业,2002（4）：55-58.

[2] 陈宗良,吴建能,徐荣耀. 白蚁在杨梅上的危害及其防治[J]. 浙江柑橘,1998（4）：33-34.

[3] 谷晓明,刘宁,乙引,等. 矮杨梅不同类型和毛杨梅过氧化物酶同工酶（POX）的遗传学分析[J]. 贵州师范大学学报（自然科学版）,1998（2）：13-16.

[4] 李国梁,林伯年,沈德绪. 杨梅雌雄株同工酶和酚类物质的鉴别[J]. 浙江农业大学学报,1995（1）：22-26.

[5] 梁发星,颜秀珍,王明吉,等. 毛杨梅栲胶磺甲基化改性及其产物的应用研究[J]. 皮革科学与工程,2004（5）：12-15.

[6] 林伯年,徐林娟,贾春蕾. RAPD 技术在杨梅属植物分类研究中的应用[J]. 园艺学报,1999（4）：13-18.

[7] 孙达旺,赵祖春,来伊符,等. 毛杨梅树皮中的黄酮醇（英文）[J]. 林产化学与工业,1991（4）：251-257.

[8] 俞德浚,阎振茏,张鹏. 中国果树砧木资源[J]. 中国果树,1979（1）：1-7.

[9] 张跃建,缪松林. 我国杨梅品种资源及利用[J]. 中国南方果树,1999（4）：24-25.

[10] 赵祖春,罗庆云,孙达旺,等. 毛杨梅及油柑树皮单宁组分的研究（凝缩类单宁组分研究之二）[J]. 林产化学与工业,1987（3）：20-28.

[11] 郑光澄,林云露. 黑荆树栲胶和毛杨梅栲胶水溶液的流变特性[J]. 林产化学与工业,1988（2）：19-27.

[12] 邹天才. 贵州杨梅科植物的地理分布与资源利用评价（英文）[J]. 贵州大学学报（自然科学版）,2001

（2）：103-113，123.

[13] 庄卫东，潘一山. 我国杨梅种质资源研究进展[J]. 福建林业科技，2001（2）：54-57.

[14] 庄卫东，林文忠. 我国优异杨梅品种资源简介[J]. 福建果树，2000（3）：23-24.

毛杨梅花序与幼果（2007年摄于云南）

1.2 野生杨梅 Myrica rubra 物种资源调查

1.2.1 杨梅概述

（1）名称

杨梅（Myrica rubra Sieb et Zucc）为杨梅科（Myricaceae）杨梅属（Myrica）植物。

（2）形态特征

常绿乔木，高3~10 m，幼年树皮呈黄灰绿色，老年树转为暗灰褐色，表面有灰白色晕斑，树冠圆球形，枝脆易断，叶互生，常绿革质，长倒卵形，有浅钝锯齿，叶表富光泽、两面平滑无毛，花雌雄异株，黄红色或鲜红色，果实圆球形，果肉由多数肉柱突起聚合而成，5—6月成熟，一般肉柱纯圆汁多，柔软可口，风味佳。

（3）地理分布

广布于我国南方地区的广东、广西、云南、四川、贵州、湖南、台湾、福建、江西、浙江、江苏等省区，菲律宾、日本、朝鲜也有分布。多生于海拔150~1 500 m的山坡或山谷。

1.2.2 华南区杨梅调查

（1）野生杨梅调查

调查发现，广东、广西野生杨梅资源中，杨梅（Myrica rubra Sieb et Zucc）和青杨梅（Myrica adenophora Hance）分布较多，毛杨梅（Myrica esculenta Buch. Ham.）和矮杨梅（Myrica nana Cheval）较为罕见。野生杨梅未成熟时叫青杨梅，为多数杨梅产区的自然实生种，野生于山坡疏林。

青杨梅（Myrica adenophora Hance），又称坡梅，细叶杨梅。常绿灌木，高3~6 m，幼枝纤细被短柔毛；叶片先端尖、基部狭，长2~5 cm，叶缘有稀疏锯齿，叶柄长0.2~1.0 cm；雌雄异株，花红黄色或红褐色，果实成熟时紫红色或青白色，圆球形或椭圆形，长0.7~1.0 cm，成熟期较长，4—7月成熟。一般肉柱尖而汁少，风味酸，但组织紧密，耐贮性强。

广东西部徐闻县境内的山谷林中有成片生长的青杨梅；深圳横岗园山1 300多棵野生杨梅树散布在崇山峻岭中，如此成片的野生杨梅林实属罕见；从化市良口镇、吕田镇、流溪河林场、大岭山林场等地也有野生杨梅分布。广西野生杨梅主要分布于北海市的合浦县、钦州市的灵山、玉林市的容县、南宁的良庆区、邕宁区、武鸣县和马山县、防城港市的上思县、桂林市的临桂、灌阳和龙胜县、河池的环江以及百色市的凌云县等地（何新华，2007）。

野生杨梅的主要伴生植物有：松属（Pinus）、杉木（Cunninghamia lanceolata）、茅栗（Castanea seguinii）、枫香（Liquidambar formosana）、樟属（Cinnamomum）、栎属（Quercus sp.）、油桐（Vernicia fordii）、野桂皮（Cinnamomum cassia）、野柿（Diospyros kaki var.

silvestris)、茶（*Camellia sinensis*）、油茶（*Camellia oleifera*）、杜鹃（*Rhododendron simsii*）、胡颓子（*Elaeagnus pungens*）、竹类、漆树（*Toxicodendron verniciflumm*）、米槠（*Castanopsis carlesii*）、野胡椒（*Piper* sp.）、悬钩子（*Rubus* sp.）、猕猴桃（*Actinidia* sp.）、蕨类以及多种藤本植物和杂草。

野生杨梅多生长在由上述树种组成具有一定郁闭度的乔灌木林中，在郁闭度差的山地或草丛中的杨梅产量及品质都较差，在较原始的丛林中生长的杨梅产量与品质较好。

(2) 栽培杨梅调查

中国是杨梅的原产地和主产区，栽培历史悠久，生态环境多样，产生了性状多的品种、品系和类型，形成了丰富的种质资源。1935年曾勉先生从园艺学观点出发将杨梅划分为野生种、红种、粉红种、白种、乌种和纽珠杨梅6个栽培类型。后来缪松林等（1994）在浙江黄岩、温岭一带又发现了阳平梅和早性梅两个品种型。在此基础上，结合实地资源调查核实，确定将其分成 8 个品种类型，即野杨梅（*M. rubrava* var. *sylvestris* Tsen）、红种（*M.rubrava* var. *typical* Tsen）、粉红种（*M. rubra* var. *rosea* Tsen）、白种（*M.rubra* var. *alba* Tsen）、钮珠杨梅（*M. rubra* var. *nana* TSen）、乌种（*M.rubra* var. *astropurea* Tsen）、早性梅（*M. rubra* var. *praemafurus* Li）和阳平梅（*M. rubra* var. *conservatus* Li）。

调查结果显示，广州市罗岗区是广东重要的杨梅商品栽培地区之一，主要品种有红腊、大虾红腊、白腊、乌梅、实生乌梅、胭脂腊等；连州、连山、连阳等山区为主要产地之一；白云区和增城市的丘陵山地也有栽培和半野生的杨梅分布（曾继吾，2008）。

1.2.3 资源价值及利用调查

野生杨梅含有丰富的维生素 C，葡萄糖，多种果酸及酸类等其他物质。有增强人体抗病能力，抗疲劳能力，抗炎症能力，促进人体血液循环，修复毛细血管。促进人体消化酶正常分泌，维护人体肠道的生物菌群，对神经衰落，失眠及安神都有很好的调治能力。所含的果酸既能开胃生津，消食解暑，又有阻止体内的糖向脂肪转化的功能，有助于减肥，维生素 C、B，对防癌抗癌有积极作用。杨梅果仁中所含的氰氨类、脂肪油等也有抑制癌细胞的作用。可治胃及肠道病（吐泻、痢疾及腹痛），有活血化瘀功能及抗暑能力。也可生津止渴解酒。

调查发现，岭南地区民间经常使用野生杨梅治疗某些疾病。如将米下的新鲜杨梅，用冷开水（或泉水）加盐少许泡几分钟后，取出食用治疗呕吐及腹痛。将野生杨梅加工成杨梅酒服用，治疗慢性胃炎；用野生杨梅干与生姜、冰糖或蜜糖共煎服，治疗久咳不愈；经常食用野生杨梅干可治疗慢性胃炎（包括萎缩性胃炎）；广东民间还有常食用野生杨梅干可治失眠、强精神、增强抗病力的说法。

1.2.4 野生杨梅的保护建议

由于人们的盲目采挖和无节制采摘，已对野生杨梅资源构成一定威胁，尤其是一些野生的稀有、遗传上具有特殊价值的种质资源。各级政府部门与有关技术、科研单位要及尽早采取措施，严禁采挖和砍伐，强化封山育林，科学采摘利用，并加强对野生杨梅经济价值、遗传资源价值与开发利用价值的宣传，切实保护好现有的自然种质资源。

此外，建议在野生杨梅集中分布的区域，划出适当面积，建立野生杨梅自然保护小区，切实保护好大自然留给我们的珍贵自然遗产。同时，全方位开展野生杨梅种质资源保护、挖掘与利用研究，使自然资源变成资本资源。

参考文献

[1] 何新华, 李峰, 潘鸿, 等. 广西野生杨梅种质资源初步调查与开发利用[J]. 种子, 2007（2）: 64-66.
[2] 缪松林, 张跃建, 梁森苗, 等. 浙江杨梅品种资源的地理分布[J]. 中国果树, 1994（4）: 38-39, 42.
[3] 曾继吾, 甘廉生, 黄永红, 等. 广东杨梅品种资源及其生态地理分布概况[J]. 广东农业科学, 2008（2）: 24-27.

广东连州野生杨梅

广东流溪河野生杨梅

野生杨梅移入果园

野生杨梅移入果园

广西的野生杨梅　　　　　　　　野生杨梅果实

野生杨梅（*Myrica rubra* Sieb et Zucc）

2 胡桃科 Juglandaceae

2.1 核桃楸 Juglans mandshurica 物种资源调查

2.1.1 核桃楸概述

（1）名称

核桃楸（*Juglans mandshurica* Maxim.）为胡桃科（Juglandaceae）胡桃属（*Juglans*）植物，又名山核桃、胡桃楸、东北核桃、橄树、胡核桃，是原产我国的主要四大树种之一。核桃楸是东北地区著名的"三大硬阔叶树种"之一，是珍贵的用材，也是著名的药用植物。

（2）形态特征

核桃楸为落叶乔木，高达 20 m，树皮暗灰色或灰色，小枝粗壮、具柔腺毛，树冠广圆形。叶为奇数羽状复叶、对生；小叶 9~17 对，长椭圆形或卵状长椭圆形，先端尖，边缘有细锯齿，基部钝或近截形，上面常无毛，下面脉上密生褐色柔毛。花单性，雌雄同株，雄花为葇荑花序、腋生、下垂，雌花序穗状、直立，有小花 5~10 朵，与叶同时开放。果为核果，卵圆形、卵圆形或椭圆形，先端尖突，成熟时外果皮不开裂。果核长圆，先端尖突，表面有 6~8 条棱脊和不规则深刻沟。果实外壳厚而坚硬，呈深褐色，果仁油脂含量较高。花期 5 月，果期 9—10 月。

（3）生物学特性

一般在 4 月底 5 月初开始萌动，花叶同时开放。枝条随温度的升高进入迅速生长期，7 月中旬停止生长，生长期 71 d。果实直径生长于 9 月中下旬结束，生长期 138 d。9 月下旬落叶。

根系发达，主根明显，萌蘖和萌芽力均较强。喜欢生长在气候温和，阳光充足，土壤肥沃、排水良好的山地，以山脚、山沟等的棕色森林土上较好。不耐阴，在茂密的林冠下不易更新。耐寒性较强，在 –40 ℃ 的低温下也能生存（刘孟军，1998）。

2.1.2 核桃楸种质资源及分布

我国野生核桃楸资源十分丰富，据调查统计，1987 年仅吉林省山区就收购核桃楸果 1 万 t 以上。分布于吉林、黑龙江、内蒙古、河北、山西、甘肃、山东等省（区），其中主要分布在长白山山脉海拔 1 000 m 以下,小兴安岭海拔 500 m 以下,土质肥沃、气候温和湿润、阳光充足、排水良好的沟谷两旁或山坡中下部,多与红松(*Pinus koraiensis*)、杉松(*Abies holophylla*)、白桦(*Betula platyphylla*)、山杨(*Populus davidiana*)、黄菠萝(*Phellodendron amurense*)、糠椴(*Tilia mandschurica*)、水曲柳(*Fraxinus mandschurica*)、槭类(*Acer* spp.)等组成针阔混交林,与白桦、山杨、黄菠萝、糠椴等组成阔叶混交林。内蒙古哲里木盟大青沟也有集中分布。俄罗斯远东地区、朝鲜、日本也有分布。

2.1.3 核桃楸综合价值与利用建议

(1) 利用价值

核桃楸是东北三大硬阔叶树种之一,其木材通直,纹理美观,物理性能优良,是家具、装饰、军工用材。经过几十年的采伐,东北地区已很难找到成片的核桃楸大径材,仅在个别林区、特殊地段才能找到像样的大树。

胡桃楸果实富含高档油脂,北京林业大学的分析表明,其脂肪酸组成非常合理,特别是人体必需脂肪酸含量丰富且比例合理,是开发高档油脂的优良原料,但由于破壳困难,因此,尚未规模化开发利用。另一方面,由于核桃楸果壳坚厚,质地优良,目前多被开发成各种工艺品,且价格昂贵,效益良好。

核桃楸根、茎、叶均可入药,但医药单位收购很少。

(2) 改造利用建议

林分选择:最好选择坡度较缓、土层深厚、地被物茂盛的林地,其主要树种核桃楸的组成比例应占 5% 以上,如果是纯林且林龄在 10 年左右已郁闭成林的更佳。但未郁闭的幼林和林地条件也适合采用综合经营技术的,也可以注意在先期经营过程中有计划地改培和复垦。

抚育间伐技术要求:抚育间伐可参照现行的《商品林经营技术规程》实施,但要注意以下几点:

适时间伐,保留株数要适宜:首次抚育及后期的几次抚育,都要注意保留的株数,总体要求是单位面积株数要逐渐降低,为保留木提供合理的营养空间和生存环境。强度一次性过大会促使侧枝徒长,影响树高生长和干部的材质。抚育的次数宜考虑树木的高度:树高在 10 m 左右时,宜进行首次间伐;在 14 m 左右时应进行第二次间伐;在 18 m 左右时进行最后一次定株间伐,每亩保留优质立木株数 30~35 株。抚育间伐的时间宜在冬季,以减轻对林冠下地被植物的损伤。

留优去劣,促成多层结果枝:在立木取舍选择时,要注意区分定向培育树、辅助生长树、舍弃采伐树。要采取"修枝"措施,伐除侧枝,促进通直圆满少节树干的形成;在第二次间伐时,可适当采取"截顶"方法,诱导形成多层结果枝条。

因地制宜,采取多种措施:由于林地条件的差异和地被植物多样,要因地制宜,灵活多样,做到物尽其用,适者生存。就一个小班或一个林地而言,有土层肥沃的壤土,也有贫瘠裸露的岩石,或者其他乔灌藤树种密集。因此,不要刻意追求面积大、模式纯的形式,而是想方设法去利用或诱导如原有的猕猴桃生长区可保留；林分培育目的确定后，就可以适时引种或移栽各种药材植物，如人参（Panax ginseng）、辽细辛（Asarum heterotropoides var. mandshuricum）、五味子（Schisandra chinensis）及刺龙芽（Aralia elata）、五加（Acanthopanax spp.）、大叶芹（Pimpinnella brachycarpa）等。

日常管理和保护应要侧重以下几项：① 及时补植移植，对空闲处要做到地尽其用；② 采收当年果实时，不要用重物撞击树干或折损结果枝条；③ 搞好水土保持，减轻地表径流冲刷；④ 及时防治病虫害及火灾毁坏；⑤ 注意看护，防止人为盗采和牲畜践踏，必要时可设置隔离栏和告示牌。

(3) 营建核桃楸果材兼用林

1) 目前存在的问题

① 核桃楸林多为萌芽更新形成的林分，有的生产单位将核桃楸林在幼龄林阶段（萌生8年）就改建为种材兼用林，平均高5.5 m，林分密度较低，形成许多枝干，严重影响干材质量。并且根桩较高，笔者曾调查到一块林分，平均根桩在50 cm以上，最高根桩达到120 cm。

② 核桃楸多与水曲柳、黄菠萝等树种形成混交林，有的生产单位在将核桃楸林改建为种材兼用林时，为了给核桃楸创造空间，在林分抚育间伐时只保留核桃楸，间伐后林分密度较低，形成许多天窗，核桃楸树冠迅速扩大，枝干太多，影响林木质量。

③ 从目前核桃楸林的经营情况来看，生产单位普遍不重视修枝问题。由于其生物学特性决定，分权性特别强，间伐时如不修枝将影响材质，达不到培育种材兼用林的经营目的。

2) 营建核桃楸果材兼用林的建议

① 开展核桃楸果材兼用林营建技术方面的研究，包括适宜林分、改建年龄、适宜密度，对结实影响有多大，促进结实技术措施等。特别是改建后的林分是否能增加经济效益，对是否有必要营建核桃楸果材兼用林提供依据。

② 通过对核桃楸林合理的抚育间伐（确定适宜密度等），提高采伐年龄，培育大径材，达到果材兼用的目的。

③ 改建后的核桃楸果材兼用林，林下可栽植耐荫蔽红松、云杉、冷杉等苗木，利用林下环境，开展立体经营。

④ 核桃楸多生长在沟谷地带及山麓，改建后的核桃楸果材兼用林，不必进行清场，应保留林下灌木，以维持林地的涵养水源、保持水土功能。

⑤ 核桃楸扁叶甲是核桃楸的主要害虫，专食核桃楸树叶片。在营建核桃楸果材兼用林时，应保留其他树种，防止虫害大面积发生。

2.1.4 核桃楸资源保护问题与对策

(1) 存在的问题

由于核桃楸木材及核仁出口量不断增加，收购价格猛涨，某些地区已出现过度采伐，甚至乱砍滥伐现象，造成资源的巨大浪费和生态的破坏（刘孟军，1998）。另一方面，随着对核桃楸果实价值认识的提高，集中收购的点越来越多，越来越靠近水源（便于清洗青皮），导致水体污染（核桃楸青皮富含醌类物质），同时，影响到水源周边植物的生长。

（2）对策与建议

建议有关部门广泛宣传，使山区人民懂得利用和保护野生资源的重要性，合理采集野果，实现资源的永续利用。

进行育种改良。核桃楸的实生树结果晚、产量低、果实品质差，市场售价低于普通品种核桃。但其树体抗寒性强，生长适应性广，是北方寒冷地区少有的坚果树种。通过引进或选育优良核桃抗寒品种，对现有实生树进行高接改造，从而提高坚果产量和果实品质（刘孟军，1998）。

利用生物技术进行综合开发。现代研究已证实，核桃楸的青皮、根、叶中含有重要的化学成分，具有很高的药用价值。利用现代生物技术可以在不破坏林木的前提下，最大限度地开发利用现有资源，见效周期短、利润大，有着广阔的发展前景。

参考文献

[1] 高永. 林中一宝核桃楸[J]. 生态文化，2007（1）：51.

[2] 葛言彬. 珍贵树种——核桃楸[J]. 新疆农垦科技，2007（5）：59-60.

[3] 马钦彦，王治中，等. 山西太岳山核桃楸光合特性的研究[J]. 北京林业大学学报，2003，25（1）：14-18.

[4] 马万里，罗菊春，荆涛，等. 珍贵树种核桃楸的生态学问题及培育前景[J]. 内蒙古师范大学学报：自然科学版，2005，34（4）：489-492.

[5] 马万里，罗菊春，荆涛，等. 采伐干扰对长白山核桃楸林生物多样性的影响研究[J]. 植物研究，2007，27（1）：119-124.

[6] 马万里，荆涛，罗菊春，等. 长白山林区核桃楸种群分布格局研究[J]. 内蒙古师范大学学报：自然科学版，2008，37（2）：233-236.

[7] 马万里，罗菊春，荆涛，等. 长白山林区核桃楸种群数量动态变化的研究[J].植物研究，2008，28（2）：249-253.

[8] 李新久. 核桃楸的育苗造林技术[J]. 中国林副特产，2003（2）：39.

[9] 李永儒. 核桃楸资源综合利用的拙见[J]. 内蒙古林业调查设计，2006，29（2）：79-80.

[10] 林大影，鲜冬娅，邢韶华，等. 北京雾灵山自然保护区核桃楸群落的优势种种间联结分析[J]. 北京林业大学学报，2008，30（5）：154-158.

[11] 刘广平，田立军，赵宝军. 核桃楸的综合利用与开发[J]. 中国林业，2007（8A）：27.

[12] 刘文华. 核桃楸的利用和苗木培育[J]. 中国林副特产，2007（1）：44-45.

[13] 朴仁哲，赵洪颜，朴京一，等. 核桃楸青果皮提取液对植物生长的影响[J].天然产物研究与开发，2006，18（1）：11-14.

[14] 邱丽霞，郭建朝，王素平. 核桃楸造林技术[J]. 河北林业科技，2007（6）：58.

[15] 石建辉，王金辉，车东，等. 核桃楸树皮化学成分研究[J]. 中药研究与信息，2005，7（1）：7-8.

[16] 王辉, 刘福江. 辽东山区核桃楸果材兼用林营建存在的问题及建议[J]. 农技服务, 2007, 24（7）: 93.

[17] 于书英, 苏丽芳, 姜蕾, 等. 松山自然保护区核桃楸扁叶甲的发生与防治[J]. 内蒙古林业调查设计, 2007, 30（6）: 53-56, 78.

[18] 于海玲. 核桃楸的研究进展[J]. 延边大学医学学报, 2005, 28（2）: 154-156.

[19] 刘孟军. 中国野生果树[M]. 北京: 中国农业出版社, 1998.

核桃楸（*Juglans mandshurica* Maxim.）

2.2 野核桃 Juglans regia 物种资源调查

2.2.1 野核桃概述

（1）形态特征

野核桃（*Juglans regia* L.）是栽培核桃的野生种，为胡桃科（Juglandaceae）核桃属（*Juglans*）植物。落叶乔木，高达 10~17（35）m，树皮灰白色，浅纵裂。枝条髓部片状，幼枝先端具细柔毛，2 年生枝常无毛；顶芽圆锥形或椭圆形，侧芽卵形，被少量柔毛。奇数羽状复叶，互生，长 23（25）~31（50）cm；小叶（3）5~9 个，稀有 13 个，椭圆状卵形至椭圆形，长 5~15 cm，宽 3~6 cm，先端急尖或渐尖，基部圆或楔形，有时为心脏形，全缘或有不明显钝齿，表面深绿色，无毛，背面主脉及脉腋被黄色柔毛，小叶柄极短或无；上部小叶大于下部小叶，先端小叶长 13~20 cm，宽 7~11cm。花单性，雌雄同株。雄花序为下垂的柔荑花序，长（2）5~20 cm；雄花花被与苞片合生，不规则 6~8 裂，有雄蕊（6）10~15（30）枚，萼 3 裂；雌花 1~4 朵，聚生或呈柔荑花序状，无柄，小苞片 1~2 枚，花被片 4，与子房连生，浅裂；子房下位，1 室或不完全的 2 室，花柱 2，羽毛状，赤红色，胚珠 1 个基生。果为核果状坚果，每果序具 1~4 果，坚果（果核）有不规则的刻点和皱纹，基部 2~4 室，不开裂或最后分裂为 2。此坚果为一肉质的"外果皮"所包藏，呈核果状，"外果皮"由 2~5 裂的苞片和小苞片及 4 裂的花被片构成，灰绿色，幼时具腺毛，老时无毛，先为肉质，干后成纤维质，萌发时开裂；坚果（果核）圆形、卵形、矩圆形、纺锤形、心脏形等，黄褐色，纵径 2.81~3.74 cm，横径 2.55~3.12 cm，侧径 2.50~3.20 cm。壳厚度 0.92~2.61 mm。花期 3—4 月，果期 8—9 月。

（2）资源价值

野生核桃与栽培核桃在形态上及品质上极其相似，是中亚第三纪残遗的少数几种喜暖阔叶树种之一，也是现代栽培核桃的直系祖先，主要分布于西天山、帕米尔至阿赖山地，在中国仅分布于新疆维吾尔自治区伊犁地区的局部山区，是新疆西部天山伊犁谷地野果林的主要组成树种。

核桃位居世界四大干果之首，果实富含油脂和蛋白质，无论直接食用还是工业化加工，都是难得的健康原料资源；核桃木材极其优良，是珍贵的军工和高档装饰用材；核桃枝叶和青皮富含醌类、黄酮类物质，是提取活性天然产物的原料；核桃壳可以用来加工活性炭和多用途工业粉，其工业化应用前景十分广阔。由于长期的实生繁殖，野生核桃有许多变异类型，不仅可以直接利用，更是核桃育种不可或缺的资源，每一个居群、每一个类型、每一片基因都是大自然留给我们的宝贵财富。同时，野生核桃对于研究和阐明栽培核桃的起源与演化历程也具有弥足珍贵的资源价值。

2.2.2 野核桃物种调查

2008年8月和2009年5月,北京林业大学野生果树项目组对新疆维吾尔自治区伊犁地区的野生核桃进行了专项调查,现把调查结果整理如下。

(1) 集中分布区域

野核桃（*Juglans regia* L.）在我国仅分布于新疆维吾尔自治区西部天山伊犁谷地中段,主要分布在距巩留县城以南20 km的凯特明山的深峡谷中。该峡谷当地俗称江嘎克萨依（哈语译音：核桃沟之意）,地处北纬43°19′～43°23′,东经82°15′～82°17′,总控制面积为1 130 hm^2,其中野核桃分布面积约45 hm^2,共有野核桃树3 100余株,垂直分布在海拔1 250～1 550（1 700）m 的峡谷两侧。另外,在霍城县的大、小西沟,也残存少量的野核桃树。

(2) 分布区地貌特征

新疆伊犁谷地前山带野核桃的存在,是特殊地形条件形成特有的局部地域气候的结果。从大地形来看,伊犁谷地是一个北、东、南三面高山环抱,向西敞开的山间谷地,三面崇山峻岭成为河谷地带的天然屏障,使北冰洋的寒流、东部的蒙古—西伯利亚大陆性干冷气流和南部的塔克拉玛干大沙漠的干热沙漠气流对伊犁谷地的侵袭大为减弱;向西敞开的缺口又有利于黑海湿气和巴尔哈什暖流的流入,随之向东进入地形渐渐隆起的伊犁谷地东段的山地,形成充沛的地形雨。而野核挑、天山苹果、山杏等野果林正分布于高隆的山地之中。温和而湿润的气候是野核挑乃至野果林生存繁衍的重要因素（林培均等,2000）。

(3) 生态气候特征

① 光照情况。就整个谷地而言,光照充足,日照时间长。山区因坡向、坡度等地形因素影响,日照时数为1 500～2 500 h,林区为1 737.2 h,幼林地约为2 300 h。从前人小气候观测数据得知,空旷地的光照为74 116 lx,到达林冠上表层为4 787.8 lx,为空旷对照地的64.6%,到达林冠中部的光照为18 492.4 lx,到达林地的光照只有7 397.2 lx,即投射至林中及林地的光照强度仅为空旷对照地的10.4%～25.0%。野核桃的生长状况也表明,树冠中下部枝叶纤弱,结果量很少,年产量低,丰产年约为57～90 kg/hm^2,光照条件不足是影响产量的因子之一。

② 热量的分布特点。根据核桃沟两处气象哨1981年9月至1985年2月的观测资料,以及巩留县、新源县附近有关站（哨）的气象资料,野核桃林分布区年平均气温为7.6℃,1月平均气温约3.3℃,7月平均气温19.7℃,6—8月平均气温为18.6℃,极端最低气温约25.3℃,≥10℃的积温1 865.4～2 338.9℃。无霜期150 d,一般晚霜在5月21日,早霜在10月8日。野核桃分布区和伊犁谷地东段前山草原带海拔1 000 m左右区域构成一条明显的冬季有逆温层保护的暖带。

③ 逆温层的特征及意义。逆温是指气温随海拔高度增加而升高的一种大气物理现象。据伊犁州气象台1961—1969年探空观测记录,逆温强度最强的1月平均强度为9.5℃,最

大达 22.6℃，逆温层 1 月平均厚度为 950 m，最大为 2 077 m。从地面实测资料可以看出，冬季逆温最强是海拔 800～1 500 m 的前山带里，该地带也正是野核桃林和野果林集中分布带，其 1 月平均气温和平均最低气温分别较前山带的上部和下部分别提高 1.6～7.5℃和 4.2～8.3℃。1 月逆温的平均递增率每 100 m 为 2.1℃，最大达 7.3℃。海拔 1 500 m 以上逆温强度逐渐减弱，野果林分布也逐渐减少。冬季逆温一般从 11 月中下旬开始形成，到次年 3 月上旬消退。再降到-30℃以下时，则会产生严重冻害。以上分析表明，冬季强逆温层的存在，使其躲过低温袭击，是野核桃林及野果林带谱的存在和繁衍的关键。利用逆温层的有利气候资源，开发谷地前山带，发展经济林或速生用材林，使其安全直立越冬具有重要的生态效益和经济价值（林培均等，2000）。

④ 降水概况。据资料分析，伊犁谷地东段的降水分布是由西向东、由河谷向山区随着海拔高度增加而逐渐增加的。前山带年降水量 400～600 mm，前山野核桃林及野果林带在 600～800 mm，中山针叶林为 700～900 mm。野核桃林区年蒸发量约 1 200 mm，蒸降比 1.5～2.0，相对湿度 70%～80%。这表明前山带及野核桃林带的降水是比较丰富的，也是野核桃林及野果林生存繁衍的另一重要条件。在海拔 1 500 m 以上山地，虽然降水丰富，但热量条件满足不了核桃林生长的需求而使之消失。

（4）野核桃林立地土壤

① 母质类型：野核桃林立地土壤的母质类型主要包括坡积母质和黄土母质。

坡积母质：多分布在各坡和沟底，分选性不明显。形成的土层较薄，多为砾质土。野果林立地条件较差，扎根困难，时有风倒。

黄土母质：为第四纪黄土和黄土状物质。广布在顶、沟各两侧，厚达 10～30 m 不等。发育的土壤土层深厚，质地适中，疏松多孔，富含碳酸盐和矿质养分，肥力较高。这也是野核桃在此繁衍生息的重要条件。

② 土壤类型与成土特征：野核桃林分布带所处的土类大致是山地栗钙土和山地黑钙土两类。野核桃林土壤具有一定的时空位置。在各种成土因素的综合作用下，进行着特定的元素迁移、转化与物质淋溶淀积，主要表现为腐殖化、钙积化等形成过程。

腐殖化过程：野核桃生长高大郁密，株高 5～20 m，冠幅 4～12 m，郁闭度一般 0.5～0.6，高的达 0.7～0.9。年凋落物较多，林下阴湿，草类生长比较繁茂。草高 15～80 cm，盖度 60%～95%，每年归还林地大量的有机物。其组成复杂，含氮和灰分元素较多，落叶落果易腐。但在冬季低温条件下抑制了土壤微生物的矿化作用，有利于有机质的积累，表土含有机质较高，腐殖化过程十分明显（但较山地灰褐色森林土弱），潜在生产能力高（林培均等，2000）。

黏化过程：主要是指土体中黏土矿物的生成和聚积过程。林下土壤处于半湿润森林草原带，生长季节雨水较多，气温较高，土壤富钙和盐基物质，pH 中性至微碱性，这些有利于土体化学风化的进行。林下土壤水热变化有明显的层次性，在剖面 45～70 cm，水热结合状况较好，且较稳定，是利于矿物转化的层次。但物理性黏粒含量相对增加不多，较山地灰褐色森林土黏化过程弱，黏化层不明显。

钙积化过程：土壤矿物风化释放的钙，黄土母质富含的钙和阔叶落叶野核桃、草类的钙及其他盐基物质，都参与了碳酸钙在土壤中的淋溶淀积过程。但较山地灰褐色森林土弱，钙积层出现部位较高。

③土壤理化特性概述：根据前人工作和本次考察，将野核桃林土壤理化特性概述如下：

林型对土性影响大：山地黑钙土的理化、生物性质与地势、野核桃的林型形成等条件密切相关，地形影响到水热的重新分配，影响到林型的不同，进而造成土壤理化性质的差异。

土壤养分表聚性强：由于生物的累积作用，表土形成厚达 50 cm 的腐殖质层，养分累积土表，自肥作用明显，向下则逐渐减少。由于土质松软，团粒结构明显，pH 值 7.0~8.0，疏松肥沃的土壤为野核桃林的生存提供了良好的基础。

土层疏松含水较多：整个剖面土体湿润。含水较多。随着土层的增厚，土壤逐渐变得紧实。表层、亚表层土壤保水保肥能力强，植物根系分布集中，下层土壤逐变紧实，根系发育较弱。

矿质组成含硅铝高：野核桃林山地黑钙土虽长期处于较温暖、较湿润的气候条件下，但由于石英抗风化力强，在成土过程中，其分解和消失量很少，故具黏化过程，与剖面中部质地较重相一致。

（5）野核桃林植被组成

野核桃林是荒漠地带中出现的特殊植被类型，是珍贵的山地"残遗"群落，是构成西天山伊犁谷地植被垂直带谱中的重要一环。沟谷上部及山顶海拔 1 600~1 900 m 区段为山地半湿润草原区，原生乔木以雪岭云杉（*Picea schrinkiana*）为主，现已砍伐殆尽，只剩下个别树桩。沟谷中下部海拔 1 250~1 150 m 为山地半干旱草原区，仅在长岗状黄土山丘的沟谷、坡麓散生着少数的新疆野苹果（*Mulus sieversii*）、野杏（*Armenica vulgaris*）。野生核桃集中分布在海拔 1 300~1 500 m 地段，以 V 形沟谷两侧最为常见。

野核桃林按其生境特征和植物组成可分为三种类型（林培均等，2000）：

①新疆野苹果-野核桃林。主要分布在平缓、开阔、光照较多的地方，如坡顶、沟谷阶地和向阳缓坡。多为疏林，伴生新疆野苹果（*Mulus sieversii*）、野杏（*Armenica vulgaris*）等乔木；林下灌木有兔儿条（*Spiraea kyperqcifolia*）、小檗（*Berberis heleropoda*）、阿勒泰山楂（*Crataegus altaica*）和天山山楂（*C. songorica*）、截萼忍冬（*Lonicera altmanni*）、新疆忍冬（*Lonicera tatarica*）、天山卫矛（*Euonymus semenouii*）等。

②短距凤仙-野核桃林。主要分布在沟谷底部或山麓阴湿处。多成纯林，林下灌木稀少，偶见兔儿条（*Spiraea kyperqcifolia*）；林下草层主要是耐阴的种类：如短距凤仙（*Impatiens brachycentra*）、竹节菜（*Aegopodium podagraria*）、高山羊角芹（*Aegopodium destre*）、毕尼雀麦（*Bromus benekenii*）等。

③短柄草-野核桃林。主要分布在沟谷两侧半阴坡、半阳坡地中下部。林下灌木有兔

几条（*Spiraea kyperqcifolia*）、小檗（*Berberis heleropoda*）、截萼忍冬（*Lonicera altmanni*）、新疆忍冬（*L. tatarica*）等；林下草层繁茂，主要是耐阴的草类：如毕尼雀麦（*Bromus benekenii*）、短柄草（*Brachypodium syluaticum*）、巨穗羊矛（*Festuca giganica*）、短距凤仙（*Impatiens brachycentra*）、竹节菜（*Aegopodium podagraria*）、高山羊角芹（*Aegopodium destre*）、天山党参（*Codonopsis clematidea*）等，盖度达70%以上。

2.2.3 野核桃生物学与生态学特性

野核桃树在我国西北地区的阔叶树种中，属于比较高大且寿命长的落叶乔木，一般树高可达10～17 m，在巩留野核桃沟内，海拔1 300 m的沟口，有200年以上的大树，尚具有良好的树势和结实能力。

纵观野核桃树的生长进程，在天然更新的条件下，幼苗不但较少，且幼苗期的生长速度较慢。这是因为野核桃种仁营养极其丰富，种子极易遭受鼠类的破坏，即便侥幸萌发，幼苗出土后在茂密的树荫下，缺少生育所需要的阳光，幼株细弱，很容易遭受冻害。

野核桃是喜光、喜暖、喜肥沃湿润土壤的树种。但核桃沟内现有的野核桃树，大都分布在阴坡和半阴坡上，在山地阳坡或半阳坡几乎绝迹，这是因为大陆干热气候对山地阳坡或半阳坡的不利作用，只有阴坡或半阴坡才能形成有利于野核桃种子繁殖和野核桃树生育的有利水土条件。

在不同的生境中，野核桃树明显地表现出不同的生态-形态特征。野核桃树在混交林内和在散生的环境中，表现为庞大树冠的果树生态型特征。在与野苹果的混交林中，由于所占据的空间高出其他树种，通风透光条件良好，所以形成了枝叶茂密的圆头形或半圆形树冠，具有很强的发枝结实能力。但是，野核桃在较高海拔（1 600 m以上）比较开阔的山沟中，多呈散生状态，更易受到冬季低温和春寒的侵袭。幼龄期间，植株枝梢容易受到冻害，故形成分杈的多主干树形。

野核桃树根系发达，寿命长。在沟口混交林中对200年大树观察，树高16 m，干粗直径113.5 cm，冠幅达20.4 m，虽然主干基部腐朽，但生长势良好。对此树的根系观察，根系垂直伸入土层达140 cm，但95%以上的根系分布在1 m深的土层内；吸收根非常发达，占总根量的86%～92%，大都分布在黑土层内，根的水平伸展幅度，一般超出了枝展范围。曾斌（2005）的观察表明，山坡上生长的野核桃，其根系下坡向伸展最长，上坡向最短但最深，而横坡向密度最大，占总根量的38%～44%，大都是由吸收根构成；整个观察断面上，均未发现根系腐败和衰退现象，这就为野核桃树的长寿和生长发育赋予了强大的生活基础。

根据曾斌（2005）的观察，野核桃在4月中下旬开花，8月上中旬硬核，9月中下旬果实成熟，10月下旬落叶。有的单株开放第2次雄花，2次花在6月上旬出现，这与新疆核桃栽培群系的早实类群的表现型有密切的联系。一般野核桃幼树9～10年才开始结实，采用有2次雄花的母树上的种子繁殖，有可能提早结实。野核桃树的结实能力很强，大多数果枝上着生2个以上的果实，最多能达6个，形成穗状，在水、土、光照良好的环境中，这种特性表现得尤其突出。当然，野核桃树在结实量方面，也同样存在优劣不同的单株，用作发展干果为目的，选用丰产单株繁殖，无疑是增产的必要手段之一。

2.2.4 野核桃种质资源

野核桃是自然杂交授粉，因此实生后代有一定程度的变异，类型较多；但由于它是一个单独的亲缘群系，处在独特的生境之中，所以变异幅度不太大。关于新疆野核桃资源的研究已有一定积累，张钊等（1962）曾对野核桃林的环境、分布密度做了初步调查，根据坚果的性状，大致可分为3种类型，即圆形、尖形、椭圆形，但其中存在着过渡性的中间类型。张新时等从地植物学方面对伊犁野果林进行了考察。1981年新疆维吾尔自治区自然保护区考察队对野核桃从生态生物学、林学特性方面进行了调查。但均未从野核桃种质资源的角度调查及进行种下分类。新疆农业大学王磊、新疆师范大学崔乃然和巩留县农技站张汉斐等，从1985年至1989年对野核桃林进行了详细的资源考察，对野核桃的形态特征、生物学特性、生长结果习性、产量、品质及抗性等方面作了定点观察记载，并作了种下分类，初步确定为14个类型。

由于野核桃类型划分主要依据花果特征，本次调查一方面历时较短，虽然正值结果期，但由于2008年西部干旱，调查2 d就发现2～3棵结果植株，加上野核桃树树体高大，缺乏必要的超高枝剪，无法对王磊等的分类进行核对。但为了展示野核桃种质资源的多样性和重要性，本报告引用了王磊等"新疆野核桃的研究"和"新疆野核桃种质资源数量分类研究"的相关资料。

野核桃类型描述

本部分根据王磊等（1997，1998）材料整理，学名格式有改动，重点记载各变型与原变型的区别要点。

1）野核桃（平底圆核桃）（原类型）*Juglans regia* L. f. *regia*

树高16 m，树冠阔半圆形，发枝力强，三年生枝平均发枝13.2个。奇数羽状复叶，长平均30.2 cm，平均小叶3～9枚，多7枚，椭圆形，较薄，顶生小叶较大。雌花芽着生在结果母枝顶部1～3节，为混合芽，雄花芽着生在以下叶腋间，多单生，也有少数雌雄叠生。雌花序总状，有花1～7朵，每果序有2～3果，稀7果，雄花序长4.5～15.1 cm，有雄花112～140朵。坚果平底圆形，淡褐色，顶部有小尖，基部平，刻点中，有浅皱纹，缝合线微突，纵径平均3.07 cm，横径平均2.82 cm，侧径平均2.81 cm，平均单果重6.8 g，最大果重7.0 g，出仁率47.8%，味香甜；壳厚1.24 mm，内褶壁退化，隔膜软。雌雄花近同时开放，属"雌雄同熟型"，雌雄花比为1∶1。长结果母枝占71.3%；中结果母枝占28.8%；腋花芽有一定的结果能力，每个长结果母枝可发3个结果新梢，每枝平均坐果25个，大小年不明显，较丰产；三年平均株产200 kg。有少量二次雄花出现。通常4月下旬萌芽；5月中旬开花；6月上旬坐果；9月下旬成熟。生于巩留县核桃沟主沟，西沟底部海拔1 260～1 420 m处。

2）三棱核桃（变型）*Juglans regla* L. f. *triangulata* N. R. Cui et L. Wang

本类型与原类型的区别：坚果由 3 心皮合成，具三条腹缝线；同一株上雄花先于雌花 14 d 开放，具有二次雄花开放现象。

生于巩留县核桃沟主沟、中沟海拔 1 260～1 500 m 的阳坡，半阴坡。

3）薄壳核桃（变型）*Juglans regia* L. f. *leptocarya* N. R. Cui et L.Wang

本类型与原类型的主要区别：坚果圆形，壳薄，室间隔退化，有露仁现象；雌花先于雄花 4 d 开放；无二次雄花开放现象。

生于巩留县核桃沟西沟口和东沟沟底及两侧，海拔 1 260～1 450 m 处。

4）歪嘴核桃（变型）*Juglans regia* L. f. *obliquerostrata* N. R. Cui et L. Wang

与原类型的主要区别：坚果心形，顶端有明显的歪嘴；雄花先于雌花 4 d 开放，无二次雄花现象。

生于巩留县核桃沟中沟海拔 1 450～1 600 m 的山坡。

5）尖嘴核桃（变型）*Juglans regia* L. f. *rastrata* N. R. Cui et L. Wang

与原类型的主要区别：坚果卵形，较人，顶部突出的尖嘴直。

生于巩留县核桃沟东、西、中沟海拔 1400～1500 m 的阳坡及半阴坡上。

6）尖果核桃（变型）*Juglans regia* L. f. *heavieesteata* N. R. Cui et L. Wang

与原类型的主要区别：果顶有突出的长而宽的尖嘴。

生于巩留县核桃沟中、西沟海拔 1 360～1 500 m 的沟底阴湿处及半阴坡。

7）心形核桃（变型）*Juglans regia* L. f. *cardata* N. R. Cui et L. Wang

与原类的主要区别：坚果心脏形，果顶具大的突尖，果基宽和凹陷，坚果纵径小于 3.5 cm。

生于巩留县核桃沟主沟、西沟海拔 1 260～1 400 m 的阴坡、半阴坡。

8）纺锤核桃（变型）*Juglans regia* L. f. *fusiformis* N. R. Cui et L. Wang

与原类型的主要区别：坚果纺锤形；无二次雄花出现。

生于巩留县核桃沟中沟、主沟、西沟海拔 1 360～1 400 m 的阴坡、半阴坡。

9）小矩圆核桃（变型）*Juglans. regia* L. f. *microoblonga* N. R. Cui et L. Wang

与原类型的主要区别：坚果矩圆形，纵径不超过 3.5 cm；干旱条件下果壳有增厚现象；雄花先于雌花 10 d 开放，二次雄花出现较多，较抗寒、抗旱。

生于巩留县核桃沟主沟海拔 1 260～1 300 m 的开阔地。

10）小圆核桃（变型）*Juglans regia* L. f. *microcarpa* N. R. Cui et L. Wang

与原变型的主要区别：坚果圆形，较小，直径小于 3 cm；雄花先于雌花 10 d 开放，雄花量比丰产型多 3/4，不利于结果和生长；无二次雄花出现；小叶多 9 枚；抗寒性较其他类型强。

生于巩留县核桃沟主沟口、中沟、西沟等地海拔 1 280～1 400 m 处的阴坡。

11）铁壳核桃（变型）*Juglans regia* L. f. *scleroderma* N. R. Cui et L. Wang

与原类型的主要区别：坚果卵圆形，壳极硬，"雄先型"，即雄花先于雌花 15 d 开放；

二次雄花多。

生于巩留县核桃沟西沟海拔 1 400～1 500 m 的半阴坡。

12）矩圆核桃（变型）*Juglans regia* L. f. *oblonga* N. R. Cui et L. Wang

与原类型的主要区别：坚果矩圆形，比小圆核桃大，纵径大于 3 cm；属"雄先型"，雄花先于雌花 11 d 开放；无二次雄花出现，叶常为 9 枚。

生于巩留县核桃沟主沟、西沟、中沟海拔 1 260～1 450 m 的半阴坡及沟底。

13）卵圆核桃（变型）*Juglans regia* L. f. *ovata* N. R. Cui et L. Wang

与原类型的主要区别：坚果卵圆形，纵径大于 3 cm；雄花先于雌花 14 d 开放，小叶多 9 枚；2 次雄花极少。

生于巩留县核桃沟中沟、西沟沟底及半阴坡，海拔 1 360～1 450 m 处。

2.2.5 野核桃的残遗原因

（1）地质历史原因

野核桃现代分布的局限性，与地区的地质历史发生过程有着密切的关系（林培均等，2000）。根据古植物学资料，在渐新世，天山的植被达到最大的繁荣，山坡上长满了茂密的常绿和落叶的针阔叶混交林，其中出现核桃树。新第三纪时，阿尔卑斯造山运动兴起，气候开始向大陆性发展，常绿树种和最喜暖的阔叶树种逐渐消失，以落叶阔叶树（包括野核桃、野苹果等）占优势。第四纪时期，新构造运动的剧烈发展，几次寒冷的冰期和干旱的间冰期的交替发生，对残存的针阔叶树种进行了摧残淘汰，最后只在具有良好气候的前山地带保存了残存的喜暖阔叶树种。伊犁地区的前山地带，由于未遭受第三纪末至第四纪初冰期山地冰川迭次下降的侵袭，又较少蒙受间冰期和冰后期干旱气候的影响，遂成为喜暖中生阔叶树的存留地方。因而野核桃的现代残遗分布，是特定地质历史条件和局部的特殊地方气候综合作用的结果。

（2）区域气候原因

野核桃所占据的地理环境是海拔 1 260～1 600 m 前山地带的 V 形沟谷，是伊犁谷地中气候尤为温和、雨量比较充沛的地段，这里随着海拔高度的增加，降水量显著递增。东部新源县城（海拔 928.2 m）平均年降水量为 488.9 mm，而在新源县野果林分布下限附近（海拔 1 000 m）的山麓，平均年降水量已达 510 mm，再向上降水量增加更多。根据观测，野核桃林区的降水量在 600 mm 以上，冬季积雪丰厚，达 0.7～1.0 m，这种水分条件，对新疆来说，是不可多得的。而且降水尤以生长季节更为丰富，其他各月分布也比较均匀，这是野核桃树生长发育的重要因素之一。

（3）地形地貌原因

由于特殊的地理位置特别是独特的地形地貌，使野核桃沟处在较强的逆温层中，在荒漠地带山地中，前山的冬季"逆温层"是保证野核桃林存在的另一重要生态条件。根据资料，天山北麓冬季逆温层持续时间达半年之久，逆温在初冬的 11 月中下旬形成，到次年 2

月底3月初消退。以最冷的12月和次年的1月逆温最强。较巩留县气象站（海拔774.9 m）月平均气温高 3.9～4.1℃。逆温层递增率为 0.80～0.85℃/100 m，月平均最低气温则增高 5.9～6.3℃，而且递温层的逆温强度随着入侵寒流的增强而增大。最冷的 1 月逆温层高度可达海拔 3 000 m，野核桃正处在逆温层的中部（1 200～1 600 m），野核桃林区的年极值低温大都保持在-25℃以上，更多的年份是保持-20℃以上，这有力地抵御了寒流的侵袭，使野核桃在严冬不致冻死，而成为野核桃的"避难所"。

（4）综合因素影响

新疆伊犁山地野核桃的存在，是特殊的地质时代和特有的局部地方气候相配合的结果。伊犁地区是东、南、北三面环山，西面开敞的山间谷地，层叠的山岭，主峰高达5 000～7 439 m。这些崇山峻岭，减弱了北冰洋的寒潮和东部蒙古—西伯利亚大陆反气旋及南部塔克拉玛干的干热沙漠气流对伊犁谷地的侵袭。面向西敞开的缺口，却有利于黑海湿气和巴尔喀什暖流的进入，至东面高山形成充沛的地形雨。因空气湿度大，冬季雪量多，夏季冰雪消融，注入喀什、巩乃斯和特克斯3条大河，最后汇成伊犁河西流出境。这样就构成了伊犁地区最为温和、湿润的气候条件和最富足的水利资源。

2.2.6 野核桃保护现状、问题与对策

（1）野核桃保护现状

根据相关资料，新中国成立初期新疆野核桃林的分布面积远较现存面积大得多。由于过去对野核桃缺乏认真的保护和管理，任其破坏，资源日渐衰退，使野核桃林的分布面积大为缩小。1976年巩留县成立了野核桃林场，加强了管理，减少了人为破坏。

1983 年，经新疆维吾尔自治区人民政府批准，将野核桃林场改为"新疆维吾尔自治区野核桃自然保护区"，专门从事野核桃的复壮抚育、更新和管理，从而使残存的野核桃林得到了基本的保护。巩留野核桃自然保护区地处北纬 40°09′～43°23′，东经82°15′～82°17′。保护区面积为 1 180 hm²。主要保护对象是第三纪残遗植物——野核桃及其生境。由野核桃自然保护区全面负责进行重点保护。霍城县大西沟残存的核桃，也应加以保护，促进天然更新，以利这一天然野生核桃分布点的存在和发展。

（2）野核桃保护存在的问题

虽然 1983 年就建立了新疆维吾尔自治区野核桃自然保护区，但因种种原因，野核桃保护仍然存在不少问题。

其一，资金问题。由于野核桃自然保护区属于地方管辖，没有国家拨付的专项保护经费，而地方保护经费又严重不足，使得保护区管理者不得不想方设法以维持生计，目前的保护区旅游就是典型一例。尽管管理者不容许私车驶入，并安排了专用游览运输客车运送游客，同时，沿野核桃沟主沟大部分区段设置了木制栈道，以减轻游人对保护区植被的践踏和破坏。但是，由于运行成本较高，仍然入不敷出，使管理者面临巨大压力。

其二，措施问题。由于措施不力，仍有不少农牧民经常放牧、打柴、取水进入自然保护区，使不少林下植被遭牲畜践踏、啃吃，草层退化，表土板结，水土流失加重，进而影响到土壤有机质和养分的累积，影响到土壤的形成过程，影响到野核桃的自然生长与更新。因此，野核桃林应亟待采取有效措施，强化管理，合理开发，进一步保护生态环境。

其三，周边地区发展核桃经济林问题。野核桃自然保护区周边地区适于发展核桃种植，这已被许多人所论证。但保护区周边不宜发展核桃种植，至少不适于栽培核桃种植，道理很简单，野生核桃长期适应局地自然环境，对病虫害的抵抗能力不详，一旦遭到栽培核桃病虫害的侵袭，后果将不堪设想，大自然经过千百万年筛选出来的野核桃种质资源有可能毁于一旦，十几千米之外的新疆野苹果林遭小吉丁虫毁坏的教训（详见新疆野苹果物种调查报告），应引起高度重视。

(3) 野核桃种质资源保护对策与建议

生物种质资源是人类赖以生存的物质基础，每一个物种、每一个种群、每一片基因都是大自然留给人类的宝贵财富。野核桃属于珍贵的植物种质资源，与其他植物种质资源一样，既具有可再生性，也具有可解体性，管理、利用得好，可以使种质资源价值发挥到极致，如果管理、利用得不好，大自然千百万年优胜劣汰筛选出来的野核桃种质资源可能断送在我们这一代人手上。鉴于此，提出如下保护对策和建议。

1) 正确认识野核桃保护的急切性

新疆野生核桃为濒危种，为珍贵的第三纪温带落叶阔叶林的残遗成分，野生分布区面积窄狭，仅见于新疆天山伊犁谷地巩留县南部的凯特明山中的野核桃沟和霍城县境内的博罗霍洛山的大西沟和小西沟内。生于海拔 1 200～1 600 m 的山坡下部或峡谷沟底。它与新疆野苹果、野杏等组成了伊犁山地植被垂直带谱中的落叶阔叶野果林群落。

野核桃在吉尔吉斯斯坦和哈萨克斯坦境内的西天山和帕米尔-阿赖山地有较大的天然群落，但与伊犁相距遥远，中间没有连续分布。因此，伊犁的野核桃林呈"岛屿"状态，除巩留县野核桃沟尚存 3 000 多棵之外，大西沟和小西沟内的野核桃已组不成群落，种群在不断缩小，如不加强保护，这种荒漠地带山地中出现的特殊野果林类型，势必逐步消亡。

现在的野核桃树，生长势尚属良好，但面积小，株数少。它现在的生境，从大的自然景观来看，是处在不利的广大荒漠的环抱之中。凯特明山森林植被稀少，野核桃沟前几年可见到的少量雪岭云杉已经伐去，欧洲山杨亦砍伐不少。据野核桃林场的反映，野核桃沟的溪水流量比昔年有所减小。另外，畜群的扩大和无控制的放牧，造成草、灌植被的严重破坏。这种状况对野核桃的生存带来了很大的威胁。

2) 野核桃种质资源保护对策与建议

① 建议尽快建立"新疆伊犁谷地野果林国家级自然保护区"，将伊犁谷地的野核桃林、野苹果林、野杏林、野樱桃李林和野扁桃林等全面保护起来。以野苹果林、野核桃林、野樱桃李林为主，位于不同区域的各种野果林可以设成保护小区，统一规划，统一设计，统一部署，统一管理。

②鉴于新疆伊犁谷地野果林行政管理体系重叠，又都不够重视的现实（原则上天然林属西天山林管局管理，荒坡荒地和人工林由地方林业局管理），建议国家环保局牵头成立"新疆伊犁谷地野果林国家级自然保护区"，对伊犁谷地珍贵的野果林实施真正的保护。

③建议设立科研专项，对新疆伊犁谷地野果林进行深入的种质资源研究，利用分子生物性手段，对各种野果林树种进行染色体组学、基因组学、分子标记和指纹图谱研究，彻底搞清各主要野生果树的种质资源内涵。

④禁止在周边区域发展与伊犁谷地野生果树同种或近缘的栽培果树，同时，实施严格的检疫制度，严禁罹患病害或带有虫体、虫卵的苗木、种子、接穗进入周边区域。

⑤严格旅游管理，凡进入谷地野果林区的游人，严禁携带各种植物活体，特别是鲜活水果和各种植物材料编织物入内。

⑥加强对周边区域居民的生态安全教育，增强人们的生物多样性保护意识；同时，制定严格的禁牧条例，严禁在现有保护区放牧。

⑦加强野核桃种质资源离体保存技术研究，收集野核桃已知14个类型的种子，进行低温保存。

⑧开展野核桃选育，着手种质资源利用研究，以野核桃中价值最高、性状最好的类型为育种材料，大力开展核桃育种工作，把珍贵的野核桃资源价值发挥到极致，为解决我国"三农"问题作出切实贡献。

参考文献

[1] 林培均，崔乃然. 天山野果林资源——伊犁野果林综合研究[M]. 北京：中国林业出版社，2000.

[2] 王磊，崔乃然，张汉斐. 新疆野核桃的研究[J]. 干旱区研究，1997（1）：17-27.

[3] 王磊，李霞，杨辽，等. 新疆野核桃种质资源数量分类研究[J]. 北方园艺，1998（1）：5-7.

[4] 张钊，严兆福. 新疆野生核桃的调查研究[J]. 新疆农业科学，1962（10）：404-407.

[5] 曾斌. 新疆野生核桃资源的现状与发展[J]. 北方果树，2005（4）：1-3.

新疆巩留县野核桃林

新疆巩留野核桃林调查

新疆巩留县野核桃树王

新疆巩留县野核桃树王

新疆巩留县野核桃雄花序

新疆巩留县野核桃雌花

新疆巩留县野核桃（幼树）

新疆巩留县野核桃（成株）

新疆巩留县野核桃（遇旱）

新疆巩留县野核桃（遇旱）

新疆巩留县野核桃结果状

新疆巩留县野核桃果核

野生核桃（*Juglans regia* L.）

2.3 泡核桃 *Juglans sigillata* 物种资源调查

2.3.1 泡核桃概述

（1）名称

泡核桃（*Juglans sigillata* Dode），又名漾濞核桃、茶核桃（云南），铁核桃（四川、云南）等，是胡桃科（Juglandaceae）、核桃属（*Juglans*）植物。核桃属有20多个种，分布于世界五大洲60多个国家。

（2）形态特征

落叶乔木，高达16 m，树皮灰色，老树树皮暗褐色具浅纵裂；小枝青灰色，有白色皮孔，二年生枝色稍深。冬芽卵圆形，芽鳞有短柔毛。奇数羽状复叶，稀顶生小叶退化，长15~60 cm，叶轴及叶柄有黄褐色短柔毛；小叶通常9~11（稀15）枚，卵状披针形或椭圆状披针形，长 6～18 cm，宽 3～7 cm，全缘或具微锯齿，顶端渐尖，基部歪斜，侧脉 17～23 对，下面脉腋簇生柔毛，表面绿色，背面浅绿色。雄花序为柔荑花序，粗壮，下垂，长（5）13～18（25）cm，每小花具雄蕊 25 枚。雌花序顶生，具 2～3 雌花，稀 1 或 4，花序轴密生腺毛；雌花柱头两裂，初时呈粉红色，后变为浅绿色。果倒卵圆形或近球形，长 3.4～6 cm，径 3～5 cm，黄绿色，幼时有黄褐色绒毛，成熟时变无毛；果核倒卵形，长 2.5～5 cm，径 2～3 cm，两侧稍扁，表面深刻点状具皱曲，内种皮极薄，呈浅棕色。花期 3—4 月，野生种果熟期 9 月。

与核桃（*Juglans regia*）的主要区别在于：本种叶具 9～15 小叶（核桃具 5～9 小叶），小叶卵状披针形或椭圆状披针形，顶端渐尖，侧脉 12～23 对（核桃侧脉 11～15 对），顶生小叶小或退化，坚果表面刻点状（核桃为刻沟状）。

（3）泡核桃的起源和演化

据《中国果树志·核桃卷》（郗荣庭等，1996）、《中国果树史与果树资源》等典籍中的记载，深纹核桃（即铁核桃、云南核桃）（*Juglans sigillata*）起源于中国的西藏、云南、四川和贵州。中国科学院古生物研究所于 1985 年对 1980 年出土于漾濞县平坡镇高发村的古核桃木化石进行了碳 14 同位素的鉴定，结果表明，早在公元前 16 世纪漾江流域就有大量核桃生长。目前，在滇西北仍有成片野生泡核桃林和栽培类型并存。这些资料有力地证明了云南是泡核桃的重要原产地。

据考证，栽培泡核桃和夹绵泡核桃的祖先是野生泡（铁）核桃，在漫长的历史进程中，人们选择较好的进行栽培，经过一代又一代人工选择和培育，逐步选育出了经济价值较高、较适于人类食用的品种和类型。铁核桃经过栽培演化为夹绵泡核桃，夹绵泡核桃再经选育培育出了栽培泡核桃。品质优良、经济价值高的泡核桃品种或类型在产区得到较快发展，栽培面积和产量日益增大。目前，在西南地区泡核桃的栽培面积和产量均高于野生泡（铁）核桃和夹绵泡核桃。

（4）泡核桃生物学特性

由于泡核桃分布区地理、气候和环境的复杂性，使其生物学特性表现出了多样性。泡核桃的叶芽一般为双芽，也有少数品种的叶芽为三芽，芽之间的距离短。泡核桃不同品种之间，叶片的叶柄、颜色、大小、厚度、形状存在差异。就开花次序而言，泡核桃的品种和类型中有雄先型的（即雄花先开放），也有雌先型的（即雌花先开放），还有雌雄同时开放的。

在中国西南地区，泡核桃的芽萌动期在 2 月中下旬至 3 月上中旬，雄花开放期在 3 月中下旬至 4 月中下旬，雌花开放期在 3 月中下旬至 4 月中下旬，果实成熟在 7 月下旬至 10 月中上旬。

泡核桃属晚实类型，实生繁殖的一般 10 年左右开始结果，嫁接繁殖的一般 5 年左右结果。一般在结果母枝的顶花芽和顶花芽附近 1～4 个腋花芽上结果。每果枝坐果数较多，丰产年份 3 果率较高，偶尔会出现聚果现象（成串或簇生）。

（5）泡核桃分布特征

泡核桃主要在中国西南部和毗邻的越南、老挝、缅甸、印度和尼泊尔等国。其垂直分布在中国分布高度在 300 m（贵州）到 3 300 m（西藏）范围。为了便于了解泡核桃野生资源，本文按栽培泡核桃和野生泡核桃分别叙述。

1）栽培泡核桃

泡核桃在西南各地均有分布，但主要集中在澜沧江、怒江、雅鲁藏布江和金沙江流域海拔 600～2 700（3 500）m 地区。在各地分布状况大体如下：

云南省：在云南省泡核桃分布极为广泛，全省 129 个县（市、区），有 124 个县（市、区）有泡核桃分布。分布区主要集中在澜沧江、怒江、红河和金沙江流域。全省泡核桃年均产量 70 673.33 t（2000—2002 年 3 年平均数），其中，年产泡核桃 300 万 kg 左右的县是漾濞、凤庆、永平、昌宁、大姚、云龙；年产 100 万 kg 以上的县市有楚雄、南华、巍山、景东、新平、宾川、洱源、华宁、会泽、南涧、丽江等。2004 年大理州泡核桃栽培面积达 100 多万亩，产量达 2 万余 t。漾濞、永平、大姚、南华、昌宁是著名的泡核桃之乡。

贵州省：全省 81 个县（市）中有 70 余个县（市）有泡核桃栽培和分布。2002 年全省泡核桃产量达 7 010 t。栽培面积较大、产量较高的县（市、区）主要有毕节、大方、威宁、赫章、织金、盘县、水城、安顺、息烽、遵义、桐梓、兴仁、普安等。

四川省：栽培面积较大、产量较高的县（市、区）主要有巴塘、西昌、九龙、冕宁、盐源、德昌、会理、米易、盐边、高县、筠连、叙永、古蔺等。2002 年全省的泡核桃产量达 32 744 t。

重庆市：在黔江区、开县、巫溪、城口、奉节等地都引种了泡核桃。2002 年全市的泡核桃和泡核桃的产量为 1 515 t。

西藏自治区：在吉隆、聂拉木、亚东、错那、墨脱等地均有天然生长、面积不等、未经嫁接的泡（铁）核桃为主的群落或纯林。2002 年全区核桃和泡核桃的总产量为 1 415 t。

2）野生泡核桃

云南省野生泡核桃资源十分丰富，主要分布于怒江流域和澜沧江流域，仅怒江州核桃树超过了 400 万株，且大部分为野生泡（铁）核桃，主要分布在贡山、福贡、泸水、兰坪 4 县；临沧市临翔、云县、凤庆、永德、镇康、耿马、沧源、双江 8 个县（区）野生泡核桃也很丰富。

随着社会的发展和科技的进步，云南野生泡（铁）核桃嫁接改造蔚然成风，大批野生泡（铁）核桃被嫁接改造成泡核桃，特别是村寨周围、低山区和较缓坡中山区，很难再找到未被改造的野生泡（铁）核桃林，仅在海拔 2 200 m 以上地区深山沟谷尚能见到野生泡核桃。

据《中国果树志·核桃卷》记载，四川巴塘、会理等地偏僻高山上，野生泡（铁）核桃常形成大面积纯林，如盐源左所、右所的野生泡（铁）核桃林，地面上果实连年层积约 30 cm 厚，德昌县由乐跃进山后，25 km 范围内遍布野生泡（铁）核桃林。

西藏自治区兼有核桃和铁核桃种植和分布。核桃多数种植在藏南谷地和藏东高山峡谷区的农耕地上，并成为当地主要经济树种。泡核桃一般为未经嫁接的野生种，天然分布在自治区南部或靠近国界边缘。

雅鲁藏布江沿岸自日喀则至林芝为藏南核桃分布亚区，本亚区的吉隆、聂拉木、亚东、错那、墨脱等地均有天然生长、面积不等的泡（铁）核桃为主的群体或纯林，在靠近中印边界的协莫山原始森林的边缘，成片的野生铁核桃林中，历年落地的核桃坚果厚积 30 cm 左右，成为猕猴等野生动物的食物来源。

2.3.2 野生泡核桃调查

（1）西藏的泡核桃

2009 年，主要沿雅鲁藏布江河谷开展调查，发现除栽培泡核桃之外，西藏的野生泡核桃主要沿雅鲁藏布江南部河谷分布，大体上集中在吉隆、聂拉木、亚东、错那、林芝、墨脱等地。常组成小片纯林，或与其他阔叶树种混生。分布海拔多数在 2 500～3 000 m 地段，主要伴生树种有小果大叶漆[*Toxicodendron hookeri* var. *microcarpa*（C.C.Huang ex T.L.Ming）C.Y.Wu et T.L.Ming]、漆树[*Toxicodendron verniciflum*（Stokes）F.A.Barkl]、红麸杨[*Rhus punjabensis* J. L. Stewart var. *sinica*（Diels）Rhed.et Wils.]、皱叶南蛇藤[*Celastrus glaucophyllus* Rehd.et Wils.var. *rugosus*（Rehd.et Wils）C.Y.Wu]、丝毛柳（*Salix luctuosa* Levl.）、白柳（*Salix alba* L.）、褐背柳（*Salix daltoniana* Anderss）、桦（*Betula* spp.）、短苞小檗（*Berberis sheriffii* Ahrendt）、灰叶栒子（*Cotoneaster acutifolius* Turcz.）、姚氏樱桃（*Prunus yaoiana* W. L. Cheng）、密花纤细悬钩子（*Rubus hypargyrus* Edgew.var. *aniveus* Hara）、红毛花楸（*Sorbus rufopilosa* Schneid.）、苦木[*Picrasma quassiodes*（D.Don）Benn.]、四蕊槭（*Acer tetramerum* Pax）、牛奶子（*Elaeagnus umbellate* Thunb.）等。

林芝南部雅鲁藏布江流域山体切割很深，支流众多，河谷狭窄，多数为 V 形沟谷，阶地很窄，个别地段的较宽阶地为居民区占据。泡核桃多数分布在阶地上部的山坡上，常成片与其他树种混生分布。

重点对一片海拔 2 600 m 处的野生泡核桃林进行了调查。调查区地处亚热带常绿落叶阔叶混交林区域中的西部常绿落叶阔叶混交林亚区域，该片野生泡核桃面积约 2.5 hm^2，有成年泡核桃 50 余株，树体高大，一般在 15～20 m，胸高直径 9.5～38 cm，片林郁蔽度 90%以上，主要混交树种有漆树[*Toxicodendron verniciflum*（Stokes）F.A.Barkl]、滇青冈（*Cyclobalanopsis glaucides* Schottky）、红麸杨[*Rhus punjabensis* J. L. Stewart var. *sinica*（Diels）Rhed.et Wils.]、黄毛青冈[*Cyclobalanopsis delavayi*（Franch.）Schottky]、丝毛柳（*Salix luctuosa* Levl.）和小果大叶漆[*Toxicodendron hookeri* var. *microcarpa*（C.C.Huang ex T.L.Ming）C.Y.Wu et T.L.Ming]。林下灌木草本均较少，主要是杨柳科（Salicaceae）、忍冬科（Caprifoliaceae）、禾本科（Gramineae）植物。根据当地藏民向导介绍，2009 年春季核桃开花季节，本地遭遇霜冻，泡核桃花几乎全部冻死，因此结果很少，只在个别枝条看到

少数果实。

由于当地植被非常茂密，泡核桃树为争得阳光，树体高大，藏民很难上树采摘核桃，最多只是秋季偶尔拾捡落地核桃，因此，对泡核桃几乎没有破坏。

本种性喜温凉，抗寒力弱，喜湿润土壤，不耐干旱，适于生长在冬季不严寒，夏季无酷热，无旱害和晚霜危害的亚热带和暖温带较温凉的山区、半山区阳坡或半阳坡。在云贵川海拔 1 700~2 000 m、年平均温度 11.4~18℃、绝对低温-5.8℃以上、年降雨量 700~1 000 mm 处生长良好。适宜土壤为红壤、棕壤、紫色土、黄棕壤和石灰性土，最适 pH 5~7.5。

（2）四川的泡核桃

四川西昌冕宁泡核桃居群属于亚热带常绿阔叶林区域中的西部（半湿润）常绿阔叶林亚区域，位于西昌大凉山地区，雅碧江流域，属横断山脉中段，山脉南北走向，地势北高南低，地形复杂、地势起伏大；气候属于西部亚热带的高原季风气候，垂直变化十分明显，年均温 17.1℃，年积温为 5 350℃，绝对最低温度为-3.4℃；年降水量 1 040 mm，均集中于 5—10 月的雨季。地形复杂，海拔高低悬殊，区内各地气候差异很大。土壤类型为黄红壤和山地红壤，pH 4.5~5.5。这一地区泡核桃主要分布在海拔 1 500~2 800 m，其中在 1 500~2 500 m 处较集中，地带性植被为青冈、栲类林，主要有滇青冈（*Cyclobalanopsis glaucides*）、黄毛青冈（*Cyclobalanopsis delavayi*）、高山栲（*Castanopsis delavayi*）、滇石栎（*Lithocarpus dealbatus*）；海拔 2 500~2 800 m 主要为包石栎（*Lithocarpus cleistocarpus*）、多变石栎（*Lithocarpus variolosus*）等。

（3）云南的泡核桃

云南泡核桃为落叶乔木，树高一般为 10~20 m，奇数羽状复叶，小叶 9~11 片，顶叶较小或退化，小叶呈椭圆披针形，长 7~18 cm，全缘或微锯齿；果 1~5 个，核果呈扁圆球形；果壳黄绿色，光滑；种仁饱胀或饱满，味香醇。

云南泡核桃于 1 月下旬萌发，2 月下旬展叶，4 月上中旬开花，5 月下旬为生理落果期，8 月下旬至 9 月中下旬果实成熟，11 月下旬至 12 月上旬落叶，进入休眠期，整个生长时期为 230~250 d。开花至果熟共需 150~160 d。

云南泡核桃为雌雄同株、异花授粉植物，其雌雄花期不一致。有雄花早开的"雄先型"，如云南大泡核桃、三台核桃等品种；也有雌花先开的"雌先型"，如细香核桃、纸皮核桃等品种；亦有雌、雄花同时开放的"雌雄同熟型"，如新早、怒江 1 号等品种。

云南泡核桃的萌发能力极强，更新后其主干或主枝都可萌发新枝，而且生长很快，一年可长 2 m 左右，是易于更新的树种。云南核桃的根系发达，其根深可达 6~15 m，但大部侧根和须根分布在 40~60 cm 的土层中。

在山地栽培条件下，云南泡核桃的主要病害有细菌性黑斑病，有苗中的根腐病、白粉病；虫害主要有核桃举胶蛾、小吉丁虫、刺蛾、绿蝉蛾等种类。但云南核桃由于生长在独特的气候和土壤环境中，树体内的单宁物质含量比北方核桃要高，具有一定的抗病性。云南泡核桃自栽培以来，尚未见过有关核桃树染病成灾的记载或报道。

2.3.3 泡核桃研究概述

董润泉等（1998）对不同海拔高度带的泡核桃生长发育状况进行了观测，观测方法：在云南大理市马鹿塘、古迷么、漾濞站3个不同海拔点，以泡核桃（*Juglans sigillata*）的云南泡核桃（又名漾濞泡核桃）品种为观测对象，选经营管理条件相似，树龄30～40年生的2～3株泡核桃作为各观测点的固定观测样株。观察固定样株的物候，测定果实发育状况，进行产量调查，鉴定种子质量。得到结论为，云南泡核桃种子随海拔上升，气温下降，种壳减薄，漏米数量增多，出仁率增高，含油量减少。

郑志锋等（2006）对泡核桃核桃壳的化学组分进行研究，同时，通过UV、FTIR、NMR分析方法对漾濞泡核桃壳中的主要组分——木素进行波谱特性研究，得出不同产地漾濞泡核桃的核桃壳，其化学组分有差异，但主要成分是酸不溶木素。核桃壳主要元素是C、H、O、N、S等，且含有Ca、Mg、Fe、Si、P等微量元素。

吴开志（2007）等对核桃种仁粗脂肪和氨基酸含量的差异性分析，以四川西南地区4个核桃类群为试材，对种仁样品进行了粗脂肪、氨基酸成分的测定与比较分析。结果表明：泡核桃粗脂肪含量与其他3个类群存在明显差异，为744.211 mg/g；不同类群间氨基酸含量差异显著，夹米核桃表现最优，为223.657 mg/g，而泡核桃仅有132.249 mg/g；核桃种仁氨基酸种类丰富，其中含有7种人体必需氨基酸，必需氨基酸占氨基酸总量的29.02%，且比例相对稳定，变异系数仅为3.17%；另外，除蛋氨酸外，必需氨基酸含量及氨基酸总量存在较大变异，均超过16%。

肖丽娟（2005）对泡核桃初果树移植技术进行初探，指明移植要在核桃树进入休眠期时，移植时要注意：① 运苗时要保护好树干和树根，特别是根颈部。切忌出现树皮损伤；② 移植时应移植当天挖取的树，在下午4点以后进行，因山区冬季4点以后土温最适，有利于树根生长，若当天不能移植的应将移植树放在阴凉处，并用覆盖物覆盖；③ 施肥应以追肥为主。

韦赛林（2009）对泡核桃幼树桥接增根助长技术进行研究，通过增加泡核桃幼树根系，增加根系营养物质的吸收能力，来促进泡核桃生长。通过昌宁县核桃产业化建设中的实践，使泡核桃平均高生长是正常栽培的114倍，效果较好。

郝艳宾（2007）等从基因水平对我国核桃组资源的遗传多样性进行分析，用9对SSR引物对核桃组中29份核桃（*Juglans regia* L.）样品、2份泡核桃（*J. sigillata* D.）样品、4份 *J. sigillata* D. × *J. regia* L.样品进行扩增，共检测出等位基因47个，每个位点扩增3～9个等位基因，平均5.2个。9个SSR位点的PIC值在0.318 8～0.790 2，平均为0.635 7。35个样品在9个SSR位点上有杂合位点1～6个，样品的杂合度在0.11～0.67，平均0.35。采用UPGMA方法进行聚类分析，35个样品可以分为4组。其中陕西晚实核桃与华北核桃聚为一类，陕西早实核桃聚为一类再与新疆核桃聚为一组，表明秦巴山地核桃可能属于华北和新疆 2 个地理生态型。泡核桃与西藏核桃聚为一组，说明铁核桃与西藏核桃的亲缘关系较近，认为泡核桃和西藏核桃作为核桃种下的一个生态类型可能更为合适。

2.3.4 泡核桃经济利用价值

泡核桃在西南是适宜种植地区的重要经济树种。泡核桃仁营养丰富，脂肪含量 59.06%~72.84%，蛋白质含量 11.19%~15.17%，含胡萝卜素、VB_1、VB_2、VC 等多种维生素及钙、磷、铁、锌、铜、碘等多种无机盐。泡核桃油不饱和脂肪酸高达 83%，对人体具有特殊的保健功能。泡核桃仁蛋白质中含有 18 种氨基酸，除 8 种人体必需氨基酸含量较高外，还含有较多的精氨酸。精氨酸和鸟氨酸能刺激脑垂体分泌生长激素控制多余的脂肪形成。泡核桃花粉营养丰富，含蛋白质 11.31%，碳水化合物 23.38%，脂肪 3.35%，含 31 种氨基酸及维生素 A、C、D、E、P、Ca、Fe 等矿物质。

泡核桃仁具有健胃、补血、润肺、益肾和补脑等多种功能，是一种很好的滋补品。据《本草纲目》记载，核桃仁能"补气养血。润燥化痰，温肺润肠，治虚寒喘咳"。西南地区民族传统中医常用泡核桃仁入药，主治肾虚耳鸣、腰膝酸软、虚寒咳喘、肠风血痢、痈疽肿毒、遗精阳痿、中耳发炎等。将核桃仁微炒，与黄酒服用，还可以治疗腰痛。

近代大量研究表明，泡核桃对内、外、儿、妇泌尿及皮肤科等上百种疾病都有一定的治疗作用，对某些疾病则有相当高的疗效，对各种年龄的人都有保健作用。妇女妊娠期间常吃泡核桃，可促使婴儿身体发育良好，尤其对孩子的大脑发育很有益处。中老年人每天适当地服用泡核桃仁，能软化血管，减少肠道对胆固醇的吸收，对预防高血压、血管栓塞、动脉硬化等心血管系统疾病有积极作用，还能消除和减轻失眠、多梦、健忘、心悸、眩晕等神经衰弱症状。泡核桃仁中的丰富营养对少年儿童身体和智力发育大有益处。青年人常吃泡核桃仁，能减轻劳动和工作引起的疲劳程度，使精力易于恢复。

泡核桃木材色泽和纹理特殊，密度适中，耐冲击力强，是世界性的优良材种，主要用于军工、胶合板、乐器、体育器械、文具、仪器和高级家具等。泡核桃树枝条除作薪材外，还有医疗作用。枝条同鸡蛋共煮后吃蛋，或枝条制取液加龙葵全草制成的核葵注射液，对宫颈癌、甲状腺癌有不同程度的疗效。泡核桃树叶片民间常用来治疗伤口、皮肤病及肠胃病等。在中医验方中，泡核桃树皮可单独熬水治瘙痒，若与枫杨树叶共熬水，可治疗肾囊风等。泡核桃果实青皮中含有单宁和某些药物成分，单宁可制栲胶，用于染料、制革、纺织等行业；药物成分可用于治疗一些皮肤病及胃神经痛等。青皮浸出液是理想的生物农药，可用于防治象鼻虫和蚜虫等害虫。泡核桃壳是制作高级活性炭的原料，亦可作燃料，或磨碎后做肥料。

泡核桃树不仅有经济价值，而且有观赏价值和生态价值。泡核桃树体高大，枝干挺立，树冠枝叶繁茂，多呈半圆球形，具有较强的拦截灰尘、吸收二氧化碳和净化空气的能力。广大产区将泡核桃树作为四旁绿化树种，云南香格里拉将泡核桃作为公路行道树。

2.3.5 泡核桃资源利用问题与保护建议

（1）资源利用存在的问题

我国西部和西南部是世界核桃资源最为丰富的地区之一，并保存着世界少有的泡（铁）核桃天然林，云贵川和西藏地区的泡核桃资源十分丰富，但随着经济发展，核桃改良、嫁接、集约化栽培强度增加，野生核桃资源也正面临着十分严峻的形势。

一方面由于对野生泡核桃资源重要性的认识不够，认为野生泡核桃果实小且夹皮难剥壳，果仁所占比例很小，直接经济价值不高，缺乏必要和有效的保护，一些珍贵的野生资源被作为木材被砍伐或改接成优良无性系。特别是云南怒江州、大理市、临沧市等地，政府部门鼓励科技工作者和果农进行野生泡核桃嫁接栽培品种改良，在政策导向指引下，大面积的野生泡核桃被嫁接改造，许多地方只有高海拔区的深山峡谷才能找到真正野生的泡核桃。以文献数量为例，利用中文科技期刊全文数据库检索"泡核桃"1989—2009年文献，可以检索到82篇文章题目信息，其中关于泡核桃嫁接改造的内容很多，但没有任何一篇是关于野生泡核桃研究的。这足以说明我们认识上的误区之大。

另一方面由于核桃、泡（铁）核桃的栽培、嫁接-改造历史悠久，在长期人工选择加上一些环境及非生物因素胁迫，导致其遗传多样性退化，遗传侵蚀加剧。随着我国西部大开发的进行，核桃和泡（铁）核桃产业虽获得了良好的发展机遇，但同时资源保护也面临着严峻的挑战。因此，开展泡核桃资源调查研究，了解当地的资源状况对进行有效合理的保护显得十分迫切和必要。

（2）保护与利用建议

① 提高认识：核桃和泡核桃是我国产业化栽培的2个核桃属物种，关于核桃的起源虽然众说纷纭（详见野生核桃物种调查报告），但泡核桃（*Juglans sigillata*）（即铁核桃、云南核桃）起源于中国是没有任何争议的。泡核桃是以我国西南地区为分布中心的中国特有物种，作为栽培核桃的两个主要物种之一，理应引起学界和社会的高度重视。

② 保护种质：泡核桃作为我国的原产树种之一，与普通核桃相比，其在适生生态环境、抗逆性、丰产性及果实品质等方面存在着显著的差异性。具有巨大的研究和利用价值。从铁核桃中筛选出的品种其品质优良、抗性强，适宜于西南地区栽培，是西南地区发展核桃产业的种质基础。应当加强泡核桃野生种质的保护研究，而不能一味强调产量，将野生泡核桃大面积改造成栽培品种。

③ 建立相应保护小区：云南、四川、贵州低山区的野生泡核桃大部分已经嫁接成栽培泡核桃品种，但在偏僻的崇山峻岭仍有野生泡核桃纯林，如四川省盐源左所、右所的野生泡核桃林，地面上果实连年层积约30 cm厚；德昌县由乐跃进山后，25 km范围内遍布铁核桃林。西藏自治区靠近中印边界的协莫山原始森林的边缘，还有成片的野生泡核桃林，在偏僻高山上，野生铁核桃常形成大面积的纯林，历年落地的核桃坚果厚积30 cm左右。在这些地区建立野生泡核桃保护区或保护小区十分必要。

④ 建立种质资源圃，开展种质资源收集：我国核桃种质资源圃已有数家，但基本上都位于栽培核桃的适生区域，保存种质也是以核桃为主，核桃属其他种类收集很少，专门的或以泡核桃种质资源保存为主的资源圃缺失，因此，建议在西南地区建立以保护云、贵、川、藏资源为主的泡核桃种质资源圃。

⑤ 开展选育研究：加强对泡核桃的研究，在收集保护野生泡核桃的种质资源，进行泡核桃遗传多样性分析评价，构建核心种质资源库，培育泡核桃新品种。进一步利用我国丰富的种质资源选育出适应性更广、品质更优良的泡核桃品种，以拓宽优质泡核桃栽培区域，优化栽培技术，增加泡核桃产量，提升泡核桃品质，促进泡核桃产品加工业和发展，不断提高泡核桃种植的经济效益，确保我国泡核桃产品的国际竞争力，这将成为我国泡核桃产业的主要发展方向。

参考文献

[1] 董润泉. 不同海拔高度带的云南核桃生长发育状况观测[J]. 云南林业科技, 1998（2）: 40-44.

[2] 郝艳宾, 王克建, 王淑兰, 等. 几种早实核桃坚果中蛋白质、脂肪酸组成成分分析[J]. 食品科学, 2002（10）: 123-125.

[3] 韦赛林. 泡核桃幼树桥接增根助长技术[J]. 林业实用技术, 2009（7）: 33.

[4] 吴开志, 肖千文, 唐礼贵, 等. 核桃种仁粗脂肪和氨基酸含量的差异性分析[J]. 经济林研究, 2007（2）: 15-18.

[5] 郗荣庭, 张毅萍. 中国果树志·核桃卷[M]. 北京: 中国林业出版社, 1996.

[6] 肖丽娟. 泡核桃初果树移植枝术初探[J]. 林业调查规划, 2005, 30（增刊）: 130-131.

[7] 郑志锋, 邹局春, 花勃, 等. 核桃壳化学组分的研究[J]. 西南林学院学报, 2006（2）: 33-36.

[8] 中国科学院中国植物志编辑委员会. 中国植物志[M]. 北京: 科学出版社, 2004.

野生泡核桃（西藏林芝）调查

云南省野生泡核桃

泡核桃（*Juglans sigillata* Dode）

3 桦木科 Betulaceae

3.1 平榛 *Coryllus heterophylla* 物种资源调查

3.1.1 平榛概述

（1）名称

平榛（*Coryllus heterophylla* Fisch.）别名平榛、胡平榛、大叶蒿、山板栗等，是桦木科（Betulaceae），榛属（*Corylus* L.）植物。榛属在世界上约有20种，我国原产7种2变种，黑龙江省有2种。

（2）形态特征

落叶灌木或小乔木，高 0.8~2.0 m，树皮灰褐色或褐色，有光泽，幼枝密生茸毛。单叶互生，先端平截或下凹，有短尖头，具长柄，圆形、宽卵形或长圆形，长 5~11 cm，宽 4~9 cm，先端浅裂，中部裂片长而尖，基部心脏形、圆形或截形，边缘有不规则重锯齿，腹面深绿色、无毛，背面色淡、沿脉有短茸毛，侧脉 3~5 对；叶柄长 1.5~3 cm，其上密生短绒毛和稀疏腺毛。花单生，雌雄异花同株，先叶开放；雄花序葇荑状、下垂，2~3 个集生在二年生枝上，小花鲜黄褐色，具细毛，腹面有 2 花被，雄蕊 5~9，多为 8，花药黄色、椭圆形、二室纵裂；雌花序头状，小花无柄，向上，生于雄花序下方或枝顶叶腋间，鲜红色，花柱 2 深裂、伸出。果实 1~6 簇生，近球形，直径约 1.5 cm，有总苞 2 个；总苞钟状，浅裂，外面密生短柔毛和刺毛状腺体，先端开裂，裂片三角形，近全缘；坚果无毛或仅顶部疏被柔毛。种子无胚乳，子叶肥大。花期 4—5 月，果期 8—9 月（刘孟军，1998）。

（3）生物学特性

平榛为浅根性树种，其根系多分布于 3~15 cm 厚的土壤表层。萌生的榛丛无明显主根，根茎极其发达，每年不断加粗，分枝或延长生长，连续延长的长度可达 7~8 m，平榛萌蘖能力极强，每年从根茎上节部产生不定芽，向下生须根，向上产生萌蘖条。

平榛是喜光树种，野生多见于阳光充足的林缘或灌丛中，也见于阴坡林下。耐寒、耐旱、耐贫瘠，但以土层深厚、肥沃、湿润的中性至微酸性棕色森林土上生长最好。萌蘖能力、结实量均与受光程度有密切关系：生于阳坡光照充足者，萌蘖能力强，结实量较大，产量相对稳定；生于林下者光照不足，萌蘖能力弱，结实量相对较小，且大小年

（4）地理分布

平榛是我国榛属植物中分布最广，资源最丰富，产量最多的一种，是榛子的主要生产树种。主要分布在黑龙江、吉林、辽宁、内蒙古、河北、山西和陕西等省（区），但尤属东北大、小兴安岭的蕴藏量最大，品质好。

3.1.2 平榛资源调查

（1）吉林平榛资源

1）吉林平榛资源分布

吉林省野生平榛资源丰富，主要分布在长白山区的辉南、集安、抚松、敦化、安图、汪清和长白，特别是平榛较多，平榛主要分布在海拔 200～800 m，多数分布于荒山漫岗、林缘，林下也有少量分布。成片的榛林一般分布在荒山漫岗，伴生植物主要有蒙古栎（*Quercus mongolica*）、披针薹草（*Carex lancifolia*）、山刺玫（*Rosa davurica*）、桔梗（*Platycodon grandiflorus*）和牛叠肚（*Rubus crataegifolius*）等，其中蒙古栎、平榛混生林较多，分布在林缘的平榛也有一定数量，阳坡结果较多，林下分布的一般不结实。毛榛在阳坡一般分布在海拔 700～2000 m，在抚松、长白等一些海拔较高的地区较多，阴坡海拔 500 m 左右也有分布，分布数量相对平榛要少。

2）吉林平榛资源现状

吉林省野生平榛分布广泛，资源丰富，经调查 2001 年仅抚松县露水河林业局平榛的储量就有 9 000 t，吉林省大面积的榛林就有 3 万 hm^2。每年成熟季节都有大量采山人员采摘野生平榛，为山区居民增加了一定的收入。

（2）黑龙江平榛资源

1）黑龙江平榛分布情况

平榛产于内蒙古大兴安岭北部同地东麓，一直延伸到黑龙江境内；主要分布于大兴安岭、小兴安岭、张广才岭、老爷岭和完达山等山区、低山丘陵区，由于平榛所处的地方大部分已开垦为农田，现在资源已近枯竭。

2）黑龙江平榛类型

平榛由于受环境条件的长期影响，形成了多种多样的类型。这些类型在坚果形状、大小、果皮厚薄、出仁率等方面都有明显的差别。按坚果形状划分为 7 个类型。圆形榛、圆锥榛、扁圆榛、长圆榛、扁形榛、尖榛、平顶榛。据调查，榛果果形与其经济性状明显相关，上述圆锥形榛、扁圆形榛和长圆形榛等比较优良，在引种栽种时应注意选择推广。

3.1.3 平榛研究概述

吴榜华等(1993)应用叶分析技术对平榛矿质营养年周期变化规律进行了研究,结果表明:随着物候期的进展平榛叶片内各种矿质元素的含量有规律变化;但是,不同元素间变化规律有所差异,N、P、Zn、Cu含量随物候期进展呈逐渐下降趋势,而Ca、Mg则相反,K前期迅速下降,后期又有所增加,Mg前期含量最高,之后迅速下降到最低值,又增加达一定量后变化稳定,Fe的变化趋势是前期高、迅速下降到最低、又升到最高,后逐渐下降;在结果枝和发育枝的叶片中变化规律基本相同,初步确定了平榛叶分析营养诊断的采样适期和采样部位。宋新芳等(2008)采用索氏提取法、气相色谱法分别对26个平榛优良单株和2个欧榛品种的果仁粗脂肪含量、油的脂肪酸组成进行测定,分析表明泰山平榛、蒙山平榛和2个欧榛的粗脂肪平均含量分别为59.02%、59.61%和58.83%,油酸平均含量分别为81.60%、85.45%和80.66%,亚油酸平均含量分别为13.44%、8.93%和11.53%。综合评价得出,泰山17个单株和蒙山4个单株为最优单株,其粗脂肪含量、油酸和亚油酸含量的平均值分别达到了60.52%、83.50%和11.58%。

杨青珍等(2007)为了阐明过氧化物(POD)同工酶在榛品种中的分布规律,探讨平榛、欧榛及其杂种榛之间的亲缘关系,选育优势杂交亲本,本试验采用聚丙烯酰胺凝胶垂直电泳,研究了34个榛品种成熟叶过氧化物酶同工酶谱特征,结果表明:平榛、欧榛及其平欧杂种榛品种间酶谱具有较大差异;有的杂种品种遗失了父母本共有谱带P10;32个平欧杂种榛品种出现了双亲所不具有的新酶带,可作为鉴别杂种的一条途径。

刘丽琴等(2008)针对平榛种子发芽困难的问题,层积天数用0 d、30 d和60 d三个水平,赤霉素的浓度采用0 mg/kg、80 mg/kg和120 mg/kg三个水平,对平榛种子进行层积催芽试验,实验结果表明,层积与赤霉素浸种处理对种子出苗率和苗高均有影响:从层积时间与赤霉素浓度组合来看,平榛种子出苗率和苗高以层积60 d与赤霉素80 mg/kg的处理为最好;层积处理的催芽效果优于赤霉素的处理;采用层积与赤霉素相结合处理种子,比单独采用赤霉素处理更有利于平榛种子的发芽和苗木生长。李延权等(2005)介绍了东北平榛的种子繁殖、嫁接繁殖、分株与根蘖繁殖、压条繁殖和嫩枝扦插繁殖等繁殖方法,为人工栽培野生平榛提供了较为实用的技术。赵凯丰等(2004)简述了平榛的特征、习性、用途及功能,介绍了平榛的种植与经营技术。

3.1.4 平榛资源利用与保护建议

(1)平榛资源价值与利用现状

平榛是木本粮食和木本油料树种,综合利用价值很高,用途较广。我国平榛的利用历史悠久,最早可追溯到6 000年前的石器时代,在西安半坡村遗址中就发掘出大量平榛果壳。有关文字记载在公元前10世纪的《诗经》中就已出现。自古以来,我国劳动人民就有采集榛果食用的习惯,据古书记载:"榛子味甘,子小如栗,军行食之当粮"。近代的应用报道更是屡见不鲜，典型的如清代辽宁开原的"御棒园"即为一例。平榛的利用价值比毛榛的高。主要表现在它的经济性状优良，具有生长适应性强、坚果产量大、花粉易保存、授粉率与坐果率高、杂交育种的后代变异大、育种形状可控性好。

平榛是一种优良的野生干果，为天然绿色食品，平榛生食或炒食，老幼皆益。平榛果实口味好，营养丰富，其果仁含油量47%～68%，蛋白质23%，脂肪56%～65%，还含有维生素A、B、E以及铁、钙等矿质元素。榛仁的营养成分为面包的2倍，猪肉的1.5倍，可应用于糖果点心、医药及香料制造业中。经常食用具有滋补强壮、养颜护肤、抗衰老的作用，可加工成袋装小食品，满足市场需要。榛仁含淀粉6.65%，是食品工业不可多得的辅助原料，可制作各种高档风味食品，也可在菜肴中应用。平榛仁经加工可制成平榛乳、平榛脂和平榛粉等价值较高的营养品。

种仁含油率54.44%，油比重（20℃）0.912、折光率（20℃）1.417、碘价76.6、酸价2.76、脂价206.9、碱化价203.93；平榛油清亮，橙黄色，味香，是高级食用油。平榛种仁含有丰富的蛋白质、氨基酸、脂肪、维生素、矿物质元素及生理活性物质。其蛋白质含量为17.793%，据测定，种仁中有18种氨基酸，其中8种人体所必需的氨基酸含量接近于国际规定标准，如赖氨酸、谷氨酸、精氨酸的含量都很高，这些营养成分具有促进人体骨骼发育、健脑提神和壮肾养肝的作用。经测定，每100 g平榛种仁中含脂肪65.20 g，其中不饱和脂肪酸含量高达85.64%；VA和VE的含量也较高；同时种仁中还含有多种人体不可缺少的矿质元素，100 g种仁中含磷238.9 mg、镁572.4 mg、钾438.5 mg、钠167.3 mg、钙71.3 mg、铁10.2 mg，有很好的药理作用。

平榛树皮含单宁3.55%，总苞含单宁9.43%，叶含单宁6.67%，均为栲胶原料。平榛叶可做饲料，木材可做木杖、伞柄或做薪炭材。平榛为优良的水土保持灌木，对维护自然生态平衡、防风固沙、保持水土起着重要的作用。平榛株形、花絮美丽，也可用于园林绿化。

（2）平榛开发利用存在的问题

平榛品种改良从20世纪80年代开始以来，在选择育种上做了大量的工作，选出了一批应用于生产的良种。平榛良种研究的进展和野生林改造技术的进步，使平榛的产量有了很大提高。但随着生产的发展，对原料的品质要求越来越高，筛选优质高产的优良品种以及实现原料的基地化、优质化是当前产业发展的关键。但当前有关平榛的研究和利用中仍然存在不少问题，主要表现在：野生榛林一般都处于无人管理状况，结实率较低，虫果和空瘪率高，单位面积产量低，造成严重的资源浪费；由于平榛经济价值较高，市场需求量大，还经常发生掠青现象；成片的榛林一般处于荒地，开荒和砍伐现象较重，榛林面积急剧减少，随着人为活动的增多，野生平榛的生存环境受到严重的破坏，资源数量急剧减少。

（3）平榛保护与利用建议

国外商品平榛采用集约化栽培措施，十分重视平榛种植地的选择，授粉树的配置、灌水施肥及整形修剪等措施。对于我国丰富的野生平榛林，应采取积极保护与合理开发利用相结合的方针，科学经营管理，建立半栽培化的生产园，逐步实行集约化园艺栽培，同时开展科学研究，选育良种，扩大栽培面积，采取科学的经营和管理措施，提高平榛的产量和品质。具体措施是：

①加强资源保护：野生平榛经济价值较高，用途广泛，但无保护性措施，受到无限制的开发和利用，生存环境受到破坏，种群数量急剧减少。选择资源类型具有代表性的野生榛林建立保护区或保护点，保护良种资源不至于灭绝，对其生存环境、生存条件、生长习性以及抗性等各方面进行细致的研究。为更好地开发利用野生平榛资源提供依据。

②建立平榛垦复基地：野生榛林通过垦复基地的建设，达到可持续利用的目的。榛林在合理规划的基础上，经过林分清理、密度调整、更新复壮、除萌、土壤管理、虫害防治，使其完成垦复园的建立和经营。

③加强抚育：大片野生平榛林产量低是由于密度较大，杂草丛生，密度过大的结实率低，可进行人工抚育，以提高果品质量和产量。清除榛林内杂草及杂木，减少肥水竞争；剪去丛内老弱病虫以及下垂枝，以自然开心形为主，尽量做到光照利用充分；做好平榛病虫害防治工作。

④加强开发利用：野生平榛资源虽丰富，但对其利用研究却很少，应加大平榛的育种、栽培、加工方面研究投入。野生平榛的抗寒性、抗病性强、品质好、生态类型很多，平榛分布范围广，储量大，抗性强，是育种的优良材料，对研究北方平榛育种有重要意义。我国平榛资源丰富，但平榛加工业滞后，有待于发展、加强，以提高平榛产业的经济效益。

参考文献

[1] 李延权，孙静华. 东北野生平榛的繁殖技术[J]. 防护林科技，2005（4）：85-86.

[2] 刘丽琴，宋莺峰，季兰. 平榛种子层积催芽的试验研究[J]. 山西农业大学学报：自然科学版，2008，28（1）：45-47.

[3] 宋新芳，邢世岩，董雷雷. 平榛脂肪及脂肪酸成分分析和综合评价[J]. 中国粮油学报，2008，23（1）：189-193.

[4] 吴榜华，彭立新. 平榛叶片中矿质营养年周期变化规律的研究[J]. 吉林林学院学报，1993，9（1）：40-43.

[5] 杨青珍，王锋，季兰. 平榛、欧榛及种间杂种过氧化物酶同工酶分析[J]. 中国农学通报，2007（6），149-152.

[6] 赵凯丰，王俊海，邹东明，等. 辽东山区平平榛经济林的种植与经营技术[J]. 辽宁林业科技，2004（6）：45-46.

[7] 刘孟军. 中国野生果树[M]. 北京：中国农业出版社，1998.

平榛（*Coryllus heterophylla* Fisch.）

3.2 毛榛 Corylus mandshurica 物种资源调查

3.2.1 毛榛概述

（1）名称

毛榛（*Corylus mandshurica* Maxim.）又名小榛树、胡平榛、火平榛等，属桦木科（Betulaceae）榛属（*Corylus*）。其果仁用于加工糕点和糖果，风味芳香，有"坚果之王"的美称。

（2）形态特征

高 3～4 m；树皮暗灰色或灰褐色；枝条灰褐色，无毛；小枝黄褐色，被长柔毛，下部的毛较密。叶宽卵形，矩圆形或倒卵状矩圆形，长 6～12 cm，宽 4～9 cm，顶端骤尖或尾状，基部心形，边缘具不规则的粗锯齿，中部以上具浅裂或缺刻，上面疏被毛或几无毛，下面疏被短柔毛，沿脉的毛较密，侧脉约 7 对；叶柄细瘦，1～3 cm，疏被长柔毛及短柔毛。雄花序 2～4 枚排成总状；苞鳞密被白色短柔毛。果单生或 2～6 枚簇生，长 3～6 cm；果苞管状，在坚果上部缢缩，较果长 2～3 倍，外面密被黄色刚毛兼有白色短柔毛，上部浅裂，裂片披针形；序梗粗壮，长 1.5～2 cm，密被黄色短柔毛。坚果几球形，长约 1.5 cm，顶端具小突尖，外面被白色绒毛。

（3）生物学特性

本种较耐阴，多散生于林中和近林的林缘，或分布于山地阴坡，偶尔也在森林破坏后的阴山坡形成小面积的单优势群落。4 月返青，4—5 月先叶开花，8—9 月果实成熟。

（4）地理分布

产于黑龙江、吉林、辽宁、河北、山西、山东、陕西、甘肃东部、四川东部和北部。生于海拔 400～1500 m 的山坡灌丛中或林下。朝鲜、苏联远东地区、日本也有分布。属耐阴的中生灌木，常见于温带、暖温带的山地森林带。

3.2.2 毛榛研究概述

徐秀芳等（2005）对 6 种不同种类榛树叶中过氧化物酶（POD）同工酶测定比较的结果显示：平榛、毛榛及杂交榛共有酶带 B4，该酶带可能是榛属的特征性酶带；平榛与毛榛 POD 酶带表现出明显的差异性，A1、C1 和 C2 这三条酶带是毛榛特有的，能否作为毛榛的标志带，还有待进一步研究；杂交榛酶带特征与母本（平榛）接近；这些实验结果为细胞生物学研究及探讨榛属植物的亲缘关系及种类的区分提供了依据，也为榛树遗传基础的评价和杂交育种提供了参考资料。

王立等（2006）对毛榛叶中鞣质成分进行了系统的研究，用柱层析分离技术首次从毛榛叶中得到了 12 个鞣质类成分。并根据理化性质和谱学数据鉴定了其相应的结构。其中新化合物有 2 个：毛榛叶鞣质 A（Mandshurica 1）、毛榛叶鞣质 B（Mandshurica 2），已知成分 10 个：榛叶鞣质 A（Heterophyllin A）、榛叶鞣质 B（Heterophyllin B）、榛叶鞣质 C（Heterophyllin C）、榛叶鞣质 D（Heterophyllin D）、榛叶鞣质 G（Mandshurica G）、1,2,3,6-tetra-O-galloyl-β-D-glucose，特里马素 I（Tellimagrandin，I）、特里马素 II（Tellimagrandin II）、Hippophoenin B、木麻黄亭（Casuarnin）。同时通过显色反应显示在毛榛的叶中，鞣质主要作为细胞内容物存在于维管束的筛部。

车树理等（2008）总结出了野生毛榛种子繁殖技术：种子采集应在生长健壮、无病虫害、无机械损伤的优良母株上选择充分成熟，大而饱满的果实作为播种材料，以果苞由绿色变成黄色或黄褐色、果壳坚硬且变成褐色时为好，然后对种子水选，将漂浮在水面的种子剔除进行层积处理。层积初期应遮阴以防温度过高。选择地势平坦，排水良好，土层深厚，土质疏松且肥沃的地块为育苗圃。出苗后应间苗定苗，灌水追肥，中耕除草。野生毛榛病虫害较少，主要是白粉病，可在发病初期喷 50%多菌灵可湿性粉剂 600～1 000 倍液，或 50%甲基托布津可湿性粉剂 800～1 000 倍液防治。

彭立新等（1994）应用电解质渗出法、恢复生长法和组织褐变法对包括毛榛在内的 47 份榛属试材的抗寒性进行了分析研究。根据抗寒性和恢复生长后的萌芽百分率，筛选出 10 个比较抗寒的杂交品系，为杂交品系的区域试验和推广提供了依据。

纪国锋等（1997）在我国整个榛属分布区内机械布设 52 个样区，以榛属在各区内分布的种数得分及对应的环境气候指标，对榛属内种的分布与气候因子的关系进行了定量研究，获得了数学模型，结果表明：榛属内种的分布受气候因子的综合作用，其主导因子为降水量，呈紧密负相关；其次为温度，呈弱的正相关。据此认为，在平榛的引种工作中首先应重点考虑的气候因子是引种区环境的湿润状况，其次是温度。

关继义等（1998）通过对相同林型榛属群丛和非榛属灌木丛下根区土壤的对比研究，发现榛属群丛下根区土壤较非榛属灌木下土壤 pH 值增高，有机质含量显著增加，全氮和碱解氮、全磷量显著提高，有效磷降低土壤团粒结构增加，水稳性提高。表明榛属灌丛有明显的改良土壤理化性质的作用。

由于榛鲜叶组织中富含酚类、糖类及其他次生代谢物，致使鲜叶易发生褐变，从而严重影响基因组 DNA 的提取质量，王艳梅等（2007）以包括毛榛、平榛在内的 12 种榛属为研究对象，探讨了适合中国榛属植物基因组 DNA 的提取方法，并建立 SSR 反应体系。实验以榛属植物叶片为材料，通过对 CTAB 法的改良，摸索出了适于中国榛属植物基因组 DNA 提取的方法，并以核酸产量、纯度、片断分布情况等指标来评价基因组的质量。试验结果表明，经改进的 DNA 提取和纯化方法可从榛属植物的冬芽、嫩叶及老叶片中获得质量较高的基因组 DNA，只是老熟叶片需要多次纯化，这样可使试材的获取可在整个生长季进行，解决了取材时间的局限性。所得 DNA 产量和纯度高，经过扩增反应，获得了清晰的指纹图谱，能够满足 SSR 指纹分析。结果表明，获得的基因组质量较高，能够满足 SSR 反应体系的建立。并对影响榛属基因组 DNA 提取的因素进行了简要的分析讨论。

李华兰等（2005）着重比较分析了毛榛的芽和幼茎愈伤组织中紫杉醇的合成能力。用高效液相色谱仪测定，结果显示芽比幼茎含量更高。用 2.0 mg/LBA 和 1.4 mg/LNAA 诱导幼芽，8 d 后的愈伤组织以 100%的速度感应。总结出较好的培养愈伤组织的方法是用 0.5 mg/L 2,4-D、1.0 mg/L NAA 和 0.5 mg/L KT 补充 B5 培养基。测得愈伤组织的生长速度和紫杉醇的含量分别是 7.74 g/L 和 0.13%。

王明启等（1999）通过对包括毛榛在内的 58 份试材的研究，并参考 Thompson 等的欧榛评价系统，初步建立了适合中国东北地区特点的榛属种质资源性状描述与评价系统。同时，研究确定了标准叶片取样部位、数值性状理论样本容量和分级标准。为今后系统研究榛属种质资源提供了依据。

3.2.3 毛榛资源调查

（1）毛榛实地调查

东北地区的毛榛经常生于白桦（*Betula platyphylla*）、山杨（*Populus davidiana*）、蒙古栎（*Quercus mongolica*）、辽东栎（*Q. liaotungensis*）等夏绿阔叶林中或林缘，也经常与榛（*Corylus heterophylla*）、胡枝子（*Lespedeza bicolor*）、牛叠肚（*Rubus crataegifolius*）、山刺玫（*Rosa davurica*）等同时存在。

华北地区的毛榛经常见于林缘或林间空地，除形成小面积单一群落外，更多是与榛（*Corylus heterophylla*）、东陵绣球（*Hydrangea bretschneideri*）、胡枝子（*Lespedeza bicolor*）、照山白（*Rhododendron micranthum*）、牛叠肚（*Rubus crataegifolius*）等混生。

（2）毛榛利用调查

1）毛榛的食用利用

毛榛在秋霜后至冬季可被采食，嫩叶晒干后可做牛、羊等草食家畜与猪的饲料，青绿枝叶家畜一般不吃。夏季采收叶子可做蚕饲料。4月开花时，也是蜂的蜜源。果可药用或食用，种仁富含营养（含油 46%～61%，蛋白质 16%～18%，碳水化合物 16.5%；含多种维生素 A、维生素 B、维生素 C 及 Fe、Ca 等微量元素），果仁用于加工糕点和糖果，风味芳香，有坚果之王的美称。剥去果皮可生食或蒸煮后吃，也能加工成粉后做糕点，熬制出的榛乳、榛脂是营养药品。种子含油 50%～60%，可榨油供食用。榛仁还可生产上等化妆品，果壳可制活性炭、染料等。

2）毛榛的药用利用

毛榛油主要成分：油酸 60%～80%、亚油酸，属于不干性优质食用油。能有效防止动脉粥样硬化，有助于肝脏，肾脏功能的恢复。种仁入药，有开胃、明目的功效。

3）毛榛的生态利用

榛属群丛下的土壤 pH 值高于非榛灌木丛说明榛属能降低土壤酸度，有利于微生物的活动和有机质的腐殖质化和矿质化。榛属群丛下的土壤全磷含量高，而有效磷在春季含量低，这是与榛属先开花，后放叶的生理特性有关。这样可防止磷元素在早春被固定。榛属群丛能够明显地促进水稳性团粒结构的形成。是一种良好的改良土壤的灌木树种。建议在林业的营林生产中保护和发展榛属群丛，将其作为改良土壤，提高林地生产力，发展木本油料，坚果的重要灌木树种。

4) 其他利用

吉林省自石山林业局，利用毛榛树枝干代替日渐稀少的千金榆进行栽种灵芝的试验获得成功，用于规模生产。实践表明，利用榛树干栽培灵芝，每一小捆（长 15 cm，粗 8～15 cm）产干灵芝 60～150 g，略高于利用同体积千金榆栽培灵芝的产量。产量高的原因是榛树所含营养成分及木质特性更适合灵芝菌丝的生长；二是多数榛树干捆绑，与同粗度的单个木段相比，边材比例增加，而边材中的营养是最丰富的。自石山林业局利用榛树种植灵芝取得了较好的经济效益，解决了菇木林后备资源短缺的问题，为当地经济注入新的活力，更为榛树资源的充分利用开辟了一条新路。利用榛树枝干不仅能培育出优质的灵芝，有人利用它栽培木耳香菇也取得成功。可以说，榛树是发展食（药）用菌的好树种，发展前景十分广阔。

另外，毛榛树干木材坚硬、耐腐，可做伞柄、手杖等。

3.2.4 毛榛资源保护与利用对策

（1）毛榛开发利用中存在的问题

毛榛是北方常见灌木，普遍认为资源蕴量丰富，不存在保护问题，因此，采摘无节制，抚育多去除，生存环境受到破坏，种群数量急剧减少。由于毛榛比平榛更受产区民众欢迎，经常见到采青、采棵现象。另一方面，毛榛果实偏小，产量也不高，相关研究较少，远不如平榛受重视。

（2）毛榛保护与利用建议

① 加强资源保护：选择资源类型具有代表性的野生榛林建立保护区或保护点，保护良种资源不至灭绝，对其生存环境、生存条件、生长习性以及抗性等各方面进行细致的研究。为更好的开发利用野生毛榛资源提供依据。

② 建立毛榛垦复基地：野生榛林通过垦复基地的建设，达到可持续利用的目的。榛林在合理规划的基础上，经过林分清理、密度调整、更新复壮、除萌、土壤管理、虫害防治，使其完成垦复园的建立和经营。

③ 加强开发利用：野生毛榛资源虽丰富，但对其利用研究却很少，应加大毛榛的育种、栽培、加工方面研究投入。野生毛榛的抗寒性、抗病性强、品质好、生态类型很多，分布范围广，储量大，抗性强，是育种的优良材料，对研究北方榛育种有重要意义。我国毛榛资源丰富，但加工业滞后，有待于发展、加强，以提高榛产业的经济效益。

参考文献

[1] 车树理,刘玲玲,卢瑞林. 野生毛榛种子繁殖技术[J]. 甘肃农业科技,2008(12):53-54.

[2] 关继义,陈永亮,贾道兴,等. 榛属群丛对土壤理化性质影响的研究[J]. 植物研究,1998(3):110-115.

[4] 纪国锋,戚继忠. 榛属内种的分布与气候因子关系的研究[J]. 吉林林学院学报,1997(3):7-9.

[5] 李华兰,余华. 平榛的立体培养及紫杉醇的提取[J]. 宜宾学院学报,2005(6):93-94.

[6] 彭立新,王明启,梁维坚,等. 榛属(*Corylus* L.)植物抗寒性研究[J]. 吉林林学院学报,1994(3):166-170.

[7] 刘文胜,曹敏,唐勇. 岷江上游毛榛、辽东栎灌丛及3种人工幼林土壤种子库的比较[J]. 山地学报,2003(2):162-168.

[8] 徐秀芳,张海洋,张丽敏. 不同榛树叶中过氧化物酶同工酶的研究[J]. 林业科技,2005(2):1-3.

[9] 王立. 黑龙江省山刺玫、毛榛鞣质成分及体外抗肿瘤活性研究[D]. 东北林业大学,2006.

[10] 王明启,彭立新,吴榜华,等. 榛属种质资源性状描述系统研究[J]. 林业科学,1999(6):52-57.

[11] 王艳梅,程丽莉,翟明普,等. 中国榛属植物DNA提取与SSR初步分析[J]. 河南师范大学学报(自然科学版),2007(2):129-132.

毛榛（*Corylus mandshurica* Maxim.）

4 壳斗科 Fagaceae

4.1 野生锥栗 Castanea henryi 物种资源调查

4.1.1 锥栗概述

（1）名称

锥栗（*Castanea henryi* Rehd. et Wils.）为壳斗科（Fagaceae）栗属（*Castanea*）植物，又名平榛、桂林栲、勒翠、中华锥、栲栗、山椎、锥子树、米锥等。

（2）形态特征

锥栗为落叶乔木，高 20～30 m，树干端直。树皮深灰色，纵裂，幼枝无毛，小枝紫褐色，冬芽短，褐色，卵圆形，钝尖或半钝尖，无毛或几乎无毛。叶二列，披针形或椭圆状披针形，长 12～17 cm，宽 2～4 cm，顶端渐尖，基部圆形或楔形，常一侧偏斜，边缘锯齿，锯齿刺芒状，两面无毛（栽培品种除外）或下面沿脉略有毛，侧脉 13～16 对，直达齿端；叶柄长 1～1.5 cm，无毛。花单生，雌雄同株；花序穗状，单生叶腋；；雌雄花异序，雄花序细长，直立，花密生，花被 6 裂，密生细毛，雄蕊通直 10～12 枚；雌花序生于近枝端，雌花单生于壳斗内，基部有 5 苞片，有毛，花被 6 片，两面及边缘密生细毛，花柱 6～9 个。果实单生或 2 个、3 个着生在短的穗状花序上。壳斗（或称总苞）有刺，全包坚果，连刺直径 3～3.5 cm，成熟的总苞刺很少有长茸毛。坚果单生，卵圆形或圆锥形，具尖头，高 1.5～2 cm，直径 1.5～3 cm，被黄棕色绒毛。

4.1.2 地理分布

锥栗分布的范围很广，在秦岭、淮河以南，浙江、安徽、福建、江西、湖南、湖北、四川的东部和中部、广西北部和西部、广东北部、贵州东南部和云南东北部等地区均有分布，尤其以福建北部山区（闽北）、江西庐山和浙江丽水、龙泉所产的锥栗较著名。

锥栗栽培主要集中在福建，在福建省内主要分布在建瓯、建阳、政和、浦城、武夷山、顺昌、邵武、泰宁等县（市）。在全区 130 个乡镇中，有锥栗分布的达 100 个乡镇，占 77%，其中建瓯市锥栗面积、产量和品种资源均为全国之最，被誉为中国第一个"名特优锥栗经济林之乡"。

4.1.3 锥栗物种调查

（1）野生锥栗调查

在调查过程中，壳斗科的锥（桂林栲）常被误认为是锥栗，因为两者的外部形态比较相似，主要区别是：① 锥栗（*Castanea henryi* Rehd. et Wils.）属于栗属（*Castanea*），锥（桂林栲 *Castanopsis chinensis* Hance）属于锥属（*Castanopsis*）；② 锥栗小枝无顶芽，多为落叶乔木；锥（桂林栲）小枝具顶芽，为常绿乔木；③ 锥栗的坚果顶部有明显的尖和伏毛，锥（桂林栲）坚果的顶部无尖和伏毛。

广东锥栗主要生长在乐昌、乳源、高要等海拔 100~1 400 m 的丘陵与山地，值得注意的是在广东南部的东莞黄江镇田心村偏僻的巍峨山上，发现了千亩天然锥栗群落。据考证，该群落已有上百年历史，部分树高达十几米。广东南部发现天然锥栗群落在整个珠三角都属罕见，该群落的发现，为进一步研究锥栗分布，培育优良果用品种和绿化品种提供了丰富的种质资源。

田心村野生锥栗种群，其群落层次结构复杂，乔木层分为 2~3 层，上层乔木一般高达 20 m，最高可达 30 m。组成种类以华南植物区系成分为主，并有较多的热带区系成分。乔木层主要种类除了锥栗（*Castanea henryi*）外，还有木荷（*Schima superba*）、厚壳桂（*Cryptocarya chinensis*）、黄果厚壳桂（*Crytocarya concina*）、红车（*Syzygium rehderianum*）、云南银柴（*Aporusa yunnanensis*）等。林下蕨类植物丰富，以华南毛蕨（*Cyclosorus parasiticus*）、三叉蕨（*Tectaria subtriphylla*）、金毛狗（*Cibotium barometz*）等为常见。

（2）栽培锥栗调查

锥栗栽培历史悠久，主要栽培区集中在浙江南部和福建北部山区。其余地区如江西、湖南、鄂西、广东、广西、四川、江苏等地虽有种植，但规模较小。由于长期的实生繁殖，加之人工选择的结果，形成了许多优良的农家品种。调查表明，浙南—闽北地区共有 20 多个农家品种。果实较大的有乌壳长芒、黄榛、温洋红、大尖嘴等，果实中等的有蔓榛、红紫榛、白露仔、薄壳仔、财榛、麦塞仔、穗榛、猪屎榛等，油栗、嫁接毛榛、毛榛、光生栗等果型偏小。近年来，在局部范围内开展过资源调查和选优工作（吴连海等，2007），选出了一些优良类型和单株，但还有许多优良资源未被发掘，生产上存在着严重的优劣混杂现象。

4.1.4 价值及开发利用

锥栗果实为坚果，卵圆形，富含胡萝卜素、氨基酸和多种微量元素，既可鲜食，又可加工。果实易于保鲜，还具有抑制癌症、补肾益气、补脾温胃等功效。

参考文献

[1] 龚榜初，陈增华. 锥栗农家品种资源调查研究[J]. 林业科学研究，1997（6）：15-21.

[2] 冯丽贞，陈友吾，郭文硕. 植物次生物质与锥栗对栗疫病抗性之间的关系[J]. 福建林学院学报，1999

(1): 82-84.

[3] 胡哲森, 时忠杰, 李荣生, 等. 闽北锥栗种质资源的开发利用[J]. 国土与自然资源研究, 2002（2）: 73-74.

[4] 沈嘉荣. 江由. 天然锥栗林资源的开发利用[J]. 福建果树, 1995（1）: 35-37, 23.

[5] 吴光福. 借助情报调研开发野生锥栗[J]. 中国信息导报, 1996（6）: 40.

[6] 吴连海, 龚榜初, 赖俊声, 等. 浙南闽北锥栗品种资源调查研究[J]. 浙江林业科技, 2007（1）: 33-37.

[7] 谢碧霞, 谢涛. 锥栗和茅栗淀粉颗粒的特性[J]. 中南林学院学报, 2003（2）: 22-25.

[8] 郑诚乐. 江由闽北锥栗品种资源及其利用前景[J]. 福建农业大学学报, 1998（3）: 36-37, 39-40.

[9] 郑诚乐. 江由福建锥栗主要品种资源调查初报[J]. 福建果树, 1996（1）: 32-33.

锥栗（*Castanea henryi* Rehd. et Wils.）

4.2 茅栗 Castanea seguinii 物种资源调查

4.2.1 茅栗概述

（1）名称

茅栗（*Castanea seguinii* Dode）是壳斗科（Fagaceae）栗属（*Castanea*）植物，别名野栗子、毛栗、毛板栗。茅栗是我国所特有的三种栗属植物[中国板栗（*Castanea mollissima* Bl.）、锥栗 *Castanea henryi*（skan）Rehd. et Wils.）]之一。

（2）形态特征

小乔木或灌木状，通常高 5～2 m，稀达 12 m，冬芽长 2～3 mm，小枝暗褐色，托叶细长，长 7～15 mm，开花仍未脱落。叶互生，薄革质，椭圆状长圆形或长圆状倒卵形至长圆状披针形，长 6～14 cm，宽 3.5～4.5 cm，顶部渐尖，基部楔尖（嫩叶）至圆钝或耳垂状（成长叶），基部对称至一侧偏斜，叶背有黄或灰白色鳞腺，边缘具短刺状小锯齿，羽状侧脉 12～16 对，幼嫩时沿叶背脉两侧有疏单毛；叶柄长 5～15 mm。花单性，雌雄同株；雄花序穗状，单生于新枝叶腋，直立，花序长 5～12 cm，雄花簇有花 3～5 朵；雌花单生或生于雄花序下部，每壳斗有雌花 3～5 朵，通常 1～3 朵发育结实，花柱 9 或 6 枚，无毛；壳斗外壁密生锐刺，成熟壳斗连刺径 3～5 cm，宽略过于高，刺长 4～10 mm。每壳斗有坚果 3～7；坚果扁圆形，褐色，径 1～1.5 cm，无毛或顶部有疏伏毛。花期 5—7 月，果期 9—11 月。

（3）地理分布

茅栗常生长于丘陵或山地向阳灌木丛中。分布于云南、贵州、广东、江西、福建、浙江、江苏、安徽、湖北、湖南、四川、河南、山西、陕西等地。

4.2.2 茅栗研究概述

（1）遗传特性研究

郎萍等（1999）利用等位酶技术对中国栗属植物进行过分析，研究表明中国板栗和茅栗的亲缘关系最近，并且地理距离和遗传距离有一定的相关性。杨剑等利用 HGIJF 法构建遗传关系聚类图，以相似性系数 0.65 为阈值，板栗与茅栗为一个聚类组，锥栗为另一个聚类组，再次表明了板栗与茅栗的亲缘关系较近。

沈永宝等（2004）利用 RAPD 的 DNA 标记技术研究表明茅栗多态位点百分率为 53.7%，有效等位基因数目、基因多样度和 Shannon 多样性信息指数值分别为 1.611 2，0.348 1 和 0.528 7，显示出较高的遗传多样性。

（2）营养成分研究

据杨武英等（2005）研究表明，茅栗果实含水 41.25%，灰分 2.096%，蛋白质，淀粉，还原糖含量都在所研究的八种壳斗科植物的前列,而维生素C(0.5129 mg/100 g)、钙(907.85×10^{-6})的含量为位居第一。其富含多种营养物质及人体所必需的微量元素和维生素,较全面的营养成分使其具有很高的营养价值。谢涛等研究表明茅栗淀粉的含量达60%~70%,糊化温度为64.0~73.5℃,其膨胀度在75℃时出现迅速增长,属限制型膨胀淀粉;茅栗淀粉糊具有酶解率较高、透明度低、凝沉稳定性强、冻融稳定性很差的特性;在pH值6.0~8.0范围内茅栗淀粉糊黏度较高,温度和转速对糊黏度有一定影响,浓度对糊黏度有较显著影响。

(3) 嫁接应用

据杨剑(2005)、何慎(2007)等介绍,茅栗或者部分茅栗可以作为嫁接板栗的砧木,而且高位嫁接可使板栗早结果。但是王凤才认为在生产上茅栗是接不活板栗的,他认为以往记载的叶背毛或腺点的鉴别法不可靠或有误,需要寻找和补充更符合其遗传规律的鉴别指标,并指出嫁接成活的应该是野板栗,或者是在茅栗和板栗杂分布区,可能存在二者的天然杂种,这种杂种可有不同的表征和复杂的基因型,能与板栗亲和。

4.2.3 茅栗物种调查

2009年,北京林业大学野生果树项目组对安徽大别山区的安庆市、金寨县、六安县的茅栗野生资源进行了调查。

种群概况

在安徽大别山区,茅栗多分布于300~1 500 m地带。

在海拔850 m以下常绿落叶阔叶混交林、暖性针叶林带中,茅栗常呈团块状分布,伴生树种有青冈(*Cyclobalanopsis glauca*)、苦槠(*Castanopsis sclerophylla*)、薄叶锥(*Castanopsis tcheponensis*)、薄叶桢楠(*Machilus leptophylla*)、腺叶桂樱(*Laurocerasus phaeosticta*)、豹皮樟(*Litsea coreana* var. *sinensis*)、栓皮栎(*Quercus variabilis*)、短柄枹(*Quercus serrata* var. *brevipetiolata*)、枫香树(*Liquidambar formosana*)、化香树(*Platycarya strobilacea*)、黄檀(*Dalbergia hupeana*)、大叶朴(*Celtis koraiensis*)、漆(*Toxicodendron vernicifluum*)、灯台树(*Cornus controversa*)、四照花(*Cornus kousa* subsp. *chinensis*)、毛梾(*Cornus walteri*)、苦枥木(*Fraxinus insularis*)、小叶白辛树(*Pterostyrax corymbosus*)、牛鼻栓(*Fortunearia sinensis*)、青皮木(*Schoepfia jasminodora*)、黄连木(*Pistacia chinensis*)、君迁子(*Diospyros lotus*)等。

在海拔850~1 500 m落叶阔叶林、温性针叶林带中,茅栗常与黄山松(*Pinus taiwanensis*)、栓皮栎、化香树、短柄枹、槲栎(*Quercus aliena*)、野漆树、青榨槭(*Acer davidii*)、紫茎(*Stewartia sinensis*)、君迁子、苦枥木、黄山栎(*Quercus stewardii*)、刺楸(*Kalopanax pistus*)、榉树(*Zelkova schneideriana*)、三桠乌药(*Lindera obtusiloba*)、糙叶树(*Apharanthe aspera*)等树种混生。

4.2.4 茅栗资源利用调查

（1）茅栗资源利用现状及问题

据郎萍（1999）、周学雍（1996）、章徼（2000）等介绍，目前茅栗主要被用作砧木嫁接板栗，提高板栗的产量，而未作为使用资源或开发产品原料来利用。据介绍，利用野生的茅栗作为砧木嫁接板栗具有见效快、成本低的优点，所以被广泛学习。如河南桐柏在参观学习了安徽金寨的经验后，于20世纪90年代初建起了数千公顷栗园。

因此人们为了提高板栗的产量，而大量地破坏了野生茅栗资源，再加上对野生资源的砍伐，使野生茅栗资源愈来愈少，资源流失严重。据郎萍（1999）等调查品种资源得到初步结论，西南4省区以云南最为丰富，很多地方仅注重引种，不注意发展当地品种，以致大量的地方良种消失、退化。

（2）茅栗资源利用建议

加强我国野生茅栗资源的保护。栗属中国特有种在栗属植物的起源和进化研究中占有重要地位，并且是世界食用栗品种改良的重要基因来源，对世界栗属植物的资源保护和利用具有重要意义。针对世界栗属植物起源与进化研究上中国特有种的研究较少、资料欠缺的状况。我国存在丰富的野生基因库，所以在保护好野生资源的同时要加快研究步伐，实现资源的可持续利用。

适度发展市场前景广阔的加工食品。茅栗具有早实丰产、1年多次结果、种植当年结果的早实特性是加工产品的很好的原料品种。同时茅栗具有丰富的营养价值成分，可加工成为多样的食品。

参考文献

[1] 何慎. 茅栗砧锥栗嫁接育苗技术[J]. 中国南方果树，2007，3：81-82.

[2] 郎萍，黄宏文. 栗属中国特有种居群的遗传多样性及地域差异[J]. 植物学报，1999，41（6）：651-657.

[3] 郎萍，张忠慧，黄宏文. 中国西南地区栗属资源现状及开发利用对策[J]. 武汉植物学研究，1999，S1：123-128.

[4] 沈永宝，施季森，林同龙. 福建建瓯茅栗遗传多样性分析[J]. 东北林业大学学报，2004，4：44-46.

[5] 杨武英，丁菲，李晶，等. 八种野生壳斗科植物果实营养成分的分析研究[J]. 江西食品工业，2005，3：23-24.

[6] 杨剑，涂炳坤，唐旭蔚. 一种与板栗嫁接亲和性高的茅栗居群及其RAPD分析[J]. 经济林研究，2005，1：24-26.

[7] 周学雍. 茅栗嫁接板栗见效快[J]. 农家顾问，1996（3）：22-23.

[8] 章徼. 利用野生茅栗建造板栗园技术[J]. 林业科技通讯，2000（10）：37-38.

茅栗（*Castanea seguinii* Dode）

4.3 银叶栲 *Castanopsis argyrophylla* 物种资源调查

4.3.1 银叶栲概述

（1）学名与隶属

银叶栲（*Castanopsis argyrophylla* King ex Hook. f.），又名银叶锥，壳斗科（Fagaceae）栲属[*Castanopsis*（D. Don）Spach]植物。

（2）形态特征

乔木，高达 25 m。小枝密被白色皮孔，无毛。叶卵状披针形或长椭圆形，长 9~16 cm，宽 3.5~6 cm，顶端渐尖，基部宽楔形，全缘，无毛，背面银灰色，侧脉 8~11 对，二次侧脉明显；叶柄长 1~2 cm，无毛。雄花序圆锥状，轴有灰黄色短柔毛。总苞近球形，不开裂，连刺直径 3~4 cm；苞片针刺形，长 3~6 mm，单生或有时基部结合成刺轴，排列成数条不规则和间断的环带，疏生，干后暗黑色。坚果 1 个，近扁球形或椭圆形，直径 1.5~1.8 cm，高 2~2.5 cm，除顶端外大部分和总苞愈合，离生不分被黄褐色绒毛。

（3）生物学生态学特性

喜光，速生，适应南亚热带气候，适应性强，对土壤要求不高，萌芽性强。常见于山地常绿阔叶林，适宜于腐殖质丰富的酸性红黄壤，pH 值 5~7，耐干旱瘠薄，丘陵、低山均有分布，阳坡灌丛、极浅薄的河滩、石砾地、崖缝亦能生长，但以土层深厚富含 Ca、Mg、K 等元素的黄壤、红壤和赤红壤生长良好，石灰岩土少见分布。为我国亚热带、热带气候条件下的顶极群落或亚顶极群落的优势树种。银叶栲苗期及幼龄期生长较慢，1 年生苗多在 30 cm 以内，此后生长加快，天然状态树高、胸径平均年生长在 0.5 m、0.5 cm 左右，20 年时树高、胸径年平均生长量在 1 m、1 cm 左右。人工造林或人工促进天然更新，能显著提高银叶栲生长。

（4）地理分布

产双江、思茅、勐海、景洪、金平、屏边、麻栗坡等地；常生于海拔 750~2 500 m 的山坡干燥或湿润地方。印度、缅甸、老挝、泰国有分布。

4.3.2 物种资源调查

（1）生存状况调查

银叶栲常见于山地常绿阔叶林，为我国亚热带、热带气候条件下的顶极群落或亚顶极群落的优势树种，经常组成单一群落，或混生于由壳斗科栎属（*Quercus*）、青冈属（*Cyclobalanopsis*）、柯属（*Lithocarpus*）、锥属（*Castanopsis*）等组成的常绿阔叶林中，林下可见木姜子属（*Litsea*）、刚竹属（*Phyllostachys*）、狗脊属（*Woodwardia*）及铁角蕨属（*Asplenium*）植物。

银叶栲林是云南思茅、景洪、金平、屏边、麻栗坡等地有代表性的山地常绿阔叶林顶极群落类型。由于人类的采伐、烧炭、培育木耳、烧垦等的影响，面积在不断缩小，一些地区已被一些次生群落，例如由耐干旱的草类和灌木所组成的草丛、灌丛、栎类萌生林所占据。遭破坏的地方要恢复为原有的常绿阔叶林已十分困难，形成所谓长期衍生群落。

（2）利用价值与利用状况

木材价值，木材淡黄色，纹理直，花纹美观，强度大，耐腐耐水湿，云南少数民族多将其作为建筑、地板、矿柱、车辆、器具等优良用材；小材与梢头用于培养香菇、木耳、银耳和灵芝。

食用利用：银叶栲的坚果富含淀粉，其含量高于20%，傣族、佤族、拉祜族、哈尼族和彝族有时将银叶栲坚果拿来食用、酿酒、熬糖或制橡仁胶，并代替小麦、玉米等作牲畜配合饲料的原料。另外其坚果还含有脂肪、蛋白质、五碳聚糖、果胶、维生素 B_1、维生素 B_2、维生素 C 等物质。

工业原料价值：银叶栲的树皮、树叶、木材、壳斗及种仁均含有单宁，含量约30%，是我国栲胶的主要原料之一；壳斗提制栲胶后的残渣可以生产糠醛、活性炭、醋酸钠、胡敏酸等多种产品；栓皮为不良导体，隔热，隔音，不透气，不易与化学药品起作用，质轻软有弹性，密度 0.112~0.124，是制造绝缘器具、冷藏库、软木砖、隔音板、救生器具填充体等方面不可缺少的重要的工业原料。

药用价值：银叶栲的种子、根皮、树皮、壳斗均可入药；坚果在果实成熟后采集，晒干后去壳斗，性味苦涩微温，主治功用为涩肠固脱；树皮性味苦平，主治功用为止痢解毒，可治疗水痢、恶疮等。叶可入药能治产妇出血，嫩叶可治痈疮。云南少数民族民众对银叶栲的药用价值多有利用。

饲用价值：银叶栲可喂柞蚕；叶含有较高的叶蛋白，可为饲料原料。坚果含有淀粉，也是加工精饲料的原料。随着社会经济生活的变化，人民生活水平的提高，人民对果品的需求量日益增多，并且要求品种多样化和具有保健效应，野生无污染的绿色食品越来越受到欢迎，故而银叶栲的利用有广阔的前景。

参考文献

[1] 胡正华，于明坚，古田山. 青冈林优势种群生态位特征[J]. 生态学杂志，2005（10）：1159-1162.

[2] 廖德宝，白坤栋，曹坤芳，等. 广西猫儿山中山森林共生的常绿和落叶阔叶树光合特性的季节变化[J]. 热带亚热带植物学报，2008（3）：205-211.

[3] 彭军，李旭光，付永川，等. 重庆四面山常绿阔叶林建群种种子雨、种子库研究[J]. 应用生态学报，2000（1）：23-25.

[4] 史富强，袁莲珍. 开远市原生植被类型的垂直分布状况调查[J]. 西部林业科学，2007（3）：50-55.

[5] 王周平，李旭光，石胜友，等. 缙云山森林林隙形成特征的研究[J]. 西南师范大学学报（自然科学版），2000（3）：305-309.

银叶栲（*Castanopsis argyrophylla* King ex Hook. f.）

5 桑科 Moraceae

5.1 构树 Broussonetia papyrifera 物种资源调查

5.1.1 构树概述

（1）名称

构树[*Broussonetia papyrifera*（L.）Vent.]又名榖、楮树、鹿仔树、谷浆树、野杨梅子等，为桑科（Moreceae）构树属（*Broussonetia* Vent.）多年生落叶乔木或灌木。

（2）形态特征

株高可达 20 m，树皮平滑，浅灰色；枝条粗壮，平展，红褐色，幼枝密被白色绒毛。单叶互生，少数对生，宽卵形至矩圆状卵形，长 7~20 cm，宽 6~15 cm，顶端锐尖，基部圆形或近心形，边缘有粗锯齿，不分裂或不规则的 3~5 裂，表面粗糙被粗毛和柔毛，基脉三出；叶柄长 3~5 cm，密生绒毛；托叶卵状长圆形，早落。花雌雄异株；雄花序为腋生下垂的柔荑花序，长 6~8 cm；雌花序头状，苞片棒状，顶端圆锥形，有毛，花柱基部不分枝。聚花果球形，直径约 3 cm，未成熟时为绿色，成熟后为橙红色，橙红透明的子房柄突出圆球外，顶着黑色成熟的种子成熟时红色。花期 4—5 月，果熟期为 8—9 月。

（3）生物学特性

构树分布于我国除东北北部、西北北部以外的大部分地区，大多数野生，少量栽培。构树适应环境的能力极强，既耐干旱、贫瘠、盐碱，又耐干冷湿热气候，在酸性、中性或石灰质土、含盐 0.4%以下的土地和深山荒地均能旺盛生长；为阳性树种，但具有一定的耐阴性，在郁闭度 0.4 以下的林下可正常生长；萌芽力强，3~5 年生构树在两年内，地下走根每年可萌生新植株 20~35 株，覆盖面 200~500 m^2，生长速度快，1 年可达 1.5 m 以上；根系浅，侧根发达呈水平分布，当年生侧根可达 2 m 以上，有较好的保持水土、防止水土流失、阻止土地沙化的功能，可作为生态防护工程的主要栽培树种。

（4）分类与分布

构树属全世界共有 5 种，分布于亚洲东部及太平洋岛屿；在我国本属有 4 种：构树组（Sect. *Broussonetia* Comer）有构树[*Broussonetia papyrifera*（L.）Vent.]、小构树（*B. kazinoki* Sieb.）、藤构（*B. kaempferi* Sieb. var. nustralis Suzuki）[原变种葡蟠（*B. kaempferi* Sieb. var.

kaempferi）仅产于日本]3 种。落叶花桑组[Sect. *Allaeanthus*（Thw.）Comer]我国仅落叶花桑[*Broussonetia kurzii*（Hook.f.）Comer]1 种，主要分布于云南南部西双版纳至蒙自红河海拔 200~600 m 的热带季雨林中。此外，锡金、不丹、印度东北部、缅甸北部、老挝、越南、泰国也有分布。构树组 3 种在我国分布较为广泛，尤其以构树分布最为广泛，分布于除新疆、黑龙江、内蒙古以外的大部分省区。

5.1.2 构树资源研究概况

（1）化学成分研究及利用

国内外学者对构树叶进行了较详细的研究，从中分离出了大量的黄酮类化合物和二苯丙烷类化合物。构树叶的乙醇提取物（BPAE）与总黄酮苷（BPF）对家兔和豚鼠离体心房的作用结果表明，构树叶具有类似钙拮抗剂的作用，此作用主要由 BPF 产生，并且 BPF 对受铅、砷损伤的人永生化表皮细胞有防护功效。李长恭等采用水蒸气蒸馏与 GC-MS 联用技术，对构叶挥发油成分进行提取，鉴定了 33 种化学成分。贾东辉等（2006）对构叶提取物中含有的黄酮成分进行定性分析和定量测定，结果显示，每克构叶提取物中的黄酮类含量为 273 mg，其提取物具有一定的抗氧化性，且随着浓度的升高，抗氧化性增强。徐小花等研究了构叶的化学成分，从乙醇提取物中分离鉴定得到 11 种化合物，其中 8 种为首次从构树提取物中得到。周峰（2005）对构树地上不同部位的氨基酸成分进行比较分析，发现构树的果实及叶、花序、聚合果至少含有 16 种以上的氨基酸，其中 7 种为人体必需氨基酸。崔勤等（2008）对叶片营养成分研究，化验分析显示，构叶干物质中粗蛋白 23.21%，粗纤维 15.6%，粗脂肪 5.31%，淀粉 1.17%，糖 0.65%，灰分 15.88%，钙 4.62%，磷 1.05%，铁 0.08%，营养成分丰富，具有一定的食用价值，也是良好的饲料原料。

构树种子油组成以不饱和脂肪酸为主，总量达到 90.69%，其中人体必需的亚油酸含量为 85.42%，明显高于其他常见食用油，营养价值较高，种子油还可制肥皂、油漆和润滑油等，具有较大的开发利用前景。同时，楮实子具有补肾清肝、明目利尿等功效，在医药开发和临床应用有重要作用。庞素秋等（2006）对果实水溶性红色素进行分离提取和药理活性研究，发现其具有明显的体外抗氧化作用，对进一步开发成抗衰老药物或保健食品辅料具有较大的参考价值。

构树果实作为丰富的野生资源，其果实原汁含有丰富的营养物质，可开发成具有保健作用的饮料；构树果红色素，易溶于水和乙醇，在中性和酸性介质中，对光、热、多数金属离子以及蔗糖、葡萄糖等食品添加剂都是稳定的，具有广阔的开发利用前景。

张倩等（2004）研究雄花序的化学成分，分离分化出 12 种化合物，其中 4 种首次从该植物中分离鉴定。Jang Dong 等从健康构树根皮中分离出一种可以抑制酪氨酸酶的活性物质，可开发利用为美白肌肤的化妆品。而 Dongho Lee 等分离出抑制芳香化酶活性的物质，具有治疗乳腺癌、前列腺癌的作用。

(2) 繁殖研究

构树可以通过播种、根蘖、扦插和组织培养等方法进行繁殖。构树种子较小,种皮坚硬,千粒重仅为 2 g,常规田间发芽率不到 4%,造成了种子的大量浪费和造林中构树种苗的缺乏。孙永玉等(2007)研究了生长调节剂种类和浓度、浓硫酸、光照、温度等不同处理对构树种子萌芽的影响。李党法等介绍了构树种子育苗和母树飞子育苗的技术,为构树有性繁殖及栽培提供了一定的参考。

构树根插比较容易,成活率较高,但这会严重损害母株,枝插繁殖生根困难,尤其是硬枝扦插成活率很低。薛萍等(2006)通过对湘构 15 个无性系嫩枝扦插育苗试验,探讨了影响构树插条生根的因素,不同无性系其插条生根率有显著差异,变幅为 43.8%~91.8%;穗条保留不同的叶片数对其生根有显著影响,带 1~2 片叶可显著提高其生根率;不同扦插基质对构树插穗生根也有影响,以纯黄心土和火烧土较好。宋丽红等(2005)在已有植物扦插生根机理研究的基础上,通过测定光叶楮扦插生根过程中 PPO、POD、IAAO 活性的变化,研究这 3 种酶与光叶楮扦插生根的关系,为提高光叶楮枝插生根率提供了理论依据。

(3) 生态学研究

刘国华等(2003,2005,2007,2008)以南京幕府山矿区废弃地自然恢复的植被优势种群为对象,对构树及其伴生树种的生态位宽度和生态位重叠进行了研究,结果表明,构树的生态位较宽,而其与其他树种的生态位重叠却不是很大,构树在一定时期内,还是矿区废弃地上植物群落的最主要的优势树种,是矿区废弃地最适应的树种之一,可以作为本地区矿区废弃地植被恢复的首选树种。魏媛等对喀斯特地区不同干扰条件下构树萌株种群生物量构成进行系统分析,发现构树在恶劣条件下能快速进行根蘖更新,是一种生态恢复的优选树种。

(4) 纤维特性研究

野生构树纤维的主要物理性能为:平均长度 16.0 mm,主体长度 18.0 mm,离散率 25%;平均伸长 6.0%。构树韧皮纤维长度平均为 7.48 mm,比国内同属树种韧皮纤维高 23.2%;且色泽白,强度大,产量高,出浆率高。构树纤维与亚麻、大麻比较接近,但细度很细,与细绒棉接近,强力低于苎麻和亚麻纤维,伸长却比苎麻和亚麻大,手感柔软。它在湿状态下强力更低,手感更软。构树韧皮纤维的品质优良,原麻中纤维含量近 60%,果胶及水溶物 14.02%,半纤维素 13.49%,木质素 13.3%。构树纤维只溶于浓度较高的强酸,而对其他试剂中,如氢氧化钠、盐酸、甲酸、二甲苯、二甲基甲酰胺等,具有较好的化学稳定性,耐腐蚀性较好。

5.1.3 构树资源调查

(1) 生存状况调查

构树分布极其广泛,北起东北南部,南达海南岛。多数分布在海拔较低区域,以荒山荒坡、沟谷坡脚、路旁村旁最常见，其适应性很强，萌生力强大，经常砍而不绝。在北京低山丘陵区，构树经常扩散形成优势群落；在许多铁路沿线，构树经常作为砍伐对象，但往往砍而不绝，似乎越砍越茂盛。因此，构树基本不存在物种丧失威胁。

（2）构树应用价值

构树韧皮纤维含量高，只溶于浓度较高的强酸中，具有较好的化学稳定性，耐腐蚀性好，纤维细长，色泽洁白，是制造高级用纸和人造棉以及高级混纺产品的优质原材料。构树木质部黄白色，质轻而软，可用来生产中高密度纤维板和高档文化用纸。构树叶片富含粗蛋白、氨基酸、维生素、矿质元素及微量元素等，是生产加工鱼类和动物饲料的优质绿色原料。构树果实中含有多种氨基酸、矿物质和类黄酮等物质，具有抗氧化、缓解疲劳、提高人体免疫力等效果，可加工制成天然性保健果汁饮品。楮实子富含脂肪油，可用来生产肥皂、油漆和润滑油等。构叶、果实、楮实子、树皮、根皮和乳汁均含有一定的生理活性物质，具有广泛的医药用途。构树具有生长迅速、防风固沙、治理水土流失的功能，其发达的地表根系网络足以抵制地表径流、治理水土流失及阻止土地沙化，其耐干旱、抗盐碱、生长迅速的特点，能迅速绿化荒山、荒坡、荒地、荒滩和盐碱地。构树抗污染性强，是近些年园林、工厂绿化、高速公路道旁树的首选树种。

（3）构树利用调查

湖北省是构树开发较好的省份之一。湖北省计划在全省发展 53.33 万 hm^2 构树饲料林基地。确定了构树造林试验基地 7 处，并依托武汉大学、湖北省林科院等单位开展了饲料对比效果实验、人造板生产试验、不同品种栽培试验，并在全省启动了构树饲料加工项目 3 个，进展非常顺利。

贵州省将构树种植加工作为产业来抓。计划种植 6.67 万 hm^2 构树林，可年产构叶 100 万 t，构树生物饲料 300 万 t。

广西壮族自治区开展了利用生物技术开发构树资源生产绿色生物饲料研究，并开始了工业化生产。广西的贵港、钦州、来宾、北海、百色、河池、榕州等市已着手建立 10 个大型构树基地，大面积种植人工构树林，形成以生产构树生物饲料为主，其他产品为辅的集团化经营。

在造纸方面，山东圣龙纸业有限公司已经开始着手建立林纸一体化的构林基地，河南武陟也开始建立构林造纸原料林基地。

中科院植物研究所和北京万富春森林资源有限公司利用现代生物技术和传统的育种手段培育出了新的速生杂交构树，杂交构树具有适应性强、抗逆性强、生长迅速、用途广泛等优点，是良好的经济林和生态林建设用品种。建立了杂交构树优良种源产业化生产基地，并分别在河北、广西、湖北、湖南、福建、重庆、四川、贵州建立种苗繁育基地、构树资源圃基地和规模种植基地，为大规模推广种植奠定了基础。

5.1.4 构树利用和发展建议

构树浑身是宝,生态适应性极强,目前的研究与应用远未发挥其应有的生态效益和经济效益,应加强构树的科研开发力度,重点开展如下工作:

1) 开展构树优良品种的选育、引进和应用研究;

2) 开展构树良种组培快繁研究,利用现代生物技术手段,建立适合在全国范围内推广的产业化组培技术体系;

3) 加强构树在生态应用和抗逆性方面的研究,使其和其他植物在空间上合理配置,实现在城市、工矿区绿化和石漠化治理中的重要作用;

4) 开展综合利用研究,进一步开发工厂化生产叶蛋白、药品、饮料、食品、保健品、美容品、生物杀菌剂的工艺技术体系,以实现构树的全树利用。

参考文献

[1] 崔勤,徐国强,吴瑞敏. 构树叶营养成分研究[J]. 养殖与饲料,2008(6):102.

[2] 贾东辉,杨雪莹. 构树叶中黄酮成分分析和抗氧化活性的测定[J]. 职业与健康,2006,22(17):1352-1353.

[3] 刘国华,舒洪岚,张金池. 南京幕府山构树群落种群动态的研究[J]. 安全与环境学报,2003(6):18-20.

[4] 刘国华,舒洪岚,张金池. 南京幕府山构树种群的空间分布格局[J]. 南京林业大学学报(自然科学版),2005(1):104-106.

[5] 刘国华,舒洪岚,张金池. 南京幕府山矿区废弃地自然恢复植被的构树种群及其伴生树种生态位研究[J]. 水土保持研究,2007(2):184-185,188.

[6] 刘国华,舒洪岚,张金池. 南京幕府山矿区废弃地恢复植被的群落种群动态研究[J]. 水土保持研究,2008(1):72-74,78.

[7] 庞素秋,黄宝康,张巧艳,等. 构树属植物的化学成分及药理作用研究进展[J]. 药学服务与研究,2006(2):98-102.

[8] 庞素秋,王国权,秦路平,等. 楮实子红色素体外抗氧化作用研究[J]. 中药材,2006(3):262-265.

[9] 宋丽红,曹帮华. 光叶楮扦插生根的吲哚乙酸氧化酶、多酚氧化酶、过氧化物酶活性变化研究[J]. 武汉植物学研究,2005(4):347-350.

[10] 孙永玉,李昆,罗长维,等. 不同处理措施对构树种子萌发的影响[J]. 种子,2007(2):22-25.

[11] 薛萍,伍雄辉. 构树无性系嫩枝扦插育苗试验[J]. 湖南林业科技,2006(3):4-6.

[12] 张倩,渠桂荣,郭海明,等. 构树花序化学成分研究[J]. 中药材,2004(3):182-183.

[13] 周峰. 构树叶、花序及果实的氨基酸分析[J]. 药学实践杂志,2005(3):154-156.

构树[*Broussonetia papyrifera*（L.）Vent.]

5.2 聚果榕 *Ficus racemosa* 物种资源调查

5.2.1 聚果榕概述

（1）学名与隶属

聚果榕（*Ficus racemosa* L.），又名串果榕、马郎果（贵州），桑科（Moraceae）无花果属（*Ficus* L.）常绿植物。

（2）形态特征

乔木，高 25～30 m，胸径 60～90 cm；树皮灰褐色，平滑；幼枝、嫩叶、果实被贴伏柔毛，鲜时褐色。叶薄革质，椭圆状倒卵形至椭圆性或长椭圆形，长 10～14 cm，宽 3.5～4.5 cm，先端钝尖或渐尖，基部楔形微钝，全缘，叶面深绿色，无毛，背面浅绿色，少粗糙，幼时被绒毛，成长后脱落，侧脉每边 4～8 条；叶柄长 2～3 cm，托叶卵状披针形，膜质，叶面被微柔毛，长 1.5～2 cm。榕果聚生于老茎上瘤状短枝，稀成对生于落叶叶腋，梨形，直径 2～2.5 cm，顶部压平，唇形，基部缢缩成柄，基生苞片 3，三角状卵形，总梗长约 1 cm；雄花生内壁近口部，无柄，花被片 3～4，雄蕊 2；瘿花和雌花同生于一榕果内壁，有柄，花被带状，先端 3～4 齿裂，花柱侧生，柱头棒状。榕果成熟时橙红色，花期 5—7 月，果期秋季。

（3）生物学生态学特性

原产亚热带地区，性喜温暖干燥。生长适温 22～28℃，一般冬季在-12℃时新梢顶端开始受冻，在-20～-22℃时，地上部分冻死，而翌年又能从根茎下发生大量新枝。聚果榕耐旱、耐瘠、耐湿，不耐涝，土壤适应性很强，尤其是耐盐碱性强。此外，聚果榕适应性强，抗风、耐旱、耐盐碱。

（4）地理分布

产河口、屏边、金平、元阳、绿春、福贡、思茅、西双版纳、孟连等地，生于海拔 500～1 200 m 的溪边，河畔；贵州南部、广西有分布。越南，印度，马来全区和大洋洲北部、巴布亚新几内亚也有分布。榕果成熟时味甜可生食；且为紫胶虫优良寄主树种。

5.2.2 聚果榕研究概况

关于聚果榕的研究多集中在传粉机制与媒介方面。杨大荣等（2005）研究了聚果榕果内种子季节变化与聚果榕小蜂活动的关系；翟树伟等（2007，2008）研究了聚果榕等隐头果内雌花花柱分布方式与其传粉蜂间的关系，以及雄花前期隐头果内小蜂瘿花分布格局；徐法健（2007，2008）从事了非传粉小蜂对榕-蜂共生系统的影响，以及聚果榕非传粉小蜂产卵行为及其食性研究等。

5.2.3 资源利用现状调查

西双版纳的各民族对聚果榕等榕属资源有很悠久的传统利用经验，归纳起来可分为以下几个方面：

(1) 野生蔬食资源

在西双版纳生活的各少数民族常利用榕树嫩叶作蔬菜。据调查，在西双版纳地区被利用作蔬菜的榕树主要有聚果榕（*F. racemosa*）、木瓜榕（*Ficus auriculata*）、苹果榕（*F. oligodon*）、厚皮榕（*F. callosa*）、高榕（*F. altissima*）、突脉榕（*F. vasculosa*）、黄葛树（*F. virens* var. *sublanceolata*）等。如大家所知，木本野生蔬菜富含丰富的维生素、矿物质，以及帮助人体消化的纤维素和苦味素。傣族人民普遍认为常吃木本植物的嫩枝叶可使人健康长寿，也可使少女保持体态轻盈。这些榕树具有很强的萌发再生能力，当地居民不仅从野外采集榕树的嫩枝叶作蔬菜，而且还移栽至庭院，其产品市场上也有出售，现已经成为一类具有特色的旅游"绿色"风味食品，颇受中外游客欢迎。

(2) 野生水果资源

榕树的单株结实率是所有树种中最高的，大多数榕树种类常年结果。聚果榕单株产果量达 10 000 个，是西双版纳少数民族经常采食的野生水果。有关研究表明（张玲，2002）：榕树实与其他野生水果比较，具有较多的可食用部分，酸度较低，总糖、淀粉和粗蛋白质含量中等，粗纤维含量较高；与栽培的无花果比较，其维生素 C、脂肪和蛋白质的含量更高，果实具有较高的钙含量，可提供钙源物质。

(3) 民族药用植物

西双版纳各民族认为野生蔬菜与药用植物同源，从而发展了独特的医药知识。在傣族中经整理的药用植物约 500 种，其中包括聚果榕，药用的部位包括鲜叶和树浆等。

(4) 重要的庭院观果植物

聚果榕具有较开展的树冠、浓蔽的树荫，一直是传统的庭院植物，特别是老茎生花现象，结果量极其丰富，庭院观果效果颇佳。

5.2.4 保护与利用建议

1) 榕属植物虽然抗性很强，果实营养丰富，但与其他传统栽培水果相比，其果形外观较差、品质粗糙、不便储藏运输，如何通过人工驯化、育种来改良果实品质，是值得研究的课题。

2) 加强对榕树植物资源的综合利用与产品的深加工。榕树的许多种类在滇南地区长期被各少数民族用作野生木本蔬菜、野生水果和治疗多种疾病。据有关资料记载，与榕树同属的无花果含有抗癌的活性物质及降血压的成分，所提取的 SOD 酶在高质量化妆品的开发方面也取得重大突破，其果子和叶片含有人体所需的多种氨基酸和矿物元素，已被加工成各类保健食品。应对榕树资源进行深入的研究，特别是化学成分分析和综合利用研究。

3）热带雨林的环境变化使那些为其授粉和传播种子的动物日趋减少，树的生存发展面临着新的问题。在开发利用时，要处理好合理利用和资源保护的关系，注意保护野生榕树资源的再生能力不受到破坏，做到适度开发，永续利用。

参考文献

[1] 用总序天冬、茴香和聚果榕等提取物治疗胃及十二指肠溃疡[J]. 国外医药，植物药分册，2005，20（3）：133.

[2] 徐法健，陈国华，彭艳琼，等. 非传粉小蜂对榕-蜂共生系统的影响[J]. 植物生态学报，2007，31（5）：969-975.

[3] 徐法健，杨大荣，彭艳琼，等. 聚果榕非传粉小蜂产卵行为及其食性研究[J]. 云南农业大学学报，2008（1）：36-41.

[4] 杨大荣，彭艳琼，赵庭周，等. 聚果榕果内种子季节变化与聚果榕小蜂活动的关系[J]. 林业科学，2005，41（1）：25-29.

[5] 张玲. 西双版纳榕树资源利用现状与开发前景[J]. 中国野生植物资源，2002，21（1）：15-17.

[6] 翟树伟，杨大荣，彭艳琼. 聚果榕雄花前期隐头果内小蜂瘿花分布格局的初步研究[J]. 林业科学研究，2008（2）：28-35.

[7] 翟树伟，杨大荣，彭艳琼，等. 聚果榕与大果榕隐头果内雌花花柱分布方式及与其传粉蜂间的关系[J]. 林业科学，2007，43（6）：67-71.

聚果榕（*Ficus racemosa* L.）（云南河口）

5.3 桑树 *Morus alba* 物种资源调查

5.3.1 桑树概述

（1）名称

桑树（*Morus alba* L.）为桑科（Maraceae）桑属（*Morus*）植物，又名白桑、家桑。桑树是一种珍贵的树种，又是家蚕唯一的饲料。我们的祖先早在 3 000 多年前就基本掌握了栽桑技术。桑树伴随着丝绸之路名扬于世，对我国的经济、政治、文化起到了极其重要的作用。

（2）形态特征

桑树多为乔木、小乔木，偶有灌木；枝条细长而直立，侧枝多，皮青灰或灰褐色，节间 2～5 cm；冬芽小，三角形或卵圆形。叶片中大，多为长心形，全缘或裂叶，也有全缘、裂叶混生者，叶面平滑而有光泽，叶色深绿，叶柄长。花为单性，雌雄异株者多，稀雌雄同株或同序，一般雌株多而雄株少见；常数十朵聚为穗状花序，无花柱或很短，柱头二裂，其上密生乳头状突起，子房外仅包被 4 个萼片，无花瓣着生；雄花序为柔黄花序，雄花为 4 个萼片内着生 4 枚雄蕊。果穗大，聚花果，成熟后为五白色、紫黑色或粉红色（刘孟军，1998）。

（3）生物学特性

根系发达，分布深而广，垂直分布可达 4 m 以上，一般于春季桑芽脱苞时开始生长，其后逐渐加快，到 6 月初达到高峰，以后变缓，7、8 月间又有一次生长高峰，到 11 月上旬前后根系停止生长。桑树越冬后待气温稳定在12℃以上时，冬芽开始萌动，花芽的萌动较叶芽早1～3 d。一般冬芽的萌动开放过程可分为开绽期、燕口期和展叶期三个时期。然后进入旺盛生长期，桑树的新梢，一般一年有两次生长。第一次在发芽后至6月中旬，第二次生长从7月上旬到9月中旬，此期雨热充沛，树体生理活动旺盛，且果实已经采收，营养比较集中，枝条生长量大。中秋过后，气温逐渐下降，桑树新梢即转入缓慢生长期（刘孟军等，1998）。

桑树是喜光树种，在强光照下，叫片小而厚，结果多而枝条健壮；在弱光下，叶片大而薄，叶色黄而软，枝条软弱，根系发育不良。

桑树对温度的适应范围较大，分布范围甚广，从东北的吉林、辽宁到西南的云南、广西，从广东到新疆，都有果桑树的自然分布。

桑树比较抗旱，但土壤水分不足或者过多对桑树影响较大。对土壤要求不严，在pH4.5～8.5的一般土质均可生长，以土层深厚而疏松、排水良好、具有适当肥力水平的砂壤土或壤土最好，黏土上生长较差。土壤含盐量0.15%～0.2%时，桑树可正常生长；含盐量0.21%～0.27%时，生长受抑制；含盐量在0.33%以上时，桑树受害或致死（刘孟军，1998）。

5.3.2 种质资源研究

桑树在我国分布面广，种质资源丰富。桑树种质资源是桑树育种和桑树开发的基础材料。我国地域辽阔，桑资源极为丰富，从20世纪50年代开始，就开展对桑种质资源的收集和整理。到目前为止，已收集桑种质资源6 000多份，保存近3 000多份，经整理确认分属15个种和4个变种（刘孟军，1998）。

桑树种质资源的研究，主要围绕桑属植物的起源、分化、亲缘关系、遗传及抗病性方向进行。研究方法，主要从形态、遗传及分子生物学等。在形态特征遗传方面，章和生（1976）首先从桑树一代杂种的表现型研究了杂交育种的遗传倾向，认为桑树的平均条长与发芽率居于亲本之间；发芽期超越亲本，发病率高于亲本。白胜等（1997）应用形态系统数值分类法进行聚类分析，对桑属12个种2个变种及20个栽培种的系统发育、进化趋势及亲缘关系也进行了研究，展示了该项研究方法的应用前景 在细胞学研究方面，一是广泛地对桑种质资源的染色体倍数性进行检测，至少有1 000多份材料受测，其结果断定，我国现保存的资源中，除有大量的二倍体外，还发现有自然单倍体、三倍体、四倍体、六倍体、八倍体和二十二倍体，仅镇江、四川、广东受检的1 345份种质资源中，就检出多倍体140份，占被检材料的10.4%，充分说明我国桑种质资源的多样性。二是采用聚烯胺凝胶和淀粉凝胶电泳法及桑树树液蛋白质的双向电泳分析、测定不同品种的同功酶，根据电泳带研究桑属的亲缘关系；三是对桑树染色体的核型进行分析，研究其亲缘关系。在分子生物学研究方面，我国起步较晚，虽然赵学锋等（1984）曾对不同桑品种类型的DNA进行过研究，但仅停留在DNA的分离和纯化上。最近，中国农业科学院蚕业研究所通过改进Couch

和 Marry 等提取 DNA 的方法，获得高纯度的 DNA，通过对 192 个引物的筛选，选出多态性强、扩增物清晰的 24 个引物，用于 RAPD 分析，获得 160 个多态性位点，采用 VPGAM（类平均）聚类法构建了 45 个分属，12 个种 4 个变种的桑树状图。从聚类结果看，总的亲缘关系由近及远依次为，鲁桑、白桑—广东桑—长果桑、长穗桑—蒙桑、山桑—药桑。

桑种质资源的应用方面，从 20 世纪 60 年代到 70 年代后期，我国偏重于地方品种的选拔，据不完全统计，期间已选出 20 多个品种在生产上应用。如一度栽培面积占全国总面积 50% 的荷叶白、桐乡青、湖桑 197 等都是从地方品种选出并大面积推广的。80 年代开始，桑树育种（包括杂交育种、单倍体育种和人工诱变）已备受重视．研究人员紧紧把握变异、遗传和人工选择三要素，先后育成一批优良品种，经全国桑蚕品种审定委员会审定通过的就达 26 个，其中杂交组合 2 个。各省（区）农作物品种审定委员会审定通过的桑品种也有 10 个以上。近年来多倍体育种也有突破性进展，多倍体种质资源的研究，四倍体桑的诱导技术，人工三倍体品种选育与三倍体杂交组合的选配都达到较高的水平。目前全国通过人工诱导的多倍体材料就多达 500 份以上。已育成无性系桑品种 2 个，三倍体杂交组合 7 个，为我国今后的品种改良奠定了坚实的基础。

5.3.3 化学成分和利用价值研究

（1）化学成分

果桑的果实（桑葚）富含葡萄糖、果糖、鞣酸、苹果酸、亚油酸、多种维生素、多种氨基酸及矿质元素等。据测定，每百克鲜桑葚含糖 21 g、维生素 C 39 mg、维生素 B_1 169 g、维生素 B_2 285 g、蛋白质 1.69 g（其中含有苏氨酸、缬氨酸、蛋氨酸、异亮氨酸、赖氨酸、色氨酸等 6 种人体必需氨基酸）（刘孟军，1998）。

（2）桑树的应用价值

桑树的桑果成熟时为紫红色或饴白色，多汁液，果汁含量达 35%～50%，味酸甜可口，营养丰富。果实中含有蛋白质、糖类 9%～12%，脂类 62.6%，游离酸 26.8%，醇类 1.6%，挥发油 1%。是理想的"绿色食品"。桑葚除鲜食外，还可加工成桑葚酒、桑葚汁、桑葚口服液、桑葚晶、桑棋干等（刘孟军，1998）。

桑的药用价值颇高，其中桑葚、桑根、桑白皮（根皮）、桑枝（嫩枝）、桑皮汁（树皮中的白色汁液）、桑叶汁（叶中的白色汁液）、桑葚（果穗）均供药用。

桑叶作为中药始载于《神农本草经》，列为中品，历代本经均有记载。桑叶苦、甘、寒，归肺、肝经，具有疏散风热、清肺润燥、平肝明目、凉血止血之功效。桑叶占桑树地上部产量的 64%，桑叶亦作为优质的动物饲料，广泛应用于养蚕业。随着蚕业科学的不断发展，基础和应用科学研究的不断加强和深入，桑叶的营养成分、药理作用日趋明显，为桑叶的综合利用和开发提供了机遇。作为药食同源品的桑叶开始受到人们的重视，人们也越来越青睐以桑叶为原料制成的天然保健制品。

5.3.4 物种调查

（1）生存状况调查

桑树广布于全国大部分省市区，野生种群、半野生种群和栽培桑树比较常见。华北、东北地区的桑树多数生于低山丘陵地区，常与蒙桑（*Morus mongolica*）、五角枫（*Acer pictum* subsp. *mono*）、元宝枫（*A. truncatum*）、花曲柳（*Fraxinus chinensis* subsp. *rhynchophylla*）、黑弹树（*Celtis bungeana*）、君迁子（*Diospyros lotus*）、栾树（*Koelreuteria paniculata*）、构树（*Broussonetia papyrifera*）、黄栌（*Cotinus coggygria*）、黄荆（*Vitex negundo*）、酸枣（*Ziziphus jujube* var. *spinosa*）、扁担杆（*Grewia biloba*）混生。

西北、新疆地区的桑树，常与旱柳（*Salix matsudana*）、榆树（*Ulmus pumila*）、杨属（*Populus* spp.）、绣线菊属（*Spiraea* spp.）、栒子属（*Cotoneaster* spp.）、蔷薇属（*Rosa* spp.）等植物混生，生存状况良好。在海拔 1 000 m 以下区段，许多田埂或路旁、沟旁经常见到残存的桑树。

（2）桑树资源应用

桑树是多年生乔木，木质坚实，根系强大，对自然环境适应性强，具有对高盐土壤的适应机制。在坡耕地栽植桑树，也能获高产，具有固定土壤和涵养土地作用。桑树适应性极强，可在-30～-40℃的温度范围内生存；在土壤 pH 值 4.5～9.0 的沙壤土至黏质土，以及含盐量在 0.2 以下的轻盐碱地上都能生长，耐干旱、瘠薄性能良好。

以退耕还林和高效益生态型的桑树栽培在我国已有几种较成熟的模式：陕北、宁夏荒山荒坡种桑、桑叶养羊已取得了成功；重庆涪陵的桑树、榨菜间作，河南固始的桑树、大白菜间作，一年四季桑园都有绿色植被覆盖，桑园收入提高了近一倍；广西、山东利用冬季桑园栽培食用菌，有效地利用了桑枝条；北京、广州等城市周边地区，以果桑为主的生态旅游农业模式等。这些模式因地制宜，充分利用了当地的优势资源，每亩桑园收益均有大幅度提高，保证了桑产业的稳定发展。

5.3.5 开发利用现状和展望

目前，在果桑的种质调查和选优、生物学特性、栽培技术、药用和加工等方面已有一定的工作基础，但从整体看，果桑的生产水平和开发利用程度还很低。今后应组织力量，系统地进行研究和开发，尤其是鲜桑葚的保鲜、贮运和加工以及丰产配套栽培技术的开发（刘孟军，1998）。

我国是世界上桑树种质资源分布最广泛、资源拥有量最大的国家，蕴藏着巨大的利用潜能。栽桑用于养蚕虽然现在还是桑树的主要用途，但已不是唯一用途。桑树的多元化开发利用，将会成为今后桑树利用的方向。应采用生物科学新技术，加强对桑树资源在工业、食品、医药及畜牧的研究及产品的开发，为桑树资源进一步的综合利用提供科学依据。

5.3.6 存在的问题与对策

（1）深入开展种质资源研究，重视桑品种改良

我国收集保存的桑种资源居世界首位，但由于对资源的研究不深入，还不能充分利用，而造成我国优异的育种素材不足，导致我国桑品种改良难有突破性进展。为适应蚕桑生产的发展及育种多元化的需求，迫切要求加快桑种质资源的研究。筛选出一批具有特殊性状的育种素材（具有抗病、抗虫、抗旱、耐寒、耐瘠、耐盐特性）。同时还可从现有资源中选出直接供生产利用的优质高产抗病种质，优良多倍体种质，种茧育专用桑种质，生长快、耐剪伐质产兼优的适于草本化栽培的种质，适于机械化栽培的种质，葚多籽少味佳的果桑品种及可供观赏用的桑种质。

桑树种质资源研究，要把传统的农艺性状研究与分子生物学研究结合起来。应用分子标记技术开展种质资源遗传多样性研究，建立桑资源核心种质，继续探索桑属植物的进化分类与亲缘关系。利用分子标记技术对农艺性状的定位。

桑树的品种改良，要根据我国的国情和技术水平把常规育种和现代育种技术结合起来，循序渐进。在育种技术方面，一是要加强分子标记育种研究，重点研究高产基因及基因定位，利用分子标记创造高产优质品种或杂交组合。要筛选抗性基因和抗虫基因分子标记，并组装于高产、优质品种背景中，创造高产、优质、高抗新品种；二是要加强细胞工程研究。我国桑的栽培、单倍体植株早于20世纪80年代培育成功，今后要重点利用细胞工程进行育种和种质资源的创新。并要进一步完善细胞工程育种程序的关键技术。三是要加强基因工程育种研究，着重要完善基因克隆技术，并对重要的农艺性状进行基因克隆，并确立简便有效的基因转移和检测技术，完善转基因桑树安全性检测技术。

（2）加强桑树生理生态研究

桑树的生理生态研究，无论与蚕还是与果树等经济林木比较仍有很大的差距，今后要加强这一领域的研究。在生理方面，重点研究桑树的生长、发育、生殖和营养代谢规律，逐步建立桑树生理的调控技术规程。在生态方面，着重研究桑树与光、热、水、土、气体和微生物对桑树的生态作用，为桑树栽培、构建蚕桑良性生态系统提供理论根据。

（3）建立优质、高产、高效栽培管理技术体系

桑优质、高产、高效技术体系要以密植高产桑园和立体桑园管理模式为基础，并加以完善和提高，配之桑树优良品种、桑园节水、免耕或少耕、平衡施肥、桑树病虫害防治技术而构建。逐步建立栽培、桑病虫害测报、土壤诊断专家系统。同时要根据不同地区的生态条件，确立蚕作制度，最大限度地提高桑叶的利用率。

（4）拓宽桑资源的新用途

重点研究和开发桑叶作为饲养畜禽及作为人类食品添加剂的效能及其开发技术的工艺流程。探索桑树各器官的药用价值及其对人类的保健功能。对已具基础的桑开发项目，如食用菌桑葚饮料，桑叶粉末食品、桑葚茶等，要不断深化完善，使之尽快形成产品化。

要重视应用生物技术，创造全新的产品。从现代生物技术的威力看，转基因植物可以准确地转录和表达人类蛋白生成的敏感信息。桑树为基因的良好受体，且具有易繁殖、生长快、耐剪伐、产量高的特点。如果利用现代生物技术，在桑树植株内开发人类的抗体物质，桑树学科就会充满生机，就会有本义上的改变。

（5）发展生态桑园和生态蚕业

我国水土流失面积达 367 万 km^2，占全国土地面积的 38.2%，每年流入江河湖泊的泥沙 50 亿 t，其中黄土高原平均流失 3.5 cm，流入黄河泥沙 12 亿 t。长江流域水土流失面积达 56 万 km^2，流入三峡泥沙有 5 亿 t。由于水土流失，导致生态环境脆弱，水旱灾害频繁。我国西部地区水土流失，土地荒漠化尤为严重，仅西北五省及内蒙古，荒漠化面积占全国荒漠化总面积的 80% 左右，达 262.2 万 km^2。国家实施西部大开发战略，要再造山川秀美的大西北，这不仅为我国的蚕桑发展，振兴丝绸之路提供新的机遇，同时也说明发展水土保持蚕业的急迫性。

桑树是多年生乔木植物，有强大的根系，对自然环境适应性强，有治理水土流失、保护生态环境，涵养水源的作用。水土保持蚕业模式，运用生物系统中各种生物种，充分利用空间和资源生物群落共生，多种成分互相协调和相互促进功能，及物质多层次、多途径利用、转化原理，从而建立合理利用资源，保持生态稳定，形成高效生态系统，达到提高生态效益、经济效益和社会效益的目的。这样，不仅能合理配置土地资源，而且能解决发展蚕桑生产与粮食用地矛盾。

参考文献

[1] 白胜，柯益富，余茂德. 桑属（*Morus*）植物形态数值分类研究[J]. 四川蚕业，1997（2）：23-28.

[2] 刘孟军，商训生，滕忠才. 中国的野生果树种质资源[J]. 河北农业大学学报，1998（1）：102-109.

[3] 刘孟军. 中国野生果树[M]. 北京：中国农业出版社，1998.

[4] 章和生. 关于桑树杂交育种遗传倾向的探讨[J]. 江苏蚕业，1976（1）：24-29.

[5] 赵学锋，蒋建平，张裕清. 桑叶中 DNA 的含量及桑品种间的差异[J]. 蚕业科学，1984（3）：182-183.

桑树（*Morus alba* L.）

5.4 蒙桑 *Morus mongolica* 物种资源调查

5.4.1 蒙桑概述

（1）名称

蒙桑（*Morus mongolica* Schneid.）是桑科（Moraceae）桑属（*Morus* L.）植物，别名岩桑、蒙古桑。

（2）形态特征

落叶小乔木或灌木，高3～8 m。树皮灰褐色，呈不规则纵裂。当年生枝初为暗红色，后变为褐色或灰黑色，光滑；冬芽卵圆形，灰褐色。单叶互生，卵形至椭圆状卵形，长4～18 cm，宽3.5～8 cm，先端尾尖，基部心形，边缘具三角形单锯齿，少有重锯齿，齿尖有长刺芒，两面无毛，叶柄长2～6 cm；托叶早落。花单性，雌雄异株，腋生下垂的穗状花序；雄花序长约3 cm，早落，雄花花被暗黄色，外面及边缘被长柔毛，花药2室，纵裂；雌花序短圆柱状，长1～1.5 cm，总花梗纤细，长1～1.5 cm，雌花花被片外面上部疏被柔毛，或近无毛；花柱长，柱头2裂，内面密生乳头状突起。聚花果连柄长2～2.5 cm，果实成熟时红紫色至黑紫色。花期3—4月，果期4—8月。

(3) 生物学特性

蒙桑大部分生长在沙丘之间的低洼地带。蒙桑生长快，植株高大，枝繁叶茂，因此它具有很好的防风固沙效果。一般情况下，5月中旬（12～17℃）萌芽展叶，5月下旬（17～23℃）开花结实。5年生的蒙桑植株酷似当地生长的5年生榆树形态，所不同的只是榆树结的果实是榆钱儿，蒙桑结的果实为桑粒浆果。果实可食用，味甘甜。

(4) 地理分布

产黑龙江、吉林、辽宁、内蒙古、新疆、青海、河北、山西、河南、山东、陕西、安徽、江苏、湖北、四川、贵州、云南等地区，生于海拔 800～1 500 m 山地或林中。

5.4.2 蒙桑研究概述

吴朝吉等（1992）采用病穗套接接种的方法，对 252 份桑种质进行抗黄化型萎缩病鉴定。研究结果表明，蒙桑对黄化型萎缩病有较强的抗病性。

王雪萍等（2008）采用紫外分光光度法，在检测波长 510 nm 处对芦丁含量进行测定，测得蒙桑的芦丁含量为 0.313%，是检测的四种桑中芦丁含量最少的，因此相比之下蒙桑作为药用的品质并不高。

魏景芳等（2006）利用组织培养的方法，在培养温度为（24±2）℃，光照每天 12 h，光强 40 μmol/（m^2·s）左右的条件下是蒙桑快速增殖。待根长到 2～3 cm 时，将其从培养室中移到温度较低、自然光照的室内 4～5 d 后，开瓶炼苗 2～3 d 再移栽，其成活率达 90%。

5.4.3 蒙桑物种调查

(1) 蒙桑生存状况调查

蒙桑广布于东北、华北、西北、华中及西南地区。在东北调查期间多次见到蒙桑，但一般都是零星分布于林缘、疏林或荒坡上，只有在吉林白城地区可以见到片状分布或栽培。

华北、东北地区的蒙桑多数生长于低山丘陵地区，常与桑树（*Morus alba*）、五角枫（*Acer pictum* subsp. *mono*）、元宝枫（*A. truncatum*）、花曲柳（*Fraxinus chinensis* subsp. *rhynchophylla*）、黑弹树（*Celtis bungeana*）、君迁子（*Diospyros lotus*）、栾树（*Koelreuteria paniculata*）、构树（*Broussonetia papyrifera*）、黄栌（*Cotinus coggygria*）、黄荆（*Vitex negundo*）、酸枣（*Ziziphus jujube* var. *spinosa*）、扁担杆（*Grewia biloba*）混生。

西藏林芝地区的蒙桑树体粗壮，枝繁叶茂，外观颇似人工修剪的桩景。常与光核桃（*Amygdalus mira*）、高山栎（*Quercus semecarpifolia*）、柳属（*Salix* spp.）、西藏木瓜（*Chaenomeles thibetica*）、栒子属（*Cotoneaster* spp.）、蔷薇属（*Rosa* spp.）等植物混生，生存状况良好。在海拔 3 500 m 以下区段，许多田埂或庭院、宅旁经常见到种植的蒙桑。

(2) 资源利用现状调查

蒙桑具有生长速度快，植株高大，枝繁叶茂的特性，并且大部分蒙桑生长在沙丘之间的低洼地带，所以它具有良好的防风固沙效果。

蒙桑材质坚硬，可供制器具等用，树皮用于纤维造纸及人造棉原料，根皮、果实可入蒙药，具有滋阴补血、润肠止渴、安神养颜之功效，果实还可生食或供酿造，叶能养蚕。

近年来，由于人们为了采集蒙桑果实食用及入蒙药，其野生资源遭到严重破坏，因此需要加强野生蒙桑资源的保护与利用。

参考文献

[1] 中国科学院中国植物志编辑委员会. 中国植物志 第二十二卷（第一分册）[M]. 北京：科学出版社，1998：17-20.

[2] 吴朝吉，陈培根，夏明炯，等. 桑种质资源对黄化型萎缩病抗性鉴定试验[J]. 蚕业科学，1992（1）：6-11.

[3] 王雪萍，靳延伟. 紫外法测定华桑、鸡桑、桑、蒙桑中芦丁的含量[J]. 中国医药导报，2008（21）：33-34.

[4] 魏景芳，李冬杰，张进献，等. 圆叶蒙桑的组织培养与快速繁殖[J]. 植物生理学通讯，2006（5）：904.

蒙桑结果期

蒙桑果实

西藏林芝早市销售的桑葚

西藏林芝单位门口的蒙桑

西藏野生蒙桑　　　　　　　　野生蒙桑

蒙桑（*Morus mongolica* Schneid.）

6 铁青树科 Olacaceae

6.1 蒜头果 *Malania oleifera* 物种资源调查

6.1.1 蒜头果概述

（1）形态特征

蒜头果（*Malania oleifera* Chun et Lee.）又称马兰后（广西壮语）、山桐果（广西），为铁青树科（Olacaceae）蒜头果属植物。常绿乔木，高达 20 m，胸径达 40 cm；树干挺直，树皮灰褐色，稍纵裂。小枝暗褐色，具皮孔；芽裸露，初时有灰棕色绒毛，后脱落。单叶互生，薄革质或厚纸质，长圆形或长圆状披针形，长 7~15 cm，宽 2.5~4 cm，先端急尖，短渐尖至渐尖，基部圆形或楔形，有时略偏斜，边缘略反卷；中脉在上面凹下，下面突起，侧脉 3~5 对，上面不明显，下面明显；叶柄长 1~2 cm，基部具关节。花两性，10~15 朵排成伞形花序，腋生，长 2~3 cm，花梗细；花萼筒小，4（5）深裂；花瓣 4（5），绿色，离生，镊合状排列，宽卵形，长约 3 mm，外面有微毛，内面下部有绵毛，先端尖，内曲；雄蕊 8，排成 2 轮，其中 4 枚与花瓣对生，另 4 枚与花瓣互生；子房上位，长圆锥形，长约 1 mm。核果扁球形或近梨形，直径 3~4.5 cm；种子 1，球形或扁球形，直径约 1.8 cm，中果皮肉质，内果皮木质，坚硬；胚乳丰富。花期 4—9 月，果期 5—10 月。

（2）生物学、生态学特性

蒜头果虽系常绿树种，但叶的更换仍较明显。据观察：萌芽期为 3 月上旬，3 月下旬老叶陆续脱落，4 月上旬展新叶。花期 3—5 月，果实始长期 5 月中旬，停长期在 9 月上旬，果实 9 月下旬陆续成熟。蒜头果的结实量有明显的大小年。据近期观察，蒜头果的花粉管短且弯曲，可能不利于授粉；蒜头果果熟后，在不长时间内便自行脱落，其果皮含有抑制种子发芽的物质；天然下种的种子发芽很不整齐，持续时间长，幼苗扎根生长困难。在生长发育阶段中，幼苗阶段喜阴湿，随树龄增大渐喜光。而树干在苗期或大树都表现出单干型、双干型、多干型。蒜头果为浅根型树种，主侧根明显，侧根发达。掘根观察，水平根集中分布在上层 10~20 cm 的范围内，须根少。

蒜头果分布区地跨北热带和南亚热带。在北热带区，蒜头果主要生长在石灰岩石山上。在南亚热带，蒜头果的分布范围比北热带广泛，石山区和土山区均有分布，该区是从高原向丘陵、平地的过渡地带，既有崇山峻岭，又有广阔的沟谷和平原，年降雨量 1 000～1 570 mm。气候特点是温暖潮湿，5—9 月为雨季，其他月份雨量则很少，干湿季明显。在低平地方年平均气温 20.9～22.1℃，最冷月（1 月）平均气温 12～14℃，最热月（7 月）平均气温 27.2～28.1℃，极端最低温 21.2～3.0℃；在山原上年平均气温 14.5℃，最冷月（1 月）平均气温 5.8℃，最热月（7 月）平均气温 21.5℃，冬季占 3 个月（月平均气温 10℃以下），无夏季（月平均气温低于 22℃），年降雨量 1 446.0 mm，水热系数为 2.7，达到潮湿级，年均相对湿度 88%，此处蒜头果生长良好。

蒜头果分布区土壤主要由石灰岩、砂岩、页岩等母质发育起来的黑色或棕色石灰土、红黄壤、山地黄壤，pH 值 4.5～7.5。以土层肥沃的石灰岩山地中下坡生长发育良好，干燥瘠薄的土山或石灰岩裸露的生境中，能正常生长发育，但易于衰老枯槁。调查发现，蒜头果的小地形大都是四周有山地作为屏障，即蒜头果多生长在山谷底及中下坡。目前蒜头果已无纯林，在混交林中，占据群落的上层位置，主要伴生树种以常绿树种为主，如细叶云南松（*Pinus yunnanensis* var. *tenuifolia*）和岩樟（*Cinnamomum sanatile*），常绿树种大约占 75%，也有落叶树种如桦木（*Betula utilis*）和枫香（*Liquidambar formosana*）。从伴生树种的生态适应性来看，既有适应干燥炎热气候的树种如栓皮栎、滇大叶栎（*Castanopsis cerebrina*）和余甘子（*Phyllanthus emblica*）等，也有一些耐阴喜湿树种在下坡出现如阴香（*Cinnamomum burmani*）。林下灌草丰富程度与林下土壤的水分状况及所在地局部气候有关。

（3）地理分布

分布于云南省东南部的文山、富宁的皈潮、广南的莲城、董堡、旧莫等乡（镇）的石灰岩山地阔叶混交林中。广西的龙州、大新、靖西、德保、田阳、田林、隆林、凌云、乐业、凤山等县市。广西多为海拔 300～1 200 m，云南海拔 1 640 m。地理位置为北纬 22.2°～24.8°，东经 104.1°～108.1°。

（4）资源利用现状

蒜头果为国家二级保护植物，《中国植物红皮书》将它列为稀有物种，亟须保护。我国特有物种，为单种属植物，形态解剖上既有原始性状，又有较进化的特征，对研究铁青树科的发育进程及分类系统，有较高的价值。木材坚实，结构细密，不翘不裂，为制作家具、船舶、模具、雕刻及室内装修等优质用材。根系发达，落叶层厚，是分布区保水固土的优良树种。常绿而叶色浓绿光亮，树形优美，是分布区四旁绿化的好树种。种子含油率达 56%，油脂中廿四（碳）烯-〔15〕酸含量达 67%，是合成麝香酮（muscinc）的重要原料，每 50 kg 蒜头果油，可合成麝香酮 0.3～0.5 kg，还可合成十五内酯、十五环酮等高级香料的定香剂。是分布区经济效益和生态效益较好的树种之一。但是，由于蒜头果自身的生物学特性，导致蒜头果繁殖困难，进而引起蒜头果种群更新不良。植被破坏，引起土地旱化，气温偏高，空气湿度低，使得蒜头果种子难以转化成幼苗，即使转化为幼苗，幼苗也难以成活。加之鼠类对蒜头果果实的取食，使得种子减少，即使是强度不大的人为破坏和砍伐，对种群的生存也构成严重的威胁。而这些反过来又引起种群数量下降和分布区减小，形成恶性循环。蒜头果木材优良，目前遭受毁坏严重，大树已残存不多，资源分散，天然更新不良。当地百姓缺乏对该树种的了解，经济效益难以显现出来，直接影响这一珍稀树种的保护与发展。

6.1.2 云南蒜头果调查

（1）分布区调查

据文献记载，云南省东南部的文山、富宁的皈潮、广南的莲城、董堡、旧莫等乡（镇）的石灰岩山地阔叶混交林中有蒜头果的野生分布。项目组专程到文山、富宁、广南考察，先后考察了文山壮族苗族自治州文山县、砚山县、广南县，经过 5 d 的考察，终于在广南的莲城乡、龙牙寨大坡找到少数几棵蒜头果树。据当地居民介绍，20 世纪 70 年代初，广南县石灰岩山地阔叶混交林中经常可以见到零星分布的蒜头果大树，由于蒜头果材质较好，经常被砍下盖房用，目前已很难找到像样的蒜头果树。尽管 90 年代林业局系统曾试图营造蒜头果林，但成活率很低，保存下来的更是凤毛麟角，能找到蒜头果结果的树已属不易。

（2）蒜头果生境调查

历史上广南县的蒜头果经常几十株不等局部集生，目前仅发现几株至呈零星分布状态。现有蒜头果的年龄结构不连续，多为老龄树或大树，未发现幼苗幼树，分布区域呈现严重破碎化，生境质量日益下降。一些 20 世纪 80 年代的分布点目前已无蒜头果的个体存在。

调查发现，蒜头果生长地的小地形大都是四周有山地作为屏障山谷底及条件较好的中下坡。在混交林中，蒜头果占据群落的上层位置，主要伴生树种以常绿树种为主，如云南松（*Pinus yunnanensis*）、岩樟（*Cinnamomum sanatile*）、樟树（*Cinnamommum camphora*），常绿树种大约占 70%，也有落叶树种如糙皮桦（*Betula utilis*）和枫香（*Liquidambar formosana*）和栓皮栎（*Quercus variabilis*）。从伴生树种的生态适应性来看，既有适应干燥炎热气候的树种如栓皮栎、滇大叶栎（*Castanopsis cerebrina*）和余甘子（*Phyllanthus emblica* L.）等，也有一些耐阴喜湿树种出现如阴香（*Cinnamomum burmani*）。林下灌草丰富程度与林下土壤的水分状况及所在地局部气候有关。从植物区系地理成分来看，蒜头果分布所在的植物群落中有滇、黔、桂区系成分，主要代表种有枫香、滇大叶栎、滇青冈（*Cyclobalanopsis glaucoides*），也有云南高原区系成分，如木兰科、樟科及山茶科的种类，还混杂有热带的科属，如橄榄科的白头树（*Garugapinnta*）和北温带的虎耳草（*Saxifraga* sp.）等。

（3）蒜头果濒危原因

1）蒜头果自身固有因素

蒜头果一般能正常开花结果，且丰年结实量较大。但由于蒜头果自身生物学特性的限制,致使在自然状态下其种群数量稀少。据梁月芳等观察,蒜头果花粉管短且弯曲,可能影响授粉,造成蒜头果生殖效率低。本次对云南广南县蒜头果天然落果情况调查发现,蒜头果的落果率很高,可以自然成熟的果实充其量不过 5%,大量幼果脱落,使成熟的种子数量非常有限,影响蒜头果的天然更新。当地林业系统技术人员反映,蒜头果的落果现象极其普遍。梁月芳等初步分析认为这种落果主要是生理性的。蒜头果的果实一般在 9—11 月成熟即自行脱落,因种实较大而暴露于土表,而分布区在 9—11 月及以后降水较少,多数年份难以满足种子发芽所需要的水分,除非种子丢落在疏松且含水较多的地方,如沟边或缝隙洞穴中。加之蒜头果种子颗粒大,种胚小,当长期暴露在空气中时,易失去水分而丧失生活力,过湿则种子容易霉烂。据梁月芳等砂藏试验表明,湿砂埋藏 3 个月后种子霉烂率达 50%以上,干砂埋藏的蒜头果种子更容易失去生活力,2 个月后失活率达 80%以上。蒜头果幼苗生长需荫蔽,而大多数的蒜头果分布区由于人类活动频繁,透光度大,使幼苗难以存活生长,广南林业局 20 世纪 90 年代种在疏林(郁闭度 0.3)下的蒜头果全部死亡就是明证。蒜头果种子主要靠重力传播,因而传播距离小,散布后的种子由于上述原因而难以对种群更新起作用,这就要求必须有足够的种子资源。据广南县林业局育苗试验表明:蒜头果种子萌发率尚高但幼苗保存率低,种子至幼苗之间的低转化率成为蒜头果更新的一大瓶颈,导致种群出现不合理的年龄结构,显示出严重退化的衰变迹象。

2)动物对蒜头果果实的取食和危害

蒜头果种子富含营养物质,蛋白质和脂类物质含量较高,热值高于植物的其他部分,因此成为许多动物取食的对象。取食蒜头果果实的主要动物是鼠类,它们在树上就开始取食尚未完全成熟的果实,果实落地后,又大量取食土壤种子库中的种子,甚至幼苗,这就造成植物种子种群数量下降。动物取食严重时,给植物的更新带来困难。梁月芳等对蒜头果资源进行调查时发现蒜头果林下已无完好的蒜头果种子,土壤内已完全没有有效的蒜头果种子,所见种子均已腐烂或被动物咬坏,不存在持续的土壤种子库。

3)人类活动对蒜头果种群的影响

蒜头果的木材通直,不易腐朽或遭虫蛀,曾是当地居民房建时的主要柱用材,加上人们的强度开发和无意识的破坏,大部分土山、石山的森林已退化为次生林,有的甚至退化为灌木、草丛,从而破坏了蒜头果的生态环境。由于缺少良好的森林覆盖,土壤地表径流增大,残留于土壤的水分也容易蒸发,土壤实际含水量显著降低。另外,由于蒜头果种子可以榨油食用,在物质缺乏的年代,山民砍树摘果的现象普遍。20 世纪 90 年代后,蒜头果油脂的价值,特别是油脂中高含量的神经酸——廿四碳烯酸的价值(唯一能疏通神经脉络的天然产物),得到了全世界医药界和食品行业的高度追捧,提纯神经酸的最高报价 18.8 万美元/kg,无形中加大了蒜头果资源的压力。目前所知,国内已有数家企业开始生产神经酸,资源从何而来?据了解蒜头果主要从广西和云南收购而来。利益的驱使使个别公司之间强烈竞购蒜头果,而蒜头果采摘极其困难,老百姓只有砍枝甚至砍树。

据梁月芳等在广西巴马县燕洞乡交乐村调查,现存较好的蒜头果植株是作为房前屋后的风景树和坟山树被保护下来的,并发现三成以上的蒜头果为萌芽树,由此认为大量滥伐是蒜头果在巴马、凤山两县急速减少的主要原因。

乱砍滥伐一方面使蒜头果的数量直接减少,同时由于蒜头果的生存条件日趋恶化,难以维持其种群的延续。近年的产业结构调整中,蒜头果的保护也受到了冲击。例如,在云南省广南县板茂硫黄矿的开采区周围,上百平方公里范围内的蒜头果因不耐污染而已成片死亡,20世纪90年代后发展烤烟种植业又使大面积蒜头果遭受砍伐。因此,可以认为,人类活动,特别是开发对森林的乱砍滥伐,使蒜头果的生境遭受了前所未有的破坏,生境的破坏加速了蒜头果种群的减少。就当前情况看,若不立即采取有效措施进行保护和发展,蒜头果将无法自然摆脱濒于灭绝的境地。

蒜头果濒危的主要原因分三个方面:第一,蒜头果自身的生物学特性使然,物种生物学缺陷导致蒜头果繁殖困难,进而引起蒜头果种群更新不良。第二,无序的开发和人类不理智的行为导致植被破坏,使蒜头果种群赖以为系的生境遭受破坏,从而引起土地旱化,气温升高,空气湿度降低,使得蒜头果种子难以转化成幼苗,即使转化为幼苗,也难以成活。第三,鼠类对蒜头果果实的取食使得种子减少,土壤种子库枯竭,从而加剧了蒜头果种群世代序列的破裂,促使其逐步走向濒危。

近20年来,引起蒜头果资源快速减少、种群数量下降和分布区缩小的最主要原因还是人为因素,既往历史证明,即使是强度不大的人为破坏和砍伐,对蒜头果种群的生存就可构成严重的威胁。因此,高度重视蒜头果资源的保护,严格执行国家相关野生动植物保护的法律法规,规范人类的开发行为,是刻不容缓的事情。

6.1.3 蒜头果相关研究

1980年,李树刚先生发表了油料植物一新属——蒜头果属以来,主要开展了如下几方面研究:

(1)生物学、生态学研究

赖家业等(1998)研究了土山区和石山区两种不同立地条件对蒜头果叶片形态解剖的影响。结果表明,石山立地蒜头果叶片面积较小,表皮细胞、角质乳状突起和气孔器等的密度均是石山的较小,但它们的大小均是石山的大于土山的,并分析了这种差异的生理生态学意义。赖家业等(1999)研究了土山和石山两种不同立地条件下蒜头果叶绿素含量。结果表明,蒜头果叶片的叶绿素含量与立地条件有密切关系。石山的蒜头果叶绿素含量比土山的高24.3%,叶肉细胞的叶绿体数量则比土山的高48.7%;叶片中与叶绿素生物合成密切相关的矿质元素中,除Mn以外石山的均高于土山的。陈金凤(1994)进行了广西蒜头果属及青皮木属木材解剖研究。李小方等(2006)利用GC-MS技术对比研究了两种土壤上蒜头果果油品质的区别:通过GC-MS技术对比研究了酸性和中性土壤上蒜头果果油的脂肪酸组成。结果表明,两种土壤上蒜头果果油中神经酸含量相当,但出油率中性土壤上略高于酸性土壤。初步分析了这些差异与立地环境的关系,提出了需要进一步解决的问题。赖家业等（2005）对广西境内的龙虎山、巴马、乐业三个蒜头果自然分布区的蒜头果叶片进行解剖特征研究，探讨不同分布区蒜头果的叶片解剖特征及其表现出的生态适应性。结果表明，三个分布区蒜头果叶片在解剖结构上差异明显，但均表现出旱生植物的特征。三个分布区中，巴马样地蒜头果表现出气孔密度较大、气孔较小而数目较多，角质层厚度较大，导管数目较多等特征，说明其具有更明显的生态适应性。杨鲁红等（2003）对蒜头果的核型进行了研究。张光飞等（2007）对蒜头果幼苗的光合生理生态特征进行了研究：利用 CO_2 光合测定仪分析了引种栽培的蒜头果幼苗叶片的光合补偿点和饱和光强，通过控制叶室的光合有效辐射、CO_2 浓度、温度和相对湿度，分析了叶片的羧化效率和 CO_2 补偿点，并进行光合有效辐射、温度或相对湿度对光合速率影响的研究。蒜头果幼苗叶片光补偿点的光强为 8.1 μmol/（m^2·s），饱和光强约为 750 μmol/（m^2·s），叶片的羧化效率为 0.022 67，CO_2 补偿点为 53.2 μmol/mol，叶片光合速率在 25℃时达到最大值，最适温度为 18～31℃，相对湿度在 20%～80%的范围内，叶片光合速率随湿度增加而增大，最适相对湿度条件在 50%以上。潘晓芳等（2003）开展了蒜头果感化作用的初步研究，认为蒜头果具有自毒现象，用蒜头果新鲜果皮与蒸馏水按 1∶1 比例进行浸提，以蒸馏水（A1，对照）、稀释 4 倍液（A2）、稀释 2 倍液（A3）和母液（A4）对萝卜、马尾松、重阳木种子进行随机区组发芽试验，3 个重复。结果表明：蒜头果果皮水浸提液的感化作用极其显著，但对不同植物的影响不同，不同浓度浸提液对萝卜全部表现为抑制作用，对其他植物既有抑制作用也有促进作用。浸提液明显抑制所供试植物幼苗生长，抑制强度顺序是 A4＞A3＞A2。不同植物的敏感程度是萝卜＞重阳木＞马尾松。

（2）分子生物学研究

袁燕等（2007）开展了稀有植物蒜头果基因组 DNA 提取方法的研究：分别用改进的 CTAB 法、SDS 法和高盐低 pH 法从蒜头果种仁中提取基因组 DNA，通过琼脂糖凝胶电泳和紫外分光光度法检测所提取基因组 DNA 的纯度。结果表明：用改进的 CTAB 法、SDS 法和高盐低 pH 法所提取的蒜头果基因组 DNA 的 OD_{260}/OD_{280} 值在 1.8～2.0，带型清晰无拖尾，说明所提取的 DNA 保持完好。其中改进的 CTAB 法所提取的基因组 DNA 质量最好、纯度也最高，为蒜头果分子生物学研究及下游操作奠定了基础。

（3）濒危原因研究

梁月芳等（2003）开展了蒜头果的濒危原因研究：蒜头果形态解剖上既有原始性状，又有较进化的特征，对研究铁青树科的分类有一定意义。它的种仁油脂可作为合成麝香酮的理想原料，被列为国家二级保护植物。目前已陷入易危的境地。该研究对天然蒜头果的地理分布与资源、生物学和生态学特性及其环境因子影响等方面进行了分析讨论，试图揭示其濒危原因。研究结果表明，蒜头果固有的生物学特性不利于种群的发展，动物对蒜头果果实的取食和危害又使得本来就有限的种子数量大为减少，人类活动的破坏不仅直接减少了蒜头果资源，同时也破坏了蒜头果的适生环境，从而不利于蒜头果的生长和天然更新。吴彦琼等（2004）对蒜头果的开花传粉习性、花粉活力、种子活力和幼苗生长特性等进行研究。结果表明,蒜头果为虫媒传粉,主要访花昆虫有 12 种;花粉萌发率较低,花粉管生长速度慢且易弯曲,结实率低。种子萌发有一定障碍,幼苗生长受多种病虫害感染,成活率低。

(4) 育苗与繁殖研究

潘晓芳(1999)报道了蒜头果育苗情况:蒜头果果熟后在很短时间内便自行脱落,其果皮含有抑制种子发芽的物质。育苗时,宜将果皮去净,并洗净种子后播种或沙藏,发芽率可达 87%以上。天然下种时,种子发芽很不整齐,持续时间长,幼苗出土困难。用切接方法嫁接,成活率高达 90%。赖家业等(2004)开展了蒜头果细胞悬浮培养的研究:采用蒜头果新鲜种子的胚乳在 4 种含不同激素浓度组合的培养基上诱导产生愈伤组织并建立起细胞悬浮培养体系。在综合分析各培养基的单细胞密度,细胞团块密度,细胞生物量增长率等指标后,初步筛选出较好的液体培养基。赖家业等(2006)对蒜头果组织培养再生系统进行了初步研究:以蒜头果种子萌发获得的无菌苗进行离体培养的初步研究。

(5) 病原菌研究

熊英等(2001)于 2000 年 10 月至 2001 年 5 月开展了蒜头果种子沙藏试验,沙藏 2 个月后随机抽样 100 粒种子解剖检查,发现种子感病率 64%,其中全部腐烂变质率高达 50%,局部感病率 14%;沙藏 5 个月发病率达 72%。从蒜头果种病腐组织分离、纯化得到 4 个属的 6 个菌株病原真菌,镜检到一种线虫。分别用这 6 个菌株的菌丝与分生孢子的混合液体进行人工接种试验,结果表明,茄类镰刀菌(Fusarium solani)和黄萎轮枝菌 (Verticillum albo-atrum Reinke et Berthold.)表现出较强的致病力,认为它们是蒜头果种腐病的致病菌,并对它们的形态特征及引致的症状特点作了描述。熊英等(2003)开展了蒜头果种腐率高的原因探究:分别用不同的方法储藏蒜头果种子并做发芽试验。除用精选种子直播及湿沙储藏催芽和冰箱低温冷藏试验能使种子发芽率达到 30%～36.4%外,其余试验均不理想,种子发芽率仅为 0～14.5%。究其原因有以下几点:其一,蒜头果果皮有抑制种子发芽的作用;其二,种子发芽率与种子的成熟度有关。未成熟种子易霉烂,也无发芽能力;其三,储藏基质带菌;储藏前种子和基质消毒不当或消毒不彻底,致使霉菌易滋生并侵入危害;其四,高温、高湿对种子储藏不利,易导致蒜头果种子霉烂失去生活力;其五,蒜头果种子采收后,常温下其生理作用仍较旺盛,种仁富含水分与油脂,营养丰富,也易受霉菌危害,失去生活力,认为提高种子发芽率是目前亟待解决的问题。熊英等(2003)开展了蒜头果种腐病病原菌生物学特性的研究:对蒜头果种腐病 5 种主要病原菌作温度、空气相对湿度及培养基的酸碱度对菌丝生长和分生孢子萌发影响的研究。结果表明,高温(25～35℃)有利于菌丝生长和孢子萌发;菌丝生长对空气相对湿度要求不严格,高湿(RH 100%)明显促进分生孢子萌发;各病原菌菌丝生长和分生孢子萌发适应的 pH 值范围较广,以 pH5～10 较适宜,但以中性左右的酸碱度为最佳,具体 pH 值稍有差异。经方差分析可知,各病原菌菌丝生长和分生孢子萌发在最适温湿度和酸碱度条件下与其他温湿度和酸碱度条件相比存在极显著差异。

6.1.4 保护与发展建议

　　蒜头果是一个极其珍贵的树种，是国家二级重点保护植物，又是我国特有植物，其神经酸含量在油脂植物中首屈一指，因此，其种质资源价值不可估量。蒜头果的天然生境已遭到人为的严重破坏，种群数量稀少，幼株明显缺乏；虽然种子发芽率和嫁接苗成活率较高，但定植后苗木成活率并不高，且易遭病虫害。应用人工栽培扩大其种群已经刻不容缓。蒜头果适合在广西、云南、广东部分石灰岩山地或土山丘陵区发展，作为一种战略资源，首先国家应当下大力气加强对蒜头果种子繁殖和营养繁殖的研究，突破技术难关，为大面积营造人工林提供种苗保障。其次，在蒜头果造林、树体管理方面集中攻关，尽快培育资源，培育产业，将育苗-造林与蒜头果适生区退耕还林结合起来，在有基础的地区，将蒜头果资源培育作为一项战略发展项目，为解决人类心脑血管健康作好资源储备。

　　目前，由于蒜头果资源日益减少，应在蒜头果天然分布较集中的地方建立保护区或保护小区，如广西田林县利周乡老山村猫皮良屯、巴马县燕洞乡交乐村、云南的广南县的莲城乡、龙牙寨大坡等。

　　蒜头果分布区范围较宽，各地的地形地貌、地质发育、岩石类型、土壤自然肥力、气候条件、森林植被类型均有不同。同一树种，生长在不同的气候条件和土壤条件下，经过长期的自然选择，形成不同的生态类型。从各种资料看，蒜头果生长在土山区主要分布于以砂页岩、砂岩、页岩、灰岩等母质发育的土壤上，分布海拔多数介于 700~1 200 m，且多见于深狭沟谷及下坡，在森林保存良好、土壤疏松、水分和养分丰富的地方生长良好；在石灰岩地区，蒜头果分布海拔可以降至 200 m，土壤含水量一般较低，pH 值呈中性。此外，蒜头果结实量明显不同，有些地区结果较少，有些地区结果很多；不同地区的蒜头果神经酸含量也有区别。鉴于此，建议尽快开展蒜头果类型选择，将大自然经过千百万年筛选留给人类的宝贵遗产更科学地筛选出来，保存起来，发展下去。

　　蒜头果的引种栽培是迟早要开展的工作，国家应当未雨绸缪，遵循科学引种原则，在初步选育的基础上开展区域引种和区域发展规划，结合充分考虑海拔、地形对局部地区气温、降水、土壤含水量的影响和选育品系生物学与生态学特性，做到科学引种、合理扩种。

参考文献

[1] 陈金凤. 广西蒜头果属及青皮木属木材解剖研究[J]. 广西植物, 1994（4）：373-375.

[2] 何关顺. 乡土珍稀树种——蒜头果[J]. 林业实用技术, 2007（7）：47-48.

[3] 胡玉佳, 黎向东, 吴彦琼. 蒜头果生殖生物学特性研究[J]. 中山大学学报（自然科学版）, 2004（2）：85-87.

[4] 黄品鲜, 李飘英, 李伟光, 等. 有机溶剂萃取分离蒜头果油的研究[J]. 广西化工, 1998（3）：1-3.

[5] 赖家业, 兰健, 曹毅, 等. 蒜头果组织培养再生系统的初步研究[J]. 四川大学学报（自然科学版）, 2005（4）：207-211.

[6] 赖家业，兰健，刘凯，等. 蒜头果细胞悬浮培养的研究[J]. 四川大学学报（自然科学版），2004（3）：208-212.

[7] 赖家业，文祥凤，潘春柳，等. 3个分布区蒜头果叶的解剖特征及其生态适应性[J]. 广西大学国家林业局中南速生材繁育重点实验室，广西科学院学报，2005（3）：15-18.

[8] 赖家业，杨振德，文祥凤，等. 两种立地条件下蒜头果叶片形态特征的比较研究[J]. 广西农业生物科学，1998，(S1)：6-10.

[9] 赖家业，杨振德，文祥凤. 两种立地条件下蒜头果叶绿素含量比较研究[J]. 广西植物，1999（3）：272-276.

[10] 雷林斌. 蒜头果[J]. 国土绿化，2002（11）：33.

[11] 李树刚. 油料植物一新属——蒜头果属[J]. 植物研究，1980（1）：69-74.

[12] 李小方，曹建华，徐祥明. GC-MS 技术对比研究两种土壤上蒜头果果油品质[J]. 河南师范大学学报（自然科学版），2006（3）：134-137.

[13] 李用华，朱亮锋，欧乞针. 蒜头果油合成麝香酮简报[J]. 云南植物研究，1983（3）：11.

[14] 梁月芳，吴曙光，黎向东. 蒜头果的濒危原因研究[J]. 广西植物，2003（5）：20-23.

[15] 陆树刚. 蒜头果的民间利用[J]. 植物杂志，1998（1）：12-13.

[16] 宁德鲁. 蒜头果的综合开发利用[J]. 中国野生植物资源，2004（6）：26-27.

[17] 欧乞铖. 一个重要脂肪酸CIS-TETRACOS-15-ENOIC 的新存在——蒜头果油[J]. 云南植物研究，1981（2）：59-62.

[18] 潘晓芳，黎向东. 蒜头果他感作用的初步研究[J]. 广西植物，2003（3）：79-83，33.

[19] 潘晓芳. 蒜头果育苗情况初报[J]. 广西农业生物科学，1999（3）：70-72.

[20] 王立升，周永红，刘雄民，等. 蒜头果中混合脂肪酸的综合开发利用——钙基润滑脂的制备[J]. 广西大学学报（自然科学版），1999（1）：42-43.

[21] 熊德元，刘雄民，李伟光，等. 结晶法分离蒜头果油中神经酸溶剂选择研究[J]. 广西大学学报（自然科学版），2004（1）：87-90.

[22] 熊英，洪玲，黎海利，等. 蒜头果种腐病病原菌生物学特性的研究[J]. 中国森林病虫，2003（4）：3-6.

[23] 熊英，黎向东，潘晓芳，等. 蒜头果种腐率高的原因探究[J]. 广西林业科学，2003（1）：41-44.

[24] 熊英，吴彦琼，周传明，等. 蒜头果种腐病研究初报[J]. 广西科学，2001（4）：81-84.

[25] 杨鲁红，丁开宇，陆树刚. 蒜头果的核型[J]. 云南植物研究，2003（4）：53-55.

[26] 袁燕，韩剑萍，郑东邦，等. 稀有植物蒜头果基因组 DNA 提取方法的研究[J]. 云南大学学报（自然科学版），2007（3）：103-106.

[27] 张光飞，苏文华，陆树刚. 蒜头果（*Malana oleifera*）幼苗的光合生理生态特征[J]. 信阳师范学院学报（自然科学版），2007（1）：51-53，62.

[28] 周永红，李伟光，易封萍，等. 气相色谱-质谱法测定蒜头果油中的脂肪酸[J]. 色谱，2001（2）：53-54.

[29] 周永红，刘雄民，王立升. 不同产地蒜头果中脂肪酸的 GC-MS 分析[J]. 广西大学学报（自然科学版），2002（4）：28-30.

摄自云南省广南县的莲城乡、龙牙寨大坡

蒜头果（*Malania oleifera* Chun et Lee.）

7 木通科 Lardizabalaceae

7.1 野木瓜 *Stauntonia chinensis* 物种资源调查

7.1.1 野木瓜概述

（1）名称

野木瓜（*Stauntonia chinensis* DC.）为木通科（Lardizabalaceae）野木瓜属（*Stauntonia*）植物，别名五爪金龙、假荔枝、绕绕藤、乌藤、八月挪、沙藤、鸭脚莲、土牛藤、木通七、七叶莲、拉藤、鹅掌藤、木莲、牛娘头刺、大耕绳、五月拿藤、拿藤等。

（2）形态特征

野木瓜为常绿木质藤本；茎枝无毛。掌状复叶互生，小叶革质；大小和形状变异很大，倒卵形、椭圆形或长椭圆形，长通常 8~12 cm，顶端渐尖；网脉清晰可见，有白色斑点；小叶柄长 1.5~3 cm。花单性，雌雄异株；短总状花序腋生，具 3~4 花；雄花雄蕊 6，花丝全部合生；雌花心皮 3。果实浆果状，矩圆形，成熟时黄褐色。花期 4—5 月；果期 10—11 月。

（3）地理分布

野木瓜为中国特有植物。分布于云南、广西、广东、浙江、江西、福建、湖南、安徽、香港、贵州等地，广东主要产乐昌、乳源、阳山、英德、清远、梅州、信宜、封开等地，生长于海拔 500~1 300 m 的地区。多生于山地密林、山谷、山腰灌丛或山谷溪边疏林中，目前尚未人工引种栽培。

7.1.2 野木瓜物种调查

（1）生存调查

贵州的野木瓜多生于由米槠（*Castanopsis carlesii*）、青冈（*Cyclobalanopsis glauca*）、樟（*Cinnamomum camphora*）、石栗（*Aleurites moluccana*）、柯（*Lithocarpus glaber*）、小叶青冈（*Cyclobalanopsis myrsinaefolia*）、窄叶青冈（*Cyclobalanopsis augustinii*）、白檀（*Symplocos paniculata*）、枫香树（*Liquidambar formosana*）、蜡瓣花（*Corylopsis sinensis*）、鸡爪槭（*Acer palmatum*）、溪畔杜鹃（*Rhododendron rivulare*）、白辛树（*Pterostyrax psilophyllus*)、宜昌荚蒾（*Viburnum erosum*）、木姜子（*Litsea pungens*）、山胡椒（*Lindera glauca*）等植物为主的常绿阔叶林下或林缘，也可见于疏林灌丛中，偶尔见到人工采果破坏痕迹，基本属于安全种。

广东的野木瓜生长于海拔 500～1 300 m 的地区，多生于山地密林、山谷、山腰灌丛或山谷溪边疏林中，目前尚未由人工引种栽培。主要群落植物有石斑木（*Raphiolepis indica*）、朱砂根（*Ardisia crenata*）、九节（*Psychotria asiatica*）、落瓣短柱茶（*Camellia kissi*）、米碎花（*Eurya chinensis*）、细齿叶柃（*Eurya nitida*）、硬壳桂（*Cryptocarya chingii*）、五列木（*Pentaphylax euryoides*）、山杜英（*Elaeocarpus sylvestris*）、黄牛奶树（*Symplocos laurina*）、假鹰爪（*Desmos chinensis*）、冠盖藤（*Pileostegia viburnoides*）等。

（2）利用调查

野木瓜为常绿木质藤本，果期 7—10 月，在果熟期，可见到少数民族民众作为野果采集，但市场上尚未见到野果销售。另一方面，在我国长江以南地区，野木瓜是一种广泛使用的野生中草药资源，全株具有较高的药用价值，《中国药典》1977 年版曾收载过该种，其根、茎、叶具有祛风止痛及舒筋活络的功效；调查中曾见到苗族农民上山采集野木瓜药材。

7.1.3 野木瓜资源价值及研究概况

野木瓜茎、叶含皂苷、酚类、氨基酸。种子中分出三种三萜皂苷：七姐妹藤苷 A、B、C，干燥种子含油 28.7%。果实及核仁对蛔虫、鞭虫有驱虫作用。

野木瓜除含有丰富的皂苷外，还含有黄酮类化合物、酚性成分、糖类化合物、多种维生素和多种矿物质等。全株可入药，有舒筋活络、镇痛排脓、解热利尿、通经导湿作用。可治腋部生痈、膀胱炎、风湿骨痛、跌打损伤等，并对三叉神经痛、坐骨神经痛有一定疗效。

研究多集中在野木瓜天然产物及其药理作用方面。梁桂娟等（2006）测定了野木瓜总皂苷的含量，叶文博等（2007）研究了野木瓜皂苷对 HL60 肿瘤细胞增殖的影响，王文平等（2008）开展了野木瓜水溶性多糖的提取、分离及结构分析，唐维媛等（2008）进行了野木瓜中总黄酮的提取与含量测定，陈瑛等（2008）对野木瓜化学成分及其药理和临床研究进展进行了全面介绍。

7.1.4 利用与保护建议

1）加强生境保护，保护好野木瓜赖以生存的茂密森林环境；

2）加强资源保护宣传，宣传科学采集方法，杜绝采果扯藤、采药刨根现象发生，真正保护好这一药食兼用资源。

3）开展相关研究，包括育种、引种、栽培技术研究，为资源利用和异地繁殖做好基础工作。

参考文献

[1] 陈瑛,李锦,吴英良. 野木瓜化学成分及其药理和临床研究进展[J]. 沈阳药科大学学报,2008(11):924-928.

[2] 梁桂娟,王文平,张义明,等. 野木瓜总皂苷的含量测定[J]. 食品工业科技,2006(11):192-193.

[3] 李凤翔,何东升. 正安县野木瓜产业化发展经营模式的法经济学分析[J]. 贵州工业大学学报(社会科学版),2004(4):61-64.

[4] 龙立利,张维广,谢小林. 野木瓜在食品工业中的应用前景[J]. 饮料工业,2009(1):10-13.

[5] 唐维媛,董永刚,王明力,等. 野木瓜中总黄酮的提取与含量测定[J]. 中国酿造,2008(20):27-30.

[6] 王文平,郭祀远,李琳,等. 野木瓜水溶性多糖的提取、分离及结构分析[J]. 华南理工大学学报(自然科学版),2008(7):128-133.

[7] 叶文博,李兴玉,吴宗祎,等. 野木瓜皂苷对HL60肿瘤细胞增殖的影响[J]. 上海师范大学学报(自然科学版),2007(1):65-68.

野木瓜（*Stauntonia chinensis* DC.）

8 木兰科 Magnoliacea

8.1 南五味子 *Kadsura longipedunculata* 物种资源调查

8.1.1 南五味子概述

（1）名称

南五味子（*Kadsura longipedunculata* Finet et Gagnep.）为木兰科（Magnoliacea）南五味子属（*Kadsura*）植物，又名小号风沙藤。

（2）形态特征

南五味子为常绿藤本，全株无毛；小枝圆柱形，褐色或紫褐色，表皮有时剥裂。叶互生革质，长圆状披针形或卵状长圆形，长 5~13 cm，宽 2~6 cm，先端渐尖或尖，基部楔形或钝，全缘或有疏锯齿，表面暗绿色，光泽，背面淡绿带紫色。花单性，单生叶腋，雄蕊多数，心皮离生，花被片白色或淡黄色、有芳香。聚合果球形红色，直径 1.5~3.5 cm，花梗细长，5~15 cm。花期 6—7 月，果期 10—12 月。

（3）地理分布

南五味子产于长江流域以南各地，主要分布在湖北、湖南、江苏、安徽、浙江、江西、福建、广东、广西、云南、四川以及贵州。

8.1.2 研究概况

近年的南五味子研究多集中在化学成分及其与五味子区别方面。谭春梅等（2008）开展了五味子和南五味子的 HPLC 指纹图谱研究，邓白罗等（2008）探讨了中国南五味子属植物的种质资源及开发利用，徐爱仁等（2009）尝试了五味子与南五味子的化学模式识别与计算机辨识，杨志荣等（2009）对比了南五味子属植物叶表皮形态特征，金鑫等（2009）研究了南五味子有效成分提取工艺，付善良等（2009）深入开展了北五味子和南五味子化学成分的比较分析等。

8.1.3 物种调查

在长江流域，南五味子常生于海拔 300~1 000 m 的山坡、沟谷、溪边林缘、灌丛或阔叶林中；在云南、贵州，多见于海拔 500～1 300 m 山坡林缘、灌丛或阔叶林中。

贵州调查发现，南五味子多生长于阔叶混交林中或林缘，也常见于湿润沟谷。其生存群落主要是由米槠（*Castanopsis carlesii*）、润楠（*Machilus nanmu*）等常绿阔叶林，或由海通（*Clerodendrum mandarinorum*）、大青（*Clerodendrum cyrtophyllum*）、山黄麻（*Trema tomentosa*）、山杜英（*Elaeocarpus sylvestris*）组成的杂木林。

调查发现，广东的南五味子多生于海拔 300～1 300 m 的山坡、沟谷、溪边林缘、灌丛或阔叶林中，群落主要植物有硬壳桂（*Cryptocarya chingii*）、五列木（*Pentaphy lax euryoides*）、山杜英（*Elaeocarpus sylvestris*）、黄牛奶树（*Symplocos laurina*）、假鹰爪（*Desmos chinensis*）、冠盖藤（*Pileostegia viburnoides*）、落瓣短柱茶（*Camellia kissi*）、米碎花（*Eurya chinensis*）、细齿叶柃（*Eurya nitida*）、石斑木（*Raphiolepis indica*）、朱砂根（*Ardisia crenata*）、九节（*Psychotria asiatica*）等。

南五味子作为药材收购非常普遍，广东、广西、云南、贵州采药破坏较常见。由于南五味子为藤本植物，采药人往往拽藤采果，不同程度地影响来年结果，严重时割藤灭顶，对资源繁盛与再生极其不利。

8.1.4 综合价值及开发利用

南五味子果味像葡萄，浆多味甜，果肉如荔枝，乳白细腻，蜜甜芳香；果实中含有丰富的维生素 C、维生素 E 及多种微量元素，营养丰富，多汁，清甜可口，能解渴，是山区野果之珍品。其中维生素 C 含量 0.266～0.556 mg/g，总糖含量 0.053～0.089 mg/g，含酸量 0.053%～0.131%，最有可能发展成为第 3 代新兴水果。

南五味子的茎叶和果均含挥发油，干果含油量达 0.5%～1.0%，茎及果实尚含黏液质（为半乳聚糖和阿拉伯糖组成）；果实并含果胶质、葡萄糖、有机酸、蛋白质、脂肪。

南五味子具有重要的药用价值，除了具有保肝降酶作用外，还具有抗癌、抗艾滋病毒 HIV、拮抗血小板活化因子 PAF 和抑制醛糖还原酶等多种活性成分，是临床主要药材之一。

南五味子植物应用于药物开发、食品开发等方面有十分广阔的前景，近年来广东、广西、贵州和江西有关部门已开展南五味子引种驯化研究并取得成功。

8.1.5 资源保护建议

1）保护好五味子赖以生存的森林环境，禁止破坏森林资源；
2）加强科学研究，特别是育种、引种栽培和异地保护技术研究；
3）建立相关种植基地和种质资源圃，收集并保存我国南五味子种质资源；
4）开展南五味子药学和天然产物研究，利用好丰富的物质资源。

参考文献

[1] 邓白罗,谢碧霞,张程. 中国南五味子属植物的种质资源及开发利用[J]. 中南林业科技大学学报,2008

（6）：90-94.

[2] 付善良，陈波，姚守拙. 北五味子和南五味子化学成分的比较分析[J]. 药物分析杂志，2009（4）：524-531.

[3] 金鑫，辛爱学. 南五味子提取工艺研究[J]. 中国现代药物应用，2009（6）：149-151.

[4] 谭春梅，黄琴伟，张文婷，等. 五味子和南五味子的HPLC指纹图谱研究[J]. 中国现代应用药学，2008（6）：514-517.

[5] 徐爱仁，胡晓炜. 五味子与南五味子的化学模式识别与计算机辨识研究[J]. 中国现代应用药学，2009（1）：29-35.

[6] 杨志荣，林祁，文香英，等. 南五味子属（五味子科）植物叶表皮形态特征[J]. 植物研究，2009（2）：147-163.

[7] 张向东，张晓虎，翟丙年. 商洛南五味子种植区土壤肥力特征[J]. 西北农业学报，2008（6）：329-333.

南五味子（*Kadsura longipedunculata* Finet et Gagnep.）

9 虎耳草科 Saxifragaceae

9.1 黑果茶藨（黑加仑）*Ribes nigrum* 物种资源调查

9.1.1 黑果茶藨概述

（1）名称

黑果茶藨（黑加仑）（*Ribes nigrum* L.）又名黑穗醋栗、黑醋栗、黑豆果、紫梅等，是虎耳草科（Saxifragaceae）茶藨子属（*Ribes*）植物。茶藨子属植物约有160种，广布于北半球温带和寒温带，其中黑穗醋栗的野生种分布于欧洲和亚洲的高纬度国家和地区，属多年生落叶灌木，喜光、耐寒、耐贫瘠。

（2）形态特征

落叶直立灌木，高 1.0~2.0 m；小枝灰暗色或灰褐色，无毛，皮通常不裂，幼枝褐色或棕褐色，具疏密不等的短软毛，被黄色腺体，无刺；芽长卵圆形或椭圆形，长（3）4~7 mm，宽 2~4 mm，先端急尖，具数枚黄褐色或棕色鳞片，被短柔毛和黄色腺体。叶近圆形，长 4~9 cm，宽 4.5~11 cm，基部心脏形，上面暗绿色，幼时微具短柔毛，老时脱落，下面被短柔毛和黄色腺体，掌状 3~5 浅裂，裂片宽三角形，先端急尖，顶生裂片稍长于侧生裂片，边缘具不规则粗锐锯齿；叶柄长 1~4 cm，具短柔毛，偶尔疏生腺体，有时基部具少数羽状毛。花两性，开花时直径 5~7 mm；总状花序长 3~5（8）cm，下垂或呈弧形，具花 4~12 朵；花序轴和花梗具短柔毛，或混生稀疏黄色腺体；花梗长 2~5 mm；苞片小，披针形或卵圆形，长 1~2 mm，先端急尖，具短柔毛；花萼浅黄绿色或浅粉红色，具短柔毛和黄色腺体；萼筒近钟形，长 1.5~2.5 mm，宽 2~4 mm，萼片舌形，长 3~4 mm，宽 1.5~2 mm，先端圆钝，展开或反折；花瓣卵圆形或卵状椭圆形，长 2~3 mm，宽 1~1.5 mm，先端圆钝；雄蕊与花瓣近等长，花药卵圆形，具蜜腺；子房疏生短柔毛和腺体；花柱稍短于雄蕊，先端 2 浅裂，稀几不裂。果实近圆形，直径 8~10（14）mm，熟时黑色，疏生腺体。花期 5—6 月，果期 7—8 月。

（3）生物学特性

根系发达，主侧根明显，须根多且其上又能生出许多密集的网状根，根系主要分布在 10~50 cm 土层内。

为丛生小灌木,枝条寿命 6~8 年,由基生枝补充和更替衰老枝,基生枝一般当年可形成花芽,第二年结果;花两性,花萼大于花瓣,总萼开放初期深紫色,逐渐变为紫色或红色,末期变为浅红色或黄白色,5月上旬开花,小花开放 3~4 d,花穗开放 8~10 d;浆果成熟时紫黑色,从开花到果实成熟需要 55~60 d,一般单果重 0.7~0.8 g,每个果实中有种子 15~50 粒不等,喜生于气候冷凉,土壤肥沃湿热的环境。

9.1.2 黑果茶藨资源调查

2009 年,北京林业大学野生果树项目组专程到新疆伊犁市、新源县、巩留县等地及大兴安岭地区的呼伦贝尔、海拉尔、牙克石、乌尔旗罕、莫尔道嘎、绰尔、阿尔山、乌兰浩特等地区开展野生果树资源调查,黑果茶藨是重点调查对象之一。

黑果茶藨在我国主要产于黑龙江、内蒙古、新疆。欧洲、俄罗斯、蒙古和朝鲜北部也有分布。是典型的寒温带野生果树。

调查发现,在新疆伊犁地区,黑果茶藨生于湿润谷底,沟边或坡地云杉(*Picea schrenkiana*)林或白桦(*Betula platyphylla*)林缘,非常少见;在黑龙江和内蒙古地区,见于兴安落叶松(*Larix gmelini*)林或由落叶松(*Larix gmelini*)—白桦(*Betula platyphylla*)—黑桦(*Betula dahurica*)组成的针、阔混交林下,但也较少见。

9.1.3 黑果茶藨的栽培调查

黑果茶藨喜光、耐寒,用种子、扦插或压条均可繁殖,栽培和管理容易,经济价值高,适宜在北方寒冷地区发展。北欧的波兰、德国、英国、瑞典、荷兰以及俄罗斯为主要生产国,其中波兰的栽培面积最大,产量最高。目前,我国的黑龙江、吉林、辽宁均有较大面积种植,新疆也有规模化栽培。

黑果茶藨(黑加仑)在我国东北地区的栽培有 80 余年的历史,其中,黑龙江省的栽培主要分布在滨绥铁路沿线的哈尔滨、一面坡、帽儿山等地;吉林省主要分布在延边地区。新疆(北疆地区)是黑果茶藨的原产地之一,在天山、阿尔泰山谷底云杉林下,林缘、山谷溪沟岸、阴湿坡及亚高山草甸,海拔 1 300~3 900 m 地段有自然分布,这里的生态条件非常适合黑果茶藨的生长发育,目前新疆地区已有大量栽培。

9.1.4 黑果茶藨研究概述

王萍等(2008)通过单因素和正交试验,确定了黑加仑果渣花色苷酶法提取的最佳工艺条件为:采用纤维素酶酶解,温度 50℃,时间 100 min,料液比 1∶9,酶用量 1%,pH 值 5.0,此条件下黑加仑花色苷的提取率为 86.63%,得率为 106.92 mg/100 g。果胶酶酶法提取黑加仑花色苷的最佳工艺条件为:温度 50℃,时间 120 min,料液比 1∶8,酶用量 1.4%,pH 值 3.5,黑加仑花色苷的提取率为 91.09%,得率为 112.42 mg/100 g。果胶酶提取黑加仑花色苷的效果好于纤维素酶,比纤维素酶提取黑加仑花色苷的提取率高 5.15%。

桂明珠等（1996）利用实体解剖镜对黑穗醋栗进行全面检查。结果表明：黑穗醋栗的腺体主要分布在植株地上部的幼嫩部分各器官的表面，即叶芽的鳞片、过渡叶和分化的幼叶上。叶芽萌动后逐渐抽出的新枝，其幼茎、叶片、叶柄的表面；花芽分化成花的各部分时，在花梗、花萼基部及幼果表面都有分布。植物地上部分由周皮代替表皮后的老枝条表面和地下部分不产生腺体。实体显微镜下腺体呈铜扣形状，而扫描电镜观察其表面多呈现出不规则纹理。大小在70～180 μm，其密度抽样测定结果，叶表面为42～45 个/cm^2。叶片上腺体，远轴面（下表皮）的脉间居多。解剖学观察表明：黑穗醋栗的腺体解剖构造是由基细胞、柄和头部三部分构成。基细胞仅位于表皮层，细胞数目少；表皮下的细胞和其他部分的细胞基本相同。

郭春慧等（1991）采用黑穗醋栗"丰产薄皮"与"亮叶厚片"品种，对茎尖组织进行离体培养。通过调整培养基中 BAP 含量，获得了每 20 d 达 4.7 的幼苗分化指数；幼苗在半量的 MS 无激素培养基上暗处理 1～3 d，接种密度每瓶 3 苗，生根率达 83.3%～96.0%；将生根苗移栽于装有蛭石的木箱中，成活率达 97%，并成功移栽于大田，试管苗生长旺盛。建立了黑穗醋栗实用化快繁技术程序。

李长河等（1993）利用插条和压条繁殖法对其进行研究。用剪枝剪在靠近芽的基部切取插条。采集插条和扦插的时间最好是秋季，即当芽进入休眠时即可。秋天扦插的插条在第二年早春放芽前即开始生出幼根，扦插后要浇水。定值地点应平坦、避风，选择肥沃的轻土壤和中土壤。在定植前进行整地的同时，施有机肥和无磷肥、钾肥。采取单行、双行扦插均可。插条在地表上至少应有一个芽，扦插后要把插条周围的土壤压实，然后浇水，最好覆盖 1 层 4～5 cm 厚的腐殖质，以保持土壤湿度，有利于顺利生根。如果在扦插前把插条放在 ABT 生根粉溶液坐浸泡处理 24 h，可提高植株成活率。

石金赞（1993）等通过育苗实验得出结果认为：种子育苗宜在秋季；大面积育苗宜采用播种锄开沟条播，不仅简单易行，省工省时，且出苗整齐，保苗率高；小面积种子育苗可采用木板压沟条播法。硬枝插条苗成活率高，生长快，当年即可出圃造林，且能够保持母树的优良性状，应在生产中推广。

9.1.5 黑果茶藨开发利用前景展望

我国的黑穗醋栗在 20 世纪 80 年代前栽培的品种都是从俄罗斯引入的古老品种；80 年代后主要从波兰、瑞典等北欧国家引进一批高产、抗病并适于机械化采收的品种。与此同时，我国一些科研单位也开展了黑穗醋栗品种选育工作，并培育出几个抗寒、抗病新品种。这些新品种已在生产上开始推广，正逐步取代老品种。目前，黑穗醋栗的优新品种主要有早丰、亮叶厚皮、抗寒薄皮、寒丰、黑丰、奥依宾、利桑家等。早丰是我国目前唯一的人工选育出的新品种，1991 年通过品种审定，在黑龙江省各地以及吉林省部分地区试栽表现很好，被认为是我国目前最优良的黑穗醋栗新品种，很有发展前途。目前，黑龙江省栽培面积较大的是亮叶厚皮、抗寒薄皮和早丰这几个品种。20 世纪 80 年代末，新疆引进国外黑穗醋栗品种 20 多个，并进行品种筛选、丰产栽培及加工技术研究，筛选出适于北疆栽培的优良品种，现在新疆地区主要有 3 个综合性状优良的黑穗醋栗品种：20-1、17-29 和奥依宾。2001—2006 年，有 4 个黑穗醋栗品种在山东青岛进行了引种栽培试验，分别为：黑珍珠、提娜、鲍德温、黑色奖赏，经 6 年的试验，最终确定提娜为主栽品种，黑珍珠和黑色奖赏可作为授粉品种，而鲍德温不宜在青岛栽培。

参考文献

[1] 段旭昌，杨荣慧，李平，等. 黑醋栗果汁加工与储藏保鲜技术研究[J]. 陕西林业科技，1997（2）：1-3.

[2] 郭春慧，马风桐，梅立新，等. 黑穗醋栗试管苗生产工艺流程的研究[J]. 西北农林科技大学学报（自然科学版），1991（2）：66-72.

[3] 桂明珠，王学东，李桂琴，等. 黑穗醋栗腺体的研究[J]. 东北农业大学学报，1996（3）：287-293.

[4] 胡宝忠，弭忠祥，桂明珠. 黑穗醋栗亲和性研究[J]. 东北农业大学学报，1997（4）：366-371.

[5] 贾丽丽，路金才. 黑加仑的药用研究进展[J]. 中国中医药信息杂志，2008（S1）：110-113.

[6] 林金莲，李桂琴，上馥兰. 黑穗醋栗叶柄的结构和维管组织变化的研究[J]. 东北农业大学学报，1993（4）：388-397.

[7] 李长河，宋新生，张云露，等. 黑加仑的引种及技术措施[J]. 中国林副特产，1993（3）：24-25.

[8] 李勇. 黑穗醋栗（Ribes nigrum L.）未受精胚珠培养诱导体细胞胚状体和植株再生的研究[J]. 植物研究，1993（3）：45-47.

[9] 李佩英，焦慧彦，姜世藩，等. 茶藨子拟生瘿螨的研究初报[J]. 植物保护，1989（2）：32-33.

[10] 石金赞，肖江东，尚新民. 黑穗醋栗引种试验研究[J]. 中国水土保持，1993（1）：29-32.

[11] 王萍，苗雨. 酶法提取黑加仑果渣花色苷的研究[J]. 林产化学与工业，2008（1）：113-118.

[12] 许慕农，伊树勋，张洪涛，等. 黑穗醋栗生育特性和生态因子的探讨[J]. 落叶果树，1991（4）：19-22.

[13] 杨国慧，张永和，高庆玉，等. 冬季黑穗醋栗叶绿素含量及影响因素的初步研究[J]. 东北农业大学学报，1996（2）：146-151.

[14] 杨荣慧，李艳芳，鲁向平，等. 黑醋栗种苗培育试验研究[J]. 陕西林业科技，1995（3）：19-22.

[15] 杨咏丽，崔成东，周恩. 黑穗醋栗果实成熟过程主要营养成分变化规律[J]. 园艺学报，1994（1）：21-25.

[16] 杨荣慧，杨进荣，穆晓梅. 黑加仑果汁奶茶的加工技术研究[J]. 陕西林业科技，1998（2）：1-4.

[17] 姚汝华，周青峰. 黑加仑籽和油的营养学研究[J]. 广州食品工业科技，1995（1）：1-4.

[18] 周青峰. 从黑加仑籽提炼富含γ-亚麻酸油的探讨[J]. 食品研究与开发，1994（1）：23-24.

[19] 张安格. 北方小浆果类植物果汁气息的研究Ⅲ.Actinidia spp 的 GC 分析[J]. 中国野生植物资源，1993（2）：9-12.

[20] 赵国忠. 苏联的黑穗醋栗育种[J]. 世界农业，1988（4）.

黑果茶藨（黑加仑）（*Ribes nigrum* L.）

9.2 茶藨子 *Ribes* spp.物种资源调查

9.2.1 茶藨子概述

(1) 名称

茶藨子（醋栗）为虎耳草科（Saxifragaceae）茶藨属（*Ribes* L.）植物的统称。

(2) 形态特征

落叶灌木，稀常绿；枝无刺或具少数刺。叶互生，有柄，常掌状分裂，无托叶。花两性或雌雄异株，总状花序，簇生或单生；萼片筒状、钟状、杯状、轮状或碟状；花瓣小、短于萼片；雄蕊与花瓣同数，比萼片短或稍长；子房下位、1 室、有胚珠多数，花柱 2，多少连合。果实小浆果状，一般不足 1 g，内含多数种子。种子小，有胚乳和圆柱状小胚。花期 4—6 月，果期 7—10 月（刘孟军，1998）。

全球约 160 余种，中国产 59 种 30 变种。

(3) 生物学特性

茶藨子（醋栗）属为灌木性植物，侧根发达。其根系的分布取决于立地条件，一般垂直分布在 15～50 cm 的土层。地上部株丛是由不同年龄的枝条所组成，枝条的寿命因种类和生态条件不同而异，约几年之久。一般种类株丛基部有发达的基生芽，可每年萌发出基生枝，使株丛枝量逐年增加，并更替衰老的多年生枝。春季开始萌芽之后，新梢基部先形成基生芽，次年从该芽抽生基生枝。枝条下半部是叶芽，中上部多形成花芽。花芽为混合芽。短枝上花芽密集，可连续结果 3～4 年。前一年形成的芽，翌年春萌发抽梢、展叶、开花、结果（刘孟军，1998）。

茶藨属植物喜冷凉气温，不耐夏季高温，气温达到 30℃以上时以及土壤干旱，可使叶子变成黄绿色，并且易患斑枯病。分布在东北地区的野生种（如东北茶藨子 *Ribes mandshurica*）抗寒力较强，分布在南方的野生种（如湖南茶藨子 *Ribes hunanense*）抗寒力较弱。茶藨属植物比较喜光，其野生种常与其他植物一起生长在林缘、灌木丛中、草地、河滩或石坡上。多数种喜欢水分充足而肥沃疏松的土壤，少数种对水分及土壤的要求不太严格，如生长在山地石坡的野生种，其立地条件虽差，但却生长良好。我国茶藨属的野生种分布很广，加之各地的气候、土质等因素相差悬殊，因此引种或人工栽植时要充分考虑物种的生物学特性，尽量做到适地适树。

9.2.2 物种资源及其分布

关于茶藨属植物的分类众说不一，《果树栽培学》将该属划分为两个独立的属，即茶藨子属（*Rebis*）和醋栗属（*Grossularia*）；《中国树木学》划分为 3 个亚属，即单性花亚属（*Rebis* Subgen.*Berisia*）、两性花亚属（*Rebis* Subgen. *Rebis*）和醋栗亚属（*Rebis* Subgen.

Grossulria);《中国果树分类学》划分为 1 个属的两个亚属，即醋栗属的茶藨亚属（*Rebis* Subgen. *Rebis*）和醋栗亚属（*Rebis* Subgen. *Grossulria*）。《中国植物志》则将茶藨属分成 4 个亚属，分别是醋栗亚属（*Ribes* Subgen. *Grossularia*）、茶藨亚属（*Ribes* Subgen. *Ribes*）、密刺亚属（*Ribes* Subgen. *Grossularioides*）和单性花亚属（*Ribes* Subgen. *Berisia*）。

醋栗亚属（*Ribes* Subgen. *Grossularia*）枝具刺，叶掌状 3～5 裂；总状花序短小，有花 2～3 稀 4～8 朵，苞片具 3 脉，花萼筒钟形或圆筒形，花柱 2 裂；果实无毛或具毛或小刺。中国产 7 种，分布全国各地。

茶藨亚属（*Ribes* subgen. *Ribes*）枝条具刺或无刺，叶多无毛；花序长，具花 10～40 朵，花萼筒盆形至钟形；花萼、子房、果实常无毛。国产约 20 种，分布全国各地。

密刺亚属（*Ribes* Subgen. *Grossularioides*）枝条具密刺，叶掌状 3～5 裂，花两性，花序具花 4～20 朵，苞片披针形，具单脉，花萼筒盆形或五角形，花柱 2 深裂，果实具腺毛。国产仅 1 种。

单性花亚属（*Ribes* Subgen. *Berisia*）枝条通常无刺，叶掌状 3～5（7）裂，花单性，雌雄异株，雌花序较小，具花 2～9 朵，花萼筒辐状、蝶形至杯状，花柱 2 裂，果实无毛或具毛。我国约产 30 种，多分布于南方地区。

茶藨属植物是新型小浆果之一，国外育种工作开展得很好，培育出许多栽培品种，其中果实颜色与营养成分密切相关，因此是育种的筛选指标之一。根据刘孟军等（1998）统计，本属植物果实成熟时为黑色的有 12 种，分别是乌苏里茶藨、长串茶藨、黑果茶藨、四川茶藨、天山茶藨、甘青茶藨、宝兴茶藨、青海茶藨、蓝果茶藨、小果茶藨、紫花茶藨及桂叶茶藨等；果实红色的有 23 种，有东北茶藨、兴安茶藨、矮茶藨、英吉里茶藨、伏生茶藨、毛茶藨、密穗茶藨、长白茶藨、北方茶藨、尖叶茶藨、鄂西茶藨、冰川茶藨、细枝茶藨、绿花细枝茶藨、二刺茶藨、腺毛茶藨、美丽茶藨、石生茶藨、华茶藨、高茶藨、细穗茶藨、臭茶藨及密花茶藨等；果实绿色的有 3 种，即华中茶藨、四川蔓茶藨及花茶藨；果实黄色的有黄果矮茶藨茶藨、黄果茶藨及多花刺茶藨 3 种；果实多色的有 3 种，即小叶茶藨、刺果茶藨、糖茶藨。果实褐色的有水葡萄茶藨等。

9.2.3 物种调查

茶藨属植物多自然生长于林缘、灌丛、草地、河滩和石坡上，多数为一般习见灌木，通常并不引人注目。另外，茶藨子果实虽然营养丰富，口感也不错，但果实偏小，许多种还有枝刺或果皮刺保护，因此，利用较少。但是个别种类，如黑果茶藨（*Ribes nigrum*）、刺果茶藨（*R. burejense*）和东北茶藨（*R. mandsschuri*）由于果实可食性好，不同地区存在不同程度的破坏。

黑果茶藨（旱葡萄）（*R. nigrum*）：本次调查仅在新疆伊犁和阿尔泰发现野生植株（见前述）。其栽培品种广植于我国东北和新疆，黑龙江滨绥铁路沿线有成片栽培。其果实富含维生素 C、花色苷、维生素 P 等。果可生食，但主要制作果酱、果酒、果糖及果汁。叶芳香，东北作盐渍调味剂。是宝贵的黑穗醋栗杂交育种的亲本材料。

东北茶藨（*R. mandschuricum*）：别名山樱桃、山麻子、东北醋李（小兴安岭木本植物）。主产东北长白植物区（长白山、小兴安岭、完达山、张广才岭及老爷岭），河北、河南、山西、陕西、甘肃等地也产。在东北地区，山杨（*Populus davidiana*）-白桦（*Betula platyphylla*）混交林中的东北茶藨，经常与鸡树条荚莲（*Viburnum sargenti*）、榛子（*Corylus heterophylla*）、刺五加（*Acanthopanax senticosus*）、东北山梅花（*Philadelphus schrenkii*）等混生；在以春榆（*Ulmus japonica*）、色木（*Acer mono*）、紫椴（*Tilia amurensis*）、水曲柳（*Fraxinus mandshurica*）、蒙古栎（*Quercus mongolica*）、水榆花楸（*Sorbus alnifolia*）等组成的杂木林中，常与虎榛子（*Corylus mandshurica*）、东北溲疏（*Deutzia amurensis*）、鼠李（*Rhamnus davurica*）、乌苏里绣线菊（*Spimea chamaedryfolia*）、刺五加（*Acanthopanax senticosus*）混生；在针阔混交林中，主要与鸡树条荚蒾、榛子、刺五加等混生。调查发现，东北民间有采食其果的习惯，但采摘不是导致资源减少的主要原因，生境破坏才是东北茶藨子资源今不如昔的主因。

刺果茶藨（*R. burejense*）：别名刺李、醋栗、刺梨。分布于东北小兴安岭和长白山及河北、山西、陕西等地。项目组在河北小五台山对本种进行了野外调查。刺果茶藨多分布在沟谷、山涧，有时可以组成优势群落，但更常见的是与接骨木（*Sambucus williamsii*）、沙棘（*Hippophae rhamnoides*）、木香薷（*Elsholtzia stauntoni*）、胡枝子（*Lespedeza bicolor*）、荆条（*Vitex negundo* var. *heterophylla*）、杠柳（*Periploca sepium*）、沙棘（*Cornus bretschneideri*）、欧李（*Cerasus humilis*）、牛叠肚（*Rubus crataegifolius*）等组成灌丛群落。采果不是刺果茶藨资源破坏的主要原因，民间用根泡酒（据说可治风湿症）对资源形成一定破坏，但最主要原因还是生境破坏和人为放牧践踏。

9.2.4 资源保护与利用

我国有非常丰富的茶藨子属植物资源，也有适宜的种植栽培条件，广阔的土地和充足的劳动力，因此，该属小浆果的开发利用具有广阔的前景。例如黑果茶藨、乌苏里茶藨、水葡萄茶藨、东北茶藨、兴安茶藨、矮茶藨、石生茶藨等都是宝贵的黑穗醋栗和红穗醋栗抗寒及抗病的育种原始材料。不同色彩果实的茶藨子更是大自然留给我们的珍贵财富，都是非常有价值的育种亲本，有待于深入研究。保护与利用好这些自然遗产是我们的神圣使命，为此，提出如下几点建议：

加强保护宣传：茶藨子属植物是非常有发展潜力的物种资源，理应受到共同关注，加强资源保护力度。目前，需要加强宣传教育，提高公众保护意识，切实保护和利用好茶藨子属的物种资源和基因资源。

加大科技投入：建立以国产茶藨子属为主的种质资源圃，收集自有基因资源并开展相关研究，充分挖掘资源的性状和化学内涵，为杂交育种奠定良好资源基础。

开展育种工作：首先开展资源种类的筛选工作，把大自然千百万年来筛选出来的优良株系选拔出来，在此基础上，立足我国资源，加强国际合作，开展杂交育种研究，尽快培育出一批抗寒、抗病、果大、丰产、优质、适于机械化采收的鲜食、加工和观赏品种。

　　加强开发技术研究：结合茶藨子小浆果树种发展，开展加工技术攻关，以浓缩汁的生产为重点，辅带以果酒、果酱、饮料及其他一些产品的开发，并逐步而稳妥地开拓市场。

　　实施产学研结合：建立先进技术为主体的科研、生产、服务体系，开发茶藨子资源，发展小浆果生产。在茶藨子资源发展开发过程中，应协调好科研、生产、加工、销售各方关系，逐步使其成为一个整体，这样才能使事业的发展稳步前进。

　　搞好技术推广服务工作：在相关生产地区，都应有相应的技术推广站点，把科学的先进的生产技术和经验，及时地传授给果农，逐步地提高科学管理水平。

　　加强宏观控制和领导：综合开发茶藨子资源，涉及的范围广，牵扯的部门多，必须加强宏观控制，建立一个强有力的行业机构，综合协调好各方面的关系，做好宏观控制，准确地把握科研和生产的发展方向。单纯依靠经济和市场的手段来调节和控制，必然要出现大起大落、忽冷忽热的现象，造成不必要的损失。

参考文献

[1] 陈刚，宿在东，杨静荣，等. 黑穗醋栗栽培技术[J]. 北方园艺，2007（11）：135-135.

[2] 董畅. 醋栗的栽培与利用[J]. 北方园艺，2006（6）：83-83.

[3] 胡卓根. 有发展前景的野生果树——醋栗[J]. 农村实用技术，2006（9）：36-37.

[4] 刘孟军. 中国野果树[M]. 北京：中国农业出版社，1998.

[5] 刘凤芝，顾广军，张武杰，等. 黑穗醋栗种质资源主要经济性状鉴定与评价[J]. 黑龙江农业科学，2008（1）：40-42.

[6] 孙兰英. 黑穗醋栗丰产栽培管理技术[J]. 中国农村小康科技，2008（10）：39-40.

[7] 吾尔拉依尔·那肯. 黑加仑的栽培[J]. 中国林业，2008（18）：57-57.

[8] 王柏林，李忠珍. 醋栗的栽培与利用[J]. 农村实用科技信息，2008（3）：24-24.

[9] 汪志军，徐德炎. 大有开发价值的黑醋栗资源[J]. 新疆林业，1996（4）：24-25.

[10] 吴佐祺. 保土经济灌木——醋栗资源的开发[J]. 中国水土保持，1990（10）：34-36.

[11] 闫涛. 黑加仑的栽培与管理[J]. 农村科技，2007（11）：44-45.

东北茶藨[*Ribes mandshuricum*（Maxim.）Kom.]

刺果茶藨（*Ribes burejense* Fr. Schmidt）

楔叶茶藨（*Ribes diacanthum* Pall．）

瘤糖茶藨[*Ribes himalense* Royle ex Decaisne var. *verruculosum*（Rihder）L.T.Lu]

黑果茶藨（黑加仑）（*Ribes nigrum* L.）

10 蔷薇科 Rosaceae

10.1 山桃 *Amygdalus davidiana* 物种资源调查

10.1.1 山桃概述

（1）学名及隶属

山桃[*Amygdalus davidiana*（Carr.）C. de Vos ex Henry]，系蔷薇科（Rosaceae）、桃属木本植物。除此之外，山桃学名还经常使用 *Prunus davidiana*（Carr.）French.。

出现两个以上学名的主要原因是山桃的分属问题至今尚无定论造成的。有些植物学者认为，桃、李、杏、梅等果树虽然果实大小形态差异甚大，但在花的结构上基本一致，应系同属，即李属（*Prunus* L.）；另一些植物学者认为，这些果树在芽的排列、幼叶卷叠、花序、果实、核等均有差异，主张应分为 5~7 个属，其中桃应单列一属；而俞德浚教授则将桃和扁桃划为一属（*Amygdalus*）。目前欧美果树学者一般倾向将核果类划分为一属即李属（*Prunus*），山桃学名依然采用 *Prunus davidiana*（Carr.）French.。为了国内桃分类的研究与交流上的统一与方便，本报告采用了蔷薇科专家俞德浚（1984）的意见。

（2）形态特征

山桃别名野山桃、野桃（四川）、花桃（山东）、山毛桃，落叶乔木或丛状灌木，高可达 10 m。树冠多为开张型，也有直立型和盘龙型，盘龙型枝条弯曲，向树干中央靠拢，形成树体直立、高大；树皮暗紫色，光滑、有光泽；枝细长，无毛，老时褐色。单叶互生或簇生于短枝上，叶柄长 2.6 cm 左右，无毛，常具 1~2 个圆形腺体；叶片卵圆披针形，叶尖渐尖或急尖，基部楔形，两面无毛；叶色灰绿；叶长 10.6~11.5 cm，叶宽 3.8~4.4 cm，花蕾具有柱头先出现象，但存在雌蕊完全败育现象。花单生，先叶开放，花梗极短或几无梗。花萼连合、无毛，萼筒呈钟状，萼片卵形或卵状长圆形，紫色，内侧淡黄色。蔷薇型花冠，花径 3~3.5 cm，粉色或白色，花瓣 5 或重瓣；雌蕊多数，略高于雄蕊，有花粉；雌蕊 1 枚，子房上位周位花；核果圆形，两半部对称，果顶平，果皮底色黄，不着色，果皮易剥离；单果重 7~11 g，最大 15 g；果肉色泽浅黄，肉质硬溶，汁液少，纤维多，离核，果肉苦，不可食用。核重 1.87~3.68 g，核长 1.72~2.65 cm，核宽 1.63~1.90 cm，核厚 1.4l~1.75 cm，核形近圆，核面有点纹或短沟纹；种仁苦。果枝百分量 49.13%~87.98%，节间长度 3.0 cm，花芽起始节位 3.3～5.2，叶芽比率 115，单复花芽比 16～36，坐果率较低，一般为 5.5%～16.7%。花期 3—4 月，果熟 7—8 月。

（3）生物学特性

山桃属阳性树种，喜较强光照，在庇阴条件下生长不良，喜温暖较湿润的气候，也耐旱耐寒，可耐−25℃低温。山桃根系发达，生长快，1 年生幼苗主根入土可达 1.5 m 左右，为株高的 10 倍。侧根穿透力极强，能延伸很远，可在岩石缝中生长。山桃对土壤要求不严，耐瘠薄和盐碱土坡，能在较差的立地条件下生长，但以肥沃湿润而又疏松通气的壤土或沙质壤土为最适宜。山桃怕涝，在黏重、排水不良的土壤上生长不良，且易发生流胶病。

山桃结实期早，一般实生苗 3～4 年即可开花结果，7～10 年为盛果期，抚育管理好的植株，寿命可延至 20～30 年。干径生长较快是在 5～15 年，20 年后明显下降；山桃萌芽力强，耐平茬。10 年生左右的树，平茬后能萌生 20 多根萌条，当年生萌条高达 1 m 以上。大树常从根基部萌生枝条，当年高达 2 m 以上。山桃 3 月上旬萌动；3 月中下旬至 4 月初开花，3 月下旬至 4 月中下旬展叶，7 月中旬至 8 月中下旬果实成熟，10 月至 11 月上旬落叶进入休眠期。

10.1.2 山桃研究概述

赵晓光（2005）用山桃干种子为试验材料，研究不同层积温度、不同浓度的 GA3 打破山桃种子休眠的效果，以及不同浓度的 GA3 处理和低温层积相结合打破山桃种子休眠的效果。试验结果表明：GA3 能代替低温层积显著解除山桃种子休眠。GA3 处理和低温层积相结合，效果明显好于单独使用 GA3，最有效的处理是用 GA3 400 mg/L 浸渍 24 h 后层积 15 d。

孙铁汉（2006）经过 5 年试验研究，总结出用山桃高接换头培植美国布朗李的方法。采用 5 年生的山桃作砧木，1 年生美国布朗李枝条的中段和基段作接穗，接穗失水率不超过 6%，封蜡保湿，接口用塑料薄膜封严绑紧，嫁接成活率可达 85%以上。嫁接的李子结果早、品质不变且抗寒性增强，是把观赏树种变成重要经济树种的有效途径。

张源润等（2006）分析了半干旱退化山区荒山 5 年生沙棘×山桃混交林与山桃纯林系统的土壤养分状况。结果发现，山桃×沙棘混交林土壤有机质和氮素有明显的提高。在林木根系活动层 40～60 cm 范围土壤有机质、氮素增量高于山桃纯林，土壤速效磷增幅较小，土壤速效钾有少量增加。

袁志良等（2006）分别用小花山桃草不同器官的水浸出液处理萝卜、小麦和白菜种子，对种子的萌发和 α-淀粉酶含量进行了观察和测定。结果表明：小花山桃草水浸出液对萝卜、小麦和白菜种子萌发具有抑制作用，浓度越高抑制作用越强；同一浓度不同器官的水浸出液对萝卜、小麦和白菜种子萌发具有不同的抑制作用；同一器官不同浓度的水浸出液对萝卜、小麦和白菜种子萌发亦具有不同的抑制作用。

郑友爱（2004）对山桃育苗和栽培进行了研究，结果表明在山桃播种时，以混雪催芽效果最好；播种时可采用春播与秋播，但秋播的综合经济指标及生长性能较好，为提高山桃育苗的产量和质量，可采用晚秋人工开沟点播。

程积民等（2003）进行了黄土丘陵区的荒山荒坡采用工程整地措施，进行灌草合理布局与立体配置的研究，结果表明：山桃灌木林生长到第 4 年，根系的分布深度达 320～360 cm，0～500 cm 土壤含水量比造林前降低了 2.1～3.3 个百分点，土壤干层厚度为 150 cm；生长到第 8 年，根系的分布深度达 480 cm 以上，土壤干层由第 4 年 150 cm 扩大到 300 cm，含水量最低为 4.2%，最高为 8.4%；生长的第 12 年土壤干层明显，尤其是 50～400 cm 土壤含水量最低为 5.0%，最高为 8.6%，土壤干层厚度达 350 cm；生长的第 16 年土壤干层的分布深度在 50～350 cm，土壤含水量最低为 4.3%，最高为 6.6%，土壤干层厚度达 300 cm。但通过水平阶、水平沟和鱼鳞坑整地调控，0～100 cm 土壤含水量分别比荒山提高 0.7～6.3 个百分点；100～300 cm 提高 0.6～4.6 个百分点；300～500 cm 提高 1.4～4.6 个百分点，这充分表明采用合理的整地措施造林，土壤水分调控效果显著。

白世红等（2003）利用不同浓度的硝酸稀土溶液对山桃、柳树苗期叶进行喷洒，结果表明：使用浓度为 $100×10^{-6}$～$200×10^{-6}$ 硝酸稀土溶液在苗木生长期均匀喷洒，可提高苗高生长量，显著地促进幼苗期的生长。

郑友爱（2004）对不同的山桃育苗技术进行了对比分析，建议在山桃播种时，尽量采取混雪催芽与沙藏催芽，但以混雪催芽效果最好；播种时可采用春播与秋播，但秋播的综合经济指标及生长性能较好，为提高山桃育苗的产量和质量，可采用晚秋人工开沟点播。

蔺经等（2004）研究了外源水杨酸对山桃幼苗耐冷性的影响，结果表明，对山桃幼苗叶面喷施 0～8.0 mmol/L 的水杨酸溶液后，置于（3.0±0.5）℃的低温条件下处理 15 h，结果水杨酸处理的幼苗叶片超氧化物歧化酶和过氧化物酶活性增加、丙二醛含量降低、脯氨酸含量增加，且水杨酸浓度越大，增加/降低的作用也越大，水杨酸处理可以提高山桃幼苗的耐冷性，以 8.0 mmol/L 的水杨酸处理最有效。

白世红等（2004）通过山桃苗期叶喷试验发现，使用浓度 $1× 10^{-6}$ 硝酸稀土溶液在苗木速生期叶喷，可提高叶绿素含量 14.5%。可见，适宜浓度的硝酸稀土的利用，有利于促进幼苗的生长。

马锋旺等（1999）以山桃悬浮培养物为分离材料，在 CPW+1.0% Cellulas Onzuka R-10+0.5% Macerozyme R-10+0.7 mol/L 甘露醇+1%PVP 的酶解液中酶解 12 h，原生质体产量和活力分别达到 $3.5×10^7$ 个/g·鲜重和 96%。以 KM8P 为基本培养基，附加 2,4-D 1.0、BA 0.1 mg/L，培养过程中逐步降低渗透压，在 $3×10^5$ 个/ml 的植板密度下液体浅层培养 60 d 后形成了微愈伤组织。微愈伤组织转至固体培养基上继代培养生长良好，在分化培养基上未能分化出不定芽。

10.1.3 野生山桃调查

2008 年 2—9 月，北京林业大学"中国野生果树资源调查与编目"项目组对山桃进行了专项调查，重点对北京市郊区各山区、河北北部、辽宁南部及内蒙古赤峰市、呼和浩特市及包头市进行了调查。

（1）物候期调查

山桃物候期一般为3月初返青，4月开花，果期8月，9—10月为果后营养期，10月末11月初叶片枯黄。北京林业大学妙峰山林场，山桃播种当年生长比较缓慢，株高为40~60 cm，主根深度40 cm左右，播种后第3年开花结实，株高达110~130 cm。山桃一般于3月中下旬（3月15—29日）萌动，4月初（4月8—18日）开花，花期10 d，4月中旬（4月12—19日）展叶，高径生长开始。7月下旬高生长结束顶芽形成，7月末（7月20—31日）种子成形，种子8月上中旬成熟，8月中旬为落果期，10月末叶变色直到11月初落叶。

（2）产地、分布与生境调查

山桃的自然分布区域广泛，我国华北、东北、西北各省均有分布，为温带、寒带的常见树种，陕西、山西、甘肃、宁夏，陕甘宁盆地分布最多；其次还分布在河北、河南、山东、湖北、四川、内蒙古和东北等地；云南、贵州的高海拔地区也有生长。垂直分布通常在海拔500~1 450 m，在甘肃最高可达2 100 m，常见于向阳山坡灌丛中。近几年已在退耕还林、荒山造林、园林绿化中广泛推广应用。

在华北地区低山丘陵区，山桃十分常见，特别在次生林中和封山育林区域，有一种说法：北京西山八大景中有"西山晴雪"一景，指的就是西山到处可见的山桃。2008年早春，北京林业大学野生果树项目组专门对"西山晴雪"进行了调查。调查发现，山桃主要分布在阳坡、半阴半阳坡，低山区的阴坡也有分布，以散生或小片积聚为主，几乎没有大面积纯林分布的现象。

山桃常生于杂木林中，常与荆条[*Vitex negundo* L. var. *heterophylla*（Franch.）Rehd]、酸枣[*Ziziphus jujuba* var. *spinosa*（Bunge）Hu]、元宝枫（*Acer truncatum* Bunge）、扁担杆（*Grewia biloba* G. Don）、栾树（*Koelreuteria paniculata* Laxm.）、小叶朴（*Celtis bungeana* Bl.）、刺槐（引入种 *Robinia pseudoacacia* L.）、山楂（*Crateagus pinnatifida* Bunge）、槲栎（*Quercus aliena*）、槲树（*Quercus dentata* Thunb. ex Murray）、榆树（*Ulmus pumila* L.）及大叶白蜡（*Fraxinus rhynchophylla* Hance）、丁香（*Syringa* spp.）、绣线菊（*Spiraea* spp.）、溲疏（*Deutzia* spp.）等。

（3）山桃利用状况调查

1）用于造林和用材树种，特别黄土丘陵区的荒山荒坡造林我国西北、华北地区已广泛使用。同时山桃也是一种用材树种：木材材质坚硬，可做各种雕刻用材。树的韧皮纤维细长，也可以用来造纸及制造人造棉。其果核还可以做工艺品及玩具。

2）作为观赏植物被利用：山桃花期早，盛开时美丽可观，并有曲枝、白花、柱形等变异类型。园林中常成片植于山坡并以苍松翠柏为背景，显示其娇艳之美。也常在庭院、草坪、水际、林缘、建筑物前零星栽植。

3）作为药用植物被利用：山桃花的种子，中药名为桃仁，性味苦、甘、平。具有活血行润燥滑肠的功能。用于治疗跌打损伤、瘀血肿痛、肠燥便秘用量 7～15 g。山桃花的根、茎皮性味苦、平。具有清热利湿，活血止痛，截疟杀虫的功能。用于治疗风湿性关节炎、腰痛、跌打损伤、丝虫病。山桃花性味苦、平。具有泻下通便，利水消肿的功能。

4）作为一种食品被利用：山桃果实可用做加工食品，可以制成果酒、果酱及果脯等。

5）作为一种油料植物被利用。山桃是木本油料树种，种仁可榨油，经营较好的山桃人工林，盛果期每丛产桃核 2.5～5.0 kg，桃仁 0.3～0.6 kg，山桃仁含油量为 45.95%，出油率为 40%以上，油色橙黄清亮透明，可用作食用油。

6）山桃种子中富含苦杏仁苷，含量是苦杏仁的 2 倍以上。苦杏仁苷又称维生素 B_{17}，可以药用，但有毒，具有选择性杀伤癌细胞的功效；另一方面，苦杏仁苷可分解形成苦杏仁香精，苦杏仁香精是国际推崇的天然香料。

(4) 山桃栽培与加工调查

此次调查主要集中在山桃分布集中的陕西、山西、甘肃、宁夏、陕甘宁盆地，山桃的栽培主要包括育苗技术、栽培技术、病虫害防治三个阶段，通过对山桃的栽培试验表明，山桃栽培技术方便易学，既可作为主要造林树种，也可作为伴生树种使用，特别是在黄土丘陵区的荒山荒坡如采用工程整地措施，进行灌草合理布局与立体配置，效果则更好。

山桃的加工，桃核首当其冲，核光滑圆润，非常适合作为枕芯，未经任何化学方法处理，经过人工挑选，机械水洗球磨，火炉烘干，再挑选，消毒、强日光照射等自然方法干燥后做成枕芯，透气性极佳，便于清洗，软硬合适，长期使用对颈椎有很好的按摩保健作用，在中国的传统中更是祛邪避凶的大吉之物。

10.1.4 山桃资源利用中的问题与对策

(1) 目前状况

在华北地区，山桃可以说随处可见，尤其在早春季节，漫山遍野都能看到野生山桃的花。但是，山桃不同于山杏，人工种植的非常少。究其原因，主要有如下原因：

1）与山杏相比，山桃的抗逆能力还稍显逊色，在立地条件极其恶劣的石质山区阳坡、半阳坡生长不如山杏。

2）山桃树体开张，结果量不如山杏，产量低下自然种植的就少，特别对于以种子为主要收获对象的生态经济林目标有出入。

3）山桃在民间食用较少，特别是其种仁中苦杏仁苷含量很高，而苦杏仁苷有剧毒，一般不敢轻易食用。

4）受传统应有习惯的影响，在山区山桃多作为薪炭材利用，个别较粗树干可用于雕刻和细木工，除药用外，很少用到果实和种子。

随着桃树特别是观赏桃的走俏，山桃多作为嫁接食用桃和观赏桃的砧木使用。此外，由于山桃开花早，适应性强，树皮光滑、红润，在华北、东北地区部分城市园林中，山桃应用比山杏要普遍得多。

（2）存在的问题

一方面，野生山桃在山区不受重视，随意砍柴毁树现象比较普遍，这对于山桃资源保护和利用都不利。

另一方面，作为一种极有发展潜力的生态经济树种，山桃还没有得到各级政府和林业部门的重视，以林业应用为目的的育种和选育工作还很少开展，本来很优秀的种质资源没有得到应有的开发利用。

作为药食兼用野生果树资源，山桃种仁的价值内涵还没有得到充分挖掘，大家都习惯于从山杏种仁中提取苦杏仁苷和苦杏仁香精，而很少有人注意山桃是比山杏更适合制备苦杏仁苷和苦杏仁香精的资源。

（3）对策建议

建议有关方面特别是拥有较大面积山桃资源的林业和生态部门，重视山桃资源的保护和利用，杜绝随意砍柴毁树现象，真正将山桃资源保护和利用好。

另一方面，作为一种极有发展潜力的生态经济树种，山桃应该得到各级政府和林业部门的重视，开展以林业应用为目的的育种和选育工作，将大自然留给我们的本来很优秀的种质资源开发利用起来。

作为药食兼用野生果树资源，应注重充分挖掘山桃种仁的价值内涵，开展从山桃种仁中提取苦杏仁苷和苦杏仁香精的研究，为人类健康作出应有贡献。

（4）前景展望

北京林业大学目前正从产业化利用角度开展山桃选育、丰产栽培、树体管理、种仁综合深加工和天然产物开发等方面的系统研究。如果经费充裕，将把山桃开发成山杏那样既可以作为生态经济林建设和退耕还林工程大面积应用，又能生产高档食用油、抗癌药物、天然香精和生物制剂的资源树种。

参考文献

[1] 白世红，徐元春，董金伟，等. 苗期叶喷硝酸稀土溶液对山桃叶绿素含量的影响[J]. 山东林业科技，2004（4）：12-12.

[2] 白岗栓，杜社妮，刘国彬，等. 陕北黄土高原果树建设分区研究[J]. 中国农学通报，2005，21（7）：281-285.

[3] 程积民，万惠娥，王静. 黄土丘陵区山桃灌木林地土壤水分过耗与调控恢复[J]. 土壤学报，2003，40（5）：691-696.

[4] 陈崇贵. 平凉地区山桃资源的开发利用[J]. 中国水土保持，1989（5）：20-22.

[5] 呈凤楼. 观赏花木山桃引种育苗技术[J]. 中国农村小康科技，2002（10）：16-17.

[6] 付平，王杰志，杨立新. 山桃流胶病的观察及预防[J]. 辽宁农业职业技术学院学报，2004，6（2）：19.

[7] 郭绍杰，王东健. 山桃栽培技术[J]. 新疆农业科技，2005（3）：35.

[8] 郭香宝. 直播山桃核快速育苗技术[J]. 河北果树，2005（2）：43.

[9] 郭香宝. 直播山桃核快速育苗技术[J]. 果农之友，2005（1）：27.

[10] 黄坚钦，方伟. 影响山桃嫁接成活的因子分析[J]. 浙江林学院学报，2002，19（3）：227-230.

[11] 李静. 绽放的山桃花[J]. 森林公安，2007（3）：1.

[12] 李晓燕，马强，赵灵芝，等. 山桃的种植及利用[J]. 内蒙古农业科技，2007（2）：107，113.

[13] 蔺经，李晓刚，颜志梅，等. 外源水杨酸对山桃幼苗耐冷性的影响[J]. 湖北农学院学报，2004，24（1）：51-53.

[14] 李淑贞. 荒山阳坡山桃直播造林技术[J]. 林业实用技术，2004（9）：14-16.

[15] 鲁子瑜，关秀琦. 半干旱黄土区丘陵区造林密度试验研究[J]. 中国水土保持，1993（7）：26-29，37.

[16] 马锋旺，李嘉瑞. 山桃原生质体培养再生愈伤组织[J]. 西北农业学报，1999，8（3）：73-76.

[17] P. Leng J.X.Qi，谢国禄. 在低温胁迫条件下花青苷对山桃的影响[J]. 国外作物育种，2004，23（1）：42.

[18] 孙铁汉. 用山桃大树高接美国布朗李技术[J]. 辽宁林业科技，2006（2）：49-50.

[19] 苏强力，苏勇. 野山桃树枝叶果实的初步分析[J]. 动物毒物学，1999，14（1）：12.

[20] 邵学红，冯书庆. 太行山低山阳坡抗旱小乔木灌木生长情况研究初报[J]. 河北林业科技，1994（1）：6-8.

[21] 桃杏砧木种子快速破眠[J]. 果农之友，2007（11）：48.

[22] 王玉欣，胡明荣. 山桃[J]. 特种经济动植物，2001，4（12）：27.

[23] 王桂莲，孙兴良. 红叶李苗木培育技术[J]. 山西林业科技，2006（4）：55.

[24] 王朝祥. 毛桃砧嫁接桃树抗涝抗逆又丰产[J]. 山西果树，2005（1）：54-55.

[25] 王杰志，王永杰. 阜新市山桃流胶病的初步观察[J]. 中国森林病虫，2003，22（2）：11-12.

[26] 甘肃省平凉地区林业科研所. 山桃综合利用初探[J]. 中国林副特产，1989（3）：20，35.

[27] 吴凤楼. 观赏花木山桃引种育苗技术[J]. 中国林副特产，2001（4）：24.

[28] 杨小玉，王晓江，德永军. 山桃等3个树种叶片解剖结构的耐旱性特征研究[J]. 内蒙古林业科技，2008，34（2）：40-42.

[29] 阎海平，翟明普. 北京市主要造林树种的选择[J]. 绿化与生活，2002（2）：7-8.

[30] 于千桂. 桃杏砧木种子快速破眠技巧[J]. 科技致富向导，2006（11）：24.

[31] 于千桂. 桃杏砧木种子快速破眠技巧[J]. 山西果树，2007（1）：46.

[32] 赵濮，赵良华. 优良的园林树种——山桃[J]. 新疆林业，2006（2）：36.

[33] 赵晓光. 打破山桃种子休眠方法的研究[J]. 种子，2005，24（5）：62，66.

[34] 张学霞，葛全胜，郑景云. 近50年北京植被对全球变暖的响应及其时效——基于遥感数据和物候资料的分析[J]. 生态学杂志，2005，24（2）：123-130.

[35] 郑友爱. 山桃育苗和栽培技术[J]. 科技情报开发与经济，2004，14（9）：358-359.

[36] 张晓平，陈建明. 山桃仁水煎提取物对肝纤维化小鼠血清Ⅰ、Ⅲ型前胶原的降解作用[J]. 福建中医药，2002，33（4）：36-37.

[37] 张源润，蒋齐，蔡进军，等. 山桃沙棘混交林养分状况研究[J]. 水土保持通报，2006，26（4）：60-63.

山桃[*Amygdalus davidiana*(Carr.) C. de Vos ex Henry]

10.2 蒙古扁桃 *Amygdalus mongolica* 物种资源调查

10.2.1 蒙古扁桃概述

（1）学名及隶属

蒙古扁桃[*Amygdalus mongolica*（Maxim.）Rhicher]又称山樱桃、土豆子、乌兰布依勒斯，为蔷薇科桃属的多年生木本植物。除此之外，蒙古扁桃的学名还有 *Prunus mongolica* Maxim.。主要原因是桃的分属问题至今尚有争论造成的。有些植物学者认为，桃、李、杏、梅等果树虽然果实大小形态差异甚大，但在花的结构上基本一致，应系同属，即李属（*Prunus* L.）；另一些植物学者认为，这些果树在芽的排列、幼叶卷叠、花序、果实、核等均有差异，主张应分为 5～7 个属，其中桃应单列一属；而中国果树分类学家俞德浚教授则将桃和扁桃划为一属（*Amygdalus*）。目前欧美果树学者一般倾向将核果类划分为一属，李属（*Prunus*），蒙古扁桃的学名也依然采用 *Prunus mongolica* Maxim.。为了国内桃分类的研究与交流上的统一与方便，本报告采用了蔷薇科专家俞德浚（1984）的意见。

（2）形态特征

灌木，根系发达，主根可深入土层 40～50 cm 以下。高 1.5～2 m，树皮暗红紫色或灰褐色，常具光泽；多分枝，小枝顶端成长枝刺，嫩枝被短柔毛；枝叶多簇生，长枝叶互生，叶宽椭圆形、近圆形或倒卵形，长 0.8～1.5 cm，先端钝圆，有时具小尖头，基部楔形，两面无毛，有浅钝锯齿，侧脉约 4 对；叶柄长 2～5 mm，无毛。花单生于短枝上，花梗极短，花萼筒钟形，长 3～4 mm，无毛，萼片长圆形，与萼筒近等长，顶端有小尖头，无毛；花瓣倒卵形，长 5～7 mm，粉红色；子房被柔毛；花柱细长，几与雄蕊等长，具柔毛。核果宽卵圆形，长 1.2～1.5 cm，果径约 1 cm，顶端具尖头，外面密被柔毛；果柄短；果肉薄、干燥，熟时开裂，离核；核卵圆形，长 0.8～1.3 cm，顶端具小尖头，基部两侧不对称，腹缝扁，背缝不扁，光滑，具浅沟纹，无孔穴。果核扁宽卵形，种子（核仁）扁宽卵圆形，浅棕褐色，种子千粒重为（179±20）g。花期 5 月，果期 8 月。

（3）生物学特性

1）生长节律

蒙古扁桃当年生幼苗地上部分生长缓慢，为 25～30 cm，第 2 年生长加快，为 6～80 cm，第 3 年后生长显著增快，为 100～150 cm。其开花结实较早，实生苗一般第 4 年即可开花，5 年生时可结实。在条件好的半固定沙地上，20 年生地径可达 15 cm，生长节律以 6—7 月为生长旺盛期，8 月生长趋缓，8 月中旬生长逐渐停止。

2）苗木的年生长规律

蒙古扁桃地径与苗高生长趋势基本相似，苗高、地径生长从 6 月上旬随着气温的增高呈直线上升趋势。从苗高生长趋势来看，6 月上旬至 7 月下旬随气温的增高及地温的上升而不断增高，到 7 月末苗高到达生长的最高峰，之后，苗高生长减缓，8 月中旬停止使用菌根粉对苗木的影响调查结果表明，在使用菌根粉的苗床中，苗木的平均高为 23.1 cm，平均地径为 0.66 cm；没有施用菌根粉的苗床平均高为 24.3 cm，平均地径为 0.75 cm，与没有使用菌根粉的苗床几乎没有差别。这是由于蒙古扁桃幼苗出土后与菌根粉中的菌根没有形成共生关系，从而对苗木的生长没有起到促进作用。

3）物候适应性

蒙古扁桃一般于 4 月上旬（4 月 9—10 日）萌动，4 月末（4 月 23—25 日）开花，花期 15 d，5 月上中旬（5 月 2—9 日）展叶，高径生长开始。7 月下旬高生长结束顶芽形成，7 月末（7 月 20—31 日）种子成形，种子 8 月上中旬成熟，8 月中旬为落果期，9 月末叶变色直到 11 月下旬落叶，有的甚至经冬不落。

10.2.2 蒙古扁桃研究概述

（1）方海涛（2007）通过对蒙古扁桃的外中果皮，内果皮、种皮内源萌发抑制物的研究，探讨了蒙古扁桃种子休眠的原因。制取蒙古扁桃果实各部分及种子的粗提物，通过各部分的粗提物培育小麦，测定小麦的发芽率和发芽指数以及脱氢酶和抗氧化酶的活性来表现蒙古扁桃各部分的抑制物的活性。研究结果表明：蒙古扁桃的内果皮，外中果皮均含有一定的活性的内源抑制物。

（2）斯琴巴特尔等（2007）采用 PV 技术和自然脱水法探讨了蒙古扁桃的水分生理特性。结果表明：在自然状态下，蒙古扁桃幼苗叶片的相对含水量为69%，饱和含水量为117%，临界饱和亏为 48%，水势为-0.85MPa。经 5%PEG-Hoagland（-0.46MPa）干旱胁迫处理 3d 后，其相对含水量、临界含水量和水势分别下降到48%、39%和-1.97MPa，而饱和含水量和束缚水与自由水比值分别增加到 187%和11.94。对失水率分析的结果表明：在正常水分状态下，蒙古扁桃幼苗经102 h 自然脱水后失水达到平衡，而经过干旱胁迫处理 3 d 后，其失水率曲线斜率变小，失水过程明显减缓，失水最终达到平衡的时间延长到 152 h，其保水能力显著提高。将旱生植物蒙古扁桃的失水率曲线与中旱生植物长柄扁桃（*P. pedunculata*）的失水率曲线相比较发现，蒙古扁桃的耐脱水能力明显强于中旱生植物长柄扁桃。PV 曲线分析结果表明：蒙古扁桃饱和含水量渗透势和零膨压渗透势很低，分别为-2.49MPa 和-3.11MPa，而 $\Psi\pi 100$ 和 $\Psi\pi 0$ 差值较大（0.62MPa），表明其维持膨压的能力很强。其细胞壁弹性模量值低（4.18MPa）进一步表明，蒙古扁桃具有很强的膨压调节能力。蒙古扁桃幼苗失去膨压时的渗透含水量为80%，这是其细胞壁特性所决定的渗透调节能力的基础。蒙古扁桃质外体含水量较高（79%），因而具有较高的束缚水与自由水比值（7.76），这是其耐脱水性的生理基础。总之，蒙古扁桃叶水势、渗透势低有利于其根部对深层土壤水分的吸收，而较高的束缚水与自由水比值及较低的细胞壁弹性模量是其耐脱水的生理基础。

（3）红雨等（2006）用过氧化氢酶法测定蒙古扁桃花粉的活力和寿命，用联苯胺-过氧化氢法测定柱头可授性。结果表明，蒙古扁桃花粉活力在散粉后第 2 天最高，3 d 后活力迅速下降，三种类型的植株的花粉活力下降速度存在差异，其活力可持续30 d 左右。短柱头植株柱头在开花后 1 d 可分泌黏液，长柱头和中柱头花植株的柱头在开花后 2 d 才分泌黏液，短柱头分泌黏液的持续时间较后者长。柱头可授性持续时间同种之间也存在差异，长柱头和中柱头植株可达 6 d，而短柱头花植株可持续 10 d 左右。

（4）斯琴巴特尔等（2006）研究了蒙古扁桃种子萌发过程中生理生化变化特性。实验结果表明，在干旱胁迫下蒙古扁桃种子活力明显下降，脂肪酶活性受抑制，脂肪降解成游离脂肪酸，游离脂肪酸转化为糖和糖的进一步代谢均受到不同程度的抑制，认为在干旱胁迫下种子活力下降是引起蒙古扁桃濒危的可能原因之一。

（5）斯琴巴特尔等（2006）研究了荒漠植物蒙古扁桃幼苗的抗氧化胁迫性。实验结果表明，经 3 d 干旱胁迫处理后，蒙古扁桃幼苗的 SOD 和 POD 活性增加，CAT 活性下降，发生了不同程度的膜脂过氧化，MDA 含量增加，认为在蒙古扁桃活性氧代谢平衡中，SOD 和 POD 起主要作用，且干旱胁迫抑制了蒙古扁桃幼苗的 IAA 氧化酶活性。

（6）斯琴巴特尔等（2002）用赤霉素（GA3）、生长素（NAA）、细胞分裂素（6-BA）

和乙烯利对蒙古扁桃种子进行浸种处理，探讨不同植物激素对蒙古扁桃种子萌发的影响。实验结果表明，10 mg/L GA、0.1 mg/L NAA、1.0 mg/L 6-BA、0.01 mg/L 乙烯利对蒙古扁桃种子的萌发具有促进作用。

（7）斯琴巴特尔等（2002）探讨了蒙古扁桃种子萌发生理。实验结果表明，成熟的蒙古扁桃种子胚形态和生理发育完全，种皮含有萌发抑制物质。在17℃下蒙古扁桃种子萌发率较高，光可以促进蒙古扁桃种子萌发。

（8）斯琴巴特尔等（2002）对珍稀濒危植物蒙古扁桃进行组织培养获得再生植株。实验结果表明，在 MS 培养基上蒙古扁桃幼苗茎尖、茎切段和叶片等外植体均可以脱分化形成愈伤组织，并进一步分化形成再生植株。器官的脱分化与再分化取决于培养基中的激素种类及其浓度。诱导愈伤组织形成的最适培养基为 MS+6-BA 0.8 mg/L +NAA 0.1 mg/L，芽分化诱导最适培养基为 MS+6-BA 0.8 mg/L，诱导生根的最适培养基是 MS+IBA 0.5 mg/L。

（9）方海涛（2006）连续 2 年对蒙古扁桃自然居群的传粉昆虫进行了观察。重力玻片法检测结果表明，风媒导致的异株传粉作用可以忽略。蒙古扁桃花散布的气味、花蜜在诱导昆虫传粉中起主要作用。共发现访花昆虫 17 种，主要包括蜂类、蝇类、蝶类，以蜂类为主。昆虫访花频率与开花习性有关，访问者偏爱访问处于盛花期的花。蒙古扁桃趋向于虫媒的异花授粉，但缺乏忠实的传粉者。

（10）严子柱等（2007）通过连续 9 年定株观测方法，研究了蒙古扁桃物候期对应气候因子指标、年株高变化、地径生长、冠幅变化及根系变化规律，结果表明：物候期与气温、地表温度、地温（15 cm）、空气湿度和水汽压等因子关系密切，而与蒸腾量和日照时数关系较疏；根纵向生长落后于横向生长，即侧根生长优于主根。

（11）方海涛等（2007）对蒙古扁桃的长花丝植株、短花丝植株和中花丝植株生物学特性进行了研究，结果表明群落花期约 50 d，单花花期约 8 d，分为露粉、微开、盛开、凋谢 4 个时期。过氧化物法测定 4 个时期花粉均具活力，可保持 30 d 左右，联苯胺-过氧化氢测定柱头可授性，花粉活力与柱头可授性重叠，长花丝植株为 8 d 左右，而中花丝约为 5 d。蒙古扁桃花一般在 9：00 开始泌蜜，11：00 分泌量达到高峰，之后产蜜量减少直至停止，日泌蜜和散粉集中在 10：00～14：00。蒙古扁桃开花受环境的影响。

（12）李爱平等（2004）对蒙古扁桃的生长规律、抗逆性等生物学特性、林学特性、繁殖恢复途径及生态经济价值等进行了研究，结果表明蒙古扁桃具有良好的生态经济价值及用途。① 生态价值，蒙古扁桃根系发达，垂直根系达 4 m 多，水平根系达 8 m 多。抗干旱能力较强，耐瘠薄，抗早春风旱性强，具有适应严酷生境的生理生态学特性。其抗逆性强，耐寒、耐旱、抗风、萌蘖力强，防风抗风固土作用很强。为改善干旱区的生态环境、优化生态建设品种植物结构的配植，蒙古扁桃可作为荒漠草原及荒漠地带固沙造林的主要推广树种。② 园林绿化价值，我国西北干旱、半干旱地区，由于气候条件恶劣，生态环境严峻，适宜的城镇绿化树种匮乏，而蒙古扁桃花色粉红，花期早，在西北地区花期为 4 月末、5月初。夏季嫩叶翠绿，冠型丰满圆润，秋季树叶枝杆变为紫红色，可作为西北干旱寒冷地区、半干旱地区春观花色、夏观外貌、秋观枝叶的优良绿化美化树种，为西北城市园林、庭院绿化抗旱节水型的植物材料。③优良饲料及药用利用价值，蒙古扁桃其嫩绿叶片富含丰富的氮、磷、钾营养元素，为牧区家畜喜食的优良饲料。枯老枝又为优良薪柴。其种仁可代郁李入药，主治慢性便秘、腹水、脚气、水肿等病症。种仁含油率较高，为40%，可供食用和工业用。种子有润肠、利尿之功效。

10.2.3 蒙古扁桃实地调查

2008年6—9月，北京林业大学"中国野生果树资源调查与编目"项目组对蒙古扁桃进行了专项调查，重点对内蒙古赤峰市、呼和浩特市、包头市、鄂尔多斯市进行了调查。并委托内蒙古农业大学丛林副教授对蒙古扁桃在呼和浩特市的物候期进行了调查。

（1）物候期调查

蒙古扁桃物候期一般为4月初返青，5月开花，果期8月，9—10月为果后营养期，10月末11月初叶片枯黄。内蒙古包头市，蒙古扁桃播种当年生长比较缓慢，株高为30~40 cm，主根深度40 cm左右，播种后第3年开花结实，株高达80~100 cm。蒙古扁桃一般于4月上旬（4月9—10日）萌动，4月末（4月23—25日）开花，花期15 d，5月上中旬（5月2—9日）展叶，高径生长开始。7月下旬高生长结束顶芽形成，7月末（7月20—31日）种子成形，种子8月上中旬成熟，8月中旬为落果期，9月末叶变色直到11月下旬落叶，有的甚至经冬不落。

（2）产地、分布与生境调查

蒙古扁桃分布于我国内蒙古的乌兰察布西部、阴山（大青山西段、乌拉山、狼山）、鄂尔多斯（卓子山）、东阿拉善、西阿拉善、贺兰山、龙首山以及甘肃的河西走廊中部、宁夏的贺兰山和蒙古国的东戈壁、戈壁—阿尔泰、阿拉善戈壁等地。本种的分布北界在蒙古南部的戈壁—阿尔泰山，南界在贺兰山南端至河西走廊中部一带，东端在阴山山脉的九峰山，西界大体与阿拉善荒漠的西界一致。

蒙古扁桃生活环境为荒漠及荒漠草原区的低山丘陵坡麓、石质坡地与干河床。项目组在包头市远郊区海拔1 250 m左右的库周山发现集中分布的蒙古扁桃，其生境十分严酷，几乎全部是裸露岩石，蒙古扁桃生长在阳坡、半阳坡其他植物很难生存的石缝中。丛高1~1.3 m，冠幅0.8~1.2 m，枝刺多且显著。

蒙古扁桃是强旱生灌木，习生于荒漠、半荒漠地带的石质低山、丘陵坡麓、河谷、干河床、山间盆地，有时也生长在沙漠边缘的固定沙地中。它与油蒿（*Artemisia ordosica*）、四合木（*Tetraena mongolica*）、绵刺（*Tetraena mongolica*）、沙冬青（*Ammopiptanthus mongolicus*）、戈壁短舌菊（*Brachanthkemum gobicum*）、星毛短舌菊（*B. pulvinatum*）、百花蒿（*Stilpnolepis cetiflora*）同是阿拉善荒漠区的特有种，也是亚洲中部荒漠区具有代表性的特有种之一。在阿拉善荒漠常作为沙冬青（*Zygophyllum xanthoxyllum*）、松叶猪毛菜

（*Salsola laricicifolia*）和合头草（*Sympegma regelii*）的伴生植物，一般不形成以它为主的荒漠群落。在宁夏中、北部，蒙古扁桃主要分布在贺兰山 200 m 以下的浅山地带的山地沟谷中，常形成小面积的优势灌丛群落。

蒙古扁桃耐干旱贫瘠，多生于为棕钙土及河床沙地。分布区海拔高度在 1 100～2 500 m。年降水量在 200 mm 以下，年蒸发量为 3 400～4 000 mm。

（3）蒙古扁桃利用状况调查

1）蒙古扁桃的嫩绿叶片富含丰富的氮、磷、钾营养元素，已成为牧区家畜喜食的优良饲料。枯老枝又为优良薪柴。

2）蒙古扁桃为我国北方有发展前景的木本油料树种之一，种仁含油率较高，为 40%，可供食用和工业用。

3）蒙古扁桃种仁有良好的药用效果，主要有润肠通便，止咳化痰。治咽喉干燥，干咳及支气管炎，阴虚便秘、利尿等药用功能。也可代替郁李入药，主治慢性便秘、腹水、脚气、水肿等病症。

4）蒙古扁桃还被用来嫁接，作为核果类果树的砧木。

（4）蒙古扁桃栽培与加工调查

种子处理：蒙古扁桃移栽不易成活，通常以种子繁殖为主。种胚休眠，秋后将果实用湿沙埋藏，置于 5℃左右的地方，第二年春季播种。或在秋季直播果核，第二年 5 月上旬幼苗即可出土，注意保护。

桃仁加工：蒙古扁桃仁经提炼油后，剩下的副产品含有蛋白质、脂类、碳水化合物、纤维素、矿物质和维生素。因其蛋白质含量较高，因而常作为动物的饲料添加剂。扁桃细粉还可以刺激毛发的再生，用苦仁和甜仁扁桃混合提取物可以制造具有抗菌活性的雪花膏。

果皮和种皮加工：种皮和果皮可作为家畜饲料添加剂。果皮和饲料混合可作为饲料的代用品，扁桃果皮中碳水化合物的含量高于 25%，其中葡萄糖为 14.4%，果糖 8.8%，蔗糖 5.3%，山梨醇 4.6%。通过发酵用扁桃果皮也可生产出酒精、肌醇等产品，果皮也可作为有机肥料改良土壤的物化结构。

扁桃壳利用：扁桃壳含有丰富的木质素，通过和硝酸一起煮沸，壳里面的戊聚糖可以水解成戊糖，经脱水和环化作用生成糠醛，它是化工业上重要的中间产物。用扁桃壳也可制备木炭、液化气和表面积大、灰分含量少的活性炭，活性炭可用来吸附锌、镉和铜，也可去除水中的正磷酸盐和铅。用扁桃壳也可生产低分子量的木糖和木糖醇，由扁桃种子和核制成的牙膏可以清洁牙齿，防止龋齿和其他牙疾。

10.2.4 蒙古扁桃资源利用问题与对策

（1）目前状况

在腾格里沙漠东缘一处戈壁和平缓沙丘交错地带，约有 4 万亩蒙古扁桃。腾格里沙漠终年风沙四起,生态环境极其脆弱。然而,就是在这恶劣的自然环境中,蒙古扁桃奇迹般地生长着。蒙古扁桃林曾被牲畜啃食,但随着当地政府退牧还草工程的进行,蒙古扁桃林得到了林业部门围栏封育保护。如今,绵延数公里的蒙古扁桃林,已成为沙漠中的绿洲。

内蒙古乌兰泉吉嘎查面积 461 km²,其中连片的蒙古扁桃 320 hm²,与其他植物混生的有 350 hm²。为保护这片珍稀的蒙古扁桃,阿左旗在这里实施了公益林补偿制度,将包括蒙古扁桃在内的 13 000 hm² 草原禁牧,54 户牧民转产。

蒙古扁桃已成为荒漠及荒漠草原山地和沙地养羊的饲用植物。山羊及绵羊采食其嫩枝、叶及花。从适口性看,以山羊较好,特别是在干旱年份,草本植物缺少时,则显现出其利用优势。在内蒙古的乌拉山、狼山、千里山、贺兰山和雅布赖山等地,是蒙古扁桃集中的分布区,又是白绒山羊的生产基地,如著名的阿尔巴斯白山羊、二狼山白山羊、阿拉善白山羊,这些山羊品种的育成,可能与当地的饲用植物组成有关。蒙古扁桃富含无氮浸出物,灰分也较高,蛋白质含量中等,9 种必需氨基酸含量偏低。

(2)存在的问题

由于干旱和人为因素,内蒙古高原生态环境日益恶化,荒漠和荒漠草原区可供牧群采食的植物越来越少,蒙古扁桃已成为荒漠及荒漠草原山地和沙地养羊的饲用植物。山羊及绵羊采食其嫩枝、叶及花,严重影响到蒙古扁桃的生长和群落稳定性,如不加强控制,势必导致蒙古扁桃资源逐步解体。

(3)对策建议

建议在蒙古扁桃集中分布的区域建立自然保护小区,对集中分布的蒙古扁桃进行有效保护,同时,收集种源,开展蒙古扁桃繁殖生物学、种质资源及移地保护研究,为这一珍贵资源的永续利用作出贡献。

(4)前景展望

蒙古扁桃是著名的抗逆性灌木,其花秀丽,枝叶茂密,其果可药食兼用,如果将其引入中国北方缺水城市,作为园林绿化灌木,应用前景十分广阔。

蒙古扁桃又是生态环境建设的优良灌木,可用于"三北"地区低山丘陵区阳坡、半阳坡植被恢复,用于退耕还林工程。

蒙古扁桃也是桃属育种特别是扁桃育种的不可多得的抗逆性种质资源,而扁桃又是世界著名的四大干果之一,在干旱、半干旱的西北甚至华北地区干旱地区都具有广阔的发展空间。相信不久的将来,蒙古扁桃一定能有大规模利用的用武之地。

参考文献

[1] 丁洁,贾克功,叶航,等. 几种核果类果树耐酸性与抗酸性的研究[J]. 北京农学院学报,2008,23(2):9-12.

[2] 方海涛,红雨,那仁,等. 珍稀濒危植物蒙古扁桃花生物学特性[J]. 广西植物,2007,27(2):166-169.

[3] 方海涛,斯琴巴特. 蒙古扁桃的花部综合特征与虫媒传粉[J]. 生态学杂志,2007,26(2):177-181.

[4] 耿军, 朱立新, 贾克功. 蒙古扁桃单芽茎段培养体系的建立[J]. 西北农业学报, 2007, 16 (5): 218-221.

[5] 郝俊, 潘竞军, 赵成平, 等. 稳步发展中的阿拉善盟林业有害生物防治事业[J]. 内蒙古林业, 2007 (3): 24.

[6] 红雨, 方海涛, 那仁. 濒危植物蒙古扁桃花粉活力和柱头可授性研究[J]. 广西植物, 2006, 26 (6): 589-591.

[7] 李爱平, 王晓江, 张纪钢, 等. 优良生态灌木蒙古扁桃生物学特性与生态经济价值研究[J]. 内蒙古林业科技, 2004 (1): 10-13.

[8] 李清红. 蒙古扁桃在海原的分布特征[J]. 现代种业, 2008 (5): 46-47.

[9] 刘生龙, 刘克彪. 蒙古扁挑引种试验[J]. 甘肃林业科技, 1989 (2): 35-38.

[10] 斯琴巴特尔, 满良. 植物激素对蒙古扁桃种子萌发的影响[J]. 内蒙古师范大学学报: 自然科学版, 2002, 31 (4): 384-387.

[11] 斯琴巴特尔, 秀敏. 荒漠植物蒙古扁桃水分生理特征[J]. 植物生态学报, 2007, 31 (3): 484-489.

[12] 斯琴巴特尔, 秀敏. 荒漠植物蒙古扁桃的抗氧化胁迫性研究[J]. 内蒙古师范大学学报: 自然科学版, 2006, 35 (1): 94-98.

[13] 斯琴巴特尔, 秀敏. 蒙古扁桃种子萌发的生理生化特性[J]. 中国草地学报, 2006, 28 (2): 39-43.

[14] 斯琴巴特尔. 蒙古扁桃[J]. 生物学通报, 2003, 38 (8): 23-24.

[15] 斯琴巴特尔, 满良. 珍稀濒危植物蒙古扁桃的组织培养及植株再生[J]. 西北植物学报, 2002, 22 (6): 1479-1481.

[16] 斯琴巴特尔, 满良. 蒙古扁桃种子萌发生理研究[J]. 广西植物, 2002, 22 (6): 564-566.

[17] 吴丽芝, 刘果厚. 国家级重点保护植物绵刺、蒙古扁桃叶片结构的观察[J]. 内蒙古农牧学院学报, 1998, 19 (4): 46-50.

[18] 杨万仁, 沈振荣, 徐秀梅. 宁夏干旱荒漠带造林新树种——蒙古扁桃繁育造林技术[J]. 宁夏农林科技, 2005 (5): 11-12.

[19] 姚艳芳, 郭海岩, 杨芹, 等. 蒙古扁桃的人工繁殖育苗及栽培技术初步研究[J]. 内蒙古林业调查设计, 2008 (5): 53-54.

[20] 严子柱, 李爱德, 李得禄, 等. 珍稀濒危保护植物蒙古扁桃的生长特性研究[J]. 西北植物学报, 2007, 27 (3): 625-628.

[21] 杨小玉, 王晓江, 德永军. 山桃等 3 个树种叶片解剖结构的耐旱性特征研究[J]. 内蒙古林业科技, 2008, 34 (2): 40-42.

[22] 赵越. 蒙古扁桃引种育苗技术[J]. 青海农林科技, 2006 (3): 50-51.

[23] 赵一之. 蒙古扁桃的植物区系地理分布研究[J]. 内蒙古大学学报: 自然科学版, 1995, 26 (6): 713-715.

[24] 张笑颜, 朱立新, 贾克功. 5 种核果类果树的耐盐性与抗盐性分析[J]. 北京农学院学报, 2008, 23 (2): 19-23.

蒙古扁桃[*Amygdalus mongolica*(Maxim.)Rhicher]

10.3 扁桃 *Amygdalus* spp.物种资源调查

10.3.1 野生扁桃概述

（1）扁桃学名

扁桃是蔷薇科（Rosaceae）桃属（*Amygdalus* L.）的一组植物，由于其果实扁平而得名，英文名称（Almond）。

（2）种质资源及其分布

全世界有扁桃植物近 40 个种，除广泛分布的一个栽培种扁桃（*Amygdalus communis* L.）外，其余均为野生种。我国野生扁桃有 5 个种，分布于新疆、四川、青海、甘肃、宁夏、内蒙古、陕西、黑龙江、吉林、辽宁、河北、山西、山东、浙江等 14 个省（区），面积约在 2 万 hm^2 以上（刘孟军，1998）。

1）西康扁桃

西康扁桃（*Amygdalus tangutica* Korsh.）又名唐古特扁桃、四川扁桃、松潘扁桃、野桃李和刺毛桃。中型或大型落叶灌木，一般高 2 m，有的可达 3～4 m；枝开张，短枝常呈刺状，小枝无毛，灰褐色。叶通常丛生，少互生，倒披针形，长 3～5 cm、宽 1～1.5 cm，先端急尖，锯齿圆钝，侧脉 5～7 对。花单生，无梗，直径 2.5 cm，白色或粉红色。果实圆球形，几无梗，密生绒毛，果肉薄，成熟时开裂。果核圆球形或椭圆形，深褐色，纵径 1.7 cm、横径 1.63 cm、厚 1.25 cm、重 1.1 g，两边有脊，表面有皱纹。果仁褐色，味苦，仁重 0.5 g，出仁率为 31.5%。3 月中旬开花，7 月初果熟。

西康扁桃分布于四川、青海、甘肃等省，在海拔 1 162～2 875 m 的范围内，以 1 500～2 000 m 的地方分布较多。四川省是西康扁桃的主产区，在南坪、松潘、茂汶、黑水、马尔康、理县、小金、壤塘、金川、宝兴、名山、康定等 12 个县都有分布，其中南坪的白河、龙康、黑河等乡，都有上千亩连片的西康扁桃林。估计全省有西康扁桃 10 万亩，可产果核 50 万 kg（刘孟军，1998）。

由于时间原因，本年度对西康扁桃未作调查。

2）矮扁桃

矮扁桃（*Amygdalus ledebouriana* Schlecht.）落叶灌木，高 1～2 m，枝条直立，一年生枝无毛，灰褐色，丛生或互生。叶狭披针形或椭圆形，长 3～5 cm、宽 1～1.5 cm，锯齿尖锐。花单生，梗短，直径 2.77 cm，粉红色。果实扁圆形，浅黄色，密被长柔毛，果肉薄，成熟时开裂。果核扁圆形，褐色，纵径 1.35 cm、横径 1.47 cm、厚 0.9 cm、重 0.8 g，两边有脊，表面有浅沟纹。果仁褐色，味苦，仁重 0.33 g，出仁率 37.5%。3 月下旬开花，7 月中旬果熟。

矮扁桃分布于新疆阿尔泰、塔城等地区。在塔城地区的巴尔鲁克山杜拉提一带，海拔高度 1 200～1 700 m，分布较集中，面积约有 7 333 hm²（刘孟军，1998），其中生长好结实较多的有 2 000 hm²，平均产果量 150～300 kg/hm²。

3）长柄扁桃

长柄扁桃（*Amygdalus pedunculata* Pall.）又称毛樱桃、野樱桃、山樱桃、山豆子、柄扁桃等。落叶灌木，高 1～2 m，枝条开张，小枝有毛、紫褐色。单叶互生或簇生于短枝上，叶片倒卵形、椭圆形至长圆形，长 1～4 cm，宽 0.8～2.0 cm，有不整齐的锯齿，侧脉 4～6 对，叶柄长 2～4 mm；托叶条裂，边缘有腺体。花单生，梗长 6～8 mm，花径 1～1.5 cm，粉红色。果近球形、卵形或椭圆形，外被短绒毛。果肉薄，成熟时开裂。果核卵球形、浅褐色，纵径 1.74 cm，横径 1～1.30 cm，厚 0.95 cm，重 0.7 g，核壳光滑，只稀浅的沟纹。果仁近宽卵形，褐色，味苦，直径 4～6 mm，仁重 0.24 g，出仁率 34.28%。4 月上旬开花，6 月下旬果熟。

长柄扁桃分布于内蒙古、陕西和宁夏。在国外，蒙古也有分布。其分布带有两个，其一在内蒙古的阴山山脉浅山区，沿山脉东西走向长 400 km、宽 100 km（包头市至固阳县的大庙乡）的整个范围内均有分布，许多山坡几乎为纯长柄扁桃林；其二在内蒙古伊克昭盟的鄂托克旗、乌审旗到陕西北部长城沿线（定边、榆林、神木）的沙漠中，在榆林县孟加湾乡西沙区的樱桃圪崂，分布较为集中，其面积约 20 km²，而其他地方由于沙漠淹没和人为破坏，分布零散，日趋绝迹（刘孟军，1998）。

4）蒙古扁桃

蒙古扁桃[*Amygdalus mongolica*（Maxim.）Yu]又称蒙古杏、野樱桃、山樱桃、土豆子等。落叶小灌木，高 1～2 m；分枝短，近直角方向伸展，枝端呈针刺状，枝干灰褐色，嫩枝常带红色，并被短柔毛。叶丛生或互生，近革质，卵圆形或倒卵形，长 0.5～1.5 rm，宽 0.4～1 cm，锯齿圆钝，有侧脉 4 对，叶柄长 1～5 mm，托叶条状披针形。花单生，无梗，直径 1.72 cm，粉红色。果实扁圆形，果梗极短，微被短绒毛。果肉薄，成熟时开裂。果核卵球形，褐色，纵径 1.2～1.57 cm、横径 1～1.15 cm，厚 0.75 cm，重 0.7 g，有明显的种脊，核面平滑，有浅沟。果仁褐色，味苦，仁重 0.26 g，出仁率 37.14%。3 月下旬开花，6 月下旬果熟。

蒙古扁桃分布于内蒙古、宁夏、甘肃等省区，其分布带也有两个：其一在内蒙古鄂尔多斯西部、宁夏贺兰山山脉东西两侧的浅山地区，南北长 350 km，宽 20 km，海拔高度 1 600～2 000 m 的范围，分布较多。其二在甘肃河西走廊西北部的戈壁滩上，分布较少。前苏联和蒙古也有分布（刘孟军，1998）。

由于调查中发现较大面积分布的蒙古扁桃群体，故对蒙古扁桃另作报告（详见 10.2 节）。

5）榆叶梅

榆叶梅[*Amygdalus triloba*（Lindl.）Rickerl]又称榆梅。落叶灌木，高 2～3 m，嫩枝无毛或微被柔毛，枝条紫褐色。叶片宽椭圆形至倒卵圆形，长 4～6 cm，宽 2～3 cm，先端渐尖，常3裂，边缘具粗锯齿。花单生或二朵一丛，直径2~3 cm，粉红色。果实近球形，红色，被毛，果肉薄，成熟时开裂。果核球形，褐色，纵径1.4 cm、横径1.3 cm、厚1.1 cm，重0.7 g，具厚壳，表面有浅沟纹。果仁浅褐色，味苦，仁重0.3 g，出仁率42.8%。4月上旬开花，6月下旬果熟（刘孟军，1998）。

榆叶梅原产我国，适应性强，抗寒、抗旱、耐盐碱，广泛分布于黑龙江、吉林、辽宁、河北、山西、山东、浙江等省。在东北有栽培，是各地常见的园林绿化树种。本种通常作为观赏花卉，故未予调查。

10.3.2 野生扁桃调查

2008年3—9月，北京林业大学野生果树项目组对国产野生扁桃进行了调查，先后调查了河北省燕山，内蒙古赤峰市、包头市、呼和浩特市及鄂尔多斯高原，新疆伊犁地区、天山等地进行了调查。除西康扁桃和榆叶梅外，其余3种均调查到野生群体。由于蒙古扁桃分布集中，故另作报告，其余2种只调查到少数野生群体，故一起报告。

（1）矮扁桃

矮扁桃（*Amygdalus ledebouriana* Schlecht.）主要分布于新疆阿尔泰、塔城等地区。在塔城地区的巴尔鲁克山杜拉提一带，海拔高度1 200~1 700 m，分布较集中。北京林业大学野生果树项目组在新疆伊犁调查期间曾安排了时间去塔城地区调查，但由于正值奥运会期间，加上民族问题比较敏感，当地公安部门和林业部门建议再另选时间调查，因此，塔城矮扁桃调查计划只得临时取消。幸运的是项目组在伊犁市霍城县大小西沟调查期间曾调查到野生于河谷阶地散生的矮扁桃，现报告如下：

调查到的矮扁桃散生于大西沟干燥的河谷阶地，立地条件十分严酷，大量河卵石覆盖地表，下部是河沙和淤土，根据周围取沙坑情况看，土壤中石砾较多，干旱缺水，营养也很匮乏。

大西沟干燥的河谷阶地的矮扁桃株丛非常低矮，高不过30~40 cm，枝叶被牲畜啃食严重，经了解，主要是被羊只啃食，其次是马匹，但马匹多数不在河谷阶地采食，多数散牧在周围荒漠草场或林缘草地。

大西沟干燥的河谷阶地的矮扁桃主要伴生植物有菊科（Compositae）、禾本科（Gramineae）、十字花科（Cruciferae）植物，由于草本植物多数被羊只啃食，很难辨认出具体属种。

另据当地牧民介绍，矮扁桃在当地很少有人注意，只有个别人家有栽培，一般作为早春观花植物栽培。但由于矮扁桃根系深，又长在河卵石中，很难采挖，故多采种（个别破坏轻的地段矮扁桃可以结果……由于河水阻隔未能调查到），在播种后第二年即开花，甚至结果，是非常好的野果和观赏植物。矮扁桃在当地一般2月中旬萌动，3月中下旬展叶，3月底至4月初开花，7月中旬果实成熟，11月初落叶。

矮扁桃一般生长于山地丘陵和沟间，主要土壤为山地栗钙土，在阳坡、阴坡都有生长分布，在沟间深厚肥沃的土壤上生长好，在石砾山坡上生长则较差。

(2) 长柄扁桃

1) 长柄扁桃的分布

长柄扁桃（*Amygdalus pedunculata* Pall.）分布于内蒙古、陕西和宁夏。在蒙古国也有分布。根据前人资料，其分布带有两个，其一在内蒙古的阴山山脉浅山区，沿山脉东西走向长 400 km、宽 100 km（包头市至固阳县的大庙乡）的整个范围内均有分布，许多山坡几乎为纯长柄扁桃林；其二在内蒙古伊克昭盟的鄂托克旗、乌审旗到陕西北部长城沿线（定边、榆林、神木）的沙漠中，在榆林县孟加湾乡西沙区的樱桃圪崂，分布较为集中，其面积约 20 km^2，而其他地方由于沙漠淹没和人为破坏，分布零散，日趋绝迹。

2) 长柄扁桃群落物种调查

北京林业大学野生果树项目组在内蒙古包头市南山调查到野生长柄扁桃群落。与蒙古扁桃相比，长柄扁桃为中旱生灌木，常零星地散生于草原、荒漠草原及黄土丘陵的石质阳坡、山沟或灌丛中，也进入沙地，有时也可形成面积不大的单纯长柄扁桃灌丛。它在内蒙古包头市分布区的气候特点是，年均温 5～8℃，10℃的年积温 2 700～3 200℃，年降水量 250～450 mm，湿度 20%～60%。

包头市南山有一个中型水库，水库周围被海拔 1 350～1 500 m 的群山环绕，虽然山上立地条件很差，但由于湿度相对较高，降水量相对丰富，故长柄扁桃灌丛生长茂盛。

长柄扁桃是调查地的主要植被群落，灌丛高 1.3～1.5 m，冠幅 1.2～1.5 m，主要伴生灌木有特别值得发展的灌木铁线莲（*Clematis fruticosa* Turcz.）及其变种灰叶铁线莲 *Clematis fruticosa* var. *canescens* Turcz.（叶灰绿色，狭披针形，全缘）、柳叶鼠李（*Rhamnus erythroxylon*）、小叶鼠李（*Rhamnus microphylla*）、漏斗叶绣线菊（*Spiraea aquilegifolia*）、土庄绣线菊（*Spiraea pubescens*）、虎榛子（*Ostryopsis davidiana*）、大果榆（*Ulmus macrocarpa*）等。主要伴生亚灌木有铁杆蒿（*Artemisia gmelinii*）、牛尾蒿（*Artemisia subdigitata*）。

组成群落的主要草本有祁州漏芦（*Rhaponticum uniflorum*）、草木樨状黄耆（*Astragalus melilotoides*）、南牡蒿（*Artemisia eriopoda*）、柴胡（*Bupleurum chinense*）、大针茅（*Stipa grandis*）、尖叶胡枝子（*Lespedeza hedysaroides*）、羊草（*Aneurolepidium chinense*）、糖芥（*Erysimum aurantiacum*）、展枝唐松草（*Thalictrum squarrosum*）、宿根亚麻（*Linum perenn*）、瓣蕊唐松草（*Thalictrum petaloideum*）、轮叶委陵菜（*Potentilla verticillaris*）、二裂委陵菜（*Potentilla bifurca* var. *major*）、兴安天门冬（*Asparagus dauricus*）等以及日阴菅（*Carex pediformis*）、大丁草（*Gerbera anandria*）、瓦松（*Orostachys fimbriatus*）、小白蒿（*Artemisia frigida*）等。

3) 长柄扁桃群落区系地理成分组成

组成该群落的区系地理成分有 12 种。其中达乌里-蒙古成分最多，共 25 种，占 33.8%；其次东亚成分 15 种，占 20.3%；东古北极成分有 8 种，占 10.8%；古北极成分有 6 种，占 8.1%；亚洲中部成分有 4 种，占 5.4%。此外还有少量泛北极成分、哈萨克-蒙古成分、华北成分、中国北部成分及蒙古成分。蒙古成分虽然在本群落中只有一种（长柄扁桃），但它是唯一的建群种。其中达乌里蒙古成分占建优种的 20.0%，伴生种的 47.8%，偶见种的 28.3%；东亚成分建优种的 40.0%，伴生种的 13.0%，偶见种的 21.7%；东古北极建优种的 20.0%，伴生种的 13.0%；偶见种的 8.7%，此外，蒙古成分占建优种的 20.0%。

该群落的区系地理成分中，东亚成分虽然占比例不如达乌里-蒙古成分多，但在建优种它占比例较大，仍为本群落起主导作用的区系地理成分。而达乌里-蒙古成分的作用和发展趋势也不可忽视。

在该群落的区系地理成分中，达乌里-蒙古成分在旱生植物中占比例最高为 29.7%，而东亚成分却在中生植物中占比例最高为 16.2%。

该群落是处于中生植物为主的东亚成分和以旱生为主的达乌里-蒙古成分的中间类型。随着气候的进一步干燥，群落中的中生植物将趋于减少，而旱生植物趋于增加，森林植物成分趋于减少，而草原植物成分将趋于增加。

4）长柄扁桃群落结构

长柄扁桃群落根据空间排布可分为以下几层：高大灌木层，主要有长柄扁桃（平均株高为 103 cm）、柳叶鼠李（平均株高 92 cm）、灌木铁线莲（平均株高 86 cm）、土庄绣线菊（平均株高 58 cm）以及虎榛子（平均株高 54 cm）；中小灌木层，主要有小叶鼠李（平均株高 45 cm）、大果榆（平均株高 36 cm）；高大半灌木及草本层，主要为铁杆蒿，牛尾蒿，祁州漏芦，草木樨状黄耆等；中小草本层，有南牡蒿、柴胡、大针茅、尖叶胡枝子、羊草、糖芥、展枝唐松草、宿根亚麻、瓣蕊唐松草、轮叶委陵菜、二裂委陵菜、兴安天门冬等；地被草本层，主要有日阴菅、大丁草、瓦松、小白蒿等。

5）长柄扁桃栽培调查

长柄扁桃在包头市有少量栽培，以播种繁殖为主，播种当年可进入分枝期，株高 15～20 cm，3 年生成株并开花结实。在内蒙古包头市栽培观察，蒙古扁桃生长较缓慢，第三年才开始结实，株高 80～100 cm，成年株（4～5 年生）高可达 150～200 cm。

长柄扁桃在当地一般 3 月中旬萌动，3 月底至 4 月初展叶，4 月上旬至 4 月中旬开花，7 月上旬果实成熟，11 月初落叶。

10.3.3 野扁桃的化学成分和利用价值

（1）化学成分

野扁桃果仁含油 45%～56%，扁桃仁含苦杏仁甙 2.54%～2.99%。长柄扁桃的必需氨基酸含量见下表。

长柄扁桃的必需氨基酸含量

名称	赖氨酸	蛋氨酸	精氨酸	组氨酸	亮氨酸	异亮氨酸	苯丙氨酸	苏氨酸	缬氨酸	小计
含量/%	0.206	0.132	0.244	0.090	0.045	0.254	0.285	0.209	0.301	21.88

（2）利用价值

食用：野扁桃的果仁可炒食、榨油或酿酒。新疆、内蒙古扁桃产区的群众，有用野扁桃果仁油招待客人的习惯，并称为"香油"。

药用：扁桃的果仁药用称巴旦杏仁，其功用大体与杏仁相同。古代所用者为甜巴旦杏仁，现多以苦巴旦杏仁供药用。果实成熟后采集，除去果肉和核壳，取种仁、晒干，经炮制加工后应用。临床应用配方一般与杏仁相同。现在发现古巴旦杏仁油有较好的驱虫、杀菌作用，临床应用对蛔虫、钩虫及蚊虫均有效，且无副作用，对伤寒杆菌、副伤寒杆菌亦均有杀灭作用。此外扁桃果仁可用做活血去瘀、润肠通便、止咳的药物。产地群众还用其叶片治疗羊腐蹄、马鞍伤等病。长柄扁桃和蒙古扁桃果仁可代替郁李仁，用于治疗水肿、腹水、脚气、慢性便秘等。

砧木利用：扁桃一般具有抗旱、耐寒、对土壤要求不严、丰产、寿命长以及嫁接扁桃成活率高、愈合良好、结果早、矮化等优点；矮扁桃抗寒性强、矮化，结果早，植株基部光滑，节间长，有利于嫁接；长柄扁桃和蒙古扁桃适应性强，抗旱耐寒，均可作为扁桃育种的原始材料和嫁接繁殖的砧木。

绿化和水土保持：矮扁桃是干旱河谷地区的地方树种，具有高度抗旱的特点与特别发达的根系，是干旱地区水土保持优良的造林树种；矮扁桃、蒙古扁桃和西康扁桃枝叶繁茂，花色艳丽，枝条多呈刺状，可作为园林绿化和绿篱树种栽植；长柄扁桃枝条细长下垂，花色美丽，可作为观赏树种；可栽植于路旁、庭院、公园、花坛、草坪等处。

饲用：矮扁桃为荒漠及草原山地和沙地养羊的中等饲用植物。山羊及绵羊采食其嫩枝、叶和花。从适应性看，以山羊较好，特别是在干旱年份，草本植物缺少时，则显现出其利用优势。但在早春其他牧草尚未返青时，家畜常因多食其株丛基部的萌蘖嫩枝而发生氢氰酸中毒，应予注意。牧民常给病畜灌服酸奶以解毒。

10.3.4 繁殖和栽植技术

可实生或嫁接繁殖。在干旱地区，播种可否成功，关键在于整地保墒。应在种植的前一年把地整好，最好是二犁压青。播种时期在春秋两季均可，宜视土壤墒情的好坏而定。条播、点播均可，但均以种子直播为好。移植成活率较低。野扁桃果皮十分坚硬，吸水发芽较慢，春播需进行催芽处理，秋播则不必进行催芽处理。播种后第一、第二年要进行中耕锄草，并要增加保护措施，防止牲畜啃食。

10.3.5 利用现状和建议

（1）野生扁桃适应性强，抗寒、耐旱，对土壤要求不严，并且经济利用价值高，不仅是扁桃育种的宝贵原始材料和嫁接繁殖的适宜砧木，而且在油料、医药、园林绿化等方面亦有重要用途，应充分加以利用，使之为促进我国扁桃产地农村经济的发展作出更大的贡献。

（2）加强原有野生扁桃的保护工作，至少在退耕还林和荒山绿化工作中不要将其毁掉，野生植株保存的基因是极其珍贵的，同时要加强管护。

（3）由于扁桃常年实生繁殖，自然变异类型较多，在果形、大小、含油量、丰产性、观赏价值等方面类型多样，选育潜力较大。但至今还没有学者对相关资源作系统的种质研究。因此，应下大力气开展野生扁桃的选育工作，为给我国持续开展的生态林业工程提供优良的扁桃种苗奠定基础，促进扁桃生产从"数量效益型"向"质量效益型"转变和扁桃产区农民收入的提高。

（4）开展扁桃的资源分类与评价，并在此基础上将现有优质丰产抗逆的类型集中收集，结合开展采穗圃建设。为扁桃等桃属植物育种提供优良的育种材料。

（5）开展野生扁桃天然产物化学筛选，将自然界优良的扁桃种质资源挖掘利用起来，为人类健康作出更大贡献。

参考文献

[1] 曹青爽, 姬玉英. 新疆特有植物——野扁桃资源价值及保护利用[J]. 中国林副特产, 2007（5）: 68-70.

[2] 曹青爽, 姬玉英. 新疆特有植物——野扁桃资源价值及保护利用[J]. 中国野生植物资源, 2007, 26（4）: 41-42, 46.

[3] 丁文浩. 我国野扁桃资源亟待保护[J]. 农村科技, 2007（11）: 69.

[4] 郭春会, 罗梦, 马玉华, 马小卫. 沙地濒危植物长柄扁桃特性研究进展[J]. 西北农林科技大学学报, 2005, 33（12）: 125-129.

[5] 蒋宝, 郭春会, 梅立新, 等. 沙地植物长柄扁桃抗寒性的研究[J]. 西北农林科技大学学报, 2008, 36（5）: 92-96, 102.

[6] 李疆, 曾斌, 罗淑萍, 李海龙, 马达尼亚提·吾拉孜汗. 我国野扁桃资源的保护及引种繁育[J]. 新疆农业科学, 2006, 43（1）: 61-62.

[7] 律凤霞. 扁桃资源的开发及栽培技术[J]. 北方园艺, 2004（3）: 31.

[8] 马小卫, 郭春会, 罗梦. 核壳、盐和水分胁迫对长柄扁桃种子萌发的影响[J]. 西北林学院学报, 2006, 21（4）: 69-72.

[9] 孙占育, 郭春会, 梅立新, 等. 长柄扁桃继代培养方法研究[J]. 西北农业学报, 2008, 17（2）: 161-164.

[10] 神木生态. 长柄扁桃旱栽试验启动[J]. 陕西林业, 2006（2）: 41.

[11] 赵珍. 柄扁桃资源及其利用价值[J]. 内蒙古林业, 1992（12）: 17.

[12] 张萍, 申烨华, 王晓玲, 侯睿婷. 高效液相色谱法测定长柄扁桃仁中的苦杏仁甙[J]. 分析试验室, 2007, 26（10）: 80-83.

[13] 张檀, 郑瑞杰, 梅立新, 李茜. 长柄扁桃种子萌发特性的研究[J]. 西北林学院学报, 2006, 21（4）: 73-76.

[14] 刘孟军. 中国野生果树[M]. 中国农业出版社, 1998.

矮扁桃（*Amygdalus ledebouriana* Schlecht.）

长柄扁桃（*Amygdalus pedunculata* Pall.）

10.4 光核桃 Amygdalus mira 物种资源调查

10.4.1 光核桃概述

（1）名称

光核桃[*Amygdalus mira*（Koehne）Yü et Lu（～*Prunus mira* Koehne）]，又名西藏桃、毛桃（西藏）、康卜（傣语），属蔷薇科（Rosaceae）桃属（*Amygdalus*）植物。本种核光滑，在桃属中较为独特，易与其他种区别。

（2）形态特征

落叶乔木，高 3～10 m，枝条细长，开展，无毛，嫩枝绿色，老时灰褐色，具紫褐色小皮孔。单叶互生，叶片披针形或卵状披针形，长 5～11 cm，宽 1.5～4 cm，先端渐尖，基部宽至近圆形，上面无毛，下面沿中脉具柔毛，叶边有圆钝浅锯齿，近顶端处全缘，齿端常具小腺体；叶柄长 8～15 mm，无毛，常具紫红色扁平腺体。花单生，先于叶开放，直径 2.2～3 cm；花梗长 1～3 mm；萼筒钟形，紫褐色，无毛，萼裂片卵形或长卵形，紫绿色，先端圆钝，无毛或边缘微具长柔毛；花瓣宽倒卵形，长 1～1.5 cm，先端微凹，粉红色；雄蕊多数，比花瓣短得多；子房密被柔毛，花柱长于或几与雄蕊等长。核果，果实近球形，直径 3～4 cm，肉质，不开裂，外面密被柔毛；果梗长 4～5 mm；核扁卵圆形，长约 2 cm，两侧稍压扁，顶端急尖，基部近截形，稍偏斜，表面光滑，仅于背面和腹面具少数不明显纵向沟纹。花期 3—4 月，果期 8—9 月。

（3）自然分布及生态条件

光核桃是中国特有植物，主要分布于我国西藏高原、云南西部和西北部、四川西部等地。在西藏的喜马拉雅山，念青唐古拉山和唐古拉山东南部绵延起伏的崇山峻岭之中，在横断山脉的深山沟谷之间及江河海岸，蕴藏着丰富的光核桃种质资源，其中有成片的野生群落——光核桃原始林。东由与四川、云南西部相接的芒康县，西至阿里地区的扎达县，北到昌都地区的丁青县，南达日喀则地区的亚东县，都有光核桃分布，集中分布于林芝、米林、波密、加查、左贡、工布江达、芒康、察隅、南木林、尼木等县。从光核桃分布状况的考察结果证实，绝大部分的光核桃是沿雅鲁藏布江中下游、尼洋河、帕隆藏布江、金沙江、澜沧江、怒江两岸山麓林缘连续或间断分布于针阔叶混交林中或山坡、田埂、路旁以及栽培于庭院。

（4）生长结果习性

光核桃生长较快，尤其是幼树生长极为旺盛。1 年生新梢可达 1 m 以上。50 年生大树新梢平均可达 20～30 cm。1 年生幼苗株高达 60～70 cm，基径 0.8～1.2 cm，3 年生苗株高 190～210 cm，基径 5.5～6.0 cm，7 年生苗树高达 5.8 m，干周为 69 cm，冠幅为 1.7 m×1.8 m。一般 4～5 年开花结果，株产约 4 kg。10 年生大树株产 50 kg 以上。坐果率高，一般为 20%～

30%，密集型结果的坐果率高达 50%以上。因此，光核桃基本能连年丰产。

光核桃有较强的自然更新能力。据调查，百年大树利用其自然更新能力，萌发的新梢第二年至第三年便枝叶茂盛，果实累累。由于天然杂交的影响，有多种类型及变种、品系，不仅表现在果实大小、形状及果肉类型方面，而且也表现在果实成熟方面，均具有其多样性。有早熟、中熟及晚熟三个类型。即是同一类型其物候期随海拔高度、地区和小气候而有差异。以海拔 2 970 m 的中熟型为例，2009 年萌芽为 3 月上旬，开花为 3 月下旬，落花为 4 月上旬，果实成熟为 8 月下旬，落叶为 11 月中旬，一般生长期为 6 个月，果实发育期为 5 个月。

（5）适应性

光核桃广泛分布于半干旱或半湿润的生态环境中，具有较强的抗旱能力。其根系可在土层深厚肥沃的农田土壤中生长，也可在土层浅薄贫瘠的山坡卵石滩地生长，具有很强的适应能力。

光核桃喜光，多分布在阳光充足的农田路旁、林缘等向阳地方。在光核桃分布区域内，即使是在冬春干旱季节，低温条件下，也未发现其干梢或冻死现象，只是在个别年份或地区有花期轻度的霜冻对坐果有一定的影响。

10.4.2 光核桃资源调查

光核桃在藏东南广泛分布，主要分布在素有"西藏江南"之称的林芝地区。与桃属（*Amygdalus*）其他种不同，光核桃树体高大，具有适应性强、耐旱、抗病、长寿等优良特性，是国内外极其罕见的野桃种质资源。

2009 年夏季，北京林业大学野生果树项目组专程到西藏林芝及其周边地区开展光核桃资源调查，先后调查了林芝、米林、色季拉山、雅鲁藏布江河谷等地，得到许多第一手资料。

西藏光核桃是林芝野果资源的最重要部分。据调查，西藏光核桃果实产量在 500 万 kg 以上，其中 60%以上产自林芝，是林芝地区可持续开发的几种主要野果之一。近几年来，西藏"林芝桃花节"成为林芝生态旅游的代名词，吸引了不少国内外游客，同时促进了当地经济与社会的发展。

（1）生境调查

光核桃生于海拔 1 700~4 200 m，集中生于 3 000~3 200 m 的温暖半湿润、温暖半干旱和温暖干旱气候区，其生态条件，年平均气温一般为 6~13℃。最冷月（1 月）平均气温为-2.0℃，最热月（7 月）平均气温为 18℃，绝对极端最低气温为-15.3℃；绝对极端最高气温为 30.2℃。无霜期为 160~180 d，日照时数为 1 000~2 100 h，年降水量为 500~700 mm；年蒸发量为 1 500~1 600 mm。霜冻时有发生，冬暖夏凉，春秋相连为其气候主要特征。生长在棕色森林土及高山灌丛，高山耕种草甸等土壤中，土质多为冲积壤土、沙砾土和黏土，中性偏碱和微酸性土壤。pH 值介于 6.5~7.6 之间。

（2）群落调查

西藏的光核桃有野生、半野生、栽培三种类型，野生、半野生光核桃多分布于荒山荒坡、村寨周边或农田田埂。项目组调查了三种代表性地块的光核桃生长情况。

西藏大学农牧学院后山群落：西藏大学农牧学院后山阳坡，地势陡峭，坡度为35°～40°，海拔3 000～3 300 m。土壤较干旱。光核桃形成小面积纯林或混交林，林相不整齐，以光核桃为优势树种，偶尔有杨树（*Populus* spp.）与柳树（*Salix* spp.）伴生。光核桃树体高度一般在8～10 m，估测树龄60～80年；郁闭度在0.4～0.7。林下灌木较少，以蔷薇属（*Rosa*）、荀子属（*Cotoneaster*）植物为主，草本植物以禾本科（Gramineae）、蔷薇科（Rosaceae）、菊科（Compositae）植物为主。

色季拉山西坡群落：本次调查主要沿川藏公路（318国道）进行，调查地点位于色季拉山西侧，地势陡峭，连绵逶迤，坡度为30°以上，海拔3 000～4 750 m。在山体的阳坡、半阳坡坡脚，经常可以看到野生光核桃群落，或形成小面积纯林，或与其他树种形成混交林，林相不整齐，以光核桃为优势树种，偶尔有柳树（*Salix* spp.）、丽江山定子（*Malus rockii*）、裂叶蒙桑（*Morus mogolica* var. *diabolica*）、扁刺蔷薇（*Rosa sweginzowii*）、粉枝莓（*Rubus biflorus*）、峨嵋蔷薇（*R. omeiensis*）伴生。光核桃树体高度一般在7～8 m，估测树龄60～80年，郁闭度为0.4～0.6。光核桃结果良好。

村周光核桃林：项目组在林芝地区的桃花村开展了调查研究。调查地位置处于半阴坡，坡度7°～10°，海拔为2 980 m，土壤较干旱。林相不整齐，以光核桃为优势树种，偶尔有杨树、柳树、核桃伴生。林内郁闭度0.4，光核桃平均高度在8～9 m，预测年龄60年。光核桃结果良好，果实较丰满。由于坡度较缓，又处于村镇旁边，每年都有牧民采收，树体破坏也相对严重。

（3）种质资源调查

光核桃果实为核果，果面密生绒毛，果型一般圆扁球形，但扁圆形、椭圆形、长椭圆形等各种形状都有。果梗长0.5～0.8 cm。果肉厚，成熟不裂开。一般可分为大型果和小型果两类。大果型果实横径一般为2.5～3.0 cm，纵径3.0～3.5 cm，平均单果重15～20 g。果核为长椭圆形，棕褐色，大小不一。核平均纵径1.5～2.2 cm，横径1.2～1.4 cm，厚1.0～1.2 cm，核平均重2.5～3.0 g，单边有瘠。核纹从光滑到浅沟纹，平行沟纹，深沟纹等各种类型。果仁为黄褐色，味苦。单仁重0.4～0.5 g，出仁率为22.2%。

以光核桃果核表面纹理的变化为依据，可归纳为五种类型，本次调查到3种类型。

① 光滑型（或杏核型）：核表面光滑，极似杏核。

② 浅沟型：该类型分布广泛，是光核桃的主体类型，核面具浅沟纹，无点纹。

③ 纵沟型：纵沟稀少，一般3～4条，无点纹，此类型近似新疆桃的核纹特点。

④ 深沟型：沟纹深，呈弯曲纵向分布，无点纹，极近似甘肃桃的核面具深沟纹的特点。

⑤ 深沟间点纹型：核沟深，在核基部具极少点纹，多为1～3个细点纹，但果实个大，大多数分布于低海拔地区。

光核桃是一个变异很大的实生群体，是一个优良的桃种质资源基因库，值得果树育种专家特别关注。

10.4.3 经济利用价值

（1）营养丰富

据分析，每百克光核桃鲜果中含水溶性还原糖 0.46 g，蔗糖 0.89 g，总糖 2.97 g，还原性维生素 C 17.6 mg，总维生素 C 70.9 mg，可溶性固形物达 12.5%，此外，还含有蛋白质、脂肪等物质。

（2）早实丰产

光核桃结果早，一般实生苗 3 年即可结果；嫁接普通桃的植株发育良好，结果早。2 年生光核桃，第一年芽接，第二年便结果。第三年结果 150 余个，单株产量为 20 kg，树高为 2.4 m，冠幅 2.1 m×2.4 m。

（3）优良砧木

光核桃具有耐旱、耐瘠、抗病、抗寒、寿命长等特点，特别是寿命可长达数百年，可作为普通桃杂交育种原始材料。例如黄肉桃类型等均可作为选择育种培育的对象。

（4）多用途树种

光核桃根系发达，生长迅速，枝叶茂盛，花色美丽，不仅可作为庭院绿化的优选树种，也是营造荒山荒坡水土保持林的优选树种。

（5）果实多用途

光核桃产量高，营养丰富，是制作桃干、果脯和果酒的原料，生食时有特殊香味，也可作为鲜果资源予以开发。

（6）种仁油珍贵

光核桃桃仁含油率达 50.60%，油的折光率（40℃）1.465 2，碘值 103.9，皂化值 195.9。脂肪酸组成：肉豆蔻酸 0.1%，棕榈酸 2.8%，十六碳烯酸 0.3%，油酸 60.7%，亚油酸 28.7%。当地群众有取仁榨油作为食用油的习惯。

（7）种仁入药

光核桃种仁可以入药，性平，味苦，入肝经，可用于治疗月经不调、跌打损伤、瘀血作痛诸症。

10.4.4 光核桃研究进展

（1）林芝地区光核桃种群的年龄结构

西藏大学和西藏高原生态研究所的方江平等（2008），根据西藏林芝地区光核桃种群分布区内所选的几个代表性地点定位观测资料，通过 DPS 统计软件，统计出光核桃年龄与基径的回归方程，结果表明：村庄光核桃种群年龄与基径的回归方程为 $y=3.153\ 8e^{0.1673x}$，平均年龄为 72.14 年；农田光核桃种群年龄与基径的回归方程为 $y=1.460\ 9x+2.750\ 6$，平均年龄为 59.15 年；村庄光核桃种群年龄与基径的回归方程为 $y=28.89e^{0.020\ 5x}$，平均年龄为 68.21 年。村庄和农田型光核桃种群都处于衰退阶段，荒地光核桃种群处于从稳定型向衰退型过渡的阶段。整个林芝地区光核桃种群处于衰退阶段，在所有样地调查中没有发现树龄小于 10 年的植株，主要原因是人为干扰。

（2）西藏光核桃与栽培桃光合特性比较研究

西藏农牧学院的王建林等（1997）选择试材为 5 年生光核桃和普通桃品种岗山白和冬桃的新梢中部成熟叶片进行离体测定。结果显示：光核桃与栽培桃新梢叶片光合速率日变化相近，都呈双峰曲线，第一次高峰出现在上午 11 时左右，第二次高峰出现在下午 15 时左右，12 时光合速率明显下降。在日变化曲线中，光核桃的光合速率明显高于栽培桃。不同光照条件下，光核桃与栽培桃光合速率的变化趋势基本一致。即在低光照条件下，光合速率随光照强度的增加而急剧增加，若光照强度再增加，光合速率则呈下降趋势。光核桃的光饱和点和光补偿点分别为：52 000 lx、500 lx；栽培桃的光饱和点和光补偿点分别为：冬桃 50 000 lx、600 lx，岗山白 46 000 lx、800 lx。即光核桃的光饱和点均高于栽培桃，而光补偿点均低于栽培桃。光核桃的呼吸速率显著低于栽培桃，经方差分析，差异达 5%显著水平。光核桃新梢叶片的叶绿素含量均高于栽培桃，光核桃的叶绿素含量为 2.26 mg/g 干重，分别高于冬桃 27.13%和岗山白 151.40%。另外，光核桃的叶绿素 a/b 值的变幅为 0.629 5～1.896 6，明显高于冬桃 1.082 0～1.485 3 和岗山白 1.017 1～1.476 8 的变幅；叶绿素 a/b 值的平均数为 1.209 3，分别低于冬桃 8.39%和岗山白 10.42%，但叶绿素含量均显著高于栽培桃。

10.4.5 光核桃资源保护建议

调查发现，西藏光核桃资源丰富，直接利用价值较高，又多分布在村镇周围，藏民一般不会破坏光核桃资源，只有在个别地段，有人为破坏迹象，但对种质资源没有太多影响。

另一方面，由于光核桃自然更新困难，所以在调查地段没有发现或很少发现有幼苗幼树。因此，西藏光核桃资源仍然存在极大威胁。

（1）人工促进更新

在各种野外调查活动中几乎没有发现光核桃幼苗。罗大庆 2006 年 3 月作了光核桃种子繁殖试验，结果表明种子出芽成苗率在 80%以上；经过沙藏处理的种子出芽率接近 100%。因此，为了保持光核桃林的世代序列完整，人工促进更新将是保护光核桃资源的最有效手段。

（2）合理开发光核桃果实资源

通过对光核桃的开发利用，提高它的经济价值，让当地农民从中处到更大的实惠，才能提高人们保护资源的积极性。根据调查，树龄为 40～60 年的光核桃，年均产果量在 35～50 kg。通过深加工开发，光核果实收购价能维持在 1 元/kg，将为农民每年带来 6 000 元/hm^{2}的收益，高于一般农作物的经济效益。这样能杜绝毁林开荒、把桃树作为薪炭柴等现象。

（3）开展光核桃的综合研究

目前对光核桃的生存生理机制尚未进行深入的研究，虽有学者曾对西藏光核桃作了调查，也有人作了西藏光核桃与栽培桃光合特性的比较。但这些研究仍未能摸清西藏光核桃的种质资源及生理生态学特性，对资源保护尚未能起到指导作用。利用人工种子处理的光核桃幼龄树作为砧木嫁接良种桃，是快速获得经济效益的有效手段，也是提高人们保护资源意识的方法之一。

参考文献

[1] 董国正. 西藏光核桃的调查[J]. 中国林副特产，1991（3）：44-45.

[2] 方江平，钟政昌，钟国辉. 林芝地区光核桃种群的年龄结构[J]. 林业科技开发，2008，22（1）：53-56.

[3] 耿云芬，张劲峰，李勇鹏. 光核桃实生苗培育技术[J]. 林业实用技术，2008（2）：20-21.

[4] 罗大庆，郑维列. 西藏色季拉山区野生果类资源及其利用前景[J]. 果树科学，1998，15（3）：283-288.

[5] 王建林，胡书银，王中奎. 西藏光核桃与栽培桃光和特性比较研究[J]. 园艺学报，1997，24（2）：197-198.

[6] 杨世杰. 木里光核桃的植物学特征[J]. 西昌农业科技，1990（1）：46.

[7] 宗学普，段玉春，等. 光核桃的分布及其类型初探. 西藏作物品种资源考察文集[M]. 北京：中国农业出版社，2004.

[8] 中国科学院中国植物志编辑委员会. 中国植物志[M]. 北京：科学出版社，1987.

光核桃[*Amygdalus mira*（Koehne）Yü et Lu]

光核桃生境　　　　　　　　　　　　　野生光核桃

光核桃生命力　　　　　　　　　　　　村镇周围光核桃

藏民采摘光核桃

藏民采摘光核桃

光核桃[*Amygdalus mira*（Koehne）Yü et Lu]

10.5 东北杏 *Armeniaca mandshurica* 物种资源调查

10.5.1 东北杏概述

（1）学名

东北杏[*Armeniaca mandshurica*（Maxim）Skv.]，别名：辽杏、山杏、甜梅，为蔷薇科（Rosaceae）杏属（*Armeniaca*）植物。既往文献中一般将其列入李属（*Prunus*），或作为杏的变种，故东北杏还有以下学名异名：① *Prunus armeniaca* Linn. var. *mandshurica* Maxim.；② *Prunus mandshurica*（Maxim.）Koechne。

（2）形态特征

乔木，高 5～15 m。老干树皮木栓层发达，深裂，暗灰色，有弹性。嫩枝无毛，淡红色褐色和黄绿色。叶片宽卵圆形至宽椭圆形，叶长 5～12（15）cm，宽 3～6（8）cm，先端渐尖至尾尖，基部宽楔形至圆形，有时心形，叶边具不整齐的细长尖锐重锯齿，幼叶两面有疏毛，逐渐脱落，老叶仅下面脉腋间具稀疏柔毛。叶柄长 1.5～3 cm，常有 2 个蜜腺。

花单生，直径 2～3 cm，先于叶开放。花梗长 7～10 mm，无毛或幼时有疏生短柔毛。花萼带红褐色，常无毛。萼筒钟形。萼片长圆形或椭圆状长圆形，先端圆钝或急尖，边缘常具不明显细小重锯齿。花瓣宽倒卵形或近圆形，粉红色或白色。雄蕊多数，与花瓣等长或稍长。子房密被柔毛。

核果近球形，直径 1.5～2.6 cm，熟时黄色，阳面有红晕或红点，被短柔毛。果肉多汁或干燥，味酸或稍苦涩，大果类可食，且有香味。核近球形或宽椭圆形，长 13～18 mm，宽 11～18 mm，两侧扁，顶端圆钝或尾尖，基部近对称，表面平滑或微具皱纹，腹棱钝，侧棱不发育，具浅纵沟，背棱近圆形。离核。种仁味苦，稀甜。花期 4 月下旬，果期 7—8 月。

（3）生物学特性

东北杏是典型的喜光树种，生于海拔 400～1 000 m 的开阔的向阳山坡灌木林或杂木林下。根系发达，树势强健，生长迅速，有萌蘖力，具有较强的耐寒性和耐干旱、耐瘠薄土壤的能力。对土坡要求不严，可在轻盐碱地中生长。极不耐涝，也不喜空气湿度过高的环境。适合生长在排水良好的沙质壤土中。定植后 4～5 年开始结果。寿命一般在 40 年以上。

10.5.2 东北杏研究概述

庞振伟等（2001）通过对东北杏的育苗、造林、抚育、整形修枝、病虫害防治等技术措施的研究，全面掌握了该树种系列栽培技术，并在此基础上，分析了营造东北杏人工林生态及经济效益。效益分析结果表明，公益林区营造东北杏与营造落叶松人工林（假设允许主伐），销售利润比为 3.5∶1。由此可见，营造东北杏人工林经济效益极其显著。采用东北杏造林，不但可以调整林种、树种结构，有效地推动天保工程、森林资源管护经营的顺利实施，而且能达到职工增收、企业增效的目的。

余守海（2006）对东北杏特征特性及栽培技术进行了研究，研究结果表明，东北杏具有树冠庞大密集、根系发达、笼络土壤能力强等特点，是培育优质森林良好树种，同时又可通过采果、果实加工利用等获得可观的经济效益。种子处理采用混沙雪藏法催芽效果显著。育苗可采用床播，也可垄播，为方便管理、节约成本、促进生长，以垄播为佳。东北杏造林可采用直播或植苗。相对而言，直播造林成本低、劳动强度小，但易遭受鼠害。植苗造林方法与正常造林相同，但要注意采用保成活技术。如在公益林区培育公益林，造林密度以 2 500 株/hm^2 为宜；如培育育果林，密度可在 1 000～1 600 株/hm^2。

刘洪艳等（2005）对野生东北杏的引种栽培进行了研究，研究结果表明，引种栽培中，育苗技术和大苗培育是重要的两个阶段。育苗过程中，采种的时间和种子的处理（摧芽）是关键性的技术，6 月中旬核果呈现橙黄色时应及时采集，避免鸟兽危害，用手采摘或打落，种子处理（催芽）于 12 月初，水浸 3～5 d，每天换 1 次水，最后再用 0.5%的高锰酸钾溶液消毒 2 h 后，混入 3 倍体积的湿河沙中拌匀置于冷室，任其冻结，后期天气转暖解冻后，应勤翻动，保持种沙 60%的湿度，1/3 种子裂口即可播种。大苗培育要选择地势高燥，具有一定坡度，排水良好的圃地培育大苗，垄宽 70 cm，株距 80 cm，隔垄栽植，空垄可栽植一些耐阴性强、生长较慢的灌木树种和红皮云杉、沙冷杉、红松等常绿树种。东北杏栽植后要对苗木进行定干，定干高度为 150 cm，定干后保留 3～5 个侧枝，以后生长季节要经常摘除其余侧芽。

张文英等（1998）对东北杏脯加工技术进行了研究，因为东北杏成熟早、气温高，储藏期短，果肉利用率较低。近几年加工利用主要是它的杏仁，尽管果实风味稍差，含糖低而含酸量高，但经过加工制成果脯后，糖、酸比例适宜，改善了其风味，减少了资源浪费，也为农村开辟了一条发家致富的新路子。

10.5.3 野生东北杏调查

（1）调查范围

2008年6—9月，北京林业大学"中国野生果树资源调查与编目"项目组对东北杏进行了专项调查，重点对河北省燕山地区、东北南部、内蒙古赤峰市、呼和浩特市及包头市进行了调查。

（2）物候期调查

由于距离遥远，项目组委托东北林业大学满秀玲副教授对东北杏物候期进行了调查，结果如下：东北杏花先叶开放，在哈尔滨地区4月初萌动，4月中旬初花，花期维持5~7 d，4月底幼果显现，5月中旬幼果开始显色，7月上旬成熟；9月底叶开始变色，10月上旬落叶。

（3）产地、分布与生境调查

东北杏产于我国东北各省和内蒙古、河北、山西等地。生于海拔400~1 000 m开阔的向阳山坡灌木林或杂木林下。俄罗斯远东和朝鲜北部也有分布。野生植株多见于阳向的低山坡、灌丛间、疏林内及林缘，在山顶、阳向陡坡、土壤瘠薄地带也有其自然分布。

东北杏为阳性树种，耐干旱，忌水湿，耐寒性强，常生于向阳山坡上的灌丛或疏林内。一般多与丁香属（*Syringa*）、槭树属（*Acer*）、绣线菊属（*Spiraea*）、鼠李属（*Rhamnus*）和山楂属（*Crataegus*）植物混生。

在内蒙古自治区东部，东北杏常与西伯利亚杏（*Armeniaca sibirica*）同作为"山杏"进行退耕还林工程树种栽培，特别在赤峰地区栽培面积很大，但不如西伯利亚杏（*Armeniaca sibirica*）栽培广泛。

调查发现，东北杏有2个变种，原变种 *Armeniaca mandshurica* var. mandshurica 和光叶东北杏（var. *glabra*），原变种比较常见，光叶变种相对较少。

吕英民等（1996）对杏属植物5个种102个品种类型的过氧化物酶同工酶分析结果表明：西伯利亚杏（*Ameniaca sibirica*）、东北杏（*A. mandshurica*）、藏杏（*A. holosericea*）及梅（*A. mume*）等物种均由最原始的普通杏进化而来。

（4）东北杏利用状况调查

果实应用：东北杏果肉营养丰富，含果糖、果酸、醇、醋酸等，可生食、酿酒、制果酱。

种子的应用：种仁中含苦杏仁苷、苦杏仁酶、脂肪、蛋白质及糖类，并含维生素B_{17}，具有润肺止咳、平喘、滑肠及防癌抗癌等功效，种仁可制饮料、腌制食品和制作杏仁饼。同时，种仁已成为出口创汇的重要农产品，目前出口价4000美元/t，欧美市场极为广阔；种仁中含油约50%，油色微黄而透明，可制成高级润滑油，用于飞机、精密仪器和军械擦枪油；同时，杏仁油具有良好的美容效果，可广泛用于化妆品制造。

园艺、蜜源植物：东北杏花繁色艳，早春先叶开放，花枝繁茂，观赏效果颇佳，常孤植或丛植于庭院、广场、墙隅、路边、林缘、坡地等处。也用做城乡公路绿化树种。已成为东北三省的园林风景树，同时又是优良的蜜源植物，花粉粒黄色而有香味，蜜白色，质佳。

用材树种：东北杏木材花纹美丽、材质坚硬，已被用于雕刻、器具和家具的制作。

优良的砧木资源：东北杏具有较强的耐寒、耐旱、耐腐薄能力，是很好的砧木资源，也是培育抗寒品种的优良原始材料。

高效造林树种：采用东北杏造林，不但可以调整林种、树种结构，有效地推动天保工程、森林资源管护经营的顺利实施，而且能达到职工增收、企业增效的目的。牡丹江林区具备得天独厚的气候、土地、野生东北杏资源等优势，因此，具备大面积发展东北杏的先天条件。东北杏造林，不仅可以利用其树冠庞大、密集，对垂直降雨能进行有效地缓冲与截留，而且可以通过其庞大的根系和极强的笼络土壤肥力蓄水保土。所以，采用东北杏营造公益林，既能获得较高的经济效益，又可获得理想的生态效益。

（5）东北杏栽培调查

东北杏在黑龙江省东宁、宁安、穆棱、林口、五常、阿城、尚志、宾县等地均有分布；中国的吉林、辽宁、内蒙古以及朝鲜，俄罗斯远东地区也有分布。但东北地区以黑龙江省牡丹江市栽培最多，牡丹江市光华街、地明街、西祥伦街以及北安路等街路均栽植有东北杏，有的街路栽植东北杏已有十余年的历史，长势良好，开花结实正常；牡丹江市的许多庭院也都有栽植，长势很好，观赏价值很高。

东北杏喜光、喜温暖，耐寒、耐旱，但不耐水湿，要求土壤肥沃、排水良好、中性或中性偏碱的沙壤土。定植通常在早春萌芽前或秋季落叶后进行，因根系较浅但发达，且须根多，栽植不宜过深，忌在低洼积水处栽培。种植穴内施足基肥，幼苗可裸根蘸泥浆水移栽，大苗、大树或名贵品种则必须带土坨移栽。树体一般通过整形修剪控制在 4~6 m，大片栽植的地区要每隔 2~3 年进行一次简单的修剪，将大小枝搭配均匀，以控制冠形，有条件的地方每年花后要及时修剪，将开过花的枝条只留基部 2~3 个芽，其余全部剪掉，并疏去过密的细弱枝、交叉枝等。夏季要进行摘心，促使花芽形成。

10.5.4 东北杏资源利用中的问题与对策

（1）目前状况

东北杏为野生资源，与其他野生杏树资源一样，由于所结果实偏小，果肉很薄，味道苦涩，杏仁味苦，因此，过去栽培利用的很少。近 10 余年来，人们发现，野生东北杏抗逆性很强，在其他树木不容易生长的阳坡、半阳坡上，东北杏可以正常生长，且幼年期短，开花结果较早，于是开始采种，用于干旱瘠薄的阳坡、半阳坡退耕还林。

在东北部分地区，由于城市绿化"三季有花，四季常绿"目标的实现，部分城市开始引种当地山桃、东北杏野生资源，于是一些株型较好的东北杏被整体移入城市。

随着对东北杏资源价值认识的深入，加上河北露露集团杏仁露的宣传，许多地方建立了杏仁蛋白饮料厂，东北杏杏核、杏仁开始有人收购，于是上山采东北杏就成了个别地区夏季的一景，破坏自然也就随之出现。

另一方面，随着普通杏栽培面积的不断扩大，杏树苗木需求量不断增加，东北杏作为嫁接栽培杏的优良砧木，苗木需求量也不断上升，采种育苗的人也越来越多，野生东北杏资源又有了新用途。

（2）存在的问题

无论是退耕还林，还是城市绿化；无论是杏核、杏仁加工，还是作为砧木繁殖，都需要采集野生东北杏果实和种子。由于采种无计划，采收不科学，许多野生东北杏树体遭折枝、断枝，严重的甚至被齐冠斩断，同时，对周围植被造成严重破坏。

另一方面，东北杏分布跨度较大，分异类型较多，很少有研究者对其种质资源进行深入研究，因此，也就谈不上充分挖掘资源的遗传内涵，这对于合理开发利用野生东北杏种质资源是极其不利的。

（3）对策建议

1）东北杏为嫁接耐寒栽培杏的主要砧木，属于重要的野生果树砧木资源，应加强对东北杏资源的系统研究，特别是抗逆性和适应性研究和种源区划，以解决生产中随便采种，导致种苗质量不高，品质不均一，嫁接后表现不一，影响到种苗标准化生产问题。

2）鉴于东北杏果实具有一定食用价值，结果量又比较大，成熟季节多遭折枝、断枝采摘，严重影响到树体的生长，建议产地林业部门很好地组织采种工作。

3）建议尽快开展东北杏种质资源和抗逆性研究，在保护好野生资源的同时，将优良的种质资源分区集中栽培，建立东北杏砧木种子园，为栽培杏苗木生产提供优良砧木资源。

4）保护好东北杏赖以生存的生态环境，不要以为杂木林木材生产不高而不予重视，实际上，许多杂木林是重要的林木和野生果树多样性集中区，保护好这些杂木林就是保护物种多样性资源。

参考文献

[1] 董英山, 郝瑞. 西伯利亚杏普通杏东北杏抗旱性研究[J]. 北方园艺, 1990（5）：39-40.

[2] 董英山, 郝瑞. 西伯利亚普通杏及东北杏亲缘关系探讨[J]. 吉林农业大学学报, 1991, 13（1）：24-27.

[3] 刘洪艳, 宋烨, 李殿波. 野生观赏树木东北杏引种栽培技术[J]. 中国林副特产, 2005（5）：36.

[4] 吕英民. 杏品种儿茶酚氧化酶同工酶分析[J]. 果蔬科学, 1996（2）：105-106.

[5] 胡国富, 李凤兰. 杏落花落果生殖生物学研究[J]. 东北农业大学学报, 2005, 36（2）：181-185.

[6] 庞振伟, 李绪恭. 东北可栽培技术与效益分析[J]. 林业科技, 2001, 26（5）：48-50.

[7] 吴秀菊. 杏营养器官解剖结构及抗旱性机理研究[J]. 东北农业大学学报, 2005, 36（2）：186-190.

[8] 余守海. 东北杏特征特性及栽培技术[J]. 现代化农业, 2006（3）：17-18.

[9] 张文英, 李明. 东北杏脯加工技术[J]. 中国林副特产, 1998（3）：26.

东北杏[*Armeniaca mandshurica*（Maxim）Skv.]

10.6 西伯利亚杏 *Armeniaca sibirica* 物种资源调查

10.6.1 西伯利亚杏概述

（1）学名

西伯利亚杏（*Armeniaca sibirica*（L.）Lam.），又名山杏、野山杏。英文名称：Siberian apicot，隶属于蔷薇科（Rosaceae）、杏属（*Armeniaca* Mill.）。

（2）植物学特征

落叶灌木或小乔木，高 1.5～4 m。小枝灰褐色或浅红褐色，通常无毛；冬芽卵形，紫褐色，先端尖，外被数枚鳞片，无毛。单叶互生，叶片卵圆形、广卵形至扁卵形，长 3～8 cm，宽 2.5～6 cm，基部圆形或近心形，先端尾状渐尖，边缘具细锯齿，两面无毛或背面脉腋有簇柔毛；叶柄长 2～3 cm，常具腺体。花常单生，先于叶开放，花梗极短或近无梗；萼筒圆筒状，淡紫红色，长约 5 mm，无毛，萼裂片 5，长圆状椭圆形，比萼筒短，边缘具齿，开展，花后反折；花冠直径 1.5～2.5 cm，花瓣 5，长约 1 cm，基部具短爪，粉红色至白色；雄蕊 25～30 枚，离生，稍短于花瓣；子房上位，2 心皮，1 室，外被短柔毛。核果，近球形，直径 1.5～2.0 cm，两侧多少扁平，有明显纵沟，外被短柔毛，黄色带红晕，果肉较薄而稍干燥，味苦而酸涩，熟时开裂；果核扁球形，先端尖，具明显腹棱，外面较平滑；种子为较肥厚、小而扁的心脏形，种皮薄，黄棕色，顶端尖，基部钝圆，左右不对称，尖端一侧边缘有一短线形种脐，基部有椭圆形合点，剥去种皮有白色子叶 2 枚，味苦。

（3）西伯利亚杏物候期调查

西伯利亚杏在华北地区一般于 3 月中旬前后开花，而在内蒙古中、东部草原区，花期迟至 4 月下旬或 5 月上旬，花后放叶。华北区西伯利亚杏果实一般 7 月初或 7 月上旬成熟，在内蒙古一般 7 月中至 7 月底成熟；自 9 月底到 10 月上旬落叶，植株进入休眠期。

10.6.2 种质资源及其分布

西伯利亚杏是亚洲的特有树种，主要分布于俄罗斯的西伯利亚、蒙古的东部和东南部以及我国北纬 40°以北的辽宁、河北、内蒙古、山西、陕西、新疆等省区海拔 300～1 500 m 的山地丘陵区。据调查，内蒙古的西伯利亚杏林面积最大，仅赤峰市就有 1 000 万亩，河北省北部及东北部山区有 400 多万亩，辽宁省朝阳地区也有上百万亩。内蒙古正常年份产杏仁达 1 000 万 kg 以上，河北省年产杏仁达 900 万 kg，辽宁省年产杏仁达 700 万 kg 以上，占全国总产量的 1/2，居杏仁生产首位。

西伯利亚杏种下等级较丰富，按照张加延的观点，西伯利亚杏除原变种 *Armeniaca sibirica*（L.）Lam. var. *sibirica*，还有毛杏变种 *A. sibirica*（L.）Lam. var. *pubescens* Kost.、辽梅杏变种 *A. sibirica*（L.）Lam. var. *pleniflor* J. Y. Zhang et al.和重瓣西伯利亚杏变种 *A.*

sibirica（L.）Lam. var. *multipetala* G. S. Liu。

由于西伯利亚杏长期实生繁殖，自然变异类型较多，存在绿萼、晚花、重瓣、甜仁、双仁等多种类型，选育潜力较大。

10.6.3 生物学与生态学调查

根据北京林业大学野生果树项目组在赤峰的调查，实生西伯利亚杏一般 4～5 年始开花结果，第 6 年株产可达 5 kg，8～10 年后进入盛果期，最高株产可达 75 kg，果期寿命达 30～40 年之久。自然生长有大小年。更新容易。

西伯利亚杏喜光，大部分生长在丘陵山区的阳坡或半阳坡地上。在遮光条件下，其退化花可高达 40%，而光照良好时退化花仅占 14%左右。西伯利亚杏抗低温能力强，可在−40～−50℃下安全越冬。即使在花芽萌动期和花期也能抵抗−3℃的低温。根系发达，抗旱能力强，在年降雨量 100～300 mm 的干旱、半干旱山区，夏季温度高达 36℃时也能正常生长；但西伯利亚杏不耐涝，长时间积水易引起树体死亡。果实成熟期遇阴雨则引起落果、裂果。西伯利亚杏对土壤要求不严，耐瘠薄能力较强，在岩石碎裂的阳坡、干旱瘠薄的黏土、沙土、沙质土、盐碱土以及高山 40°～70°的陡坡地带均可生长，并形成群落。

西伯利亚杏多野生于阳坡、半阳坡灌丛，也可生于山坡疏林中或杂木林内。常与绒毛绣线菊（*Spiraea dasyantha*）、柔毛绣线菊（*Spiraea pubescens*）、小叶鼠李（*Rhamnus parvifolia*）、小叶白蜡（*Fraxinus bungeana*）、山桃（*Armeniaca davidiana*）、小叶朴（*Celtis bungeana*）等耐寒耐旱植物形成杂木林。由于西伯利亚杏适应性强，经济价值和生态价值均很高，多作为"三北"地区退耕还林和荒山绿化的树种栽培应用。

10.6.4 苦杏仁的综合价值

（1）苦杏仁油

苦杏仁含油量较高，由于品种与环境条件的差异，含油量也不尽相同，但一般在 50%左右，特别是不饱和脂肪酸的含量很高。

苦杏仁油除可以食用外还有其他更重要的用途：山杏油的凝固点很低，为−20℃，可以用做精密仪器的润滑油和高级涂料；山杏油是半干性油，具有良好的氧化稳定性，可以用于油画行业和化妆品行业；Hyson 等（2002）研究发现，山杏油可以降低人体中低密度脂蛋白（LDP）的含量，有利于延缓机体衰老，防止动脉硬化和心血管疾病。如此优良的性能使得其价格非常可观，在美国市场上，用做保健按摩的杏仁油价格高达 9.5 美元/100 ml；国内医药界苦杏仁油的售价为 110～120 元/kg，为大豆油的 10 多倍。当前，国内产业化制取杏仁油的企业非常少，仅有个别小油厂兼制杏仁油，但工艺落后，产品质量低劣，远远达不到出口油脂标准，也不能用做医药用油。由此可见，杏仁油开发蕴藏着巨大的商机，应该结合国内外市场需求开发相应的产品，特别是出口产品和医药用油脂，把优良的资源变成高附加值商品，从而实现资源优势向经济优势的转化。

苦杏仁油中含有大量的不饱和脂肪酸,具有如下重要的生理功能:

1)维持人体器官、组织、细胞的正常功能

所有生物膜组织的正常活动都需要必需脂肪酸的参与,如缺乏必需脂肪酸,机体的所有系统都会出现异常,特别是中枢神经系统、视网膜和血小板功能异常等。机体细胞膜控制着电子传递,影响着细胞内营养物质的进出和细胞内废物的排出,生理功能极为重要。脂肪酸对细胞膜磷脂所发挥的作用具有决定性的影响,要保持膜的相对流动性,脂肪酸必须具备适宜程度的不饱和性,以适应体内的黏度并发挥必要的表面活性。如果膜上磷脂分子缺少相当数量的不饱和脂肪酸,细胞的生理功能就会出现异常。

2)降低胆固醇,预防心血管疾病

不饱和脂肪酸的作用之一是使胆固醇脂化,从而降低血清和肝脏的胆固醇水平。人体在缺乏亚油酸和亚麻酸等必需脂肪酸时,胆固醇就会被更多的饱和脂肪酸所脂化,容易在动脉血液中积聚,从而使得胆固醇的代谢水平降低,导致动脉粥样硬化的出现,进而导致高血压、中风和心脏病的发生。因此亚油酸、亚麻酸等必需脂肪酸具有降低血液胆固醇,预防心血管疾病的作用。

3)减少动脉血栓的危害

动脉血栓是造成心肌梗死发作死亡的主要诱因。棕榈酸和其他硬脂酸能增加血小板性血栓的形成,而杏仁中的亚麻酸却能减少这些可能,从而防止动脉血栓的形成,维护人体的健康。

4)预防糖尿病

医学研究证明,循环胰岛素数量异常与动脉粥样硬化有明显关系,一些微血管和大血管病变常会引起糖尿病的发生,杏仁中的亚油酸等不饱和脂肪酸通过防止动脉硬化而对糖尿病起到一定的预防作用。

5)作为磷脂的重要组成而起作用

磷脂是脂肪的一种,由亚麻酸、甘油、磷酸及胆固醇等物质组成,为人体脑组织的重要成分。磷脂的功能之一是维持大脑和神经系统的健康;磷脂又是细胞线粒体的组成部分,如果缺乏就会导致人体细胞代谢的紊乱;磷脂有助于人体肝脏中脂肪酸的运转,具有抗脂肪肝的作用;由于磷脂的乳化性,可一定程度上阻止胆固醇在血管内壁的堆积,降低血液的黏度,促进血液循环,延长红细胞生存时间并增强其造血功能。

(2)苦杏仁苷

1)苦杏仁苷简述

苦杏仁苷(Laetvile),最早是从苦杏仁中提取出来的一种简单的天然化合物。就化学组成而言,苦杏仁苷属于芳香族氰苷,由 2 分子 D-葡萄糖,1 分子苯甲醛和 1 个氰根组成。苦杏仁苷是种子植物比较常见的β~原苷,味苦,溶于水和乙醇,不易结晶,容易水解,尤其在酸性条件或酶催化下水解更快。苦杏仁苷被苦杏仁酶(Amygdalase)水解生成 1 分子 D-葡萄糖和 1 分子次级苷—野樱苷(Prunasin),野樱苷继续被樱叶酶或称野樱苷酶

（Prunase）分解，生成 1 分子 D-葡萄糖和 1 分子杏仁腈（或称扁桃腈），杏仁腈不稳定，受热或受羟基氰分解酶（Hydroxynitrilelyase）的作用产生苯甲醛和剧毒物质氢氰酸。该分解过程在室温下甚至在没有酶存在的情况下也能快速发生。如果用浓盐酸水解，则苦杏仁苷中的氰基先被水解转为羧基,然后苷键破裂,生成2分子葡萄糖和1分子杏仁酸（Mandelin Acid）。苦杏仁苷的分解过程如下图所示（林启寿，1977）。

苦杏仁苷的分解过程

2）苦杏仁苷的防癌、抗癌功能

苦杏仁苷是 20 世纪初从杏仁里提取出来的。自 1920 年美国首次用苦杏仁苷尝试治疗肿瘤以来，关于苦杏仁苷的防癌、抗癌功能，学术界有争议，存在着不同的观点。以美国医学博士 Ernest T. Krebs 为代表的"维生素派"认为，苦杏仁苷是一种人体必需维生素，并将它称作维生素 B_{17}，因为它符合美国法律规定的维生素的定义，即一种对动物或人体的健康、生长、繁殖和生活所必需的营养素，当体内缺乏这种营养素时，身体会罹患癌症。支持者认为，苦杏仁苷以微量形式与 B 族维生素同时存在，它可以杀灭癌细胞并可用于癌症治疗。

苦杏仁苷防癌、抗癌的活性成分是一种天然氰化物，该氰化物是人体食用杏仁后的正常代谢产物，对健康细胞无损伤或很少影响，而只侵袭癌细胞，在癌细胞中发挥它的毒性作用，从而破坏或杀灭之。人和哺乳动物体内广泛存在着β-葡萄糖苷酶，特别是健康的肝脏、肾脏和脾脏组织中β-葡萄糖苷酶含量更高，该酶作用于苦杏仁苷后最终可释放出氰化物和苯甲醛，二者协调作用使毒性大大增强。然而，人和哺乳动物体内正常细胞中还存在着一种保护性酶——硫氰酸酶（rhodanese），它能使有毒的氰化物转变成无毒的硫氰酸盐。肿瘤细胞中虽然也存在着大量的β-葡萄糖苷酶，但却缺乏保护性的硫氰酸酶。不仅如此，肿瘤细胞中还存在另一种抑制硫氰酸酶的激素——脉络膜亲生殖腺素。按照这种理论，苦杏仁苷进入健康组织细胞后，虽然能被酶解释放出氰化物和苯甲醛，但氰化物会被硫氰酸酶就地转化为无毒的硫氰酸盐，而苯甲醛则被氧化为具有抗风湿、防腐和止疼作用的安息香酸（benzonic acid），从而形成天然止疼剂。而苦杏仁苷进入癌细胞后，癌细胞中大量的β-葡萄糖苷酶引发苦杏仁苷水解产生剧毒的氢氰酸和苯甲醛，由于缺乏保护性的硫氰酸酶，氢氰酸不能在癌细胞中转变成无毒物质。另外，癌细胞的呼吸以无氧酵解占优势，酵解产生的乳酸导致细胞内 pH 值降低，更有利于β-葡萄糖苷酶活性的提高，而缺氧又抑制了苯甲醛的氧化，氢氰酸与苯甲醛协同作用，大大提高了杀伤能力，从而毒杀癌细胞。因此认为，该药物与其他抗癌药物的最大区别在于，苦杏仁苷杀灭癌细胞的同时，并不伤害正常细胞，从而实现选择性灭癌（郑建仙，1999）。

3）苦杏仁苷的安全毒理学

过量食用苦杏仁和苦杏仁苷易产生中毒，表现为呼吸困难，抽搐、昏迷、散瞳、心跳加速、四肢冰冷等。如抢救不及时或方法不当，可导致死亡。Wagner 认为中毒机理主要是肠道菌丛中含有β-葡萄糖苷酶，苦杏仁苷在体内分解产生氢氰酸，氢氰酸与细胞线粒体内细胞色素氧化酶争夺 Fe^{3+}，抑制酶的活性，从而引起组织呼吸受抑制。

（3）杏仁蛋白与氨基酸

杏仁提取油脂后即得到杏仁粕，未变性的脱苦杏仁粕是良好的植物蛋白来源，其中的蛋白质及氨基酸含量丰富，蛋白质含量可富集至 35%～45%，而且氨基酸组合接近于人体的需要。苦杏仁中不仅氨基酸含量丰富，还含有大量的维生素和矿物质元素，可用于制作杏仁露、杏仁粉、杏仁蛋白代乳品等。

（4）苦杏仁维生素与矿物质

苦杏仁中富含多种维生素如 VA，VB2，VB_5，VC，VE 及众多的微量元素。每 100 g 杏仁中含钙 56 mg，镁 131 mg，铁 2.7 mg，锰 3.44 mg，锌 2.17 mg，磷 294 mg，硒 4.62 μg 等。其中锌、锰、硒是脑垂体的重要组分，可以增强大脑活力，增强记忆力，对青少年用脑过度及中老年记忆力衰退的防治有较好的效果。

（5）杏仁膳食纤维

苦杏仁中膳食纤维含量也较丰富，其纤维状碳水化合物为优质纤维素，其基料碳水化合物为半纤维素和糖蛋白。膳食纤维具有优良的物化和生理生化特性，在国外功能性食品中被称为第七大营养素。由于其具有很高的持水力，适宜的阳离子结合和交换能力，对有机化合物的吸附螯合作用，类似填充剂的容积作用以及能改变肠道系统微生物群系组成作用等而备受重视。膳食纤维的生理功能简述如下：

1）预防结肠癌，促进肠道功能正常化，整肠通便，预防肠憩室症及便秘；

2）抑制或延缓胆固醇与甘油三脂在淋巴中的吸收，促进体内血脂和脂蛋白代谢，预防和改善冠状动脉硬化，缓解由此导致的冠心病和高血压症状；

3）改善并降低末梢神经对胰岛素的感受水平，降低对胰岛素的要求，从而达到调节糖尿病患者血糖水平的目的；

4）预防肥胖，预防胆结石。

(6) 杏核壳

杏核壳是杏仁的内果皮，占原料杏核重量的 60%~66%。从组织学角度来看，杏核壳几乎全部由机械组织细胞——石细胞组成。所谓石细胞是指细胞壁坚硬如石，细胞腔极小的厚壁细胞。

全世界每年的杏核壳产量大约在 55 万 t，通常用来提取木糖或制造高级活性炭。杏仁壳活性炭的颗粒小，表面积大，吸附能力强，比普通的活性炭具有更广阔的用途。

根据 Garrett 等及本项目组对杏核壳的研究，杏仁壳可以制成不同规格的超细粉，从而为杏仁壳的高效利用提供了一条崭新的途径。其用途如下：

1）杏仁壳超细粉经过处理后可以用做金属的清洗和抛光材料，比如飞机引擎、电路板以及轮船和汽车的齿轮装置，都可以用处理后的杏仁壳清洗。

2）杏仁壳超细粉具有一定的弹性、恢复力和巨大的承受力，所以适合在气流冲洗操作中作为研磨剂。

3）由于杏仁壳超细粉是无毒的，易于去除杂质，可填充在塑料、铝板、软合金等材料里使表面光滑而没有疤痕。

4）在油井钻探时，杏仁壳超细粉可用做断裂地带和松散地质部分的堵漏剂，以利于钻探顺利进行。

5）杏仁壳超细粉添加在涂料中可使涂料具有类似塑料的质感，比普通涂料的性能更好。可以涂在塑料、墙纸、砖以及墙板上，用以覆盖表面的裂痕。

6）将杏仁壳超细粉与其他添加物一起添加在炸药里，可增大炸药的威力。

7）杏仁壳超细粉作为一种粗糙的沙砾般的添加剂，还可以用在肥皂、牙膏及一些化妆品里，效果也是非常理想的。

随着人们对杏仁壳认识的深入，还会发现一些其他的用途，杏仁壳的市场会越来越大。

10.6.5 苦杏仁的开发利用

(1) 蛋白质利用

西伯利亚杏的种仁富含蛋白质，是制备植物蛋白饮料的理想原料，自 20 世纪 80 年代开始，苦杏仁蛋白饮料就开始走向市场，以河北露露集体公司为首，全国几十家公司生产山杏蛋白饮料，仅露露一家公司年创产值就达 30 亿元。

北京林业大学和中国食品发酵工业研究院开展了苦杏仁蛋白固体饮料的开发，并已经在露露集团北京国芝香食品有限公司投入生产。

(2) 油脂利用

苦杏仁富含油脂，且油脂脂肪酸组成极其和谐，是开发食用油和医疗保健用油的理想原料。本项目组开发的冷榨冷炼苦杏仁油质量达到欧盟冷榨食用油标准，与超临界 CO_2 流体萃取的杏仁油质量相当，但储藏性能显著优于超临界 CO_2 流体萃取的杏仁油，且成本低廉，仅为超临界 CO_2 流体萃取制油方法的 10% 左右。目前，已有露露集体公司北京国芝香食品有限公司生产并投放市场。

（3）苦杏仁苷的利用

苦杏仁苷是苦杏仁中最有特色的天然产物之一，本项目组曾开展了苦杏仁苷提取制备技术研究；河北美珠生物技术有限公司已开发相关产品。

（4）苦杏仁香精利用

苦杏仁苷经分解后可以制备苦杏仁香精，苦杏仁香精是食品、日用化工的优良原料。河北美珠生物技术有限公司生产的苦杏仁香精畅销欧洲和北美洲。

（5）苦杏仁核壳利用

苦杏仁核壳是制备活性炭和超细工业用粉的理想材料，目前，以苦杏仁核壳制备活性炭的企业较多，多集中在河北省平泉县，效益很好；苦杏仁核壳制备工业用粉的研究也在开展中。

（6）杏叶天然产物利用

西伯利亚杏叶中含有丰富的黄酮类物质和萜内脂类物质，其含量比银杏叶要高。黄酮类物质和萜内脂类物质是制备林源生物制剂的优良原料，可用于制备预防和辅助治疗心脑血管疾病药物。目前，本项目组正抓紧西伯利亚杏黄酮类物质和萜内脂类物质林源生物制剂制备工艺研究，相信不久的将来，西伯利亚杏一定能为人类作出更多贡献。

10.6.6 存在的问题与对策建议

目前，西伯利亚杏资源仍基本处于自生自灭状态。由于种种原因，尤其最近几年，退耕还林过程中注重人工栽培山杏，而对野生资源不注意保护，致使野生西伯利亚杏的分布面积、植株长势和经济效益均明显下降，部分地区甚至濒临毁灭。另一方面，西伯利亚杏良种选育严重滞后，生产中存在着林分差异大，总体品质差的问题。虽然有单位开展了一些工作，但都规模较小而且由于缺乏资金支持等原因实际进展不大。鉴于此，提出如下管理对策意见：

（1）加强原有西伯利亚杏野生果树的保护工作，至少在退耕还林和荒山绿化工作中不要将其毁掉，野生植株保存的基因是极其珍贵的，同时要加强管护。

（2）山杏自然变异类型较多，存在绿萼、晚花、重瓣、甜仁、双仁等多种类型，选育潜力较大。但至今还没有学者对相关资源作系统的种质研究。因此，应下大力气开展西伯利亚杏的选育工作，为给我国持续开展的生态林业工程提供优良的山杏种苗奠定基础，促进山杏生产从"数量效益型"向"质量效益型"转变和山杏产区农民收入的提高。

（3）开展山杏的资源分类与评价，并在此基础上将现有优质丰产抗逆的类型集中收集，结合开展采穗圃建设。为山杏等杏属植物育种提供优良的育种材料。

（4）开展西伯利亚杏天然产物化学筛选，将自然界优良的西伯利亚杏种质资源挖掘利用起来，为人类健康作出更大贡献。

参考文献

[1] 宝金山. 保护利用山杏资源 加快山杏产业化进程[J]. 内蒙古科技与经济, 2005（23）: 80.

[2] 宝金山, 胡宝. 哲盟山杏资源调查报告[J]. 内蒙古林业科技, 1997（2）: 43-46.

[3] 朝鲁. 发展山杏资源搞好开发利用[J]. 内蒙古林业, 1993（11）: 21-22.

[4] 陈树永, 刘振山, 石磊. 林口林区山杏资源现状及发展对策[J]. 现代化农业, 2007（9）: 17-19.

[5] 刁鸣军. 论山杏资源及其合理开发利用[J]. 自然资源, 1994（2）: 70-73.

[6] 单炜. 利用山杏资源生产活性炭是我区一大优势[J]. 内蒙古林业, 1990（6）: 25-27.

[7] 董英山, 郝瑞. 西伯利亚杏, 普通杏及东北杏亲缘关系探讨[J]. 吉林农业大学学报, 1991, 13（1）: 24-27.

[8] 董英山, 郝瑞. 西伯利亚杏, 普通杏及东北杏抗旱性研究[J]. 北方园艺, 1990（5）: 9-40.

[9] 李吉人, 金宝山. 山杏资源的保护管理与开发利用[J]. 内蒙古林业, 1996（6）: 10.

[10] 刘桂森, 张立彬. 山杏资源的现状和展望[J]. 落叶果树, 1989（1）: 30-31.

[11] 刘小蕾, 刘艳萌, 张学英, 等. 西伯利亚杏的组织培养[J]. 植物生理学通讯, 2008, 44（3）: 524.

[12] 林启寿, 中草药成分化学[M]. 北京: 科学出版社, 1977.

[13] 任志秋. 林口林区山杏资源现状及发展对策[J]. 森林工程, 2003, 19（5）: 10-11.

[14] 冶连华, 赵秀英. 林西县要做足山杏大文章[J]. 内蒙古林业, 2003（2）: 27.

[15] 杨庆仙. 我国山杏种质资源研究现状[J]. 北方园艺, 2008（2）: 44-47.

[16] 杨庆仙. 河北省山杏资源利用现状与发展对策[J]. 北方园艺, 2007（12）: 66-68.

[17] 张均营, 徐振华, 马香利. 河北省山杏资源开发利用现状与发展对策[J]. 河北林业科技, 2005（1）: 30-33.

[18] 张淑英. 开发山杏资源发展山区经济[J]. 北方园艺, 1990（10）: 10-11.

[19] 张金城, 高诚玉. 浅谈如何改革利用山杏资源[J]. 现代化农业, 1993（9）: 8-9.

[20] 郑建仙. 功能性食品（第二卷）[M]. 北京: 中国轻工业出版社, 1999.

西伯利亚杏（山杏）[*Armeniaca sibirica* （L.）Lam.]

10.7 野杏 *Armeniaca vulgalis* 物种资源调查

10.7.1 野杏概述

（1）形态特征

野杏（*Armeniaca vulgalis* Lam.），又称新疆野杏（新疆）、伊犁野杏（新疆）、属蔷薇科（Rosaceae）杏属（*Armeniaca* Mill.）植物。

落叶乔木或小乔木，高 4~6 m，立地条件优越时，树高可达 10~12 m，树皮暗灰褐色，粗糙而纵裂，树冠开阔，圆形或扁圆形，树势强健。小枝（新梢）深红色至红褐色，背光面绿色，无毛。单叶互生，叶片卵圆形至近圆形，长 5~9 cm，宽 4~8 cm，边缘具圆钝锯齿，先端尾状渐尖或长尾状，基部圆形或近心形，两面无毛或偶在下面叶脉交叉处有髯毛；叶柄长 2~3 cm，近顶端（有时连同叶片基部）常具 2~6 腺体。花常单生，先于叶开放，白色稍带粉色，花径 2~3 cm，无梗或具极短梗；花萼 5 裂，裂片卵形或椭圆形，花后反折；花瓣 5，白色稍带粉色，卵圆形或倒卵形；雄蕊多数，离生；雌蕊 1 心皮，被短柔毛。核果扁圆形、平底圆形、倒卵形至纺锤形，直径 2~2.5（3）cm，腹缝线明显呈纵沟，两侧对称或不对称，成熟时橘黄色、黄白色、金黄色或黄绿色，阳面有红晕或无，表面微被短柔毛或近无毛，中果皮（果肉）肉质，由脆至柔软，有的较绵，有粗纤维，味酸甜或甜，有的极甜，有的略带苦味，与核离生或粘核；核平滑，扁圆形，沿腹缝线有沟；种子扁圆形，或略呈扁的心脏形，味苦或甜，种皮薄，黄棕色，顶端尖，基部钝圆，左右多少不对称，尖端一侧边缘有一短线形种脐，基部有椭圆形合点，剥去种皮有白色子叶 2 枚，味苦。

（2）地理分布

野杏是栽培杏的野生原始种，原产中国，遍植于中亚、东南亚及南欧和北非的部分地区。18 世纪被西班牙传教士将杏带入加利福尼亚南部。在我国，杏广泛栽培于东北、华北、西北、西南及长江中下游地区。

野杏在我国集中分布于新疆维吾尔自治区伊犁地区，与野苹果[*Malus sieversii*（Ldb.）Roem.]、野核桃（*Juglans regia* L.）、野樱桃李（*Prunus cerasifera* Ehrh.）一起形成世界著名的新疆野果林。野杏为新疆四大野生果树之一，主要分布于新源县阿吾拉勒山、伊宁县吉里格浪中段、皮里青沟、榆树沟一带、厦察汗乌孙山西坡，霍城县境内的大西沟、小西沟、果子沟一带。

10.7.2 野杏林实地调查

野生杏（杏原变种）（*Armeniaca vulgaris* Lam. var. *vulgalis*）主要分布于新疆维吾尔自治区，以伊犁谷地最常见，常与新疆野苹果[*Malus sieversii*（Ledeb.）Roem.]、野核桃（*Juglans regia* L.）、野樱桃李（*Prunus cerasifera* Ehrh.）、准噶尔山楂（*Crataegus songorica* C.Koch）、阿勒泰山楂[*Crataegus altaica*（Loud.）Lange]等组成著名的伊犁野果林。

2008 年 8 月，北京林业大学"中国野生果树调查与编目项目组"深入新疆维吾尔自治区伊犁地区开展野生果树实地调查，项目组重点调查了新源县、巩留县、霍城县和伊宁县等地，现把实地调查结果整理如下。

（1）野杏资源及其分布特点

野杏林主要分布在天山西部伊犁谷地的前山峡谷中，为荒漠地带中出现的落叶阔叶林类型的组成部分。项目组调查到如下几种类型。

新源县阿吾拉勒山和巩留县城以南约 10 km 的凯特明山北面的吾同布拉克沟的两侧山坡上，集中成片分布着以野杏为建群种的原生森林植被群落。从垂直分布来看，野杏分布海拔为 1 000~1 600 m，但主要分布在阔叶林带的下半部，即海拔 950~1 400 m 的低山带（山坡和河谷），分布面积达 3 040 hm^2，目前尚保存完好，当中有些类型品质极佳，与栽培杏相比毫不逊色。这里土壤深厚肥沃，阳光充足，空气湿润，适宜野杏生长发育，是伊犁地区野杏林集中分布区。这里的野杏生长健壮，树干明显，树高多为 3~6 m，郁闭度达 0.4~0.5。伴生树种有野苹果[*Malus sieversii*（Ledeb.）Roem.]、准格尔山楂（*Crataegus* songorica C.Koch）等；林下灌本有小檗（*Berberis heleropoda*）、截萼忍冬（*Lonicera altmanni*）、兔儿条（*SpirAea hypericifolia*）；草类种属繁多，主要有羊茅（*Festuca giganica*）、高山羊角芹（*Aegopodium alpestre*）、雀麦（*Bromus benekenii*）、短柄草（*Brachypodium syluaticum*）等。

在新源县野苹果林区海拔950～1400 m地区，野杏与野苹果[*Malus sieversii*（Ldb.）Roem.]、噶尔山楂（*Crataegus songorica* C.Koch）、阿勒泰山楂[*Crataegus altaica*（Loud.）Lange]等组成落叶混交林；与野苹果有所区别，该地区的野杏主要占据立地条件更为严酷的山坡上部和沟谷侧面其他树木很难生长的地方。由此可见，野杏适应干旱的能力和抗逆境能力比野苹果要强。在新源县野苹果林区，野杏与野苹果共同组成落叶阔叶林，伴生乔木树种偶见准格尔山楂（*Crataegus songorica* C.Koch）、阿勒泰山楂[*Crataegus altaica*（Loud.）Lange]等；林下灌本有小檗（*Berberis heleropoda*）、截萼忍冬（*Lonicera altmanni*）、新疆忍冬（*L. tatarica*）、兔儿条（*SpirAea hypericifolia*）；草类种属繁多，主要有羊茅（*Festuca giganica*）、高山羊角芹（*Aegopodium alpestre*）、雀麦（*Bromus benekenii*）、短柄草（*Brachypodium syluaticum*）等。它很少在稠密的野苹果林内出现，常常仅在疏林中或林缘散布，在草原化的阳坡上多与野苹果组成混交林。

在巩留县野核桃林区，野杏主要分布于海拔1 300 m以上山坡上部、阳坡、半阳坡或立地条件稍差的荒坡，在野核桃郁闭区段，几乎找不到野杏的分布，这充分说明，野杏比野核桃更喜光，更耐贫瘠和干旱。在海拔较高地段，野杏常与小檗（*Berberis* spp.）、忍冬（*Lonicera* spp.）、蔷薇（*Rosa* spp.）混生。

伊宁县吉里格浪中段、皮里青沟、榆树沟一带、厦察汗乌孙山西坡，霍城县境内的大西沟、小西沟、果子沟一带，分布面积3 533 hm²，野杏处于亚建群种地位。

新疆霍城县大、小西沟的野果林植物群落是野樱桃李与野苹果、野杏、野山楂等组成的山地落叶阔叶林。从群落层次可以看出，乔木层主要有野樱桃李、野山楂、新疆野苹果、野杏等；灌木层主要有野蔷薇（*Rosa* spp.）、小檗（*Berberis* spp.）、树莓（*Rubus idaeus*）、忍冬（*Loniccera* spp.）、绣线菊（*Spiraea* spp.）、天山樱桃（*Cerasus tianshanica*）等；草本层的优势种主要有偃麦草（*Elytrigia repens*）、苔草（*Carex* spp.）、水金凤（*Impatiens noli-tangere*）、红三叶草（*Trifolium pratense*）、披碱草（*Elymus canadensis*）、狗牙根（*Cynodon dactylon*）、雀麦草（*Bromus inermis*）、荆芥（*Nepeta cataria*）等。根据《中国植被》的分类系统和林培均（2000）等的分类，将山地野果林群落归为野樱桃李群系（*Prunus cerasifera* Form.），其下分4个亚群系，其中3个亚群系的建群种有野杏，具体组成如下：

Ⅰ．野杏为主与野樱桃李、野山楂、野苹果共建的落叶阔叶林亚群系（*Armeniaca vulgaris*＋*Prunus cerasifera*＋*Grataegus chlorocarpa*＋*Malus sieversii*）。

1）野杏+野山楂+野樱桃李-树莓-偃麦草群丛组（*Armeniaca vulgaris*+ *Grataegus chlorocarpa* + *Prunus cerasifera* -*Rubus idaeus*-*Elytrigia repens*）。

2）野杏+野山楂+野樱桃李+树莓-水金凤群丛组（*Armeniaca vulgaris* + *Grataegus*

chlorocarpa- Prunus cerasifera +Rubus idaeus-Impatiens noli-tangere)。

3）野杏+野樱桃李+野山楂+野苹果-小檗-披碱草群丛组（Armeniaca vulgaris ＋ Prunus cerasifera＋Grataegus chlorocarpa＋Malus sieversii- Berberis spp.- Elymus canadensis)。

Ⅱ. 野樱桃李为主与野山楂、野杏、野苹果共建的落叶阔叶林亚群系（Prunus cerasifera＋Grataegus chlorocarpa＋Armeniaca vulgaris＋Malus sieversii)。

1）野樱桃李+野苹果+野杏-小檗-水金凤群丛组（Prunus cerasifera＋Malus sieversii＋Armeniaca vulgaris -Berberis spp.- Impatiens noli-tangere)。

2）野樱桃李+野山楂+野苹果+野杏-小檗-水金凤群丛组（Prunus cerasifera＋Grataegus chlorearpa ＋Malus sieversii ＋Armeniaca vulgaris- Berberis spp.- Impatiens noli-tangere)。

3）野樱桃李+野山楂+野杏-野蔷薇-披碱草群丛组（Prunus cerasifera＋Grataegus chlorocarpa＋Armeniaca vulgaris-Rosa spp.- Elymus canadensis)。

4）野樱桃李+野杏+野山楂+野苹果-绣线菊-荆芥群丛组（Prunus cerasifera＋Armeniaca vulgaris＋Grataegus chlorearpa ＋Malus sieversii –Spiraea spp.- Nepeta cataria)。

Ⅲ. 野山楂为主与野樱桃李、野杏、野苹果共建的落叶阔叶林亚群系（Grataegus chlorocarpa＋Prunus cerasifera＋Armeniaca vulgaris＋Malus sieversii)。

1）野山楂+野苹果+野樱桃李-小檗-红三叶草群丛组（Grataegus chlorocarpa＋Malus sieversii＋Prunus cerasifera -Berberis spp.- Trifolium pratense)。

2）野山楂+野杏-天山樱桃+野蔷薇-苔草群丛组（Grataegus chlorocarpa＋Armeniaca vulgaris- Cerasus tianshanica＋Rosa spp.-Carex spp.)。

3）野山楂+野樱桃李+野苹果-小檗-苔草群丛组（Grataegus chlorocarpa＋Prunus cerasifera＋Malus sieversii- Berberis spp.-Carex spp.)。

(2) 野杏资源的现状

据有关调查，伊犁野杏资源20世纪60年代初基本保持原始森林植被景观，随着人口的不断增长，畜牧业的发展，野杏资源不断减少，特别是"文革"期间，野杏资源成为当地群众烧柴取暖的主要能源，到70年代中期，原有原始野杏资源基本砍伐一空，成为大面积的次生林地。2008年项目组调查时，野杏几乎全部为次生林，大树、老树几乎绝迹，幼树、树苗也较少见，大部分野杏为20～30年生树龄。

1978年党的十一届三中全会后，野杏资源受到各级领导的高度重视，相继建立了护林队伍和次生林管护站，禁止了乱砍滥伐，满山的野杏资源得到有效的保护，从此野杏资源开始逐渐恢复。目前发展起来的野杏林，大多数是1979年以后恢复起来的，树龄多在30年以下，现在这些幼林生长旺盛，林相整齐，结实良好，产量逐年增加，已成为山地野果林的重要开发利用资源。1997年，有人对新源县山地野杏资源进行了调查：如6号树的果实单果重16 g，属于较大类型的，出核率为8%，出仁率为25%，与其他树相比，该类型果实果肉占比重较大，是主要的鲜食类型；2号树单果重9.5 g，出核率16%，出仁率50%，3号树单果重5 g，出核率16%，出仁率31.25%，与其他类型相比产杏仁比例大，是肉、仁两用的选择对象。核的大小、核的薄厚都影响杏仁的产量，根据以上分析，开发利用野杏资源，进行定向选择培育，将会产生较好的经济效益。

根据林培均（2000）对新源县野杏林的抽样调查：最小树龄 5 年生，最大树龄为 28 年生，平均每棵树产鲜杏 12.58 kg，平均出核率 14.24%，出仁率 33.8%，全县有野杏树资源 3 040 hm^2。每公顷按 420 棵计算，根据推算可年产鲜杏 1.61 万 t，产杏核 2 292.64 t，产杏仁 775.83 t。

尽管野杏资源得到一定保护，但对野杏保护的重视程度，仍不像对野苹果、野核桃和野樱桃李那样重视，这不能不说是一种惯性思维的偏见，不能由于野杏适应性更强、更容易更新就不太重视。新疆伊犁谷地是普通杏原始种质资源分布的中心，更具有种质保护价值，忽视野杏种质资源价值是一种学术性不理智。

10.7.3 新疆野杏残遗原因分析

（1）伊犁谷地的地质历史使然

野杏现代分布的片段性与局地性，与地区的地质历史发生过程有着密切的关系。根据古植物学资料，在渐新世，天山的植被达到最大的繁荣，山坡上长满了茂密的常绿和落叶的针阔叶混交林，其中出现野杏、野苹果树。新第三纪时，阿尔卑斯造山运动兴起，气候开始向大陆性发展，常绿树种和最喜暖的阔叶树种逐渐消失，以落叶阔叶树（包括野苹果、野杏、野核桃等）占优势。第四纪时期，新构造运动的剧烈发展，几次寒冷的冰期和干旱的间冰期的交替发生，对残存的针阔叶树种进行了摧残淘汰，最后只在具有良好气候的前山地带保存了残存的喜暖阔叶树种。伊犁地区的前山地带，由于未遭受第三纪末至第四纪初冰期山地冰川迭次下降的侵袭，又较少蒙受间冰期和冰后期干旱气候的影响，遂成为喜暖中生阔叶树的存留地方。因而野杏的现代残遗分布，是特定地质历史条件和局部的特殊地方气候综合作用的结果。

（2）伊犁谷地自然条件使然

伊犁野杏林分布区虽处于温带荒漠地带，但具有特殊优良的自然生态条件。野杏分布的前山区域，其背后南、北、东三面均有高耸的雪山，东部山脉高达 5 000~7 000 m。这些崇山峻岭成为伊犁谷地的天然屏障，使北冰洋的寒潮、东部蒙古-西伯利亚大陆反气旋和南部塔克拉玛干酷热的沙漠旱风对伊犁地区的影响大为减弱。向西开敞的缺口却有利于里海湿气和巴尔哈什暖流的进入。向东河谷变窄，山地高隆，形成丰富的地形雨，又有冰川积雪夏融，注入三条大河，最后汇成伊犁河流出境。这样就使得伊犁具有新疆最为温和、湿润的气候条件和丰足的水利资源。野杏林所占据地段又是伊犁谷地中最温和、降雨量最丰富的前山地带。尤其是春季降雨，保证了野杏的萌芽、开花和新梢生长所需的大量水分。恰恰是这种独特的地理环境，才使得伊犁谷地气候呈现出温和半湿润的特点，年降水量 550~750 mm，其中 70%以上降于 5—9 月，因处于逆温层中，年均温可达 7℃左右，1 月平均气温-2~-3.5℃，7 月平均气温 18~20℃，为野杏繁衍生存奠定了气候环境基础。

（3）前山逆温层功不可没

新疆野杏残遗的另一个重要的生态条件是，前山地带存在的冬季"逆温层"，形成了冬季相对温暖的气候。逆温是指气温随海拔高度增加而升高的一种大气物理现象。据伊犁州气象台 1961—1969 年探空观测记录，逆温强度最强的 1 月平均强度为 9.5℃，最大达 22.6℃，逆温层 1 月平均厚度为 950 m，最大为 2 077 m。从地面实测资料可以看出，冬季逆温最强是在海拔 800～1 500 m 的前山带里，该地带也正是野果林集中分布带，其 1 月平均气温和平均最低气温分别为 6.5～6.7℃和 10.4～13.5℃，较前山带的上部和下部分别提高 1.6～7.5℃和 4.2～8.3℃。1 月逆温的平均递增率每 100 m 为 2.1℃，最大达 7.3℃。海拔 1 500 m 以上逆温强度逐渐减弱，野果林分布也逐渐减少。冬季逆温一般从 11 月中、下旬开始形成，到次年 3 月上旬消退。1984 年冬巩留县站极端最低气温-33.0℃，平原区种植的成年苹果树、杏树大部分被冻死。而林区的最低气温只有短时间降到-25.3℃，这里所有杏树、苹果树均无冻害。以上分析表明，冬季强逆温层的存在，使其躲过低温袭击，是野果林带谱的存在和繁衍的关键。

（4）野杏适应当地环境的结果

新疆野杏林的垂直分布与地形、气候、海拔、水源、土壤有密切关系，分布层次非常明显。野杏的垂直分布范围为海拔 1 100～1 600 m，在 1 200～1 500 m 地段生长茂盛，可郁闭成林。由于生态条件的不同，有时野杏分布最高极限超过 1 700 m，上接雪岭云杉（*Picea schrinkiana*）林带，下邻山地草原带，呈带状或片块状不连续分布。

大面积连片的野杏林多分布于山坡北坡和荫蔽洼地，沿山间小河岸边更占优势。如伊犁主要野果林区——巩留野果林和新源野果林全部分布在西天山主脉北坡；霍城县大西沟主沟虽属南向谷地，但野果林集中分布在支沟的北坡；在著名的南向果子沟，虽无明显的支沟，野果林也均分布在北向的荫蔽洼地。

10.7.4 关于杏的起源和演化

（1）杏概述

杏是国际性大宗栽培果树。从杏的起源上讲，有三个地区被认为是世界栽培杏的起源中心：中国中心（中国的华北地区以及西藏东部、四川西部）、中亚中心（从天山至克什米尔的广大区域）和近东中心（北伊朗、高加索、土耳其和亚美利亚）。其中近东中心为次生原产中心，中国是最早而且是最大的原产中心。

中国作为杏的最古老的起源中心，杏树栽培历史久远，据史料记载和考古发现，杏树在中国已有 300 多年的栽培史。作为杏树的原生起源中心之一，中国拥有丰富的种质资源。张加延等（2003）多年的调查研究结果表明，按照俞德浚（1978）的分类系统，在全世界杏属植物的 10 个种中，原产我国的有普通杏（*Armeniaca vulgaris* Lam.）、西伯利亚杏[*A. sibilica*（L.）Lam.]、辽杏[*A. mandshurica*（Maxim.）Skv.]、藏杏[*A. holosericea*（Batal）Kost.]、志丹杏（*A. zhidanensis* C.Z.Qiao）、政和杏（*A. zhenghensis* Zhang Jiayan）及李梅杏

（*A. limcisis* Zhang Jiayan）等9个种。其中，普通杏是世界上栽培最广泛的一个种，也是研究最为深入的一个种。我国普通杏有6个变种，即普通杏（var. *vulgaris*）、山杏（var. *ansu*）、李光杏（var. *glabra*）、垂枝杏（var. *pendula*）、熊岳大扁杏（var. *xiongyueensis*）、陕梅杏（var. *meixionensis*）、花叶杏（var. *variegate*）。

多数学者认为，杏原产中国，现遍植于中亚、东南亚及南欧和北非的部分地区，18世纪被西班牙教士带入加利福尼亚南部。

但是，杏原产中国是一个泛泛概念，杏到底起源于中国何地？在杏类果树中到底哪个种更原始？这是一个值得探讨的问题。

（2）新疆伊犁杏野生种群

我国新疆伊犁河谷的野杏和新疆野苹果、樱桃李及野核桃等组成的伊犁野果林是在中亚荒漠地带山地罕见的"海洋性"阔叶林类型，是第三纪暖温带阔叶林的孑遗群落，其中野杏被公认是全世界栽培杏的原生起源种群，曾在世界栽培杏的驯化过程中起过决定性的作用。在植物学分类上这一野生种群与栽培杏同属于普通杏这个种。

据林培均（2000）研究和本次调查，伊犁野杏主要分布于伊犁河北岸的科古琴山南坡，地属伊宁县的匹里青沟（榆树沟）、吉里格朗沟，向西延伸到霍城县的小西沟，向东延伸到新源县的铁木尔勒克（吐尔洪沟），一般与野苹果伴生或混交，在生态条件优越的地方，野生杏成为纯林。目前，在中国伊犁地区的天山野杏共有2万余亩，主要分布于伊犁河谷的低山带，海拔1 000～1 400 m。林培钧（2000）曾对其44个种下类型进行过比较系统的形态学研究。另外，同属于这一种群的野杏还向西延伸分布到哈萨克斯坦的阿拉木图州和塔尔迪库尔干州，吉尔吉斯斯坦的伊塞克湖州以及乌兹别克斯坦的费尔干纳州等地。

我国伊犁野杏林在世界杏的起源和进化中占有特殊的地位，这一点已被越来越多的中外学者所承认。有学者认为，当地杏栽培品种极有可能是从野杏直接演化而来的，因为时至今日，野杏和家杏共栽培现象在这一地区依然比较普遍。该地区的原始野杏种群所蕴含的丰富的遗传多样性为熟期育种、耐晚霜及抗病育种提供了非常重要的种质资源。

（3）杏种质资源研究

近几年，国内外对杏种质资源进行了深入研究。其中，在细胞学、孢粉学、解剖学、抗寒机理等方面尤其在分子生物学技术研究方面取得了很大进展，使杏资源的遗传结构、遗传变异和遗传演化历史更加清晰。

细胞学研究：核形分析是植物细胞分类学的主要手段，是探讨植物亲缘关系和进化趋势的一个重要途径。韩大鹏首次比较系统地研究了杏属植物6个种和9个变种共15个种类的核型。通过分析杏属植物核型特征，结合植物地理学知识得出以下结论：普通杏为原始种；杏梅为进化类型；提出了我国杏属植物可能的核型进化路线：普通杏-李梅杏-西伯利亚杏；杏属植物核型相似，种与种，种与变种之间亲缘关系相近；从核型方面支持李梅杏为一变种。

孢粉学研究：孢粉学在探讨植物起源、演化、分类及亲缘关系上有着重要作用。杨会侠利用光学显微镜和扫描电镜对杏属的 14 个种和变种的花粉形态进行了观察和测定，同时利用透射电子显微镜对杏属具代表性的西伯利亚杏和普通杏 2 个种的花粉壁结构进行了研究。结果表明：① 杏属植物花粉粒均为长球体，极面观为 3 裂圆形，赤面观为椭圆形，不同种和变种的花粉粒大小、P/E 值、萌发器的类型及形状、花粉外壁纹饰等性状存在程度不同的差异，可作为杏属植物分类的一个重要依据。② 首次观察到西伯利亚杏、垂枝杏、李光杏及藏杏的花粉萌发器除具被子植物典型的 3 孔沟外，还具 2 沟现象。同时根据花粉形态的其他特征从孢粉学上认为杏属的进化趋势为普通杏—东北杏—西伯利亚杏—藏杏。③ 对西伯利亚杏、普通杏的花粉超薄切片观察，发现杏花粉外壁为典型的 3 层外壁结构，即由覆盖层、柱状层和外壁内层构成。

授粉生物学研究：郑洲等对红丰、新世纪等 15 个杏品种（系）的自交与杂交亲和性、花粉管形态及花粉、花柱氨基酸组分进行了研究，结果显示：自交不亲和组合在授粉 72 h 花粉管达到花柱 3/4 处，末端膨大，停止生长，而自交亲和组合的花粉管可以继续生长，并在 96 h 进入子房；自交不亲和品种（系）与自交亲和品种（系）花粉的 17 种氨基酸含量并无显著差异，而花柱氨基酸的组分与花粉氨基酸组分有所不同，其中自交不亲和品种（系）酪氨酸、苏氨酸、甲硫氨酸和精氨酸含量明显高于自交亲和品种（系），差异显著或极显著。其原因可能与配子体不亲和与孢子体不亲和的花粉与花柱的识别不同有关。孢子体不亲和性的识别主要在花粉和柱头，而配子体不亲和性的识别部位主要在花柱。

分子生物学研究：近几年来，AFLP、SSR、RAPD、RFLP 和 ISSR 等分子标记技术已被广泛应用于果树种质资源评价、品种鉴别与分类、基因定位及基因组图谱构建等领域，取得了很大进展。目前，应用 RFLP 和 SSR 等分子标记已经成功地获得了杏高密度的遗传基因物理图谱。1999 年 Hurtadot 等利用 RAPD 技术对美国、法国、西班牙的 18 个杏品种进行了多样性分析，证实了北美杏起源于欧洲和亚洲杏的杂交种。2000 年 Zhebentyayeva 等对 6 个生态地理分布群的包括整个杏属的 84 个品种进行了遗传多样性分析，其研究结果认为现在栽培的杏品种主要是从普通杏进化而来的，相近栽培品种间的种质渗透在以中国为起源中心的杏驯化上起了很大作用。吴树敬等对红丰、新世纪等 20 个杏品种进行了 RAPD 扩增，共扩增出 218 条带，106 条具有多态性，多态性比例为 48.6%；建立了红丰及新世纪等杏品种的 DNA 指纹图谱，找到了它们的特异谱带。利用特异谱带结合 DNA 指纹可将参试品种鉴别出来。

10.7.5 新疆野杏种质资源

林培均等（2000）深入研究了新疆野杏的种质资源，并根据植物形态特征，特别是果实特征，将伊犁地区产的野杏分成 44 个类型，分别是：

大拟光杏 *Armeniaca vulgalis* Lam. f. *macroglabriuscula* L. Wang et D. F. Cui

大梨杏 *A. vulgalis* Lam. f. *macropyriformis* L. Wang et D. F. Cui

大扁圆红杏 *A. vulgalis* Lam. f. *macrooblata* Z. Xu

大圆杏 *A. vulgalis* Lam. f. *macrorotundata* L. Wang et D. F. Cui

裂果杏 *A. vulgalis* Lam. f. *fissilis* L. Wang et D. F. Cui

半粘核拟光杏 *A. vulgalis* Lam. f. *macroadnera* L. Wang et D. F. Cui

大粘核杏 *A. vulgalis* Lam. f. *macroadnata* L. Wang et D. F. Cui

大半粘核杏 *A. vulgalis* Lam. f. *semiadnata* L. Wang et D. F. Cui

纺锤杏 *A. vulgalis* Lam. f. *fusiformis* L. Wang et D. F. Cui

霍城野杏 *A. vulgalis* Lam. f. *huochengensis* Z. Xu

大黄杏 *A. vulgalis* Lam. f. *citrea* Z. Xu

大绵杏 *A. vulgalis* Lam. f. *macrocarnos* L. Wang et D. F. Cui

粘核拟光杏 *A. vulgalis* Lam. f. *aggiutinata* L. Wang et D. F. Cui

毛杏 *A. vulgalis* Lam. f. *hebecarpa* L. Wang et D. F. Cui

半离核杏 *A. vulgalis* Lam. f. *semiapodrupa* L. Wang et D. F. Cui

甜仁杏 *A. vulgalis* Lam. f. *glycyosma* L. Wang et D. F. Cui

桃花杏 *A. vulgalis* Lam. f. *persica* Z. Xu

小叶杏 *A. vulgalis* Lam. f. *microfolia* Z. Xu

小叶黄杏 *A. vulgalis* Lam. f. *fulvida* L. Wang et D. F. Cui

露根杏 *A. vulgalis* Lam. f. *armeniaca* Z. Xu

红[树]皮杏 *A. vulgalis* Lam. f. *erythrocauris* L. Wang et D. F. Cui

离核抛光杏 *A. vulgalis* Lam. f. *apodropa* L. Wang et D. F. Cui

橙黄杏 *A. vulgalis* Lam. f. *autantica* L. Wang et D. F. Cui

细肉橙黄杏 *A. vulgalis* Lam. f. *auraria* L. Wang et D. F. Cui

黄绵杏 *A. vulgalis* Lam. f. *chrysocarpa* L. Wang et D. F. Cui

小黄杏 *A. vulgalis* Lam. f. *microcarpa* L. Wang et D. F. Cui

大叶杏 *A. vulgalis* Lam. f. *macrophylla* L. Wang et D. F. Cui

歪尖黄杏 *A. vulgalis* Lam. f. *anisoacuta* L. Wang et D. F. Cui

吾吐布拉克杏 *A. vulgalis* Lam. f. *uatunblakansis* Z.Xu

鲜黄杏 *A. vulgalis* Lam. f. *flares* L. Wang et D. F. Cui

黄绿杏 *A. vulgalis* Lam. f. *chlorochrysa* L. Wang et D. F. Cui

鸡心杏 *A. vulgalis* Lam. f. *cordata* L. Wang et D. F. Cui

偏心杏 *A. vulgalis* Lam. f. *anisocordata* L. Wang et D. F. Cui

浅沟杏 *A. vulgalis* Lam. f. *satural-obscurus* L. Wang et D. F. Cui

野黄圆杏 *A. vulgalis* Lam. f. *citrina* L. Wang et D. F. Cui

橙红杏 *A. vulgalis* Lam. f. *rubro-lutea* L. Wang et D. F. Cui

野白杏 *A. vulgalis* Lam. f. *alba* L. Wang et D. F. Cui

扁圆杏 *A. vulgalis* Lam. f. *oblata* L. Wang et D. F. Cui

小裂果杏 *A. vulgalis* Lam. f. *fissa* L. Wang et D. F. Cui

短椭圆杏 *A. vulgalis* Lam. f. *brevielliptica* L. Wang et D. F. Cui

水蜜杏 *A. vulgalis* Lam. f. *malacoidias* L. Wang et D. F. Cui

甜心杏 *A. vulgalis* Lam. f. *glycycarpa* L. Wang et D. F. Cui

宽卵杏 *A. vulgalis* Lam. f. *latiovata* L. Wang et D. F. Cui

黄圆杏 *A. vulgalis* Lam. f. *xanthochromus* L. Wang et D. F. Cui

10.7.6 野杏利用现状、问题与对策

（1）野杏的利用现状与问题

毫无疑问，新疆伊犁谷地的野杏与其他伊犁野果林一样，也得到不同程度的开发利用，主要体现在如下几方面。

伊犁地区野杏资源丰富，分布范围较广，但属于天然生长，无人管理。每逢杏熟季节，当地群众自发上山采杏。采收的野果一部分交小型加工企业进行低层次的加工，主要加工品有杏汁、杏脯、杏酱、杏干；一部分自采自消费或制杏干；一部分为了获取杏核或杏仁。

在采杏过程中对树体破坏较严重，对林区植被也造成相当程度的破坏。

伊犁谷地野杏分布区的大环境背景是荒漠草原，土著哈萨克居民又以畜牧业为生，牧区过载和违规放牧现象十分普遍，对野杏林生态环境构成很大压力。

由于野杏单产偏低，商品率不高，部分区域开展了野杏嫁接改造和品种改良。本次调查曾发现少数被嫁接改良的野杏。

由于新疆栽培杏很多，野杏一般不受重视，不像野核桃、野苹果和野樱桃李那样，至今未建立哪怕是县级的自然保护区。

由于取材方便，一些居民将野杏直接移栽至田埂或与栽培杏混栽，这种做法虽不太普遍，面积也不大，但容易造成花粉串花，影响野杏的原始基因品质。

野杏适应性很强，又以种子繁殖为主，因此，当地林业部门或部分林业科研人员开展了野杏直播造林研究，从报道的情况看，效果很好，既利用了当地的物种资源，又扩大了野杏的资源量，同时，实现了退耕还林的目标。

（2）对策建议

充分认识野杏面临的生存环境压力。伊犁地区的野核桃、野苹果、野樱桃李和野杏同属第三纪孑遗资源，咋看起来分布范围较广，但其生存背景属于荒漠景观，人类的干扰，气候的变化，其天然生长环境已经和正在发生着巨变，野果林面积在不断萎缩，荒漠区面积在不断扩大，原本处于孤岛状态的野果林正在逐步遭到蚕食，如不加强管理，势必加速这一进程，直至全林覆没。

充分认识野杏的种质资源价值，尽快建立国家级自然保护区。野杏、野核桃、野苹果和野樱桃李同属世界性栽培果树的野生种和原始种，是大自然留给我们的宝贵财富，每一个种群，每一个个体，每一段基因都是独一无二的自然遗产，都是人类的无价之宝，鉴于

此，建议国家有关部门尽快就新疆伊犁野生果树建立国家级自然保护区，切实将大自然千百万年遗留给我们的珍贵的野果种质资源保护好、利用好。

严格林区禁牧制度。伊犁谷地野杏分布区的大环境背景是荒漠草原，土著哈萨克居民又以畜牧业为生，牧区过载和违规放牧现象十分普遍。实地调查表明，野果林的世代序列存在严重问题，幼树、幼苗很少，许多幼树、幼苗死于牲畜反复啃食，如不长期严格禁牧，势必导致野杏林世代序列破裂，并最终引起野杏林资源解体。

加强野杏种质资源利用研究。由于野杏长期实生繁殖，产生了大量适应新疆伊犁不同立地的生态-形态类型，这些类型都是大自然千百万年优胜劣汰的结果，尽管其果实商品率可能不高，果形、果色不一定令人满意，但其所蕴含的抗逆、抗病、抗虫基因价值绝不是可以用果形、果色来衡量的，关键是要加强野杏种质资源利用研究，将野杏所蕴含的优良基因充分挖掘利用起来。

在建立国家级自然保护区之前先建立自治区级野杏自然保护区。由于新疆栽培杏很多，野杏一般不受重视，不像野核桃、野苹果那样，还有个地级或市级自然保护区。所以，建议尽快建立哪怕是县级的野杏自然保护区，这对于保护珍贵野杏种质资源十分必要，一旦要建立国家级野果林自然保护区，再将这些小型自然保护区纳入进来。

尽量避免在野杏林中进行品种改良。由于取材方便，一些居民将野杏直接移栽至田埂或与栽培杏混栽，这种做法虽不太普遍，面积也不大，但容易造成种质资源价值降低，影响野杏的原始基因品质。野苹果林品质、品种改良导致野苹果基因品质下降的教训值得借鉴。

开展野杏直播恢复工程，扩大野杏资源储量。野杏适应性很强，又以种子繁殖为主，因此，建议在原有野杏分布但杏林已破坏的区域，开展野杏直播恢复工程，利用野杏以种子繁殖为主的特性，在不影响野杏种质资源价值的基础上，扩大野杏资源储量，实现退牧还林的目标。

参考文献

[1] 陈钰, 郭爱华. 我国杏种质资源及开发利用研究[J]. 天津农业科学, 2008, 14（2）: 47-50.

[2] 曹建科. 我国李杏产业开发步入快车道[J]. 河北林业, 2006（6）: 14.

[3] 陈学森, 李宪利. 杏种质资源评价及遗传育种研究进展[J]. 果树学报, 2001, 18（3）: 178-181.

[4] 何天明, 陈学森, 张大海, 等. 中国普通杏种质资源若干生物学性状的频度分布[J]. 园艺学报, 2007, 34（1）: 17-22.

[5] 贾克礼, 王斌. 杏种质资源研究及开发利用[J]. 北方园艺, 1990（4）: 5-8.

[6] 李建红. 甘肃省的杏属种质资源[J]. 甘肃林业科技, 1998, 23（1）: 54-56.

[7] 吕英民, 王秀芹. 我国杏的种质资源及其开发利用[J]. 中国野生植物资源, 1993（4）: 30-33.

[8] 李体智. 我国的杏属种质资源及其利用[J]. 北方园艺, 1993（4）: 1-4.

[9] 吕增仁. 我国杏研究进展[J]. 河北果树, 1996（1）: 1-5.

[10] 刘慧涛,张冰冰. 吉林省的杏属种质资源[J]. 果树科学, 1997, 14 (3): 201-203.

[11] 林培钧,崔乃然. 天山野果林资源——伊犁野果林综合研究[M]. 北京: 中国林业出版社, 2000.

[12] 庞勇,伍国强. 我国杏种质资源的研究进展及利用方向[J]. 甘肃林业科技, 2004, 29 (2): 37-40.

[13] 热依曼·牙森,玉苏甫·阿布里提甫. 新疆杏资源及其开发利用[J]. 新疆农业科学, 2005, 42 (B6): 49-51.

[14] 孙浩元,杨丽,张俊环,等. 杏种质资源部分数量性状的分级指标探讨[J]. 中国农学通报, 2008, 24 (1): 147-151.

[15] 杨红花,陈学森,冯宝春,等. 利用远缘杂交创造核果类果树新种质的研究Ⅱ. 李、杏远缘杂种胚抢救及杂种鉴定[J]. 中国农业科学, 2004, 37 (8): 1203-1207.

[16] 杨庆仙. 我国山杏种质资源研究现状[J]. 北方园艺, 2008 (2): 44-47.

[17] 杨红花,陈学森,冯宝春,等. 李梅杏类种质资源的RAPD分析[J]. 果树学报, 2007, 24 (3): 303-307.

[18] 赵锋,刘威生,刘宁,等. 我国杏种质资源及遗传育种研究新进展[J]. 果树学报, 2005, 22 (6): 687-690.

[19] 张强,李西萍. 新疆杏树种质资源及开发利用前景[J]. 内蒙古农业科技, 2005 (4): 38-40.

野生杏林(春季)

野生杏林(秋季)

野生杏生境

野生杏开花

| 野生杏结果状 | 少数民族群众喜获丰收 |

野杏（*Armeniaca vulgalis* Lam.）

10.8 欧李 *Cerasus humilis* 物种资源调查

10.8.1 欧李概述

（1）名称

欧李[*Cerasus humilis*（Bge.）Sok.]，属于蔷薇科（Rosaceae）李亚科（Prunoideae）樱属（*Cerasus* Mill.）植物，又称乌拉奈（辽宁）、酸丁（热河志）、山梅子、小李仁。欧李这一名称作为这种植物的专业名字是植物分类学家陈嵘先生命名的。在对欧李的研究时发现，欧李果实中含有各种对人体有益的矿质元素，尤其是钙元素的含量比一般的水果都高，并为了突出其钙含量高这一特点，便诞生了其商品名"钙果"。欧李果实在历史上曾作为"贡品"，康熙皇帝从幼年时就对食用欧李情有独钟。甚至曾派员为皇宫专门种植。

（2）形态特征

灌木，高 0.4～1.5 m。小枝灰褐色或棕褐色，被短柔毛。冬芽卵形，疏被短柔毛或几无毛。叶片倒卵状长椭圆形或倒卵状披针形，长 2.5～5 cm，宽 1～2 cm，中部以上最宽，先端急尖或短渐尖，基部楔形，边有单锯齿或重锯齿，上面深绿色，无毛，下面浅绿色，无毛或被稀疏短柔毛，侧脉 6～8 对；叶柄长 2～4 mm，无毛或被稀疏短柔毛；托叶线形，长 5～6 mm，边有腺体。花单生或 2～3 花簇生，花叶同开；花梗长 5～10 mm，被稀疏短柔毛；萼筒长宽近相等，约 3 mm，外面被稀疏柔毛，萼片三角卵圆形，先端急尖或圆钝；花瓣白色或粉红色，长圆形或倒卵形；雄蕊 30～35 枚；花柱与雄蕊近等长，无毛。核果成熟后近球形，红色或紫红色，直径 1.5～1.8 cm；核表面除背部两侧外无棱纹。花期 4—5 月，果期 6—10 月。

（3）生物学特性

欧李的生理特点表现在，旱时能避旱，雨季能蓄积水。在干旱的春季，欧李不仅叶片含水量较高，而且保水力强。欧李叶片小而厚，虽然气孔密度大，但气孔小，水分散失的少。在干旱季节地上部生长速度减缓,土壤植株基部产生多量基生芽,这些芽不萌发,一旦遇到降雨时基生芽可形成地下茎在土壤中伸长,形成根状茎或萌出地表形成新的植株。这种生理特点是欧李抗旱的内在因素。

欧李果实同样具有耐旱特点。在干旱季节的早春,欧李也可开花坐果,但果实基本停止生长,而且不会落果,待雨季到来时,庞大的根系迅速吸收雨水并集中供应果实。短短10~20 d内,果实会膨大到原来的8~10倍。果实成熟后,由于果柄与枝、果柄与果实不产生离层,即便干旱也不会轻易落果。可见欧李同其他果树相比,果柄不产生离层的独有特点和高超的旱时能避旱、雨季能集水抗旱的高效用水本领,是欧李在长期进化过程中,与大自然的一种完美结合。

欧李具有根状茎、茎状根的特性,有顽强的生命力。欧李独有的抗旱特点有赖于其"根茎不分"的习性。一般植物的根具有固定的吸收作用,而茎有支撑输导作用。在欧李的根茎生长发育过程中,由于要适应干旱的要求,不同情况产生不同结果;在极度干旱条件下,地上枝叶停止生长,而在地表土层中,植株基部可形成基生芽也不萌发。

庞大的网状根系。欧李庞大的根系盘根错节,根冠比为9.17∶1,比苹果大7.84倍,比杏大1.6倍,这是其具有强大抗旱能力的内在特点之一。由于根系纵横交错,集中分布在20~40 cm的土层内,最深的可达1.5~2 m,形成表土密集的网状结构,将20 cm深土层中的土壤紧紧包住。加之枝繁叶茂,大大减少了雨水对地表的冲刷,能有效阻止表层土壤被风刮走和被雨水冲刷流失。显示出极强的固水保土作用,特别是坡度大光照强的地方,固土作用更强,效果更加明显。

欧李自然更新能力强,生命周期短,繁殖速度快,地上无高大植株。在调查中,挖剖面观察根系分布、生长发育过程可以看出,根系分布以水平根系为主,数量多,垂直根系少,可以看到基生枝(新萌蘖枝)生长健壮强旺,一般次年结果,占结果枝总量的80%以上,2年以上枝结果占有15%~20%,3年生以上结果很少。同时,水平根系萌生新枝能力强,数量多为繁衍后代、适应干旱环境,奠定了基础。播种后,当年幼苗可形成花芽,第二年结果,第三年进入盛果期。它童年期很短,从种子播种到形成新的种子仅需16个月,是自然界一般果树都不具备的特点。也是欧李用短生命周期,快速繁衍后代,长期适应干旱,适者生存的特殊本领。也是欧李自然分布广的主要原因。

10.8.2 欧李研究概述

我国学者对欧李的栽培、繁殖、生理生化、开发深加工等方面相继开展了一系列的研究。钱国珍等(1999)对欧李花芽分化及器官形成进行研究,观察了花芽分化各期主要特征,表明欧李的花芽不是单生,而是簇状聚散花序;欧李的花芽是混合芽;杜俊杰等(1999)较早开始对欧李系列产品进行开发研究,研究制作了欧李罐头、蜜饯、果汁和果酒等系列加工品。

曹琴等(1999)对野生欧李营养特性进行分析,对欧李的糖、酸、维生素C、矿物质及氨基酸的含量进行了分析，指出了欧李果实及其他器官的营养特点，为人工栽培欧李提供了依据。欧李果实中含钙和儿童必需氨基酸极为丰富，可作为儿童营养型水果。吴伟等（2003）和汤志洪等（2003）分别对欧李的育苗、修剪技术以及栽培要点分别开展实验研究，为欧李的高产栽培提供科学的种植方法。程霜等（2003）用尿素包合法分离欧李仁油中的油酸，采用正交试验设计分析方法，用尿素包合分离法纯化、制备高纯油酸，对欧李仁油油酸的分离工艺条件进行了优化。莫润霞（2003）对欧李的钙含量进行测定，测定结果表明其果实营养丰富，可食用，所含营养成分高于樱桃、桃、苹果、梨、李、杏、葡萄、草莓等水果。此外，还含有人体所必需的多种微量元素及17种氨基酸。陈玮等（2004）对欧李红色素提取工艺和吸附进行研究，通过单因素实验和正交实验确定了欧李红色素的最佳提取条件，结果表明 AB-8 大孔吸附树脂对欧李红色素有较强的吸附能力和反复吸附能力。肖咏梅等（2004）用己烷—乙醇—水双相溶剂浸出法提取欧李仁油，确定了最佳提取条件，在此条件下，提油率为 46.6%，粕中苦杏仁苷残余量为 0.44%。

李金峰等（2004）对欧李在晋西地区的适应性试验进行研究，试验观测结果表明，欧李具有生长迅速、抗旱性强、根系发达等特点，在干旱半干旱地区具有很强的适应性，是一种优良的水保型生态树种。马建军等（2004）对野生欧李生长期矿质营养元素含量的变化进行测定，研究了野生欧李叶、花和果实中矿质营养元素（Cu、Zn、Fe、Mn、Ca、Mg、K）含量生长期动态变化规律及其相关性。任清盛（2005），庄丽娟等（2005），张秀丽等（2007）对欧李的组织培养技术进行试验，采用生物技术手段，对欧李进行种苗组织培养和外植体技术研究，培育获得了健壮的无性系钙果试管苗并配制了良好的培养基。陈玮等（2000）研究了欧李仁蛋白的提取及其稳定性、溶解性、乳化性、起泡性等功能特性，测定了欧李仁蛋白的分子量及水溶性蛋白的含量。程霜等（2006）应用不同技术方法对欧李香气成分进行了定性和定量分析，研究结果基本一致。

陈永浩等（2006），都振江等（2006）分别对欧李的深加工进行了开发研究，研制的果汁和果酒都含有丰富的钙、钾、氨基酸。周家华等（2007）对欧李无硫低糖果脯的加工工艺进行了研究，结合欧李果实的具体特性使用了无硫护色技术，同时使用超声波渗糖的方式渗糖取得了较好的效果。马建军等（2007）对野生欧李果实中不同形态钙的含量及分布进行了测定，结果表明，果实钙累积主要发生在两个阶段：一是在幼果细胞分裂期，另一次累积高峰发生在细胞膨大期，果实各部位钙分布以果肉居多，占单果钙累积总量的 72.50%，其次为核仁和核皮；果实不同形态钙累积量为：水溶钙＞果胶钙＞磷酸钙＞草酸钙＞残渣钙，其中活性钙（水溶钙和果胶钙）组分占钙累积总量的 69.87%；嫁接欧李果实中不同形态钙含量组成比例无明显改变。李学强等（2007）对影响欧李花粉粒活力活性以及开花的生理生化因素进行了研究，为提高坐果率提供了理论依据。

10.8.3 野生欧李资源调查

(1) 欧李物候期调查

欧李的物候期为 3 月上中旬萌动；4 月中旬展叶；4 月中、下旬开花；果实 7 月中下旬成熟，10—11 月落叶。各地略有差异。

欧李在北京 3 月下旬至 4 月初为芽膨大萌动期；4 月 15—26 日为开花期，其中 4 月 15 日为初花期，4 月 20 日为盛花期，终花期在 4 月底。新梢旺长期在 5 月 20 日，新梢停长期在 7 月底果实成熟期在 7 月中旬至 9 月下旬，果实前期生长较快，到 6 月中旬至 7 月上旬为硬核期，生长较慢，1 月中旬后生长又加快。11 月上旬落叶。

(2) 欧李分布与生境调查

欧李产于黑龙江、吉林、辽宁、内蒙古、陕西、河北、山东、河南、江苏。生于阳坡沙地、山地灌丛中，或庭院栽培，海拔 100~1 800 m。喜较湿润环境，耐严寒，在肥沃的沙质壤土或轻黏壤土种植为宜。种子繁殖，也可分根繁殖。欧李极抗旱、抗寒性极强，多成片生长在河流两岸、干旱的山坡及沙丘荒地等处。要求土壤为沙壤土，pH 值 6.5~8.0。欧李为喜光树种，对水分要求不严，但在春季萌芽、秋季果实成熟时需水。欧李生长年均温为 4.8~16℃，绝对最低温度高于 -30℃，年降雨不低于 400 mm，年日照时数大于 2 400 h，海拔在 1 650 m 以下，无霜期大于 130 d，冬季平均气温低于 7.2℃ 的天数在 1 个月以上的广大地区均可栽植。主要分布于北方 13 个省、直辖市和自治区，有的地区分布比较集中，有的地区分布则比较零散。下面就将欧李分布比较集中的地域逐一分区介绍：

东北地区：欧李在东北地区有着广泛的分布。从黑龙江小兴安岭以南一直到承德一带以及内蒙古东部都能找到欧李的踪影，主要生长在草原、森林和沙地边缘及一些丘陵区。

历史上东北是欧李分布较多的地区，而且较早地受到了人们的注意。辽宁和吉林的部分地区曾是小李仁（郁李仁）的重要产地；清代还有康熙皇帝喜食欧李的记载；欧李的学名（Cerasus humilis. Bge）也是俄罗斯学者 Bunge 于 1835 年在东北考察时发现后命名的。但由于清代以来，东北移民逐渐增多，大量土地被开垦，原有的植被遭到严重的破坏。这样欧李资源随之大量缩减，只有一些边远地区还有少量存在，形成了现在欧李在东北的分布广而不多的局面。

东北地区气候寒冷，无霜期较短。长期的自然选择导致该区的欧李种群类型比较单一，且品质较差，优良品种较少。主要表现为果个小，多在 5 g 以下；成熟期较晚，8 月中旬始有果熟。

西北地区：欧李在西北地区主要分布在陕西秦岭和甘肃南部地区。甘陕地区地形复杂，多山地丘陵或沙漠草原，许多地方受人为影响较少，所以该区欧李资源没有遭到较大的破坏。同时，由于该区地广人稀，自然条件较为恶劣，欧李资源的具体分布状况及资源特点目前还缺乏深入的了解，有待进一步调查研究。

华北地区：欧李在华北地区主要分布于山区和丘陵区。山东、河南、河北、山西等省都有分布，但以山西分布最多，最为集中。山西地处黄土高原，大部分为山区和丘陵区。太行、吕梁、太岳、中条等几大山系，为欧李的生存提供了良好的条件。其次河北在太行山一侧也有较多分部。其他几省由于地理特点和人为因素，只有少数地区有着零星的分布。

（3）欧李的资源价值

欧李为一种高营养的补钙果品，市场销路好，价格高。欧李果实富含钙、铁，每100 g 鲜果含量分别为 60 mg 和 1.5 mg，是苹果的 4.4 倍和 4 倍。含 17 种氨基酸，是高级保健水果。经过深加工，欧李被用来加工果汁、果脯、果酒、罐头、蜜饯的好原料。欧李出汁率 70%以上，适宜制果汁，很适应我国加快发展果汁业、加工业及外向型果业之需要。

有较高医药价值。欧李种仁药用名郁李仁。含苦杏仁苷、油脂类、挥发性有机酸等，具有润燥滑肠、利尿、理气通便之功效，主治大便燥结、水肿、脚气等病症。以欧李果仁为原料，可以提取有效成分并转化为药用商品或开发成为欧李乳制保健饮品出售。果仁还含有丰富的脂肪，提取后可食用或作工业用油。

欧李是保持水土、改良土壤、治沙的好树种。我国半干旱、半荒漠化山区、丘陵区广阔，由于欧李植株旱生结构特征，保水、改良土壤效果好，适宜在西北、华北、东北半干旱地区栽植。

此外，欧李茎叶营养价值较高，它嫩叶含粗蛋白 15%，粗脂肪 4.3%等，是牛羊的适口饲料，栽植它利于畜牧业发展。干旱年份，许多地方饲草生长较差，供应不足，但欧李抗旱性强，茎叶生长茂盛，柔软无刺，可作为牛羊的饲料。开发欧李，可考虑与畜牧业结合以提高种植的综合经济效益。

欧李树体矮小，可作为核果类果树的矮化砧利用。如果采用欧李做矮化砧，日光温室栽培的李、杏等核果类果树的树体控制问题将得到很好解决。

优良的城市绿化树种。由于它适应性强，管理简便，具有春观花、夏赏叶、秋品果的多功效，是道路、庭院、城市园林绿化的好树种。盆栽的好树种。它的花白色或粉红色，可与樱花媲美，且花期特长（约两个月）。果实成熟期 7—9 月，果圆形或扁圆形，色泽红艳亮丽，枝叶繁茂，叶色浓绿，花果成串，酷似欧洲大樱桃。加之管理方便，适宜盆栽，南北方皆宜（南方需改换碱性土）。

10.8.4 欧李资源利用问题与对策

（1）存在的问题

欧李分布范围较广，大多处于野生状态，随着人们对欧李资源的认识逐步加深，开发利用越来越频繁。在开发利用野生欧李资源时存在掠夺式开发现象，重开发轻保护，没有有效地保护好野生欧李的种质资源库，造成一定程度上的种质资源丧失，同时也破坏了原生植被，造成了一定程度的生态环境恶化。

欧李是一种优良的小型果树，具有广阔的开发前景，但是在良种选育，提高产量的研究上还稍有欠缺。在发展产业上还是局限于农户种植，市场销售的模式，没有形成政府-农户-科研单位-生产加工企业相结合的现代化联动经营模式，尚未形成大产业。

在生态环境建设中，欧李也应当做一种生态经济兼用树种大力推广，尤其在退耕还林工程上还没有发挥其生态和经济的双重效益，因此可以在北方干旱、半干旱地区使用欧李作为优选的生态林造林树种，在获取生态效益的同时获取经济效益，调动农民的造林热情，巩固生态建设的成果。

（2）对策与建议

针对欧李资源产业开发的现状和存在的问题，为确保欧李资源合理的综合开发应用，应在以下几个方面给予重视：

1）政府部门严格执行相关政策法规，切实保护好欧李的野生资源，合理地规划资源开发力度，避免一次性掠夺式的破坏性开发。使野生欧李的资源总量在动态平衡中增长，实现资源的可持续发展。

2）作为一种优良的野生果树资源，应当摸清家底，筛选出具有竞争力的优良品系，做好优质种源选育工作。

3）针对产业发展来看，欧李资源的综合开发是产业结构调整的优良途径，是实施新农村建设开展一村一品工程的优选项目。政府可以合理规划正确引导，变零散种植为集中经营，通过科研单位和企业的通力合作，形成种植、生产、加工、销售产业链，增加市场竞争力。

4）在现有系列产品的开发上加大研究力度，开发出更多更好的产品来满足人们对于生态型野生果品的需求。

（3）前景展望

欧李不仅仅是一种含有多种维生素和氨基酸的高钙水果，其在生态建设、园林景观、园艺栽培上都具有十分广阔的应用前景。特别值得一提的是，在当今能源短缺的情况下，欧李还可以用于开发生物质能源和食用油脂。据中国科学院研究生院研究成果表明：其果仁中的油脂含量高达 46%～74%，主要成分油酸占 69%～71%，与优质橄榄油相当；油酸、亚油酸和棕榈酸占总量的 97.2%；油脂稳定性高于大豆；所制取的植物柴油品质介于国标-10#和-20#石化柴油之间，是一种新的优质木本油料源，可以补充我国非橄榄油产地的先天不足和植物柴油、工业油酸原料不足。因此欧李作为一种多用途优质果树资源对于增加经济收入，保护生态环境，改良果树品质以及提供生物质都具有重要的作用，具有十分广阔的应用前景。

参考文献

[1] 曹贵荣. 欧李（钙果）主要性状及开发利用[J]. 山西果树，2002（3）：9.

[2] 曹琴，杜俊杰，刘和，等. 野生欧李营养特性分析[J]. 中国野生植物资源，1999（1）：36-37.

[3] 陈玮，肖永梅，毕红霞. 欧李红色素的提取工艺研究[J]. 郑州工程学院学报，2004（1）：25-28.

[4] 陈玮，王宏雁，薛勇，等. 欧李仁蛋白的提取与性能研究[D]. 河北工业大学，2000.

[5] 陈永浩，张子德，赵丛枝，等. 欧李澄清汁加工工艺的研究[J]. 食品科技，2006（6）：91-94.

[6] 程霜，陈玮，崔庆新. 欧李果芳香油的成分研究[J]. 食品研究与开发，2006，27（2）：26-29.

[7] 程霜，戴桂芝，王兆玉. 尿素包合法分离欧李仁油中油酸的研究[J]. 粮油加工与食品机械，2003（12）：40-42.

[8] 杜俊杰. 欧李系列产品的研制[J]. 山西农业大学学报，1999（19）29-30.

[9] 都振江，罗建华，高年发. 欧李果酒的初步研制[J]. 中国酿造，2006（7）：71-73.

[10] 李金峰，刘正魁，李树怀. 欧李在晋西地区的适应性试验[J]. 山西水土保持科技，2004（2）：12-13.

[11] 李学强，李秀珍，司风云，等. 不同储藏条件及生长调节剂对欧李花粉生活力的影响[J]. 西北植物学报，2007（1）：2251-2256.

[12] 吕伟. 欧李具有良好的产业开发前景[J]. 内蒙古林业，2006（10）：35.

[13] 马建军，张立彬，于凤鸣，等. 野生欧李果实中不同形态钙的含量及分布[J]. 园艺学报，2007（3）：755-759.

[14] 马建军，张立彬. 野生欧李生长期矿质营养元素含量的变化[J]. 园艺学报，2004（2）：165-168.

[15] 莫润霞. 含钙之王果中珍品——欧李[J]. 农村实用科技信息，2003（4）：17.

[16] 钱国珍，付国红. 欧李花芽分化及器官形成[J]. 内蒙古农牧学院学报，1999（20）：1.

[17] 任清盛. 钙果（欧李）组织培养技术研究[J]. 中国农业通报，2005（1）：53-54.

[18] 汤志洪，张燕，蔡琳，等. 欧李的特性及栽培技术[J]. 落叶果树，2003（3）：20.

[19] 王有信. 欧李种质资源分布及种群分类特性研究[J]. 山西果树，2005（6）：36-37.

[20] 吴伟，莫绪群. 欧李的育苗、栽培与修剪技术[J]. 北京农业，2003（3）：21-22.

[21] 肖咏梅，陈玮，王多荣，等. 己烷-乙醇-水双相溶剂浸出法提取欧李仁油的研究[J]. 中国油脂，2004（4）：14-17.

[22] 邢杜东. 欧李的特性及其栽培[J]. 特种经济动植物，2003（8）：34.

[23] 张秀丽. 欧李组织培养体系试验研究[D]. 河北农业大学，2007.

[24] 张娟，严福军. 欧李选种及繁殖研究综述[J]. 吉林农业科学，2007，32（6）：55-57.

[25] 周家华，兰彦平，姚砚武，等. 欧李无硫低糖果脯的加工工艺研究[J]. 食品科技，2007（6）：151-153.

[26] 庄丽娟. 欧李快速繁殖技术体系研究[D]. 内蒙古农业大学，2005.

欧李[Cerasus humilis (Bge.) Sok.]

10.9 毛樱桃 Cerasus tomentosa 物种资源调查

10.9.1 毛樱桃概述

（1）名称

毛樱桃[*Cerasus tomentosa*（Thunb.）Wall.]，又称山樱桃（名医别录），梅桃（中国树木分类学），山豆子（河北），樱桃（东北）。属于蔷薇科（Rosaceae），李亚科（Prunoideae）樱属（*Cerasus* Mill.）植物。

（2）形态特征

灌木，通常高 0.3～1 m，稀呈小乔木状，高可达 2～3 m。小枝紫褐色或灰褐色，嫩枝密被绒毛到无毛。冬芽卵形，疏被短柔毛或无毛。叶片卵状椭圆形或倒卵状椭圆形，长 2～7 cm，宽 1～3.5 cm，先端急尖或渐尖，基部楔形，边有急尖或粗锐锯齿，上面暗绿色或深绿色，被疏柔毛，下面灰绿色，密被灰色绒毛或以后变为稀疏，侧脉 4～7 对；叶柄长 2～8 mm，被绒毛或脱落稀疏；托叶线形，长 3～6 mm，被长柔毛。花单生或 2 朵簇生，花叶同开，近先叶开放或先叶开放；花梗长达 2.5 mm 或近无梗；萼筒管状或杯状，长 4～5 mm，外被短柔毛或无毛，萼片三角卵形，先端圆钝或急尖，长 2～3 mm，内外两面内被短柔毛或无毛；花瓣白色或粉红色，倒卵形，先端圆钝；雄蕊 20～25 枚，短于花瓣；花柱伸出与雄蕊近等长或稍长；子房全部被毛或仅顶端或基部被毛。核果近球形，红色，直径 0.5～1.2 cm；核表面除棱脊两侧有纵沟外，无棱纹。花期 4—5 月，果期 6—9 月。

（3）生物学特性

毛樱桃喜光，耐寒，耐旱，耐瘠薄及轻碱土，对 Cl_2 及 HCl 气体抗性较差。毛樱桃树冠截持降水量为枝叶鲜重的 28.95%。根系水平分布直径可达 1.5 m，能增强土体抗拉、抗剪力，对重力和水平等侵蚀具有明显的减轻作用。

枝芽特性：芽着生枝条顶端及叶腋间、花芽为纯花芽，与叶芽复生，萌芽率高，成枝力中等，隐芽寿命长。

开花结果习性：花芽量大，先叶后花，坐果率高，花期 4 月初，果实发育期 45～55 d，5 月下旬至 6 月初成熟。

根：根系集中分布在 5～40 cm 土层，水平伸展为树冠 1～2 倍，根蘖发生多，可用于繁殖或更新。形状一般株高 2～3 m，冠径 3～3.5 m，有直立型，开张型两类，为多枝干型，干径可达 7 cm，单枝寿命 5～15 年。

10.9.2 毛樱桃相关研究

目前我国对于毛樱桃的研究主要集中在以下几个方面：

(1) 毛樱桃营养成分的研究

高海生等（2000）对野生毛樱桃果实营养成分分析表明，果实中除含有糖、有机酸外，还含有丰富的维生素、矿物质及氨基酸等营养成分。果实中含有胡萝卜素、VB_1、VB_2、VC、VD、VP、VE 等多种维生素，其中 VC 的含量是一般水果的 2～30 倍。果实中矿物质和微量元素的测定结果表明，Ca、P、Fe 等成分含量明显高于其他水果，特别是 Ca 的含量，高达 1.607 mg/g，是一般水果含量的 10～80 倍。毛樱桃果实中含有 17 种氨基酸，氨基酸总含量为 19.925 mg/g，其中人体必需氨基酸含量为 9.564 g/g，占氨基酸总量的 48%。马建军等（2003）研究了野生毛樱桃叶片中 7 种矿质营养元素（Cu，Zn，Fe，Mn，Ca，Mg，K）9 个生长时期的周年动态变化及其相关性。马建军等（2005）研究了野生毛樱桃生长期果实生长与叶果中 7 种矿质营养元素（Cu，Zn，Fe，Mn，Ca，Mg，K）的含量变化及其相关关系。结果表明，果实中 Cu，Zn，Fe，Mn，Ca，Mg 元素含量与果实生长呈负相关，其中 Zn，Mg 元素达显著水平；叶片中 Cu，Zn，Fe，Mn，K 元素含量与果实生长呈负相关，其中 K 元素达显著水平，叶片中 Ca，Mg 元素与果实生长呈正相关，其中 Ca 元素达显著水平。果实中各营养元素（除 K 外）生长期变化相互间均达极显著正相关。叶片中 Ca 与 Mg 元素呈极显著正相关；Zn、K 均与 Ca、Mg 元素呈极显著负相关；Cu 与 Ca 元素呈显著负相关；K 与 Zn，Cu 元素呈显著正相关；Zn 与 Cu，Mn 元素均呈显著正相关。叶片和果实中矿质营养元素间相关性均不显著。

(2) 毛樱桃系列产品的开发研究

高海生等（2002）对干红毛樱桃酒酿造工艺进行了研究，结果表明毛樱桃果实破碎榨汁时添加 5% 的白酒大曲，室温下处理 6 h，可使出汁率提高 13.6%。采用苹果酸-乙醇发酵的生物降酸法降低毛樱桃汁的酸度，加入果酒酵母前添加 8%～10% 的裂殖酵母 1 号培养液，3 d 后使酸度平均降低 10.4 g/L，降酸率达 54%。在发酵过程中，采用带皮渣发酵 4 d，然后分离皮渣继续发酵的方式，并且采取 15℃ 的低温发酵工艺，使酒的色香味保持较好的状态，风格突出。蔺毅峰（2003）研究了毛樱桃汁碳酸饮料生产工艺。分析了毛樱桃的营养成分，研究了果胶酶对毛樱桃的出汁率、黏度、澄清度的影响。结果表明，毛樱桃营养丰富，矿物质和维生素等含量较高；复合果胶酶处理对出汁率的影响显著，酶的浓度为 6%、处理温度为 45℃、处理时间为 60 min 时出汁率最高，达到 72.8%，提高了 11.6%；并且酶的浓度能极大地降低果汁的黏度，使果汁澄清度加大，差异显著；同时优选出毛樱桃汁碳酸饮料的最佳配方。在此基础上研制了毛樱桃蜜酒和毛樱桃可乐型汽酒，产品经品评鉴定，风味优雅清香。程霜等（2006）提取了毛樱桃籽脂溶性抗氧化成分，研究结果表明，毛樱桃籽脂溶性抗氧化物具有较强的抗 DPPH 能力。利用气相色谱结合质谱联用技术对该混合物组分进行了分离、分析，结果表明，该混合物主要由 γ-谷甾醇、角鲨烯、γ-生育酚、愈创醇、古巴烯醇、视黄酸甲酯组成，这些成分的协同作用贡献于毛樱桃籽脂溶性抗氧化物的强抗 DPPH 活性。毛樱桃籽脂溶性抗氧化物对于毛樱桃籽脂质及其副产物的深加工和开发应用具有重要的意义。马殿君（2007）进行了毛樱桃饮料的研制，毛樱桃汁的提取和澄清处理方法做了重点论述。为了得到澄清透明的毛樱桃汁,保持产品的稳定性,采用果胶酶和淀粉酶共同处理的方法,获得了澄清透明无沉淀的毛樱桃汁饮料。正交实验分析结果为,对毛樱桃汁澄清的最佳组合为 pH3.7、温度 55℃、时间 120 min、果胶复合酶用量 80 μg/g。从实验结果分析来看,pH 和酶解反应时间是毛樱桃汁澄清的决定因素。在已知果胶酶反应特性情况下,影响毛樱桃汁澄清的因素依次为 pH、酶反应时间、果胶酶用量、温度。

(3) 毛樱桃在园艺中的应用研究

张凤敏等 (1999) 把毛樱桃作为设施栽培桃树的砧木,与毛桃砧相比,主要表现为以下特点:矮化性毛樱桃本身为灌木,树体矮小,用它嫁接的桃树具有显著矮化性,可比毛桃砧的树体矮小 30% 以上,是桃树良好的矮化砧,它在受空间限制的设施栽培条件下更具优势。林美盛等 (1999) 研究了毛樱桃砧对早红二号油桃的矮化效果,毛樱桃作为早红二号油桃的砧木,其矮化效应是很明显的,此外还使果实提早成熟,并缩短树的生长期。宫美英等 (1999) 研究了毛樱桃砧对桃树生长结果的影响,结果表明用毛樱桃作砧木,与桃树嫁接,成活率可达 90% 以上,嫁接亲和力良好,无大小脚现象。毛樱桃砧对桃树具有明显的矮化作用,可使树体平均矮化 28.4%。毛樱桃砧对桃树具有明显的促花作用,可使桃树当年成花,翌年结果,3 年丰产,比毛桃砧提早 1~2 年进入丰产期。毛樱桃砧还能使桃果提早成熟 4~6 d,并能提高果实品质,增加可溶性固形物含量 2% 以上。由于毛樱桃砧具有明显矮化、早实和早熟性,是桃树矮化密植尤其设施栽培的矮砧良种。赵同生等 (2003) 研究了毛樱桃与李的嫁接亲和性及致矮效果,用毛樱桃作砧木嫁接李,通过对 5 个品种的调查表明,不同品种成活率及生长势不同,大部分品种表现亲和,致矮作用效果良好,并具有早花早果效应。郭江等 (2005) 研究了毛樱桃砧木对黑琥珀李生长结果的影响,毛樱桃砧木黑琥珀李定植当年成花株率 39.3%,比对照 (31.5%) 增加了 24.8%,而且连年成花,说明黑琥珀李在毛樱桃砧木的影响下,促进了营养成分从营养生长向生殖生长的转移,从而促进了花芽的形成。毛樱桃砧木黑琥珀李果实成熟期提前了 6 d,说明在毛樱桃较早物候期的影响下,促进了黑琥珀李的提早成熟。毛樱桃与黑琥珀李有很好的亲和性,矮化作用明显,能够提高黑琥珀李的早期产量,并促进果实提早成熟。

(4) 毛樱桃栽培育苗研究

兰菊梅等 (2003),杨志辉 (2004) 分别从育苗、肥水管理、整形修剪、果实采收等方面研究了毛樱桃的栽培技术要点,对毛樱桃的栽培提供了科学的管理方法。

(5) 毛樱桃的新品种选育研究

冯宝元等 (1999) 发现了毛樱桃的变种——垂枝毛樱桃,垂枝毛樱桃是新发现的毛樱桃新变种,具有枝条弯曲拱形下垂、抗寒、早熟、果大等特点,是樱桃属唯一的垂枝形资源,是杂交育种的优良亲本,并有鲜食、观赏、药用等多种利用途径。并研究了垂枝毛樱桃的栽培技术。

孙希祥等 (2005) 培育了抗寒大果毛樱桃新品种——吉祥。该品种耐瘠薄,抗干旱,抗寒力强。休眠期耐-40℃低温，盛花期近-7℃低温仍结果正常。果实 6 月末成熟，圆球形，平均单果重 3.6 g，果皮红色亮丽，果肉红色，质硬脆，味甜酸适口，可溶性固形物含量 13.5%，品质佳，较耐运输。

10.9.3 野生毛樱桃调查

2008 年 3—9 月，中国野生果树调查与编目项目组在河北省、北京市、辽宁省、内蒙古自治区等地的毛樱桃野生果树资源进行了专门的调查，重点包括河北省太行山区北端、中段和燕山地区，北京市西山、百花山，内蒙古赤峰市、呼和浩特市和包头市以及辽宁南部地区等。

（1）野生毛樱桃物候期调查

毛樱桃是蔷薇科开花较早的野生果树，花先叶开放，花期 3—4 月，在个别向阳沟谷，花蕾 2 月底开始萌动，3 月初始花，白色至淡粉红色，萼片红色；果实从 4 月开始发育，大约历经 60~70 d，果实逐渐由绿变红，成熟期（6 月）果实亮红色。

绿萼毛樱桃，枝条较毛樱桃细密，姿态优美；花径 1.5 cm，比毛樱桃略小，但花朵较密；萼片绿色，花瓣洁白如雪，3 月中下旬开放，满树琼花；花朵开放较缓慢，花期比毛樱桃长，是良好的园林观赏类型。

（2）毛樱桃生境与分布调查

根据相关文献调查结果，分布于云南、四川、陕西、甘肃、青海、宁夏、山西、河北、辽宁、吉林、黑龙江、内蒙古、西藏及华东地区。垂直分布海拔 2 000 m 以下。生于海拔 100~2 000 m 的林中、林缘、草地或灌木丛中，亦有栽培。朝鲜和日本也有分布。

河北省太行山北部的易县和太行山中南段的武安县和涉县及北京市西山、妙峰山是毛樱桃的集中分布区之一，在上述地区，毛樱桃多生于向阳山坡疏林内或林缘、灌丛，经常与孩儿拳头（*Grewia biloba* var. *parviflora*）、酸枣（*Ziziphus jujuba* var. *spinosa*）、胡枝子（*Lespedeza* spp.）、荆条（*Vitex negundo* var. *heterophylla*）等伴生。毛樱桃能耐一定庇阴，较喜湿润，在华北地区多生长于土壤相对湿润的地段。

（3）毛樱桃利用状况调查

园林应用：毛樱桃具有抗逆性强、易于繁殖、花期早、果实晶莹剔透等特点。因此，在我国东北、华北地区，多数作为园林观赏植物应用。

作为果树栽培：一方面毛樱桃果实成熟早，果形小，状似珍珠，色泽艳丽，味鲜美，营养价值高，主要用于鲜食，供应 6 月初果品淡季市场；另一方面，毛樱桃耐寒、抗旱、耐瘠薄，田埂、果园周边均可生长，充分利用耕地美化周边环境。栽培证明，最高亩产可达 1 500 kg，亩收益达 2 000~3 000 元，是很有发展潜力的多功能小杂果果树。

作为砧木应用：我国桃、李的嫁接，主要用毛桃、山桃、山杏和本砧等做砧木。嫁接后一般表现树体高大，结果较晚，单位面积产量较低，难以适应当前果树向"矮、密、早、丰、优"栽培方向发展的需要和保护地栽培树体矮化的要求。研究发现以毛樱桃作桃、李的砧木有显著的矮化效应和经济价值。以毛樱桃作桃树的砧木，除了具有显著的矮化作用外，还具有早实、早熟及改善果实品质等特点。这不仅适于桃树的矮、密、早、丰、优栽培，而且更符合目前桃树设施栽培的要求。例如，毛樱桃作为五月火油桃的砧木，其矮化效应十分明显，果实能提早成熟上市，并缩短树的生长期，可在生产中长期使用。

食品应用与开发：由于毛樱桃具有很高的食用和保健价值，近年来有许多公司相继对毛樱桃进行了开发，并且在产品的开发工艺、品种的创新、产品的系列化生产、品牌和国内外市场拓展等方面取得了很好经验，已生产出干红毛樱桃酒、毛樱桃蜜酒、毛樱桃可乐型汽酒、毛樱桃果酱、毛樱桃果冻、毛樱桃露酒、毛樱桃果汁等产品。用现代科学知识在野生毛樱桃生长期矿质营养含量变化与果实生长的关系和以毛樱桃为砧木培育桃、李方面做了大量工作并取得可喜成绩。并且以东北毛樱桃为原料，用酸性食用乙醇提取制得樱桃红色素，并对该色素的稳定性进行了研究。实验结果表明，该色素在酸性条件下对光、热、常用食品添加剂比较稳定，是一种价廉易得、安全可靠、使用方便的天然植物色素，并在毛樱桃果实营养成分分析研究方面取得了一定的突破。

10.9.4 毛樱桃资源利用问题与对策

（1）存在的问题

调查发现，在东北低山丘陵有很多毛樱桃树，在没有进口品种——大樱桃栽培之前，毛樱桃还比较受重视，农民对自然资源的保护意识还较强。但现在由于进口品种大樱桃栽培面积的扩大，毛樱桃已退出市场，农民开始毁坏野生资源，使原本丰富的种群越来越支离破碎，导致土生土长的毛樱桃品种不断丧失。

（2）对策建议

1）毛樱桃是一种很有发展潜力的野生果树，其果实丰产，果形秀丽，果色亮丽，应加强选育研究，将自然界优良的毛樱桃单株收集起来，同时，开展育种研究，使这一珍贵资源造福人类。

2）应加强毛樱桃野生资源管理和保护，杜绝毁坏性采收，保护已有资源，有计划、有组织地进行采收和利用。

3）加强毛樱桃种质资源研究，将那些抗逆性强、丰产、果形端庄、果色亮丽、开花结果早的种源集中栽培，同时，开展种质资源利用研究。

4）毛樱桃花期很早，花色雪白，叶色浓绿，果色红艳，是很好的园林观赏植物，应加强毛樱桃园林育种和应用研究，使野生资源更好地服务于人类。

参考文献

[1] 程霜，崔庆新，陈玮. 毛樱桃籽脂溶性抗氧化成分及其体外抗自由基活性[J]. 食品科学，2006（5）：83-87.

[2] 冯宝元，周运宁. 毛樱桃新变种——垂枝毛樱桃[J]. 山西果树，1999（1）：3-4.

[3] 高海生，蔺毅峰，李春华，等. 干红毛樱桃酒酿造工艺研究[J]. 中国食品学报，2002（1）：17-21.

[4] 高海生，侍朋宝，张建才. 毛樱桃酒系列产品的加工工艺研究[J]. 食品科学，2006（11）：378-382.

[5] 高海生，肖月娟，刘秀凤，等. 毛樱桃果实营养成分分析研究[J]. 食品科学，2002（6）：110-112.

[6] 郭江. 毛樱桃砧嫁接黑琥珀李的栽培效果与育苗技术[J]. 山西果树，2005（5）：44-45.

[7] 郭江. 毛樱桃砧木对黑琥珀李生长结果的影响[J]. 中国果树，2005（5）：20-21.

[8] 宫美英，张凤敏. 毛樱桃砧对桃树生长结果的影响[J]. 河北果树，1999（3）：16-17.

[9] 兰菊梅，夏固成，闫德友，等. 毛樱桃的播种育苗技术[J]. 宁夏科技，2003（6）：17.

[10] 蔺毅峰. 毛樱桃汁碳酸饮料生产工艺研究[J]. 农业工程学报，2003（4）：226-229.

[11] 林美盛，于辉，任旭喜. 毛樱桃对早红二号油桃的矮化效果[J]. 北方果树，1999（4）：13.

[12] 马殿君. 毛樱桃饮料的研制[J]. 饮料工业，2007，10（6）：29-31.

[13] 马建军，邹德文，吴贺平，等. 毛樱桃叶片中矿质营养元素含量的周年动态变化[J]. 河北职业技术师范学院学报，2003（2）：6-9.

[14] 马建军，于凤鸣，张立彬，等. 野生毛樱桃生长期矿质营养含量变化与果实生长的关系[J]. 河北科技师范学院学报，2005（2）：14-17.

[15] 孙希祥，徐玉芬. 大果抗寒毛樱桃——吉祥[J]. 西北园艺（果树），2005（3）：50.

[16] 杨志辉. 毛樱桃栽培技术要点[J]. 农村科技开发，2004（11）：5.

[17] 张凤敏. 毛樱桃砧对桃生长结果的影响[J]. 柑橘与亚热带果树信息，1999（4）：17-18.

[18] 赵同生. 毛樱桃与李的嫁接亲合性及致矮效果[J]. 河北果树，2003（4）：12.

毛樱桃[*Cerasus tomentosa*（Thunb.）Wall.]

10.10 西藏木瓜 *Chaenomeles thibetica* 物种资源调查

10.10.1 西藏木瓜概述

（1）名称

西藏木瓜（*Chaenomeles thibetica* Yü），是被子植物门（ANGIOSPERMAE），双子叶植物纲（DICOTYLEDONAE），蔷薇科（Rosaceae），苹果亚科（Maloideae Weber），木瓜属（*Chaenomeles*）植物。木瓜属约有 5 种，产于亚洲东部，其中 4 种原产于我国，广泛分布于黄河流域以南地区。

（2）形态特征

灌木或小乔木，高达 1.5～3 m；通常多刺，刺锥形，长 1～1.5 cm；小枝通常屈曲，圆柱形，有光泽，红褐色或紫褐色；多年生枝条黑褐色或深灰褐色，散生长圆形皮孔；冬芽三角状卵形，红褐色，先端急尖，被少数鳞片，在先端或鳞片边缘常微有褐色柔毛。叶片革质，卵状披针形或长圆状披针形，长 6～8.5 cm，宽 1.8～3.5 cm，先端急尖，基部楔形，全缘，上面深绿色，中脉与侧脉均微下陷，下面密被褐色绒毛，中脉及侧脉均显著突起；叶柄粗短，长 1～1.6 cm，幼时被褐色绒毛，逐渐脱落；托叶大形，草质，近镰刀形或近肾形，长约 1 cm，宽约 1.2 cm，边缘有不整齐锐锯齿，稀钝锯齿，上面无毛，下面被褐色绒毛。花通常 3～4 朵簇生；花柱 5，基部合生，并密被灰白色柔毛。果实长圆形或梨形，长 6～11 cm，直径 5～9 cm，成熟时黄色，味香；萼裂片宿存，反折，三角状卵形，先端急尖，长约 2 mm；种子多数，扁平，三角状卵形，长约 1 cm，宽约 0.6 cm，深褐色。

本种近似毛叶木瓜[*Chaenomeles cathayensis*（Hemsl.）Schneid.]，唯本种叶片全缘，叶片下面密被褐色绒毛，花柱基部密被柔毛，易于区别。根据俞德浚先生的观点，本种疑似毛叶木瓜与云南移依[*Docynia delavayi*（Franch.）Schneid.]的属间杂种。

（3）分布特性

我国的木瓜种质资源分布广泛，东至辽宁、山东、浙江，西至新疆、西藏，南至云贵、广西，北至陕甘、河北等均有分布。

西藏木瓜（*Chaenomeles thibetica* Yü）特产于西藏（拉萨、林芝、波密、察隅）和四川西部，通常分布于海拔 2 600～4 000 m 林区，生长于山坡山沟灌木丛中。云南的维西县海拔 2 230 m 的地方也有分布。栽培于海拔 3 760 m 的拉萨、林芝、罗布林卡等地。模式标本采自拉萨罗布林卡。

10.10.2 西藏木瓜研究概述

关于西藏木瓜的研究多集中在天然产物检测和药材鉴别方面。李水福等（2000）用紫外光谱法鉴别木瓜及其伪品，对光皮木瓜、西藏木瓜进行鉴别。得到结论，木瓜及其伪品多数具有共同的特征峰：乙醇提取液（280±2）nm 左右有平坦峰或肩峰，（216±2）nm、（241±1）nm 有特征吸收峰处及一阶导数光谱在 266±1（+）、235±1（+）处有特征吸收峰。仅个别品种独特，如西藏木瓜氯仿提取液原始和一阶导数光谱均仅一个峰；多数移依类的乙醇提取液在（260±2）nm 处、一阶导数在 250 nm（+）处有特征吸收峰。以对照药材同行对比，正品木瓜的原始光谱相似，一阶导数光谱较近似，而伪品则有较大区别。如西藏木瓜，尖嘴林檎及移依类，还可鉴别出"木瓜"样品为移依类伪品。孔增科等（2007）对西藏木瓜进行饮片鉴定，鉴定结果为：呈圆形或梨形，多纵切成 2～4 瓣。长 6～11 cm，宽 5～9 cm。表面红棕色或灰褐色，饱满或稍带皱缩；剖开面果肉较薄，厚约 5 mm，果肉较松软。种子密集，每室 25～30 粒，红棕色，扁平三角形。气特殊，味极酸。有祛风除湿、消食化积的功效。

吴廷俊等（1996）采用原子吸收分光光度法和极谱法等测定了宣木瓜、川木瓜、皱皮木瓜、西藏木瓜中微量元素的含量，4 种木瓜中都含有人体所必需的微量元素，有铜、锰、铁、锌、镉、镍、钴、铬、砷，只有宣木瓜中不含镉。陈洪超等（2005）在木瓜中检测到 19 种氨基酸，他们还比较了木瓜、毛叶木瓜、西藏木瓜、皱皮木瓜中蛋白质的含量，每

100 g 皱皮木瓜中蛋白质的含量最高，为 6.15 g，而其余 3 种均为 3～4 g。龚复俊等（2006）对西藏木瓜的挥发油成分进行了研究，用气相色谱-质谱法对其挥发油进行成分鉴定：用峰面积归一化法计算求得各化学成分在挥发油中的含量。并通过 GC–MS 分析和 WILEY 标准质谱数据库自动检索被分析组分的质谱，对检索结果进行人工核对，用对照品确认了部分组分，共鉴定出 67 种化合物。最后得出西藏木瓜含有 31.6%的有机酸。常楚瑞（2001）用乙酸乙酯回流法提取木瓜总黄酮，并对其含量进行测定，比较得到供试品的吸收曲线与标准品芦丁的吸收曲线基本一致，并在 510 nm 处有最大吸收。说明木瓜总黄酮与芦丁有相似结构，以芦丁为代表的黄酮类成分均有一定的生理活性，且药典规定了芦丁类总黄酮的测定方法，因此将木瓜总黄酮测定作为测定指标。

郑智敏等（1985）用木瓜混悬液 5～6 mL/d 对四氯化碳引起的大白鼠急性肝损伤病理模型进行灌胃处理，即木瓜每日用药剂量为 3 g/kg，共 10 d。经病理检查木瓜混悬液有减轻肝细胞坏死，减轻肝细胞脂变，防止肝细胞肿胀、气球样变，促进肝细胞修复作用，还有显著降低血清丙氨酸转移酶作用。木瓜中含有保肝化学成分齐墩果酸和熊果酸。齐墩果酸对四氯化碳造成的肝损伤有保护作用，能减少肝实质细胞的坏死、脂肪变性和退化，并在临床上用于肝炎的治疗。Saraswat B（1996）等研究证明，乌苏酸对硫代乙酰胺、半乳糖胺、四氯化碳造成的大鼠肝损伤有剂量依赖性的保护作用（剂量 5～20 mg/kg，肝保护作用效率达 21%～100%）。

10.10.3 西藏木瓜野外调查

西藏木瓜资源调查：2009 年 8 月，北京林业大学野生果树专题组专程调查了四川、西藏的野生果树资源。现将在西藏自治区林芝调查到西藏木瓜的情况报告如下。

在林芝地区鲁朗兵站海拔 3 150 m 灌木林中西藏木瓜生长良好，结果正常，树体高 2～3 m，多呈丛状或散生分布。伴生灌木有灰叶栒子（*Cotoneaster acuminatus* Lindl.）、密花绣线梅（*Neillia densiflora* Yu et Ku）、细齿稠李（*Prunus vaniotii* levl）、扁刺蔷薇（*Rosa sweginzowii* Koehne）、密花纤细悬钩子（*Rubus hypargyrus* Edgew. var. *aniveus* Hara）、锈毛西南花楸（*Sorbus rehderiana* Koehne var. *cupreonitens* Hand.-Mazz.）、黄华木（*Piptanthus nepalensis* D.Don）、云南勾儿茶（*Berchemia yunnanensis* Franch.）等；常见草本植物有矮地榆[*Sanguisorba filiformis*（Hook.f.）Hand-Mazz.]、小叶蛇莓[*Duchesnea indica*（Andr.）Focke var. *microphyulla* Yu et Ku]、西南草莓[*Fragaria moupinensis*（Franch.）Card.]、西藏草莓（*Fragaria nubicola* Lindl. ex Lacaita）、柔毛委陵菜（*Potentilla griffithii* Hook.f.）、钉柱委陵菜（*Potentilla saundersiana* Royle）、波密黄芪（*Astragalus bomensis* Ni et P.C.Li）、高山米口袋（*Gueldenstaedtia himalaica* Baker）、草马桑（*Coriaria terminalis* Hemsl.）、草莓凤仙花（*Impatiens fragicolor* Marq.et Airy Shaw）等。

西藏木瓜成分研究：西藏木瓜果实芳香宜人，就气味而言由于普通木瓜。据测定，鲜果含水分 80.1%～82.2%，干物质 17.8%～19.9%。其中，纤维素 2.9%～3.0%，果胶 2.0%～

2.1%，单宁 1.5%～1.6%，总有机酸 3.5%～3.6%（其中，柠檬酸 0.79%，苹果酸 2.79%），总糖 7.8%～7.9%（其中多糖 4.3%～4.4%，蔗糖 0.07%～0.08%，葡萄糖 1.4%～1.5%，果糖 1.9%～2.0%，），还含有天门冬氨酸等 16 种氨基酸，鲜果汁氨基酸总含量为 410.75 mg/100 g，较普遍栽培的皱皮木瓜[Chaenomeles speciosa（Sweet）Nakai]和毛叶木瓜[Chaenomeles cathayensis（Hemsl.）Schneid.]分别高出 34.9%和 33.1%个。此外，每 100 g 鲜汁还含有维生素 C_1 34.98 mg，烟酸 0.26 mg，维生素 B_1 0.02 mg，维生素 B_6 0.03 mg，维生素 A 0.17 mg，维生素 E 0.17 mg，粗蛋白 425 mg 以及总黄酮 14.5 mg（其中芦丁 13.7 mg，杨梅酮 0.80 mg），较皱皮木瓜和毛叶木瓜分别高 36.8% 和 72.2%。还含有钾、钙、镁、铜、锌、铁、锰、磷等矿物质元素。

10.10.4 西藏木瓜利用现状

传统利用：木瓜作为药物一般利用植物的果实。李时珍在《本草纲目》中论述：木瓜气味酸、温、无毒。主治湿痹邪气，霍乱大吐下，转筋不止，治脚气冲心。强筋骨，下冷气，止呕逆，心膈痰唾，消食，止水利后咳不止。调营卫，助谷气。去湿和胃，滋脾益肺，治腹胀善噫，心下烦痞。此外，《食疗本草》、《名医》、《千金方》等古医书都有对木瓜食疗作用的精辟论述。可见木瓜的药用价值自古以来就得到人们的重视。

药物和食品加工：木瓜富含多种药效和营养成分，其中木瓜黄酮、芦丁、有机酸、挥发油、氨基酸及矿质营养元素，能抗菌消炎，舒筋活络，软化血管，祛风止痛消肿，并能阻止人体致癌物质亚硝胺的合成，是一种营养丰富、有较高利用价值的果中珍品。果实可切片制干，泡酒，制果脯、果酱，作为菜肴及调味品等，也是饮料、酿酒和药用原料。

新近的栽培利用：近年来，随着我国农业产业结构的调整和木瓜新的药用保健作用的不断发掘，木瓜已逐渐成为集食用、药用和观赏为一体的极具开发价值的新兴经济林树种，其栽培在很多地区已形成一定规模，深加工企业不断涌现，利用木瓜果实加工罐头、果脯、果酱、果酒、果汁等，保健食品的种类越来越多。

西藏木瓜采用种子、嫁接、压条和扦插等方法繁殖。种子播种是最常用的繁殖方法。育苗时选择丰产、果大、品质优良的植株作采种母树，采集充分成熟的果实，取出种子，置于通风良好的室内晾干，于第 2 年早春播种，也有用整个果实直接播种建园的。一个果实一般有籽百余粒，种植后，出苗数十株乃至上百株，形成多主干丛状形。嫁接、压条、扦插繁殖，应选择果大优质丰产的中壮龄株作繁殖材料，以保持其优良特性。

10.10.5 资源保护与利用建议

1）西藏木瓜在西藏自治区利用尚少，由于人烟稀少，加之果实很酸，不能直接食用，故资源破坏不太严重。建议加强引种改良研究。

2）据项目组调查，本种在西藏主要用于园林观赏，如西藏高原生态研究所、西藏大学农牧学院、林芝机场等地，都可见到栽培的西藏木瓜。建议引种栽培。

3）由于该种适生能力很强，果实端庄、香气浓郁，建议作为木瓜育种的亲本材料加以利用，使这一珍贵的资源得到更广泛的利用。

参考文献

[1] 常楚瑞. 乙酸乙酯回流法提取木瓜总黄酮及含量测定[J]. 贵阳医学院学报, 2001, 26（4）: 326-327.

[2] 陈洪超, 丁立生, 彭树林, 等. 皱皮木瓜化学成分的研究[J]. 中草药, 2005, 36（1）: 30-31.

[3] 龚复俊, 卢笑丛, 陈玲, 等. 西藏木瓜挥发油化学成分研究[J]. 中草药, 2006, 37（11）: 1634-1635.

[4] 郝继伟, 周言忠. 沂州木瓜优质品种资源调查研究[J]. 中国种业, 2007（11）: 84-85.

[5] 孔增科, 胡双丰, 潘嬿, 等. 木瓜与光皮木瓜、西藏木瓜及小木瓜的鉴别与合理应用[J]. 河北中医, 2007, 29（4）: 355-356.

[6] 李水福, 朱筱芬, 张伟生. 木瓜及其伪品的紫外光谱鉴别[J]. 中药研究与信息, 2000, 2（6）: 46-47.

[7] 鲁宁琳, 范昆, 王来平, 等. 木瓜的种质资源分类及功效[J]. 落叶果树, 2008（6）: 29-31.

[8] 邵则夏. 西藏木瓜[J]. 云南林业, 2007（2）: 30.

[9] 吴廷俊, 张克荣, 李崇辐, 等. 木瓜中微量元素的测定[J]. 微量元素与健康研究, 1996, 13（4）: 35-36.

[10] 吴廷俊, 张浩, 熊荣先, 等. 中药木瓜的药源调查[J]. 华西药学杂志, 1996（3）: 190-192.

[11] 张茜, 王光, 何祯祥, 等. 木瓜种质资源的植物学归类及管理原则[J]. 植物遗传资源学报, 2005（3）339-343.

[12] 郑智敏, 王寿源. 中药木瓜对大白鼠肝损伤的实验观察[J]. 福建中医药, 1985, 16（6）: 35-36.

[13] 中国科学院中国植物志编辑委员会. 中国植物志[M]. 北京: 科学出版社, 2004.

西藏木瓜（*Chaenomeles thibetica* Yü）

10.11 山楂 *Crataegus pinnatifida* 物种资源调查

10.11.1 山楂概述

（1）名称

山楂（*Crataegus pinnatifida* Bunge），又称山里红、红果子、棠棣、绿梨、胭脂果，属于蔷薇科（Rosaceae）苹果亚科（Maloideae）山楂属（*Crataegus* L.）植物。

（2）形态特征

落叶乔木，高达 6 m，树皮粗糙，暗灰色或灰褐色；刺长 1～2 cm，有时无刺；小枝圆柱形，当年生枝紫褐色，无毛或近于无毛，疏生皮孔，老枝灰褐色；冬芽三角卵形，先端圆钝，无毛，紫色。叶片宽卵形或三角状卵形，稀菱状卵形，长 5～10 cm，宽 4～7.5 cm，先端短渐尖，基部截形至宽楔形，通常两侧各有 3～5 羽状深裂片，裂片卵状披针形或带形，先端短渐尖，边缘有尖锐稀疏不规则重锯齿，上面暗绿色有光泽，下面沿叶脉有疏生短柔毛或在脉腋有髯毛，侧脉 6～10 对，有的达到裂片先端，有的达到裂片分裂处；叶柄长 2～6 cm，无毛；托叶草质，镰形，边缘有锯齿。伞房花序具多花，直径 4～6 cm，总花梗和花梗均被柔毛，花后脱落，减少，花梗长 4～7 mm；苞片膜质，线状披针形，长 6～8 mm，先端渐尖，边缘具腺齿，早落；花直径约 1.5 cm；萼筒钟状，长 4～5 mm，外面密被灰白色柔毛；萼片三角卵形至披针形，先端渐尖，全缘，约与萼筒等长，内外两面均无毛，或在内面顶端有髯毛；花瓣倒卵形或近圆形，长 7～8 mm，宽 5～6 mm，白色；雄蕊 20，短于花瓣，花药粉红色；花柱 3～5，基部被柔毛，柱头头状。果实近球形或梨形，直径 1～1.5 cm，深红色，有浅色斑点；小核 3～5，外面稍具棱，内面两侧平滑；萼片脱落很迟，先端留一圆形深洼。花期 5—6 月，果期 9—10 月。

（3）生物学特性

山楂喜生于山谷或山地灌木丛中，在北京、河北北部地区 4 月上旬萌芽，5 月中旬初花，初花至终花一般经历 5～7 d，若遇干旱、大风天气会推迟花期。5 月下旬幼果出现，经过硬核期、着色期、果肉变软期，到 9 月下旬果实成熟，果实生育期约 120 d。落叶期 10 月下旬。

野生山楂多呈零星分布，生于海拔 200～1 500 m 山坡林缘或灌丛中；喜光、耐寒、耐旱，在土层深厚的山地褐土生长良好。在华北地区，山楂多生于沟谷阶地，常与槭属（*Acer*）、栎属（*Quercus*）、朴属（*Celtis*）、白蜡属（*Fraxinus*）和丁香属（*Syringa*）植物混生。最适宜的土壤是土层深厚、质地疏松、排水良好的沙壤土。抗寒、抗病性强。

山楂树适应能力强，容易栽培，树冠整齐，枝叶繁茂，病虫危害少，花果美丽可爱，因而也是田旁、宅园绿化的良好观赏树种。大果山楂的果型较大，果实直径可达 2.5 cm 以上，单果重 10 g 以上。

10.11.2 山楂研究概述

李作轩等（2000）在北方果树杂志上介绍了由沈阳农业大学园艺系承建的"国家果树种质沈阳山楂圃"。该圃于 20 世纪 80 年代建立，收集资源 240 份。其后建立的"山楂优良品种母本园"保存全国各地的优良栽培品种 28 个。先后开展了山楂种质资源鉴定评价研究，描述系统的编制，农艺性状、果实品质、抗逆性的鉴定评价及染色体、花粉形态、同工酶的研究，在鉴定评价的基础上筛选出一批优异的山楂种质资源。之后，王敏（2000）在《农民致富之友》对山楂果肉粉的加工方法进行了论述。黎海彬（2001）在《食品科技》杂志上介绍了山楂汁茶复合饮料的加工工艺。华民（2001）在《吉林农业》上介绍了几种山楂果简易制作方法。

黄飞（2001）通过对山楂叶中的多糖活性成分进行提取分离，并对其功能特性进行研究，发现山楂叶多糖具有较好的降血压、降血脂功能。钱伟平（2001）通过蟾蜍、实验兔的药理试验，测定了山楂叶制剂益心酮的提取液对实验动物心血管系统的作用。结果表明山楂叶制剂提取液具有稳定血压、调整心率作用。能对抗乙酰胆碱，具有适度的强心作用。还测定了山楂叶制剂益心酮片剂对小鼠高血脂模型的作用。结果表明：山楂叶益心酮制剂能降低血清胆固醇含量。王立娟（2002）利用正交实验设计探讨山楂籽中黄酮类化合物的最佳提取工艺。袁江兰等（2002）研究了六种不同的预处理方法对山楂干制过程中 VC 稳定性的影响，最后得出的结论是熏硫处理最有利于提高山楂干制品中 VC 的稳定性，而热处理和 NaCl 处理的山楂干制品 VC 保存率低于对照。王晓等（2002）采用酶法提取工艺提取山楂叶中的总黄酮，与传统工艺相比，提取率提高了 16.9%，提取条件温和。罗伟强（2002）在《广西民族学院学报（自然科学版）》上介绍了山楂叶提取物抗氧化性能的研究。吴茂玉（2002）在中小企业科技上先后撰文介绍了山楂储藏保鲜的方法和加工方法。顾军等（2003）在《食品研究与开发》上撰文介绍了山楂核中黄酮类物质的提取工艺，并报道了所提黄酮类化合物的调节血脂的保健功能。按文中所述，山楂核提取黄酮的最佳条件为 30%酒精溶液，50℃下浸提 2 h。所提黄酮经小鼠实验证明，具有明显的调血脂功能。

齐秀娟等（2004）进行了山楂果实生长发育特性的研究。结果表明，山楂能够单性结实，无种仁果率较高。它的生长曲线呈双"S"形。在果实生长期间，果实内可溶性糖和有机酸含量逐渐增加，单宁含量逐渐下降，VC 含量先增高后下降；黄酮醇和绿原酸是山楂主要药用成分，前者含量变化出现三次高峰，后者含量先下降后期逐渐回升；山楂花色素属矢车菊色素类；果实中 Ca 含量一直下降，Cu、Fe、Mn、Mg 表现为下降—平缓—下降。Zn、K 表现为下降—上升—下降。李钐等（2007）采用 $L_9(3^4)$ 的正交试验设计，采用乙醇浸提，以加乙醇量、提取时间、提取次数作为主要考察因素，确定了山楂中熊果酸与齐墩果酸提取的最佳提取工艺为：用 80%的乙醇回流提取 3 次，每次加 10 倍量、提取 2.5 h，其中回流数是主要影响因素，提取率达 92.9%。在此基础上，采用硅胶柱色谱分离纯化，最终山楂中熊果酸与齐墩果酸（熊果酸计）转移率可达 92%。刘北林等（2007）研究了山楂黄酮提取工艺以及山楂黄酮对降低血脂的作用。研究结果证明，乙醇超声波提取方法具有操作简单、提取时间短、纯度高、得率高等特点；山楂黄酮能够降低高血脂大鼠血清中胆固醇、甘油三酯和低密度脂蛋白胆固醇的含量；升高大鼠血清中高密度脂蛋白胆固醇的含量。

王秀峰等（2007）为了解山楂中微量金属元素与产地的关系，测定了广西、贵州、山西三地山楂中的钙、铜、铁、锌4种微量元素的含量。结果表明，三地山楂中都含有丰富的人体必需元素，其中钙的含量最高，并且不同产地山楂中所含同一种金属元素有一定差异。唐礼可（2008）在《云南中医中药》杂志上报道了山楂多糖抗疲劳作用实验研究，结果表明，山楂多糖对小鼠具有显著抗疲劳作用。张瑞巧（2008）研究了山楂果肉原花青素的体外抗氧化活性和对 DNA 损伤的保护作用。

为了寻找适宜山楂种子快速萌发的措施，丛磊等（2004）对 11 个种（品种）山楂种子分别采取干湿交替、浓硫酸浸泡及两种处理相结合 3 种方法，致使种壳开裂或裂缝后，然后在恒温及变温条件下沙藏 3~4 个月，播种后检查发芽率。结果表明，各种山楂种子发芽率的差异与种子的千粒重、种壳厚度、处理方法、低温方式等密切相关。根据千粒重、种壳厚度相似性进行归类研究得出，大粒型种子适宜采用干湿交替或浓硫酸处理、变温沙藏；中、小粒型种子适宜采用干湿交替、恒温沙藏；未处理种子适宜采用变温沙藏。白岗栓等（2005）在陕北黄土丘陵沟壑区，通过 20 年的调查与监测，认为大金星和敞口 2 个山楂品种可作为该区的主栽品种。山楂在该区海拔 1 250 m 以下的地块生长结果良好；东坡和西坡的树体生长量、产量等高于南坡和北坡。水平梯田和鱼鳞坑较隔坡梯田和水平阶利于山楂生长结果；主干疏层形比其他树形的树体生长量大，产量高。罗盛碧等（2006）在《广西林业》上介绍了山楂果的采收与加工方法。肖玫等（2006）在《中国食物与营养》上撰文综述了山楂的营养与保健功能及在医学上的应用，简述了山楂饮料、山楂罐头、山楂粉和山楂浆粉等的加工工艺、理化指标及开发前景。孟庆杰等（2006）也论述了山楂的营养作用、功能因子及其保健食品的开发利用，对山楂的发展前景进行了展望。

10.11.3 山楂物种调查

(1) 关于山楂物候期的调查

在北京西山、妙峰山地区，山楂 4 月上旬萌芽，5 月中旬初花，初花至终花一般经历 6~7 d，若遇干旱、大风天气会推迟花期 3 d。5 月下旬幼果出现，初为绿色，渐变绿褐色，经过硬核期、着色期、果肉软化期，到 9 月下旬果实成熟，皮孔凸显，果实生育期约 120 d。落叶期 10 月下旬。

(2) 山楂分布与生境调查

山楂产自黑龙江、吉林、辽宁、内蒙古、河北、河南、山东、山西、陕西、江苏。生长于山坡林边或灌木丛中。分布海拔 100~1 500 m。模式标本采自北京郊区。朝鲜和苏联西伯利亚也有分布。

2008年3—11月，北京林业大学野生果树调查与编目项目组在河北省、北京市、辽宁省、内蒙古自治区等地的山楂野生果树资源进行了专门的调查，重点包括河北省太行山区北端、中段和燕山地区，北京市西山、妙峰山，内蒙古赤峰市、呼和浩特市和包头市以及辽宁南部地区等。

调查发现，野生山楂并不多见，至少没有发现集中连片分布的野生山楂，即便是报道较多的燕山地区，野生山楂也是零零星星地散生于杂木林中或山谷次生林中，人为破坏痕迹严重。此外，调查中发现过去认为是山楂的植物不少是山楂属（Crataegus）其他种，如辽宁山楂（Crataegus sanguinea）、光萼山楂（Crataegus laevicalyx）、光叶山楂（Crataegus dahurica）、甘肃山楂（Crataegus kansuensis）、毛山楂（Crataegus maximowiczii）和橘红山楂（Crataegus aurantia）等。

（3）山楂利用状况调查

山楂又名"红果"，在我国已有2000多年的栽培史，是我国特有的水果品种。山楂及其制品有散瘀、消积、化痰、解毒、活血、健胃、提神醒脑、增进食欲等功效。在本草纲目中有："凡脾弱食物不克化，胸腹酸胀闷者，于每日食后嚼二三枚的绝佳记载"。中国常用中药有49个约方中有山楂。

山楂除果可食用和药用外，可栽培作绿篱和观赏树，秋季结果累累，经久不凋，颇为美观。幼苗可作嫁接苹果的砧木。

山楂叶内含有黄酮类、多糖类物质，具有稳定血压、降血压、降血脂、调整心率作用，能对抗乙酰胆碱，具有适度的强心作用。

（4）山楂栽培调查

山楂以栽培为主，栽培山楂属于山楂的大果变种，即 *Crataegus pinnatifida* var. *major*，以河北省、辽宁省和北京市栽培最普遍，栽培最盛行期是20世纪80—90年代，目前，受市场影响，栽培面积正在萎缩。

（5）山楂加工调查

山楂的耐藏性较好，但储藏过程中，果实易失水而萎蔫；易受霉菌侵染而腐烂。因此，山楂储藏要注意以下几个问题。① 应选择大面积栽培的耐储藏品种。② 一般高纬度较寒冷的北方地区所产的山楂，比产于低纬度较温暖的南方山楂品种耐储藏。③ 山楂采摘期的确定，往往要考虑到市场的需要、用途和耐储藏性。一般用于长期储藏的山楂，采收期可适当提前；用于鲜销和加工的山楂，则应适当晚些采收，其风味、产量都将相应提高。

山楂加工品主要有以下几种：山楂晶、山楂酒、山楂果丹皮、山楂糕、山楂羹、山楂汁、山楂果茶、山楂片、山楂果酱等。

10.11.4 山楂资源利用中的问题与对策

1）山楂为嫁接红果的主要砧木，属于重要的野生果树砧木资源，但由于缺乏对山楂资源的系统研究，特别是抗逆性和适应性研究和种源区划，生产中随便采种，导致种苗质量不高，品质不均一，嫁接后表现不一，影响到种苗标准化生产和红果栽培产业发展。

2）山楂果实具有一定食用价值，结果量又比较大，成熟季节多遭折枝断枝，严重者甚至遭砍伐或断头，严重影响到树体生长。

3）建议尽快开展山楂种质资源和抗逆性研究，在保护好野生资源的同时，将优良的种质资源分区集中栽培，建立山楂砧木种子园，为红果苗木生产提供优良砧木资源。

4）保护好山楂赖以生存的生态环境，不要以为杂木林木材生产不高而不予重视，实际上，许多杂木林是重要的林木和野生果树多样性集中区，保护好这些杂木林就是保护了我们引以为自豪的野生果树资源。

参考文献

[1] 白岗栓，刘国彬，张占山. 陕北黄土丘陵沟壑区山楂引种栽培研究[J]. 中国农学通报，2005（2）.

[2] 丛磊，刘燕. 几种山楂种子的快速萌发研究[J]. 种子，2004（8）：45-48.

[3] 顾军，庄桂东. 山楂核黄酮的提取及其调血脂保健功能的研究[J]. 食品研究与开发，2003（11）：269-272.

[4] 华民. 几种山楂果的加工技术[J]. 吉林农业，2001（8）：29.

[5] 黄飞. 山楂叶多糖的功能活性测定研究[J]. 广西轻工业，2001（2）47-49.

[6] 黎海彬. 山楂汁茶复合饮料的开发[J]. 食品科技，2001（3）：38-39.

[7] 李钐，王亚楠，万梓龙，等. 山楂中熊果酸与齐墩果酸提取和纯化工艺的研究[J]. 食品科学，2007（7）：141-144.

[8] 李作轩，张育明，周传生. 山楂资源圃的建立与山楂种质资源研究概况[J]. 北方果树，2000（6）：4-6.

[9] 刘北林，董继生，倪小虎，等. 山楂黄酮提取及降血脂研究[J]. 食品科学，2007（5）：324-327.

[10] 罗盛碧，黄土桂，黄鹏. 山楂果的采收与加工[J]. 广西林业，2006（1）：83-84.

[11] 罗伟强. 山楂叶提取物抗氧化性能的研究[J]. 广西民族学院学报（自然科学版），2002（2）：69-70.

[12] 孟庆杰，王光全，张丽山. 山楂功能因子及其保健食品的开发利用[J]. 食品科学，2006（12）：873-877.

[13] 齐秀娟，李作轩. 山楂果实生长发育特性研究进展[J]. 北方果树，2004（1）：4-7.

[14] 钱伟平. 山楂叶制剂益心酮对血液循环系统药理作用的研究[J]. 绍兴文理学院学报，2001（3）：61-63.

[15] 肖玫，袁全. 山楂的营养保健功能与加工利用[J]. 中国食物与营养，2006（7）：59-60.

[16] 唐礼可. 山楂多糖抗疲劳作用实验研究[J]. 云南中医中药杂志，2008（2）：32-33.

[17] 王立娟，李坚，张丽君，等. 楂籽中黄酮类化合物最佳提取工艺[J]. 东北林业大学学报，2002（5）：56-57.

[18] 王敏. 山楂果肉粉加工[J]. 农民致富之友，2000（11）：20.

[19] 王秀峰，黄宝美，陈朝平. 不同产地山楂中钙铜铁锌的测定[J]. 微量元素与健康研究，2007（4）：17-18.

[20] 王晓，李林波，马小来，等. 酶法提取山楂叶中的总黄酮的研究[J]. 食品工业科技，2002（3）：37-38

[21] 吴茂玉. 山楂的加工[J]. 中小企业科技，2002（7）：13.

[22] 袁江兰，康旭，陈锦屏. 不同预处理方法对山楂干制过程中 Vc 稳定性的影响[J]. 食品工业科技，2002

(10): 16-19.

[23] 张瑞巧, 刘石磊, 孙智达, 等. 山楂果肉原花青素的体外抗氧化活性和对 DNA 损伤的保护作用[J]. 天然产物研究与开发, 2008（1）：131-133.

[24] 张文叶, 贾春晓, 毛多斌, 等. 山楂果中多元酸和高级脂肪酸的分析研究[J]. 食品科学, 2003（6）：117-119.

山楂（*Crataegus pinnatifida* Bunge）

10.12 榠依 *Docynia indica* 物种资源调查

10.12.1 榠依概述

（1）学名与隶属

榠依[*Docynia indica*（Wall.）Decne]，属蔷薇科（Rosaceae）榠依属（*Docynia* Decne）植物。

（2）形态特征

半常绿或落叶小乔木，高 2～5 m。枝条稀疏。通常小枝粗短，圆柱形，幼时密被柔毛，逐渐脱落，一二年生枝条红褐色，多年生枝条紫褐色或黑褐色；冬芽卵形，先端急尖，被柔毛红褐色。叶片坚纸质，椭圆形或长圆状披针形，长 3.5～9 cm，宽 1.5～2.5 cm，先端急尖，稀渐尖，基部宽楔形或近圆形，通常边缘有浅钝锯齿，稀仅顶端具齿或全缘，上面无毛，深绿色，有光泽，背面被薄层柔毛或近于无毛；叶柄长 5～20 mm 通常被柔毛；托叶小，早落。花 3～5 朵，丛生；花梗短或近于无梗，被柔毛；苞片早落；花直径约 2.5 cm；花萼钟状，外面被柔毛，萼片披针形或三角状披针形，先端急尖或渐尖，全缘，内外两面均被柔毛，比萼筒稍短；花瓣长圆形或长圆状倒卵形，基部具段爪，白色；雄蕊约 30 枚；花柱 5，基部合生并被柔毛，约与雄蕊等长。果实近球形或椭圆形，直径 2～3 cm，黄色，幼果微被柔毛；萼片宿存，直立，两面均被柔毛；果梗粗短，被柔毛。花期 3—4 月，果期 8—9 月。

（3）地理分布

生长于 1 100～3 500 m 的杂木林或次生疏林中。除滇东北外，云南全省均有分布。四川西南部，印度、巴基斯坦、尼泊尔、不丹、缅甸、泰国、越南也有分布。

10.12.2 资源利用现状

榠依为蔷薇科榠依属植物，云南省部分地区有分布，滇西北地区较为丰富。在云南大部分农村，许多家庭都有在庭院里栽种榠依的习惯。榠依树高 4～10 m，3—4 月开花，花白色或淡红，果期 8—9 月，果实近球形，直径 2～4 cm，红色。当地人把成熟果实摘下，切成两半晒干食用，或作为土特产馈赠远方亲友。榠依果营养丰富，微酸、回甜，有活血化淤、消炎杀菌、健胃强心、消食化滞、排毒利尿等保健功效，当地居民十分喜爱食用。

榠依果中含有丰富的营养成分和常量及微量营养元素。一般苹果、梨等其他水果中的粗蛋白含量为 2%左右，而榠依果中的粗蛋白含量为 3.21%，因此，同其他水果比较，榠依果中粗蛋白含量是较高的。值得一提的是，其粗纤维含量高达 7.48%。粗纤维是不能为人体利用的碳水化合物，它没有营养功能，但它可促使人体排便，可使一些有害代谢物较快排出体外，可预防和治疗便秘。随着人们生活水平的提高，食物越来越精细化，适当食用移依果这样的"粗粮",对健康是十分有益的。但移依中的单宁含量较高,使人们在食用时微微感到有些涩味,而在对移依果的开发加工过程中适当减低其单宁含量。除宏量营养成分外,移依果还含有丰富的对人体有益的常量及微量元素。苹果、梨等普通水果中,钙、磷、钾含量一般分别为 400 mg/kg、1 000 mg/kg、6 000 mg/kg,而移依果中钙、磷、钾的含量比它们的含量要高。移依果氨基酸组成中,脯氨酸、天冬氨酸的含量最高,而苹果、梨等普通水果中脯氨酸、天冬氨酸的含量不超过 4 g/kg。脯氨酸对人体具有健脑、增强细胞呼吸的作用,而天门冬氨酸对人体具有良好的抗疲劳作用。移依果富含人体所需要的营养成分,经常食用对人体健康很有好处。

移依多入中草药用于舒筋活血。治风湿性关节炎,作为优良果品开发来讲,开发力度还不够,还没有形成产业意识和产业体系。

10.12.3 保护与利用建议

1)加强物种保护宣传教育,提高群众的生物多样性保护意识,并积极投入生态环境和生物物种保护。

2)开展移依选育工作,把大自然已经筛选出来的具有良好性状的植株选拔出来,同时,发动群众,把民间自选的优良株系收集保存起来。

3)建立种质资源圃,收集相关遗传资源,开展育种工作,力争早出成果。

参考文献

[1] 李维莉,马银海,彭永芳,等. 云南移依总黄酮提取工艺研究[J]. 食品科学,2006,27(7):147-149.
[2] 毛绍春,李竹英,李聪. 移依树抗氧化剂对香烟烟气自由基及人淋巴细胞姐妹染色单体交换率的影响[J]. 生态毒理学报,2006,1(4):379-383.

移依[*Docynia indica*(Wall.)Decne]

10.13 野生枇杷 *Eriobotrya* sp.物种资源调查

10.13.1 枇杷概述

(1) 名称

野生枇杷(*Eriobotrya* sp.)指的是蔷薇科(Rosaeeae)枇杷属(*Eriobotrya*)中非人工栽培和种植的原生地天然生长枇杷的总称。

(2) 形态特征

野生枇杷为常绿小乔木。小枝密生锈色绒毛。叶革质,倒披针形、倒卵形至矩圆形,先端尖或渐尖,基部楔形或渐狭成叶柄,边缘上部有疏锯齿,表面多皱、绿色,背面及叶柄密生灰棕色绒毛。圆锥花序顶生,花梗、萼筒皆密生锈色绒毛,花白色,芳香;果球形或矩圆形,黄色或橘黄色。花期11月至翌年2月。果期5—11月。

10.13.2 物种调查

广东、海南生长的有普通枇杷(*Eriobotrya japonica* Lindl.)、香花枇杷(*Eriobotrya fragrans* Champ)、大花枇杷[*Eriobotrya cavaleriei*(Levl.) Rehd.]和台湾枇杷(*Eriobotrya deflexa* Nakai.)等,主要分布粤北、粤西及海南省的万宁、琼海、陵水、三亚、东方、白沙等70~1 400 m的山地林中或山谷溪边林中。广州从化东北部海拔1 000多m的三角山地处也发现有香花枇杷,高度达10 m。这种枇杷最早在香港发现,并被命名为香花枇杷。香花枇叶具有治咳功能,而枇杷叶中最重要的成分是熊果酸。香花枇杷的熊果酸含量(9.13 mg/g)比普通枇杷(5.86 mg/g)高出将近一倍。如果推广香花枇杷作为开发优良的新药源,将为果农提供新的经济来源。

广西生长的野生枇杷主要有广西枇杷(*Eriobotrya kwangsiensis* Chun)及普通枇杷[*E. japonica*(Thunb.) Lindl]。据调查结果,"普通枇杷"的野生种在广西分布范围广,最北到资源县,最西是隆林、西林;最东到贺州市,南面到十万大山,分布最多的是在桂东北和桂西北山区。"广西枇杷"的野生种分布地点为阳朔、金秀、贺州、龙胜和南丹,海拔155~1 980 m,数量较多;"普通枇杷"野生种分布地点为资源、阳朔、隆林、靖西、德保、灵川、崇左和防城等,海拔500~1 500 m,数量也很多。"普通枇杷"野生种抗性较强,多数为果实小,品质较差,味酸,种子多。

广东的野生枇杷多分布于粤北、粤西70~1 400 m的山地林中或山谷溪边林中,调查获知,其主要伴生植物有鸭脚木(*Schef flera octophylla*)、黄叶树(*Xanthophyllum hainanense*)、公孙椎(*Castanopsis tonkinensis*)、黄桐(*Endosp ermumchinensis*)、白颜树(*Gironniera subaequalis*)、灰木(*Symplocos caudate*)、谷木(*Memecylonligus trifolium*)、罗伞(*Ardisia quinquegona*)等。

除了华南地区外，其他地区也有野生枇杷分布，综述如下：

1）地处华中地区的湖北省神农架腹地阴峪河发现 10 km 野生枇杷长廊。主要集中生长在九道水至两河口一带，长约 10 km，至少有 2 万株。专家推测，这里有可能是家栽枇杷种类的原生种源地。

2）湖南省宁远县九嶷山瑶族乡的茶罗、牛头江等地发现珍贵野生枇杷群落。其较大的植株主干在 50 cm 以上，树高 8 m 左右，冠径达到 12 m，枝叶浓密茂盛，树上果实累累。当地村民称野生枇杷为冬枇杷，开花于 4 月的清明时节，成熟于 11 月的立冬时节，果实比栽培种小，果肉比常规栽培枇杷甜，风味浓。

10.13.3 综合价值及开发利用

枇杷不仅味道好，营养也相当丰富，据分析，果实主要成分有糖类、蛋白质、脂肪、纤维素、果胶、胡萝卜素、鞣质、苹果酸、柠檬酸、钾、磷、铁、钙以及维生素 A、维生素 B、维生素 C 等。特别是胡萝卜素的含量丰富，在水果中高居前位。而且含糖的种类也相当丰富，主要由葡萄糖、果糖和蔗糖组成，另外，枇杷果实中丰富的维生素 B，对保护视力，保持皮肤健康润泽，促进儿童的身体发育都有着十分重要的作用。

枇杷性凉，味甘酸，有润肺止咳、止渴和胃的功效。常用于咽干烦渴、咳嗽吐血、呃逆等症。枇杷不仅果肉可入药，其核、叶、根也有药用价值。鲜枇杷洗净，生吃，就能治疗口干烦渴等不适。另外，将鲜枇杷 50 g，洗净去皮，加冰糖 5 g，熬半小时后服用，对于扁桃体发炎引起的咽喉红肿疼痛特别有效。

10.13.4 保护与利用建议

1）加强野生枇杷物种保护宣传教育，提高群众对果树野生种的保护意识，并积极投入到野生生物物种保护工作之中。

2）建立野生枇杷自然保护小区，把大自然遗留给我们的珍贵遗产收集保存起来。

3）建立种质资源圃，收集相关遗传资源，深入开展枇杷育种工作。

野生枇杷（*Eriobotrya* sp.）

10.14 山定子 *Malus baccata* 物种资源调查

10.14.1 山定子概述

（1）名称

山定子[*Malus baccata*（L.）Borkh]，又称山荆子（河北习见树木图说）、林荆子（经济植物学）、山丁子，属于蔷薇科（Rosaceae）苹果亚科（Maloideae）苹果属（*Malus* Mill.）植物。

（2）形态特征

乔木。高达 10～14 m，树冠广圆形，幼枝细弱，微屈曲，圆柱形，无毛，红褐色，老枝暗褐色；冬芽卵形，先端渐尖，鳞片边缘微具绒毛，红褐色。叶片椭圆形或卵形，长 3～8 cm，宽 2～3.5 cm，先端渐尖，稀尾状渐尖，基部楔形或圆形，边缘有细锐锯齿，嫩时稍有短柔毛或完全无毛；叶柄长 2～5 cm，幼时有短柔毛及少数腺体，不久即全部脱落，无毛；托叶膜质，披针形，长约 3 mm，全缘或有腺齿，早落。伞形花序，具花 4～6 朵，无总梗，集生在小枝顶端，直径 5～47 cm；花梗细长，1.5～4 cm，无毛；苞片膜质，线状披针形，边缘具有腺齿，无毛，早落；花直径 3～3.5 cm；萼筒外面无毛；萼片披针形，先端渐尖。全缘，长 5～7 mm，外面无毛，内面被绒毛，长于萼筒；花瓣倒卵形，长 2～2.5 cm，先端圆钝，基部有短爪，白色；雄蕊 15～20，长短不齐，约等于花瓣长度一半；花柱 5 或 4，基部有长柔毛，较雄蕊长。果实近球形，直径 8～10 mm，红色或黄色，柄洼及萼洼稍微陷入，萼片脱落；果梗长 3～4 cm。花期 4—6 月，果期 9—10 月。

（3）生物学特性

幼树树冠圆锥形，老时圆形，早春开放白色花朵，秋季结成小球形红黄色果实，经久不落，很美丽，可作庭院观赏树种。生长茂盛，繁殖容易，耐寒力强，我国东北、华北各地用做苹果和花红等砧木。根系深长，结果早而丰产。各种山定子，尤其是大果型变种，可作培育耐寒苹果品种的原始材料。

10.14.2 山定子物种调查

（1）山定子物候期调查

山定子的物候期为4月上、中旬萌动，4月中旬展叶，4月中、下旬开花；果实7月中下旬至8月成熟，10月至11月间落叶。各地略有差异。

（2）山定子生境调查

山定子为东亚分布型树种，集中分布在中国黄河以北，包括黑龙江、吉林、辽宁、内蒙古、山西、河北、山东、陕西、甘肃。日本、朝鲜、西伯利亚以及中亚地区东部只有少量分布。

2008年3—9月，北京林业大学野生果树调查与编目项目组在河北省、北京市、辽宁省、内蒙古自治区等地的山定子野生果树资源进行了专门的调查，重点包括河北省太行山、燕山，北京市西山，内蒙古赤峰市、呼和浩特市和包头市以及东北中南部地区。

山定子以东北、华北、西北地区为主要分布区，主要分布于海拔2 000 m以下山坡、沟谷、河流阶地。另据报道，四川的山定子零星分布在海拔1 140～1 850 m处的茂汶、盐源等县，通常作苹果砧木用。宁夏在六盘山西山区也有分布。

山定子原产地华北、西北和东北，在山区随处可见，在杂木林中常有成片分布。山定子分布很广，变种和类型较多。据调查，我国东北中部山定子有阔叶山定子（var. *latifolis* Skv.）和椭圆山定子（var. *silvatica* Skv.）2个变种，有圆锥形山定子、梨形山定子和扁圆山定子3个变型。河北省燕山地区、赤城大海坨和承德北部的围场坝上均有山定子分布。其变异类型有长柄、短柄、小叶、窄叶、梨形果、扁果、平顶山定子等22个类型之多。山西的沁源山定子，主要分布在太岳山区的沁源和王陶乡的阴坡水边，抗阴湿，不抗旱。雁北的广灵山定子分布于阳坡地埂边，抗寒、抗旱。阳高山定子产于阳高县的王官人屯，抗腐烂病。房山山定子比较抗盐，嫁接苹果不黄化。西藏昌都地区的山定子，果实有长椭圆形、倒卵圆形或圆柱形3个类型，单果重1.25 g，鲜红色，脱萼，有光泽，果柄长1.9～3.9 cm，紫红色，9月下旬成熟。

（3）山定子变异类型

由于山定子分布广，变异类型复杂，处理山定子种下类群时，分类学家争议较大。因此，需要研究其表型性状的变异幅度和规律，为种下的分类处理甚至为脱萼组下各种地位的确定、脱萼组在苹果属分类系统中地位的确定提供证据。

王雷宏对山定子变异类型进行了表征聚类研究，研究认为：由于长期实生繁殖，山定子形成了许多地方居群，根据行政区划，可以粗放地划分为黑龙江、吉林、辽宁、陕西、甘肃、山东、河北、北京、山西、内蒙古、西藏等10个居群；根据叶柄长度、叶片宽度、叶宽位置、叶宽位/叶宽、叶柄长/叶宽位、果柄长等表型性状数据进行聚类分析，10个地方居群明显分成5组，西南地区西藏自成一组，北部内蒙古和东部地区的吉林、黑龙江聚为一组，华北地区的河北、山西与西部的甘肃、东北的辽宁聚为一组，陕西、山东各自成一组。结合山定子天然分布图，聚类结果说明，山定子的边缘群体如西藏、山东与华北地区、东北地区的中心群体有一定的分化。再进一步聚类时，10个地方居群分为三大类群，即西藏、内蒙古、吉林、黑龙江聚为一类，河北、山西、甘肃、辽宁、陕西聚为一类、山东是单一组。

由此可见，山定子种内变异是非常复杂的，这恰恰为开展山定子种质资源多样性研究提供了丰富的材料基础。

（4）山定子利用状况调查

山定子果实富含维生素C及苹果酸、柠檬酸等多种有机酸，总酸量2.31%，含糖量9.71%，霜后鲜食味甚美，可加工蜜饯、果丹皮、罐头、果酱和酿酒等，也可采后直接晒干，捆成小把常年食用。种子含油率为16.1%～22.8%，榨出的油可供制作肥皂或其他工业用。果实也可入药。

山定子根系发达、耐寒，可抗-52.3℃的低温，抗涝，嫁接苗生长旺盛，结果早而丰产。可用做培育耐寒苹果品种的原始材料。

10.14.3 山定子资源利用问题与对策

1）山定子为嫁接苹果的主要砧木，属于重要的野生果树砧木资源，但由于缺乏对山定子资源的系统研究，特别是抗逆性和适应性研究和种源区划，生产中随便采种，导致种苗质量不高，品质不均一，嫁接后表现不一，影响到种苗标准化生产。

2）山定子果实具有一定食用价值，结果量又比较大，成熟季节多遭折枝断枝，严重影响到树体生长。

3）建议尽快开展山定子种质资源和抗逆性研究，在保护好野生资源的同时，将优良的种质资源分区集中栽培，建立山定子砧木种子园，为苹果苗木生产提供优良砧木资源。

4）保护好山定子赖以生存的生态环境，不要以为杂木林木材生产不高而不予重视，实际上，许多杂木林是重要的林木和野生果树多样性集中区，保护好这些杂木林就是保护物种多样性资源。

参考文献

[1] 郝玉金，翟衡，王寿华. 山定子感染南京毛刺线虫后几种生理生化物质的变化[J]. 植物病理学报，1999（1）：83-86.

[2] 李荣钦，王中奎. 西藏林芝地区山定子根系生长动态观察研究[J]. 西藏科技2003（5）：59-60.

[3] 潘小军，王玉霞. 山定子果汁饮料加工初探[J]. 中国林副特产，2005（2）：41-43.

[4] 潘小军，王玉霞. 山定子营养成分的测定[J]. 中国林副特产，2005（3）：1-3.

[5] 王玉林. 山定子资源的经营利用[J]. 林业勘查设计, 2003（4）：43.

[6] 叶优良, 张福锁, 史衍玺, 等. 叶面喷施麦根酸铁对矫正山定子缺铁黄叶病的效果[J]. 果树学报, 2001（5）：251-254.

山定子[*Malus baccata*（L.）Borkh]

10.15 新疆野苹果 Malus sieversii 物种资源调查

10.15.1 新疆野苹果概述

（1）名称

新疆野苹果[*Malus sieversii*（Ledeb.）Roem.]，又称塞威氏苹果（新疆）、天山苹果（新疆）、习瓦阿尔马（维吾尔、哈萨克语），属蔷薇科（Rosaceae）苹果属（*Malus* Mill.）植物。

（2）形态特征

落叶乔木，高2～6 m，在湿润气候及肥厚的土壤中，高为8～12（18）m；树皮灰褐色至棕褐色，纵裂；树冠宽阔，圆头形；小枝短粗，暗红色，嫩枝具短柔毛，长5～25 cm，二年生枝微弯曲，无毛，灰褐色至棕褐色，疏生长圆形皮孔。冬芽卵圆形，先端钝，被长柔毛，有数枚外露、排列紧密的鳞片。叶片椭圆形、宽椭圆形、卵圆形或宽卵圆形，稀倒卵形，先端渐尖，基部楔形、宽楔形至圆形，边缘有大而圆钝的复锯齿，长6～10 cm，宽3～1.5 cm，幼时下面密被长柔毛，老叶较少，浅绿色；上面沿叶脉有疏生柔毛，深绿色；叶柄长1.2～3.5 cm，具疏生柔毛。花序近伞形，具3～7朵花，花梗较粗、长1.5～2.5 cm，密被白色茸毛；花白色或淡粉红色，直径3～5.8 cm；萼筒钟状，外面密被茸毛；萼片宽披针形成三角状披针形，先端渐尖，全缘，长6～8 mm，两面均被茸毛，内面较密，萼片比萼筒稍长；花瓣倒卵圆形，基部有短爪，长1.5～2.5 cm，粉红色，稀桃红色，含苞待放时为桃红色；雄蕊20枚，稀28枚，长约为花瓣之半；花柱5，基部密被白色茸毛，与雄蕊等长或略高于雄蕊。果实直径2.5～6 cm，稀8 cm，球形或扁球形，稀卵圆形及高桩圆锥形，单果重15～30 g，稀70～85 g，黄色、黄绿色或带红晕、红霞、红条纹，稀全红色，萼片宿存，反卷开张；果枝长1.4～4.5 cm，微被柔毛。梗洼较深，多带果锈；萼洼较浅，有时有3～5条肋起，有的萼洼呈猪嘴状突出。果肉绿白色至黄白色，肉质松，汁少或中等，味酸甜或稍苦，多有涩味，含可溶性固形物8%～15%；果心中大，中位至近萼端含种子8～12粒，楔形或广椭圆形，棕褐色。千粒重24 g。花期4—5月，8月中旬至9月中旬果实成熟（刘孟军，1998）。

（3）资源价值

新疆野苹果与栽培苹果在形态上及品质上极其相似，是中亚第三纪残遗的少数几种喜暖阔叶树种之一，也是现代栽培苹果的直系祖先，主要分布于西天山、帕米尔至阿赖山地，在中国仅分布于新疆维吾尔自治区伊犁地区的局部山区，是新疆西部天山伊犁谷地野果林的主要组成树种（林培均，2000）。

新疆野苹果是栽培苹果的直系祖先，而苹果又位居世界四大水果之首，世界许多国家都有栽培，因此，新疆野苹果是弥足珍贵的育种材料，具有极其重要的种质资源价值。野苹果果实富含糖分、有机酸和生物活性物质，无论直接食用还是工业化加工，都是难得的健康原料资源；野苹果富含酚类、黄酮类物质，是提取活性天然产物的原料。由于长期的实生繁殖，新疆野生苹果有许多变异类型，不仅可以直接利用，更是我国苹果育种不可或缺的资源，每一个居群、每一个类型、每一片基因都是大自然留给我们的宝贵财富。同时，新疆野生苹果对于研究和阐明栽培苹果的起源与演化历程也具有重要价值（林培均，2000）。

10.15.2 种质资源及其分布

（1）新疆野苹果的分布

新疆野苹果属于中亚分布型野生果树，就自然分布而言，北起准噶尔盆地西端的塔尔哈台山，向西南经巴尔鲁克山、准噶尔的阿拉套山北坡而至天山（包括伊犁山地和哈萨克斯坦外伊犁阿拉套山），再经西南天山至帕米尔-阿赖山地而与中亚诸山系相连，呈带状或块状不连续分布，表现出明显的植物"残遗"分布群落特征和对局地气候的选择性。在新疆维吾尔自治区分布于伊犁地区 5 个县，即新源、巩留、霍城、伊宁、察布查尔的 65 条大小不同的山沟和塔城地区裕民、托里两县的巴尔鲁克山。在伊犁地区以新源、巩留县最多，分别占总面积的 46% 和 41%，其他各县约占 13%。在新源县的交吾托海区和巩留县的莫库尔地区，野苹果林面积大而集中。其次是霍城县的大西沟和小西沟，虽然面积不大，但集中连片（林培均，2000）。

根据 1959 年全疆果树资源调查资料，仅伊犁地区野生苹果林总面积约为 14.1 万余亩（集中成片面积约为 5.5 万余亩）、252.4 万余株，年产鲜果 1 496.7 万 kg，若按出种率 1% 计算，可采种子 14.95 余万 kg。各地具体分布数量见下表。其中以巩留县莫库尔区的自然条件较好，野苹果的生长和产量较其他地区高。

新疆野苹果林在伊犁市各县的分布*

县名	分布面积		其中连片面积		总株数/万株	估算产量/万 kg
	总面积/万亩	密度/（株/亩）	总面积/万亩	密度/（株/亩）		
新源县	6.6	10	2.9	34	137.3	597.6
巩留县	5.8	5	1.6	34	76.5	694.3
霍城县	1.1	8	0.7	40	30.6	183.5
伊宁县	1.1	7	0.2	34	17.8	21.3
察布查尔	0.000 9	10	—	—	0.008	0.02
合计	14.000 9		5.4		252.208	1 496.7

* 引自张钊《新疆野苹果》。

（2）种质资源

1）亲缘与分类

新疆野苹果 [*Malus sieversii*（Ledeb.）Roem.] 在中国仅分布在新疆伊犁谷地。余德浚认为新疆野苹果所有的类型都属于一个种即 *Malus sieversii*（Ldb.）Roem.；苏联学者波诺马连科从植物形态学、分类学及地理学的观点出发，认为新疆野苹果是家苹果（*Malus dimeslica*）的祖先，它以中亚为分布中心，从南高加索、土库曼斯坦、吉尔吉斯斯坦等地，分布到中国的新疆伊犁地区。李育农根据植物分类学、酶学和染色体核型学的研究，认为新疆野苹果是苹果的原生种，起源于中亚细亚及其东部的阿拉木图和新疆的伊犁地区。阎国荣（1997）通过对数种苹果叶的外部形状调查和比较，并采用数值分类学的方法主分量分析（Pricipal component analysis）法，探讨了新疆野苹果与栽培品种之间的亲缘关系。实验采用新疆野苹果、新疆的栽培苹果红肉苹果、白油果、海棠果、黄元帅，以及日本的栽培品种 Golden Delicious、富士、红玉等为对象，共 7 个品种 23 个个体，参考日本农林水产省果树试验场的苹果遗传资源描述手册，选择了苹果叶片外部特征中的 8 种主要的性状，加以数值化比较和分析试验，探索了 7 个品种的种间及种内亲缘关系。结果认为：新疆野苹果同红肉苹果在叶片形态、叶基部形状表现出相近的亲缘关系，新疆野苹果与海棠果、Golden Delicious、红玉之间在叶先端形状表现关系相近。新疆地方品种中海棠果同红肉苹果在叶片形状表现极相似。

2）种质资源

经过长期的自然实生繁殖，加之长期适应不同的生态环境条件，新疆野苹果特别富于变异性，主要表现在生长势、叶片和新梢的茸毛多少，尤其在果实的形态方面表现出丰富的多样性。既往的研究者们划出了繁多的变种、变型或类型，如有学者认为吉尔吉斯斯坦野苹果林中大约有 100 个主要类型；有人把纳拉特山温和湿润条件下，具有生长势强、细枝无毛或少毛、叶片较薄少茸毛、果实较大等典型特征的野苹果归入另一个种吉尔吉斯斯坦苹果（*M. kirghisorum* Al. et An. Theod.）；但张新时认为，在缺乏更深入的和精密的分类学研究的情况下，倾向于把 *M. kirghisorum* 作为种内的一个"生态型"，即在最温暖条件下的变型而保留在 *M. sieversii* 之内。1959 年新疆对新源县交吾托海和巩留县野果林的调查，按果实形态分为 43 个类型，其中巩留县 29 个；崔乃然等将新疆野苹果分为 83 个类型（林培均，2000）。本种在新疆栽培历史上曾发挥过很大作用，南、北疆许多古老的当地苹果品种均由本种驯化而成，如阿留斯坦、新源大白甜、伊宁卡巴克、苦莫尔、莫洛托圩孜、卡拉阿尔马等。20 世纪初（约 1909 年）伊犁地区从中亚细亚引入中亚苹果（如蒙派斯、金塔干等）并推广栽培，使野苹果品种逐渐减少。新中国成立后，新疆从国内外引入了欧美优良品种（如金冠、红星、国光等）。目前，野苹果品种已不再受人重视了，但是，至今一些边远偏僻的乡镇，仍保持有经过人为选择，由野苹果驯化而来的古老苹果品种种植园。新疆是中国苹果种质资源的集中分布区。

10.15.3 生物学特性

（1）生物学年龄时期

据新疆学者研究（冯涛等，2007），新疆野苹果可分为 8 个生物学年龄时期，即：①幼年生长期,由种子萌发到幼树第一次开花结果为止的时期;② 结果初始期,由第一次结果到正常结果为止,年龄为 8~27 年;③ 盛果前期,本期自稳定结果开始,到最高产量为止。④ 盛果期,即结果最盛、产量最高的时期,树龄为 40~70 年;⑤ 始衰期,本期是盛果期的延续,树龄在 60~80 年;⑥ 始枯期,生命活动逐步衰退,树体由离心更新逐步转为向心更新,抽出少数旺盛的徒长枝,干心开始腐朽,结果量逐年减少,树龄为 80~90 年;⑦ 衰败期,生命活动明显衰退,树体明显由离心更新转为向心更新,进一步抽生徒长枝,干心明显腐朽,结果量大量减少,树龄为 90~110 年;⑧ 枯朽期,大型骨干枝大量死亡,新骨干枝虽可形成树冠的新层次,尚有少量结果,但树干出现中空特征,并有伤痕。在一些更新枝上还有少量结果,干基有萌蘖发生,树龄已达 110 年以上。

上述划分体现了新疆野苹果生长发育的一般规律,但也有例外,如在新源交吾托海区有不少枯朽期老树,其中一棵 120 多年生的野苹果树,年产量仍达 500 kg,可见其生命力之顽强。

20 世纪 90 年代,新疆伊犁州发现一株罕见的野苹果树。该树位于新疆伊犁州新源县啥拉布拉乡南山夏牧场,生长于海拔 1 927 m 的半山腰。树高 12.9 m,树冠开阔,荫地 289.17 m² (18.9 m×15.3 m),基径 2.38 m,树龄约为 600 年。古树树体无明显主干,形成 5 个巨大分枝,直径分别为 0.99 m、0.72 m、0.69 m、0.68 m 和 0.51 m。该树生长良好,枝叶茂盛,树体中上部仍结有大量的果实。由于其树体巨大,树龄古老,被当地牧民尊为"神树"。在这株古老的新疆野苹果树周围,尚存多株基径在 0.8~1.5 m 的野苹果树,均具有较强的结实能力,从而形成了一个独特的新疆野苹果古树分布区(阎国荣,2001)。

然而十分不幸,1999 年,在这片新疆野苹果分布区内开辟了一条简易道路,十余株野苹果古树及部分天山花楸、新疆云杉被毁,这株新疆野苹果树王虽然因"神树"的地位而幸免于难,但道路从其旁通过,使其根系受到破坏。道路开通后,分布区环境和物种将受到越来越严重的威胁,新疆野苹果树王的命运令人担忧。

(2) 天然更新能力

新疆野苹果根系发达,垂直根深 6~7 m,水平根伸展达 10~15 m。天然更新能力很强,依靠种子、萌蘖和根株萌芽均能繁殖。牛、羊、野猪、鸟类为种子的传播者。春天往往在牛粪堆上长出一丛丛茁壮的幼苗,即所谓"植生丛",故有的野苹果树常 4~5 个主干合抱生长,这种"植生丛"更增加了对不良环境的抵抗力。野苹果树干基部根蘖发达,也是天然繁殖的一种途径。但往往受阻于干旱、杂草和过度的放牧。

10.15.4 新疆野苹果物种调查

(1) 集中分布区域

野苹果(*Malus sieversii*)在我国仅分布于新疆西部天山伊犁谷地中段和塔城地区的巴尔鲁克山,具体包括伊犁地区 5 个县,即新源、巩留、霍城、伊宁、察布查尔和塔城地区裕民、托里两县。以伊犁地区新源、巩留最多,分别占总面积的 46% 和 41%,其他各县约占13%。在新源县的交吾托海区和巩留县的莫库尔地区，野苹果林面积大而集中。其次是霍城县的大西沟和小西沟，虽然面积不大，但集中连片。

2008年8月和2009年5月，北京林业大学野生果树项目组对新疆野苹果进行了实地调查，调查地区包括新源县的交吾托海区和巩留县的莫库尔地区，另外，对霍城县的大西沟和小西沟也进行了为期一周半的实地调查。

（2）野苹果分布区地貌特征

新源县的交吾托海区和巩留县的莫库尔地区地貌特征相似，均为西天山前山谷地，岭不高而坡缓，谷不深而土厚，局部阶地或坡积扇相连成片；山体海拔多数在1 800 m以下，背后两侧或三面被高山环抱，野苹果林主要分布于山谷两侧缓倾斜阴坡，海拔高度1 200～1 700 m，上接雪岭云杉林带，下邻山地草原带，呈带状或片块状不连续分布。

（3）野苹果分布区土壤

新疆野苹果林生长的土壤是一种特殊的土类——黑棕色土，由于植被较好，坡度较缓，土表枯枝落叶层厚达3～5 cm，腐殖质层厚20～50 cm，呈棕褐色，具有良好的团粒结构，土壤质地为中壤质；腐殖质过渡层呈黄棕色，结构坚实，质地较黏重，为重壤土，厚达50～70 cm；向下质地转轻松，为富含碳酸盐的第四纪堆积黄土母质层。腐殖质层和腐殖质过渡层因淋溶作用而形成，没有碳酸盐沉积，具有较高的黏化度，与一般的黑钙土有根本的区别（林培均，2000）。

（4）野苹果分布区植被

野苹果林植被为第三纪残遗植被，主要建群种是新疆野苹果（*Malus sieversii*），部分地段伴生野核桃（*Juglans regia*）、野杏（*Armeniaca vulgaris*）、准格尔山楂（*Crataegus songorica*）、阿勒泰山楂（*Crataegus altaica*）；林下灌木有小檗（*Berberis heleropoda*）、截萼忍冬（*Lonicera altmanni*）、新疆忍冬（*L. tatarica*）、兔儿条（*SpirAea hypericifolia*）；草类种属繁多，主要有羊茅（*Festuca giganica*）、高山羊角芹（*Aegopodium alpestre*）、雀麦（*Bromus benekenii*）、短柄草（*Brachypodium syluaticum*）等。在塔城地区的裕民、托里两个县山区也有一定数量的野苹果与野扁桃（*Amygdalus communis*）、天山樱桃（*Cerasus tianshanica*）、野山楂（*Crataegus* spp.）、稠李（*Padus* spp.）等果树形成的混交林。

（5）野苹果生态特性

新疆野苹果喜欢温暖湿润的生态环境，寒潮来袭年份常受凉害。据新源气象站资料推测，新疆野苹果大致要求：全年≥10℃的积温2 300℃左右，最暖月份（7月）平均气温约20.5℃，最冷月（1月）平均气温约8℃，年降水量600 mm左右，冬季积雪厚度1 m。但经过多年来的引种栽培证明，新疆野苹果亦比较耐寒，它能忍耐极端最低温度-35～-30℃，对温度上限不敏感；野苹果喜光，耐旱力不强；较耐阴。在空气湿润、土壤肥沃、无盐渍化威胁和风害稀少、雪层稳定的环境中，常构成密林并在林冠下天然更新，也能在石质化较强的土壤中形成疏林。在干旱环境中树体较矮小，果实变小。

10.15.5 新疆野苹果残遗原因分析

（1）伊犁谷地的地质历史使然

野苹果现代分布的片段性，与地区的地质历史发生过程有着密切的关系。根据古植物学资料，在渐新世，天山的植被达到最大的繁荣，山坡上长满了茂密的常绿和落叶的针阔叶混交林，其中出现苹果树。新第三纪时，阿尔卑斯造山运动兴起，气候开始向大陆性发展，常绿树种和最喜暖的阔叶树种逐渐消失，以落叶阔叶树（包括野苹果、野核桃等）占优势。第四纪时期，新构造运动的剧烈发展，几次寒冷的冰期和干旱的间冰期的交替发生，对残存的针阔叶树种进行了摧残淘汰，最后只在具有良好气候的前山地带保存了残存的喜暖阔叶树种。伊犁地区的前山地带，由于未遭受第三纪末至第四纪初冰期山地冰川迭次下降的侵袭，又较少蒙受间冰期和冰后期干旱气候的影响，遂成为喜暖中生阔叶树的存留地方。因而野苹果的现代残遗分布，是特定地质历史条件和局部的特殊地方气候综合作用的结果（林培均，2000）。

（2）伊犁谷地自然条件使然

伊犁野苹果林分布区虽处于温带荒漠地带，但具有特殊优良的自然生态条件。野苹果分布的前山区域，其背后南、北、东三面均有高耸的雪山，东部山脉高达 5 000～7 000 m。这些崇山峻岭成为伊犁谷地的天然屏障，使北冰洋的寒潮、东部蒙古—西伯利亚大陆反气旋和南部塔克拉玛干酷热的沙漠旱风对伊犁地区的影响大为减弱。向西开敞的缺口却有利于里海湿气和巴尔哈什暖流的进入。向东河谷变窄，山地高隆，形成丰富的地形雨，又有冰川积雪夏溶，注入三条大河，最后汇成伊犁河流出境。这样就使得伊犁具有新疆最为温和、湿润的气候条件和丰足的水利资源。野苹果林所占据地段又是伊犁谷地中最温和、降雨量最丰富的前山地带。尤其是春季降雨，保证了野苹果的萌芽、开花和新梢生长所需的大量水分。恰恰是这种独特的地理环境，才使得伊犁谷地气候呈现出温和半湿润的特点，年降水量 550～750 mm．其中 70%以上降于 5—9 月，因处于逆温层中，年均温可达 7℃左右，1 月平均气温 -2～-3.5℃，7 月平均气温 18～20℃，为野苹果繁衍生存奠定了气候环境基础（林培均，2000）。

（3）前山逆温层功不可没

新疆野苹果残遗的另一个重要的生态条件是，前山地带存在的冬季"逆温层"，形成了冬季相对温暖的气候。逆温是指气温随海拔高度增加而升高的一种大气物理现象。据伊犁州气象台 1961—1969 年探空观测记录，逆温强度最强的 1 月平均强度为 9.5℃，最大达 22.6℃，逆温层 1 月平均厚度为 950 m，最大为 2 077 m。从地面实测资料可以看出，冬季逆温最强是在海拔 800～1 500 m 的前山带里，该地带也正是野核桃林和野果林集中分布带，其 1 月平均气温和平均最低气温分别为 -6.5～-6.7℃和 -10.4～-13.5℃，较前山带的上部和下部分别提高 1.6～7.5℃和 4.2～8.3℃。1 月逆温的平均递增率每 100 m 为 2.1℃，最大达 7.3℃。海拔 1 500 m 以上逆温强度逐渐减弱，野果林分布也逐渐减少。冬季逆温一般从 11 月中下旬开始形成，到次年 3 月上旬消退。1984 年冬巩留县站极端最低气温-33.0℃，平原区种植的成年苹果树、杏树大部分被冻死。而林区的最低气温只有短时间降到-25.3℃，这里所有核桃树、苹果树均无冻害。以上分析表明，冬季强逆温层的存在，使其躲过低温袭击，是野苹果林及野果林带谱的存在和繁衍的关键（林培均，2000）。

（4）野苹果适应当地环境的结果

新疆野苹果林的垂直分布与地形、气候、海拔、水源、土壤有密切关系，分布层次非常明显。野苹果的垂直分布范围为海拔 1 100～1 600 m，在 1 200～1 500 m 地段生长茂盛，郁闭成林，遮蔽天日。由于生态条件的不同，有时野苹果分布最高极限超过 1 700 m，上接雪岭云杉（*Picea schrinkiana*）林带，下邻山地草原带，呈带状或片块状不连续分布。

大面积连片的野苹果林多分布于山坡北坡和荫蔽洼地，沿山间小河岸边更占优势。如伊犁主要野苹果林区巩留野苹果林和新源野苹果林全部分布在西天山主脉北坡；霍城县大西沟主沟虽属南向谷地，但野苹果林集中分布在支沟的北坡；在著名的南向果子沟，虽无明显的支沟，野苹果也均分布在北向的荫蔽洼地。

10.15.6 关于新疆野苹果起源和演化的争论

关于新疆野苹果起源和演化一直存有争议，概述如下：

1956 年前苏联学者 H．F．茹赤科夫提出："在史前时期即开始苹果的栽培，有 3000 年以上的历史。在高加索、中亚细亚等地，苹果栽培的历史是很悠久的。这里大量生长着野生的东方苹果（*Malus orientalis*）。在这些古老的人类生活的地方，苹果是很早就开始被栽培了"。

前苏联学者波诺马连科（1975，1983）从植物形态学、分类学及地理学的观点出发，认为新疆野苹果是家苹果（*Malus domestica*）的祖先种，它以中亚为分布中心，从南高加索、土库曼斯坦、吉尔吉斯斯坦等地，分布到中国的新疆伊犁地区。

以张新时为代表的部分学者认为，天山伊犁野苹果林是第三纪的残遗种，或是第三纪北半球温带阔叶林的后裔，属于孑遗的喜暖阔叶成分，或是从北方迁来的中生森林草甸的混合群落，分布在未受第四纪冰川覆盖的地区，在复杂的山地地形条件下保留至今。在野果林分布的前山带，通常覆盖着十分深厚（10 m 以上）的第四纪黄土堆积层，形成圆顶的丘陵或缓斜的台地，这说明野苹果起源距今至少有 300 万年。根据新疆野苹果林的分布、栽培果树的起源和有关果树的历史记载，初步认为新疆野苹果和栽培苹果（*Malus pumilla* Mill.）有直接的亲缘关系，新疆伊犁野果林是世界苹果的起源地之一。

公元 1218 年，元代耶律楚材出使西域时写的《西游录》记载："山顶有池（赛里木湖），周围七八十里，池与地皆林檎（野苹果）。出阴山（果子沟）有阿里马城（维吾尔语、哈萨克语，指苹果城），西人目林檎曰阿里马。附郭皆林檎园，故以名。又西有大河曰亦列

(伊犁)"。"池与地皆林檎"指的是现在的科古尔琴山南坡果子沟至大西沟一带的野苹果林，古时苹果城在野苹果林下限，相距很近，古人栽培的苹果必然选自野苹果林。由于阿里马城是元代统治中亚广大地区的政治、经济中心，由野苹果培育的栽培苹果，也会随之传至四方。这段文字十分清楚地把伊犁野苹果林和栽培苹果园记载在一起，从一个侧面说明栽培苹果起源于新疆野苹果（林培均，2000）。

李育农（1989）根据植物分类学、酶学和细胞学的研究亦确认"塞威氏苹果是苹果的原生种，它不起源于高加索，而起源于中亚细亚，一直延伸到东部与我国新疆接壤的前苏联地区阿拉木图。世界苹果基因中心应当包括与前苏联阿拉木图接壤的我国新疆的伊犁地区，并进一步说明了新疆野苹果是新疆原有地方种及我国栽培绵苹果的祖先"。前苏联果树学者波罗马连科通过形态学和生态学的研究认为"塞威氏苹果与所有其他野生种的最主要区别在于，它有由基因决定的特征（果味甜，果实大），这就是其建立栽培品种和栽培它的基础。地球上最古老的原始果树栽培的发源地在中亚山区。塞威氏苹果栽培首先是从发源地中亚推广到相邻的国家（伊朗、阿富汗、土耳其）。从外高加索苹果传入古希腊、古罗马。苹果传入西欧是从意大利传入的，中亚苹果曾是新种质的携带者，是它提供了创造大量品种和形成西欧苹果二级发源地的基础，中亚山区是全世界苹果的最古老的起源地，而栽培苹果的祖先是野生的塞威氏苹果，在引种过程中历史地形成了二级地理和遗传中心，但原始基因中心是基因群和种内分类群的坚实的源泉"。

综上所述可以确认，中亚山区是全世界苹果最古老的起源地，栽培苹果的祖先是野生的塞威氏苹果、而不是东方苹果（*Malus orientalis*）。

杨晓红等（1992）开展了新疆野苹果花粉形态和起源演化研究，认为新疆野苹果较进化的类群在霍城，较原始的类群在新源，而新源以东又无新疆野苹果分布，这表明新疆野苹果的发祥地是新源，由此向西发展，经巩留、伊宁至霍城而成为后期类群。据研究，苏联伊犁河下游有大量新疆野苹果（阿拉木图苹果），有可能是从新源县沿伊犁河传播繁衍而成的。作者同时认为，在苹果属植物中，新疆野苹果可能是苹果亚组中较原始的种类。

2003年，李天俊等，利用过氧化物酶同工酶测定了新疆野苹果的多态性，测定的结果表明，不同野苹果种群之间存在明显的差异，同时也具有同源相似之处，同一种群之间差异不显著。通过酶谱构型的复杂程度和共同的特征性酶带可以看出，新疆野苹果与栽培苹果之间具有亲缘关系。

为探讨栽培苹果的起源演化和保护利用，2006年，冯涛等对伊犁霍城县大西沟、巩留县莫合乡库尔德宁和新源县交吾托海等新疆野苹果3个种下居群果实形态多样性及生存现状进行了调查研究，并结合香味物质、矿质元素含量等测定结果，筛选出4株特异性状单株，结果表明：① 新疆野苹果的果实形状、大小、颜色和果柄长度等形态性状的变异系数均在10%以上，表现出较丰富的遗传多样性，3个居群的变异趋势基本一致。巩留县莫合乡库尔德宁居群单果重的变异幅度为9.95～47.47 g，变异系数29.71%，形状有扁圆形、近圆形、圆形和圆锥形等，果皮颜色有绿、黄、橘黄、粉红、红和深红等，具有栽培苹果的典型特征。上述结果支持"新疆野苹果可能是栽培苹果祖先种"的结论;② 对巩留县莫舍乡的新疆野苹果 78 个实生株系果肉组织 Ca、Mg、Fe、Zn、Cu、Mn6 种矿质营养元素进行测定的结果表明,每种矿质元素含量单株间差异显著,变异系数在 24.2%~54.0%,遗传多样性丰富,进一步选择的潜力很大。

2006 年,冯涛等对新疆野苹果与栽培苹果香气成分进行了比较。作者以中国新疆伊犁地区巩留县莫合镇的新疆野苹果 4 个实生株系及国光、红星、富士、金冠等苹果品种的成熟果实为试材,采用顶空固相微萃取和气相色谱-质谱联用技术,分析果实香气成分,旨在为新疆野苹果资源保护与利用提供基本资料。结果表明,① 新疆野苹果含醇类等 10 类 89 种香气成分,这些化合物单株间在种类和含量上均存在显著差异;新疆野苹果与栽培苹果品种主要香气的种类和成分基本一致;② 但乙醛等 12 种香气成分在新疆野苹果中没有检测到,其中 7 种为栽培苹果特有的特征香气成分;③ 缩醛类和内酯类化合物在栽培苹果品种中没有检测到,同时检测到 1-丁醇、丁酸乙酯、辛酸乙酯和大马酮 4 种化合物为新疆野苹果特有的特征香气成分。

2007 年,谭冬梅等对干旱胁迫诱导新疆野苹果细胞程序性死亡的细胞形态学进行了研究,用聚乙二醇(Polyethylene glycol,PEG6000)处理新疆野苹果幼苗。通过对其叶片及根系中各细胞器的超微结构分析发现,干旱胁迫能诱导新疆野苹果发生细胞程序性死亡,并具有以下特点:随着干旱处理时间的延长,根系中各细胞器形态结构发生变化的时间普遍早于叶片;同是叶片,海绵组织中各细胞器形态结构发生变化的时间早于栅栏组织;同是根系,皮层细胞中各细胞器形态结构变化的时间普遍早于中柱细胞。

2007 年,冯涛等对新疆巩留与新源 2 地的新疆野苹果居群年龄结构及郁闭度进行测定和分析,旨在为新疆野苹果资源的保护保存提供依据。结果表明,在随机选取的 200 个单株中,巩留居群Ⅰ级幼树为 0,而且Ⅱ级小树数量也极少,仅 2 株,只占 1%,年龄级构成有下降性特征,存活曲线呈断点凸形,故年龄结构应属老衰类型,郁闭度为 0.47;新源居群有Ⅰ级幼树,10 株占 5%,Ⅱ级小树达 26 株占 13%,年龄级构成有稳定中略有上升的特征,存活曲线呈弧形凸形,故年龄结构应属稳定类型,郁闭度为 0.80。结果显示,巩留新疆野苹果居群破坏严重,亟待加强保护,而新源新疆野苹果居群保存较完好。

2008 年,张小燕等对新疆野苹果巩留和新源两个种下居群的 88 个实生株系果实的矿质元素、糖酸组分及其遗传多样性进行研究,并与富士、金帅和红星品种进行比较。结果表明,新疆野苹果的 6 种矿质元素(Ca、Mg、Fe、Cu、Mn、Zn)、3 种糖(果糖、葡萄糖、蔗糖)组分及苹果酸含量的变异系数均在 23%以上,表现出丰富的遗传多样性。其中钙平均含量是栽培苹果品种的 3.1 倍,而且可溶性糖的组成与栽培苹果品种表现出明显的差异。

10.15.7 新疆野苹果的利用

（1）利用价值

新疆野苹果类型很多，果实多酸涩略带苦味，难以直接食用。但个别类型品质尚佳，可供鲜食和加工，如新源县的大圆黄果、红条纹果、橘形果，巩留县的大红棱形果等。果实多酚含量较高，抗氧化物质较丰富。

近 20 年来，新疆野苹果已成为西北地区（主要是陕西、甘肃等省）的主要苹果砧木之一。本种出种率 1%～2%，种子较大，每千克有种子 3.1 万～3.4 万粒，沙藏天数 70 d 左右。幼苗生长比海棠果快，分枝力强。当年播种后，在良好管理条件下能达到嫁接标准的砧木苗为 95%。根系发育良好，与栽培苹果亲和力强，当年可进行芽接，成活率可达 85%～95%。近年来，在野苹果中发现有少数矮化类型，可望代替 M 系作为北方较耐寒的苹果矮化砧。

（2）利用现状

1）加工利用

新疆野苹果的加工利用，约有 40 余年的历史，早期俄罗斯人采集野果加工为果丹皮、果酒、果酱、果汁等。1958 年新疆商业厅在巩留县莫序尔地区建立野果加工厂，开始大量采集野苹果进行加工。同时新疆八一农学院在新源县交吾托海地区建立野果林改良场。从那时起许多野果林区成为以果为主的综合生产基地。但本次调查发现，由于经营不善，新疆野苹果的加工利用已名存实亡。

2）栽培利用

新疆野苹果在当地栽培历史比较悠久，一些品种如新源县的大圆黄果、红条纹果、橘形果，巩留县的大红棱形果等栽培面积较大，但与栽培苹果（*Malus pumila*）优良品种相比，野苹果的果实形状、大小、丰产性、适口感、香气等还存在不小的差异。本项目组初步调查了伊犁谷地野苹果的栽培利用状况，由于 2008 年伊犁河谷地区大旱，栽培的野苹果基本绝收，故重点对砧木利用和繁殖技术进行了调查总结。

3）种子利用

本次调查发现，目前，新疆野苹果的种子利用仍是热点。尽管 2008 年伊犁谷地大旱，但由于野苹果多生于立地条件较好的区域，一些较湿润的沟谷中生长的野苹果仍旧结了不少果。在新源、巩留和霍城调查期间，经常遇到来自陕西、甘肃或伊犁当地的种子收购商，他们或自己采果脱种，或委托当代人采收，或设立现场收购站。经向收购商调查得知如下几点：① 采收的野苹果种子主要用于播种育苗，培育嫁接苹果的砧木；② 收购的野苹果种子主要销到陕西、甘肃、山西等省；③ 由于新疆野苹果经过不规范的所谓改良，遗传性状和品质已发生变化，所有直径 4 cm 以上的果实全部淘汰，只收购直径 4 cm 的野苹果，以保证种子的野生性质；④ 有的客商将脱种后的果肉一并晒干收购，果肉用于提取天然产物；⑤ 有些客商收购野苹果种子已历时 8 年以上，每年都收购；⑥ 过去曾有客商收购野苹果果实用于加工，但由于野苹果果实病虫害严重，坏果、烂果太多，加工品质量无法保障，故目前已无人收购。

4）野苹果林改造利用

野苹果林改造利用是科技界"好心办坏事"的典范，1958年4月，新疆八一农学院在新源县交吾托海地区建立了野果林改良场，除在缺株地进行补栽外，主要对野苹果幼年树、生长结果期树和结果生长期树进行了大面积的高接换种工作，采用劈接法（局部劈接法）、皮下接等嫁接内地引入的金冠、青香蕉、祝光、倭锦、红元帅、红星、黄魁、国光等优良西洋苹果品种以及立蒙、夏立蒙、蒙派斯、斯托诺维、金沙依拉木、假沙依拉木等中亚品种，共计70多个。自1959—1981年共嫁接改良野苹果6 000多亩，28万株，成活率为50%左右，"文化大革命"后仅剩下3万多株。经过20多年的观察，许多高接的栽培品种果实变小，树体出现高接病，即由于高接部位伤口愈合不良而出现结合部位大面积坏死，有的出现腐烂病，树势减弱，有的从接口自上而下坏死，而整棵树死亡。其原因可能是野果林立地条件较差，加之栽培管理粗放，营养不良，无法满足栽培苹果的要求。

调查证明，这种科技短视、行事违背科学的做法是对新疆野苹果种质资源最大的破坏，几乎让野苹果种质资源失去应有价值。这种"费力不讨好"、"好心办坏事"违背科学的做法应彻底杜绝。

10.15.8 新疆野苹果的保护现状与对策建议

（1）保护工作

新中国成立后，根据野果林的生态地理条件进行了利用、改造和栽培，既做了一些好事（如栽培），也好心办了不少坏事，特别是由于兴修水利，河水被堵截、地下水补给断源，使有些植株相继枯死。尤其是"文化大革命"，由于管理失控、人工滥伐、过度放牧和牲畜践踏，野果林横遭破坏，如巩留县大莫合野果林区，长约10 km的西坡主野果林被破坏，只留下东坡次野果林树木。为保护野果林资源，新疆维吾尔自治区于1976年在巩留县建立了野苹果林自然保护区（包括野杏、野山楂等），辖地11.8 km^2。但据2008年调查，野苹果林自然保护区几乎没法开展保护工作。

（2）生存现状与人为影响

1）生存现状

冯涛等（2007）对新疆巩留与新源2地的新疆野苹果居群年龄结构及郁闭度进行测定和分析，结果表明，在随机选取的200个单株中，巩留居群I级幼树为0，而且II级小树数量也极少，仅2株，只占1%。年龄级构成有下降性特征，存活曲线呈断点凸形，故年龄结构应属老衰类型，郁闭度为0.47；新源居群有I级幼树10株占5%，II级小树达26株占13%，年龄级构成有稳定中略有上升的特征，存活曲线呈弧形凸形，故年龄结构应属稳定类型，郁闭度为0.80。上述结果显示，巩留新疆野苹果居群破坏严重，亟待加强保护，而新源新疆野苹果居群保存较完好。

2）人为影响

调查也表明，近年来，由于人为活动的干扰和虫害的危害，加上管理滞后，新疆野苹果自然种群数量和分布面积日益减少，已处于濒危和灭绝的边缘。主要表现在如下几方面：

牧民放牧的影响：新疆野苹果的生长地主要是在原始林区的中下部及边缘地带，而它又是放牧牛羊的天然牧场。由于超载放牧致使草场退化。长期以来，野苹果幼苗遭牛羊啃食、践踏，无法正常生长，严重地影响着新疆野苹果的天然更新。目前在巩留野苹果林下几乎找不到一棵幼树。

居民伐薪的影响：当地居民靠山吃山，砍伐野苹果树枝当烧柴，对野苹果林造成很大影响。据项目组 2008 年与当地居民了解，尽管林业主管部门一再三令五申禁止在林区伐薪砍柴，但居民无法解决日常能源问题，野苹果树低矮，枝杈较多，又好作业，故伐薪砍柴屡禁不止。

改良违背科学规律：由于缺乏对野苹果种质资源价值的正确认识，片面追求经济效益，长期以来，一些科研工作者违背科学规律，直接在野苹果树上实施嫁接，进行所谓的苹果品种改良，导致新疆野苹果遗传信息的极大混乱，对新疆野苹果种质资源造成无法估量的破坏。调查发现，几乎所有成片的野苹果已被"改良"，基因受到严重污染，已失去了野苹果应有的种质资源价值，只有在偏远且交通不便地区零星或小团块分布的野苹果才保持了"洁净之身"。

病虫害的发生严重影响着新疆野苹果的安全：目前伊犁地区近 6 000 hm^2 新疆野苹果正遭受着一种叫"小吉丁虫"病害的威胁，2 000 hm^2 野苹果树已经枯死。据了解，小吉丁虫是 1993 年由伊犁州新源县某部门从山东文登引进果树苗时带入的。1995 年在新源县首次被发现，由于当时对小吉丁虫的危害认识不足，没有采取积极有效的防治措施，导致虫害大面积扩散蔓延。事件发生后，引起了新疆维吾尔自治区、伊犁州以及所在县的关注，有关部门申请专项防治资金进行治理，但由于对小吉丁虫的生物学特性和活动规律缺乏了解，加上面积大，资金少，防治难度大，防治效果很不明显。为研究小吉丁虫的生物特性，找出科学有效的治理方法，新疆林科院、伊犁州森防站于 2004 年启动了"野果林苹果小吉丁虫综合治理研究示范项目"，同时，发动当地驻军协助打梢作业。目前，虫害蔓延的趋势不但没有从根本上得到遏制，反而有迅速蔓延的趋势。本项目组认真考察了野苹果虫灾区的现状，提出了有效的方法（还待实践验证）。

新疆野苹果病害有 20 多种，主要是腐烂病、黑星病、白粉病、日烧、单雌菟丝子寄生等。在伊犁野果林中白粉病、黑星病比较严重，但不同类型表现抗病力明显不同。

野苹果的开发利用造成的影响：伊犁地区丰富的野果资源成为众多企业的投资热点，当地通过招商引资兴建野生果品加工厂，生产浓缩果汁和饮料，并形成系列产品。野生果品的开发利用，在推动当地经济发展，提高农牧民收入的同时，也给新疆野苹果的保护带来诸多问题。其主要表现是：每年在果实还未成熟时，大批人员上山采摘野苹果，采摘时对枝头损害严重，对林下植被随意践踏破坏，对新疆野苹果的正常生长发育带来危害。另外，采果人员有时携带未经检疫的植物活体，对新疆野苹果的疫情安全造成极大压力。

总之，管理不善、牧民放牧、砍伐烧柴、嫁接改良、病虫害的发生以及不合理的开发利用，使新疆野苹果这一物种的数量锐减，林分质量严重下降。目前野苹果林面积仅存不到1万 hm^2，如不采取积极有效的保护措施，新疆野苹果就会有灭绝的危险。

（3）新疆野苹果保护对策与建议

鉴于以上原因，为加强对伊犁野苹果和其他野生果树资源的保护，有关部门正在编制伊犁河谷野果林自然保护区建设项目，申请建立野果林国家级自然保护区。然而由于申报工作繁杂，短期内很难实现，为此提出如下建议。

建立统一管理的国家级自然保护区。由于伊犁地区野生果树资源不都是集中连片的，而且多数不属一个县域管辖，管理上难免互相扯皮、互相推诿，因此，必须建立统一管理的超越地方县域干扰的国家级自然保护区，在未建立国家级自然保护区之前，应分别在野果林集中分布区设立自然保护小区或自然保护点，成立专门机构，配备专人进行严格管理。自然保护区规划要树立全新意识，不能落入旧的八股，先确定那些不能动的资源，分析不同地区野苹果资源的种质保护价值，否则，只抓表观上的大片，而忽视种质资源的洁净主体，再保护也价值不大。

为了挽救珍贵的新疆野苹果种质资源，建议加快未受基因污染种群的保护，如大西沟、小西沟和其他"不起眼"野苹果种群的保护，这些"不起眼"野苹果种群的种质资源价值已远远超出集中连片"改良野苹果"林的价值。

为促进新疆野苹果的天然更新，需要保护的野苹果应全部架设围栏，制定措施，严禁砍伐、放牧和采摘果实。但可作为种子园提供种子进行育苗生产。

加快对野苹果病虫害的防治研究，从国家相关部门申请专项经费，引入"树贴"专利技术，采用树干刮皮围药环，药物添加韧皮渗透剂、内吸剂、缓释剂等成分，利用树木枝叶蒸腾拉力，通过木质部将药物运输到树体各部，使蛀干害虫采食食物时中毒死亡，从根本上遏制"小吉丁虫"的滋生蔓延。但有一点必须要注意，即在贴树贴时，必须一个生长季内将全部野苹果树全部围上树贴。

制定优惠政策，进行新疆野苹果树的苗木培育，建立野苹果种苗基地。一方面可以在原产地进行人工栽植，加快野苹果的恢复过程；另一方面可以避免原始野果林由于病虫害加剧而消失灭绝；与此同时通过大规模的育苗生产扩大人工种植面积，建立原料生产基地，为新疆野苹果的开发利用提供保障。

严格植物检验检疫工作，务必杜绝外来有害生物入侵，进入野果林区的所有车辆、人员，严禁携带生物活体（包括各种果品、蔬菜、种子）进入，以免重蹈野苹果小吉丁虫害的覆辙。

开展新疆野苹果遗传种质资源清查工作，从种群生态系统、物种与类型、基因多样性方面开展全方位研究，切实认识、保护、利用好大自然留给我们宝贵的遗传种质资源。

开展以野苹果种质资源利用为主的育种工作，借鉴现代月季育种经验（现代月季约7

万个品种，但其原始亲本只有不到 10 个），将新疆野苹果抗性基因应用到我国果树和花卉育种之中。

参考文献

[1] 白海霞，高彦. 圆叶海棠苹果自根苗培育技术[J]. 果农之友，2007（11）：15-24.

[2] 冯涛，陈学森，张艳敏，等. 新疆野苹果叶片抗氧化能力及多酚组分的研究[J]. 中国农业科学，2008，41（8）：2386-2391.

[3] 冯涛，陈学森，张艳敏，等. 新疆野苹果与栽培苹果香气成分的比较[J]. 园艺学报，2006，33（6）：1295-1298.

[4] 冯涛，张红，陈学森，等. 新疆野苹果果实形态与矿质元素含量多样性以及特异性状单株[J]. 植物遗传资源学报，2006，7（3）：270-276.

[5] 冯涛，张艳敏，陈学森. 新疆野苹果居群年龄结构及郁闭度研究[J]. 果树学报，2007，24（5）571-574.

[6] 李杰军，袁朝. 依托新疆野苹果资源培育特色经济林产业[J]. 内蒙古林业调查设计，2007，30（4）：62-63.

[7] 李天俊，胡忠惠，王丽. 利用过氧化物酶同工酶测定新疆野苹果多态性试验简报[J]. 天津农业科学，2003，9（3）：27-29.

[8] 李育农. 世界苹果和苹果植物基因中心的研究[J]. 初报园艺学报，1989，16（2）：101-108.

[9] 林培均. 天山野果林资源-伊犁野果林综合研究[M]. 北京：中国林业出版社，2000.

[10] 宋益学. 新疆野苹果的管理现状和保护措施[J]. 新疆林业，2006（6）：34-35.

[11] 谭冬梅，许雪锋，李天忠，等. 干旱胁迫诱导新疆野苹果细胞程序性死亡的细胞形态学研究[J]. 华北农学报，2007，22（1）：50-55.

[12] 王磊. 新疆野苹果和新疆野杏[J]. 新疆农业科学，1989（6）：33-34.

[13] 吴传金，陈学森，曾继吾，等. 新疆野苹果（Malus sieversii）超低温保存及其植株再生[J]. 植物遗传资源学报，2008，9（2）：243-247.

[14] 阎国荣. 新疆野苹果树王[J]. 山西农业，2001（12）：9.

[15] 阎国荣. 主分量分析法在新疆野苹果与数种栽培品种亲缘关系研究中的应用[J]. 新疆环境保护，1997，19（1）：41-45.

[16] 杨晓红，林培均. 新疆野苹果 Malus sieversii（Ldb.）Roem 花粉形态及其起源[J]. 西南农业大学学报，1992，14（1）：45-50.

[17] 杨磊，廖康，佟乐，等. 影响新疆野苹果种子萌发相关因素研究初报[J]. 新疆农业科学，2008，45（2）：231-235.

[18] 张小燕，陈学森，彭勇，等. 新疆野苹果矿质元素与糖酸组分的遗传多样性[J]. 园艺学报，2008，35（2）：277-280.

[19] 刘孟军. 中国野生果树[M]. 北京：中国农业出版社，1998.

新疆野苹果林

新疆野苹果林

改造后的新疆野苹果

花期的新疆野苹果林

新疆野苹果结果状（红果）

新疆野苹果结果状（黄果）

新疆野苹果的花

新疆野苹果的果实

改造后的新疆野苹果林

新疆野苹果遭小吉丁虫入侵

小吉丁虫危害调查

新疆野苹果[*Malus sieversii*（Ledeb.）Roem.]

10.16 稠李 *Padus racemosa* 物种资源调查

10.16.1 稠李概述

（1）名称

稠李[*Padus racemosa*（Lam.）Gilib.]，又名臭李子、臭梨，是蔷薇科（Rosaceae）稠李属（*Padus* Mill）的落叶乔木。

（2）形态学特征

原产于欧洲及亚洲西部，它通常高 7~8 m，有的高达 15 m，树皮粗糙暗灰褐色或黑褐色，小枝暗赤褐色或灰绿色，幼枝被短柔毛或近无毛。单叶互生、椭圆形、矩圆形或矩圆形倒卵形，长 4~14 cm，宽 2~7 cm，顶端尾尖，基部圆形或宽楔形，细微心形，表面绿色或暗绿色，背面淡绿色，叶缘有不规则锐锯齿，有时混有重锯齿，两面无毛。总状花序长 7~15 cm，具 10~20 余朵小白花，花柱比雄蕊短近 1 倍，花径 1~1.5 cm，排列疏松，基部有 3~5 叶片，花萼宽钟状，萼片卵状三角形，边缘具细齿，花瓣白色，椭圆形或倒卵形状椭圆形，具芳香味、花期 4 月下旬至 5 月，果期 8—9 月，浆果状核果近球形，长 6~10 mm，熟时黑色或紫黑色。

（3）生物学特征

稠李属速生树种、生长较快、喜温暖，湿润气候，耐寒性强，在−30℃的低温下可安全越冬，可耐−45℃的低温，其喜欢肥沃、湿润排水良好的沙壤土。稠李的萌蘖能力极强，天然生长的稠李苗木常常是集中连片生长。稠李苗木秋季 9 月中旬以后叶片逐渐由下向上变为紫红色。稠李可用种子或扦插进行苗木繁殖。

（4）稠李的起源和分布

稠李广泛分布于我国黑龙江、吉林、辽宁、新疆、陕西、甘肃、内蒙古、山西、河北、河南、山东海拔 200~2 500 m 的山坡、谷地及林内灌丛中。此外，朝鲜、日本、俄罗斯东西伯利亚及远东地区、欧洲也有分布。

10.16.2 稠李研究概述

（1）营养成分研究

赵秋雁（2003）采用 GC-MS 联机测定的分析方法，分析了稠李（臭李子）挥发油的化学组成，共分离出了三个组分，其主要成分为苯甲醛，占挥发油总含量的 88.4%。

朱俊洁等（2005）采用气相色谱-质谱联用技术，对稠李果、茎、叶、皮及树干挥发油进行了成分分析。首次从稠李果、茎、叶、皮及树干分别鉴定出了 29、31、35、29 和 21 种化合物，已鉴定挥发油成分占总挥发油含量分别为 98.14%、96.96%、94.34%、99.16%及 96.73%。5 个部位中挥发油化学组成各有异同，但其主要成分均是苯甲酸和苯甲醛。皮中苯甲酸相对含量高达 64.43%，因苯甲酸具有防腐作用，故认为稠李木材是天然的防腐木材。本研究结果为稠李的综合开发利用提供理论依据。

（2）繁殖研究

吕守亚等（2002）利用植物体再生机能，采用环状切根法，1棵优树可培育4～6棵根蘖苗。稠李母条最佳栽值时期为4月15—20日。稠李无性繁殖的关键是保持旺盛的根系活力和及时诱导白化茎，最佳诱导白化茎的方法是在绿嫩小茎未变成褐色之前及时培土，创造有利的生长环境，及时诱导成白化茎，形成根原始体。1株优良的稠李根蘖苗经过5年繁殖，可培育10万株优良壮苗。

姜长阳等（2003）通过稠李的茎尖的分化增殖培养，不定苗的生长、生根、生根苗的移栽，以及无根苗的扦插等试验，筛选出稠李试管苗的增殖、生长、生根的培养基，以及试管苗的移栽和扦插基质。结果表明，MS＋BA0.6是离体茎尖成活伸长的理想培养基；MS+BA0.5+IAA0.2+GA0.5是为稠李芽的增殖分化的最适培养基；MS+BA0.2+IAA0.1+GA2.0是促进不定苗壮苗生长的最适培养基；1/2MS＋IAA2.0是诱导生根的最佳培养基。河沙和炉灰渣是稠李生根试管苗移栽，以及无根试管苗扦插的理想基质。无根试管苗的扦插，可简化培养程序，提高繁殖系数。

10.16.3 野生稠李资源调查

（1）地理分布

稠李在黑龙江省分布较普遍，在大兴安岭、小兴安岭、完达山、张广才岭、老爷岭山区均有分布，是河岸阔叶林主要组成树种。

（2）生态习性

稠李喜光，耐阴，因此，在沟旁、河岸、谷地、路旁、山脚最常见，也见于林缘半遮阴处，喜湿润肥沃排水良好的沙壤土地，但在低洼或干旱瘠薄地也能正常生长，耐严寒，根深叶茂，生长速度快。

（3）植物群落

伴生树种有杞柳（*Salix integra*）、越橘柳（*Salix myrtilloides*）、蒿柳（*Salix schwerinii*）、黄柳（*Salix gordejevii*）、砂生桦（*Betula gmelinii*）、白桦（*Betula platyphylla*）、坚桦（*Betula chinensis*）、茅莓（*Rubus parvifolius*）、山刺玫（*Rosa davurica*）、蓝靛果（*Lonicera caerulea* var. *edulis*）等。伴生草木植物常见有薹草属（*Carex*）、委陵菜属（*Potentilla*）、早熟禾属（*Poa*）、柳叶菜属（*Epilobium*）、毛茛属（*Ranunculus*）等。

（4）变异类型

① 粉叶稠李：叶背面有白粉，嫩时更明显；② 紫叶稠李：小枝及叶均为紫红色；③ 多毛稠李：叶背面及幼枝均密被短柔毛；花序长达16 cm；④ 锈毛稠李：叶背面主、侧脉密被锈色毛。

以上4种稠李变异类型，除紫叶稠李外，其他3种稠李在园林观赏价值方面与稠李没有明显区别，均可用做稠李使用（薛文忠等，2004）。

10.16.4 稠李资源价值和保护利用

（1）稠李资源价值

稠李为早期开花的蜜源树种且具有良好的观赏价值，同时又是嫁接紫叶李的优良砧木，因此具有很好的发展前景。

稠李是春季萌芽最早的园林树木之一，一般于3月下旬树液开始流动。4月初开始放叶、小花白色与叶同放，花明显，花序长而美丽，花期可达近50 d；夏季叶色碧绿，枝条柔软，树姿优美。入秋叶色变为黄红色，经久不落，整体效果好，也是秋季观叶的良好树种。果熟时黑色并带有光泽可食、挂果期可持续到第二年春天。可列植于路旁、墙边，在庭院、公园、广场绿地上可孤植、丛植或片植。因此，稠李是一种集观叶、观花、观果、观赏树姿为一体园林绿化的优良树。

稠李木质部呈黄褐色，木材可供建筑、家具等用材。此外，稠李的花、果、树皮和叶均可入药。果入药用于治腹泻；叶入药有镇咳功效；树皮可提炼单宁。

（2）保护和利用建议

对于我国丰富的稠李资源，应采取积极保护与合理开发利用相结合的方针，科学经营管理，同时开展科学研究，选育良种，扩大栽培面积，采取科学的经营和管理措施，提高稠李的产量和品质。具体建议有以下几个方面：

1）加强资源保护：选择资源类型具有代表性的野生稠李资源林，建立保护与应用研究基地，对其生存环境、生存条件、生长习性以及抗性等各方面进行细致的研究，为更好地开发利用稠李资源提供依据。同时，加强宣传教育，保护稠李的生态环境，避免乱砍滥伐，及时治理病虫害。

2）加强育种工作：建议建立稠李种质资源圃和良种基地，加强育种研究，充分挖掘该物种的遗传资源价值。

3）加强园林开发利用：稠李资源虽丰富，但对其园林利用研究却很少。保护并利用好我国丰富的稠李资源，培育适合我国北方气候的稠李系列观花、观叶、观果品种，是大家共同的责任。

4）加强开发技术研究：稠李的枝、叶、花及果实都具有较高的开发利用价值和较高的经济价值，应加大加工技术方面的研究投入，发展和加强稠李加工业，以提高稠李产业的经济效益。

参考文献

[1] 吕守亚，刘才，杨伟华，等. 利用植物体再生机能进行稠李培育的研究[J]. 吉林林业科技，2002（2）：9-11.

[2] 姜长阳，周晓丽，李萍，等. 稠李的组织培养及无性系的建立[J]. 辽宁大学学报（自然科学版），2003（4）：384-386.

[3] 薛文忠，邵海燕，李殿波. 野生观赏树木稠李栽培技术[J]. 中国林副特产，2004，71（4）：24.
[4] 赵秋雁. 稠李（*Prunus padus* Linn.）挥发油化学组成分析[J]. 植物研究，2003（1）：91-93.
[5] 朱俊洁，孟祥颖，乌垠，等. 稠李果、茎、叶、皮及树干挥发油化学成分的分析[J]. 分析化学，2005（11）：1615-1618.

稠李（新疆）　　　　　　　　　稠李结果期

稠李（东北大兴安岭）　　　　　　稠李开花期

稠李[*Padus racemosa*（Lam.）Gilib.]

10.17 扁核木（青刺尖）*Prinsepia utilis* 物种资源调查

10.17.1 扁核木概述

（1）名称

扁核木（*Prinsepia utilis* Royle），又称青刺尖（云南）、青刺果（丽江）、枪刺果（曲靖）、打油果、鸡蛋果（思茅）、阿那斯（纳西语），属于蔷薇科（*Rosaceae*）李亚科（*Prunoideae*）扁核木属（*Prinsepia* Royle）植物。

（2）形态特征

常绿灌木，高 1~5 m。自然树冠呈扁圆形，一般植株冠高 2~3 m，少数植株冠高 4~7 m（个别可达 10 m），地径 2~10 cm，丛生、每丛基部萌生枝 2~11 枝，冠幅 1 m×1 m~6 m×6 m。青刺果树形为多主干丛生状，主干呈灰褐色，浅纵裂，其干有多个主枝，各主枝有密生多级侧枝；老枝粗壮，灰绿色，小枝圆柱形，绿色或带灰绿色，具棱条，被褐色短柔毛或近无毛；枝刺长达 3.4 cm，刺上生叶，近无毛；冬芽小，卵圆形或长圆形，近无毛。叶片长圆形或卵状披针形，长 3.5~9 cm，宽 1.5~3 cm，先端急尖或渐尖，基部宽楔形或近圆形，全缘或有浅锯齿，两面均无毛，上面中脉下陷，下面中脉和侧脉突起；叶柄长约 5 mm，无毛。花多数成总状花序，长 3~6 cm，稀更长，生于叶腋或生枝刺顶端；花梗长 4~10 mm，总花梗和花梗有褐色短柔毛；花直径约 1 cm；萼筒外被褐色短柔毛；萼片半圆形或宽卵形，边缘有齿，较萼筒稍长，幼时内外两面有褐色柔毛，边缘较密，以后脱落；花瓣白色，宽倒卵形，先端啮蚀状，基部有短爪；雄蕊多数，以 2~3 轮着生于花盘上，花盘圆盘状，紫红色；心皮 1，无毛，花柱短，侧生，柱头头状。核果长圆形或倒卵状长圆形，长 1~1.5（2）cm，宽约 8 mm，初绿色，成熟后为暗紫红色、紫褐色或黑紫色，平滑无毛，被白粉；果梗长 8~10 mm，无毛，萼片宿存；核平滑，紫红色。花期 4—5 月，果期 6—7 月。

根据中国植物志描述，扁核木果期为 8—9 月，项目组 2006 年 8 月第一次考察时果实已脱落，2007 年 7 月再次考察，见到了少量果实。根据了解，云南扁核木果实成熟期应为 6—7 月。

（3）生物学特性

喜光，喜温凉湿润的气候，也能耐寒、耐旱、耐涝，但山顶、地势低洼、风口和黏重土壤上很少见。种子繁殖，直播或育苗移栽均可。植株的主根不明显，但侧须根发达，在土层 4~15 cm 的范围内，侧须根系占总根量的 90%，根展范围可达冠幅的 11.5 倍。

10.17.2 扁核木研究概述

黄威（1999）在《中国食品》杂志上首次介绍了丽江地区野生资源扁核木（青刺果）

油的营养与功能。黄菊（2000）在《云南林业》介绍了青刺果的栽培方法。陆玉云（2001）在《林业调查规划》论述了扁核木的经济价值和生态价值，以及扁核木的栽培情况，分析了云南宁蒗县开发青刺果的前景。端木凡林等（2001）撰文介绍了青刺果油低温萃取方法、工艺过程，及青刺果油保健功能；利用 4 号溶剂低温萃取青刺果油，能有效地保存油料中的活性物质，且具有较高的营养价值和药用价值。詹琳（2001）对青刺果油料有关理化数据进行了测试分析，从而为这种特种油脂产业化开发利用提供了基础数据。朱正良等（2002）对青刺果乙醇提取物对桃子的保鲜效果进行了研究，用青刺果乙醇提取液对桃子进行涂膜和涂布保鲜试验，测定了储藏期间桃子的 VC、糖度、酸度、失重率等。结果表明：用青刺果乙醇提取液涂布保鲜桃子效果良好，在室温下，桃子能保持较好的新鲜度，生理变化推迟，营养成分损失较少。同年，朱正良等又发表"青刺果提取液的抑菌对比研究"：以水为抽提剂分别提取青刺果、迷迭香、金银花及金钱草中的抑菌成分，测定了这四种植物提取液对七种常见食品腐败菌的抑菌效力（抑菌圈直径）、最低抑菌浓度（MIC）、抑菌 pH 范围及热稳定性等。结果表明：青刺果提取液有更强的抑菌效力，抑菌浓度较低，热稳定性更好。但其抑菌 pH 范围不够广。董丽萍（2004）总结了 2001—2003 年野生青刺果在大理州鹤庆县栽培试验，结果表明：野生青刺果人工造林方法简便、繁殖容易，可作为伴生树种使用。范志远等（2005）从形态特征、生长习性、分布状况及其生境，种子的自然变异等论述了青刺果的植物学特性；又从采种育苗、造林技术、促进实生幼林早实早丰技术等方面，记述了青刺果的人工栽培技术，为建立青刺果人工原料基地提供了技术支持。陈继昆等（2007）对青刺果的植物学特性及分布范围、理化指标和营养价值进行详细的分析，从多个角度探讨了它的开发、利用价值，并结合三江并流区域内野生青刺果植物资源的分布、利用情况，提出了开发与保护的可持续发展问题。

此外，郑艳等（2007）探讨了青刺果黄酮对鸡血清抗体和血液生化指标的影响。试验结果表明，青刺果黄酮组与对照组相比，21 日龄时，IgM 表现为极显著增加（$p<0.01$）；28 日龄时，IgG 和 IgM 表现为显著增加（$p<0.05$）；其他指标均有所提高，但差异不显著（$p>0.05$）。各项血液生化指标与对照组相比差异不显著。青刺果黄酮可通过提高血清抗体水平来提高动物机体的免疫机能，且对机体各项血液生化指标无不良影响，有望作为天然免疫剂应用。殷中琼等（2007）研究了青刺果种粕粉对鸡免疫器官发育的影响。将 7 日龄鸡分成试验组和对照组，每组设 3 个重复；对照组饲喂基础日粮，试验组饲粮分别添加 10 g/kg 和 15 g/kg 青刺果种粕粉，饲喂 30 d。第 14、21 和 28 日龄时分别取胸腺、法氏囊和脾脏称重并制作切片。结果表明，试验组鸡法氏囊、胸腺、脾脏脏器指数在各个日龄均显著或极显著高于对照组（$p<0.05$ 或 $p<0.01$）。光镜下，14 日龄时，试验组较对照组法氏囊皮质与髓质分界较清楚，淋巴滤泡形成，胸腺皮质不同程度增厚，脾脏形成动脉周围淋巴鞘；21 日龄时，试验组较对照组法氏囊中淋巴细胞发育成熟，形态较小，淋巴滤泡直径增加，胸腺小体增多，皮质增厚，脾脏淋巴细胞致密；28 日龄时，试验组与对照组比较，法氏囊淋巴滤泡较大，胸腺小体增大，可见朗罕氏细胞，脾小体和生发中心较发达。电镜

下,试验组脾脏淋巴细胞形态均一,核仁增多,核染色质边移,随着日龄的增长,淋巴细胞活性增加。结论:青刺果种粕粉能促进鸡免疫器官的生长发育。

10.17.3 野生扁核木调查

(1) 关于扁核木物候期的调查

由于青刺果的花期及果实成熟期与植株生长地区的海拔、气候因子有密切关系。这些数据是研究扁核木(青刺果)必不可少的基础数据。由于项目组不可能常年蹲在野外,故委托丽江青刺果栽培基地进行了观察记载。

一般在海拔低、气温偏高的区域花期及果实成熟早,而随着海拔升高、气温下降其成熟期也逐渐推迟。青刺果的物候期为9月初陆续显蕾,1月上旬初花,2月初盛花,3月中旬终花,花期长达70 d。于2月下旬萌芽,3月中旬展叶。新梢4月初开始生长,5—8月为速生期,9月后陆续停止生长,至12月,2年生以上的叶片落叶。2—3月陆续坐果,随即进入速生期,4月初果核变硬,4月中旬果实退绿,4月底至5月上旬陆续成熟。果实从终花到成熟为期60 d左右,果实成熟后自然脱落。

(2) 扁核木分布与生境调查

根据相关文献,扁核木在我国分布于云南、贵州、四川、西藏。巴基斯坦、尼泊尔、不丹和印度北部也有分布。

在云南主要产丽江、香格里拉、盈江、大理、云龙、鹤庆、剑川、洱源、巍山、嵩明、富民、昆明、峨山、武定、蒙自、文山、丘北、师宗、广南、西畴、昭通、巧家、镇雄;生长于海拔1 000~3 100 m的山坡、荒地、山谷或路旁等处。

20世纪20年代,美籍奥地利著名植物学家约瑟夫·洛克博士向西方世界介绍了"香格里拉"和"东巴文化"时,描述了在万物凋谢的寒冷冬季,有一种奇特的植物能绽放出美丽的花朵,向世人展示出"万物皆眠,唯我独醒"的非凡生命特征,它就是世界木本油料中的一朵奇葩——青刺果。读过约瑟夫·洛克博士的介绍,项目组决定对滇西北三江并流区的扁核木进行了重点调查。

三江并流区域地处云南西北部金沙江、澜沧江、怒江并流地带,位于东经98°~100°30′,北纬25°30′~29°,包括位于云南省丽江市、迪庆藏族自治州、怒江傈僳族自治州。区域地处东亚、南亚和青藏高原三大地理区域的交汇处,属青藏高原向南延至云南西北的横断山脉纵谷区。区域海拔700~6 670 m,年平均气温10~15℃,年降水量1 185~1 439 mm,年日照时数2 190~2 500 h。

2006—2007年项目组对云南的昆明、丽江、迪庆、大理、楚雄沿线冷凉地区进行了调查。总体上讲扁核木野生资源分布面窄,天然林面积小。初步估算,丽江境内零星分布着野生青刺果为2 000 hm², 迪庆地区有1 500 hm², 整个区域内可开发利用的野生青刺果约为3 500 hm²。

在云南大理,野生青刺果多分布在海拔1 400~3 200 m山坡、干旱河谷、疏林和灌丛中，特别是海拔 2 300～3 000 m 的山区、半山区分布更多。在迪庆藏族自治州，青刺果多分布在 1 800～3 200 m 的田边、地角、山坡、荒地、丛林特别是稀树灌丛林中，但又相对集中生长于海拔 2 100～2 800 m 的地段。青刺果多生长在槲栎（*Quercus aliena*）林、锐齿槲栎（*Quercus aliena* var. *acuteserrata*）、云南松（*Pinus yunnanensis*）、华山松（*Pinus armandi*）、旱冬瓜（*Alnus nepalensis*）、麻栎（*Quercus acutissima*）、栓皮栎（*Quercus variabilis*）、元江栲（*Castanopsis orthacantha*）、高山栲（*Castanopsis sclerophylla*）、滇青冈（*Cyclobalanopsis glauca*）、毛枝青冈（*Cyclobalanopsis helferiana*）、滇石栎（*Lithocarpus dealbatus*）、滇油杉（*Keteleeria evelyniana*）等树种组成的针叶林或针阔混交林林内。也常见于旱冬瓜（*Alnus nepalensis*）、滇青冈（*Cyclobalanopsis glauca*）、山蚂蝗属（*Desmodium* Desv.）、蔷薇属（*Rosa* L.）和马桑属（*Coriaria* L.）等灌木组成的稀树灌丛内。

青刺果喜生长在森林植被较好的地带，山涧开阔地以及土层深厚潮湿的沟边及溪边。依据野生青刺果的自然分布状况及其生态习性，结合主要分布区的气候指标，初步得出适宜青刺果生长的气候环境条件：年均温 10～15℃，年降雨量 800 mm 以上，年日照时数 1 900 h 以上。由于青刺果性喜寒，有耐寒、耐旱、耐涝以及抗风等性能，适合在云南省海拔高的冷凉山区或半山区的、潮湿的微酸性红壤土中种植。

青刺果在四川、贵州、西藏也有分布。四川也是青刺果分布较多的省份，主要分布于盐源、华坪、木里、冕宁、越西、甘洛、昭觉、会理、会东、金阳等地，俗称"青刺阿那斯"、"狗奶子"，彝语称"出倮"。

（3）云南青刺果利用状况调查

青刺果是滇西北地区少数民族非常喜欢食用的油料资源，摩梭人利用当地野生植物青刺果直接加工榨制的油叫青刺果油，当地群众叫它"青刺曼安"，它不仅作食用，还可作药用。当地人说的"美味食油，百病药"指的就是这种油。

据北京林业大学分析化验，青刺果果仁含油量高达 35%～40%，不饱和脂肪酸的含量为总脂肪酸量的 70%～80%，其中油酸含量 30%～40%，亚油酸含量为 30%～35%，亚麻酸含量 2%～3%；饱和脂肪酸含量大约 30%。油脂脂肪酸组成基本符合 1∶1∶1 的比例，可见其组成是极其合理的。油脂中并含有维生素 A、维生素 D、维生素 E、维生素 K 等多种活性成分和少量的磷脂。

调查发现，青刺果在当地的少数民族中，一直被广泛地使用。

纳西族民间称其为"神木"，它的根、茎、叶、花、果均可以入药，果肉和果品食用，能改善视力（注：果实成熟是紫黑色，富含原花青素），果仁油用于孕产妇的滋补，果仁药用可以消炎、止咳、防冻伤、治刀伤、烧伤。

摩梭族自古以来就用野生青刺果仁榨油，以此为抗病健身的保健品，并把青刺果油（称青娜曼安）视为神物加以崇拜。据摩梭族向导介绍，经常食用青刺果油，可使人延年益寿，80 岁以上还能参加劳动或狩猎。泸沽湖周围的摩梭人把该油作为他们护肤护发的必须用品，用于擦手涂脸，预防皮肤干燥皱裂，保持皮肤柔嫩，并用梳子蘸该油梳头发，作为美发的护法之油,作为保持头发乌黑光亮,不折断,不脱发等。用青刺果油搽抹或用青刺果茎尖、叶、根的水煮液清洗患处,有较好的消炎、抗菌作用;也可用青刺果或叶捣烂后挤出的液汁冲开水内服,用于人畜食物中毒的排毒解毒;摩梭族人还用青刺果油搽抹脚或用青刺果煮水洗脚,据说对缓解脚气有明显疗效等。

每逢5月,成群结队的摩梭妇女背挎篾篓,手执长弯钩,到茂密的青刺林里采集,然后淘洗干净,晒干后磨成细小颗粒,筛去糠壳,再晒干,然后将晒干的粉粒置于蒸笼内蒸到八成熟后装入麻布袋内趁热榨油。摩梭人的榨油工具由较为原始的木、石、竹三种器材组成。有木或石缸、榨缸、木墩、压杆、竹制或铜制流槽,以及绳、压石等。木缸或石缸内深宽各约一尺见方,缸口底部凿月工资多条流槽以便将榨出的油引入盛油的容器。榨油的方法是将蒸熟的刺果粉炷盛入布袋内,然后置于榨缸中,用一根结实的木杆,利用杠杆的作用按压,清亮透明的油便顺着槽徐徐流进容器内,加入食盐便可食用。由于该油具有天然而独特的色香味,千百年来,他们以此作为食用油,或添盐蘸"流头饭"而食,或炒、拌菜调味,味色鲜美。特别是在没有蔬菜的日子里,这种油几乎成了他们的蔬菜代用品。长期而广泛地食用青刺果油,显示出它良好的保健作用:泸沽湖虽然环境艰苦,气候恶劣,但摩梭人男女却体魄健壮,英俊美丽,少生病痛,长寿者比比皆是,其间不乏百岁老人,摩梭人无不认为是得益于青刺果油。

彝族人也对该果进行采撷并用石器榨油,认为食用青刺果油可以使人体格健壮,容颜俊美。此外彝族人、摩梭人、穆斯林人还把青刺果榨了油的油枯(废油渣)作为治疗牲畜各种疾病的良药,具有立竿见影的功效。

另据长年在高海拔区迪庆工作的林业技术人员(傈僳族)介绍,青刺果油在化妆品领域中也有其特点,青刺果油较其他的天然植物油具有更好的皮肤渗透性,可以作为其他化妆品的营养素及外用药物有机成分的载体。林区工作人员经常将青刺果油与其他化妆品或涂抹药物掺和,在强化原品功能的基础上,又突出了青刺果油自身具有的如消炎、治伤、防冻等功能。这些经过当地民间千百年使用总结出来的经验是极其珍贵的。

(4) 云南青刺果栽培与加工调查

由于青刺果多生长在原始森林保护区内,生长环境没有任何污染,作为绿色食品的原料具有很高的市场感召力。一些企业特别是食品和化妆品企业纷纷加入到青刺果开发行列中。但几年的实践证明,野生资源是极其有限的,况且多散生分布在保护区内,仅靠野生资源原料是没有保证的。目前,云南丽江、鹤庆、大理、宁蒗、永胜等地均已建立青刺果种植基地。丽江种植基地已达8万多亩,鹤庆种植基地已达6万多亩,永胜种植基地大约5 000亩。

通过对野生青刺果的栽培试验表明,青刺果人工造林方法简便,可作为伴生树种使用。青刺果适宜栽植于山坡中下部和阳坡荒山荒地,肥沃、排水良好的沙壤土和石灰质土上。在宁蒗县的永宁乡、红旗乡、宁利乡、大兴镇和新营盘乡已规划种植青刺果4 000 hm^2。按株行距2 m×2 m种植,每公顷种植2 505株。

项目组考察了"云南丽江青刺果天然营养植物油有限公司",该公司建立了国内第一条青刺果油加工生产线,、开发出青刺果保健油、化妆品、软胶囊、精华素、婴儿护肤液等系列产品。但青刺果油生产以4号溶剂浸提为主,油的口感品质有待进一步提高。

10.17.4 青刺果资源利用问题与对策

(1) 目前状况

由于青刺果油具有很高的食用、医疗和保健价值。为此,近年来云南省相继对青刺果进行了开发,并在产品的开发工艺、品种的创新、产品的系列化生产、品牌和国内外市场拓展等方面取得了很好经验,已生产出青刺果高级食用油、软胶囊、精华素、润肤露、婴儿护肤液等系列产品;民间传统的落后手工式压榨、零散采摘、自用或馈赠已突跃式地转为由公司定点大量收购,用现代先进加工生产线批量生产,产品进入市场商业化运作。其次,用现代科学知识在野生青刺果的人工驯化和人工栽培方面做了大量工作并取得可喜成绩。

(2) 存在的问题

目前,青刺果仍属野生资源,其主产地恰好处于丽江历史文化名城、泸沽湖母系社会幸存地和"三江并流"世界自然遗产区。由于参与产业开发的生产者文化素质、开发手段、道德和环保意识的差异,造成重采摘而轻养护或只采摘而不养护,早摘(果实未成熟时摘)、毁摘(折枝采摘)、作坊式榨油等青刺果野生资源的严重破坏和浪费现象,对于整个三江并流区的经济发展、人与自然的和谐共处是不利的。

青刺果开发利用虽然在民间有悠久的历史,但从现代科学上认识并开发青刺果则是近几年的事情。因此尚有一些未被认识或尚未解决的问题:如青刺果产业发展与退耕还林政策的研究;青刺果生态环境调查和栽培规划;青刺果种群调查和良种筛选;优良种源扩繁和良种基地建设;青刺果生物学特性观测和半人工栽培技术试验;青刺果采集方法创新;青刺果蔬菜研究;青刺果茶叶研究等。

(3) 对策建议

针对野生青刺果产业开发的现状和存在的问题,确保该产业的可持续发展,又能保护原产地物种资源的多样性、生态环境、自然景观。必须尽快建立野生资源开发与保护条例等政策体系。具体落实在以下几方面:

1) 行政立法。首先要坚决制止当前过度采摘野生资源,应尽快出台地方性的法规和奖惩措施。其目的是:保护珍稀野生动、植物,维护区域生态平衡;对一些野生物种资源开发与利用,尽可能协调企业、农户一起制定规划,采收与半人工种植相结合,有计划、有步骤、有序地开发野生资源。

2) 生态环境保护的监督落实。因为野生青刺果的生长区域都为高海拔冷凉山区,地广人稀。由于群众采摘野生青刺果已成传统,难监控、易疏失。这就要求当地政府部门统一协调,调动县乡村、林业、农业等部门支持保护工作。应通过电台、电视、报纸等新闻媒体广泛宣传，有计划、有步骤地开展科技培训，提高区域内各民族群众的科学文化素质和绿色环保观念，让大家都来监督和保护野生资源。

3）加大科技投入，培育优良种源。各级政府部门应加大对野生资源开发的经费投入，通过农业部门、科研机构、大专院校的协作配合，加快对野生青刺果种群调查、良种筛选和扩繁、半人工栽培推广等关键技术的联合攻关，提高科技含量，促进产业化发展。

（4）前景展望

目前，青刺果已作为云南、四川"名、特、优、稀"的高级食用油和高级化妆品的原料，远销国内外，在云南有望成为继"云南白药"之后的又一大产业，具有广阔的市场前景。加上青刺果适应性强，生长高度一般较低矮，且植株繁殖容易，为工程造林和生态环境建设提供了一个新的黄金树种，特别是在退耕还林和生态经济林工程中显示出广阔的发展前景，若与生态林、经济林混交（单独种植或作二层伴生树种）或作为生物围栏使用，是一种不可多得的天赐资源。该树种对改善西南地区生态脆弱区生态环境，对发展地方经济、增加农民收入具有不可估量的资源价值。

参考文献

[1] 端木凡林，王红梅，常焕平，等. 天然青刺果油的低温萃取及其营养价值[J]. 西部粮油科技，2001，26（6）：30-31.

[2] 范志远. 青刺果的植物学特性及其人工栽培技术[J]. 西部林业科学，2005，34（4）：47-52.

[3] 何侃. 丽江青刺果公司托起山区致富希望[N]. 云南日报，2003-09-05（A1）.

[4] 梅文泉，汪禄祥，黎其万，等. 云南青刺果仁、叶微量元素成分分析[J]. 广东微量元素科学，2002，9（7）：53-55.

[5] 王毓杰，张艺，杜娟，等. 民族药青刺尖抗炎活性成分的初步研究[J]. 华西药学杂志，2006，21（2）：152-154.

[6] 詹琳. 青刺果油料的研究[J]. 武汉工业学院学报，2001（3）：25-26.

[7] 张晓鹏，林晓明. 青刺果油调节血脂及对人血小板体外聚集作用的影响[J]. 卫生研究，2005，34（1）：79-81.

[8] 朱正良，樊建，张惠芬，等. 青刺果乙醇提取物对桃子的保鲜效果[J]. 西南农业大学学报，2002，24（5）：442-444.

[9] 朱正良，樊建，赵天瑞，等. 青刺果提取液的抑菌对比研究[J]. 云南师范大学学报，2002，22（6）：49-54.

左图为扁核木果实,摄于 2006 年 7 月;右上图为扁核木花,摄于 2007 年 2 月;右下图为扁核木生境,摄于 2007 年 10 月

青刺果(扁核木)生境(2007 年 10 月摄于云南)

左图为栽培的青刺果，右上图为栽培青刺果始果，右下图为栽培园

扁桃木（*Prinsepia utilis* Royle）

10.18 野樱桃李 *Prunus cerasifera* 物种资源调查

10.18.1 野樱桃李概述

（1）名称

野樱桃李（*Prunus cerasifera* Ehrh.）又名柯克苏力旦（新疆南部）、樱李、开展樱桃李、野酸梅。英文名称：wild myrobalan plum，Myrobalan plum，隶属蔷薇科（Rosaceae）李属（*Prunus* L.）。目前已被列为国家Ⅱ级重点保护物种。

（2）形态特征

落叶灌木或小乔木，常具多条主干，高 1.5～8（10）m，常有刺，树冠半圆形或圆锥形；枝条细弱，开展或俯垂，灰褐色或黄褐色；小枝暗红色，无毛。冬芽卵圆形，长 1～1.5 mm，花芽卵形至圆锥形，长约 2 mm，有时鳞片边缘有稀疏缘毛。叶在一年生枝上互生、在短枝上密集成簇生；叶片椭圆形、卵圆形或倒卵形，稀广椭圆披针形，长（2）4～6 cm，宽 2～4（6）cm，先端渐尖，基部楔形、截形或近圆形，叶缘有钝或锐锯齿，有时具重锯齿、双锯齿或单双交替排列的复合锯齿，齿尖具淡黄色短尖，叶片上面深绿色、无毛，下面较浅，仅在沿叶脉基部微被或密被短柔毛，侧脉 5～8 对；叶柄长 0.5～2.3 cm，无毛或稍被短柔毛，叶片基部具 1～2 个极小的红色或黄色的腺体；托叶早落。花 1 朵，罕为 2 朵，着生在一年生枝或短枝上，稍先于叶开放或与叶同时开放，花冠直径 2.0～3.2 cm；花梗长 1～2.2 cm，无毛，稀被微毛；花筒短圆筒状或钟状，无毛，萼裂片下弯，卵形或椭圆形；花瓣白色，凋谢时稍呈粉红色，卵形、匙形或近于圆形；雄蕊 20～30 枚；雌蕊 1 枚，子房上位，花柱约与雄蕊等长或长于雄蕊。核果圆球形、卵圆形或心形，果顶圆、有小突尖，无顶洼，长宽 1.5～3.0 cm，表面光滑，具蜡状果粉，果红色、紫黑色或黄色，具浅侧沟（腹缝线多不明显），多为两侧对称，梗洼很浅，平均单果重 2.42～5.5 g，核大肉薄，果肉柔软、多汁、味酸、黏核。核椭圆形、椭圆状卵形或纺锤形，纵径 1.1～1.6 cm，横径 0.8～1 cm，先端渐尖，基部圆形至截形，浅褐带白色，表面光滑或粗糙，有时蜂窝状，背缝具沟，腹缝有时具 2 侧沟。花期 4 月中旬至 5 月初，果期 8—9 月（刘孟军，1998）。

10.18.2 生物学特性

（1）物候期

通常 4 月中旬萌芽，4 月下旬至 5 月初开花和展叶，5 月中旬坐果，5 月底至 6 月初生理落果，6 月中旬硬核期，8 月上旬果实着色，8 月中旬至 9 月初果实成熟（8 月上旬成熟为早熟型；8 月中旬成熟为中熟型；8 月下旬至 9 月初成熟为晚熟型），11 月中旬落叶（刘孟军，1998）。

（2）生长结果习性

新疆野生樱桃李主根发达，根系可深达 6 m 以上，水平根主要分布在 60 cm 以内，水平根分布范围比树冠大 1～2 倍。在干旱山坡顶上，根系更深。

在成片林区新疆野生樱桃李常形成多主干的较高灌木，而在稀疏分布处则多为单干。和一般核果类一样，在枝条顶端及基部形成单叶芽，中部形成复芽，各种枝条顶端为叶芽，花芽为纯花芽，每花芽含 1 朵花，稀 2 朵。一般能自花结实，但有些类型自花结实率很低，群体树坐果率较高。坐果率高者可达 10%～15%。隔年结果现象严重。

芽的萌发力强，成枝力较弱或中等，一般延长枝先端发出 1～3 个发育枝或长果枝，以下则为短果枝和花束状果枝。基部有潜伏芽，当受刺激时可萌发出枝条来，衰老树较为明显。

枝条类型以中短果枝为主，长果枝较少而且结实力低。但幼龄期，抽生长果枝较多。随着树龄的增长，长、中果枝逐渐减少，短果枝和花束状果枝比例增加。自然生长条件下 5～8 年开始结果，10～15 年进入盛果期，寿命 50 年以上（刘孟军，1998）。

（3）生态习性

新疆野生樱桃李主要生长于海拔 1 000～1 600 m 沿山坡的乔木、灌木林中及沟谷水边和多石砾的阳坡地，有时形成茂密的灌木林丛。从自然生境看，属于喜光、喜温、喜湿性植物。但从在开阔地上也有成片分布以及海拔较高的山坡和山顶上有星散分布的情况看，还具有抗旱特性。野生樱桃李引入新疆北部的准噶尔平原区能露地越冬，又说明它具有一定的耐寒性。

10.18.3 种质资源及其分布调查

（1）地理分布

就世界范围而言，野樱桃李分布于中亚-天山、前苏联高加索、土库曼斯坦、伊朗、小亚细亚和巴尔干半岛等地，新疆伊犁是它分布的最东端。在我国，野生樱桃李原产于新疆，仅分布于伊犁地区霍城县科古尔琴山海拔 1 000～1 600 m 的大西沟和小西沟野果林区，集中分布于大、小西沟的主沟和 10 多条支沟中，是我国仅存于新疆伊犁的珍稀濒危树种。

（2）野樱桃李分布区的自然地理条件

霍城县的大、小西沟虽属北疆温带荒漠地带，却具有较为特殊的生态条件。它位于伊犁河谷以北的博罗霍洛山的南麓，博罗霍洛山是大致东西走向的山脉，为伊犁谷地的北部屏障。大、小西沟位于其西端，地处东经 81°30′～81°40′，北纬 44°30′～44°35′。野生樱桃李仅分布在这两条沟的主沟和 10 多条支沟内。伊犁谷地是一个向西敞开的山间谷地，南北和东部高耸的雪山成为天然屏障，阻挡了来自北冰洋的寒潮、东部蒙古—西伯利亚干冷气流和南部的酷热气流；同时，对西来的湿气流有很好的截留作用。因此，该地区形成了丰富的地形雨，年降水量约 500 mm 以上；随着海拔高度的增加，降水量递增十分显著。此外，冰川积雪夏融，注入三条大河喀什河、特克斯河和巩乃斯河，最后汇成伊犁河西流出境。从而使伊犁谷地形成了新疆最为温和、湿润的气候条件，提供了野果林生态系统赖以生存的相对丰富的水利资源。

另一方面，伊犁野果林地处欧亚大陆中部，远离海洋，属于温带半干旱型气候，总的荒漠景观仍使野果林处在不利的条件下。但是，野果林所占据的局地环境又是伊犁谷地中最为温和、湿润的地段。伊犁野果林大都处在山地草原带和山地针叶林带之间海拔 1 000～1 600 m 的"逆温层"内，且逆温现象明显，持续时间长，在一般年份足以保证温带落叶阔叶树的安全越冬。再向上，冬季温度又逐渐降低。当然，在强烈寒流入侵的个别年份，野果树也遭受冻害。长期的自然选择使它们总是分布在最大限度免于寒流侵袭和干热风影响的局部有利的地方小气候环境——山地河谷和峡谷及起伏的前山丘陵。因此，野果林的建群种主要是喜温暖湿润的落叶阔叶树种，以野生果树为主，多以混交林存在。一般生长在雪岭云杉林下部，构成独立的落叶阔叶林垂直带，包括野苹果林、野杏林和野核桃林等。

需要强调的是，霍城县大、小西沟以野樱桃李为主的野果林，多分布于山地草原带深陷的峡谷中，不具有垂直地带性意义，而是山地草原带内泛域的植被类型。这些深深切割在草原化山坡上的峡谷，形成了许多次级的阴坡和半阴坡，片段的野果林便得以在这种小生境内藏身于山地草原干旱景观的总背景中。这正是数量不多的野生樱桃李群落生存的不利条件。

（3）区域土壤概况

王磊等的调查表明，目前野生樱桃李林主要分布在海拔1 150～1 470 m内，土壤属传统分类的山地黑钙土，仅沿河滩地为冲积新成土。

从土壤剖面可见深厚的黑土层（暗沃表层），证明以前曾发育着茂密的植被。黑土层厚达40 cm，下有钙积层，按传统分类应属山地黑钙土，按中国土壤系统分类，具备暗沃表层者应属均腐土。由于缺乏土壤水分状况资料，根据其所在海拔高度与温度及景观状况，初步认为应属钙积干润均腐土，不具备森林土壤的基本特征。

（4）分布区的气候状况

大西沟山区无气象观测点，采用伊犁统计年鉴中霍城县气象站（海拔640 m）的气象资料，结合伊犁哈萨克自治州的农业区划等有关资料整理如下。

伊犁哈萨克自治州《农业综合区划》中记载："在霍城县境内的北部山区1 100～1 500 m的低山带，西起大麻扎，向东沿大西沟、芦草沟、果子沟、沙尔布拉克到脊梁子海拔800～1 600 m的前山带避风向阳处，出现一条逆温带。一般在11月下旬形成，翌年2月底到3月初结束。1月平均气温比平原地区高4℃，极端最低气温偏高8℃以上。杏、李、核桃、苹果等在这一带可安全越冬。另外山区冬季积雪厚而稳定，更有利于野生果树的越冬"。

根据《农业综合区划》中霍城县20世纪60—70年代的气象资料记载：本区热量充足，为直属县市热量最丰富的地区。平原农区年平均气温8.2～9.4℃，最冷月（1月）平均气温一般为-9～-13℃，极端情况为-16～-20℃；而前山、丘陵区1月平均气温一般为-6.5～-10℃，极端情况为-14～-18℃；冬季绝对最低气温-30℃以上。≥10℃的积温为3 185℃；平均日较差12～16℃；极端情况为29～31℃。就日较差而言，春、夏、秋三季较大，冬季反而小。日较差大，有利于农作物和果树体内营养物质的积累，冬季日较差小有利于野生果树安全越冬，这说明大、小西沟全年的气温都有利于野生樱桃李的生长。根据1999—2004年霍城县气象站观测的气象资料。霍城县平原地区热量资源丰富，年平均气温为9.5～11℃，比10多年前提高1.3～1.6℃；最冷月1月平均温度为-4.1～-8.3℃，比20多年前高了4.9～4.7℃。尤其是3月的平均气温比1988年升高了2.2～7.8℃，使果树花芽提前膨大，不利于开花结果。总的来看，大、小西沟沟内的小气候比以前更加温和。霍城县平原区的气候属于温带半干旱型气候，既受温带天气系统左右，又受干热气流的影响。春季升温快但不稳定，秋季降温快，温度日变化较大，冬夏冷热较悬殊。气温的年变化明显。但向北，随海拔高度的增加而减小，四季变化没有那么激烈。大西沟等北部山区，年变化最小，在30℃以下，由此可见，大、小西沟的气候呈现出冬暖夏凉的特点。但这种气温变化也有不利的影响，由于春季升温使野生果树花芽提前膨大和开花，花器官受冻，不利于结果。

（5）野樱桃李植物群落特征

1）樱桃李植物群落

樱桃李植物群落（群系）的组成结构和物种多样性特征如下：群落中野樱桃李（*Prunus*

cerasifera)、准噶尔山楂（Grataegus chlorocarpa）、野杏（Armeniaca vulgaris）、新疆野苹果（Malus sieversii）等多为建群种或共建种，均为乔木，优势地位突出。

野樱桃李具体可分为如下4个亚群系：① 野樱桃李为主与野山楂、野杏、野苹果共建的落叶阔叶林亚群系；② 野杏为主与野樱桃李、野山楂、野苹果共建的落叶阔叶林亚群系；③ 野山楂为主与野樱桃李、野杏、野苹果共建的落叶阔叶林亚群系；④ 野苹果为主与野山楂、野樱桃李共建的落叶阔叶林亚群系。

2）野樱桃李植物群落类型与结构

新疆霍城县大、小西沟的野樱桃李群落是野樱桃李与野苹果、野杏、野山楂等组成的山地落叶阔叶林。从群落层次可以看出，乔木层主要有野樱桃李、野山楂、新疆野苹果、野杏等；灌木层主要有野蔷薇（Rosa spp.）、小檗（Berberis spp.）、树莓（Rubus idaeus）、忍冬（Loniccera spp.）、绣线菊（Spiraea spp.）、天山樱桃（Cerasus tianshanica）等；草本层的优势种主要有偃麦草（Elytrigia repens）、苔草（Carex spp.）、水金凤（Impatiens nolitangere）、红三叶草（Trifolium pratense）、披碱草（Elymus canadensis）、狗牙根（Cynodon dactylon）、雀麦草（Bromus inermis）、荆芥（Nepeta cataria）等。根据《中国植被》的分类系统，将山地野果林野樱桃李群落归为野樱桃李群系（Prunus cerasifera Form.），其下分4个亚群系，具体组成如下：

① 野樱桃李为主与野山楂、野杏、野苹果共建的落叶阔叶林亚群系（Prunus cerasifera＋Grataegus chlorocarpa＋Armeniaca vulgaris＋Malus sieversii）。

a. 野樱桃李+野苹果+野山楂-小檗-苔草群丛组（Prunus cerasifera＋Malus sieversii＋Grataegus chlorocarpa-Berberis spp.- Carex spp.）。

b. 野樱桃李+野苹果+野杏-小檗-水金凤群丛组（Prunus cerasifera＋Malus sieversii＋Armeniaca vulgaris -Berberis spp.- Impatiens noli-tangere）。

c. 野樱桃李+野山楂+野苹果+野杏-小檗-水金凤群丛组（Prunus cerasifera＋Grataegus chlorearpa ＋Malus sieversii ＋Armeniaca vulgaris- Berberis spp.- Impatiens nolitangere）。

d. 野樱桃李+野山楂+野杏-野蔷薇-披碱草群丛组（Prunus cerasifera＋Grataegus chlorocarpa＋Armeniaca vulgaris-Rosa spp.- Elymus canadensis）。

e. 野樱桃李+野杏+野山楂+野苹果-绣线菊-荆芥群丛组（Prunus cerasifera＋Armeniaca vulgaris＋Grataegus chlorearpa ＋Malus sieversii –Spiraea spp.- Nepeta cataria）。

f. 野樱桃李-野蔷薇-偃麦草群丛组（Prunus cerasifera-Rosa spp.- Elytrigia repens）。

② 野杏为主与野樱桃李、野山楂、野苹果共建的落叶阔叶林亚群系（Armeniaca vulgaris ＋Prunus cerasifera ＋Grataegus chlorocarpa＋Malus sieversii）。

a. 野杏+野山楂+野樱桃李-树莓-偃麦草群丛组（Armeniaca vulgaris＋Grataegus chlorocarpa＋Prunus cerasifera -Rubus idaeus-Elytrigia repens）。

b. 野杏＋野山楂＋野樱桃李＋树莓-水金凤群丛组（Armeniaca vulgaris＋Grataegus chlorocarpa- Prunus cerasifera＋Rubus idaeus-Impatiens nolitangere）。

c. 野杏+野樱桃李+野山楂+野苹果-小檗-披碱草群丛组（*Armeniaca vulgaris* ＋ *Prunus cerasifera* ＋*Grataegus chlorocarpa*＋*Malus sieversii*- *Berberis* spp.- *Elymus canadensis*）。

③ 野山楂为主与野樱桃李、野杏、野苹果共建的落叶阔叶林亚群系（*Grataegus chlorocarpa*＋*Prunus cerasifera*＋*Armeniaca vulgaris*＋*Malus sieversii*）。

a. 野山楂+野苹果+野樱桃李-小檗-红三叶草群丛组（*Grataegus chlorocarpa*＋*Malus sieversii*＋*Prunus cerasifera* -*Berberis* spp.- *Trifolium pratense*）。

b. 野山楂+野杏-天山樱桃+野蔷薇-苔草群丛组（*Grataegus chlorocarpa*＋*Armeniaca vulgaris*- *Cerasus tianshanica*＋*Rosa* spp.-*Carex* spp.）。

c. 野山楂+野樱桃李+野苹果-小檗-苔草群丛组（*Grataegus chlorocarpa*＋*Prunus cerasifera*＋*Malus sieversii*- *Berberis* spp.-*Carex* spp.）。

④ 野苹果为主与野山楂、野樱桃李共建的落叶阔叶林亚群系（*Malus sieversii*＋*Grataegus chlorocarpa*＋*Prunus cerasifera*）。

a. 野苹果+野山楂+野樱桃李-小檗-苔草群丛组（*Malus sieversii*＋*Grataegus Chlorocarpa*＋*Prunus cerasifera* -*Berberis* spp.-*Carex* spp.）。

b. 野苹果+野山楂-苔草群丛组（*Malus sieversii*＋*Grataegus chlorocarpa*-Carex spp.）。

王磊等的研究表明，新疆霍城县大、小西沟的野果林群落，是我国野樱桃李植物群系的唯一分布区，野樱桃李的重要值为138.08～275.64，群落的Simpson多样性指数（HSP）为1.13～8.68，Shannon-Wiener多样性指数（HSW）为0.32～11.53，基于Simpson多样性指数的物种均匀度(Jsp)为0.23～2.71,基于Shannon-Wiener多样性指数的物种均匀度(Jsw)为0.32～3.17，由于群落处于顶极阶段，群落的多样性指数较低，均匀度较高，群落结构比较简单，易受外界的干扰，另一方面，从植物群落学的角度看，野樱桃李与新疆野苹果、野杏、野山楂等群落均处于群落的顶极阶段，具有极高的保护价值和科研价值。

（6）立地因子对樱桃李野果林的影响

本次调查发现，在新疆霍城县的大、小西沟，以野樱桃李与新疆野苹果、野山楂、野杏等组成的野果林植物群落中，仅有少量小面积的野樱桃李纯林。从总体来看，西天山山地野果林所占据的地境是伊犁谷地中最为温和、湿润的地段。由于当地处于逆温层内，被誉为具有"湿润性"气候特色的温带湿润小区。这为以野樱桃李等野生果树为主的野果林的生长提供了适宜的水、土、光、热等生存条件，同时也保证了野樱桃李群系的长期繁衍和安全越冬。

但是，霍城县大、小西沟的野果林植物群落与天山其他野果林如野苹果林、野核桃林植物群落不同，它分布于山地草原带深陷的峡谷中，不具有垂直地带性意义，而是山地草原带内的隐域植被。这些深深切割在草原化山坡上的峡谷，形成了许多次级的阴坡和半阴坡，片段的野果林便得以在这种小生境内藏身于山地草原干旱景观的总背景中。此外，山地草原干旱景观区是哈萨克族居民世代放牧的区域，植被受人为破坏严重，这正是数量不多的野樱桃李群落生存的不利条件，也是令人最担心之处。

实地调查显示，海拔 1 100~1 600 m 为野樱桃李群系的分布区，但集中分布在 1 100~1 300 m 的地带。一般来说，阳坡植物群落的多样性指数高于阴坡，且植物种类较为丰富，而平地的物种则较少，甚至为野樱桃李等的纯林，譬如，在主沟西侧河流阶地上，一片古老的野樱桃李纯林下，几乎寸草不生。总体来说，野樱桃李在群落中的重要值都较大，占优势地位；各群落的多样性指数不高，物种较少，容易遭受天然的或人为的破坏，且恢复十分困难。此外，在霍城县大西沟河、小西沟河两岸的群落显示，野樱桃李、新疆野苹果、野山楂、野杏等的大树、壮树较多，这表明上述野生果树对当地环境的依赖较大，保护当地的生境是保护野果林的关键所在。

(7) 演替对群落物种多样性的影响

王磊等的研究表明，对于以野樱桃李、野山楂、野杏、新疆野苹果等野生果树为主的野果林植物群落来说，群落演替由低级向高级、破坏程度由重至轻、植被恢复由短到长依次为野樱桃李纯林群落（野樱桃李-野蔷薇-偃麦草群系）、野苹果与野山楂共建的落叶阔叶林亚群系（野苹果+野山楂-苔草群系）、野樱桃李为主与野山楂、野杏、野苹果共建的落叶阔叶林亚群系、野山楂为主与野樱桃李、野杏、野苹果共建的落叶阔叶林亚群系、野杏为主与野樱桃李、野山楂、野苹果共建的落叶阔叶林亚群系。群系多样性指数及均匀度随群落由低级向高级阶段发展而逐渐降低，规律较明显。因此在某种意义上说，物种多样性和均匀度不但反映了新疆霍城县大、小西沟野果林植物群落的稳定性，而且反映了在某一特定范围内群落所处的生境条件和群落的发生、发展阶段中，人为活动强弱程度和恢复时间长短，即随各群落的进展演替物种多样性和均匀度有所提高。

10.18.4 野樱桃李种质资源

新疆野生樱桃李类型很多。有的植物学家将樱桃李的园艺品种和野生类型统称为 *Prunus cerasifera* Ehrh.；有人则把野生种另作一种，称为 *Prunus divaricata* Ledeb.；还有人把野生种作为一个变种，即 *Prunus cerasifera* Ehrh.var. *divaricata* Bailey。但野生樱桃李枝条细弱，部分叶片基部近圆形，花果比栽培种小，果实有黄色类型，梗洼浅广，果实直径为 1.5~2.3 cm，区别还是比较明显的，但考虑到栽培变异，暂不宜处理为独立种。新疆野生樱桃李在新疆伊犁与南疆均有栽培，如伊宁县果农栽培的紫黑色实生格拉斯和红色实生格拉斯均来源于霍城县大西沟的野生樱桃李。南疆库车栽培的克拉吾勒克，墨玉县栽培的阿尔海特同属这个野生种。

阮颖等以李属（*Prunus*）植物 9 个种的 20 个材料为研究对象，用 RAPD 技术对其进行亲缘关系分析。在建立适合李属植物的 PCR~RAPD 反应体系的基础上，从 45 个随机引物中筛选出 24 个，对所有供试材料进行扩增，共获得 24 张 DNA 指纹图谱，326 条 DNA 谱带，其中有 311 条为多态带。建立了基于 RAPD 的李属植物亲缘关系树形图，树形图的聚类结果与经典的李属植物的起源、分布和分类基本一致。另外，根据聚类结果，作者认为：乌苏里李是中国李的一个变种而非一独立的李；杏李是一李杏杂种且与杏有较近的亲缘关系；从分子水平证明了欧洲李（*Prunus domestica* L.）是由樱桃李（*P. cerasifera* Ehrh.）和黑刺李（*P. spinosa* L.）自然杂交形成的后代。

廖康等以新疆霍城县大西沟自然状态下的野生樱桃李为研究对象，调查了 30 余种野生樱桃李的不同种下类型。测定了在原生状态下枝叶形态、花器官形态和果实形态特征差异。结果表明：野生樱桃李的种下类型具有十分丰富的变异类型，从枝叶到花果均有很大的变异，尤其是果实性状类型丰富，其中许多类型的经济性状优良，为优系的选择提供广阔的空间，可根据经济利用目的选择相应的类型。

新疆八一农学院园艺系与新疆师范大学生物系、伊犁地区园艺所等单位对新疆伊犁地区野生樱桃李的植物学特征、生物学特性、分布、生境、抗性等方面进行了调查研究，并根据其枝、叶、花、果等形态，初步分为 21 个种下类型。王磊等后来又发表了 19 个新变型，共计 40 个类型。根据调查，野樱桃李确实有许多类型，但特征均不稳定，需要再深入研究。

10.18.5 化学成分及利用价值

（1）化学成分

根据前苏联分析资料，果实中含干物质 11%～17%、葡萄糖 2.1%～7.5%、果胶 3.6%、酸 1.7%～5.3%、鞣质和色素 800～5 000 mg/L、抗坏血酸 30×10^{-6}～200×10^{-6}。果酸中含苹果酸、柠檬酸、琥珀酸、酒石酸和奎宁酸等。氨基酸有天门冬氨酸、丝氨酸、丙氨酸、苯丙氨酸、α-氨基酸等。野生樱桃李果实还含硫胺素（维生素 B_1）620 mg/L、核黄素（维生素 B_2）950 mg/L。叶片含糖 4.7%、果胶 4.%、酸 0.2%、抗坏血酸 420 mg/L、鞣质和色素 0.87%。果熟期间黄酮醇含量由 4 200 mg/L 降到 100 mg/L（42 倍），儿茶素由 4 000 mg/L 降到 900 mg/L（4.4 倍），花色素由 3 920 mg/L 降到 480 mg/L（8 倍），叶片中的聚酚也因叶龄老化而缓慢下降。野生樱桃李果实合含生物活性物质超过栽培品种（刘孟军，1998）。

（2）利用价值

野生樱桃李果实小、酸味较浓，可供鲜食的类型较少，主要供作蜜饯、糖渍、果泥、罐头以及用于糖果生产和提取汽水香精。果实在阳光下晒干后（酸梅），可作各种调味品及食用，并具有治疗坏血病之效。野生樱桃李还是李、桃、杏及其他核果类果树的优良砧木，也易与杏、李及酸樱桃杂交，其杂种更抗霜冻。根据近年来细胞学分析初步肯定，欧洲李是由野生樱桃李和黑刺李（*Prunus spinosa*）杂交而成的多倍体种。

野生樱桃李的药用名称为山樱桃，6—9月果实成熟时采摘，晒干。果核称山樱桃核，亦可入药。其果仁在市场上作郁李仁使用。山樱桃性味酸甘平，主治功用为补中益气、固精止痢。

此外，野生樱桃李早春开花，色彩绚丽，花朵与果实均甚为美观，可单植或丛植，作为园林观赏树木和中型林荫道树种。樱桃李木质坚重，浅褐色，可作小家具及旋工用具（刘孟军，1998）。

10.18.6 繁殖与栽培利用现状

（1）繁殖技术

新疆野生樱桃李通常用种子繁殖。在自生自灭的原始野果林中，往往由牛、羊、鸟类等动物传播。春天可见粪堆上长出一丛丛苗壮的幼苗，野生樱桃李林中多为具多干的丛生树。人工栽培条件下可采用秋播，但因野生樱桃李种子与栽培李一样常因后熟作用不完全而不出苗或出苗率很低，必须浸种后经过沙藏再播。李的后熟需较高的温度，要求白天18～20℃，夜间12～13℃，需40 d的时间，应在采收后立即进行。当后熟完成后，再转入1～3℃的低温下沙藏，第二年春季播种。其他方面如播种育苗、嫁接技术等均同普通核果类果树一样（刘孟军，1998）。

（2）栽植利用

伊犁地区栽培樱桃李由来已久，但规模种植历史较短，霍城县从1999年开始进行樱桃李人工栽培，现在除伊犁地区外南疆也有栽培，如伊宁县果农栽培的紫黑色实生格拉斯和红色实生格拉斯均来源于霍城县大西沟的野生樱桃李。南疆库车栽培的克拉吾勒克，墨玉县栽培的阿尔海特同属这个野生种。

新疆野生樱桃李虽然至今大多仍处于野生状态，但近10年来，其重要价值越来越被人们所认识。在新疆它已成为新疆桃、杏、李等核果类果树的砧木，乌鲁木齐及伊犁地区已开始一定面积的栽培试验，并获成功。在育苗技术及栽培管理上也已总结一定经验（刘孟军，1998）。

野生樱桃李在国内唯新疆独有，必须继续扩大栽培面积，才能满足市场的需要。理论上在北疆伊犁地区的山区低山带逆温层范围内可以大面积发展野樱桃李，南疆地区也可以进行大面积栽培，但一定要做好规划，不仅论证其可行性，更要听取有关不可行性方面的意见，首先将那些不能人工栽培樱桃李的区域划定下来，再不能"好心办坏事"了。此外，樱桃李可以引入内地各省栽培作为观赏树木及育种材料。

伊犁州林业科学研究所申报的《樱桃李栽培技术规程》标准化项目由国家林业局科技司正式立项。项目主要内容包括樱桃李生产栽培的苗木繁育、建园、树体管理、肥水管理、病虫害防治、果品采收等方面的技术要求。

10.18.7 野樱桃李生存现状与保护对策

伊犁霍城大、小西沟野果林植被是我国仅存的以野樱桃李为主要成分的野樱桃李群系，它是天山野果林植被垂直带谱中的重要组成部分。鉴于伊犁野果林区域生态系统的特殊性和重要性，它已被列入中国优先保护生态系统名录，其中的野樱桃李、野苹果、野杏、野胡桃、准噶尔山楂（*Crataegus songorica*）、天山樱桃（*Cerasus tianschanica*）等已被列入中国优先保护物种，是具有生物多样性国际意义的优先保护濒危物种。

（1）生存现状与问题

和野苹果一样，经过"文化大革命"，人工砍伐、过度放牧、牲畜践踏以及因离伊犁市不远，游客也开始深入林区，致使野樱桃李宝贵资源遭到破林，最低分布线开始上移。下面将樱桃李的生存现状与问题概述如下。

1）野生樱桃李以与其他野果树混交为主，也形成小面积的纯林（小片林）。在海拔较低处，混交林主要分布于湿润的阴坡；而在海拔较高处，雨水多但温度低，则主要见于阳坡；纯林主要分布于谷底和河漫滩，目前更多见于河漫滩，面积不断地在缩小。可见水分状况已是以种子繁殖为主的野生樱桃李繁衍的主要限制因子。

2）在霍城大、小西沟野樱桃李群落的下部（海拔 650～1 100 m 的丘陵台地）是典型草原和荒漠草原带。近 20 年来，随着气候变暖，降水量减少，干旱风次数增加，气候日趋干燥。加上人为开垦荒地，加速了区域荒漠化的进程，使其面积不断向周围扩大，向上渐次蔓延，导致野果林分布下限上移，严重威胁野生樱桃李的生存。

3）在野樱桃李林区内，毁林种地的情况到处可见，大量野生果树被砍伐，野樱桃李被破坏严重，尤其是阳坡林木稀疏，野樱桃李罕见，连野苹果也很少，只有少量野山楂和野杏，资源价值明显降低。由于人为破坏，野果群落植被遭到破坏，生草过程强烈，土壤退化严重，据当地哈萨克族老人介绍，现在许多无乔灌木的大草坡过去也是野生樱桃李集中分布区。

4）根蘖繁殖也是樱桃李繁衍的一种方式。野外调查发现，野樱桃李的主干基部可发出大量根蘖苗，它的根系伸得很长，竟可在很远处发出根蘖苗，这从一个侧面反映了樱桃李很强的繁殖能力和顽强的生命力。但是，由于人为破坏、牲畜啃食和践踏，野生樱桃李幼苗破坏严重，现很难在林中看到幼苗、幼树。群落年龄结构很不合理，世代序列濒临崩溃的边缘。

5）野生樱桃李分布区多属传统分类的山地黑钙土，剖面内无黏粒移动，基本看不到森林土壤的特征，反映出其生境显得过于干燥。大、小西沟野果林多为疏林，即使在乔灌木盖度很大情况下，地表皆无枯枝落叶层，草本植物盖度很大，表现了强烈的生草过程，这对以种子繁殖为主完成世代更新的野生樱桃李而言十分不利。

6）受气候的变暖和干旱及无序的开垦等影响，致使大、小西沟野樱桃李林群落由低海拔向高海拔山沟内退缩。近 20 年来，樱桃李野果林生境恶化、生物物种多样性下降。过去，野生樱桃李纯林常见于河滩地，近年已所剩无几。我国仅存的野生樱桃李种质资源，正在走向绝灭。

7）因野生樱桃李果实有较高的营养价值，加工商定期收购果实，招致山下居民在果实成熟期大批上山采摘，无组织、无规范，不但使树木遭受一定破坏，对林下植被也随意践踏。近年来，因人为破坏，乱砍滥伐，上游水土保持也遭严重破坏，洪水泛滥，岸边生长的野樱桃李大量被冲走。目前河岸两边的纯林已几乎灭绝，野生樱桃李分布下限已上移几百米。野生樱桃李分布范围不断缩小，面积和数量不断减少，植被破坏状况十分严重。野生樱桃李生态系统受到严重破坏。

8）据王磊等调查，一条沟里原来只有 3 户人家，除 1 户开商店以外，还有 2 户为护林员。而据不完全统计,现在住户已增加到 58 户。居民数量的增加导致许多林地被开垦为农田,破坏了植被,造成水土流失。同时,盲目的采挖贝母、黄芪、黄芩等中草药,也直接破坏了植被。

9)大、小西沟野果林区也已成为立体的大牧场。每条沟内都分配有固定的放牧畜群,还有临时的住帐篷的养羊、养牛专业户,牲畜的群数大大地增加。刚发芽露头的草本植物就被牛羊啃光,再也长不出来了。过去夏季可见满山的野芍药、膜苞鸢尾和野生郁金香等,数量大大减少,只有在带刺的蔷薇丛中偶尔可找到。尤其是过去开白花的郁金香和开黄花的膜苞鸢尾到处可见,现在已绝迹。还有野生蔬菜类,如羊角芹、野葱、野蒜等数量也大大减少。

10)大西沟野果林已成为旅游胜地,每年"五一"前后及 8 月果实成熟季节,游客很多,破坏和践踏严重。

11)由于上游采矿、修路,破坏了原有的植被,造成上游水土严重流失。每逢山洪爆发,携带大量泥沙的洪水,冲走两岸的野樱桃李纯林,使河漫滩上的野樱桃李片林连连被毁。洪水过后,用推土机在山坡上再推出新路,道路向山上发展,河道越来越宽,这样年复一年,本来面积不大的大、小西沟的野生樱桃李林被剥蚀而面积不断缩小,致使野果林向海拔较高的山沟不断退缩。

(2)保护现状

1992—1996 年,在新疆维吾尔自治区科委、伊梨地区有关部门的资助下,由伊梨地区园艺研究所具体实施,在新源交托海野果林集中分布区建立了伊梨野果林野生果树与农用种质资源圃,总面积为 23 hm^2,就地保护了野果的主要类型,并收集保存了典型的种类和类型(刘孟军,1998),其中包括野樱桃李。

伊犁野果林属于世界栽培植物中亚起源中心,其保护和研究在我国农业科学研究工作上具有极其重要的意义。但必须清楚地认识到,任何植物个体并不能代表该物种的全部基因,因此,在建立野果林野生果树与农用种质资源圃的同时,不要忽视对包括樱桃李在内的伊犁野生果树种质资源的全面保护。

(3)保护对策与建议

自然状态下野樱桃李生命力和更新力很强。虽多为疏林,但只要温、湿度适合,树林葱绿茂密,百年大树仍果实累累。在一个居民点旁边调查了一片树龄大约近百年的纯林,林下被游人踩得溜光,许多大滚石参差其间,林下土壤又干又硬,但由于靠近干涸的河漫滩,大树依然枝叶繁茂,绿茵如盖,项目组调查人员被樱桃李顽强的生命力所折服。由此可见,只要保护得当,少加破坏,樱桃李种质资源是可以世代延续的。为了避免人类活动对野樱桃李林的继续破坏和林内珍稀物种的绝灭,提出如下对策建议:

1)霍城县大、小西沟远离交通要道,发展比较落后,至少本区的野生果树林尚未得到规模化人为"基因改造",尚保有"童洁之身",应尽快建立以野樱桃李群落为中心的霍城大、小西沟自然保护区,以从根本上挽救这些濒危物种。

2)在霍城县大、小西沟野樱桃李分布区,严格限制使用其他外来树种进行退耕还林工程，即便是使用与本地树种相同的物种，也要进行严格的规划论证。在拟建保护区周围应严禁引入其他物种，特别在以保护野生果树种质资源为目标的拟建保护区周围更应慎重，一旦操作不慎，造成基因污染或病虫害泛滥，其后果将不堪设想。不能再重蹈野苹果的覆辙。大自然成千上百万年进化留给人类的财富不能毁灭在我们这一代手里。

3）严格禁止目前这种无组织、无纪律的抢秋采摘；严格控制加工企业收购野生樱桃李，必须在不破坏环境和种质资源的前提下进行有序的开发利用。

4）严格区域果树发展规划，促进樱桃李发展。

5）严格控制牧区牲畜量，严禁在林区放牧，严禁在林区开荒种地，切实保护好樱桃李等野生果树的立足之地。

6）在保护区建成之前，当地政府应制定具体政策和措施，切实做好退耕还林工作，严禁乱砍滥伐、乱开发。

总之，野生樱桃李这个珍稀物种已到了濒临灭绝的境地，因此，我们应积极采取措施，呼吁各级政府和各级领导重视濒危物种及其生态系统的保护，大家一起来挽救宝贵的植物资源和生态环境，按照联合国世界环境与发展大会《生物多样性公约》精神，保护生物多样性最重要的措施不仅是物种本身，应将物种赖以生存的生态环境同时保存下来，所以应尽快建立以野生樱桃李群落为中心的霍城县大小西沟自然保护区，从根本上挽救这个濒危物种。

参考文献

[1] 车凤斌，何琼，苏馨华，等. 樱桃李营养成分分析及产业化发展相关问题的探讨[J]. 新疆农业科学，2007，44（1）：59-62.

[2] 丛桂芝，车凤斌，何琼，等. 新疆伊犁野生樱桃李优良无性系的定向选择研究[J]. 新疆农业科学，2008，45（2）：209-214.

[3] 丛桂芝，何琼，车凤斌，等. 新疆伊犁野生樱桃李表型多样性的聚类分析及优良品系的形态特征[J]. 东北林业大学学报，2007，35（12）：13-14，24.

[4] 崔乃然，王磊. 新疆野生樱桃李的新类型[J]. 八一农学院学报，1990，13（3）：78-88.

[5] 丁文浩. 新疆濒危植物——野生樱桃李[J]. 农村科技，2006（10）：41.

[6] 丁文浩. 野生樱桃李的营养价值[J]. 农村科技，2006（12）：53.

[7] 丁雪梅. 保护天山野果林刻不容缓[J]. 新疆林业，2007（6）：42，44.

[8] 封丙军. 野酸梅栽培技术[J]. 农村科技，2007（5）：67.

[9] 姜洪芳，张玖，王雷，等. 樱桃李核仁油脂肪酸组成分析[J]. 中国野生植物资源，2004，23（4）：35-36.

[10] 兰士波. 樱桃李的研究进展及开发利用前景[J]. 中国林副特产，2008（5）：89-91.

[11] 李会芳，廖康，许正，等. 野生樱桃李花芽形态分化的研究[J]. 新疆农业科学，2006，43（5）：349-351..

[12] 李会芳，许正，杨英，等. 影响野生樱桃李种子萌发相关因素研究初报[J]. 新疆农业科学，2007，44（1）：27-30.

[13] 廖康，李会芳，耿文娟，等. 野生樱桃李扦插繁殖研究初报[J]. 中国野生植物资源，2008，27（3）：

58-60.

[14] 廖康, 李会芳, 许正, 等. 野生樱桃李花粉活力与授粉结实特性初报[J]. 新疆农业科学, 2008, 45 (3): 393-397.

[15] 廖康, 许正, 王磊, 等. 野生樱桃李的形态多样性调查研究[J]. 新疆农业科学, 2007, 44 (1): 18-22.

[16] 刘崇琪, 陈学森, 王金政, 等. 新疆野生樱桃李果实部分表型性状的遗传多样性分析[J]. 园艺学报, 2008, 35 (9): 1261-1268.

[17] 刘崇琪, 陈学森, 吴传金, 等. 新疆野生樱桃李 (*Prunus cerasifera*) 茎段与叶片培养及其植株再生[J]. 果树学报, 2008, 25 (1): 49-53.

[18] 马克, 闫卫疆. 浓缩野樱桃李浆的工业化生产技术[J]. 食品与发酵工业, 2005, 31 (9): 125-126.

[19] 孟谦文, 武秀红, 王义. 樱桃李幼树栽培技术要点[J]. 新疆农业科技, 2002 (5): 21-22.

[20] 皮里冬. 伊犁樱桃李资源及其栽培[J]. 林业实用技术, 2002 (9): 33-34.

[21] 齐曼·尤努斯, 帕提古丽, 木合塔尔, 等. 新疆野生樱桃李的营养成分[J]. 新疆农业科学, 2005, 42 (4): 240-243.

[22] 阮颖, 周朴华, 刘春林. 九种李属植物的RAPD亲缘关系分析[J]. 园艺学报, 2002, 29 (3): 218-223.

[23] 王磊, 陈考科, 崔大方, 等. 新疆西天山野樱桃李植物群落类型（群系）及物种多样性分析[J]. 干旱区地理, 2006, 29 (6): 850-855.

[24] 王磊, 许正, 晁海, 等. 新疆霍城县大、小西沟野果林种子植物组成及资源[J]. 干旱区研究, 2006, 23 (3): 446-452.

[25] 王磊, 许正, 廖康, 等. 新疆野生樱桃李的生态——生物学研究: Ⅰ. 生态因子与植物学、物候学特性分析[J]. 新疆农业科学, 2006, 43 (2): 87-95.

[26] 王磊, 许正, 廖康, 等. 新疆野生樱桃李的生态——生物学研究: Ⅱ. 新疆野生樱桃李的新类型及其特点[J]. 新疆农业科学, 2007, 44 (1): 6-17.

[27] 王淑兰. 野生樱桃李仿生栽培模式[J]. 农村科技, 2007 (8): 58-59.

[28] 吴素玲, 张玖, 孙晓明. 珍稀植物——野生樱桃李的成分基本分析[J]. 中国野生植物资源, 2004, 23 (5): 35-36, 64.

[29] 武红旗, 范燕敏, 王磊, 等. 伊犁大、小西沟野生樱桃李分布区的土壤条件[J]. 干旱区地理, 2006, 29 (2): 287-291.

[30] 武秀红. 樱桃李栽培中存在的问题及解决措施[J]. 新疆林业, 2005 (4): 27.

[31] 张士康, 肖正春, 张广伦, 等. 樱桃李与蓝莓果的营养价值[J]. 中国野生植物资源, 2004, 23 (3): 1-3.

[32] 张士康, 肖正春, 张卫明, 等. 我国野生樱桃李的生态学研究[J]. 中国野生植物资源, 2004, 23 (2): 1-3.

[33] 张卫明, 肖正春. 伊犁野樱桃李开发利用[J]. 中国野生植物资源, 2004, 23 (1): 1-2.

[34] 张义, 郑春怡. 樱桃李的鼠害防治[J]. 中国林业, 2007 (7B): 46.

[35] 周龙, 廖康, 王磊, 等. 低温胁迫对新疆野生樱桃李电解质渗出率和丙二醛含量的影响[J]. 新疆农业

大学学报, 2006, 29 (1): 47-50.

[36] 朱保志, 雷新英. 野生樱桃李的适生性[J]. 新疆林业, 2001 (3): 22.

[37] 朱风涛, 昝勇. 天山野果樱桃李及市场前景[J]. 中国果菜, 2002 (2): 28.

[38] 刘孟军. 中国野生果树[M]. 北京: 中国农业出版社, 1998.

新疆霍城大西沟野樱桃李林

新疆霍城大西沟野樱桃李林

新疆霍城大西沟野樱桃李（阶地）

新疆霍城大西沟野樱桃李（冲积滩）

新疆霍城大西沟野樱桃李结果状

新疆霍城大西沟野樱桃李（花期）

霍城大西沟野樱桃李（丰产型）

霍城大西沟野樱桃李（果实类型）

霍城大西沟野樱桃李（红果型）

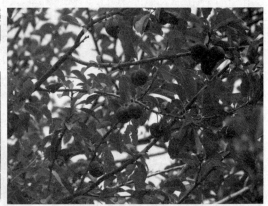
霍城大西沟野樱桃李（紫果型）

霍城大西沟野樱桃李（心果型）

霍城大西沟野樱桃李（果实多样性）

野樱桃李（*Prunus cerasifera* Ehrh.）

10.19 野生梅 *Prunus mume* 物种资源调查

10.19.1 梅概述

(1) 形态特征

梅（*Prunus mume* Sieb. et Zucc.）为蔷薇科杏属植物。小乔木，稀灌木，高 4～10 m。树皮浅灰色或带绿色，平滑，小枝绿色，光滑，无毛，短枝有时转化成刺状。叶片宽卵形或卵形，稀椭圆形，长 4～8 cm，宽 2～5 cm，先端尾尖，基部宽楔形至钝圆，边缘有小锐锯齿，灰绿色，幼嫩时两面被短柔毛；叶柄长 1～2 cm，幼时具毛，老时脱落，常有腺体。花单生或有时 2 朵同生于 1 芽内，直径 2～2.5 cm，浓香味，先于叶开放；花梗短，长 1～3 mm，常无毛；花萼通常红褐色，但有些品种的花萼为绿色或绿紫色，萼筒宽钟形，无毛，或有时被短柔毛，萼片卵形或近圆形，先端钝圆；花瓣倒卵形，白色至粉红色；雄蕊短，或稍长于花瓣；子房密被柔毛，花柱短或稍长于雄蕊。果实近球形，直径 2～3 cm，黄色或绿白色，味酸，果肉与核粘贴；核椭圆形，顶端圆形而有小突尖头，基部渐狭而成楔形，两侧微扁，腹棱稍钝，腹面和背棱上均有明显纵沟，花期 12 月至翌年 1 月，果期 5—6 月。

(2) 生物学及生态学特性

野生梅多存于岩石缝隙中。由于大量森林凋落物的层积，使表土层有机物含量达 20%，全氮含量达 2%～3%，全磷和全钾含量分别为 0.114% 和 0.141%。从我国果梅分布范围来看，年均温 16～23℃的地区均适合果梅的栽培。野生梅分布于温度在 16～18.3℃ 的地区。果梅在 0℃左右即能开花，4℃可通过盛花期，该期温度是影响果梅产量丰歉的重要因子。野生梅开花期温度 7～11℃，晴天多，雨天少，有利于开花结实。野生梅对土壤适应性强，pH5～8 均能正常生长结实，但以在有机质含量高的石灰质腐殖土中生长最好。在岩石缝隙间生长，土层较薄，虽比土层深厚的地方生长慢，但进入结果期早，具有较强的耐旱性，但不耐水涝。今后可考虑作为我国南方南亚热带地区脆弱喀斯特生态恢复中的一种经济林树种，用种子或嫁接繁殖。

(3) 地理分布

梅原产、主产中国。梅在世界上的分布仅限于东亚地区，除我国外，日本及朝鲜也有分布，其他国家鲜有栽培。

我国野生梅的自然分布相当广泛，南至广东台山、北抵河南民权、西达四川大渡河流域、东迄台湾。主要分布区包括长江流域和整个江南地区。云南洱源、西藏通麦有成片野生梅分布，四川木里、浙江丽水、台湾阿里山、云南嵩明、四川冕宁也都有野生梅分布。川、滇、藏交界的横断山区是野生梅的自然分布中心。而川东、鄂西一带山区，皖东南、赣东北及浙江一带山区，两广分布区，贵州梵净山及其附近分布区，台湾分布区为野生梅分布的亚中心。

10.19.2 关于野生梅的记载

我国有关梅的文献历史悠久。但对生产梅的记载要比栽培品种记述晚得多。公元 6 世纪陶弘景在《名医别录》中记载："梅实生汉中川谷"。《花镜》中有野梅产地之记载，称梅本出于罗漂、含稽、四明等处。《台湾岛植物名录》中论述在台湾二柜、合欢山川及新竹等地采得野梅标本，上原敬二在《树木大图说》中记载台湾大甲溪上游、大安溪上游雪花坑等地有野生梅树。

19 世纪初，英国人 Clack 在中国广东省一带采到梅树标本，20 世纪初，英国人 E. H. Wilson 在湖北西部采到野梅标本。20 世纪 30—60 年代，中国植物学工作者先后在贵州、福建、江苏、浙江、湖北、广东等省采得野梅标本，后又在云南、四川省很多地方也采集到大量野梅标本。

近年来，我国园艺工作者进行了大量调查研究，发现在云南洱源、嵩明、德钦、泸水、剑川、祥云、云龙、宁蒗、宾川等县市也有野梅集中分布。此外，在贵州荔波、榕江、从江、黎平，湖北罗田、咸宁，江西景德镇，安徽黄山，广西兴安小区和那坡山区，陕西城固，甘肃文县及康县等地也发现梅的自然分布。

由此可见，梅在我国自然分布范围很广，北界是秦岭南坡、西起西藏通麦、南至云南、广东，共有 16 个省、区有梅的自然分布。在此范围内，川、滇、藏交界的横断山区是梅的自然分布中心与变异中心，该区域内有较多的大片野生梅林，且变异类型较多。

10.19.3 西南地区野生梅调查

（1）云南野生梅

云南是野生梅的集中分布区，野梅几乎遍布全省，不仅是梅的起源中心，也是果梅的集中栽培区。云南的野生梅主要产昆明、嵩明、德钦、大理、宾川、丽江等地。云南省又是全国果梅主产区，栽培历史悠久，资源丰富，产量占全国的 1/4。大理、保山、丽江等地州市又是云南省的主产地，果梅产量占全省总产量的 3/4。项目组两次赴云南大理、丽江考察，除寻找野生梅之外，还对大理州的果梅进行了考察。

1）云南野生梅的生物学特性

野生梅树高 4~8 m，树形多为披散状。云南野生梅枝条直立性较强，一年生枝绿色，多年生枝灰绿褐色，主干灰褐色，老树主干具白色斑块，徒长枝最长可达 2 m，新梢多为刺状枝，有些刺状枝可形成果枝。一般幼树新梢较长，老树内膛多枯枝，且叶丛枝较多，新梢顶芽有"自剪"现象。花单瓣，白色或粉白色，花萼紫绿色，花冠直径 1.7~2.3 cm，子房绿色，密被白色绒毛。果实成熟时青色或青黄色，5 月下旬—6 月上旬采收。果实椭圆形、圆球形或扁圆形，缝合线明显，果实表面常密被锈色斑点；果实（2.3~3.0）cm×（2.0~2.7）cm。

调查发现野梅喜欢雨量充沛、光照较好、温凉湿润的气候环境。一般生于山坡杂木林中、灌丛或溪边，分布海拔 1 700～3 100 m，最高可达 3 600 m。野生梅在森林腐殖土、冲积土、坡积土石灰岩粗骨土上均可生长。多数成团块状分布，不同海拔伴生树种不同，前山区伴生树种主要有松属云南松（*Pinus yunnanensis*）、木瓜（*Chaenomeles sinensis*）、火棘（*Pyracantha fortuneana*），深山区伴生树种有半枫荷（*Semiliquidambar cathayensis*）、新木姜子（*Neolitsea aurata*）、长梗罗伞（*Brassaiopsis glomerulata* var. *longipedicellata*）、枇杷（*Eriobotrya japonica*）等。深山区的野生梅林下部较湿润，草本层有大量的蕨类植物，如翠云草（*Selaginella uncinata*）、石韦（*Pyrrosia lingua*）、对生耳蕨（*Polystichum deltodon*）、盾蕨（*Neolepisorus ovatus*）等。

2）云南梅种质资源

大理州是梅树的地理分布中心及自然变异中心的地域，梅种资源极为丰富。1887 年和 1888 年法国传教士 A.J.M.Delavayi 在云南大理大坪子附近分别采得的刺梅（*Prunus mume* var. *pallescens*）及曲梗梅（*Prunus mume* var. *cernua*）标本，是植物学家在世界上最早发现的野生梅变种。1982 年国内发现的毛梅（*Prunus mume* var. *goethartiana*）也是在大理洱源县鸡登村找到的。据大理州经果站调查，大理地区南到南涧贝浪沧乡海拔 970 m 的景云桥边，北到剑川、洱源海拔 2 800 m 的高寒山区均有果梅分布，而且每年开花结果。剑川、鹤庆、洱源、祥云等县的一些山区还发现有成片的野生梅分布，当地老乡把这些地方定名为梅子箐，梅子湾、梅岭等，这在全国尚不多见。

项目组两次调查发现，野梅的一些重要原始性状如长梗、近革质叶、被柔毛、一梗多果以及类杏（重瓣大花托）、类李（长梗）等在此并存，充分展现了梅种资源和遗传基因的多样性。由此可以认定，大理是我国果梅生态分布的中心区之一，是梅的原产地，梅的故乡。这对果梅的遗传变异研究及良种繁育应用具有重要意义。现把大理附近调查野梅和果梅的种质资源整理如下：

① 梅原变种 *Armeniaca mume* Sieb. var. *mume*　叶片卵形或椭圆形，先端尾尖，基本宽楔形至圆形。花梗短，长 1～3 mm，常无毛。果实近球形，径 2～3 cm，黄色至绿白色，被微毛，果肉与核粘贴；核椭圆形，顶端圆形而有小凸尖头，基本渐狭成楔形，两侧稍扁，腹棱稍钝，腹面和背棱上均有明显纵沟，表明具蜂窝状空穴。花期冬春季节，果期 5—6 月。

在大理地区，野梅原变种不但露地栽培供观赏，还可以栽为盆花，制作梅桩。果实可食、盐泽或干制，或熏制成乌梅入药。野梅抗根线虫危害能力较强，通常作果梅的砧木。

② 厚叶梅变种 *Armeniaca mume* Sieb. var. *pallescens*（Franch.）Yü et Lu, 1986——*Prunus mume* Sieb.et Zucc. var. *pallescens* Franch. 1890　叶片较厚，近革质，卵形或卵状椭圆形；果实卵球形；核近球形，基部钝而成圆形。产于云南大理大坪子。此变种也为梅的野生类型，生长于山坡林中或溪边，在大理的分布海拔为 1 700～2 600 m。

③ 长梗梅 *Armeniac mume* Sieb. var. *cernua*（Franch.）Yu et Lu, 1986——*Prunus mume* Sieb.et Zucc. var. *cernua* Franch. 1890　叶片披针形，先端渐尖，花梗长 1 cm，结果时俯垂。

产于云南西部至西北部，以大理最常见。生长于山坡路边、溪边或疏林下，分布海拔 1 900～2 600 m。

3）云南大理果梅品种群

大理果梅栽培主要集中在漾濞、祥云、宾川、弥渡、南涧、巍山、永平、云龙、洱源、剑川和鹤庆，果梅的栽培品种大致分为三类，简述如下：

白梅品种群：果实黄白色，质粗，味苦，核大肉少，供制作梅干用。例如大白头、大公种。成熟期 4 月上中旬。

青梅品种群：果实青色至青黄色，味酸或稍带苦涩，品质中等，多数供制蜜饯用。例如四月梅、五月梅、白水梅等。成熟期 4 月中下旬。

花梅品种群：果实红色或紫红色，质细脆而味稍酸，品质优良，供制陈皮梅、劈梅等用。例如软条梅、紫蒂梅、大叶猪肝、胭脂梅等，成熟期 5 月上中旬至 6 月。

（2）贵州野生梅

贵州的野生梅主要分布在荔波县，该县位于贵州省东南部，属亚热带季风气候区，大部分为喀斯特地貌。1998 年发现了大片野生梅群落，经连续调查发现，荔波县各乡镇均有野生梅分布，但主要分布在茂兰区的涧塘乡，朝阳区的朝阳、雍昂乡，玉屏镇的姚排、永康乡，总面积约 300 hm^2。荔波野生梅主要分布于喀斯特地貌森林边缘地带，其中主要部分位于贵州喀斯特森林自然保护区内，树龄较大。由于时间关系，项目组未直接考察，现摘录欧茂华等的研究成果如下：

欧茂华等（1999）、范恩普等（1995）对贵州省荔波县野生梅的适应性、果实的理化性质、开花结果习性、物候期等园艺性状进行了研究。结果表明，荔波野生梅抗旱耐瘠，适合喀斯特山地发展。在整个野生梅群体内，果实性状变异较大，有些单株平均单果重仅 10.14 g，而有些高达 28 g；可食部分百分率最低 77.17%，最高达 88.12%。完全花比例高者达 58%，低者仅 9.18%，并随年份不同而有差异。以短果枝和针刺状果枝结果为主，两者占结果枝总数的 80% 以上，并随树龄的增长比例更高，最高可达 99%。荔波野生梅一般在 12 月下旬至 1 月上中旬开花，4 月底至 5 月初成熟。

（3）四川野生梅

梅在四川普遍分布于四川盆地东部的边缘山地、盆内低山和西南山地的中山等中亚热带和北亚热带范围内。在地理上属暖温带的西部高原山地也有极少数分布，主要见于大渡河流域受西南季风暖流顺河谷向北延伸影响的乡城、九龙、丹巴、金川、小金等县等（包满珠，1990）。具体可分为：

东部四川盆地区：主要包括：① 盆地北大巴山、米仓山南坡：海拔 1 200～1 500 m 以上地带多为野生梅分布区，主要分布在以白栎（*Quercus fabri*）、黄栌（*Cotinus coggygria*）、桤木（*Alnus cremastogyne*）等组成的灌木丛中。② 盆地东南边缘巫山、七曜山区：一般山岭海拔 1 000～2 000 m，是威尔逊首次发现野生梅的川鄂山地地带，多为野生梅，骨梅数量大。野生梅分布在黄荆（*Vitex negundo*）、马桑（*Coriaria nepalensis*）、盐肤木（*Rhus chinensis*）、棕榈（*Trachycarpus fortunei*）等灌木丛间。③ 盆地西北和盆边缘龙门山、邛崃山区：一般山岭海拔 2 000～3 000 m，龙门山东侧的青川、平武、安县都有分布，以平武较多。平武集中分布在 700～1 200 m，1 400 m 以下都有栽培，1 300～1 700 m 多为野生，并且多为品质差的骨梅，多数生在黄栌、川甘亚菊（*Ajania potaninii*）、棣棠花（*Kerria japonica*）等组成的灌丛内。④ 盆地南大凉山东侧边缘山地：一般山岭海拔 2 000～3 000 m，峨边、沐川、屏山、马边都有分布，以马边分布最多，野生 900～1 800 m，少数到 2 000 m，在海拔较高的地带伴生树种有箭杆柯（*Lithocarpus viridis*）、扇叶片槭（*Acer flabellatum*）、五裂槭五裂槭（*Acer oliverianum*）等，海拔较低处主要是杉木（*Cunninghamia lanceolata*）。

川西南山地区：本区梅树的垂直分布较东部四川盆地的高度高得多，可到海拔 3000 m 以上。梅树遍布区内各县，以雅砻江河谷的木里、盐源、德昌等县数量较大，以野生梅较多。分布区植被多以多种常绿栎类或多种杜鹃为主组成的次生灌丛。

盆地西大凉山、大渡河流域：主要有大渡河流域的石棉、汉源和大渡河中段的泸定、丹巴。梅在泸定一般分布在海拔 1 100～1 800 m，最高到海拔 2 200 m，达到常绿、落叶阔叶混交林的分布带，以阴坡，半阴坡为主。大多数生在以栓皮栎（*Quercus variabilis*）、大叶栎（*Quercus griffithii*）、盐肤木（*Rhus chinensis*）组成的次生植被中，泸定得妥乡海拔 1 200 m 的栓皮栎萌生林下，甚至有成片生长。少数分布在以金合欢（*Acacia farnesiana*）、黄荆为主的河谷灌丛。

四川野生梅主要有梅（原变种）（*Armeniaca mumea* var.*mumea*）以及厚叶梅变种（*Armeniaca mume* Sieb. var. *pallescens*（Franch.）Yǚ et Lu）

10.19.4 野生梅资源利用现状

野生梅多作果梅利用，但果实大小不一，口感较差，酸而偏涩。果生食、盐渍或制成话梅、陈皮梅以及雕梅等，加工成乌梅入药，治疗肺虚久咳、虚热烦渴、久泻、久痢便血、呕吐等症。在云南的大理、洱源地区野梅作果梅用，常制成话梅、雕梅、苏梅、淹梅等数十个品种并大批量生产出售，深受广大顾客青睐。

野生梅适应性广、抗病能力强，在自然分布区内多作为嫁接果梅的砧木。梅木材为细木工雕刻及算盘珠等用材。花可提取芳香油；树形雅致，花有香气，是良好的园林绿化树种，被文人墨客誉为"岁寒三友"之一。

野生梅群体内经过长期的实生繁衍，其果实的许多性状发生分离变异，对于实生选种很有意义。野生梅 3～4 年可结果，7～8 年可进入盛果期。以短果枝和针刺状果枝结果为主，占总结果枝数的 80% 以上，并随树龄增加比例增大。果实有圆形、扁圆形、卵圆形等。果肉淡绿色，质脆，纤维少，风味酸略带苦味。

10.19.5 资源保护问题与对策

本次调查发现，云南地区特别是云南西部、西北部地区有大量的野生梅资源，从植物种质资源角度而言十分珍贵，特别是云南西北部的野生梅资源，其长年适应高海拔环境，具有很强的抗寒性、抗旱性，是果梅、花梅育种不可多得的优秀种质资源，但野生梅资源保护与利用仍存在不少问题，主要问题如下：

1）认识问题：野生梅多分布于经济比较落后，消息比较闭塞的边缘山区，群众对野生梅的种质资源价值根本不知或基本不详，因此，破坏比较严重，砍伐现象时有发生。加强对产区群众的宣传教育是解决野生梅破坏的首要任务。

2）野生梅生境破坏严重。本次调查发现，前山区或居民点附近的野生梅生境遭到严重破坏，砍梅烧柴或毁梅开荒现象比较普遍，许多萌生的野生梅周围杂草丛生，甚至黄土、红土裸露，水土流失严重，野生梅难易繁衍。

加强生态保护，杜绝毁林开荒，促进植被快速恢复，为保护好大自然留给人类的宝贵遗产——野生梅而积极工作。

3）野生梅群体内经过长期的实生繁衍，其果实的许多性状发生分离变异，对于实生选种很有意义，这是大自然经过千百万年筛选的结果，是大自然留给人类的宝贵财富。然而，我们经常只注重引种国外或本地区之外的品种，对国产种质或国产野生资源重视不够。呼吁国家或省市区设立专项经费，开展野生梅选育，为我国梅产业可持续发展奠定基础。

4）建立自然保护区，对野生梅主要种群进行有效保护。

5）梅是原产、主产我国的树木资源，具有深厚的文化内涵，开展深入的科学研究，特别是种质资源研究十分必要。野生梅的每一个居群、每一个个体、每一片基因都是人类的宝贵财富，任何种质的丧失都是不可估量的。

参考文献

[1] 包满珠. 我国横断山区的野梅资源[J]. 中国园林, 1990, 6（4）：19-21.
[2] 范恩普, 王刚. 贵州省荔波县野生梅资源及其生态因子调查[J]. 西南农业学报, 1995, 8（1）：94-98.
[3] 廖镜思, 吴兆荣. 大沛梅实生群体及其优株的初步研究[J]. 福建农学院学报.1991, 20（3）：305-309.
[4] 欧茂华, 范恩普. 贵州省荔波县野生梅的调查研究[J]. 贵州农业科学, 1993,（1）：55-57.
[5] 欧茂华. 贵州茂兰喀斯特原始森林野生梅资源考察及选种初报[J]. 耕作与栽培, 1996（增刊）：98-100.
[6] 俞德浚, 陆玲瑞, 谷粹芝, 等. 中国植物志（第38卷）[M]. 北京：科学出版社, 1986.
[7] 俞德浚. 中国果树分类法[M]. 北京：农业出版社, 1979.

| 山坡脚的云南野生梅 | 遭破坏的云南野生梅 |
| 结果期的野生梅（摄于云南大理） | 云南野生梅的生境（2007年10月调查） |

野生梅（*Prunus mume* Sieb. et Zucc.）

10.20 毛梗李 *Prunus salicina* var. *pubipes* 物种资源调查

10.20.1 毛梗李概述

（1）形态特征

毛梗李[*Prunus salicina* Lindl. var. *pubipes*（Koehne）Bailcy]，又名苦李子（云南安宁），属蔷薇科（Rosaceae）李属（*Prunus* L.）植物。

落叶乔木，高 9～12 m；树冠广圆形，树皮灰褐色，起伏不平；老枝紫褐色或红褐色，无毛；小枝黄红色，被短柔毛；冬芽卵圆形，红紫色，有数枚覆瓦状排列鳞片，通常无毛，稀鳞片边缘有极稀疏毛。叶片长圆倒卵形、长椭圆形，稀长圆卵形，长 6～8（12）cm，宽 3～5 cm，先端渐尖、急尖或短尾尖，基部楔形，边缘有圆钝重锯齿，常混有单锯齿，幼时齿尖带腺，上面深绿色，有光泽，侧脉 6～10 对，不达到叶片边缘，与主脉成 45°角，上面无毛，下面被短柔毛；托叶膜质，线形，先端渐尖，边缘有腺，早落；叶柄长 1～2 cm，通常被短柔毛，顶端有 2 个腺体或无，有时在叶片基部边缘有腺体。花通常 3 朵并生；花梗 1~2 cm，被短柔毛；花直径 1.5~2.2 cm；萼筒钟状；萼片长圆卵形，长约 5 mm，先端急尖或圆钝，边有疏齿，与萼筒近等长，萼筒和萼片外面均无毛，内面在萼筒基部被疏柔毛；花瓣白色，长圆倒卵形，先端啮蚀状，基部楔形，有明显带紫色脉纹，具短爪，着生在萼筒边缘，比萼筒长 2~3 倍；雄蕊多数，花丝长短不等，排成不规则 2 轮，比花瓣短；雌蕊 1，柱头盘状，花柱比雄蕊稍长。核果球形、卵球形或近圆锥形，直径 3.5~5 cm，黄色，有时为绿色，梗凹陷入，顶端微尖，基部有纵沟，外被蜡粉；核卵圆形或长圆形，有皱纹。花期 4 月，果期 7—8 月。

（2）地理分布

产于云南昆明、安宁、鹤庆、云龙、兰坪等地。生长于海拔 400~2 600 m 的山坡灌丛中、山谷疏林中或水边、沟底、路旁等处。甘肃、四川也有分布。

10.20.2 物种调查

（1）生态习性调查

专题组对云南昆明市郊和云龙县的毛梗李进行了调查。调查发现，毛梗李多生长在荒坡、荒地或坡脚、田边，适应性很强，生长迅速。毛梗李对光的要求不严格，一般在水分条件较好、土层较厚、光照不强的阴坡也能良好生长；但在光照充足的地方，果实着色好，品质好。毛梗李对土壤要求也不严格，因类型不同对土质要求也有差异，从调查来看，在砾质、沙质、黑钙土、红壤及黄土高原褐土上均能正常生长。毛梗李对水分条件适应性很广，其自然地理分布范围同时包括干旱少雨的北方和温暖湿润的南方，它虽喜欢湿润、松软、肥沃土壤，但也适应干旱贫瘠的立地，在石质河滩地（云龙县）、灌丛或山坡林缘（昆明市郊）均能很好生长。毛梗李病虫害少，近年来还未发现毛梗李的有关病虫害。另外，它还具有较强的抗污染能力，按植物资源分类学，属于典型的环保植物。

（2）种群物种调查

毛梗李常呈丛状分布，伴生物种较少，究其原因，主要是由于毛梗李具有较高经济价值，而其他伴生物种多数被当地居民作为薪材砍掉所致。

在局部生态条件较好的地段，毛梗李群丛旁可见到云南松（*Pinus yunnanensis*）、华山松（*Pinus armandii*）、木瓜（*Chaenomeles sinensis*）、火棘（*Pyracantha fortuneana*）、蔷薇属（*Rosa* spp.）、三叶悬钩子（*Rubus delavayi*）、马桑（*Coriaria nepalensis*）、化香树（*Platycarya strobilacea*）、盐肤木（*Rhus chinensis*）、君迁子（*Diospyros lotus*）等。

10.20.3 资源价值概述

（1）药用价值

毛梗李的种仁可入药，能活血祛瘀、滑肠、利水，治跌打损伤、淤血作痛、大便燥结、浮肿；其根也可入药，能清热解毒、利湿、止痛，治牙痛、消渴、利疾、白带。毛梗李果实可酿酒做醋；种仁含油率达 44%，油可制润滑油和肥皂等，亦可食用。

（2）可作栽培品种的砧木

繁育方法主要是嫁接。目前常用砧木有桃、杏、李，其中以桃树为砧木的嫁接苗在秋季不耐水涝，影响果品质量；以杏为砧木时果实稍带苦味；而用野李子为砧木时果树比较耐旱、抗涝，味道甘甜。

（3）良好的园林绿化树种

毛梗李花期在云南为 4 月，开花时节远看一片雪白，非常好看；入夏果实累累，富有观赏价值；果熟期为 7—8 月，果实成熟时为黄色，可食用，味甜微带涩。另外，它有良好的抗污染能力，是良好的绿化树种，尤其适于厂矿、街道绿化。

（4）营养价值

毛梗李果实、果肉柔软，多汁，粘核，含有人体必需的有机酸。研究表明有机酸能够增加人的食欲，帮助消化，有利人体的吸收和利用，增强抗病能力。另外，有机酸是决定果蔬汁液口味的重要成分，也是果蔬汁中具有营养生理意义的重要化学成分。毛梗李有机酸含量高，是加工果汁、果酱，果酒的好原料。

毛梗李维生素 C 含量较高，维生素对降低人体白内障及心血管缺铁性贫血等疾病的发病率有一定的疗效。

毛梗李的氨基酸种类比较齐全，对于补充营养，提高机体免疫力均有明显作用。毛梗李还含有丰富的胡萝卜素、蛋白质、单宁、游离氨基酸、花青素等物质。加工果汁酸味纯正，入口清爽。

10.20.4 毛梗李栽培技术

（1）园地选址

低洼地易积聚冷空气，会加重冻害。因此，尽量不要在低洼地建园。

（2）栽植密度与方式

为了早结果、早丰产，提高早期经济效益和便于管理，提倡合理密植，株行距为（2×3）m～（3×5）m。多采用长方形栽植，即行距大于株距，行向为南北走向。

（3）栽植技术

栽植时间以 4 月中下旬为宜。头年秋季深翻整地，挖深 80～100 cm，直径 100 cm 的栽植坑（若株距较小，可顺行挖定植沟），沟宽 80～100 cm，深 60～80 cm，表土、底土分别堆放，坑底或沟底填 20 cm 厚的秸秆、杂草或落叶，然后回填表土与有机肥的混合土，填土至坑深一半时，回填与有机肥、速效性磷钾肥混合的表土或底土，填至距地面 20 cm 处，灌透水沉实。底肥以有机肥为主，一般每株施有机肥 50 kg，加过磷酸钙 2～3 kg，再加磷酸二铵 0.5 kg。栽植前将回填沉实的定植穴底部堆成馒头形，踩实，距地面 25 cm 左右。将苗木放于穴内正中央，舒展根系，扶正并标齐，随后填入取自周围的表土并轻提苗，最后用土封坑、踏实。栽植深度与苗木在圃地时深度相同，嫁接口要高出地面。在苗木四周修筑直径 1 m 的树盘，随后灌大水，待水渗后在树盘内盖地膜保墒。

（4）栽后管理

首先根据干高要求修剪定干，为了防止苗木抽干和金龟子等虫害，在定干后可用塑料袋将苗干套住。栽植后视墒情及时灌水。6月每株追施尿素50~100 g。新叶初展后，每过半个月于叶面喷施0.3%~0.5%的尿素，连续2~3次。秋季叶面喷施0.5%的磷酸二氢钾促进枝条成熟，雨季要做好中耕除草等工作。

整形修剪

密植方式栽植的李园树形多采用"自然开心形"、"自然圆头形"、"自由纺锤形"等，定植初期主要以整形为主，根据不同的树势确定合理的树形和树冠结构，实现早期丰产。

自然开心形：干高40~60 cm，主干上均匀着生3~5个主枝，每个主枝上着生2~3个侧枝，侧枝上着生结果枝和结果枝组。这种树型树体矮小，通风透光良好，成形快，结果早，适宜在肥水条件较差的地方采用，但结果寿命较短。

10.20.5 毛梗李资源利用

加工利用

毛梗李果肉中含有多种人体所需的营养成分，包括多种维生素、糖类、矿物质、蛋白质及有机酸。但是，由于水分含量高（82%），成熟期集中，又正值8月高温季节上市，如果单以鲜果应市，供应期很短，若储藏不当，很容易造成腐烂变质。因此，有关加工利用成了亟待研究解决的课题。

10.20.6 毛梗李的生存现状与保护建议

（1）生存现状

由于毛梗李经济价值较高，容易遭到采摘和破坏，采摘时对植株损害严重，对林下植被随意践踏破坏，对野生毛梗李的正常生长发育带来危害。另外，由于经济的发展和人口的增加，天然植被日益减少，野生毛梗李的生境也日益恶化，自然种群数量和分布面积日益减少。

（2）毛梗李的保护建议

针对以上原因，为加强对毛梗李资源的保护，提出如下建议。

1）在毛梗李资源集中的区域建立自然保护区、保护点，对野生毛梗李资源进行有效的保护，并保护好野生毛梗李的生境。

2）为促进毛梗李的天然更新，需要保护的毛梗李应架设围栏，制定措施，严禁砍伐和采摘果实。但可作为种子园提供种子进行育苗生产。

3）开展毛梗李遗传种质资源清查工作，从种群生态系统、物种与类型、基因多样性方面开展全方位研究，切实认识、保护、利用好大自然留给我们宝贵的遗传种质资源。

4）开展以野生毛梗李种质资源利用为主的育种工作。

参考文献

[1] 李安平，夏传格，谢碧霞，等. 奈李加工利用技术[J]. 林业科技开发，2000，14（2）：38-39.

[2] 刘翠牛，胡正磊. 李子保鲜储藏技术[J]. 农家之友，2009，6（265）：1664-1666.

[3] 刘永明. 提高李子坐果率技术[J]. 河北果树，2008，3：42.

[4] 童旺进. 奈李栽培与管理[J]. 安徽林业科技，2001，1：24-25.

[5] 阳明宇，饶喆. 影响奈李做过因素及增产措施[J]. 广西园艺，2002，4（43）：19-20.

[6] 余治家，胡永强，韩彩萍，等. 新型抗旱造林乡土树种——野李子[J]. 林业实用技术，2008，8：55-56.

[7] 张卫明，钱学射，顾龚平. 中国李的民族植物学[J]. 中国野生植物资源，2004，23（4）：1-4.

[8] 邹世忠，刘日光. 奈李的气候条件与种植规划[J]. 广东气象，1999，2：26-27.

毛梗李古树

毛梗李群落

毛梗李生境

毛梗李果枝

毛梗李[*Prunus salicina* Lindl. var. *pubipes*（Koehne）Bailcy]

10.21 云南火棘 *Pyracantha fortuneana* 物种资源调查

10.21.1 火棘概述

（1）调查对象

火棘[*Pyracantha fortuneana*（Maxim.）Li]、窄叶火棘（*P. angustifolia* Schneid.）。

（2）形态特征

火棘、窄叶火棘属蔷薇科火棘属（*Pyracantha* Roem.）。常绿灌木或小乔木，高 2～4 m。多枝刺，小枝密被灰黄色绒毛，老枝紫褐色，近无毛。叶片窄长圆形长 1.5～5 cm，宽 4～8 mm，先端圆钝而有短尖或微凹，基部楔形，边全缘，微向下卷，上面初时有灰色绒毛，叶柄密被绒毛，长 1～3 mm。复伞房花序，直径 2～4 cm，总花梗，花梗，萼筒和萼片均密被白色绒毛；萼筒钟状，萼片三角形；花瓣近圆形，直径约 2.5 mm，白色；雄蕊 20 枚，花药长 1.5～2 mm；花柱 5 枚，与雄蕊等长，子房上具绒毛。果实扁球形，直径 5～6 mm，砖红色，顶端具宿存萼片。花期 5—6 月，果期 10—12 月。

10.21.2 物种调查

（1）生物学、生态学特性调查

火棘属有 10 种，分布于亚洲东部至欧洲南部；我国 7 种，云南常见 4 种，即火棘[*Pyracantha fortuneana*（Maxim.）Li]、全缘火棘（*P. atalan tioides* Stapt.）、细圆齿火棘（*P. crenu lata* Roem.）、窄叶火棘（*P. angustifolia* Schneid.）。火棘适宜在年均温 10～16℃，1 月均温≤5℃，7 月均温≤25℃，≤10℃的活动积温 1 200～5 000℃，无霜期 200～250 d 地区生长；火棘亦较耐寒，可忍受-20℃的低温。火棘为喜光树种，常与其他灌木和草本组成自然群落。火棘也可作为优势树种与乔木组成群落；作为劣势树种时，表现为枝条直立、稀疏、结果少。在直射强光下，树枝开展，枝条密而短，树冠矮化，结果多。火棘亦有一定耐阴性，在疏林下生长正常。火棘对土壤适应性强，耐干旱、瘠薄，生长于丘陵山地、阳坡灌丛、沟渠、道旁，多生长在石灰岩山地和钙质土壤上，pH 5～8，在极浅薄、贫瘠的河滩、石砾、崖缝亦能生长，但以土层深厚，富含 Ca、Mg、K 等元素的黄壤、黄棕壤、紫色土上生长良好（叶萌，1999）。

（2）分布与种群调查

对火棘的分布区域进行的调查发现，火棘主要分布于西南地区，以四川、贵州、陕西、云南、湖南、湖北等省产量较大，仅贵州省年产鲜果就在 2 500 万 kg 以上，成片分布可达 1 hm^2。在云南主要产于维西、西畴、屏边、德钦、贡山、泸水、丽江、剑川、景东、楚雄、双柏、禄劝、武定、昆明等地。

云南省火棘的垂直分布多在海拔 250～2 500 m，但以 500～1 500 m 生长最佳，与火棘混生的树木多为木瓜（*Chaenomeles sinensis*）、马桑（*Coriaria nepalensis*）、青冈（*Cyclobalanopsis glauca*）、栓皮栎（*Quercus variabilis*）、锥连栎（*Quercus franchetii*）、麻栎（*Quercus acutissima*）、马尾松（*Pinus massoniana*）、金樱子（*Rosa laevigata*）、黄檀（*Dalbergia hupeana*）等低矮乔木与灌丛植物。火棘也常在其他植物稀少的荒坡野地形成一片片优势群落。

（3）火棘传播调查

火棘分布既受自然条件的影响，也与人类活动、鸟兽活动、能源状况、交通情况等社会因素密切相关。人们在生产生活中，有意无意对火棘传播造成影响。一方面，西南各地普遍将火棘植作篱墙，环绕田地、菜园和农家院落，甚至作为道路绿化的首选灌木，如贵阳至凯里沿线，无论是铁路、公路还是土路，经常看到生长旺盛的火棘条带。火棘也是鸟兽喜欢采食的野果，鸟兽活动对火棘传播十分有利。另一方面，人类活动对火棘资源造成很大压力，当地群众有烧荒和砍火棘围菜园的习惯，特别在薪材缺乏的地方，火棘经常被砍烧柴，从而使火棘资源逐年锐减。

10.21.3 资源利用价值

火棘又叫"救兵粮"，传说古时行军打仗，士兵断粮后，就以火棘果充饥。这是由于其果实中含有大量的淀粉和糖，所以它不但能食用，而且可以作为酿酒的工业原料。同时也是山区农民养猪的好饲料。再就是火棘的果皮呈红色，含有大量的天然红色素，是一种对人体无任何毒副作用的天然食用色素。西安生态研究所已成功地从火棘果皮中提取出红色素，不远的将来，它将成为食品工业的宠儿。另外，火棘的根、皮中还含有鞣质，可作为栲胶的工业原料。火棘的根、籽、叶均可入药，火棘的根主治虚弱疲劳、跌打损伤及筋骨疼，籽治痢疾及白带过多，叶治痘疮，可作为水保造林的先锋树种。

由于火棘具有分布广、适应性强、耐旱瘠薄、易于繁殖等特点，它十分适宜作为目前"长防工程"最优良的先锋造林树种之一。特别在一些极端干旱、瘠薄的条件下，用直播和植苗造林均可取得满意的效果。

火棘是一种优良的盆景树种及园林绿化树种。由于火棘常绿，且叶小、鞣质，具有一般盆景树种的优点，同时每年5—6月开小白花，9月至第二年2月红果满枝，一年四季都有很高的观赏价值，是制作盆景的上等素材。又由于它不但常绿，而且有刺，是园林绿化中难得的刺篱树种和点缀树种。在火棘的自然分布区，应把火棘盆景作为拳头产品开发，争取进入国际市场的同时城市绿化中也可作为绿篱及冬天观果花卉大为发展。总之，火棘是一种值得研究和开发利用的资源。

10.21.4 资源保护及开发利用建议

（1）广泛开展资源调查

目前只有少数省市进行了火棘资源调查，各地应大力开展该项工作。查明火棘的分布、蕴藏量及种类，为开发该资源提供基本数据。

（2）开展丰产栽培配套技术研究

在最适生态区、良种的基础上，进行最佳栽植密度、需肥量的研究、修剪试验及病虫调查与防治，制定丰产栽培配套技术，以便推广。

（3）开展对水土保持的研究

现在火棘作为水土保持植物的研究极少（王三根，1998），应深入地研究火棘对拦截降雨，保持土壤，减少冲蚀的功能。这对于退耕还林后的树种选择有着积极的作用，对兼顾生态、经济、社会三大效益，更有着极为重要的意义。

参考文献

[1] 李枫，刘友贤，高林，等. 火棘栽培技术及[J]. 陕西农业科学，2007（1）：60.

[2] 王三根，邓如福. 火棘生物学特性初探[J]. 西南农业大学学报，1989，11（3）：311-313.

[3] 叶萌，杨灌英. 我国火棘资源研究现状及展望[J]. 四川林业科技，1999，20（1）：59-60.

火棘[*Pyracantha fortuneana*（Maxim.）Li]

10.22 杜梨 *Pyrus betulaefolia* 物种资源调查

10.22.1 杜梨概述

（1）名称

杜梨（*Pyrus betulaefolia* Bunge），又称棠梨（植物名实图考）、土梨（河南土名）、海棠梨、野梨子（江西土名）、灰梨（山西土名），属于蔷薇科（Rosaceae）苹果亚科（Maloideae）梨属（*Pyrus* L.）植物。

（2）形态特征

乔木，高达 10 m，树冠开展，枝常具刺；小枝嫩时密被灰白色绒毛，二年生枝条具稀疏绒毛或近于无毛，紫褐色；冬芽卵形，先端渐尖，外被灰白色绒毛。叶片菱状卵形至长圆卵形。长 4～8 cm，宽 2.5～3.5 cm，先端渐尖，基部宽楔形，稀近圆形，边缘有粗锐锯齿，幼叶上下两面均密被灰白色绒毛，成长后脱落，老叶上面无毛而有光泽，下面微被绒毛或近于无毛；叶柄长 2～3 cm，被灰白色绒毛；托叶膜质，线状披针形，长约 2 mm，两面均被绒毛，早落。伞形总状花序，有花 10～15 朵，总花梗和花梗均被灰白色绒毛，花梗长 2～2.5 cm；苞片膜质，线形，长 5～8 mm，两面均微被绒毛，早落；花直径 1.5～2 cm；萼筒外密被灰白色绒毛；萼片三角卵形，长约 3 mm，先端急尖，全缘，内外两面均密被绒毛，花瓣宽卵形，长 5～8 mm，宽 3～4 mm，先端圆钝，基部具有短爪，白色；雄蕊 20，花药紫色，长约花瓣之半；花柱 2～3，基部微具毛。果实近球形。直径 5～10 mm，2～3室，褐色，有淡色斑点，萼片脱落，基部具带绒毛果梗。花期 4 月，果期 8—9 月。

（3）生物学特性

杜梨为喜光树种，枝叶茂密，根系壮大，主根发育强，侧根发育较弱，须根多。主根可深入黄土母质中达 11 m。抗旱、抗寒，耐瘠薄，可在绝对最低温度-30℃的地方正常生长，另外杜梨还有很强的抗涝能力，可在积水 3～4 个月的洼地中正常生长，同时耐盐碱、抗风、抗病虫害能力强，具有广泛的适应性，在中性土及盐碱土中均能正常生长，是干旱、瘠薄的阳坡和半阳坡造林先锋树种。

10.22.2 杜梨研究概述

杜梨是嫁接梨品种的优良砧木，抗旱抗寒耐瘠薄。一般都是春秋季节栽植，但在边远缺水山区，往往因运水困难和春季干旱影响栽植成活率。李瑞（1999）总结了果农利用雨季栽植杜梨砧苗的经验，成活率高、建园快、成本低。王飞等（1999）对 PEG 预处理对老化杜梨种子活力的影响进行了研究，结果表明，PEG 处理可以提高各老化种子的活力，表现在渗漏减少，有害物质减少，SOD 活性提高。王震星等（2000）采用当年生杜梨新梢为插条，用不同激素和浓度处理后分别插于不同基质中培养。试验结果表明，利用绿枝扦插技术可以快速繁殖生长势一致的杜梨无性系砧木苗。万少侠等（2001）利用野生杜梨根室内嫁接、地窖沙藏，早春移植到苗圃，实现了梨树当年嫁接，当年成苗出圃，为充分利用野生杜梨资源嫁接培育优质梨树苗木提供依据。韩恩贤等（2001）对黄土高原杜梨生长情况进行的调查结果表明，杜梨生长一般是随着高度增高而生长减缓，不同地形部位生长差异较小，而且也没有一定规律，不同森林植物地带以暖温带生长为好，但半干旱地带也能正常生长。李银芳等（2003）对定植的杜梨苗进行了假植苗和随栽随起苗的成活率、新梢生长量、叶片生长状况和蒸腾速率、气孔阻抗、叶温、叶温与气温差日变化的测定。结果表明，随栽随起苗的成活率和生长状况与各项生理指标均好于假植苗。揭示了影响树木生长的水分生理状况和过程。提出了生产中要提倡采用随栽随起苗，或应尽量接近随栽随起的时间。杨会奎等（2005）研究了定植杜梨对干旱区盐渍化土地的改良效应，证明杜梨苗地和梨树地土壤有机质含量和土壤容重，与杜梨根系的空间分布量呈负相关。改良硫酸盐型盐渍化土壤，定植杜梨砧木苹果梨树较繁育杜梨苗更经济。马银蕊（2005）还对杜梨种子的沙藏及播种技术进行研究。李莲（2005）分别以杜梨苗和黄果根蘖苗作砧木，以黄果作为接穗进行嫁接，当年杜梨嫁接苗成活率为 92.3%，苗高 1.2～1.7 m，根茎 1.9～2.0 cm，生长势稍优于根蘖苗。徐振贤等（2007）在原州区干旱黄土丘陵区进行了杜梨人工造林试验研究，通过两年的调查研究，造林当年平均株高达 33 cm，平均地径 0.7 cm，第二年平均株高达到 74 cm，平均地径 1.2 cm。杜梨当年造林根系生长快，第二年地上部分生长迅速，株高和地径增长率分别为 55.4%和 41.7%。平均成活率达 93%，保存率达 87%，说明原州区的立地条件和生态环境适宜杜梨生长，可以进行人工造林。

在杜梨化学成分研究方面，赵小亮（2006）采用水蒸气蒸馏法从杜梨花中提取挥发油，用气相色谱-质谱法（GC-MS）对化学成分进行鉴定。所鉴定化合物的含量占全油的 87.84%，主要化学成分为：二十一烷（60.05%）；二十八烷（4.48%）；（E，E）-3,7,11-三甲基-2,6,10-三烯十二-1-醇（4.43%）；6,10,14-三甲基-2-十五酮（2.27%）；2-甲氧基苯噻吩-[2,3-c]喹啉-6（5H）-酮（1.98%）；Iron, monocarbonyl-（1,3-butadiene-1,4-dicarbonic acid, diethylester）a,a'-dipyridyl（1.61%）；[（2-氟苯）甲基]-1H-嘌呤-6-胺（1.07%）；1,2-苯二羧酸-二异辛酯

（1.02%）。以上 8 种化合物占总挥发油的 76.91%，所得挥发油为淡黄色油状物，具有浓郁的芳香气味。吴瑛等（2007）采用相同的方法从杜梨果实中提取挥发油，共分离出 50 个峰，确定了其中的 49 种，所鉴定化合物的含量占全油的 78.85%，18 种化合物占总挥发油的 62.51%，得到的挥发油为淡黄色油状物。赵小亮等（2007）采用氨基酸分析仪测定了杜梨叶片中 18 种氨基酸，原子吸收分光光度法测定了 12 种矿质元素。分析结果表明，杜梨叶片氨基酸含量丰富，含有人体 8 种必需的氨基酸，氨基酸总量达到了 11.68%；微量元素铜、锰、铁等的含量丰富，分别达到了 7.847 μg/g、33.97 μg/g、375.17 μg/g。蒋卉等（2008）分别采用微波、水浴及超声波 3 种方法提取杜梨叶片多糖，用蒽酮-硫酸比色法测定多糖的含量。结果表明 3 种提取方法存在明显的差异，以超声波法提取效果最佳，其后依次是水浴及微波，3 种方法提取多糖的含量分别是 20.01%、10.41%和 9.37%。

10.22.3 杜梨物种调查

（1）调查区域

2008 年 3—9 月，中国野生果树调查与编目项目组在河北省、北京市、辽宁省、内蒙古自治区等地的杜梨野生果树资源进行了专门的调查，重点包括河北省沙河流域、唐河流域，北京市永定河、潮白河流域，内蒙古赤峰市、呼和浩特市和包头市以及辽宁南部地区。

（2）杜梨分布与生境调查

根据本次调查，杜梨野生长于海拔 50（河北省沙河流域）～1 800 m（内蒙古呼和浩特市）的荒郊、山脚、路边或道旁，由于人为破坏严重，以散生为主，很少有成片生长。分布于江苏、浙江、湖北、江西、河南、河北、山东、山西、甘肃、陕西、辽宁等地。

在不同的立地条件和土壤上，杜梨的生长受到一定影响，一般是随着海拔高度的增高而生长缓慢；不同土质上杜梨的生长序列为沙壤土＞黄绵土＞白土＞石质砾岩，但之间生长差异不大；不同地形部位生长差异较小，而且也没有一定规律。这充分说明杜梨抗旱、抗寒、抗瘠薄，具有广泛的适应性，是黄土高原荒山造林和古河道沙荒地造林的先锋树种，可在干旱、瘠薄的阳坡和半阳坡、梁顶、峁顶以及其他树种造林难成活的石质粗骨土壤上栽植。

不同森林植物地带内，杜梨的生长差异较大，在暖温带半湿润地带的生长较暖温带半干旱地带好。前者树高、胸径较后者高 50%，材积高出 2 倍。但是，杜梨耐寒、耐旱、耐瘠薄，在恶劣环境中也能正常生长，是华北荒山荒地和黄土高原丘陵沟壑区重要的造林树种之一。

（3）杜梨利用状况调查

杜梨适应性强，长势旺盛，萌蘖力强，抗有毒气体及病虫害，对水肥要求也不严，加之其树形优美，花色洁白，在北方盐碱地区应用较广，不仅可用做防护林、水土保持林，还可作行道树、庭院、公园绿化优选树种，是值得推广的好树种，也可作梨树砧木。

果实、树皮等可药用。

(4) 杜梨栽培与加工调查

种子采集：于秋季采棠梨果后堆放在室内，经常翻搅防止其腐烂，待果肉发软后，放在水中搓洗，将种子捞出，放在室内阴干，用布袋装好，挂于通风处，注意防鼠害。

种子处理：从 12 月底将种子在阴凉的北面墙角下进行湿沙埋藏至 2 月中旬。沙藏用沙的含水量约为沙的最大持水量的 50%，即用手握沙能成沙团，看不见水，手指松开沙团有裂缝，手轻轻抖动沙团即散开。采用层积法沙藏，先在地下撒一层沙，约 0.33 cm 厚，上面撒一层种子，种子可密但不重叠，再撒一层沙，以完全盖住种子为原则，如此交替进行。种子层积高度以 30 cm 左右为宜，最高不要超过 50 cm，最上一层沙约 1 cm。周围砌砖框，撒些老鼠药。层积前期每隔 7 d 翻动一次，后期每隔 3～5 d 翻动一次。使上下层水分、温度均衡，还能增加透气性，防止和减少种子霉烂。每翻一次，最上面要加纯湿沙盖好。通过层积法沙藏的种子发芽整齐，出苗率高，生长健旺。

整地与土壤处理：育苗地应选择地势平坦、灌水方便、排水良好的沙壤土。平整土地时每亩施腐熟农家肥 3 000 kg、底肥 30 kg 左右，底肥一般选用二铵，深翻 25 cm，耙地 2～3 遍，每亩施硫酸亚铁 15 kg，预防苗木立枯病和地下害虫的发生。为便于起苗和管理，可采用 60 cm 大垄播种；为提高出苗量，亦可作床播种，床面宽 1 m，埂宽 30 cm，床埂高出床面 10 cm。

播种：胚根露白时即可播种，即 1 月下旬至 2 月下旬。优质杜梨种子，1 hm^2 播种 7.5～11.3 kg，可出苗 15～22.5 万株。在播种前 5～6 d 把苗床和大垄先灌足底水，待表面阴干后，即可带沙播种。垄播：顺垄向，在垄面开 3～4 cm 深长沟进行播种；床播：每隔 15 cm 横床淮开 2～4 cm 深的条沟进行播种。播种后及时覆土 1 cm，并覆盖地膜保湿增温。播后 7 d 左右出苗，待苗出齐后，长出 2～3 片真叶时开始炼苗，上午 9 时揭开地膜，下午 4 时盖上，以后每推后一天，提早 1 h 揭地膜，推迟 1 h 盖地膜，到第 4 天揭开后，下午就不必再盖了。

苗期管理：小苗长出 2 片真叶时需追稀薄人粪尿。幼苗易感染猝倒病，此病多在连作苗苗圃发生，发病条件是高温高湿，播种前浇足底水是预防此病的重要措施，发病后可用 25% 的多菌灵 300 倍液或 50% 的多菌灵 800～1 000 倍液喷雾。间苗移栽应在幼苗长出 1 片真叶时进行，间苗时先浇水，后用栽植锄轻轻挖起，移栽后也要及时浇水，并在栽后的 15 d 内保证水分供应。播种苗一年可长 80 cm 以上。

10.22.4 杜梨资源利用问题与对策

(1) 杜梨资源未受到应有重视

河北省沙河流域是杜梨在河北省的集中分布区之一，历史上曾连片分布着野生杜梨资源，最大树直径可达 80 cm，树高达 15 m，在河流阶地郁闭成林。由于文化大革命期间任意砍伐，现几乎全部消失，只在个别田间地头残存一些萌生无主干的个体。除作为嫁接梨树的砧木之外，杜梨木材非常优秀，可以制作细木工产品，也可以用于雕刻，果实富含单宁和多酚类物质，是提取天然产物的优良原料。

然而，在民众生活和林业生产中，杜梨普遍不受重视，由于自然生长的杜梨多数被砍头或截干，基部萌生枝条多且彼此竞争厉害，故很难形成具有明显主干的用材大树，故民众误认为杜梨不成材；由于杜梨幼年萌枝较多，林业部门也很少利用其造林。其实，杜梨特别适合于荒山荒坡和黄土高原丘陵沟壑区的环境改造，只要埋上一把条，雨后即可成活。

（2）保护与利用建议

由于野生杜梨资源日益减少，建议加强野生杜梨资源的保护工作；由于杜梨广布于我国北部和中部地区，生长环境多种多样，在严酷生境下生长良好，而严酷生境下的物质种质资源是很珍贵的，应当加强相应研究，充分挖掘杜梨抗逆性（抗旱、抗寒、抗盐碱）种质基因，为梨树育种作出贡献。

另一方面，杜梨天然产物含量丰富，应充分研究杜梨果实、枝叶的化学成分，挖掘其化学成分内涵。一切抗逆性强的树种都有其适应严酷生境的一套本领，更有其适应严酷生境的化学成分，这些成分内涵丰富，是制备林源生物制剂的优良原料。

参考文献

[1] 韩恩贤，赵辉，罗伟祥. 黄土高原杜梨生长调查分析[J]. 陕西林业科技，2001（4）：16-19.

[2] 蒋卉，赵小亮，游瑞行，等. 杜梨叶片多糖提取方法的研究[J].. 食品研究与开发，2008（2）：70-72.

[3] 焦连成. 杜梨高接酥梨技术[J].. 山西农业，1999（4）：14-15.

[4] 李莲，张继水，李红芳. 杜梨黄果嫁接对比试验[J].. 青海农林科技，2005（4）：52-53.

[5] 李瑞. 雨季栽植杜梨砧苗[J].. 山西果树，1999（2）：48.

[6] 李银芳，黄子蔚，王东，等. 起苗时间对杜梨生长的影响[J].. 干旱区研究，2003（4）：300-302.

[7] 马银蕊. 杜梨种子的沙藏及播种技术[J].. 河北农业科技，2005（11）：23.

[8] 秦改花，余义琴，王甜甜，等. 杜梨离体培养技术的研究[J].. 安徽农学通报，2007（7）：96-115.

[9] 万少侠，刘海军. 野生杜梨室内嫁接归圃育苗技术[J].. 落叶果树，2001（3）：45-46.

[10] 王飞，丁勤，杨峰. PEG预处理对老化杜梨种子活力的影响[J].. 种子，1999（4）：20-22.

[11] 王震星，张磊，刘玉芹，等. 杜梨绿枝扦插快速繁殖的研究[J].. 天津农业科学，2000（4）：13-15.

[12] 吴瑛，赵小亮. 杜梨果实挥发油化学成分的GC-MS分析[J].. 安徽农业科学，2007（19）：5659-5660.

[13] 徐振贤，张燕，陈义杰，等 原州区杜梨人工造林试验研究[J].. 宁夏农林科技，2007（2）：31-43.

[14] 杨会奎. 定植杜梨对干旱区盐渍化土地的改良效应[J].. 甘肃科技，2005（11）：255-257.

[15] 赵小亮，邓芳，王金磊，等. 杜梨叶片中氨基酸及矿质元素含量的测定[J].. 塔里木大学学报，2007（2）：57-59.

[16] 赵小亮，赵红伟，庞新安. 杜梨花挥发油化学成分的研究[J].. 塔里木大学学报，2006（4）：70-73.

杜梨（*Pyrus betulaefolia* Bunge）

10.23 豆梨 Pyrus calleryana 物种资源调查

10.23.1 豆梨概述

(1) 名称

豆梨（*Pyrus calleryana* Dcne.），又名鹿梨（图经本草）、阳檖、赤梨（尔雅）、糖梨、杜梨（贵州土名）、梨丁子（江西土名）等，是蔷薇科（Rosaceae）梨属（*Pyrus*）植物。

(2) 形态特征

落叶乔木，高 5～8 m；小枝粗壮，圆柱形，在幼嫩时有绒毛，不久脱落，二年生枝条灰褐色；冬芽三角状卵形，先端短渐尖，微具绒毛。叶片宽卵形至卵形，稀长椭圆状卵形，长 4～8 cm，宽 3.5～6 cm，先端常渐尖，稀短尖，基部圆形至阔楔形，边缘有钝锯齿，两面无毛；叶柄长 2～4 cm，无毛；托叶线状披针形，叶质，长 4～7 mm，光滑无毛。伞形总状花序，具花 6～12 朵，排列成球弧形，总花梗和花梗均无毛，花梗长 1.5～3 cm；苞片膜质，线状披针形，长 8～13 mm，内面具绒毛；花直径 2～2.5 cm，萼筒无毛，萼裂片披针形，先端渐尖，全缘；花瓣长约 5 mm，基部具短爪，白色；雄蕊 20，离生，稍短于花瓣；花柱 2，稀 3，柱头乳状，基部无毛。梨果球形，直径约 1 cm，红褐色至黑褐色，有斑点，不具"石榴嘴"状宿存萼，子房通常 2 (3) 室，有细长果梗。花期 4 月，果期 8—9 月。

本种与杜梨（*P. betulaefolia* Bge）的区别在于杜梨小枝密被灰白色绒毛，叶缘具有粗锐锯齿，叶柄、果梗均被绒毛。又本种与川梨（*P. pashia* D. Don）相似，但川梨叶片较窄，花柱 3～5，雄蕊 25～30，易于区别。

(3) 生物学特性

为我国长江流域及其以南地区广泛分布的野生果树，常用做砧木。喜温暖湿润多雨气候。与西洋梨的亲和力强于中国梨。根系较深，抗旱、耐涝。初期生长较慢。对腐烂病的抵抗力次于秋子梨，抗寒力与耐碱力次于杜梨。

(4) 地理分布

豆梨主要分布于我国长江流域各省，山东、河南、江苏、浙江、江西、安徽、湖北、湖南、福建、广东、广西等省区均有分布。适生于温暖潮湿气候，生长于山坡、平原或山谷杂木林中，海拔 80～1 800 m。越南北部也有分布。

(5) 豆梨变种

豆梨全缘叶变种 （*P. calleryana* Dcne. var. *integrifolia* Yü），本变种的特点在于：叶片全缘，通常无锯齿，叶片常卵形，基部钝圆。产于浙江、江苏。模式标本采自浙江梅溪。

豆梨楔叶变种[*P. calleryana* Dcne. var. *koehnei*（Schneid.）Yü]，本变种的特点在于：其叶片多为卵形或菱状卵形，先端急尖或渐尖，基部宽楔形；子房 3～4 室。产于广东、广西、福建、浙江。模式标本采自浙江天台山。

豆梨柳叶变种（*P. calleryana* Dcne. var. *lanceolata* Rehd.），本变种的特点在于：其叶片卵状披针形或长圆状披针形，常具浅钝锯齿或全缘。产于安徽、浙江。模式标本采自安徽青阳至太平间。

豆梨绒毛变种（*P. calleryana* Dcne. var. *tomentella* Rehd.），本变型的特点在于：其幼时小枝、叶柄、叶片中脉上下两面和叶片边缘均被锈色绒毛，但不久即全部脱落，果梗和萼筒外面也被稀疏绒毛。产于江苏、江西、湖北等地。

10.23.2 豆梨的利用现状调查

（1）砧木利用

豆梨可作嫁接用砧木，由于本种对环境适应性较强，抗逆性能好，抗病能力较强，对生长条件要求不高，故常用做砧木，与西洋梨的亲和力强，与白梨、沙梨亲和力较差。项目组在大别山区的调查证明，豆梨作为嫁接梨树的砧木应用比较普遍，大体与杜梨相当。

（2）加工利用

豆梨果实含糖量达 15%～20%，可食用或酿酒。木材坚硬，可供作粗细家具及雕刻图章用。根、叶、果实均可入药，有健胃、消食、止痢、止咳作用；叶和花对闹羊花、藜芦有解毒作用。虽说豆梨有如此多的用途，但由于该种常分布于山区、林区，采集困难，资源量也不是很多，实践中应用均不普遍，因此，种质资源未受到毁灭性破坏。

（3）园林利用

由于豆梨根系发达而耐瘠薄，抗病力强，且对土壤要求不严，管理相对粗放，性又喜光及温暖潮湿气候，特别是枝繁叶茂，开花时节，满树堆雪，故黄河以南各省常选为园林绿化树种。但豆梨作为园林树种，切不可与圆柏类植物混栽或就近栽植，因为豆梨极易发生圆柏梨锈病，且难以根治。另外，还易发生梨网蝽，其若虫常在叶背吸食汁液，叶片褪绿苍白，造成叶片早期干枯脱落，再加上其排出褐色粪便而污染叶片，影响美观。

10.23.3 豆梨研究概述

沈孝善（1987）对豆梨种子萌发进行了研究，以豆梨新、陈两组种子为试材，先用蒸馏水泡 24 h 后，或经低温或不经低温处理，再用赤霉素处理，并分别为弱光照和暗温箱两组。所获得结果为经过 24 d 低温处理。50%～90%的种子都可萌发，24 d 以后再加长低温处理时间对种子萌发率作用甚微。赤霉素对豆梨种子（新、陈）的萌发无影响。弱光对于低温处理后的新、陈种子萌发均有促进作用。

安华明等（2004）以川梨、沙梨、豆梨和杜梨为材料，研究了在缺铁胁迫下培养介质的 pH 值和根系 Fe^{3+} 还原酶活性的变化。结果表明，缺铁胁迫使 4 种砧木的介质 pH 值于处理的第 2 d 就迅速降低，并且一直低于低铁和正常供铁处理；而低铁处理下，介质 pH 值在最初几天内反而高于正常处理，至 4～5 d 之后才逐渐低于正常供铁处理；同时，NH_4^+-N

对降低介质 pH 值和缓解缺铁症状有利。4 种砧木的根系 Fe^{3+} 还原酶活性都随供铁浓度的增加而不同程度的增大：无铁处理下，沙梨根系 Fe^{3+} 的还原能力最小、杜梨最大；而在低铁和正常供铁条件下，沙梨和川梨的还原能力最强，杜梨次之，豆梨最小。还原酶大小与症状表现之间具有一致性。

马秀荣等（1993）对梨属的主要砧木树种杜梨、豆梨及中间类型等的繁殖进行了温水浸种催芽试验，用温水浸种和沙藏处理，得出结论温水处理同沙藏处理相比，发芽率高 11%；处理历时可缩短近 20 倍。温水浸种催芽方法简便、省工、省力、历时短，发芽率高，出苗整齐。能够避免冬季沙藏层积法催芽所遇到的问题。徐明义等（1997）对梨属矮化砧木进行研究，以杜梨（*Pyrus betulaefolia* Bge.）、矮冠杜梨、豆梨（*Pyrus calleryana* Decne）做基砧，嫁接酥梨。结果表明，梨属矮化砧木做中间砧，多数组合表现出树体干径细，高度低，发育枝短，但冠径较大。比杜梨直接嫁接酥梨花枝、花序显著多；产量效益显著高；果实可溶性固形物及总糖含量显著高，果味浓甜。向灵等（2000）对贵州野生梨砧木种类的种子进行了解除休眠的低温需求试验。结果表明，在 3℃ 的低温条件下，川梨（*Pyrus pushia* D. Doc）、豆梨（*Pyrus calleryana* Dcne）、滇梨（*Pyrus pseudopashia* Yu）和沙梨（*Pyrus pyrifolia* Nakai）的种子解除休眠需要的低温时数分别为 720 h、960 h、1 080 h、1 320 h 以上。不同地区野生状况下的川梨、豆梨植株，种子解除休眠需要的低温时数有一定差异。

Santamour 等用叶子和形成层组织过氧化物酶同工酶谱型区分供试 6 个豆梨品种。进一步测定了来自于三个梨品种自然杂交得到的实生苗，表明同样的技术可用于鉴定即将培育出的许多新品种，讨论了若干过氧化物酶区带的发生和遗传特性。

张华新等（2009）采用盆栽方法，以 11 个树种实生幼苗为材料，用不同浓度（0、3 g/kg、5 g/kg、8 g/kg、10 g/kg）NaCl 溶液进行 1 次性浇灌处理，对盐胁迫下各树种的形态表现、生长状况及耐盐性进行了研究，综合分析各树种的生长和形态表现，初步筛选出 4 个高度耐盐性植物，其中就包括豆梨。陈长兰等（1996）对梨树野生砧木的抗盐性和抗旱性进行了研究，其中，豆梨-荆门种源在 0.2%、0.3%、0.4%NaCl 盐胁迫下的盐害指数分别为 5.6%、12.3%和 35.9%，属于极强抗盐型，旱害指数为 37.5%，属于强抗旱型；豆梨-孝感种源在 0.2%、0.3%、0.4%NaCl 盐胁迫下的盐害指数分别为 10.0%、22.5%和 66.3%，属于强抗盐型，旱害指数为 52.5%，属于强抗旱型；豆梨-武昌种源在 0.2%、0.3%、0.4%NaCl 盐胁迫下的盐害指数分别为 30.0%、40.0%和 68.2%，属于较强抗盐型，旱害指数为 37.6%，属于强抗旱型。由此可见，豆梨的抗逆性很强，生态多样性也是极其丰富的。

李秀根等（2002）根据植物花粉性状的稳定性和遗传保守性，在对中国梨属植物 13 个种的花粉形态观察研究的基础上，采用数量化的分析方法，对花粉形态 7 个性状进行了聚类分析。结果表明：不同种间的相似距离系数存在一定差异，种间相似距离系数在 0.221 5～5.067 5 变化。根据聚类结果，把相似距离系数等于 0.3 作为划分类群的标准，供试的 13 个种可划分为 4 个种群。在相似距离系数≤0.3 的种群中有豆梨、杜梨、麻梨、川梨、褐梨和河北梨。从花粉形态遗传相似距离聚类分析中发现，豆梨与河北梨、褐梨、川梨、杜梨、麻梨、秋子梨、西洋梨、丰梨、新疆梨、沙梨、杏叶梨、白梨的遗传距离依次为 0.283 2、0.458 7、0.584 2、0.669 4、0.764 5、1.102 7、1.164 8、1.323 8、1.328 0、2.253 6、2.540 0、2.835 0。若把豆梨看做是最原始的种，那么，从豆梨到白梨它们的遗传相似距离越来越大，显示出它们的亲缘关系越来越远。白梨是最进化的种类。

封磊等（2007）用重要值百分数求取种间竞争系数，以优势种群在纯林中的优势度为其容纳量，采用 Lotka-Volterra 竞争方程探讨武夷山黄山松林的 4 种优势种群（黄山松、吊钟花、南方铁杉、豆梨）的竞争格局。结果表明：平衡时，黄山松、吊钟花、南方铁杉、豆梨相对优势度分别为 72.01%、0.16%、26.09%、1.74%，表明黄山松和南方铁杉将占据主林冠层，而豆梨和吊钟花占据林冠下层。

10.23.4 豆梨物种调查

2009 年，北京林业大学野生果树项目组对大别山区的豆梨进行了调查研究，发现在大别山区豆梨多数以散生为主，多见于黄山松林（*Pinus taiwanensis*）、黄山松-杉木林（*Pinus taiwanensis- Cunninghamia lanceolata*）、枹栎-茅栗林（*Quecus glandulifera- Castanea seguinii*）以及黄山松-枹栎林（*Pinus taiwanensisand-Quecus glandulifera*）中，少数生于山顶岩石缝隙。

大别山野生果树种类较多，常见有野山楂（*Crataegus cuneata*）、华中山楂（*Crataegus wilsonii*）、湖北山楂（*Crataegus hupehensis*）、湖北海棠（*Malus hupehensis*）、山荆子（*M. baccata*）、三叶海棠（*Malus sieboldii*）、小叶石楠（*Photinia parvifolia*）、麦李（*Prunus glandulosa*）、欧李（*Prunus humilis*）、毛樱桃（*Prunus tomentosa*）、川榛（*Corylus heterophylla* var. *sutchuenensis*）、构树（*Broussonetia papyrifera*）、小构树（*Broussonetia kazinoki*）、柘树（*Cudrania tricuspidata*）、薜荔（*Ficus pumila*）、珍珠莲（*Ficus sarmentosa*）、鸡桑（*Morus australis*）、华桑（*Morus cathayana*）等。

在大别山区，豆梨多与其他植物伴生，常见木本植物种类有金樱子（*Rosa laevigata*）、映山红（*Rhododendron simsii*）、满山红（*Rhododendron mariesii*）、短柄枹（*Quercus serrata* var. *brevipetiolata*）、乌饭树（*Vaccinium bracteatum*）、米饭花（*Vaccinium iteophyllum* var. *clandulosum*）、腊瓣花（*Corylopsis sinensis*）、金缕梅（*Hamamelis mollis*）、檵木（*Loropetalum chinensis*）、隔药柃（*Eurya muricata*）、连蕊茶（*Camellia fraterna*）等。群落的草本层主要由多年生草本植物组成，常见种类如油点草（*Tricyrtis macropoda*）、泽兰（*Eupatorium japonicum*）、金星蕨（*Parathelypteris glanduligera*）、毛华菊（*Dendranthema vestitum*）、牛蒡（*Arctium lappa*）、油芒（*Eccoilopus cotulifer*）、阔叶箬竹（*Indocalamus latifoius*）等。群落的层间植物主要由藤本植物组成，如珍珠莲（*Ficus sarmentosa* var. *henryi*）、扶芳藤（*Euonymus fortunei*）、爬山虎（*Parthenocissus tricuspidata*）、络石（*Trachelospermum jasminoides*）、南蛇藤（*Celastrus rosthornianus*）、菝葜（*Smilax china*）、爬藤榕（*Ficus sarmentosa* var. *impressa*）、鸡矢藤（*Paederia scandens*）等，它们大多攀援或缠绕在立木上，

有些匍匐在地面或岩石上。

对山顶岩石缝中的豆梨进行了调查，发现岩石缝中的豆梨树体较矮，高一般不超过 2.5 m，树体分枝较多，主干相对不明显，短枝较多；小枝顶端常为刺状，特别是萌生条上枝刺较多；由于生境严酷，叶片质厚，常内向卷曲，角质层明显。

调查发现，当地民众对豆梨资源价值有所认识，一部分被调查对象知道豆梨可以作嫁接梨树的砧木，且嫁接后梨树结果较多，果实含糖量丰富；少部分人了解豆梨的园艺栽培价值，认为豆梨栽培于城市比较美观，特别是春季开花引人入胜，应对其加以利用。

大别山个别林区曾有采食豆梨花的习惯，对资源有一定破坏，但不足以造成危害。一些林区秋季采收豆梨果实，用于采种、育苗、培育砧木，属于正常利用，基本不造成大的危害。

10.23.5 保护与利用建议

豆梨这类野生果树分布广泛，种质资源比较丰富，除了少数地区对豆梨进行了一定的开发利用外，绝大多数地区的豆梨资源未受到人们的重视，因此未被开发利用。为促进山区经济的发展，建议有关部门在保护好资源的基础上，积极、有计划、有重点地加以合理的开发利用。

1）尽快查清豆梨重要种质的分布、数量和开发潜力，可在对现有野生种质资源保护的基础上，研究并利用野生豆梨种质资源，选出抗性强的育种材料，培育新型的果树品种。

2）开展豆梨果实成分、利用价值和生产加工方法的研究，使豆梨的开发、利用、加工走上科学的轨道。

3）开展豆梨园林化应用研究。豆梨不仅枝繁叶茂，同时具有很强的环境适应性，其抗盐碱能力和抗旱能力很强，是城市园林绿化的理想材料，应加强引种、筛选和应用研究。

4）豆梨的不同种源，其抗性变化较大，丰产性变化也较明显，作为重要果树砧木，应加强区域化种植试验、嫁接筛选和抗性评价，特别要注意挖掘豆梨抗盐碱种质资源，为黄河流域以南地区盐碱区梨树种植提供优良砧木。

参考文献

[1] 安华明，樊卫国，何承鹏，等. 缺铁胁迫下 4 种野生梨砧木介质 pH 值及根系 Fe^{3+} 还原酶活性的变化[J]. 果树学报，2004，21（1）：64-66.

[2] 封磊，洪伟，吴承祯，等. 武夷山黄山松林优势种群的竞争格局研究[J]. 江西农业大学学报，2007，29（3）：379-382.

[3] 菅兴凤，马秀荣，刘恩贺，等. 杜梨和豆梨种子温水浸种催芽试验[J]. 山东林业科技，1993（1）：31-32.

[4] 李秀根，杨健. 花粉形态数量化分析在中国梨属植物起源、演化和分类中的应用[J]. 果树学报，2002，19（3）.

[5] 沈孝善. 关于豆梨种子萌发的研究[J]. 贵州农业科学，1987（1）：18.

[6] 王桂英. 几种易混中药材的鉴别[J]. 中国民间疗法, 2005, 13 (9): 399-400.

[7] 王晓鹏. 皇甫山野果资源调查及开发利用[J]. 中国林副特产, 2001 (1): 59-60.

[8] 吴征镒. 云南植物志（第十二卷）[M]. 北京: 科学出版社, 2006.

[9] 向灵, 刘进平, 樊卫国. 贵州野生梨砧木种子解除休眠的低温需求[J]. 山地农业生物学报, 2000, 19 (3): 185-188.

[10] 徐明义, 刘振中, 史联让, 等. 梨属矮化砧木研究[J]. 西北农业学报, 1997, 6（1）: 69-72.

[11] 张华新, 刘正祥, 刘秋芳. 盐胁迫下树种幼苗生长及其耐盐性[J]. 生态学报, 2009, 29（5）: 2263-2271.

[12] 郑龙海. 豆梨[J]. 国土绿化, 2003, 5.

[13] 郑小艳, 蔡丹英. 基于 NrDNA 的 ITS 序列的东亚梨属植物系统关系研究[C]. 中国园艺学会第十届会员代表大会暨学术讨论会论文集, 2005: 11.

[14] 中国科学院中国植物志编辑委员会. 中国植物志[M]. 北京: 科学出版社, 2004.

[15] 中国农科院果树研究所. 过氧化物同工酶谱型鉴定豆梨品种[J]. 杨克钦, 译. The Journal of Heredity, 1980.

豆梨（*Pyrus calleryana* Dcne.）

10.24 野生川梨 *Pyrus pashia* 物种资源调查

10.24.1 川梨概述

（1）名称

川梨[*Pyrus pashia* Buch.-Ham. ex D. Don]，又名棠梨刺（云南）、褐豆梨（四川）、刺豆梨（贵州）、郁李仁（滇南本草）、波沙梨（中国果树分类学）。

（2）隶属与分类

川梨属于蔷薇科（Rosaceae）梨属（*Pyrus* L.）脱萼组（Sect.*Pashia* Koehne）。本种分为4个变种，即原变种（var. *pashia*）、无毛变种（var. *kumaoni* Stapf）、钝叶变种（var. *obtusata* Card.）和大花变种（var. *grandiflora* Card.）。

（3）形态特征

川梨为蔷薇科梨属植物。落叶乔木，高达 12 m。常具枝刺，小枝圆柱形，幼时被绵状毛，以后毛脱落，二年生枝条褐紫色或暗褐色；冬芽卵形，先端钝圆，鳞片边缘具短柔毛。叶片卵形至长卵形，稀椭圆形，长 4～7 cm，宽 2～5 cm，先端渐尖或急尖，基部钝圆，稀宽楔形，边缘有钝锯齿，在幼苗或萌生蘖上叶片常具分裂并有尖锐锯齿，幼嫩时绒毛，以后毛脱落；叶柄长 1.5～3 cm；托叶膜质，线状披针形，不久毛即脱落。伞形总状花序具花 7～13 朵，直径 4～5 cm，总花梗和花梗均密被绒毛，毛逐渐脱落，果期无毛，或近于无毛；花梗长 2～3 cm；苞片线形，膜质，长 8～10 mm，两面均被绒毛；花直径 2～2.5 cm；萼筒杯状，外面密被绒毛，萼片三角形，长 3～6 mm，先端急尖，全缘，内外两面均被绒毛；花瓣全缘，倒卵形，白色，长 8～10 mm，宽 4～6 mm，先端钝或啮齿状，基部具爪；雄蕊 25～30，稍短于花瓣；花柱 3～5，无毛。果实近球形，直径 1～1.5 cm，褐色，有斑点，萼片早落，果梗长 2～3 cm。花期 3—4 月，果期 8—9 月。

（4）生物学特性

川梨生态适应性强，耐寒、耐旱、耐湿、耐瘠薄，喜微酸性和中性土壤；根系发达，树势强健，寿命长；花量丰富，抗霜、抗冻性强；结果量大，果实形状、颜色俱佳，虽然果形较小，但风味较好。幼苗用做砧木嫁接梨树，亲和力好，丰产优质，是西南诸省梨树的优良砧木。川梨在西南地区的云南、四川、贵州各省都有分布，多生长于山区和丘陵地区的坡脚荒野的荆棘杂草丛中。

（5）地理分布

分布于我国云南、广东、四川、贵州、江西诸省；印度、缅甸、不丹、尼泊尔、老挝、越南、泰国也有分布。

10.24.2 川梨研究概述

在我国梨的生产中，川梨、沙梨、杜梨和豆梨等野生梨属资源早已被作为砧木或品种选育材料广泛利用。樊卫国（2006）以川梨（*Pyrus pashia* Buch.Ham.）、滇梨（*Pyrus pseudopashia* Yu）、杜梨（*Pyrus betulaefolia* Bge.）和沙梨（*Pyrus pyrifolia* Nakai）为材料，研究了梨属4个种的光合速率、光饱和点、光补偿点、光合速率和蒸腾速率的日变化规律、水分利用率（WUE）及日变化规律，结果表明，梨属4个种的光合速率、光饱和点和光补偿点存在差异，光合速率强弱顺序为川梨＞滇梨＞杜梨＞沙梨，杜梨的光饱和点和光补偿点最高，供试的梨属4个种在晴天光合速率的日变化均呈双峰曲线，中午有明显的"午休"现象；蒸腾速率日变化呈单峰曲线，水分利用效率强弱的顺序为杜梨＞滇梨＞川梨＞沙梨。

安华明等（2004）对这4种野生梨资源在缺铁胁迫下根际酸化能力和根系 Fe^{3+} 还原酶活性进行了研究，以期为研究植物缺铁反应机理和在缺铁地区梨砧木的选择利用提供参考依据。结果表明，缺铁胁迫使4种砧木的介质pH值于处理的第2天就迅速降低，并且一直低于低铁和正常供铁处理；而低铁处理下，介质pH值在最初几天内反而高于正常处理，至4~5 d之后才逐渐低于正常供铁处理；同时，NH_4^+ 对降低介质pH值和缓解缺铁症状有利。4种砧木的根系 Fe^{3+} 还原酶活性都随供铁浓度的增加而不同程度的增大：无铁处理下，沙梨根系 Fe^{3+} 的还原能力最小、杜梨最大；而在低铁和正常供铁条件下，沙梨和川梨的还原能力最强，杜梨次之，豆梨最小。还原酶大小与症状表现之间具有一致性。

安华明、樊卫国（2003）以野生川梨为材料，采用溶液培养的方法，研究了缺铁胁迫对其生理的影响。结果表明，缺铁使川梨叶绿素 a、叶绿素 b 和叶绿素总量明显降低；光合速率显著下降，而且光合速率的降低先于叶绿素含量的减少。川梨在介质供铁浓度低于25 μmol/L 时才发生失绿症状。在缺铁胁迫下，叶内 POD 和 CAT 活性降低，但降低幅度和时间不尽相同，而且 CAT 比 POD 与叶绿素的相关性更显著。缺铁叶内各营养元素含量高于正常供铁处理，并表现出不同的变化规律；活性铁分别与叶绿素、光合速率呈极显著正相关，可作为铁营养生理诊断指标。

10.24.3 野生川梨资源调查

（1）分布区与生境调查

川梨（*Pyrus pashia* Buch.-Ham. ex D. Don）属于热带-亚热带野生果树，主要分布于中国西南地区和广东、江西，周边国家如印度、缅甸、不丹、尼泊尔、泰国、越南、老挝也有分布。

生长于林缘、山谷、杂木林中，多数散生，有时成团块状积聚分布。

（2）川梨分布区与生境调查

1）川梨在云南省的天然分布调查

云南省是野生川梨的主要分布区，天然分布于昆明、嵩明、建水、禄劝、楚雄、景东、广南、文山、蒙自、屏边、西畴、盈江、龙陵、鹤庆、丽江、德钦、凤庆、中甸等，生长于海拔 1 000～2 700 m 的山谷斜坡丛林中。

本项目组对金沙江和澜沧江流域的野生川梨进行了调查，总体上说，野生川梨沿途各县大都有野生分布，但多为星散野生，有些地方成片状或斑块状分布。本次调查发现，川梨常生于山谷边口或阳坡、半阳坡，主要混生于云南松（*Pinus Yunnanensis*）林、马尾松（*Pinus massoniana*）林、栎（*Quercus* spp.）林或灌木草坡，常见灌木种类有火棘（*Pyracantha fortuneana*）、马桑（*Coriaria sinica*）、蔷薇（*Rosa* spp.）等。

2）川梨作砧木（栽培）区调查

川梨果实较小，直径一般不超过 2 cm，果实肉少，味道偏酸涩，品质欠佳，一般不作为果树栽培。但作为砧木，川梨应用广泛。

本次调查发现，历史上曾经粗放栽培川梨的云龙县，目前已放弃栽培本种。课题主要完成人之一的尹五元教授（故乡在云龙县城关）带领项目组人员跑遍了云龙县的沟沟岔岔，发现了不少散生的川梨资源，包括原变种（var. *pashia*）、无毛变种（var. *kumaoni* Stapf）、钝叶变种（var. *obtusata* Card.）。但是，过去粗放栽培川梨的农村早已经将野生种改种栽培种。

本次调查发现，由于川梨资源丰富，比较常见，容易取材，加上川梨生态适应性很强，故云南省不少地区仍以川梨作砧木。

为了了解川梨资源的应用情况，对云南省进行了重点调查。结果如下：

① 昆明安宁红云园艺场：以川梨作砧木嫁接中、晚熟五个品种，本场海拔 1 930 m，年均温度 14℃，年降雨量 890 mm，年日照约 2 000 h。

② 云南红梨科技开发有限公司：以川梨作砧木嫁接红梨 1 号、95-2 号、32 号、35 号等 4 个早、中、晚熟品种。

③ 永胜热河白沙井蜂糖梨园艺场：以川梨作砧木嫁接蜂糖梨。

④ 云龙麦地湾梨园艺场：以川梨作砧木嫁接麦地湾梨早、中、晚熟 5 个品种，为地方经济作出了突出贡献。

云南省大理园艺工作站王玉兴（2000）曾对野生川梨就地嫁接的几种方法进行了比较实验研究，1982年2月在大理市下关镇以川梨嫁接砀山酥梨，设多芽劈接、单芽劈接、单芽切接、单芽腹接及嵌芽接5个处理，结果多芽劈接、单芽劈接、单芽切接、单芽腹接及嵌芽接死穗率分别为46.67%、26.67%、33.33%、0%、0%，接穗萌发分别需要31 d、29 d、30 d、18 d和45 d，正常接穗萌芽率分别为93.8%、100.0%、95.0%、100.0%、30.0%，成活接穗生长势分别为中等、中等、中等、较强、较弱。项目组曾到大理下关镇进行调查，未发现以川梨就地嫁接的砀山梨，但发现当地果园生产的蜂糖梨多数是以就地采集的野生种育成的川梨苗作砧木的。

（3）川梨种质资源调查

由于川梨仍处于野生状态，没有相应的种质资源方面的研究报道，本次调查按照《中国植物志》第36卷的分类划分，找到了川梨4个变种中的3个，由于错过了花期，故大花变种（var. grandiflora Card.）不好确认。下面把调查到的3个变种的形态特征列表比较如下：

川梨4个变种的形态比较

形态特征	原变种（var. pashia）	无毛变种（var. kumaoni）	钝叶变种（var. obtusata）	大花变种（var. grandiflora）
毛被情况	花轴花梗密被绒毛，后脱落至无毛或近无毛，幼叶被绒毛	花轴花梗均无绒毛，幼叶光滑无绒毛	花轴花梗密被绒毛，后脱落至无毛或近无毛，幼枝、幼叶被绒毛	幼枝、幼叶、花梗、花轴、萼片均被锈色绒毛
形状	叶片先端渐尖或急尖，萼片三角形，急尖	叶片先端急尖或渐尖，萼片卵形，先端钝圆	叶片先端圆钝，稀渐尖或急尖，萼片三角形，急尖	叶片先端急尖或渐尖，萼片特征未见
分布	分布海拔从1 200 m左右直到2 000 m以上	分布海拔多在1 500～1 700 m	分布海拔多在1 500～2 000 m	由于未见到花朵，故不敢确认

调查发现，原变种分布最普遍，分布海拔从1 200 m左右直到2 000 m以上；无毛变种在云龙县较常见，分布海拔多在1 500～1 700 m；钝叶变种较少见。

10.24.4 经济价值与利用现状

川梨在云南各地州主要生长在山林荒野，有的地方自然成林或成片，储量丰富；目前川梨在云南、贵州、四川多作为栽培品种梨的砧木，果实未开发利用，通过对成熟川梨果实营养成分进行分析、研究，其某些营养成分含量很高，在某方面具有很好的保健功效，成熟果肉的食用特性较好，加工成饮料、果酱、果酒、果丹皮等产品别有风味。野生川梨果实作为野生水果在营养成分含量、保健功能、天然风味、没有污染等方面具有很好的优势，进行开发将会有很好的前景。

川梨果实形状绝大多数近似于球形，称为扁圆形，有少量近似于梨形，称为长圆形，果柄细长，为 3~4 cm，萼片全部脱落。川梨果实充分长大未成熟时果皮颜色呈棕红色，果肉呈黄色，果实较硬，果肉和果皮不易分离，口感很涩，成熟后果实变黑变软，口感香甜，果肉和果皮易分离。果皮由两层组成，外层像革质，很薄，只有 0.04 mm 厚，果实充分长大后也无果粉附着，外层上布有许多灰色近似于圆形的小点，点的大小随果实大小而决定，一般直径在 1~2 mm；内层是紧密相连的石细胞附着在外皮层上，未成熟时难分离，用刀刮不下来，随着成熟度的增加，分离也容易，达到十成熟时，内皮层的石细胞与外皮层的用水洗就能分离。果芯有 3~5 室，每室一般有 2 粒种子，如果有 3 粒，其中必有一粒为假种，即只有种皮，室与室之间有室心皮隔开，室由心皮包被，心皮外是一层石细胞，此层石细胞与果肉并无界线，未成熟时紧密相连，十成熟时，芯部石细胞与果肉用水洗即可分离。

成熟川梨果实含有的矿物元素普遍都高，特别是 P、K、Ca、Mn、Mg，多食用成熟川梨果实有助于治疗高血压、中风、肌肉萎缩、心脏病、软骨病、佝偻病、癌症等，减少心血管系统疾病和直肠癌的发生，降低胆固醇，促进生长，帮助消化和排粪便，保护皮肤健康，增强免疫功能，减轻体内重金属的危害，故成熟川梨果实具有很好的食用价值。果可生吃，味甜酸。每 100 g 可食部分中维生素含量胡萝卜素（维生素 A 源）0.208 mg，维生素 B_1 0.07 mg，维生素 B_2 0.18 mg，维生素 C 11 mg。

川梨花是云南各地人民喜食的一种野生菜蔬，当春季棠梨花盛开时连同整个花序采回，用沸水煮后再浸泡，即可炒食，质嫩、味清香。川梨嫩茎叶也是很好的菜蔬材料，云南不少地区群众喜欢采食川梨采食嫩茎叶，每当 3 月至 4 月，农村或城镇居民经常上山采川梨嫩尖，用开水烫后炒吃。但这些采食方法对资源破坏较严重，更影响川梨的生长和更新，应予以制止。

此外，本次调查得知，国家一级保护动物绿孔雀（*Pavo muticus*）喜欢采食川梨果实。绿孔雀仅分布于云南南部，它们栖息在海拔 2 000 m 以下的河谷地带，少数生活在灌木丛、竹林、树林的开阔地。每到秋季，绿孔雀经常小居群觅食，寻找川梨果实以享口福。

10.24.5 保护与利用建议

根据资料，结合本次野外调查，项目组认为：川梨生态适应幅度宽广，是我国梨六大品系系统之一——川梨品系系统的良好砧木，加强对川梨的研究，对于促进我国南方梨种植产业发展至关重要，为此，对川梨资源保护与利用提出如下建议：

1）加强川梨遗传种质资源筛选，从遗传基础角度深刻认识川梨资源的重要性和多样性。

2）加强川梨生态类型筛选，为我国南方梨产业发展奠定砧木选择基础。

3）加强川梨化学筛选，为川梨资源利用奠定基础。

4）加强对川梨资源保护重要性的宣传教育，控制采花采茎尖现象。

参考文献

[1] 安华明,樊卫国,何承鹏,等. 缺铁胁迫下 4 种野生梨砧木介质 pH 值及根系 Fe^{+3} 还原酶活性的变化[J]. 果树学报,2004,21(1):64-66.

[2] 安华明,樊卫国. 缺铁胁迫对川梨的生理影响[J]. 中国农业科学,2003,6(8):935-940.

[3] 王玉兴. 野生川梨就地嫁接的几种方法比较[J]. 中国南方果树,2000,29(2):43.

[4] 赵建荣,樊卫国. 氮素形态对川梨培养介质 pH 及根系生长发育的影响[J]. 山地农业生物学报,2005,24(2):128-130.

[5] 中国植物志编委会. 中国植物志[J]. 1974(36):370-372.

左上图为川梨成熟的果实,左下图为川梨的花,右图为川梨生境(尹五元提供)

云南河谷地区川梨（*Pyrus pashia* Buch.-Ham. ex D. Don）的生境

川梨（*Pyrus pashia* Buch.-Ham. ex D. Don）

10.25 山刺玫 *Rosa davurica* 物种资源调查

10.25.1 山刺玫概述

（1）名称

山刺玫（*Rosa davurica* Pall.），别名：刺玫果。是蔷薇科（Rosaceae）蔷薇属（*Rosa* Linn.）植物。蔷薇属在世界上约有 200 多种，我国产 82 种。

（2）形态特征

直立灌木，高 1～2 m。分枝较多，小枝圆柱形，无毛，紫褐色或灰褐色，有带黄色皮刺，皮刺基部膨大，稍弯曲，常成对而生于小枝或叶柄基部。小叶 7～9 枚，连叶柄长 4～10 cm；小叶片长圆形或阔叶披针形，长 1.5～3.5 cm，宽 5～14 mm，先尖端急尖或圆钝，基部圆形或宽楔形，边缘有单锯齿和重锯齿，上面深绿色，无毛，中脉和侧脉下陷，下面灰绿色，中脉和侧脉突起，有腺点和稀疏短柔毛；叶柄和叶轴有柔毛，腺毛和稀疏皮刺；托叶大部贴生于叶柄，离生部分卵形，边缘有带腺锯齿，下面被柔毛。花单叶生于叶腋，或 2～3 朵簇生；苞片卵形，边缘有腺齿，下面有柔毛和腺点；花梗长 5～8 mm，无毛或有腺毛；花直径 3～4 cm；萼筒近圆形，光滑无毛，萼片披针形，先端扩展成叶状，边缘有不整齐锯齿和腺毛，下面有稀疏柔毛和腺毛，上面被柔毛，边缘较密；花瓣粉红色，倒卵形，先端不平整，基部宽楔形；花柱离生，被毛，比雄蕊短很多。果近球形或卵球形，直径 1～1.5 cm，红色，光滑，萼片宿存，直立。花期 6—7 月、果期 8—9 月。

（3）分布特性

山刺玫见于落叶阔叶林地带和草原带的山地，多生于山坡阳处或杂木林边、丘陵草地，海拔 430～2 500 m。分布于我国黑龙江、吉林、辽宁、内蒙古、河北、山西等省区。朝鲜、俄罗斯远东和西伯利亚地区、蒙古南部也有分布。

10.25.2 山刺玫物种调查

黑龙江的野生浆果资源十分丰富，种类繁多，储藏量大，是许多野生浆果的原产地，是国家的宝贵资源。据调查，大兴安岭地区及东南部山区均有刺玫果分布。据黑龙江省农科院浆果所 1985 年的调查，仅尚志市刺玫果林面积达 280 hm^2，蕴藏量 780 t。野生浆果的共同特点是具有维生素、有机酸、矿物质生理活性物质及生理活性物质等营养成分含量普遍比家植园林水果高，风味独特。同时，生长在远离城市的山林之中，受污染少或不受污染，是正在开发或尚待开发利用的宝贵的天然财富。

10.25.3 山刺玫的研究概述

姜虹等（2008）研究了山刺玫果对 D-半乳糖致衰小鼠心肌线粒体能量代谢的影响，实验表明山刺玫果可抑制衰老模型线数粒体的自由基生成，防止心磷脂脂质过氧反应；于玲媛等（2005）研究了山刺玫果对心脏及保护心肌缺血的作用，研究发现山刺玫果实干粉消化道给药有延长凝血时间的作用。发现"刺水"对正常的离体蟾蜍心脏收缩力、心率及输出量均无明显作用，但在异丙肾上腺素和洋地黄的强心作用基础上，则可使兴奋的心脏收缩力、心率及输出量明显抑制，对家兔离体右心房收缩力有短暂的抑制作用，对大鼠、猫有心率减慢作用，能显著降低小鼠的耗氧量，提高耐缺氧能力，能明显对抗家兔垂体后叶素引起 ST 段升高，对犬冠脉实验性急性缺血有对抗作用，能明显对抗大鼠实验性血栓形成，能明显抑制家兔血小板的聚集；于玲媛等（2005）还研究了山刺玫果对血清胆固醇的作用，实验表明山刺玫果实全粉混悬液对家兔血清胆固醇没有影响；焦淑萍等（2005）通过观察不同剂量山刺玫果对高脂大鼠血清和内皮素的影响，以及对血清、肝脏、大脑组织 MDA 的影响，发现山刺玫果具有显著降血脂、抗氧化、保护血管内皮细胞的作用，具有防治动脉硬化作用；焦淑萍等（2002）还发现了山刺玫原汁具有清除•OH 及抗 DNA 损伤的作用；高景文等（2001）论述了如何进行山刺玫的引种驯化。

10.25.4 山刺玫资源价值与开发利用

（1）山刺玫价值概述

花味甘、微苦，性温，有止血、和血、理气、解郁、调经及收敛功能，主治吐血、血崩、肝胃痛、肋间神经痛、痛经、月经不调、急慢性赤痢及口腔糜烂等症。花香味浓，可加工成"原色糖玫瑰"及"玫瑰酱"。还可制成"玫瑰花茶"，既可解渴降暑，又可防病治病，花也可提炼高级芳香油。

果实味酸，性温，具健脾胃、理气、助消化及养血调经功能，主治消化不良、食欲不振、胃腹胀痛、小儿食积、月经不调，其煎剂可促进凝血、预防出血，可用于动脉粥样硬化及维生素 C 缺乏症；果和花浸剂可治肺结核、咳嗽和腹泻；果肉富含维生素及多种氨基酸，营养价值很高，熟后变软、味甜、可生食，果胶和糖含量均较高，可做果糕果酱和果泥等，也可酿果酒，或制饮料，或作为提取维生素的原料；果实还可提制橘黄色染料及栲胶。

种子可榨油，供制肥皂用。

根味苦、涩，性平，有止咳祛痰、抗菌止痢及止血功能，主治慢性支气管炎、肠炎、细菌性痢疾、胃功能失调、膀胱炎、功能性子宫出血及跌打损伤。

此外，根、茎皮及叶可提制栲胶，是很好的栲胶原料。山刺玫花大而美丽，为优美的绿化观赏和绿衡树种；也可做玫瑰的砧木、农田防护林的灌木、果园的篱垣，又是蜜源植物。

（2）山刺玫开发利用建议

1）加强对山刺玫野生资源的管理和保护，做到有计划的开发利用，以保证野生资源的永续利用。必要时，可进行人工抚育和病虫害防治特别是采挖根时不要1次将全株的根系挖绝，要留下一部分让它继续生长，边利用、边保护培育。

2）加强人工繁殖，扩大种植面积，以满足生产发展的需要。一般以播种、扦插、压条和分株等方式进行繁殖，可种植在林缘、荒山、荒地和路旁等地；也可结合园林绿化和防护林营造进行种植，这样既充分利用了土地资源、绿化了荒山荒地，美化了生活环境，保护了农田、果园等用地，又可收到较高的生产效益。

参考文献

[1] 陈凤. 风姿绰约山刺玫[J]. 国土绿化，2007（7）：45.

[2] 高景文，李宝欣，王玉生，等. 山刺玫的引种驯化及苗木调查[J]. 内蒙古科技与经济，2001（4）：97-100.

[3] 姜虹，焦淑萍，丁宁. 山刺玫果对 D-半乳糖致衰小鼠心肌线粒体能量代谢的影响[J]. 中国老年学杂志，2008（18）：1858-1859.

[4] 焦淑萍，陈彪，姜虹. 山刺玫果实清除羟自由基及抗 DNA 损伤作用的实验研究[J]. 北京大学学报（自然科学版），2002（4）：317-318.

[5] 焦淑萍，杨春玫，初秋，等. 山刺玫果降血脂、抗氧化及保护血管内皮功能的实验研究[J]. 北京大学学报（自然科学版），2005（3）：228-230.

[6] 李忠林，杨福荣，张敬馨，等. 山刺玫的开发利用[J]. 中国林副特产，1996（1）：47-48.

[7] 天然山刺玫籽油——一种重要的化妆品原料[J]. 香料香精化妆品，2005（5）：36.

[8] 于玲媛，史凤英，吴景时. 山刺玫果对心脏及保护心肌缺血作用的研究[J]. 中国林副特产，2005（1）：16-17.

[9] 于玲媛，史凤英，吴景时. 山刺玫果对血清胆固醇的作用研究[J]. 中国林副特产，2005（3）：37.

山刺玫生境(河北) 山刺玫生境(东北)
山刺玫花期 山刺玫花期
山刺玫果期 山刺玫果期

山刺玫(*Rosa davurica* Pall.)

10.26 金樱子 *Rosa laevigata* 物种资源调查

10.26.1 金樱子概述

(1) 名称

金樱子（*Rosa laevigata* Michx.），为蔷薇科（Rosaceae）蔷薇亚科（Rosoideae）蔷薇属（*Rosa*）多年生植物，攀援状常绿灌木；又名糖罐子、糖刺果、丁椰、倒挂金钩、黄茶瓶、山石榴、山鸡头子、刺头、油樱、白玉带、下山虎、螳螂子树等。

(2) 形态特征

金樱子为常绿攀援灌木，长达 5 m。根弯曲而长，有分枝，须根较少，外皮紫褐色。小枝除有钩状皮刺外，密生细刺。老枝绿色带紫色，新枝褐色，茎具倒钩状皮刺和刺毛。羽状复叶互生，小叶 3，稀为 5，椭圆状卵形或卵状披针形，边缘有锐尖锯齿，革质，有光泽，两面无毛，背面沿中脉有细刺，长 2~7 cm，连叶柄长 5~10 cm，宽 1.5~4.5 cm；托叶条状披针形，与叶柄分离，早落。花大，花冠白色，芳香，单生于新枝顶端，直径 5~9 cm，花梗长 1.8~2.5 cm，偶有 3 cm 者；花柄和萼筒密被腺毛，随着时间成长变成针刺；萼片卵状披针形，先端呈叶状，边缘浅裂或全缘，常有刺毛和腺毛，内面密被柔毛，比花瓣稍短。聚合果果梨形、长倒卵形，稀近球形，长 2~4 cm，成熟时红黄色或红棕色，有直刺，肉质，味甜，上端宿存花萼如盘状，内有多数淡黄色或黄褐色坚硬的瘦果，花期 4—6 月，果熟期 7—11 月。

(3) 生物学特征

金樱子喜温暖湿润的气候和阳光充足的环境，对土壤要求不严，以土层深厚、肥沃、排水良好、富含腐殖质的壤土为好，在中性和微酸性土壤上生长良好，多野生于阳坡的灌木丛中。凡土质黏重、易积水、阴湿的地方以及盐碱土处生长不良。金樱子怕涝，积水时间稍长，枝干下部的叶片即易黄落，严重水涝会使整个植株死亡。金樱子生长发育的最佳温度为白天 18~25℃，夜间 12~15℃。当气温超过 30℃时，进入半休眠状态；冬季气温低于 5℃时，即进入休眠状态。

(4) 地理分布

金樱子是多年野生植物，原产我国，广泛分布于我国华东、华中、华南及西南地区的陕西、江西、江苏、浙江、湖北、湖南、广东、广西、台湾、福建、四川、云南、贵州等省区，尤以贵州出产最丰。喜温暖湿润和阳光充足环境，较耐寒，耐干旱，以肥沃的土壤生长特别旺盛，一般生长于海拔 200~1 600 m 向阳山坡、田边、溪边灌丛中。

10.26.2 金樱子物种调查

2009 年，北京林业大学野生果树项目组对安徽大别山区的安庆市、金寨县、六安县的金樱子野生资源进行了专门调查。

安徽大别山区的金樱子多分布于林缘、疏林下、次生灌丛、荒地荒坡和石质山坡草地。在常绿阔叶林植被带、常绿和落叶阔叶混交林植被带、落叶阔叶林植被带和山地矮林植被带均可见到金樱子分布。

常绿阔叶林植被带分布自山脚至海拔 800 m，部分水热条件较好的山间河谷，分布上限可达海拔 1 000 m。由于人类长期的经济活动，尤其是乱砍滥伐，原始植被几乎不存在了，只是在一些山谷沟坡或者有人管理的山丘上有面积不大的常绿阔叶林零散分布。常绿阔叶林类型主要有苦槠（*Castanopsis sclerophylla*）林和青冈栎（*Cyclobalanopsis glauca*）林，群落总盖度 90%～95%。乔木层盖度 80%～85%，除建群种外，伴生有小叶青冈（*Cyclobalanopsis gracilis*）、石栎（*Lithocarpus glaber*）、檵木（*Loropetalum chinensis*）、短柄枹栎（*Quercus glandullfera* var. *brevipetiolata*）、乌饭树（*Vaccinium actearum*）、豹皮樟（*Litseaeoreana* var. *sinensis*）、莽草（*Illicium lanceolatum*）、黄檀（*Dalbergia hupeana*）、紫楠（*Phoebe sheareri*）、茅栗（*Castanea seguinii*）等；灌木层盖度 80%～85%，主要有檵木、连蕊茶（*Camellia fralerna*）、隔药柃（*Eurya muricata*）、微毛柃（*E. hebeelados*）、美丽胡枝子（*Lespedeza formosa*）、山胡椒（*Lindera glauca*）、映山红（*Rhododendron* spp.）等；藤本植物有金樱子（*Rosa laevigata*）、华中五味子（*Schisandra sphenanthera*）、威灵仙（*Clematis chinensis*）、女萎（*C. apiifolia*）、菝葜（*Smlax china*）、紫藤（*Wisteria sinensis*）、忍冬（*Lonicera japonica*）等；草木层盖度 5%～10%，常见种有阔叶苔草（*Carex siderosticla*）、黄精（*Polygonatum sibiricum*）等。

常绿和落叶阔叶混交林植被带是常绿阔叶林向落叶阔叶林的过渡带，一般分布在海拔 600～1 200 m，局部地段上限可达 1 400 m，以小叶青冈-短柄枹栎林、小叶青冈-茅栗林、青冈栎-栎（*Quercus aliena*）-黄檀林、栓皮栎（*Quercus variabilis*）-青冈栎林为多，群落总盖度 85%～90%，乔木层盖度 75%～80%，常绿树种还有豹皮樟、黄丹木姜子（*Litsea elongata*）、崖花海桐（*Pittosporum sahnianum*）、交让木（*Daphniphyllum macropodum*）、云锦杜鹃（*Rhododendron fortunei*）等，落叶树种还有野漆树（*Toxicodendron succedaneum*）、君迁子（*Diospyros lotus*）、香果树（*Emmenopterys henryi*）、化香（*Platycarya strobilacea*）、灯台树（*Cornus controversa*）、鹅耳枥（*Carpinus turczaninowii*）等；灌木层总盖度 30%～50%，主要种有山胡椒、野鸦椿（*Euscaphis japonica*）、胡颓子（*Elaeagnus pungens*）、白檀（*Symplocos paniculata*）、苦枥木（*Fraxinus insularis*）等及木蓝属（*Indigofera*）植物；藤本植物有金樱子（*Rosa laevigata*）、鸡矢藤（*Paederia scandens*）、扶芳藤（*Euonymus fortunei*）、常春藤（*Hederane palensis* var. *sinensis*）、络石（*Trachelospermum jasminoides*）等；草木层盖度 5%～10%，主要有三脉叶马兰（*Aster ageratoides*）、土麦冬（*Liriope spicata*）、求米草（*Oplismenus undulatifolius*）等及苔草属（*Carex*）多种。

落叶阔叶林植被类型在大别山分布区域广、数量大、含珍稀树种多，分布于海拔 800～1 600 m；主要有栓皮栎林、短柄枹栎林、化香树林、茅栗林、栎林、黄山松林、枫杨林及上述两种以上共建的群落，群落总盖度75%～80%；乔木层盖度60%～70%，伴生种有黄檀、小叶白辛树（*Pterostyrax corymbosus*）、黄山松、白檀、君迁子、四照花（*Cronus japonica* var. *chinensis*）、八角枫（*Alangium chinense*）、云锦杜鹃、黄山杜鹃（*Rhododendron maculiferum*）等；灌木层盖度50%～70%，常见种有绿叶胡枝子（*Lespedeza buergeri*）、野鸦椿、野山楂（*Crataegus cuneata*）、盐肤木（*Rhus chinensis*）、黄杨（*Buxus sinica*）等；藤本植物主要有金樱子（*Rosa laevigata*）、中华猕猴桃（*Actinidia chinensis*）、葛藤（*Pueraria lobata*）及薯蓣属（*Dioscorea*）等；草本层盖度10%～30%，常见种有三脉叶马兰、球米草、大油芒（*Spodiopogon sibiricus*）及堇菜属（*Vioola*）、珍珠菜属（*Lysimachia*）等。

山地矮林植被分布自海拔1 500 m至山顶，这一地带由于海拔较高、地形开阔、气温较低、风力强大、光照强烈，绝大多数树木的生长达不到正常的高度而形成矮树林，局部出现草甸植被、高山沼泽。山地矮林主要有短枝杜鹃灌丛、湖北海棠（*Malus hupehensis*）灌丛、黄山松灌丛、小叶黄杨灌丛、黄山杜鹃灌丛，群落总盖度90%～95%，主要种类还有金樱子（*Rosa laevigata*）、绿叶胡枝子、盐肤木、南方六道木（*Abelia dielsii*）、哥兰叶（*Celastrus gemmatus*）、阔叶箬竹（*Indocalamus latifolius*）等；草本层有野山草（*Arundinella hirta*）、五节芒（*Miscanthus floridulu*）、双蝴蝶（*Tripterospermum chinense*）、大蓟（*Cirsium japonicum*）等。

据闵运江等对安徽省皖西大别山区金樱子野生资源贮备量的调查，皖西大别山区年可收获金樱子果实总产量900～1 400 t；卢寅泉等指出，广东省韶关、清远、惠州、河源、梅州等市的荒山丘陵中，都有大面积的野生金樱子丛林，广东省药材公司估计该省年产量可达2 000 t以上；肖荣贵指出，西藏地区也有金樱子分布，主要分布于藏南亚东、樟木一带及波密、林芝、米林、墨脱一线海拔1 500～3 500 m的山野向阳区的灌木丛中，因特定的西藏气候条件，其金樱子的质量优于内地省区品种；而牟君富报道，贵州金樱子分布广、产量高，年收购量在10 000 t以上。邹洪涛等在贵州黔南地区调查结果显示，金樱子在该地区上市时间为10月中旬至11月中下旬，各地集镇赶场天均有交易，交易量少则几百斤，多则上万斤。

金樱子是我国南方山区丰富的野生植物资源，特别在贵州、安徽、湖南、广西等中西部省区的贫困山区，由于出产量大而更具资源价值。

10.26.3 金樱子研究概况

（1）栽培技术研究

主要以扦插和分株繁殖为主，也可采用种子繁殖。扦插繁殖分硬枝扦插和嫩枝扦插，可2—3月春插或10—11月冬插，冬插床面应加盖弓形塑料膜棚以增温保湿。选1～2年生健壮、腋芽饱满枝条剪成长约15 cm带3个芽节以上的插条，下切口切成斜面。插深以顶端一芽露出土面3～4 cm为准。插后浇透水，并经常喷水。苗期适时中耕除草、浇水、施肥，培育1～2年后，苗高60～80 cm时便可出圃定植。

分株繁殖在 10—12 月或 2 月下旬—3 月萌芽前进行。方法是将整个株丛挖出，按植株生长的强弱，将株丛分株，每个分株保留 2～3 个枝条。栽前每穴施入 2.5～5 kg 腐熟农家肥，栽后浇足定根水。

种子繁殖：9—10 月采收成熟果实，剥出种子，晾干后随即播种或将种子与 3 倍的湿润清洁河沙混合储藏至翌春 3—4 月，筛出种子进行条播。每亩用种量 2～2.5 kg。播后床面盖草或枯枝落叶保温保湿，翌春揭去盖草，进行苗期管理，培育 2～3 年，便可出圃定植。

于早春 2—3 月或初冬 10—11 月进行定植。在栽植地上按行株距（1～1.5）m×（0.6～0.7）m 挖穴定植。

（2）功能成分研究

常规成分分析表明，金樱子果实中含有丰富的营养保健成分。据测，成熟果实含水量低（46.28%），而果肉中总固形物含量高（达 30%以上）。

成熟果实含糖量可高达 23.96%，主要是果糖等还原糖（一般在 50%～60%），随着成熟度的增加，淀粉逐步转变为可溶性糖，糖含量还会增加。含氨基酸齐全，且含量高。共含有 19 种氨基酸，其中包括 8 种人体必需氨基酸（占其总氨基酸的 53.5%），另外，还含有婴儿必需的组氨酸。含多种饱和及不饱和脂肪酸，其中人体必须亚油酸占 20.14%，油酸占 45.65%。维生素类以维生素 C 为主，其含量处于变化状态，盛花后 20 d 左右，维生素 C 高达 1187.3 mg/100 g（也有报道 1 500 mg 的），仅次于刺梨，是鲜枣的 2 倍，是猕猴桃的 2.5～6 倍，是柑橘的 35 倍，这是金樱子果实显著特点之一。果实成熟后，维生素 C 逐渐减少，完全成熟时达 900 mg/100 g 左右，过熟仅 650 mg/100 g 左右。含 18 种常量和微量元素，尤其是 Fe、Zn、Cu 等含量高，能增强人体造血功能、提高多种酶的活力和防止细胞老化。所含 Ca、Mg、K、P 和 Se、Cr、Co、Mo、Ni、F 等是构成机体组织和维持正常生理功能所必需的。含鞣质 14 种；含皂苷可达 17.29%；β-谷甾醇；有机酸柠檬酸、苹果酸、乌苏酸等。

10.26.4 金樱子资源利用概况

（1）金樱子资源价值与利用现状

金樱子以果、叶、根、花入药，金樱子味酸、甘、涩，性平；归肾、膀胱、大肠经；具有固精缩尿、涩肠止泻、解毒消肿、活血散瘀、祛风除湿、解毒收敛、补肾固精等功效。主治肠炎、痢疾、肾盂肾炎、跌打损伤、腰肌劳损、风湿关节痛、遗精、月经不调、子宫脱垂、脱肛等疾病，外用治烧烫伤。因此金樱子广泛应用于医药行业。据了解，我国约有 500 多家中成药厂，以金樱子为主要原料生产的中成药丸、散、剂、片、粒等约 300 余个规格品种，受消费者喜爱的中成药品种主要有壮腰健肾丸、健肾片、肾宝合剂、汇仁肾宝、肾宝颗粒、肾宝冲剂、妇科千金片等。

因为金樱子含有丰富的营养价值成分，所以它不仅是良好的药用材料，同时也是优良的食用资源。药食两用的金樱子是抗疲劳、延年益寿的保健佳品，长期饮用，对阳痿、早泄、神经衰弱、贫血、风湿痹痛等有良效；尤其是近年来金樱子的降血脂、降低胆固醇作用的发现，利用金樱子加工成的保健食品和饮料都有了较快发展。金樱子是生产功能性保健品的首选药物之一。我国千余家保健品生产企业以金樱子为主要原料生产的补肾固精功能性保健品对肾虚遗精、小便频数、妇女带下等症有较好疗效，品类已超过300多种。金樱子药酒已成为我国药文化系列"家族"中重要的一员，销量逐年增加，已成药酒市场的主打品种之一。以金樱子为主要原料生产的糖浆、果汁、果晶、果干、饮料等保健食品与饮料产品已达200多个，这些产品投入市场后十分畅销，部分品种供不应求。

金樱子在食用色素的提取方面也有价值，由金樱子的果实用温水或稀乙醇提取后，过滤、浓缩而成可获取天然金樱子食用棕色色素，其口感好、无毒、无致突变、致畸性、耐光和热。

金樱子根皮富含鞣质，是重要的鞣料植物，鞣质经粉碎、浸提、蒸发干燥成栲胶，可用于鞣制皮革等，为重要的化工原料。另外，金樱子果可熬糖（每100 kg可产糖12 kg），可制蜜饯、果酱等。

（2）金樱子开发利用存在的问题

1）野生产量逐年降低，各地库存空虚

进入2003年之后，由于种种原因导致野生产量连续下降，由2002年的3 000 t，下降至2008年的600 t。

野生金樱子产量急速下降的原因主要有以下四方面：

一是生长环境遭到严重破坏。改革开放以来，特别是进入21世纪我国国民经济迅猛发展，主产区各地大兴修路、开矿、建厂、建房、造林、建水库、垦田以及建设经济技术开发区、开发旅游区、别墅区等，加之产区农牧民放牧大牲畜、砍柴等诸多活动，使野生金樱子的生长环境遭到毁灭性的破坏，大面积的金樱子林木被砍伐，金樱子占地面积连年萎缩，近年主产区已少见成片的金樱子林。据产地资深人士估算，2008年金樱子占地面积较2000年减少50%以上，导致金樱子产量急剧下降。在部分产区有一些农民砍伐金樱子做柴烧，使再生资源遭到严重破坏。

二是利益驱动农民滥采乱摘。随着人们对金樱子的功能成分的认识，金樱子应用范围越来越广泛，需求量逐年增加。据专业媒体对金樱子市场需求的一项专题报道显示，2000年市场需求量为500 t，2004年增加至1 200 t，2008年再升至2 000 t，预测2009年将增加至2 200 t以上。因为连年的需大于供，所以金樱子的价格连年升高。金樱子市场价格在2003年之前每千克仅为1.5~2元（壳统货，下同）和3~7.5元（肉统货，下同），到2006年已上涨至4元和9.5元，进山采摘1 d可以收入50多元，超过种田收入的几倍。所以在利益的驱动下，产区农民、牧民、林场工人以及城镇赋闲人员一哄而上，滥采乱摘，年复一年，导致产量连年大幅减少，减幅已超过50%，资源濒临枯竭。

三是2006年起，多种因素导致采摘人员减少。主产区已少有人进山采摘金樱子，其他产区采摘人数已较往年减少80%以上。使产量大幅下降，降幅约为20%以上。主要原因是：①经破坏后的金樱子资源多分布在山高坡陡地段，而且分布零散，采摘困难，费时费力，收益差，因此，采摘成本增高；②青壮年劳力大都进城打工，多见妇女、老人进山采摘，导致近些年金樱子产量减少；③收购厂家收购标准提高，采回果实后需擦去刺、去核、清洗晒干，不论是自己加工还是雇工，成本提高，收入减少，得不偿失，故产量减少。

四是自然灾害频繁，产量下降。多年来主产区各地不断发生干旱、热风、暴雨、暴雪、冰冻、泥石流等多种自然灾害，导致产量下降，降幅约为10%。

金樱子产量从2000年之后呈逐年下降之势，而且降幅逐年加大。为保证市场急需，各地都在大量消耗历年库存，致使2004—2008年5年间已把前几年的库存消耗殆尽。全国几大药材市场上的库存亦在同步大幅减少，减幅超过80%。

2）金樱子产品开发的不足

研究成果推广严重滞后，很多有价值的研究成果（如复合饮料中具有特色功能的多种品种、果酒生产的先进工艺等）没有变成现实产品或转化为现实生产工艺；金樱子成分的许多独特功能没有在产品研发、生产、销售、宣传等环节给予足够重视或充分加以利用；进入市场的金樱子果汁、饮料、果酒产品较为单一，多为单一功能，且缺乏整体包装，产品市场推广力度较弱；金樱子产品进入市场已有10余年的历史，尤其是饮料行业，至今尚无在市场上有较大影响的产品或有较大影响的企业；金樱子原料储藏保管需建设专用冷库，使建设成本加大，影响投资进入这一新兴领域。

（3）资源保护与利用建议

1）加强资源保护：金樱子作为药食两用资源，富含营养物质和功能组分，具有多方面的保健功能，具有良好的开发前景，市场的需求量日益扩增，应用领域逐渐扩大。然而与之矛盾的金樱子野生资源却日趋枯竭，产量连年下降，库存空虚，供给乏力；因此，需要加强金樱子野生资源的保护，提高野生金樱子的果实产量。

2）加强优株、良种选育：金樱子主要靠种子进行实生繁殖，实生繁殖为子代变异奠定了基础。经过成千上百万年的进化，大自然已为我们筛选出适应不同气候、立地、海拔、果实大小、形状、成分各不相同的金樱子，需要根据育种目标进行进一步选育，筛选优良单株，开展良种选育，为栽培利用金樱子资源奠定良种基础。

3）扩大金樱子的栽培量：金樱子树势强健、喜光、耐阴、耐寒，对土壤要求不严，院头屋后都可以生长，以深厚肥沃、排水良好的中性或微酸性壤土中生长为最好，所以扩繁栽培比较容易。加强农民对金樱子的营养保健功能及市场需求的了解，这样有利于提高农民栽培金樱子的积极性，从而提高金樱子的产量。另一方面需要加紧对金樱子人工栽植技术的研究，加强树体管理，扩大产量。

4）加强金樱子产品的开发：加强金樱子加工产品的研究，充分挖掘和利用金樱子的营养保健功能，改善优化加工工艺技术，丰富产品品种；同时需要加速推广金樱子加工技术，是科研技术转化为现实生产。打造金樱子产品的知名品牌，建立具有高竞争力的企业，带动金樱子产业的发展。

参考文献

[1] 蔡金腾，朱庆刚. 刺梨果实和金樱子果实特性及营养成分的研究[J]. 食品研究与开发，1997（1）：45-49.

[2] 丁立威. 需求连年增加价格持续上涨——2000—2009年金樱子走势点评[J]. 中国现代中药，2009（3）：48-51.

[3] 顾志平，张曙明，刘东. 金樱子资源的开发利用[J]. 中国野生植物资源，1994（4）：30.

[4] 卢寅泉，芮汉明，邓平健. 金樱子饮料研制[J]. 饮料工业，1994（2）：20-22.

[5] 闵运江，刘文中，陈乃富. 皖西大别山区金樱子野生资源贮备量的调查研究[J]. 生物学杂志，2001，18（2）：26-28.

[6] 牟君富. 果汁饮料加工原料——金樱子浅介[J]. 中国食品信息，1987（12）：50-53.

[7] 吴明光. 金樱子保健饮料加工工艺的研究[J]. 农产品加工（学刊），2007（6）：47-49.

[8] 吴兴文，高品一，李玲芝，等. 中药金樱子的化学成分研究[J]. 药学实践杂志，2009（3）：183-185.

[9] 肖荣贵. 西藏天然药物——金樱子的开发利用[J]. 西藏医药杂志，1999，20（4）：10-11.

[10] 俞德俊. 中国植物志（第37卷）[M]. 北京：科学出版社，1985：449.

[11] 朱桃云，王四元. 金樱子的栽培技术[J]. 安徽农业，2004（8）：16.

[12] 邹洪涛，陈世军，杨艳. 金樱子植物资源及开发利用[J]. 黔南民族师范学院学报，2004（3）：32-35.

[13] 邹洪涛，杨艳，陈世军. 金樱子的饮料开发资源价值与展望[J]. 食品工业科技，2006（10）：193-195.

野生金樱子

岩石缝中生长的金樱子

开花期的金樱子　　　　　　　　　　不同结果期的金樱子

不同结果期的金樱子

金樱子（*Rosa laevigata* Michx.）

10.27 野生缫丝花（刺梨）*Rosa roxburghii* 物种资源调查

10.27.1 刺梨概述

（1）名称辨析

通常所说的刺梨包括 1 种 1 变型，即缫丝花（*Rosa roxburghii* Tratt.）和单瓣缫丝花（*Rosa roxburghii* Tratt. f.*normalis* Rehd.et Wils），单瓣缫丝花以野生或作水果栽培为主，又称刺梨（贵州）、山刺梨、赛哇（西藏）、刺石榴（陕西）、刺梨子（云南）；缫丝花又称重瓣缫丝花或重瓣刺梨，少有结果，以栽培观赏为主。二者同属蔷薇科（Rosaceae）蔷薇属（*Rosa* L.）植物。

（2）形态特征

1）形态描述

刺梨为蔷薇科蔷薇属小灌木，高 1~2.5 m。树皮灰褐色，成片状剥落；小枝圆柱形，斜向上升，基部有稍扁而成对皮刺。小叶 9~15 枚，连叶柄长 5~11 cm，小叶片椭圆形或长圆形，稀倒卵形，长 1~2 cm，宽 6~12 mm，先端急尖或钝圆，基部宽楔形，边缘具锐尖细锯齿，两面无毛，下面叶脉突起，网脉明显，叶轴和叶柄具散生皮刺；托叶大部贴生于叶柄，离生部分呈钻形，边缘有腺毛；花单生或 2~3 朵生于短枝顶端；花梗短；小苞片 2~3 枚，卵形，边缘有腺毛；花直径 5~6 cm；萼片通常宽卵形，先端渐尖，有羽状裂片，内面密被绒毛，外面密被针刺；花瓣重瓣至半重瓣，淡红色或粉红色，微香，倒卵形，外轮花瓣大，内轮较小；雄蕊多数着生在杯状萼筒边缘；心皮多数，着生在花托底部，花柱离生，被毛，不外伸，短于雄蕊。果扁球形，直径 3~4 cm，绿红色，外面密生针刺；萼片宿存，直立（刘孟军，1998）。花期 5—7 月，果期 8—10 月。

2）缫丝花与单瓣缫丝花的区别

雄蕊群：缫丝花与单瓣缫丝花的雄蕊都为多数，离生。由于缫丝花的雄蕊大多数发生瓣化或全部瓣化，因此通常没有正常雄蕊，或者只有变形雄蕊。单瓣缫丝花的花药长轴与横径近相等，而缫丝花的花药长径较横径大 1~2 倍。两者的花粉粒形态相近。但单瓣缫丝花花药中的花粉粒绝大多数是能育的，只有极少数是不育花粉。而缫丝花的花药中不育花粉粒比例较大，几乎达到 1/3~1/2。

雌蕊群：两种缫丝花的雌蕊都是离心皮雌蕊，心皮数目较多。单瓣缫丝花的心皮数可达 80 个以上，缫丝花的心皮数目较前者少，这与缫丝花外缘心皮转变成花瓣有关。两者雌蕊形态基本相似。子房膨大，花柱较长，周围密被长柔毛，柱头略膨大。单瓣缫丝花雌蕊群的花柱上部和柱头常粘连在一起，柱头群突出于托附杯孔沟外方，聚集成圆头状。缫丝花的花柱与柱头虽然靠在一起，但保持分离。在完全重瓣的缫丝花中可以看到有多轮心皮转变成花瓣，其形态多种多样，有的心皮呈花瓣状，有的心皮瓣化后还保留了细长的花柱，有的心皮基部略扩展成片状。

果实：单瓣缫丝花，由于雌蕊与雄蕊发育正常，花后，离心皮雌蕊发育成多数骨质瘦果。花托-托附杯与骨质瘦果共同发育成肉质肥厚的蔷薇果。缫丝花的雄蕊几乎全部瓣化，或者保留了少量发育异常的雄蕊，具有变形的花药和较多的退化花粉。缫丝花花粉粒在离体条件下培养，无萌发成花粉管的现象。缫丝花的离心皮雌蕊外轮心皮也常发生瓣化。开花后，花朵枯萎脱落，未见结实。

3）缫丝花与单瓣缫丝花的关系

缫丝花（*Rosa roxburghii* Tratt），于 1823 年命名，单瓣缫丝花（*R. roxburghii* f.*normalis* Rehd. et Wils）则命名于 1915 年，作为缫丝花的变型，单瓣缫丝花是缫丝花的野生原始类型。两者的区别在于缫丝花是重瓣花，单瓣缫丝花是单瓣花。据季强彪等的观察，两者的营养器官的形态与解剖结构基本相似，它们的小叶片都较小，归属于蔷薇属的小叶组。但两者的花器官除了花瓣数目不同外，还存在着以下几方面的差异：

① 花托-托附杯的形态：缫丝花的花托-托附杯呈深碟状，不呈杯状，也不呈罈状。花托凹陷，生长于凹陷花托上的托附杯向上向外扩展呈喇叭状。而单瓣缫丝花的花托-托附杯

呈典型的壶状或成为罈状。生长于凹陷状花托上的托附杯向上向外扩展后，又于顶部逐渐向心缢缩，留有小的开口，成为壶状。缫丝花的深碟状花托-托附杯与单瓣缫丝花的壶状或罈状花托-托附杯显然差异很大。缫丝花花托-托附杯的深碟状形态特征，是否有可能是在花芽分化的早期，由于大量的雄蕊原基和外缘的心皮原茎向花瓣方向转化，致使大量花瓣化的雄蕊原基和心皮原基对进行区环发育的托附杯产生了外排的机械压力，使托附杯向外扩展成喇叭状，而不能向心缢缩。如果这种可能性存在的话，缫丝花的花托-托附杯的深碟状特征是机械压力引起的结果。

② 单瓣花与重瓣花：单瓣缫丝花仅有 5 枚近等大的花瓣，而缫丝花的花瓣可多达 80 枚以上。仅外轮 5 枚大型花瓣由花瓣原基发育而来。其余花瓣自外而内由大逐渐变小，由典型花瓣状逐渐过渡到残留变型花药及残存柱头和花柱的花瓣，表明了这些花瓣是由雄蕊原基和雌蕊原基瓣化而来。

③ 果实的发育：单瓣缫丝花（贵州称为刺梨），开花传粉后，花托-托附杯发育为肉质蔷薇果的果壁，心皮发育成骨质瘦果。而缫丝花（贵州称的重瓣刺梨）开放后一般枯萎脱落，花后少有结实，多栽培供观赏。

④ 大、小孢子叶的瓣化：缫丝花的花朵有半重瓣与全重瓣两类。它们通常生于同一株上。单重瓣花朵的雄蕊原基即小孢子叶原基自外而内依次发生瓣化，往往最内轮的少数雄蕊保留了变形的花药，内含花粉粒。在全重瓣花朵里，小孢子叶原基全部发生瓣化，外围数轮大孢子叶原基（即心皮原茎）也依次发生不同程度的瓣化。这种大孢子叶与小孢子叶特化成花瓣的畸形现象再一次证明了大孢子叶（心皮），小孢子叶（雄蕊）与花瓣在起源上是同源的。大孢子叶与小孢子叶的瓣化是导致重瓣花的基础。

(3) 生物学与生态学特性

刺梨是喜温湿的多年生木本植物，在年平均气温 12~16℃，7 月平均气温 20 ℃以上，月平均气温稳定通过 10℃的活动积温为 3 500~5 000℃，无霜期 200 d 以上，年降水量 700 mm 以上的地区才能生长，年降水量在 1 000~1 300 mm 生长最好。刺梨对生态环境要求不严，耐贫瘠，在土壤 pH 值在 5~8 范围内均能良好生长。

刺梨为丛生灌木，成年植株高 1~2 m。可用种子实生、扦插、分株和嫁接等多种方法繁殖，随着试管繁殖技术和离体快繁成套技术的研制成功，培育种苗又有了新途径。

与刺梨（单瓣缫丝花）相比，重瓣缫丝花自然野生较少，结果相对也少，但重瓣缫丝花（缫丝花）生物学与生态学特性与刺梨（单瓣缫丝花）基本相同，因为二者有时同时出现在同一群落之中。

(4) 分布特性

刺梨广泛分布于我国亚热带地区的陕西南部、甘肃南部、江西、安徽、浙江、福建、湖南、湖北、四川、重庆、云南、贵州、西藏等地。日本也有分布。

刺梨在我国尤其以贵州、四川、云南、陕西南部、湖北、湖南分布面积大，产量多。贵州以毕节地区的大方、毕节、纳雍、黔西、织金、金沙、兴义、开阳、息烽、修文、安顺、盘县等地最多，是刺梨分布最密集、产量最高的地区。四川省刺梨主要分布于大巴山南坡的广元、南江、万源以及川东南的内江；重庆市主要分布在江津等地。云南的刺梨主要分布于峨山、大理、漾濞、宾川及滇东北地区，有大量野生。陕西省刺梨主要分布在秦岭以南的汉中、安康地区；湖南主要分布在湘西地区；湖北主要分布在鄂西地区；广西的乐业、南丹也有分布。

10.27.2 野生刺梨研究概况

关于刺梨的研究文献很多，但主要集中在栽培、化学成分和加工利用方面，关于野生刺梨的研究相对较少，刺梨种质资源研究工作主要集中在贵州。

文晓鹏等（2003）收集了4省30个野生刺梨样品，采用16个随机引物扩增的RAPD标记，对不同自然分布区刺梨的遗传多样性进行分析。这些引物共产生94条带，其中62条（65.96%）表现多态性；样品的多态性百分率、样品组合的相似系数及聚类分析结果都表明，来自贵州的样品蕴藏有最丰富的遗传多样性，贵州的刺梨是进一步遗传改良最重要的遗传资源；而川西的5个样品的遗传差异性最小；来自鄂西高海拔地区的3个样品具有较高的遗传差异性，其果实性状上表现出很大的特异性，在刺梨的新品种培育上显示了特殊价值。同年，又发表了《刺梨及部分近缘种形态学性状和RAPD标记分析》的文章，通过对36个形态学性状和29个引物RAPD扩增获得的分子标记，探索了刺梨及部分近缘种的亲缘关系。结果表明，普通刺梨所有基因型之间的亲缘关系较近，而与其余种类相对较远；无籽刺梨与贵州缫丝花的遗传距离较近，形态学和RAPD聚类分析都显示很近的亲缘关系；尽管两类遗传距离的排序和聚类分析有一定差异，但Mantel相关性检测表现出显著相关性（$r=0.6122$，$p<0.01$）。还就无籽刺梨的可能来源进行了讨论。同时又开展了刺梨主要基因型的RAPD鉴别研究：采用RAPD分子标记，构建了刺梨8个基因型的DNA指纹图谱和亲缘关系图。结果表明，以筛选出的16个随机引物进行PCR扩增，多态性检出率高，其中以OPB-11、OPW-02和OPAF-16多态性最好，能有效地用于供试材料的鉴别；基因型之间多态性百分率（PP）差异较大，以重瓣刺梨最高（60.9%），无籽刺梨最低（48.3%）；通过RAPD遗传距离矩阵，采用UPGMA法构建了8个基因型的聚类图，并结合多态性百分率，分析了基因型之间，特别是重瓣刺梨、白花刺梨及无籽刺梨与5个栽培类型间的亲缘关系。

此外，向显衡等自1981年以来，积极开展刺梨种质资源的调查和选种工作，取得了较好的成绩，选育出8个株系，编号为贵农1~8号。宋仁敬等（1988）报道了刺梨的细胞遗传学研究结果，经过核型分析，认为刺梨的染色体数都是$2n=14$，为二倍体。没有非整倍体和多倍体。核型公式为$2n=2x=14=12m+2sm$，是比较对称和原始的"2A"核型。根据核型分析、形态学特征和地理分布，认为贵州省是刺梨的起源中心。安兴国等（1997）据实地考察分析及参考有关资料，对陕南秦巴山区野生刺梨的分布规律、生态习性、营养价值、开发利用进行了论述，并对该区刺梨资源进一步持续利用提出了对策和建议。1998

年又系统论述了陕南秦巴山区野生刺梨的种类构成、分布、适宜生境，绘制出该区域内野生刺梨的分布图，并首次对该区域未来刺梨生产和发展进行了综合区划。肖支富（1998）介绍了云南省富源县的野生刺梨资源。罗成良（1999）概述贵州野生刺梨的分布、适生条件及营养价值，着重介绍了刺梨在食品、医药、观赏等方面的开发利用现状与前景，并就其发展途径提出了一些建议。湖南龙山县何启茂等（1985）在农业区划植被资源调查过程中，对刺梨的生长习性及在本县的适应性，品种资源、分布、蕴藏量进行了调查。

10.27.3 云南野生刺梨调查

（1）云南省刺梨分布

云南省的刺梨主要分布于峨山、大理、漾濞、宾川及滇东北地区的富源、沾益、罗平、宣威、会泽、巧家、鲁甸、彝良、镇雄、大关等，有大量野生。根据资料检索，刺梨在贵州、云南和四川分布最多，项目组于 2007 年对位于云贵川三省交界处的曲靖、镇雄的野生刺梨进行了专项调查。

（2）镇雄县刺梨记载

据《大定府志》、《镇雄州志》记载，用刺梨酿酒，在镇雄已有上千年历史。明清时广泛流传于芒部、水西一带的《竹枝词》中吟唱："尖头鞋子细花装，偏向邻家约女郎。半里如云伞如盖，担笼携酒送新娘。"写的就是生活在芒部、水西的苗族，遍邀女友，打着遮阳伞，担着刺梨酒陪送新嫁娘的场景。这种极富地方特色、民族特色的民俗风情场景，直到 20 世纪 50 年代，在今镇雄，威信一带仍随处可见。

远在明、清两朝，镇雄刺梨酒就颇有名气。咸丰时期，镇雄籍的吏部侍郎陈维周常将其在镇雄州酿造的刺梨酒运到北京城私邸，招待清王室中的王公大臣。这些惯于品评名酒佳酿的酒客们，对镇雄刺梨酒也一往情深，赞不绝口，常借故登门"蹭"酒喝，一时传为佳话。20 世纪 50 年代后，野生刺梨资源遭到破坏，刺梨酒至今仍然停留在家酿的自给自足阶段。

（3）镇雄县刺梨调查

镇雄县位于云南省东北，云贵川三省结合部，地跨东经 104°18′～105°19′，北纬 27°17′～27°50′。东以赤水河为界与四川叙永相邻，南连贵州毕节、赫章，西毗彝良，北抵威信。县属坡头乡德隆村，即"鸡鸣三省"之地。自然资源较为丰富，历史上与滇西的腾冲共同享有"金腾越、银镇雄"的美称。县境内有横江、赤水河、乌江三大水系，含大小河流 39 条，主要河流有白水江、罗甸河、翟底河等。有筇竹、方竹等竹笋珍品和享誉全国的苦丁茶、刺梨。

镇雄境内山峦起伏，沟壑纵横，全县无坝区，只有半山区、山区和高寒山区。地势西南高，东北低，中部和南部稍平缓。最高点是安尔乡麦车村的戛么山；海拔 2 416 m；最低处为罗坎镇桐坪村大滩，海拔 630 m。大多数地方属暖温带季风气候，少数河谷地区属北亚热带气候，年平均气温 11.3℃，日照 1 341 h，无霜期 218.6 d，年平均降水量 914.6 mm。土壤主要为石灰岩和玄武岩发育的黄红壤，属红-黄壤的过渡性地带，土壤中性偏酸，土层稍厚，肥力中等。原生植被早已破坏殆尽，现有森林多以退化的云南松（*Pinus yunnanensis*）次生林和青冈（*Cyclobalanopsis glauca*）、栎类（*Quercus* spp.）、蔷薇属（*Rosa*）灌木为主，明显表现出林分稀疏，树干弯扭的退化特征；不少林地多演化为灌木林和草地，但还具有常绿阔叶林保存下的有机质和小气候特征。

刺梨喜阳光又耐阴凉环境，具有耐瘠、耐旱、抗性强等特点，在镇雄多生长海拔800～1 800 m 低山丘陵的荒山草坡、河谷两岸、田坎路旁、林缘或灌木丛中。但以海拔 800～1 200 m 为最适应区。刺梨对土壤要求不严，据测定 pH 4.5～8 的土壤均生长良好，对土壤适应性强，喜中性偏酸土壤，喜湿润，少病害，适于温湿多雨环境。枝叶茂密，根系发达。在荒山草丛亦能生长良好，唯根蘖少，树冠小，叶片呈淡绿色，落叶期稍早。

镇雄的刺梨破坏较为严重，多呈散生或团块状分布。据走访当地居民得到的信息，二三十年前镇雄的刺梨资源还比较丰富，随处可见，每逢秋季，上山采刺梨的民众很多，个别村庄甚至家家户户酿刺梨酒。2006—2007 年，项目组调查时发现刺梨分布面积仍然很广，但资源量已锐减，成片的资源几乎找不到了。导致资源破坏的主要原因首先是环境破坏，许多生长刺梨的地方被垦殖，水土流失严重；其次，由于没有很好的选育、引种，野生刺梨效益不高，取而代之的是其他经济植物，如苦丁茶、笋用竹等。

目前见到的刺梨多分布在田埂、沟边或疏林林缘，多与马桑（*Coriaria nepalensis*）、小果蔷薇（*Rosa cymosa*）等混生。

10.27.4 刺梨资源利用概况

（1）刺梨的主要成分

刺梨果含丰富的维生素 C 和维生素 P，据测定，每 100 g 刺梨果肉中，维生素 C 的含量可高达 2 500～3 000 mg，维生素 P 500～1 200 mg，还含有维生素 A、维生素 B、糖分、有机酸、8 种人体所必需的氨基酸和 12 种矿物质元素等营养成分。种子含 10 种脂肪酸，其中 4 种饱和脂肪酸，占脂肪酸总量的 14.91%，以棕榈酸（8.54%）、硬脂酸（4.42%）为主；含有 6 种不饱和脂肪酸，占总脂肪酸总量的 83.64%，其中亚油酸（41.68%）、亚麻酸（25.44%）、油酸（12.74%）为主。刺梨果可提炼维生素 C、酿酒、制作高级饮料和果脯，也可生食；刺梨籽油可作为一种富含不饱和脂肪酸的功能性油脂，其根皮、茎皮能提炼栲胶；花、叶泡茶能解热。刺梨果和刺梨汁对人体还具有防癌、抗癌及抗衰老的功能，是一种营养价值和医药价值很高的野生水果。

（2）开发的主要产品

野生刺梨大部分生长在偏远的山区，几乎不受污染，是难得的绿色天然原料，大力开发野生刺梨产品，符合当前国内外人们的消费趋势，市场前景十分广阔。刺梨食品类有刺梨糖果脯、刺梨软糖、刺梨糕、刺梨夹心饼干、刺梨云片糕、蜜饯、果酱、罐头等品种；刺梨饮料类有刺梨糯米酒、刺梨小香槟、刺梨浓缩汁、刺梨黄芪汁、刺梨柠檬汁、儿童果奶、果茶等；刺梨保健药品有口服液、抗感冒液等。

10.27.5 刺梨保护利用问题与对策

（1）种质资源研究

刺梨是目前所知世界上含维生素 C 最高的果树，是名副其实的"维生素 C 之王"。野生刺梨在我国分布极广，从丘陵到高山，自南亚热带至暖温带，分布海拔跨度大约 2 500 m。巨大的气候分异必然导致刺梨种质资源的丰富丰富多彩。然而，我国对刺梨种质资源的研究开展的仍然很少，全国性或全局性的研究更少，种质资源家底并不十分清楚，从而影响到刺梨种质资源的深度利用。建立全国刺梨研究协作网，加大种质资源研究投入，对于保护与利用好大自然留给我们的珍贵遗产十分重要。

（2）良种选育与推广

我国有广袤的刺梨分布区，野生刺梨资源蕴量丰富，以野生刺梨资源为基础，开展良种选育是急需开展或强化的工作。大自然经过千百万年的演化，"培育"出众多的刺梨良株，就看我们是否愿意下大力气，把这些珍贵遗产继承下来、扩大下去。优良株系的推广需要先开展区域化实验，做好这方面工作对于推动刺梨产业的发展至关重要。

（3）其他

当前对刺梨产品较为成功的开发还局限于食品和饮料方面，刺梨的食用、观赏及其他方面的利用有待深入和形成规模。比如，刺梨的防癌、增强免疫力、提高耐缺氧和耐寒力等作用对畜牧业同样具有重要作用，目前尚未有效开发。刺梨资源的合理开发与高效利用对促使山区的资源优势转化为经济优势具有重要意义。刺梨资源开发利用尚处于起步阶段，目前主要存在两个方面的问题：一方面，原料品质不佳，数量不能满足生产需求，这主要是由于刺梨果实来源于野生，受自然灾害严重，同时保鲜技术落后；另一方面，刺梨产品开发还不够全面，产品质量不高，这主要是由于加工工艺及设备落后等有关原因所致。

参考文献

[1] 安兴国，朱战烨. 陕西南部秦巴山区刺梨资源分布与区划[J]. 水土保持通报，1998（4）：52-54，64.

[2] 邓菊云，开发刺梨 前途广阔[J]. 农业现代化研究，1986（1）：67.

[3] 樊卫国，夏广礼，罗应春，等. 贵州省刺梨资源开发利用及对策[J]. 西南农业学报，1997（3）：110-116.

[4] 何启茂. 龙山的刺梨资源[J]. 农业现代化研究，1985（3）：68.

[5] 季强彪，李淑久. 缫丝花和单瓣缫丝花的形态学及解剖学比较[J]. 西南农业学报，1985，11（4）：79-83.

[6] 季祥彪，李淑久. 贵州4种刺梨的比较形态解剖学研究[J]. 山地农业生物学报，1998（1）：28-33.

[7] 李华琴. 刺梨的细胞遗传学研究——刺梨的核型分析[J]. 西南农业学报，1988（3）：95-98.

[8] 李淑久，叶能干. 贵州植物志[M]. 7卷，蔷薇亚科. 成都：四川民族出版社，1989：237-239.

[9] 李遐松，曾素琼. 贵州刺梨史话[J]. 贵州农业科学，1988（3）：34-36.

[10] 罗成良. 野生刺梨开发利用现状与发展途径探讨[J]. 贵州林业科技，1999（4）：60-63.

[11] 牟君富，王绍美，朱庆刚. 刺梨果实营养成分分析初报[J]. 贵州农业科学，1991（6）：57-58.

[12] 干凤香. 刺梨的生态生物学特性及其开发利用前景[J]. 生物学通报, 2000（7）：49.

[13] 文晓鹏, 邓秀新, 樊卫国. 刺梨主要基因型的 RAPD 鉴别[J]. 山地农业生物学报, 2003（4）：39-43.

[14] 文晓鹏, 邓秀新. 利用细胞学和分子标记检测刺梨愈伤组织的遗传稳定性[J]. 果树学报, 2003（6）：43-46.

[15] 文晓鹏, 邓秀新. 刺梨及其近缘种 PCR 实验体系的建立与优化[J]. 果树学报, 2003（1）：38-42.

[16] 文晓鹏, 庞晓明, 邓秀新. 不同自然分布区刺梨遗传多样性的 RAPD 分析[J]. 中国农业科学, 2003（7）：93-98.

[17] 文晓鹏, 庞晓明, 邓秀新. 刺梨及部分近缘种形态学性状和 RAPD 标记分析[J]. 园艺学报, 2003（2）：80-82.

[18] 向显衡, 刘进平, 樊卫国. 贵州省刺梨种质资源利用研究[J]. 中国水土保持, 1988（7）：36-37.

[19] 俞德浚, 等.中国植物志[M]. 37 卷, 蔷薇亚科. 北京：科学出版社, 1985：452-453.

[20] 朱维藩, 向显衡, 杨胜学, 等. 贵州的刺梨资源, 生长发育及其 VC 含量同生态条件关系的调查研究[J]. 贵州农学院丛刊, 第三集. 刺梨. 1984：1-13.

[21] 刘孟军. 中国野生果树[M]. 北京：中国农业出版社, 1998.

单瓣缫丝花（刺梨）盛花期（2007 年摄于云南）

单瓣缫丝花（刺梨）结果期（2007 年摄于云南）

单瓣缫丝花（刺梨）结果期（摄于云南）

左图为栽培刺梨，右上为重瓣缫丝花，右下为野生刺梨的果实

野生缫丝花（刺梨）（*Rosa roxburghii*）

10.28 粉枝莓 *Rubus biflorus* 物种资源调查

10.28.1 粉枝莓概述

（1）名称

粉枝莓（*Rubus biflorus* Buch.-Ham. ex J. E. Smith），是蔷薇科（Rosaceae）悬钩子属（*Rubus* L.）植物。悬钩子属在世界上约有 750 余种，我国有悬钩子植物 204 种 100 变种。

（2）形态特征

攀援灌木，高 1～3 m；枝紫褐色至棕褐色，无毛，具白粉霜，疏生粗壮钩状皮刺。小叶常 3 枚，稀 5 枚，长 2.5～5 cm，宽 1.5～4（5）cm，顶生小叶宽卵形或近圆形，侧生小叶卵形或椭圆形，顶端急尖或短渐尖，基部宽楔形至圆形，上面伏生柔毛，下面密被灰白色或黄色绒毛，沿中脉有极稀疏小皮刺，边缘具不整齐粗锯齿或重锯齿，顶生小叶边缘常 3 裂；叶柄长 2～4（5）cm，顶生小叶柄长 1～2.5 cm，侧生小叶近无柄，均无毛或位于侧生小叶基部之叶柄具疏柔毛和疏腺毛，疏生小皮刺；托叶狭披针形，常具柔毛和少数腺毛，位于侧生小枝基部之托叶，其边缘具稀疏腺毛。花 2～8 朵，生于侧生小枝顶端的花较多，常4~8朵簇生或成伞房状花序，腋生花较少，通常2~3朵簇生；花梗长2~3 cm，无毛，疏生小皮刺；苞片线形或狭披针形，常无毛，稀有疏柔毛；花直径1.5~2 cm，花萼外面无毛；萼片宽卵形或圆卵形，宽5~7 mm，顶端急尖并具有针状短尖头，在花时直立开展，果时包于果实；花瓣近圆形，白色，直径7~8 mm，比萼片长得多；花丝线形，基部稍宽；花柱基部及子房顶部密被白色绒毛。果实球形，包于萼内，直径1~1.5（2）cm，黄色，无毛，或顶端常具有绒毛的残花柱；核果肾形，具细密皱纹。花期5—6月，果期7—8月。

（3）生物学特性

粉枝莓为多年生灌木，其地上部分由一年生枝和二年生枝组成，地下部分由根状茎、基生芽和侧生不定根组成。每年春天，二年生枝（越冬前的一年生枝）的腋芽萌发，长成10~20 cm长的结果枝，开花结果。果实成熟后二年生枝连同结果枝逐渐枯死，而地下基生芽萌发长成当年的一年生枝，越冬后即为翌年的二年生枝（结果母枝），依次往复。粉枝莓的根系发达，是多年生的；而枝梢是两年生的，其上着生稀疏倒钩刺，匍匐延伸生长，形成较大的灌丛。粉枝莓植株容易繁殖，压条和扦插均能生根，一般定植后第一年即可开花结果，3~4年进入盛果期，经济寿命可达一年之久。在自然野生状态下，粉枝莓垂直分布在海拔1 500~3 500 m的山谷河边和山地杂木林内，喜光、耐旱、耐涝、抗寒，在土质肥沃的向阳处常见成片分布。由于粉枝莓繁殖快，根系发达，固土性能好，因此，是一种理想的环境绿化和水土保持植物。

粉枝莓花白色，3~6朵成伞房状，单花直径2~2.5 cm。果实为聚合核果，橘红色，近圆锥形，直径约1.8 cm，单果重1.2 g，最大者可达1.6 g，野生状态下株产2.5 kg，人工栽培时株产平均约3 kg。粉枝莓的花期和果实成熟期长，均达1个月之久。

（4）地理分布

粉枝莓分布于我国陕西、甘肃、四川、云南、西藏等省区的山区、丘陵地带，秦岭巴山山区为其集中分布区。秦巴山区有野生悬钩子38种12变种，据估计，该区年产鲜果即可达175万 kg，资源十分丰富。缅甸、不丹、锡金、尼泊尔、印度东北部、克什米尔地区也有分布。

10.28.2 粉枝莓物种调查

（1）秦岭巴山区粉枝莓资源

世界悬钩子属植物被划分为11个组和若干个亚组，我国共分布有8组24亚组。秦巴山区有38种12变种，分别归属3组15亚组，其中优势种有11种3变种，特有种有6种3变种。在生长习性上有常绿、半常绿和落叶三种类型。在水平分布上呈现温带和亚热带成分混杂共存的状态和由温带向亚热带过渡的特点。

（2）粉枝莓调查

秦巴山区的粉枝莓主要生长在海拔600~2 800 m的林缘、林下、荒坡、路边、河边和田埂地边，呈块状、小块状、丛状和零散分布状态。在海拔2 800 m以上的地区，悬钩子植物仍随处可见，但生长势较弱，开花结果少，果实可食性差。

粉枝莓多与蔷薇属（*Rosa* spp.）、牛叠肚（*Rubus crataegifolius*）、茅莓（*Rubus parvifolius*）、毛花绣线菊（*Spiraea dasyantha*）、李叶绣线菊（*Spiraea prunifolia*）、鼠李属（*Rhamnus*）、牡荆（*Vitex negundo* var. *cannabifolia*）等灌木混生。

10.28.3 粉枝莓研究概述

康淑荷（2007）通过 GC-MS-DC 联用方法鉴定和测定了采自四川宜宾的粉枝莓根挥发油的化学成分，首次从该植物中分离出 28 个化合物，并鉴定了其中的 22 个化合物，其主要成分为碳酸二苯酯 21.52%，3-（4-苯甲氧基）-2 苯丙烯酸-2-乙基庚酯 23.76%；罗建（2003）利用粉枝莓的茎段和幼嫩叶片作为外植体，研究了不同激素水平对诱导产生愈伤组织、芽和根，完成植株再生的影响。结果表明：MS ＋ 6 - BA0.5 ＋ NAA0.2 培养基对诱导愈伤组织和芽的分化效果最佳，1/2MS ＋ IBA0.3 对促进生根效果较好，在两步移栽法中，移栽存活率分别为 94%和 98%；师永清等（2008）采用硅胶低压柱层析、制备薄层层析和重结晶等方法进行分离提取，根据理化性质和光谱数据鉴定结构，对粉枝莓根的化学成分进行了研究。得到了 5 个三萜及甾体化合物，分别为：羽扁豆醇乙酸酯（Ⅰ）、2α，3β-二羟基乌苏-12-烯-28-酸（Ⅱ）、齐墩果酸（Ⅲ）、2α-羟基齐墩果酸（Ⅳ）、β-谷甾醇（Ⅴ）；寇亮等（2008）应用超临界 CO_2 萃取法萃取得到的粉枝莓精油收率为 1.86%。利用气相色谱仪-质谱仪（GC-MS）对粉枝莓萃取物的化学组成进行了分析鉴定，并用面积归一法测得各成分的含量。共分离出 42 种成分，鉴定了其中的 31 种化合物，主要成分为 9,12-十八碳烯酸乙酯 17.53%，碳酸二苯酯 12.63%，3-(4-苯甲氧基)-2 苯丙烯酸-2-乙基庚酯 12.31%；康淑荷等（2007）经柱色谱分离，从粉枝莓中分离得到 2 个黄酮类化合物，光谱分析鉴定其结构为：8-甲基-6-异戊烯基-5,7-二羟基-5′-甲氧基-3′,4′-二氧亚甲基黄酮（A）和 8-甲基-5′-异戊烯基-5-甲氧基-6,7-（2″,2″-二甲基吡喃）-3′,4′-二氧亚甲基黄酮（B），分别命名为粉枝莓素 A 和粉枝莓素 B。

10.28.4 粉枝莓资源利用现状

（1）粉枝莓资源状况与利用现状

粉枝莓果实个大味美，植株容易繁殖，又加之其花果枝蔓具有较高的观赏价值，所以深得人们的喜爱。陕西省凤县 1995 年就引种栽植，陕西城固、洋县等地也普遍引种栽植作绿篱和围墙，还有许多地方把粉枝莓栽植在房前屋后作为观赏植物。凤县许多果农利用粉枝莓果实成熟早的特点，为市场提供鲜果，在水果淡季为果品市场增添了新的果品种类，并获得了较好的经济效益。但是，这一宝贵的资源未被充分开发利用，绝大部分仍被弃之山中，在野生状态下自生自灭，有些地方甚至在遭受人为的破坏。因此，粉枝莓资源亟待保护和进一步地开发利用。

（2）粉枝莓开发利用的途径和前景

1）引种驯化，人工栽培

粉枝莓果大质优味好，是一种很有前途的野生果树。山区农民可以充分利用休闲荒地、边角地等引种栽培或作为果园、庭院围墙和绿篱，收到一举多得的效果。在粉枝莓植物集中分布的地区，就地改造抚育，就地驯化利用，既可绿化荒山荒坡、保持水土，又可获得经济效益，也是开发利用的一条重要途径。

2）利用野果资源开发新产品

粉枝莓果实富含优质植物蛋白质和氨基酸及高锌、高铁、高维生素（尤其是 VE）使其具有特殊的营养保健价值。利用这一特点，研究、开发一种新型的保健食品，是一项亟待开展的工作，并且具有重要的意义和广阔的前景。

3）选种育种，培育优良品系和优良品种

粉枝莓在欧美等地被作为杂交亲本用于树莓育种，并已培育出了一些抗病和适应性强的品种用于生产。从我们的观察研究来看，粉枝莓优良类型和个体的收集和筛选工作还需进一步进行，并且可望直接从中选出大果、优质、丰产的优良栽培类型或品种，应用于生产。若经过选种育种、人工驯化、人工栽培，把粉枝莓由野生变为家生，使其走向生产，走向市场，则既为我国乃至世界的树莓生产和育种作了贡献，又为山区广大人民脱贫致富开辟了一条新的途径。

参考文献

[1] 康淑荷，师永清，杨彩霞. 粉枝莓根中的三萜及甾体化合物[J]. 中药材，2008（11）：1669-1671.

[2] 康淑荷，郑尚珍. 粉枝莓中的两种新黄酮成分（英文）[J]. 药学学报，2007（12）：1288-1291.

[3] 康淑荷. 粉枝莓根挥发油化学成分研究[J]. 西北民族大学学报（自然科学版），2007（1）：27-29.

[4] 寇亮，王丽娜，顾兴斌. 超临界 CO_2 萃取粉枝莓精油化学成分及 GC-MS 分析[J]. 西北民族大学学报（自然科学版），2008（2）：5-10.

[5] 李维林，晁无疾. 秦巴山区悬钩子植物的种质资源[J]. 植物资源与环境学报，1993（2）：6-11.

[6] 李维林，蒋振军，蒋续银. 粉枝莓资源开发利用研究[J]. 中国水土保持，1994（6）：38-39.

[7] 罗建. 粉枝莓的组织培养与植株再生研究[J]. 四川林勘设计，2003（1）：1-4.

[8] 徐中志，和加卫，唐开学，等. 刺萼粉枝莓的组织培养与快速繁殖[J]. 植物生理学通讯，2006（1）：80.

粉枝莓生境

粉枝莓结果期

粉枝莓花期

粉枝莓叶背

粉枝莓皮刺

粉枝莓果熟期

粉枝莓(*Rubus biflorus* Buch.-Ham. ex J. E. Smith)

10.29 黄藨 *Rubus ellipticus* var. *obcordatus* 物种资源调查

10.29.1 黄藨概述

(1) 学名及隶属

黄藨(*Rubus ellipticus* Smith var. *obcordatus* Focke),又名黄泡(云南)、黄锁梅(云南)、栽秧泡(广西),隶属蔷薇科(Rosaceae)悬钩子属(*Rubus* L.)植物。

(2) 形态特征

草本或半灌木,高 3 m,常有匍匐茎。茎直立,显著长于基生叶,常有 1 小叶,密被平展的白色长柔毛。羽状复叶具小叶 5 片,连叶柄长 5~10 cm,下部 1 对小叶常较小;小叶片倒卵形,长 1.5~2.5(3) cm,宽 1~2 cm,先端圆钝,基部楔形,每侧边缘有 7~9 个尖锐锯齿,表面绿色,无毛或被稀疏柔毛,背面淡绿色,沿叶脉被稀疏长柔毛,侧脉 6~7 对,顶生小叶具短柄,侧生小叶柄短或近于无柄,叶柄和叶轴被平展的白色柔毛;托叶膜质,披针形,褐色。伞房花序具花(2)3~5 朵;花直径约 1.5 cm;花梗长 1~2 cm,被白色长柔毛;苞片常膜质,披针形至线状披针形,全缘,稀具细锯齿,被柔毛;副萼片线状披针形至披针形,长 2~3 mm,外面被柔毛;萼裂片卵状三角形,较副萼片长,外面被柔毛;花瓣白色,近圆形。聚合果卵形,黄色;萼裂片反折。花期 4—6 月,果期 6—9 月。

(3) 生态学特性

黄藨喜生长在光照强度中等、土壤比较湿润疏松的地方,比较常见的是沟边、路旁、林缘或荒地上,在烧荒地上常常是最先出现的先锋植物之一。过于郁闭的深山老林不利于黄藨的生长结果和繁衍后代。

(4) 地理分布

分布于我国云南丽江、凤庆、蒙自、西畴、潞西、景洪等地;生长于山谷疏密林中或山坡路边及河边灌丛中,海拔 800~2 000 m。在我国西藏东南部、四川、贵州、广西等地也有分布。印度、泰国、老挝、越南也有分布。

10.29.2 物种资源调查

(1) 资源价值与利用调查

黄藨为可开发利用的第三代水果资源,肉质多浆的黄色悬钩子果实甜而芳香,营养丰富,含蛋白质、糖、有机酸,此外,还含有维生素 C_1、维生素 B_1、维生素 B_2 以及钙、铁、钾、磷等矿物质和人体所需的氨基酸。其维生素的含量高于通常的栽培水果。在云南少数民族地区已有长期的食用习惯,并已经出现在集市上。黄藨果实含水量 79.55%,总糖含量 7.23%,总酸含量 2.49%,出汁率 52.21%,VC 含量 52.02%。云南丽江一带民众常将其加工成果酱、果汁、果酒等产品。悬钩子药用价值高、果药用，能明目、补肾，安神理气。晋代陶弘景在《名医别录》中将其列为上品，能益气轻身，令发不白；清代汪昂编著的《本草备要》中载，橙盆子悬钩子的一种"益肾脏而固精，补肝虚而明目，起阳痿，缩小便"、药用可于果实由绿变黄时采收，除去梗、叶，置沸水中略烫或略蒸，取出，干燥。本品性温，味甘酸常用于治疗肾虚遗尿、小便频数、阳痿早泄、遗精滑精等症；蒙自地区多有应用。根、茎、叶也可入药，根可消肿止痛、活血祛风，茎叶可清热解毒，治痔疮、颈淋巴核，煎水可洗湿疮，捣烂可敷疮痈。此外，根皮可提取胶，花还是很好的蜜源。

（2）生态习性调查

黄藨适应性强，喜光耐阴，耐干旱贫瘠，对土壤要求不严（pH 值 5.5～7.5 均可），在干旱及潮湿条件下均能生长，繁殖容易，除种子繁殖外，扦插、压条、分株等方法都易成活。

云南悬钩子资源丰富，在尚未受到人为破坏的地方，常常可以看到黄藨有较大面积的分布。这些种的野生群丛，只需稍加抚育，就可以获得一定的产量，供鲜食或加工利用。

黄藨能自然形成极好的直立而匀称的树形，在悬钩子属中比较少见，而且其果实的大小、色泽、风味都已经接近商品果实的要求。

黄藨果药俱佳，又生于山野，不受任何污染，实为绿色产品，适生地多，资源丰富，开发利用的前景十分广阔。

10.29.3 保护与利用建议

1）加强黄藨的保护宣传教育，提高群众对果树野生种的保护意识。

2）建议政府加强支持与引导，引导企业介入开发，尽可能将现有野生资源变为有用的财富。

3）开展黄藨选育工作，把大自然已经筛选出来的具有良好性状的植株选拔出来，同时，发动群众，把民间自选的优良株系收集保存起来。

4）建立种质资源圃，开展黄藨育种工作。

黄蔗（*Rubus ellipticus* var. *obcordatus*）

10.30 茅莓 *Rubus parvifolius* 物种资源调查

10.30.1 茅莓概述

（1）名称

茅莓（*Rubus parvifolius* L.）（茅莓悬钩子），又名麦黄泡、插秧泡、五月红、薅田藨、草杨梅、毛抛子、天青地白草、红梅消、三月泡，为蔷薇科（Rosaceae）悬钩子属（*Rubus* L.）植物。悬钩子属在世界上约有 750 余种，我国有悬钩子植物 204 种 100 变种。

（2）形态特征

茅莓为匍匐状灌木，高 1～2 m；枝呈弓形弯曲，被柔毛和稀疏钩状皮刺；小叶 3 枚，在新枝上偶有 5 枚，菱状圆形或倒卵形，长 2.6～6 cm，宽 2～6 cm，顶端圆钝或急尖，基部圆形或宽楔形，上面伏生疏柔毛，下面密被灰白色绒毛，边缘有不整齐粗锯齿或缺刻状粗重锯齿，常具浅裂片；叶柄长 2.5～5 cm，顶生小叶柄长 1～2 cm，均被柔毛和稀疏小皮刺；托叶线性，长 5～7 mm，具柔毛。伞房花序顶生或腋生，稀顶生花序或成短总状花序，具花数朵至多朵，被柔毛和细刺；花梗长 0.5～1.5 cm，具柔毛和稀疏小皮刺；苞片线形，有柔毛；花直径约 1 cm；花萼外面密被柔毛和疏密不等的针刺；萼片卵状披针形或披针形，顶端渐尖，有时条裂，在花果时均直立开展；花瓣卵圆形或长圆形，粉红至紫红色，基部具爪；雄蕊花丝白色，稍短于花瓣；子房具柔毛。果实卵球形，直径 1～1.5 cm，红色，无毛或具稀疏柔毛，平均单果重 1.2 g，最大者可达 2.2 g；核有浅皱纹。花期 5—6 月，果期 7—8 月。

(3) 生物学特征

茅莓的地上部由一年生枝和二年生枝形成的枝丛组成，每年在当年生枝基部形成基生芽，翌年发出强旺的新枝，二年生枝不继续生长，只是从腋芽中抽生出 10～20 cm 长的结果枝，在叶腋和顶端结果，结果枝结果后，整个枝条逐渐枯死。茅莓的萌蘖力也极强。

茅莓植株生长很快，一般栽植后第二年即可开花结果，3～4 年进入盛果期，4～5 年可长大，经济寿命可达 20 年之久，单位面积产量可达 343 g/m^2。

(4) 地理分布

茅莓广泛分布于黑龙江、吉林、辽宁、河北、山西、陕西、甘肃、湖北、湖南、江西、安徽、山东、江苏、浙江、福建、台湾、广东、广西、四川、贵州。生长于山坡杂木林下、向阳山谷、路旁或荒野，海拔 400～2 600 m。日本、朝鲜也有分布。

10.30.2 茅莓资源调查

以秦岭为例。秦岭西起甘肃宕昌、舟曲，东至河南卢氏，主脉东西走向，横贯陕西境内，山势普遍较高，成为我国气候的南北屏障。其北坡具有暖温带气候特点，南坡在海拔 1 200 m 地带以下则明显具有亚热带气候特点，常绿阔叶树种开始增多，成为温带与亚热带气候的分界线。因地形、气候等因素的影响，该地区成为华北、华中和青藏高原植物的交汇点，素有"植物种质资源库"之称，蕴藏着十分丰富的植物资源，具有极其广阔的开发前途。

茅莓在秦岭南北坡均产，从东端河南的卢氏到西端甘肃的舟曲、西固皆有生长，其中以北坡陕西的蓝田、长安、户县、周至、眉县、太白及甘肃的天水，南坡陕西的商南、佛坪、宁陕、勉县、凤县及甘肃的武都、文县分布最为集中。茅莓垂直分布在海拔 430～2 600 m，喜光、耐旱、抗寒，向阳山谷、路旁或山坡林下处处可见。因茅莓分布极为广泛，所以当地群众在 7—8 月果实成熟时除采集鲜食和出售外，常把剩下来的果实用来熬糖、酿酒和做醋。民间常把茅莓的根、茎、叶作药用；其根能活血舒筋、消肿止痛、祛风除湿，其茎叶清热解毒，捣烂外敷可治疮痛肿毒。

10.30.3 茅莓研究概述

曲延娜等（2007）对东北地区的茅莓资源进行了考察收集，从 3 个不同地点共收集 5 份试材，对 5 份试材的花、果实等植物学性状进行了较详细的观察，并对其染色体数目进行了观察，发现了茅莓三倍体（$2n = 3x = 21$）和四倍体（$2n = 4x = 28$）2 种倍性；翟明昌等（2008）以茅莓为主要原料，经过对其营养成分的分析，进行压榨、混合调配、均质、脱气、杀菌等工序研制成营养丰富且具有保健功能的果汁饮料；任凌燕等（2007）采用性状鉴定、显微鉴定及光谱鉴定，对药用植物茅莓进行了形态组织学鉴别。对茅莓根、茎、叶及粉末的显微特征进行了描述和测定，发现茅莓根和叶柄的横切面细胞内、叶肉组织内含有许多草酸钙簇晶，茎表皮、叶柄表皮及叶的上下表皮细胞均含有非腺毛。经光谱扫描发现茅莓总皂苷提取液经显色后在可见区具有明显的吸收峰；梁荣感等（2006）观察了茅莓对铅中毒大鼠体内超氧化物歧化酶（SOD）活性和丙二醛（MDA）含量的影响，结果发现茅莓能显著升高铅中毒大鼠 SOD 活性和降低 MDA 含量升高；于占洋等（2008）从茅莓根中分离鉴定出具有保护多巴胺能神经元作用的甜叶苷 R1（Suavissi moside R1）；汪瑷等（2006）采用紫外光谱定性定量分析了野生植物茅莓主要有效成分黄酮化合物，并进行了液相色谱-电喷雾质谱联用研究；王继生等（2006）探讨了茅莓总皂苷对缺血性脑损伤的神经保护机制，结果发现茅莓总皂苷有明显的抗凋亡作用，其机制可能与增加 Bcl-2 阳性细胞的表达，降低 Bax 阳性细胞的表达，提高 Bcl-2/Bax 有关。杨勇等（2008）综述了中药茅莓在化学成分、药理作用等方面研究的最新进展，并对其开发研究的前景进行了展望。都述虎等（2003）研究了富集、纯化茅莓总皂苷的工艺条件及参数，结果认为采用大孔吸附树脂法富集、纯化茅莓总皂苷是可行的；谭明雄等（2008）通过最小抑菌浓度试验，研究了茅莓根和叶挥发油的抑菌活性。结果表明，茅莓叶对大肠杆菌、巴氏杆菌有明显的抑菌活性，最小抑菌浓度分别为 10^{-7} g/mL，10^{-6} g/mL；冯芳等（2005）采用柱色谱和制备型高效液相色谱进行分离纯化茅莓的化学成分，通过理化方法和光谱分析鉴定化合物结构，从茅莓的乙醇提取物中分得 4 个三萜成分和 1 个二糖成分；吴枫楠等（2005）以茅莓的果实为主要原料，经发酵、发酵液与根的浸出液混合、糖酸度调解、灭菌等工序制得茅莓果酒；谭明雄等（2003）利用气相色谱-质谱联用技术对中药茅莓叶的挥发油化学成分进行了研究，共鉴定出 20 种成分。其中主要成分为棕榈酸、反油酸、癸醛、壬醛、顺式-9-烯-十六酸、顺式-3-癸烯醇、硬脂酸、月桂酸、6,10,14-三甲基-2-十五酮、十七醇、羊腊酸。棕榈酸的含量最高，占挥发油成分总量的 32.67%；李惠芝等（2003）通过对样品采用不同溶剂及不同提取方法所得的提取液显色后，以分光光度法测定了总皂苷的含量。

10.30.4 茅莓保护与利用建议

（1）充分利用现有的野生茅莓资源

根据资源分布状况，组织当地群众有计划地适期采收。除了就地为市场提供鲜食果品外，还要组织进行加工和深加工，如加工成具有竞争力的各档次的食品、药品，以及提炼植物色素、天然香料和特殊的营养物质，变资源优势为商品优势。除利用果实外，还应充分重视茅莓的根、茎、叶、花等器官的药用价值和工业用途。

（2）驯化引种，培育优良品种

茅莓果实大而重，单位面积产量较高，品质优良、风味独特，经长期的自然进化，形成了很多优良的生态型，因此可利用低山荒坡及田埂、地边、房前屋后筛选、栽培优良类型，从野生发展为栽培，提高产量和品质。在此基础上对茅莓的人工栽培和人工繁殖等作进一步的研究，进而选育优良品种，充实和改进现有茅莓品种资源。

参考文献

[1] 都述虎，饶金华. 大孔吸附树脂富集纯化茅莓总皂苷工艺研究[J]. 中成药，2003，25（3）：185-188.

[2] 李维林. 秦岭茅莓资源及其开发利用[J]. 中国水土保持，1991（11）：34-35.

[3] 曲延娜，代汉萍，薛志杰，等. 东北地区茅莓的性状调查与倍性鉴定研究[J]. 北方园艺，2008（5）：28-30.

[4] 谭明雄，王恒山，陈宪明，等. 茅莓叶和根挥发油的主要化学成分[J]. 化工时刊，2003（6）：21-22.

[5] 谭明雄，王恒山，黎霜，等. 中药茅莓化学成分研究[J]. 广西植物，2003（3）：282-284.

[6] 谭明雄，王恒山，黎霜，等. 茅莓叶挥发油化学成分的研究[J]. 天然产物研究与开发，2003，15（1）：32-33.

[7] 汪瑗，贺玖明，陈惠，等. 茅莓黄酮液相色谱-电喷雾质谱与薄层色谱-表面增强拉曼光谱研究[J]. 2006（8）：1073-1077.

[8] 汪瑗，张荻生，才华. 茅莓黄酮液相色谱-电喷雾质谱研究[J]. 北京教育学院学报（自然科学版），2006（3）：12-15.

[9] 吴枫楠，翟明昌，高美卉. 茅莓发酵果酒的生产工艺研究[J]. 江西食品工业，2007（2）：36-38.

[10] 杨勇，张保顺. 中药茅莓的研究现状[J]. 时珍国医国药，2008（4）：1010-1011.

[11] 于占洋，阮浩澜，朱小南，等. 茅莓根中对多巴胺神经元保护作用成分的分离鉴定研究[J]. 中药材，2008（4）：554-557.

[12] 翟明昌，吴枫楠，高美卉. 枸杞茅莓保健饮料的制作[J]. 山东食品发酵，2008（2）：52-54.

茅莓（安徽大别山）

茅莓（东北）

茅莓花期　　　　　　　　　　茅莓花期

茅莓果期（东北）　　　　　　茅莓果期（安徽大别山）

茅莓（*Rubus parvifolius* L.）

11 蒺藜科 Zygophyllaceae

11.1 白刺 *Nitraria schoberi* 物种资源调查

11.1.1 白刺概述

（1）名称

白刺（*Nitraria schoberi* L.），为蒺藜科（Zygophyllaceae）白刺属（*Natraria* L.）匍匐性小灌木。别名哈日英格（蒙古）、地枣、酸胖、哈蟆儿、泡泡刺，因其常环沙成丘，果似樱桃，又有沙樱桃之称。

（2）形态特征

灌木或小灌木，常匍匐地面生长，株高 30～50 cm，多分枝，少部分枝直立，树皮淡黄色，小枝灰白色，尖端刺状，枝条无刺或少刺；叶互生，密生在嫩枝上，4～5 簇生，倒卵状长椭圆形，叶长 1～2 cm，先端钝，基部斜楔形，全缘，表面灰绿色，背面淡绿色，肉质，被细绢毛，无叶柄，托叶早落。花序顶生，蝎尾状聚伞花序，绿色，萼片三角形，花瓣黄白色。果实近球形，径 5 mm 左右。果实为浆果状核果，其色、味、形状和大小均类似樱桃，外果皮薄，中果皮肉质多浆，内果皮由石质细胞组成坚硬的核，内有种子。果实成熟时初为红色，后为黑色，酸、涩，有甜味，含多种人体必需的微量元素。花期 5—6 月，果熟期 7—8 月。

（3）生物学特征

白刺 4 月上中旬萌芽，4 月下旬至 5 月上旬展叶，5 月中旬至 6 月中旬开花，7 月中旬到 8 月下旬果熟，9 月中旬开始落叶，11 月上旬叶落完毕。

白刺分枝力强、匍匐生长常积沙成丘，形成高 1～5 m（最高可达 20 m），冠幅十几米的灌丛沙丘。白刺根系发达，主根明显，可深达 10 m 以上；侧根（萌蘖根）可多达十几条至几十条，水平分布一般是冠幅的 4 倍以上。据调查，幼苗期地下部与地上部之比可达 4.3：1，如 5 年生大果白刺的冠幅为 287 cm×198 cm，株高 79 cm，而根幅为 320 cm×260 cm，根深达 260 cm，根深是株高的 3.29 倍。被风蚀破坏后的白刺沙包根系大量裸露，但一般情况下，不会全株死亡，只要还有被沙埋的枝条，一旦重遇沙埋，又会迅速蔓延生长，新的白刺包又会形成。在无人畜破坏的情况下，已形成的白刺沙包一般不会移动。随着外来流沙日积月累，沙包缓缓增大，白刺密度亦不断增加（刘孟军，1998）。

白刺具有耐沙埋、风蚀、干旱、盐碱和寒冷的特性。由于长期生长在干旱、高温的条件下，许多侧根上形成沙套，即根系外侧有一层沙粒和石灰钙质黏结而成的沙质套管。这种沙质套管对保护根系，保持水分和阻止高温等起到良好作用。白刺是沙漠植物中耐盐性最强的灌木，在土壤含盐量2.077%时，仍能正常生长发育（刘孟军，1998）。

蒺藜科植物大多为盐生和耐盐植物，白刺属植物是极具典型蒺藜科植物，均为旱生型阳性植物，能适应高温低寒，不耐庇阴和积涝，自然生于盐渍化坡梗高地和泥质海滩丘垄型光板裸地上，耐盐力极强，几乎超过所有的海岸盐生植物。它们多自然分布于盐域、干燥、多风、瘠薄、植被稀少的严酷生境中，往往自成群落。具有极强的耐盐碱、耐干旱、耐严寒特性，可在土壤含盐量1、pH>10的重度盐碱地上和年降水量200 mm左右、温度-40℃的气候条件下正常生长，生命期达70年以上。能适应这种严酷的自然环境，得益于其特殊的生物学特性和形态解剖结构。例如，唐古特白刺根深且侧根发达地下根系部分的生物量大于地上部分5~8倍；叶小而肉质，灰白色，枝端成刺；叶海绵组织分化不明显，栅栏组织发达，属等面叶，两面都有很强的光合作用；白刺叶面有角质层，气孔下陷。原生质体黏滞度约58′42″，束缚水的含量在34.68%以上。这些特性使得白刺具有极强的保水和持水能力，只有当植株含水量降低到体内最大含水量40%时才呈现初萎现象，减少到55%时才处于临界萎蔫。而在与自然环境长期相互作用过程中，白刺的适生进化还表现出更为"积极"的特点，即遭受流沙掩埋的枝条不仅不会死亡，反而会充分利用流沙的湿沙层产生不定根，同时被掩埋的腋芽萌发抽条，从而形成一种既依赖于主根又有自己独立吸收系统的独特植物群落。

白刺还是一种喜光性树种，光合作用较强，在干旱缺水区域仍能较快生长，枝条年生长量可达20~50 cm。一般结果枝占全部植物的1/4，二年生以上枝条最多可结实200~300 g。自然分布区亩产可达200~300 kg。多数果实一个半月左右先后成熟（刘孟军，1998）。

11.1.2 物种资源调查

白刺为第三纪孑遗植物，是地中海-中亚沙漠区系灌木层片中的旱生或超旱生植物类群。现代主要分布于中亚大陆，如中国、土库曼斯坦、哈萨克斯坦等国干旱草原和荒漠地带的轻度盐渍化低洼地、湖盆边缘和丁河等地，是中亚荒漠中的典型植物。

白刺属植物全世界有12种，中国有8种，主要分布于我国西北部、北部地区。其中，新疆共有6种，甘肃省有5种，主要分布在河西走廊，其总面积在18.8万 hm^2，且主要集中在民勤、古浪、景泰三县；青海省有3种，多分布于柴达木盆地的香日德、小柴旦、乌兰、德令哈等地区的沙漠绿洲边缘；山东省的自然分布主要集中于渤海湾和莱州湾淤泥质岸段一带，分布的范围包括滨州地区的沾化、东营市的利津、恳利和河口、潍坊市的寿光、昌邑、寒亭等县市。此外，在我国的西藏、宁夏、内蒙古各省区亦有分布。其中数量较大的种有：白刺（唐古特白刺）(*Nitraria tangutorum*)、大果白刺（大白刺）(*N. roborowskii*)、小果白刺（小白刺）（*N. sibirica*）、毛瓣白刺（*N. praevisa*）和泡果（球果）白刺（*N. sphaerocarpa*）等5种。据调查仅甘肃河西地区就有白刺18万hm^2，其中可利用面积为6万hm^2，常年结果量可达3万t。

白刺的分布限于荒漠草原及荒漠，生长于沙漠边缘、湖盆低地，河流阶地的微盐渍化沙地和堆积风积沙的龟裂土上，还可进入干草原区。其生存的土壤包括半固定风沙土，草甸型沙土，结皮盐土以及山前的棕钙土等，土壤含盐量0.119%～0.228%。小果白刺的适应范围更广，分布面也最大，东可达西伯利亚的草原带，且更耐盐碱，可以在全盐量达0.55%的结皮草甸盐土上构成群落。白刺是荒漠、半荒漠草地植被的重要建群种之一，白刺群落常在沙漠中湖盆外围呈环状分布，且同更低处的盐生草甸，盐爪爪群落以及其他盐生植物群落有规则地排成同心圆式的生态系列的格局。

内蒙古沙漠地区白刺群落可见37种植物，其中禾本科7种，豆科4种，藜科9种，蒺藜科6种，菊科4种，柽柳科4种，其他4科各1种。它们中除白刺外，主要有大白刺、芨芨草（*Achnatherum splendens*），芦苇（*Phragmites australis*）、沙鞭（*Psammochloa villosa*），黑沙蒿（*Artemisia ordosica*）、雾冰藜（*Bassia dasyphylla*）、细枝盐爪爪（*Kalidium gracile*），甘草（*Glycyrrhiza uralensis*），苦豆子（*Sophora alo-pecuroides*），蒙古韭（*Allium mongolicum*）等。大白刺构成的群落，其植物组成同白刺群落相似，但常作为共建种分别同梭梭（*Haloxylon ammodendron*），沙冬青（*Ammopiptnthus mongolicus*）等构成荒漠群落，并包含球果白刺、枇杷柴（*Reaumuria soongorica*）、珍珠柴（*Salsola passerina*）等超旱生植物成分。

11.1.3 资源成分和利用价值

（1）化学成分

白刺果含19种氨基酸、22种微量元素以及丰富的糖、酸、蛋白质和多种维生素。每克干叶含氨基酸201.38 mg、其中脯氨酸16.13 mg，总糖142 mg。枝条中微量元素含量为锰26.24 mg/L，铁275.75 mg/L，锌23.06 mg/L，硒0.04 mg/L，钼0.10 mg/L（刘孟军，1998）。

（2）利用价值

1）白刺的生态价值

白刺属植物的主根健壮有力，根深1 m以上，沙丘地可达2～3 m。侧根极为发达，可多达十几条至几十条，根冠可达树冠的4～20倍，并且侧根端还有一层沙套，对根系保水、抗盐和抵御高温有良好的作用。研究表明，平均冠幅为0.87 m的白刺单株，根系干重72.1 g，体积233 cm^3，根系总长536.1 m，根系总面积1.06 m^2，且都以0～40 cm土层占的比例较大。茎、枝在被沙土埋覆后，都能萌生出大量的不定根，从而能形成新的植株。白刺枝条具有柔韧、坚实和机械组织发达的特性，抗轧抗踏，小枝端成刺状，不仅能抗风，减少散失水分的面积，还能起到"截流"的作用（刘孟军，1998）。

白刺能够固定氮素，增加土壤养分，改善土壤的营养状况，为其他植物群落成分的生存创造条件。从白刺群落特点与土壤盐碱程度的关系分析，白刺具有明显改良土壤盐碱的功能以及维护生物多样性功能。

白刺属植物具有耐干旱、耐盐碱的特点，可作为戈壁、沙漠地区的防风固沙优良树种，对沙源地的绿化，流动沙丘的固定以及铁路、公路、农田、草原、村镇的保护都能起到其他灌木无法替代的作用，其生态价值是不可估量的。

2）白刺的经济价值

白刺果实是一种神奇的生物资源，其果实中营养成分和医药保健活性成分种类多，含量丰富。据研究，白刺果皮、果肉、果汁中含有丰富的花色苷、胡萝卜素、类胡萝卜素、维生素（VA、VB、VC、VE、VK 等）、二元和三元羟酸、氨基酸（18 种之多，其中 8 种必需氨基酸含量丰富）、果胶、原果胶、黄酮素、花青苷、白花苷、多糖类、萜类、肽、甾体类、生物碱以及丰富的果酸、蛋白质、果红素，多种微量元素等。种子油主要成分为亚油酸、亚麻酸、花生四烯酸等不饱和脂肪酸，其中亚油酸的含量高达 65%～70%。游离氨基酸总量是沙棘果实中的 3.9 倍，能被人体充分吸收和利用。

3）白刺的医用价值

白刺具有较高的医用价值，现代医学研究认为，白刺在抗氧化、降血糖、降血脂三方面起到重要作用。白刺还能够提高超氧化物歧化酶（SOD）的活力，具有抗脂质过氧化的作用。

沙区人民用白刺治疗伤风、感冒、头痛及胃部不适已有数百年的历史，国内外学者研究表明：其体内的氨基酸、激素、黄酮、糖等成分均高于一般野生果实，其果常用来治疗脾胃虚弱、消化不良、神经衰弱、感冒等，由于果实具有抗氧化、降血脂的作用，因此还有延缓衰老、防治动脉硬化的功效。

4）其他方面的应用

白刺属植物除具有生态、食用、药用价值外，还可以作为薪炭材，其火力旺，耐烧，烟少，发热高；根茎是很好的根雕材料，具有很高的艺术价值；干叶是羊、骆驼等的很好的饲料，具有较高的牧业利用价值。

另外，专一性寄生于白刺根上的锁阳为著名药食兼用资源。具有增强免疫、抗衰老、抗氧化、抗寒冷、抗胃溃疡、消食化淤、健胃润肠、抗骨质疏松等众多保健滋补治疗功效。据统计面积为 10 万 hm^2 白刺野生灌木林，可年产锁阳 1 000～5 000 t。

11.1.4 资源保护利用问题与建议

（1）合理开发利用

有关白刺的产业化开发已经取得一定进展，但由于白刺果加工利用完全依赖于野生资源，在经济利益的驱动下不可避免地会造成掠夺性采摘，也必然会给当地脆弱的生态环境造成难以挽回的破坏。生态保护与开发利用的矛盾问题日渐突出，处理这一问题已刻不容缓。

（2）加强遗传改良工作

由于白刺异花授粉和实生繁殖，种内变异十分丰富，不同株系果实产量、果色、果味、果形均存在较大差异，对白刺开展遗传改良是解决问题的关键。

1）加强基因资源调查以及遗传基础研究，建立基因库，收集保存优良的基因资源，为白刺遗传改良工作的顺利开展奠定基础。

2）开展白刺优良株系选择工作，充分利用白刺种内遗传变异，通过优株选择获得遗传增益，满足目前生产上的需要。

3）开展种间杂交与三倍体育种研究，更大幅度地提高白刺的经济栽培价值。

参考文献

[1] 常艳旭, 苏格尔, 王迎春. 白刺属野生植物的开发利用价值[J]. 内蒙古科技与经济, 2005（14）: 21-23.

[2] 高桂, 李瑞, 郭晓红. 白刺——固沙造林的好树种[J]. 内蒙古林业, 2004（10）: 31.

[3] 季蒙. 内蒙古白刺资源及开发利用[J]. 林业科技开发, 1992（4）: 20-21.

[4] 蒋福祯, 王舰, 张艳萍. 柴达木盆地野生白刺资源调查及其综合利用[J]. 青海科技, 2005, 12（1）: 15-17.

[5] 李红, 章英才, 张鹏. 白刺属植物研究综述[J]. 农业科学研究, 2006, 27（4）: 61-64.

[6] 李双福, 张启昌, 张起超, 等. 白刺属植物研究进展[J]. 北华大学学报: 自然科学版, 2005, 6（1）: 78-81.

[7] 李延云. 青海德令哈市唐古特白刺的开发[J]. 农村实用工程技术. 农业产业化, 2004（3）: 40.

[8] 刘挨枝, 朱国胜. 积极开发白刺[J]. 中国林副特产, 1991（3）: 16-17.

[9] 刘孟军. 中国野生果树[M]. 北京: 中国农业出版社, 1998.

[10] 卢树昌, 苏卫国. 重盐碱区白刺耐盐性及其利用研究[J]. 天津农学院学报, 2004, 11（4）: 30-35.

[11] 吕嘉. 浅谈柴达木盆地白刺资源开发利用[J]. 青海农林科技, 2005（4）: 38-40, 67.

[12] 马启慧. 耐盐碱植物白刺的开发与利用[J]. 黑龙江农业科学, 2007（5）: 116-117.

[13] 潘振成, 朱斌, 阿芳梅, 等. 唐古特白刺资源开发和保护利用问题研究[J]. 青海环境, 2003, 13（3）: 93-96.

[14] 王宁. 白刺资源及开发前景[J]. 陕西林业科技, 2000（1）: 17-18, 31.

[15] 王尚德, 康向阳. 唐古特白刺研究现状与建议[J]. 植物遗传资源学报, 2005, 6（2）: 231-235.

[16] 王婷, 陈晓琴, 杨洪升. 新疆白刺属植物及开发利用[J]. 新疆师范大学学报: 自然科学版, 2006, 25（3）: 97-99.

[17] 王彦阁, 杨晓晖, 于春堂, 等. 白刺属植物现状、生态功能及保护策略[J]. 水土保持研究, 2007, 14（3）: 74-79.

[18] 张爱军, 沈继红, 石红旗. 白刺果肉和种子的营养成分分析[J]. 中国食品添加剂, 2006（5）: 105-106, 109.

[19] 张晓明, 宛涛, 燕玲, 等. 内蒙古白刺属植物花粉及种子形态特征研究[J]. 中国草地, 2005, 27（2）: 31-35.

[20] 朱莉华, 方振堃, 有瑞. 柴达木盆地白刺特点及其开发利用前景[J]. 青海科技, 2005, 12（6）: 12-15.

[21] 邹金环, 徐嗣英, 缪金伟, 等. 白刺耐盐性试验[J]. 山东林业科技, 2005（1）: 19-20.

白刺（*Nitraria schoberi* L.）

12 芸香科 Rutaceae

12.1 红河橙 Citrus hongheensis 物种资源调查

12.1.1 红河橙概述

（1）形态特征

红河橙（*Citrus hongheensis* Ye et al.），又称红河大翼橙、阿蕾（云南哈尼语），属芸香科（Rutaceae）柑橘属（*Citrus* L.）植物。

大乔木，树高 10～20 m，胸围达 1.6 m；树皮灰黑色，冠幅 14 m×14 m。嫩枝被稀疏短茸毛，长枝及隐芽具刺。单身复叶，叶身卵状披针形，长 3～5.5 cm，宽 1.5～2 cm，顶部短狭尖，翼叶比叶身长 1～3 倍，狭长圆形，长 6～16 cm，宽 2.5～4 cm，顶端圆，基部沿叶柄下延，叶缘有细浅钝裂齿。总状花序有花 5～9 朵，很少同时有单花腋生；花蕾阔椭圆形，淡紫红色，长 1.5 cm；花大，白色，花径 3～3.5 cm；花萼浅杯状，5 浅裂；花瓣 5 或 4 片；雄蕊 16～18 枚，花丝分离，被细毛；子房近椭圆形，淡绿色，花柱长约 6.5 mm，柱头甚大，淡黄色，细浅裂，花柱与子房连接处无关节。果椭圆形，圆球形成扁圆形，纵径 8～10 cm，横径 10～12 cm，两端圆，顶部微凹，有浅放射沟，淡黄或黄绿色，果皮厚 1.5～2 cm，油胞大，凸起，果心实，瓤囊 10～13 瓣，果肉淡黄白色，汁胞长短不等，较长的长 2.4 cm，沿一侧有深黄色条纹。味甚酸，微带苦；种子长 12 mm，宽 10～12 mm，厚 6～8 mm，种皮平滑，单胚。花期 3—4 月，果期 10—11 月。

产于云南南部（红河县，模式标本产地）。生长于海拔 800～2 000 m 山坡杂木林中。

（2）资源价值

红河橙不仅在学术上研究柑橘的起源、演化有重要意义，而且在生产、育种上也有价值。首次发现我国真正的大翼橙特有种；推翻了日本分类学家田长三郎等认为中国无大翼橙之类的原始类型，中国不是原生柑橘起源中心，柑橘属基因中心在印度的论断，证明了中国不仅有特有的宜昌橙以及与印度、越南等地共有的大翼厚皮橙等的分布，同时还分布有典型的大翼橙特有种；通过红河橙的调查与发现，进一步证实了中国是真正的柑橘起源中心。红河橙的发现进一步证明了我国不仅有丰富的进化柑橘类型，同时也有丰富的原始柑橘资源。

(3) 地理分布

红河橙主要分布于红河县乐育、架车、哈提、红河、红河，元江县打芒、浪头、羊街等地，生长于海拔 800～2 000 m 山坡杂木林中。模式标本采自红河乐育乡小水井寨。红河橙分布范围狭小，现存数量极少，处于濒危状态。由于哈尼族人民喜用其叶片用作香料的调料品，红河橙也经常栽植于村寨及房屋旁。

12.1.2 物种资源调查

(1) 种群调查

生长于杂木林中，伴生植物主要有清香木（*Pistacia weinmannifolia*）、粗糠柴（*Mallotus philippensis*）、白背算盘子（*Glochidion wrightii*）、马蹄荷（*Symingtonia populnea*）、红木荷（*Schima wallichii*）、密花树（*Rapanea neriifolia*）、针齿铁仔（*Myrsine semiserrata*）、尖子木（*Oxyspora paniculata*）、白花酸藤子（*Embelia ribes*）、浆果楝（*Cipadessa baccifera*）、金合欢（*Acacia farnesiana*）、假叶烟树（*Solanum verbascifolium*）、狭叶山黄麻（*Trema angustifolia*）、石松（*Lycopodium japonicum*）等。

(2) 种质资源

红河橙其翼叶宽而长，是本叶的 2～3 倍；总状花序具花 5～9 朵，偶有单花，花径 3～3.5 cm，花大型。这些特征显示出红河橙的原生性，它以花丝联合成束而不同于宜昌橙；以花大、翼叶超出叶片本叶的长度，而与箭叶橙（*Citrus hystrix*）、小花大翼橙（*Citrus micranthus*）、大翼橙（马蜂柑）（*Citrus macroptera*）、西里伯斯大翼橙（*Citrus celebica*）等相区别。红河橙的发现，充分说明云南省野生柑橘原生类型是十分丰富的，几乎拥有所有原生类型，如酸橙（*Citrus aurantium*）、宜昌橙（*Citrus ichangensis*）、柠檬（*Citrus limon*）、枸橼（*Citrus medica*），以及近来不断发现的柑橘属的近缘属种，如箭叶金橘（*Fortunella sagitifolia*）、富民枳（*Poncirus polyandra*）等，都表明云南是柑橘最古老的起源地。

红河橙的花序为 5～9 朵花组成的总状花序，花丝分离。我国长江中上游分布的宜昌橙具单花，花丝联结成束。两者容易区别。

红河橙花大型，翼叶长度显著超出本叶，有别于小花大翼橙、西里伯斯大翼橙、美拉尼西亚大翼橙、马蜂柑。世界上已发表的翼叶长于本叶的大翼橙中，有卡西大翼橙（*Citrus latipes*）、越南大翼橙（*Citrus macroptera* var. *annamensis*）、人翼厚皮橙（*Citrus macroptera* var. *kerii*）。这些种和变种均为小型花，叶柄短，为 7～11 cm，和红河橙容易区分。

在叶片及翼叶形状上，本种和卡西大翼橙比较相似，主要区别除红河橙叶柄特长外，有花大，直径 3.0～3.5 cm（卡西大翼橙为 1.5～2.0 cm）；花柱细长，达 0.66 cm（卡西大翼橙为 0.25 cm），花柱与子房联结处无关节（卡西大翼橙有关节）；萼片边缘及表现均被毛（卡西大翼橙萼片边缘有毛，表面无毛）；心室 10～13 个（卡西大翼橙为 9 个），果皮厚 1.5～1.9 cm（卡西大翼橙果皮厚 0.56 cm）。

(3) 红河橙遗传多样性分析

杨杨等 2005 年对红河橙 6 个居群共 120 个个体的群体遗传分析表明：红河橙的遗传多样性水平较高。在总共检测到清晰而且可重复的 242 个有效位点当中，多态位点有 212 个。在居群水平上，Nei's 基因多样性（H）和信息指数（I）分别为 $0.329\,2\pm0.172\,0$ 和 $0.485\,3\pm0.231\,1$。居群间的遗传分化系数（G_{st}）达 $0.605\,1$。从各个居群来看，以居群妥龙（PPB=28.93%）遗传多样性水平最低，居群阿撒和浪头村（PPB=38.02%）的遗传多样性水平最高。居群内基因多样度（H_s）和总基因多样度（H_t）分别为 $0.130\,0\pm0.012\,5$ 和 $0.329\,2\pm0.029\,6$。根据遗传多样性水平在居群内（H_s）和居群间（H_t-H_s）的分化，各个居群之间的基因分化系数 $[G_{st}=(H_t-H_s)/H_t]$ 是 $0.605\,1$。这说明在物种水平上，有 39.49% 的遗传变异存在于居群内，而有 60.51% 的遗传变异存在于居群间，居群之间表现出较高水平的遗传分化。居群间的基因流（N_m）为 $0.163\,2$，说明居群间的迁移率较小。

通过对红河大翼橙 6 个居群的 ISSR 分析得到多态位点百分率（PPB）为 87.60%，表明红河橙虽然为分布区狭窄的特有种，但是与一些典型濒危物种相比，遗传多样性并不低，比一些典型濒危植物的多态位点百分率要高得多。

野外调查发现，红河橙多为房前屋后零星栽植，一般是人为移栽，所以在一个居群中会有不同地区移来的植株，这大概是造成它分布区狭窄却有高水平遗传多样性的原因之一。

12.1.3 生物学特性

红河橙萌芽发枝力强，生长量大，尤以春梢和秋梢抽发量大，枝条在树冠内分布均衡，叶色深绿，一年生枝的每个侧芽都能萌发成枝。在红河地区周年均在生长，无明显休眠期。幼树一年抽新梢 4~5 次，成年结果树抽 3~4 次。

红河地区的红河橙显蕾期在 1 月中上旬，初花期为 2 月中下旬，2 月下旬为盛花期，3 月上中旬为谢花盛期。第一次生理落果期在 2 月下旬至 3 月中下旬，第二次在 4 月初至 5 月中旬。在第一次生理落果后 60 d 内，果实生长迅速，每 10 d 的横径生长量大于 1.1 cm，此后的 75 d 内，每 10 d 横径生长量大于 0.4 cm，140 d 后为果实生长末期，每 10 d 的横径生长量小于 0.2 cm，同时，果实开始着色，明初着色度为 5 成，8 月上中旬着色度为 8 成，8 月下旬至 9 月中旬果实成熟，含糖量为 10.5%~12%。

幼树主要在树冠内膛和中下部 1~2 年生春梢上结果，10 年生树主体结果性强，春、夏、秋梢及二次梢都能成为结果母枝，但以秋梢、春梢结果率最高。

12.1.4 红河橙资源利用

红河橙叶精油进行分析研究的结果表明，其特征成分是——柠檬烯、香茅醛、乙酸香叶酯。研究结果进一步证实，香茅醛为大翼橙组特征成分。这是由于柑橘属不同种类精油性状和成分的差异性是柑橘植物遗传性不同所造成的，精油成分相似性在一定程度上反映类群亲缘关系的远近。应用亲缘相近的植物类群有相似的性状成分，开发近缘植物类群，可迅速扩大原料来源。红河橙叶精油含有较多含氧单萜，香气优良，植物耐干旱，灌木状宜矮化和密植，是很有发展潜力的香料植物。

红河橙在红河地区用作中药枳壳的代用品，当地叫枳壳；同时哈尼族人民用叶片用作香料的调料品。

12.1.5 红河橙保护价值与保护对策

（1）保护价值及意义

在架车乡野外调查中发现 30 余株生长发育良好的红河橙，估计该乡境内存有 100 余株。红河橙，是国家二级、省三级重点保护的濒危野生植物，具有消炎止痛的药用。红河橙的发现，进一步证实了中国是真正的柑橘起源中心，在学术上有重要意义；详细调查红河橙的情况，对建立健全中国农业野生植物资源信息数据库，实现资源的保护和可持续利用有重要作用。

（2）保护对策

为加强对红河橙资源的保护，提出如下建议：

1）对红河橙群落采取原生境保护，而对其他难以或不能在自然界里形成优势种的红河橙，以及人为干扰严重的红河橙的异生境保护。

2）加强红河橙的基础研究，探讨柚类的起源与进化。

3）建立红河橙基因库，开展种质资源的收集、保护、鉴定和创新利用。

参考文献

[1] 陈克玲，洪奇斌. 全国部分良种柚类果实品质理化性状分析测定[J]. 中国柑橘，1995，24（增刊）：67-68.

[2] 陈竹生，郭天池. 我国西南主要柚类品种性状评价[J]. 中国柑橘，1995，24（增刊）：6-8.

[3] 甘廉生，梁军. 对我国柚类类型划分的意见[J]. 中国柑橘，1995，24（增刊）：9-10.

[4] 吴征镒. 云南植物志（第六卷）[M]. 北京：科学出版社，1995.

[5] 徐永椿. 云南树木图志（下）[M]. 昆明：云南科技出版社，1991.

[6] 杨杨，范眸天，龚洵. 红河大翼橙的遗传多样性分析[J]. 云南农业大学学报，2005，20（6）：12-16.

[7] 叶阴民，刘晓束，丁素琴，等. 云南红河橙——柑橘属太翼橙亚属的一个新种[J]. 植物分类学报，1976，14（1）：57-59.

红河橙植株

红河橙生境

红河橙叶

红河橙果实

红河橙（*Citrus hongheensis* Ye et al.）

12.2 黎檬 *Citrus limonia* 物种资源调查

12.2.1 黎檬概述

黎檬（*Citrus limonia* Osb.），又称黎朦子（桂海虞衡志）、宜檬子（吴莱）、宜母子（植物名实图考）、里木、宜母、药果（本草纲目拾遗）、广东柠檬、野香橼（德宏），隶属芸香科（Rutaceae）柑橘属（*Citrus* L.）植物。

常绿小乔木或灌木，高 2～5 m，胸径 20～30 cm；小枝成棱状，嫩叶及花蕾常呈暗紫红色，具刺。单身复叶，互生，椭圆形至卵状矩圆形或倒卵形，长 6～8.5 cm，宽 3～4 cm，顶端渐尖，基部楔形，叶缘具明显的腺锯齿或全缘，薄革质，叶柄短，几无翅或不明显，顶端有节，叶片自节处脱落；翼叶线状或仅痕迹。花小，单生或簇生于叶腋内，有时 3～5 组成总状花序；花萼 5 浅裂，无毛；花瓣匙形，略斜展，外面淡紫色，内面白色，长 1～1.5 cm，早落；雄蕊 25～30 枚；子房球形，花柱比子房长约 3 倍，无毛，柱头头状。果圆球形，横径约 4.2 cm，皮薄，油点肥大，浅凹，果皮淡黄（白黎檬）色或橙红（红黎檬）色，光滑，果皮易剥落，瓤囊 9～11 瓣，中心柱绵质或近于中空，果肉淡黄或橙红色，味颇酸，略有柠檬香味，瓤囊壁颇厚而韧；种子或多或少，长卵形，顶端尖或稍钝头，细小，平滑无棱，子叶绿色，多胚或兼有单胚。花期 4—5 月，果期 9—10 月。

12.2.2 物种资源调查

（1）生境与种群

生长于海拔 500～900 m 的灌丛林中干燥处或阴湿低洼地，常见各地乡村栽培；伴生植物主要有灰布荆（*Vitex canescens*）、杯状栲（*Castanopsis calathiformis*）、厚壳树（*Ehretia acuminate* var. *obovate*）、母猪果（*Helicia nilagirica*）、白花羊蹄甲（*Bauhinia variegata*）、五月茶（*Antidesma fordii*）、西垂茉莉（*Clerodendron griffithianum*）、火烧花（*Mayodendron igneum*）、潺槁木姜子（*Litsea glutinosa*）、钝叶黄檀（*Dalbergia obtusifolia*）、大叶斑鸠菊（*Vernonia volkameriifolia*）、野龙竹（*Dendrocalamus semiscandens*）等。

（2）种质资源

黎檬与香橼，二者的嫩枝、未张开的嫩叶和花蕾都呈暗紫红色，二者的叶形及叶缘的裂齿都相似，二者的子房，其顶部自花柱脱离后继续生长而形成乳头状短突点。但香橼是单叶，叶片较大且质地较厚。黎檬的果形与宽皮橘类近似，颜色（红黎檬）及厚度也类同，但果肉风味多少类似香橼。因此，与其说黎檬是柠檬与宽皮橘类的杂交后代，不如说有可能是香橼与宽皮橘类的杂交后代较为合理。

由种子繁殖的黎檬，未见有任何明显的性状分离现象。若它是杂交起源的种，那它一定是保持着绝对优势的无融合生殖，这一繁殖方式与有性生殖迥然不同。据细胞遗传学的推论。它是个异合子体，基因型是稳定的。

分布印度的库赛黎檬（*Citrus kusaie*），其花、果与叶和黎檬很相像，有学者认为二者是同种，也有学者认为它是黎檬与宽皮橘类的杂交种。黎檬用作嫁接甜橙和宽皮橘类的砧木，表现良好亲和。

(3) 黎檬的分布

产于云南南部蒙自、金平、河口、屏边、勐腊、勐海、德宏，生长于灌丛林中干燥处或阴湿低洼地，海拔 500~900 m，常见各地乡村栽培；四川、贵州、广西、海南、广东、福建、台湾也有分布。越南、老挝、柬埔寨、缅甸及印度北部也有分布。

12.2.3 生物学特性

黎檬性喜温暖，耐阴，不耐寒，也怕热，因此，适宜在冬暖夏凉的亚热带地区栽培，冬季温暖，年温差小的地区，黎檬可一年四季开花结果。适宜于年平均温 17~19℃，年有效积温 5 200~6 500℃，1 月平均气温 6~8℃，极端低温 >-3℃，年降雨量 1 200~1 500 mm，年日照时数 >1 200 h 的地区均可栽培。在年平均温 <17℃ 的地区，有短时 -5℃ 低温和周期性冻害的地区，不宜作露地经济栽培。对土壤、地势要求不严，平地、丘陵坡地都可栽培，但以上层深厚、疏松、含有机质丰富、保湿保肥力强、排水良好、地下水位低、pH 值在 5.5~6.5 的微酸性土壤为最好。

12.2.4 黎檬利用价值

黎檬全身是宝，除鲜食外，是重要的天然香料、医药及食品加工业重要原料。其叶含柠檬油量为 0.2%~0.3%；花含油量为 0.1%；果实含油量为 0.14%~0.5%。果皮可提取高级食用香精、牙膏和皂用香精，在香水、花露水等化妆品中也广泛使用。果实味酸微苦，营养价值和药用价值都很高，果实含柠檬酸量达 6%~7%，含糖量 1.48%，每吨鲜果汁含柠檬油 4~5 kg。此外，还含有钙、磷、铁及维生素 C 等多种营养成分，尚有丰富的有机酸和黄酮类挥发油及橙皮苷。果肉极酸，具甜味者甚少，通常榨汁作调味品，也做清凉饮料；榨汁后的果用盐、糖或蜜渍作凉果，称黎檬饼，能消食开胃；种仁含油约 40%，因其枝、叶、果皮样的芳香油，昆明香料厂调配成食用、皂用、洗涤剂香精。

黎檬具有生津、止渴、祛暑、安胎等功用，据记载："粉檬果实以盐腌，岁久色黑可治伤寒、痰火"，又能下气和胃，柠檬味苦，性温，无毒。具有健胃止痛等功能，可治食滞腹痛、不思饮食、高血压、心肌梗死，患者常饮柠檬饮料，对改善症状也大有益处。

柠檬酸是各种水果中富含有机酸最多的一种，有特殊芳香气味，令人精神舒畅，胃口大开，所以，常饮柠檬酸饮料，对健康大有裨益。柠檬酸对衰老皮肤有舒展作用，具有防止和消除皮肤色素沉着的作用。使用柠檬型润肤霜、膏，可破坏铅元素在皮肤上的沉积，从而使皮肤保持光洁细腻，所以，柠檬酸还是一种极受欢迎的美容佳品。由于经济价值较高，因此，鲜果及其加工制品在国际市场都比较畅销。深受国内外消费者青睐。

12.2.5 黎檬生存现状与保护建议

（1）生存现状

由于黎檬的经济价值较高，容易遭到采摘和破坏，采摘时对植株损害严重，对黎檬的正常生长发育带来危害。另外，由于经济的发展和人口的增加，天然植被日益减少，野生黎檬的生境也日益恶化，自然种群数量和分布面积日益减少。

（2）保护建议

针对以上原因，为加强对野生黎檬资源的保护，提出如下建议：

1）在黎檬资源集中的区域建立自然保护区、保护点，对野生黎檬资源进行有效的保护，并保护好黎檬的生境。

2）开展黎檬遗传种质资源清查工作，从种群生态系统、物种与类型、基因多样性方面开展全方位研究，切实认识、保护、利用好大自然留给我们宝贵的遗传种质资源。

3）开展以野生黎檬种质资源利用为主的育种工作。

参考文献

[1] 楚建勤，张正浩，浦帆. 黎檬叶精油华夏成分研究[J]. 植物学报，1988（3）：226-228.

[2] 石健泉，曾沛繁. 柠檬的形态特征及栽培管理[J]. 广西园艺，2005，16（4）：15-18.

[3] 吴征镒. 云南植物志（第六卷）[M]. 北京：科学出版社，1995.

[4] 徐永椿. 云南树木图志（下）[M]. 昆明：云南科技出版社，1991.

[5] 张兴旺. 柠檬的用途和栽培管理[J]. 农村实用技术，2003（6）：11-13.

黎檬生境

黎檬花枝

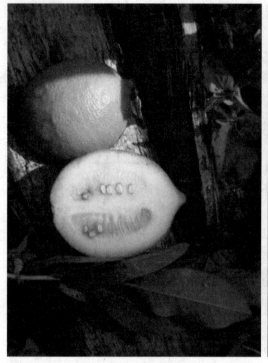 

黎檬果实解剖　　　　　　　　　　　　黎檬果实

黎檬（*Citrus limonia* Osb.）

12.3 华南野生柑橘 *Citrus* sp.物种资源调查

12.3.1 柑橘类概述

柑橘类果树指的是芸香科柑橘属（*Citrus*）植物的统称，调查结果显示，华南地区野生柑橘（*Citrus* sp.）主要种类有：

（1）白檬

白檬别名土檬、白柠檬、黎母子、宜母子等。白檬在广西分布范围广，是地道的野生檬。具有顽强的繁衍能力。果实可加工盐渍，果皮可作果酱。白檬可能为柠檬和宽皮柑橘的自然杂交种，除果皮颜色不同外，它与红檬的性状基本相似，在广西、广东一带广泛用作甜橙和宽皮柑橘砧木。这次调查，在罗城、忻城 2 个县发现共 2 034 株白檬，主要集中在罗城县。

（2）黎檬

广东、海南各地均有栽培，广西罗城县西半部的大石山区，乱岩裸露地段有野生状态黎檬，其根系穿插于岩石间隙，有些是在沿山腰各级梯田的田坳前沿，自上而下直至山脚的山冲溪流两边都有靠种子传播的大小植株。这次调查在罗城县四把镇棉花村上岩屯的石山坡上发现有野生土黎檬,海拔 385 m,估计树龄 25 年以上,植株高 2.3 m,冠幅 5.0 m×4.5 m,无主干多主枝树形,结果 5~15 kg。另外,据当地技术人员调查,在罗城县怀群镇、天河镇也有较多的野生土黎檬分布。

(3) 红皮酸(山)橘

红皮酸橘别名红皮山橘(广东)、酸柑子(岑溪市)、小酸柑、马丑柑、三皇鬼柑(永福县)、小沙柑(容县)、黄柑等。树势健壮,适应性强,丰产性好,果实味酸,鲜果可加工制蜜饯或橘饼。红皮酸橘根系发达,侧根多,主根深,耐旱、耐瘠、丰产长寿,适合山地栽培,为我国南方甜橙和宽皮柑橘的重要砧木。

广西是红皮酸橘主要产区之一,调查结果显示,主要在岑溪、永福、荔浦 3 个县有分布。生长在丘陵山地的路边、山坡、山谷的灌丛林下。以岑溪市分布数量最多,集中分布在南渡镇平石村,归义镇秋风村和昙龙村,波塘镇南垌村和六肥村等 5 个自然村。有老树 470 株,其中有 100 年生老树 20 余株,年产酸橘 6 500 kg,如岑溪市归义镇秋风村有一株红皮酸橘,树龄超过 100 年(据当地老人推算),树高 7.3 m,冠幅 9.6 m×9.2 m,主干周长 1.8 m。永福县三皇乡荣田村、汀头村 2 个自然村有 70 年以上老树 5 株,年产酸橘 250 kg。荔浦县的新坪镇、杜莫镇霍家冲、新寨村、白面村 3 个自然村有 60 年生以上老树 5 株,年产酸橘 250 kg。

(4) 黄皮酸(山)橘

黄皮酸橘别名黄皮山橘(广东)、扁柑(博白县)、酸柑子(昭平县)等。黄皮酸(山)橘适应性强,丰产性好,味极酸,鲜果可加工橘饼。黄皮酸橘根系发达,侧根多,树势旺,丰产稳产,寿命长,品质较好,耐热、耐湿、耐旱,较抗脚腐病,是华南地区山地平原甜橙和宽皮柑橘的主要砧木,使用普遍。

12.3.2 物种调查

调查结果显示,真正意义上野生柑橘在广东极少分布,在广西仅存有 6 株,分别是昭平县古袍镇东旺村有 1 株 70 年以上的老树,树高 7.5 m,冠幅 13 m×9 m,干周 107 cm,树势健壮,枝叶繁茂,四季常青,每年产果 200 kg 左右。另外恭城县龙虎乡狮子村有 1 株,恭城栗木镇泉会村有 4 株。

我国最大的野生柑橘种群分布主要集中在:

(1) 湖南王子山野生柑橘林。王子山位于湖南省茶陵县七地乡,海拔约 500 m,山上植物茂盛,人迹罕至。整个野生柑橘种群面积约 3.3 万 m^2,主要伴生植物有阿丁枫(*Auingia chinensis*)、木荷(*Schima superba*)、甜槠(*Castanopsis eyrei*)、缺萼枫香(*Lipuidambar acalycina*)、拟赤杨(*Alniphyllum fortunei*)和细叶青冈(*Cyclobalanopsis myrsinaefolia*)。经观测,这种野生柑橘为常绿灌木,叶披针形,叶长 4~10 cm,宽 1.6~4 cm,无翼叶,两面光滑无毛;枝圆形,刺短;花系完全花,花小,有簇生现象;果实直径 8 mm 左右,一年可多次挂果。

（2）湖南道县野生柑橘林。位于道县境内的月岩林场的坦里源工区、庆里源工区、空树岩工区，占地 750 hm²，共 200 余株。道县是野生柑橘的原生地，当地人叫做"野橘子"，是柑橘亚属的一个自然野生种，具有生长势旺、抗病虫能力强、结果习性好等优良性状，蕴藏大量高产、优质、抗病虫、抗逆等优异基因，是多种柑橘育苗过程中很有希望的砧木品种。

（3）江西省崇义县野生柑橘林。主要分布在崇义县聂都乡 2 000 多 hm² 原始山谷中，数量在 3 000 多株。柑橘树小的刚出土，大的有 15 m 高，树龄在百年左右，果实如鸡蛋大小，枝叶繁茂。野生柑橘大多生长在海拔 480 m 左右的阴湿地带，果实皮厚籽多、味酸，难以食用。与栽培柑橘比，野生柑橘的叶子更细长，气味更浓烈，抗病虫害能力更强。

12.3.3 保护与利用建议

1）加强野生柑橘物种保护宣传教育，提高群众对果树野生种的保护意识，并积极投入到野生生物物种保护工作之中。

2）在已有保护区周边，建立野生柑橘自然保护小区，把大自然遗留给我们的珍贵遗产收集保存起来。

3）应当摸清家底，筛选出具有竞争力的优良品系，建立种质资源圃，收集相关遗传资源，深入开展柑橘育种工作。

参考文献

[1] 蔡杰, 黄征槐. 山地酸橘砧柑促花保果技术[J]. 中国南方果树, 1997（6）.

[2] 冯国智. 峨眉山野生或半野生柑橘资源调查简况[J]. 西南园艺, 1995, 23（1）: 28-29.

[3] 李润唐. 湖南几种野生宽皮柑橘的植物学性状调查[J]. 湖南农业科学, 2000（5）: 30-31.

[4] 李润唐. 湖南野生宽皮柑橘核型研究[J]. 湖南农业大学学报, 2000, 26（1）: 54-57.

[5] 李润唐. 湖南野生宽皮柑橘花粉形态研究[J]. 湖南农业大学学报, 1998, 24（5）: 365-369.

[6] 文锋. 用酸橘和枳混合靠接矫治甜橙脚腐病[J]. 柑橘科技与市场信息, 1997（3）.

[7] 杨荣华. 酸橘果皮油的特征香气成分[J]. 食品与生物技术, 2000, 19（5）: 475-478.

[8] 杨荣华. 酸橘果皮油挥发性成分的研究[J]. 食品科学, 2001, 21（3）: 71-73.

[9] 张锦松, 莫健生, 韩有伦, 等. 广西酸橘品种资源及其利用[J]. 中国南方果树, 2008, 37（4）: 1-3.

[10] 张映南, 刘庚峰. 野生柑橘新类型——道县Ⅱ号[J]. 湖南农业科学, 1994（2）.

野生柑橘（*Citrus* sp.）

12.4 黄皮 *Clausena lansium* 物种资源调查

12.4.1 黄皮概述

（1）名称

野生黄皮[*Clausena lansium*（Lour.）Skeelsl]，为芸香科（Rutaceae）黄皮属（*Clausena*）植物。别名黄枇、黄罐子等。

（2）形态特征

野生黄皮为小乔木，高 6～10 m。实生树干直立，嫁接树分枝较低，主干不明显。树皮灰褐色，常有白斑，成年树树皮粗糙，常见纵裂痕。叶为一回奇数羽状复叶，互生，卵形或卵状椭圆形，小叶 5～13 片，有小叶柄，先端短尖，基部偏斜，边缘波浪形或见细齿，叶色深绿，叶脉突起，油泡细密，揉碎后有特殊香味。花小、黄白色，雌蕊淡绿色，子房有茸毛，果为小浆果，长 2～3 cm，圆珠形、卵形、心脏形，色黄带褐，果皮有茸毛、具有特殊芳香，种子 1～5 粒，肾形或长卵形，上黄褐下绿色，种皮有白膜。花期在 3—4 月初，果期 8 月。

12.4.2 资源调查

黄皮世界上约有 23 种，主要分布在东半球热带与亚热带地区，我国约有 11 种，主要分布于广东、广西、福建、海南、四川、云南和台湾等地区。其中，广东以郁南、英德、潮安、揭西、丰顺、梅县、封开、博罗、增城、从化和广州市白云区种植较多，乐昌等地也有分布。福建主要分布在福州、同安、泉州、漳州、莆田、云霄等地；广西主要分布在玉林、梧州、南宁、柳州、钦州和百色。我国已有 1 500 年以上的黄皮栽培历史。多生长于海拔 500～1 300 m 的山地林中。主要伴生植物有米锥（*Castanopsis carlesii*）、鸭公青（*Neolitsea chuii*）、荷木（*Schima superba*）、栓叶安息香（*Styrax suberifolia*）、枫香（*Liquidambar formosana*）、石栎（*Lithocarpus glaber*）、香楠（*Randia canthioides*）等。

12.4.3 华南主要品种调查

（1）甜黄皮类

大果甜黄皮：主产广西。树冠圆头形、分枝力强，枝短而壮，叶片小，明显上卷，主穗粗壮、稍短，侧穗紧凑，坐果率 30%～50%，果穗紧凑，果实圆形，平均单果重 8.3 g，最大果可达 12.8 g；果皮鲜黄色，果肉淡黄色，七成熟果无酸味，成熟果蜜甜、含酸量 0.098%，种子 2～4 粒。

白糖鸡心黄皮：主产广州市郊，清远市、博罗县、龙川县等地也有栽培。果穗长、大、着果密，果实长鸡心形，平均单果重 7～9 g；果皮较薄、淡黄色或柠檬黄色；果肉白色，肉质软滑，果汁中等、清甜无酸、风味较淡，可溶性固形物含量 11%～15%，含酸量 0.1%～0.2%，种子 3～4 粒，可食率 47%～65%。果实于 7 月下旬成熟，丰产稳产，为晚熟良种，宜鲜食。

水晶黄皮：又名白皮黄皮。产于广西玉林市。果实圆球形，中等大小，平均单果重 4～6 g；果皮薄，黄白色，光滑具光泽；果肉黄白色，味清甜，果汁稍少，可溶性固形物含量 12.2%。果实于 6 月下旬至 7 月上旬成熟，是较早熟的品种。

（2）甜酸黄皮类

郁南无核黄皮：原产广东郁南，1960 年广东省水果资源普查时被发现。果穗较大，着果疏散，果粒大小均匀，果实椭圆鸡心形，果顶棱角分明；果大，平均单果重 9.3 g，最大可达 29.3 g；果皮较厚，不易裂果，充分成熟时果皮呈褐色，果肉橙红色，肉质结实嫩滑，纤维少，甜酸可口，可溶性固形物含量 18.6% 以上；含酸量 1.74%，固酸比为 10.7∶1，每 100 g 果肉含维生素 C 43.8 mg，还含有多种氨基酸。7 月中旬至下旬成熟。

无核黄皮：主产广西。枝梢生长与大果甜黄皮相似，花穗长达 25 cm，侧穗稀散；坐果率低，一般为 5%～20%；果实大小均匀、长形，平均单果重 8.5 g，最大果重可达 13.5 g；皮厚，鲜黄色；果肉可溶性固形物含量 15%，含酸量高达 1.39%，无核率达 96%。该品种产量较低，大面积种植时适量配种一些有核黄皮或放养蜜蜂可以提高其坐果率及产量。果实7月上旬成熟，成熟后在树上保留10 d也极少落果或裂果。

大鸡心黄皮：主产广州市郊，广东省各地均有栽培。果穗长大，果实似鸡心，果粒均匀、饱满；平均单果重8～10 g，最大果重可达15 g；果皮较厚，蜡黄色；果肉黄白色；肉质结实、较耐贮输，果汁多、味甜酸、有黄皮特有香气，可溶性固形物含量12.0%～16.7%；全糖含量10.55%，含酸量1.02%，，每100 g果肉含维生素C 35.15 mg；种子2～3粒，可食率47%～62%。果实7月下旬成熟，为晚熟优良鲜食品种。

选种大鸡心黄皮：该品种的植物学性状及适应性与大鸡心黄皮基本相同，但成熟期比大鸡心黄皮早5～7 d，于7月上旬成熟；"选种大鸡心黄皮"果实品质、早结丰产性能都优于大鸡心黄皮，主要表现在同一穗果中的果粒大小较均匀、果实美观、果大，平均单果重9.7～10.5 g，最大果重可达16～18 g，果皮蜡黄色，充分成熟时为古铜色，果实风味好，甜酸适中，可溶性固形物含量约17%，每100 g果肉含维生素C 35.15 mg，种子约3粒，可食率61%以上。

长鸡心黄皮：原产广州郊区，广东各地均有引种。果穗较大，着果密且均匀；果实长鸡心形、美观、中等大，平均单果重8～10 g；果皮较薄，金黄色，果肉黄白色，肉质结实，味甜可口，可溶性固形物含量10%～14%，全糖含量8.11%，含酸量1.47%，每100 g果肉含维生素C 26.29 mg，种子2～3粒，可食率45%～62%。果实于7月下旬成熟，丰产性强，是晚熟鲜食优良品种。

龙山无核黄皮：原产广东揭西。果穗大且密，果实椭圆鸡心形，平均单果重4～5 g，最大果重可达11 g；果肉乳白色，嫩滑多汁，可溶性固形物含量11%～13%。果实于6月下旬至7月上旬成熟，目前在揭西、丰顺等地种植较多。

桂植2号黄皮：树冠圆头形，树形稍开张，果实长鸡心形，果顶略内陷、棱沟平，平均单果重14 g，最大果重可达28 g，果皮略厚，黄褐色，果肉蜜黄色，肉脆汁少，香味浓郁，清甜略带酸味，风味极佳。

（3）价值及利用

在上述两大类黄皮中，甜黄皮多作鲜食，酸黄皮用于加工果脯、果汁、果酱。

12.4.4 保护与利用建议

1）加强野生黄皮保护宣传教育，提高群众的生物多样性保护意识，并积极投入生态环境和生物物种保护。

2）开展野生黄皮选育工作，把大自然已经筛选出来的具有良好性状的植株选拔出来，同时，发动群众，把民间自选的优良株系收集保存起来。

3）建立种质资源圃，收集相关遗传资源，开展育种工作，力争早出成果。

参考文献

[1] 黄峰,何铣扬,雷艳梅. 极具发展前景的山黄皮果[J]. 中国热带农业,2005(4): 30-31.

[2] 梁华松. 龙州山黄皮产量预计超5000吨[J]. 世界热带农业信息,2006(8): 13.

[3] 宁卫. 优稀果树——无核黄皮[J]. 农村新技术,1994(6).

[4] 王心燕,徐乃端,冯家擎,等. 黄皮的落花落果与果实发育观测[J]. 福建果树,1994(4): 29-31.

黄皮[*Clausena lansium*(Lour.) Skeelsl]

12.5 竹叶椒 *Zanthoxylum armatum* 物种资源调查

12.5.1 竹叶椒概述

（1）名称

竹叶椒（*Zanthoxylum armatum* DC.），别名万花针、大花椒、野胡椒等，是芸香科（Rutaceae）花椒属（*Zanthoxylum* L.）植物，全世界约有 250 种，我国约有 45 种，各地有分布。

（2）形态特征

灌木或小乔木，高可达 4 m。枝直出而扩展，有弯曲而基部扁平的皮刺，老枝上的皮刺基部木栓化，茎干上的刺其基部为扁圆形垫状。奇数羽状复叶，互生；叶轴无毛，具宽翼和皮刺；小叶 3～7，无柄，小叶片披针形或椭圆状披针形，近纸质，长 5～9 cm，先端尖，基部楔形，边缘有细小圆齿，两面无毛而疏生透明腺点，主脉上具针刺，侧脉不明显。聚伞状圆锥花序，腋生，长 2～6 cm；花被片 6～8，药隔顶部有腺点一颗；雌花心皮 2～4，通常 1～2 个发育。蓇葖果 1～2 瓣，稀 3 瓣，红色，果皮表面有突起的腺点。种子卵形，黑色，有光泽。花期 3—5 月，果期 6—8 月。

与本种相近的植物有：

1）野花椒（*Zanthoxylum simulans* Hance），小叶通常 5～9 片或 11 片，对生，背面中脉上散生小针刺。

2）崖椒（*Zanthoxylum schinifolium* Sieb.et Zucc.），小叶通常 13～17 片，很少 11 片或 17 片以上，对生或互生，表面有细毛，背面无毛，而竹叶椒的小叶通常 3～7 片，很少 9 片，对生，主脉上有针刺。民间应用近似。

性状鉴别：球形小分果 1～2，直径 4～5 mm，顶端具细小喙尖，基都无末发育离生心皮，距基部约 0.7 mm 处小果柄顶部具节，稍膨大。外表面红棕色至褐红色，稀疏散布明显凸出成瘤状的油腺点。内果皮光滑，淡黄色，薄革质。果柄被疏短毛。种子圆珠形，直径约 3 mm，表面深黑色，光亮，密布小疣点，种脐圆形，种脊明显。果实成熟时珠柄与内果皮基部相连，果皮质较脆。气香，味麻而凉。以色红棕、味麻有凉感者为佳。

显微鉴别：果皮外方显凹凸状。表皮细胞 1 列，有时外被角质层。下皮细胞 1～2 列。中果皮宽广，由薄壁细胞组成，分布油室 5～6 个，直径 311～467 μm，维管束 12～15 个。内果皮为 2～5 列，木质化，厚壁细胞。表皮及下皮细胞内含众多无定形或颗粒状棕色色素，中果皮薄壁细胞含较多草酸钙簇晶，直径 10～40 μm，并有少量方晶及圆形淀粉粒。

（3）生境与分布

竹叶椒喜温暖、半阴环境。不耐寒、不耐水涝。对土壤要求不严格，宜生富含腐殖质、排水良好的土壤。竹叶椒需肥不严格，生长期间宜每月追施 1 次氮、磷结合的稀薄饼肥水。也可在冬初在植株周围挖沟施入适量有机肥作为基肥。

生态环境：通常生长于海拔 2 300 m 以下的山坡疏林、灌丛及路旁。

资源分布：主要分布于华东、中南、西南等地。即陕西、山东、甘肃、河南、湖南、湖北、江西、浙江、江苏、安徽、福建、台湾、广东、广西、云南、贵州、四川等省区。

12.5.2 竹叶椒调查

2009 年 7—8 月，北京林业大学野生果树项目组专程到安徽大别山区开展野生果树资源调查，竹叶椒是重点调查对象之一。

（1）生境调查

在安徽大别山区，竹叶椒比较常见，主要分布于阔叶混交林之疏林、林缘、沟谷、坡脚、路旁等。分布海拔 300～2 000 m。

竹叶椒属于阳性喜光树种，在郁闭度较高的林分中，很少见到竹叶椒分布，而林下更新苗更少；在郁闭度相对较小的山坡疏林中，则比较常见。在安徽大别山区，竹叶椒多散生在山坡或沟谷坡脚处，特别在透光性较好的山坡、溪边、农田附近多有幼株生长。

阳性树种，喜温暖亦耐寒，年平均气温在 8℃以上，绝对低温在-22℃以内均能适应。耐干旱力较强，对土壤要求不严，酸性、中性、石灰性土壤均能生长，而以排水良好，富含有机质的壤土或黏壤土最适宜，但不喜沙质土。竹叶椒根系发达，萌芽力强，寿命较长。

（2）群落调查

在安徽大别山区，竹叶椒垂直分布于海拔 2 000 m 以下，散生在山谷、山坡坡脚及溪沟两边的阔叶林内，多与其他树种伴生，偶尔形成优势小群落，经常见于小叶青冈（*Cyclobalanopsis gracilis*）林、茅栗（*Castanea seguinii*）林、槲栎（*Quercus aliena*）林、栓皮栎（*Quercus variabilis*）林、短柄枹栎林、化香树林、黄山松（*Pinus taiwanensis*）林、枫杨（*Pterocarya stenoptera*）林及上述两种以上共建的群落。

有竹叶椒分布的林分多数为疏林，乔木群落总盖度一般在 45%～60%，常见伴生灌木种类有檵木（*Loropetalum chinensis*）、乌饭树（*Vaccinium actearum*）、野鸦椿（*Euscaphis japonica*）、胡颓子（*Elaeagnus pungens*）、白檀（*Symplocos paniculata*）、苦枥木（*Fraxinus insularis*）、金樱子（*Rosa laevigata*）等及木蓝属（*Indigofera*）植物。

群落内草本植物较丰富，主要有三脉叶马兰（*Aster ageratoides*）、土麦冬（*Liriope spicata*）、求米草（*Oplismenus undulatifolius*）、大油芒（*Spodiopogon sibiricus*）等及苔草属（*Carex*）、堇菜属（*Viola*）、珍珠菜属（*Lysimachia*）等植物。

（3）利用调查

竹叶椒属于杂灌木，过去利用较少，但近 10 余年来，随着对竹叶椒资源价值认识的提高，竹叶椒利用的越来越多，安徽大别山区利用竹叶椒主要集中在如下三个方面：

1）用作绿篱：竹叶椒适应性较强，又适应石灰岩山区土壤，而石灰岩山区是我国发展栽培花椒的主要生境区。作为绿篱，竹叶椒显现出取材方便、繁殖容易、成活率高、抗性较强、防护性强、兼具生态防护、屏障隔离和具有一定经济效益等优点。

2）用作园林绿化：竹叶椒枝繁叶茂，香气袭人，秋天红果似火，是观树、观叶、观果俱佳的树种，已经逐步在园林中得到应用，可孤植、丛植，也可与常绿乔木灌木混合种植。

3）药物用材：竹叶椒果皮、枝叶、干皮、枝皮均可入药，种子榨油。作为中药材，其主要利用成分有生物碱、酰胺、木脂素、香豆素、黄酮、三萜、挥发油、脂肪酸和甾醇。竹叶椒性辛，温，有小毒，活血散寒，行气止痛，杀虫，止泻。

12.5.3 竹叶椒研究概述

（1）生药学研究

中药材皮子药在南方可分两种，一种为芸香科植物柄果花椒[*Zanthoxylum simulans* Hance.var. *podocarpum*（Hemsl.）Huang.]，另一种为竹叶椒（*Zanthoxylum armatum* DC.）的茎皮和枝皮，称红总管，因其皮较小而薄，味麻辣，又称麻口皮子药或小皮子药。海桐花科植物崖花海桐（*Pittoporum illicioides* Makino.）的茎皮和枝皮，称一朵云，因皮较宽而厚，又称大皮子药。由于以上药材药源少，又因各地区用药俗名的相似性，因此常见的大量混淆品即为芸香科竹叶椒的茎皮和枝皮。

（2）挥发油成分研究

贵州省生物技术研究开发基地的刘建华等（2003）利用水蒸气蒸馏法提取竹叶椒挥发油，GC-MS 进行分离测定，结合计算机检索技术对分离的挥发油化合物进行结构鉴定，应用色谱峰面积归一化法计算各成分的相对百分含量。结果共分离出 37 种化合物，检出 32 种化合物，占挥发油总量的 96.722%。

挥发油的化学成分主要包括萜类、酯类、醇类、酚类、酮类及醛类，含量最高的物质为萜烯 21.759%，其次为 β-石竹烯 11.188 8%，α-荜草烯 10.860%，L-芳樟醇 10.633%，α-蒎烯 8.851%，β-榄香烯 4.329%，乙酸辛酯 2.732%，对-1,3,8-三烯 2.370%，α-萜品醇 2.302%，牻牛儿醇乙酸酯 1.975%，桧烯 1.941%，水芹烯 1.628%，吉马烯-A 1.514%，月桂烯 1.277%，萜品烯-4-醇 1.178%，1-辛醇 1.131%，癸醛 1.129%，β-蛇床烯 1.111%。以上成分相对百分含量为 87.908%。

（3）乙醇提取物化学成分研究

刘晔玮等（2006）应用 GC-MS 计算机联用技术分析甘肃竹叶椒叶、果皮和种子乙醇提取物的化学成分，为开拓花椒属植物在香料、食品、医药等相关领域的应用提供依据。

从竹叶椒叶中共分离出 71 个峰，鉴定出 39 个峰，被鉴定出化学成分的相对含量占总量的 89.8%。其中，相对含量大于 1%的化学成分有 23 种；含量居前五位的化学成分分别是：烷烃类（19.0%）、邻苯二甲酸二丁酯（12.2%）、反-9-十八碳烯酸（11.4%）、十六酸乙酯（7.8%）、乙酸乙酯（5.4%）。

从竹叶椒果皮中分离出 41 个峰，鉴定出 30 个峰，被鉴定出化学成分的相对含量占总量的 90.3%。其中：相对含量大于 1% 的化学成分有 27 种；含量居前五位的化学成分分别是：4-甲基-1-异丙基-3-环己烯醇（8.9%）、4-亚甲基-1-异丙基二环[3,1,0]己-3-醇（8.8%）、5-烯丙基-1,3-苯并二噁茂（6.1%）、β-蒎烯（6.0%）、6,6-二甲基-2-亚甲基二环[3,1,1]庚烷（5.7%）。

从竹叶椒种子中分离出 71 个峰，鉴定出 34 个峰，被鉴定出化学成分的相对含量占总量的 93.9%。其中：相对含量大于 1% 的化学成分有 23 种；含量居前 5 位的化学成分分别是：5-烯丙基-1,3-苯并二噁茂（12.9%）、3,7-二甲基-1,6-辛二烯-3-醇（12.6%）、烷烃类（11.8%）、4-甲氧基-6-烯丙基-1,3-苯并二噁茂（10.5%）、1-十二烷基环己醇（6.7%）。

竹叶椒叶、果皮和根中共有的化学成分分别是：1R-α-蒎烯、3,7-二甲基-1,6-辛二烯-3-醇、4-甲基-1-异丙醇-3-环己烯醇、5-烯丙基-1,3-苯并二噁茂。这些成分在竹叶椒叶中的相对含量分别是 1.2%、1.9%、0.5%、1.4%；在果皮中的相对含量分别是 5.4%、1.7%、8.9%、6.1%。在根中的相对含量分别是 0.3%、12.6%、1.1%、12.9%。

李航等（2006）运用溶剂提取及硅胶柱色谱进行分离，通过理化性质和光谱分析鉴定结构，分析竹叶椒果实化学成分，为竹叶椒的开发利用提供依据。结论是从竹叶椒果实的脂溶性部位分离得到 8 种化合物，坚定了其中的 6 种化合物。

（4）微量元素含量测定

从近年来国内外对中草药的研究报道可以看出，中草药中都含有丰富的微量元素，而微量元素对人体健康、疾病治疗均有一定关系。它不仅能影响内分泌腺的功能、靶组织的活性及激素的生物学作用等，而且在免疫过程中占有重要地位，微量元素的分析探讨对中医中药的作用机制，提供了新的依据。

兰州医学院的耿桂兰等（1987）用采自陕西和甘肃两省的竹叶椒为原料，分析了竹叶椒中的微量元素含量。结果如下：①由陕西和甘肃两地所采竹叶椒的根与茎中，均含有钙、镁、磷、铁、硅锌、铜、锰、铬、钡、锶、镧、钛、钒、钇、锆、锡、铅、砷 19 种元素，其中钙、镁、磷、铁含量最高，钒、钇、锆最低。镍和镉未测出。②在竹叶椒原药中，茎中所含微量元素较根为高，铝仅在茎中含有少量。③在提取物中，水提取的含量较醇提物为高，但铜、锌在醇提物中高于水提物。④甘肃所产竹叶椒所含微量元素大多数较陕西为低，但锶的含量则特别高。

12.5.4 竹叶椒资源保护建议

1）加强竹叶椒资源保护工作，强化保护意识，宣传资源保护价值。

2）杜绝杀鸡取卵式采割，建立轮采制度，严格采割收购时期。

3）开展优良单株和育种研究，发展竹叶椒药食兼用品种资源。

参考文献

[1] 耿桂兰，陈瑾，叶光华. 竹叶椒中微量元素含量测定[J]. 兰州医学院学报，1987（4）：32-34.

[2] 李航，李鹏，朱龙社. 竹叶椒的化学成分研究[J]. 中国药房，2006，17（13）：1035-1037.

[3] 刘建华，高玉琼，霍昕. 竹叶椒挥发油成分的研究[J]. 贵州大学学报（自然科学版），2003，20（1）：61-63.

[4] 刘塔斯，金祝秋，张俊伟，等. 湖南皮子药及混淆品竹叶椒的生药学研究[J]. 中草药，1997，28（2）：108-112.

[5] 刘晔玮，邸多隆，马志刚，班小军. 甘肃竹叶椒乙醇提取物化学成分研究[J]. 香料香精化妆品，2005（4）：4-7.

[6] 熊泉波，施大文. 花椒及其同类品的形态组织学研究[J]. 药学学报，1991，26（12）：938-947.

竹叶椒（*Zanthoxylum armatum* DC.）

12.6 崖椒 *Zanthoxylum schinifolium* 物种资源调查

12.6.1 崖椒概述

（1）名称

崖椒（*Zanthoxylum schinifolium* Sieb. et Zucc.），又名青花椒、山花椒、香椒子、小花椒、青椒、狗椒、天椒、野椒等。属于芸香科（Rutaceae）花椒属（*Zanthoxylum*）植物。我国有 13 种 7 变种，除西部、西北部及东北部、海南以外，大部分地区均产。

（2）形态特征

通常高 1~2 m 的灌木；茎枝有短刺，刺基部两侧压扁状，嫩枝暗紫红色。叶有小叶 7~19 片；小叶纸质，对生，几无柄，位于叶轴基部的常互生，其小叶柄长 1~3 mm，宽卵形至披针形，或阔卵状棱形，长 5~10 mm，宽 4~6 mm，稀长达 70 mm，宽 25 mm，顶部短至渐尖，基部圆或宽楔形，两侧对称，有时一侧偏斜，油点多或不明显，叶面有在放大镜下可见的细短毛或毛状凸体，叶缘有细裂齿或近于全缘，中脉至少中段以下凹陷。花序顶生，花或多或少；萼片及花瓣均 5 片；花瓣淡黄白色，长约 2 mm；雄花的退化雌蕊甚短，2~3 浅裂；雌花有心皮 3 个，很少 4 或 5 个，分果瓣红褐色，干后变暗苍绿或褐黑色，径 4~5 mm，顶端几无芒尖，油点小；种子径 3~4 mm，花期 7—9 月，果期 9—12 月。

（3）生物学特性

本种通常为小灌木。小叶细小，与分果瓣相同，干后成苍绿至黑色，很少淡棕黄色，分果瓣有平滑，无油点，色泽较淡的狭窄边缘，顶部无或几无芒尖，是其特征。

产长江以北各地的其小叶有较多的透明油点，叶面的毛稀疏且短，以致几无毛，小叶较小，尤以江苏、山东一带的较为明显。产长江以南、五岭以北的，其小叶较大，油点较少。产五岭南坡包括福建、广东、广西三省区南部，其小叶最大，被毛较密除叶缘齿缝处有油点外，其余油点不明显。

青花椒为阳性树种，性喜光照和干燥温凉的气候环境，比较耐旱。在年平均气温 17~18℃，年降雨量 900~1 300 mm 的地区，生长发育良好，青花椒不耐涝，长时间积水会导致花椒树死亡。青花椒对生长环境的适应能力较强，耐湿，在低山丘陵地区的二台土以上的中性或酸性紫色土上均可种植，特别有利于土边地角，荒山坡地的开发利用，亦利于房前屋后种植，发展庭院经济。

（4）分布特性

产五岭以北、辽宁以南大多数省区，但不见于云南。见于平原至海拔 800 m 山地疏林或灌木丛中或岩石旁等多类生境。朝鲜、日本也有分布。

12.6.2 崖椒物种资源调查

（1）湖北崖椒的概况

灌木，高 1~3 m。树皮暗灰色，多皮刺，无毛。奇数羽状复叶，总叶柄有狭翅，有少数略向上的小皮刺；小叶片 11~21，对生或近对生，纸质，披针形或椭圆状披针形，长 1.5~4.5 cm，宽 7~15 mm，先端急尖或狭尖而钝头，基部狭尖，有时歪斜而不整齐，边有细锯齿，齿缝有腺点，下面苍青色，疏生腺点。伞房圆锥花序顶生，长 3~8 cm。果紫红色；成熟心皮 1~3，顶端有短小的喙；种子卵圆形。花期 8—9 月，果期 10—11 月。产黄梅、武汉。生长于海拔 800 m 的山坡林下。分布我国南北各地。朝鲜、日本也有分布。

（2）广东崖椒概述

树高 1~2 m，小枝有细刺，实心。叶有小叶 13~21 片，小叶卵形至披针形，长 1.5~3 cm，宽 1~1.5 cm，基部圆或急尖，叶面被短毛，油点不显，边缘有细钝齿，齿缝处有油点；侧脉不明显；小叶柄长不足 1 mm。花序顶生，通常多花；萼片及花瓣均 5 片，萼片长 0.5 mm，花瓣长约 1.5 mm；雄花的雄蕊 5 枚，雌花的雌蕊由 3 或 4 个心皮组成，花柱甚短。果淡紫色，干后暗苍绿色或淡灰棕色，有小油点；种子近圆球形，直径约 3 mm，褐黑色，光亮。花期 7—8 月；果期 10—11 月。

用途：根、叶和果均可入药，味辛，性温，一说有小毒，有发汗散寒、消食除胀、止咳等功效；果能健胃，也可作镇咳药或驱蛔虫药；根能治胃痛、心气痛、风湿关节痛。

广东产的本种植物，其小叶比产于黄河以北各地的为大，但产于江苏等干燥地区的其小叶最小，长约 10 mm。宽约 5 mm；产于南方的，其小叶表面毛较多，越向北毛越少，以致几乎无毛。

将未充分成熟的果采下制干，称为青花椒，可作花椒代用品，但含量不及花椒。中药用的花椒既是本种，主产区在黄河以北各地。

12.6.3 崖椒研究概述

（1）光合生理特性研究

张琳等（2009）对崖椒的光合特性生理研究表明崖椒的光补偿点较椿叶花椒偏高，而光饱和点则较低，说明崖椒利用弱光和强光的能力均不及椿叶花椒；但是植物的光补偿点和光饱和点不是固定数值，会随外界条件的变化而变化，环境条件不适宜时，往往降低光饱和点和光饱和时的光合速率，并提高光补偿点。试验结果表明：① 青花椒叶片的气孔导度与叶片的光合速率日变化趋势基本一致，呈平行变化趋势，说明气孔导度是影响光合速率的直接因子；② 青花椒的光补偿点和光饱和点分别为 55.59 μmol/（m^2·s）和 500 μmol/（m^2·s）。

（2）保鲜技术的研究

曾剑超等（2007）对崖椒的保鲜进行了研究，认为采用护绿处理以及真空包装以延长青花椒的贮存期，并能在较长时间保持其绿色。护绿保鲜时将花椒放于 0.12% 的柠檬酸、

0.13%的抗坏血酸配成的护绿液中浸泡 45 min，然后在 90℃条件下烫漂 1 min，护绿效果更好。真空包装保鲜：真空包装条件为热封时间 3 s，热封温度 200℃，冷却时间 4 s 的条件下抽 25 s 的真空。由于各种包装材料对气体的渗透速度与环境温度有着密切关系，一般随温度的提高其透气度也随之增大，若在较高温度下贮存，会因透气率的增大而使产品在短期内变质，且在光照下，叶绿素的稳定性减弱，这对护色结果具有很大的负面影响。经过真空包装的青花椒若在常温光照条件下保存的时间并不长，仅比普通包装的多 5 d 左右。而在 4℃条件下则可保持 1 个多月不变色，所以，为了保持青花椒的新鲜度和色泽，经过真空包装后的青花椒应在低温（一般小于 8℃）避光条件下贮藏。

（3）香气成分的抑菌性研究

高逢敬等（2007）的研究结果表明，不同方法提取的青花椒香气成分除对大肠杆菌、绿色木霉无抑制作用以外，对其他菌种均有不同程度的抑制作用。其中水提法得到的样品对菌的抑制作用相对较强，另外两种的作用效果相差不大。

12.6.4 崖椒的资源利用现状

（1）崖椒的资源价值

崖椒营养丰富，据测定，每 100 g 花椒中含蛋白质 25.7 g，脂肪 7.1 g，碳水化合物 35.1 g，钙 536 mg，磷 292 mg，铁 4.3 g，并含有挥发性植物油等成分。花椒具有浓郁的麻香味，是人们普遍喜爱的调味佳品。崖椒有独特的药用价值，不仅具有温肾暖脾、驱寒燥湿、补火助阳和杀虫止痒功效，而且还具有治疗积食停饮，心腹冷痛和吐泻气逆等功能。此外，花椒在防虫，防腐和观赏等方面也具有较高的价值，特别是花椒根系发达，固土能力强，发展花椒既可造林，绿化环境，保持水土，也可充分利用田边地角、房前屋后的空间效益。

（2）崖椒开发利用存在的问题

随着食品工业的进一步发展和人民生活水平的提高，崖椒的需求量也越来越大，故发展崖椒生产是致富的重要途径。我国的崖椒开发利用中存在以下问题：

1）崖椒提早衰老和退化。崖椒一般寿命在 30～40 年，青椒盛果期年限是 6～12 年，主产区多数青椒进入了衰老期。加之品种老化，未提纯复壮，抗逆性差，因而造成产量低下和品质下降。

2）栽培管理水平低。长期以来，由于椒农经济条件差，科技水平低，不施肥、不灌溉、不授粉、不修剪，致使树势弱、结构不合理，产量下降，品质变差。

3）病虫害严重。崖椒主要虫害有花椒象甲虫、拟枝虫、天牛、蚧壳虫、椒蚜、桔潜跳甲、花椒凤蝶等。病害主要有枯鞘病、锈病、烟煤病、膏药病等。

（3）开发利用建议

在崖椒的开发利用中，项目组认为应重视以下几方面的工作：

1）建立健全花椒生产服务和管理的专业机构。成立花椒协会，面向花椒产区发展会员，尽快将花椒产业的研究、培训和科技推广工作系统地开展起来；

2）加强技术培训，推广椒产业高新适用技术；

3）应尽快制定崖椒产品的国家标准。

参考文献

[1] 傅书遐，中国科学院武汉植物研究所. 湖北植物志[M]. 第二卷. 武汉：湖北科学技术出版社，2002（3）：324.

[2] 高逢敬，蒲彪. 青花椒香气成分的抑菌性研究[J]. 四川食品与发酵，2007，43（3）：28-30.

[3] 李定刚，贾巴火拉. 加快金阳青花椒特色产业的发展[J]. 四川农业科技，2007（9）：26-27.

[4] 李远潭，吴银明. 浅谈青花椒在丘陵地区的发展前景[J]. 内江科技，2000（2）：22.

[5] 曾剑超，马力. 青花椒保鲜技术的研究[J]. 西华大学生物工程学院，2007，26（2）：51-53.

[6] 张琳，蔡艳江，田英. 青花椒光合生理特性分析[J].西昌学院学报（自然科学版），2009，23（2）：5-7.

[7] 中国科学院华南植物研究所. 广东植物志[M]. 第二卷. 广州：广东科技出版社，1991（11）：238.

崖椒（*Zanthoxylum schinifolium* Sieb. et Zucc.）

13 橄榄科 Burevaceae

13.1 橄榄 *Canarium album* 物种资源调查

13.1.1 橄榄概述

（1）名称

橄榄[*Canarium album*（Lour.） Raeusch.]，为橄榄科（Burevaceae）橄榄属（*Canarium*）植物。橄榄果别名白榄、山榄、黄榄果、青果。因果实尚呈青绿色时即可供鲜食而得名；又称谏果，因初吃时味涩，久嚼后，香甜可口，余味无穷。

（2）形态特征

野生橄榄为亚热带常绿乔木，树势高大，枝叶茂盛，一回奇数羽状复叶。叶近革质，对生，窄卵状披针形或披针形形，表面暗绿色，叶背密生灰白色鳞片，中脉在两面隆起，侧脉不甚明显。圆锥花序，花白色，芳香。核果近球形，黑色，光亮。花期4—5月。果期10—12月。

13.1.2 物种调查

橄榄原产我国，可供鲜食或加工，是著名的亚热带特产果树。福建是我国橄榄分布最多的省份，广东、广西、台湾、四川、浙江、湖南等省亦有栽培。

调查结果表明，广东野生橄榄在粤东及珠海有生长，揭西县天鹅湖果林场生长的野生橄榄树，每当秋季来临时，到处都是漫山遍野结满果实的橄榄树。珠海最古老的橄榄树，位于金湾区三灶镇澄海村的观音阁院场里，在清朝就有了，至今已有110年的历史，看上去依然结实挺拔。

橄榄属热带、亚热带常绿果树。在广东多数生长于海拔180～1 300 m的沟谷、山坡林中。

揭西县的野生橄榄远近有名，主要伴生植物有番龙眼（*Pometia tomentosa*）、千果榄仁林（*Terminalia myriocarpa*）、油朴（*Celtis philippensis* var *wightii*）、望天树（*Shorea wantianshuea*）等。

13.1.3 价值及开发利用

橄榄树姿优美，四季常青，可以绿化环境，净化空气。

橄榄果营养丰富，含有 17 种人体所需要的氨基酸，果肉富含钙质与维生素 C，果实常常加工成栲扁榄、大福果、十香橄榄、去皮酥、咸橄榄等。橄榄油被人们誉为"液体黄金"。

特产于云南中部的野生橄榄——青橄榄，食之青涩，但回味甘甜，健胃促消化，富含多种维生素，所含橄榄素有清咽润嗓，缓解口腔溃疡等功效。

13.1.4 保护与利用建议

1）应切实保护好橄榄的野生资源，合理地规划资源开发力度，避免掠夺式的破坏性开发。

2）作为一种优良的野生果树资源，应当摸清家底，做好优质种源选育工作。

3）在现有系列产品的开发上加大研究力度，开发出更多更好的产品来满足人们对于生态型野生果品的需求。

参考文献

[1] 唐春红. 野生橄榄总黄酮提取方法研究[J]. 渝州大学学报（自然科学版），2000（4）：70-73.

[2] 许跃华. 云南建水野生橄榄资源调查及利用前景[J]. 柑橘与亚热带果树信息，2005（3）：9-10.

野生橄榄[*Canarium album*（Lour.）Raeusch.]

14 大戟科 Euphorbiaceae

14.1 余甘子 *Phyllanthus emblica* 物种资源调查

14.1.1 余甘子概述

（1）名称

余甘子（*Phyllanthus emblica* L.），又名喉甘子、庵罗果、牛甘果、庵摩勒、橄榄果、昂荆旦、麻甘腮、牛甘子、鱼木果、橄榄子、油柑子、滇橄榄等。因其果鲜食酸涩，回味甘甜，故一般称为余甘子。在云南少数民族地区又称橄榄树（文山）、"木波"（傣语）、"七察哀喜"（哈尼语）、"噜公膘"（瑶语）等。

余甘子为大戟科（Euphorbiaceae）叶下珠属（*Phyllanthus*）落叶灌木或小乔木，是我国南方地区常见的野生果树，是近年来新开发的一种食药兼用型新兴水果。联合国粮农组织已把余甘子列为一种值得全世界推广种植的三种保健植物之一。2007年，项目组专程赴余甘子集中分布的云南省进行了野外调查。

（2）形态特征

乔木或灌木，高达3 m。全植株无毛。单叶互生，在小枝上呈羽状排列，线状长圆形，长8~20 mm，宽2~6 mm，先端微尖或圆钝，基部圆形，边缘略反卷，全缘，侧脉不明显；叶柄长1 mm以下，托叶钻状，长约1 mm。团伞花序着生小枝中下部叶腋，具多数雄花和1雌花，或全为雄花多雄花的花梗长0~2 mm，萼片5~6，无花瓣，雄蕊3，花丝合生呈柱状，花药直裂，药隔伸出；雌花的花梗更短，萼片与雄花相似，子房卵形，3室；果呈肉质核果状，常扁球形。种子3棱形。花期3—5月，果期9—10月。

（3）生物学特性

余甘子为阳性树种，通常在阳坡、半阳坡地生长，喜温暖忌霜冻。幼树比较耐阴，但是开花结果时要有充足的阳光。一般在年均温19℃以上，最热月均温28℃，最冷月均温10℃，年降雨量600 mm以上的地方可良好生长。余甘子可在对许多其他果树来说太旱或太贫瘠的地方生长，能在沙壤土、红黄壤土、砖红壤和燥红壤上生长，喜酸性，亦适合中性土壤，但是在盐碱地生长不良，在pH为8.0时营养缺乏明显。可以在干旱贫瘠的山坡上甚至是在石缝中生存，但是要获得高产，还是应选取在土壤深厚、疏松、排水良好的立地条件下生长，因而可作造林的先锋树种。种子繁殖，育苗植树造林。选健壮母树采成熟大粒种子，播前温水浸种 48 h，营养袋育苗，每袋播种 8 粒。

14.1.2 余甘子的分布区

（1）余甘子的天然分布区

余甘子是我国南方特别是西南地区资源量相当丰富的野生果树，分布范围也比较广。从生物学角度看，余甘子在叶下珠属中十分特殊，是国产叶下珠属植物中非常独特的一个物种（例如：余甘子是本属很少有的乔木类型，是全属约 750 种植物种唯一具核果的类型，其染色体组 $2n=104$ 为 4 倍体，这也在叶下珠属十分少见）。余甘子起源于热带亚洲东南部，从喜马拉雅山到斯里兰卡、马六甲海峡，以及中国南部的广大地区都有分布。从地理特征看，余甘子分布的区域涵盖了东经 70°~122°，北纬 1°~29°的广大地域，包括我国、印度、尼泊尔等。在我国境内，主要分布于东经 98°~122°，北纬 18°~29°的地区，包括：云南、广西、广东、福建、海南、台湾、四川、贵州 8 省（区）。在世界范围内水平的最北缘为我国的川、滇、黔交界地区，其南缘则为印度尼西亚；垂直分布的高度可从海拔 80 m 一直分布到海拔 2 300 m，与叶下珠属的其他种[如海南叶下珠（*Phyllanthus hainanensis* Merr.），滇藏叶下珠（*Phyllanthus clardei* Hook.f.）]相比较，具有更强的对不同海拔高度的适应。余甘子喜光，耐旱，对热带、亚热带干热河谷的生态环境有很好的适应性。在我国云南、四川金沙江河谷地带，大面积分布着余甘子自然群落，其资源蕴藏量约为 30 万亩；这一地域对开展余甘子的研究、资源保护与开发具有十分重要意义。

1）余甘子在西南区的天然分布状况

李昆等（1944）对云南楚雄、临沧地区共 14 个县（市）68 个乡进行野生余甘子资源调查，发现云南的余甘子集中分布于金沙江、南盘江、元江、澜沧江和怒江等五大水系地区。

万明长等（1993）调查报道，贵州野生余甘子资源丰富，主要分布在贵州西南部的贞丰、册亨、望谟、罗甸、晴隆、普安、紫云、六枝、兴义、安龙、兴龙等 14 个县（市）、120 个乡（镇），主要沿南、北盘江、红水河两岸及支流的低热河各地区分布。蓝涤（1998）报道，四川余甘子主要分布于攀枝花市。

2）余甘子天然分布状况

余甘子天然种群大多生长在山地，其垂直分布亦呈现明显的变化，但总的来说，垂直分布的上限和下限自东向西逐渐升高，这与我国整个地貌由东向西越来越高的变化是一致的。在福建、浙江丘陵地区，余甘子天然种群可分布到海拔 80~100 m；在华南地区，余甘子天然种群大多分布在海拔 200~1 900 m；在云南、四川金沙江流域，则分布于海拔 1 500~2 100 m。余甘子垂直分布的另一个特点是由南向北上限变化不大而下限明显增高，这与其他树种有所不同。其原因可能是降水在余甘子生长上起着重要的作用，所以金沙江河谷干旱地区的余甘子垂直分布下限反而高于南部比较湿润的地区。

3) 余甘子群落组成

余甘子天然种群的群落组成比较简单, 大多数情况下散生于稀树灌木草丛。在立地条件较好的情况下, 可见到少量的余甘子天然种群和多种亚热带灌木混生。以云南为例, 与余甘子伴生的树种有思茅松 (*Pinus kesiya* var. *langbianensis*)、滇石栎 (*Lithocarpus dealbatus*)、木荷 (*Schima superba*)、西南桦 (*Betula alnoides*)、云南松 (*Pinus yunnanensis*)、夜合 (*Magnolia coco*) 等; 伴生灌木有水锦树 (*Wendlandia uvariifolia*)、厚皮香 (*Ternstroemia gymnanthera*)、中平树 (*Macaranga denticulata*)、乌饭 (*Vaccinium bracteatum*)、毛叶算盘子 (*Glochidion arborescens*)、银柴 (*Aporosa dioica*)、粗糠柴 (*Mallotus philippensis*)、蜜花树 (*Melianthus major*) 等; 伴生草本有扭黄毛、野枯草 (*Arundinella hirta*)、铁芒箕 (*Dicranopteris dichotoma*)、莎草 (*Pycreus* spp.)、金发草 (*Pogonatherum paniceum*)、细柄草 (*Capillipedium parviflorum*)、旱茅 (*Eremopogon delavayi*)、悬钩子 (*Rubus* spp.) 等。

(2) 余甘子栽培区

从余甘子的天然分布区来看, 基本上是不连续的, 这主要是由于过去历史原因、人为破坏以及山地和平原分布的间断性而造成的。其实在其整个分布区内, 都适合余甘子的生长, 并广为栽培。

余甘子在我国有 2 000 多年的栽培历史, 江苏、浙江、江西、广东、四川、云南等地均有栽培, 但以福建为主。在福建惠安、莆田、南安等地都有几百年的结果余甘树, 仅福建惠安就有约 0.67 万 hm^2 的余甘子林。其余地区如浙江、贵州、云南、江苏、广东、四川等栽培余甘子的地区比较分散, 面积相应较小。

我国南方许多地方都有余甘子老树的遗存。云南元谋县中山寺前有一株余甘子, 相传为清初僧人明歧所植, 树高 15 m, 胸径 119 cm, 树龄 300 年, 为云南余甘子之最。东莞市樟木头镇丰门管理局刁龙村的古井旁有一棵古老的余甘子, 据传是祖辈建村时刻意保留的风水树, 距今已有 240 年。树高 9 m, 胸围 5.03 m, 冠幅 12.5 m。干基处丛生七条分枝, 其中最大一条分枝围粗 1.70 m, 最小的围粗 0.9 m。古老苍劲, 为广东省内余甘子之老寿星, 得到历代村民精心呵护, 用石块砌成圆形挡土墙加以保护。

14.1.3 西南地区余甘子资源调查

(1) 余甘子在云南的分布

余甘子在云南广泛分布, 主要产于永善、师宗、巧家、富宁、文山、砚山、西畴、麻栗坡、金平、元阳、河口、屏边、绿春、景东、泸水、景洪、勐海、大理、漾濞、鹤庆、云县、凤庆、临沧、蒙自、双柏、丽江、思茅、腾冲、盈江、新平、峨山、玉溪、华坪、禄劝等地。

(2) 云南野生余甘子的类型划分

云南的余甘子由于长期处于野生野长状态下, 各分布区及其局部的小环境条件差异, 兼之自然杂交结果, 形成了相当繁杂的果实类型。李昆等 (1988—1992) 结合余甘子以往的划分方法和结果，以果形为主，其他性状为辅，将云南野生余甘子划分为30余个类型，并把它们归纳为6个类群。

1）球形甘类：果形圆或扁圆，果面光滑，有的带棕红色或褐色斑块，果柄基部和果顶平或凹陷，多数无明显棱状突起。此类群共12个类型。

2）瓜形甘类：果形扁，果柄基部、果顶和缝合线均凹陷，果实呈明显的6瓣或8瓣，形似分瓣南瓜。此类群共2个类型。

3）灯笼形甘类：该类群果实侧视有圆形和长圆形两种。圆形的果柄基部和顶部，3条缝合线凹陷，另3条交错的缝合线凸起，果实横径大于纵径。长形的3条缝合线略凹陷，另3条平，果实纵径稍大或基本等于横径，果实从果柄基部至果顶的横径基本相同，果柄基部和果顶平。此类群共3个类型。

4）梨形甘类：果圆形或椭圆形，果柄基部有1～2 mm乳头状突起，果顶平或微凹。此类群共4个类型。

5）鸡心形甘类：果实侧视似鸡心，果顶渐尖，横径最大部位靠近果柄基部，果面光滑。此类群共7个类型。

6）椭圆形甘类：果型长，纵横径之比近于1，或略大于1。果面光滑，果柄基部和果顶部两头略尖，有的形似枣核，核形亦随果型。此类群共5个类型。

（3）云南余甘子种群调查

调查结果表明，云南的余甘子主要集中分布于金沙江、南盘江、元江、澜沧江和怒江等五大水系，除金沙江水系集中分布海拔较高外（1 000～2 250 m），余甘子在其他水系的分布海拔均在1 600 m以下，在本次沿金沙江、澜沧江水系的调查中，共调查各海拔高度的样方30个，结果植株150株，属球甘类的91株，占总数的61%强，其余5个类群不足39%，椭圆甘类群最少。

余甘子在云南多分布于海拔160～2 250 m的山地疏林、灌丛、荒地或山沟向阳处荒山上。伴生树种有思茅松（*Pinus kesiya* var.*langbianensis*）、滇石栎（*Lithocarpus dealbatus*）、木荷（*Schima superba*）、西南桦（*Betula alnoides*）、云南松（*Pinus yunnanensis*）、夜合（*Magnolia coco*）等；伴生灌木有水锦树（*Wendlandia uvariifolia*）、厚皮香（*Ternstroemia gymnanthera*）、中平树（*Macaranga denticulata*）、乌饭（*Vaccinium bracteatum*）、毛叶算盘子（*Glochidion arborescens*）、银柴（*Aporosa dioica*）、粗糠柴（*Mallotus philippensis*）、蜜花树（*Melianthus major*）等；伴生草本有扭黄毛、野枯草、铁芒萁、莎草、珍珠莎、金发草、细柄草、旱茅、悬钩子等。

（4）云南余甘子研究与利用调查

云南是开展余甘子研究较多的省份，先后有30余人发表过与余甘子有关的文章。本项目组在云南野外调查之前与部分研究者进行了交流。现将调查情况汇总如下。

陈进等（1998—2003）对滇南野生余甘子果实性状变异规律进行了研究，在对勐腊县麻木树、墨江县泗南江、元江县清水河三个采样点（分布代表湿润，半湿润和半干旱三种气候类型）的余甘子果实性状及其变易规律调查研究的基础上，将余甘子分为 6 种类型，分别是梭甘、葫芦甘、桃甘、球甘、瓜甘和橘甘。同时选出了 5 个余甘子优良单株，分别编号为 8803、8931、9001、9002、9010。

李巧明、赵建立对云南干热河谷地区余甘子居群的遗传多样性进行了研究：采用 ISSR 分子标记技术对分布于云南干热河谷地区的 4 个余甘子居群的遗传多样性水平进行了检测。12 条引物共扩增出 135 条清晰、重复性好的 DNA 条带，其中多态性条带为 1.15 条，多态位点百分率（PPB）为 85.19%，居群间的遗传分化系数（G_{sr}）为 0.122 2，基因流（N_m）为 1.795 8。研究结果表明，云南余甘子居群具有较高的遗传多样性水平，而居群间存在较低的遗传分化，这可能主要是由其繁育特性造成的。Mantel 检测表明地理距离和 Nei's 遗传距离间无相关性（$r=0.197\ 98$，$p=0.651\ 3>0.05$）。

李昆等（1988—1994）对云南野生余甘子果实类群及其分布特点进行了研究，对余甘子集中分布的云南省楚雄州、临沧地区资源较多、保存完好的楚雄州双柏县进行果实调查和性状测定。调查采用样方法，并根据余甘子以往的划分方法和结果，以果形为主，其他性状为辅，将云南野生余甘子划分为 30 余个类型，并把它们归纳为 6 个类群[见前面（2）]。

此外，李锡德对元谋干热河谷区余甘子资源的开发及利用前景进行了综述，并介绍了余甘子栽培技术。吴睿等（1991）对云南野生余甘子单株选优的方法进行了研究，项目组在滇中、滇西北余甘子分布区按不同海拔、坡向、年龄随机抽取 247 株样木，并设立树龄、株高、地径、冠幅等 18 项变量因子进行协方差分析、逻辑斯谛回归、因子分析以及评估选优等估算过程，筛选出影响余甘子品质的主导因子，结果为果实横径、坡向、郁闭度、冠幅、生长级、土层厚度 6 项因子对单株选优具有重要指导意义。

（5）云南余甘子资源利用概况

云南省余甘子资源虽多，但利用很少，大部分产区仅仅采摘野生资源，且采摘时经常连枝采下（余甘子枝条很脆，容易折断），对资源保护利用不利。

由于调查期间余甘子尚未完全成熟，调查了几个城镇农贸市场，未发现有大规模销售现象。但据项目组西南林学院小组反映，金沙江河谷地区，每年冬季都有余甘子出售，具体采集、销售量尚有待进一步调查。

（6）贵州余甘子研究与利用调查

贵州对余甘子的研究少于云南。施永平等（1994）对贵州省 6 个县 11 个采样点余甘子样本果肉营养成分进行了研究，结果表明：贵州省余甘子含有丰富的 VC，仅低于刺梨，高于中华猕猴桃，大大高于其他水果，居第二位；余甘子含有人体必需的六种氨基酸，其种类与刺梨相当，不如中华猕猴桃，但其氨基酸的含量大大优于中华猕猴桃和刺梨；余甘子中糖含量，远低于中华猕猴桃和刺梨，但有可提供人体合成许多不同有机物的高比例的还原单糖；以百粒重量把贵州余甘子分成两组，即"大果组"和"小果组"。分析结果表明，无论是 VC 含量还是糖的含量都是大果组优于小果组；泉甘子中有大量的单宁，它是造成口感差和加工困难的主要因素，以至长期未被利用，因此如何降低单宁的含量，提高果实的品位，是今后值得研究的重要课题。

李志南等（1996）对贵州省余甘子的生态环境进行了初步评价，结果表明：贵州省余甘子生长最适宜区各生态环境分别为：年均温≥19.5℃左右 有效积温≥6 250℃左右；海拔400~800 m；降雨量1 050~1 250 mm；土壤为砂页岩发育的酸性红壤。次适宜区各生态环境为：年均温18.5~19.5℃；有效积温5 250~6 250℃；海拔≤400 m；土壤为砂页岩发育的黄壤和红黄壤；降雨量无次适宜区。适宜区各生态环境为：年均温16.0~18.5℃；有效积温4 500~5 250℃；海拔800~1 100 m；降雨量1 250~1 400 mm，土壤无适宜区。调查结果也表明，以上各生态环境以外的区域，余甘子分布极少或没有分布，故此认为这些区域余甘子生长不适宜，即余甘子不适宜区各生态环境为：年均温<16.0℃；有效积温<4 500℃；海拔>1 100 m；降雨量<1 100 mm和>1 400 mm；土壤为碱性土壤或其他类型土壤。

（7）四川余甘子研究与利用调查

四川省余甘子分布很少，故研究也较少。代正福对余甘子在四川金沙江干热河谷生态系统中的效益和综合利用进行了研究。重点对四川省会东县人崇人兴村（1970—1980年）封山育林的效果进行了综合分析。认为余甘子作为恢复该区森林植被的主要树种是切实可行的。该区封山育林10年，在封山区内已出现了50亩以上的成片余甘子林。林中植株最高达6 m，树冠5.6 m。对该区森林植被的恢复已初见成效，这些自然分布的余甘林，在不受人畜的危害下，生长良好四川省会东县大崇乡大兴村10年的封山育林，取得了较好的生态效益，但由于人们对余甘子在金沙江干热河谷生态系统中的地位认识不足，1981—1985年，将成片余甘子林砍伐烧瓦，有的连根锄伐，至今很难见到林相整齐的余甘子林。

14.1.4 余甘子保护与利用建议

1）加强余甘子物种资源普查，建立相应的信息档案，查清资源蕴量；
2）收集种质资源，建立种质资源圃，同时开展相关研究；
3）加强余甘子天然产物和药物成分挖掘研究，开发珍贵的药食兼用资源；
4）加强选育、引种、栽培等资源利用研究，切实使资源变成经济效益。

参考文献

[1] 陈贵清,陈进,胡建湘,等. 余甘子果实成熟过程中内含物变化的初步研究[J]. 中国野生植物资源, 1995（2）：31-33.
[2] 陈金华,谢桂武. 惠安县野生余甘资源及其开发利用途径初探[J]. 福建农业科技, 1989（2）：16, 17.
[3] 陈进,陈贵清,胡建湘,等. 滇南野生余甘子果实性状变异规律[J]. 福建果树, 1991（1）：63, 64.
[4] 陈素英,马翠兰. 余甘子耐寒性鉴定[J]. 中国果树, 1999, 1：30, 31.
[5] 代正福. 余甘子在金沙江干热河谷生态系统中的效益和综合利用的研究[J]. 热带作物科技,1990(5)：28-31，38.

[6] 胡又厘. 余甘根和叶的形态解剖特征与耐旱性的关系[J]. 福建农学院学报, 1992, 21 (4): 413-417.

[7] 李昆, 陈玉德, 谷勇, 等. 云南野生余甘子果实类群及其分布特点研究[J]. 林业科学研究, 1994, 7 (6): 606-611.

[8] 李志南, 朱继信. 贵州省余甘子生态环境初步评价[J]. 贵州农业科学, 1996, 24 (2): 40-43.

[9] 林金铨. 余甘的保健功能与开发利用[J]. 福建果树, 1995, 37 (4): 40, 41.

[10] 施永平, 杨志明, 华黎明. 贵州省余甘子果实营养成分的测试研究[J]. 贵州师范大学学报(自然科学版), 1994, 12 (2): 1-6.

[11] 姚小华, 盛能荣, 王炳三, 等. 余甘子生物学特性及其利用初步研究[J], 经济林研究, 1991, 9 (2): 30-36.

[12] 姚小华, 盛能荣. 余甘子营养(化学)成分研究[J]. 林业科学研究, 1992, 5 (2): 171-175.

[13] 姚小华, 叶金好, 盛能荣, 等. 余甘子优良类型选择[J]. 林业科学研究, 1993, 6 (3): 299-305.

[14] 张守英, 姚小华, 任华东, 等. 余甘子离体快速繁殖技术的初步研究[J]. 林业科学研究, 2002, 15 (1): 116-119.

余甘子（*Phyllanthus emblica* L.）

15 漆树科 Anacardiaceae

15.1 林生杧果 *Mangifera sylvatica* 物种资源调查

15.1.1 林生杧果概述

（1）学名隶属

林生杧果（*Mangifera sylvatica* Roxb.），又称野杧果、小鸡杧果，属漆树科（Anacardiaceae）杧果属（*Mangifera* L.）植物。

（2）形态特征

常绿乔木，高 6~20 m，树皮灰褐色，厚，不规则开裂，里层分泌白色树脂，小枝暗褐色，无毛；叶纸质至薄革质，披针形至长圆状披针形，长 15~24 cm，宽 3~5.5 cm，先端渐尖，基部楔形，全缘，无毛，叶面略具光泽，侧脉 16~20 对，斜升，两面突起，叶柄长 3~7 cm，无毛，基部增粗。圆锥花序长 15~33 cm，无毛，疏花，分枝纤细，小苞片卵状披针形，长约 1 mm，无毛；花白色，花梗纤细，长 3~8 mm，无毛，中部具节；萼片卵状披针形，长约 3.5 mm，宽约 1.5 mm，无毛，内凹；花瓣披针形或线状披针形，长约 7 mm，宽约 1.5 mm，无毛，里面中下部具 8~5 条暗褐色纵脉，中间 1 条粗而隆起，近基部汇合，在雄花中花瓣较狭，半透明，开花时外卷；雄蕊仅 1 个发育，花丝线形，长约 4 mm，花药卵形，长约 0.7 mm，不育雄蕊 1~2，小，钻形或小齿状，子房球形，径约 1.5 mm，无毛，花柱近顶生，长约 4.8 mm。核果斜长卵形，长 6~8 cm，最宽处 4~5 cm，先端伸长呈向下弯曲的喙，外果皮和中果皮薄，果核大，球形，不压扁，坚硬。

（3）林生杧果的分布

林生杧果产于云南南部，生长于海拔 620~1 900 m，山坡或沟谷林中。尼泊尔，锡金，印度、孟加拉、缅甸、泰国、柬埔寨等国也有分布。

15.1.2 林生杧果调查

（1）生境与种群

林生杧果产于云南南部，生长于海拔 620~1 900 m，喜生于山坡或沟谷林中。伴生植物主要有刺桐（*Erythrina arborescens*）、尼泊尔水东哥（*Saurauia napaulensis*）、毛杨梅

(*Myrica esculenta*)、硬斗石栎（*Lithocarpus hancei*）、南酸枣（*Choerospondias axillaries*）、虾子花（*Woodfordia fruticosa*）、七里香（*Buddleja asiatica*）、母猪果（*Helicia nilagirica*）、棕叶芦（*Thysanolaena maxima*）、鸡矢藤（*Paederia scandens*）、龙葵（*Solanum nigrum*）等。

（2）资源价值

本种开花结果物候期与栽培种完全不同，是培育杧果新品种的种质基因，也可作嫁接杧果的砧木，在生产上有一定的意义，其木材和树脂均有利用价值。成熟果实色、香、味俱佳，含有丰富的脂肪、蛋白质、粗纤维、碳水化合物、钙、磷、铁等矿物元素及多种维生素。特别是果肉中的胡萝卜素高达 2.4 mg/100 g，是香蕉的 10 倍、苹果的 50 倍。作为维生素 A 来源的胡萝卜素对促进人体生长发育、保护视力和皮肤有重要作用。食用杧果具有保健、美容作用，尤其对老年人和儿童健康更加有益。杧果仁的有用成分也很多，尤其是其中的脂肪、蛋白质和碳水化合物分别高达 4.2%、2.6% 和 35.9%。

（3）林生杧果生态学

林生杧果多生长于热带季节雨林常绿阔叶林内，为上、中层常见的树种。分布区年平均温 18～23℃，极端最低温 0℃ 以上，极端最高温 40℃；年降水量 800～2 500 mm，集中在 6—10 月，旱季多雾，林内湿润。土壤为赤红壤。气温低于 −2℃ 以下时，花序、叶片以至结果母枝 2～3 cm 直径的侧枝会冻死，至 −5℃ 时幼龄结果树的主干也会冻死。一般枝梢在 24～29℃ 生长较为适宜，低于 15℃ 时则停止生长。适当的低温和干旱有利于花芽分化。但花芽分化后气温较低时，花序发育较慢，却有利于雄花形成。气温升高时能缩短花序发育时间并提高两性花的比例。特别是气温骤然升高时会萌发混合花芽，使刚开始分化的花芽又转向枝条生长。一般在林生杧果花期和幼果生长期高温，降雨量不多时，则丰产而品质优。

湿度和降雨是决定产量高低、产量是否稳定的关键因子。在生长过程中，充足的水分能促进营养生长，反之过分干旱会抑制营养生长，妨碍有机营养的产生和积累，间接地影响花芽分化。在花芽分化临界期、杧果初花和花期，相对干旱则有利枝梢停止生长和花芽分化，是获得高产稳产的关键。在温度适宜的条件下，林生杧果开花受粉时对湿度特别敏感，空气相对湿度 50%～70% 时有利花粉萌发，湿度过小会使花粉柱很快干枯，造成受粉不良。花期遇连阴雨或大雾则对受粉不利，而且极易诱发炭疽病，造成枯花和落花。

林生杧果果实生长发育期需要较充足的水分，但果实发育后期，水分过多或骤然降雨则会导致裂果，果实风味变淡，从而降低果实品质和贮藏能力。

林生杧果是喜温好阳光的热带、亚热带果树，在阳光充足的地区或年份花芽分化早，分化数量多，有利受粉受精，产量高，果实颜色鲜艳、洁净、味甜而浓，耐贮运。

林生杧果对土壤的要求不太严格，从不积水的低洼地到较高的坡地，从酸性的砖红壤到含盐较高的海滩地，在各种类型土壤上均有成功栽培杧果的例子。但作为杧果的商品性生产的土壤最好是中等肥力，pH 6～7 土层深厚，排水良好的沙质土或砾质壤土。

林生杧果对土壤的要求最重要的是体现在排水性能上,在排水不良的重黏土或在上层有不透水层的土壤上植株生长差,产量低,沙土不保水也不保肥,且在季节性较明显的地区,土层温度波动剧烈;反射日光力强,这可能是某些地区沙土上栽种的杧果幼树树干容易发生日烧或叶片边缘干枯现象的一个主要原因。

杧果在平缓地块容易管理,但在水平地或水田不理想。因为在这样的地块上,植株生长迅速,极易封行,使树冠相互交接,增加果园内的空气湿度,容易孳生病虫害,从而增大管理成本。也有的平地杧果园,地下水位较高、排水不良、使杧果树长时间不能生长成形,甚至死亡。山地种植最好能把种植行改成等高梯地,这样既有利于耕作,又可以减轻水土冲刷和肥分流失,尤其应该间种矮性覆盖作物来保护表层土壤。

15.1.3 林生杧果资源利用状况

(1) 种子利用

林生杧果种子的种壳富含半纤维素,可做生产木聚糖的原料,木聚糖可转化为比蔗糖甜 1.5 倍的木糖醇。种壳也可作燃料,印度 Pantnaget 大学农业工程系在 20 世纪 70 年代已设计制造了每小时能剥 100 kg 干核杧果核剥壳机。

种仁具杧果香气,可作食品添加剂。干种仁可储存一年以上不变坏。在不同种植地区,人们将林生杧果种仁烤、炸或煮成食品。含水量低于 10%的干种仁可作为牲畜的补充饲料。

种仁油可用螺旋压榨机压榨干燥种子获得,也可乙烷从种仁粉中提取,榨油后的种仁粉可用作牲畜饲料或肥料。

林生杧果种仁是生产淀粉的良好原料,其淀粉易于抽提,同时还有单宁和脂肪做副产品。去除单宁的最有效方法是把种仁粉泡在 80℃的水中 20 min,泡 2~3 次。强化杧果仁淀粉可制成一种胶料。

(2) 加工利用

林生杧果富含人体所需的碳水化合物、蛋白质、脂肪,还含有丰富的维生素 A、维生素 B、维生素 C。其中维生素 A 的含量高达 3.8%,是世界果树中含量最高的。林生杧果还含有钙、磷、铁等人体所必需的矿物质元素。此外,林生杧果还有很高的药用价值。因此林生杧果果实被加工成各种食品,现在比较成熟的加工工艺有制作低糖杧果果脯、杧果酒、杧果乳酸饮料、鲜果冰淇淋,杧果纤维可制成饼干。

15.1.4 林生杧果的生存现状与对策建议

(1) 生存现状

林生杧果是云南南部新纪录种,为渐危种,属国家三级保护植物。常零散生长,结果虽多,但因内果皮厚而坚硬,落地后不易发芽,天然繁殖较困难,近年来森林破坏严重,林生杧果亦被砍伐,林生杧果资源日益减少。

（2）林生杧果的保护对策与建议

针对以上原因，为加强对林生杧果资源的保护，提出如下建议：

1）对林生杧果群落采取原生境保护，而对其他难以或不能在自然界里形成优势种的林生杧果，以及人为干扰严重的林生杧果异生境保护。

2）加强林生杧果的基础研究，探讨杧果的起源与进化。

3）建立林生杧果基因库，开展种质资源的收集、保护、鉴定和创新利用。

参考文献

[1] 邓家刚,曾春晖. 杧果叶及杧果苷30年研究概况[J]. 广西中医学院学报, 2003, 6（2）：44-48.

[2] 李敏,胡美姣,高兆银,等. 杧果采后及贮藏生理研究进展[J]. 热带农业科学, 2005, 20（8）：400-403.

[3] 梁伟红,李玉萍,董定超,等. 中国杧果产业发展现状及对策[J]. 中国热带农业, 2008, 3.

[4] 罗小杰,韦虎. 杧果酒的研制[J]. 中国酿造, 2007, 5：89-90.

[5] 王建立,管正学,张宏志. 我国杧果资源状况及加工技术研究[J]. 自然资源, 1997, 6：52-58.

[6] 许玲,余东,黄雄峰,等. 杧果贮藏过程中果实品质变化研究[J]. 福建果树, 2007, 4：20-21.

[7] 张贝贝,玄超,黄元姣. 芒果乳酸菌饮料的配方工艺研究[J]. 广西轻工业, 2008, 11：109-111.

[8] 赵政,李旭,谢秉锵,等. 杧果鲜果冰淇淋加工研制[J]. 食品工业科技, 2009, 2：208-210.

林生杧果群落

林生杧果植株

　　　　　林生杧果生境　　　　　　　　　　　　　林生杧果果实

林生杧果（*Mangifera sylvatica* Roxb.）

15.2 槟榔青 *Spondias pinnata* 物种资源调查

15.2.1 槟榔青概述

（1）名称与隶属

槟榔青[*Spondias pinnata*（L. f.） Kurz]，又名木个、外木个（傣语）、柯增（基诺族），隶属漆树科（Anacardiaceae）槟榔青属。

（2）形态特征

落叶乔木，高 10～15 m；小枝粗壮，黄褐色，无毛，具小皮孔。叶互生，奇数羽状复叶，长 30～40 cm，有小叶 2～5 对，叶轴和叶柄圆柱形，无毛，叶柄长 10～5 cm；小叶对生，膜质，卵状长圆形，长 7～12 cm，宽 4～5 cm，先端渐尖或短尾尖，基部楔形或近圆形，多少偏斜，全缘，略背卷，两面无毛，侧脉斜升，多数，近平行，近边缘处网结成边缘脉，边缘脉具边缘 1 mm，侧脉在叶面略凹，在叶背突起，网脉不明显；小叶柄短，长 3～5 mm。圆锥花序顶生，长 25～35 cm，无毛，基部分枝长 10～15 cm；花小，白色；无柄或近无柄，基部具苞片和小苞片，花萼无毛，5 裂裂片阔三角形，长约 0.5 mm；花瓣 5，无毛，卵状长圆形，先端急尖，内卷，长约 2.5 mm，宽约 1.5 mm；雄蕊 10，比花瓣短，长约 1.5 mm；花盘大，10 裂；子房无毛，长 1.5 mm。核果卵圆形或椭圆形，黄褐色，大，长 3.5～5 cm，径 2.5～3.5 cm，中果皮肉质，内果皮外层为密集纵向排列的纤维质和少量疏松的软组织，无刺状突起，里层木质，坚硬，有 5 个薄壁组织消失后的大空腔，与子房室互生，5室，具有5个种子，但只有2~3个种子成熟。

（3）地理分布

产于云南金平、普洱、思茅、勐腊、景洪、勐海、双江；生长于海拔460～1 200 m 的山坡平坝或沟谷疏林中。广东，海南也产。分布于锡金，印度，斯里兰卡，缅甸，泰国，马来西亚，柬埔寨，越南等国家。

15.2.2 物种调查

槟榔青生长适应性强，喜高温、高湿、阳光充足的环境，生长适温23～32℃，对土壤要求不严，耐瘠薄，在深厚肥沃、排水良好的土壤条件下生长最好。

槟榔青生存的热带群落中，可见到羯布罗香（*Dipterocarpus turbinatus*）、滇谷木（*Memecylon polyanthum*）、铁刀木（*Senna siamea*）、黄樟（*Cinnamomum parthenoxylon*）、木荷（*Schima superba*）、白花合欢（*Albizia crassiramea*）、龙船花（*Ixora chinensis*）、马银花（*Rhododendron ovatum*）、云南银柴（*Aporusa yunnanensis*）、中平树（*Macaranga denticulata*）、柃木（*Eurya japonica*）以及榕属（*Ficus*）、樟属（*Cinnamomum*）植物等。

15.2.3 资源价值与利用现状

药用价值：药用功效槟榔青以果实和茎皮入药，味酸涩、气香，性凉。具有清热解毒、消积止痛、止咳化痰等功效。民间用法西双版纳的傣族人民常取槟榔青的果肉或皮治疗心慌气短、咳喘、哮喘；取其树皮与木棉树皮、柠檬汁、蜂蜜、盐共煎汤，治疗咳嗽、哮喘、百日咳；取槟榔青鲜树皮捣烂取汁外擦患处，治疗睾丸肿痛；取槟榔青鲜树皮适量，捣细敷患处，治疗皮癣。而基诺族人民则取其干树皮或鲜树皮用水煎服，治疗感冒、心慌；取其果实泡水服用，治疗消化不良。其他民族用于安神养心、消食健胃，以配方使用。

全年可采茎皮，秋季采果实，晒干备用，鲜品随用随采。槟榔青在西双版纳常被作为野生水果食用，它的果实富含丰富的营养成分，味酸涩，气香，食后有回味甜，如同余甘子，是一种具有保健作用的特殊风味水果。果实及幼叶可作蔬菜食用。将果实洗净，在火上烤熟，加盐、蒜、辣椒、芫荽等一起捣烂做成佐料酱，傣族称为"喃泌"，用其他蔬菜特别是生食的野菜或凉菜蘸食，味道清香微苦而有回甜味，是西双版纳的特色民族佳肴。槟榔青果实煮熟后，与辣椒、芫荽、姜蒜、熟牛肉或熟猪肉拌食，味道非常鲜美。槟榔青果实炖鸡更是美味佳肴，还可以与其他蔬菜烧汤。槟榔青的嫩茎叶洗净后，蘸佐料或用它包裹肉食一起食用，味道清苦，是傣族过节的佳肴之一。西双版纳的槟榔青资源丰富，果实味道独特，也可做成干粉，作为食品佐料，是一种很有前景的野生果实类蔬菜。

15.2.4 保护与利用建议

1）加强对槟榔青的保护宣传教育，提高群众保护意识。

2）开展槟榔青选育工作，把大自然已经筛选出来的具有良好性状的植株选拔出来，同时，发动群众，把民间自选的优良株系收集保存起来。

参考文献

[1] 马洁，管艳红，张丽霞. 槟榔青的应用价值[J]. 时珍国医国药，2004，15（10）：727.

槟榔青[*Spondias pinnata*（L. f.）Kurz]

15.3 南酸枣 *Choerospondias axillaris* 物种资源调查

15.3.1 南酸枣概述

（1）名称

南酸枣[*Choerospondias axillaris*（Roxb） Burtt et Hill（*Spondias axillaris* Roxb）]，为漆树科（Anacardiaceae）南酸枣属（*Choerospondias*）植物，又名山枣、广枣、山桉果、四眼果、五眼果、酸枣等。

(2) 形态特征

落叶乔木，冠大阴浓，树冠球形至扁球形。树干端直，树皮褐色，条片状剥落。一回奇数羽状复叶，小叶 7～15 片，对生，卵状披针形，长 4～12 cm，全缘。花杂性异株，淡紫红色，雄花和假两性花排成聚伞状圆锥花序，长 4～10 cm，雌花单生叶腋，花期 4—5 月。核果椭圆形或倒卵状椭圆形，熟时黄色，味酸甜。果期 10 月。

15.3.2 物种调查

南酸枣主要分布在湖南、广东、广西、浙江、海南、福建、江西、贵州、安徽、江苏、湖北和四川等气候温湿适宜、阳光充足、土壤条件合适的暖温带省区。

长江流域以南有大面积的人工林。南酸枣适应性强，无论山区、平原、湖区，还是酸性、碱性土均能生长，可作造林绿化先锋树种。20 世纪 80 年代以来，福建省武平县已营造南酸枣用材林 667 hm² 以上；福建尤溪、沙县等地与杉木（*Cunninghamia lanceolata* (Lamb.) Hook.）、檫木（*Sassafras tzumu* Hemsl.）、木荷（*Schima superba* Gardn et Champ）等人工混交造林成小片状；福建三明、南平也有人工造林。浙西南地区已形成一定规模的人工南酸枣木林。湖南益阳南酸枣种质资源丰富，生长表现良好。

在贵州南部山区，南酸枣自然分布在海拔 300～1 250 m 阔叶林或针阔混交林中。黔南山区充分利用陡坡退耕地资源，规模化发展南酸枣，特别是南酸枣针阔混交林。主要伴生植物有甜锥（*Castanopsis eyrei*）、微毛山矾（*Symplocos wikstroemiifolia*）、毛棉杜鹃（*Rhododendron moulmainense*）、广西杜英（*Elaeocarpu sduclouxii*）、红背锥（*Castanopsis fargesii*）、中华楠（*Machilus chinensis*）、华南樟（*Cinnamomum austrosinensis*）等。

赣南地区的南酸枣构成了本地区很具特色的经济林，枣林面积约占全赣南山区疏林地面积的 23%。主要分布在崇义、大余、会昌、于都、瑞金等县境内。赣南山区南酸枣果实的产量和株数是江西省最多的地区，分别约占全省的 60% 和 40%。

据调查统计，赣南山区约有南酸枣 250 万～300 万株，其中幼树苗约占 75%。在正常自然条件的年份下一般能产南酸枣鲜果约 200 万～250 万 kg，其中崇义可产约 100 万 kg，大余县可产约 60 万 kg，会昌约产 25 万 kg，瑞金约产 8 万 kg，此 4 县产量约占全区产量的 85%。每年还约产 0.3 万 m³ 的南酸枣木材，果核约 75 万 kg，核仁约 7 万 kg。崇义县 2004 年 12 月正式获"中国南酸枣之乡"称号，全县南酸枣分布面积达 20 万 hm²，其中天然分布达 15 万 hm²，人工栽种 5 万 hm²。

15.3.3 资源价值及开发利用

南酸枣果实营养丰富，含糖量多，并含有蛋白质、脂肪铁、磷、钙及维生素等，尤其是维生素 C 和维生素 P，每 100 g 鲜果分别高达 1 200 mg 和 2 000 mg，比猕猴桃高 2 倍，比苹果高几十倍。鲜果具有助消化、增食欲、治疗食滞腹痛、便秘等功效；果皮有止血止痛的作用；果核有清热解毒、驱蚊蝇、杀虫收敛、治疗烫火伤等功效。从南酸枣果实中提取的黄酮有抗心律失常的作用，对动物耐缺氧和急性心肌缺血有良好的保护作用；南酸枣皂苷对治疗动脉硬化、高血压等症有显著疗效。种仁含有丰富的脂肪、蛋白质等营养物质，其中脂肪含量达13.4%～14.7%，蛋白质为12.57%～13.84%；种仁生食有润肺、滋补和安神等作用。

南酸枣的传统利用方法是酿制果酒，加工南酸枣汁、枣糕、南酸枣刺仁保健液、酱果、南酸枣果冻、南酸枣片等。浏阳市盛产一种食品，名酱果，甜甜的，酸酸的，吃起来还有一股淡淡的芳香。这种食品其实就是以南酸枣为主要原料加工成的。方法是将南酸枣与红薯蒸熟，拌匀，撒上甘草粉和紫苏粉，捏成团，晒干，即可食。

南酸枣的高经济价值已经成为重要的出口物资。20世纪90年代统计数据表明，$1\ hm^2$南酸枣成林，平均可采集南酸枣鲜果3万kg（原料价值3万元），精制成保健饮料（酒、露等）约300 t（包括其他营养素液等，价值约60万元），可提供VC 360 kg以上，VB 600 kg以上，剩下约1.2万kg核壳可提取活性炭7 500 kg，还可出仁500多kg（约32元/kg），收集10亩酸枣仁得1 t，是重要出口物资（林朝楷等，2010）。

15.3.4 保护与利用建议

1）加强对南酸枣的保护宣传教育，提高群众的保护意识，并积极投入生态环境和生物物种保护。

2）加快南酸枣新品种选育力度。进一步选择优树，采集优树穗条嫁接育苗、造林，并进行子代测定，从中选出高产优质新品种，向林业主管部门申报新品种鉴定。

3）开发南酸枣系列产品。目前，南酸枣食品开发产品主要为南酸枣糕和南酸枣茶，产品较单一，应加强与大专院校和科研机构合作，进一步开发南酸枣产品，如南酸枣果汁饮料等。

参考文献

[1] 李长伟，崔承彬，蔡兵，等. 南酸枣的研究进展[J]. 解放军药学学报，2008，24（3）：231-234.

[2] 林朝楷，谢建华. 崇义县南酸枣产业发展调查[J]. 中国园艺文摘，2010（12）：58-59.

[3] 罗登宏. 野生南酸枣发酵保健饮料的研制[J]. 中国酿造，2010（1）：164-166.

[4] 王承慧. 南酸枣育苗造林技术[J]. 安徽林业，2008（1）：44.

[5] 熊曼萍. 南酸枣蔗汁果酒发酵工艺的研究[J]. 酿酒科技，2010（11）：79-82.

[6] 种小桃，程战立，姚庆强. 南酸枣属植物化学成分及药理活性研究进展[J]. 齐鲁药事，2008，27（5）：289-291.

南酸枣[*Choerospondias axillaris*（Roxb）Burtt et Hill]

16 无患子科 Sapindaceae

16.1 野生龙眼 Dimocarpus longana 物种资源调查

16.1.1 龙眼概述

（1）名称

野生龙眼（*Dimocarpus longana* Lour.），为无患子科（Sapindaceae）龙眼属（*Dimocarpus*）植物。

（2）形态特征

常绿乔木，高达 20 m，胸径 1 m，板状根较明显；树皮黄褐色，粗糙，薄片状脱落。偶数羽状复叶，互生，长 15～30 cm；小叶薄革质，长圆形或长圆状披针形，长 6～15 cm，宽 2.5～5.0 cm，先端急尖或稍钝。圆锥花序顶生和腋生，长 12～15 cm，花杂性，簇生，黄白色；花萼 5 裂；花瓣 5；雄蕊 8，着生花盘内侧；子房无柄，2～3 室，密被长柔毛，有小瘤体，柱头 2～3 裂。果核果状，球形，果皮干时脆壳质，不开裂；种子球形，褐黑色，有光泽，为肉质假种皮所包围。

（3）生物学特性

野生龙眼是海南西南部低山丘陵台地半常绿季雨林常见的树种。分布区年平均气温 24～26℃，年降水量 900～1 700 mm。喜干热生境，在全年生长发育过程中，冬春要求 18～25℃的气温和适当的干旱，夏秋间生长期需有 26～29℃的高温和充沛的雨量。为喜光树种，幼苗不耐过度阴蔽，壮龄树更需充分阳光。天然更新良好，属深根性树种，能在干旱、瘦瘠土壤上扎根生长。萌芽力强，采伐迹地或火烧迹地的树桩，能迅速萌芽更新。

16.1.2 物种调查

野生龙眼分布于海南儋县、东方、白沙、屯昌、琼中、琼海、万宁、陵水、保亭、乐东、崖县等地；云南省孟连县南垒河流域及其分支水系、施甸县孟波多河流域、临沧县澜沧江流域，以及耿马县、镇康县、施甸县、水德县等地。生长于海拔 800 m 以下。调查结果显示，海南省是龙眼原产地之一，逾百年的野生龙眼在海南不为罕见，老者可达 400 余年，具有典型的原生性状，是珍贵的龙眼育种种质资源。中部及西南部热带区内的野生龙眼则是构成热带半落叶季雨林的典型林相，通常成为优势树种。野生龙眼在海南西南部低丘陵季雨林中也很常见，但是随着森林的破坏，大树多被砍伐，现存植株多是萌生幼树复壮而成的林木，分布区日益缩小，自然资源明显减少。海南岛五指山区内生长相对较好。在琼中县仍存在着龙眼的野生群落。在昌化江上游，万盖岭山下约 300 m 高度的岗坡上，有成片的野生龙眼群落，分布面积不等，有些被砍伐后的植株残桩直径有 90 cm。在万泉河上游还有一株野生龙眼，其树高约 15 m，主干胸高周径 3.22 m，是调查中发现最大的一株。以龙眼为主体的植物群落中，尚有半枫荷（*Semiliquidambar cathayensis*）、厚皮树（*Lannea coromandelica*）、山榕（*Ficus heterophylla*）、黄牛木（*Cratoxylum cochinchinense*）、白藤（*Calamus tetradactylus*）、木棉（*Bombax ceiba*）、杧果（*Mangifera indica*）等。在原始森林下的野生龙眼，植株高，主干长，互相荫蔽，环境十分湿润，主干常被野生攀援植物及藤本所缠绕。

目前，我国发现的野生龙眼主要有：云南野生龙眼（*Dimocarpus longana*）、野生大叶龙眼（*Dimocarpus longana* var. *magnifolius*）、钝叶龙眼（*Dimocarpus longana* var. *obtusus*）、海南野生龙眼（学名缺）、广西野生龙眼（学名缺）。

16.1.3 资源价值

野生龙眼的果实，其性状与栽培龙眼有明显区别，穗长，果实小，果皮疣点尖锐、肉薄且肉质稀滑而韧，水分多，味淡，种子大，棕红色至棕黑色，光滑。果实的可食部分为全果重的 36%，含可溶性固形物 6%～10%。

野生龙眼木材结构细致，坚重，极耐腐、不受虫蛀，为工业强材，适作车、船、桥梁、水工、家具等用材。龙眼能够入药，有壮阳益气、补益心脾、养血安神、润肤美容等多种功效，可治疗贫血、心悸、失眠、健忘、神经衰弱及病后、产后身体虚弱等症。

16.1.4 资源利用现状及保护建议

（1）利用现状

野生龙眼为海南西南部低丘陵季雨林中常见的树种之一。随着森林的破坏，大树多被砍伐，现存植株多是萌生幼树复壮而成的林木，分布区日益缩小，自然资源明显减少。

（2）保护建议

建议将未遭破坏和分布较多的半常绿季雨林划为野生龙眼自然保护区，同时在附近国有林场建立种子园，为栽培育种提供种质资源。

参考文献

[1] 邱武凌，章恢志. 中国果树志·龙眼枇杷卷[M]. 北京：中国林业出版社，1996.

野生龙眼（*Dimocarpus longana* Lour.）

16.2 野生荔枝 *Litchi chinensis* var. *euspontanea* 物种资源调查

16.2.1 荔枝概述

（1）名称

野生荔枝（*Litchi chinensis* Sonn. var. *euspontanea* Hsue.），属于无患子科（Sapindaceae）荔枝属（*Litchi*）植物，为国家二级保护植物。

（2）形态特征

野生荔枝为常绿大乔木，高达 32 m，胸径可达 194 cm，板状根发达呈放射状；树皮棕褐色带黄褐色斑块。一回叶为羽状复叶，同一株树有偶数羽状复叶，也有奇数羽状复叶，长 10～25 cm；小叶通常 4～8，稀 3 片，薄革质，椭圆状披针形，长 4～12（15）cm，宽 2～4（6）cm，先端渐尖，基部楔形，全缘，上面深绿色，有光泽，下面粉绿色，嫩叶褐红色。圆锥花序顶生，长 16～30 cm，宽 8～12 cm；花小，绿白色，直径 2～3 mm，花梗长 2～4 mm。果通常为椭圆形或椭圆状球形，直径约 2 cm，成熟时果皮暗红色，具小瘤状体；种子椭圆形，种皮暗褐色，有光泽，外面为白色假种皮所包被，假种皮较薄，味较酸。花期 2—3 月，果期 6—7 月。

16.2.2 野生荔枝调查

广东省廉江、徐闻是野生荔枝的主要分布区，特别是廉江野生荔枝林是我国内陆现存的唯一的数百亩连片原始野生的荔枝群落，该群落位于廉江市廉城东郊约 6 km 处的石城镇谢下山上。谢下山总面积 1 500 hm^2，野生荔枝林面积约 900 hm^2，海拔 80～108 m，属低山雨林地带，与亚洲热带雨林代表科——龙脑香混生在一起。主要伴生植物：鸭脚木（*Schefflera octophylla*）、黄叶树（*Xanthophyllum hainanense*）、公孙椎（*Castanopsis tonkinensis*）、黄桐（*Endosp ermumchinensis*）、白颜树（*Gironniera subaequalis*）、灰木（*Symplocos caudate*）、谷木（*Memecylonli gustrifolium*）、罗伞（*Ardisia quinquegona*）等。

海南省是荔枝的原产地，野生荔枝主要分布在海南东南部由青皮（*Vatica mangachapoi* Blauco）、蝴蝶树（*Heritiera parvifolia* Merr.）、坡垒（*Hopea hainanensis* Merr.et Chun）等组成的湿润雨林中，为第二层乔木的重要成分，主要包括崖县、陵水、昌江、琼中等县的坝王岭、猕猴岭、吊罗山、黎母山、尖峰岭。海口市羊山地区的雷虎岭野生荔枝群，占地几万亩共有几十万株野生荔枝。这几十万株野生荔枝，即使同类，由于其基因不同，品质也不同，其种类之多，堪称世界罕见的荔枝种质资源宝库。生长缓慢，年平均长高约 30 cm。

广西是荔枝原产地之一，具有进化过程中的原始类型。广西野生荔枝主要分布在广西博白县和浦北县交界的六万大山以及大新县靠近中越边境的下雷镇山区一带。广西六万大山山脉的野生荔枝为高大乔木，树干直立，分枝较高，其树干最大直径 210 cm，冠幅 30 m。

由于遭受乱砍滥伐，广西大面积野生荔枝林已遭破坏，野生荔枝资源面临灭绝的危险。调查结果显示，博白县江宁镇六佳村野生荔枝林是目前广西尚存而为数不多、面积较大、分布较为集中的野生荔枝种群。

褐毛荔枝（*Litchi chinensis* var. *fulvosus* YQ Lee）是荔枝（*Litchi chinensis* Sonn.）的野生变种，褐毛荔枝具有早熟、适应性广、光合能力强、坐果率高和果实外观鲜艳等特点，具有特殊的育种价值。

16.2.3 野生荔枝资源价值

（1）野生荔枝的保护价值

野生荔枝木材被列入特等商品材，其纹理交错，结构致密，材质坚硬而重，少开裂，切面光滑，具光泽，抗腐性强，供上等家具、高级建筑用材。野生荔枝是荔枝育种的种质资源，在生产和科研上均有价值。

（2）野生荔枝的食用价值

野生荔枝外观美，营养丰富，富含碳水化合物、各种维生素和矿质元素，主要品种可食部分占41%～47.3%，味甜至酸甜，带荔枝或葡萄风味，可口怡人。

（3）野生荔枝的营养价值

长期食用可润肤养颜、清热解毒、增强人体免疫力。它含有丰富之钙质，磷质与维生素C。

（4）野生荔枝的经济价值

野生荔枝是一种极具经济价值的热带果树，在市场上享有较高的声誉，售价高，在海南种植具有较强的适应性。

16.2.4 保护与利用建议

1）在野生荔枝资源集中的区域建立自然保护区、保护点，对野生荔枝资源进行有效的保护，并保护好野生荔枝的生境。

2）开展荔枝遗传种质资源清查工作，从种群生态系统、物种与类型、基因多样性方面开展全方位研究，切实认识、保护、利用好大自然留给我们宝贵的遗传种质资源。

3）建立种质资源圃，收集相关遗传资源，深入开展荔枝育种工作。

参考文献

[1] 邓穗生,陈业渊,张欣. 应用RAPD标记研究野生荔枝种质资源[J]. 植物遗传资源学报,2006,7（3）: 288-291.

[2] 柳建良. 荔枝种质多样性及其保护与发展[J]. 韶关学院学报,2005,26（9）: 76-80.

[3] 罗海燕,陈业渊. 海南野生荔枝ISSR反应体系优化及应用[J]. 热带农业科学,2007,27（1）: 19-24.

[4] 彭宏祥,朱建华,黄宏明. 广西野生荔枝资源的研究价值及其保护对策[J]. 资源开发与市场,2005,

21（1）：57-58.

野生荔枝（*Litchi chinensis* Sonn. var. *euspontanea* Hsue.）

16.3 文冠果 *Xanthoceras sorbifolia* 物种资源调查

16.3.1 文冠果概述

（1）名称

文冠果（*Xanthoceras sorbifolia* Bge.），为无患子科（Sapindaceae）文冠果属（*Xanthoceras* Bunge）植物，别名文官果（山东、辽宁）、文光果（《群芳谱》）、木瓜（河南、甘肃）、文冠树（河南）。

（2）形态特征

文冠果为落叶乔木或灌木，高达 8 m，树皮灰褐色，枝粗壮直立，嫩枝呈红褐色、平滑无毛。叶互生，奇数羽状复叶，长 14~90 cm；小叶 9~19 枚，长椭圆形至披针形，长 2~6 cm，宽 1~2 cm，边缘具锐锯齿，表面暗绿色，背面色较淡。花杂性，总状花序；花瓣 5，白色，基部里面呈紫红色斑纹，美丽而具香气；花盘 5 裂，裂片背面有一橙色角状附属物；雄蕊 8。蒴果，黄白色，长 3.5~6 cm，3 片裂。种子球形，直径 1 cm，黑褐色。花期 4—5 月，果熟期 7—8 月（刘孟军，1998）。

（3）生物学特性

文冠果适应性极强，根深、耐寒，半耐阴，能抗旱，但不耐涝，好生于土质肥沃深厚之山坡、谷间和林缘。对土质选择不高，文冠果在沙荒、石砾地、黏土及轻盐碱土上均能生长。是绿化荒山的先锋树种。根系发达、根萌蘖性强，也是水土保持及防沙改造环境的优良树种。文冠果易繁殖、种子营养丰富、种仁含油率高、可入药，是一种中国特有的珍稀木本油料植物，有北方油茶之称，具有很高的应用价值。此外，文冠果木材纹理致密、结实耐用，是家具、农具和手工艺品的好原料。文冠果花色品种多样且好看，开花时间相对较长，是珍贵的园林绿化树种和蜜源植物。

16.3.2 文冠果物种调查

（1）地理分布

文冠果为温带树种，原产于我国北方。野生资源主要分布在黄土高原次生林区，陕西、甘肃、山西、青海、内蒙古相对较多，宁夏、河北、河南也有散生孤立树木或小群落，吉林、辽宁、黑龙江也有少量分布。垂直分布在海拔 400~1 400 m 地带（刘孟军，1998）。

栽培分布区包括黑龙江、吉林、辽宁、河北、内蒙古、河南、山东、陕西、山西、甘肃、青海、宁夏、新疆、西藏和安徽、湖北等省区。

（2）野外调查

文冠果分布区的自然景观带是温带森林草原—黑垆土地带，土壤以黄绵土占绝对优势，其次是黑垆土、风沙土及山地褐土。另外在一些棕壤、粗骨棕壤、栗钙土，灰钙土、红胶土上也有文冠果分布。分布区内土壤的 pH 值为 7~8.5。

天然分布区内植被以灌草丛为主，灌木主要有沙棘（*Hippophae rhamnoides*）、柠条锦鸡儿（*Caragana korshinskii*）、酸枣（*Ziziphus jujube* var. *spinosa*）、河朔荛花（*Wikstroemia chamaedaphne*）、小叶鼠李（*Rhamnus parvifolia*）、白刺（*Nitraria tangutorum*）、达乌里胡枝子（*Lespedeza davulica*）等；草类有针茅（*Stipa capillata*）、白羊草（*Bothriochloa ischaemum*）、蒙古蒿（*Artemisia mongolica*）等。

人工营造的文冠果林主要集中在内蒙古、河北、陕西、山西等省区，除纯林外，多与油松（*Pinus tabuliformis*）、白榆、侧柏（*Platycladus orientalis*）、刺槐（*Robinia pseudoacacia*）、柠条、胡桃（*Juglans regia*）、枣（*Ziziphus jujuba*）、山杏（*Armeniaca sibirica*）等混交。

16.3.3 文冠果引种和育种

在引种方面。多年来我国许多地区都进行了文冠果的引种尝试，并取得了成功。早在 1968 年陕西蒲城就开始了文冠果的引种工作；近年陕西洛川成功引种了文冠果。1975 年新疆建设兵团农一师引种文冠果，新疆奇台和冬季 35℃以下的乌鲁木齐、昌古、石河子、沙湾一带也已引种成功。1976 年江苏灌南县从甘肃平凉和辽宁翁牛两地引进文冠果种子育苗，1978 年大田移植，成活率 99.7%，3~5 年始果，盛果期树株产 15~50 kg，此外，青海河湟流域、河南嵩县、山东济宁和莱芜等地引种的文冠果也均能正常开花坐果。在引种的同时，人们进行了大量调查研究，确定了其适栽范围，发现文冠果的分布极限北部位置达 47°20′，南部极限位置达 29°；同时对引种种源、栽培管理措施等也进行了阐述，如刘才等就摸索出一套提高黑龙江地区文冠果引种成活率的完整经验。

在选育种方面。从 20 世纪 70 年代开始，我国陆续开展文冠果的选育工作，并不断取得进展。内蒙古林学院 1974 年即开始文冠果良种选育工作，1979 年选出了内林 53 号优良单株；徐东翔选出内林 2 号，并对其经济性状进行了调查；据报道，杨凌金山农业科技有限责任公司近年成功培育出文冠果 1 号，彻底改良了野生文冠果素有的弊端。在理论上对文冠果染色体组型、大小孢子及胚和胚乳形成过程的探索，为文冠果选育工作提供了细胞学方面的基础材料。在早期选、育和理论探索的基础上，目前已经总结出文冠果选育的两个途径：一是选择优株。文冠果自然分布区内生态条件差别较大，必定存在着种源差异，可首先筛选出生长速度快，树势健壮，坐果率高，单株产量高，果大皮薄，籽粒饱满，出仁率和种子含油量高，抗病虫和生产能力大的优良母株；然后进行快速无性繁殖，形成遗传性状稳定的无性系，进而培育成优良品种。二是育种。文冠果遗传资源十分丰富，如能育成文冠果纯合二倍体（即自交系），然后配成优良杂交组合，进而建立杂交种子园，选择其杂种优势明显、后代表现型整齐一致的良种，也不失为一条有效途径。安守琴等就曾以无性繁殖和子代测定的常规育种为手段，通过表现型选择、当代鉴定交配设计的子代测定，在 37 个无性系中，选出了当代表现较优良的无性系以及最佳组合。

16.3.4 文冠果资源价值

(1) 食用价值

文冠果花味甘可食，种子鲜美可食，亦可榨油，为良好木本油料树种。文冠果种子含油率为30.4%，种仁含油率为55%~66%，其油分中不饱和脂肪酸含量高达94%，亚油酸占36.9%，油酸占57.16%。文冠果油是半干性油，色黄，芳香可口，是很好的食用油。文冠果的嫩果种仁可生食，是营养丰富、风味独特的果品。其嫩果种仁在乳熟期适于加工罐藏食品，且风味独特。种子可炒食，油而不腻，味道香美。文冠果的叶片中含蛋白质19.8%~23.0%，高于红茶。种壳榨油后饼粕可制成含蛋白质高的蛋白质饮料。

(2) 药用价值

文冠果有抗炎、改善记忆、改善心血管、抗病毒、抗癌、抗艾滋病（HIV）活性等功效；对风湿性关节炎、消肿止痛、皮肤风热症、遗尿症、老年痴呆、肝炎、中毒性肝损伤等有一定的疗效；可降低胆固醇、降血脂；对6种癌细胞有高抑制活性的作用。

文冠果的叶中咖啡因含量接近花茶，可作饮料，加工制茶饮用，具有降压作用。其皂苷的结构类型属齐敦果烷型三萜皂苷，从构效关系上看具有较强的抗癌活性。另据Ma等报道，文冠果中具有抑制HIV蛋白酶活性的成分，它可用于治疗艾滋病。它的枝、叶、干、种仁、果柄均可入药。枝叶熬膏涂患处，可治风湿性关节炎；茎枝是蒙医专用药。叶中所含杨梅树皮苷具有杀菌、杀精子、稳定毛细管、止血、降胆固醇作用。花萼片中含有的岑皮苷具有解热、安眠、抗痉挛等作用。种仁可制取治疗心脏病、血管病、遗尿症、腹泻、脱发、皮肤病、智力低下及老年痴呆症等的药物。

(3) 其他价值

文冠果油除可食用外，还可用做工业原料，合成高级润滑油、喷漆及肥皂等，油中非皂化部分中的淄酸可作液晶材料。根为黄色，可用做染料。果皮含糠醛12.2%，是提取糠醛的最好原料。种壳、果壳可作活性炭、木糖醇、酒精等化工原料。文冠果树木材结实，纹理细致美观，气味醇香，可制作各式家具。花期长，流蜜量大，是重要的蜜源植物。此外，在北方庭院及公园中，还可孤植或群植，以供观赏之用。

16.3.5 资源保护问题与对策

(1) 存在的问题

由于缺乏对野生文冠果林保护的投入，致使文冠果的野生资源面积在日趋缩小，种质资源严重减少。

能源林建设热潮的兴起，导致部分地区盲目发展，有种就采，有苗就栽现象非常普遍，造成林分质量低下，经济效益不高，引起群众不满。

由于对文冠果的研究和开发时间不长，还保留其部分野生性状，至今还没有系统地选育出新品种，单株和单位面积产量相对较低。

不恰当的宣传热炒文冠果,如称之为"北方油茶"、"生物柴油树"等。而忽视了其花不孕率高,"千花一果"现象,使得造林者普遍得不到经济回报。

(2) 对策与建议

1) 加强野生资源保护,在适当区域划定自然保护小区,切实保护好这一珍贵的自然遗产。

2) 野生文冠果长期处于天然自生状态,适应性广,抗性强,生命周期长,是植物育种中宝贵的抗性基因库,应选择优良品种和类型,进行科学的人工栽培管理,提高结实率,建立优良品种快繁基地。

3) 充分利用现代生物技术育种手段,改变其遗传性,解决其落花落果、雄性不育等问题,培育出优良的新品种。利用植物组织培养技术,建立无病毒苗的快繁体系,加快苗木繁殖速度,使它尽快投入生产。

4) 有组织、有计划、有步骤地发展文冠果经济林,提高产量、品质和效益。

参考文献

[1] 杜凤玲. 文冠果造林技术及实用价值[J]. 内蒙古林业,2008 (4):32-33.

[2] 范明浩. 北方优良生物质能源树种文冠果[J]. 内蒙古林业,2007 (12):21.

[3] 高启明,侯江涛,李阳. 文冠果的栽培利用及开发前景[J]. 中国林副特产,2005 (2):56-57.

[4] 韩小万. 浅谈文冠果在鸡西市的栽培与利用前景[J]. 黑龙江科技信息,2007 (2S):108.

[5] 贾随太,王晓飞. 文冠果大田育苗技术及应用[J]. 现代农业科技,2008 (12):80.

[6] 江萍,宋于洋. 文冠果在新疆石河子垦区的引种适应性研究[J]. 山西林业科技,2007 (1):26-29.

[7] 李春光,李海燕,曹得宽,等. 文冠果能源林资源培育技术与对策探讨[J]. 安徽农业科学,2008,36 (9):3652-3653,3656.

[8] 李连旺,闫冬佳. 我国文冠果资源及可开发利用研究[J]. 山西农业大学学报:社会科学版,2005 (5).

[9] 丽娟. 文冠果栽培技术[J]. 山西农业:村委主任,2008 (2):45.

[10] 刘克武,张海林,张顺捷,等. 文冠果优良品系选择[J]. 中国林副特产,2008 (3):15-18.

[11] 刘孟军,中国野生果树[M]. 北京:中国农业出版社,1998.

[12] 麻仕栋,张林涛. 生物质能源树种文冠果繁育与造林技术[J]. 甘肃科技,2008,24 (7):164-165.

[13] 马启慧. 能源树种文冠果的研究现状与发展前景[J]. 北方园艺,2007 (8):77-78.

[14] 牟洪香,于海燕,侯新村. 木本能源植物文冠果在我国的分布规律研究[J]. 安徽农业科学,2008,36 (9):3626-3628.

[15] 任宝君,郭金龙,卢占才. 文冠果生物学特性及其综合开发应用[J]. 河北农业科技,2008 (12):32-32.

[16] 孙海鹏. 浅谈文冠果的发展与经营[J]. 内蒙古林业,2003 (12):38.

[17] 王宝侠,董志源,叶秀云. 通辽市文冠果研究历史栽培现状及可持续发展对策[J]. 内蒙古林业,2007 (12):36-37.

[18] 王红斗. 文冠果的化学成分及综合利用研究进展[J]. 中国野生植物资源,1998,17 (1):13-16.

[19] 王同月. 生物质能源树种——文冠果[J]. 河北林业, 2008 (2): 43.

[20] 王卓勋, 郭爱华. 北方油茶——文冠果[J]. 山西农业: 致富科技版, 2008 (6): 46.

[21] 为农. 北方提取生物柴油的最佳木本原料植物——文冠果[J]. 山西农业: 村委主任, 2008 (2): 44-45.

[22] 魏海斌. 青海文冠果与林木生物质能源探讨[J]. 青海农林科技, 2008 (1): 44-45.

[23] 吴杨, 贾斌英. 文冠果的繁育技术[J]. 辽宁林业科技, 2007 (6): 55-58.

[24] 谢发兵. 生物质能源的重要树种——文冠果[J]. 中国林业, 2008 (14): 33.

[25] 薛培生, 沈广宁, 赵峰, 等. 文冠果的栽培现状及发展前景[J]. 落叶果树, 2007, 39 (4): 19-22.

[26] 闫冬佳. 我国文冠果资源及可开发利用研究[J]. 山西农业科学, 2007, 35 (3): 15-17.

[27] 杨柳, 陈曦, 杨志斌. 文冠果引种栽培注意的几点问题[J]. 湖北林业科技, 2008 (2): 72.

[28] 叶玉彩, 李现生, 陈鲜霞. 木本燃料油能源树木文冠果生态特性及栽培技术[J]. 河南林业科技, 2005, 25 (2): 55-56.

[29] 张爱平. 优良的木本油料树种——文冠果[J]. 内蒙古林业调查设计, 2008 (4): 77-79.

[30] 张雄. 文冠果栽培管理技术[J]. 河北林业科技, 2008 (3): 61.

[31] 赵丽, 玉林, 徐连峰. 黑龙江省西部地区文冠果栽培的前景及发展对策[J]. 防护林科技, 2008 (3): 92-93.

[32] 中国科学院植物研究所, 等. 中国经济植物志[M]. 北京: 科学出版社, 1961: 877-878.

[33] 周英, 谷文生. 文冠果在巩留县引种栽培初报[J]. 中国林业, 2007 (10B): 60.

文冠果（*Xanthoceras sorbifolia* Bunge）

17 鼠李科 Rhamnaceae

17.1 野生酸枣 Ziziphus jujuba var. spinosa 物种资源调查

17.1.1 酸枣概述

（1）名称

酸枣[*Ziziphus jujuba* var. *spinosa*（Bunge）Hu]，别名棘、棘刺花、野枣、山枣（东北）、山酸枣、葛针（河北）、棘子、角针（山东）、山酸枣（河南）、棘果枣（浙江）、别大枣（湖北），是生长在我国北方地区的多年生灌木，鼠李科（Rhamnaceae）枣属（*Ziziphus* Mill.）植物。酸枣是中国栽培枣的原生种，既是果药兼用野生树种，还是防风固沙、保持水土造林中的先锋树种。

（2）形态学特征

落叶灌木或小乔木，株高 1～3 m，树皮纵裂，灰褐色，嫩枝绿色，弯曲呈"之"字形；叶互生，椭圆形至卵状披针形，先端短尖而微凹，基部偏斜，长 1.5～3.5 cm，宽 0.6～1.2 cm，边缘有细锯齿，主脉基部三出，侧脉不明显；托叶刺发达，每节 2 个，1 个细长、2～5 cm，向前斜伸，1 个短粗、向后弯曲，叶柄极短。花序为完全或不完全聚伞花序，着生于叶腋，每序具花几至几十朵，黄绿色，花小，直径 4～16.4 mm，小花梗短；萼片 5，卵状三角形；花瓣 5，匙形，乳白色；雄蕊 5，与花瓣对生且近等长；花盘肥厚肉质、近五边形。核果，果实小，近球形或长圆形，长 0.7～1.5 cm，成熟时外果皮暗红色，果肉黄色，味酸甜，果实自然干后外果皮不皱，中果皮出现空腔，内果皮厚木质，核卵形，两端钝。花期 5—8 月，果期 9—10 月。

（3）生物学特性

酸枣枝条直立生长能力较强，当年形成的枝条（枣头）在生长的同时，各节叶腋间的副芽能萌发生成 2 次枝，但主芽即冬芽多不萌发。枣头 2 次枝上每节叶腋间，也具主副 2 芽，主芽也不萌发，副芽即夏芽则在当年萌发为脱落性枝称（枣吊）。枣头 2 次枝上的枣吊也能开花，但结果能力不强。头年枣头上的主芽，第二年有的不萌发，成为潜伏芽；有的萌发成新枣头；有的萌发成短枝（枣股）。枣头 2 次枝上的主芽能萌发成健壮的枣股，是酸枣树上的主要结果母枝。枣股一旦形成，就能连续结果数年至几十年。故栽培酸枣时要注意培养枣股，合理修剪，提高枣股的结果能力。

酸枣根系发达，实生苗为典型的直根系，主根可达地下数米，根萌蘖性和地上部分的发枝能力强，实生苗当年或第二年开花结果，并随着树龄增加，开花结果量逐渐提高。5年后进入大量结果阶段，50年后开花结果能力又渐渐降低。酸枣的寿命长，在正常生长条件下，一株酸枣的寿命可达百年以上。

酸枣生长表现出明显的喜光喜温特性，但对生长环境条件的适应性极强，耐寒、耐干旱、耐盐碱、耐瘠薄，在一般的土壤上均能自然生长。故常见生于山坡荒地、路旁及村边宅旁。但要想获得酸枣的丰产丰收和优质，也需要有深厚肥沃的土壤、充足的阳光以及适当的温湿度等条件，人工栽植以土层深厚、肥沃、排水良好的黄土及沙壤土为好，土壤酸碱反应以 pH 值 5.5~8.5 为适宜。

（4）地理分布

酸枣作为重要的野生果树，在我国分布较为广泛，集中产区分布在河北、陕西、内蒙古、辽宁、山东、山西等省区，在宁夏、新疆、湖北、四川等地也有分布。

河北省的酸枣资源主要分布在太行山、燕山山区，邢台市的邢台县、沙河、临城、内邱四县酸枣资源尤为丰富，历史悠久，是享有盛誉的"邢枣仁"的产地；辽宁省主要分布在西南南部，陕西酸枣主要分布在陕北黄河沿岸及无定河、渭河、洛河、径河流域，此外在海波 400~1 000 m 的向阳干燥高原沟壑、丘陵、土石山区的荒坡、崖畔、田埂、道旁隙地亦普遍分布。而且酸枣类型复杂多样，从不同产区调查收集的不同性状的类型就有 115 种之多。

17.1.2 酸枣研究概况

酸枣因其具有耐寒、耐旱、耐瘠薄等特点和较高的药用价值，主要作为大枣的砧木和中药开发利用，从 20 世纪 80 年代科研学者对酸枣这一野生资源的越来越重视，研究逐渐增多。

王永惠等（1989）对酸枣开花结果习性进行了观察，发现酸枣花量虽大，但落花落果严重，能发育成熟的很少，但生长条件好的酸枣则表现丰产；生长在岗坡次地的酸枣，经人工管理，亦能丰产。据天津轻工业学院和中国医学科学研究所测定，酸枣鲜果肉每 100 g 发热量约 418 kJ、含糖 20%左右、维生素 C 830~1 170 mg，是苹果的近百倍；干果肉每百克发热量约 1 254 kJ、含糖 65%左右，维生素 P 2 000~3 000 mg、蛋白质 1.2%~3.3%、脂肪 0.2%~0.4%，此外还含钙、镁、磷、铁等多种矿质营养、核黄素、维生素 C、胡萝卜素等多种维生素和大枣酸、苹果酸盐、酒石酸盐、黏液质等，酸枣果实营养物质丰富，含量高，用它制成的食品和饮料具有很好的滋补保健作用。李兰芳（1990）对酸枣不同部位氨基酸成分进行分析，酸枣肉含有 10 种以上氨基酸，酸枣叶含有 11 种以上氨基酸，酸枣仁含有 14 种以上的氨基酸，氨基酸总量以种仁最高，其次叶和果肉。周俊义等（2005）通过对 149 份酸枣种质的主要数量性状进行分析研究，得出了酸枣果实主要数量性状的变异情况、主要数量性状间的相关性，以 149 份酸枣种质为材料，对其主要数量性状的变异和相关性进行了分析。结果表明，变异系数的分布范围很广，在 6.94%～56.18%。可溶性总糖和单果重呈极显著正相关，和可食率呈显著正相关；可滴定酸和单果重、果核指数呈极显著负相关，和可食率、干仁重呈显著负相关，和维生素 C 呈极显著正相关；维生素 C 和单果重呈显著负相关。

  关于酸枣各部位加工品的研究也有增多，刘国信（2008）探讨了野生酸枣果醋的加工方法的一系列工艺流程；张玉姐利用酸枣叶介绍了其叶片保健茶加工技术；刘魁等对酸枣仁乳饮料的研制进行开发，制出的酸枣仁乳饮料不仅味道可口、饮用方便，而且兼具营养价值和辅助治疗失眠的作用，无任何毒副作用，具有食疗同杨的效果，是很有应用前景的功能性营养饮料。

  酸枣种子寿命较短，常温常湿下贮藏 1 年即大部分失去活力。祁军等（2008）对酸枣的萌发特性进行研究，赤霉素溶液浸种可以打破酸枣种子的休眠，0.8‰浓度处理效果最好，可使酸枣的发芽率和发芽势分别达到 0.815、0.735；用室温层积处理的方法可将酸枣种子的发芽率提高到 0.48；因酸枣种壳的木质化程度较高，用浓硫酸浸种达不到腐蚀种壳的目的，发芽情况不佳；综合分析得出，酸枣种子去壳后用 800 mg/L 赤霉素溶液处理较好，解决酸枣种子自然萌发率低的难题，为今后野生酸枣的研究和开发利用奠定了基础。李秀珍等（2005）研究了酸枣种子培养温度和贮藏处理时间对萌发的影响，发现培养温度明显影响酸枣种子的发芽，30℃下的发芽率和发芽势均明显高于 25℃，并且出苗速度快、时间短而集中；本实验并未出现随贮藏时间增加而明显降低其发芽率的现象，这说明湿润的酸枣种子在低温条件下可以保存较长时间。孙清荣等（2002）利用植物组织培养技术研究了不同培养条件对酸枣叶片不定芽再生的影响，酸枣叶片诱导不定芽比较困难，BA 不能诱导枣叶片获得再生成功，只有比 BA 具有更高细胞分裂素活性的 TDZ 才能使其获得不定梢再生，并且获得高的不定梢再生率。可见，酸枣繁殖方面的研究也逐渐深入，对叶片再生的研究为以后遗传转化提供基础。

  山地酸枣资源丰富，张文越等（2004）通过嫁接鲜食枣良种、加强地下土壤肥水管理、修剪、花期管理、病虫防治等技术措施，实现了鲜食枣良种的丰产优质，为山地酸枣资源的合理利用提供了科学依据。太行山干旱低山陵区广泛分布酸枣、荆条、白羊草植被，邵学红等（2005）利用野生酸枣嫁接大枣，低海拔地区以金丝大枣为主，海拔 600 m 以上地区可以适当发展骏枣，沟谷及水利条件好的旅游区及交通方便地方以冬枣、梨枣为主；依据野生酸枣的密度，确定留苗改造的密度并形成均匀与非均匀团块状配置方式；科学人工整地，及时割灌抚育、抹芽除萌蘖和整形修剪是野生酸枣嫁接大枣后早果早丰的重要技术保证。和贵生（2000）在鹤壁市鹤山区根据山区实际情况，确定了以发挥山区现有酸枣资源优势，扩大枣种植面积作为以后林业发展的方向之一。

17.1.3 野生酸枣调查

(1) 酸枣的物候期

冬芽萌动期,酸枣于4月中旬(4月12—20日)开始冬芽萌动;新梢生长期,冬芽膨大并开始伸展或鳞片缝隙出现绿色时为新梢开始生长;酸枣新梢生长开始于4月下旬,一般为4月25—28日;新梢迅速生长期,一般始于新梢出现后的25~30 d,通常在5月下旬—6月下旬,新芽形成标志着高生长结束。新梢生长终期出现于8月上旬;开花期,花期与当年春季气温关系最为密切,一般在6月初开花,花期6~10 d;结实期,酸枣的结实期通常为7月初—10月中旬。

(2) 酸枣的重要品种

酸枣是原产我国的一种十分古老的树种,在长期的自然选择过程中形成了众多的变异类型。依果形等可分为圆酸枣、椭圆酸枣、扁圆酸枣、柱形酸枣、一头尖酸枣、二头尖酸枣、葫芦形酸枣以及果核轮生木质突起的刺核酸枣、果肉具木栓颗粒的砂酸枣、花序退化为叶丛的叶花酸枣和软核酸枣、宿萼酸枣等,以圆形和椭圆形酸枣最为常见;从果肉风味看,又可分为酸味酸枣、酸甜味酸枣和甜味酸枣,以前两类占优势;从人工管护程度看,则可分为野生、半野生和栽培三个类群,而后两类只占极少部分。栽培型酸枣均为丰产且味美或药效高者,如北京的老虎眼酸枣、河北唐县的甜酸枣、河北邢台的黄皮酸枣、陕西佳县的甜酸枣、团酸枣等。

17.1.4 保护利用问题与建议

(1) 保护与利用问题

1) 近年来随着嫁接大枣技术的推广,河北、山西、山东、陕西等省山区的酸枣资源很大一部分被当做砧木利用,同时由于人们没有意识到酸枣资源的重要性,乱砍滥伐,人为破坏现象严重,使酸枣资源的原有规模和种质遭受极大损失;

2) 大多数酸枣资源都处于自然生长的状态,多数不加管理,加上立地条件差、实生繁殖、自然变异等因素导致了酸枣产量低、果实大小、品质参差不齐、病虫害严重;

3) 酸枣资源研究力度远远不够,还没有开发出可以大规模种植的优良酸枣资源,酸枣的品种化栽培远未实现;目前大多数地区对酸枣的利用多是种仁的销售,应充分利用酸枣资源,加强对酸枣资源的全面开发。因而,保护酸枣资源,合理地开发利用酸枣资源已日趋明显。

(2) 开发利用建议

1) 加强酸枣资源价值宣传,切实引起产区政府和群众对酸枣的重视,严禁乱砍滥伐和抢青;

2) 提高酸枣综合利用程度,进一步降低成本增加效益,如制酸枣汁后的碎果皮果肉可作饲料,果核可制取酸枣仁,剩下的核皮还可制活性炭等;

3）充分利用荒山荒坡有计划地大力发展酸枣，积极研究和开发具酸枣特点的丰产管理和加工配套技术，科学管护与适地发展并重；

4）开展酸枣种质资源的调查选种工作，加强酸枣的科研工作，积极选育优良酸枣品种，加大其推广种植规模，实现酸枣的品种化栽培；

5）开发鲜果资源，丰富我国果品市场；加大力度支持兴办酸枣加工企业，开发新产品，提高产品质量。

6）生产、科研、加工和销售有机地结合起来，以市场为导向，实施一手抓基地、一手抓综合开发利用的策略，增加产量数量及质量，提高经济效益。

参考文献

[1] 毕春侠. 酸枣资源利用研究的现状[J]. 陕西林业科技，2000（1）：49-52.

[2] 高敬东，杨廷桢，梁芊，等. 野生酸枣资源的开发利用现状及发展建议[J]. 山西果树，2003（3）：29-30.

[3] 和贵生. 鹤壁市鹤山区大力开发酸枣资源[J]. 河南林业，2000（5）：28。

[4] 李兰芳，赵淑云. 酸枣不同部位（肉.叶，仁）中氨基酸成分的研究[J]. 河北医药，1990，12（6）：348-349.

[5] 李秀珍，李学强，马慧丽. 培养温度和低温贮藏时间对酸枣种子萌发的影响[J]. 中国南方果树，2005，34（3）：77-78.

[6] 刘国信. 野生酸枣果醋的加工方法[J]. 科学种养，2008（8）：55-56.

[7] 刘魁，戎欣玉，王荣耕，等. 酸枣仁乳饮料的研制[J]. 食品研究与开发，2007，28（10）：92-94.

[8] 刘孟军，水蕙. 酸枣资源的开发与利用[J]. 中国野生植物，1990（1）：28-30.

[9] 祁军，王琼，江涛，等. 酸枣种子萌发特性研究[J]. 安徽农业科学，2008，36（16）：6758-6759.

[10] 邵学红，王振亮，张金香，等. 太行山区野生酸枣资源再造成林技术[J]. 山地学报，2005（3）：381-384.

[11] 孙清荣，刘庆忠，等. 培养条件对酸枣叶片不定梢再生率的影响[J].果树学报，2002，19（1）：24-26.

[12] 王永惠，周吉柱. 酸枣开花结果习性观察[J]. 落叶果树，1989，21（3）：1-4.

[13] 吴树勋，李兰芳. 酸枣的营养成分与营养实验研究[J]. 河北医药，1990，12（1）：31-32.

[14] 张文越，房义福，赵焕贵，等. 山地酸枣嫁接鲜食枣良种丰产优质栽培技术研究[J].山东林业科技，2004（6）：27-28。

[15] 张玉姐. 酸枣叶保健茶加工技术[J]. 山西果树，2007（3）：56.

[16] 周俊义，杨雷，刘平，等. 酸枣种质资源果实主要数量性状变异及相关性研究[J]. 中国农学通报，2005，21（10）：271-272，275.

酸枣[*Ziziphus jujuba* var. *spinosa*（Bunge）Hu]

17.2 野生滇刺枣 Ziziphus mauritiana 物种资源调查

17.2.1 滇刺枣概述

（1）名称与隶属

滇刺枣（*Ziziphus mauritiana* Lam.），又名酸枣、须须果（云南俗称）、缅枣（云南种子植物名录）、印度枣、西西果、麻荷（傣语），为鼠李科（Rhamunaceae）枣属（*Ziziphus* Mill.）植物。

（2）形态特征

常绿乔木或灌木，高 15 m。幼枝密被灰黄色绒毛，老枝紫红色。叶纸质至厚纸质，卵形、长圆状椭圆形，偶近圆形，长 2.5～6 cm，宽 2～4.5 cm，先端近圆形，基部近圆形，略偏斜不等侧，边缘具细齿，上面深绿色，有光泽，无毛，下面淡绿色，被绒毛，基出 3 脉，网脉在下面明显多叶柄密被灰黄色绒毛；具托叶刺 2，1 个直而斜升，1 个钩状下弯。花两性，绿黄色，数至 10 余花组成腋生二歧聚伞花序，花序梗短或几无，花梗长约 3 mm，被绒毛；萼片 5，卵状三角形，外面被毛；花瓣 5，长圆状匙形，具爪；雄蕊 5，与花瓣近等长；花盘肉质，10 裂；子房球形，花柱 2 浅裂至中裂。核果球形或长圆形，径约 1 cm，成熟时黑色；中果皮木栓质，薄，内果皮硬革质，厚。种子红褐色，有光泽。花期 8—11 月；果期 9—12 月。

（3）分布特性

滇刺枣为热带—亚热带野生果树，分布于中国、斯里兰卡、印度、阿富汗、越南、缅甸、马来西亚、印度尼西亚，澳大利亚及非洲也有分布。

滇刺枣在国内分布于云南、四川、广西、广东；滇刺枣品种在福建、台湾有栽培。云南省滇刺枣主要分布于怒江、金沙江、元江、澜沧江、盈江等沿江流域及其他干热河谷，诸如巧家、元谋、禄劝、河口、元江、江城、思茅、景谷、景洪、勐海、双江、盈江、龙陵等地；多生长在热带草丛或热带稀树草丛中，常与热带草丛或热带稀树草丛共生而表现为优势树种，分布海拔多数在 400～1 800 m，是干热河谷地区重要的水土保持和荒山绿化经济树种。

17.2.2 滇刺枣研究概况

滇刺枣属于野生果树，相对于作为果树栽培的其变种——毛叶枣或台湾青枣，野生滇刺枣的研究文献较少，刘意秋等（2005）介绍了滇刺枣的开花泌蜜规律及作为蜜源植物的经济价值。邓国宾等（2004）开展了滇刺枣挥发性成分的研究：同时用蒸馏萃取方法收集滇刺枣的挥发性成分，所得到的滇刺枣挥发性成分的二氯甲烷浓缩液用气相色谱-质谱法（GC-MS）分离并分析鉴定其成分及质量分数，共鉴定出 40 个化合物。袁瑾等（2004）利用反相高效液相色谱法测定滇刺枣中β-胡萝卜素含量,回收率在(92.3±1.40)%,结果满意。张林辉等(2002)开展了滇刺枣育苗技术研究。袁瑾(2002)采用分光光度法对野生植物滇刺枣中的有机锗进行了测定,分析结果表明:灰化法操作简单,结果准确,回收率为98.8%~99.6%。尼章光等(2001)介绍了云南滇刺枣的开发利用。袁瑾等(1998)分析了野生植物滇刺枣的营养成分,结果表明:每100 g 滇刺枣含灰分5.56 g,粗纤维2.56 g,粗脂肪3.39 g,粗蛋白1.63 g,总糖57.43 g;K 323.31 mg、Zn 0.34 mg、Na 15.23 mg、Cu 0.86 mg、Ca 60.91 mg、P 10.12 mg、Mg 24.36 mg、Co 0.13 mg、Fe 0.64 mg、Mn 0.7 mg。维生素 C 2.73 mg/g,维生素 P 2.08 mg/g,维生素 B_1 0.74 mg/g,维生素 B_2 13.51 mg/g,β-胡萝卜素1.54 mg/100 g。滇刺枣至少含有17种氨基酸,其中有7种是人体必需氨基酸,且含量较高。

汪云等(1998)开展了滇刺枣不同种源试放4号紫胶虫研究,结果表明:在滇刺枣7个不同种源树上试放4号紫胶虫研究发现,4号紫胶虫在滇刺枣树上亦能正常完成其生活史,大部分种源能获得丰厚的虫胶,从而为扩大4号紫胶虫的优良寄主种类提供了科学依据。汪云等(1997)对滇刺枣五个地理种源的同工酶进行了分析,结果表明:经过EST、POD 同工酶的电泳分析,5个材料间在两种酶的酶谱表型上存在着程度不同的差异。EST 同工酶比 POD 同工酶更能反映材料的亲缘关系远近,亲缘关系远的表现在谱带上的差异也大,亲缘关系近的表现在谱带上的差异小。缅甸南坎种源与云南各个种源的差异最大,而云南双柏种源与云南元谋种源间的差异非常小,至于两者是否为同一种源有待于进一步的研究。汪云(1994)对元谋、双柏、元江、勐定、耿马、南坎五个滇刺枣地理种源试验初探研究表明:各地理种源种子以元谋、勐定和南坎的品质最好,其种仁千粒重分别为59.50 g、116.96 g 和59.52 g,发芽率分别为76%,82%和75%;双柏种源最差。不同地理种源滇刺枣种子在不同温度条件下具有不同的发芽率,其规律与种子产地的气候有相关关系。种源气候是湿热的(勐定、耿马和南坎),在较低温度条件下(27~30℃)具有较高的发芽率;种源气候干热的(元谋、双柏和元江),在较高温度条件下(32~35℃)则有较高的发芽率,贮存一年后,气候干热种源发芽率仍较高。湿热气候类型的种源,其苗木品质比干热气候类型的种源好。不同种源的苗木其幼苗表现出不同的生长节律。李金元等(1994)在云南省的元江、元谋、双柏等县利用滇刺枣放养紫胶虫,生长发育正常,产胶稳定,平均胶厚度0.5 cm 以上,胶质优良。认为对老龄野生滇刺枣进行改造利用时省时省事,每年可生产大量的优质紫胶。喻赞仁(1994)研究了干热河谷区滇刺枣生物学特性,在海拔1200 m 以下的元江干热河谷区对滇刺枣的生物学特性及其生长规律进行了系统的定点、定位观测研究。为滇刺枣的引种栽培及紫胶虫繁殖提供了科学依据。

17.2.3 云南滇刺枣调查

(1)生滇刺枣群落调查

云南的野生滇刺枣大致可以分两个种源区:其一是干热河谷种源区,以金沙江河谷为代表，包括巧家、元江、元谋、双柏等县；其二是湿热河谷种源区，以勐定、耿马、南坎为代表。干热河谷是滇刺枣的集中分布区。

2007年，项目组对金沙江河谷区滇刺枣进行了调查。调查发现，在干热河谷区，滇刺枣分布海拔一般不超过1 600 m，多数集中分布在海拔1 200 m以下，是当地稀树灌木草丛的主要树种之一。散生或团块状分布，树体一般在3 m以下，多呈丛生灌木状，在个别立地条件较好的田边地角，滇刺枣可以长出乔木，但一般高度不超过6 m，多分枝。

干热河谷区植被中热带成分占有较大的优势，体现出当地区系的偏热性质。滇刺枣经常生长在热性稀树灌木草丛中。伴生植物主要有扭黄茅（*Heteropogon contortus*）、孔颖草（*Bothriochloa pertusa*）、拟金茅（*Eulaliopsis binata*）、破帽草（*Borreria pusilla*）、荩草属（*Arthraxson* spp.）、香茅属（*Cymbopogon* spp.）和双花草属（*Dichanthium* spp.）等草本植物，以及车桑子（*Dodonaea riscosa*）、牛角瓜（*Asclepias gigantea*）、余甘子（*Phyllanthus emblica*）、明油子（*Dodonaea angustifolia*）、铁扫帚（*Lespedeza juncea* var. *sericea*）、大叶千斤拔（*Flemingia macrophylla*）、白刺花（*Sophora davidii*）及木蓝属（*Indigofera* spp.）、仙人掌（*Opuntia monacantha*）等灌丛植物，个别地区可以见到山合欢（*Albizia kalkora*）、木棉（*Bombax malabartca*）等散生乔木。

（2）滇刺枣生境调查

滇刺枣生长的金沙江干热河谷地区，优势植被为稀树灌木草丛，植被覆盖度低、群落结构单一。地带性土壤为燥红土。由于泥岩坡地入渗能力弱，天然降水入渗量少，入渗浅，降水入渗对土壤水分的有效补充较少。入渗的降水保存于浅层土壤，旱季地面表层蒸发耗水大，土壤干旱，土壤水分条件极差，非常不适合于高大木本植物群落的生长。滇刺枣由于株型低矮，根系极其发达（初步调查表明、滇刺枣根系可深入土壤2 m以下，根幅是冠幅的10余倍），叶片光亮，纸质或厚纸质，蜡被明显，可以有效地降低蒸发。

干热河谷坡地岩土组成对植被类型的影响很大，不同岩土组成的坡地的土壤水分环境差异较大，砾石层阶地丘陵坡地土壤水分环境最为湿润，所以滇刺枣分布较多，生长较好；片岩和半成岩沙砾层低山坡地立地条件尚可，疏林灌草植被中滇刺枣分布也不少，结果很好；泥岩低山坡地立地条件最差，滇刺枣分布较少，长势一般。

（3）滇刺枣生物学特性调查

滇刺枣为阳性树种，多生长在热带草丛或热带稀树草丛中，常与热带草丛或热带稀树草丛共生而表现为优势树种；滇刺枣对土壤要求不严，耐旱，耐瘠薄能力较强。在云南滇刺枣能在荒山荒地及乱石中自然生长。海拔在1 600 m以下，年降雨量在800 mm以下的干热河谷能开花结果，并在野生状态下保持较稳定的产量。滇刺枣对干燥少雨的气候环境适应能力很强。

滇刺枣在云南干热区落叶较为明显，而湿热区由于年降雨量多、冬春干旱不严重的地区落叶不明显，全年均有生长。滇刺枣落叶期主要在3—5月。这时果实成熟完毕，又遇高温干旱而表现出对气候环境的适应性，生长期在6—10月的夏秋季节。这时温度高，湿度大，有利于滇刺枣的生长发育。滇刺枣具有边抽新梢边开花的特点，特别是秋季抽生的枝条上花量大，坐果率高，是翌年的主要结果枝，花期8—10月，果实成熟在12月上旬至次年3月下旬。成龄树在冬春干旱时一般不抽新梢，处于一种休眠状态，但砍伐后萌芽能力极强，生长较快，在秋季老枝条的叶腋仍能萌生花芽并能结果。

（4）滇刺枣资源利用概况

1）滇刺枣果实的利用

滇刺枣果实产量高，便于采摘，云南金沙江河谷地区群众利用非常较普遍。最普通的利用方式就是鲜食。每逢滇刺枣果实成熟季节，许多少数民族农民，携篮提筐，成群结队到山上采摘滇刺枣，有的甚至开上手扶拖拉机，携儿带女到距离偏远的滇刺枣集中分布区去采摘。由于滇刺枣果实成熟期正值春节前后，果实口感又非常可口，集贸市场常见有成批的滇刺枣出售，无论是当地群众还是外来人口，都愿意买来作水果食用。据当地居民介绍，常食滇刺枣可以健胃强身，补充体力。此外，个别地方还把滇刺枣制成果酒、果醋、果脯、果酱等。

2）滇刺枣作为紫胶虫寄主利用

紫胶是由生活在寄主植物上的紫胶虫分泌的纯天然树脂，具有黏结性强、绝缘、防潮、涂膜光滑、透亮等特征，且无毒、无味，是重要的工业原料，被广泛应用于化工、军工、冶金、机械、木器、造纸、电子、医药、食品等行业，具有重要的经济价值。紫胶加热具有可塑性及可铸性，加上它有吸收大量渗入物的能力，在熔铸工业上很有应用价值。由于紫胶树脂的无毒性，常被应用于酒精涂料、电绝缘材料、印刷油墨、橡胶填充料以及利用其耐油、耐酸的用途，在医药、食品、化妆品、化工、冶金、机械、木器、造纸、电子及军工等领域也被广泛应用，紫胶色素是一种鲜红无毒粉末，可作为良好的食用红色素。

紫胶由紫胶虫分泌而来，紫胶虫是胶蚧科（Kerriadae）胶蚧属能分泌紫胶的一类介壳虫，全世界20余种，已鉴定到的种有18种，用于生产紫胶的有5种以上。中国有10余种，有记载的6种，有生产价值的包括中国紫胶虫（Kerria chinensis）、紫胶虫（K. lacca）、信德紫胶虫（K. sindica）、榕树紫胶虫（K. fici）和田紫胶虫（K. ruralise）等5种，生产主要用种为中国紫胶虫。

紫胶虫寄主植物是紫胶虫食料来源和栖居场所，是生产紫胶的物质基础。寄主植物种类和生长情况直接影响到紫胶虫的生长发育、泌胶数量和质量。有几十种植物可以作为紫胶虫的寄主植物，其中包括滇刺枣。汪云等的研究表明，4号紫胶虫在7个种源的滇刺枣树上都能正常完成其生活史，并能获得较好的梗胶收成和丰厚饱满的胶被。其中元谋、双柏、耿马3个种源放收比最高、胶被最厚。其次是元江、勐定和泰国3个种源。目前，在金沙江河谷地区，利用老龄滇刺枣树放养紫胶虫已获得满意的结果，并正在规模化推广过程中。信德紫胶虫[Kerria sindica（Mahd.）]的主要寄主植物也是滇刺枣，研究证明，以滇刺枣作寄主紫胶虫产胶能力相当高。

3）滇刺枣作为嫁接青枣的砧木

青枣（*Ziziphus mauritiana* Lam. cv. *formosa*），又名毛叶枣，是滇刺枣的一个栽培类型，分布于热带及亚热带，适宜于年均温 18℃ 以上地区生长。毛叶枣果实含水 81.6%，蛋白质 0.8%，脂肪 0.3%，碳水化合物 17%，无机盐 0.3%；可食部含有 VC 76 mg/100 g，VB 0.02 mg/100 g，Ca 4.0 mg/100 g，P 9.0 mg/100 g，Fe 1.8 mg/100 g，胡萝卜素 0.02 mg/100 g，烟酸 0.7 mg/100 g。毛叶枣果实营养丰富，有较好的风味和良好的加工特性，其果熟期为 2—3 月，又是淡季水果，经济价值较高。此外，毛叶枣耐旱，又是干热河谷地区绿化的先驱树种。其树皮含单宁，可作栲胶原料；枝条可放养紫胶虫；鲜叶是较好饲料；花期长，也是较好的蜜源植物。

目前，以野生的滇刺枣作嫁接青枣的砧木已经非常普遍，实践证明，以滇刺枣作砧木，嫁接成活率高，基本上属于本砧，嫁接苗适应性强，抗逆能力特别是抗旱、耐瘠薄能力突出，结果早，果实品种优良，特别适合南方地区青枣种植区，现已在云南、海南、广东、广西等地区大面积推广。

17.2.4 滇刺枣资源保护与利用建议

（1）滇刺枣资源价值

滇刺枣果实富含 VC，营养价值高。据测定，含糖分 12%～14%，蛋白质 0.8%，脂肪 0.3%，无机盐 0.3%，每百克果肉含 VC 76 mg，VB 0.02 mg，胡萝卜素 0.02 mg，钙 4 mg，磷 9 mg，铁 1.8 mg 及少量核黄素和氟化物等。其中 VC 含量是苹果的 2 倍，香蕉的 3 倍多。除鲜食外，还有以下综合效能：①果实可食率很高，加工性能好，可加工成罐头、蜜饯、饮料、果脯、果酱、果冻及果丹皮等；②干果、种仁、根可入药，具有健脾壮身、清凉解毒和镇静安神等功效；③是紫胶虫的优良寄生植物，可用来放养紫胶虫；④树皮含大量单宁，可提取栲胶；⑤树叶可作牲畜饲料，可消化性好；⑥花期长，蜜量大，是很好的蜜源植物；⑦耐旱瘠，生长迅速，枝叶量大，是防止水土流失、改善生态环境的优良树种；⑧与栽培品种嫁接成活率高，是西南地区不可多得的枣树嫁接砧木。

（2）资源发展

滇刺枣适宜在海拔 1 200 m 以下，年均温 18℃ 以上，年降雨量 500 mm 以上，相对湿度大于 50%，基本无霜的热带—亚热带地区种植。对土壤要求不严，微碱中性、微酸性的砂土、壤土、黏土、石砾等均可种植，但以排灌方便、土层深厚、肥沃疏松、阳光充足的土地种植更好。山区、丘陵山区、山坡地可大片开垦种植，也可在村边、路旁、房前屋后零星种植。

（3）保护建议

从调查的情况看，滇刺枣资源储量丰富，不需要单独保护，但应做好如下几方面工作：

1）针对群众抢青现实，加强宣传教育，不要抢采抢收，做到有序采收，丰产丰收。

2）严格采收规范，不要砍枝，不要毁树。

3）加强滇刺枣种源调查与优株选育，将大自然千百万年优胜劣汰保存下来的个体筛选出来，不论对于果树育种还是对于抗逆性材料选育都是极其必要的。

4）合理规划紫胶虫放养区，老龄滇刺枣林可以放养紫胶虫，但不要一哄而上；树立管理出效益的观念，对于幼龄林要加强管理。

5）果品营销是一项需要政府介入的事情，抓住春节这个优势，积极组织滇刺枣果品营销，努力将品牌树立起来，使滇刺枣早日走向全国，走向家庭。

参考文献

[1] 邓国宾，李雪梅，林瑜，等. 滇刺枣挥发性成分的研究[J]. 精细化工，2004，21（4）：318-320.

[2] 李金元. 野生滇刺枣的改造利用[J]. 林业科学研究，1994（2）：224-226.

[3] 刘意秋. 一种优良的热区蜜源——滇刺枣[J]. 蜜蜂杂志，2005（4）：33.

[4] 尼章光，黄家雄. 云南滇刺枣的开发利用[J]. 中国果菜，2001（2）：40.

[5] 汪云，马显达. 滇刺枣五个地理种源的同工酶分析[J]. 林业科学研究，1997，10（5）：111-113.

[6] 汪云. 刺枣地理种源试验初探[J]. 林业科学研究，1994（3）：334-336.

[7] 汪云. 滇刺枣不同种源试放4号紫胶虫研究[J]. 云南林业科技，1998（3）：79-81.

[8] 喻赞仁. 干热河谷区滇刺枣生物学特性[J]. 林业科学研究，1994（2）：220-223.

[9] 袁瑾，钟惠民. 野生植物滇刺枣的营养成分[J]. 植物资源与环境学报，1998，7（2）：63-64.

[10] 袁瑾. 滇刺枣中β-胡萝卜素含量的反相高效液相色谱测定[J]. 浙江化工，2004（2）：34.

[11] 袁瑾. 分光光度法测定滇刺枣中的锗[J]. 光谱实验室，2002（3）：88-89.

[12] 张林辉，尼章光.滇刺枣育苗技术[J]. 云南农业科技，2002（B12）：177-178.

滇刺枣成熟果实

滇刺枣生境

滇刺枣植株

滇刺枣（*Ziziphus mauritiana* Lam.）

18 葡萄科 Vitaceae

18.1 山葡萄 *Vitis amurensis* 物种资源调查

18.1.1 山葡萄概述

（1）名称

山葡萄（*Vitis amurensis* Rupr.），为葡萄科（Vitaccac）葡萄属（*Vitis*）植物，又名黑龙江葡萄、东北山葡萄。山葡萄是我国东北重要的野生果树资源，它在所有葡萄种中抗寒力最强，以山葡萄浆果酿制的山葡萄酒风味独特，在果酒中独树一帜，在国内外市场享有盛誉。

（2）形态特征

多年生落叶攀援植物，树皮褐色，规则剥脱；枝梢细长，有浅而细的条线，木质硬而致密，节壁层平、较薄，卷须连续、细、且分为 2～3 分枝。叶稍大而厚，圆形或圆心脏形，3 裂，有时 5 裂，叶面凹凸不平，暗绿色而无光泽，正面叶脉下陷，叶背无毛或有少量刺毛，锯齿粗；叶柄长，多为红色，叶柄裂刻呈 V 字形，几乎闭锁。雌雄异株，花序长 8～18 cm。果穗松散，有歧肩，穗梗短而粗，带赤色；果梗短，果粒密着，圆形，直径 8～10 mm，紫黑色，被有浓厚果粉，果皮厚，与果肉易分离，果肉多，富色素，果汁鲜紫红色，甘而带酸，风味中等。核一般 2 个，核嘴短，赤褐色，有光泽，缝合线及沟深而明显，合点不明显。花期 5—6 月，9 月果熟（刘孟军，1998）。

（3）地理分布

天然分布于我国的黑龙江、吉林、辽宁、内蒙古、河北、北京等地，朝鲜北部及俄罗斯远东地区也有分布，分布的最北界达北纬 57°～58°（刘孟军，1998）。

18.1.2 物种调查

（1）分布调查

山葡萄生长于海拔 500～900 m 的林内或林缘，天然分布区域为我国东北、华北，朝鲜北部及俄罗斯远东地区也有分布。其中以我国东北山葡萄资源最丰富，年产量可达 1.5 万 t。重点产区有辽宁省的清源、新宾、恒仁、宽甸、开原，吉林省的通化、柳河、集安、蛟河、舒兰、敦化、安图、和龙、汪清，黑龙江省的五常、尚志、方正、延寿、铁力、海林、密山、宝清等市县（刘孟军，1998）。

(2) 种群调查

东北地区的山葡萄多数生长于沟谷、林缘，其生长林分多为天然次生林，组成林分的树种以胡桃楸（*Juglans mandshurica*）、水曲柳（*Fraxinus mandschurica*）、辽东栎（*Quercus wutaishanica*）、槲栎（*Quercus aliena*）、刺榆（*Hemiptelea davidii*）、春榆（*Ulmus davidiana* var. *japonica*）、五角枫（*Acer pictum* subsp. mono）、茶条槭（*Acer ginnala*）、油松（*Pinus tabuliformis*）、红松（*Pinus koraiensis*）等为主，伴生灌木有刺五加（*Eleutherococcus senticosus*）、无梗五加（*Eleutherococcus sessiliflorus*）、三裂绣线菊（*Spiraea trilobata*）、接骨木（*Sambucus williamsii*）等。

山葡萄经常攀伸于树干，有时可以覆盖灌木层顶，形成壮观的葡萄藤架。调查中发现，葡萄藤架经常被人为撕扯得很凌乱，结果枝越来越少。

(3) 种内变异

依叶片和果穗可将山葡萄分为2个变种2个变型，即浅裂山葡萄（var. *genina* Skv.）、深裂山葡萄（var. *dissecta* Skv.）、密圆锥花序山葡萄（f. *compcta* Skv.）和长圆锥花序山葡萄（f. *elongata* Skv.）。据调查，还有短圆锥花序山葡萄、散圆锥花序山葡萄等。

18.1.3 山葡萄种质资源

(1) 种质资源研究

我国是山葡萄的起源和分布中心之一。自20世纪50年代初，原东北农业科学研究所、中国农业科学院特产研究所等多家科研、教学单位，曾数十次对我国东北山葡萄集中分布区的几十个县、市的山区、半山区进行资源调查。河北、山东、内蒙古等省区亦结合当地果树种质资源调查对山葡萄进行调查和收集利用。

中国农业科学院特产研究所自1961年设立山葡萄研究课题，先后收集了大量性状优异的野生山葡萄种质。农业部1988年出资建立了国家种质左家山葡萄资源圃。该圃现保存种质资源380份，其中包括在世界范围内首次发现的两性花山葡萄种质双庆和四倍体山葡萄种质等，是世界上保存山葡萄种质份数最多的种质资源圃。国内一些科研、教学单位，如陕西农林科技大学、吉林省农业科学院果树研究所、吉林农业大学、中国农业科学院果树研究所等单位收集保存有部分山葡萄种质资源。

(2) 种质资源利用

吉林省是山葡萄资源利用开展最好的省份，已选育并推广的主要品种和品系有：①双庆：由吉林市长白山葡萄酒厂与吉林省特产研究所协作，从野生山葡萄中选育出的完全花山葡萄品种，1975年正式命名。它具备了雌能花山葡萄所不具备的一些优良性状；其酒质色泽深紫红，山葡萄果香浓，味纯正，可作为酿制优质酒原料。②长白九号：由吉林市长白山葡萄酒厂选出。雌能花，植株生长势中，丰产性较好；其酒质色泽深紫红色，有山葡萄果香，口味正，山葡萄典型性好，可做优质山葡萄酒原料。③左山一号：由吉林省特产研究所在当地野生山葡萄中选出；雌能花，植株生长势强，丰产性较好。试酿原酒色泽浓艳，山葡萄香气浓郁，口味正，醇和浓厚，山葡萄典型性突出，可做优质山葡萄酒原料。④左山二号（74993）：由吉林省特产研究所和黑龙江省一面坡葡萄酒厂协作，1974年在尚志县苇河公社志诚大队第一生产队附近的野生山葡萄中选出。雌能花，植株生长势中等。试酿原酒色泽浓艳，山葡萄香气浓，口味正，原酒微杂，山葡萄典型性好，可做优质山葡萄酒原料。⑤"73121"：吉林省特产研究所1973年由长白六号中选出的单株，繁殖无性系而复选出的品系；雌能花，植株生长势中等。试酿原酒色泽浓艳，山葡萄果香浓，味醇和纯正，山葡萄典型性强，可作为优质山葡萄酒原料。⑥"74096"：吉林省特产研究所和黑龙江省一面坡葡萄酒厂协作，1974年在黑龙江省尚志县黑尤宫公社幸福大队第五生产队三棚子沟选出，雌能花，植株生长势强。试酿原酒色泽浓艳，具有浓郁的山葡萄果香，口味浓厚纯正，略有异味，可做优质山葡萄酒的原料。⑦双优：吉林农业大学等单位由双庆杂交后裔中选出，并在1988年正式通过了鉴定。试酿原酒色泽浓艳，富有光泽，醇厚浓郁，酒体丰满，山葡萄典型性强，是酿制特殊风格山葡萄酒的优良原料。双优为寒地单品种建立山葡萄园，为雌能花山葡萄配置丰产的授粉树提供了理想品种，也为葡萄育种提供了宝贵的抗寒种质资源。

18.1.4 资源保护利用问题与对策

（1）存在的问题

1）野生资源保护力度不够，乱砍滥伐和抢青现象经常发生；

2）重视不够，大部分人认为，已经选育出不少山葡萄品种并用于推广，保护野生资源价值和意义不大；

3）生境破坏严重，许多适于山葡萄生长的地段生境毁坏严重。

（2）对策建议

1）尽快修订山葡萄的保护发展规划：资源是开发利用的基础，要有长远观点，在资源利用的同时也必须重视保护资源，保护野生资源赖以生存的生态环境。因此，建议各有关部门尽快制定山葡萄资源保护与开发的整体规划及实施方案，以便有组织、有计划地保护并开发利用好资源，指导有关地区山葡萄生产的发展。

2）抓好山葡萄优质种源的利用：优良品种在山葡萄事业的发展中起到了重要作用，但这些品种尚有不足。应从品种选育、改良入手，积极鼓励生产、科研、教学等部门加速山葡萄优质两性花品系的选育、扩繁和推广，简化栽培技术，提高产量，增加经济效益。在今后的发展中，要逐步建立以丰产优质的两性花为主体的山葡萄商品生产基地。

3）加速山葡萄良种的扩繁与推广：影响山葡萄基地建设的原因之一是良种苗木不足，价格过高。因此，加速良种扩繁，建立苗木繁育体系，走科研、教学、生产一体化的路子，尽快把优质资源良种进到生产第一线。

4）搞好山葡萄基地建设：建设优质山葡萄生产带，分地区形成产业带，建立山葡萄商品生产新基地，坚持统一规划、统一布局、统一实施的原则。实行产、供、加、销一条龙，真正变资源优质为商品优势和经济优势。

5）继续收集、保存国内外优异山葡萄种质：特别要加强高纬度、高海拔地区的单一性状突出的种质资源收集工作。要注意对抗病、高含糖、低酸、两性花种质的发现与收集。

6）深入开展特异性状评价工作：在坚持传统评价内容的基础上，增设特异性状和对人体有保健功能的成分，例如白藜芦醇、原花色素等的评价内容，这将有利于山葡萄资源的高效利用。

参考文献

[1] 董以德，于江深. 山葡萄与山葡萄酒[J]. 中国酒，2003（1）：42-43.

[2] 葛玉香，沈育杰. 山葡萄种质资源结实力的研究[J]. 特产研究，1996（2）：12-15，18.

[3] 葛玉香，沈育杰. 山葡萄种质资源评价与利用研究现状[J]. 中外葡萄与葡萄酒，2000（4）：16-20.

[4] 葛玉香，沈育杰. 山葡萄种质资源扦插生根力的研究[J]. 特产研究，1999（4）：32-34.

[5] 葛玉香，沈育杰. 山葡萄种质资源主要经济性状的研究现状及其展望[J]. 特产研究，1997（4）：34-38.

[6] 耿有廷，赵志中. 浑源山葡萄特性及其应用[J]. 山西果树，1998（1）：16-17.

[7] 郭修武，林兴桂. 山葡萄种质资源研究初报[J]. 沈阳农业大学学报，1995，26（3）：271-276.

[8] 刘闯萍，王军，沈育杰，路文鹏. 山葡萄（Vitis amurensis）资源核心种质的初步构建[J]. 植物遗传资源学报，2008，9（3）：372-374.

[9] 刘闯萍，王军，沈育杰. 山葡萄资源性状评价[J]. 东北林业大学学报，2007，35（3）：79-81.

[10] 彭勃，孟庆华，刘国成. 山葡萄资源的利用与开发[J]. 中国林副特产，2001（3）：41.

[11] 饶国才. 期待发展栽培的野生果——山葡萄[J]. 林业实用技术，2002（12）：37.

[12] 沈育杰，史贵文. 山葡萄种质资源光合特性的研究[J]. 特产研究，1998（4）：22-25.

[13] 沈育杰，赵淑兰，李晓红，等. 山葡萄种质资源主要经济性状鉴定与评价[J]. 河北林业科技，2004（5）：43-44.

[14] 沈育杰，赵淑兰，杨义明，等. 我国山葡萄种质资源研究与利用现状[J]. 特产研究，2006，28（3）：53-57.

[15] 盛国志，张玉芬. 吉林省长白山区山葡萄资源开发存在的问题及其对策[J]. 农业系统科学与综合研究，1997，13（2）：112-114.

[16] 王军，葛玉香，包怡红，等. 山葡萄种质 RAPD 研究[J]. 东北林业大学学报，2003，31（1）：19-21.

[17] 王丽，邬纯鑫，吕集，等. 野生山葡萄籽的综合开发和利用[J]. 中华现代内科学杂志，2007，4（4）：383-384.

[18] 于英，修荆昌. 吉林省山葡萄资源及开发利用[J]. 中国野生植物资源，1993（1）：23-25.

[19] 张金柱，戴永平，王万民. 山葡萄资源开发及利用[J]. 中国林副特产，2002（2）：58.

[20] 张书辉，李仁芳，张本尧，等. 大泽山葡萄种质资源及栽培综合技术研究[J]. 中外葡萄与葡萄酒，2001

（3）：41-43.

[21] 张书辉，李仁芳. 大泽山葡萄种质资源及栽培综合技术研究[J]. 烟台果树，2000（4）：5-7.

[22] 刘孟军. 中国野生果树[M]. 北京：中国农业出版社，1998.

山葡萄（*Vitis amurensis* Rupr.）

18.2 广东野生葡萄 *Vitis* sp.物种资源调查

18.2.1 野葡萄概述

（1）名称

本调查所述广东野生葡萄，包括毛葡萄（*Vitis heyneana*）、刺葡萄（*Vitis davidii*）、小果葡萄（*Vitis balanseana*）和葛藟葡萄（*Vitis flexuosa*）4个种，均为葡萄科（Vitaceae）葡萄属（*Vitis*）的落叶大藤本。

（2）形态特征

野生葡萄为藤本。枝条细长，幼枝淡紫红色，初有柔毛，后变无毛。叶宽卵形或近圆形，长 1～12 cm，宽 3～11 cm。3～5 裂或不裂，基部宽心形，两角开展，边缘有粗锯齿，表面无毛，背面叶脉有短柔毛；叶柄长 4～12 cm，淡紫红色。圆锥花序长约 12 cm。浆果球形，径约 8 mm～1 cm，熟时兰黑色；种子带红色。花期 5—6 月，果熟期 9—10 月。

毛葡萄（*Vitis heyneana*）：小枝、叶柄被柔毛或蛛丝状毛，叶背面被白色或锈色绒毛或蛛丝状毛覆盖。

刺葡萄（*Vitis davidii*）：小枝有皮刺，老茎上变为瘤状突起，单叶。

小果葡萄（*Vitis balansana*）：小枝和叶柄被柔毛或蛛丝状毛，单叶，心状卵形或阔卵形，基部心形或深心形。

葛藟葡萄（*Vitis flexuosa*）：小枝和叶柄被柔毛或蛛丝状毛，单叶，卵形或卵圆形，基部微心形或近截形。

18.2.2 物种调查

野生葡萄生长在荒山野岭，混交在阔叶林、杂木林、疏林地、灌木林地，生长海拔 200～1 300 m。广东的粤北、粤西及广西、海南均有分布。其中在广西河池市都安瑶族自治县菁盛乡文华村加义屯发现一株 120 年生的野生山葡萄，主干直径 70 cm，占地面积约 4.5 hm^2，常年产量 750～1 000 kg，堪称"野生山葡萄之王"。

广东、广西的野生葡萄以毛葡萄（*Vitis heyneana*）最常见，多生长在海拔 200～1 300 m 的荒山野岭，混交在阔叶林、杂木林、疏林地、灌木林地。主要伴生植物有闽赣葡萄（*Vitis chungii*）、广东杜鹃（*Rhododendron kwangtungense*）、蕊帽忍冬（*Lonicera pileata*）、节节菜（*Rotala indica*）、茶梨（*Anneslea fragrans*）、硬齿猕猴桃（*Actinidia callosa*）、地桃花（*Urena lobata*）等。

野生葡萄也可见于由锥属（*Castanopsis*）、樟属（*Cinnamomum*）、石栗属（*Aleurites*）、山胡椒属（*Lindera*）、青冈属（*Cyclobalanopsis*）、楠属（*Phoebe*）、柑橘属（*Citrus*）等组成的常绿阔叶林中，也可生长于疏林地、灌木林地或荒坡荒沟，一般长势较好，但可见人为破坏迹象，资源蕴量较少。

18.2.3 综合价值及开发利用

野生葡萄的果既可食用也可作为酿酒。近年来，随着野生葡萄酒系列产品知名度在国内外不断提高，野生资源已很难满足工业化生产的需要。目前广东、广西有关部门已开展了山葡萄人工栽培和组培快繁工作，在广西罗城、都安建立了商品生产基地。龙胜、永福、罗城和都安建立了山葡萄酒厂，进行产品深加工，产品广销区内外。

18.2.4 保护与利用建议

1）加强对野生葡萄的保护宣传教育，提高群众的生物多样性保护意识。

2）开展野生葡萄选育工作，把大自然已经筛选出来的具有良好性状的植株选拔出来，同时，发动群众，把民间自选的优良株系收集保存起来。

3）建立种质资源圃，收集相关遗传资源，开展育种工作，力争早出成果。

参考文献

[1] 刘崇怀，孔庆山. 我国野生葡萄资源的保存现状及建议[J]. 中外葡萄与葡萄酒，2008（1）：42-46.

[2] 罗素兰，贺普超，郑学勤，等. 中国野生葡萄遗传多样性的RAPD分析（英文）[J]. 植物学报，2001（2）.

[3] 彭宏祥. 南方野生葡萄资源研究及发展酿酒产业的思考[J]. 中国种业，2006（12）：16-18.

广东野生葡萄（*Vitis* sp.）

19 猕猴桃科 Acnidiaceae

19.1 紫果猕猴桃 Actinidia arguta var. purpurea 物种资源调查

19.1.1 紫果猕猴桃概述

（1）植物名称

紫果猕猴桃[*Actinidia arguta* var.*purpurea*（Rehd）C. F. Liang]，为猕猴桃科（Acnidiaceae）猕猴桃属（*Actinidia* Lindl.）植物，隶属净果组（Sect. *Leiocarpae* Dunn）。

（2）形态特征

落叶攀援灌木，蔓长 8~20 m。幼枝无毛，具浅色皮孔。单叶互生，纸质，椭圆形或宽卵形，长 6~12 cm，宽 4~7 cm，先端渐尖，基部圆形，边缘具细锯齿，两面无毛，侧脉 5~7 对；叶柄长 3~5 cm。聚伞花序腋生，花单性，雌雄异株或杂性，小苞片 1~2；萼片 5，卵形，覆瓦状排列，宿存；花瓣 5，倒卵形，覆瓦状排列，稀螺旋状排列；雄蕊多数，花丝长 5~7 mm，花药长圆形，丁字着生；子房上位，瓶状，长 7 mm，直径 3 mm，无毛。浆果卵球形至椭圆形，长 1.5~2 cm，直径 1 cm，熟时紫色，无毛，先端具喙，具有多数种子，种子小，长圆形。花期 6—7 月，果期 8—10 月。

（3）生物学特性

紫果猕猴桃喜光，也能耐阴，耐水湿，较耐寒、耐旱。种子、扦插、埋根，嫁接繁殖。种子繁殖用湿沙催芽处理，春播育苗，播后注意搭棚遮阴。扦插用粗壮的 1 年生枝作接穗。埋根繁殖用平埋或直插均可。

（4）地理分布

紫果猕猴桃为我国特产植物，分布于云南、湖北、湖南、贵州、四川等省。在云南主要分布于东南部的蒙自、屏边，东北部的昭通、镇雄、大关、会泽，中部的禄劝、富民和西北部的漾濞、宾川、丽江、香格里拉、维西、德钦、贡山、兰坪等地，生长于海拔 1 800~2 600 m 的沟谷或灌木丛中。

19.1.2 猕猴桃研究概况

猕猴桃原产于我国,是当今国内公认的最佳营养保健水果之一。其果实中富含糖分、蛋白质、矿物质、氨基酸、维生素等多种营养成分,特别是 VC 含量非常高,是一般水果和蔬菜的几倍至几十倍。根、茎、叶、花、种子都有独到的用途,其药用价值亦相当高,具有极好的国际声誉。

(1) 猕猴桃发展历史

中国是猕猴桃的故乡,其利用历史至少有 1 000 多年,从唐代以后,在我国医药古籍中多有关于猕猴桃的记载,但目前它的栽培和发展,却在新西兰遥遥领先。据弗格森博士考证,猕猴桃种子于 1904 年从中国引入新西兰,1910 年开始了品种选育工作,20 世纪 30 年代先后选育了 6 个雌性品种、2 个雄性品种,40 年代确认它有商业性生产价值,开始商业性生产栽培,60 年代新西兰的猕猴桃以基维果(Kiwifruit)命名,出口美国,获得很好的经济效果。此后,猕猴桃在新西兰迅速发展,尤其近年来发展飞快。1963 年猕猴桃引进日本,作为华贵宾馆用餐及家庭保健美容的必备食品;法国、美国也掀起了栽植猕猴桃的热潮;其后,英国、比利时、印度、德国等十几个国家也先后引种。总之,猕猴桃正以它独特的魅力吸引着全世界的人们。

(2) 猕猴桃种质资源及其分布

猕猴桃是猕猴桃属(*Actinidia* Rehd.)植物的通称。英国称为"中国鹅莓"(Chinese gooseberry),美国称"中国醋栗",日本称"猕猴梨",新西兰称"基维果"。据我国著名的植物分类学家梁畴芬先生的研究,我国猕猴桃属植物有 109 种、变种、变型;广泛分布于我国以及朝鲜、日本、苏联、锡金、不丹、印度、越南等国家。其地理分布范围为北纬 0°~50°,东经 85°~145°。我国猕猴桃约有 109 个种、变种或变型,占世界猕猴桃总数的 84%以上,主要分布在云南、湖北、广西、四川、江西、安徽、贵州、河南等省,自 1978 年人工栽培以来,相继选出 55 个优良品种,200 多个优良株系,9 个授粉雄株,栽培面积已达 1 万多 hm^2,加工产品 40 多种。

(3) 猕猴桃的果实贮藏及加工

影响猕猴桃贮藏寿命的主要因素是温度、湿度以及贮藏过程中乙烯的释放量。新西兰采用三级冷库贮藏法,可贮藏 6 个月;广西植物所经几年的实践;采用综合技术措施,在常温室内,可保鲜 41~46 d;陕西果品研究中心马书尚等对猕猴桃采用自发气调低温贮藏技术,贮藏 180 d 后,硬度为 1 kg/cm^2,符合新西兰猕猴桃出口的最低硬度标准。

猕猴桃的果品加工是当前开发猕猴桃资源的主要手段,创制猕猴桃系列产品是变资源优势为商品优势、经济优势的关键问题,我国在 1957 年就开始试制猕猴桃果酒、果酱、果汁等,20 世纪 70 年代以来已有三四十个厂家先后加工利用猕猴桃,其制品主要有糖水猕猴桃果、汁、片、酱、酒、脯、晶等,还有以此为原料,加工制成运动员饮料、保健饮料和多种糕点等。可见,以猕猴桃果实为原料创制系列产品,必将成为我国特有的新营养保健食品，具有广阔的发展前途。

(4) 猕猴桃的发展前景

猕猴桃果实营养丰富，综合利用价值高，其系列产品不仅使食品工业增加了新品种，而且为临床营养提供了新途径，又因其早果、高产、寿命长、果实售价高被人们称之为"水果之王"，成为当今世人瞩目的新兴水果。已有 20 多个国家引种成功，并进入商品性生产，在日本、美国、新西兰和意大利等国有的已把柑橘、葡萄改栽为猕猴桃，因为它比柑橘抗寒，比葡萄抗病。在我国，猕猴桃资源丰富，但其研究和生产栽培尚属落后，绝大多数处于野生状态，全面地开发利用才刚刚开始，猕猴桃生长在山区，发展猕猴桃生产主要在山区乡村，因此，对猕猴桃的深入研究和全面地开发利用，将会给山区人民带来巨大的经济效益。

19.1.3 西南地区猕猴桃种质资源

(1) 云南猕猴桃种质资源

1) 云南野生猕猴桃种类

云南地处祖国的西南边疆，是一个低纬度、高海拔的省份，属季风气候，光、热、水资源比较丰富，境内山峦起伏，地貌类型复杂多样，各地相对高差很大，最高海拔为 6 740 m，最低海拔只有 76.4 m。巨大的海拔高差对光、热、水等气候要素起着巨大的再分配作用，也形成十分复杂的自然生态条件，影响着云南自然资源的种类及分布，丰富的自然资源使云南享有"植物王国"的美称。

气候类型的复杂和多样性同样给猕猴桃属植物不同的种、变种、变型生长提供了不同的生态环境和生存条件。通过 20 世纪 80 年代末对云南猕猴桃资源的系统调查及 90 年代初的补充调查，对云南野生猕猴桃种、变种、变型的数量有了基本的了解。据胡忠荣等 (2003) 统计，云南野生猕猴桃属资源共有 56 种、变种及变型。其中种为 31 个，占全国 59 个种的 52.5%；变种 23 个，占全国 43 个变种的 53.5%；变型 2 个，占全国 7 个变型种的 28.5%，种类之多，居全国之首。

云南野生猕猴桃种类与数量调查表明，猕猴桃属 4 个组的种类云南全部都有。其中净果组有 12 个种、变种；斑果组有 18 个种、变种；糙毛组有 9 个种、变种；星毛组有 17 个种、变种。

云南猕猴桃待鉴定和定名的种类有：雌雄同株类（雌雄同株的黄毛猕猴桃，1 年可开 2 次花，1 株上均有雌花和雄花，春末夏初开的花可结果，秋初还开 1 次花，但果不能成熟）、红肉类型（A. 紫红果肉类型：全果紫色，当果实后熟变软后，果皮、果肉紫红色，当地称为血藤，可作外伤药物；B. 鲜红果肉类型：果实长椭圆形，单果重 50~70 g，成熟期 9 月底，果肉中果顶、果蒂两端果肉鲜红，红色部分占全果的 1/4~1/3，果实口感香甜，风味浓，品质上乘，是否为中华猕猴桃或红肉猕猴桃的变种或变型需进一步研究；C. 胎座周围果肉粉红色，果皮褐色，有短绒毛，单果重 50~70 g，成熟期为 9 月中旬至

10月中旬)、矮化类型 (A. 矮生种类：植株矮小，为一般种类的50%以下，枝叶紧凑、主干粗短，可作为矮化育种材料及栽培用砧木；B. 半矮化型：主要表现为枝叶紧凑，节间短，与一般的栽培品种相比，节间长度仅有栽培种的1/3~1/2，植株高度也只有一般栽培种的50%~60%)。

2) 云南野生猕猴桃的地理分布

据胡忠荣等 (2003) 研究，云南的56个猕猴桃种、变种、变型，分布面积较广，全省范围内均有分布。但集中分布区主要在滇东北的昭通市、滇东南的文山州、滇南的红河州。而滇中地区的昆明市、玉溪市、楚雄州及滇南的思茅地区、西双版纳州分布相对较少。不同的种或相同的种、变种，分布较集中的在滇西的有11个种，3个变种及变型，滇东北的有18个种，8个变种，在滇东南及滇南的有16个种，10个变种。

3) 云南野生猕猴桃的垂直分布

云南野生猕猴桃的垂直分布也十分广，从海拔740 m (昭通市永善县的桧溪金沙江边) 到3 480 m (中甸县空心树雪山间)，均有分布，但集中分布海拔高度为1 100~2 500 m。革叶猕猴桃、花楸猕猴桃等垂直分布高度最大，其分布的垂直距离在1 600~1 800 m。而狗枣猕猴桃、尖叶猕猴桃、光叶猕猴桃等垂直分布高度最小，其分布的垂直距离只有100 m。

4) 云南野生猕猴桃特有种、变种

云南省的猕猴桃特有种有11种8变种，居全国之首。其中又以糙毛组中的特有种及变种最多，该组9个在云南的分布种、变种中，有6个为特有种、变种。占云南猕猴桃糙毛组的66.67%，这些特有种及变种的分布以红河、文山两州最多，大理、怒江两州次之。

(2) 贵州猕猴桃种质资源

据左家哺 (1988) 资料，贵州省有猕猴桃属植物有19种、8变种、1变型，占全国种数的35.2%、变种的13.6%、变型的9.1%，总的看来，居全国的第三位，仅次于云南、广西两省区。

贵州猕猴桃以黔东南州、雷公山、铜仁地区、梵净山、黔南州为最多，黔西南、毕节地区也有一定数量的分布。最为明显的是该属在贵州的种和种下分类群，绝大部分集中分布在黔东南州和铜仁地区，而这两个地区又以黔东南州的雷公山及铜仁地区的梵净山最为集中，黔东南州16个县有20个种和种下分类群，其中雷公山就占有18个；铜仁地区9县1特区有10个种和种下分类群，梵净山全部都有。

(3) 四川猕猴桃种质资源

据李明章 (2000) 资料，四川猕猴桃属的植物共有21种、2变种和1变型。主要分布在东经102°~110°12′，北纬26°03′~34°19′的广阔地域内，总面积约36万 km^2，其中盆地边缘的山地猕猴桃资源分布较集中，约60万 hm^2。猕猴桃对自然环境条件的适应力较强，在四川有猕猴桃资源分布的区域，大多海拔在300~3 200 m。

四川省野生猕猴桃资源总藏量为2.5万t，其中500 t以上县有17个，50t以上乡94个。四川盆地的边缘山地是猕猴桃资源集中分布地区，总藏量约为2.3万t，占全省总量的

90%以上。在这些丰富的猕猴桃资源储量中，美味猕猴桃的贮量约占总量的95%，具有较大的开发价值，全省可利用数量约为1万t。

19.1.4 紫果猕猴桃资源调查

（1）紫果猕猴桃植物学特征

项目组2007年沿昆明—迪庆线对紫果猕猴桃进行了调查。调查发现紫果猕猴桃幼枝淡白色，髓白色，隔片状；叶厚纸质，椭圆形或椭圆块卵形至阔卵形，长8~12 cm，宽4.5~6.5 cm，基部圆形或楔形，边缘具向上的渐尖锯齿；花白色，萼片干后变为黑色，花药干后亦为黑色，果实圆卵形或矩圆形，长2~3.5 cm，紫色，无斑点，有尖嘴，喙状。

（2）紫果猕猴桃生境调查

紫果猕猴桃多生长在海拔2 000~2 500 m地段，以沟谷分布为主，少数生长于山坡林或灌木丛中。沟谷中一般水分和土壤条件较好，生长的紫果猕猴桃藤蔓茂盛，枝繁叶茂；生长于疏林内的紫果猕猴桃一般藤蔓较长，但树体较弱；生长于灌木丛中的紫果猕猴桃，长势一般较弱，这和灌木丛立地条件较差有关。

紫果猕猴桃分布区域多为混交林区域，植物种类较多，常见有云南松（*Pinus yunnanensis*）、华山松（*Pinus armandi*）、槲栎（*Quercus aliena*）、锐齿槲栎（*Quercus aliena var. acuteserrata*）、旱冬瓜（*Alnus nepalensis*）、麻栎（*Quercus acutissima*）、栓皮栎（*Quercus variabilis*）、元江栲（*Castanopsis orthacantha*）、高山栲（*Castanopsis sclerophylla*）、滇青冈（*Cyclobalanopsis glauca*）、毛枝青冈（*Cyclobalanopsis helferiana*）、滇石栎（*Lithocarpus dealbatus*）、滇油杉（*Keteleeria evelyniana*）等树种组成的针叶林或针阔混交林林内。也常见于旱冬瓜（*Alnus nepalensis*）、滇青冈（*Cyclobalanopsis glauca*）、山蚂蟥属（*Desmodium* Desv.）、蔷薇属（*Rosa* L.）、马桑属（*Coriaria* L.）和青刺果（*Prinsepia utilis*）等灌木组成的稀树灌丛内。

紫果猕猴桃喜生长在森林植被较好的地带，山涧开阔地以及土层深厚潮湿的沟边及溪边。依据野生紫果猕猴桃的自然分布状况及其生态习性，结合主要分布区的气候指标，初步得出适宜紫果猕猴桃生长的气候环境条件：年均温10~15℃，年降雨量1 000 mm以上，年日照时数2 000 h以上。由于紫果猕猴桃性喜凉，有耐旱、耐涝以及抗风等性能，适合在云南省中等海拔高度的冷凉山区或半山区的、潮湿的微酸性红壤土中种植。

（3）西南地区紫果猕猴桃分布状况

根据左家哺（1988）的研究，紫果猕猴桃的地理分布类型属于"华夏型"，即主要分布于中国的黄河以北至西南地区。除云南外，紫果猕猴桃在四川、贵州也有分布。四川也是紫果猕猴桃分布较多的省份，主要分布于奉节、城口、天令、宝兴、康定、石棉、越西、峨嵋、峨边、米易等地，生长于海拔1 300~2 200 m。贵州的紫果猕猴桃较少，主要分布于雷山（黄里）三都。

（4）紫果猕猴桃研究与利用现状

有关紫果猕猴桃的专业研究文献很少，严格来讲，只有中国科学院武汉植物园付志惠1篇文献（2004）。

调查发现，由于紫果猕猴桃果实色彩鲜艳，口感极好，果实表面又光滑无毛，既容易发现，又便于采摘，所以群众采摘比较普遍。据项目组与云南当地居民交谈所知，紫果猕猴桃过去分布更靠前山，由于连年的采割（经常是连藤采割），前山区已不多见，深山沟分布仍较普遍。

从滇西北采回一些种条和果实，种条已扦插在温室，能否成活尚不得知。初步分析紫果猕猴桃果实，发现紫果猕猴桃果实中含有较多葡萄糖、柠檬酸、蛋白质、维生素C及钾、钙、磷、铁、镁等矿质营养元素和多种维生素。由于紫果猕猴桃果实酸甜适度，风味特美，除鲜食外，还可加工成猕猴桃果脯、猕猴桃果汁、猕猴桃饼干、猕猴桃蜜饯、果酱等。

根据相关资料，紫果猕猴桃的根、藤及叶可以药用，具有清热利水、散淤止血之功效；茎枝纤维可制高级纸，其胶质可以造纸用胶料。花芳香，可提食品工业用香精，又是优良的蜜源植物。

19.1.5 紫果猕猴桃保护与利用建议

（1）紫果猕猴桃种质资源价值

猕猴桃是世界性功能水果，其风靡程度世人皆知。然而，仔细考证猕猴桃果实的特征就不难发现，目前，世界上流行的猕猴桃果皮全部有毛，外观上虽然说得过去，但食用很不方便；此外，猕猴桃果肉一般为绿色或绿褐色，尚未真正红色或紫红色果肉的品种。本种以及云南有分布但尚未定名的红肉类型（A. 紫红果肉类型：全果紫色，当果实后熟变软后，果皮、果肉紫红色，当地称为血藤，可作外伤药物；B. 鲜红果肉类型：果实长椭圆形，单果重50～70 g，成熟期9月底，果肉中果顶、果蒂两端果肉鲜红，红色部分占全果的1/4～1/3，果实口感香甜，风味浓，品质上乘，是否为中华猕猴桃或红肉猕猴桃的变种或变型需进一步研究；C. 胎座周围果肉粉红色，果皮褐色，有短绒毛，单果重50～70 g，成熟期为9月中旬至10月中旬）都是极其珍贵的种质资源，其资源价值决不低于中华猕猴桃（*Actinidia chinensis*）。

项目组调查证实，紫果猕猴桃果实颜色紫红，光滑无毛，风味独特，且成串结果，同时，具有抗病虫、抗逆性强等特殊性状。调查中既未见由葡萄腔菌和间座壳菌引起的果实"白斑病"，又未见由疫霉菌引起的根腐病、由绵霉菌引起的树体衰弱、由细菌引起根癌等猕猴桃常见病，也未发现卷叶虫、黄色舞小蛾、桑白蚧等猕猴桃常见害虫。

（2）利用建议

基于紫果猕猴桃诸多的优良性状，建议国家尽快组织相关部门，开展红色-紫色猕猴桃育种攻关研究，利用紫果猕猴桃红色果肉的遗传资源，作为猕猴桃远缘杂交的亲本，培育出世界上企盼的果大、丰产、美观、果实紫红艳丽、品质风味俱佳的新品种。

（3）保护建议

建议在云南紫果猕猴桃集中分布的滇东北地区建立相应的"紫果猕猴桃"保护小区，将当地不同种源集中种植，并加以保护。同时，建议国家环保局协同有关部门，尽早出台生物种质资源惠益分享条例，防治我国特有的资源无端地流入外国人之手。

参考文献

[1] 陈延惠，李洪涛，朱道圩，等. RAPD 分子标记在猕猴桃种质资源鉴定上的应用[J]. 河南农业大学学报，2003，37（4）：51-55.

[2] 陈兆凤. 梅花山自然保护区猕猴桃种质资源及其分布[J]. 华东森林经理，1998（3）：14，63-65.

[3] 代正福. 贵州亚热带地区的17种野生稀有猕猴桃种质资源[J]. 热带农业科学，2002（1）：25-28，54.

[4] 付志惠，李洪林，杨波. 紫果猕猴桃幼胚愈伤组织诱导及植株再生[J]. 武汉植物学研究，2004，22（5）：459-462.

[5] 胡忠荣，袁媛，易苟文，等. 云南野生猕猴桃资源及分布概况[J]. 西南农业学报，2003，16（4）：47-52.

[6] 贾兵，朱立武，余兴，等. 猕猴桃种质资源 RAPD 分析[J]. 安徽农业大学学报，2005（3）：121-124.

[7] 姜景魁，建宁县猕猴桃种质资源状况及保护策略[J]. 福建果树，2005（4）：44-46

[8] 雷一东，黄宏文. 一个猕猴桃种质资源管理信息系统的初步建立[J]. 武汉植物学研究，2000（3）：50-56.

[9] 李明章，王林. 西部大开发中的四川猕猴桃资源优势[J]. 资源开发与市场，2000，16（6）：360-361.

[10] 李瑞高，黄陈光，梁木源，等. 广西猕猴桃种质资源调查研究[J]. 广西植物，1985（3）：105-119.

[11] 路文鹏，李昌禹，曲炳章，等. 东北原生种猕猴桃种质 RAPD 研究[J]. 特产研究，2006（2）：26-29.

[12] 邱武凌，户开椿，冯贞国. 福建省猕猴桃种质资源[J]. 福建农业科技，1983（4）：4-8.

[13] 时圣德，王庆斌. 贵州猕猴桃属植物分布概况[J]. 贵州科学，1994，12（2）：58-61.

[14] 武显维，康宁. 猕猴桃种质资源保存及育种研究[J]. 武汉植物学研究，1995（3）：263-268.

[15] 徐小彪，张秋明. 基因工程与猕猴桃种质改良[J]. 果树学报，2003（4）：60-64.

[16] 徐小彪，张秋明. 中国猕猴桃种质资源的研究与利用[J]. 植物学通报，2003（6）：9-16.

[17] 杨团应. 猕猴桃种质资源选优试验初报[J]. 北方果树，2006（5）：64.

[18] 张忠慧，黄宏文，彭辅松，等. 神农架主峰南坡猕猴桃种质资源调查及保护策略[J]. 长江流域资源与环境，2002（5）：50-53.

紫果猕猴桃果枝

紫果猕猴桃植株全貌

将成熟的果实（2007年摄于云南）

紫果猕猴桃（*Actinidia arguta* var. *purpurea*）

19.2 中华猕猴桃 *Actinidia chinensis* 物种资源调查

19.2.1 中华猕猴桃概述

（1）形态特征

中华猕猴桃（*Actinidia chinensis* Planch.），又称猕猴桃、羊桃、羊桃藤、藤梨、软毛猕猴桃、阳桃、猴仔梨、基维果、中国醋栗、中国鹅莓、中国猴梨，属猕猴桃科（Actinidiaceae）猕猴桃属（*Actinidia* Lindl.）植物。

大型落叶藤本；幼枝或厚或薄地被有灰白色茸毛或褐色长硬毛或铁锈色硬毛状刺毛，老时秃净或留有断损残毛；花枝短的 4~5 cm，长的 15~20 cm，直径 4~6 mm，隔年枝完全秃净无毛，直径 5~8 mm，皮孔长圆形，比较显著或不甚显著，髓白色至淡褐色，片层状。叶纸质，倒阔卵形至倒卵形或阔卵形至近圆形，长 6~17 cm，宽 7~15 cm，顶端截平形并中间凹入或具突尖、急尖至短渐尖，基部钝圆形、截平形至浅心形，边缘具脉出的直伸的睫状小齿，腹面深绿色，无毛或中脉和侧脉上有少量软毛或散被短糙毛，背面苍绿色，密被灰白色或淡褐色星状绒毛，侧脉 5~8 对，常在中部以上分歧成叉状，横脉比较发达，易见，网状小脉不易见；叶柄长 3~6（10）cm，被灰白色茸毛或黄褐色长硬毛或铁锈色硬毛状刺毛。聚伞花序 1~3 花，花序柄长 7~15 mm，花柄长 9~15 mm，苞片小，卵形或钻形，长约 1 mm，均被灰白色丝状绒毛或黄褐色茸毛；花初放时白色，放后变淡黄色，有香气，直径 1.8~3.5 cm，萼片 3~7 片，通常 5 片，阔卵形至卵状长圆形，长 6~10 mm，两面密被压紧的黄褐色绒毛，花瓣 5 片，有时少至 3~4 片或多至 6~7 片，阔倒卵形，有短距，长 10~20 mm，宽 6~17 mm；雄蕊极多，花丝狭条形，长 5~10 mm，花药黄色，长圆形，长 1.5~2 mm，基部叉开或不叉开，子房球形，径约 5 mm，密被金黄色的压紧交织绒毛或不压紧不交织的刷毛状糙毛，花柱狭条形。果黄褐色，近球形、圆柱形、倒卵形或椭圆形，长 4~6 cm，被茸毛、长硬毛或刺毛状长硬毛，成熟时秃净或不秃净，具小而多的淡褐色斑点；宿存萼片反折；种子小而多，黑色或深褐色。萌芽期 3 月上旬至 4 月上旬，开花期 4 月下旬至 5 月下旬，果熟期 9 月中旬至 10 月上旬，落叶期 11 月中下旬。

（2）资源价值

中华猕猴桃果型大，单果重在 70~200 g，果皮黄褐色，密被柔毛；果肉呈绿色、黄色或浅黄色，横切面有浅色条纹；果心为白色或浅黄色，籽粒为黑褐色或紫褐色。果实中维生素 C 含量特别高，一般每 100 g 鲜果种含有维生素 C 100~200 mg，高者可达 420 mg；含糖 8%~14%；总酸 1%~4.2%；含有天门冬氨酸 0.446%、苏氨酸 0.21%、色氨酸 0.185%、谷氨酸 0.600 2%、甘氨酸 0.24%、丙氨酸 0.245%、脯氨酸 0.361 5%、胱氨酸 0.102、甲硫氨酸 0.023%、异亮氨酸 0.237%、亮氨酸 0.294%、络氨酸 0.14%、苯丙氨酸 0.197%、赖氨酸 0.214%、组氨酸 0.125%、精氨酸 0.304%，还含有猕猴桃碱、蛋白水解酶，单宁以及钙、磷、钾、铁等多种矿物质元素。它具有耐贮藏的特点，适时摘取的鲜果在常温下可保存 1 个月，在低温下可保存 5 个月以上。

中华猕猴桃的口感甜酸，风味极佳。果实除鲜食外还可以制成各种食品及饮料，比如果酱、果汁、罐头、果脯、果醋、果酒等，具有丰富的营养价值，是高级滋补营养佳品。在国外有些国家人们还把它制成沙拉、沙司等甜点，它早已成为人们喜爱的果品。野生中华猕猴桃是重要的育种材料，具有极其重要的种质资源价值。每一个居群、每一个类型、每一片基因都是大自然留给我们的宝贵财富。

19.2.2 种质资源及其分布

（1）种质资源

中华猕猴桃原变种或称为软毛猕猴桃（*A. chinensis* var. *cheinensis* C. F. Liang），俗称光杨桃。主要特征是果实和枝蔓被有柔软短茸毛，后期常脱落，或残留稀疏短柔毛，果型端圆，果肉多为黄色。生食、加工品质均优。主要分布在河南、陕西、湖南、湖北、安徽、江苏、浙江、江西、福建、广东、广西等地，有向偏东方向分布的倾向。目前国外尚无此变种（刘孟军，1998）。

硬毛猕猴桃（*A. chinensis* var. *hispida* C. F. Liang），俗称毛杨桃。主要特征是果实和枝叶，尤其是幼嫩枝叶上密生明显的长硬毛，后期即使有的脱落但仍见硬毛残迹，果型偏长，其上刺毛状长硬毛一般不脱落，外观不甚美观。不便于生食和加工。主要分布在甘肃、陕西、四川、云南、贵州、湖南、湖北等地，有向偏西分布的倾向。目前国外栽培的均属此变种。

刺毛猕猴桃（*A. chinensis* var. *setosa* H. L. Li），主要特征是幼枝和叶柄被有铁锈色硬的刺毛，叶面粗糙，被有短糙毛，果型近球形至椭圆形，被有长硬毛。主要分布在台湾阿里山一带（刘孟军，1998）。

（2）地理分布

中华猕猴桃主要分布在北纬 23°～34°30′的暖温带和亚热带山地，自然分布的北界是秦岭和伏牛山，向东延伸到大别山、天目山一线，南达广东和广西的南岭地区以及云南、贵州、四川山地。以河南伏牛山，陕西秦岭，湖南湘西山区为最多，其次是赣西、鄂西、桂西北、四川盆地边缘、皖西等地。全国年蕴藏量 10 万 t 左右（刘孟军，1998）。

19.2.3 生物学生态学特性

（1）生物学特性

中华猕猴桃肉质，主根不发达，侧根和细根多而密集。苗期根系须根状，成年树骨干根较少，根系垂直深度为 20～50 cm。导管发达，有伤流现象。根上能产生不定芽和不定根，再生能力强。根据枝条生长势的强弱和当年萌芽情况，可分为发育枝、徒长枝和结果枝。枝条具有逆时针旋转的缠绕性，明显的背地性和顶端"自枯"性。芽具有早熟性等（刘孟军，1998）。

中华猕猴桃开花习性似葡萄。花芽发生在结果枝的下部叶腋间，雌花以 2～6 节叶腋居间多。雄花从花基部开始。此花的花蕾期为 33～43 d，花期 5～7 d。雄花的蕾期之后 26～32 d，花期 6～8 d。雌雄花的单花寿命为 2～4 d，开花时间多在早晨 5 点左右，个别雄花在下午开放（刘孟军，1998）。

武汉大学熊治廷对野生中华猕猴桃开花期与海拔高度进行了研究，表明中华猕猴桃开花期随海拔升高而延迟的现象可能受到多种因素的影响。在环境因素中，温度可能起了主要作用。按照一般规律，海拔每升高 100 m，气温下降 0.5～0.6℃。例如，海拔 1 000 m 处比海拔 500 m 处气温低 2.5～3℃。由于植物生长均需要一定的积温，低海拔处中华猕猴桃植株开花期对积温的要求必定比高海拔处植株先得到满足。因而，低海拔处植株开花期比高海拔处植株相应提前。从分析结果中可以推测，气温每升高 0.5℃，中华猕猴桃开花期可能大致提早 3 d 左右。除了生态环境因素以外，不同海拔处中华猕猴桃开花期的差异也有可能受到遗传因素的作用。或者说，这种性状在一定程度上从遗传上得到固定。这个问题可以通过对比栽培实验和遗传分析进行深入研究。此外，在所调查的植株中，个别植株的开花期与总的趋势相比有一定的差异。其原因可能与植株所处的小生境有关，也可能与植株的年龄有关。其他随机因素，如人为干扰，病虫害等也不能排除。

实生苗 3～4 年开始结果，6～7 年进入盛果期，嫁接苗可提前 2 年。果实发育从子房受精至果实成熟，需经 130～160 d。果实生长曲线为 3S 型。坐果率高，无生理落果现象（刘孟军，1998）。

（2）对环境条件的要求

属热带和暖温带树种。喜温、喜湿，要求年均温在 10℃以上，降水量在 1 000～1 200 mm，空气相对湿度在 75%～80%；常生长在阴湿荫蔽的森林边缘、灌木丛中，为半阴性或中等喜光树种，要求日照率 40%～45%，日照时数 1 300～2 600 h；对土壤要求不高，pH 值 5.5～7 的土壤均能生长；不耐旱，抗冻力较差，三年生幼树越冬需埋土防寒（刘孟军，1998）。

19.2.4 中华猕猴桃果实生长发育规律

中国科学院植物研究所印万芬对野生中华猕猴桃果实的生长发育进行了系统的观察，结果表明中华猕猴桃果实生长发育过程，随着种类和环境条件的差异而不同。如韭毛二号，从幼果形成到果实成熟需要 93 d，而韭光二号需要 63 d，一般来说，硬毛变种比原变种幼果行程的时间晚。

中华猕猴桃果实生长发育过程一般需要 60～100 d，大致可分为三个时期，即果实的生长发育前期、中期和后期。各个时期的特点是：前期：一般从子房受精到幼果形成后 40～55 d（5 月下旬到 7 月 13 日），果实生长量增长很快且增长量也大（占总生长量的 83.6%～96.7%），特别是幼果刚刚形成的 2～3 周内增长最快。这个时期果肉松软、色浅，种子的种皮迅速增大。

中期：需要 10～31 d（7 月 2 日到 8 月 12 日），这个时期果体增长缓慢，且增长量较小，占总生长量的 2.5%～8.6%，果肉较紧密，颜色逐渐加深，由灰白色转变为淡黄色、土黄色或淡绿色。种子内部发育完全，种皮逐渐变硬，并开始着色，显出褐色或土黄色。

后期：需要 10～21 d（8月12日到9月2日），这个时期果体又开始加快生长，其增长速度较中期稍快，增长量也较中期稍大，占总生长量的 0.8%～11.9%，此时果体已经达到最大而定型。由于受到外界因素的影响，国内水分蒸发较多，果型萎缩。

卢克成等（1999）通过对 5 个品种及实生的中华猕猴桃果实生长发育过程的系统观测，初步确定中华猕猴桃果实的生长发育过程可分为前期、中期和后期，各个时期的生长发育在不同品种之间有差异。不同品种的中华猕猴桃花期及幼果形成期不一样，其果实成熟期相差不大，果实生长发育需经过 96～130 d。中华猕猴桃果实生育过程可明显地分成 3 个时期，即生长前期、生长中期和生长后期，各个时期果实的生长量因品种而异。对于中华猕猴桃一个品种的果实生长发育过程来说，其横径生长量/纵径生长量基本上一致，经黄金分割法分类可把中华猕猴桃品种按果形分成长果形品种、圆果形品种和椭圆果形品种。中华猕猴桃果实虽经过前期、中期及后期 3 个时期的生长发育过程，果体由小变大，果实逐渐变软，直至最后成熟，但刚成熟果实需经过 10 d 左右的生理成熟才能食用或加工。

19.2.5 中华猕猴桃资源利用前景

（1）利用价值

中华猕猴桃果实含糖（主要为葡萄糖）8%～14%，酸 1%～4.2%，蛋白质 1.1%～1.2%，维生素 C 100～420 mg/100 g，还含有多种矿物质元素。除鲜食和用作食品加工业原料外，还可入药。果实 8—10 月成熟后采摘，鲜用或晒干，性味甘酸寒，主治功用为清热止咳、通淋、利咽、调理脾胃。常用以治疗烦热、口渴、胃热伤阴、咽喉肿痛、脾胃气滞、消化不良等。鲜用果实及其果汁制品可以防止亚硝酸铵（致癌物质）的产生而预防癌变，还可以降低血液中胆固醇及甘油三酯的含量，从而预防心、脑血管病的发生，并有增强机体免疫功能的作用。多食用猕猴桃及其制品，对多种慢性疾病有预防和治疗作用。

种子含油量一般为 22%～24%，高者达到 35.62%，为干性油，油质较好，另含蛋白质 15%～16%，可食用或工业用。

（2）中华猕猴桃开发前景

据联合国粮农组织统计，2005 年世界猕猴桃结果面积 10.8 万 hm^2，其中中国约为 5 万 hm^2。世界猕猴桃总产量 125 万 t，其中中国为 23 万 t，世界生产国依产量大小排序依次为意大利、新西兰、中国、智利、法国、日本、希腊、美国、伊朗、西班牙，这十大主产国生产的猕猴桃占世界总产量的 97.8%。全世界人均消费猕猴桃鲜果 0.22 kg。世界栽培的猕猴桃主要是美味猕猴桃（约占 85%）和中华猕猴桃（约占 15%）。

我国是猕猴桃的原产国，发展猕猴桃有许多有利条件：一是品种资源丰富。据统计，全世界猕猴桃有 60 多种，我国就有 57 种。二是我国是发展猕猴桃的适宜区，从南到北，从东到西都能种植，全国仅野生猕猴桃就近 1 亿亩、野生果产量达 1.5 亿 kg。三是各地发展猕猴桃的积极性很高。四是我国已有一支从事猕猴桃的专业科技研究队伍，正在就猕猴桃的新品种选育、栽培、采摘贮藏、运输、包装、产品深加工等方面进行研究，有的成果正在转化为生产力，为进一步深入开发猕猴桃产业、提高产品档次提供坚实的基础。

19.2.6 中华猕猴桃的生存现状与保护建议

（1）生存现状

由于野生中华猕猴桃经济价值较高，容易遭到采摘和破坏，采摘时对植株损害严重，对林下植被随意践踏破坏，对野生中华猕猴桃的正常生长发育带来危害。另外，由于经济的发展和人口的增加，天然植被日益减少，野生中华猕猴桃的生境也日益恶化，野生中华猕猴桃的自然种群数量和分布面积日益减少。只有在云南彝良的朝天马自然保护区和大关黄连河森林公园内有野生中华猕猴桃大量集中的分布，而在保护区以外则只有零星的分布，而且极易遭到破坏。

（2）中华猕猴桃的保护建议

针对以上原因，为加强对野生中华猕猴桃资源的保护，提出如下建议。

1）在野生中华猕猴桃资源集中的区域建立自然保护区、保护点，对野生中华猕猴桃资源进行有效的保护，并保护好野生中华猕猴桃的生境。

2）为促进中华猕猴桃的天然更新，需要保护的中华猕猴桃应架设围栏，制定措施，严禁砍伐和采摘果实。但可作为种子园提供种子进行育苗生产。

3）开展中华猕猴桃遗传种质资源清查工作，从种群生态系统、物种与类型、基因多样性方面开展全方位研究，切实认识、保护、利用好大自然留给我们宝贵的遗传种质资源。

4）开展以野生中华猕猴桃种质资源利用为主的育种工作。

参考文献

[1] 费学谦，方学智，丁明，等. 不同浓度CPPU处理对中华猕猴桃生长与营养品质的影响[J]. 农业环境科学学报，2005，24（增刊）：30-33.

[2] 寇绍丽，刘昕报. 中华猕猴桃的繁殖与栽培技术[J]. 河南农业，2008（7）：44.

[3] 李雄辉，过新胜，杨一兵. 纯天然中华猕猴桃果汁的研制[J]. 江西科学，1996，14（2）：92-96.

[4] 梁根桃，严逸伦，方星. 中华猕猴桃果实采后某些生理特性的研究[J]. 浙江林学院学报，1990，7（2）：104-110.

[5] 刘世珍. 中华猕猴桃果的营养价值[J]. 营养保健，2003（5）：14.

[6] 卢克成，石鼎新，倪竞德. 中华猕猴桃果实生长发育规律的初步探索[J]. 江苏林业科技，1999，26（4）：14-16.

[7] 卢学根. 猕猴桃果醋生产工艺研究[J]. 现代食品科技，2005，21（2）：109-111.

[8] 彭永宏，孙华美. 中华猕猴桃适期采收指标[J]. 湖北农业科学，1991（9）：26-28.

[9] 唐建阳，潘林娜，邱武凌，等. 疏花疏果对中华猕猴桃果实大小和产量的影响[J]. 果树科学，1998，

15（1）：86-88.

[10] 徐小彪，李凡，邓毓华. 中华猕猴桃早结丰产栽培技术研究[J]. 江西农业大学学报，1998，20（4）：456-459.

[11] 徐小彪，张秋明. 中国猕猴桃种质资源的研究与利用[J]. 植物学通报，2003，20（6）：648-655.

[12] 易文浩，钟桦. 中华猕猴桃果酱生产工艺研究[J]. 食品工业科技，1991（1）：39-41.

[13] 印万芬. 中华猕猴桃果实生长发育过程的初步研究[J]. 北京林学院学报，1982（2）：25-26.

[14] 袁媛，胡忠荣，易苟文，高正清. 世界猕猴桃研究与生产概况[J]. 云南农业科技，2003（增刊）：103-105.

[15] 周汉其，张菊芳. 中华猕猴桃果实发育期营养成分的变化[J]. 果树科学，1994，11（3）：181-182.

[16] 朱读圣. 中华猕猴桃果丰产栽培[J]. 安徽林业，2001（4）：14.

[17] 刘孟军. 中国野生果树[M]. 北京：中国农业出版社，1998.

中华猕猴桃植株

中华猕猴桃生境

中华猕猴桃果实

集贸市场上的野生中华猕猴桃

中华猕猴桃（*Actinidia chinensis* Planch.）

19.3 狗枣猕猴桃 *Actinidia kolomikta* 物种资源调查

19.3.1 狗枣猕猴桃概述

(1) 名称

狗枣猕猴桃（*Actinidia kolomikta* Maxim.），属于猕猴桃科（Actinidiaceae）猕猴桃属（*Actinidia*），又名深山木天蓼、狗枣子（东北）、母猪藤、猫人参（安徽一带），为多年生落叶藤本植物，是东北地区主要野生果树之一，它不仅果实营养价值较高、具有多方面的医疗保健作用，而且抗逆性强，是猕猴桃中最耐低温的品种，所以，也是很好的杂交育种的亲本材料，利用价值仅次于美味猕猴桃（*A. deliciosa* var. *deliciosa*）、中华猕猴桃（*A. chinensis* var. *chinensis*）、毛花猕猴桃（*A. eriantha* Benth.）与软枣猕猴桃（*A. arguta* var. *arguta*）。

(2) 形态特征

狗枣猕猴桃为藤本，长达15 m，分枝细而多，二年生枝褐色有光泽，一年生枝紫褐色，略有柔毛，枝上具圆卵形黄色皮孔，小枝内具不整齐的片状髓，淡褐色。叶互生，叶柄长2~7 cm，具褐色毛，叶片膜质至薄纸质，卵形至长圆形，稀为圆形，长6~10（13）cm，宽3~7（10）cm，基部心形，稀圆形，两侧不对称，顶端渐尖或尾状，边缘具锯齿或不等大的重锯齿，表面无光泽，绿色，无毛，背面沿脉有褐色短柔毛，脉腋密生柔毛，顶端或中部以上常变为黄白色或紫红色。雌雄异株，雄花大部分为3朵腋生，很少1~5花组成的聚伞花序；雌花或两性花单生，花序基部有脱落性的小花苞；花梗长约1.5 cm，萼片5，长圆形，长5~6 mm，宽2~2.5 mm，外侧被褐色柔毛；花瓣圆形至倒卵形，白色或玫瑰红色，雄花的子房不发育，无花柱；雌花有发育正常的雄蕊，较短，很少有受精能力，雌花的子房长圆形，柱头8~12（15）个，基部合生，上部离生。浆果长圆形，稀球形或扁圆形，具12条纵向深色条纹，顶端有宿存的花柱及萼片，萼片反折。花期6—7月，果期9—10月。

(3) 生物学特征

在自然条件下狗枣猕猴桃具逆时针方向缠绕的特点，但在栽培环境中该特性表现已不典型。根据枝蔓的功能、生长特点和寿命长短，成年期狗枣猕猴桃的当年生枝可分为三种类型，即生长枝、混合枝和结果枝。狗枣猕猴桃叶互生，较大，叶柄长达8 cm。在6月即将开花之前，许多叶片上表面变白，过10 d左右又转为红色并一直保持到生长结束。

(4) 生态学特性

一年生狗枣猕猴桃在半遮阴条件下生长最快，并表现出缠绕特性。成年植株需光性增强，但也适应弱度遮阴，生长不受影响。然而遮阴对花原基的形成影响很大，结实大多位于冠的向阳面。在全光条件下狗枣猕猴桃果实成熟早，平均提前5~10 d，植株的抗寒性也明显提高。

狗枣猕猴桃喜疏松、排水良好、腐殖质含量高的酸性土壤或中性土壤，不耐水湿，在沙壤上由于水分得不到保证生长常受影响。

在自然环境中狗枣猕猴桃能耐-45℃的低温。但春季晚霜对其生长与结实影响较大，-2℃短时间的低温能引起叶片萎蔫，-4℃使孕蕾期花芽死亡。-8℃导致植株完全死亡。狗枣猕猴桃可以在无霜期120 d、有效积温2 000℃的地区栽培。

19.3.2 狗枣猕猴桃调查

（1）生境调查

狗枣猕猴桃生长于海拔500～1 600 m（东北）、1 000～2 300 m（甘肃文县）、1 600～2 900 m（四川）的山地混交林或杂木林中的开旷地、林缘或水边、路边灌丛中湿润肥沃地；在东北生长于阔叶林或红松针阔混交林中分布在中国的黑龙江、吉林、辽宁、河北、山东、山西、陕西、甘肃、四川、云南、湖北、江苏、安徽、江西等省，以东北地区的东部山区为最多。俄罗斯的沿海边疆区、千岛群岛、朝鲜及日本亦有分布。

（2）种群调查

东北地区的狗枣猕猴桃以长白山和小兴安岭地区为最丰富，多见于生态环境较好的沟谷和林缘，可以形成小面积群落。其生存林分多数以阔叶林或杂木林为主，林分建群种有：黄檗（*Phellodendron amurense*）、水曲柳（*Fraxinus mandschurica*）、胡桃楸（*Juglans mandshurica*）、辽东栎（*Quercus wutaishanica*）、蒙古栎（*Quercus mongolica*）、槲栎（*Quercus aliena*）、五角枫（*Acer pictum* subsp. *mono*）、茶条槭（*Acer ginnala*）、刺榆（*Hemiptelea davidii*）、春榆（*Ulmus davidiana* var. *japonica*）、山槐（*Albizia kalkora*）、红松（*Pinus koraiensis*）等。

狗枣猕猴桃群落伴生灌木常见：接骨木（*Sambucus williamsii*）、锦带花（*Weigela florida*）、刺五加（*Eleutherococcus senticosus*）、蓝靛果（*Lonicera caerulea* var. *edulis*）、照山白（*Rhododendron micranthum*）等。

（3）资源利用调查

狗枣猕猴桃果实虽小，但其风味独特，营养丰富，尤其是富含VC及生物活性物质，具有很高的食用及医疗保健价值，因此，是当地居民喜欢采食的主要野果之一。此外，由于植株秀丽，特别是其雄株的叶片下部绿色，上部洁白如雪，以后渐变成红色，满株树叶，色彩斑斓，令人赏心悦目；吉林通化地区有栽培观赏的习惯。狗枣猕猴抗寒能力很强，是珍贵的抗寒育种基因资源，目前，正在被猕猴桃育种所利用。

19.3.3 资源保护利用问题与对策

（1）开发利用与资源保护并重

狗枣猕猴桃常与树木伴生，森林抚育时往往把它们当做影响用材林生长的非目的树种砍掉，破坏了资源；有的人为采果方便，甚至砍倒结果树，杀鸡取卵，更进一步破坏了资源。应广泛宣传教育，使人们对其价值有新的认识，增强保护意识，同时加强野生资源垦复利用工作。

相关部门应及时出台资源开发的政策与措施，制定长远开发利用、管理计划；加强监管力度，防止随意、过度、掠夺资源；以保证狗枣猕猴桃在动态平衡中稳定增长，既要保证较好的经济效益，又要使资源可持续利用。另外，为防止资源枯竭，尽快组织技术力量，掌握繁殖技术和栽培方法，建立种苗繁育基地，为大规模生产奠定基础。

（2）加强引种驯化和育种研究

为合理利用狗枣猕猴桃资源，建议根据猕猴桃种间杂交的遗传规律，用已选出的优良品种与其进行杂交，培育大果、无毛、耐贮运的新品种，使狗枣猕猴桃资源充分发挥出它的潜力。同时，探索繁殖技术、引种驯化技术及栽培技术。

参考文献

[1] 苍晶，桂明珠，王学东，等. 狗枣猕猴桃果实生长发育的研究[J]. 果树学报，2001，18（2）：87-90.

[2] 苍晶，王学东，吴秀菊，等. 狗枣猕猴桃果实发育的解剖学观察[J]. 植物学通报，2002，19（4）：469-476.

[3] 曹新志，李代发. 狗枣猕猴桃果汁饮料的研制[J]. 食品研究与开发，1996，17（2）：20-21.

[4] 董然，陈丹. 狗枣猕猴桃的开发与综合利用[J]. 中国野生植物资源，1994（3）：36-39.

[5] 金永日，桂明玉，李绪文，等. 狗枣猕猴桃叶化学成分研究[J]. 高等学校化学学报，2007，28（11）：2060-2064.

[6] 兰大伟，刘永立，原田隆. 狗枣猕猴桃叶片离体培养的器官、体细胞胚形成与植株再生[J]. 果树学报，2007，24（2）：218-221.

[7] 李秀霞，何春海，丁玉萍，等. 黑龙江省狗枣猕猴桃扦插繁殖的研究[J]. 中国高校科技与产业化，2006（z1）：202，214.

[8] 路文鹏，李昌禹，曲炳章，等. 东北原生种猕猴桃种质 RAPD 研究[J]. 特产研究，2006，28（2）：24-27.

[9] 宋庆鸿，尹边防. 野生狗枣猕猴桃的硬枝扦插繁殖[J]. 黑龙江农垦师专学报，2000，14（2）：84，86.

[10] 万琳琛，肖尊安，王英典，等. 猕猴桃属种间体细胞杂种试管苗的抗寒性[J]. 果树学报，2001，18（3）：148-151.

[11] 万琳琛，肖尊安，王英典，等. 猕猴桃种间体细胞杂种的抗寒性遗传的初步分析[J]. 北京师范大学学报：自然科学版，2001，37（1）：100-104.

[12] 王立军，张友民. 狗枣猕猴桃的解剖学研究[J]. 吉林农业大学学报，1994，16（3）：55-58.

[13] 王学东，苍晶，吴秀菊. 狗枣猕猴桃花芽分化的观察[J]. 东北农业大学学报，2001，32（3）：285-289.

[14] 王寅虎，燕秀丽. 我省发现 6 种野生猕猴桃[J]. 山西农业，2002（4）：10-11.

[15] 花叶狗枣猕猴桃[J]. 中学生物学，2008，24（7）：F0003-F0003.

[16] 胚珠培养解决狗枣猕猴桃无法获得远缘杂交后代的问题[J]. 中国果业信息，2006，23（9）：53.

[17] 张锡崇，韩联生. 软枣猕猴桃 狗枣猕猴桃的育种选择[J]. 中国林副特产，1993（1）：6-7.
[18] 张喜春，吴绛云. 狗枣猕猴桃叶片植株再生及无性系快速繁殖[J]. 北方园艺，1990（9）：7-9.
[19] 赵垦田，闻宝莲. 狗枣猕猴桃的栽培管理与采收[J]. 中国林副特产，2000（1）：30-31.

狗枣猕猴桃（*Actinidia kolomikta* Maxim.）

20 藤黄科 Guttiferae

20.1 多花山竹子 *Garcinia multiflora* 物种资源调查

20.1.1 多花山竹子概述

（1）名称

多花山竹子（*Garcinia multiflora* Champ.），为藤黄科（Guttiferae）藤黄属（*Garcinia*）植物，别名山竹子，木竹子、山枇杷等。

（2）形态特征

多花山竹子为常绿小乔木植物，高 5~17 m。单叶对生，革质，倒卵状矩圆形或矩圆状倒卵形，长 7~15 cm，宽 2~5 cm，顶端短渐尖或急尖，基部楔形，全缘，两面无毛，中脉在上面微凸起，侧脉在近叶缘处网结，不达叶缘；叶柄长 1~2 cm。花数朵组成聚伞花序再排成总状或圆锥花序；花橙黄色，单性，少杂性，基数 4。浆果近球形，长 3~4 cm，青黄色，顶端有宿存的柱头。花期 6—8 月，果期 11—12 月。

20.1.2 资源调查

多花山竹子喜温暖湿润，喜肥沃，在瘠薄山地生长较差，苗期生境适当遮阴生长更佳。多花山竹子在 pH 值 5.5~6.5 的富含有机质的酸性壤土生长最好。苗期生长速度较快，播种苗在当年 6 月即可进入速生期，可持续到 9 月，水肥供应充足时年高生长可达 50 cm 以上。多花山竹子广布广东、云南、贵州、湖南、福建、台湾等地。生长于海拔 100~1 200 m 地山坡疏林或密林中，沟谷边缘或次生林或灌丛中，对土壤的要求不严。

生境：生长于海拔 100~1 200 m 地山坡疏林或密林中，沟谷边缘或次生林或灌木丛中。

主要伴生植物：红椎（*Castanopsis hickellii*）、苦槠（*Castanopsis sclerophylla*）、青构栲（*Castanopsis myrsinaefolia*）、栎（*Quercus glandulifera*）、亮叶水青冈（*Fagus lucida*）、厚叶楠（*Machilus phoenicis*）、华润楠（*Machilus chinensis*）、薄叶润楠（*Machilus leptophylla*）、黑柃（*Eurya macart neyi*）、短柱柃（*Eurya brevistyla*）、缺萼枫香（*Liquidamb aracalycina*）等。

20.1.3 综合价值及开发利用

多花山竹子的种子可榨油，用于制皂和润滑油；根、果、树皮均可入药，具消肿、收敛止痛之功效。木材供建筑、雕刻等；果皮、树皮含有鞣质。它的果实可食用，且味道好，可与中国从国外进口且价格昂贵的热带水果之王"山竹子"相媲美，两者是近缘种，因此，多花山竹子是一种待开发的野生果。除此之外，多花山竹子适应性强，生长速度快，叶子对生，革质，碧绿，富有光泽，枝叶浓密，枝条着生角度小，树形优，也是珍贵园林绿化树种和美形美叶植物。

参考文献

[1] 刘胜洪，黄碧珠. 多花山竹子（*Garcinia multiflora* Champ）的繁殖研究[J]. 中国农学通报，2004（6）：93-95.

[2] 王英强，陈静香，许碧爽. 多花山竹子黄色素的提取及其稳定性的初步研究[J]. 仲恺农业技术学院学报，1997（2）：86-91.

[3] 王英强，冯颖竹. 多花山竹子种子萌发及其幼苗生长分析[J]. 仲恺农业技术学院学报，1999（2）：18-25.

[4] 杨志玲，王开良，谭梓峰. 值得开发的几种野生木本油料树种[J]. 林业科技开发，2003（2）：41-43.

[5] 郑小春，龚期绳，刘忠源. 多花山竹子的播种育苗[J]. 林业实用技术，2003（7）：26.

多花山竹花期

多花山竹的花

多花山竹的果实

多花山竹子（*Garcinia multiflora* Champ.）

20.2 双籽藤黄 *Garcinia tetralata* 物种资源调查

20.2.1 双籽藤黄概述

(1) 名称

双籽藤黄（*Garcinia tetralata* C. Y. Wu ex Y. H. Li），又名双籽山竹，藤黄科（Gutiferae）山竹子属（*Garcinia* L.）植物。

(2) 形态特征

乔木，高 5~8 m，稀达 15 m，胸径约 15 cm；枝条通常下垂，淡绿色，有纵棱。叶坚纸质，椭圆形或狭椭圆形，长 8~13 cm，宽 3~6 cm，先端突尖或短渐尖，基部楔形，微下延，中脉在表面下陷，背面隆起，侧脉 13~16 对，两面隆起，纤细斜升至边缘处网结，第三级脉网状；叶柄长 0.8~1.2 cm。花未见，果单生叶腋或落叶叶腋，球形，直径 2~2.5 cm，无毛，近无柄；柱头宿存，4 裂，每裂片具乳头状瘤突 4~5，有种子 2，果期 5 月。

(3) 分布特性

云南南部和西南部的景洪、沧源、耿马、勐腊，生长于海拔 800~1 000 m 的低丘、平坝杂木林中或低山沟谷密林中。

20.2.2 资源调查

(1) 生境与种群

生长于海拔 800~1 000 m 的低丘、平坝杂木林中。伴生植物主要有白花羊蹄甲（*Bauhinia variegata*）、五月茶（*Antidesma fordii*）、云树（*Garcinia cowa*）、大乌泡（*Rubus multibracteatus*）、挪挪果（*Flacourtia ramontchi*）、尼泊尔水东哥（*Saurauia napaulensis*）、毛杨梅（*Myrica esculenta*）、南酸枣（*Choerospondias axillaries*）、火烧花（*Mayodendron igneum*）、野龙竹（*Dendrocalamus semiscandens*）、石松（*Lycopodium japonicum*）等。

(2) 利用调查

果实可以食用，果品、树皮入药。其果肉酸甜可口，口感颇似冰淇淋，云南南部和西南部少数民族如傣族、拉祜族、佤族、景颇族、布朗族、德昂族和基诺族等都喜欢采食双籽藤黄，也有少数地区使用双籽藤黄酿酒。

20.2.3 双籽藤黄利用建议

双籽藤黄作为一种优良的野生果树资源，目前的开发利用很少，尚属于初级阶段，很多药用价值级生态价值还有待开发利用，因此，要加大力度，争取筛选出具有竞争力的优良品系，做好优质种源选育工作。

在利用的同时，吸取同属物种开发的教训，缩短时间，提高效率，在保护物种资源的基础上积极开发，努力发掘植物本生的价值。

参考文献

[1] 王丽莉，李占林，华会明，等. 双籽藤黄茎皮化学成分的研究[J]. 中国中药杂志，2008，33（20）：2350.

[2] 杨虹，丛晓东. 藤黄属植物化学成分与药理活性[J]. 国外医药·植物药分册，1999，14（6）：238.

[3] 杨敏. 藤黄属植物双黄酮成分研究现状[J]. 广东药学，2004，14（3）：5.

[4] 中国科学院中国植物志编辑委员会. 中国植物志[M]. 北京：科学出版社，1999，50（2）：109.

双籽藤黄（*Garcinia tetralata* C. Y. Wu ex Y. H. Li）

21 胡颓子科 Elaeagnaceae

21.1 沙枣 Elaeagnus angustifolia 物种资源调查

21.1.1 沙枣概述

（1）名称

沙枣（*Elaeagnus angustifolia* L.），又名香柳、桂香柳、红豆、银柳、土里香、金铃花等，属胡颓子科（Elaeagnaceae）胡颓子属（*Elaesgnus* L.）落叶小乔木或灌木。因开花香味与江南桂花相似，生命力非常顽强，故有"飘香沙漠的桂花之美称"。

（2）形态特征

沙枣株高为 4~10 m，老枝光滑，灰褐至栗褐色，多枝刺；幼枝被银白色鳞毛。单叶互生，矩圆状披针形或条状披针形，长 4~6 cm，宽 1~2 cm，先端尖或钝圆，基部楔形，表面有银白色星状鳞斑，腹面灰绿，背面银白色，侧脉不明显；叶柄长 8~10 cm。花两性稀单性，2~3 朵簇生于当年生小枝的叶腋处，外面银白色，内面黄色，芳香，花被筒呈钟状或漏斗状，先端四裂；花盘先端无毛，雄蕊 4，花丝与萼筒愈合花丝短、不外露，着生于花被筒喉部，雌蕊位于花托与花萼下部愈合处，花柱长于雄蕊。果实的大小、形状、色泽、果味等变化大，果实短圆形或椭圆形，长 0.5~2.5 cm，成熟时淡褐色或黄红色，果肉乳白粉质；果核矩圆形，两端钝或稍尖。花期 5—6 月，果期 9—10 月。

（3）生物学特性

沙枣喜光，生长迅速，是阳性树种，根系较浅，水平根发达，根幅为冠幅的几倍，在疏松土壤中能形成大量的根瘤菌，提高土壤肥力。在蒸发量为降雨量的 30 倍，地表温度达 70℃的沙漠里，因其枝条银白色以及狭长叶正反面均被银白色鳞毛有反射阳光的作用，而不致被灼伤。天然沙枣只分布在降水量低于 150 mm 的荒漠和半荒漠地区，与浅的地下水位相关，地下水位低于 4 m，则生长不良。沙枣对温度条件要求较高，在≥10℃积温3 000℃以上地区生长发育良好，积温低于 2 500℃时，结实较少；积温＞5℃时芽开始萌动，10℃以上时，生长进入旺季，16℃以上时进入花期；果实则主要在平均气温 20℃以上的盛夏高温期内形成。沙枣耐盐碱，在硫酸盐土壤上，全盐量 1.3%以下时尚能生长；在氯化物硫酸盐土壤上，全盐量 0.6%以下时适于造林；在硫酸盐氯化物土壤上，全盐量 0.4%以下也适于生长。

(4) 分布特性

沙枣在我国主要分布在大约北纬 30°以北的西北各省（区）及华北西北部地区，黑龙江、辽宁、河北、山东、河南、山西、内蒙古及西北五省区均有分布，在这些地区，又集中分布在干旱和半干旱地区的荒漠与半荒漠条件下。沙枣在国外分布于地中海沿岸、亚洲西部、前苏联和印度。目前，新疆、甘肃、青海、陕西及内蒙古西部的干旱沙区都广为栽培，黑龙江、山西、山东、河南等省在沙荒和盐碱地引种栽培良好，垂直分布一般在海拔 1 500 m 以下。

21.1.2 沙枣研究现状

刘清等（2006）利用原子吸收光谱法测定沙枣叶中 9 种矿质元素的含量，发现不同生长时期的沙枣叶中，其矿物元素含量差别较大，其中 Zn、Cu、Mn 在 7 月时含量最高，而 K、Ca、Na、Mg、Sr 在不同生长时期含量都比较高，作饲料时建议沙枣叶在 7 月份采摘，营养价值最高。此研究为沙枣叶的饲用价值及药理作用提供依据，也为沙枣叶的综合开发利用提供科学依据。马彦芳（2006）采用索氏提取器从沙枣叶提取黄酮类化合物，建立总黄酮的光谱分析法对沙枣叶中总黄酮进行测定，结果表明沙枣叶中含有丰富的黄酮类化合物。吕金顺（2007）对沙枣花萃取液的成分进行了研究，分析表明萃取液主要化学成分为反式肉桂酸乙酯、肉桂酸甲酯和苯乙醇，是香料和配制香精的原料；而由醚萃取液所得到的化合物主要是含苯环及苯环上具有羟基或甲氧基官能团的酚、芳香酸及其酯类，这些成分的存在表明，醚萃取液可作为抗菌剂和抗氧化剂，由此可见，沙枣花可作为提取天然香料、天然抗菌剂及抗氧化剂的植物资源。王雅等（2006）对甘肃河西野生沙枣的营养成分进行了测定和分析，结果表明：不同部位和不同采摘期沙枣总糖含量不同，沙枣粉、果肉粉、果核粉及青果粉总糖含量分别为 58.36%、66.93%、60.70% 及 30.43%；沙枣粉氨基酸总含量为 3.4%，蛋白质含量为 6.76%，脂肪含量为 5.43%，纤维素含量为 8.69%；青果粉中脂肪含量为 5.08%，蛋白质含量为 9.18%，纤维素含量为 16.89%。野生沙枣总糖含量高于 58.0%，可作为一种纯天然绿色高糖源进行开发利用，但野生沙枣作为糖源与优质脂肪利用应在完全成熟后，沙枣粉蛋白质中氨基酸种类齐全，必需氨基酸含量高，具有较高的营养价值。祖丽皮亚·玉努斯（2006）从沙枣中提取黄色素，并对其稳定性进行了系统研究，表明乙醇是提取沙枣黄色素的最合适试剂，该色素耐光、耐热，氧化剂、还原剂和常用的食品添加剂蔗糖、苯甲酸钠、碳酸氢钠对色素稍有影响，金属离子 Cu^{2+}、Fe^{3+}、Zn^{2+}、Na^+、Ca^{2+}、K^+ 离子对色素都有增色作用。Mn^{2+} 对其有减色作用。

沙枣以种子繁殖为主，因其种子具有生理休眠特点，生产中常用层积催芽法解除休眠，耗时较长，约 80 d。前苏联科技工作者在沙棘的催芽处理上曾研究过许多方法，如沙藏、低温、超声波、碘溶液、伦琴射线、激光、Co 同位素、赤霉素、磷酸钾、多谱红光、氯化锰溶液及硫酸铁处理方法等。王雪莲等（2008）研究 ABT、2,4-D、GA 3 种药剂对沙枣种子发芽的影响，以 80×10⁻⁶ mg/mL 浓度的 GA 处理（在温度 25℃下）发芽率最高，建议生产上采用。沙枣扦插育苗，技术简单，成苗快，而且能更好保存母本性状，当年扦插，当年秋季就可出圃造林，加快了育苗周期。彭浩（2008）进行了沙枣硬枝扦插育苗试验，结果表明：沙枣硬枝扦插操作简单，采用枝条中基部作为插穗，插穗粗 0.8～1.5 cm 为好，插穗长 18 cm 左右，早春解冻后，适时早插，密度保持在 60 000 株/hm²。沙枣扦插技术简单，建议采用枝条中基部作为插穗、插穗长约 18 cm、适时早插。杨育红等（2006）以沙枣的种子为外植体，探讨了沙枣愈伤组织诱导和植株再生过程，选择适宜的外源激素，在一定浓度水平时，可直接从沙枣子叶分化出芽体，而且增殖、分化表现较好，而且也不易出现异常形态。

丁水林等（1999）的研究表明，在黄河三角洲地区土壤含盐量 0.2%～0.8%的条件下栽植的沙枣，能正常繁育生长，并能大量结实，是适宜于盐碱地区推广栽培的优良树种。张洁明（2006）对沙枣种子萌发期的抗盐性进行研究，同时对盆栽沙枣苗进行 21 d 盐胁迫处理，对沙枣叶片 MDA 含量，叶片抗氧化酶活性，游离脯氨酸的含量等生理生化指标进行测定，表明沙枣的抗盐性较强。

21.1.3 沙枣资源调查研究

甘肃省治沙研究所在甘肃省沙枣品种资源调查中按沙枣果实的颜色、果形、离粘核、果实长度、重量、果味、病害程度、鳞毛、果核等 9 项指标，初步分类归纳出离核类沙枣群、粘核类大沙枣群、普通甜沙枣群和普通酸涩沙枣群 4 个类群、20 多个品种。

离核类沙枣群　果肉与核较容易分离，果核上很少黏有果肉。主要有牛奶头沙枣、红皮离核沙枣、红皮圆沙枣、麻皮离核小沙枣。

粘核类大沙枣群　果实长度在 20 mm 以上，果实千粒重在 1 000 g 左右，味甜。主要有：红吊坠沙枣、牛奶头沙枣、张掖白沙枣、新疆大沙枣。

普通甜沙枣群　数量较多、经济价值较高的有红油糕沙枣、二不伦沙枣、红圆弹沙枣、普通白沙枣。

普通酸涩沙枣群　是沙枣中品种最多和个体数量最多的一类，涩沙枣经过蒸煮或贮藏过冬后酸涩味大为减轻可供食用，一般小粒沙枣只作饲料，其中果实较大的有：八卦沙枣、喇嘛皮沙枣、涩二不伦沙枣等。

在上述品种中，红吊坠、牛奶头、羊奶头、张掖白沙枣和新疆大沙枣等为优良果用沙枣品种，八封、涩二不伦、喇嘛皮沙枣等为固沙造林的优良沙枣品种。

21.1.4 沙枣资源利用价值

（1）沙枣的食用价值

沙枣树果实含有多种有用的营养成分，具有较高的利用价值和经济价值。据测定，沙枣果肉含糖量较高，达 53.40%，其中果糖 27.16%、葡萄糖 26.75%。在每 100 g 果肉中，含总量为 3 804.0 mg 的 17 种氨基酸，其中人体必需的 8 种氨基酸占总量的 23.16%，维生素 C 含量高，还原型与氧化型两种结构形态的维生素 C 总含量为 2 405 mg/100 g。果肉中还含有少量的磷、钙、铁、锌、锰、铬、硫铁素及微量的核黄素和胡萝卜素等，尤其是锌的含量较高，对人体的智力开发大有益处。以沙枣果肉为原料研制成沙枣汁、沙枣大香槟、沙枣果丹皮等系列产品，酸甜适宜，味醇厚，富有浓厚的沙枣特有的香味，具有丰富的营养，有助于消化、健胃、强身，深受国内外消费者的欢迎。

（2）沙枣的药用价值

沙枣具有很高的药用价值，沙枣的花、果、叶、皮、枝均可入药，能治疗烧伤、白带、慢性气管炎、闭合性骨折、消化不良等病症，沙枣果汁可作泻药，果肉与车前草一起捣碎可治痔疮，根煎汁可治疥疮，叶干后，加水服用治疗肺炎和气短。从树液制取的胶质、糖质浓缩物有抗炎作用，并能抑制小肠运动，用于防治夏季多发性肠炎。沙枣性温而涩，味酸甜，据医学临床试验，沙枣还有健脾收敛、涩肠止泻、强壮、固精、镇静、健胃、抗炎、止泻、调经、利尿等药理功能。临床上多用于脾胃虚弱、消化不良、肠炎腹泻、肺热咳嗽等疾病的治疗。

（3）沙枣的生态价值

沙枣适应环境的能力强，抗旱、抗盐碱、生长迅速、栽培繁殖容易，生态效益高，其开发产品用途广，经济价值高，被认为是防风固沙、涵养水源、保持水土的优良树种。沙枣的根系发达，主根能扎进 0.5~1 m 的深层土，侧根长达 8~10 m，因此沙枣种植在沙漠里，有很好的固沙作用；沙枣根系能形成固氮根瘤，可固定土壤中的氮气，增加土壤的氮素含量，提高土壤的肥力，并有大量枯枝落叶，能改善土壤养分状况。沙枣能够抗盐碱，对盐碱地具有一定的改良作用，这主要是由于沙枣造林郁闭快，树冠覆盖地面，减少地表蒸发，并降低地下水位所致。由于沙枣不但耐干旱、耐高温、耐寒冷以及有效地改造土壤，从而又耐贫瘠、耐盐碱，可作为农用防护林、用材林。沙枣适宜生长在沙区，既改善了当地的生态环境，又能增加人们的经济收入。

（4）其他价值

沙枣繁殖力强，生长迅速，是西北居民理想的薪材；沙枣树干质地坚硬多花纹，纹理清晰美观，古色古香，可以用来做仿古家具、小型建筑材料和工艺美术品，若配以杨木制成现代家具，既美观又耐用；沙枣叶片的营养价值接近苜蓿，为家畜的良好饲料；沙枣花多而密，是沙区良好的蜜源植物；新疆用沙枣花研制成沙枣花精型系列化妆品，对皮肤有营养价值，并具有增强皮肤细胞活力的作用；沙枣种子含油率较高，其油脂可用于制皂或作润滑油用；沙枣果实还可制醋、酿酒等；沙枣树提制的沙枣胶，具有很好地与阿拉伯胶、黄芪胶水溶性和热稳定性，可作为这两种胶的替代品。

21.1.5 沙枣资源利用问题和对策

（1）沙枣资源现状

目前，沙枣在新疆、甘肃、青海、陕西及内蒙古西部的干旱沙区都广为栽培。所保存下来的沙枣天然林面积已经不多，少量分布于华北北部、东北以及西部大致在北纬 34°以北地区。仅在新疆塔里木河沿岸、准噶尔盆地边缘、伊犁河谷、塔城谷地以及内蒙古额济纳旗的穆林河和纳林河的沿岸有少量天然沙枣林分布，呈疏林状态，连同人工林面积，我国沙枣林总计约 13 万 hm^2，额济纳河西河林区就有沙枣林 4 600 hm^2，为做防护林和防风固沙林仅甘肃武威地区石羊河林场，10 年就营造沙枣林 1.4 万 hm^2。西北五省沙枣林保存面积在 13 万 hm^2 以上。

近年来，黑龙江、辽宁、山西、河南、河北、山东、江苏等省，在半沙漠和荒漠、沙荒、盐碱地引进沙枣栽培，生长状态良好，表明沙枣适生范围广。最近，利用沙枣对沿海地区和黄河三角洲等盐碱地进行土壤改良和沙枣造林试验已取得初步成效。

（2）沙枣开发利用存在的问题

从目前沙枣开发利用来看，还存在着不少问题，主要表现在以下几个方面：

1）沙枣的重要价值尚未引起人们足够的重视，目前主要食用其果实和用作薪材，乱砍滥伐现象等人为破坏严重；

2）除了对甘肃地区的沙枣品种进行过研究外，其他地区均未见报道，对各地区沙枣资源的开发造成阻碍；

3）在沙枣研究中，大多数是针对种的经济价值评述与生态学特性研究，而对不同品种的生态学特性及经济价值的评述不多；

4）沙枣的快繁技术进行研究比较少，对沙枣的栽培管理技术报道也不多，对于沙枣良种的筛选、育种鲜有报道；

5）沙枣资源比较丰富，但沙枣果实小，手工采收工数低，且易毁坏资源，缺乏专门的采集机械，导致沙枣产品的成本较高。

（3）沙枣开发利用前景展望

沙枣具有抗盐、抗旱等优良特性，是非豆科的优良固氮植物，既是经济价值较高、用途较广的木本粮食树种，又是干旱半干旱地区的优良防护林树种。在西北地区有广大的栽培面积，是我国西北地区重要的防护林树种，资源储量大。在开发利用研究中已有一定的基础，并开发形成了一些专门的产品，为进一步开发奠定了基础。沙枣品种资源十分丰富，仅在甘肃地区已有几十个品种，在新疆也有较多的品种资源，而且在新疆的荒漠河流沿岸，还有野生的沙枣种质资源，这些种质是选育培育优良品种的基础。沙枣在栽培中管理技术简单，而沙枣的枝、叶、花、果实都具有开发利用价值，具有较高的经济价值。

因此沙枣以其诸多的优良品质、资源优势及前期开发利用基础，应当成为西北地区具有发展前景的一种主要经济树种。保护沙枣林的生态环境，避免乱砍滥伐，及时治理病虫害。建立沙枣林自然保护区和沙枣种质资源库；加强育种研究；加强行政管理和宣传教育工作，使群众认识到沙枣树对农牧业生产及其生存环境的重要意义，开发利用应在不破坏资源的基础上进行，自觉地保护沙枣资源。沙枣是一种集生态效益、经济效益和社会效益于一体的野生资源植物，值得进一步开发利用。

参考文献

[1] 陈志强. 沙漠之宝——沙枣[J]. 河北林业科技，2007（z1）：71-72.

[2] 丁水林，赵延茂. 黄河三角洲地区沙枣引种试验初报[J]. 山东林业科技，1999（4）：10-11.

[3] 黄俊华，买买提江，杨昌友，等. 沙枣（Elaeagnus angustifolia L.）研究现状与展望[J]. 中国野生植物资源，2005，24（3）：26-28，33.

[4] 李康，陶秀冬. 大沙枣组织培养及快速繁殖技术研究[J]. 新疆农业科学，1997（5）：231-234.

[5] 刘清，黄海涛，刘琼，等. 原子吸收光谱法测定沙枣叶中矿物元素[J]. 中国卫生检验杂志，2006，16（10）：1163-1164，1200.

[6] 吕金顺. 沙枣花挥发性和半挥发性成分的分析[J]. 林业科学，2007，43（3）：122-126.

[7] 马彦芳. 沙枣叶中总黄酮的含量测定[J]. 西南民族大学学报：自然科学版，2006（6）：1179-1180.

[8] 彭浩. 沙枣扦插育苗技术研究[J]. 青海农林科技，2008（1）：60-61.

[9] 王雪莲，赵自玉，牛攀新. 温度和药剂处理对沙枣种子发芽的影响[J]. 林业科技，2008，33（2）：63-64.

[10] 王雅，赵萍，王玉丽，等. 野生沙枣果实营养成分研究[J]. 甘肃农业大学学报，2006（6）.

[11] 辛艳伟. 沙枣的开发和利用[J]. 安徽农业科学，2007，35（2）：399-400，402.

[12] 张洁明，孙景宽，刘宝玉，等. 盐胁迫对荆条、白蜡、沙枣种子萌发的影响[J]. 植物研究，2006，26（5）：595-599.

[13] 祖丽皮亚·玉努斯. 沙枣黄色素的提取及稳定性的研究[J]. 食品科技，2006，31（11）：181-185.

沙枣（*Elaeagnus angustifolia* L.）

21.2 密花胡颓子 *Elaeagnus conferta* 物种资源调查

21.2.1 密花胡颓子概述

（1）形态特征

密花胡颓子（*Elaeagnus conferta* Roxb.），为胡颓子科（Elaeagnaceae）胡颓子属（*Elaeagnus* L.）植物，俗称羊奶果。常绿攀援灌木，无刺小枝密被银白色鳞片。叶纸质，宽椭圆形，长6～11 cm，顶端骤尖，基部圆形或宽楔形，叶面幼时具银色鳞片，脱落后呈深绿色，上面银白色，被鳞片，侧脉5～7对；叶柄长8～10 mm。花银白色，被鳞片，多花腋生成总状花絮；每花下部具苞片1枚，花梗长约1 mm；花被筒短，瓶状钟形，长3～4 mm，在子房上部先膨大，后收缩，顶端4裂，裂片卵形，长2～2.5 mm，内面具白色星状柔毛；雄花4；花柱疏生长柔毛。果大，长椭圆形，长20～40 mm，直立，成熟时红色；果梗短粗。花期10月至11月，果期翌年2月至3月。

（2）生物学特性

密花胡颓子，为胡颓子科多年生常绿攀缘灌木，产于亚洲热带，越南、马来西亚、印度及我国云南、广西南部均有分布。花期10—11月，果期次年3—4月，通常生长于山地杂木林内或向阳沟谷旁，有时生长在三角枫或麻栎等树上，形成树上生树的奇特景象。

（3）分布特性

产于云南文山、河口、金平、江城、思茅、景东、勐腊、景洪、勐海、临沧、沧源、凤庆、瑞丽、潞西、盈江、陇川、保山等地。生长于低海拔200～1 400 m的热带密林中，也见栽培于房前屋后。分布于广西南部。中南半岛，印度尼西亚，印度，尼泊尔也有分布。

21.2.2 密花胡颓子资源价值

（1）经济价值

羊奶果学名密花胡颓子，为胡颓子科多年生常绿攀缘灌木，原产热带、亚热带地区，分布于越南、马来西亚、印度等地热带雨林及我国云南南部和广西南部，花期10—11月，果期次年3—4月，果实营养丰富，可食率为73.3%～91%，鲜果含水90.6%，粗蛋白质2.45%，粗脂肪2.8%，总糖5.1%，总酸1.45%。果实多汁无毒，可鲜食也可加工成果汁、汽水、罐头、蜜饯等食品。由于其果实成熟较早，可作水果淡季市场和食品工业原料的新品种。

（2）药用价值

中医学认为，羊奶果根苦平，祛风利湿、行痛止血，对传染性肝炎、风湿性关节病、咯血、便血、崩漏、跌打损伤等有疗效；药用白绿色的叶子，称白绿叶，全年可采，晒干，性味酸平，煎汤内服6～10 g可治疗尿路结石、支气管哮喘、慢性肾炎水肿。密花胡颓子的其根、叶、果均可入药，用于治消化不良、咳嗽气喘、咯血、腰部扭伤、痔疮、疝气等。据测定，胡颓子果汁含量（70%左右）和可溶性固形物含量（一般每100 g汁中含15 g左右）都高，适于加工果汁、果酒等。其中每100 g果汁中含有机酸12.5～13.2 g，高于一般水果，含维生素C 11.3～18.1 mg，明显高于栽培果树。从矿质元素含量看，钾的含量是现已报道过的果品中最高的一种，同时，果实中氨基酸含量比常见的栽培果树果实要高出几倍到几十倍。

（3）生态价值

羊奶果是非豆科结瘤固氮植物，生长迅速，固氮能力强，因此也可作为改良土壤和保持水土的先锋树种。

21.2.3 密花胡颓子调查

（1）生境调查

密花胡颓子生长于低海拔200～1 400 m的热带密林中，属喜欢高温、短日照植物，适酸性土壤，沙质土壤生长良好，适应性较强，耐旱耐贫瘠，能忍耐绝对最低气温-1℃。种子繁殖和扦插繁殖均可。

（2）物种调查

密花胡颓子可形成单一优势群落或与其他植物混交。伴生植物主要有西南桦（*Betula alnoides*）、毛叶青冈（*Cyclobalanopsis kerrii*）、硬斗石栎（*Lithocarpus hancei*）、母猪果（*Helicia nilagirica*)、买麻藤（*Gnetum montanum*）、扁担杆（*Grewia biloba*）、地桃花（*Urena lobata*）、饿蚂蟥（*Desmodium multiflorum*）、棕叶芦（*Thysanolaena maxima*）、大叶斑鸠菊（*Vernonia volkameriifolia*）等。

21.2.4 资源保护和利用建议

密花胡颓子极具开发利用价值前景，兼具观赏、食用、药用、环保等几方面功能。但是开发利用不是很全面，提出以下建议：

1）加强密花胡颓子的保护宣传教育，提高群众的生物多样性保护意识，并积极投入生态环境和生物物种保护。

2）开展选育工作，把大自然已经筛选出来的具有良好性状的植株选拔出来，同时，发动群众，把民间自选的优良株系收集保存起来。

3）建立种质资源圃，收集相关遗传资源，开展育种工作，力争早出成果。

参考文献

[1] 安家成. 南胡颓子的综合开发利用[J]. 广西林业科学，2003，32（3）：157-158.

[2] 陈礼清，宫渊皮. 胡颓子果实营养成分分析及加工利用初研[J]. 四川林业科技，2000，21（1）：28-30.

[3] 陈新. 川渝地区胡颓子属药用植物资源研究[J]. 成都中医药大学学报，2001，24（2）：40-42.

[4] 崔大方，付勉兴，陈考科，等. 广东省胡颓子属植物种质资源及果实利用评价[J]. 植物资源与环境学报，2008，17（1）：57-61.

[5] 邓玉林，宫渊波. 四川野生果用胡颓子生长区划及加工特性研究[J]. 四川农业大学报，2000，18（2）：160-163.

[6] 付义成，王晓静. 胡颓子属植物化学成分及药理活性研究综述[J]. 齐鲁药事，2007，26（4）：232-233.

[7] 郭明娟，江洪波，田祥琴，等. 胡颓子叶的化学成分[J]. 华西药学杂志，2008（4）：381-383.

[8] 黄浩，赵鑫，姜标. 胡颓子科植物化学成分研究概况[J]. 中草药，2006，37（2）：307-309.

[9] 李玉山，谭志鑫，李田，等. 胡颓子果实水提液抗脂质过氧化观察[J]. 中国公共卫生，2005，21（12）：1493.

[10] 廖泽云，林平，李玉山，等. 胡颓子多糖对小肠辐射损伤的保护作用[J]. 世界华人消化杂志，2007，15（13）：1541-1544.

[11] 林萍. 胡颓子对人胃癌细胞增殖抑制的实验研究[J]. 时珍国医国药，2007，18（9）：2148-2149.

[12] 林祁. 中国胡颓子属（胡颓子科）六个植物名称候选模式指定[J]. 植物研究，2006，26（6）：656-657.

[13] 彭国全，季梦成. 江西胡颓子属植物资源及开发利用研究[J]. 江西农业大学学报，2004，26（1）：63-67.

[14] 钱开胜. 野生胡颓子的开发利用与驯化栽培[J]. 广西园艺，2002（5）：30.

[15] 汪维云，吴守一. 胡颓子属植物的开发利用[J]. 食品科学，1998，19（8）：66-68.

[16] 吴永彬. 野果珍品——密花胡颓子[J]. 植物杂志，2001（3）：23.

[17] 伍杨，邓明会，林平. 胡颓子熊果酸对小鼠免疫功能的影响[J]. 四川中医，2006，24（3）：35-36.

[18] 徐晓丹，郑伟，钟晓红. 胡颓子属种质资源开发利用研究进展[J]. 湖南农业科学，2007（5）：44-46.
[19] 杨勇春. 浙江省胡颓子植物资源及其开发利用[J]. 安徽农学通报，2007（3）：55-56.
[20] 张福平，张秋燕. 野果胡颓子的开发利用[J]. 食品研究与开发，2005，26（6）：181-183.
[21] 朱笃，徐曲. 胡颓子果实营养成分的测定[J]. 江西师范大学学报：自然科学版，2000，24（1）：90-91.
[22] 杨昌煦，熊济华. 重庆胡颓子植物种质资源与利用研究[J]. 西南农业大学学报，2002，24（1）：26-29，41.

密花胡颓子（*Elaeagnus conferta* Roxb.）

21.3 翅果油树 *Elaeagnus mollis* 物种资源调查

21.3.1 翅果油树概述

（1）名称

翅果油树（*Elaeagnus mollis* Diels），属胡颓子科胡颓子属。又名泽绿旦、柴禾、车勾子等，是我国特有的一种优良木本油料树种，已于20世纪80年代被列为国家第一批二级重点保护植物。

翅果油树是一种稀有的优良木本油料植物，榨出的油是一种高级的食用、药用和工业用油，其高含量的亚油酸、亚麻酸可为防治心血管疾病等提供药源，而且其木材生长迅速，坚实耐磨，纹理细密，易干燥加工，可制作质量上乘的家具、农具，是很有前途的用材林树种，它的根系发达，是保持水土、绿化荒山的先锋树种及早春蜜源植物 根瘤具固氮活性，可改良土壤，提高土壤肥力，同时叶子也是优良的饲料。

翅果油树起源于古老的第三纪时期，是现存第四纪冰川作用后的孑遗植物之一，1899年由法国的 Giraldi 在陕西户县劳峪山首次发现，1905年由德国的 Diels 定名。翅果油树从发现至今不足百年．但鉴于其重要的科学价值和经济意义，对它的研究已被广泛重视。

（2）形态特征

翅果油树为落叶直立乔木或灌木，株高 2~10 m，胸径多为 8~10 cm，生长发育良好的可达 40 cm；幼枝灰绿色，密被星状绒毛和鳞片，老枝栗褐色或灰黑色，绒毛和鳞片脱落；芽球形，黄褐色。单叶互生，卵形或卵状椭圆形，纸质，稀膜质，上面深绿色，被少数星状柔毛，下面灰绿色．密被星状柔毛。花两性，灰绿色，下垂，常 1~5 朵簇生于幼枝叶腋；萼筒钟状，在子房上部骤缩，顶端 4 裂，内面疏生白色星状柔毛，包围子房的萼管短矩圆形或近球形，被星状柔毛和鳞片，具明显的 8 肋；雄蕊 4，花丝较短，花药椭圆形，丁字着药，花粉粒黄色，四面体形；柱头头状，花柱直立，上部稍弯曲，子房上位，1 心皮，1 室，1 胚珠。坚果核果状，近圆形或阔椭圆形，外果皮干棉质．具 8 条棱脊，翅状，中果皮坚硬，内果皮纸质。种子纺锤形，种皮革质，子叶肥厚，含丰富油脂，花期 4—5 月，果期 8—9 月。

（3）生物学特征

1）生长特性

翅果油树为直根系，主根及较大侧根分布于土壤深层，多数较小的侧根则分布较浅，能较好地吸收土壤深层和浅层的水分和养分。可通过两种方式成苗：一是种子播种形成实生苗，二是植株根部产生不定芽形成萌生苗。水地一年生实生苗株高可达 1.2 m 以上，旱地为 0.6~0.8 m，萌生苗生长快，一年可达 15 m。天然次生林和人工林均可在 3 年左右结果,盛果期可持续60~80年之久。在山西翼城县,一般3月下旬萌芽,4月上旬展叶,中旬现蕾,4月底至5月中旬开花坐果,9月上旬成熟,10月下旬开始落叶。全部生育期150~180 d。

2) 生态学和群落学特性

翅果油树分布区地处暖温带落叶阔叶林带,具有良好的水热条件,区内年平均气温8~13.8℃,绝对高温为41.3℃。绝对低温为-20℃,年日照时数为2 400~2 500 h,无霜期160~180 d,年降水量450~550 mm,年平均相对湿度60%。以阴坡和半阳坡生长较好,阳坡略差。分布区土壤多为山地褐土或碳酸盐褐土,pH值呈中性或弱碱性。

翅果油树常成纯林或散生在杂木林中,主要伴生种有黄刺玫(*Rosa xanthina*)、陕西荚蒾(*Vibnrnnrn schensianum*)、荆条(*Vitex negundo* var. *heterophylla*)、毛黄栌(*Cotinns coggygria* var. *pubescens*)、虎榛子(*Ostryopsis davldiana*)、白羊草(*Bothriochloa ischaernum*)等。

3) 根瘤固氮活性

翅果油树是一种非豆科共生固氮植物,其固氮活性与季节、有性生殖生长、光合速率和温度等有关。一般来说,在每年的6月和9月出现两次固氮活性高峰期。在有性生殖生长的高峰期,固氮活性较低。提高光合速率有利于提高根瘤的固氮能力。在25~28℃,根瘤固氮活性最高。测定结果证明。在适宜的生态环境中人工种植翅果油树,可明显地提高土壤的氮素含量,固氮量约为30~150 kg/hm^2。此外,对翅果油树苗期及早接种Frankia菌,有利于幼苗长生和结瘤。

21.3.2 种质资源及其分布

翅果油树多年的自然变异形成了3个类型(种),即长果型、大宫灯型、小宫灯型。

翅果油树的自然分布仅限于我国的山西、陕西两省。除陕西户县劳峪山有少量分布外,多集中分布于山西黄土高原南部的低山、丘陵和谷地中,主要在中条山北麓的翼城县和吕梁山南麓的乡宁县,此外,河津、平陆等县也有零星分布。主要分布区的地理位置在北纬35°36′~36°05′,东经110°36′~111°56′。对环境条件要求不严格,多生长在海拔780~1 400 m,以阴坡、半阴坡较为集中,阳坡的山沟谷地及潮湿处虽有分布,但结实次于阴坡和半阴坡。在阳坡分布上限可达1 400 m,而在阴坡分布上限可达1 200 m。栽培条件下,海拔400 m也能正常生长。低山区多生长在坡度15°~25°的山坡上,黄土丘陵区多生长在沟壑两侧坡度30°~60°的陡坡上。

据调查,翅果油树在山西的自然分布区位于吕梁山南端和中条山西段的低山丘陵区,具有一定的代表性,约110°36′E,34°52′~36°05′N,是晋南盆地向盆周山地的过渡地带,包括翼城的中卫、二曲、甘泉、张家沟,乡宁的管头、安汾、关王庙、城关、西坡,河津的下化,稷山的西社,河津的西坡,平陆的三门,新绛的泽掌、北张,绛县的续鲁峪等地,其中乡宁、翼城分布较为集中。闫桂琴等于2003年考察发现在山西蒲县林场和柳林也有零星分布,在陕西大多分布于秦岭北麓的户县涝峪,而在西安植物园也有种植。

在山西,翅果油树分布区总面积约 200 km², 翅果油树群落总面积约为 670 hm², 总株数约 40 万～50 万株。据报道,6 年生的翅果油树平均每株产种子 5 kg,照此推算,山西至少可产翅果油树种子 2 000～2 250 t/a,产油 344～387 t/a。在陕西,仅有户县涝峪沟有零星分布,据张华新 2005 年调查,目前涝峪山仅存翅果油树 23 株。其中,10 株为小乔木,其余为灌木。到目前为止,还没有人对翅果油树人工栽培总面积进行过系统的调查。人工栽培规模比较大的应属琪尔康翅果生物制品有限公司基地。基地由西交口基地、翼城基地和关王庙基地 3 大基地组成。其中,人工种植林约 573 hm²。随着翅果油树开发利用产业的发展,翅果油树栽培面积正在呈不断增长的趋势。

21.3.3 化学成分和利用价值

(1) 化学成分

翅果油树种仁的营养极为丰富,粗脂肪含量为 46.58%～52.46%,出油率为 30%～35%,油的折光率(20℃)1.473 0,碘值 121.2,皂化值 183.8,亚油酸占脂肪酸总量的 45.2%～50.3%,蛋白质含量达 32.21%,由 17 种氨基酸组成,维生素含量相当可观,VC 为 26 mg/100 g,VE 高达 1 558.1 mg/100 g,还含有 6.75%的可溶性糖。

翅果油树叶中含 3 种黄酮类化合物,即槲皮素、杨梅黄酮和芦丁,不饱和脂肪酸占脂肪酸总量的 77%以上,其中亚麻酸占不饱和脂肪酸的 70%以上。共检测到 7 种维生素,18 种氨基酸,粗蛋白超过 22%,糖类中以蔗糖为主。

对翅果油树体内矿质元素的研究结果表明,不同器官及同一器官不同部位和不同生长阶段其矿质元素含量有明显差异,其中以根皮、幼叶及种仁中矿质元素含量较丰富。

另外,翅果油树枝干的热值为 19 724 kJ/kg。

(2) 资源价值

1) 营养价值

① 矿物质。谢树莲等对翅果油树体内的矿质元素做了初步研究,共检测到矿质元素 15 种,其中包括常量元素(每日人体需要量在 100 mg 以上的):Ca、P、K、Na、Mg;微量元素(每日人体需要量在 100 mg 以下的)、Fe、Zn、Cu、Cr、Mn、Mo。此外,研究还表明,翅果油树不同器官及同一器官的不同部位或生长阶段,矿质元素的分布很不均匀,其含量有明显差异。谢苏婧又对翅果油树体内 K、Na、Ca、No、Cu、Zn、Fe、Mn 等 8 种矿物质含量进行了测量,其结果与谢树莲等类似。

② 油脂。翅果油树是很好的野生木本油料植物,种子出仁率 48%～50%,种仁含粗脂肪 46.58%～51.46%,机榨种仁出油率高达 30%。油的折光率(20℃)1.473 0,碘值 121.2,皂化值 183.8,亚油酸占脂肪酸总量的 45.2%～50.3%。在常见食用油中亚油酸含量仅次于葵花子油(60%),与大豆油玉米胚芽油和小麦油相当(约 50%)。亚油酸是人体必需的不饱和脂肪酸,它能降低血液中胆固醇及甘油三酯含量,维持血脂代谢的平衡,具有防止胆

固醇在血管壁上的沉积、增强血管壁坚韧性的作用,从而可以防止和治疗高血压、高血脂、血管硬化等病症。此外,亚油酸还与生殖细胞的形成及妊娠、授乳、婴儿生长发育有关。缺乏时可导致精子形成数量减少,泌乳困难,婴幼儿生长缓慢,并可能出现皮肤症状如皮肤湿疹、干燥等。亚油酸还是合成前列腺素必需的前体,因此,亚油酸营养正常与否,直接关系到前列腺素的合成量。最后亚油酸还具有保护皮肤免受辐射损伤和维持正常视觉功能的作用。

此外,翅果油树种子油中维生素 C 含量为 26 mg/100 g,维生素 E 含量高达 1 558.1 mg/100 g。远远高于其他各种油脂中维生素 E 含量,接近维生素 E 含量第二高的核桃油的 4 倍。大范围人群流行病学调查资料显示,心脏病发病率低与维生素 E 摄入量高有关。在当今社会,心脑血管疾病是导致人死亡的首要原因。为此,研究开发翅果油树种子油具有重要的公共卫生学意义。此外维生素 E 还具有抗氧化、抗衰老作用。这一点早已通过动物实验得到证实。与全消旋维生素 E(合成品)相比,天然来源的维生素 E 在人体的活性大约是前者的 2 倍。Kappus 和 Diplock 综述了维生素 E 的耐受性、毒理学及其安全性等指标,得出高达 1 200 IU 水平的维生素对人体没有副作用的结论。任何形式 α-生育酚(维生素 E 构型中的最高活性形式)的可耐受最高摄入量(UL)被确定为 19 岁以上成年人 1 000 mg/d。为此,在将翅果油树种子油作为食品使用时,应注意其摄入量。

在风味和安全性方面,翅果油树种子油的理化性质与二级芝麻油、花生油相近,油质纯净,色泽橙黄透亮,清香可口,产地群众采种熬油食用已有悠久历史。

③ 叶中营养成分。翅果油树叶中含 3 种黄酮类化合物,即槲皮素、杨梅黄酮和芦丁。此外不饱和脂肪酸占脂肪酸总量的 77% 以上,其中亚麻酸占不饱和脂肪酸的 70% 以上。共含有 7 种维生素,18 种氨基酸,粗蛋白超过 22%,糖类中以蔗糖为主。对心脑缺血损伤、肝损伤、心律失常、清除氧自由基、减少自由体活性物质的产生和抑制病原微生物都具有显著疗效,被认为可以为研制治疗心血管类疾病药物提供依据,并是一种优质饲料,作者认为可以考虑发展其作为北方的代用茶资源。

2)蜜源植物

翅果油树开花早,花蜜含量大,花粉营养价值高,是一种洁净无污染的早春蜜源植物。

3)观赏价值

翅果油树发芽早,落叶晚,其花为乳白色,在 4 月底至 5 月初盛开,枝繁叶茂,可以作为城市园林的观赏植物。其果实美观,形似"宫灯",是美化环境,净化空气,四旁绿化及庭院美化的优良树种。

4)木材的应用价值

由于翅果油树根蘖苗生长速度快,所以翅果油树也可作为一种用材林树种,其木材属硬杂木类、棕褐色、有光泽、纹理细致、耐腐蚀,木材坚硬,容易干燥,易纵裂,加工容易,油漆及胶粘力均佳。可供建筑、农具、家具用材,特别是做出的家具古朴典雅,可称上等家具，是很有前途的用材林树种。

5）经济价值

翅果油树适应性强，不占用耕地，抚育管理省工，在农村推广栽植比较容易，家家户户都可以发展。按每公顷产翅果 7 500 kg 计算，每公顷收益在 45 万元以上，5 年内可增至 7.5 万元，这无疑为当地及周边贫困山区农民开辟一条脱贫致富的新途径。同时，随着生产规模的扩大和产业链的延伸，每年可为 5 000 余名农村剩余劳动力提供就业机会。

6）生态价值

翅果油树抗寒耐旱、耐贫瘠、生长迅速、根系发达、萌蘖力强，幼苗为锥形根系，主根发达，以后逐渐长出许多侧根，侧根呈水平分布，有利于防风固沙。其根系和土壤中的一类放线菌关系密切，在根系上形成了丰富的根瘤，能够直接吸收、固定空气中的氮气而转化为树体所需的氮素营养，其固氮活性可与豆科植物相媲美，大面积种植翅果油树可有效地绿化荒山荒坡、保持水土、改良土壤、防止水土流失，具有重要生态价值，对整个黄河流域的生态环境改善起着不可低估的作用，同时，翅果油树也是当前开发西部、退耕还林、还草的重要树种之一。

21.3.4 开发利用现状

翅果油树全身都是宝，是集经济价值、医药价值和生态价值于一身的优良木本油料树种，开发利用前景十分广阔。但迄今为止，关于翅果油树的开发利用，尚处于起步阶段，主要进行了一些开发利用的基础性研究工作，有许多工作尚待进行。例如，种子脱刚毛技术问题的解决；种仁油中亚油酸和维生素 E 的提取分离及具体应用方法的开发研究；翅果油树大量优质种苗的培育体系和造林技术措施的建立等问题。由于许多开发利用技术问题尚待解决以及优质苗木稀缺，大大限制了翅果油树的扩繁和相关开发产业的建立和发展。翅果油树种子油优良的性质和重要的药用价值，是翅果油树资源中最具有市场潜力和开发前景的产品，其深加工产品主要有翅果色拉油、翅果油软胶囊和以翅果油为原料加工而成的高浓度天然维生素 E 和不皂化物。然而，到目前为止，翅果油树产区尚有许多农民采集种子主要用于自己榨油。有些老百姓用石碾子将种子稍加碾压，炒熟之后作为肥料用，还主要处于自采自食阶段，导致大量野生资源没有得到充分利用，翅果油树的合理开发利用还需进一步加强。

21.3.5 翅果油树资源利用建议

翅果油树 20 世纪 80 年代已被列为国家第一批二级重点保护植物，在 1999 年 8 月 4 日国务院公布的《国家重点保护野生植物名录（第一批）》中，翅果油树再次被列为国家二级珍稀濒危保护植物。由此说明，翅果油树在生物多样性保护中占有重要地位。此外，作为一种木本油料资源，翅果油树具有极大的开发价值。因此，在保护生物多样性的同时也应积极开展翅果油树资源开发利用方面的研究，以开发利用带动保护与人工种植，使翅果油树告别"濒危植物"的阴影，最终走向资源可持续利用的通途。

（1）资源保护

1）建立自然保护区和人工群落

大量事实表明，建立自然保护区是对珍稀濒危野生生物资源进行就地保护的最有效措施。鉴于山西翅果油树的现状，应在其集中分布区——乡宁、翼城等地建立自然保护区，加强管理，禁止砍伐、破坏翅果油树资源。这是保护翅果油树的有效途径之一。

翅果油树具有广泛的适应性，20世纪70年代以来，江苏、河南、山东、云南、陕西、河北、新疆等陆续引种了翅果油树，且大都成活，长势良好，由此来看，翅果油树在我国西北、华北和东北地区皆可正常生长发育，特别是在黄土高原地区种植翅果油树对防风固沙、水土保持和固氮具有重要作用。在城市可利用翅果油树的观赏价值，将其作为园林绿化植物进行引种，使城市绿化的物种多样化，进而有利于病虫害的控制和预防。鉴于翅果油树具有上述优点，故应积极开展翅果油树人工群落的建立，稳步扩大翅果油树的种植面积，这样不仅有利于物种多样性的保留，更有利于翅果油树资源量的增长以及产业化进程。

2）针对濒危原因，提出解决方案

通过加强对翅果油树濒危原因的研究，针对翅果油树濒危原因，研究并提出合理的解决方案可以加速翅果油树天然林的扩大以及人工林的建立。使其尽早摆脱濒危物种的尴尬局面。上官铁梁等（2001）提出了翅果油树濒危的原因：① 果实形态结构特殊，不利于传播和萌发；② 果实结实率较低；③ 种子寿命短，发芽率低；④ 翅果油树幼苗缺乏竞争力；⑤ 人为破坏严重。针对上述问题，作者认为应加强翅果油树无性繁殖系统（如扦插和组织培养等）方面的研究，加强人工繁育，使翅果油树由单纯依靠种子萌发向人工大面积造林转化。从而促进翅果油树资源尽早走向保护与产业化发展互相带动的良性循环中。

（2）合理开发利用

翅果油树种子具有优良的食用和药用价值，因其种子油不饱和脂肪酸和维生素E含量高，对心脑血管系统具有良好的保健作用，是极具市场开发潜力保健食用油资源。此外还可以考虑以翅果油树种子油为原料，生产天然维生素E软胶囊以及其他保健产品。在山区翅果油树产油量高于山区同等土地条件下的花生和油菜子，可以做到一次种植，数十年受益。

今后研究可更多着眼于翅果油树种子油提取工艺、各组分分离纯化以及高附加值产品的开发等方面。以产业带动对濒危植物资源翅果油树的扩大种植与保护。在保证良好生态效益同时扩大经济效益，真正使生态价值转化为经济价值。

参考文献

[1] 陈惠,遭清平,杨瑞林,等. 珍稀濒危植物翅果油树表皮毛的微形态观察研究[J]. 西北植物学报,2004, 24（8）：1390-1396.

[2] 陈晓蓉. 翅果油树的开发与应用[J]. 山西食品工业, 2004（2）：6, 27.

[3] 董志,张飞云,闫桂琴. 濒危植物翅果油树的研究进展及其开发前景[J]. 首都师范大学学报：自然科学版, 2005, 26（3）：65-67, 75.

[4] 贾梯,贾棚. 翅果油树扦插繁殖研究[J]. 北京农学院学报, 1998, 13（3）：14-18.

[5] 刘群龙,段国锋,吴国良. 翅果油树组织培养研究进展[J]. 中国农学通报, 2006, 22（5）：137-140.

[6] 上官铁梁,张峰. 我国特有珍稀植物翅果油树濒危原因分析[J]. 生态学报, 2001, 21（3）：502-505.

[7] 王建军,段存礼. 木本油料树木——翅果油树[J]. 中国野生植物资源, 2004, 23（1）：30-31, 43.

[8] 王晓冰,秦文辉,樊宏武. 翅果油树造林技术[J]. 林业实用技术, 2004（1）：30.

[9] 王志红,张坤,周维芝,等. 山西翅果油树资源及可持续利用研究[J]. 山西大学学报：自然科学版, 2002, 25（4）：358-360.

[10] 翅果油树[J]. 西北植物学报, 2004, 24（8）：F002-F002.

[11] 谢树莲,凌元洁. 珍稀濒危植物翅果油树的生物学特性及其保护[J]. 植物研究, 1997, 17（2）：153-157.

[12] 闫桂琴,田丽宏,杨利艳. 濒危植物翅果油树愈伤组织诱导中褐变问题的研究[J]. 西北植物学报, 2004, 24（8）：1384-1389.

[13] 闫桂琴图, 常朝阳文. 中国特有植物——翅果油树[J]. 西北植物学报, 2004, 24（8）：1461.

[14] 杨利艳,卢英梅,吉晋芳. 温度对翅果油树种子萌发的影响[J]. 山西师范大学学报：自然科学版,2003, 17（4）：72-74.

[15] 姚建信. 应加强保护和合理开发利用的珍稀树种——翅果油树[J]. 山西林业科技, 2005（1）：39-41.

[16] 姚思红,雷花荣. 翼城县翅果油树资源保护对策[J]. 山西林业, 2006（1）：18-19.

[17] 张峰,韩书权,上官铁梁,等. 翅果油树地理分布与生态环境关系分析[J]. 山西大学学报：自然科学版, 2001, 24（1）：86-88.

[18] 张峰,上官铁梁. 山西翅果油树群落的多样性研究[J]. 植物生态学报, 1999, 23（5）：471-474.

[19] 张峰. 山西翅果油树分布区种子植物区系分析[J]. 植物研究, 2003, 23（4）：478-484.

[20] 张红梅,吴国良,郝燕燕,等. 翅果油树的研究进展[J]. 山西农业大学学报（自然科学版）, 2002, 22（3）：278-280.

[21] 周长东. 翅果油树的开发价值及育苗造林[J]. 林业实用技术, 2005（7）：37-38.

翅果油树（*Elaeagnus mollis* Diels）

21.4 野生沙棘 *Hippophae rhamnoides* 物种资源调查

21.4.1 沙棘概述

(1) 名称

野生沙棘学名（*Hippophae rhamnoides* L.），又名酸柳、酸刺、黑刺、酸刺柳，是胡颓子科（Elaeagnaceae）沙棘属（*Hippophae* L.）多年生落叶小乔木或灌木，广泛分布于欧亚大陆的温带，寒温带及亚热带高山区。

(2) 形态学特征

沙棘株高常见的为 1~2 m，最高可达 10 m。芽顶生或侧生，幼枝灰白色，密被鳞片或星状毛，老枝灰黑色，水平侧枝较多，形成椭圆形树冠，枝上有灰褐色粗壮棘刺。单叶互生或近对生，披针形或线状披针形，长 2~6 cm，宽 0.4~1.2 cm，先端钝，全缘，两面密被银白色鳞毛；叶柄长 1.0~1.5 mm。花小，呈黄色，先叶开放，雌雄异株，短总状花序，腋生；花被筒囊状，顶端二裂；雄蕊 4；雌花晚于雄花开放，具短梗；花柱微伸出，柱头表面凹凸不平，授粉面大，风媒传粉，花粉粒为 3 或 4（5）沟孔型，表面平滑或有颗粒状、疣状纹饰。浆果，呈圆球形、椭圆形、倒卵形及圆柱形，颜色为黄色、橘黄色、红色、橘红色。种子卵形，直径 2~3 mm，种皮黑褐色、坚硬、有光泽。在我国"三北"地区，花期 3—4 月，果期 9—10 月。

(3) 生物学特性

沙棘为深根性植物，根系发达，呈水平状纵横交错，根萌蘖力很强，并且根生有根瘤，能固定土壤中的游离氮。沙棘为阳性树种，生长速度较快，适应性强，对气候要求不严，能耐干旱和寒冷，喜光照，在疏林下可以生长。沙棘对土壤要求不严格，耐干旱瘠薄和水湿，主要生长在栗钙土、灰钙土、棕钙土、草甸土、黑垆土等土壤中，在砾石土、轻度盐碱土，甚至在砒砂岩和半石半土地区也有分布，能在地表 5 cm 深含水量达 42.6%的山地草甸土和 pH9.5 和含盐量 1.1%的盐碱地上生长，但不喜过于黏重的土壤。

以天然沙棘为主的植物群落有三种：①在林地边缘地带与少量山杨、桦树、榆树等混生的乔灌混交型群落；②与辽东栎、山桃、山杏、榛子、棠梨等间杂的灌木丛生型群落；③与白羊草、针茅、蒿类等混生并间杂荆条、酸枣、黄刺玫等的草灌混交型群落。

(4) 沙棘的起源和分布

沙棘起源于古地中海沿岸的喜马拉雅山系靠流水和飞鸟的传播遍布整个欧亚大陆。东起我国内蒙古自治区的通辽市和俄罗斯联邦的赤塔州，西到英吉利海峡两岸，南达喜马拉雅山南麓的尼泊尔和印度北部，向北一直越过北极圈到北纬 68°挪威北部的诺尔维克一带。介于东经 2°~123°，北纬 27°~69°，跨欧亚两洲温带地区，总面积约 120 万 hm^2，其中中国分布面积约为 100 万 hm^2。

沙棘在我国南起西藏、云南，经四川、青海、甘肃、宁夏、陕西、山西、河北，北至新疆、内蒙古、辽宁省都有大量种植，黑龙江、吉林、山东、河南、北京等省市也有少量分布和栽培。全国沙棘总面积在 100 万 hm^2 以上，且以每年 6.5 万 hm^2 的速度增长，其中陕西约占全国沙棘林总面积的 1/6，榆林有沙棘约 4.67 万 hm^2。

根据《中国植物志》第 52 卷第二分册胡颓子科植物分类系统的研究，全世界沙棘属植物共 4 种 9 亚种，在我国有 4 种 4 亚种：我国原产的沙棘种类有：① 柳叶沙棘（*H. salicfolia* D. Don）产于西藏南部（吉隆、错那），生长于海拔 2 800～3 500 m 的高山峡谷及山坡的疏林或林缘中；② 肋果沙棘（*H. neurocorpa* S. W. Liu et T. H. He）产于西藏、青海、四川、甘肃，生长于海拔 3 400～4 300 m 的河谷、阶地、河漫滩及背风山坡，抗风力弱，常形成灌木林；③ 西藏沙棘（*H. thibetana* Schlecht.）产于甘肃、青海、四川、西藏，生长于海拔 3 300～5 200 m 的高山、草地、河漫滩及岸边；④ 沙棘（*H. rhamnoides* L.）一种在我国有 5 个亚种：A. 中国沙棘（subsp. *sinensis* Rousi）产于河北、内蒙古、山西、陕西、甘肃、青海、四川西部及辽宁、古林等省（区）。常生长于海拔 800～3 600 m 的向阳山脊、谷地、干涸河床地或山坡，在我国黄土高原极为普遍；B. 云南沙棘（subsp. *tunanensis* Rousi）产于四川的宝兴和康定、云南西北部及西藏的拉萨以东地区。常生长于海拔 2 200～3 700 m 的干涸河谷、山坡密林和高山草地；C. 中亚沙棘（subsp. *turkestaniea* Rousi）产于新疆，生长于海拔 800～3 000 m 的河谷、台阶地或开阔山坡，常见于河漫滩；D. 蒙古沙棘（subsp. *mongolica* Rousi）产于新疆伊犁、策勒、尼勒克等地，生长于海拔 1 800～2 100 m 的河漫滩；E. 江孜沙棘（subsp. *Gyantsensis* Rousi）产于西藏拉萨、江孜、亚东一带，拉萨有栽培，生长于海拔 3 500～3 800 m 的河床石砾地或河漫滩。

21.4.2 沙棘相关研究概述

（1）营养成分研究

1985 年以来，我国科技工作者对沙棘果汁、沙棘叶及其提取物等进行了化学成分、营养成分等一系列研究，其中报道较多的是中国沙棘亚种（subsp. *sinensis* Rousi）。据陈体恭等测定，沙棘鲜原汁 VC 含量为 1 371.70 mg/100 g；徐明高等分析，沙棘果实中维生素种类及含量 VC 为 1 120～1 438 mg/100 g，VE 为 $33.2×10^{-6}$ mg/100 g，胡萝卜素为 $7.45×10^{-6}$ mg/100 g，VB_1 为 $1.03×10^{-6}$ mg/100 g，VB_2 为 $0.60×10^{-6}$ mg/100 g，VA 为 $9.25×10^{-6}$ mg/100 g 等。王俊峰等（2001）用饲料营养分析方法，首次对陕西省的宜君、黄龙、靖边、吴旗、永寿 5 地沙棘叶的主要营养成分进行了分析，发现陕西沙棘叶片中含有较高的粗蛋白、粗脂肪和丰富的氨基酸，其营养价值优于或等于苜蓿草粉及白三叶青干草等常规饲料，证明沙棘叶是应大力推广应用的优良饲料和饲料添加剂。土小宁等（2007）对黄土高原中部沙棘分布较为集中，且具代表性的靖边县、黄龙县和陇县的沙棘果进行采样并分析了果实营养成分，发现不同类型区沙棘果实营养成分存在差异，为该区沙棘进一步的开发利用提供数据基础。

（2）资源研究

杨涛等（2008）对凉山州木里县野生沙棘资源特征进行考察，发现当地沙棘具有分布广，木里县12个乡均有沙棘分布，面积达 1.67 万 hm^2，50万株，分布较集中；产量高，枝条坐果繁而密集，呈块状或穗状，果大，单枝结果多者重达 0.025 kg；经济寿命长和抗逆性强等特征，但在开发利用上存在方式不当和利用率低等问题，对其合理开发、持续利用对带动产业结构调整和农民脱贫致富具有重要的意义。梁月等（2007）对蒙古野生沙棘的分布区域、形态及应用前景进行了探讨，为沙棘的发展应用提供了指导建议。同时，河北、辽宁、青海、甘肃等省区也对其沙棘资源的发展提出了实质性参考。

沙棘作为一种小浆果灌木植物，其适应性广，繁殖容易、种植简单，管理粗放，植株生长快，再生能力强，投入少，见效快，一次种植可多年受益，可取得良好的经济效益、生态效益和社会效益。

21.4.3 野生沙棘资源调查

（1）华北地区

华北地区沙棘主要分布在河北、山西和辽宁南部，多数生长于河流阶地、沟谷、坡脚。以山西太岳山为例，从海拔 1 000～2 400 m，可将沙棘群落分成5种类型：

1）山前冲积扇中生草类、沙棘灌丛：沙棘群落面积大，密度较高，为单一优势种群落，仅在边缘混生有黄刺玫（*Rosa xanthina*）、伞花胡颓子（*Elaeagnus umbellata*）、黄瑞香（*Daphne giraldii*）等灌木；灌丛中伴生中生草本，如匍匐委陵菜（*Potentilla reptans*）、东方草莓（*Fragaria orientalis*）、筋骨草（*Ajuga ciliata*）、附地菜（*Trigonotis peduncularis*）、草地早熟禾（*Poa pratensis*）等；

2）阴坡、半阴坡丛生禾草、沙棘灌丛：基本上是以沙棘为单一优势种的群落，局部地段混生有柔毛绣线菊（*Spiraea pubescens*）、伞花胡颓子等。

3）亚高山铁杆蒿、沙棘灌丛：分布于海拔 2 000 m 以上的阳坡，面积较大，为单一优势种群落，草本植物主要有铁杆蒿（*Artemisla vestita*）、肥披碱草（*Elymus excelsus*）、瓣蕊唐松草（*Thalictrum petaloideum*）、钟苞麻花头（*Serratula cupuliformis*）、华北蓝盆花（*Scabiosa tschiliensis*）等。

4）中低山长芒草、沙棘灌丛：分布于海拔 1 000～1 300 m 的干旱阳坡，由于人为干扰过多，很难形成单一优势种的群落。在沙棘群落中有较多的黄刺梅、伞花胡颓子、白刺花（*Sophora davidii*）生长，低海拔处还有酸枣、荆条。

5）砾石河滩中生草类、沙棘灌丛：分布于海拔 1 400～1 700 m 的多砾石河漫滩上，土层薄，土壤干旱，在此生长的沙棘灌丛植株较低矮，少数可成小乔木状，伴生有乌柳（*Salix cheilophila*）、银露梅（*Potentilla glabra*）、刺果茶藨子（*Ribes brejense*）等树种。

(2) 内蒙古的沙棘

内蒙古自治区地域辽阔，横跨我国东北、华北和西北，是我国沙棘资源天然分布较多的省区之一，天然沙棘林集中分布在自治区西部凉城、丰镇、和林格尔、清水河四县。和林格尔县是天然沙棘林最多的县，其面积达 3 246.8 hm^2。

(3) 黄土高原沙棘

黄土高原中部的陕西省是我国沙棘分布较为集中的地区之一，现有沙棘林 26.67 多万 hm^2。陕西省内的沙棘彼此间存在着明显的形态特征差别，果实差别最大，表现为颜色不同、大小各异、形状有别。果实颜色有橘红、橘黄和绿黄 3 大类；果实大小为微型、小型、中型、大型 4 个量级；果实形状为长形、圆形和扁形 3 个形状。根据果实的颜色、大小、形状可划分出沙棘类型。

21.4.4 沙棘资源价值和保护利用

(1) 沙棘资源价值

1) 沙棘的营养价值。沙棘属植物的果实、种子、叶、茎皮内均含有丰富的营养物质和多种高生理活性物质。据测定分析，每 100 g 新鲜果实中含 VC 2 000 mg 以上，是山楂的 20 倍，猕猴桃的 2~3 倍，橘子的 6 倍，苹果的 200 倍，西红柿的 80 倍，而且所含 VC 相当稳定，VE 200 mg、VK 110~230 mg、VA 4.3 mg、类胡萝卜素 975~2 139 mg、类黄酮 1 196~1 929 mg、甾醇 804~1 430 mg；沙棘果实中含有苹果酸、柠檬酸、酒石酸、草酸和琥珀酸，总含量为 3.86%~4.52%，果肉、果汁中蛋白质含量分别为 2.89%、0.9%~1.2%，种子中含量为 24.3%；果肉和果汁中含有 18 种氨基酸，其中包括人体不能合成的 8 种必需氨基酸；渣中含蛋白质 40%~50%，果渣含大量天然色素，而且各种沙棘油均含有很高的铁、铜、锌、碘、硒、铬等 11 种微量元素。

由于沙棘果肉含有丰富的营养物质，因此它是生产营养保健食品的优良原料。目前沙棘的食品分为果肉和果汁两大类。果肉制品，主要有沙棘蜜饯类、沙棘果酱类、沙棘果冻糕类等工艺简单的常用食品；果汁制品，是先将沙棘果粉碎压榨制成沙棘原汁，再加工成各种果汁饮料产品。

2) 沙棘的药用价值。沙棘是我国蒙、藏医的常用药材，经过大量测试研究表明：沙棘叶、果中含有 100 多种生物活性物质，富含 VC、VE、类胡萝卜素、多种氨基酸、不饱和脂肪酸和黄酮类化合物、磷脂类化合物和甾醇类化合物、微量元素和蛋白质等营养成分。这些生物活性物质具有极高的医用价值，外用具有消炎杀菌、再生止痛的功效；内服具有利肺止咳、养脾健胃、活血化瘀、壮阳补阴的功效。

3) 沙棘薪炭林价值。沙棘作为能源树种具有产薪量多、热值高、抗旱能力强、耐平茬等优点。沙棘生长量超过柠条、怪柳、紫穗槐等多种灌木。沙棘的枝干含水率平均为 51%，叶为 67%，枝干占地上部总重 69.5%，叶占 30.5%，沙棘风干材重量为鲜材重量的 49.52%，树干密度为 0.633 g/cm^3，烘干密度为 0.596 g/cm^3，树干皮率为 19.45%，这些资料充分证明了沙棘火力旺，是良好的薪材。沙棘热值排名第二，仅次于 2 年生油松枝，3 年生沙棘林萌生 10 株/m²，5 年生 24.5 株/m²，一般 3～5 年平茬一次，因此沙棘是农民可持续利用的生物能源。

（2）生态价值

沙棘林除可通过自身根系固氮作用增加土壤肥力外，还可以降低不同土层深度昼夜土壤温差，增加土壤团粒结构，通过增加入渗和减少表土水分蒸发增加土壤中水分含量；沙棘林可明显改善林地小气候条件，由于沙棘成林快，郁闭度高，枝叶总表面积大，使林内相对湿度增加；沙棘密集的枝干和极强的萌蘖率使其迅速覆盖地面，增加地表粗糙度，降低近地面风速；沙棘是营造混交林的良好伴生树种，沙棘林通过改善林地水分状况、提高土壤肥力、改善林地小气候等作用有利于其他树种的生长；沙棘树冠整齐，5 月开花、展叶，8 月底果实成熟，附着在果枝上，果实累累，色彩鲜艳，是北方干旱半干旱地区绿化、美化环境的良好树种；沙棘生长迅速，根系发达，萌蘖力强，多呈簇生状，枝叶茂盛，沙棘林内地被物量，林下植被茂盛，故其具有良好的保持水土和拦截落淤功能，同时沙棘林下枯枝落叶层持水量相当于自重的 3 倍，可减少地表径流 80% 以上，有效地减少了地表径流对表土的冲刷大等。

实践证明，在黄土高原地区水土保持、荒漠化治理、生态农业建设、江河治理工作中，沙棘以其特有的生物、生态学特性及突出的生态—经济效能和价值，是可采用的第一树种。

（3）其他价值

由于沙棘具有独特营养成分和药理作用，使沙棘化妆品越来越受到人们的青睐，沙棘含有丰富的医疗保健物质，其提取物可作为美容保健化妆品的优良添加原料。沙棘茎秆可以制作农具等工具，用沙棘制作人造板具有许多优点，其木纤维含量高、质量好、原材料利用率高、成本相对较低，产品质量、生产成本都要优于目前快速发展的利用农作物秸秆制作人造板，可取得良好的经济效益。

（4）沙棘资源保护和利用建议

尽管沙棘自身具备许多优良特性，近年来我国的沙棘资源开发、研究取得了一定成绩，积累了许多经验，但也还有一些困难和问题制约着沙棘产业的快速发展：对沙棘治理水土流失，改善生态环境的作用和巨大的开发利用价值认识不够；种植规模小，每年发展 100 万亩与国家生态环境建设和治理水土流失的需要相差甚远；特别是沙棘果小、刺多、难采摘的难题还没有彻底解决。尽管果大、刺少、耐干旱的杂交优良品种研究已取得突破，能否适应华北、西北地区贫瘠、干旱的荒山沟壑尚有待进一步试验，其果实早熟和落果等问题也有待继续研究，需进行区域试验、鉴定后才可推广。培育筛选适合"三北"干旱、半干旱地区种植的抗性品种（无性系），推进沙棘新品种的区域化试验，推广适应不同生态条件的沙棘优良品种是当前沙棘资源建设与开发中急待解决的问题，也可依据不同目的营造沙棘用材林、果用林、饲料林、水土保持林、经济林、多功能防护林等，以林为主，林牧工副综合发展，建立畜禽饲养场，利用沙棘饲料资源，生产绿色食品，以寻求高效开发的最适途径。

参考文献

[1] 李洪福，李强峰. 青海省沙棘资源开发利用现状与对策[J]. 防护林科技，2008（5）：110-112.

[2] 梁月，殷丽强. 蒙古野生沙棘的分布区域、形态及应用前景[J]. 国际沙棘研究与开发，2007，5（3）：45-48.

[3] 刘红献，铁桂春. 野生沙棘生物学特性及开发利用前景[J]. 现代农业科技，2007（9）：52，54.

[4] 齐洁，刘洪章. 不同沙棘品种果实成分的比较研究[J]. 吉林农业大学学报，1998，20（3）：35-38.

[5] 孙兰英，单金友，王春艳，等. 沙棘组织培养培养基筛选试验[J]. 沙棘，1998（3）：14-16.

[6] 塔依尔，吕新，宋于洋，等. 不同温度处理对沙棘种子萌发影响的研究[J]. 新疆农业科学，2006，43（6）：514-516.

[7] 陶雪松. 甘肃省沙棘资源现状及开发利用调查研究[J]. 甘肃林业科技，2003，28（4）：42-44.

[8] 十小宁，史玲芳. 黄土高原中部不同类型区沙棘果实营养成分分析[J]. 国际沙棘研究与开发，2007，5（2）：5-8，13.

[9] 王俊峰，刘安典，解柱华，等. 陕西沙棘叶片主要营养成分的测定与分析[J]. 沙棘，2001，14（3）：18-21.

[10] 王琳，冯建菊，蒋学玮. 沙棘植物资源的综合利用[J]. 北方园艺，2002（6）：24-25.

[11] 王琳，于军. 不同因子对新疆野生沙棘硬枝扦插影响的试验研究[J]. 北方园艺，2006（5）：43-44.

[12] 乌兰巴特. 聚乙二醇预处理对沙棘种子萌发的影响[J]. 内蒙古农业科技，2006（2）：42-43.

[13] 河北省沙棘资源开发利用现状及规划[J]. 防护林科技，1995（4）：70-71.

[14] 杨涛，杨仕杰. 木里县野生沙棘资源特点分析[J]. 安徽农业科学，2007，35（33）：10651-10652，10664.

[15] 于耐芬. 内蒙古沙棘资源普查概况[J]. 内蒙古林业，1990（1）：22-23.

[16] 张广军，康冰，吕月玲，等. 引进俄罗斯良种沙棘的组培系统研究与构建[J]. 沙棘，2002（1）：8-9.

[17] 赵国林，刘金郎，朱滨. 沙棘的组织培养和植株再生[J]. 植物生理学报，1989，25（1）：42.

[18] 周义，郜娜，李利国，等. 辽宁省沙棘资源现状及发展对策[J]. 辽宁林业科技，2005（1）：39-42.

野生沙棘（*Hippophae rhamnoides* L.）

21.5 云南沙棘 *Hippophae rhamnoides* L.ssp.*Yunnanensis* 物种资源调查

21.5.1 云南沙棘概述

（1）名称

云南沙棘（*Hippophae rhamnoides* L. ssp. *Yunnanensis*），胡颓子科（Elaeagnaceae）沙棘属（*Hippophae*），是沙棘（*Hippophae rhamnoides* L.）的一个亚种。

（2）形态特征

本亚种与中国沙棘亚种（subsp. *sinensis* Rousi）极为相近，为落叶灌木或乔木，高1～5 m，高山沟谷可达18 m，棘刺较多，粗壮，顶生或侧生；嫩枝褐绿色，密被银白色或带褐色鳞片或有时具白色星毛状柔毛，老枝灰黑色，粗糙；芽大，金黄色或锈色。叶互生，基部最宽，常为圆形或有时楔形，上面绿色，下面灰褐色，具较多较大的褐色鳞片。果实圆球形，直径5～7 mm，果梗长1～2 mm；种子阔椭圆形至卵形，稍扁，通常长3～4 mm。花期4月，果期8—9月。

21.5.2 云南沙棘调查

（1）物种调查

2009年夏季，北京林业大学野生果树项目组专程到西藏林芝及其周边地区开展野生果树资源调查，先后对林芝、米林、色季拉山、雅鲁藏布江河谷等地的云南沙棘进行了调查。

调查发现，西藏的云南沙棘常见于海拔3 200～3 700 m的干涸河谷沙地、石砾地或高山草地。

滇西北的云南沙棘常生长于海拔3 100～3 500 m的灌丛中，有时在河谷地区形成小片纯林，伴生植物主要有高山松（*Pinus densata*）、白背柳（*Salix balfeuriana*）、白桦（*Betula platyphylla*）、滇杨（*Populus yunnanensis*）、矮高山栎（*Quercus monimotricha*）、白背柳（*Salix balfeuriana*）、中甸山楂（*Crataegus chungtienensis*）、川滇小檗（*Berberis jamesiana*）、峨眉蔷薇（*Rosa omeiensis*）、草血竭（*Polygonum paleaceum*）、长鞭红景天（*Rhodiola fastigiata*）、大狼毒（*Euphirbia jolkinii*）、乳浆大戟（*Euphorbia ezula*）、西南鸢尾（*Iris bulleyana*）等。

（2）分布特性

分布于四川宝兴，康定以南和云南西北部、西藏拉萨以东地区。产于云南西北部丽江、维西、香格里拉县、德钦和贡山等县。

21.5.3 云南沙棘研究概述

（1）云南沙棘结实规律

据云南省林科院和迪庆州林科所调查研究表明（1995）：云南沙棘单株结实量和单位

面积结实量具有明显的变异性。15 年生沙棘进入盛果期时，单株结实量高者可达 50.42 kg，低者仅有 0.55 kg，两者相差 90 余倍。现有沙棘林分雌雄比例也很大。雌株比例大者可达 76.5%，小者仅有 18.4%。

（2）种子蛋白谱带多样性分析研究

马瑞君等对云南沙棘种子中的蛋白质进行研究分析，结果表明：云南沙棘在蛋白质层次同样存在着较明显的居群内、居群间差异，其成因与其生境和鸟兽类远距离传播种子有关。蛋白质层次的变异很可能也是云南沙棘居群间和居群内形态变异的基础。

21.5.4 云南沙棘的价值

（1）云南沙棘的食用价值

云南沙棘营养成分丰富，尤其维生素 C 含量高，是一种天然的绿色食品。具有较高的食用价值。

果实类型	百果重/g	可溶性固形物/%	总糖/%	可滴定酸/%	果胶/(mg/100 ml)	VC/(mg/100 ml)	蛋白质/(mg/100 ml)
橘红色	17.0	13.60	13.00	5.91	68.00	1083.51	1.23
橙黄色	19.5	12.70	12.30	6.75	75.00	1015.34	1.64

（2）云南沙棘的药用价值

云南沙棘是我国蒙、藏医的常用药材，经过大量测试研究表明：沙棘叶、果中含有 100 多种生物活性物质，富含维生素 C、维生素 E、类胡萝卜素、多种氨基酸、不饱和脂肪酸和黄酮类化合物、磷脂类化合物和甾醇类化合物、微量元素和蛋白质等营养成分。这些生物活性物质具有极高的医用价值，外用具有消炎杀菌、再生止痛的功效；内服具有利肺止咳，养脾健胃、活血化淤、壮阳补阴的功效。

21.5.5 云南沙棘物种资源保护和利用建议

尽管云南沙棘的研究取得了一定成绩，但也还有一些困难和问题制约着云南沙棘产业的快速发展。如：① 对沙棘治理水土流失，改善生态环境的作用和巨大的开发利用价值认识不够；② 种植规模小，特别是云南沙棘果小、刺多、难采摘的难题还没有彻底解决。今后应加快这方面的研究，充分发挥云南沙棘的优良价值。

参考文献

[1] 马瑞君，王钦，孙坤，等. 云南沙棘种子蛋白谱带多样性分析[J]. 兰州大学学报（自然科学版），2002（3）：78-81.

[2] 袁唯，邵宛芳. 云南沙棘果茶饮料的研制[J]. 食品科技，2000（2）：42-43.

[3] 云南省林科院，迪庆州林科所沙棘资源调查组. 云南沙棘结实规律性和变异性调查分析[J]. 防护林科技，1995（4）：88-89.

云南沙棘（*Hippophae rhamnoides* L. ssp. *Yunnanensis*）

22 桃金娘科 Myrtaceae

22.1 桃金娘 *Rhodomyrtus tomentosa* 物种资源调查

22.1.1 物种概述

（1）名称

桃金娘[*Rhodomyrtus tomentosa*（Ait.）Hassk.]，为桃金娘科（Myrtaceae）桃金娘属（*Rhodomyrtus*）植物，又名山稔、岗稔、当梨、稔子、豆稔、桃娘等。

（2）形态特征

桃金娘为小灌木，单叶对生，椭圆形或倒卵形，全缘；表面光滑，背面生灰白色的毛茸；有明显的边脉，脉上密布褐色绒毛。花单生叶腋或叉状并生，或3朵并生。萼5片，花瓣5片，广倒卵形，色绯红，似桃花；初开时，色泽鲜丽，玫瑰红色，经久稍稍淡褪，后呈白色，花径2～5 cm。雄蕊多数，花丝红色，长短不一；药黄色。雌蕊1枚，与花丝同色。子房下位，呈壶状，外部密生苍白色的毛茸。果实紫黑色也呈壶状，有宿存萼。花期5月，果期8—9月。

22.1.2 物种调查

（1）生境调查

桃金娘广布于广东、海南及广西（除桂北高寒山区和石山区外）。生长在海拔高度50～800 m 旷野或丘陵地灌丛中，耐旱瘠，适应性强，是华南地区荒山绿化、水土保持的优良树种，也是酸性土指示植物。

（2）种群调查

组成单一优势群落或与其他物种共同组成优势群落。主要伴生植物：竹叶木姜子（*Litsea pseudoelongata*）、檵木（*Loropeta lumchinense*）、中华楠（*Machilu schinensis*）、绒楠（*Machilus velutina*）、粗糠柴（*Mallotus philippinensis*）、苦楝（*Melia azedarach*）、笔罗子（*Meliosma rigida*）、大叶新木姜（*Neolitsea levinei*）、石斑木（*Photinia prunifolia*）、亮叶猴耳环（*Pithecellobium lucidum*）、猴欢喜（*Sloanea sinensis*）、白花笼（*Styrax faberi*）、狗骨柴（*Tricalysia dubia*）等。

22.1.3 综合价值及开发利用

桃金娘果实含有较为全面的营养成分，其中含粗脂肪 7.97%、粗蛋白 6.21%、粗纤维 34.97%、木质素 31.76%、总糖 18.53%、还原糖 15.52%、维生素 C 28.8%、维生素 B_1 0.19 mg/100 g、β-胡萝卜素 0.388 mg/100 g，更有丰富的氨基酸，其中天门冬氨酸含量高达 124.7 mg/L、缬氨酸 71.7 mg/L、色氨酸 44.2 mg/L、丙氨酸 43.9 mg/L、谷氨酸 42.7 mg/L，而多种人体所需的矿物质中，钙、镁更高达 56.10 μg/g，果实的构成糖中大量的为中性单糖，尤其在鲜果中含有更高的果胶多糖。

桃金娘花期 3—5 月，聚伞花序腋生，有花 3～5 朵，花瓣 5 片，倒卵形，花先白后红、玫瑰红、紫红色，同株花色变化大，红白相间，艳丽秀美，甚为显目，引人入胜，花期可达 2 个多月，实为一种难得的野生花卉，具有非常重要的引种开发价值。

桃金娘可制作果汁、果酒，开发保健饮料；果实提取色素，桃金红色素属花色苷类色素，在酸性条件下对光、热比较稳定，适宜做酸性饮料及食品的着色剂，而且还可应用于医药保健和化妆品行业，是一种用途广泛，易于大量提取的红色色素；开发桃金娘油，临床研究表明，标准桃金娘油对急性鼻窦炎既有效又安全，在急性、简单的鼻窦炎治疗中可使用标准桃金娘油取代抗生素作为一线治疗药物。

22.1.4 桃金娘开发利用是存在的问题和对策

已经有研究表明，桃金娘具有很广泛的开发价值，尤其是野生桃金娘树种，但是野生资源的破坏也较为严重，虽然人工播种、扦插等繁殖方法比较成熟，但是营养价值一些指标还是有所不足，因此，要在保护野生种群方面抓紧研究，如何保护现有的优良种群，同时，提高人工栽种的桃金娘的适应性。

参考文献

[1] 陈火君，江晓燕. 桃金娘开发应用研究进展[J]. 广东农业科学，2007（3）：109-111.

[2] 陈银铸. 桃金娘繁殖技术及其园林应用[J]. 福建热作科技，2008（4）：32-33.

[3] 管东生，陈玉娟. 香港地区桃金娘灌木林的凋落物及养分回归[J]. 农村生态环境，1998（2）：24-28.

[4] 胡丰林，陆瑞利. 桃金娘果贮藏方法的初步研究[J]. 生物数学学报，1998（3）：394-397.

[5] 秦小明，隋亚君，宁恩创. 桃金娘果实多糖的构造研究（I）[J]. 食品科学，2005（4）：79-82.

[6] 谈满良，周立刚，汪冶，等. 桃金娘科植物抗菌成分的研究进展[J]. 西北农林科技大学学报（自然科学版），2005，33（B8）：225-229.

[7] 吴文珊，方玉霖，张清其. 桃金娘 *Rhodomyrtus tomentosa* 果实的营养成分研究[J]. 武夷科学，1998（14）：226-228.

[8] 张福平. 粤东野生桃金娘科果树资源[J]. 中国食物与营养，2005（8）：15-16.

[9] 张奇志，廖均元，林丹琼. 桃金娘天然保健饮料开发研究[J]. 饮料工业，2008（2）：32-34.

[10] 张秀华, 邓元德. 桃金娘的种子特性和发芽率的测定[J]. 闽西职业技术学院学报, 2008 (4): 104-106.

[11] 赵志刚, 程伟, 郭俊杰. 桃金娘的资源利用与人工培育[J]. 广西林业科学, 2006 (2): 70-72.

桃金娘[*Rhodomyrtus tomentosa*(Ait.) Hassk.]

23 山茱萸科 Cornaceae

23.1 香港四照花 Dendrobenthamia hongkongensis 物种资源调查

23.1.1 物种概述

（1）名称

香港四照花[*Dendrobenthamia hongkongensis*（Hemsl）Hutch.]，为山茱萸科（Cornaceae）山茱萸属（*Dendrobenthamia*）植物，又名山荔枝和癞杨梅。

（2）形态特征

香港四照花为常绿乔木或灌木，高 5～15 m，老枝黑褐色，具皮孔。叶革质，长 6～12 cm，宽 3～6 cm，叶两面无毛或仅叶背被稀疏短毛；侧脉每边 3～4 条，在叶面不清晰，叶背凸起；叶柄长 0.8～1.2 cm，被褐色短柔毛。头状花序，直径约 1 cm，具 4 枚白色花瓣状总苞片；总苞片宽椭圆形或倒卵状椭圆形，长 3～4 cm，宽 2～3.5 cm，先端短渐尖，基部楔形，无毛。聚合果状核果，红色，可食又酿酒。花期 5 月，果期 10—11 月。

（3）地理分布

分布于江西、福建、广西、浙江、云南、湖南、贵州、四川、广东等地，广东主产于粤北的乐昌、乳源、始兴、仁化、连州、连山、连阳等、粤东的梅州、五华、粤西的怀集、罗定、德庆、茂名等。广西主产于桂东南、桂东北和桂北。海南省主产于陵水、白沙等地，多生在湿润山谷密林中以及混交林中。

23.1.2 物种调查

（1）四照花概述

同属植物还有：① 四照花（*Dendrobenthamia japonica* var. *chinensis* Fang.）。落叶灌木或小乔木，高可达 8～9 m。枝轮生，老枝光滑，小枝细而绿色，后变褐色，光滑。嫩枝有白色柔毛。② 梗叶四照花（*D. anqustata*.）。常绿乔木，叶背面密被白色丁字毛，产于陕西、浙江、安徽等省。③ 头状四照花（*D. caipitata*）。常绿乔木，叶两面密被白色丁字毛。产于浙江南部、湖南、湖北、四川等地。④ 褐毛四照花（*D. ferruginea*）。常绿乔木，幼枝叶柄及叶背面被褐色粗毛。产于广东、广西。⑤ 大型四照花（*D. gigantea*）。叶革质，倒卵形,先端突尖。产于湖南、广东、广西等地。⑥尖叶四照花(*D. melanotricha*)。常绿小乔木,叶片背面叶脉被黄褐色或白色须毛。产于广西、贵州、四川等地。⑦巴蜀四照花(*D. muitinervosa*)。落叶乔木,叶窄椭圆形,侧脉5~7对。产于四川、云南。⑧西南四照花(*D. tonkinensis*)。常绿乔木,叶革质,长圆形或倒卵状长圆形,背面近无毛,产于贵州、四川及云南。

(2) 种群调查

香港四照花分布于海拔 300~1 600 m 的地区,多生长在湿润山谷密林中以及混交林中。主要伴生植物:山胡椒(*Lindera glauca*)、赤楠(*Syzygium buxifolium*)、日本杜英(*Elaeocarpus japonicus*)、杨梅(*Myrica rubra*)、杨梅叶青冈(*Cyclobalanopsis myrsinaefolia*)、柯(*Lithoca rpusglaber*)、笔罗子(*Meliosm arigida*)、桃叶石楠(*Photinia prunifolia*)、交让木(*Daphniphyllum macropodium*)、光叶铁仔(*Myrsine stolonifera*)、木通(*Akebia quinata*)、蔓九节(*Psychotria serpens*)等。

23.1.3 资源价值及利用

观赏价值:树形圆整,呈伞形,初夏时繁花满树,花瓣状苞片大而洁白,十分别致。果实紫红色,颇鲜艳,其形酷似新鲜荔枝,既可观赏,又是美食;冬季叶色逐渐转红,极具开发利用。

食用价值:香港四照花果实味甜,鲜汁含有维生素 C 24.5 mg/100 g、蛋白质 0.49%、总糖 6.25%,含 19 种游离氨基酸 37.15 mg/100 g,20 种水解氨基酸 439.85 mg/100 g,15 种化学元素总量为 $4\ 450.40 \times 10^{-6}$ 等。营养成分丰富,确实为一种有开发利用价值的野生水果和珍稀的野生果树种质资源。

药用价值:四照花各部分可药用,果实入药有暖胃、通经活血的作用。枝、根、叶含有菲醇-3-半乳糖苷和栎皮酮-3-半乳糖苷等物质,鲜叶敷伤口可消肿;根及种子煎水服用可补血,治妇女月经不调和腹痛。

材用价值:香港四照花木材坚硬、纹理通直而细腻,易于加工,为优良的用材树种。

参考文献

[1] 陈际伸,王秋波. 香港四照花的繁育技术及园林价值[J]. 宁波职业技术学院学报,2005(2):85-86.

[2] 吴方星,瞿彦长,刘开帮,等. 香港四照花的利用及育苗造林技术[J]. 安徽农学通报(上半月刊),2009(7):223.

[3] 吴伟华,钟亚萍,吴高流,等. 优良乡土绿化苗木秀丽香港四照花特征特性及育苗技术[J]. 现代农业科技,2011(19):251-252.

香港四照花[*Dendrobenthamia hongkongensis*（Hemsl）Hutch.]

24 杜鹃花科 Ericaceae

24.1 乌饭树 *Vaccinium bracteatum* 物种资源调查

24.1.1 乌饭树概述

(1) 名称

乌饭树（*Vaccinium bracteatum* Thunb.），别名牛筋、南烛、米饭树、乌饭子、零丁子、米饭花等，是杜鹃花科（Ericaceae）越橘属（*Vaccinium* L.）植物。共有4个变种，分别是南烛（var. *bractuatum*）、小叶南烛（var. *chinense*）、倒卵叶南烛（var. *obovatum*）、淡红南烛（var. *rubellum*）。

(2) 形态特征

常绿灌木，树高 1~3 m，多分枝，枝条细，灰褐带红色，幼时带有点状微毛，老叶脱落。叶互生，卵状椭圆形至狭椭圆形，长 3~6 cm，宽 1~3 cm，边缘具有稀疏尖锯齿，基部楔状，先端锐头革质，有光泽，中脉有短毛；叶柄短而不明显，总状花序腋生 2~5 cm，具有 10 余朵花，微具毛；苞片披针形，长 1 cm，边缘具不明显锯齿。花柄长 0.2 cm，具绒毛，萼钟状，5 浅裂，外被绒毛，花冠白色，壶状，长 5~7 mm，具绒毛；先端 5 裂片反卷，雄蕊 10 枚，花药先端伸长，成管状，花丝有白绒毛，子房下位；花柱长 6 mm，浆果球形，成熟时紫黑色，直径约 5 mm，萼齿宿存，内含白色种子数颗，花期 6—7 月，果期 8—9 月。

(3) 地理分布

乌饭树主要分布在我国南方，多分布于福建、江苏、安徽、江西、湖南、湖北、广东、台湾等地，其中以台湾、江西、湖南、广东、广西最常见。也分布于朝鲜、日本南部，南至中南半岛诸国、马来半岛、印度尼西亚。

24.1.2 乌饭树资源调查

2009 年 7 月，北京林业大学野生果树项目组专程到安徽大别山区开展野生果树资源调查，乌饭树是重点调查对象之一。其间，周云龙小组也对广东的乌饭树进行了调查。

(1) 生态特征调查

乌饭树生态适应性较强,喜生阳坡,耐干旱、耐瘠薄、较耐寒,在安徽大别山区多见于次生林砍伐破坏严重地区,坡岗稀疏灌木丛中往往分布较多,林中极少,即使偶尔有,其生长发育状况也不佳。

根系生长旺盛,须根发达,集中分布于 10~20 cm 浅土层中,为浅根性树种。喜酸性环境,在土壤 pH 值 4.5~6.6 的黄红壤、红壤上生长良好,是南方酸性红壤区一种良好的水土保持植物,也是酸性土(红壤)上的指示植物之一。

乌饭树在整个宁波地区的适宜地区都有分布,虽在成熟林中很难天然更新,但在砍伐次生林中分布较为普遍。乌饭树群落是一种不稳定的森林群落。乌饭多分布于次生林或人为破坏较为明显的成熟林中,其脆弱的群落生境极易被破坏或发生变化(谢远程等,2006)。

(2) 生境与种群调查

生境:海拔 500~1 500 m 以上丛林、林谷沿溪边或向阳处的疏林或灌丛中。

主要伴生植物有谷木(*Memecylon ligustrifolium*)、三角瓣花(*Prismatomeris tetranda*)、九节(*Psychotria rubra*)、钝叶水丝梨(*Sycop sistutcherl*)、线枝蒲桃(*Syzygiumur uiocladum*)、托盘青冈(*Quercus patelliformis*)、罗伞(*Ardisia quinquegona*)、硬壳稠(*Lithocarpus hancei*)、梨果稠(*Lithocarpus howii*)、红稠(*Lithocarpus feniestratus*)、乌脚木(*Symplocos chunii*)、毛叶杜英(*Elaeocarpus limitaneus*)、狗骨柴(*Tricalysia viridiflora*)等。

24.1.3 乌饭树研究概述

(1) 乌饭树组织培养技术研究

周长东(2007)对乌饭树组织培养移栽技术的研究得出结果:在培育瓶生壮苗时经多效唑处理的试管苗高度降低,粗度增大,叶色浓绿;发根比正常培养得要快,且发根数量多,大大增加了根系吸收养料的能力。多效唑对乌饭树壮苗培养以 4 mg/L 处理效果最好,成活率达到 89%,与对照有显著差异。也就是说,在培养基中加入多效唑对乌饭树壮苗培养效果显著,经多效唑处理的试管苗高度低,粗度增大,发根快,发根数量多,叶色浓绿,叶绿素含量高,从而大大增加了根系吸收养料的能力,加强了其移栽后的自养能力。在开瓶、闭瓶炼苗时,幼苗不可从培养室拿出后直接移入移植盘。乌饭树闭瓶炼苗较好掌握,以 7 d 效果最好。开瓶炼苗在环境条件适宜情况下,在一定范围内,炼苗时间越长,成活率则越高,乌饭树试管开瓶炼苗时间以 7 d 为最好,成活率达 81%,且移植后苗子生长快。在试管苗移栽时,试管苗从试管内移到试管外,由异养变为自养,无菌变为有菌,由恒温、高湿、弱光向自然变温、低湿、强光过渡,变化十分剧烈。应根据当地的气候环境特点、植物种类、移栽季节、移栽设备等逐步缩小这种变化,以实现高成活和低成本的移栽。研究结果表明:移栽棚的温度要适宜,温度过高牵涉蒸腾加强、水平衡以及菌类滋生等问题;温度过低幼苗生长迟缓或不易成活。一般棚栽的空气温度控制在 25℃左右,介质温度控制在 25~30℃,有利于生根和促进根系生长,提高移栽成活率。在移植棚上架铁丝,搭三层遮阳网，控制初始光线为日光的 10%，其后每隔 3 d 撤去层遮阳网，光照增加 10%，经过 30 d 左右炼苗即可移入大田，但一定要避免中午的强光。乌饭树生长要求酸性土壤条件，移栽基质酸碱调节显得尤为重要。因此，乌饭树最理想的移栽基质类型是土疏松、通气良好、湿润、有机质含量高的酸性沙壤土、沙土或草土。

（2）乌饭树野生群落生态特征研究

谢远程等（2006）对乌饭树野生群落生态特征研究，结果表明：乌饭树生态适应性强，喜阳耐旱、耐瘠薄、较耐寒，林缘及稀疏灌木丛中往往分布较多，林中极少，即使偶尔有，其生长发育状况也不佳。根系生长旺盛、须根发达，集中分布于 10～20 cm 浅土层中，为浅根性树种。喜酸性环境，在土壤 pH 值 4.5～6.6 的黄红壤、红壤上生长良好，是南方酸性红壤区一种良好的水土保持植物，也是酸性土（红壤）上的指示植物之一。乌饭树在整个宁波内的适宜地区都有分布，虽在成熟林中很难天然更新，但在砍伐次生林中分布较为普遍。乌饭树群落是一种不稳定的森林群落。乌饭多分布于次生林或人为破坏较为明显的成熟林中，其脆弱的群落生境极易被破坏或发生变化。

（3）乌饭树叶化学成分研究

乌饭树叶中含有的化学成分有三十一烷、β-谷甾醇、熊果酸、乌索酸、槲皮素、异荭草素、对羟基桂皮酸、消旋肌醇、齐墩果酸。用超临界 CO_2 法萃取乌饭树叶，分析到叶中含有的脂肪酸类物质共有 6 种：棕榈酸、硬脂酸、油酸、亚油酸、亚麻酸及花生酸，其中亚麻酸含量最高达 36.4%。同时还分析到有槲皮素占萃取物的 3.52%，黄酮总量占萃取物的 11.64%。

乌饭树枝叶中含有大量的微量元素，其中钙、钾、锌、铁、锰、铜、锶均比较高，用水、甲醇、乙醇三种提取方法比较提取液中微量元素的提取量和提取率，表明大多数元素的水相提取率高于有机相提取率。

（4）乌饭树果实化学成分及微量元素研究

干燥果实含糖约 20%，游离酸 7.02%，以苹果酸（malic acid）为主，枸橼酸（citric acid）、酒石酸（tartaric acid）少量，每百克果实中含脂肪 0.6 g，蛋白质 0.7 g，维生素 B_1 0.02 mg，维生 B_2 0.02 mg，维生素 C 20～30 mg，烟碱酸 0.4 mg，钙 10 mg，铁 0.7 mg，磷 9～12 mg 等。

（5）乌饭树叶、果色素的研究

乌饭树作为一种提取色素的原料，广泛应用于食品工业，对色素成分及理化性质也作了大量的研究。乌饭树叶色素提取物在 286 nm 及 309 nm 光谱下均有吸收，推测可能是花色苷类物质，也有人认为其色素的主要成分为氰靛-3-葡萄糖苷或者是环烯醚萜类化合物。叶的色素提取物与食品添加剂如 NaCl、维生素 C 及苯甲酸共存时比较稳定，而与 $FeCl_3$ 共存时可以生成褐色沉淀，提示不可以用铁制品贮存。经实验研究，该色素在酸性条件下稳定，碱性条件及加热的条件下则可以使黑色加深，因此在对物质进行染色时应以碱性并加热的条件进行操作。姜氏等以此条件对米饭、蛋清、毛发等进行了染色，结果均可以将其染成黑色，但对毛发的染色效果不如对米饭、蛋清的效果好。

乌饭果熟时呈紫黑色，95%的乙醇可以将其中的大部分色素取出来，色素主要由五种花色苷元如矢车菊素、飞燕草素、锦葵素、碧冬茄素、芍药花素等组成，并以3位形式和半乳糖、阿拉伯糖、葡萄糖、木糖、鼠李糖等相连组成各种花色苷。乌饭果色素提取液在不同的 pH 条件下呈现出不同的颜色。pH 3 以下时是鲜红色，pH 4~6 时为浅红色，pH 8 以上时为蓝绿色。金属离子对色素也有较大的影响、Na^+、K^+、Mg^{2+}、Ca^{2+}、Zn^{2+}、Cr^{2+} 等对色素无影响，仍保持红色，Fe^{3+} 使色素变为橙黄色，Sn^{2+}、Pb^{2+} 使色素呈现蓝紫色，Al^{3+} 使色素呈现紫色。一些防腐剂如苯甲酸对色素基本无影响，而二氧化硫、亚硫酸盐则可使色素迅速褪色，抗坏血酸也可以使色素褪色。

24.1.4 乌饭树资源价值

（1）乌饭树的食用价值

乌饭树浆果营养成分丰富，不仅含有糖、有机酸，而且蛋白质、脂肪和维生素等含量也比一般水果都高，特别是蛋白质含量甚高，营养价值极高。此外，乌饭树浆果中还含有 10 多种元素，其中以 Fe、Zn、K、Ca、Mn 等含量较高，特别是因为含有 Mg、Zn、Cr、K 等防癌元素，对人体生理代谢及心血管疾病均大有益处。

（2）乌饭树的药用价值

1）抗疲劳及延缓衰老

乌饭树嫩枝叶醇提物可以显著延长小鼠爬杆时间，并且降低中尿素氮及血乳酸含量，提高小鼠的低温生存率，证明其有显著的抗疲劳及耐寒作用。乌饭树提取物可以显著改善老年大鼠的动作平衡和协调能力，增强大鼠的短期记忆力。

2）改善和预防眼疾

乌饭树果实提取物可以促进眼睛感受微弱光线的视紫红物质合成，改善眼睛夜晚视物能力，对近视、老年性白内障、糖尿病动脉硬化性视网膜症等有改善和防御效果，此种功能可能与其所含大量的花色苷类成分有关。

3）抗贫血及增强机体免疫

以乌饭树为主要成分制成的水煎液（复方南烛口服液）具有抗血作用。可以提高由乙酰苯肼致小鼠贫血模型的红细胞数和血红蛋白量抑制环磷酰胺所引起的小鼠白细胞和血小板数减少，还能对抗其引起的胸腺重量下降；碳粒廓清实验表明其可以增加巨噬细胞的吞噬功能。

4）毒性作用

小鼠口服最大剂量为 330 g/kg，连续观察 7 d，尚未见毒性反应。总给药量相当于临床给药量的 550 倍。证明其毒性较小。

（3）乌饭树的开发应用

1）提取天然食用色素

由于乌饭树树叶和果实中含有天然的色素、香味物质及防腐质，早在唐代，江浙一带农村就有每逢农历四月初八用乌饭树叶煮乌米饭的习俗。据测定,乌饭树叶所含色素的主要成分为槲皮素,有龙眼香气,浆果所含的色素主要是果红色素,可利用化学及其分离手段,从中提取天然的食用色素。

2) 加工乌饭树果汁、果酱

乌饭树浆果色泽鲜艳,清甜多汁,食药同源,营养价值高,性平,酸适口,风味好。具有健脾益肾、抗衰老、防癌等多种营养保健功能,这早在《食疗本草》中就有记载。现代科学进一步证明了乌饭树浆果的营养保健价值。乌饭树具有人体不可缺少的多种营养元素,更独特的是它含有丰富的抗氧化和抗衰老的花色苷和生物类黄酮成分,因而具有软化血管、抗衰老的保健功效。

3) 在医学上的应用

乌饭树的药用历史悠久,《本草纲目》《中国药典》有"胃补髓,消灭三虫","强筋身骨,益气固精驻颜"之记载。现代究表明,乌饭树浆果含有丰富的抗氧化剂——花色苷类黄酮,氧自由基可破坏 DNA 分子从而诱发癌症,而抗氧化剂可以中和新陈代谢过程中产生的自由基,减慢蛋白质和 DNA 的老化速度,抑制细胞的生长,从而达到防癌效果。此外,乌饭树果汁含有天然黑色素,有松弛血管、改善血液循环的作用,可以预防动脉硬化、糖尿病等,药用价值较高(房玉玲,2003)。

4) 在园林绿化中的应用

随着城市化进程的加快,人们开始追求人类与自然的和谐统一,乌饭树是适应性很强的乡土树种,其树姿优美,秋后紫红色果实串挂枝头,煞是美观,是一种良好的园林观果绿化树种,与海桐、金叶女贞、含笑等树种相间配植,点缀于假山、绿地之中,相互映衬,别有情趣,可为城市环境绿化渲染出一种浓浓的秋收壮美景观,大大提高城市绿化的品位与档次。

(4) 乌饭树的生态及其他价值

乌饭树树皮含单宁,可提取制栲胶,作为制革鞣料;茎枝可作薪炭材,解决山区群众烧火取暖;茎秆通直,绵韧,木质细腻是秤杆、农具、工具的好材料;乌饭树根系发达,茎枝萌发力强,生长快,适应性广,枝叶繁茂,姿态优雅,既可用于园林绿化种植于路边、庭院、房屋旁等处,又可用于绿化荒山、荒坡、荒沟、草地,达到防风固沙、防止水土流失、涵养水源的目的。

24.1.5 乌饭树资源的开发利用

(1) 开发利用现状

乌饭树由于具有很高的药用价值,因而在国外早已被广泛开发利用。欧洲已把乌饭树果实提取物制成药品,用于眼科及改善血液循环,并且很多都已商业化了。在美国、日本,除把果实提取物制作锭剂、胶囊、颗料等用作保健食品外,还加入饮料、葡萄酒、糖果等食品。中国是乌饭树的重要产地,分布范围广,资源极其丰富。然而遗憾的是,在我国除将其根、茎、叶、果当做传统中药简单医治一些常见病外，至今未做深入研究和开发利用，任宝贵资源白白浪费在大山、旷野中未能发挥其应有的社会、经济和生态价值。

（2）开发利用建议

鉴于乌饭树在我国南部分布广、资源丰富，又具有良好的药用和保健功能，因而开发利用潜力极大。但为了使这一宝贵资源能获得充分利用，又不至于遭到毁灭性破坏，应开展以下工作：

1）在全国范围内进行资源的深入调查，摸清家底，并广泛搜集品种资源，开展野生驯化，筛选品质优、产量高、口感好、药效大、价值好的种类进行繁殖研究，建立种苗和原料供应基地。

2）依靠科学技术，深入开展乌饭树的食用、药用、保健品开发及深加工利用研究，改变仅在民间粗放制作，简单利用的现状。

3）开发利用必须建立在一整套完善的措施基础上，将繁育、种植、采集、收购、加工、销售等实行一条龙，使该资源既能得到充分合理的利用，又能够实现生态良性循环，保持其整个生态系统的稳定性和持续性。

4）将开发利用与山区经济发展、扶贫攻坚、保护山区生态环境，特别是与西部退耕还林，长江中上游生态保护建设工程等项目结合起来，形成多学科协同攻关的优势，尽快取得突破性进展，变资源优势为经济优势（唐宇，2002）。

总之，乌饭树作为一种多年生野生植物资源，生长快，适应性强，管理粗放，投入少，见效快，且生态效益好，经济价值高，是山区发展经济，农民脱贫致富的好路子，可在贫困山区大力发展和推广，应用前景十分广阔。

参考文献

[1] 房玉玲，秦明珠. 乌饭树的研究进展[J]. 上海中医药杂志，2003（5）：59-61.

[2] 广东省植物研究所.《海南植物志》第三卷. 科学出版社，1974（10）：147.

[3] 唐宇，刘建林. 凉山州乌饭树资源的开发利用[J]. 西昌师范高等专科学校学报，2002（4）：103-104.

[4] 谢远程，徐志豪，周晓琴. 乌饭树野生群落生态特征研究[J]. 贵州林业科技，2006（3）：21-24，40.

[5] 谢远程，周晓琴. 乌饭树浆果营养成分分析及其开发[J]. 中国野生植物资源，2004（3）：28，35.

[6] 中国科学院华南植物研究所，《广东植物志》第一卷，广东科技出版社，1987（2）：334.

[7] 周长东. 乌饭树组织培养移栽技术研究[J]. 山西林业科技，2007（3）：7-10.

乌饭树（*Vaccinium bracteatum* Thunb.）

24.2 江南越橘 *Vaccinium mandarinorum* 物种资源调查

24.2.1 江南越橘概述

（1）学名与隶属

江南越橘（*Vaccinium mandarinorum* Diels），在云南又称米饭花、蓝莓、米饭越橘，隶属越橘科（Ericaceae）越橘属（*Vaccinium* L.）植物。

（2）形态特征

常绿灌木或小乔木，高 1～4 m。幼枝通常无毛，有时被短柔毛，老枝紫褐色或灰褐色，无毛。叶片厚革质，卵形或长圆状披针形，长 3～9 cm，宽 1.5～3 cm，顶端渐尖，基部楔形至钝圆，边缘有细锯齿，两面无毛，或有时在表面沿中脉被微柔毛，中脉和侧脉纤细，在两面稍突起；叶柄长 3～8 mm，无毛或被微柔毛。总状花序腋生和生枝顶叶腋，长 2.5～7（10）cm，有多数花，序轴无毛或被短柔毛；苞片未见，小苞片 2，着生花梗中部或近基部，线状披针形或卵形，长 2～4 mm，无毛；花梗纤细，长（2）4～8 mm，无毛或被微毛；萼筒无毛，萼齿三角形或卵状三角形或半圆形，长 1～1.5 mm，无毛；花冠白色，有时带淡红色，微香，筒状或筒状坛形，口部稍缢缩或开放，长 6～7 mm，外面无毛，内面有微毛，裂齿三角形或狭三角形，直立或反折；雄蕊内藏，药室背部有短距，药管长为药室的 1.5 倍，花丝扁平，密被毛；花柱内藏或微伸出花冠。浆果，熟时紫黑色，无毛，直径 4～6 mm。花期 4—6 月，果期 6—10 月。

（3）分布特性

分布于江苏、浙江、福建、安徽、江西、四川、贵州等地；云南则主要分布在维西、泸水、丽江、腾冲等地，生长于海拔（1 800）2 300～2 900 m 的沟边灌丛中、山谷边林中或路边阳处。

24.2.2 研究概述

江南越橘研究较少，危英等（2003）采用 WXF-2 原子吸收分光光度计测定江南越橘叶中 Fe、Zn、Mn 等 8 种微量元素的含量，结果表明，Mn 含量最高，其次为 Fe、Zn，并认为微量元素与江南越橘功效有关。危英等（2004）对江南越橘叶氨基酸进行了测定，测定结果表明，江南越橘叶中含 13 种游离氨基酸，总氨基酸含量为 1.74 mg/100 ml，含人体必需氨基酸两种即苯丙氨酸、色氨酸，其中甘氨酸的含量最高，鸟氨酸次之。因此，将其开发成天然黑色保健品具有一定的意义。

24.2.3 物种调查

在云南维西和丽江进行了相关调查。结果如下：

生长于海拔（1 800）2 300～2 900 m 的沟边灌丛中、山谷边林中或路边阳处；伴生植物主要有五裂槭（*Acer oliveriaanum*）、青荚叶（*Helwingia japonica*）、梁王茶（*Nothopanax delavayi*）、楤木（*Aralia chinensis*）、地檀香（*Gaultheria forrestii*）、峨眉蔷薇（*Rosa omeiensis*）、南烛（*Lyonia ovalifolia*）、美丽马醉木（*Pieris formosa*）、川滇小檗（*Berberis jamesiana*）和小叶栒子（*Cotoneaster microphyllus*）等。

24.2.4 保护与利用建议

1）加强保护宣传，切实保护好江南越橘这一珍贵资源；
2）开展相关研究，特别是成分分析、育种和引种栽培研究；
3）收集种质资源，尝试建立资源圃，为未来深入研究奠定基础。

参考文献

[1] 危英, 危莉. 江南越橘叶中微量元素含量测定[J]. 微量元素与健康研究, 2003, 20（5）: 28-29.
[2] 危英, 张丽艳, 杨玉琴, 等. 柱前衍生化.（高效液相色谱法）测定江南越橘叶中游离氨基酸的含量[J]. 微量元素与健康研究, 2004, 21（2）: 20-21.

江南越橘（*Vaccinium mandarinorum* Diels）

24.3 越橘 *Vaccinium vitis-idaea* 物种资源调查

24.3.1 越橘概述

（1）名称

越橘（*Vaccinium vitis-idaea* L.），又名温普、牙疙瘩、北国红豆，是杜鹃花科（Ericaceae）越橘属（*Vaccinium*）植物，为多年生落叶或常绿灌木或小灌木。

（2）形态特征

多年生常绿小灌木，高 10～12 cm，地下茎长，匍匐生长，地上枝条由根茎腋间抽出，小枝细，灰绿色具有白色绒毛。单叶互生，具短柄、革质，椭圆形或倒卵形，长 1~2.2 cm，宽 0.6~1 cm，基部楔形，先端钝或圆形或微凹，全缘而微呈波状，稍外卷，表面暗绿色，有光泽，背面色淡，散生稀疏褐色腺点。总状花序，具 2~8 朵花，密集下垂，具香味，花梗及花轴上密生细毛，有苞叶 2 片，卵形，花萼短，钟形，4 浅裂；花冠钟形，白色或淡粉红色，直径约 5 mm，4 裂，雄蕊 8 个，花丝有毛，花药上方具两个长形突起物；花柱比雄蕊长，超出花冠之上。浆果球形，直径 5~8 mm，红色，化期 6—7 月，果期 8 月。浆果圆形或椭圆形，紫红色，有光泽，纵径约 0.7 cm，横径约 0.6 cm，果柄长 0.2 cm，果实重 0.3~0.5 g；果肉白色，果皮含有红色素，汁多、果汁红色。风味甜酸，微有清香味，可鲜食。果皮厚，较耐运输和储藏。

（3）生物学特性

越橘是常绿型小灌木。在自然条件下，越橘生长在高山湿润台地的针叶林下或针阔叶混交林下，不成纯群落而与一些植物共生。越橘喜生有机质丰富、湿润、酸性土壤，以 pH 4~6 为宜，喜光。越橘的抗寒力极强，在大兴安岭和长白山的越橘产区，极端低温-50℃，越橘从未有过冻害，但早春霜冻易使其花器受害。

越橘在大兴安岭山区垂直分布在海拔 600~1 200 m，集中分布在 800~1 000 m 的坡地落叶松-桦木（*Larix-Betula*）针阔混交林下或林中空地。群落性强，密度大，最高达到 1 936 株/m^2。密度小的地方，伴生植物以细叶杜香（*Ledum palustre* Linn.）居多，其次是笃斯越橘（*Vaccinium uliginosum* Linn.）。在越橘下面是湿润、疏松、透气良好的苔藓层，苔藓层由毛青藓（*Tomentohypnum nitens*）和赤茎藓（*Pleurozium schueberi*）组成。土壤多是生草棕色森林土。由于越橘喜生在半透光的林下，故耐阴性好，要求土壤经常湿润，空气湿度大，地表有疏松的苔藓层，透气性好。

（4）分布特性调查

越橘主要分布在大兴安岭伊勒呼里山以北和岭南 600 m 以上高山原始针叶林地带，岭南的加格达奇，在阔叶次生林下，虽也常有发现，但却绝少见到果实。

越橘集中分布于我国大兴安岭寒温带针叶林区，兴安落叶松[*Larix gmelini*（Rupr.）Rupr.]林、长白落叶松（*Larix olgensis* Henry）林、针阔混交林及海拔 1 400 m 以上的高山偃松（*pinus pumila* Pall.）林下。据项目组 2009 年野外调查，越橘几乎分布于大兴安岭各种植被类型之中，且随纬度增大，海拔增高，其分布越广，盖度越大，单位面积产量越高。其中，杜香-落叶松（*Ledum palustre-Larix gmelini*）林及杜鹃-白桦（*Rhododendron* spp.- *Betula platyphylla*）林下越橘生长较好，并以湿润疏林下产量最高，据调查，最高纪录可高达 3 500 kg/hm^2，10 粒果重可达 5 g 之多。

越橘-落叶松（*Vaccinium vitis-idaea-Larix gmelini*）林由落叶针叶乔木层片、落叶灌木层片、常绿矮灌木层片和苔藓层片构成，其中，落叶松（*Larix gmelini*）疏密不一，郁闭度 35%~65%，林下落叶灌木层片主要由柴桦（*Betula fruticosa*）、东北茶藨（*Ribes mandshuricum*）和山刺玫（*Rosa davurica*）组成，盖度仅 15%~20%，常绿矮灌木层片由越橘组成，盖度 90%，苔藓层片由毛青藓（*Tomentohypnum nitens*）和赤茎藓（*Pleurozium schueberi*）组成，盖度 30%。

杜香-落叶松（*Ledum palustre-Larix gmelini*）原始林可分为落叶针叶乔木层片、常绿灌木层片、落叶灌木层片、常绿矮灌木层片、常绿阔叶草本层片和苔藓层片。常绿灌木层片为优势层片，由矮高位芽植物狭叶杜香（*Ledum palustre*）组成，盖度 60%；常绿矮灌木层片由越橘（*Vaccinium vitis-idaea*）构成，盖度 30%以上；落叶灌木层片由金露梅（*Potentilla fruticosa*）、大黄柳（*Salix raddeana*）、蓝腚果忍冬（*Lonicera caerulea* var. *edulis*）、小叶杜鹃（*Rhododendron parvifolium*）、柴桦（*Betula fruticosa*）等组成；草本植物相对不发达，常绿阔叶草本层片由红花鹿蹄草（*Pyrola incarnata*）、七瓣莲（*Trientalis europaea*）构成，盖度 30%左右，苔藓层盖度 70%以上，主要种类有沼泽皱蒴藓（*Aulacomnium palustre*）、赤茎藓（*Pleurozium schueberi*）、毛梳藓（*Ptilium crista-castrensis*）、桧叶金发藓（*Polytrichum juniperinum*）等。

杜香-落叶松渐伐林分为落叶针叶乔木层片、常绿灌木层片、常绿矮灌木层片和苔藓层片。乔木层郁闭度 0.4～0.5，常绿灌木层片和常绿矮灌木层片为绝对优势层片，分别由狭叶杜香（*Ledum palustre*）和越橘（*Vaccinium vitis-idaea*）组成，盖度 90%以上，苔藓层片有沼泽皱蒴藓（*Aulacomnium palustre*）、赤茎藓（*Pleurozium schueberi*）、毛梳藓（*Ptilium crista-castrensis*）、桧叶金发藓（*Polytrichum juniperinum*）和白齿泥炭藓（*Sphaguum girgensohnii*）等，盖度 40%左右；草本植物和其他灌木较少，仅见笃斯越橘（*Vaccinium uliginasum*）、北极花（*Linnaea borealis*）和早熟禾（*Poa* spp.）等。

杜香-落叶松林皆伐后形成的幼林可分为落叶针叶和落叶阔叶乔木两个层片、常绿灌木层片、落叶灌木层片和苔藓层片。乔木层郁闭度 0.8，林冠下优势层片为常绿灌木层片，由狭叶杜香构成，盖度 70%以上，落叶灌木层片由笃斯越橘（*Vaccinium uliginasum*）组成，盖度 40%，偶见越橘（*Vaccinium vitis-idaea*）；苔藓层片有沼泽皱朔藓、湿地藓（*Hyophila* spp.）、桧叶金发藓（*Polytrichum juniperinum*）、高山曲尾藓（*Dicranum alpinum*），盖度 15%左右。此外尚有北极花（*Linnaea borealis*）和散生的红花鹿蹄草（*Pyrola incarnata*）、地榆（*Sanguisorba officinalis*）、灰脉苔草（*Carex appendiculata*）等。

24.3.2 越橘研究概述

（1）营养成分研究

越橘是具有较高经济价值和广阔发展前景的新兴果树树种，果实除含有糖、酸和维生素 C 外，还富含维生素 E、胡萝卜素、维生素 B、SOD、有机酸、熊果苷、花青苷等其他果品中少有的特殊成分，以及丰富的钾、铁、锌、锰等。据新近研究，越橘果实具有防止脑神经衰老，强心脏功能，明目及抗癌等独特功效（关丽华，2007）。因此，越橘成为联合国粮农组织推荐的五种保健食品之一，在国际市场上供不应求，价格昂贵。

越橘浆果含有丰富的营养成分，其中以有机酸最为丰富，包括柠檬酸、琥珀酸、富马酸、苹果酸、酒石酸等十余种，其氨基酸含量亦相当丰富，游离氨基酸在19种以上，其中有7种是人体必需的，越橘果实中矿物元素极为丰富，不但含有常量元素钾、钠、钙、镁等，而且微量元素也很多，如铁、铜、磷、锌等（贾洪斌，1991）。除上述营养物质外，越橘果实的挥发性组分中鉴定出22种萜类衍生物，还分离出β-胡萝卜素、玉米黄质、叶黄质、番茄红素等四萜类化合物及山柰黄素。越橘果实中的色素物质主要为花青素-2-葡萄糖苷、花青素-3-木糖苷、花青素-3-半乳糖苷、花青素-3-鼠李糖苷、翠雀花-3-鼠李糖苷、翠雀花-5-葡萄糖苷、3-0-格酰原花翠素、锦葵色素-3,5-二糖苷和3,3-二-0-格酰原花翠素，国外报道从果实中分离出二聚前花色素A2及三聚前花色素（孔书敬，2000）。

(2) 繁殖研究

在开展越橘引种试栽研究工作中，张志东等进行了不同品种的抗寒性试验，筛选出抗寒、大果、鲜食优良品种和适宜高寒山区栽培的优良品种。这些品种可在-35℃，无霜期110 d，≥10℃有效积温2 300℃以上的地区栽培。其其格等还选育出早熟、抗寒、果味酸甜适中的优良加工品种顺华蓝莓1号和中熟、抗寒、果味独特的鲜食加工兼用型优良品种顺华蓝莓3号。同时，提出吉林省东部山区是发展越橘的适宜地区。

栽培性试验研究表明，不同类型的土壤对越橘的生长及营养吸收影响明显，不同的越橘品种其生长结果表现也不同。认为矮丛类型品种对长白山地区酸性土壤的适应性较强，半高丛越橘则适应性差。

唐雪东等（2001）在盆栽条件下，进行土壤改良试验并对其结果进行分析，提出在土壤有机质充足的基础上，只需要调酸，越橘就能正常生长并开花结实。

李亚东等（1996）还提出越橘苗木的菌根化生产。由于菌根真菌对越橘生长具有良好的生理作用，接种菌根，可以提高越橘对土壤中养分的利用率，尤其是可以促进对有机氮和有机磷的吸收，对节省肥料投入，维持树体营养平衡，提高越橘产量具有重要意义。

(3) 越橘色素的研究

陈玉峰等以越橘果实为材料，研究了色素在不同条件下的稳定性以及抑菌活性。研究表明：越橘果实色素在光照、低pH值以及60℃以下时稳定性较好，但在pH值大于4以及温度高于60℃时稳定性会显著降低；Fe^{3+}、Fe^{2+}、H_2O_2、苯甲酸钠对该色素有明显的破坏作用；葡萄糖、蔗糖、Zn^{2+}、Al^{3+}、K^+对该色素有一定护色、增色作用。越橘果实色素对大肠杆菌有一定的抑制作用，且随着色素浓度的增加抑制作用增强。

张秀成等以大兴安岭野生越橘的色素为研究对象，采用分光光度法研究了不同溶剂、酸碱度、光照时间、受热温度等因素对其稳定性的影响。研究结果表明：越橘色素在喊的酸性环境中的光、热稳定性较好乙醇的存在可使越橘色素的稳定性提高。

24.3.3 越橘资源调查

越橘植物在大兴安岭地区分布面广。黑龙江主要产区有嘉阴、逊克、孙吴、爱辉、呼玛、塔河、新林区、呼中区、加格达奇等地；内蒙古产区都分布在东北部林区，牙克石林业管理局范围内，集中产区在牙克石—满归之间。从垂直分布可以明显地看出，分布在海拔 500～1 000 m 地区，集中在坡地针阔混交林下，林中空地。群落性强、密度大。两种越橘有时混生，红果越橘密度大的地方单生。在红果越橘的下面是苔藓层。

群落密度：在产区实际调查，红果越橘高达 1 936 株/m^2，一般都在 500～600 株/m^2。笃斯越橘密度较低，最高达 224 株/m^2，一般为 100～120 株/m^2。

蕴藏量：大兴安岭地区林业管理局范围内（含黑龙江沿岸），年储量 8 000 t 以上。其中笃斯越橘 3 000 t 以上，红果越橘 5 000 t 以上。内蒙古牙克石林业管理局范围内（即大兴安岭在内蒙古境内部分），年储量达 4 000 t 以上。笃斯越橘占 1/3，红果越橘占 2/3。

24.3.4 越橘资源利用价值

(1) 越橘的食用价值

越橘作为一种野生植物，生长在无污染的森林中，属天然绿色果品，其果实含有多种营养成分，具有极高的营养价值，是一种很好的天然绿色食品。它的果实中含有丰富的营养成分，据研究，每百克越橘鲜果实中：含糖量为 8.57～11.8 mg，苯甲酸 0.075 mg，鞣酸 0.224 mg，胡萝卜素 0.05～0.12 mg，维生素 C 5～10 mg，蛋白质 0.21～0.32 g，果胶 0.6～0.8 g，矿物质（钙、铁、磷、钾等）为 0.4～0.7 g，此外，还含有维生素 A、维生素 B$_6$、维生素 P 以及多种氨基酸。还含有少量的类胡萝卜素、番茄红素、儿茶精等营养成分。越橘果实出汁率可达 80%以上。这些物质都是人体所不可缺少的，它们对维持人们的身体健康均有一定的作用。其果肉柔嫩多汁，酸甜可口，颜色诱人，深受消费者的青睐。

越橘色素为花青素类，呈宝石红色，原果含量为 3.86%（果 4.61%，汁 1.29%）。其色调自然，安全性高，着色均匀，且具有较好的稳定性。既有天然果实的色香味，又具有较丰富的营养物质，是良好的天然食用色素。

目前，用越橘果实生产的主要产品有果酒、果酱、清凉饮料、食用色素等，叶经加工后也可代茶用。

(2) 越橘的药用价值

无论民间使用还是临床应用与实验研究表明，越橘对一些疾病的确有一定疗效。在药用方面，越橘果及叶均可入药，其果味甘、性平，有止痛、止痢之功效，可治痢疾、肠炎等；其叶味苦、性温，消炎、利水，可治尿道炎、膀胱炎等。叶当茶饮有强身、抗寒、健体之功能。为了进一步研究其生物活性，近些年的研究文章中基本作出如下分析判断：

镇咳作用：越橘所含金丝桃苷有较强的镇咳作用，经研究和实验表明其镇咳作用与满山红相似。

抗炎作用：金丝桃苷有明显的抗炎作用，实验表明，越橘可减轻大鼠的足肿胀。另有异槲皮素也具有抗炎作用。

解热作用：1969 年分离出的毛柳苷对体温升高的大鼠有明显的降温作用。

平喘作用：越橘总黄酮具有显著平喘作用，槲皮素也有一定的平喘作用，二者均可延长引喘潜伏时间，作用显著。

抗菌作用：经研究，越橘中的黄酮类化合物对大肠杆菌、变形杆菌、痢疾杆菌有明显的抑制作用。

降压作用：越橘中所含的花色苷可降压，但易产生耐食性，作用时间也短。

抗肝炎作用：越橘中的异槲皮素对肝炎患者的胃下降有较好的效果。

越橘果实具有防止神经衰老、增强心脏功能、明目、抗癌及抗心血管疾病等独特的医疗保健作用。因此被世界粮农组织列为人类五大健康食品之一。目前，越橘的营养保健作用日益受到人们的关注，已被列入世界第三代水果的行列。

24.3.5 越橘资源利用问题和对策

（1）主要问题

1）由于植被破坏严重，原始生境发生较大变化，越橘群落渐趋退化；

2）对现有资源疏于管理，采摘无组织、无规范、无节制；

3）缺乏全方位深入系统研究，经费严重缺乏，精力投入不足。

（2）开发利用建议

越橘资源丰富，但目前的利用方式主要是原料输出，令人痛心。要改变这一现状，充分合理地开发和利用中国宝贵的越橘资源，项目组认为应重视以下几方面的工作：

1）建立越橘种质资源圃，将大自然数亿年自然选择的优良种质资源集中保护好，同时保护好现有野生越橘资源，防止掠夺性采摘和人为毁林现象的发生。

2）开展野生越橘资源的普查工作，制定利用、保护规划，对东北各林区的越橘资源实施计划性保护和开发，杜绝目前的无政府状态。

3）加强越橘各种源的化学成分系统分析，以便进行合理选育和利用。进一步选育适应性强、能集约栽培、果大、色深、味美的优良品种及食品工业专用种。

4）进一步对越橘的生物学特性进行深入研究，以此制定出合理的栽培措施，扩大种植面积。

5）尽快开展越橘果实的贮存、保鲜、运输技术的研究，延长加工期，扩大原料输出半径，增加初加工产品的种类。

6）加大科研投资力度，开发食品、营养补充剂、医药领域越橘综合利用的深加工技术。当前应重点研制一些功能保健食品，提高人们对越橘营养、生理作用的认识。

7）重点建立和扶持一些越橘加工的龙头企业，树立越橘产品的品牌形象。引进国外先进加工技术，对现有落后工艺进行大力改革，提高越橘资源利用率。

8）应尽快制定越橘产品的国家标准。

参考文献

[1] 敖日格尔, 耿星河, 苏亚拉图, 等. 越橘阴干果实的营养成分[J]. 中国野生植物资源, 2007(1): 41-42.

[2] 蔡培印. 林区越橘资源的开发利用[J]. 林业科技开发, 1996 (2): 31-32.

[3] 陈慧都, 郝瑞, 关爱年, 等. 越橘工厂化育苗研究[J]. 中国农业科学, 1990 (3): 44-50.

[4] 陈英, 王强凤, 阮陈虹, 等. 越橘提取物对学习记忆障碍小鼠影响的研究[J]. 吉林医药学院学报, 2008 (1): 9-11.

[5] 陈玉峰, 王瑞芳, 李政, 等. 越橘果实色素稳定性及抑菌活性的研究[J]. 西南大学学报(自然科学版), 2008 (2): 113-118.

[6] 董清山. 大兴安岭的越橘资源及开发利用[J]. 中国林副特产, 1995 (3): 42.

[7] 高雯, 刘海安, 姜华珺. 越橘果汁营养成分变化动态的研究[J]. 食品科学, 1992 (6): 26-28.

[8] 关丽华, 王秀华. 红豆越橘中化学成分的研究进展[J]. 北方园艺, 2007 (4): 81-83.

[9] 海纳尔. 新疆越橘资源及栽培技术[J]. 农村科技, 2008 (7): 58-59.

[10] 何海枫. 越橘制剂在海外[J]. 现代中药研究与实践, 1997 (2): 58-59.

[11] 黄文江, 周守标, 阚显照, 等. 越橘属植物克隆的体外繁殖[J]. 中国野生植物资源, 2005 (2): 62-64.

[12] 黄文江, 周守标, 王晖. 安徽越橘属植物资源[J]. 中国野生植物资源, 2004 (3): 16-18.

[13] 贾洪斌, 徐秀庭, 朴贵金, 等. 红豆浆果的成分分析[J]. 吉林大学学报(理学版), 1991 (3): 122-124.

[14] 金英实, 朱蓓薇, 张彧. 食品添加剂对提高越橘色素稳定性的研究[J]. 大连轻工业学院学报, 2003 (2): 117-120.

[15] 孔书敬, 殷丽君, 王萍. 越橘色素的性质研究[J]. 黑龙江商学院学报(自然科学版), 2000 (1): 25-28.

[16] 李丹, 林琳. 越橘食品资源的开发与利用[J]. 食品与发酵工业, 2000 (4): 76-81.

[17] 李京民, 祝凤池, 张长城, 等. 越橘浓缩果汁及饮料的研制[J]. 食品科学, 1994 (2): 31-34.

[18] 李凌. 越橘在世界范围内的栽培发展趋势[J]. 西南园艺, 2000 (2): 3-4.

[19] 李晓红, 李昌禹, 乔金铎, 等. 越橘 RAPD 研究[J]. 特产研究, 2007 (4): 30-31.

[20] 李亚东, 郝瑞, 孙学仑. 论长白山区越橘的开发[J]. 中国林副特产, 1995 (3): 34-36.

[21] 李亚东, 郝瑞, 张大鹏. 越橘菌根真菌研究进展——文献综述[J]. 园艺学报, 1996 (2): 133-138.

[22] 李亚东, 刘海广, 张志东, 等. 我国越橘产业发展的思考[J]. 中国果树, 2006 (1): 46-47.

[23] 李亚东, 吴林, 刘洪章, 等. 越橘果实中营养成分分析[J]. 北方园艺, 1996 (3): 22-23.

[24] 李亚东, 吴林, 张志东, 等. 三种类型越橘引种栽培品种评价[J]. 吉林农业大学学报, 2003 (1): 62-65.

[25] 李亚东. 越橘果实中的活性成分及其药用保健机能[J]. 农产品加工, 2007 (12): 10-11.

[26] 李咏梅. 越橘的开发利用价值[J]. 特种经济动植物, 2002 (6): 23.

[27] 林玉友, 刘海广, 吴林, 等. 越橘低温胁迫研究进展[J]. 北方园艺, 2007 (8): 45-49.

[28] 蔺定运. 越橘色素的研究[J]. 中国农业科学, 1985 (4): 86-90.

[29] 刘斌, 谢德圣, 朱桂芝, 等. 对越橘汁的营养价值及加工工艺中几个问题的研究[J]. 吉林农业大学学报, 1987 (3): 30-34.

[30] 刘坤, 蒋明杉, 于志清. 树莓、越橘、欧李等小浆果的发展前景[J]. 北方果树, 2008, 29（2）: 250-253.

[31] 刘新田, 唐仲秋, 李华, 等. 中国两种越橘资源的现状与开发前景[J]. 世界林业研究, 1998（2）: 64-68.

[32] 马俊莹, 郭立君. 大兴安岭的野生红豆[J]. 植物杂志, 1996（5）: 10.

[33] 马艳丽. 越橘组培快繁技术研究[J]. 吉林林业科技, 2005（1）: 3-5.

[34] 聂飞, 安明太. 贵州野生越橘种质资源及其开发利用[J]. 亚热带植物科学, 2008（1）: 60-62.

[35] 潘一峰, 瞿伟菁, 顾于蓓, 等. 越橘果渣中黄酮类成分抗氧化活性的研究[J]. 食品科学, 2005（10）: 206-210.

[36] 秦仲麒, 刘先琴, 涂俊凡, 等. 越橘栽培技术[J]. 农家顾问, 2007（3）: 35-36.

[37] 秦仲麒. 四个越橘优良品种[J]. 农家顾问, 2007（3）: 10001.

[38] 孙兰英. 大兴安岭北坡越橘资源的分布及其生物学特性[J]. 中国野生植物资源, 2004（3）: 22-23.

[39] 王萍, 包怡红, 周广生. 越橘干酒的研制[J]. 酿酒, 2002（4）: 25-26.

[40] 王瑞芳, 陈玉峰, 李政, 等. 越橘染色体观察及核型研究[J]. 西南大学学报（自然科学版）, 2008（2）: 199-123.

[41] 王伟江, 郑建仙. 越橘健视饮料的研制[J]. 食品科技, 2005（12）: 61-63.

[42] 王璇琳, 范玉玲, 王喜军, 等. 越橘的资源、品质及药用研究概况[J]. 中国林副特产, 1999（3）: 42-44.

[43] 乌凤章, 王贺新, 陈英敏, 等. 越橘开花结果特性的研究[J]. 北方园艺, 2007（12）: 28-30.

[44] 吴林, 刘海广, 刘雅娟, 等. 越橘叶片组织结构及其与抗寒性的关系[J]. 吉林农业大学学报, 2005（1）: 48-50.

[45] 吴兴壮, 李利峰, 李晓东, 等. 越橘果实资源的开发利用现状及前景预测[J]. 辽宁农业科学, 2003（6）: 23-24.

[46] 夏竹. 越橘可延缓食品腐烂[J]. 中国果业信息, 2007（9）: 49.

[47] 向道丽. 酶法提取越橘果渣花色苷酶解条件的研究[J]. 中国林副特产, 2005（6）: 1-3.

[48] 小伟. 返老还童吃越橘[J]. 企业文化, 2000（9）: 62.

[49] 徐娜, 夏秀英, 徐大可, 等. 越橘基因组 DNA 的快速提取及分析[J]. 果树学报, 2007（5）: 714-717.

[50] 许亚生. 越橘[J]. 中国水土保持, 1988（1）: 55.

[51] 杨国放, 姜河, 孙周平, 等. 北方越橘栽培管理技术[J]. 辽宁农业科学, 2005（6）: 51-52.

[52] 姚淑均, 龚洪海, 郑晟, 等. 贵州越橘资源的栽培技术及开发利用[J]. 经济林研究, 2005（2）: 64-66.

[53] 於虹, 顾姻, 贺善安. 我国南方地区越橘栽培现状及发展展望[J]. 中国果树, 2009（3）: 68-72.

[54] 于立河, 张孝成, 王秀敏, 等. 越橘无糖颗粒剂的制备工艺研究[J]. 中医药信息, 1999（3）: 54-55.

[55] 于清云. 集约经营大兴安岭野生越橘资源的建议[J]. 特种经济动植物, 2003（4）: 27.

[56] 张翠萍, 胡巍. 越橘中主要化学成分及其失物活性的概述[J]. 黑河科技, 2000（2）: 74.

[57] 张华微, 栾雨时, 张匀. 促进越橘种子发芽的研究[J]. 北方园艺, 2006（5）: 41-42.

[58] 张萍, 肖德华. 大兴安岭野生越橘与经营对策[J]. 中国林副特产, 2006（3）: 96.

[59] 张晓华. 果品加工的新品种——越橘[J]. 农产品加工, 2007（7）: 40.

[60] 张欣. 黑龙江省野生越橘资源及开发利用[J]. 黑龙江农业科学, 1998（3）: 49.

[61] 张秀成，刘广平，何双，等. 越橘（红豆）色素稳定性研究[J]. 东北林业大学学报，2000（2）：39-42.
[62] 张玉宝，张玉民，原延军. 野生越橘资源调查区划及其利用[J]. 特种经济动植物，2002（4）：25-26.
[63] 张玉萍. 越橘的保健作用及其在我国的开发利用前景[J]. 山西农业科学，2006（4）：22-25.

越橘（*Vaccinium vitis-idaea* L.）

24.4 笃斯越橘 *Vaccinium uliginosum* 物种资源调查

24.4.1 笃斯越橘概述

（1）名称

笃斯越橘（*Vaccinium uliginosum* L.），别名笃斯、甸果、地果、都柿、黑豆树（大兴安岭）、都柿（小兴安岭、伊春）、龙果、蛤塘果（吉林）、讷日苏（蒙古族语）等，是杜鹃花科（Ericaceae）越橘属（*Vaccinium* L.）植物。

（2）形态特征

笃斯越橘为落叶小灌木，株高30～80 cm，茎粗0.40～0.45 cm，直立生长。树皮红褐色，有光泽，枝条暗紫褐色，分枝多，有纤维状剥裂，稍向下弯曲，无毛或有短毛。芽扁圆形、褐色。单叶互生，倒卵形、椭圆形或长卵形，基部广楔形，先端钝或稍凹；叶的正面绿色，背面为灰绿色，全缘；沿叶脉有短毛，网状脉，正面明显，背面稍凸起；花通常 1~3 朵，集生在上年的小枝上，花枝下垂，花梗长 5~10 mm，花冠白色或绿白色，壶形。浆果扁圆形、椭圆形或圆形，宿存萼片 4~5 裂，纵径 1.2~1.6 cm，横径 0.8~1.2 cm，果重 06~0.9 g；果皮蓝紫色，果面被有白粉；果肉淡绿色、半透明，皮薄多汁，富含红色素，味酸甜；出汁率 80%~90%。

花期 5 月末至 6 月初，果实 7—8 月成熟。每个果实有种子 3~15 粒，种子小而扁，月牙形。

（3）生物学特征

笃斯越橘喜凉爽、湿润气候，极耐寒、耐水湿。天然笃斯林主要分布于泥炭、沼泽地上，常与兴安落叶松[*Larix gmelini*（Rupr.）Rupr.]、白桦（*Betula platyphylla* Suk.）等构成独特的森林类型：笃斯越橘-落叶松林、笃斯越橘-落叶松-白桦林。伴生灌木常见有柴桦（*Betula fruticosa* Pall.）、越橘柳（*Salix myrtilloides* L.）、兴安杜鹃（*Rhododendron dauricum* L.）、小叶杜鹃（*Rhododendron parvifolium*）、细叶杜香（*Ledum palustre* L.）及其变种宽叶杜香（*Ledum palustre* L. var. *dilatatum* Wahl.）、东北茶藨子（*Ribes mandshuricum*）和山刺玫（*Rosa davurica*）等。

笃斯越橘分布区是典型的北温带湿润的森林气候，夏季凉爽，最热月平均温度≤20℃，湿润度 0.75~0.8；冬季最低 1 月均温为-24~-26℃，极端最低气温-45~-50℃，笃斯越橘能正常越冬，第 2 年正常生长与结实。

笃斯越橘在长期积水或季节性积水，而且普遍具有永冻层的泥炭沼泽地、强酸性（pH 3.8~4.5）土壤等水湿、低温的条件下均能生长。如果在土壤肥沃且通气良好的地块上，能显著地促进生长，提高产量。

笃斯越橘喜光耐阴。在上层林木郁闭度大的林地内，下层笃斯虽能生长，但结实量少。上层郁闭度低于 0.3，而下层有柴桦、杜香、越橘柳侧方庇阴的笃斯林生长良好，结果多、产量高。

（4）分布特性

笃斯越橘在大兴安岭分布广泛，生长于海拔 400~1 600 m 的坡段，集中分布于大兴安岭海拔 400~1 000 m 的针叶、阔叶混交林下和林间空地，群落性强，有时与越橘（*Vaccinium vitis-idaea*）混生。项目组调查的乌尔旗罕林业局年平均气温-7℃。1 月最低平均气温-37℃，绝对最低温度-39.7~-52.3℃，冬季气候干燥、严寒而漫长（约 250 d），夏季短暂而温热，春季温度骤升，秋季温度剧降，年温差较大；土壤湿润，腐殖质丰富，强酸性（pH 值一般在 4~5）。

笃斯越橘分布于中国、朝鲜北部、日本、前苏联西伯利亚、北欧、北美等国家和地区。我国唯有东北、内蒙古、新疆北部才有。在东北大兴安岭地区主要分布于加格达奇、爱辉、呼玛、牙克石、根河、塔河、漠河等地。

24.4.2 笃斯越橘的调查

(1) 大兴安岭笃斯越橘资源

1) 黑龙江笃斯越橘资源分布

黑龙江省笃斯越橘资源丰富，主要分布在大小兴安岭地区及完达山周围地区，全省可利用面积达到 16 万 hm^2，其中尤以黑河地区分布集中，有大面积成片生长的笃斯甸子，据调查，黑河地区可利用面积为 4 万 hm^2，蕴藏量达 7 500 万 t。集中分布在逊克、呼玛、爱辉、抚远、伊春、嫩江、北安等地。其中爱辉县北师河乡有可利用的笃斯甸子 0.78 万 hm^2，新生、西峰山、罕达气等乡有 1 万 hm^2，逊克县大平台、克林有 0.2 万 hm^2，嫩江县星火乡有 0.67 万 hm^2。

2) 黑龙江笃斯越橘资源现状与特点

笃斯越橘在黑龙江省多生长在海拔 600~1 400 m 的针阔叶混交林或针叶林下的杂木疏林中，林缘或沼泽草甸处。在沼泽草甸以及低温疏林地带有大片生长，常形成单一优势群落，且分布集中，但资源蕴量比内蒙古略逊色。根据 5 个样地 15 个样方的测定，笃斯越橘密度平均为 64 株/m^2。

3) 内蒙古笃斯越橘资源现状与特点

笃斯越橘在内蒙古自治区多生长在海拔 500~1 400 m 的落叶松—桦木针阔叶混交林或落叶松针叶林下或杂木疏林中，林缘或沼泽草甸处。在沼泽草甸以及低温疏林地带有大片生长，常形成单一优势群落，且分布广泛，总体资源蕴藏量比黑龙江丰富。

据实地调查，内蒙古大兴安岭地区的笃斯越橘的密度一般在 112 株/m^2，最高达 224 株/m^2。牙克石—满归之间群落密度最大，最高达 320 株/m^2。越橘植物在内蒙古大兴安岭地区主要分布在东北部林区，牙克石林业管理局范围内，集中产区由牙克石—满归之间。垂直分布，可以明显地看出，分布在海拔 300~1 000 m 地区，集中在坡地针阔混交林下，林中空地。群落性强、密度大，两种越橘有时混生。大兴安岭地区林业管理局范围内，年储量 8 000 t 以上。其中笃斯越橘 3 000 t 以上，红果越橘 5 000 t 以上。内蒙古牙克石林业管理局范围内（即大兴安岭在内蒙古境内部分），年储量达 4 000 t 以上。笃斯越橘占 1/3，红果越橘占 2/3。

24.4.3 笃斯越橘研究概述

(1) 营养成分研究

研究表明，每 100 g 鲜果含糖 5~7 g，酸 2.0~3.0 g，脂肪 0.53~2.0 g，果胶 0.5 g，单宁 0.22~0.28 g，矿质元素 0.22~0.26 g，鞣质 0.2 g。此外，每 100 g 鲜果中含维生素 C18~53 mg 及 11 种氨基酸，并含有多种微量元素、多元醇、醛、酯等。

杜延如等在查阅前人工作的基础上，利用先进的仪器和手段对小浆果的氨基酸、维生素、微量元素等几十种营养元素进行了全面的分析，为进一步开发研制笃斯越橘系列天然保健产品提供了科学的营养学依据;李亚东等应用叶分析方法研究了东北地区笃斯越橘叶片中矿质营养元素含量状况,初步摸清了笃斯越橘的矿质营养特性,并结合土壤分析指出了笃斯越橘的需肥特点。叶片内含有较高的 N,Mn 和较低的 P、K、Ca、Mg,针对这些特点,施肥时应考虑多施 N 肥,同时由于叶片内营养元素的相互作用又要考虑施肥的平衡性。此外还对中国东北地区笃斯越橘矿质营养元素年周期变化规律进行了研究。发现笃斯越橘叶片中各矿质营养元素的年周期变化规律具有一定模式,大多数营养元素在 7 月中旬至 8 月中旬处于含量变化相对稳定时期。此期为笃斯越枯叶分析的最适采样期。相关分析表明,土壤中营养元素的年周期变化规律与叶片中营养素的年周期变化规律之间很少存在显著相关关系;耿星河等测定了采自内蒙古呼伦贝尔市的笃斯越橘阴干成熟果实的营养成分,结果表明,笃斯越橘的阴干果实含有糖、粗蛋白、粗脂肪、粗纤维、维生素 C、维生素 B_1、维生素 B_2、维生素 P、维生素 A、维生素 E、胡萝卜素,以及 10 种矿物质元素和 17 种氨基酸,具有较高的食用价值。

(2)繁殖技术的研究

罗旭等采用笃斯越橘嫩枝扦插,用生根剂处理插穗,并在不同的基质上进行扦插的试验,结果表明,嫩枝扦插以河沙作为基质最好,成活率可达 90.2%,用生根剂 ABT 处理的插穗生根率最高,其次是 IBA,再次是 NAA,且 6 月初进行笃斯越橘嫩枝扦插其成活率较高。

程广有等采用吲哚丁酸(IBA)、ABT 生根粉、萘乙酸(NAA)和吲哚乙酸(IAA)处理笃斯越橘硬枝插穗,并在苔藓、锯木屑、河沙和腐殖质等不同基质上进行扦插试验。结果表明,经 IBA 和 ABT 处理的插穗生根率较高,扦插基质则以苔藓为好。同时,为了提高插穗生根率,扦插基质应保持适宜的 pH 值(4.5~5.5)和充足的水分,以及较高的空气湿度。

罗旭等还通过对笃斯越橘进行有性繁殖和无性繁殖方法的试验,筛选出人工培育的最佳方法。试验表明:笃斯越橘有性繁殖的发芽率很低,无性扦插繁殖的成活率较高,尤其是嫩枝扦插成活率可达 90.2%;用组织培养的方法繁殖速度快,成活率也高。

(3)笃斯越橘提取物研究

董怡等通过对笃斯越橘花青素进行 RP-HPLC 分析,首先得到花青素提取率随盐酸浓度变化的规律,并得出盐酸-乙醇法提取花青素的最佳盐酸浓度为 1.5 mol/L。分别采用 AB-8 大孔树脂、聚酰胺树脂及 AB-8 大孔树脂与聚酰胺树脂联用对提取液进行了初步纯化,得到了 4 种纯化花青素样品,经过 RP-HPLC 法检测分析获得了 4 种纯化样品的花青素的纯度分别为 13.363 97%、36.956 87%、13.214 66%、8.559 135%,可知采用聚酰胺树脂对笃斯越橘花青素的纯化效果明显优于 AB-8 树脂,纯度可提高 23.5%。

张兴茂、林松毅等以吉林省长白山野生笃斯越橘为研究对象,对比分析了料液比、浸提温度、浸提时间、浸提次数等工艺参数对原花青素浸提率影响情况,并利用 $L_9(3^4)$ 正交试验设计优化出最佳浸提工艺参数为:浸提溶剂 60%乙醇,浸提温度 60℃,料液比 1:50,浸提时间 80 min,浸提两次,原花青素得率 9.40%,为深入研究笃斯越橘中原花青素分离纯化工艺奠定工作基础。

王作昭等主要研究了铝盐显色可见分光光度法测定长白山笃斯越橘中黄酮类化合物含量的方法，经过方法学验证得知其具有线性关系良好、精密度高、重现性好、稳定性可靠、回收率高等特点，能够作为笃斯越橘黄酮类化合物的含量的快速测定的方法，可以满足后期研究笃斯越橘中黄酮类化合物的提取、纯化工艺等研究内容的工作需要。

刘璇等采用 Folin 试剂分光光度法来测定笃斯越橘叶片中多酚类化合物含量，获得线性关系良好的多酚类化合物标准工作曲线，并通过对比分析、正交试验设计等试验方法优化出乙醇浸提法提取笃斯越橘多酚类化合物的最佳工艺参数：提取时间为 60 min，乙醇浓度为 60%，料液比为 1∶100。

刘艳丰等对超声波技术辅助水浸提笃斯越橘叶片多糖工艺的多个因素进行了研究，优化了超声波作用时间、超声功率、热水浸提时间、热水浸提温度四个工艺条件。结果表明各因素影响程度依次为：浸提温度＞超声时间＞超声功率＞水浸提时间，得到最佳参数为：超声时间 15 min，超声功率 200W，水浸提时间 75 min，浸提温度 90℃。在此参数条件下多糖的提取率达 7.96%，总提取时间为 90 min。与传统方法相比，大大缩短了提取时间，降低了能量消耗。

杨桂霞等采用柱色谱技术对笃斯越橘（*Vaccinium uliginosum* L.）果实中黄酮类化合物进行分离、提纯。分离提纯出 3 种黄酮类化合物，并通过 ^{1}H-NMR、^{13}C-NMR 表征了结构。结果表明：这 3 种化合物分别为二甲花翠素-3-O-葡糖苷（Ⅰ），矢车菊-3-O-半乳糖苷（Ⅱ），杨梅黄素（Ⅲ），均为首次从该果实中分离得到。

石文娟等研究了纤维素酶法提取笃斯越橘中的花青素的工艺条件，重点考察了料液比、酶用量、温度、pH 及酶解时间等因素对花青素提取率的影响，通过 $L_{16}(4^4)$ 正交试验优化出酶法提取的长白山野生笃斯越橘果实中花青素的最佳工艺参数为：料液比 1∶50，pH 为 1.5，加酶量 2%，温度 60℃，酶解时间 1h。在此条件下，花青素提取率为 6.105%。

24.4.4 笃斯越橘资源利用现状

（1）笃斯越橘资源价值与利用现状

笃斯越橘是重要的野生食品工业原料，其果实营养丰富，成熟果实含糖量为 6%～7%，酸 1.6%～2.7%，维生素 C 含量为 18～53 mg/100 g，果胶 0.5%，出汁率在 80% 以上，并含有多种氨基酸、维生素、矿物元素和植物碱。笃斯越橘果实可除可鲜食外还可酿酒、制果酱、果冻、果糖、果汁饮料等，并可提取天然红色素。以笃斯越橘为原料所酿制的果酒，色泽鲜艳，浓郁醇厚，清澈透明，酸甜适口，余香久存，风味独特，营养丰富，经常饮用，可滋补健身，有消食健脾、舒筋活血、清除疲劳等功效，色素主要用于软糖、果汁、果酱、冰棒、冰淇淋等酸性饮料的着色。笃斯种子还可榨油，叶可药用，花可观赏，堪称全身是宝，笃斯越橘是一种很有开发前途的珍贵野生浆果资源。

我国主要是采集野生越橘的浆果作为加工原料，其加工性能好，突出的表现在于安全性高,稳定性好,使其天然色素的利用具有特色。目前人们对天然色素的需求量越来越大,然而真正值得在食品加工中应用的天然色素并不多见。在我国饮料制品中也很少有深色,尤其是深红色的品种。笃斯越橘的天然色素不仅能满足人们的感官需求,无污染,符合卫生要求,而且制造的果酒、果汁不需添加任何色素,并能始终保持艳丽的色泽。笃斯越橘还专用于生产色素,尤其是利用现代超临界萃取技术提炼的萃取物,其花色苷含量大于30%,广泛应用于保健食品和保健药品领域。

(2) 笃斯越橘开发利用存在的问题

虽然笃斯越橘资源很丰富,但研究和利用中仍然存在不少问题,主要表现在笃斯越橘资源保护和利用水平还不高,笃斯越橘资源基本上处于自生自灭状态,无人管理,滥采现象普遍,资源破坏严重,甚至经常遭受火灾。

造成笃斯越橘资源下降的原因主要有如下几点:

1) 激烈的种间竞争是造成笃斯越橘资源下降的主要原因。笃斯越橘作为一种野生浆果,常常生长在满覆苔藓的沼泽地或湿润山坡及疏林下。通过对其生长环境的分析可以发现,笃斯越橘具有耐水湿、耐酸、喜光的生态学特性。恰恰由于具有上述生态学特性,使笃斯越橘能在其他树种难以生存的环境中得以正常的繁衍生息,并逐渐形成暂时相对稳定的笃斯越橘群落。但是,随着群落的不断发展,原来不适合其他植物种类生长的湿生环境逐渐向中生环境过渡。因此,在其生存环境得到改善的同时,也为先锋树种如杨(*Populus*)、桦(*Betula*)等的侵入与定居创造了条件。先锋树种的侵入,使原来并不激烈的种间竞争变为激烈的种间竞争。在与先锋树种的激烈竞争中,笃斯越橘赖以生存的阳光、水分、营养大部分被先锋树种夺走,因而导致笃斯越橘分布面积、分布频度的减少及单位面积产量的下降。笃斯越橘的单位面积产量随着先锋树种分布频度的增加而下降。由此说明,激烈的种间竞争是造成笃斯越橘资源下降的主要原因。

2) 传统的森林经营思想加速了笃斯越橘资源的下降。各林业生产经营单位如林场、营林区,由于长期受以林为主的传统经营思想的束缚,对笃斯越橘潜在的资源价值重视程度不够,因而在注重培育后备森林资源的同时忽视了对笃斯越橘资源的保护,甚至在不适于其他树种生长的笃斯群落内进行人工造林,使笃斯群落受到破坏,从而加速了笃斯资源的下降。

3) 不合理采收加剧了笃斯越橘资源质量下降。随着笃斯越橘果实的走俏,采摘破坏越来越严重,项目组王建中教授 1980 年读研究生期间,曾经到大兴安岭地区考察植物资源,当时大家采收笃斯越橘多采用手摘或小铁叉采摘,对资源破坏较轻,而目前,一些林区采用刀割、折枝、槽果等破坏性方式采收果实。如此采收,可导致笃斯越橘 3~4 年内的大幅度减产,甚至造成毁灭性破坏。

4) 开荒种地和不合理的利用方式也是不容忽视的原因。一些人为眼前利益,不惜破坏笃斯资源进行开荒种地、种菜,毁掉了一部分笃斯资源。另一方面,受只有乔木才算林木错误思想的束缚,一些林区将笃斯群落毁掉,改种乔木林木,由于笃斯群落内的土壤冷、凉、黏、酸,不宜种植农作物和其他树种,其结果是既破坏了笃斯越橘资源,又未达到预期的目的。

5) 资源保鲜与储运技术落后。笃斯越橘的果实，除当地居民食用一部分外，绝大多数只能作为原果销售。由于笃斯越果实属于浆果，果皮很薄，很难保鲜或储运，因此经济效益并不高。只有很少一部分用来深加工。例如，大兴安岭的越橘属植物资源非常丰富，生产量约为1.1万t。但是目前开发利用的仅是其中很少的一部分，年收购量最高年份为3 300 t，占可采集量的30%左右。

（3）资源保护与开发利用建议

笃斯越橘具有极高的资源价值，对其资源进行保护和合理开发利用，必将获得较高的经济效益，同时将产生良好的社会效益和生态效益。因此，必须采取相应措施保护与恢复笃斯越橘资源，促进其资源的开发利用。

1) 加强笃斯越橘资保护。虽然笃斯越橘资源很丰富，但目前的保护、利用水平还不高，笃斯越橘资源基本上处于自生自灭状态，无人管理，滥采现象普遍，资源破坏严重，甚至经常遭受火灾。建议对笃斯越橘资源加强保护，制定发展规划，划定轮采区域，限定采果量，禁止野蛮采摘，并有组织、有计划地组织林场职工科学采摘。

2) 尽快建立良株举报制度，选育优良品种。大兴安岭地区具有丰富的笃斯越橘资源，各林场采摘笃斯越橘的人员、地点也比较固定，采摘人员对当地越橘良株或优良群落了如指掌。建立良种选育群众举报奖励制度，充分发挥知情居民的作用，对于快速选育笃斯越橘优良单株，进一步选育优良品种至关重要。

3) 建立大兴安岭野生越橘种质资源圃。收集大兴安岭地区不同种类、不同产地、不同群落下的越橘种质资源，建立野生越橘种质资源圃，保护珍贵的大自然遗产。

4) 加强深加工技术研究。过去对笃斯越橘的利用不够深入，除当地居民食用一部分外，绝大多数只能作为原果销售，经济价值不高。可通过笃斯越橘开发利用价值的宣传，使生产经营部门和广大群众提高认识，转变经营思想，有意识地对现有笃斯越橘资源加以保护与恢复。如果能进行笃斯越橘的深加工，开发出高附加值的产品，笃斯越橘的经济价值将会成倍提高，能激发生产经营部门发展笃斯越橘生产的积极性。

5) 充分认识笃斯越橘资价值。不能只重视木材资源而忽视其他资源，应该重新认识笃斯越橘资源的价值，挖掘潜力，综合开发，力求在小笃斯身上做出大文章，使这种得天独厚的资源永远为人类造福。

6) 加大笃斯越橘资繁殖力度。大岭林场笃斯越橘资源分布很广，但是密度不大，单位面积产量不高，增产潜力巨大。可采用人为干预法，减少笃斯越橘群落内的乔木树种的分布数量，以缓解竞争的激烈程度，给笃斯越橘群落创造良好的生存环境，使其正常生长发育，稳产高产；提高笃斯越枯的分布频度，分布数量通过对笃斯越橘采取"平茬、断根、压条"等措施，可有效地提高笃斯越橘的植株数量。一般春季或秋季进行平茬、断根、压条后，一年后植株数量可提高3~5倍。作为果实载体的植株，其数量的提高，必然会增加其分布频度和果实产量。有计划地进行人工繁殖，以扩大其资源分布面积。笃斯越橘的主要繁殖方式为种子繁殖和根茎繁殖,因此,可在适于发展笃斯越橘生产的沼泽化湿地采取播种、埋根等方式进行人工繁殖,扩大其资源分布面积。

7)提高对笃斯越橘生态价值的认识。笃斯越橘作为一种经济植物,其价值不仅仅体现在经济上,更重要地体现在其生态价值方面。由于笃斯越橘多分布于江河的上游,甚至是江河的源头,对涵养水源、防止水土流失意义重大。所以,应该加强对其生境的保护,以确保其最大限度地发挥生态效益。

参考文献

[1] 程广有,刁淑清. 笃斯越橘硬枝扦插技术研究[J]. 吉林林学院学报,1999(3):163-165.
[2] 崔红. 笃斯越橘的经济价值及其集约经营措施[J]. 特种经济动植物,2007(7):46-47.
[3] 董怡,林松毅,刘艳丰,等. RP-HPLC法优化笃斯越橘花青素提取、纯化技术研究[J]. 食品科学,2008(10):349-352.
[4] 杜延如,李淑贤,姚忠文. 笃斯越橘(*Vaccinium uliginosum* L.)的营养学研究[J]. 哈尔滨师范大学学报:自然科学版,1993(3):25-26.
[5] 耿星河,苏亚拉图,敖日格尔,等. 笃斯越橘阴干果实的营养成分及其食用价值分析[J]. 内蒙古师范大学学报(自然科学汉文版),2006(2):223-225.
[6] 郝瑞. 长白山笃斯越橘的调查研究[J]. 园艺学报,1979(2):87-93.
[7] 李明瑾,林松毅,王二雷,等. 笃斯越橘笃斯越橘花青素的分离纯化研究[J]. 食品科学,2007(11):139-141.
[8] 李守忠,张殿文,程德江. 笃斯越橘天然林的经营管理[J]. 中国林副特产,1997(1):32.
[9] 李先平,孙景芳,张殿文,等. 笃斯越橘资源下降的原因及恢复途径[J]. 北方园艺,1995(6):27-28.
[10] 李亚东,郝瑞,曲路平,等. 笃斯越橘矿质营养特性研究[J]. 吉林农业大学学报,1990(1):24-28.
[11] 李亚东,曲路平,郝瑞. 笃斯越橘叶片中矿质营养年周期变化规律的研究[J]. 园艺学报,1990(3):185-190.
[12] 刘静波,林松毅,王作昭,等. 笃斯越橘叶片黄酮类化合物分离组分Ⅰ结构鉴定[J]. 食品科学,2007(9):89-91.
[13] 刘璇,林松毅,王二雷,等. 长白山笃斯越橘叶片中多酚类化合物提取技术研究[J]. 食品科学,2007(11):249-252.
[14] 刘艳丰,林松毅,刘静波,等. 超声波辅助提取笃斯越橘叶片多糖的研究[J]. 食品科学,2007(10):290-293.
[15] 刘永富,陈建军,吴俊遥,等. 笃斯越橘组培繁殖育苗技术研究初报[J]. 吉林林业科技,2008(4):40-43.
[16] 陆琳. 大兴安岭的野生笃斯越橘[J]. 北方果树,2004(5):42.
[17] 罗旭,朴善阳,陈汉江,等. 笃斯越橘的扦插技术研究[J]. 林业科技,2006(3):8-10.
[18] 罗旭,朴善阳. 笃斯越橘人工培育技术研究[J]. 中国林副特产,2006(2):28-30.

[19] 罗旭，张海峰，李华. 笃斯越橘嫩枝扦插繁殖技术[J]. 林业科技，2005（2）：6-8.

[20] 罗旭，张海峰，李华. 笃斯越橘硬枝扦插繁殖技术研究[J]. 中国林副特产，2005（2）：13-14.

[21] 马福龙，赵龙起，王惠德，等. 野生笃斯越橘人工改良培育及优良品种拟自然状态栽培丰产途径[J]. 林业勘查设计，2003（3）：52-53.

[22] 马俊莹，张悦. 笃斯越橘新变种[J]. 植物研究，2002（1）：8.

[23] 孟宪军，王晓川，李颖畅. 笃斯越橘叶中黄酮类化合物提取技术的实验研究[J]. 食品工业科技，2008（1）：199-201.

[24] 石文娟，林松毅，刘静波，等. 利用纤维素酶提取笃斯越橘花青素的研究[J]. 食品科学，2007（11）：370-373.

[25] 孙元发. 黑河市大岭林场笃斯越橘资源调查[J]. 中国林副特产，2004（4）：42-43.

[26] 陶利，苗成祥，商永亮，等. 笃斯越橘原生地土壤和植被调查[J]. 黑龙生态工程职业学院学报，2007（1）：31-32.

[27] 王二雷，林松毅，刘静波，等. 笃斯越橘中花青素含量分析[J]. 食品科学，2007（10）：460-463.

[28] 王洪学，王砚革，叶林，等. 笃斯越橘集约经营技术的研究[J]. 林业实用技术，1993（1）：14-16.

[29] 王向宏，刘荣，许波，等. 笃斯越橘果汁果肉型饮料加工工艺[J]. 国土与自然资源研究，1994（2）：40-41.

[30] 王向宏，刘荣，许波，等. 笃斯越橘果汁果肉型饮料营养评价[J]. 国土与自然资源研究，1995（1）：43-45.

[31] 王作昭，林松毅，刘静波，等. 长白山笃斯越橘黄酮类化合物含量测定的方法研究[J]. 食品科学，2007（10）：455-458.

[32] 文连奎，都凤华，张金波. 笃斯越橘果汁饮料的研制[J]. 农产品加工（学刊），2005（Z2）：143-145.

[33] 文连奎，姜明珠，任小丽，等. 笃斯越橘果粒果汁饮料加工工艺[J]. 饮料工业，2006（3）：31-33.

[34] 杨桂霞，范海林，郑毅男，等. 笃斯越橘果实中黄酮类化合物的分离鉴定[J]. 吉林农业大学学报，2005（6）：643-644，648.

[35] 张海军，李献光，赵泽民. 笃斯越橘播种育苗技术[J]. 特种经济动植物，2005（10）：32.

[36] 张巍，林松毅，刘静波，等. 笃斯越橘叶片多糖提取工艺的优化研究[J]. 食品科学，2007（10）：283-286.

[37] 张欣. 黑龙江省野生浆果资源——笃斯越橘[J]. 中国野生植物资源，1997（3）：29.

[38] 张兴茂，林松毅，刘静波，等. 长白山笃斯越橘果实原花青素浸提工艺的研究[J]. 食品科学，2007（11）：186-189.

[39] 张燕，林松毅，刘静波，等. 反相高效液相色谱法测定笃斯越橘叶片中槲皮素含量[J]. 食品科学，2007（11）：404-407.

[40] 张友民，王立军，胡国宣，等. 笃斯越橘茎次生维管组织的解剖学研究[J]. 吉林农业大学学报，1990（2）：23-25.

[41] 张友民，王立军，贾伟平，等. 笃斯越橘营养器官初生结构的解剖学研究[J]. 吉林农业大学学报，1993（3）：37-39.

[42] 周德本,王向宏,王永吉,等. 黑龙江省逊克县库尔滨自然保护区笃斯越橘资源调查[J]. 国土与自然资源研究,1993(1):78-80.

笃斯越橘(*Vaccinium uliginosum* L.)

25 柿树科 Ebenaceae

25.1 浙江柿 *Diospyros glaucifolia* 物种资源调查

25.1.1 浙江柿概述

（1）名称

浙江柿（*Diospyros glaucifolia* Metc.），别名粉叶柿，是柿树科（Ebenaceae）柿属（*Diospyros* L.）植物。柿属植物全世界约有190种，主要分布在热带、亚热带。

（2）形态特征

落叶乔木，高达17 m，胸高直径达50 cm；树皮黑色或灰褐色；枝深褐色或黑褐色，散生纵裂的唇形小皮孔；冬芽卵形，长4～5 mm，除两片最外面的鳞片外，其余均密被黄褐色绢毛。单叶互生，叶革质，宽椭圆形、卵形或卵状披针形，长7.5～17.5 cm，宽3.5～7.5 cm，先端急尖，基部圆形、截形、浅心形或钝，上面深绿色，无毛，下面粉绿色，无毛或疏生贴伏柔毛；叶上面中脉凹下，下面明显凸起，侧脉每边7～9条，上面不甚明显，下面稍突起，小脉结成不规则的网状，上面微凹下，下面常不明显；叶柄长1.5～2.5 cm，无毛，上面有槽。花雌雄异株；雄花集成聚伞花序，通常有花3朵，被短硬毛；花萼4浅裂，外面有短伏硬毛，里面有绢毛，裂片宽三角形，长约1.5 mm，宽约2 mm，先端急尖；花冠壶形，4浅裂，裂片近圆形，长约2 mm，先端圆，有短硬毛；雄蕊16枚，每2枚连生成对，腹面1枚的花丝较短，花药近长圆形，长约4 mm，腹背两面中央都有绢毛，先端渐尖；退化子房细小；花梗纤细，长约1 mm，有短硬毛；雌花单生或2～3朵丛生，腋生，长约7 mm；花萼4浅裂，裂片三角形，长约1.5 mm，疏生柔毛，先端急尖，花冠带黄色，壶形，4裂，花冠管长约5 mm，裂片长1.5 mm，有睫毛；子房8室；花柱4深裂，柱头2浅裂；近无花梗。浆果，球形或扁球形，直径1.5～2（3）cm，嫩时绿色，后变黄色至橙黄色，熟时红色，被白霜；种子近长圆形，长约1.2 cm，宽约8 mm，侧扁，淡褐色，略有光泽；宿存萼花后增大，裂片长5～8 mm，两侧略背卷；果柄极短，长2～3 mm，有硬短毛。花期4—5月，果期9—10月。

产于浙江、江苏、安徽、福建、江西等地；生长于山坡、山谷混交疏林或密林中，或生长于山谷涧畔。

本种可用作栽培柿树的砧木。未熟果可提取柿漆，用途和柿树相同。果蒂亦入药。木材可作家具等用材。

本种近似君迁子（*Diospyros lotus* Linn.），但叶片较大，叶基部圆形、截形或浅心形，叶柄远较长，长达 1.5～2.5 cm，果嫩时绿色至橙黄色，熟时红色，不为蓝黑色，冬芽先端钝，除外面 2 片鳞片外，密被黄褐色绢毛。

（3）浙江柿分布与习性

浙江柿主要分布在浙江、江苏、安徽、江西、福建、湖南等省。本种为喜光树种，生长快速，适生于阳光充足、空气湿度大、稳风、土层深厚、质地疏松、肥沃、湿润的山坡中下部和沟谷两侧的酸性土壤。天然生长常与枫香（*Liquidambar formosana*）、檫树（*Sassafras tzumu*）、茅栗（*Castanea seguinii*）、黄山松（*Pinus taiwanensis*）等混生。适应性强，喜光，耐干旱瘠薄，在海拔 950 m 以下立地条件较好的地方生长很快，树干通直。在丘陵、平原地区也生长很好。江西萍乡市林科所在城郊低丘土层深厚、坡度 8°的荒地上造林生长很好，2 年生树高达 2.5 m。这对丘陵、荒山发展短轮伐期工业原料林具有重要的价值，潜力巨大。

（4）浙江柿价值综述

浙江柿是一种生长中速的用材树种。材色淡黄，木材横断面生长轮欠明晰，心边材区别不明显。纹理直，结构细密，质地坚韧，干燥时宜缓慢进行，以免开裂；加工容易，刨削面光滑，并具光泽，色纹美观。木材可供细木工用如镶嵌、美术工艺用材等。

果蒂含鞣质 36.68%，可提制栲胶。果实可提制柿油（柿漆），是一种良好的胶黏剂，能耐湿、防腐，可用于鞣染鱼网，涂制雨伞与配制油墨等。果实经后熟处理可食或制作柿干食用，也可以酿酒。

柿叶可入药，味涩，性平。归心、肝、肺经。主要功能是止血。主治血小板减少性紫癜，功能性子宫出血，单纯性月经过多，肺结核咯血，溃疡病出血。安徽大别山区民间亦有用浙江柿叶制作代用茶的习惯。

柿蒂入药，味苦，性温。归胃经。温中下气。主治胃寒呃逆，噫气。

25.1.2 浙江柿调查

2009 年 7 月，北京林业大学野生果树项目组专程到安徽大别山区开展野生果树资源调查，浙江柿是调查对象之一。

（1）生境调查

在安徽大别山区，浙江柿比较常见，主要分布于针阔叶混交林、阔叶混交林之疏林、林缘、沟谷、坡脚、路旁等。分布海拔 300～1 350 m。

浙江柿属于阳性喜光树种，在郁闭度较高的林分中，可见浙江柿成年树分布，而林下更新苗较少；在郁闭度相对较小的山坡疏林中，则幼株分布较多。在安徽大别山区，浙江柿成年树多散生在山坡或沟谷阴湿处，林下幼株更新较差，而在透光性较好的山坡、溪边多有幼株生长。

阳性树种，喜温暖亦耐寒，年平均气温在9℃以上，绝对低温在-20℃以内均能适应。耐干旱力较强，对土壤要求不严，酸性、中性、石灰性土壤均能生长，而以排水良好，富含有机质的壤土或黏壤土最适宜，但不喜沙质土。浙江柿根系发达，萌芽力强，寿命较长。

（2）群落调查

在安徽大别山区，浙江柿垂直分布于海拔1350 m以下，散生在山谷、山坡坡脚及溪沟两边的阔叶林内，多与其他树种伴生，偶尔形成优势小群落，经常见于短柄枹栎（*Quercus glandullfera* var. *brevipetiolata*）林、小叶青冈（*Cyclobalanopsis gracilis*）-短柄枹栎林、小叶青冈-茅栗（*Castanea seguinii*）林、槲栎（*Quercus aliena*）-栓皮栎（*Quercus variabilis*）林、栓皮栎林、化香树林、茅栗林、槲栎林、黄山松（*Pinus taiwanensis*）林、枫杨（*Pterocarya stenoptera*）林及上述两种以上共建的群落。

有浙江柿分布的林分多数为疏林，乔木群落总盖度一般在45%～60%，常见伴生灌木种类有檵木（*Loropetalum chinensis*）、乌饭树（*Vaccinium actearum*）、野鸦椿（*Euscaphis japonica*）、胡颓子（*Elaeagnus pungens*）、白檀（*Symplocos paniculata*）、苦枥木（*Fraxinus insularis*）、金樱子（*Rosa laevigata*）等及木兰属（*Indigofera*）植物。

浙江柿种群大小及结构在不同群落类型间的差异，主要由其本身的生物学特性引起，作为阳性树种，透光率相对较高的林分更易于其后代的繁殖更新。一般而言，林内生长的浙江柿多为中老年树，林下基本见不到幼苗或幼树，而在光照相对较好的坡脚、沟旁或路旁，可见浙江柿更新幼树。

（3）利用调查

浙江柿属于硬杂木，过去利用较少，但近10余年来，随着对浙江柿资源价值认识的提高，浙江柿利用的越来越多，大别山区利用浙江柿主要集中在如下三个方面：

1）用作砧木：浙江柿适应性较强，又适应石灰岩山区土壤，而石灰岩山区是我国发展栽培柿树的主要生境区。作为嫁接甜柿的砧木，浙江柿显现出取材方便、繁殖容易、嫁接成活率高、抗性较强等优点。

2）用作园林绿化：浙江柿枝繁叶茂，广展如伞，秋天红叶胜似火，满树黄果灿如金，是观树、观叶、观果俱佳的树种，已经逐步在园林中得到应用，可孤植、群植，也可与常绿乔木灌木混合种植。

3）装饰用材：浙江柿材质坚硬，木材黄褐色，纹理斜而美观，表面光滑，耐腐，强度大，韧性强。随着装饰装修风气的盛行，特殊的木材纹理和颜色使其在家装贴面胶合板市场越来越受消费者青睐，一些企业到浙江柿主产区到处收集木材，对资源形成一定压力。

25.1.3 浙江柿保护与利用建议

1）加强生物学特性调查研究，特别是林下天然更新研究。

2）加强利用与更新研究，特别是不同立地条件，不同林分条件下的更新方式、采伐方式等；

  3）加强资源保护宣传，建立自然保护小区，禁止乱砍滥伐；

  4）加强种质资源研究，建立种质资源圃和种子园、母树林。

参考文献

[1] 缪松林，王元裕，赵安祥，等. 浙江柿的品种资源及利用发展的初步意见[J]. 浙江农业科学，1984（8）：157-159.

[2] 邵文豪，李皓，刘军，等. 西天目山浙江柿群落特征研究[J]. 江西农业大学学报，2009（2）：258-262.

[3] 李胜. 浙江柿大树移栽技术要点[J]. 安徽林业，2008（6）：46.

[4] 中国科学院中国植物志编辑委员会. 中国植物志[M]. 北京：科学出版社，1987.

[5] 潜伟平，刘江华，刘小燕，等. 浙江柿材积、胸径生长灰色预测[J]. 林业实用技术，2008（3）：11-12.

浙江柿（*Diospyros glaucifolia* Metc.）

25.2 野柿 Diospyros kaki var. silvestris 物种资源调查

25.2.1 野柿概述

(1) 学名

野柿（*Diospyros kaki* Thunb. var. *silvestris* Makino），又称山柿、油柿（四川），属柿树科（Ebenaceae）柿树属（*Diospyros* L.）植物。

(2) 形态特征

落叶大乔木，通常高达 10～14 m，胸高直径达 65 cm；树皮深灰色至灰黑色，或者黄灰褐色至褐色，沟纹较密，裂成长方块状；树冠球形或长圆球形，老树冠直径达 10～13 m，有达 18 m 的。枝带绿色至褐色，无毛，散生纵裂的长圆形或狭长圆形皮孔；嫩枝初时有棱，密被黄褐色柔毛。冬芽小，卵形，长 2～3 mm，先端钝。叶纸质，卵状椭圆形至倒卵形或近圆形，通常较大，长 5～10 cm，宽 2.8～6 cm，先端渐尖或钝，基部楔形，钝，圆形或近截形，很少为心形，新叶疏生柔毛，老叶上面有光泽，深绿色，无毛，下面灰褐色柔毛，中脉在上面凹下，有微柔毛，在下面凸起，侧脉每边 5～7 条，上面平坦或稍凹下，下面略凸起，下部的脉较长，上部的较短，向上斜生，稍弯，将近叶缘网结，小脉纤细，在上面平坦或微凹下，连接成小网状；叶柄长 8～15 mm，常密被黄褐色柔毛，上面有浅槽。花雌雄异株，但间或有雄株中有少数雌花，雌株中有少数雄花的，花序腋生，为聚伞花序；雄花序小，长 1～1.5 cm，弯垂，有短柔毛或绒毛，有花 3～5 朵，通常有花 3 朵；总花梗长约 5 mm，有微小苞片；雄花小，长 5～10 mm；花萼钟状，两面有毛，深 4 裂，裂片卵形，长约 3 mm，有睫毛；花冠钟状，不长过花萼的两倍，黄白色，外面或两面有毛，长约 9 mm，4 裂，裂片卵形或心形，开展，两面有绢毛或外面脊上有长伏柔毛，里面近无毛，先端钝，雄蕊 16～24 枚，着生在花冠管的基部，连生成对，腹面 1 枚较短，花丝短，先端有柔毛，花药椭圆状长圆形，顶端渐尖，药隔背部有柔毛，退化子房微小；花梗长约 3 mm。雌花单生叶腋，长约 2 cm，花萼绿色，有光泽，直径约 3 cm 或更大，深 4 裂，萼管近球状钟形，肉质，长约 5 mm，直径 7～10 mm，外面密生伏柔毛，里面有绢毛，裂片开展，阔卵形或半圆形，有脉，长约 1.5 cm，两面疏生伏柔毛或近无毛，先端钝或急尖，两端略向背后弯卷；花冠淡黄白色或黄白色而带紫红色，壶形或近钟形，较花萼短小，长和直径各 1.2～1.5 cm，4 裂，花冠管近四棱形，直径 6～10 mm，裂片阔卵形，长 5～10 mm，宽 4～8 mm，上部向外弯曲；退化雄蕊 8 枚，生花冠管的基部，带白色，有长柔毛；子房近扁球形，直径约 6 mm，多少具 4 棱，无毛或有短柔毛，8 室，每室有胚珠 1 颗；花柱 4 深裂，柱头 2 浅裂，花梗长 6～20 mm，密生短柔毛。果扁球形，直径 2～5 cm，基部通常有棱，嫩时绿色，后变黄色，橙黄色，有种子数颗；种子褐色，椭圆状，长约 1.5 cm，宽约 0.8 cm，侧扁；宿存萼在花后增大增厚，宽 2～3 cm，4 裂，方形或近圆形，近扁平，厚革质或干时近木质，外面有伏柔毛，后变无毛，里面密被棕色绢毛，裂片革质，宽1.5～2 cm，长1～1.5 cm，两面无毛；果柄粗壮，长6～12 mm。花期5—6月，果期9—10月。

25.2.2 野柿分布及资源价值

（1）野柿的分布

野柿产于我国中部、云南、广东、广西北部、江西、福建等省区的山区；生长于山地自然林或次生林中，或在山坡灌丛中，垂直分布约达1 600 m。

（2）野柿的资源价值

野柿是目前世界上栽培家柿的亲本种之一，不仅可以直接利用，更是我国柿树育种不可或缺的资源，每一个居群、每一个类型、每一片基因都是大自然留给我们的宝贵财富。

野柿果实可提取柿漆（又名柿油或柿涩），用于涂鱼网、雨具，填补船缝和作建筑材料的防腐剂等。在医药上，柿子能止血润便，缓和痔疾肿痛，降血压。柿饼可以润脾补胃，润肺止血。柿霜饼和柿霜能润肺生津，祛痰镇咳，压胃热，解酒，疗口疮。柿蒂下气止呃，治呃逆和夜尿症。柿树木材的边材含量大，收缩大，干燥困难，耐腐性不很强，但致密质硬，强度大，韧性强，施工不很困难，表面光滑，耐磨损，可作纺织木梭、线轴，又可作家具、箱盒、装饰用材和小用具、提琴的指板和弦轴等。在绿化方面，柿树寿命长，可达300年以上，叶大阴浓，秋末冬初，霜叶染成红色，冬月，落叶后，柿实殷红不落，一树满挂累累红果，增添优美景色，是优良的风景树。

25.2.3 野柿调查

（1）生境调查

云南野柿生长于低海拔200～1 600 m的热带密林中。伴生植物主要有西南桦（*Betula alnoides*）、毛叶青冈（*Cyclobalanopsis kerrii*）、硬斗石栎（*Lithocarpus hancei*）、母猪果（*Helicia nilagirica*）、买麻藤（*Gnetum montanum*）、扁担杆（*Grewia biloba*）、地桃花（*Urena lobata*）、饿蚂蝗（*Desmodium multiflorum*）、棕叶芦（*Thysanolaena maxima*）、大叶斑鸠菊（*Vernonia volkameriifolia*）等。

（2）资源利用调查

1）制作柿子酒：云南少数民族经常利用野柿果实柿子酒；其工艺流程大致为：鲜柿子—脱涩—破碎浆化—灭菌—控温发酵—压酒—陈酿—澄清处理。

2）制备柿叶膏：云南民间用柿叶加工柿叶膏，其配方为：柿叶1 kg，蔗糖1.5 kg，乙醇（食品级）适量，经煎液→浓缩→加糖→制粒→干燥→包装。加工成的柿叶膏饮用方便，具有止咳祛痰、活血降压的功效，是一种优良的保健食品。

3）制作柿叶茶：柿叶中含有丰富的营养物质和功效成分，具有抗菌消炎、生津止渴、清热解毒、润肺强心、镇咳止血、抗癌防癌等多种保健功能，而且柿叶产品食用安全无毒。

25.2.4 野柿的生存现状与保护对策建议

（1）生存现状

由于野柿的经济价值较高，容易遭到采摘和破坏，采摘时对植株损害严重，对野柿的正常生长发育带来危害。另外，由于经济的发展和人口的增加，天然植被日益减少，野柿的生境也日益恶化，自然种群数量和分布面积日益减少。

（2）野柿的保护建议

针对以上原因，为加强对野柿资源的保护，提出如下建议。

1）在野柿资源集中的区域建立自然保护区、保护点，对野柿资源进行有效的保护，并保护好野柿的生境。

2）开展野柿遗传种质资源清查工作，从种群生态系统、物种与类型、基因多样性方面开展全方位研究，切实认识、保护、利用好大自然留给我们宝贵的遗传种质资源。

3）开展以野柿种质资源利用为主的育种工作。

参考文献

[1] 蔡健，宋华，徐良，等. 柿子资源开发利用[J]. 食品研究与开发，2005，6：115-117.

[2] 陈光，徐绥绪. 柿属植物化学成分及药理活性研究进展[J]. 沈阳药科大学学报，2001，18（1）：69-73.

[3] 扈惠灵，曹永庆，李壮，等. 柿生殖生物学研究评述[J]. 中国农业科学，2006，39（12）：2557-2562.

[4] 林娇芬，林河通，陈绍军，等. 柿叶的开发与利用[J]. 现代食品科技，2005，21（2）：199-201.

[5] 马丽. 柿树产品的开发利用[J]. 林产化工通讯，2004，38（3）：38-40.

[6] 王华瑞，冷平，赵桂芳，等. 柿果贮藏保鲜研究进展[J]. 果树学报，2004，21（2）：164-166.

[7] 杨勇，阮小凤，王仁梓，等. 柿种质资源及育种研究进展[J]. 西北林学院学报，2005，20（2）：133-137.

[8] 张桂霞，阎国荣，王文江. 柿果实成熟软化机理研究进展[J]. 天津农学院学报，2004，11（2）：48-50.

野柿植株

野柿结果枝

野柿成熟果实　　　　　　　　　　　　野柿结果枝

野柿（*Diospyros kaki* Thunb. var. *silvestris* Makino）

25.3 黑枣 *Diospyros lotus* 物种资源调查

25.3.1 黑枣概述

（1）名称

黑枣学名君迁子（*Diospyros lotus* L.），是柿树科（Ebenaceae）柿属（*Diospyros* L.）植物，别名软枣、牛奶柿（河北、河南、山东）、丁香柿、遵羊枣、红蓝枣、豆柿、小柿等。

（2）形态特征

落叶乔木，高可达 30 m，树皮灰黑色或灰褐色，深裂或不规则的厚块状剥落；小枝褐色或棕色，有纵裂的皮孔；嫩枝通常淡灰色，有时带紫色，平滑或有时有黄灰色短柔毛。叶近膜质，椭圆形至长椭圆形，长 6~12 cm，宽 3~6 cm，先端急尖或渐尖，基部钝，宽楔形以至近圆形，腹面深绿色，有光泽，背面灰色或苍白色，有柔毛，且在叶脉上较多，或无毛，叶腹面中脉平坦或下陷，有微柔毛，反面凸起。侧脉纤细，每边 7~10 条，正面稍下陷，反面略凸起。叶柄长 7~18 mm，。花单性，同株或异株；雄花较小，1~3 朵腋生，簇生，近无梗，长约 6 mm；花萼钟形，4 裂，偶有 5 裂，裂片卵形，先端急尖，内面有绢毛，边缘有睫毛；花冠壶形，带红色或淡黄色，长约 4 mm，无毛或近无毛，4 裂，裂片近圆形，边缘有睫毛；雄蕊 16 枚，每 2 枚连生成对，腹面 1 枚较短，无毛；花药披针形，长约 3 mm，先端渐尖；药隔两面部有长毛；子房退化；雌花较大，单生，几无梗，淡绿色或带红色；花萼 4 裂，深裂至中部，外面下部有伏粗毛，内面基部有棕色绢毛，裂片卵形，长约 4 mm，先端急尖，边缘有睫毛；花冠壶形，长约 6 mm，4 裂，偶有 5 裂，裂片近圆形，长约 3 mm，反曲；退化雄蕊 8 枚，着生花冠基部，长约 2 mm，有白色粗毛；子房除顶端外无毛，8 室；花柱 4，有时基部有白色长粗毛。果实近球形或椭圆形，直径 1~2 cm，初熟时为淡黄色，后变为蓝黑色，常被有白色薄蜡层，8 室；种子长圆形，长约 1 cm，宽约

6 mm，褐色，侧扁，背面较厚；宿存萼 4 裂，深裂至中部，裂片卵形，长约 6 mm，先端钝圆。萌芽期 3—4 月；花期 5—6 月；果实成熟期 10—11 月；落叶期 10—11 月（刘孟军，1998）。

（3）生物学特征

君迁子适应性强，侧根非常发达，萌发须根能力很强，极易形成庞大的根冠根系，垂直分布几乎与树高相等，水平分布可达树冠的 3 倍以上，保水固土能力较强。喜温暖的气候，但也比较耐寒；为阳性喜光树种，但能耐半阴，抗旱力较强；对地势与土壤要求不严，山地、平地或沙滩地均能生长。耐瘠薄的土壤，但以土层较为深厚、排水良好而能保持适当湿度的土壤较好；适于中性土壤，但亦能耐微酸性和微碱性的土壤；喜钙质土壤，特别适合河北乃至华北钙质土壤地区作为城市绿化树种，而且对 SO_2 有较强的耐性，是城市优良的抗污染树种。

（4）分布特性

黑枣产于山东、辽宁、河北、河南、山西、陕西、甘肃、江苏、浙江、安徽、江西、湖南、湖北、贵州、四川、云南及西藏等省（区）；生于海拔 500～2 300 m 的山地、山坡、山谷的灌丛中，或在林缘地带生长，是我国柿属植物中垂直分布最高和最耐寒的一种。除我国原产外，亚洲西部、小亚细亚、欧洲南部亦有分布，在地中海各国已经驯化（刘孟军，1998）。

25.3.2 黑枣研究现状

于观亭（1998）介绍了黑枣叶茶的加工方法及其叶的营养价值和开发利用前景，据测定黑枣叶茶的成品含水 5%～6%；单宁 8.97%；粗纤维 10.57%；氨基酸 0.22%；叶绿素 1.32%；黄酮类 2.73%，水溶性无机盐 3.83%；蛋白质 1144%；脂肪 3.76%；还原糖 16.7%；维生素 C 1 804 mg/100 g；维生素 E 142 mg/100 g。柳黄等（1989）研究了黑枣叶茶所含维生素 C 在人体内被利用的情况，认为每日饮用 5 g 茶浸泡液相当于纯维生素 C 60 mg 左右，基本上达到成年人的供给量水平，故黑枣叶茶是一种很好的天然维生素 C 来源。刘绍军（1996）探讨了黑枣果实加工果茶的工艺流程、原料配方和操作要点，所制果茶色泽黑褐色或黑色，口感细腻爽口，甜度适中，产品中具有黑枣香气，组织均匀细腻、稳定，开罐后无明显分层及沉淀，效果较理想。崔凤芝（1997）从黑枣果实中提取黄色素，对其理化性质进行研究，发现黑枣黄色素易溶于水、乙醇、丙酮等溶剂，属水溶性色素；对光、热较稳定，与 Fe^{3+}、Al^{3+}、Zn^{2+} 等常见金属离子无相互作用；氧化剂和还原剂均使色素吸光度降低，在 pH3～7 条件下显黄色，pH＞7 时深黄色。该色素原料易得，提取方法简单，具有较广阔的开发前景。

范玉田等（1997）采集君迁子种子在冀南干旱山地进行播种，提出了一整套播种育苗技术的方案。李献明等（2007）研究了无核黑枣在石灰岩山地的主要生物学特性和造林技术，为无核黑枣在荒山荒地营造经济林提供了科学依据。张庆（2003）从 1996 年开始利用野生君迁子嫁接柿树并获得成功，一般嫁接后第 2 年开始结果，第 3、第 4 年即可进入丰产期，株产鲜柿 20 kg 以上，经济效益较可观。谢启鑫等（2008）以君迁子叶片为外植体探讨了不定芽诱导再生植株的影响因素，成功地建立了君迁子的离体再生体系，可望获得具有某些特定性状的砧木植株，再利用组织培养技术进行无性繁殖，有望得到性状整齐的无性系砧木群体。

25.3.3 黑枣资源调查研究

（1）生境调查

华北地区的黑枣散见于低山丘陵地区，以阳坡、沟谷、河流阶地、坡脚最常见，分布区多位石灰岩山地，土壤多为褐土。

黑枣适应性较强，根系发达，抗旱、耐瘠薄。

（2）伴生物种调查

以太行山南段的河北涉县调查为例。黑枣多见于沟谷阶地和林缘、坡脚，经常与大果榆（*Ulmus macrocarpa*）、构树（*Broussonetia papyrifera*）、黑弹树（*Celtis bungeana*）、元宝枫（*Acer truncatum*）、栾树（*Koelreuteria paniculata*）、花曲柳（*Fraxinus chinensis* subsp. *rhynchophylla*）组成疏林。

伴生灌木有荆条（*Vitex negundo* var. *heterophylla*）、酸枣（*Ziziphus jujube* var. *spinosa*）、小叶鼠李（*Rhamnus parvifolia*）、扁担杆（*Grewia biloba*）、三裂绣线菊（*Spiraea trilobata*）、绒毛绣线菊（*Spiraea velutina*）等。

伴生常见草本主要有委陵菜（*Potentilla chinensis*）、蝇子草（*Silene gallica*）、龙芽草（*Agrimonia pilosa*）、蝙蝠葛（*Menispermum dauricum*）、野海茄（*Solanum japonense*）、堇菜（*Viola verecunda*）、茜草（*Rubia cordifolia*）等。

（3）涉县黑枣品种调查

河北涉县栽培黑枣历史较长，目前，黑枣品种主要有以下几种：

公软枣（雄株）：实生植株，干性强，一般高达 10 m 以上。主枝角度小，夹角一般在 30°以内，斜上里长，小枝轴长。只有雄花，花小，2~5 簇聚状着生叶腋，呈紫黄色，开花不结果，所以被称为公软枣树，是柿子或无核软枣的良好砧木，只要高接换头，2~3 年就能结果。

多核黑枣：实生或雄株高接而成。实生的干形较强，多数是多丰干，冠呈圆锥形。嫁接的干形较弱，主枝较开张，冠多呈圆头形或椭圆形。两性花，着生在叶腋，单生向下，花冠大，一般直径 0.9~0.95 cm。花瓣重叠乳黄色，向后卷曲一圈，花柱 3~4 个，子房小（0.35~0.4 cm），黄绿色，圆形，雄蕊散生，8~10 个长达花柱下部。果实棕褐色，稍有果粉，种子 6~10 个（多数 10 个），纤维多而细长。果实 10 月下旬成熟，果大，呈圆球形，纵径 2~2.1 cm，横径 1.8~2 cm，单果重 4.24 g。该品种品质好，耐贮藏，但种子数量多，果肉少，食用价值低。涉县主要用于繁殖苗木，改接优良品种。

无核黑枣：涉县无核黑枣种植面积 1 772 hm^2，约 120 万株，其中结果树 86 万株，2004 年、2005 年产量分别为 7 155 t、7 400 t，产值分别为 1 073.3 万元、1 480.0 万元。果实近球形或长椭圆形,平均单果重 2.4 g,最大单果重 3.3 g。果实纵径 2.1 cm,横径 2 cm;硬熟期果皮淡黄色,软熟期果皮黄褐色,晾晒后黑色。常温下果实可贮藏 200 d 左右。

牛奶枣:牛奶枣是无核类型之一,主要分布在固新镇。无性繁殖(芽接或枝接),幼树干性强,进入盛果期树姿开张,树高一般 5~7 m。树形为圆头形或自然半圆形,主干枝较稀,小枝稠密,呈羽状排列,于主、侧枝两侧。两性花,雄蕊退化,雌蕊发达。花冠大、直径 0.8~1.1 cm;花瓣乳黄间紫条,重叠排列,开张,子房黄绿,圆形,横径 0.38~0.4 cm。叶片梭形,叶背面有大量银白色的茸毛,叶缘由基部到叶尖全呈细波状。果实较大,11 月上旬成熟,纵径 2.18 cm,横径 1.76 cm,单果重 4.87 g。果粉多,果形椭圆、丰满,像牛奶头,故此得名牛奶黑枣。该枣多数无核,偶有 1~2 核,果肉纤维少,质地绵浆汁少,味道甘甜,经济价值高。该品种丰产、高产,是今后重点推广的优良品种。

葡萄黑枣:嫁接繁殖,嫁接后第二年开始结果,干型开张、圆头形或自然半圆形,小枝羽状排列。完全花,雌蕊发达,雄蕊完全退化(单性结实),子房比牛奶小,横径只 0.33 cm。叶片小,纺锤形,背面白色茸毛多,边缘细波状,先端尖、基部钝尖。果实小,纵径 1.91 cm,横径 1.60 cm,单果重 2.93 g,果粉较少。果实圆形、无核,纤维中等细长,含淀粉较多,11 月上旬成熟。该果品质中上等,是今后发展黑枣产业重点推广品种之一。

25.3.4 黑枣利用现状调查

在华北地区,黑枣成熟果实主要脱涩后鲜食或晒干后食用,又可作为制糖、酿酒、制醋的原料;果实含鞣质,民间入药,性味甘涩平,主治功用为止渴、去烦热、令人润泽。黑枣果实和叶片中含有丰富的维生素与矿物质元素,维生素 A、维生素 B、维生素 C 和钙、铁、镁、钾等,民间用于制茶。黑枣木材质硬,耐磨损,用于雕刻、小用具等,又因材色淡褐,纹理美丽,民间用作精美家具和文具原料。在北方地区,君迁子是优良甜柿品种的主要砧木。偶尔见到作为城市绿化树种或庭院观赏树种使用。

25.3.5 黑枣资源开发前景展望

黑枣作为一种野生果树,在我国分布范围很广,资源蕴含丰富,但目前尚未引起人们的广泛关注,对其研究和利用也很少。

近几年,河北涉县等地,由于柿疯病发生严重,使柿果产量和品质明显下降,而在病树反接优质无核黑枣,高接树不仅不表现症状,而且在生长、结果习性、物候期等方面与无核黑枣实生树一致,经济效益较好。在北方,君迁子主要作为优良柿树的砧木加以利用,其果实加工品很少,应加强黑枣食用、药用、保健功能研究。利用野生黑枣资源,进行杂交育种和良种选育工作,对天然优良变异植株加以研究、保护和利用对于推动黑枣产业发展十分有益。

参考文献

[1] 崔凤芝. 从黑枣果实中提取黄色素的研究[J]. 河北农业技术师范学院学报，1997，11（2）：40-43.

[2] 范玉田，赵树庭. 干旱山地君迁子播种造林技术[J]. 林业科技通讯，1997（11）：41.

[3] 李和顺，张廷录. 疯柿树高接黑枣技术的研究[J]. 山西果树，1999（1）：7-8.

[4] 李献明，崔利梅，李彦东，等. 无核黑枣快速育苗技术[J]. 林业实用技术，2007（5）：17-18.

[5] 李献明，杨华廷，崔利梅，等. 石灰岩山地无核黑枣造林技术[J]. 特种经济动植物，2007，10（8）：46-47.

[6] 刘绍军. 黑枣果茶的研制[J]. 农牧产品开发，1996（5）：10-11.

[7] 柳黄，艾华. 黑枣叶茶 VC 人体利用率的研究[J]. 山西医药杂志，1989，18（6）：324-326.

[8] 钱海荣，崔怀仙，申讲牛，等. 涉县黑枣品种调查[J]. 河北林业科技，2004（3）：32.

[9] 谢启鑫，黄美连，吴晓萍，等. 君迁子叶片培养再生植株的研究[J]. 中国农业科学，2008，41（2）：607-612.

[10] 杨华廷，李献明，崔利梅. 河北涉县无核黑枣生产概况[J]. 中国果树，2006（6）：51，61.

[11] 于观亭. 黑枣叶茶的加工及其营养[J]. 中国土特产，1998（5）：4-5.

[12] 张庆. 君迁子嫁接柿树及其丰产栽培[J]. 林业实用技术，2003（4）：36-37.

[13] 朱毅，弓慧. 沂蒙山区的优良无核黑枣[J]. 果农之友，2007（2）：10.

[14] 刘孟军. 中国野生果树[M]. 北京：中国农业出版社，1998.

黑枣（君迁子）（*Diospyros lotus* L.）

25.4 罗浮柿 *Diospyros morrisiana* 物种资源调查

25.4.1 罗浮柿概述

（1）名称

罗浮柿（*Diospyros morrisiana* Hance），为柿树科（Ebenaceae）柿属（*Diospyros*）植物，别名猴子公、山红柿、山柿、小柿子、野柿子、野柿花、野柿果、山樨树、牛古柿、乌蛇木、猴鬼子等。

（2）形态特征

灌木或小乔木，高可达 20 m，胸径可达 30 cm；树皮表面黑色并呈片状剥落，小枝光滑无毛，芽、花序和嫩梢有毛。叶革质，长椭圆形或卵状披针形，长 1~10 cm，宽 2.5~4 cm，顶端钝或渐尖，上面光滑无毛，下面沿中脉有微柔毛，中脉和侧脉在叶上面下陷，在下面隆起；叶柄长 8~10 mm。花腋生，2~5 朵成簇，雄花有长 3~4 mm 的花梗；花萼 4 裂，裂片三角形，两面被毛或光滑；花冠 4 裂，光滑；雄蕊 16，花丝多少被微柔毛。果实球形，直径约 1.5 cm，浅黄色；种子压扁，栗褐色。花期 5~6 月，果期 11—12 月。

（3）地理分布

广布于广东、广西、浙江、福建和台湾，生长于海拔 1 100~1 450 m 的山坡、山谷疏林下及混交林、灌丛旁，或者溪旁、水边等处。

25.4.2 物种调查

（1）广东调查

罗浮柿的热带性质相对较强，在纬度较低的广东地区分布数量较多，常与红锥（*Castanopsis hystrix*）、苦槠（*Castanopsis sclerophylla*）、罗浮栲（*Castanopsis fabric*）、小红栲（*Castanopsis carlesii*）、青栲（*Cyclobalanopsis glauca*）、石栎（*Lithocarpus glabra*）、

红楠（*Machilus thunbergii*）、黑桥（*Eurya macartneyi*）、紫果冬青（*Ilex tsoii*）、丝线吊芙蓉（*Rhododendron westlandii*）、拟赤杨（*Alniphyllum fortunei*）、山乌桕（*Sapium discolor*）、深山含笑（*Michelia maudiae*）、鼠刺（*Itea chinensis*）等混生。

（2）广西地区

调查发现，相对偏北的广西地区罗浮柿分布数量较少。多生长于海拔 1 100～1 450 m 的山坡、山谷疏林下及混交林、灌丛旁，或者溪旁、水边等处。主要伴生植物：苦槠（*Castanopsis sclerophylla*）、栲（*Castanopsis fargesii*）、水青冈（*Fagus lucida*）、建润楠（*Machilus oreophila*）、华润楠（*Machilus chinensis*）、黑桥（*Eurya macartneyi*）、短柱桥（*Eurya brevistla*）、缺萼枫香（*Liquidam baracalycina*）等。

25.4.3 资源价值及开发利用

未成熟果实可以提取柿漆，木材制家具。罗浮柿茎皮、叶和果实均可入药，有消炎解毒，收敛之效；鲜叶煎水解食物中毒；绿果熬成膏，晒干研粉撒敷治水火烫伤；树皮煎水治腹泻、赤白痢疾；未成熟果实可提制柿漆作防水布和雨具涂料。

25.4.4 保护与利用建议

加强物种保护宣传教育，提高群众的生物多样性保护意识，并积极投入生态环境和生物物种保护。把大自然已经筛选出来的具有良好性状的植株选拔出来，同时，发动群众，把民间自选的优良株系收集保存起来，保证高产。针对罗浮柿资源产业开发的现状和存在的问题，为确保资源合理的综合开发应用，应在以下几个方面给予重视：

1）开发资源，合理地规划资源开发力度，避免一次性掠夺式的破坏性开发。使罗浮柿的资源总量在动态平衡中增长，实现资源的可持续发展。

2）作为一种优良的野生果树资源，应当摸清家底，筛选出具有竞争力的优良品系，做好优质种源选育工作。

3）针对产业发展，罗浮柿资源的综合开发是产业结构调整的优良途径，是实施新农村建设开展一村一品工程的优选项目。政府可以合理规划正确引导，变零散种植为集中经营，通过科研单位和企业的通力合作，形成种植、生产、加工、销售产业链，增加市场竞争力。

4）在现有系列产品的开发上加大研究力度，开发出更多更好的产品来满足人们对于生态型野生果品的需求。

参考文献

[1] 陈章和，陈惠琴，刘惠琼，等. 南亚热带常绿阔叶林几个树种的种子萌发和幼苗发育[J]. 植物学报，1995（8）：630-635.

[2] 符国瑗，冯绍信. 海南五指山森林的垂直分布及其特征[J]. 广西植物，1995（1）：57-69.

[3] 黄久香, 王通, 庄雪影. 广东增城主要森林群落优势种群的生态位研究[J]. 华南农业大学学报（自然科学版）, 2003（4）: 52-59.

[4] 缪绅裕, 王厚麟, 陈桂珠, 等. 粤北六地森林群落的比较研究[J]. 武汉植物学研究, 2009（1）: 62-69.

[5] 欧祖兰, 李先琨, 苏宗明, 等. 桂林漓江流域马尾松林演替动态. 福建林学院学报, 2005（4）: 373-378.

[6] 冉春燕, 陶建平, 宋利霞. 亚热带常绿阔叶林几种乔木种子萌发特性研究[J]. 西南农业大学学报, 2005（6）: 753-756.

[7] 苏志尧, 吴大荣, 陈北光. 粤北天然林优势种群生态位研究[J]. 应用生态学报, 2003（1）: 25-29.

[8] 许涵, 黄久香, 唐光大, 等. 南昆山观光木所在群落优势树种的种间联结性[J]. 华南农业大学学报, 2008（1）: 57-62.

[9] 尹爱国, 叶潘森. 信宜天马山优势种群的静态生命表及存活曲线[J]. 茂名学院学报, 2008（3）: 26-29.

[10] 张德明, 陈章和, 陈兆平. 南亚热带森林几种乔木种子萌发和幼苗生长观察[J]. 热带亚热带植物学报, 1996（2）: 31-39.

[11] 张德明, 陈章和. 不同光强下几种南亚热带森林乔木的种子萌发和幼苗生长观察[J]. 生态科学, 1996（2）: 6-12.

[12] 周先叶, 王伯荪, 李鸣光, 等. 黑石顶自然保护区森林次生演替中优势种群与生态因子的关联度分析[J]. 热带亚热带植物学报, 1999（4）: 267-272.

罗浮柿（*Diospyros morrisiana* Hance）

26 茄科 Solanaceae

26.1 宁夏枸杞 *Lycium barbarum* 物种资源调查

26.1.1 枸杞概述

（1）名称

宁夏枸杞（*Lycium barbarum* L.），为茄科（Solanaceae）枸杞属（*Lycium*）植物，别名西枸杞、白刺、山枸杞、白疙针、苟起子、枸杞豆、血杞子、羊乳、苦杞、枸棘等。它在祖国的传统医学中具有重要的地位，其药用价值备受历代医家的推崇。它是传统名贵中药材和营养滋补品。

（2）形态特征

宁夏枸杞为落叶灌木，高达2 m。多分枝，枝细长，拱形，有条棱，常有刺。单叶互生或簇生，卵状披针形或卵状椭圆形，长2～3 cm，宽2～6 mm，先端尖锐或带钝形，基部楔形并下延成柄，表面淡绿色，全缘。花粉红色或紫红色，漏斗状，花冠5裂，裂片长于筒部，有缘毛，花萼3～5裂，花单生或簇生叶腋。浆果卵形或长圆形，长10～20 mm，直径5～10 mm，深红色或橘红色。花期5—9月，果期7—10月。

（3）生物学特征

枸杞喜光，稍耐阴，喜干燥凉爽气候，较耐寒，适应性强，耐干旱、耐碱性土壤，喜疏松、排水良好的沙质壤土，忌黏质土及低湿环境。从主要分布区看，一般年平均气温在5.6～12.6℃的地方均可栽培。

枸杞根系发达，一年有2次生长期，随之有2次开花结果期，春季现蕾是4月下旬至6月下旬，秋蕾在9月上旬，实生苗当年能开花结实，以后随着树龄的增长，开花结果能力渐次提高，36年后开花结果能力又渐渐降低，经济年龄约30年。

（4）生境与分布

生长于山坡、田野向阳干燥处。分布全国各地，主产于宁夏、甘肃、青海、内蒙古、新疆、河北、山东、江苏、浙江、江西、湖北、四川、云南、福建等省。日本、朝鲜、欧洲及北美也有分布。

26.1.2 枸杞种质资源

（1）我国枸杞属物种概况

我国有 7 个种和 2 个变种：枸杞（*L. chinense*）及其变种北方枸杞（*L. chinense* var. *potaninii*）、宁夏枸杞（*L. barbarum*）及其变种黄果枸杞（*L. barbarum* var. *auranticarpum*）、新疆枸杞（*L. dasystemum*）、黑果枸杞（*L. ruthenicum*）、截萼枸杞（*L. truncatum*）、云南枸杞（*L. yunnanense*）、柱筒枸杞（*L. cylindricum*）。红枝枸杞（*L. dasystemum* var. *rubricaulium*）曾被认为是（*L. dasystemum*）的变种，新修订的英文版《中国植物志》（*Flora of China*）将 *L. dasystemum* var. *rubricaulium* 作为一种生态变型（Local variant）而非分类学类群（distinct taxon），从该属分类系统删去。

枸杞属物种在我国分布广泛，环境适应性极强，从高原高寒草甸、荒漠到低山丘陵的丛林，土壤类型有沙漠、沼泽泥炭、盐碱地、碱性黏土、酸性红黄壤、酸性腐殖土，从强光照的青藏高原到弱光照的四川盆地，干旱半干旱的西北地区到高温高湿多雨的西南、东南地区。其中，宁夏枸杞分布最为广泛，在我国西、北方地区（如新疆、西藏、青海、甘肃、内蒙古、宁夏、陕西、山西、河北等）广泛分布，对干旱、盐碱、低温具有很强的适应能力；与宁夏枸杞相反，枸杞（*L. chinense*）主要分布在华中、西南和东南地区；其他几个种或变种种群较少，分布较为稀疏零散。

目前我国枸杞主要有 4 大产区：宁夏、河北、内蒙古、新疆。绝大多数栽培品种均引自宁夏枸杞（*L. barbarum*）系列品种，少量栽培一些当地种。

（2）宁夏枸杞资源

宁夏枸杞（*L. barbarum*）被认为是药材，栽培已有 500 多年的历史。宁夏中宁县生产的宁夏枸杞果实色艳、粒大、皮薄、肉厚、籽少、甘甜，品质远远胜过其他地区所产，是唯一被载入《中国药典》的枸杞物种。其周边县市也在大力发展宁夏枸杞栽培。中宁县有自己的专业研究机构和生产管理机构。已经利用杂交育种、系统育种、辐射育种等方法培育出了自己的品牌良种如中宁 1～4 号等果用枸杞系列品种和茶用无果枸杞品种。

（3）内蒙古枸杞资源

内蒙古杭锦后旗沙海镇枸杞生产开始于 20 世纪 60 年代。主栽品种来源于宁夏枸杞，以宁杞 1、2 号，大、小麻叶和当地自繁的品种为主。但是目前沙海枸杞的相关科研几乎是一片空白。还没有相应的育种、栽培研究及技术推广机构。基本上是农民自产自销自繁育，几乎没有根本性的品种换代。引种的宁夏枸杞经过几十年的栽培，原有的优良性状发生了退化，生产的枸杞子相对中宁枸杞子来说，果实较小。但是由于当地农民栽培面积大，且有优势的枸杞生长环境，现在已经形成了自己的品牌"沙海红枸杞"。

（4）新疆枸杞资源

新疆精河县种植的枸杞也主要是引自宁夏枸杞的系列品种，经过多年的驯化，形成了十几个优良品种。1998 年，新疆精河县被农业部正式命名为"中国枸杞之乡"。精河县相对于中宁县来说是我国第 2 个具有自主研究开发能力的枸杞产业中心。精河县林业局有自己的专业育种和栽培研究队伍——枸杞开发中心。自 20 世纪 60 年代引种宁夏枸杞中的大麻叶和小麻叶以来，已经培育出了适应当地气候和土壤的优良品种"精杞 1 号"（来自大麻叶）和"精杞 2 号"（来自小麻叶）等，具有自己的质量标准体系。生产的枸杞子相对宁夏枸杞来说，果实球形或椭球形，味极甜。精河枸杞的深加工主要有枸杞干果、枸杞酒、枸杞叶茶、枸杞果汁、枸杞花粉冲剂等。新疆奇台也在尝试栽培宁夏枸杞，种苗都引自于精河县，技术相对落后，生产的枸杞子呈现典型的圆球形，产量很低。精河县正在试验滴灌技术在沙漠地种植宁夏枸杞，生产的枸杞子口味甜度明显比当地大田种植的枸杞子高很多。该种植方式如能试验成功对防风治沙、扩大生产面积、提高枸杞子质量都具有重大意义。

（5）河北枸杞资源

河北枸杞的主栽品种源自于宁夏枸杞或枸杞，北方枸杞也有种植。20 世纪 50 年代宁夏枸杞引种到河北省，目前产区遍及巨鹿、沧州、衡水、邢台、邯郸、石家庄等地。巨鹿县被称为河北"枸杞之乡"，所产枸杞子色泽鲜红似血，故名"血杞"。由于河北无霜期相对较长，枸杞花果同期的野生特性在巨鹿经过农民长期栽培驯化，其开花期和结果期产生了相对分离与集中，形成了一年两季生产。巨鹿县目前也没有自己的专业研究机构。巨鹿生产的枸杞子相对宁夏枸杞子来说果实较为苦涩；采用人工搭架的方式栽培。枸杞子深加工主要有枸杞饮料和枸杞晶冲剂。另外西藏、青海近年来也大量引种宁夏枸杞，以柴达木盆地诺木红农场生产的"柴杞"最为成功，栽培范围逐年增加。

26.1.3 枸杞成分和利用价值

（1）化学成分

现代分析表明，枸杞子所含之营养成分非常丰富，每百克枸杞果中含粗蛋白 4.49 g，粗脂肪 2.33 g，碳水化合物 9.12 g，类胡萝卜素 96 mg，硫胺素 0.053 mg，核黄素 0.137 mg，抗坏血酸 19.8 mg，甜菜碱 0.26 mg，还含有丰富的钾、钠、钙、镁、铁、铜、锰、锌等元素，以及 22 种氨基酸和多种维生素。

枸杞子中含胡萝卜素 3.39%，硫胺素 0.23%，核黄素 0.33%，菸酸 1.7%，抗坏血酸 3%。尚分离出 β-谷甾醇、亚油酸、玉蜀黍黄素（Zeaxan Lhin）、甜菜碱（Betaine）和一种硫胺素抑制物。果皮含酸浆果红素（Physalien）。宁夏枸杞果实含甜菜碱、酸浆红色素等。据称其有效成分为含氮苷，但未得纯品。另报道含胡萝卜素、维生素 B_1、维生素 B_2 和维生素 C，烟酸、钙、磷、铁等，种子含脂肪油 17.21%，总糖量 22%~52%，蛋白质 13%~21%，粗脂肪 8%~14%。果实水溶性部分得枸杞多糖为 6%~8%。

1）枸杞多糖（LBP）。植物多糖是一类重要的生物活性物质，如枸杞多糖、云芝多糖、猪苓多糖、香菇多糖、裂褶多糖、茯苓多糖等在抗肿瘤、抗病毒、抗氧化、抗衰老、降血糖、降血脂、愈溃疡、提高免疫力等方面表现出巨大的潜力。枸杞多糖是一种水溶性多糖，是枸杞中最主要的活性成分，相对分子质量为 68 200，成为国内外研究热点。其中又以枸杞多糖的免疫调节和抗肿瘤作用的研究最多。现已有很多研究表明枸杞多糖具有促进免疫、抗衰老、抗肿瘤、清除自由基、抗疲劳、抗辐射、保肝、生殖功能保护和改善等作用。总体来看国内在枸杞多糖药效方面研究较多而在分子药理方面的研究相对薄弱，国外在药理方面（免疫、肝细胞保护、生殖保护）则研究较多。

2）枸杞甜菜碱。甜菜碱化学名称为 1-羧基-N,N,N-三甲氨基乙内酯，在化学结构上与氨基酸相似，属于季胺碱类物质。甜菜碱是枸杞果、叶、柄中主要的生物碱之一。枸杞对脂质代谢或抗脂肪肝的作用主要是由于所含的甜菜碱引起的，它在体内起甲基供应体的作用。近年来，关于枸杞甜菜碱的研究仅限于国内在含量的测定、提取工艺和对枸杞植物的生理作用（增强耐盐性）研究方面，关于枸杞甜菜碱的药理药效研究很少。

3）枸杞色素。枸杞籽色素是存在于枸杞浆果中的各类呈色物质，是枸杞籽的重要生理活性成分。主要包括胡萝卜素、叶黄素和其他有色物质。枸杞所含有的类胡萝卜素则具有非常重要的药用价值。很多研究已经证明枸杞籽色素具有提高人体免疫功能、预防和抑制肿瘤及预防动脉粥样硬化等作用。胡萝卜素是枸杞色素的主要活性成分，具有抗氧化和作为维生素 A 的合成前体等重要的生理功能。由于普通食物中维生素 A 含量极低或缺乏，使得维生素 A 缺乏病（VAD）一直成为世界性营养难题，因此在枸杞属植物的选种和遗传育种工作中胡萝卜素的含量应该成为一个重要参考性状。关于枸杞色素的研究，多数集中于稳定性研究、含量测定和提取工艺方面。如香港 Baptist 大学的彭勇等建立了枸杞属植物的果实的类胡萝卜素的快速测定方法。

4）新活性成分的研究。我国在枸杞属植物有效成分研究方面主要集中在 LBP、甜菜碱和枸杞色素等的定量分析和药效等方面的应用研究，而国际上在枸杞属植物的新化合物分离鉴定及其药理学方面的基础研究较多。韩国国立大学的 Yoshikawa 研究小组发现枸杞的悬浮培养的细胞可产生含量高于果实 10 倍以上的具有护肝功能的脑苷酯，明显不同于其他次生代谢产物的产生规律，而且不同培养阶段的单位质量的细胞的脑苷酯产量没有明显差异。后来韩国庆熙大学 Kim 从枸杞中分离出了 1 种新的脑苷酯 LCC，他研究认为 LCC 通过清除四氯化碳损伤的肝细胞内的活性氧离子，从而维持线粒体内 GSH 水平来抑制脂质过氧化和细胞损伤。Kim 继续研究了其机制：在氨基半乳糖诱导的肝损伤细胞中，LCC 能显著地促进尿核苷与 RNA 链的结合，并能解除放线菌素 D 对 RNA 合成的抑制作用。土耳其阿那多鲁大学的 Kosar 等从分布在土耳其的宁夏枸杞和黑果枸杞的果实中分离出了多酚类物质，实验证明具有良好的清除自由基的作用。朝鲜大学的 Han 从枸杞中分离出了一种新的酚性氨基酸：二氢-N-对羟基苯乙基咖啡酰胺，超氧化物清除实验表明该氨基酸有抗氧化功能。

（2）枸杞的应用价值

枸杞全身是宝，可入药、制茶、防风，是一种集盐碱地绿化价值、防护林价值药用价值等于一体的野生优良水土保持植物，生态效益和经济效益兼具，可以说是盐碱、沙漠、干旱地区最具开发潜力和价值的植物品种之一。

1）药用价值的开发利用。枸杞能滋补肝肾，益精明目，适用于腰膝酸软、头晕目眩、两眼昏花等症状；现代科学研究证实了上述说法，并且认为枸杞可以降低胆固醇，兴奋大脑神经，增强免疫功能，防治癌症，抗衰老和美容，对人体健康起极其有益的作用，枸杞提取物可促进细胞免疫功能，增强淋巴细胞增殖及肿瘤坏死因子的生成，对白细胞介素Ⅱ也有双向调解作用。

2）绿化荒滩，防止水土流失。枸杞是治理西部荒漠区生态环境的优良植物资源，是荒漠化地区特别是盐碱化土地恢复植被的备选植物之一，我国有153.3万km^2的沙漠及沙漠化土地，种植开发枸杞，有利于防风固沙和改造利用盐碱地，因此开发利用黑果枸杞资源，具有明显的生态效益。

3）开展综合利用。枸杞可在医药、新茶和保健饮料等方面广泛地应用。如果用枸杞果实的提取物加入其他可口的配料，制成保健饮料，可用于防治高血压和心脏病。在我国北方一些地区，人们还有用枸杞果实染布的习惯。因此枸杞果实保健饮料和染料有一定的市场基础，前景将非常广阔。

26.1.4 枸杞保护利用建议

枸杞属于天然野生植物，由于整个生态环境日趋恶化和人为过度砍伐破坏，枸杞资源遭受了相当程度的破坏，目前野生枸杞的数量正在大面积的减少，如果不加以保护，其资源量将急剧减少甚至出现枯竭。因此如何保护枸杞资源，并在保护的基础上充分合理地开发利用这笔宝贵的财富，特提出如下意见。

1）保护枸杞原生生境，实施就地保护工程，严禁破坏野生枸杞资源。
2）广泛收集枸杞种质资源，建立种质资源圃，同时开展杂交育种工作。
3）利用常规技术与生物技术相结合的方法进行筛选。以收集到的优良种质为材料进行种质创新，并从中筛选出防风、耐旱、耐盐碱、耐寒、耐高温、抗风沙能力强，易于人工栽培的特优种质资源、综合性状好的、适用于各种用途的新材料。
4）加大对天然枸杞林管理保护与生态恢复技术，提高枸杞可持续利用能力。
5）开展枸杞分子生物学研究，掌握其分子生物学相关信息，为探索枸杞遗传机制、挖掘基因价值奠定基础。

参考文献

[1] 陈斌. 柴达木盆地资源植物黑果枸杞育苗技术[J]. 北方园艺，2008（4）：138-139.
[2] 陈放，刘富娥. 枸杞栽培技术要点[J]. 新疆农业科技，2008（4）：49.
[3] 陈海魁，蒲凌奎，曹君迈，等. 黑果枸杞的研究现状及其开发利用[J]. 黑龙江农业科学，2008（5）：155-157.
[4] 陈松. 宁夏枸杞产业发展风险因素及对策[J]. 台湾农业探索，2008（2）：57-59.

[5] 董静洲,杨俊军,王瑛. 我国枸杞属物种资源及国内外研究进展[J]. 中国中药杂志,2008,33(18):2020-2027.
[6] 杜连弟. 枸杞栽培技术[J]. 北京农业实用技术,2008(6):17.
[7] 贺文信. 柴达木盆地枸杞园建植管理技术[J]. 林业实用技术,2008(9):37-38.
[8] 金小平,李卓. "0105" 枸杞区域试验总结[J]. 宁夏农林科技,2008(3):37,11.
[9] 李永玺,米海灵,卢素锦. 不同基质对北方枸杞出苗及苗期生长的影响[J]. 青海农林科技,2008(3):18-20,23.
[10] 罗青,张曦燕,李晓莺,等. 不同培养条件对枸杞组培苗玻璃化的影响[J]. 安徽农业科学,2008,36(22):9400-9401,9528.
[11] 马孝仓,王勤,周鸿波. 枸杞嫩枝扦插育苗技术[J]. 现代种业,2008(4):26-27.
[12] 马新生,郭荣. 浅谈中宁枸杞出口存在的问题及发展对策[J]. 宁夏农林科技,2008(2):73-74.
[13] 毛桂莲,许兴,郑国琦,等. 不同浓度的混合盐胁迫对枸杞种子萌发的影响[J]. 安徽农业科学,2008,36(16):6815-6817.
[14] 宁宝仁,李人. 宁夏枸杞产业谱写升级新篇章[J]. 中国质量万里行,2008(9):48-49.
[15] 尚雁鸿. 宁夏枸杞病虫害防治技术[J]. 中国果菜,2008(5):31-32.
[16] 王金平. 靖远县枸杞丰产栽培技术[J]. 甘肃农业,2008(8):18,21.
[17] 柴达木枸杞产业实现生态与经济双赢[J]. 林业实用技术,2008(9):40.
[18] 吴广生,唐慧锋,李瑞鹏. 宁夏枸杞在青海的发展现状[J]. 宁夏农林科技,2008(2):62,19.
[19] 赵长江. 枸杞栽培技术要点[J]. 河北农业科技,2008(17):6,14.
[20] 郑国琦,罗杰,许兴,等. 宁夏枸杞果实和叶片糖积累及其枸杞多糖单糖组成研究[J].农业科学研究,2008,29(3):1-4.
[21] 钟鉎元,秦垦,洪凤英,等. 宁夏枸杞主要农艺性状与产量的相关性分析[J]. 宁夏农林科技,2008(3):35-36.

宁夏枸杞（*Lycium barbarum* L.）

27 忍冬科 Caprifoliaceae

27.1 蓝靛果 Lonicera caerulea var. edulis 物种资源调查

27.1.1 蓝靛果概述

(1) 名称

蓝靛果（*Lonicera caerulea* L. var. *edulis* Turcz et Herd），又名蓝靛果忍冬、羊奶子、黑瞎子果、山茄子果、蓝果，属于忍冬科（Caprifoliaceae）忍冬属（*Lonicera* L.）植物。为多年生落叶小灌木，果实为浆果，果汁为鲜艳的深玫瑰色。它容易栽培，资源丰富，主要分布在我国吉林省长白山、黑龙江省大兴安岭东部山区以及内蒙古、华北、西北、四川等地，此外，俄罗斯远东地区、日本及朝鲜北部等地都有分布。

(2) 形态学特性

幼枝有长、短两种硬直糙毛或刚毛，老枝棕色，壮枝节部常有大形盘状的托叶，茎犹如贯穿其中。冬芽叉开，长卵形，顶锐尖，有时具副芽。叶矩圆形、卵状圆形、卵状矩形或卵状椭圆形，稀卵形，长 2～5（10）cm，顶尖端或稍钝基部圆形，两面疏生短硬毛，下面中脉毛较密且近水平开展，有时几无毛。总花梗长 2～10 mm；苞片条形，长为萼筒的 2～3 倍；花冠长 1～1.3 cm，外面有绒毛，基部具浅囊，筒比裂片长 1.5～2 倍；雄蕊的花丝上部伸出花冠外；花柱无毛，伸出。复果蓝黑色，稍被白粉，椭圆形至矩圆状椭圆形，长约 1.5 cm，花期 5—6 月，果熟期 8—9 月。

(3) 地理分布

蓝靛果主产于黑龙江、吉林、辽宁、内蒙古、河北、山西、宁夏、甘肃南部、青海、四川北部及云南西北部。朝鲜、日本和俄罗斯远东地区也有分布。

27.1.2 物种调查

(1) 生境调查

调查发现，蓝靛果常生长于河岸、湿地草原，沼泽灌木或林内林缘。生长海拔为 700～1 800 m。蓝靛果喜冷凉湿润性气候，抗寒能力强，在自然条件下休眠期气温为-41℃时也可安全越冬。

(2) 群落调查

在大小兴安岭地区，蓝靛果一般生长在山地林间、林缘的沼泽地或河流两岸的水湿地，河流阶地也较常见，面积一般不大。蓝靛果生长的土壤多为泥炭沼泽土或腐殖质泥炭潜育土，土壤有机质含量较高。蓝靛果忍冬平均株高 80~120 cm 为伴生种。

蓝靛果多生于红松-白桦混交林或赤杨-落叶松林中，乔木树种主要有红松（*Pinus koraiensis*）、白桦（*Betula platyphylla*）、赤杨（*Alnus japonica*）、落叶松（*Larix gmelini*）、蒙古栎（*Quercus mongolica*）、紫椴（*Tilia amurensis*）；伴生灌木树种有坚桦（*Betula chinensis*）、柴桦（*Betula fruticosa*）、沼柳（*Salix rosmarinifolia* var. *brachypoda*）、越橘柳（*Salix myrtilloides*）、柳叶绣线菊（*Spiraea salicifolia*）、毛榛（*Corylus mandshurica*）、东北山梅花（*Philadelphus schrenkii*）、刺五加（*Eleutherococcus senticosus*）；林下草本植物有早熟禾（*Poa annua*）、独活（*Heracleum hemsleyanum*）、柳兰（*Chamerion angustifolium*）、藜芦（*Veratrum nigrum*）、轮叶沙参（*Adenophora tetraphylla*）、野豌豆（*Vicia sepium*）、千屈菜（*Lythrum salicaria*）、野火球（*Trifolium lupinaster*）等。

27.1.3 蓝靛果研究概述

(1) 营养成分研究

岳晓霞等（2008）研究了以蓝靛果、苹果等为主要原料，生产复合型蓝靛果果酱的工艺；通过预实验确定影响复合型蓝靛果果酱的质量的主要因素有：蓝靛果与苹果的比例、果胶添加量、白砂糖添加量及柠檬酸添加量。采用正交试验，确定了复合型蓝靛果果酱最佳配方为：蓝靛果 33%、苹果 30%、白砂糖 37%、柠檬酸 0.15%、柠檬酸钠 0.01%、果胶添加量 0.06%。张雁南（2008）以野生蓝靛果新鲜浆果为原料，通过添加蛋白糖和柠檬酸等辅料，采用正交试验和感官评定的方法，通过试验确定其最佳配方为：蓝靛果 30%，木糖醇 4%，柠檬酸 0.16%，蛋白糖 0.016%，异抗坏血酸钠 0.02%，山梨酸钾 0.02%。赵彦杰（2006）以蓝靛果为原料，用树脂法提取了蓝靛果紫红色素，并对其理化性质进行了研究。结果表明，AB-8 树脂对蓝靛果色素具有较高的吸附量，用 50%乙醇为洗脱剂得到的产品质量好、色价高，且 AB-8 树脂重复使用 20 次后吸附率仅降低 1.29%；色素在酸性条件下具有较好的稳定性，并且对光、热和常用食品添加剂比较稳定，是一种价廉易得、安全可靠、使用方便的天然植物色素，在食品工业中有一定的开发利用价值。赵玉红等（2008）为提高花色苷提取率，利用生物酶和超声波萃取技术提取蓝靛果果渣中花色苷，对提取效果进行比较。通过单因素和正交实验，确定了提取蓝靛果果渣花色苷超声波法的最佳工艺条件是：温度为 35℃，时间为 30 min，固液比为 1∶30，功率为 400W；并比较了酶和超声波萃取技术对蓝靛果果渣中花色苷提取效果的影响，得出酶-超声波法联用时蓝靛果花色苷的得率为 43.04%，比酶解法提取花色苷提高 5.12%，比超声波萃取法提取花色苷提高 17.44%。李次力（2008）以蓝靛果为原料，应用壳聚糖溶液对蓝靛果进行涂膜保鲜的研究，通过贮藏实验确定蓝靛果的涂膜保鲜剂配方条件为：溶剂为 1% 醋酸溶液，壳聚糖添加量

1%～2%，成膜助剂氯化钠添加量 0.35%；涂膜温度为 40～60℃。壳聚糖涂膜处理的果实与对照相比，可较好地维持果实总酸、总糖和维生素 C 的含量，明显地降低果实的呼吸速率。另外，还明显降低果实的失重率和腐烂率，延缓果实衰老，从而延长了蓝靛果的贮藏期。单因素和正交试验确定最佳涂膜保鲜条件为保鲜助剂添加量为 4%，保鲜涂膜剂添加量为 1.5%，涂膜后最佳贮藏温度为 4℃。包怡红等（2007）以野生蓝靛果为原料，添加白砂糖、柠檬酸、苹果酸和食用酒精等辅料配制调配型蓝靛果果酒。通过正交试验，确定最佳配比方案。试验结果表明：加白砂糖 200 g/L，复合酸 3.5 g/L，酒精度 9%时，可配制出色、香、味俱佳的蓝靛果果酒。王振宇等（2007）研究了温度、pH 值、氧化剂和还原剂，金属离子以及几种常见的食品添加剂对蓝靛果红色素稳定性的影响。结果表明：该色素在 70℃以下稳定性较好；色素在酸性条件下稳定，抗氧化能力较差；在 6 种金属离子中：Cu^{2+}、Al^{3+}对色素有一定的增色效果，Ca^{2+}、Zn^{2+}、Mg^{2+}对色素稳定性无明显影响，Fe^{3+}对色素有破坏作用；蔗糖、NaCl、柠檬酸、苯甲酸钠对色素无不良影响，维生素 C 对色素有较强的破坏作用。蓝靛果红色素是可以广泛用于食品、医药和化妆品等工业的天然植物色素。

（2）形态及繁殖研究

栾志慧等（2006）对蓝靛果忍冬种子结构与幼苗初生结构进行解剖学研究，结果表明：蓝靛果忍冬种子椭圆形，属双子叶有胚乳类型。种皮较厚，由 3～4 层细胞组成；胚乳发达，细胞壁厚并具发达的胞间连丝；胚小，长方形。蓝靛果忍冬幼苗属于子叶出土类型。蓝靛果忍冬初生木质部发育为外始式，根的初生结构为 8 原型。蓝靛果忍冬茎无内皮层分化，维管束为外韧无限维管束类型。蓝靛果忍冬叶为等面叶，主脉维管束为周韧型。栾志慧等（2007）利用扫描电子显微镜首次对蓝靛果忍冬的花粉进行观察分析，并详细地描述了其花粉的外部形态，为东北地区蓝靛果忍冬的分类提供基础性依据。结果表明：根据蓝靛果忍冬的细微形态、大小、萌发孔特点及外壁纹饰类型等方面可制作花粉分类检索表，可作为其细致分类的依据。赵影（2006）利用 LI2COR 6400 测量了不同 CO_2 浓度条件下蓝靛果忍冬不同枝条的净光合速率（PN）、蒸腾速率（E）、气孔导度（Cond）、瞬时水分利用效率（WUE）及叶面饱和蒸气压亏缺（VPD），营养枝、繁殖枝和萌生枝条的 PN、WUE、VPD 及 E 均随 CO_2 浓度升高而增大，PN 增加幅度较大，E 增加幅度较小，在高浓度 CO_2 条件下，繁殖枝叶片最大 PN[11.8 μmol/（m²·s）]与萌生枝[11.7 μmol/（m²·s）]近似，而营养枝的最大 PN[11.0 μmol/（m²·s）]出现在 CO_2 浓度为 $1.6×10^{-3}$ 的条件下，其 PN 最大值虽与前两者差异不大，但 CO_2 浓度却差异很大。在果期繁殖枝、萌生枝的各项光合生理指标相近，但与营养枝差异较大。

霍俊伟等（2008）对黑龙江、吉林 4 个野生种群蓝靛果忍冬的花的部分性状进行了观察与测量，并应用扫描电镜观测了其花粉的形态和大小。结果表明，各种群在花冠颜色、花冠绒毛密度、苞片形状和角度、花粉粒大小等指标上存在着不同程度的差异，揭示出东北地区野生蓝靛果种群之间和种群内部均存在着较大的遗传变异。梁琦兰（2006）等采用随机区组和正交试验设计，对蓝靛果芽体组织培养技术进行了系统研究。

（3）医药价值研究

蓝靛果忍冬的种子含花色苷，全株叶含桃叶珊珊苷，有一定的医用价值，并被收入长白山植物药志。Zholobova 研究证实，蓝靛果忍冬中所含花青素苷、无色花青素苷、儿茶酸及芸香苷等物质，经临床实验验证对心脑血管疾病有一定疗效，还可防止血管破裂，降低血压，并有抗病毒、抗癌和改善肝脏解毒作用等功效。侯江雁等研究表明，蓝靛果忍冬无毒；金政等（2001）经多方研究表明，蓝靛果忍冬能使小鼠肝小叶损伤区域缩小，肝细胞中脂滴减少，琥珀酸脱氢酶活性增强、肝细胞中溶酶体数量减少，酸性磷酸酶活性降低及血清谷草转氨酶活力降低，且促进线粒体恢复和再生，对四氯化碳所致小鼠肝脏损伤具有一定的保护作用；邱绍婕等（2002）研究表明，蓝靛果忍冬可明显提高小鼠耐高温、抗疲劳、耐缺氧能力，提高其应激反应能力，且能明显缓解使用化疗药后小鼠白细胞的降低和体重减轻，提高其生存率；韩炅振等（2002）证明蓝靛果忍冬能改善小鼠心肌氧的供求，且对减压缺氧小鼠有明显保护作用；姚月梅等（2002）研究发现，其汁对耐药金葡萄菌等10种细菌具有明显抑制作用。现代医学研究证明，蓝靛果忍冬具有清热解毒功能，具有抗炎和抗病毒能力，能防止毛细血管破裂、降低血压、改善肝脏的解毒功能，且具有抗肿瘤功效，可缓解放疗后不适症状，具有增加白细胞作用。

（4）蓝靛果资源评价研究

俄罗斯、日本和美国开展了种质资源的收集和评价利用工作，俄罗斯瓦维洛夫植物研究所做了大量工作，在巴甫洛夫实验站建成了世界上最大的蓝靛果种质资源圃，收集和保存了500份资源和万余株实生苗，制定了详细的种质资源评价标准，并对其生物学特性和农艺学性状开展了卓有成效的评价工作，评价结果是蓝果亚组的所有种类都可作为育种的原始材料。*L. altaica* 早熟、抗旱、多酚类物质含量高；*L. edulis* 抗寒、适于鲜食、早熟；*L. emphyllocalyx* 抗寒、大粒、晚熟、维生素C含量高；*L. iliensis* 维生素C和芸香苷含量高；*L. kamtschatica* 抗寒、大粒、适于鲜食、维生素C含量高；*L. pallasii* 抗寒、不落粒；*L. regeliana* 多酚类物质含量高；*L. stenantha* 抗旱；*L. turczaninowii* 早果、早熟、多酚类物质含量高。在众多的野生原始材料中，育种上最有利用价值的是分布在堪察加半岛、千岛群岛、俄罗斯境内南部沿海各地及阿尔泰山脉的野生种群。俄罗斯已将 *L.kamtschatica*、*L. altaica*、*L. edulis*、*L.turczaninoii*、*L. regeliana* 用于育种，大多数品种来源于 *L. kam tschatica* 和 *L. altaica*，这两个种类育种应用最早。俄罗斯育种者经常并愿意采用的是 *L. kamtschatica*，因其具有风味甜酸，无苦味，具香味、大粒、成熟不落果、耐运输等优点，但生长速度慢，产量也偏低。阿尔泰忍冬具有很好的丰产性、抗寒性和抗旱性，因此在西伯利亚地区得到了很好的利用。

我国虽野生资源丰富，但尚未开展种质资源的收集保存和评价等工作，目前只是在黑龙江的勃利、桦南和绥芬河有小面积的人工栽培，均利用的是实生苗木。但在黑龙江和吉林省已有不少企业利用当地的野生浆果生产加工果酒和饮料，很受当地人的欢迎。

27.1.4 蓝靛果资源价值和保护利用

（1）蓝靛果资源价值

随功能性食品的问世，一些纯天然食品原料得以开发利用，它们的营养生理功能、保健和治疗功能逐渐被发现和挖掘，这是现在纯野生资源开发产品备受青睐的原因，也反映出现代人们食品结构正在趋向绿色保健方向发展。蓝靛果果实成分决定它的保健功能。蓝靛果果实中含有5种维生素，16种微量元素，19种氨基酸，其中人体必需氨基酸有8种。

1）蓝靛果的营养价值。蓝靛果忍冬的果实中含有VB_1、VB_2、VP等多种维生素，且含量较高，尤其是VP含量高出普通水果近百倍；矿质元素丰富，尤其是锌、硒、铁、钙含量较高；所含17种氨基酸的总量高于普通水果，具有很高的营养保健价值。果实富含糖类、有机酸、矿物质、维生素和多种微量元素；茎叶和果实可提取天然紫红色素，是天然食品添加剂的重要来源。

2）蓝靛果的药用价值。现代医学研究证明，蓝靛果具有清热解毒功能，具有抗炎和抗病毒能力，能防止毛细血管破裂、降低血压、改善肝脏的解毒功能，且具有抗肿瘤功效，缓解放疗后的不适症状，减缓化疗后白细胞数量降低，而且食用蓝靛果具有降压作用。具有清热解毒功能，有抗炎和抗病毒能力，能抗氧化、抗衰老、降低血压、改善肝脏的解毒功能，可以用于开发多种功能性食品、保健食品、营养滋补品和药品等系列产品。

（2）蓝靛果资源保护和利用建议

1）积极采取保护措施，保护蓝靛果的原生生境，严禁掠夺式采摘；

2）加强现有资源管理，对成片密集生长的野生灌丛，要除去过于郁闭的上层树木及下层杂草；在过涝地块，要挖沟排水或筑高畦；对单位面积株丛较少的林块，实行就地压条或人工补苗；

3）积极开展蓝靛果种质资源收集、评价和利用工作，建立种质资源圃，开展杂交育种、新品种培育工作；

4）建立蓝靛果种植基地，积极开发蓝靛果大面积种植技术，解决资源相对不足问题，实现大规模可持续开发利用；

5）加强采后处理、保鲜、贮藏、运输研究，解决生产中存在的实际问题；

6）进一步开展蓝靛果综合深加工研究，开发高附加值系列产品，开发出符合人们需要的功能食品、保健食品、营养滋补品和药品等系列产品。

参考文献

[1] 哈斯巴根，苏亚拉图，耿星河. 蓝锭果忍冬干燥果实的营养成分及其评价[J]. 植物资源与环境学报，2006（2）：77-78.

[2] 韩京振，金政，等.蓝靛果抗氧化作用的实验研究[J]. 中国中医药科技，2002，9（1）：45-46.

[3] 黄祥童，朴龙国，孟庆江，等. 蓝靛果发酵制酒工艺研究[J]. 酿酒科技，2003（2）：82-84.

[4] 霍俊伟,睢薇,杨国慧,等. 东北地区野生蓝靛果忍冬花部形态变异研究[J]. 东北农业大学学报, 2008 (7): 21-24.

[5] 霍俊伟,杨国慧,睢薇,等. 蓝靛果忍冬（Lonicera caerulea）种质资源研究进展[J]. 园艺学报, 2005 (1): 159-164.

[6] 金政,王启伟,等. 肝损伤后溶酶体和酸性磷酸酶活性改变和蓝靛果的作用[J]. 延边大学医学学报, 2001, 24 (2): 79-81.

[7] 李淑芹,李延冰,都昌杰. 蓝靛果中黄酮类成分初探及总含量测定[J]. 东北农业大学学报, 1996 (1): 99-101.

[8] 梁琦兰,张启昌,杨振国,等. 蓝靛果忍冬芽体组织培养技术研究[J]. 北华大学学报（自然科学版）, 2006 (6): 549-551.

[9] 林淑玲,杨利民,乔国平. 蓝靛果绿枝扦插繁殖技术的研究[J]. 吉林农业大学学报, 2003 (4): 394-396.

[10] 栾志慧,邵殿坤,张启昌,等. 蓝靛果忍冬茎次生木质部结构[J]. 东北林业大学学报, 2007 (12): 73-75.

[11] 栾志慧,张阿南,刘丽萍,等. 蓝靛果忍冬花粉形态研究[J]. 通化师范学院学报, 2007 (2): 47-49.

[12] 栾志慧,张启昌,其其格,等. 蓝靛果忍冬种子结构与幼苗初生结构的研究[J]. 吉林工程技术师范学院学报, 2006 (9): 43-46.

[13] 马自超,莱依符. 蓝锭果红色素的分离与鉴定[J]. 南京林业大学学报（自然科学版）, 1987 (4): 67-71.

[14] 马自超. 蓝锭果（Lonicera caerulea）中的花青素色素的研究[J]. 中国野生植物资源, 1996 (2): 1-5.

[15] 齐桂元,张阴桥,刘春杰. 长白山野生蓝靛果忍冬的开发利用[J]. 中国野生植物资源, 1993 (3): 27-28.

[16] 孙广仁,杜凤国,金春红. 接骨木复合饮料的研究（Ⅰ）——蓝靛果忍冬果实的食用价值研究[J]. 吉林林学院学报, 1996 (2): 95-98.

[17] 王振宇,田福. 蓝靛果红色素稳定性的研究[J]. 中国食品添加剂, 2007 (3): 102-105.

[18] 吴信子,王思宏,南京熙,等. 蓝锭果中挥发油成分的初探[J]. 延边大学学报（自然科学版）, 1999 (2): 94-96.

[19] 向延菊,郑先哲,王大伟. 野生浆果资源——蓝靛果忍冬利用价值的研究现状及应用前景[J]. 东北农业大学学报, 2005 (5): 129-131.

[20] 颜承云,谷继伟. 蓝靛果忍冬果实黄酮类成分总含量的动态分析[J]. 中国野生植物资源, 2004 (2): 51-52.

[21] 姚月梅,张英艳,等. 发酵蓝靛果汁抑菌作用实验研究[J]. 中国微生态学杂志, 2002, 14 (4): 216, 220.

[22] 岳晓霞,张根生,李大龙,等. 复合型蓝靛果果酱的研制[J]. 食品科学, 2008 (10): 723-725.

[23] 赵彦杰. 蓝靛果紫红色素的提取及其理化性质研究[J]. 食品科学, 2006 (10): 276-278.

[24] 赵影,张启昌,王永海,等. CO_2浓度对蓝靛果忍冬光合生理指标的影响[J]. 北华大学学报（自然科学版）, 2006 (5): 464-467.

[25] 赵玉红,苗雨,张立钢. 双酶法提取蓝靛果果渣中花色苷酶解条件的研究[J]. 中国食品学报, 2008

(4): 75-79.

[26] 赵玉红,张立钢,苗雨. 酶-超声波联用提取蓝靛果果渣中花色苷的研究[J]. 食品工业科技,2008(8): 183-185.

[27] 赵越,霍俊伟,王立娟. 蓝靛果的组织培养及植株再生[J]. 植物生理学通讯,2003(5): 468.

蓝靛果忍冬(*Lonicera caerulea* L. var. *edulis* Turcz et Herd)

28 芭蕉科 Musaceae

28.1 野芭蕉 *Musa balbisiana* 物种资源调查

28.1.1 野芭蕉概述

（1）形态特征

野芭蕉（*Musa balbisiana* Colla），又称野蕉、伦阿蕉（云南景颇语）、桂吞（云南傣语）、若阿泡若阿窝（云南哈尼语）、山芭蕉（广东），属芭蕉科（Musaceae）芭蕉属（*Musa*）植物。

假茎丛生，高约 6 m，黄绿色，有大块黑斑，具匍匐茎。叶片卵状长圆形，长约 2.9 m，宽约 90 cm，基部耳形，两侧不对称，叶面绿色，微被蜡粉，叶柄长约 75 cm，叶翼张开约 2 cm，但幼时常闭合。花序长 2.5 m，雌花的苞片脱落，中性花及雄花的苞片宿存，苞片卵形至披针形，外面暗紫红色，被白粉，内面紫红色，开放后反卷，合生花被片具条纹，外面淡紫白色，内面淡紫色；离生花被片乳白色，透明，倒卵形，基部圆形，先端内凹，在凹陷处有一小尖头。果丛共 8 段，每段有果 2 列，15～16 个。浆果倒卵形，长约 13 cm，直径 4 cm，灰绿色，棱角明显，先端收缩成一具棱角、长约 2 cm 的柱状体，基部渐狭成长 2.5 cm 的柄，果内具多数种子；种子扁球形，褐色，具疣。

（2）资源价值

野芭蕉提取物中含有蛋白质、氨基酸、糖类、有机酸、皂苷、蒽醌、黄酮、香豆素、酚类、强心苷、挥发油等物质，野芭蕉的根、茎、叶、花均可入药。芭蕉的营养非常丰富，每百克果肉中含蛋白质 1.2 g、脂肪 0.5 g、碳水化合物 19.5 g、粗纤维 0.9 g、钙 9 mg、磷 31 mg、铁 0.9 mg，芭蕉心、芭蕉的花和果均可食用。

野芭蕉是目前世界上栽培香蕉的亲本种之一，不仅可以直接利用，更是我国香蕉育种不可或缺的资源，每一个居群、每一个类型、每一片基因都是大自然留给我们的宝贵财富。同时，云南热带地区的野芭蕉资源对于研究和阐明栽培香蕉的起源与演化历程也具有重要价值。

28.1.2 种质资源及其分布

（1）野芭蕉的分布

调查发现，整个云南热带地区密集分布着许多野芭蕉，除主要分布在云南省中部和北部地区的芭蕉未被发现外，其他野芭蕉在云南热带地区都有分布。野芭蕉在云南热带地区的东南部、南部和西南部的物种分布具有差异性。

（2）种质资源

整个云南热带地区密集分布着许多野生香蕉，野生香蕉在云南热带地区的东南部、南部和西南部的物种分布具有差异性。云南省主要分布着小果野蕉（*Musa acuminata*）、野蕉（*Musa balbisiana*）、阿宽蕉（*Musa itinerans*）、阿希蕉（*Musa rubra*）、河口指天蕉（*Musa paracoccinea*）、指天蕉（*Musa coccinea*）、红蕉（*Musa sanguinea*）、粉芭蕉（*Musa nagensium*）、芭蕉（*Musa basjoo*）等。分布最广泛，群落面积最大的是阿宽蕉；在红河州的河口县和金平县、西双版纳州和德宏州瑞丽等地都发现指天蕉；其他种的野生香蕉只是零星分布在少数地区。滇东南主要分布着小果野蕉、阿宽蕉、河口指天蕉、指天蕉；滇南主要分布着小果野蕉、野蕉、阿宽蕉、阿希蕉、指天蕉；滇西南主要分布着小果野蕉、野蕉、阿宽蕉、阿希蕉、指天蕉、红蕉、粉芭蕉。

野生香蕉物种存在着蜡粉、苞片颜色、雄花、果实颜色、果形、叶片、假茎等形态性状的变异。同一个种在不同地也一会出现变异，即使在同一个种的同一群落当中，也会发现一些形态特征的不同，滇西南的铜壁关自然保护区的野生香蕉的形态变异最丰富。曾惜冰等根据果和苞片的颜色，将野生香蕉分为青果红蕾、青果黄蕾、青果绿蕾、红果红蕾和黄红果红蕾5种。云南热带地区的阿宽蕉也存在这5种类型。指天蕉甚至存在果梗颜色的不同，主要有红色果梗、紫色果梗和绿色果梗。

28.1.3 云南热带地区野芭蕉的主要特征

野芭蕉与栽培香蕉的主要形态特征比较发现，栽培香蕉一般假茎都比较粗壮，而野芭蕉相对较高较细；野芭蕉一般叶片直立生长，叶片间生长紧凑，叶片较薄，而栽培香蕉的叶片生长得比较张开，叶片间长得稀疏，叶片厚；栽培香蕉的种子或退化或不能发育，野芭蕉一般都有种子，而且每果的种子数量都很多；栽培香蕉的果梗比野芭蕉粗壮，果之间排列较紧密。野芭蕉与栽培香蕉在形态性状上的差异，可能是由野芭蕉与栽培香蕉染色体组倍性的差异引起。

28.1.4 野芭蕉实地调查

（1）集中分布区域

调查发现，整个云南热带地区密集分布着许多野芭蕉，除主要分布在云南省中部和北部地区的芭蕉未被发现外，其他野芭蕉在云南热带地区都有分布。野芭蕉在云南热带地区的东南部、南部和西南部的物种分布具有差异性。因此，从云南热带地区滇东南、滇南和滇西南的野芭蕉的物种分布情况和物种变异情况推断，滇西南是我国野芭蕉遗传多样性最丰富的地区。

（2）云南热带地区野芭蕉的生态环境

野芭蕉的生长发育与水分、光照、土壤、温度、植被等生态条件相关。野芭蕉大多数必须生长在全年无霜、高温、高湿的肥沃地区。调查发现云南热带地区的野芭蕉90%以上生长在有常年水源并且肥沃的山谷或山沟里，甚至经常发现许多地下茎常年泡在小溪而生长发育正常的野芭蕉，可以认为野芭蕉应该是湿生或半湿生植物，这与栽培香蕉需水但又怕涝害的特点不同。野芭蕉大多生长在热带地区，温带少见，在常年温度和空气湿度较高的地区，野芭蕉一般长势较好，能形成大群落。在西双版纳州勐腊县尚勇镇的董棕堡和关累镇的藤蔑山发现到一些非常大的野芭蕉群落，这些群落都是在有常年水源、空气湿度大、向阳、土壤肥沃、植被结构简单的地区。然而，在自然保护区阴暗的原始森林内，野芭蕉群落并不大，密度比较小，散生生长比较多。可见，野芭蕉大群落的形成与光照也非常密切。

调查还发现，一般形成长期稳定大群落的野芭蕉多数是阿宽蕉，而其他种类不能形成长期稳定的大群落或只能形成小群落，甚至不能在自然环境里形成群落，只能零星生长几株。这主要是因为大多数野芭蕉的种子发芽率很低，很难依靠种子进行大面积繁殖，而阿宽蕉具有很长并且发达的地下茎，在合适条件下能很快进行无性繁殖。

一般情况下，云南热带地区的野芭蕉群落越大，植被结构越简单；群落内的草本和灌木植物越多，而乔本植物就会越少。在铜壁关自然保护区（瑞丽片区）与西双版纳州大渡岗附近的自然保护区原始森林内的一些野芭蕉小群落，伴生着一些大型乔本植物，主要是一些豆科、樟科和无患子科植物，少数灌木和草本植物。相反，在西双版纳州尚勇镇董宗堡和关累镇藤蔑山两地的野芭蕉大群落里，只有少数草本植物，主要是一些海芋和蕨类植物等，没有见到大型乔本植物，也很少见到灌木。这可能是由于野芭蕉，在合适条件下容易形成单种优势群落，改变原有群落结构；具有大型乔本植物阴蔽的原始森林内的光照条件不适合野芭蕉形成单种优势群落，从而限制野芭蕉的入侵。

（3）云南热区的区域特点与野芭蕉的分布

云南热带地区是指滇东南、滇南和滇西南地区，是我国与越南、老挝和缅甸三国的边境区，其地理位置大概在《云南省植物分区图》中的滇缅老边境区（Ⅵ区）和滇越边境区（Ⅶ区）。李锡文等（1995）认为，该区域东西两侧有很大差异，东侧与古热带植物区的南海地区、台湾地区联系密切，而西侧则与南亚和东南亚地区联系密切；东西两侧的特有现象差异也很大，东侧特有现象十分明显且表现为古特有性质，而西侧特有现象及其古老性远不如前者，这种差异可能由于它们不同的地史背景。以铜壁关自然保护区为核心的滇西南区在植物区系上属滇缅老边境区，是热带向亚热带、温带过渡地带，位于喜马拉雅山山脉最东端的下降地区，靠近横断山脉，众多江河又从该区域的各山脉深切而过，江河深切而导致山高谷深，地面高差悬殊，地貌复杂。山谷和山沟，以及江河深谷有利于水气的积累，增加空气湿度，同时受印度洋西南季风影响，形成高温高湿的生态环境，非常适合野芭蕉的生长。所以，该区域野芭蕉资源种类多，变异丰富，与东南亚的野芭蕉资源有关联。以西双版纳国家自然保护区为核心的滇南区是热带地区的北缘，光照热量充足，大多为山地和丘陵，地势北高南低，基本上是北、西、东面较高，南部和中部较低。同时受印度洋西南季风和太平洋东南季风的影响，高温多雨的生态环境条件不仅形成了热带雨林植被，而且区域内的野芭蕉一般都能形成较大的群落。以大围山国家自然保护区为核心的滇东南区在植物区系上属于滇越边境区，区内最低海拔仅 225 m，最高峰大尖山海拔 2 365 m，且四周高山阻挡，仅东南面靠狭窄的红河谷口通过越南直达北部湾地区，地形复杂。受太平洋东南季风影响，夏天高温多雨，冬季暖湿多雾，形成了与滇南和滇西南不同的生态环境条件。河口指天蕉分布此区，说明该区的生态环境有利于野芭蕉的遗传分化。

（4）野芭蕉植物群落的结构特征及其演替动态

经刀耕火种撂荒后形成的不同演替阶段的野芭蕉单优群落，从仅撂荒 2 年处于侵入阶段的植物群落仅有 17 科 27 属 30 种，至定居阶段的群落有 50 科 74 属 98 种，发展到扩散阶段群落的 55 科 87 属 113 种。群落的科、属、种组成随着演替的进行而日益丰富、复杂，各群落的优势科、属的数量也日益增多。在区系组成上，各个阶段的野芭蕉群落均是以热带区系成分为主，达 90% 左右，并随着演替的进行，泛热带分布、热带亚洲（印度、马来西亚）分布所占的比例逐渐增大，而旧世界热带分布及东亚至北美洲间断分布所占的比例在逐渐减少，群落的演替正向着湿润性的热带森林方向发展。

处于不同演替阶段的群落的层次结构随着群落的发展而日趋复杂，从侵入阶段群落仅有上木层和草本层 2 个层次，上木层主要由野芭蕉组成，其数量占该层总株数的 62.6%，其间仅散生着重阳木、山香园、长果桑、木奶果、布荆、笔管榕等乔木树种，该层的盖度约 15%；而草本层则是以马唐、莠竹（*Microstegium ciliatum*）形成难以穿越、高度 1.5～2.0 m 的草丛。然后发展到定居阶段的乔、灌、草 3 个层次，乔木层高度 6～7 m，野芭蕉是该层的主体，占该层总株数的 38.6%，其他优势树种有苎麻、笔管榕、布荆、中平树、大穗野桐、皱波火桐等，形成了一个以野芭蕉为主，其他树种共优的层次。该层的盖度约 40%，野芭蕉的平均胸径为 7～9 cm，其他乔木的平均胸径为 5.0～6.0 cm；灌木层高 2～3 m，盖度 30% 左右，除野芭蕉及乔木层的幼树外，主要有锈毛杜茎山（*Measa permollis*）、木紫珠（*Callicarpa arborea*）、红皮水锦（*Wendlandia tinctoria*）、弯管花（*Chesalia curviflora*）、假海桐（*Pittosporopsis kerrii*）等，分布较均匀。草本层除野芭蕉和上述树种的一些幼龄植株外，以马唐、莠竹、多种蕨类、卷柏占优势。层间植物有葛藤（*Pueraria stricta*）、瓜馥木（*Fissistigma maclurei*）、羽叶金合欢（*Acacia pennata*）等一些藤本植物。到扩散阶段，可分为乔木层（1、2）、灌木层（1、2）、草本层，乔木 1 层高 10～12 m，主要由布荆、钝叶桂、木瓜榕及野芭蕉等高大植株组成，盖度 30% 左右，平均胸径 15～18 cm，株数仅占该层的 5.0%；第 2 亚层高 4～8 m，树种组成较为复杂，以野芭蕉、笔管榕、红皮水锦、苎麻、鸡血藤、皱波火桐等占优势。灌木第 1 亚层高 2～4 m，主要由乔木幼树组成，灌木种类较少，以杜茎山（*Measa indica*）、锈毛杜茎山、木奶果（*Baccaurea ramiflora*）等为常见；第 2 亚层中除上述的一些种类外，以弯管花、假海桐、大花哥纳香、苎麻等占优势。草本层由一些草本植物和蕨类植物所组成，种类较为丰富。

作为在群落中占主导地位的野芭蕉，不仅其重要值远远大于其他种类，而且由于种子萌发并具有较强的无性繁殖能力，其种群数量随着群落的发展也在急剧增长，种群的幼苗数量极为丰富，各年龄级的个体分布也逐渐增多。

与经刀耕火种撂荒后形成的林龄基本相同的天然次生林相比，处于扩散阶段的野芭蕉群落在植物种类组成、层次结构等方面与之基本相当，只是群落的多样性指数稍低，而且在种类组成上还远高于 22 年林龄的次生鸡血藤群落。随着群落演替的进行，树种的多样性在 9 年林龄的群落达到最大，29 年林龄的群落稍有下降。综合上述结果分析表明：经刀耕火种撂荒后的次生裸地，野芭蕉侵入后形成的单优群落对植物群落的物种组成、结构特征及演替方向并没有产生很大的影响。

野芭蕉种群在各生长阶段群落中占主导地位，其数量在各群落中也占有很大比例，但并未对群落的物种组成及结构特征产生影响，原因何在？通过对其生物量的测定及各器官的元素含量分析发现：野芭蕉个体各个器官的干物质含量很少，97%以上都是水分，各器官的元素含量也非常的少。虽然在同一群落中与其他植物产生光、热、水等资源的竞争，并进行生态位的扩张（张光明等，2000），但野芭蕉并未从土壤中吸取大量的养分元素来维持自己的生长，而且野芭蕉通常生长在水分十分充足的地方，生长所需的养分元素不足以影响到其他植物生长。

野芭蕉种群的数量在群落中如此之大，增长如此迅速，为何并未形成长期、稳定的单优群落？通过对不同生长阶段群落中的野芭蕉的生长特性的观察发现：在刚撂荒的裸地上，野芭蕉的侵入是通过其地下种子库中种子的萌发、生长而形成的，并不具有无性繁殖的能力；当野芭蕉生长到能开花、结实的时期，其个体才具有无性繁殖的能力，1 株个体在其根茎的周围常萌发出 5～8 株的幼株。但随着群落的发展，乔木逐渐占据群落上层，使喜阳性的野芭蕉得到的阳光逐渐减少，而且随着其个体的生长，具有无性繁殖能力的根茎长出了地面，从而丧失了无性繁殖能力。另一方面，长出地面的根茎难以承受本身的重量而倒伏。虽然在此阶段有部分因种子萌发而形成的幼苗，但因得不到充足的阳光而死亡，致使野芭蕉在群落中逐渐衰亡。这也许是野芭蕉难以形成长期稳定的单优群落的原因所在。

28.1.5 野芭蕉的化学成分和利用

（1）化学成分

通过对芭蕉根的水提取物、醇提取物以及石油醚提取物的定性研究，初步可以判断此水提物中含有蛋白质、氨基酸、糖类、有机酸、皂苷等物质，醇提取物中含有蒽醌、黄酮、香豆素、酚类、强心苷、蛋白质、氨基酸等化学物质，石油醚提取物中含有挥发油、甾体、油脂、内酯及香豆素等亲脂性成分。由于芭蕉的根、茎、叶、花均可入药，此项研究只是刚刚开始，随着对其深入的研究，将对芭蕉的不同药用部位进行有效成分的提取分离及分析研究。芭蕉的营养非常丰富，每百克果肉中含蛋白质 1.2 g、脂肪 0.5 g、碳水化合物 19.5 g、粗纤维 0.9 g、钙 9 mg、磷 31 mg、铁 0.9 mg，此外，还含有胡萝卜素、硫胺素烟酸、维生素 C 及维生素 E 以及丰富的微量元素钾等。

（2）利用价值

野芭蕉的根、茎、叶、花均可入药；芭蕉心、芭蕉的花和果均可食用。芭蕉的假茎可以作饲料；野芭蕉四季常青，树形美观，也可作为观赏植物。

野芭蕉变异类型繁多，对于良种繁育、培育新品种及研究栽培植物的起源和演变规律都具有十分重要的价值。

（3）利用现状

芭蕉生长在云南南部的广大地区，生活在这里的云南各族人民，与芭蕉结下了不解的情缘。芭蕉是水果，但对西双版纳的傣族人来说，它还能做成特色风味小吃。比如油煎芭蕉，傣语叫做"真桂"。糯米芭蕉，傣语叫做"毫冻桂"，是以糯米与芭蕉为原料加工的食品，是具有民族特色的粽子类食品。包内糯米饭带有芭蕉的香气、甜味、软润适口。糯米饭夹着的芭蕉，甜中夹有糯米香气。

芭蕉花很具有热带风情，西双版纳的傣、哈尼、拉祜、布朗等兄弟民族，都喜欢用芭蕉花做菜，并且形成了系列。这些用来食用的芭蕉花，主要是野芭蕉的花朵。野芭蕉花的品质，以花刚刚破茎而出的淡黄色圆锥形花色的为最好，其次是挂果以后的紫红色心形花朵。芭蕉花最为傣族人所喜爱。他们以它为原料加工的小吃颇多，主要有芭蕉花蘸酱、素炒芭蕉花、肉末炒芭蕉花、包蒸芭蕉花、芭蕉花三鲜汤等。

芭蕉花炒狗肉，则是哈尼族盖新房时的必备菜。这道菜，哈尼族人民多在贺新房时食用，因风味独特，餐馆内已普遍用以待客。另外，哈尼族的芭蕉花炖鸡，也是哈尼族产妇滋补催奶的佳品。

芭蕉心洁白如凝脂，很多民族的人喜欢吃，街上也有许多人在卖。哈尼族有暴腌芭蕉心的吃法，将野芭蕉的幼嫩芭蕉心切细，加上适量盐巴和稀饭拌和均匀，放入瓦坛内腌渍一至两天，即可食用，味略酸，和暴腌咸菜相似，但更具野趣。

芭蕉叶包蒸是傣族人用"蒸"的方法烹制菜肴的方式之一。用于包蒸的芭蕉叶一般需用火烤软或晒软。比如芭蕉叶包蒸猪肉、芭蕉叶蒸鸡等。包蒸猪肉是将猪肉剁碎，和盐、花椒粉、葱、蒜、青辣椒、香茅草原调料一起调匀，分成若干份，用芭蕉叶包好，放在甑子或蒸笼里蒸熟就可以吃了。

芭蕉叶也包"毫栋"，也就是傣族人的粽子。傣族人包粽子，是用被火烤软或晒软的芭蕉叶。他们将裁好的芭蕉叶卷成漏斗形状，往里装入糯米、花生和肉条等，装满后将口包成三角形，用竹篾扎牢，就成为尖角小包。然后用水浸泡一段时间，使包内米粒充分吸水发胀，再放在锅里加水煮熟即可食用。

芭蕉叶炊具与餐具：芭蕉叶是云南南部各族人民的天然炊具。傣族猎人在森林中，所有生活都离不开芭蕉。吃饭时，用芭蕉叶包烧菜肴，用芭蕉叶煮青苔汤，用芭蕉叶作碗，吃不完的还可以用芭蕉叶带走。休息时用芭蕉叶垫着，可坐可卧，干净整洁。布朗族的卵石煮鲜鱼，就是用芭蕉叶作为炊具做成的。景颇族招待客人的酒席，可以做到不用锅筷碗勺。正如元代李京在《诸夷风俗》中记述的"食无器皿，以芭蕉叶藉之"。明代《景泰云南图经志》载的"食不用筷"、"捻成团而食之"。这种特别习俗,当今仍可遇到。他们的餐桌就是芭蕉叶,盛饭菜的盘是烤软的芭蕉叶,吃饭的碗是芭蕉叶,饭菜包成小包,一包米饭,一包菜,极有天然情趣。

28.1.6 野芭蕉的生存现状与对策建议

(1) 生存现状

云南热带地区的野芭蕉群落大多数分布在肥沃的山谷和山沟里,目标大并且容易破坏,常被当地百姓开垦种植作物和经济林。特别是在橡胶种植地区,更容易被橡胶种植所替代,在大围山附近和西双版纳地区都普遍存在这种现象。例如,大围山区域内的河口县10多年前就广泛分布着许多野芭蕉,现在都被橡胶林所替代,很难找到完整的野芭蕉群落,只能在橡胶林边缘发现一些零散的野芭蕉。目前,只有在严格保护下的自然保护区内或交通极度不方便的地区才会见到野芭蕉大群落。野芭蕉种群数量正在锐减,有些野芭蕉物种可能成为濒危植物。

(2) 野芭蕉的保护对策与建议

针对以上原因,为加强对野芭蕉资源的保护,提出如下建议。

1) 对野芭蕉群落采取原生境保护,而对其他难以或不能在自然界里形成优势种的野芭蕉,以及人为干扰严重的野芭蕉异生境保护。

2) 将主要栽培香蕉的两个野生祖先种小果野芭蕉、野芭蕉列为濒危植物进行重点保护。

3) 加强野芭蕉的基础研究,探讨香蕉的起源与进化,阐明我国在栽培香蕉起源与演化中的地位和作用。

4) 建立香蕉基因库,开展种质资源的收集、保护、鉴定和创新利用。

参考文献

[1] 李锡文. 云南热带种子植物区系[J]. 云南植物研究, 1995, 17 (2): 112-115.

[2] 刘爱忠, 李德铢, 李锡文. 中国野生芭蕉(*Musa*)的分类订正[J]. 植物学研究, 2002, 43 (1): 77-81.

[3] 刘爱忠, 李德铢, 干红. 西双版纳先锋植物野芭蕉的传粉生态学研究[J]. 植物学报, 2001, 43 (3): 319-322.

[4] 吴征镒. 云南种子植物名录(上册)[M]. 昆明:云南人民出版社, 1984.

[5] 张光明, 唐建维, 施济普, 等. 西双版纳野芭蕉先锋群落优势种群的生态位动态[J]. 植物资源与环境学报, 2000, 9 (1): 22-26.

[6] 曾惜冰, 李丰年, 许林兵, 等. 广东省野生蕉的初步调查研究[J]. 园艺学报, 1989, 16 (2): 95-99.

[7] 李锡文. 云南芭蕉科植物[J]. 植物分类学报, 1987, 16 (3): 54-64.

[8] 刘爱忠. 芭蕉科的系统演化与生物地理学[D]. 中国科学院昆明植物研究所, 美国 Smithsonian 研究院自然历史博物馆, 昆明, 2001.

[9] 刘伟良,陈友王,王静毅,等. 云南热带地区野芭蕉资源考察及分布现状分析[J]. 热带农业科学,2007,7（3）：31-34.

[10] 施济普,张光明,白坤甲,等. 人为干扰对小果野芭蕉群落生物量及多样性的影响[J]. 武汉植物学研究,2002,20（2）：119-123.

[11] 唐建维,施济普,张光明,等. 西双版纳野芭蕉先锋植物群落的结构特征及其演替动态[J]. 生物多样性,2003,11（1）：37-46.

[12] 中国科学院中国植物志编写委员会. 中国植物志[M]. 北京：中国农业出版社,1981,16（2）：1-12.

野芭蕉植株　　　　　　野芭蕉花果

野芭蕉生境　　　　　　野芭蕉群落

野芭蕉（*Musa balbisiana* Colla）

附录 1 汉拉英中国野生果树名录

序号	科名	中文名称	拉丁学名	英文名称	主要用途	产地及分布区
1	红豆杉科	巴山榧	*Torreya fargesii* Franch.	Farges Toneya	种子食用、榨油	陕西南部、湖北西部、四川东部及西部峨眉山海拔1 000～1 800 m 地带
2	红豆杉科	云南榧树	*Torreya fargesii* var. *yunnanensis*	Yunan Toneya	种子食用、榨油	云南西北部丽江、维西、贡山、中甸海拔 2 400～3 300 m 高山地带。喜温凉湿润的气候与酸性棕色土壤
3	红豆杉科	榧树	*Torreya grandis* Fort. ex Lindl.	Grand Torreya, Chinese Torreya	种子食用、榨油	浙江诸暨枫桥、西黄三坑海拔约 600 m 之山坡栽培颇多，有百龄以上结实力仍未衰退的大树
4	红豆杉科	长叶榧	*Torreya jackii* Chun	Jack Torreya	种子食用、榨油	浙江南部、杭州有栽培
5	松科	华山松	*Pinus armandii* Franch.	Armand Pine	种子食用、榨油	山西南部中条山、河南西部及嵩山、山西南部秦岭（东起华山、西至辛家山、海拔 1 500～2 000 m）、甘肃南部（姚河及白龙江流域）、四川、湖北西部、贵州中西部及西北部、云南及西藏雅鲁藏布江 1 000～3 300 m、江西庐山、浙江杭州等地有栽培
6	松科	台湾果松	*Pinus armandii* var. *mastersiana* (Hayata) Hayata	Masters Pine	种子食用、榨油	台湾中部以北、中央山脉阿里山、玉山等高山地区
7	松科	白皮松	*Pinus bungeana* Zucc.	Lace-bark Pine, Bunge Pine	种子食用、榨油	山西（吕梁山、中条山、太行山）、河南西部、陕西秦岭、甘肃南部及天水麦积山、四川北部江油观雾山及湖北西部等地，生长于海拔 500～1 800 m 地带。在秦岭山地、豫鄂与山西交界处的大松林有纯林。辽宁南部、北部、曲阜、庐山、南京、苏州、杭州、衡阳等均有栽培
8	松科	海南五针松	*Pinus fenzeliana* Hand.-Mzt.	Fenzel Pine	种子食用、榨油	海南五指山海拔 1 000～1 600 m 及西部东方、感恩等地海拔1 600 m 以下，广西大明山、九万大山、环江等地及贵州中部、北部等高山地区。湖南西南部有栽培

序号	科名	中文名称	拉丁学名	英文名称	主要用途	产地及分布区
9	松科	西藏白皮松	*Pinus gerardiana* Wall.	Gerard Pine	种子食用、榨油	喜马拉雅山西北部至阿富汗；在我国产于西藏西部扎达海拔2 700 m山地
10	松科	乔松	*Pinus griffithii* McClelland	Bhutan Pine, Himalayan Pine	种子食用、榨油	西藏南部海拔2 500~3 300 m地带及东南部，云南西北部海拔1 600~2 600 m地带；生长于针叶阔叶树混交林中。缅甸、不丹、锡金、印度、尼泊尔、巴基斯坦，阿富汗也有分布
11	松科	红松	*Pinus koraiensis* Sieb. et Zucc.	Korean Pine	种子食用、榨油	东北长白山区，吉林山区及小兴安岭爱辉以南150~1 800 m，气候寒冷、湿润、棕色森林土地带
12	松科	华南五针松	*Pinus kwangtungensis* Chun ex Tsiang	Kwangtung Pine	种子食用、榨油	湖南南部（宁远、宜章、茅山），贵州独山、广西（金秀、融水、龙胜），广东北部（乐昌）及海南五指山海拔700~1 600 m地带
13	松科	偃松	*Pinus pumila* Regel	Dwarf Siberian Pine, Japanese Stone Pine	种子食用、榨油	东北大兴安岭白哈喇山，英吉利山上部海拔1 200 m以上，小兴安岭海拔1 000 m以上，吉林老爷岭山上部海拔1 200 m以上，长白山上部海拔1 800 m以上。俄罗斯、朝鲜、日本也有分布
14	松科	新疆五针松	*Pinus sibirica* (Loud.) Mayr	Siberian Pine, Siberian Stone Pine	种子食用、榨油	新疆阿尔泰山西北部。俄罗斯也有分布
15	松科	毛枝五针松	*Pinus wangii* Hu et Cheng	Wang Pine	种子食用、榨油	云南东南部海拔500~1 800 m石灰岩山地，疏生不成林或与栎类树种混交成林
16	买麻藤科	海南买麻藤	*Gnetum hainanensis* C. Y. Cheng	Hainan Jointfir	种子食用或榨油	广东、海南、广西（南宁、横县）
17	买麻藤科	买麻藤	*Gnetum montanum* Markgr.	Common Jointfir	种子食用、榨油	云南南部北纬20°以南（泸西、景东、西双版纳、思茅）及广西（上思、容县、罗城）、广东（云浮山、罗浮山及海南岛）海拔1 600~2 000 m地带的森林中，缠绕于树木上。印度、锡金、缅甸、泰国、老挝及越南也有分布
18	买麻藤科	小叶买麻藤	*Gnetum parvifolium* (Warb.) C. Y. Cheng	Small-leaved Jointfir	种子食用或榨油	福建、广东、广西、湖南等地区。以广东最为常见，北界约在北纬26.6°之处（福建南平），为现知买麻藤属分布的最北界线

序号	科名	中文名称	拉丁学名	英文名称	主要用途	产地及分布区
19	买麻藤科	垂子买麻藤	*Gnetum pendulum* C. Y. Cheng	Pendent-seeded Jointfir	种子食用或榨油	云南南部（西起龙陵，东大金屏，屏边，南至西双版纳南地区），澜沧，景东，西畴等地。海拔1 200~1 800 m地带。多生长于山坡及峡谷的森林中
20	杨梅科	青杨梅	*Myrica adenophora* Hance	Green Bayberry, Green Waxmyrtle	淹渍，饮料	广东或广西。生长于山谷或石中
21	杨梅科	毛杨梅	*Myrica esculenta* Buch.-Ha Myrica	Hairy Waxmyrtle, Hairy Bayberry	淹渍，饮料	四川中部以西，广东西部及南部，广东西北部半岛。常生长在海拔280~2 500 m的稀疏杂木林内或干燥的山坡上。分布于中南
22	杨梅科	矮杨梅（云南杨梅）	*Myrica nana* Cheval.	Dwarf Waxmyrtle, Dwarf Bayberry	淹渍，饮料	云南中部，向东达贵州西部。生长于海拔1 500~3 500 m的山坡，林缘及灌木丛中
23	杨梅科	杨梅	*Myrica rubra* Sieb. et Zucc.	Chinese Waxmyrtle, Chinese Bayberry	鲜食，淹渍，饮料	江苏、浙江、台湾、福建、江西、湖南、贵州、四川、云南、广西和广东。日本，朝鲜和菲律宾也有分布。生长在海拔125~1 500 m的山坡或山谷林中，喜酸性土壤
24	胡桃科	喙核桃	*Annamocarya sinensis* (Dode) Leroy	Chinese Annamocarya	种子食用或榨油	贵州南部，广西，云南东南部，我国台湾有栽培。越南也有分布，常生长沿河流两岸的森林内
25	胡桃科	山核桃	*Carya cathayensis* Sarg.	Cathay Hickory	种子食用或榨油	浙江与安徽。适合生长于山麓疏林中或腐殖质丰富的山谷，海拔可达400~1 200 m
26	胡桃科	湖南山核桃	*Carya hunanensis* Cheng et R.H.Chang	Hunan Hickory	种子食用或榨油	湖南（城步、通道、靖县等），广西（三江），贵州（黎平、锦屏、天柱、德江等）。分布于平缓山谷、江河两侧土层深厚之地
27	胡桃科	贵州山核桃	*Carya kweichouensis* Kuang et A. M. Lu	Guizhou Hickory	种子食用或榨油	贵州安龙，册亨，兴义等县。生长于海拔1 300 m的山坡上
28	胡桃科	越南山核桃	*Carya tonkinensis* Lecome	Tonkin Hickory	种子食用或榨油	广西、云南南部到西北部。分布于越南南部，生长于海拔1 300~2 200 m的山坡上
29	胡桃科	野核桃	*Juglans cathayensis* Dode	Chinese Walnut, Wild Walnut	种子食用或榨油	甘肃、陕西、山西、河南、湖北、湖南、四川、贵州、云南、广西。生长于海拔800~2 000（2 800）m的杂木林中

序号	科名	中文名称	拉丁学名	英文名称	主要用途	产地及分布区
30	胡桃科	华东野核桃	*Juglans cathayensis* Dode var. *formosana* (Hayata) A.M.Lu et R.H.Chang	E. China Walnut	种子食用或榨油 嫁接核桃的砧木	浙江、江苏、安徽、江西、福建和台湾。生长于山谷或坡林中
31	胡桃科	麻核桃	*Juglans hopeiensis* Hu	Hebei Walnut	砧木、种子可食	北京郊区南口和夏口、河北北部
32	胡桃科	胡桃楸	*Juglans mandshurica* Maxim.	Manchurian Walnut	种子食用或榨油	黑龙江、吉林、辽宁、河北、山西。分布于朝鲜北部。多生长于土质肥厚、湿润、排水良好的沟旁或山坡的阔叶林中
33	胡桃科	核桃（野生）	*Juglans regia* Maxim.	English Walnut, Persian Walnut, Common Walnut	种子食用或榨油	华北、西北、华中、华南和华东、南亚和欧洲。分布于中亚、新疆、云南、西藏有野生。我国平原及丘陵地带常见栽培，喜肥沃湿润的山坡及沙质壤土。常见于山区河谷两旁土层深厚的地方
34	胡桃科	漾濞核桃（泡核桃）	*Juglans sigillata* Dode	Sigillate Walnut	种子食用或榨油	云南、贵州、四川西部、西藏雅鲁藏布江中下游。生长于海拔1 300~3 300 m的山坡或山谷林中
35	榛科	披针叶榛	*Corylus fargesii* Schneid.	Farges Filbert, Farges Hazel	果食用或榨油	四川、贵州、湖北、河南、陕西、甘肃。生长于海拔800~3 000 m的山谷中
36	榛科	华榛	*Corylus chinensis* Francht.	Chinese Filbert, Chinese Hazel	果食用或榨油	云南、四川西部。生长于海拔2 000~3 500 m的湿润山坡中
37	榛科	钟苞榛	*Corylus chinensis* Francht. var. *brevilimba* Hu ex T. Hong et J. W. Li		果食用或榨油	云南、四川西部和西南部。生长于海拔2 000~3 500 m的湿润山坡林中
38	榛科	刺榛	*Corylus ferox* Wall.	Himalayan Filbert, Tibetan Haze	果食用	西藏、云南、四川西部和西南部。锡金、尼泊尔也有分布
39	榛科	台湾榛	*Corylus formosa* Hayata	Taiwan Filbert	果食用或榨油	台湾

序号	科名	中文名称	拉丁学名	英文名称	主要用途	产地及分布区
40	榛科	榛	Corylus heterophylla Fisch. ex Trautv.	Siberian Filbert, Siberian Hazel	果食用或榨油	黑龙江、吉林、辽宁、河北、山西、陕西。生长于海拔200～1 000 m的山地阴坡灌丛中，江苏有栽培。朝鲜、日本、苏联东西伯利亚和远东地区，蒙古东部也有分布
41	榛科	川榛	Corylus heterophylla Fisch. ex Trautv. var. sutchuensis Franch.	Sichuan Filbert	果食用或榨油	贵州、四川东部、甘肃中东部、河南、山东、江苏、安徽、浙江、江西。生长于海拔700～2 500 m的山地林间
42	榛科	毛榛	Corylus mandshurica Maxim. et Rupr.	Manchurian Filbert, Manchurian Hazel	果食用或榨油	黑龙江、吉林、辽宁、河北、山西、山东、四川东部和北部、陕西、甘肃东部。生长于海拔400～1 500 m的山坡灌丛中或林下。朝鲜、苏联远东地区、日本也有分布
43	榛科	维西榛	Corylus wangii Hu	Wang Filbert	果食用或榨油	云南西北部。生长于海拔3 000 m上下的山地林间
44	榛科	滇榛	Corylus yunnanensis (Fr.) A. Camus	Yunnan Filbert	果食用或榨油	云南中部、西部及西北部和四川西南部、贵州西部。生长于海拔2 000～3 700 m的山坡灌丛中
45	壳斗科	锥栗	Castanea henryi Rehd. et Wils.	Henry Chestnut	果食用、砧木	华东、西南地区、广布于秦岭坡以南、五岭以北各地，但台湾海南不产。生长于海拔100～1 800 m的丘陵与山地，常见于落叶或常绿的混交林中
46	壳斗科	茅栗	Castanea seguinii Dode	Seguin Chestnut	果食用、砧木	华东、华中地区、广布于大别山以南、五岭南坡以北各地，常见于山坡灌丛中，与阔叶常绿后落叶树混生
47	壳斗科	银叶椎	Castanopsis argyrophylla King ex Hook. f.	Silver-leaved Evergreen Chinkapin	种子 误粉食用	云南（金平、西双版纳、沧源等）。生长于海拔1 000～1 500 m的山地疏林或密林中干燥或湿润的地方。老挝、泰国、缅甸、印度也有分布
48	壳斗科	小红椎	Castanopsis carlesii (Hemsl.) Hayata.	Carles Evergreen Chinkapin	种子可食、制淀粉	福建东南部（南靖）、海南、广西、贵州（红水河南部、湖南西部（江华）、广东（罗浮山西南部）及云南南部、西藏东南部（墨脱）。生长于海拔30～1 600 m缓坡及山地常绿阔叶林中。越南、老挝、柬埔寨、缅甸、印度也有分布

序号	科名	中文名称	拉丁学名	英文名称	主要用途	产地及分布区
49	壳斗科	桂林栲（锥）	*Castanopsis chinensis* (Sprengel) Hance	Chinese Evergreen Chinkapin	种子可食，制淀粉	广东、广西、贵州西南部（安龙）、云南东南部。生长于海拔1 500 m以下山地或平坡杂木林中
50	壳斗科	厚皮栲	*Castanopsis chunii* Cheng	Chun Evergreen Chinkapin	种子淀粉食用	湖南、江西两省南部、广东北部、广西西南部、贵州（东南部）。生长于海拔1 000~2 000 m的山地杂木林的密林中
51	壳斗科	高山栲	*Castanopsis delavayi* Franch.	Delavay Evergreen Chinkapin	种子可食，制淀粉	四川西南部、云南、贵州西南部。生长于海拔150~2 800 m山地杂木林中，常为亚高山松栎林的主要树种，有时成小片纯林
52	壳斗科	甜槠栲	*Castanopsis eyrei* (Champ. ex Benth.) Tutch.	Eyre Evergreen Chinkapin, Reflexive-spined Evergreen Chinkapin	种子可食，制淀粉	长江以南各地，但海南、云南不产。常见于海拔300~1 700 m丘陵或山地疏或密林中，在常绿阔叶或针叶阔叶混交林中为主要树种，有时成小片纯林
53	壳斗科	丝栗栲（栲树）	*Castanopsis fargesii* Franch.	Farges Evergreen Chinkapin	种子淀粉	长江以南各地，西南至云南东南部，西至四川南部。海拔200~2 100 m坡地或山脊木林中，有时成小片纯林
54	壳斗科	黧蒴栲	*Castanopsis fissa* (Champion ex Bentham) Rehder et E. H. Wilson	Breaking-fruited Evergreen Chinkapin	种子淀粉食用	福建、江西、湖南、贵州四省南部、广东、海南、香港、广西、云南东南部。生长于海拔约1 600 m以下阳坡较常见。越南北部也有分布
55	壳斗科	南岭栲（毛锥）	*Castanopsis fordii* Hance	Ford Evergreen Chinkapin	种子可食，制淀粉	浙江、江西、福建、湖南四省南部、广东、广西南部。生长于海拔1 200 m以下山地灌木或乔木林中
56	壳斗科	刺栲（红锥）	*Castanopsis hystrix* A. DC.	Red Evergreen Chinkapin, Spiny-bracted Evergreen Chinkapin	种子可食，制淀粉	福建东南部（南靖、云霄）、湖南西南部（江华）、广东（罗浮山西段）、海南、广西、贵州（红水河段）及云南南部、西藏东南部（墨脱）。生长于海拔30~1 600 m缓坡及山地常绿阔叶林中
57	壳斗科	印度栲	*Castanopsis indica* (Roxb.) A. DC.	Indian Evergreen Chinkapin	种子可食，制淀粉	广东、海南、广西、云南四省的南部、西藏东南部（墨脱）。生长于海拔约1 500 m以下山地常绿阔叶林中，常为上层树种。越南、老挝、缅甸、尼泊尔、不丹、锡金、印度均有分布

序号	科名	中文名称	拉丁学名	英文名称	主要用途	产地及分布区
58	壳斗科	青钩栲（吊皮锥）	*Castanopsis kawakamii* Hayata	Kawakami Evergreen Chinkapin	种子可食、制淀粉	台湾、福建、江西三省南部、广东、广西东南部。生长于海拔约1 000 m以下山地疏林或密林中
59	壳斗科	红勾栲（鹿角栲）	*Castanopsis lamontii* Hance	Lamont Evergreen Chinkapin	种子食用、制淀粉	福建、江西、湖南、贵州四省南部、广东全境、广西大部、云南东南部。生长于海拔500～2 500 m山地疏林或密林中，越南北部也有分布
60	壳斗科	毛果栲（元江栲）	*Castanopsis orthacantha* Franch.	Straight-spined Evergreen Chinkapin	种子淀粉食用	贵州西部、四川西南部、云南大部地区。生长于海拔1 500～3 200 m疏林或密林中，为针叶阔叶混交林中的主要树种，有时成小片纯林
61	壳斗科	扁刺栲	*Castanopsis platyacantha* Rehd. et Wils.	Flat-spined Evergreen Chinkapin	种子可食、制淀粉	产贵州西北部、四川、云南东北部。生长于海拔1 500～2 500 m山地疏林或密林中，干燥或湿润地方，有时成小片纯林
62	壳斗科	苦槠	*Castanopsis sclerophylla*（Lindl. et Paxton）Schottky	Bitter Evergreen Chinkapin	种子淀粉食用	长江以南五岭以北各地，西南地区仅见于四川东南部及贵州东北部，见于海拔200～1 000 m丘陵或山坡疏林或密林中
63	壳斗科	钩栲	*Castanopsis tibetana* Hance	Tibet Evergreen Chinkapin	种子可食、制淀粉	浙江、安徽两省南部、湖北西南部、江西、福建、湖南、广东、贵州、云南东南部。生长于海拔1 500 m以下山地杂木林中较湿润地方或平地路旁或寺庙周围，有时成小片纯林
64	榆科	大果榆	*Ulmus macrocarpa* Hance	Big-fruited Elm	嫩果可食、种子榨油	黑龙江、吉林、辽宁、河北、山东、江苏北部、安徽北部、河南、山西、陕西、甘肃、青海东部。生长于700～1 800 m地带的山坡、谷底、台地、黄土丘陵、固定沙丘及岩缝中。朝鲜及前苏联中部也有分布
65	榆科	白榆	*Ulmus pumila* L.	Siberian Elm, Dwarf Elm	嫩果可食、种子榨油	东北、华北、西北及西南各省区。生长于海拔1 000～2 500 m以下的山坡、山谷、川地、丘陵沙岗等处。长江下游各省有栽培。也为华北及淮北平原农村的习见树木。朝鲜、前苏联、蒙古也有分布
66	桑科	白桂木（红桂木）	*Artocarpus hypargyrea* Hance	Red Cassia Tree, Silver-backed Artocarpus	果可食用或加工成	广东及沿海岛屿、海南、福建、江西（崇义、会昌、大余）、湖南、云南东南部（屏边、麻栗坡、广南）。生长于海拔160～1 630 m，常绿阔叶林中

序号	科名	中文名称	拉丁学名	英文名称	主要用途	产地及分布区
67	桑科	滇波罗蜜	Artocarpus lacucha (Roxb.) Buch.-Ham. ex D. Don [Artocarpus lakoocha Roxb.]	Yunnan Artocarpus	果可食用或加工用	产于云南（河口、金平、西双版纳），通常生长于海拔130～650 m石灰岩山地林中。越南、老挝、尼泊尔、锡金、不丹、印度、缅甸也有分布
68	桑科	桂木	Artocarpus nitidus subsp. lingnanensis (Merr.) Jarr.		果食用或加工用	广东、海南、广西等地
69	桑科	短绢毛桂木	Artocarpus petelotii Gagnep.	Petelot Artocarpus	果可食用或加工用	云南东南部（金平、河口、马关、麻栗坡、西畴、砚山、邱北）。海拔1 900 m山地，林中。越南北部也有分布
70	桑科	二色波罗蜜（二色桂木）	Artocarpus styracifolia Pierre	Bicolor Artocarpus	果可食用或加工用	广东、海南、广西（龙津、大瑶山）、云南（屏边、河口、畴、麻栗坡、马关），常生长于海拔200～1 180（1 500）m森林中。中南半岛的北部（越南、老挝）也有分布
71	桑科	胭脂（鸡嗉子）	Artocarpus tonkinensis A.Chev. ex Gagnep.	Tonkin Artocarpus	果可食用或加工	广东、海南、广西、云南（南部至东南部，400～800 m）、贵州（南部至东南部）。生长于海拔较低的山坡阴处。中南半岛（越南北部、柬埔寨）也有分布
72	桑科	黄果波罗蜜（云南波罗蜜）	Artocarpus xanthocarpus Merr.	Yunnan Artocarpus	果可食用或加工用	菲律宾和加里曼丹岛也有分布
73	桑科	小构树	Broussonetia kazinoki Sieb. et Zucc.	Kazinoki Paper-mulberry	果可食用或加工用	我国台湾（兰屿）。锡金、泰国、越南、马来西亚，也有分布，野生或栽培
74	桑科	柘	Cudrania tricuspidata Bur.	Tricuspid Cudrania	果食用或酿酒	华北、华东、中南、西南各省区（北达陕西、河北），阳光充足的山坡或林缘。生长于海拔500～1 500（2 200）m。朝鲜、日本也有分布
75	桑科	馒头果	Ficus auriculata Lour.	Eared Strangler Fig, Auricle-leaved Fig	果食用或酿酒	广东南部、广西南部和云南南部，生长于海拔120～800 m山地林中。越南也有分布
76	桑科	大果榕	Ficus auriculata Lour.	Eared Strangler Fig, Auricle-leaved Fig	果可食用或酿酒	海南、广西、云南[海拔130～1 700（2 100）m]，贵州（罗甸）、四川西南部等。喜生于低山沟谷潮湿雨林中。印度、越南、巴基斯坦也有分布

序号	科名	中文名称	拉丁学名	英文名称	主要用途	产地及分布区
77	桑科	爱玉子	Ficus awkeotsang Makino		果可做清凉饮料	台湾、福建、浙江
78	桑科	天仙果	Ficus erecta Taunb.	Upright Fig, Erect Fig	果食用或加工用	广东（及沿海岛屿）、广西、贵州、湖北（武汉、十堰）、湖南、江西、浙江、福建、台湾。生长于山坡林下或溪边。日本（琉球）、越南也有分布
79	桑科	异叶榕	Ficus heteromorpha Hemsl.	Heteromorphic Fig	果可食用或加工用	广泛分布于长江流域中下游及华南地区，北至陕西、河南，生长于山谷、坡地及林中
80	桑科	苹果榕	Ficus oligodon Miq.	Apple Fig	果可食用或加工用	海南、广西、贵州、云南[200～1 700（2 100）m]、西藏（墨脱）。喜生长于低海拔山谷、沟边、湿润土壤地区。尼泊尔、锡金、不丹、印度、越南、泰国、马来西亚也有分布
81	桑科	薜荔（薛荔）	Ficus pumila L.	Undersized Fig, Creeping Fig, Climbing Fig	果可做凉粉	福建、江西、浙江、江苏、安徽、台湾、湖南、广东、广西、贵州、云南东南部。四川及陕西、北方偶有栽培。日本琉球、越南北部也有分布
82	桑科	竹叶榕	Ficus stenophylla Hemsl.	Bamboo-leaf Fig	果可食用，加工	福建、台湾、浙江、广东（从化、大埔、阳山、连山）、海南、湖南（保靖、洞口）、苗山、天峨、贵州（松桃、榕江、独山、安龙）。常生长于沟旁堤岸边。越南北部和泰国北部也有分布
83	桑科	棒果榕	Ficus subincisa Buch.-Ham. ex J. E. Sm	Sticky-fruited Fig	果可食或加工用	云南贡山、泸水、景东、蒙自一线以南地区，常生长于山谷、沟边或疏林中。海拔1 000～2 100 m。尼泊尔、锡金、不丹、印度东北部（阿萨姆）、缅甸、老挝、泰国、越南也有分布
84	桑科	地瓜	Ficus tikoua Bur.	Digua Fig	果食用，加工	湖南（龙山）、贵州纳雍、湖北（南漳、十堰、宜昌以西）、四川（木里、屏山）、广西大苗山、甘肃、陕西南部、西藏东南部、云南。常生长于荒地、草坡或岩石缝中。老挝北部、越南北部、印度东北部（阿萨姆）也有分布
85	桑科	青果榕	Ficus variegata Bl.	Variegated Fig	果可食，加工	广东及沿海岛屿、海南、广西、云南南部。低海拔、沟谷地区常见。越南中部、泰国也有分布

序号	科名	中文名称	拉丁学名	英文名称	主要用途	产地及分布区
86	桑科	桑	Morus alba L.	White Mulberry	果食用、加工	我国中部和北部，现由东北至西南各省区，西北直至新疆均有栽培。日本、朝鲜、蒙古、中亚各国、俄罗斯、欧洲等地以及印度、越南也有栽培
87	桑科	鸡桑	Morus australis Poir.	Japanese Mulberry, Taiwan Mulberry	果食用、加工	辽宁、河北、陕西、甘肃、山东、安徽、浙江、江西、福建、台湾、河南、湖北、广东、广西、贵州、云南、西藏等省区。常生长于海拔500～1 000 m石灰岩山地或林缘及荒地。朝鲜、日本、斯里兰卡、不丹、尼泊尔及印度也有分布
88	桑科	华桑	Morus cathayana Hemsl.	Chinese Mulberry	果食用、加工	河北、山东、河南、江苏、陕西、安徽、浙江、湖南、湖北、四川等地。常生长于海拔800～1 300 m向阳山坡或沟谷、性耐干旱。朝鲜、日本也有分布
89	桑科	荔波桑	Morus liboensis S. S. Chang		果可食	贵州荔波，生长于海拔700 m石灰岩山地
90	桑科	奶桑	Morus macroura Miq.		果食用或加工	云南南部、西藏波密、墨脱等地
91	桑科	蒙桑	Morus mongolica Schneid.	Mongolian Mulberry	果食用、加工	黑龙江、吉林、辽宁、内蒙古、新疆、青海、河北、山西、山东、陕西、安徽、江苏、湖北、贵州、云南等地，生长于海拔800～1 500 m山地或疏林中山地。蒙古和朝鲜也有分布
92	桑科	云南桑	Morus mongolica var. yunnanensis (Koidz.) C. Y. Wu et Cao	Yunnan Mulberry	果可食或加工	云南西北、四川西部和西藏察隅地区
93	桑科	川桑	Morus notabilis Schneid.	Sichuan Mulberry	果可食或加工	四川西部洪雅、马边及峨眉、云南贡山、绥江、镇雄及文山
94	桑科	长穗桑（湘桂桑）	Morus wittiorum Hand.－Mazz.	Hunan-kwangsi Mulberry	果可食	湖北、湖南、广西（平南、大苗山）、广东（乐昌）、贵州东北部至南部，生长于海拔900～1 400 m的山坡疏林中山脚沟边
95	木通科	三叶木通	Akebia lobata Dcne.	Trifoliate Akebia	果可食、入药	河北、山西、山东、河南、陕西南部、甘肃南部，至长江流域各省区。生长于海拔250～2 000 m的山地沟谷边树林或丘陵灌丛中。日本也有分布

序号	科名	中文名称	拉丁学名	英文名称	主要用途	产地及分布区
96	木通科	木通	*Akebia quinata* Dne.	Quinate Akebia	果可食，入药	长江流域各省区。生长于海拔300~1 500 m的山地灌丛、林缘和沟谷中。日本和朝鲜也有分布
97	木通科	白木通	*Akebia trifoliata* (Thunb.) Koidz. var. *australis* (Diels) Rehd.	Austral Akebia	果可食，入药	长江流域各省区，向北分布至河南、山西和陕西。生长于海拔300~2 100 m的山坡灌丛或沟谷疏林中
98	木通科	猫儿屎	*Decaisnea fargesii* Franch.	Farges Decaisnea	果可食，入药	云南、广西、贵州、四川、陕西、湖北、湖南、江西、安徽。生长于海拔900~3 600 m的山坡灌丛或沟谷杂木林下阴湿处
99	木通科	羊腰子（沙坝八月瓜）	*Holboellia chapaensis* Gagnep.	Netted Holboellia	果可食，入药	云南东南部及广西南部
100	木通科	鹰爪枫	*Holboellia coriacea* Diels	Leathery Holboellia	果可食，入药	四川、陕西、湖北、湖南、贵州、江西、安徽、江苏和浙江。生长于海拔500~2 000 m的山地杂木林或路旁灌丛中
101	木通科	五叶瓜藤（五风瓜）	*Holboellia fargesii* Reaub.	Farges Holboellia	果可食，入药	云南、广西、贵州、四川、湖北、湖南、陕西、安徽、广东和福建。生长于海拔500~3 000 m山坡杂木林及沟谷中
102	木通科	牛姆瓜	*Holboellia grandiflora* Reaub.	Big-flowered Holboellia	果可食，入药	四川、贵州和云南。生长于海拔1 100~3 000 m的山地杂木林或沟边灌丛中
103	木通科	五风藤（八月瓜）	*Holboellia latifolia* Wall.	Broad-leaved Holboellia	果可食，入药	云南、贵州、四川和西藏东南部。生长于海拔600~2 600 m的山坡、山谷密林或山谷林缘。印度东北部，不丹和尼泊尔也有分布
104	木通科	昆明鹰爪枫（细白沙藤）	*Holboellia ovatifoliolata* Y. C. Wu et T. Chen	Ovate-leafleted Holboellia	果可食，入药	云南（高明、昆明、大姚）；四川宝兴。生长于海拔2 100~2 700 m的山谷密林和灌丛中
105	木通科	三叶野木瓜	*Stauntonia brunoiama* Wall.	Brunon Staunton-vine	果可食，入药	云南南部。生长于海拔900~1 500 m的山地林中。印度东北部、缅甸和越南南部也有分布
106	木通科	野木瓜	*Stauntonia hexaphylla* Decne.	Chinese Staunton-vine	果可食，入药	广东、广西、香港、湖南、贵州、云南、安徽、浙江、江西和福建。生长于海拔500~1 300 m的山谷或山腰灌丛、溪边疏林中

序号	科名	中文名称	拉丁学名	英文名称	主要用途	产地及分布区
107	小檗科	峨眉小檗	Berberis aemulans Schneid.	Omei Mountain Barberry, Emei Barberry	果可食，作砧木	产于四川。生长于山坡路旁或灌丛中。海拔 2 900~3 150 m 附近
108	小檗科	锥花小檗	Berberis aggregata Schneid.	Salmon Barberry	果可食，作砧木	青海、甘肃、四川、湖北、山西。生长于山谷灌丛、山坡路旁、河滩、林中、林缘灌丛中。海拔 1 000~3 500 m
109	小檗科	黄芦木	Berberis amurensis Rupr.	Amur Barberry	果可食，作砧木	黑龙江、吉林、辽宁、河北、山东、内蒙古、山西、陕西、甘肃。日本、朝鲜（西伯利亚）也有分布。生长于山地灌丛中、沟谷、林缘、疏林、溪旁或岩石旁。海拔 1 100~2 850 m
110	小檗科	安徽小檗	Berberis anhweiensis Ahrendt	Anhui Barberry	果可食，作砧木	安徽、浙江、湖北。海拔 400~1 800 m
111	小檗科	毛叶小檗（短柄小檗）	Berberis brachypoda Maxim.	Short-stalked Barberry	果可食，作砧木	四川、陕西、甘肃、湖北、河南、山西。青海山坡灌丛、林下，海拔 800~2 500 m
112	小檗科	秦岭小檗	Berberis circumserrata (Schneid.) Schneid.	Cut-leaved Barberry	果可食，作砧木	湖北、陕西、河南、甘肃、青海。生长于山坡、林缘、沟边。海拔 1 450~3 300 m
113	小檗科	鲜黄小檗	Berberis diaphana Maxim.	Net-viened Barberry	果可食，作砧木	陕西、甘肃、青海。生长于灌丛、草甸、林缘坡地或云杉林中。海拔 1 620~3 600 m
114	小檗科	刺红珠	Berberis dictyophylla Franch.	Chalk-leaved Barberry	果可食，作砧木	云南、四川、西藏。生长于山坡灌丛、河滩草地、林下、林缘、草坡。海拔 2 500~4 000 m
115	小檗科	首阳小檗	Berberis dielsiana Fedde	Diels Barberry	果可食，作砧木	陕西、河南、甘肃、山西、湖北、山东。生长于山坡、山谷灌丛或林中。海拔 600~2 300 m
116	小檗科	巴东小檗	Berberis henryana Schneid.	Henry Barberry	果可食，作砧木	四川、湖北。贵州北部。生长于山地灌丛中、林中、林缘和河边。海拔 2 000~3 300 m
117	小檗科	川滇小檗	Berberis jamesiana Forrest et W. W. Smith	James Barberry	果可食，作砧木	云南、四川、西藏。生长于山坡、林缘、河边、林中或灌丛中。海拔 2 100~3 600 m
118	小檗科	细叶小檗	Berberis poiretii Schneid.	Poiret Barberry	果可食，作砧木	吉林、辽宁、内蒙古、青海、陕西、山西、河北。生长于山地灌丛砾质地、草原化荒漠、山沟河岸或林下。海拔 600~2 300 m。朝鲜、蒙古、俄罗斯（远东地区）有分布

序号	科名	中文名称	拉丁学名	英文名称	主要用途	产地及分布区
119	小檗科	刺黑珠	Berberis sargentiana Schneid	Sargent Barberry	果可食	湖北、四川。生长于山坡灌丛、路旁、岩缝、竹林中或山沟旁林下。海拔700~2 100 m
120	小檗科	庐山小檗	Berberis virgetorum Schneid	Lushan Barberry	果可食，作砧木	江西、浙江、福建、安徽、湖南、广西、广东、陕西、贵州。生长于山坡、山地灌丛中、河边、林中或村旁。海拔250~1 800 m
121	木兰科	黑老虎（臭饭团）	Kadsura coccinea (Lem.) A. C. Smith	Blacktiger Kadsura	果可食	江西、湖南、广东及香港、海南、广西、四川、贵州、云南
122	木兰科	南五味子	Kadsura japonica (L.) Dinal.	Long-peduncled Kadsura	果可食，加工饮料	江西、江苏、安徽、浙江、福建、湖北、湖南、广西、广东、云南。生长于海拔1 000 m以下的山坡、林中
123	木兰科	冷饭藤	Kadsura oblongifolia Merr.	Scarlet Kadsura	果可食，加工饮料	产于海南（琼中、琼海、保亭、儋县）。生长于海拔500~1 000 m的疏林中
124	木兰科	阿里山五味子（台湾五味子）	Schisandra arisanensis Hayata Ic.	Taiwan Magnoliavine	果可食，加工饮料	台湾阿里山
125	木兰科	翼梗五味子	Schisandra henryi Clarke	Henry Magnoliavine	果可食，加工饮料	浙江、山西、福建、河南南部（信阳）、湖北、湖南、广东、广西、四川中部、贵州、云南东南部。生长于海拔500~1 500 m的沟谷边、山坡林下或灌丛中
126	木兰科	兴山五味子	Schisandra incarnata	Xingshan Magnoliavine	果可食	湖北西部及西部
127	木兰科	合蕊五味子	Schisandra propinqua (Wall.) Baill.	Yellow twigged Magnolivine	果可食，加工饮料	云南西北部、西藏南部。生长于海拔2 000~2 200 m的河谷、山坡常绿阔叶林中。尼泊尔、不丹也有分布
128	木兰科	华中五味子	Schisandra sphenanthera Rehd. et Wils.	Orange Magnolia-vine	果可食，加工饮料	山西、陕西、甘肃、山东、江苏、安徽、浙江、江西、福建、河南、湖北、湖南、四川、贵州、云南东北部。生长于海拔600~3 000 m的湿润山坡边或灌丛中

序号	科名	中文名称	拉丁学名	英文名称	主要用途	产地及分布区
129	木兰科	北五味子(五味子)	Schizandra chinensis Baill.	Chinese Magnoliavine	果可食加工饮料	黑龙江、吉林、辽宁、内蒙古、河北、山西、宁夏、甘肃、山东。生长于海拔 1 200～1 700 m 的沟谷、溪边、山坡。也分布于朝鲜和日本
130	番荔枝科	金平藤春	Alphonsea boniana Finet et Gagnep.	Chinping Alphonsea	果可食	云南东南部。生长于海拔 400 m 山地疏林中。越南也有分布
131	番荔枝科	海南藤春	Alphonsea hainanensis Merr. et Chun	Hainan Alphonsea	果可食	海南、广西、云南。生长于海拔 500 m 以下山地常绿阔叶林中
132	番荔枝科	海南山指甲(海南藤春)	Alphonsea hainanensis Merr.et Chun	Hainan Alphonsea	果可食	海南、广西和云南。生长于海拔 500 m 以下山地常绿阔叶林中
133	番荔枝科	石密	Alphonsea mollis Dunn	Soft Alphonsea	果可食	海南、广西和云南。生长于山地常绿林中
134	番荔枝科	藤春	Alphonsea monogyna Merr. et Chun	Monogynous Alphonsea	果可食	海南、广西和云南。生长于山地密林或疏林中
135	番荔枝科	毛瓜馥木	Fissistigma maclurei Merr.	Maclure Fissistigma	果可食	广东、海南、广西和云南。生长于中海拔至高海拔山地林中或山谷荫阴处或水旁岩石上。越南也有分布
136	番荔枝科	长柄瓜馥木	Fissitigma oldhamii var. longstipitatum Tsiang	Longstalk Fissistigma	果可食	海南和广西东南部。生长于山谷林中或水旁的密林阴处
137	番荔枝科	瓜馥木	Fissitigma oldhamii (Hemsel.) Merr.	Oldham Fissistigma	果可食	浙江、江西、福建、台湾、湖南、广东、广西、云南。生长于低海拔山谷水旁灌木丛中。越南也有分布
138	番荔枝科	香港瓜馥木	Fissitigma uonicum (Dunn) Merr.	Hongkong Fissistigma	果可食	广西、广东、海南、湖南、福建
139	番荔枝科	细基丸	Polyalthia cerasoides (Roxb.) Benth. & Hook. f.	Cherry-like Greenstar	果可食	广东和云南。生长于丘陵山地或低海拔的山地疏林中。越南、老挝、柬埔寨、缅甸、泰国、印度也有分布
140	番荔枝科	鸡爪树(暗罗)	Polyalthia suberosa (Roxb.) Thwaites	Suberous Greenstar	果可食	广东南部和广西南部。生长于低海拔地疏林中。印度、斯里兰卡、缅甸、越南、老挝、马来西亚、新加坡和菲律宾等也有分布
141	番荔枝科	紫玉盘	Uvaria platypetala Champ.	Cordate-leaved Uvaria	果可食	广西、广东和台湾。生长于低海拔灌木丛中。越南和老挝也有分布

序号	科名	中文名称	拉丁学名	英文名称	主要用途	产地及分布区
142	虎耳草科	蓝果茶藨	*Ribes coeleste* Jancz.	Blue-berry Currant	果可食或制饮料	云南
143	虎耳草科	单花茶藨	*Ribes uniflorum* Ku	Uniflorous Currant	果可食或作砧木	内蒙古
144	虎耳草科	阔叶茶藨	*Ribes latifolium* Jancz.	Laurel-leaved Currant	果可食或作砧木	吉林（长白山区）。生长于落叶松林下、林缘或路边，海拔1 100～1 500 m。日本、东北部，原苏联也有分布
145	虎耳草科	长串茶藨	*Ribes longerccemosum* FRibes	Wistaria Currant, Long-racemed Currant	果可食或作砧木	湖南、四川（西北部）、云南（西北部、东北部）。生长于山坡灌丛，山谷林下或沟边杂木林下，海拔1 700～3 800 m
146	虎耳草科	紫花茶藨	*Ribes luridum* Hook. et Thoms.	Dirty-brown Currant	果可食或作砧木	四川西部、云南西北部。生长于山坡疏密林下、林缘或河岸边，海拔2 800～4 100 m。喜马拉雅山东部也有分布
147	虎耳草科	西伯利亚醋栗（五刺茶藨）	*Ribes aciculcre* Smith	Needle-shaped Currant	果可食或作砧木	阿尔泰山区。生长于灌丛、林缘及石质坡地，海拔1 500～2 100 m。蒙古、东西伯利亚、西伯利亚和中亚也有分布
148	虎耳草科	长刺茶藨	*Ribes alpestre* Wall. ex Decne.	Hedge Gooseberry	果可食	山西、陕西、甘肃、青海、四川、云南
149	虎耳草科	高茶藨	*Ribes altissimum* Turcz. ex Pojark.	Tall Currant	果可食或作砧木	新疆（福海、布尔津）。生长于海拔2 000 m以下地区的山坡针叶林或针阔混交林下或林缘。原苏联和蒙古北部也有分布
150	虎耳草科	四川茶藨	*Ribes ambiguum* Maxim.	Doubtful Currant	果可食或作砧木	四川东部。日本也有分布
151	虎耳草科	醋栗果茶藨（刺果茶藨子）	*Ribes burejense* Fr. Schmidt.	Bureja Gooseberry	饮料或制酒	黑龙江、吉林、辽宁、内蒙古、河北、山西、陕西、甘肃、河南。生长于山地针叶林、阔叶林或针阔混交林下及林缘，海拔900～2 300 m。蒙古、朝鲜、也见于山坡灌丛及溪流旁，俄罗斯远东地区也有分布

序号	科名	中文名称	拉丁学名	英文名称	主要用途	产地及分布区
152	虎耳草科	冬茶藨	Ribes davidii Franch.	David Currant	果可食或制饮料	四川西部、云南东北部、西南部。生长于山坡阴处或沟边杂木林下，海拔1 100～3 400 m
153	虎耳草科	密花茶藨	Ribes densiflorum Liou	Dense-flowered Currant	果可食或制饮料	内蒙古
154	虎耳草科	楔叶茶藨	Ribes diacantha Pall.	Siberian Currant	果可食或制饮料	黑龙江省大兴安岭加格达奇一带，内蒙古、朝鲜、蒙古、俄罗斯远东地区也有分布
155	虎耳草科	城口茶藨	Ribes fargesii Frant.	Farges Currant	果可食或制饮料	四川东部。生长于海拔1 800 m地区
156	虎耳草科	蔓茶藨（簇花茶藨）	Ribes fasciculatum Sieb. et Zucc.	Wenterberry Currant	果可食或制饮料	江苏（南京、溧阳、宜兴）、浙江（宁波、昌化、杭州、天目山）、安徽（黄山、霍山）。生长于低海拔地区的山坡杂木林下、竹林内或路边。日本和朝鲜也有分布
157	虎耳草科	台湾茶藨	Ribes formosanum Hayata	Formosan Gooseberry	果可食或作砧木	台湾（特有种）。生长于针叶林或针、阔叶混交林中，海拔2 500～3 800 m
158	虎耳草科	云南茶藨（川鄂茶藨）	Ribes franchetii Jancz.	Franchet Currant	果可食或作砧木	陕西（平利）、湖南（巴东）、四川（奉节、巫山、城口、康定）。生长于山坡阴湿灌丛中、林边或岩石上，海拔1 400～2 100 m
159	虎耳草科	陕西茶藨（糙毛茶藨）	Ribes giraldii Jancz.	Girald Currant	果可食或作砧木	四川（西部）、云南（东北部、西北部）。生长于杂木林下，或沟边岩石上，海拔1 100～3 400 m
160	虎耳草科	冰川茶藨	Ribes glaciale Wall.	Nepal Currant	果可食或作砧木	陕西西北部、中部及南部、甘肃（天水、徽县、康县、河南（卢氏、商城）、湖北西部、四川北部、西部及东南部、贵州黄平、云南西北部、西藏东南部。生长于山坡或山谷丛林及林缘或岩石山，海拔900～3 000 m。缅甸北部、不丹至克什米尔地区也有分布
161	虎耳草科	睫毛茶藨	Ribes henryi Franch.	Henry Currant	果食用	四川（峨边、洪溪、美姑、雷波）。生长于落叶阔叶和常绿混交林中、岩石上疏林下及路边竹林下，海拔1 900～2 250 m

序号	科名	中文名称	拉丁学名	英文名称	主要用途	产地及分布区
162	虎耳草科	矮醋栗（黄果茶藨）	*Ribes humile* Jancz.	Dwarf Currant	果食用	四川（巫山、灌县、松潘、黑水、茂汶、汶川、理县、刷经寺、松岗、马尔康、康定、九龙、木里）。生长于路边林下或高山坡灌丛中，海拔 1 000～3 300 m
163	虎耳草科	湖南茶藨子	*Ribes hunanensis* C. Y. Yang et C. J. Qi	Hunan Currant	果可食或作砧木	湖南（新宁紫云山）、广西（兴安、全州、龙胜）。生长于山地或山谷林中，常附生长于乔木上，海拔 1 000～2 500 m
164	虎耳草科	长白茶藨	*Ribes komarovii* Pojark.	Komarov Currant	果可食或作砧木	黑龙江（东南部）、吉林、辽宁（东部至东南部）、河北西北部、山西（西部、中部至东南部）、甘肃（东部至东南部）、河南西部、陕西西部。生长于路边林下、灌丛中或岩石坡地，海拔 700～2 100 m。俄罗斯远东地区和朝鲜北部也有分布
165	虎耳草科	东北茶藨	*Ribes mandshuricum* (Maxim.) Kom.	Manchurian Currant	饮料或制酒原料	产于黑龙江（小兴安岭、完达山、伊春、带岭、饶河、尚志、老爷岭、吉林（安图、长白山、桦甸、敦化、临江）、辽宁（西丰、丹东、抚顺、本溪、草河口、凤城、宽甸）、内蒙古（呼伦贝尔盟、昭武达盟）、河北（赤城、涞水、周至、大白山、洛南、甘肃（兰州、平凉）、陕西（宝鸡、嵩县、河南（西峡）。生长于山坡或山谷针、阔叶混交林或杂木林内，海拔 300～1 800 m。朝鲜北部和西伯利亚也有分布
166	虎耳草科	尖叶茶藨（刺果茶藨）	*Ribes maximowiczii* Batal.	Maximowicz Currant	果可食或作砧木	黑龙江（汪清、延边、勃利、尚志、海林、吉林（安图、长白山、和龙、漫江、临江）、辽宁（本溪、宽甸）。生长于海拔 900～2 700 m 的山坡或山谷林下及灌丛中。朝鲜、日本、俄罗斯远东地区也有分布
167	虎耳草科	麦粒（五裂茶藨）	*Ribes meyeri* Maxim.	Meyer Currant	果可食或作砧木	新疆（北部、西部至西南部）。生长于山坡疏林内、沟边云杉林下或阴坡路边灌丛中，海拔 1 400～3 900 m，西伯利亚和中亚也有分布

序号	科名	中文名称	拉丁学名	英文名称	主要用途	产地及分布区
168	虎耳草科	宝兴茶藨	*Ribes moupinense* Franch.	Tree Currant, Paohsing Currant	果可食或作砧木	陕西（西部、南部）、甘肃（平凉、泾源、天水、岷县、临潭）、安徽（岳西）、湖南、贵州（梵净山）、云南（西北部）、四川（巴东、兴山）、西南部的东北部）。生长于山坡路边杂木林下、阴湿坡地及山谷林下，海拔1 400～3 100 m
169	虎耳草科	黑果茶藨	*Ribes nigrum* L.	European Black Currant, Black Currant	果可食或作砧木	黑龙江（大兴安岭、齐齐哈尔、哈尔滨、阿城、尚志、海林）、内蒙古（大兴安岭、额尔古纳旗、喜桂图旗）、新疆（哈巴河、阿勒泰、阿尔泰、青河、福海）。生长于湿润谷底、沟边或坡地云杉林，落叶松林或针阔混交林下。欧洲、蒙古和朝鲜北部也有分布，原苏联
170	虎耳草科	东方（柱腺）茶藨	*Ribes orientale* Desf.	Oriental Currant	饮料或制酒	四川（木里、马尔康、黑水）、云南西北部、西藏（东部、南部、西南部）。生长于高山林下、林缘、路边或岩石缝隙、海拔2 100～4 900 m。东南欧、西亚、中亚以及克什米尔、尼泊尔、不丹、印度也有分布
171	虎耳草科	英吉利茶藨	*Ribes palczewskii* Pojark.	Palczewsk Currant	果可食或作砧木	黑龙江（大兴安岭、带岭）、内蒙古（大兴安岭、喜桂图旗）。生长于山坡落叶松林下、水边杂木林及灌丛中，或以红松为主的针阔叶混交林，俄罗斯西伯利亚和远东地区也有分布
172	虎耳草科	水葡萄茶藨	*Ribes procumbens* Pall.	Decumbent Currant	果可食或作砧木	黑龙江（大兴安岭、额尔古纳旗、科尔沁右翼前旗、内蒙古（大兴安岭地区落叶松林下、阴湿处及河岸旁。日本、朝鲜北部、蒙古北部、俄罗斯西伯利亚和远东地区也有分布。生长于山低海拔地600～1 500 m
173	虎耳草科	短毛茶藨（青海茶藨子）	*Ribes pseudofasciculatum* Hao	Winterberry-like Currant	果可食或作砧木	产于青海、西藏。生长于石质山地、山沟路边、云杉林下和高山灌丛中，海拔3 000～4 600 m

序号	科名	中文名称	拉丁学名	英文名称	主要用途	产地及分布区
174	虎耳草科	蝶花（美丽）茶藨	*Ribes pulchellum* Turcz.	Beautiful Gooseberry	果可食或作砧木	内蒙古东部和南部，北京（怀柔），河北（涞水、康保），山西临县，陕西西北部、东南部至西南部，宁夏（银川），甘肃东部、西南部，青海（门源、大通、互助）。生长于多石砾山坡、沟谷、黄土丘陵阴坡灌丛中，海拔300～2 800 m。蒙古东北部、西伯利亚也有分布
175	虎耳草科	南川茶藨	*Ribes rosthornii* Jancz.	Rosthorn Currant	果可食或作砧木	四川南川县
176	虎耳草科	石生茶藨	*Ribes saxatile* Pall.	Cliff Currant	果可食或作砧木	新疆（阿尔泰、特克斯、塔城等地）。生长于低海拔地区的干旱山坡灌丛中及岩石坡地。中亚和西伯利亚也有分布
177	虎耳草科	四川茶藨	*Ribes setchuense* Jancz.	Sichuan Currant	果可食或作砧木	甘肃（岷县、卓尼、临潭），四川（西部）。生长于山坡阴湿处、山谷针叶林、密杂林下，海拔2 100～3 100 m
178	虎耳草科	长果茶藨	*Ribes stenocarpum* Maxim.	Narrow-fruited Currant, Kansu Gooseberry	果可食或作砧木	陕西，甘肃（漳县、卓尼、兰州、榆中、岷县、天祝、永昌、临洮、夏河、山丹、祁连山），青海（湟源、门源、称多），四川（理县、岷江）。生长于山坡灌丛、云杉林和杂木林下或山沟中，海拔2 300～3 300 m
179	虎耳草科	细枝茶藨	*Ribes tenue* Jancz.	Asiatic Currant	果可食或作砧木	陕西（陇县、户县、太白山、湖北（巴东、佛坪、兴山），甘肃（榆中、桑植），四川河南（卢氏），湖北、东南及西北部，云南东北部。生长于山坡和山谷灌丛或沟旁路边，海拔1 300～4 000 m。喜马拉雅山也有分布
180	虎耳草科	矮茶藨	*Ribes triste* Pall.	Swamp Red Currant	果可食或作砧木	黑龙江（大兴安岭、小兴安岭，吉林（延边、长白山、通化、抚松），辽宁（凤城），内蒙古（喜桂图旗、额尔古纳旗，科尔沁右翼前旗）。生长于云杉、冷杉林下或针阔叶混交林下及杂木林下，适宜生长在腐殖质深层处，海拔1 000～1 500 m。日本、朝鲜，原苏联和北美也有分布

序号	科名	中文名称	拉丁学名	英文名称	主要用途	产地及分布区
181	虎耳草科	伏生茶藨	*Ribes triste* Pall. var. *repens* (Baranov) L. T. Lu		果可食或作砧木	黑龙江（尚志）、尽量（安图、长白山）、内蒙古（满洲里）。生长于敖苔藓覆盖的岩石坡地或落叶松林下及林缘，海拔 1 000～1 300 m
182	虎耳草科	乌苏里茶藨	*Ribes ussuriense* Turcz.	Ussuri Currant	果可食或作砧木	黑龙江
183	虎耳草科	小果茶藨	*Ribes vilmorinii* Jancz.	Vilmorin Currant		河北（东陵、雾灵山、怀来）、山西（宁武、霍县）、陕西（渭南、太白山、佛坪、陇县）、甘肃（舟曲、夏河）、四川（茂汶、理县、刷经寺、小金、康定、泸定、九龙）、云南（中甸）。生长于山坡针叶林下、针阔混交林或山谷灌丛中，海拔 1 600～3 900 m
184	蔷薇科	山桃	*Amygdalus davidiana* (Carr.) Yu	David Peach	砧木、种子油可食	山东、河北、山西、陕西、甘肃、四川、云南等地。生长于山坡、山谷沟底或荒野疏林及灌丛内，海拔 800～3 200 m
185	蔷薇科	甘肃桃	*Amygdalus gansuensis* (Rehd.) Kov. et Kost.	Gansu Peach	砧木	陕西、甘肃、湖北、四川。生长于海拔 1 000～2 300 m 的山地
186	蔷薇科	钝核甘肃桃	*Amygdalus gansuensis* (Rehd.) Kov. et Kost. var.*obtusinucleata* Y. F. Qu, X .L. Chen Y. S. Lia		砧木	甘肃
187	蔷薇科	光核桃	*Amygdalus mira* (Koehne) Yü et Lu	Smooth-pitted Peach	可食、种子榨油	四川、云南、西藏。生长于山坡杂木林中或山谷沟边，海拔 2 000～3 400 m。野生或栽培。任苏联也有栽培
188	蔷薇科	蒙古扁桃	*Amygdalus mongolica* (Maxim.) Yü	Mongolian Peach	可食、种子榨油	内蒙古、甘肃、宁夏。生长于荒漠和荒漠草原的低山丘陵坡地、石质坡地及干河床，海拔 1 000～2 400 m。蒙古也有分布
189	蔷薇科	矮扁桃	*Amygdalus nana* L.	Russian Almond	可食、种子榨油	新疆（塔城）。生长于干旱坡地、草原、洼地和谷地，海拔 1 200 m。东南欧、西欧、前苏联中亚和西伯利亚均有分布
190	蔷薇科	长柄扁桃	*Amygdalus pedunculata* Pall.	Long-stalked Peach	可食、种子榨油	产于内蒙古、宁夏。生长于干草原或荒漠草原石质阴坡质地或山麓，也见于干草原。蒙古和前苏联西伯利亚也有分布

序号	科名	中文名称	拉丁学名	英文名称	主要用途	产地及分布区
191	蔷薇科	西康扁桃	*Amygdalus tangutica* Korsh.	Tangut Peach, Tangut Almond	砧木、种子油可食	甘肃南部和四川西北部。生长于山坡向阳处或溪流旁，海拔 1 500～2 600 m
192	蔷薇科	榆叶梅	*Amygdalus triloba* (Lindl.) Ricker	Flowering Almond, Flowering Plum	砧木、种子油可食	黑龙江、吉林、辽宁、内蒙古、河北、山西、陕西、甘肃、山东、江苏、江西、浙江等省区。生长于低至中海拔的山坡或沟旁乔、灌木林下或林缘。目前全国各地多数公园均有栽培。前苏联中亚也有分布
193	蔷薇科	山杏	*Armeniaca sibirica* (Maxim.) Kost.	Siberia Apricot	砧木、种子油可食	产于黑龙江、吉林、辽宁、内蒙古、甘肃、河北、山西等地。生长于干燥向阳山坡上、丘陵草原或与落叶乔灌木混生，海拔 700～2 000 m。蒙古东部和东南部、前苏联远东和西伯利亚也有分布
194	蔷薇科	毛杏	*Armeniaca sibirica* (Maxim.) Kost. var. *pubescens* Kost.		果可食	内蒙古、河北、山西、陕西、甘肃，海拔 1 200～2 500 m
195	蔷薇科	藏杏	*Armeniaca holosericea* (Batal.) Kost.	Silky Apricot	果可食	产于陕西、四川至西藏东南部。生长于向阳山坡或干燥河谷丛中。海拔 700～3 300 m
196	蔷薇科	洪平杏	*Armeniaca hongpingensis* Yü et Li	Hongping Apricot	果可食	湖北，生长于路边，海拔 1 800 m
197	蔷薇科	背毛杏	*Armeniaca hypotrichodes* (Gard.) C. L. Li et S. Y. Jian		果可食	四川
198	蔷薇科	东北杏	*Armeniaca mandshurica* (Maxim.) Skvortz.	Manchurian Apricot	果食用，砧木	吉林、辽宁。生长于山坡灌木林，海拔 400～1 000 m
199	蔷薇科	光叶东北杏	*Armeniaca mandshurica* (Maxim.) Skvortz. var. *glabra* (Nakai) Yü et Lu		果可食	黑龙江、吉林、辽宁；生长于低海拔地区
200	蔷薇科	厚叶梅	*Armeniaca mume* Sieb. var. *pallescens* (Franch.) Yü et Lu		可食、种子榨油	产于四川西部至云南西部。生长于山坡林中或溪边，海拔 1 700～3 100 m
201	蔷薇科	长梗梅	*Armeniaca mume* Sieb. var. *cernua* (Franch.) Yü et Lu	Long-pedicel Plum	可食、种子榨油	产于云南西部至西北部。生长于山坡路边、溪边或疏林下，海拔 1 900～2 600 m
202	蔷薇科	杏	*Armeniaca vulgaris* Lam.	Common Apricot	可食、种子榨油	产全国各地，多数为栽培，尤以华北、西北和华东地区种植较多，少数地区逸为野生。在新疆伊犁一带野生成纯林或与新疆野苹果林混生，海拔达 3 000 m。世界各地也均有栽培

序号	科名	中文名称	拉丁学名	英文名称	主要用途	产地及分布区
203	蔷薇科	野杏	*Armeniaca vulgaris* Lam. var. *ansu* (Maxim.) Yü et Lu		可食、种子榨油	华北、华东、河北、山西等地普遍野生
204	蔷薇科	仙居杏	*Armeniaca xianjuxing* J. Y. Zhang et X. Z.Wu		可食、种子榨油	浙江
205	蔷薇科	政和杏	*Armeniaca zhenghensis* J. Y. Zhang et M. N. Lu	zhenghe Apricot	可食、种子榨油	福建
206	蔷薇科	长腺樱桃	*Cerasus claviculata* Yü et Li	Claviform Cherry	果可食	陕西、山西。生长于山谷阴处或山坡密林中，海拔 1 400~2 300 m
207	蔷薇科	锥腺樱桃	*Cerasus conadenia* (Koehne) Yü et Li	Conical-glanded Cherry	果可食	陕西、甘肃、四川、云南、西藏（察隅）。生长于山坡林中，海拔 2 100~3 600 m
208	蔷薇科	毛叶欧李	*Cerasus dictyoneura* (Diels) Yu	Hairy-leaved Cherry	可食、种子榨油	河北、山西、河南、甘肃、宁夏。生长于山坡阳处，海拔 400~1 600 m 丛中或荒草地上，常有栽培
209	蔷薇科	草原樱桃	*Cerasus fruticosa* (Pall.) Gocon.	Grassland Cherry	果可食	新疆，野生或栽培
210	蔷薇科	麦李	*Cerasus glandulosa* (Thunb.) Lois.	Dwarf Flowering Cherry, Dwarf Flowering Almond, Almond Cherry	可食、种子榨油	陕西、河南、山东、安徽、江苏、浙江、福建、广东、广西、湖南、湖北、四川、贵州、云南。生长于山坡、沟边或灌丛中，也有庭院栽培，海拔 800~2 300 m
211	蔷薇科	毛叶欧李	*Cerasus dictyoneura* (Diels) Yü	Hairyleaf Cherry	果可食	河北、山西、河南、甘肃、宁夏
212	蔷薇科	欧李	*Cerasus humilis* (Bge.) Sok.	Chinese Dwarf Cherry, Bunge Cherry	果可食	黑龙江、吉林、辽宁、内蒙古、河北、山东、河南。生长于阳坡沙地、山地灌丛中、或庭院栽培，海拔 100~1 800 m
213	蔷薇科	郁李	*Cerasus japonica* (Thunb.) Lois.	Dwarf Flowering Cherry, Chinese Bush Cherry	可食、种子榨油	黑龙江、吉林、辽宁、山东、河北、浙江。生长于山坡林下、灌丛中或栽培，海拔 100~200 m。日本和朝鲜也有分布
214	蔷薇科	黑樱桃	*Cerasus maximowiczii* (Rupr.) Kom.	Maximowicz Cherry, Miyama Cherry	可食、种子榨油	黑龙江、吉林、辽宁。生长于山坡阳坡杂木林中或有腐殖质土石坡上，也见于山地灌木丛中草地。苏联远东地区、朝鲜和日本均有分布
215	蔷薇科	散毛樱桃	*Cerasus patentipila* Yü et Li	Spread-haired Cherry	果可食	云南西北部。生长于山坡林中，海拔 2 600~3 000 m

序号	科名	中文名称	拉丁学名	英文名称	主要用途	产地及分布区
216	蔷薇科	樱桃	*Cerasus pseuaocerasus* (Lindl.) G.Don	Cherry	果可食	辽宁、河北、陕西、甘肃、山东、河南、江苏、浙江、四川、生长于山坡阳处沟边；野生或栽培
217	蔷薇科	山樱桃	*Cerasus serulata* (Lindl.) G.Don	Japanese Flowering Cherry	果可食	黑龙江、河北、山东、江苏、浙江、安徽、江西、湖南、贵州。生长于山谷林中或栽培，海拔500~1 500 m。日本、朝鲜也有分布
218	蔷薇科	四川樱桃	*Cerasus szechuanica* (Batal.) Yü et Li	Szechwan Cherry	果可食	陕西、河南、湖北、四川。生长于林中或林缘，海拔1 500~2 600 m
219	蔷薇科	毛樱桃	*Cerasus tomentosa* (Thunb.) Wall.	Dawny Cherry, Manchu Cherry, Nanking Cherry	可食、种子榨油	黑龙江、吉林、辽宁、内蒙古、河北、陕西、山西、甘肃、宁夏、青海、山东、四川、云南、西藏。生长于山坡林中、林缘、灌丛中或草地，海拔100~3 200 m
220	蔷薇科	川西樱桃	*Cerasus trichostoma* (Koehne) Yü et Li	West Szechwan Cherry	果可食，果实中汁丰富	甘肃、四川、云南、西藏。生长于山坡、沟谷林中或草坡，海拔1 000~4 000 m
221	蔷薇科	毛叶木瓜	*Chaenomeles cathayensis* (Hemsl.) Schneid.	Hairy-leaved Flowering-quince	果可食	陕西、甘肃、江西、湖北、湖南、四川、贵州、广西、云南。生长于山坡、林边、道劳，海拔900~2 500 m
222	蔷薇科	木瓜	*Chaenomeles sinensis* (Thouin) Koehne	Chinese Flowering-quince	果食用	山东、陕西、江西、安徽、江苏、浙江、广东、广西
223	蔷薇科	皱皮木瓜	*Chaenomeles speciosa* (Sweet) Naka	Beautiful Flowering-quince	果食用	陕西、甘肃、四川、云南、贵州、广东。缅甸也有分布
224	蔷薇科	西藏木瓜	*Chaenomeles tibetica* Yu	Tibet Flowering-quince	果食月	西藏（拉萨、林芝、波密）、四川西部。海拔2 600~2 760 m。生长于山坡山沟灌木丛中
225	蔷薇科	尖叶栒子	*Cotoneaster acuminatus* Lindl.	Sharp-leaf Cotoneaster	果可食	四川、云南、西藏。生长于杂木林内，秋季也变红色甚美丽，海拔1 500~3 000 m。尼泊尔、不丹、印度北部均有分布
226	蔷薇科	川康栒子	*Cotoneaster ambiguus* Rehd. et Wils.	Doubtful Cotoneaster	果可食	陕西、甘肃、四川、云南、贵州。生长于山坡、半阳坡及稀疏林中，海拔1 800~2 900 m
227	蔷薇科	灰栒子	*Cotoneaster acutifolia* Turcz.	Peking Cotoneaster	果可食，砧木	内蒙古、河北、山西、陕西、甘肃、青海、西藏。生长于山坡、山麓、山沟及丛林中，海拔1 400~3 700 m。蒙古也有分布

序号	科名	中文名称	拉丁学名	英文名称	主要用途	产地及分布区
228	蔷薇科	匍匐栒子	*Cotoneaster adpressus* Bois	Creeping Cotoneaster	果可食，砧木	陕西、甘肃、青海、湖北、四川、贵州、云南、西藏。生长于山坡杂木林边及岩石山坡，海拔1 900~4 000 m。印度、缅甸、尼泊尔均有分布
229	蔷薇科	细枝(川康)栒子	*Cotoneaster ambiguus* Rehd. et Wils.	Doubtful Cotoneaster	果可食，砧木	陕西、甘肃、贵州、云南。生长于山地疏林中，海拔1 800~2 900 m
230	蔷薇科	细尖栒子	*Cotoneaster apiculatus* Rehd. et Wils.	Crane-berry Cotoneaster	果可食，砧木	甘肃、湖北、四川、云南。偶见于山坡路旁或林缘等地，海拔1 500~3 100 m
231	蔷薇科	泡叶栒子	*Cotoneaster bullatus* Bois	Holly-berry Cotoneaster	果可食，砧木	湖北、四川、西藏。生长于坡地疏林内、河岸旁或山沟边，海拔2 000~3 200 m
232	蔷薇科	黄杨叶栒子	*Cotoneaster buxifolius* Lindl.	Box-leaved Cotoneaster	果可食，砧木	四川、贵州、云南。生长于多石砾坡地、灌木丛中，海拔1 000~3 200 m。印度也有分布
233	蔷薇科	矮生栒子	*Cotoneaster dammerii* Schneid.	Bear-berry Cotoneaster	果可食，砧木	湖北、四川、贵州、云南。生长于多石山地或稀疏杂木林内，海拔1 300~2 600 m
234	蔷薇科	木帚栒子	*Cotoneaster dielsianus* Pritz.	Diels Cotoneaster	果可食，砧木	湖北、四川、云南、西藏。生长于荒地、沟谷、草地或灌木丛中，海拔1 000~3 600 m
235	蔷薇科	散生栒子	*Cotoneaster divaricatus* (Maxin.) Li	Spreading Cotoneaster	果可食，砧木	陕西、甘肃、湖北、四川、江西、湖南、云南、贵州。生长于多石砾坡地及山冷灌木丛中，海拔1 600~3 400 m
236	蔷薇科	厚叶栒子	*Cotoneaster coriaceus* Franch.	Coriaceous Cotoneaster	果可食，砧木	四川、贵州、云南。生长于沟边、山坡或草坡或丛林中，海拔1 800~2 700 m
237	蔷薇科	西南栒子	*Cotoneaster franchetii* Bois	Franchet Cotoneaster	果可食	四川、云南、贵州。生长于多石向阳山地灌木丛中，海拔2 000~2 900 m。泰国也有分布
238	蔷薇科	麻核栒子	*Cotoneaster foveolatus* Rehd. et Wils.	Glossy Cotoneaster	果可食，砧木	陕西、甘肃、湖北、四川、云南、贵州。生长于潮湿地灌木丛中、密林内、水边及荒野，海拔1 400~3 400 m
239	蔷薇科	细枝栒子	*Cotoneaste gracilis* Rehd. et Wils.	Slender Cotoneaster	果可食，砧木	甘肃、青海、四川。生长于丛林间或多石山地，海拔1 900~3 100 m
240	蔷薇科	粉叶栒子	*Cotoneaster glaucophyllus* Franch.	Bright-beaded Cotoneaster	果可食，砧木	四川、贵州、云南、广西。生长于山坡开阔地杂木林中，海拔1 200~2 800 m

序号	科名	中文名称	拉丁学名	英文名称	主要用途	产地及分布区
241	蔷薇科	球花栒子	*Cotoneaster glomerulatus* W. W. Smith	Globular-flowered Cotoneaster	果可食	云南。生长于山坡或河谷疏林中，海拔 2 000～2 600 m
242	蔷薇科	钝叶栒子	*Cotoneaster hebephyllus* Diels	Cherry-red Cotoneaster	果可食，砧木	甘肃、四川、云南及西藏东南部。生长于石山上、丛林中或林缘隙地，海拔 1 300～3 400 m
243	蔷薇科	蒙自栒子	*Cotoneaster harrovianus* Woils	Mengzi Cotoneaster	果可食	云南，海拔 1 600 m
244	蔷薇科	匍匐栒子（平枝栒子）	*Cotoneaster horizontalis* Decne.	Rock Cotoneaster	果可食，砧木	陕西、甘肃、湖北、湖南、四川、贵州、云南。生长于灌木丛或岩石坡上，海拔 2 000～3 500 m。尼泊尔也有分布
245	蔷薇科	全缘栒子	*Cotoneaster integerrimus* Medic.	Common Cotoneaster	果可食，砧木	内蒙古、新疆。生长于石砾坡地或白桦林内，海拔 2 500 m。朝鲜、亚洲北部至欧洲均有分布
246	蔷薇科	中甸栒子	*Cotoneaster langei* Klotz.	Chungtien Cotoneaster	果可食，砧木	云南西北部及四川西南部。生长于高山灌丛或冷杉林边，多石山坡，海拔 3 000～3 500 m
247	蔷薇科	黑果栒子	*Cotoneaster melanocarpa* Rehd.	Black-fruited Cotoneaster	果可食，砧木	内蒙古、黑龙江、吉林、甘肃、新疆。生长于山坡疏林间或灌木丛中，海拔 700～2 600 m。蒙古北部、苏联西伯利亚、亚洲西部至欧洲东北部均有分布
248	蔷薇科	水栒子	*Cotoneaster multiflorus* Bge.	Multiflorous Cotoneaster	果可食，砧木	内蒙古、辽宁、四川、云南、西藏、山西、河北、河南、陕西、甘肃。普遍生长于沟谷、山坡杂木林中，海拔 1 200～3 500 m。俄罗斯高加索、西伯利亚也以及亚洲中部和西部均有分布
249	蔷薇科	小叶栒子	*Cotoneaster microphyllus* Wall. ex Lindl.	Rock-spray Cotoneaster	果可食，砧木	四川、云南、西藏。普遍生长于多山坡地、灌木丛中，海拔 2 500～4 100 m。印度、缅甸、不丹、尼泊尔均有分布
250	蔷薇科	宝兴栒子	*Cotoneaster moupinensis* Franch.	Baoxing Cotoneaster	果可食，砧木	陕西、甘肃、四川、贵州、云南。生长于疏林边或松林下，海拔 1 700～3 200 m
251	蔷薇科	多花（水）栒子	*Cotoneaster multiflora* Bge.	Multiflorous Cotoneaster	果可食，砧木	黑龙江、辽宁、内蒙古、新疆、山西、河北、河南、陕西、甘肃、青海、四川、云南、西藏。普遍生长于沟谷、山坡杂木林中，海拔 1 200～3 500 m。俄罗斯高加索、西伯利亚以及亚洲中部和西部均有分布

序号	科名	中文名称	拉丁学名	英文名称	主要用途	产地及分布区
252	蔷薇科	全缘栒子	*Cotoneaster ntegerrima* Medi Chaenomeles	Common Cotoneaster	果可食，砧木	内蒙古、河北、新疆。生长于石砾坡地或白桦林内，海拔2 500 m。亚洲北部至欧洲均有分布
253	蔷薇科	毡毛栒子	*Cotoneaster pannosus* Franch.	Silver-leaved Cotoneaster	果可食，砧木	四川、云南。生长于多石荒山地或灌木丛中，海拔1 200～2 000 m
254	蔷薇科	柳叶栒子	*Cotoneaster salicifolius* Franch.	Willow-leaved Cotoneaster	果可食，砧木	湖北、湖南、四川、贵州、云南。生长于山地或沟边杂木林中，海拔1 800～3 000 m
255	蔷薇科	麻叶栒子	*Cotoneaster rhytidophyllus* Rehd. et Wils.	Orange-beaded Cotoneaster	果可食	四川、贵州。生长于石山、荒地疏林或密林边干燥地，海拔1 200～2 600 m
256	蔷薇科	华中栒子	*Cotoneaster silvestrii* Pamp.	Silvestri Cotoneaster	果可食，砧木	河南、湖北、安徽、江西、四川、甘肃。生长于杂木林内，海拔50～2 600 m
257	蔷薇科	准噶尔栒子	*Cotoneaster soongoricus* (Regel et Herd.) Popov	Dzungaria Cotoneaster	果可食，砧木	内蒙古、甘肃、宁夏、新疆、西藏。生长于干燥山坡、林缘或沟谷边，海拔1 400～2 400 m
258	蔷薇科	毛叶水栒子	*Cotoneaster submultiflorus* Popov	Hairy-leaved Cotoneaster	果可食，砧木	内蒙古、山西、陕西、甘肃、宁夏、青海、新疆。生长于岩石缝间或灌木丛中，海拔900～2 000 m。亚洲中部也有分布
259	蔷薇科	白毛栒子	*Cotoneaster wardii* W. W. Smith	Ward Cotoneaster	果可食	西藏东南部。生长于森林边缘，海拔3 000～4 000 m
260	蔷薇科	西北栒子	*Cotoneaster zabelii* Schneid.	Cherry-berry Cotoneaster	果可食，砧木	河北、山西、河南、山东、甘肃、陕西、宁夏、青海、湖北、湖南。生长于灰岩山地、山坡阴处、沟谷边、灌木丛中，海拔800～2 500 m
261	蔷薇科	网脉栒子	*Cotoneaster reticulatus* Rehd.	Netted Cotoneaster	果可食	四川西部。生长于荒地丛林边，海拔2 600～3 000 m
262	蔷薇科	暗红栒子	*Cotoneaster obscurus* Rehd.	Blood-berry Cotoneaster	果可食	湖北、四川、云南。生长于山谷、河旁丛林内，海拔1 500～3 000 m
263	蔷薇科	圆叶栒子	*Cotoneaster rotundifolius* Wall. Ex Lindl.	Red-box Cotoneaster	果可食	四川西部、云南西北部和西藏东南部。生长于草坡或山顶岩上，海拔1 500～4 000 m。印度、不丹、尼泊尔也有分布
264	蔷薇科	台湾栒子	*Cotoneaster morrisonensis* Hayata	Morrison Cotoneaster	果可食	台湾中央山脉高地（新高山、大霸尖山、鹿场大山）。生长于多石砾草坡，海拔2 500～3 500 m

序号	科名	中文名称	拉丁学名	英文名称	主要用途	产地及分布区
265	蔷薇科	橘红山楂	*Crataegus aurantia* Pojark.	Orange-red Hawthorn	果可食	山西、陕西、甘肃、河北。山坡杂木林中，海拔1 000～1 800 m
266	蔷薇科	阿尔泰山楂	*Crataegus altaica* (Loud.) Lange	Altai Hawthorn	果可食。砧木	新疆中部和北部。生长于山坡、林下或河沟旁，海拔450～1 900 m。苏联伏尔加河下游、西伯利亚等地均有分布
267	蔷薇科	绿肉山楂	*Crataegus chlorosarca* Maxim.	Black-fruited Hawthorn	果可食。砧木	东北地区
268	蔷薇科	中甸山楂	*Crataegus chungtienensis* W. W. Smith	Zhongdian Hawthorn	果可食。砧木	云南西北部高山地区。生长于山溪边杂木林中或灌木丛中，海拔2 500～3 500 m
269	蔷薇科	野山楂	*Crataegus cuneata* Seib. et Zucc.	Nippon Hawthorn	果用。砧木	河南、湖北、湖南、安徽、江西、江苏、浙江、云南、贵州、广东、广西、福建。生长于山谷、多石湿地或山地灌木丛中，海拔250～2 500 m。日本也有分布
270	蔷薇科	光叶山楂	*Crataegus dahurica* Koehne	Dahuria Hawthorn	果可食。砧木	黑龙江、内蒙古。生长于山草地或沙丘坡上，海拔500～1 000 m。苏联西伯利亚东部和蒙古北部均有分布
271	蔷薇科	湖北山楂	*Crataegus hupehensis* Sargent	Hupeh Hawthorn	果可食。砧木	湖北、湖南、江西、江苏、浙江、四川、陕西、山西。生长于山坡灌木丛中，海拔500～2 000 m
272	蔷薇科	甘肃山楂	*Crataegus kansuensis* Wils.	Kansu Hawthorn	果食用。砧木	甘肃、山西、河北、贵州、四川。生长于杂木林中，山坡阴处及山沟旁，海拔1 000～3 000 m
273	蔷薇科	毛山楂	*Crataegus maximowiczii* Schneid.	Maximowicz Hawthorn	果食用。砧木	黑龙江、吉林、辽宁、内蒙古。生长于杂木林中或林边、河岸沟边及路边，海拔200～1 000 m。俄罗斯西伯利亚东部到萨哈林岛（库页岛），朝鲜及日本也有分布
274	蔷薇科	滇西山楂	*Crataegus oresbia* W. W. Smith	West Yunnan Hawthorn	果用或砧木	云南西北部高山地区。生长于山坡光坡灌丛中，海拔2 500～3 300 m
275	蔷薇科	山楂	*Crataegus pinnatifida* Bge.	Chinese Hawthorn	果食用或作砧木	黑龙江、吉林、辽宁、内蒙古、河北、山东、山西、陕西、江苏。生长于山坡林边或灌丛中，海拔100～1 500 m。朝鲜和俄罗斯西伯利亚也有分布
276	蔷薇科	裂叶山楂	*Crataegus remotilobata* H.Raik.	Remote-lobated Hawthorn, Remote-lobed Hawthorn	果可食或作砧木	新疆中部及西部。生长于山坡沟沟边或路旁

序号	科名	中文名称	拉丁学名	英文名称	主要用途	产地及分布区
277	蔷薇科	辽宁山楂	*Crataegus sanguinea* Pall.	Redhaw Hawthorn	果可食或作砧木	辽宁、吉林、黑龙江、河北、内蒙古、新疆。生长于山坡和河沟旁杂木林中，海拔900～2 100 m
278	蔷薇科	云南山楂	*Crataegus scabrifolia* (Franch.) Rehd.	Yunnan Hawthorn	砧木、食用	云南、贵州、四川、广西。生长于松林边灌木丛中或溪岸边杂木林中，海拔1 500～3 000 m
279	蔷薇科	陕西山楂	*Crataegus shensiensis* Pojark.	Shensi Hawthorn	果可食或作砧木	陕西
280	蔷薇科	准噶尔山楂	*Crataegus songarica* Crataegus Koch	Songor Hawthorn	果可食或作砧木	新疆（伊犁、霍城）。生长于河谷峡谷灌木丛中，海拔500～2 000 m。前苏联、伊朗、阿富汗等地也有分布
281	蔷薇科	华中山楂	*Crataegus wilsonii* Sargent	Wilson Hawthorn	果可食或作砧木	河南、湖北、甘肃、陕西、浙江、云南、四川。生长于山坡阴处密林中，海拔1 000～2 500 m
282	蔷薇科	小石积	*Osteomeles anthyllidifolia* Lindl.	Polynesian Bonyberry	果可食或作砧木	台湾（红头屿）。日本琉球和小笠原群岛也有分布
283	蔷薇科	圆叶小石积	*Osteomeles subrotunda* K.	Round-leaved Bonyberry	果可食	广东（仁化）。生长于路旁混交林边，海拔200～500 m。日本琉球和小笠原群岛及菲律宾群岛也有分布
284	蔷薇科	华西小石积	*Osteomeles schwerinae* Schneid.	Chinese Bonyberry	果可食或作砧木	四川、云南、贵州、甘肃、陕西。生长于山坡灌木丛中或田边路旁向阳干燥处，海拔1 500～3 000 m
285	蔷薇科	云南移依	*Docynia delavayi* Schneid.	Yunnan Docynia	砧木、加工	云南、四川。生长于山谷、溪旁、灌丛或路旁杂木林中，海拔1 000～3 000 m
286	蔷薇科	移依	*Docynia indica* (Wall.) Dcne.	Indian Docynia	砧木、加工	云南东北部、四川西南部。生长于山坡、溪及丛林中，海拔2 000～3 000 m。印度、巴基斯坦、尼泊尔、不丹、缅甸、泰国、越南也有分布
287	蔷薇科	大花枇杷	*Eriobotrya cavaleriei* (Levi.) Rehd.	Big-flowered Loquat	食用、种子榨油	四川、贵州、湖南、湖北、江西、福建、广西、广东。生长于山坡、河边的杂木林中，海拔500～2 000 m。越南北部也有分布
288	蔷薇科	台湾枇杷	*Eriobotrya deflexa* (Hemsl.) Nakai	Taiwan Loquat	食用、种子榨油	广东、台湾。生长于山坡及山谷阔叶杂木林中，海拔1 000～1 800 m。越南南部也有分布
289	蔷薇科	香花枇杷	*Eriobotrya fragrans* Champ.	Fragrant Loquat	食用、种子榨油	广东、广西。生长于山坡丛林中，海拔800～850 m

序号	科名	中文名称	拉丁学名	英文名称	主要用途	产地及分布区
290	蔷薇科	狭叶枇杷	*Eriobotrya henryi* Nakai	Henry Loquat	食用、种子榨油	云南、贵州。生长于山坡疏灌木丛中，海拔1 800~2 000 m。缅甸也有分布
291	蔷薇科	枇杷	*Eriobotrya japonica* (Thunb.) Lindl.	Japonica Loquat	果实食用	湖北、四川野生，其他省区有栽培。日本、越南、印度等国也有分布
292	蔷薇科	麻栗坡枇杷	*Eriobotrya malipoensis* Kuan	Malipo Loquat	食用、种子榨油	云南东南部。生长于山谷密林中，海拔1 200~1 500 m
293	蔷薇科	栎叶枇杷	*Eriobotrya prinoides* Rehd. & Wils.	Oak-leaved Loquat	食用、种子榨油	云南东南部、四川南部。生长于河旁或湿润的密林中，海拔800~1 700 m
294	蔷薇科	怒江枇杷	*Eriobotrya salwinensis* Hand.-Mazz.	Salwin Loquat	食用、种子榨油	云南西北部。生长于亚热带季雨阔叶林中，海拔1 600~2 400 m。缅甸和印度也有分布
295	蔷薇科	小叶枇杷	*Eriobotrya seguinii* (Levi.) Cardot	Seguin Loquat	食用、种子榨油	贵州西南部和云南东南部。生长于山坡林中，海拔500~1 500 m
296	蔷薇科	腾越枇杷	*Eriobotrya tengyuehensis* W. W. Smith	Tengyue Loquat	食用、砧木	云南西部。生长于山坡杂木林中，海拔1 700~2 500 m
297	蔷薇科	中华草莓	*Fragaria chinensis* A. Los.	China Strawberry	食用或加工	湖北
298	蔷薇科	纤细草莓	*Fragaria gracilis* A. Los.	Slender Strawberry	食用或加工	陕西、甘肃、青海、河南、湖北、四川、云南。生长于山坡草地、沟边林下，海拔1 600~3 900 m
299	蔷薇科	西南草莓	*Fragaria moupinensis* (Fr.) Card.	SW China Strawberry	食用或加工	陕西、甘肃、四川、云南、西藏。生长于山坡、草地、林下，海拔1 400~4 000 m
300	蔷薇科	黄毛草莓	*Fragaria nilgerrensis* Schidl.	Yellowhairy Strawberry	食用或加工	陕西、湖北、四川、湖南、贵州、台湾。生长于山坡草地或沟边林下，海拔700~3 000 m。尼泊尔、锡金、印度东部、越南北部也有分布
301	蔷薇科	西藏草莓	*Fragaria nubicola* (Hook. f.) Lindl.	Xizang Strawberry	食用或加工	西藏。生长于沟边林下、林缘及山坡草地，海拔2 500~3 900 m。锡金、克什米尔地区、巴基斯坦及阿富汗也有分布
302	蔷薇科	五叶草莓	*Fragaria pentaphylla* A.Los.	Fiveleaflet Strawberry	食用或加工	陕西、甘肃、四川。生长于山坡草地，海拔1 000~2 300 m

序号	科名	中文名称	拉丁学名	英文名称	主要用途	产地及分布区
303	蔷薇科	野草莓	*Fragaria vesca* L.	Europe Strawberry	食用或加工	吉林、陕西、甘肃、新疆、四川、云南、贵州。生长于山坡草地、林下、广布北温带、欧洲、北美均有记录
304	蔷薇科	腺叶桂樱	*Laurocerasus phaeosticta* (Hance) Schneid.	Glandular-leaved Cherry Laurel, Glandular-leaved Cherry	果可食	湖南、江西、浙江、福建、台湾、广西、广东、贵州。生长于海拔300~2 000 m地区的疏密杂木林内或混交林中，也见于山谷、溪旁或路边。印度、缅甸北部、孟加拉国、老挝北部和越南北部亚也有分布
305	蔷薇科	坚(尖)核桂樱	*Laurocerasus jenkinsii* (Hook. f.) Yü et Lu	Jenkins Cherry Laurel	果可食	云南西南部。海拔1 000~1 800 m
306	蔷薇科	尖叶桂樱	*Laurocerasus undulata* (D.Don) Room.	Undulate Cherry Laurel, Undulate Bird Cherry	果可食	湖南、江西、广东、广西、四川、贵州、云南、西藏东南部。生长于山坡混交林中或沿溪常绿林下，海拔500~3 600 m。印度东部、孟加拉拉、尼泊尔、锡金、缅甸北部、印度尼西亚伯利亚等地也有分布
307	蔷薇科	花红	*Malus asiatica* Nakai	Chinese Pear-leaved Crabapple	食用	内蒙古、辽宁、河北、河南、山东、山西、陕西、甘肃、湖北、四川、贵州、云南、新疆。海拔50~2 800 m
308	蔷薇科	山定(荆)子	*Malus baccata* (L.) Borkn.	Siberian Crabapple	可食、砧木	辽宁、吉林、黑龙江、内蒙古、河北、山西、山东、甘肃。生长于山坡杂木林中及山谷阴处灌木丛中，海拔50~1 500 m。蒙古、朝鲜、俄罗斯西伯利亚等地也有分布
309	蔷薇科	台湾林檎	*Malus formosana* Kawak. et Koidz.	Taiwan Apple, Formosan Apple	食用、砧木	台湾习见。林中习见，海拔1 000~2 000 m。越南、老挝也有分布
310	蔷薇科	垂丝海棠	*Malus halliana* Koehne	Hall Crabapple	食用、砧木	江苏、浙江、安徽、陕西、四川、云南。生长于山坡丛林中或山溪边，海拔50~1 200 m
311	蔷薇科	河南海棠	*Malus honanensis* Rehd.	Honan Crabapple	食用、砧木	河南、河北、山西、陕西、甘肃。海拔800~2 600 m
312	蔷薇科	湖北海棠	*Malus hupehensis* (Pamp.) Rehd.	Hupeh Crabapple	砧木、食用	湖北、湖南、江西、安徽、福建、广东、山东、山西、四川、云南、贵州、陕西、甘肃。生长于山坡山谷或山谷丛林中，海拔50~2 900 m

序号	科名	中文名称	拉丁学名	英文名称	主要用途	产地及分布区
313	蔷薇科	陇东海棠	Malus kansuensis (Batal.) Schneid.	Kansu Crabapple	食用、砧木	甘肃、河南、陕西、四川。生长于杂木林或灌木丛中，海拔1 500～3 000 m
314	蔷薇科	山楂海棠	Malus komarovii (Sarg.) Rehd.	Komarov Apple	砧木、食用	吉林（长白山）。生长于灌木丛中，海拔1 100～1 300 m。朝鲜北部也有分布
315	蔷薇科	毛山荆子	Malus mandshurica (Maxim.) Kom.	Hairy Apple	砧木、食用	黑龙江、吉林、辽宁、内蒙古、山西、陕西、甘肃。生长于山坡杂木林中，山顶及山沟也有分布，海拔100～2 100 m
316	蔷薇科	尖嘴林檎	Malus melliana (Hand.-Mazz.) Rehd.	Mell Apple	食用、砧木	浙江、安徽、江西、湖南、福建、广东、广西、云南。生长于山地混交林中或山谷沟边，海拔700～2 400 m
317	蔷薇科	西府海棠	Malus micromalus Makino	Midget Crabapple	食用、砧木	辽宁、河北、山西、山东、陕西、甘肃、云南。海拔100～2 400 m
318	蔷薇科	沧江海棠	Malus ombrophila Hand.-Mazz.	Cangjiang River Apple	食用、砧木	云南西南部、四川西南部。生长于山谷沟边杂木林中，海拔2 000～3 500 m
319	蔷薇科	西蜀海棠	Malus prattii (Hemsl.) Schneid.	Pratt Crabapple	食用、砧木	四川西部、云南西北部。生长于山坡杂木林中，海拔1 400～3 500 m
320	蔷薇科	楸子	Malus prunifolia (Willd.) Borkh.	Pear-leaved Crabapple	果食用、砧木	河北、山东、山西、河南、陕西、甘肃、辽宁、内蒙古等省区野生或栽培。生长于山谷沟边或梯田边，海拔50～1 300 m
321	蔷薇科	丽江山荆子	Malus rockii Rehd.	Rock Apple	砧木、食用	云南西北部和西藏东南部。生长于山谷杂木林中，海拔2 400～3 800 m。不丹也有分布
322	蔷薇科	三叶海棠	Malus sieboldii (Reg.) Rehd.	Siebold Crabapple	砧木、食用	辽宁、山东、陕西、甘肃、广东、江西、浙江、湖北、四川、贵州、福建、广西、广东。生长于山坡杂木林或灌木丛中，海拔150～2 000 m。日本、朝鲜等地也有分布
323	蔷薇科	锡金海棠	Malus sikkimensis (Wenz.) Koehne	Sikkim Crabapple	食用、砧木	西藏、云南
324	蔷薇科	新疆野苹果	Malus sieverssii (Ldb.) Roem.	Sievers Apple	砧木、食用	新疆西部。山坡或河谷地带，有大面积野生林，海拔1 250 m。中亚细亚也有分布
325	蔷薇科	小金海棠	Malus xiaojinensis Cheng et Jing	Xiaojin Crabapple	砧木、食用	云南、西藏

序号	科名	中文名称	拉丁学名	英文名称	主要用途	产地及分布区
326	蔷薇科	海棠花	Malus spectabilis (Ait.) Borkh.	Chinese Flowering Crabapple	砧木	河北、山东、陕西、江苏、浙江、云南。生长于平原或山地，海拔50～2 000 m
327	蔷薇科	变叶海棠	Malus toringoides (Rehd.) Hughes	Cut-leaved Crabapple	果食用、砧木	甘肃东南部，四川西部和西藏东南部。生长于山坡丛林中，海拔2 000～3 000 m
328	蔷薇科	花叶海棠	Malus transitoria (Batal.) Schneid.	Tibetan Crabapple	砧木、食用	内蒙古、甘肃、青海、陕西、四川。生长于山坡丛林中或黄土丘陵下，海拔1 500～3 900 m
329	蔷薇科	滇池海棠	Malus yunnanensis (Fr.) Schneid.	Yunnan Crabapple	砧木、食用	云南、四川。生长于山坡杂木林中或山沟边，海拔1 600～3 800 m
330	蔷薇科	稠李	Padus racemosa (Lam.) Gilib.	Bird Cherry, European Bird Cherry	加工原料	黑龙江、吉林、辽宁、内蒙古、山西、河南、山东等地。生长于山坡、山谷或灌丛中，海拔880～2 500 m。朝鲜、日本、前苏联也有分布
331	蔷薇科	石楠	Photinia serrulata Lindl.	Chinese Photinia	可作枇杷砧木	陕西、甘肃、河南、江苏、安徽、浙江、江西、湖南、福建、台湾、广东、广西、四川、贵州。生长于杂木林中，海拔1 000～2 500 m。日本、印度尼西亚也有分布
332	蔷薇科	东北扁核木	Prinsepia sinensis (Oliv.) Kom.	Cherry Prinsepia	加工原料	黑龙江、吉林、辽宁。生长于杂木林中或阴山坡的林间以及河岸旁
333	蔷薇科	单花扁核木（蕤核）	Prinsepia uniflora Batal.	Hedge Prinsepia	加工原料	河南、山西、陕西、内蒙古、甘肃和四川等省区。生长于山坡阳处或山脚下，海拔900～1 100 m
334	蔷薇科	扁核木	Prinsepia utilis Royle	Himalayan Prinsepia	加工原料	云南、贵州、四川、西藏。生长于山坡、荒地、山谷、路旁等处，海拔1 000～2 560 m。巴基斯坦、尼泊尔、不丹和印度北部也有分布
335	蔷薇科	蕤核	Prinsepia uniflora Batal.	Hedge Prinsepia	酿酒、制醋	河南、山西、陕西、内蒙古、甘肃和四川等省区。生长于山坡阳处或山脚下，海拔900～1 100 m
336	蔷薇科	樱桃李	Prunus cerasifera Ehrh.	Myrobalan Plum	果可食	新疆
337	蔷薇科	李	Prunus salicina Lindl.	Japanese Plum	果可食	陕西、甘肃、四川、云南、贵州、湖南、湖北、江苏、浙江、江西、福建、广东、广西和台湾。生长于山坡灌丛中、山谷疏林中或水边、沟底、路旁等处，海拔400～2 600 m

序号	科名	中文名称	拉丁学名	英文名称	主要用途	产地及分布区
338	蔷薇科	毛梗李	Prunus simonii Carr. var. pubipes (Koehne) Bailey	Simon Plum, Apricot Plum	果可食	甘肃、四川、云南
339	蔷薇科	乌苏里李	Prunus ussuriensis Kov. et Kost.	Ussuri Plum	果可食	黑龙江、吉林、辽宁、生林缘或溪旁
340	蔷薇科	窄叶火棘	Pyracantha angustifolia (Franch.) Schneid.	Narrow-leaved Firethorn	果可食	湖北、云南、四川、西藏。生长于阳坡灌丛中或路边，海拔1 600~3 000 m
341	蔷薇科	澜沧火棘	Pyracantha inermis Vidal.	Lancang Firethorn	果可食	云南。生长于澜沧江两岸沙地，海拔300 m。老挝也有分布
342	蔷薇科	全缘火棘	Pyracantha atalantiodes (Hance) Stapf	Entire Firethorn	果可食	陕西、湖南、四川、贵州、广东、广西。生长于山坡或谷地灌丛、树林，海拔500~1 700 m
343	蔷薇科	细圆齿火棘	Pyracantha crenulata (D. Don) Roem.	Crenate Firethorn	果可食	陕西、湖北、江苏、广东、广西、贵州、生长于山坡、路旁、丛林或草地，海拔750~2 400 m。印度、不丹、尼泊尔也有分布
344	蔷薇科	火棘	Pyracantha fortuneana (Maxim.) Li	Fortune Firethorn	果可食	陕西、河南、江苏、浙江、福建、湖北、湖南、广西、贵州、云南、四川、西藏。生长于山地、丘陵地阴坡灌丛草地及河沟路旁，海拔500~2 800 m
345	蔷薇科	台湾火棘	pyracantha koidzumii (Hayata) Rehd.	Koidzum Firethorn	果可食	台湾卓南恒春及东海岸各地。生长于河岸多石地区、荒野或丛林中
346	蔷薇科	杏叶梨	Pyrus armeniacaefolia Yu	Apricot-leaved Pear	果可食、砧木	新疆
347	蔷薇科	杜梨	Pyrus betulaefolia Bge.	Birch-leaved Pear	砧木	辽宁、河北、山东、陕西、山西、甘肃、湖北、江苏、安徽、江西。生长于平原或山坡阳处，海拔50~1 800 m
348	蔷薇科	白梨	Pyrus bretschneideri Rehd.	Bretschneider Pear	果可食	河北、河南、山东、山西、陕西、甘肃、青海。适宜生长在干旱寒冷的地区或山坡阳处，海拔100~2 000 m
349	蔷薇科	豆梨	Pyrus calleryana Dcne.	Callery Pear	砧木	山东、河南、江苏、浙江、江西、安徽、湖北、湖南、福建、广东、广西。适宜生长于温暖潮湿气候，生长于山坡、平原或山谷杂林中，海拔80~1 800 m。越南北部也有分布

序号	科名	中文名称	拉丁学名	英文名称	主要用途	产地及分布区
350	蔷薇科	河北梨	*Pyrus hopeiensis* Yu	Hopei Pear	果可食	河南、山东。生长于山坡丛林边
351	蔷薇科	川梨	*Pyrus pashia* Buch.-Ham.	Pashi Pear	果可食、砧木	四川、云南、贵州。生长于山谷斜坡、丛林中，海拔650~3 000 m。印度、缅甸、不丹、尼泊尔、老挝、越南、泰国也有分布
352	蔷薇科	褐梨	*Pyrus phaeocarpa* Rehd.	Dusky Pear	砧木	河北、山东、山西、陕西、甘肃。生长于山坡或黄土丘陵地杂木林中，海拔100~1 200 m
353	蔷薇科	滇梨	*Pyrus pseudopashia* Yu	Yunnan Pear	砧木	云南、贵州。生长于杂木林中，海拔550~3 000 m
354	蔷薇科	沙梨	*Pyrus pyrifolia*（Burm.）Nakai	Sand Pear, Chinese Pear, Japanse Pear	果可食	安徽、江苏、浙江、江西、湖北、湖南、贵州、四川、云南、广东、广西、福建。适宜生长在温暖而多雨的地区，海拔100~1 400 m
355	蔷薇科	麻梨	*Pyrus serrulata* Rehd.	Serrulate Pear	砧木	湖北、湖南、江西、浙江、四川、广东、广西。生长于灌木丛中或林边，海拔100~1 500 m
356	蔷薇科	新疆梨	*Pyrus sinkiangensis* Yu	Xinjiang Pear, Sinkiang Pear	果可食	产于新疆、青海、甘肃、陕西等地有栽培。海拔200~1 000 m
357	蔷薇科	秋子梨	*Pyrus ussuriensis* Maxim.	Ussurian Pear	砧木	黑龙江、吉林、辽宁、内蒙古、河北、山西、山东、甘肃。本种抗寒力很强，适于生长在寒冷而干燥的山区，海拔100~2 000 m。亚洲东北部、朝鲜等地也有分布
358	蔷薇科	木梨	*Pyrus xerophila* Yü	Woody Pear, Arid Pear	砧木或加工	山西、陕西、河南、甘肃。生长于山坡，海拔500~2 000 m
359	蔷薇科	尖刺蔷薇	*Rosa acucularis* Lindl.	Prickly Rose	加工原料	新疆。生长于灌木丛中，海拔1 100~1 400 m。俄罗斯西伯利亚及蒙古也有分布
360	蔷薇科	拟木香	*Rosa banksiopsis* Bak.	False Banks Rose	加工原料	湖北、四川、江西、陕西和甘肃等省。生长于山坡林下或灌丛中
361	蔷薇科	弯刺蔷薇（木香）	*Rosa beggeriana* Schsend.	Curved-prickled Rose	加工原料	四川、云南。生长于溪边、路旁或山坡或灌丛中，海拔500~1 300 m。全国各地均有栽培
362	蔷薇科	山刺玫	*Rosa bella* Rehd. et Wils.	Dahurian Rose	加工原料	黑龙江、吉林、辽宁、内蒙古、河北、山西等省区。多生长于山坡阴处、丘陵旱地，海拔430~2 500 m。朝鲜、俄罗斯西伯利亚东部、蒙古南部也有分布

序号	科名	中文名称	拉丁学名	英文名称	主要用途	产地及分布区
363	蔷薇科	尾萼蔷薇	*Rosa caudata* Baker	Caudate Rose	加工原料	湖北、四川、陕西。生长于山坡或灌丛中，海拔1 650～2 000 m
364	蔷薇科	伞房蔷薇	*Rosa corymbulosa* Rolfe	White-eye Rose	加工原料	湖北、四川、陕西、甘肃。多生长于灌木丛中、山坡、林下或河边等处，海拔1 600～2 000 m
365	蔷薇科	川滇（西北）蔷薇	*Rosa davidii* Crepin	David Rose	加工原料	四川、西藏、安徽（九华山）。生长于山坡、沟边或灌丛中，海拔2 500～3 000 m
366	蔷薇科	刺玫蔷薇	*Rosa davurica* Pall.	Dahurian Rose	加工原料	黑龙江、吉林、辽宁、内蒙古、河北、山西等省区。多生长于山坡阳处杂木林边、丘陵草地，海拔430～2 500 m。朝鲜、俄罗斯西伯利亚东部、蒙古南部也有分布
367	蔷薇科	长白蔷薇	*Rosa koreana* Kom.	Korean Rose	加工原料	辽宁、吉林、黑龙江多生长于林缘和灌丛中或山坡多石地，海拔600～1 200 m。朝鲜也有分布
368	蔷薇科	金樱子	*Rosa laevigata* Michx.	Cherokee Rose	加工原料	陕西、安徽、江西、浙江、湖北、湖南、广东、广西、台湾、四川、云南、贵州等省区。喜生长于向阳的山野、田边、溪畔灌木丛中，海拔200～1 600 m
369	蔷薇科	刺梨（缫丝花）	*Rosa roxburghii* Tratt.	Roxburgh rose	供食用、酿酒	陕西、甘肃、安徽、江西、福建、浙江、湖北、湖南、云南、贵州、西藏等省区
370	蔷薇科	疏花蔷薇	*Rosa laxa* Retz.	Laxiflowered Rose	加工原料	新疆。多生长于灌丛中、干沟或河谷旁。海拔500～1 150 m。阿尔泰山区及俄罗斯远东地区也有分布
371	蔷薇科	大叶蔷薇（月季）	*Rosa macrophylla* Lindl.	Big-leaved Rose	加工原料	湖北、四川、浙江。生长于山坡、灌丛中或水沟等处，海拔2 200～2 400 m
372	蔷薇科	伞花蔷薇	*Rosa maximowicziana* Regel	Maximowicz Rose	加工原料	辽宁、山东等省。多生长于灌丛中、沟边、山坡向阳处或灌丛中。朝鲜及俄罗斯远东地区也有分布
373	蔷薇科	华西蔷薇	*Rosa moyesii* Hemsl. et Wils.	Moyes Rose	加工原料	云南、四川、陕西。生长于山坡或灌丛中，海拔2 700～3 800 m
374	蔷薇科	野蔷薇	*Rosa multiflora* Thunb.	Japanese Rose	加工原料	江西、山东、河南等省。日本、朝鲜习见
375	蔷薇科	峨眉蔷薇	*Rosa omeiensis* Rolfe	Omei Mountain Rose, Omei Rose, Emeishan Rose	加工原料	云南、四川、湖北、陕西、宁夏、甘肃、青海、西藏。多生长于山脚下或灌丛中，海拔750～4 000 m

序号	科名	中文名称	拉丁学名	英文名称	主要用途	产地及分布区
376	蔷薇科	腺毛莓	*Rubus adenophorus* Rolfe	Glandular-haired Raspberry	加工原料	江西、湖北、浙江、福建、广东、广西、贵州。生长于低海拔至中海拔的山地、山谷、疏林湿润处或林缘
377	蔷薇科	粗叶悬钩子	*Rubus alceaefolius* Poir.	Rough-leaved Raspberry	加工原料	江西、湖南、江苏、福建、台湾、广西、广东、贵州、云南。生长于海拔500~2 000 m的向阳山坡、山谷杂木林内或沼泽灌丛中以及路旁岩石间。缅甸、东南亚、印度尼西亚、菲律宾、日本也有分布
378	蔷薇科	秀丽莓	*Rubus amabilis* Focke	Elegant Raspberry	果可食	陕西、甘肃、河南、山西、湖北、四川、青海。生长于山麓沟边或山谷丛林中，海拔1 000~3 700 m
379	蔷薇科	周毛悬钩子	*Rubus amphidasys* Focke ex Diels	Hairy Raspberry	果可食	江西、湖北、湖南、安徽、浙江、广西、福建、四川、贵州。生长于山坡路旁丛林或竹林内或生长于山地红黄壤林下，海拔400~1 600 m
380	蔷薇科	狭苞悬钩子	*Rubus angustibracteatus* Yü et Lu	Angustibracteate Raspberry	果可食	四川（茂汶及宝兴）。生长于海拔1 900~2 200 m山地中
381	蔷薇科	粉枝莓	*Rubus biflorus* Buch.-Ham. ex Smith	Biflorous Raspberry	果可食	陕西、甘肃、四川、云南、西藏。生长于山谷河边或山地杂木林内，海拔1 500~3 500 m。缅甸、不丹、锡金、尼泊尔、印度东北部、克什米尔地区也有分布
382	蔷薇科	滇北悬钩子	*Rubus bonatianus* Focke	North-Yunnan Raspberry	果可食	云南北部。生长于山草地、溪旁或斜坡潮湿处，海拔3 200~3 500 m
383	蔷薇科	寒莓	*Rubus buergeri* Miq.	Buerger Raspberry	果可食	江西、湖北、湖南、安徽、江苏、浙江、福建、台湾、广东、贵州。生长于中低海拔的阔叶林下或山地疏密杂木林中
384	蔷薇科	毛奶莓（掌叶覆盆子）	*Rubus chingii* Hu	Palm-leaved Raspberry	加工原料	江苏、安徽、江西、浙江、福建、广西。生长于低海拔至中海拔地区，在山坡、路边阴处或灌木丛中常见。日本也有分布
385	蔷薇科	毛萼莓	*Rubus chroosepalus* Focke	Hairy-sepaled Raspberry	加工原料	陕西、湖北、湖南、福建、广东、广西、四川、云南、贵州。生长于海拔300~2 000 m的山坡灌丛中或林缘。越南也有分布

序号	科名	中文名称	拉丁学名	英文名称	主要用途	产地及分布区
386	蔷薇科	越南悬钩子（蛇泡筋）	*Rubus cochinchinensis* Tratt.	Cochin-China Raspberry	果可食	广东、广西。任低海拔至中海拔灌木林丛中常见。泰国、越南、老挝、柬埔寨也有分布
387	蔷薇科	山莓	*Rubus corchorifolius* L.f.	Jute-leaved Raspberry	加工原料	除东北、甘肃、青海、新疆、西藏外，全国均有分布。海拔200～2 200 m。朝鲜、日本、缅甸、越南也有分布
388	蔷薇科	插田泡	*Rubus coreanus* Miq.	Korean Raspberry	加工原料	陕西、甘肃、河南、江西、湖北、湖南、浙江、福建、安徽、四川、新疆、贵州。生长于海拔100～1700 m的山坡灌丛或山谷、路旁。朝鲜和日本也有分布
389	蔷薇科	山楂叶悬钩子	*Rubus crataegifolius* Bge.	Hawthorn-leaved Raspberry	加工原料	黑龙江、辽宁、吉林、河南、山西、山东。生长于向阳山坡灌木丛中或林缘，常在山沟、路边成群生长，海拔300～2 500 m。朝鲜、日本、俄罗斯远东地区也有分布
390	蔷薇科	栽秧泡	*Rubus ellipticus* Smith var.*obcordatus* (Franch.) Focke	Little-flowered Raspberry	果可食	广西、四川、云南、贵州。生长于山坡、路旁灌丛或山坡杂木林中。海拔300～2 000 m。印度、老挝、泰国、越南也有分布
391	蔷薇科	山桂排条（弓茎悬钩子）	*Rubus flosculosus* Focke	Glabrous-fruited Raspberry	加工原料	河南、山西、陕西、甘肃、湖北、四川、西藏。生长于海拔900～2 600 m的山谷河旁、沟边或山坡杂木林中
392	蔷薇科	光果悬钩子	*Rubus glabricarpus* Cheng	Henry Raspberry	果可食	浙江、福建。生长低海拔至中海拔的山脚、山坡、沟边及杂木林下
393	蔷薇科	鸡爪茶	*Rubus henryi* Hemsl. et Ktze.	Hirsute Raspberry	加工原料	湖北、湖南、河南、江西、安徽、江苏、浙江、福建、台湾、广东。生长于山坡路旁阴湿处或灌丛中，海拔达1 500 m。朝鲜、日本也有分布
394	蔷薇科	蓬蘽	*Rubus hirsutus* Thunb.	How Raspberry	加工原料	
395	蔷薇科	裂叶悬钩子	*Rubus howii* Merr. et Chun	Yichang Raspberry	加工原料	海南。生长于中海拔杂木林中
396	蔷薇科	黄泡子（宜昌悬钩子）	*Rubus ichangensis* Hemsl. et Ktze.		加工原料	海南。生长于中海拔杂木林中

序号	科名	中文名称	拉丁学名	英文名称	主要用途	产地及分布区
397	蔷薇科	覆盆子	*Rubus idaeus* L.	Red Raspberry, Wild Raspberry, Red-and-yellow Raspberry, Ganden Raspberry	果可食，加工原料	吉林、辽宁、河北、山西、新疆。生长于山地杂木林内，灌丛或荒野，海拔500～2 000 m。日本、前苏联（西伯利亚、中亚）、北美、欧洲也有分布
398	蔷薇科	白叶莓	*Rubus innominatus* S.Moore	White-leaved Raspberry	加工原料	陕西、甘肃、海南、湖北、江西、安徽、浙江、福建、广东、广西、四川、贵州、云南。生长于山坡疏林、灌丛中或山谷河旁，海拔400～2 500 m
399	蔷薇科	肾叶悬钩子（灰毛泡）	*Rubus irenaeus* Focke	Grey-haired Raspberry	加工原料	江西、湖北、湖南、江苏、浙江、福建、广东、广西、四川、贵州。生长于山坡阴下或树阴下腐殖质较多的地方，海拔500～1 300 m
400	蔷薇科	绿叶悬钩子	*Rubus komarovii* Nakai	Komarov Raspberry	加工原料	黑龙江（大兴安岭）、吉林（长白山）。生长于海拔500～1 500 m 的山坡林缘、石坡和林间采伐迹地。朝鲜、俄罗斯远东地区和西伯利亚也有分布
401	蔷薇科	高粱泡	*Rubus lambertianus* SeRubus	Lambert Raspberry	加工原料	河南、湖北、湖南、安徽、江苏、江西、浙江、福建、台湾、广东、广西、云南。生长于低海拔山坡、山谷或路旁灌丛中阴湿处或生长于林缘及草坪。日本也有分布
402	蔷薇科	白花悬钩子	*Rubus leucanthus* Hance	White-flowered Raspberry	加工原料	湖南、福建、广东、广西、贵州、云南。在低海拔至中海拔疏林或旷野常见。越南、老挝、柬埔寨也有分布
403	蔷薇科	羊尿泡（棠叶悬钩子）	*Rubus malifolius* Focke	Apple-leaved Raspberry	加工原料	湖北、湖南、四川、贵州、云南、广西。生长于山坡或山谷林木中或灌丛中阴蔽处，海拔400～2 200 m
404	蔷薇科	喜阴悬钩子	*Rubus mesogaeus* Focke	Shady Raspberry, Shadily Raspberry	加工原料	河南、陕西、甘肃、湖北、台湾、四川、贵州、云南、西藏。生长于山坡、山谷林下湿润处或沟边冲击台上，海拔900～2 700 m。尼泊尔、锡金、不丹、日本、萨哈林岛也有分布
405	蔷薇科	大乌泡	*Rubus multibracteatus* Levl. et Vant.	Multibracted Raspberry	果可食	广东、广西、云南、贵州。生长于山坡及沟谷阴处灌木林内或route及路旁，海拔可达2 000～2 500 m。泰国、老挝、柬埔寨也有分布

序号	科名	中文名称	拉丁学名	英文名称	主要用途	产地及分布区
406	蔷薇科	红泡刺藤	*Rubus niveus* Thunb.	Snow-peak Raspberry	加工原料	陕西、甘肃、广西、四川、云南、贵州、西藏。生长于山坡灌丛、疏林或山谷河滩，海拔500～2 800 m。阿富汗、尼泊尔、锡金、不丹、印度、克什米尔地区、斯里兰卡、缅甸、泰国、老挝、越南、马来西亚、印度尼西亚、菲律宾也有分布
407	蔷薇科	太平莓	*Rubus pacificus* Hance	Pacific Raspberry	果可食	湖南、江西、安徽、江苏、浙江、福建。生长于海拔300～1 000 m 的山地路旁或杂木林内
408	蔷薇科	圆锥悬钩子	*Rubus paniculatus* Smith	Paniculate Raspberry	加工原料	云南、西藏。生长于海拔1 500～3 200 m 的山坡杂木林中或沟边溪旁、不丹、锡金、尼泊尔、印度北部、克什米尔地区也有分布
409	蔷薇科	乌泡子	*Rubus parkeri* Hance	Parker Raspberry	加工原料	陕西、湖北、江苏、四川、云南、贵州。生长于海拔1 000 m 以下的山地疏密林中阴湿处或溪旁及山谷岩石上
410	蔷薇科	茅莓	*Rubus parvifolius* L.	Japanese Raspberry, Small-leaved Raspberry	加工原料	黑龙江、吉林、辽宁、河北、山西、江西、浙江、山东、河南、湖北、湖南、江西、江苏、福建、台湾、广东、广西、四川、贵州。生长于山坡杂木林下、向阳山谷、路旁或荒野，海拔400～2 600 m。日本、朝鲜也有分布
411	蔷薇科	盾叶莓	*Rubus peltatus* Maxim.	Peltate-leaved Raspberry	加工原料	江西、安徽、浙江、四川、贵州、湖北。生长于山坡、山冶林下、林缘或阴湿处，海拔300～1 500 m。日本也有分布
412	蔷薇科	华中悬钩子	*Rubus cockburnianus* Hemsl.	Cockburn Raspberry	果可食	河南、陕西、四川、云南、西藏。生长于海拔900～3 800 m 的向阳山坡灌丛中或沟谷杂木林内
413	蔷薇科	丽水悬钩子	*Rubus lishuiensis* Yü et Lu	Lishui Raspberry	果可食	浙江（丽水县云峰）
414	蔷薇科	大序悬钩子	*Rubus grandipaniculatus* Yü et Lu	Large-panicled Raspberry	果可食	陕西（平利）、四川（奉节）。生长于山坡疏林或沟沟旁岩隙中，海拔750～1 050 m
415	蔷薇科	多花（腺）悬钩子	*Rubus phoenicolasius* Maxim.	Wine Raspberry, Wineberry	加工原料	山西、河南、陕西、甘肃、山东、湖北、四川。生长于低海拔至中海拔疏林下、路旁或山谷底。日本、朝鲜、欧洲、北美也有分布

序号	科名	中文名称	拉丁学名	英文名称	主要用途	产地及分布区
416	蔷薇科	菰帽悬钩子	*Rubus pileatus* Focke	Pileate Raspberry	果可食	河南、陕西、甘肃、四川。生长于海拔1 400～2 800 m的沟谷边、路旁疏林下或山谷阴处密林下
417	蔷薇科	宜昌悬钩子	*Rubus ichangensis* Hemsl. et Ktze.	Yichang Raspberry	果可食 饮料	陕西、甘肃、四川、安徽、广东、广西、云南、贵州。生长于山坡、山谷疏密林中或灌丛中，海拔2 500 m
418	蔷薇科	白叶莓	*Rubus innominatus* S.Moore	White-leaved Raspberry	果可食、根入药	陕西、甘肃、四川、湖北、湖南、海南、广东、广西、贵州、云南。生长于山坡疏林、灌丛中或山谷河旁，海拔400～2 500 m
419	蔷薇科	陕西悬钩子	*Rubus piluliferus* Focke	Shaanxi Raspberry	果可食	陕西、甘肃、湖北、四川。生长于山坡或山谷林下，海拔1 100～2 000 m
420	蔷薇科	三对叶悬钩子	*Rubus trijugus* Focke	Trijugate Raspberry	果可食	四川、云南、西藏。生长于低山坡、山地杂林内、林缘草地或沟谷溪旁，海拔2 500～3 500 m
421	蔷薇科	中南悬钩子	*Rubus grayanus* Maxim.	Gray Raspberry	果可食	江西、湖南、浙江、福建、广东、广西。生长于山坡、谷地灌木丛中或溪边水旁杂木林下，海拔500～1 100 m。日本（琉球）也有分布
422	蔷薇科	五叶悬钩子	*Rubus quinquefoliolatus* Yü et Lu	Quinquefoliate Raspberry, Five-leaved Raspberry	果可食	云南、贵州。生长于山坡、溪边疏密林下或分水岭杂木林中，海拔1 550～2 450 m
423	蔷薇科	掌叶悬钩子	*Rubus pentagonus* Wall. ex Focke	Five-angled Raspberry	果可食	四川、云南、西藏。生长于常绿阔叶林下、杂木灌木丛中，海拔2 500～3 600 m。印度西北部、尼泊尔、锡金、不丹、缅甸北部，越南也有分布
424	蔷薇科	草果山悬钩子	*Rubus zhaogoshanensis* Yü et Lu	Caoguoshan Raspberry	果可食	云南西部（西畴县法斗草果山）。生长于常绿阔叶林下，海拔1 600 m
425	蔷薇科	橘红悬钩子	*Rubus aurantiacus* Focke	Orange Raspberry	果可食	四川西部、云南中部之西北部、西藏东南部。生长于山谷、溪旁或山坡疏密杂木林中及灌丛中，海拔1 500～3 300 m
426	蔷薇科	藏南悬钩子	*Rubus austro-tibetanus* Yü et Lu	South-Tibet Raspberry	果可食	云南西部（高黎贡山西坡或景东）、西藏南部（墨脱、米林、错那、亚东、定结、聂拉木、吉隆）。生长于山坡路旁灌丛、杂木林下或常绿阔叶林，海拔2 600～3 800 m

序号	科名	中文名称	拉丁学名	英文名称	主要用途	产地及分布区
427	蔷薇科	瓦屋悬钩子	*Rubus wawushanensis* Yü et Lu	Wawushan Raspberry	果可食	四川（洪雅县瓦屋山）。生长于林下
428	蔷薇科	羽萼悬钩子	*Rubus pinnatisepalus* Hemsl.	Pinnate-sepaled Raspberry, Feathery-sepaled Raspberry	果可食	台湾、四川、云南、贵州。生长子山地溪旁或杂木林内，海拔达3 000 m
429	蔷薇科	柱序悬钩子	*Rubus subcoresmus* Yü et Lu	Big-subkorean Raspberry	果可食	陕西、甘肃、河南。生长于山坡或溪沟旁灌丛中或生长于林溪旁悬崖上，海拔900~1 500 m
430	蔷薇科	直立悬钩子（直茎莓）	*Rubus stans* Focke	Erect Raspberry	果可食	四川、云南、西藏。生长于高山林下或林缘，海拔2 000~3 400 m
431	蔷薇科	光滑悬钩子	*Rubus tsangii* Merr.	Tsang Raspberry	果可食	浙江、福建、广东、广西、四川、贵州、云南。生长子山坡、山麓、河边或山谷密林中，海拔800~2 500 m
432	蔷薇科	长果悬钩子	*Rubus dolichocephalus* Hayata	Long-fruited Raspberry	果可食	台湾。生长于台湾中部中海拔至高海拔的山地
433	蔷薇科	台湾悬钩子	*Rubus formosensis* Ktze.	Taiwan Raspberry	果可食	台湾
434	蔷薇科	密刺悬钩子	*Rubus subtibetanus* Hand.	Dense-spiny Raspberry	果可食	陕西、甘肃、四川。生长子岩石山坡或山谷灌木丛中，海拔2 300 m
435	蔷薇科	红果悬钩子	*Rubus erythrocarpus* Yü et Lu	Red-fruited Raspberry	果可食	云南西北部高黎贡山。生长于山坡或灌木丛中，海拔3 200~3 800 m
436	蔷薇科	梨叶悬钩子	*Rubus pirifolius* Smith	Pear-leaved Raspberry	果可食	福建、台湾、广东、广西、贵州、四川、云南。生长于低海拔中海拔的山地较阴蔽处。泰国、越南、老挝、柬埔寨、印度尼西亚、菲律宾也有分布
437	蔷薇科	针刺悬钩子	*Rubus pungens* Camb.	Spiny Raspberry	加工原料	陕西、甘肃、河南、四川、云南、西藏。生长于山坡林下、林缘式河边，海拔2 200~3 300 m。克什米尔地区、印度西北部、尼泊尔、锡金、不丹、缅甸北部、日本、朝鲜也有分布
438	蔷薇科	锈毛莓	*Rubus reflexus* Ke Rubus	Rusty-haired Raspberry	加工原料	江西、湖南、浙江、福建、广东、广西。生长于山坡、山谷灌丛中或疏林间，海拔300~1 000 m

序号	科名	中文名称	拉丁学名	英文名称	主要用途	产地及分布区
439	蔷薇科	空心泡	*Rubus rosaefolius* Smith	Salem-rose, Rose-leaved Raspberry, Brier Rose	加工原料	江西、湖南、安徽、浙江、福建、台湾、广东、广西、贵州、四川。生长于山地杂木林内阴处、草坡或高山腐殖质土壤上，海拔 2 000 m。印度、缅甸、泰国、老挝、越南、柬埔寨、日本、印度尼西亚、大洋洲、非洲马达加斯加也有分布
440	蔷薇科	刺莓	*Rubus taiwanianus* Matsum.	Taiwan Raspberry	加工原料	台湾，特有种。生长于路边或林缘，全岛习见，海拔达 2 000 m
441	蔷薇科	荚蒾叶悬钩子	*Rubus viburnifolius* Focke	Viburnum-leaved Raspberry	加工原料	云南。生长于海拔 1 800～3 000 m 的干燥坡地或杂木林中
442	蔷薇科	大苞悬钩子	*Rubus wangii* Mect.	Wang Raspberry	果可食	广东、广西。生长于山坡石上阴处杂木林中或山谷疏林中，海拔 900～1 500 m
443	蔷薇科	川莓	*Rubus setchuenensis* Bureau et Franch.	Szechwan Raspberry	加工原料	湖南、湖北、四川、广西、云南、贵州。生长于山坡、路旁、林缘或灌丛中，海拔 500～3 000 m
444	蔷薇科	峨眉悬钩子	*Rubus faberi* Focke	Faber Raspberry	果可食	四川。生长于低海拔至中海拔的山地
445	蔷薇科	红腺悬钩子	*Rubus sumatranus* Miq.	Red-glandular Raspberry	果可食	湖北、湖南、江西、安徽、浙江、福建、台湾、广东、广西、四川、贵州、云南、西藏。生长于山地、山谷疏密林内、林缘、灌丛下草丛中，海拔达 2 000 m。日本、朝鲜、尼泊尔、印度、老挝、泰国、越南、柬埔寨、印度尼西亚也有分布
446	蔷薇科	木莓	*Rubus swinhoei* Hance	Swinhoe Raspberry	加工原料	陕西、广东、湖北、湖南、江西、安徽、江苏、浙江、福建、四川、贵州、四川。生长于山坡疏林或灌丛中，或生长于溪谷及杂木林下，海拔 300～1 500 m
447	蔷薇科	灰白毛莓	*Rubus tephrodes* Hance	Grey-white Raspberry	果可食	湖南、湖北、江西、安徽、台湾、广东、广西。生长于山坡、路旁或灌丛中，海拔达 1 500 m
448	蔷薇科	三花悬钩子	*Rubus trianthus* Focke	Triflorous Raspberry	果可食	江西、湖南、湖北、安徽、浙江、江苏、福建、台湾、四川、云南、贵州。生长于山坡杂木林或草丛中，也习见于路旁、溪边及山谷等处，海拔 500～2 800 m
449	蔷薇科	三色莓	*Rubus tricolor* Focke	Tricolor Raspberry	加工原料	四川。生长于坡地或林中，海拔 1 800～3 600 m

序号	科名	中文名称	拉丁学名	英文名称	主要用途	产地及分布区
450	蔷薇科	草果山悬钩子	*Rubus zhaogoshanensis* Yü et Lu	Caoguoshan Raspberry	加工原料	云南（西畴县法斗草果山）。生长于常绿阔叶林下，海拔1 600 m
451	蔷薇科	水榆花楸	*Sorbus alnifolia* (Sieb. et Zucc.) K. Koch	Dense-headed Mountain-ash	果可食	黑龙江、吉林、辽宁、河北、河南、陕西、山东、安徽、湖北、江西、浙江、四川。生长于山坡、山沟或山顶混交林或灌木林中，海拔500~2 300 m。朝鲜和日本也有分布
452	蔷薇科	麻叶花楸	*Sorbus esserteauiana* Koehne	Hemp-leaved Mountain-ash	加工原料	四川西部，生长于山地丛林中，海拔1 700~3 000 m
453	蔷薇科	疣果花楸	*Sorbus granulosa* (Bertol.) Rehd.	Granular Mountain-ash	加工原料	云南、贵州、广东、广西。生长于湿润混交林中或岩石边和山谷中，有时附生其他大树上，海拔1 200~3 400 m。印度、缅甸、越南、老挝、柬埔寨也有分布
454	蔷薇科	湖北花楸	*Sorbus hupehensis* Schneid.	Hupeh Mountain-ash	加工原料	湖北、江西、安徽、山东、四川、贵州、陕西、甘肃。普遍生长于山阴坡或山沟密林中，海拔1 500~3 500 m
455	蔷薇科	大果花楸	*Sorbus megalocarpa* Rehd.	Big-fruited Mountain-ash	果食用、酿酒	湖北、湖南、四川、贵州、云南、广西。生长于山谷、沟边或岩石坡地，海拔1 400~2 050 m
456	蔷薇科	百花山花楸（花楸树）	*Sorbus pohuashanensis* Hedl.	Pohuashan Mountain-ash	加工原料	黑龙江、吉林、辽宁、内蒙古、河北、山西、甘肃。常生长于山谷杂木林内，海拔900~2 500 m
457	蔷薇科	川康花楸	*Sorbus prattii* Koehne	Pratt Mountain-ash	加工原料	四川西部、云南西北部和西藏东南部。生长于高山杂木林内，海拔2 100~3 700 m
458	蔷薇科	西南花楸	*Sorbus rehderiana* Koehne	Rehder Mountain-ash	加工原料	四川、云南、西藏。普遍生长于山地丛林中，海拔2 600~4 300 m。缅甸北部也有分布
459	蔷薇科	天山花楸	*Sorbus tianschanica* Rupr.	Tianshan Mountain-ash	加工原料	新疆、青海、甘肃。普遍生长于高山溪谷中或云杉林缘边，海拔2 000~3 200 m。土耳其和阿富汗也有分布
460	蒺藜科	戈壁霸王	*Zygophyllum gobicum* Maxim.	Gobi Beancaper	果可食	内蒙古阿拉善盟、甘肃河西、新疆。生长于砾石戈壁，蒙古东部也有分布

序号	科名	中文名称	拉丁学名	英文名称	主要用途	产地及分布区
461	蒺藜科	霸王	*Sarcozygium xanthoxylon* Bunge	Common Beancaper	果可食	内蒙古西部、甘肃西部、宁夏西部、新疆、青海。生长于荒漠和半荒漠的沙砾质河流阶地，低山山坡，碎石低丘和山前平原。蒙古也有分布
462	蒺藜科	罗氏白刺（大果泡泡刺）	*Nitraria roborowskii* Kom.	Roborowsk Nitraria	果可食	内蒙古西部、宁夏、甘肃河西、青海各沙漠地区。生长于盆地边缘、绿洲外围沙地、蒙古也有分布
463	蒺藜科	白刺	*Nitraria sibirica* Pall.	Siberian Nitraria	果可食或酿酒	我国东北及东部沿海沙区也有分布。生长于湖盆边缘沙地、盐渍化沙地、沿海盐化沙地。蒙古、中亚、西伯利亚也有分布
464	蒺藜科	泡果白刺	*Nitraria sphaerocarpa* Maxim.	Round-fruited Nitraria	果可食或酿酒	内蒙古西部、甘肃河西、新疆。生长于戈壁、山前平原平坦沙地、盐渍化沙地，极耐干旱
465	蒺藜科	唐古特泡泡刺	*Nitraria tangutorum* Bobr.	Tangut Nitraria	果可食或酿酒	陕西北部、内蒙古西部、宁夏、青海、新疆及西藏东北部。生长于荒漠和半荒漠的湖盆沙地、河流阶地、山前平原积沙地、有风积沙的黏土地
466	芸香科	酸橙	*Citrus aurantium* L.	Seville Orange, Sour Orange	果食用	秦岭南坡以南各地，通常栽培，有时也为野生
467	芸香科	代代花	*Citrus aurantium* var. *amara*.Engl.		果可食，入药	长江流域以南地区
468	芸香科	道县野橘	*Citrus daoxianensis* S. W. He et G. F. Liu	Daoxian Citrus	果可食，入药	湖南道县
469	芸香科	红河橙	*Citrus hongheensis* Y. L. D. L.	Honghe Citrus	砧木	云南南部（红河县）。生长于海拔800~2 000 m山坡杂木林中
470	芸香科	马蜂橙	*Citrus hystrix* A. DC.	Cabuyao	砧木	海南（崖县、昌江）、云南（金平、景洪、勐腊），生长于海拔500~1 300 m山地常绿阔叶林中。泰国中部以北、越南北部也有
471	芸香科	宜昌橙	*Citrus ichangensis* Swingle	Ichang Bitter Orange, Ichang Lemon	砧木	陕西、甘肃两省南部、湖北北部、湖南西部以西部、广西北部、贵州、四川、云南，生长于高山陡崖、岩石旁、山脊或沿河谷坡地，自然分布的最高限约2 500 m

序号	科名	中文名称	拉丁学名	英文名称	主要用途	产地及分布区
472	芸香科	香橙	Citrus junos Sieb. ex Tan.	Frangrant Citrus	果食用	甘肃、陕西两省南部。湖北、湖南、江苏、贵州、广西及云南东北部的高山地区，野生及栽培，五岭以南不产，是柑橘属分布较广也较北的一种，性耐寒，个别品种为半落叶性
473	芸香科	黎檬	Citrus limonia Osbeck.	Lemon-like Citrus	加工原料	台湾、福建、广东、广西及湖南和贵州的西南部、云南南部。野生及半野生，多见于干旱野坡或河谷两岸坡地。福建南部，通常呈多枝的灌木状，种植在园艺场内的树高达5 m。四川沿长江谷地间有栽培。广东及广西西南部常见栽培，越南、老挝、柬埔寨、缅甸及印度北部也有分布
474	芸香科	香圆	Citrus limonia var. meyerslemon Wong		加工原料	长江两岸以南各地，均栽种，通常做中药用，用于代枳壳
475	芸香科	莽山野橘	Citrus mangshanensis S. W. He et G. F. Liu	Mangshan Citrus	果可食，入药	湖南
476	芸香科	香橼	Citrus medica L.	Medicinal Citrus	砧木	台湾、福建、广东、广西、云南等省区南部，较多栽种。越南、老挝、缅甸、印度等也有分布
477	芸香科	佛手柑	Citrus medica L. var. sarocodactylis Swingle		砧木、观赏	长江以南各地均有栽培
478	芸香科	小黄皮	Clausena dunniana Lévl.	Dunn Wampee	加工原料	湖南西部及云南南部，广西西部及广东北部、广东东部、贵州南部、四川（南川县）及云南东南部。见于海拔300～1 500 m山地杂木林中，土山及石灰岩山地均有。越南东北部也有分布
479	芸香科	齿叶黄皮	Clausena emarginata Huang	Emarginate Wampee, Notched Wampee	加工原料	广西西部及西南部（平果、凌乐等县），云南东南部（富宁、金屏、勐腊等县）。生长于海拔300～800 m山谷密林中，常见于石灰岩山地
480	芸香科	假黄皮	Clausena excavata Burm.f.	Hollowed Wampee	加工原料	台湾、福建、广东、海南、广西、云南南部。见于平地至海拔1 000 m山坡灌木丛中或疏林中。越南、老挝、柬埔寨、泰国、缅甸、印度等也有分布
481	芸香科	毛齿叶黄皮	Clausena dunniana Lévl. var. robusta (Tan.) Huang		加工原料	湖北西部、湖南、广西、贵州、四川东部及云南南部。见于海拔300～1 300 m的湿润地方

序号	科名	中文名称	拉丁学名	英文名称	主要用途	产地及分布区
482	芸香科	毛叶黄皮	*Clausena vestita* D. D. Tao	Clothed Wampee	加工原料	云南西北部（丽江）。见于海拔 1 900 m 干热河谷稀疏灌木丛中
483	芸香科	细叶（小叶）黄皮	*Clausena indica* (Dalz.) Oliv.	Indian Wawpee	加工原料	台湾（兰屿）有野生。广东（新会、鹤山）、广西（百色、龙州）及云南（蒙自、河口）均有种植。原产菲律宾。在广东，至少有 80 年栽培历史
484	芸香科	黄皮	*Clausena lansium* (Lour.) Skeels	Chinese Wawpee	果食用	原产我国南部。台湾、福建、广东、海南、广西、贵州南部、云南及四川金沙红河谷均有栽培。世界热带及亚热带地区同也有栽培
485	芸香科	光滑黄皮	*Clausena lenis* Drake	Smooth Wampee	加工原料	海南、广西南部、云南南部。见于海拔 500～1 300 m 山地疏林或密林中。云南东北部也有分布
486	芸香科	香花黄皮	*Clausena odorata* Huang	Fragrant Wampee	加工原料	云南墨江。见于海拔约 1 800 m 山坡灌木丛中
487	芸香科	云南黄皮	*Clausena yunnanensis* Huang	Yunnan Wampee	加工原料	广西（龙津、那坡）、云南（河口、屏边、西畴）。见于海拔 500～1 300 m 山地密林中
488	芸香科	长叶金柑	*Fortunella hainanensis* Huang	Hainan Kumquat	加工原料	海南、广东汕头等地，云南南部有分布
489	芸香科	山橘	*Fortunella hindsii* Swingle	Hongkong Kumquat	砧木	浙江、福建、广东、广西等省区，生长于山地灌木丛中
490	芸香科	金柑	*Fortunella japonica* (Thunb.) Swingle	Round Kumquat, Kumquat	果食用、砧木	秦岭南坡以南各地栽种。在广东的南澳岛和海南的崖县、东方、琼中、澄迈等地均有本种的野生树。在尖峰岭一带的山地常绿阔叶林中较常见，其垂直分布在海拔 600～1 000 m
491	芸香科	金豆	*Fortunella venosa* (Champ. ex Benth.) Huang	Venose Kumquat	果食用、砧木	福建（南平）、江西（永丰）、湖南（宁远等县）。见于北纬 25°50′～27°50′地区
492	芸香科	云南山小橘（亮叶山小橘）	*Glycosmis lucida* Wall. ex Narayan.	Yunnan Glycosmis	果食用、砧木	西双版纳以南及以西各地（景洪、勐腊、景东、澜沧等地）。生长于海拔 900～1 400 m 山地杂木林中，湿润地方较常见。印度及缅甸东北部也有分布

序号	科名	中文名称	拉丁学名	英文名称	主要用途	产地及分布区
493	芸香科	海南山小橘	*Glycosmis hainanensis* Huang	Hainan Glycosmis	加工原料	海南及云南东南部（富宁）。生长于海拔200～500 m丘陵坡地或溪旁杂木林中，越南北部也有分布
494	芸香科	咖喱叶（调料九里香）	*Murraya koenigii* (L.) Spreng.	Curry-leaved Tree	加工原料	海南南部（崖县、东方、昌江等）离海岸不远的砂土灌木丛中，云南南部（西双版纳至耿马）一带，较常见于海拔500～1 600 m湿润的阔叶林中，河谷沿岸也有生长。越南、老挝、缅甸、印度等也有分布
495	芸香科	九里香	*Murraya exotica* L. [*M. paniculata* (L.) Jack]	Common Jasmin-orange	加工原料	台湾、福建、广东、海南、广西五省区南部。常见于离海岸不远的平地、缓坡、小丘的灌木丛中。生长于沙质土，向阳地方
496	芸香科	小叶九里香	*Murraya microphylla* (Merr. et Chun) Swing.	Small-leaved Jasmin-orange	砧木	海南沿海岸的村庄附近，生长于沙质土的灌木丛中
497	芸香科	富民枳	*Poncirus polyandra* S. Q. Ding et al.	Manystamen Stockorange	砧木	产云南富民县。生长于海拔2 390 m杂木林下
498	芸香科	光叶（岭南）花椒	*Zanthoxylum austrosinense* Huang	South China Prickly-ash	干果、种子榨油	江西（安远、大余、崇义）、武夷山、水秦、广东（乳源）、广西（桂林附近）、福建（湖南一带）。见于海拔300～900 m坡地疏林或灌木丛中
499	芸香科	刺花椒	*Zanthoxylum acanthopodium* DC.	Spiny Prickly-ash	干果、种子榨油	云南南部、西藏东南部。见于海拔1 400～2 500 m山地灌木丛或疏林中。越南、老挝、缅甸、泰国、印度、尼泊尔也有分布
500	芸香科	毛刺花椒	*Zanthoxylum acanthopodium* DC. var. *timbor* Hook. f.		干果、种子榨油	广西西部、云南东南部、四川西南部、西藏东南部。生长于多类生境：在密林下水沟湿润地方的其小叶较大，翼叶有时甚窄一直仅有痕迹；生长于较干燥坡地灌木丛中的小叶甚小。缅甸、印度、尼泊尔、锡金也有分布
501	芸香科	椿叶花椒	*Zanthoxylum ailanthoides* Sieb. et Zucc.	Ailanthus-like Prickly-ash	干果、种子榨油	除江苏、安徽未见记录，云南富宁外，长江以南各地均有分布，见于海拔500～1 500 m山地杂木林中，在四川西部，本种常生长于鸡爪栎属植物为主的常绿阔叶林中
502	芸香科	簕花椒	*Zanthoxylum avicennae* (Lam.) DC.	Avicenna Prickly-ash	干果、种子榨油	台湾、福建、广东、海南、云南、广西，见于北纬约25°以南地区。生长于低海拔平地、坡地或谷地，多见于次生林中。菲律宾也有分布

序号	科名	中文名称	拉丁学名	英文名称	主要用途	产地及分布区
503	芸香科	异叶花椒	Zanthoxylum dimorphophyllum Hemsl.	Variable-leaved Prickly-ash	干果、种子榨油	秦岭南坡以南，南至海南西南部，东至台湾广大地区。见于海拔 300～2 400 m 山地林中，喜湿润地方，石灰岩山地也常见。尼泊尔、锡金、印度及缅甸东北部也有分布
504	芸香科	单面针（蚬壳花椒）	Zanthoxylum dissitum Hemsl.	Shell-fish Prickly-ash	干果、种子榨油	陕西及甘肃南省南部，东界止于长江三峡地区，南界止于五岭山北。见于海拔 30～1 500 m 坡地上均有生长，在四川西部，它见于以岩石灰岩山地及土地上均有生长，在四川西部，它见于以岩石柯树、丝栗为主的阔叶混交林内。在广西与贵州，它多生长于石灰岩山地
505	芸香科	岩椒（贵州花椒）	Zanthoxylum esquirolii Lévl.	Esquirol Prickly-ash, Guizhou Prickly-ash	干果、种子榨油	贵州、四川、云南。见于海拔 900～2 000 m 山地疏林或灌木丛中
506	芸香科	朵花椒	Zanthoxylum molle Rehd.	Pubescent Prickly-ash	干果、种子榨油	安徽、浙江、江西、湖南、贵州。见于海拔 100～700 m 丘陵地较干燥的疏林或灌木丛中
507	芸香科	川陕花椒	Zanthoxylum piasezkii Maxim.	Piasezk Prickly-ash	干果、种子榨油	陕西、甘肃（成县）、四川（大金、理县、崇化）。见于海拔 2 000～2 500 m 山坡或河谷两岸
508	芸香科	花椒	Zanthoxylum planispinum Sieb. et Zucc.	Bunge Prickly-ash	干果、种子榨油	产地北起东北南部，南至五岭东南部；台湾、海南及广东不产。东南至江苏、浙江沿海地带，西南至藏东南的山地。在青海、西南至藏东南较高的山地。在青海、西南至海拔较高的山地。见于海拔 2 500 m 的坡地，也有栽种
509	芸香科	竹叶椒	Zanthoxylum armatum DC.	Bamboo-leaved Prickly-ash	干果、种子榨油	华东、中南、西南等地，即陕西、甘肃、河南、湖北、江西、浙江、安徽、山东、福建、云南、贵州、四川等省区。生长于海拔 2 300 m 以下的山坡疏林、灌丛中及路旁
510	芸香科	崖椒（青花椒）	Zanthoxylum schinifolium Sieb. et Zucc.	Pepper-tree Prickly-ash	干果、种子榨油	产于五岭以北、辽宁以南大多数省区，但不见于云南平原至海拔 800 m 山坡疏林或灌木丛中或岩石旁等多类境地。朝鲜、日本也有栽种
511	芸香科	狭叶花椒	Zanthoxylum stenophyllum Hemsl.	Narrow-leaved Prickly-ash	干果、种子榨油	陕西（南郑、佛坪、洋县）、甘肃（徽县、成县）、四川（巫山、奉节、开县）、湖北西部。见于海拔 100～2 200 m 山地灌木丛中

序号	科名	中文名称	拉丁学名	英文名称	主要用途	产地及分布区
512	芸香科	野花椒	Zanthoxylum simulans Hance	Flatspine Prickly-ash, Hairy Prickly-ash	干果、种子榨油	青海、甘肃、山东、河南、安徽、江苏、浙江、江西、台湾、福建、湖南及贵州东北部。见于平地、山地丘陵或略高的山地疏林或密林下，喜阳光，耐干旱
513	橄榄科	橄榄	Canarium album Raeusch.	White Canary Tree, Chinese Olive	果可食或加工	福建、台湾、广东、广西、云南。野生长于海拔1 300 m以下的沟谷或山坡杂木林中，或栽培于庭院、村旁。分布于越南北部至中部。日本（长崎、冲绳）及马来半岛有栽培
514	橄榄科	方榄	Canarium bengalense Roxb.	Bengal Canary Tree	果可食或加工	广西龙州，云南西畴和屏边；生长于海拔400~1 300 m的杂木林中。孟加拉国，印度东北部（阿萨姆），缅甸、泰国及老挝也有分布
515	橄榄科	小叶榄	Canarium parvum Leenh.	Small-leaved Canary Tree	果可食或加工	云南河口；生长于海拔120~700 m的湿润山谷杂木林中。越南（北部至中部）也有分布
516	橄榄科	乌榄	Canarium pimela Koen.	Black Canary Tree, Chinese Black Olive	果可食或加工	广东、广西、海南、云南；生长于海拔1 280 m以下的杂木林中。越南、老挝、柬埔寨也有分布
517	橄榄科	滇榄	Canarium strictum Roxb.	Black Dhup, Strict Canarium	果可食或加工	云南西双版纳。印度南部及东北部、锡金，缅甸北部也有分布
518	橄榄科	毛叶榄	Canarium subulatum Guill.	Awl-shape-leaved Canary Tree	果可食或加工	云南西双版纳及双江，盈江；生长于海拔240~1 500 m的雨林或沟谷疏林中。越南、泰国、柬埔寨也有分布
519	橄榄科	越榄	Canarium tonkinense Engl.	Tonkin Canary Tree, Vietnamese Canary Tree	果可食或加工	云南河口的槟榔寨（海拔170~180 m），栽培或野生，越南也有分布
520	楝科	榔色木	Lansium dubium Merr.	Doubtful Langsat	果可食用	海南
521	楝科	割舌树	Walsura robusta Roxb.	Robust Walsura	果可食或加工	广东、云南等省；生长于山地密林或疏林中。印度、中南半岛、马来半岛、印度尼西亚也有分布
522	大戟科	西南（二药）五月茶	Antidesma acidum Retz	Acid China-laurel	果可食或加工	四川、贵州、云南，生长于海拔140~1 500 m山地疏林中。印度、缅甸、泰国、越南和印度尼西亚等也有分布

序号	科名	中文名称	拉丁学名	英文名称	主要用途	产地及分布区
523	大戟科	五月茶	Antidesma bunius (L.) Spreng.	Bignay China-laurel	果可食或加工	江西、福建、湖南、广西、贵州、四川、云南和西藏等省区，生长于海拔200~1 500 m山地疏林中。亚洲热带地区直至澳大利亚昆士兰也有分布
524	大戟科	小叶五月茶	Antidesma venosum E. Mey. ex Tul.	Veined China-laurel	果可食或加工	广东、海南、广西、四川、贵州和云南等省区，生长于海拔160~1 200 m山坡或谷地疏林中。越南、老挝、泰国和非洲东部也有分布
525	大戟科	木奶果	Baccaurea cauliflora Lour.	Ramiflorous Baccaurea, Common Baccaurea	果可食或加工	广西、海南、广西和云南，生长于海拔100~1 300 m的山地林中。印度、缅甸、越南、老挝、柬埔寨和马来西亚等也有分布
526	大戟科	余甘子	Phyllanthus emblica L.	Emblic Leaf-flower	果可食或加工	江西、福建、台湾、广东、海南、广西、四川、贵州和云南等省区，生长于海拔200~2 300 m山地树林、灌丛、荒地山坡向阳处。印度、斯里兰卡、中南半岛、印度尼西亚、马来西亚和菲律宾等，南美也有栽培也有分布
527	漆树科	岭南酸枣	Spondias lakonensis Pierre	Lingnan Mombin	果可食或加工	广西（海南）、福建，生长于向阳山坡疏林中。越南、老挝、泰国也有分布
528	漆树科	小叶山楝子	Buchanania microphylla Enger	Small-leaved Buchanania	果可食或加工	广东（海南）；生长于山坡或沟谷林中。菲律宾也有分布
529	漆树科	豆腐果	Buchanania latifolia Roxb.	Broad-leaved Buchanania	果可食或加工	云南南部、广东、海南，生长于海拔120~900 m的沟谷疏林中，越南、老挝、缅甸、泰国、马来西亚和印度也有分布
530	漆树科	云南山楝子	Buchanania yunnanensis C. Y. Wu	Yunnan Buchanania	果可食或加工	云南景洪；生长于海拔1 060 m路旁灌丛中
531	漆树科	山楝子	Buchanania arborescens (Bl.) Bl.	Arborescent Buchanania	果可食或加工	我国台湾南部海岸边（高雄）。印度、中南半岛、印度尼西亚（爪哇）至菲律宾也有分布
532	漆树科	南酸枣	Choerospondias axillaries (Roxb.) Burtt. et Hill	Axillary Choerospondias	果可食或加工	西藏、云南、贵州、广东、广西、江西、湖北、湖南、福建、浙江、安徽，生长于海拔300~2 000 m的山坡、丘陵或沟谷林中。印度、中南半岛和日本也有分布
533	漆树科	人面子	Dracontomelon duperreanum Pierre	Indochina Dragon-plum	果可食或加工	云南东南部、广东、广西，生长于海拔120~350 m的林中。广西或广东也有栽培。越南也有分布

序号	科名	中文名称	拉丁学名	英文名称	主要用途	产地及分布区
534	漆树科	长梗杧果	*Mangifera longipes* Griff.	Longipediceled Mango	果可食或加工	云南东南部至西南部；生长于海拔300 m。越南、缅甸、孟加拉国、尼泊尔、马来西亚、菲律宾和印度尼西亚(苏门答腊)也有分布
535	漆树科	林生杧果	*Mangifera sylvatica* Roxb.	Nepal Mango	果可食或加工	云南南部；生长于海拔620~1 900 m，山坡或沟谷林中。尼泊尔、锡金、印度、孟加拉国、缅甸、泰国、柬埔寨也有分布
536	无患子科	灰岩肖韶子	*Dimocarpus foematus* (Bl.) Leenh.	Common Dimocarpus	果可食或加工	我国云南特有，产云南南畹和麻栗坡一带，生长于海拔1 400 m左右石灰岩山上，见于阔叶林中
537	无患子科	龙眼	*Dimocarpus longana* Lour.	Longan	果可食或加工	我国西南部至东南部栽培很广，以福建最盛，广东次之；云南及广东、广西南部亦见野生或半野生长于疏林中。亚洲南部和东南部也常有栽培
538	无患子科	滇龙眼	*Dimocarpus yunnanensis* (Wang) Wu et Ming	Yunnan Longan	果可食或加工	我国特有，产于云南金平。生长于海拔1 000 m 的林中，很少见
539	无患子科	坡柳(车桑子)	*Dodonaea viscosa* L.	Clammy Hopseed Bush, Native Hops	种子可食	我国分布于西南部、南部至东南部。常生长于干旱山坡、旷地或海边沙地上。分布于全世界的热带和亚热带地区
540	无患子科	赤才	*Erioglossum rubiginosum* (Roxb.) Bl.	Rusty-colored Erioglosum	果可食	广东雷州半岛和海南岛以及广西南部的合浦和南宁地区，云南西双版纳有栽培。生长于灌丛或疏林中，很常见
541	无患子科	荔枝	*Litchi chinensis* Sonn.	Leechee, Lychee	果可食	产于我国西南部、南部和东南部，尤以广东和福建南部栽培最盛。亚洲东南部也有栽培，非洲、美洲和大洋洲都有引种的记录
542	无患子科	野生荔枝	*Litchi chinensis* Sonn. var. *euspontanea* Hsue	Wild Leechee	果可食	华南、西南地区
543	无患子科	海南韶子	*Nephelium topengii* (Merr.) H. S. Lo	Topeng Rambutan	果可食	我国特有，是海南岛低海拔至中海拔地区森林中常见树种之一
544	无患子科	文冠果	*Xanthoceras sorbifolia* Bge.	Shiny-leaved Yellow-horn	种子含油可食	我国产北部和东北部，西至宁夏、甘肃，东北至辽宁、北至内蒙古，南至河南。也生长于丘陵山坡等处，各地也常见栽培

序号	科名	中文名称	拉丁学名	英文名称	主要用途	产地及分布区
545	鼠李科	枳椇	*Hovenia dulcis* Thunb.	Raisin-tree	果可食	甘肃、陕西、河南、安徽、江苏、浙江、江西、福建、广东、广西、湖南、湖北、四川、贵州。生长于海拔 2 100 m 以下的开旷地、山坡林缘或疏林中；庭院宅旁常有栽培。印度、尼泊尔、锡金、不丹和缅甸北部也有分布
546	鼠李科	钩状雀梅藤	*Sageretia hamosa* (Wall.) Brongn.	Hooked Sageretia	加工原料	浙江、江西、福建、湖南、湖北、广东、广西、贵州、云南、四川及西藏东南部(繁隅)。生长于海拔 1 600 m 以下的山坡灌丛或林中。印度、尼泊尔、越南、菲律宾也有分布
547	鼠李科	硬花雀梅藤	*Sageretia henryi* Drumm. et Sprague	Henry Sageretia	加工原料	湖南、湖北、贵州、广西、云南、陕西、甘肃和浙江南部。常生长于山坡灌丛或密林中，海拔 400~2 500 m
548	鼠李科	雀梅藤	*Sageretia theezans* Brongn.	Hedge Sageretia	果可食	安徽、江苏、浙江、江西、福建、台湾、广东、广西、湖南、湖北、四川、云南。常生长于海拔 2 100 m 以下的丘陵、山地林下或灌丛中。印度、越南、朝鲜、日本也有分布
549	鼠李科	滇枣(印度枣)	*Ziziphus incurva* Roxb.	Indian Jujube	果可食	云南、贵州南部和广西、西藏东南部。生长于海拔 1 000~2 500 m 的混交林中。印度、尼泊尔、不丹也有分布
550	鼠李科	枣	*Ziziphus jujuba* Mill.	Common Jujube	果可食	吉林、辽宁、内蒙古、河北、山东、山西、河南、陕西、新疆、安徽、江苏、浙江、江西、福建、广东、广西、湖南、湖北、四川、云南、贵州。生长于海拔 1 700 m 以下的山区、丘陵或平原。本种原产于我国，广为栽培。现在亚洲、欧洲和美洲常有栽培
551	鼠李科	酸枣	*Ziziphus jujuba* Mill. var. *spinosa* Hu ex H.F. Chow	Acid Jujube, Spina Date	果可食	辽宁、内蒙古、河北、山西、山东、河南、陕西、宁夏、新疆、江苏、安徽等。常生长于向阳、干燥山坡、丘陵、岗地或平原。朝鲜及前苏联也有分布
552	鼠李科	毛叶枣(滇山枣)	*Ziziphus mauritiana* Lamk.	Yunnan Jujube	果可食	云南、四川、广东、广西，在福建和台湾有栽培。生长于海拔 1 800 m 以下的山坡、丘陵、河边湿润林或灌丛中。斯里兰卡、印度、阿富汗、缅甸、越南、马来西亚、印度尼西亚、澳大利亚及非洲也有分布

序号	科名	中文名称	拉丁学名	英文名称	主要用途	产地及分布区
553	鼠李科	山枣	Ziziphus montana W. W. Smith	Mountain Jujube	果可食	四川西部至西南部（康定、木里、盐源、乡城），云南西北部（贡山、中甸）、西藏（察瓦龙）。生长于海拔1 400～2 600 m 的山谷疏林或干旱多岩石处
554	鼠李科	小果枣	Ziziphus oenoplia Mill.	Small-fruited Jujube	果可食	云南南部（宁江、景洪、勐海、孟连）、广西（南宁、龙州、宁明、百色、那坡）。生长于海拔500～1 100 m 的林中或灌丛中。印度、缅甸、中南半岛、斯里兰卡、马来西亚、印度尼西亚及澳大利亚也有分布
555	鼠李科	毛脉枣	Ziziphus pubinervis Rehd.	Hairy-veined Jujube	果可食	贵州，广西西部（靖西、龙州）。生长于山林中
556	鼠李科	皱皮枣	Ziziphus rugosa Lamk.	Wrinkled Jujube	加工原料	广东、海南、云南南部至西南部，广西。生长于海拔1 400 m 以下的丘陵、山地阳面林木灌丛中。斯里兰卡、印度、锡金、缅甸、越南、老挝也有分布
557	葡萄科	山葡萄	Vitis amurensis Rupr.	Amur Grape	果可食	黑龙江、吉林、辽宁、河北、山西、山东、安徽、浙江（天目山）。生长于山坡、沟谷林中或灌丛，海拔200～2 100 m
558	葡萄科	深裂山葡萄	Vitis amurensis Rupr. var. dissecta Skvorts		果可食	黑龙江、吉林、辽宁、河北。对霜霉病有较强抗病力
559	葡萄科	小果野葡萄	Vitis balanseana Planch.	Small-fruited Grape	果可食	广东、广西、海南。生长于沟谷阴处，攀援于乔灌木上，海拔250～800 m。越南也有分布
560	葡萄科	桦叶葡萄	Vitis betulifolia Diels. et Gilg.	Birch-leaved Grape	果可食	陕西南部、甘肃东南部、河南、湖北、湖南、四川、云南。生长于山坡、沟谷灌丛或林中，海拔650～3 600 m
561	葡萄科	美丽葡萄	Vitis bellula（Rehd.） W. T. Wang	Beautiful Grape	果可食	湖北、四川。生长于山坡林缘灌丛中，海拔1 300～1 600 m
562	葡萄科	东南葡萄	Vitis chunganensis Hu	Southeastern China Grape	果可食	安徽、江西、浙江、福建、广东、广西、湖南。生长于山坡、沟谷林中，海拔500～1 400 m
563	葡萄科	刺葡萄	Vitis davidii Foex.	Brier Grape	果可食	陕西、甘肃、江苏、安徽、浙江、江西、湖北、湖南、广西、四川、贵州、云南、广东。生长于山坡、沟谷林中或灌丛，海拔600～1 800 m

序号	科名	中文名称	拉丁学名	英文名称	主要用途	产地及分布区
564	葡萄科	桑叶葡萄	*Vitis ficifolia* Bge.	Fig-leaved Grape	果可食	河北、山西、陕西、山东、河南、江苏。生长于山坡、沟谷灌丛或疏林中，海拔100～1 300 m
565	葡萄科	葛藟	*Vitis flexuosa* Thunb.	Oriental Grape	果可食	陕西、甘肃、山东、河南、安徽、江苏、浙江、江西、福建、湖北、湖南、广东、广西、四川、贵州、云南。生长于山坡或沟谷田边、草地、灌丛或林中，海拔100～2 300 m
566	葡萄科	庐山葡萄	*Vitis hancockii* Hance	Hancock Grape	果可食	江西、浙江。生长于地边、灌丛，海拔150～200 m
567	葡萄科	井冈葡萄	*Vitis jinggangensis* W. T. Wang	Jinggang Grape	果可食	江西、湖南（永顺）。生长于山坡灌丛，海拔1 000 m
568	葡萄科	华东葡萄	*Vitis pseudoreticulata* W. T. Wang	False-netted Grape	果可食	河南、安徽、江苏、江西、福建、湖北、湖南、广东、广西。生长于河边、山坡荒地、草丛、灌丛或林中海拔100～300 m。耐湿，朝鲜中也有分布，抗霜霉病，果含糖高，南方种植
569	葡萄科	复叶葡萄（变叶葡萄）	*Vitis piasezkii* Maxim.	Piasezky Grape	果可食	山西、陕西、甘肃、河南、浙江、四川。生长于山坡、河边、灌丛或林中。海拔1 000～2 000 m
570	葡萄科	五角叶（毛）葡萄	*Vitis quinquangularis* Rehd.	Hairy Grape	果可食	山东、陕西、甘肃、山东、河南、安徽、江苏、浙江、江西、福建、广东、广西、湖北、湖南、四川、贵州、云南、西藏。生长于山坡、沟谷灌丛、林缘或林中海拔100～3 200 m。尼泊尔、锡金、不丹、印度也有分布
571	葡萄科	网脉葡萄	*Vitis reticulata* Gagn.	Wilson Grape	果可食	陕西、甘肃、河南、安徽、江苏、浙江、福建、湖北、湖南、四川、贵州、云南。生长于山坡灌丛、林下或西边林中，海拔400～2 000 m
572	葡萄科	秋葡萄	*Vitis romaneti* Roman.	Romanet Grape	果可食	陕西、甘肃、安徽、江苏、河南、湖北、四川。生长于山坡林中或灌丛，海拔150～1 500 m。抗霜霉病
573	葡萄科	绵（绒）毛葡萄	*Vitis retordii* Roman.	Tomentose Grape	果可食	广东、广西、贵州、海南。生长于山坡、沟谷疏林或灌丛中，海拔200～1 000 m

序号	科名	中文名称	拉丁学名	英文名称	主要用途	产地及分布区
574	葡萄科	小叶葡萄	*Vitis sinocinerea* W. T. Wang	Small-leaved Grape	果可食	江苏、浙江、福建、江西、湖北、湖南、台湾、云南。生长于山坡林中或灌丛，海拔220~2 800 m
575	葡萄科	蘡薁葡萄	*Vitis thunbergii* Sieb. et Zucc.		果可食	河北、山东、江苏、浙江、湖北、福建、广东、云南
576	葡萄科	狭叶葡萄	*Vitis tsoi* Merr.	Narrow-leaved Grape	果可食	福建、广东、广西。生长于山坡林中或灌丛，海拔300~700 m
577	猕猴桃科	软枣猕猴桃	*Actinidia arguta* (Sieb. & Zucc.) Planch.	Bower Actinidia, Tara Vine	果可食	黑龙江、吉林、辽宁、山东、山西、河北、河南、安徽、浙江、云南等省，主产东北地区。朝鲜和日本也有分布
578	猕猴桃科	城口猕猴桃	*Actinidia chengkouensis* C. Y. Chang	Chengkou Actinidia	果可食	四川东部巫山、巫溪和城口、陕西灵袈、湖北巴山等地。生长于海拔1 000~2 000 m 树林中
579	猕猴桃科	簇花猕猴桃	*Actinidia fasciculoides* C. F. Liang	Clustered-flowered Actinidia	果可食	云南西畴县。生长于海拔1 350~1 450 m 山地疏林中
580	猕猴桃科	硬齿猕猴桃	*Actinidia callosa* Lindl.	Callose Actinidia	果可食	云南文山、漾濞、景东、凤庆、富宁、屏边、锡金、不丹和印度北部地区也有分布
581	猕猴桃科	肉叶猕猴桃	*Actinidia carnesifolia* C.Y.Wu	Fleshy-leaved Actinidia	果可食	云南、广东、广西。生长于海拔900~1 400 m 山地树丛中
582	猕猴桃科	中华猕猴桃	*Actinidia cainensis* Planch.	Yangtao Actinidia, Chinese Actinidia	果可食	陕西（南端）、湖北、湖南、河南、安徽、江苏、浙江、福建、广东（北部）和广西（北部）等省区。生长于海拔200~620 m 低山区的山林中，一般多出现于高草灌丛、灌木丛或生次生疏林中，喜欢腐殖质丰富，排水良好的土壤，分布于较北的地区多喜生长于温暖湿润、背风向阳环境
583	猕猴桃科	圆果猕猴桃	*Actinidia globosa* C. F. Liang	Circular Actinidia	果可食	广西和湖南交界地区。生长于海拔1 000~1 200 m 的山坡疏林中近水处
584	猕猴桃科	毛花猕猴桃	*Actinidia e'iantha* Benth.	Hairy-flowered Actinidia	果可食	浙江、福建、江西、湖南、贵州、广西、广东等省区。生长于海拔250~1 000 m 山地上的高草灌木林中
585	猕猴桃科	条叶猕猴桃	*Actinidia fortunatii* Finet et Gagn	Fortunat Actinidia	果可食	贵州平坝

序号	科名	中文名称	拉丁学名	英文名称	主要用途	产地及分布区
586	猕猴桃科	黄毛猕猴桃	Actinidia fulvicoma Hance	Yellow-haired Actinidia	果可食	广东中部至北部和湖南及江西的南部。生长于海拔130～400 m山地疏林或灌丛中
587	猕猴桃科	纤小猕猴桃	Actinidia gracilis C. F. Liang	Tenuous-vined Actinidia	果可食	广西特有。生长于海拔900 m左右山地树林中
588	猕猴桃科	粉叶猕猴桃	Actinidia glauco-callosa Wu	Powdery-leaved Actinidia	果可食	云南景东、龙陵、腾冲等地。生长于海拔2 300～2 800 m的沟谷和阴湿的常绿阔叶林中
589	猕猴桃科	长叶猕猴桃	Actinidia hemsleyana Dunn	Hemsley Actinidia	果可食	浙江南部、福建北部和江西东部。海拔500～900 m
590	猕猴桃科	蒙自猕猴桃	Actinidia henryi Dunn	Henry Actinidia	果可食	云南南部蒙自、建水、河口达鬲山等地
591	猕猴桃科	全毛猕猴桃	Actinidia holotricha Finet et Gagnep.	Holo-haired Actinidia	果可食	四川南部和云南东北部。生长于海拔1 400 m的山地疏林中
592	猕猴桃科	中越猕猴桃	Actinidia indo-chinensis Merr.	Indo-China Actinidia	果可食	广东、广西和云南。生长于海拔600～1 300 m的山地密林中。越南北部也有分布
593	猕猴桃科	狗枣猕猴桃	Actinidia kolomikta (Rupr. et Maxim.) Maxim.	Kolomikta-vined Actinidia	果可食	黑龙江、吉林、辽宁、河北、四川。其中以东北三省最盛，四川次之。生长于海拔800～1 500 m（东北），1 600～2 900 m（四川）山地混交林或杂木林中的开旷地。俄罗斯远东、朝鲜和日本也有分布
594	猕猴桃科	贡山猕猴桃	Actinidia kungshanensis Wu et Chen	Pilose Actinidia	果可食	云南西北贡山（茨开）等地。生长于海拔2 000多 m山地树林中
595	猕猴桃科	滑叶猕猴桃	Actinidia laevissima C. F. Liang	Smooth-leaved Actinidia	果可食	贵州东北部的江口县和印江县。生长于海拔850～1 980 m山地上的灌丛或疏林
596	猕猴桃科	小叶猕猴桃	Actinidia lanceolata Dunn	Lanceolate Actinidia	果可食	浙江、江西、福建、湖南、广西、贵州、安徽、浙江、台湾等省区。生长于海拔200～800 m山地上的高草灌丛或疏林中和林缘等环境
597	猕猴桃科	阔叶猕猴桃	Actinidia latifolia (Gardn. et Champ.) Merr.	Broad-leaf Actinidia	果可食	四川、云南、贵州、安徽、福建、江西、湖南、广西、广东等省区。生长于海拔450～800 m山地山谷或沟地带的灌丛或林迹地上

序号	科名	中文名称	拉丁学名	英文名称	主要用途	产地及分布区
598	猕猴桃科	薄叶猕猴桃	Actinidia leptophylla Wu	Thin-leaved Actinidia	果可食	云南东北部（永善、镇雄）和贵州西部（毕节）两省接壤地区。生长于海拔1 900～2 450 m山地杂木林中
599	猕猴桃科	两广猕猴桃	Actinidia liangguangensis C. F. Liang	Kwangtung-Kwangsi Actinidia	果可食	广东西部和广西东部交界地区。生长于海拔250～1 000 m山地山谷灌丛中或林中向阴处
600	猕猴桃科	海棠猕猴桃	Actinidia maloides Li	Crabapple-like Actinidia	果可食	四川、云南、湖北等省，主产四川。生长于海拔1 300～2 200 m山地丛林中阴蔽处
601	猕猴桃科	黑蕊猕猴桃	Actinidia melanandra Franch.	Black-stamened Actinidia	果可食	四川、贵州、甘肃、陕西、河北、浙江、江西等省。生长于海拔1 000～1 600 m山地阔叶林中湿润处
602	猕猴桃科	美丽猕猴桃	Actinidia melliana Hand.-Mazz.	Mell Actinidia	果可食	广西和广东，南方到海南岛，北可到湖南、江西。生长于海拔200～800 m（大陆）（200～1 250 m海南岛）的山地树丛中
603	猕猴桃科	倒卵叶猕猴桃	Actinidia obovata Chun ex C. F. Liang	Obovate-leaved Actinidia	果可食	贵州清镇
604	猕猴桃科	疏毛(贡山)猕猴桃	Actinidia pilosula (Finet et Gagn.) Stapf.	Pilose Actinidia	果可食	云南西北贡山（茨开）等地。生长于海拔2 000多 m山地约树林中
605	猕猴桃科	葛枣猕猴桃	Actinidia polygama Miq.	Silver-vined Actinidia, Silver Vine	果可食	黑龙江、吉林、辽宁、甘肃、陕西、河南、山东、湖北、湖南、四川、云南、贵州。生长于海拔500(东北)～1 900 m（四川）的山地林中。俄罗斯远东地区、朝鲜和日本也有分布
606	猕猴桃科	花楸猕猴桃	Actinidia sorbifolia C. F. Liang	Mountain-ash-leaved Actinidia	果可食	贵州印江和安龙等县。生长于海拔1 300～1 600 m山地阔叶林中
607	猕猴桃科	红茎猕猴桃	Actinidia rubicaulis Dunn	Red-stemed Actinidia	果可食	云南、贵州、四川三省，广西西北与湖南西部也有分布。生长于海拔300～1 800 m山地阔叶林中
608	猕猴桃科	鹰状(昭通)猕猴桃	Actinidia rubus Lévl.	Zhaotong Actinidia	果可食	云南东北角昭通县。生长于海拔2 000 m
609	猕猴桃科	糙叶猕猴桃	Actinidia rudis Dunn	Rough-leaved Actinidia	果可食	云南屏边县和蒙自县等地。生长于海拔1 200～1 400 m山地疏林中溪边、沟边湿润处

序号	科名	中文名称	拉丁学名	英文名称	主要用途	产地及分布区
610	猕猴桃科	红毛猕猴桃	Actinidia rufotricha Wu	Red-haired Actinidia	果可食	云南、贵州、广西三省区交界地区
611	猕猴桃科	钱叶（清风藤）猕猴桃	Actinidia sabiaefolia Dunn	Sabia-leaved Actinidia	果可食	福建、江西、湖南、安徽等省。生长于海拔1 000多m山地山麓或山顶的疏林中
612	猕猴桃科	星毛猕猴桃	Actinidia stellato-pilosa C. Y. Chang	Stellate-haired Actinidia	果可食	四川城口。生长于海拔1 200 m山地灌丛中
613	猕猴桃科	栓叶猕猴桃	Actinidia suberifolia Wu	Cork-leaved Actinidia	果可食	云南屏边、蒙自等县。生长于海拔900~1 000 m的干燥灌丛中
614	猕猴桃科	四萼猕猴桃	Actinidia tetramera Maxim.	Tetrasepalous Actinidia	果可食	甘肃、陕西、河南、湖北、四川等省，以四川和陕西两省最盛。生长于海拔1 100~2 700 m山地丛林中近水处
615	猕猴桃科	毛蕊猕猴桃	Actinidia trichogyna Fr.	Hairy-pistiled Actinidia	果可食	四川东部巫溪、城口和湖北利川、鹤峰、江西黎川、景德镇等。生长于海拔1 000~1 800 m山地疏林中
616	猕猴桃科	对萼猕猴桃	Actinidia valvata Dunn	Valvate Actinidia	果可食	安徽、浙江、江西、湖北、湖南等省。生长于低山区山谷丛林中
617	猕猴桃科	显脉猕猴桃	Actinidia venosa Rehd.	Veiny Actinidia	果可食	四川、云南和西藏。生长于海拔1 200~2 400 m山地树林中
618	猕猴桃科	葡萄叶猕猴桃	Actinidia vitifolia Wu	Grape-leaved Actinidia	果可食	四川马边、峨边、雷波和云南彝良等地。生长于海拔1 600 m山地
619	猕猴桃科	长毛水东哥	Saurauia macrotricha Kurz ex Dyer	Long-haired Saurauia	果可食	云南瑞丽。生长于海拔900 m的山地沟谷。缅甸、印度、马来西亚也有分布
620	猕猴桃科	尼泊尔水东哥	Saurauia napaulensis DC.	Nepal Saurauia	果可食	云南南部、广西西部。分布于印度、锡金、尼泊尔、缅甸、老挝、泰国、越南和马来西亚
621	猕猴桃科	水东哥	Saurauia tristyla DC.	Common Saurauia	果可食	广东、广西、云南、贵州。生长于丘陵、低山山地林下和灌丛中。印度、马来西亚也有分布
622	山龙眼科	山地山龙眼	Helicia clivicola W. W. Smith	Mountain Helicia	果可食或加工原料	云南（腾冲、沧源）、瑞丽。生长于海拔1 100~1 750（2 130）m山地常绿阔叶林中

序号	科名	中文名称	拉丁学名	英文名称	主要用途	产地及分布区
623	山龙眼科	山龙眼	*Helicia formosana* Hemsl.	Taiwan Helicia, Taiwan Mountain Longan	果可食或加工原料	广西西南部、海南、台湾。生长于海拔（150）340~1 000 m 山地或沟谷湿润常绿阔叶林中。越南北部也有分布
624	山龙眼科	瑞丽山龙眼	*Helicia shweliensis* W. W. Smith	Ruili Helicia	加工原料	云南西南部和中部。生长于海拔（300）1 800~2 800 m 山地密林或疏林中
625	山龙眼科	林地山龙眼	*Helicia silvicola* W. W. Smith	Woodland Helicia, Forest Helicia	果可食或加工原料	云南（思茅、绿春、蒙自、金平）。生长于海拔 1 500~2 100 m 山地湿润阔叶林中
626	山龙眼科	假山龙眼	*Heliciopsis terminalis* (Kurz) Sleum.	Henry Heliciopsis	果可食用	云南南部。生长于海拔 930~1 500 m 山地或沟谷热常湿润常绿阔叶林中
627	五桠果科	五桠果	*Dillenia indica* L.	Hondapara, Indian Dillenia	果可食	云南省南部。也见于印度、斯里兰卡、中南半岛、马来西亚及印度尼西亚等地。喜生长于山谷溪旁水湿地带，果实可食
628	五桠果科	小花五桠果	*Dillenia pentagyna* Roxb.	Pentagynous Dillenia	果可食	广东及云南。常生长于低海拔的次生灌丛及草地上。也见于中南半岛、泰国、缅甸、马来西亚及印度
629	五桠果科	小脉（大花）五桠果	*Dillenia turbinata* Gagn.	Turbinate Dillenia	果可食	广东海南岛、广西及云南。常见于常绿林中
630	五桠果科	锡叶藤	*Tetracera asiatica* (Lour.) Hoogl.	Asian Tetracera	果可食	广东及广西。同时见于中南半岛、泰国、印度、斯里兰卡、马来西亚及印度尼西亚等地
631	五桠果科	毛果锡叶藤	*Tetracera scandens* (L.) Merr.	Hairy-fruited Tetracera	果可食	云南。同时见于中南半岛、缅甸、泰国、马来西亚、印度、菲律宾等地
632	椴树科	毛果扁担杆	*Grewia eriocarpa* Juss.	Woolly-fruited Grewia	果可食	云南、贵州、广西、广东、台湾。中南半岛、印度、印度尼西亚也有分布
633	椴树科	破布叶	*Microcos paniculata* L.	Paniculate Microcos	果可食	广东、广西、云南。中南半岛、印度及印度尼西亚也有分布
634	杜英科	金毛杜英	*Elaeocarpus auricomus* C. Y. Wu ex H. T. Chang	Golden-haired Elaeocarpus	果实可食	云南东南部。生长于 1 000~1 500 m 的常绿林里
635	杜英科	滇南杜英	*Elaeocarpus austro-yunnanensis* Hu	South Yunnan Elaeocarpus	果实可食	云南南部西双版纳的景洪及屏边一带。生长于海拔 540~700 m 的常绿林里

序号	科名	中文名称	拉丁学名	英文名称	主要用途	产地及分布区
636	杜英科	滇藏杜英	Elaeocarpus braceanus Watt. ex C. B. Clarke	Bracted Elaeocarpus	果实可食	云南、西藏。生长于海拔1 300～3 000 m的常绿林里。印度、泰国也有分布
637	杜英科	杜英	Elaeocarpus decipiens Hemsl.	Common Elaeocarpus	果实可食	广东、广西、福建、台湾、浙江、江西、湖南、贵州和云南。生长于海拔400～700 m，在云南上升到海拔2 000 m的林中。日本也有分布
638	杜英科	褐毛杜英	Elaeocarpus duclouxii Gagnep.	Ducloux Elaeocarpus	果实可食	云南、贵州、四川、湖南、广西、广东及江西。生长于海拔700～950 m的常绿林里
639	杜英科	大果杜英	Elaeocarpus fleuryi A. Chev. ex Gagnep.	Fleury Elaeocarpus	果实可食	云南南部。越南也有分布
640	杜英科	滇越杜英	Elaeocarpus poilanei Gagnep.	Small-leaved Elaeocarpus	果实可食	云南、广西、海南等省区。生长于海拔540～1 300 m的常绿林里。越南也有分布
641	藤黄科	云树	Garcinia cowa Roxb.	Yun Garcinia	果可食用	云南南部（西双版纳州和思茅部分地区），西部（临沧）。生长于沟谷、低丘潮湿的杂木林中。印度、孟加拉国东部（吉大港）经中南半岛至马来群岛和安达曼岛也有分布
642	藤黄科	山木瓜	Garcinia esculenta Y. H. Li	Edible Garcinia	果可食用	云南西部（德宏州）以及东南部（红河州）。生长于沟谷（盈江、陇川、瑞丽）及西北部（贡山）山谷杂木林中
643	藤黄科	广西藤黄	Garcinia lanessanii Pier.	Guangxi Garcinia	果可食	广西南部。生长于山坡杂木林中，海拔600 m
644	藤黄科	长裂藤黄	Garcinia lancilimba C. Y. Wu et Y. H. Li.	Lancilimbus Garcinia	果可食用	云南南部。生长于山地丘陵、阴坡、潮湿的沟谷密林中
645	藤黄科	多花山竹子	Garcinia multiflora Champ.	Multiflorous Garcinia	果可食	台湾、福建、江西、湖南西部、广东、海南、广西、云南等省区。生长于山坡疏林或密林中，沟谷边缘或次生林或灌丛中，海拔100 m（广东封开）到1 900 m（云南金平），通常400～1 200 m，有时可达1 900 m。越南北部也有分布
646	藤黄科	岭南山竹子	Garcinia oblongifolia Champ.	Oblong-leaved Garcinia	果可食	广东、广西。生长于平地、丘陵、沟谷密林或疏林中，海拔200～1 200 m。越南北部也有分布

序号	科名	中文名称	拉丁学名	英文名称	主要用途	产地及分布区
647	藤黄科	单花山竹子	*Garcinia oligantha* Merr.	Uniflowered Garcinia	果可食	广东、海南。生长于山地丛林中，海拔200～1 200 m。越南北部也有分布
648	藤黄科	金丝李	*Garcinia paucinervis* Chun et How	Paucinerved Garcinia	果可食用	广西西部和西南部、云南东南部（麻栗坡），生长于石灰岩山较干燥的疏林密林中，海拔300～800 m
649	藤黄科	大果藤黄	*Garcinia pedunculata* Roxb.	Pedunculate Garcinia	果可食用	云南西部（瑞丽、盈江）、西藏东南部（墨脱），生长于低山坡地潮湿的密林中，海拔250～350（1 500）m。孟加拉国北部和东部也有分布，有时也有栽培
650	藤黄科	红萼藤黄	*Garcinia rubrisepala* Y. H. Li	Red-calyxed Garcinia	果可食	云南西部（德宏自治州）。生长于潮湿的杂木林中，海拔340 m
651	藤黄科	大叶藤黄	*Garcinia xanthochymus* Hook. f. ex Anders.	Yellow-juice Garcinia	果可食用	云南南部和西南部（尤以南部西双版纳分布较集中）及广西西南部（零星），广东有引种栽培。生长于沟谷和丘陵地潮湿的密林中，海拔100～1 400 m。喜马拉雅山东部、孟加拉国东部经缅甸、泰国至中南半岛及安达曼岛也有分布，日本有引种栽培
652	藤黄科	版纳藤黄	*Garcinia xishuangbannaensis* Y. H. Li.	Xishuangbanna Garcinia	果可食用	云南南部西双版纳，生长于沟谷密林中，海拔600 m
653	大风子科	雷蒙果（印度刺篱木）	*Flacourtia indica* Merr.	Governorsplum, Indian Ramontchi	果可食用	福建、广东、海南、广西。生长于海拔300～1 400 m的近海沙地灌丛中。印度尼西亚、菲律宾、老挝、越南、泰国和非洲等地区也有分布
654	大风子科	山刺子	*Flacourtia montana* F. Grah.	Montane Ramontchi	果可食，枝叶可作饲料	云南（西双版纳）。生长于海拔1 200～130余 m的山地林中。印度也有分布
655	大风子科	挪挪果（刺篱木）	*Flacourtia ramontchi* L. Herit.	Ramontchi	果食用；	福建、广东、海南、广西。印度、印度尼西亚、菲律宾、老挝、越南、马来西亚、泰国等地区也有分布
656	西番莲科	蒴莲	*Adenia chevalieri* Gagnep.	Chevalier Adenia	果可食	广东、海南，为低海拔疏林中较常见的植物。越南也有分布

序号	科名	中文名称	拉丁学名	英文名称	主要用途	产地及分布区
657	西番莲科	西番莲	Passiflora cupiformis Mast.	Cup-leaved Passionflower	果可食	湖北（巴东）、广东、广西、四川、云南。生长于海拔1 700~2 000 m的山坡、路边丛中和沟谷灌丛中。越南也有分布
658	西番莲科	广东西番莲	Passiflora kwangtungensis Merr.	Kwangtung Passionflower	果可食	广东北部、广西东北部、江西东南部。生长于海拔650 m的林边灌丛中
659	葫芦科	油渣果	Hodgsonia macrocarpa (Bl.) Cogn.	Big-fruited Hodgsonia	果可榨油	云南南部、西藏东南部和广西。常生长于海拔300~1 500 m的灌丛中及山坡路旁
660	葫芦科	藏瓜	Indofevillea khasiana Chatterjee	Khasia Indofevillea	果可食	西藏东南部（墨脱）。生长于海拔900 m左右的山坡杂木林中。分布于印度东北部
661	葫芦科	翅子瓜	Zanonia indica L.	Common Zanonia	果可食	广西（那坡）。生长于海拔285 m的河边、山坡。印度、斯里兰卡、锡金、孟加拉国、缅甸、中南半岛、马来西亚、加里曼丹岛和菲律宾也有分布
662	胡颓子科	沙枣	Elaeagnus angustifolia L.	Oleaster, Russian Olive	果可食或加工原料	辽宁、河北、陕西、河南、甘肃、内蒙古、宁夏、新疆、青海。通常为栽培植物，也有野生。俄罗斯、中东、近东至欧洲也有分布
663	胡颓子科	佘山胡颓子	Elaeagnus argyi Lévl.	Argy Elaeagnus	果可食或作砧木	浙江、安徽、江苏、湖北、湖南。庭院常有栽培；生长于海拔100~300 m的林下、路旁、屋旁
664	胡颓子科	长叶胡颓子	Elaeagnus bockii Diels	Bock Elaeagnus	果可食或作砧木	陕西、甘肃、四川、贵州、湖北；生长于海拔600~2 100 m的向阳山坡、路旁灌丛中
665	胡颓子科	密花胡颓子	Elaeagnus conferta Roxb.	Dense-flowered Elaeagnus	果可食或作砧木	云南南部和西南、广西西南；生长于海拔50~1 500 m的热带密林中。中南半岛、印度尼西亚、印度、尼泊尔也有分布
666	胡颓子科	勐海胡颓子	Elaeagnus conferta Roxb. var. menghaiensis		果实大可食	云南（勐海）；生长于海拔1 400~1 900 m的密林中
667	胡颓子科	长柄胡颓子	Elaeagnus delavayi Lecomte	Delavay Elaeagnus	果可食或作砧木	云南；生长于海拔1 700~3 100 m的向阳山地疏林中或灌丛中
668	胡颓子科	台湾胡颓子	Elaeagnus formosana Nakai	Taiwan Elaeagnus	果可食或作砧木	台湾

序号	科名	中文名称	拉丁学名	英文名称	主要用途	产地及分布区
669	胡颓子科	潞西胡颓子	*Elaeagnus luxiensis* C.Y.Chang	Luxi Elaeagnus	果可食或加工原料	云南西南部；生长于海拔 1 600～1 800 m 的林中
670	胡颓子科	毛木半夏	*Elaeagnus courtoisi* Belval	Courtois Elaeagnus	果可食或加工原料	浙江、江西、安徽、湖北；生长于海拔 300～1 100 m 的向阳空旷地区
671	胡颓子科	蔓胡颓子	*Elaeagnus glabra* Thunb.	Glabrous Elaeagnus	果可食或加工原料	江苏、浙江、福建、台湾、安徽、江西、四川、湖北、贵州、广东、广西，常生长于海拔 1 000 m 以下的向阳林中或林缘。日本也有分布
672	胡颓子科	钟花胡颓子	*Elaeagnus griffithii* Serv.	Griffith Elaeagnus	果可食或加工原料	云南镇康；生长于海拔 1 600～2 800 m 的密林中。孟加拉国也有分布
673	胡颓子科	角花胡颓子	*Elaeagnus gonyanthes* Benth.	Angular-flowered Elaeagnus	果可食或加工原料	湖南南部、广东、广西、云南；生长于海拔 1 000 m 以下的热带和亚热带地区。中南半岛也有分布
674	胡颓子科	宜昌胡颓子	*Elaeagnus henryi* Warb.	Henry Elaeagnus	可食、酿酒、制果酱	陕西、福建、浙江、安徽、江西、湖北、湖南、四川、贵州、广东、广西；生长于海拔 450～2 300 m 的疏林或灌丛中
675	胡颓子科	披针叶胡颓子	*Elaeagnus lanceolata* Warb.	Lanceolate Elaeagnus	果实 药用 可止痢疾	陕西、甘肃、湖北、四川、湖南、贵州、云南、广西等省区；生长于海拔 600～2 500 m 的山地林中或林缘
676	胡颓子科	鸡柏紫藤	*Elaeagnus loureirii* Champ.	Loureiro Elaeagnus	果可食	江西、广东、广西、云南；生长于海拔 500～2 100 m 的丘陵或山地
677	胡颓子科	银果胡颓子	*Elaeagnus magna* Rehd.	Silvery-fruited Elaeagnus	果可食或作饲木	江西、湖北、四川、湖南、贵州、广东、广西；生长于海拔 100～1 200 m 的山地、路旁、林缘
678	胡颓子科	大叶胡颓子	*Elaeagnus macrophylla* Thunb.	Long-leaved Elaeagnus	果可食或作饲木	山东、江苏、浙江的沿海岛屿和台湾。日本、朝鲜也有分布
679	胡颓子科	阿里胡颓子	*Elaeagnus morrisonensis* Hayata	Morrison Elaeagnus	果可食 加工原料	台湾中部山区（阿里山、能高山、玉山）
680	胡颓子科	木半夏	*Elaeagnus multiflora* Thunb.	Gumi, Cherry Elaeagnus	果可食或加工原料	河北、山东、浙江、江西、安徽、福建、陕西、湖北、四川、贵州；日本也有分布、野生或栽培

序号	科名	中文名称	拉丁学名	英文名称	主要用途	产地及分布区
681	胡颓子科	越南胡颓子	*Elaeagnus tonkinensis* Serv.	Viet Nam Elaeagnus	果可食或加工原料	云南西南部；生长于海拔 1 900～2 600 m 的向阳山坡。越南也有分布
682	胡颓子科	福建胡颓子	*Elaeagnus oldhami* Maxim.	Fukien Elaeagnus, Oldham Elaeagnus	果可食或作砧木	台湾、福建、广东；生长于海拔 500 m 以下的空旷地区
683	胡颓子科	白花胡颓子	*Elaeagnus pallidiflora* C. Y. Chang	White-flowered Elaeagnus	果可食或作砧木	云南北部；生长于海拔 2 000～2 200 m 的地区
684	胡颓子科	胡颓子	*Elaeagnus pungens* Thunb.	Thorny Elaeagnus	果可食或加工原料	江苏、浙江、福建、台湾、安徽、江西、广东、广西、湖北、湖南、贵州、四川；常生长于海拔 1 000 m 以下的向阳中或路旁。日本也有分布
685	胡颓子科	星毛胡颓子	*Elaeagnus stellipila* Rehd.	Stellate Elaeagnus	果可食或作砧木	江西、湖南、湖北、四川、云南、贵州；生长于海拔 500～1 200 m 的向阳丘陵地带、潮湿的溪边矮林或路旁、田边
686	胡颓子科	小胡颓子	*Elaeagnus schlechtendalii* Serv.	Small Elaeagnus	果可食或加工原料	广西（昭平、大港）。印度也有分布
687	胡颓子科	文山胡颓子	*Elaeagnus wenshanensis* C. Y. Chang	Wenshan Elaeagnus	果可食或作砧木	云南东南部、四川东南部；生长于海拔 1 600～2 000 m 的山区
688	胡颓子科	翅果油树	*Elaeagnus mollis* Diels	Wingfruit Elaeagnus	加工原料	陕西户县。山西南部
689	胡颓子科	牛奶子	*Elaeagnus umbellata* Thunb.	Autumn Elaeagnus	果可食或加工原料	华北、西南各省和陕西、甘肃、青海、宁夏、辽宁、湖北、朝鲜、中南半岛、印度、尼泊尔、不丹、阿富汗、意大利等均有分布
690	胡颓子科	肋果沙棘	*Hippophae neurocarpa* S. W. Lin et T. N. He	Neurose-fruited Sea-buckthorn	果可食或加工原料	西藏、青海、四川、甘肃；生长于海拔 3 400～4 300 m 的河谷、阶地、河漫滩，常形成灌木林，高海拔地区常作燃料
691	胡颓子科	中国沙棘	*Hippophae rhamnoides* L. subsp. *sinensis* Rousi		果可食或加工原料	河北、内蒙古、陕西、山西、甘肃、青海、四川西部；生长于海拔 800～3 600 m 温带地区向阳的山脊、谷地、干涸河床地或山坡，多砾石或质沙土壤或黄土上。我国黄土高原极为普遍

序号	科名	中文名称	拉丁学名	英文名称	主要用途	产地及分布区
692	胡颓子科	云南沙棘	*Hippophae rhamnoides* L. subsp. *yunnanensis* Rousi	Sarmentose Elaeagnus	果可食或加工原料	四川宝兴、康定以南和云南西北部、西藏拉萨以东地区。常见于海拔2 200～3 700 m 的干涸河谷沙地，石砾地或山坡密林中至高山草地
693	胡颓子科	攀缓胡颓子	*Elaeagnus sarmentosa* Rehd.	Sarmentose Elaeagnus	果可食或加工原料	云南、广西。生长于海拔1 100～1 500 m 的地区
694	胡颓子科	柳叶沙棘	*Hippophae salicifolia* D.Don	Willow-leaved Sea-buckthorn	果可食或加工原料	我国西藏南部（吉隆、错那）；生长于海拔2 800～3 500 m 的高山峡谷山坡疏林中或林缘。尼泊尔、锡金、不丹也有分布
695	胡颓子科	西藏沙棘	*Hippophae thibetana* Schlecht.	Tibet Sea-buckthorn	果可食或加工原料	甘肃、青海、西藏。生长于海拔3 300～5 200 m 的高原草地河滩漫滩及河岸边
696	胡颓子科	香港胡颓子	*Elaeagnus tutcheri* Dunn	Hongkong Elaeagnus	果可食或加工原料	广东、湖南南部。生长于海拔500 m 以下的向阳地区
697	桃金娘科	肖蒲桃	*Acmena acuminatissima*（Blume）Merr.	Sharp-leaved Acmena, Acuminate Acmena	果可食或加工原料	广东、广西等省区。生长于低海拔至中海拔林中。分布至中南半岛、印度、马来西亚、印度尼西亚、菲律宾等地
698	桃金娘科	水翁	*Cleistocalyx operculatus*（Roxb.）Merr. et Perry	Operculate Cleistocalyx, Lidded Cleistocalyx	果可食或加工原料	广东、广西及云南等省区。中南半岛、印度、马来西亚、印度尼西亚及大洋洲地也有分布。喜生水边
699	桃金娘科	桃金娘	*Rhodomyrtus tomentosus*（Ait.）Hassk.	Downy Rosemyrtle	果食用或供酿酒制酱	台湾、福建、广东、广西、云南、贵州及湖南最南部。生长于丘陵坡地，为酸性土壤指示植物。中南半岛、菲律宾、日本、印度、斯里兰卡、马来西亚印度尼西亚等地也有分布
700	桃金娘科	尖萼蒲桃	*Syzygium acutisepalum*（Hayata）Mori	Acute-sepaled Syzygium	果可食或酿酒	我国台湾的台北、台东及恒春等地
701	桃金娘科	赤楠蒲桃	*Syzygium buxifolium* Hook. & Arn.	Box-leaved Syzygium, Box-leaved Eugenia	果可食或酿酒	安徽、浙江、台湾、福建、江西、湖南、广东、广西、贵州等省区。生长于低山疏林或灌丛。越南及日本琉球群岛也有分布
702	桃金娘科	乌墨蒲桃	*Syzygium cuminii* Skeels	Duhat, Jambolan Jambolan-plum	果可食或酿酒	台湾、福建、广东、广西、云南等省区。常见于平地次生林及荒地上。中南半岛、印度、马来西亚、印度尼西亚等地也有分布，澳大利亚也有分布

序号	科名	中文名称	拉丁学名	英文名称	主要用途	产地及分布区
703	桃金娘科	卫矛叶蒲桃	Syzygium euonymifolia (Metc.) Merr. et Perry	Euonymus-leaved Syzygium	果可食或酿酒	海南、广东、广西
704	桃金娘科	海南蒲桃	Syzygium hainanense Chang et Miau	Hainan Syzygium	果可食或加工原料	海南昌江。见于低地森林中
705	桃金娘科	小花蒲桃（红鳞蒲桃）	Syzygium hancei (Hance) Merr. et Perry	Hance Syzygium	果可食或酿酒	福建、广东、广西等省区。常见于低海拔疏林中
706	桃金娘科	台湾蒲桃	Syzygium kusukusense (Hayata) Mori	Taiwan Eugenia	果可食或酿酒	我国台湾特有
707	桃金娘科	宽叶蒲桃	Syzygium latilimbum Merr. et Perry	Broad-leaved Syzygium	果可食或加工原料	广东、广西、云南的南部及西南部。见于湿润的低地林中。泰国及越南等地也有分布
708	桃金娘科	山蒲桃	Syzygium levinei (Merr.) Merr. et Perry	Levine Syzygium	果可食或酿酒	广东、广西等省区。常见于低海拔疏林中。越南也有分布
709	野牡丹科	地稔	Melastoma dodecandrum Lour.	Twelve-stamened Melastoma	果可食或酿酒	贵州、湖南、广西、广东（海南未发现）、江西、浙江、福建。生长于海拔1 250 m以下的山坡矮丛中，为酸性土常见指示植物。越南也有分布
710	野牡丹科	多花野牡丹	Melastoma polyanthum Bl.	Multiflorous Melastoma	果实食用	云南、贵州、广西至台湾以南等地。生长于海拔300～1 830 m的山坡、山谷林下或疏林下，湿润或干燥的地方，或刺竹林下灌丛中、路边、沟边。中南半岛至澳大利亚，菲律宾以南等地也有分布
711	野牡丹科	展毛野牡丹	Melastoma normale D. Don	Patent-haired Melastoma	果实食用	西藏、四川、福建至台湾以南各省区。生长于海拔150～2 800 m的开朗山坡灌丛中或疏林下，为酸性土常见植物。尼泊尔、印度、缅甸、马来西亚及菲律宾等地也有分布
712	野牡丹科	蓝果谷木	Memecylon cyanocarpum C. Y. Wu	Blue-fruited Memecylon	果实食用	云南、西藏。生长于海拔950～1 060 m的密林中阴湿处
713	山茱萸科	山茱萸	Cornus officinalis Sieb. et Zucc.	Medicinal Cornel	果可食或入药	山东、陕西、甘肃、山东、江苏、浙江、安徽、江西、河南、湖北等省。生长于海拔400～1 500 m，稀达2 100 m的林缘或森林中。在四川有引种栽培。朝鲜，日本也有分布

序号	科名	中文名称	拉丁学名	英文名称	主要用途	产地及分布区
714	山茱萸科	鸡嗉子(头状四照花)	*Dendrobenthamia capitata* (Wall.) Hutch.	Evergreen Dogwood	果实食用	浙江南部、湖北西部及广西、四川、贵州、云南、西藏等省区。生长于海拔1 300~3 150 m的混交林下。印度、尼泊尔及巴基斯坦也有分布
715	山茱萸科	大鸡嗉子(大型四照花)	*Dendrobenthamia gigantea* (Hand.-Mazz.) Fang	Gigantic Dendrobenthamia	果实食用	湖南、四川、贵州、云南等省。生长于海拔750~1 700 m的常绿阔叶林下或灌丛中
716	山茱萸科	毛梾	*Swida walteri* (Wanger.) Sojak	Walter Dogwood	种子榨油	辽宁、河北、山西南部南部以及华东、华中、华南、西南各省区。生长于海拔300~1 800 m,稀达2 600~3 300 m的杂木林或密林下
717	杜鹃花科	黑北极果	*Arctous alpinus* (L.) Nied.var.*japonica* (Nakai) Ohwi		果可食或酿酒	东北大兴安岭。生长于高山冻原及高山灌丛中。日本、俄罗斯远东地区也有分布
718	杜鹃花科	天栌	*Arctous ruber* (Rehd. et Wils.) Nakai	Red-fruited Ptermigan-berry	果可食或酿酒	吉林、内蒙古、宁夏(贺兰山)、甘肃、四川北部。据记录,在甘肃、四川西部生长于海拔2 900~3 800 m的高山山坡上。朝鲜北部也有分布
719	杜鹃花科	小果红莓苔子	*Vaccinium microcarpum* (Turcz. ex Rupr.) Schmalh.	Small-fruited Blueberry	果可食	大兴安岭、吉林长白山。生长于落叶松林下苔藓植物生长的水湿台地,植株下部埋在苔藓中,仅上部露出。亚洲北部延至乌克兰(西北)、前苏联(东部至北极地区)、欧洲北部至苏格兰、格陵兰至阿尔卑斯山、北美洲北部的阿拉斯加也有分布
720	杜鹃花科	红莓苔子	*Vaccinium oxycoccus* L. [*Oxycoccus oxycoccus* MacMill.]	Oxycoccus Blueberry, Cranberry, Small Cranberry	果可食	吉林长白山。生长于苔藓植物的水湿台地,植株下部埋在苔藓中,仅上部露出。亚洲分布在俄罗斯(东南)、日本(北部)、欧洲分布北部、中部、法国(中南)、意大利(北部)、北美洲北罗来纳州、纽芬兰、格陵兰至阿加斯加,是一个布北半球亚寒带、寒带的种,生长于寒冷沼泽地
721	杜鹃花科	乌饭树	*Vaccinium bracteatum* Thunb.	Oriental Blueberry, Sweet-fruited Blueberry	果可食	台湾、华东、华中、华南至西南。生长于丘陵地带或海拔400~1 400 m的山地,常见于山坡林肉或灌丛中。朝鲜、日本南部南至中南半岛诸国、马来半岛、印度尼西亚也有分布

序号	科名	中文名称	拉丁学名	英文名称	主要用途	产地及分布区
722	杜鹃花科	泡泡叶越橘	*Vaccinium bullatum*（Dop）Sleumer	Bullate-leaved Blueberry	果可食或作砧木	广西西部（靖西）。生长于石山山林内。越南也有分布
723	杜鹃花科	团叶越橘	*Vaccinium chaetothrix* Sleumer	Round-leaved Blueberry	果可食或作砧木	云南（贡山）、西藏（墨脱）。生长于海拔2 500～3 200 m的阔叶林内、铁杉或冷杉林内，附生长于树干上。缅甸北部、印度（阿萨姆）也有分布
724	杜鹃花科	矮越橘	*Vaccinium chamaebuxus* C. Y. Wu	Dwarf Blueberry	果可食或作砧木	云南（景东）。生长于海拔2 500～3 100 m的干燥山坡灌丛中或山顶杜鹃林内
725	杜鹃花科	四川越橘	*Vaccinium chengae* Fang	Cheng Blueberry	果可食或作砧木	四川峨眉。生长于灌丛中，海拔1 200 m
726	杜鹃花科	贝叶越橘	*Vaccinium conchophyllum* Rehd.	Shell-leaved Blueberry	果可食或作砧木	四川（南川、洪雅）。生长于林中岩石上或树干上。海拔1 320～2 750 m
727	杜鹃花科	苍山越橘	*Vaccinium delavayi*（Hayata）R. C. Fang	Delavay Blueberry	果可食或作砧木	四川西部、云南、西藏东南。生长于阔叶林内、干燥林地、铁杉一杜鹃林或杜鹃灌丛中，有时附生长于岩石上或树干上，海拔2 400～3 200（3 800）m。缅甸东北部也有分布
728	杜鹃花科	树生越橘	*Vaccinium dendrocharis* Hand.-Mazz.	Epiphyte Blueberry	果可食或作砧木	云南西部至西南部、西藏东南部。生长于常绿阔叶林、杜鹃苔藓林、冷杉林，稀生长于杜鹃灌丛或岩石上或树干上，海拔2 300～3 500（3 800）m。缅甸东北部也有分布
729	杜鹃花科	樟叶越橘	*Vaccinium dunalianum* Wight	Himalaya Blueberry	果可食或作砧木	四川、贵州、云南、西藏。生长于山坡灌丛、阔叶林下或石灰岩山坡灌丛、杜鹃林，海拔700～3 100 m。锡金、不丹、印度东北部至越南也有分布
730	杜鹃花科	长穗越橘	*Vaccinium dunnianum* Sleumer	Long-spiked Blueberry	果可食或作砧木	云南东南部。生长于海拔1 100～1 800 m的山谷常绿阔叶林内或石灰岩疏林、灌木林，有时附生长于树干上
731	杜鹃花科	凹顶越橘	*Vaccinium emarginatum* Hayata	Emarginate Blueberry	果可食或作砧木	台湾。生长于高山湿润阔叶林内，海拔1 160～3 500 m
732	杜鹃花科	乌鸦果	*Vaccinium fragile* Franch.	Fragile Blueberry, Szechwan Blueberry	果可食或作砧木	四川、贵州、西藏（察隅）及云南大部分地区。生长于海拔1 100～3 400 m的松林、山坡灌丛或草坡

序号	科名	中文名称	拉丁学名	英文名称	主要用途	产地及分布区
733	杜鹃花科	软骨边越橘	*Vaccinium gaultherifolium* (Grill.) Hook. F.	Thin-leathered Blueberry	果可食或作砧木	云南（贡山）及西藏东南部。生长于常绿阔叶林内或林缘，偶有附生长于树上，海拔 1 250～1 900 m。尼泊尔、锡金、不丹、印度（东北部）、缅甸（东北部）也有分布
734	杜鹃花科	无梗越橘	*Vaccinium henryi* Hemsl.	Henry Blueberry	果可食或作砧木	陕西、甘肃、安徽、浙江、江西、福建、湖北、湖南、四川、贵州等。生长于山坡灌丛，海拔 750～1 600（2 100）m
735	杜鹃花科	有梗越橘	*Vaccinium henryi* Hemsl. var. *chingii* (Sleumer) C.Y.Wu et R.C.Fang		果可食或作砧木	安徽、浙江、江西、福建。生长于杂木林下
736	杜鹃花科	黄背越橘	*Vaccinium iteophyllum* Hance	Willow-leaved Blueberry	果可食或作砧木	江苏、安徽、浙江、江西、福建、湖北、湖南、广东、广西、四川、贵州、云南、西藏。生长于海拔 400～1 440（2 400）m 的山地灌丛中，或山坡疏密林内
737	杜鹃花科	深红越橘（扁枝越橘）	*Vaccinium japonicum* Miq.var. *sinicum* (Nakai) Rehd	Japanese Blueberry	果可食或酿酒	产于长江以南各省区：安徽、浙江、江西、福建、湖南、广西、四川、贵州、云南东北部。生长于山坡灌丛中，海拔 1 000～1 600（1 900）m
738	杜鹃花科	台湾扁枝越橘	*Vaccinium japonicum* Miq. var. *lasiostemon*		果可食或酿酒	台湾海拔 2 300～2 600（3 000）m 的高山
739	杜鹃花科	纸叶越橘	*Vaccinium kingdon-wardii* Sleumer	Kingdon-ward Blueberry	果可食或作砧木	西藏（波密、墨脱）。生长于海拔 1 800～3 300 m 的常绿阔叶林中或松林下
740	杜鹃花科	长尾越橘（长尾乌饭）	*Vaccinium longicaudatum* Chun ex Fang et Z. H. Pan	Long-caudated Blueberry	果可食或作砧木	湖南、广东、广西。生长于海拔 750～1 780 m 的山地疏林中
741	杜鹃花科	台湾越橘	*Vaccinium delavayi* Franch.subsp. *merrillianum* Hayata		果可食或作砧木	台湾（阿里山、玉山、宜兰太平山）。海拔 2 000～3 730 m
742	杜鹃花科	大苞越橘	*Vaccinium modestum* W. W. Smith	Big-bracted Blueberry	果可食或作砧木	云南（贡山、德钦）、西藏（察隅、墨脱、波密）。生长于岩壁上、冷杉林间，高山灌丛草甸，海拔 2 500～4 300 m。缅甸（东北的阿萨姆）、印度（东北部）也有分布
743	杜鹃花科	宝兴越橘	*Vaccinium moupinense* Franch.	Paohsing Blueberry	果可食或作砧木	四川及云南东北部。附生长于栎树、铁杉树干上，海拔 900～2 400 m

序号	科名	中文名称	拉丁学名	英文名称	主要用途	产地及分布区
744	杜鹃花科	黑果越橘	Vaccinium myrtillus L.	Myrtle Whortleberry, Wineberry Whortleberry	食用、酿酒、育种材料	新疆。生长于海拔2 200～2 500 m的落叶松-云杉或红松-云杉混生的针叶林下，土壤潮湿，呈酸性，常见成片生长，欧洲大部分地区也有分布
745	杜鹃花科	抱石越橘	Vaccinium nummularia Hook. f. et Thoms. ex C. B. Clarke	Coin-shaped Blueberry	果可食或作砧木	生长于西藏东南部。生长于海拔2 900～3 500 m的林下岩石上或生长于小坡灌丛中。锡金、不丹、印度（东北部）也有分布
746	杜鹃花科	腺齿越橘	Vaccinium oldhami Miq.	Oldham Blueberry	果可食或作砧木	山东（崂山、昆嵛山）、江苏北部（未见到标本，仅据记载）。生长于山坡灌丛中。日本、朝鲜也有分布
747	杜鹃花科	峨眉越橘	Vaccinium omeiense Fang	Omei Mountain Blueberry	果可食或作砧木	广西东北部、四川（峨眉山）、云南西部、贵州北部。生长于海拔1 850～2 050 m的山坡林内或石上，优势附生长于壳斗科植物树干上
748	杜鹃花科	大叶越橘	Vaccinium petelotii Merr.	Big-leaved Blueberry	果可食或作砧木	云南东南部。生长于沟谷常绿阔叶林中，偶有附生长于林中树上，海拔1 100～1 700 m。越南北部也有分布
749	杜鹃花科	椭圆叶越橘	Vaccinium pseudorobustum Sleumer	Elliptic-leaved Blueberry	果可食或作砧木	广东、广西。生长于林中
750	杜鹃花科	耳叶越橘	Vaccinium pseudospadiceum Dop	Ear-leaved Blueberry	果可食或作砧木	云南（麻栗坡老君山）。生长于沟边阔叶林中。越南北部也有分布
751	杜鹃花科	毛萼越橘	Vaccinium pubicalyx Franch.	Hairy-calyxed Blueberry	果可食或作砧木	四川西南部、贵州（威宁、水城）、云南东北部。生长于海拔1 300～2 700 m左右的山坡灌丛、松林或杂木林中。缅甸也有分布
752	杜鹃花科	西藏越橘	Vaccinium retusum (Griff.) Hook. f. ex C. B. Clarke	Tibet Blueberry, Xizang Blueberry	果可食或作砧木	我国西藏东南部。附生长于海拔2 500 m左右。尼泊尔、锡金、不丹、印度东北部也有分布
753	杜鹃花科	荚迷叶越橘	Vaccinium sikkimense C. B. Clarke	Sikkim Blueberry	果可食或作砧木	四川西部、云南西至西北部、西藏东南部。生长于林下、林缘或高山灌丛中，海拔1 500～3 400 m。缅甸至锡金也有分布
754	杜鹃花科	广西越橘	Vaccinium sinicum Sleumer	Kwangsi Blueberry	果可食或作砧木	湖南、广东、广西。生长于林中，山谷石上或附生长于壳斗科植物上，海拔1 200～1 700 m

序号	科名	中文名称	拉丁学名	英文名称	主要用途	产地及分布区
755	杜鹃花科	梯脉越橘	*Vaccinium subdissitifolium* P. F. Stevens	Scalar-nerved Blueberry	果可食或酿酒	我国西藏（墨脱），附生长于树上。锡金、不丹、印度（阿萨姆）也有分布内。生长于海拔1 500～1 800 m 的常绿阔叶林
756	杜鹃花科	凸脉越橘	*Vaccinium supracostatum* Hand.-Mazz.	Covex-veined Blueberry	果可食或作砧木	广西（罗城，大苗山，三江），贵州（安龙，惠水）。生长于海拔400～1 700 m 的山坡密林或山地灌丛
757	杜鹃花科	刺毛越橘	*Vaccinium trichocladum* Merr. et Metc.	Spiny-haired Blueberry	果可食或作砧木	安徽、浙江、江西、福建、广东、广西、贵州，生长于山地林内，海拔480～700 m
758	杜鹃花科	笃斯越橘	*Vaccinium uliginosum* L.	Bog Blueberry, Moorberry, Bog Bilberry	果可食或酿酒	大兴安岭（黑龙江、内蒙古），吉林长白山。生长于山坡落叶松林下、林缘、高山草原、沼泽湿地，海拔900～2 300 m。亚洲分布于朝鲜、日本、前苏联、欧洲南北均有，北美洲分布于东北至西北；生长于针叶林、泥炭沼泽、亚高山苔原和牧场，也是石南灌丛的重要组成成分
759	杜鹃花科	红花越橘	*Vaccinium urceolatum* Hemsl.	Red-flowered Blueberry	果可食或作砧木	四川中、南部，云南东北部。通常生长于壳斗科植物为主的常绿阔叶林下或灌丛中，海拔750～2 000 m
760	杜鹃花科	轮生叶越橘	*Vaccinium venosum* Wight	Whorl-leaved Blueberry	果可食或作砧木	西藏（墨脱）。生长于海拔1 400 m 的江边岩石上
761	杜鹃花科	越橘	*Vaccinium vitis-idaea* L.	Cowberry, Lingberry	果可食或酿酒	黑龙江、吉林、内蒙古、新疆。常见于落叶松林下白桦林下，高山草原或水湿台地，陕西，海拔900～3 200 m。生长、环北极分布，自北欧、中欧、前苏联、北美至格陵兰，在亚洲分布于东北部的蒙古、朝鲜、日本、俄罗斯西伯利亚至远东部分
762	忍冬科	蓝果忍冬	*Lonicera caerulea* L.	Deep-blue Honeysuckle	饮料或酿酒	黑龙江、吉林、辽宁、四川北部及云南西北部、青海、四川北部、内蒙古、宁夏、甘肃南部。生长于落叶林下或林缘阴处灌丛中，海拔2 600～3 500 m。朝鲜、日本和俄罗斯远东地区也有分布
763	忍冬科	蓝靛果	*Lonicera caerulea* L. var. *edulis* Turcz et Herd		果可食或酿酒	吉林省长白山、黑龙江省大兴安岭东部山区以及内蒙古、华北、西北、四川等地

序号	科名	中文名称	拉丁学名	英文名称	主要用途	产地及分布区
764	忍冬科	北京忍冬	*Lonicera elisae* Franch.	Peking Honeysuckle	果可食或作砧木	河北、山西南部、陕西南部、甘肃东南部、安徽西南部（岳西、金寨）和浙江西北部（西天目山）、河南北部和西部、湖北南部及四川东部。生长于海拔500～1 600 m，海拔可达2 300 m
765	忍冬科	华西忍冬	*Lonicera elisae* Franch.	Webb Honeysuckle	果可食或作砧木	山西（五台山）、陕西南部、宁夏南部（隆德、泾源）、甘肃南部、青海东部、江西（贵溪）、四川东部、湖北东部和南部、云南西北部及西藏（东部和吉隆）。生长于针、阔叶混交林、山坡灌丛中或草坡上，海拔1 800～4 000 m。欧洲东南部、阿富汗、克什米尔至不丹也有分布
766	忍冬科	郁香忍冬	*Lonicera fragrantissima* Lindl. et Paxt.	Winter Honeysuckle	果可食或作砧木	河北南部、河南西南部（西峡）、湖北西部（兴山）、安徽南部、浙江东部（天台山）及江西北部（鞋山）。生长于山坡或灌丛中，海拔200～700 m。上海、杭州、庐山和武汉等有栽培
767	忍冬科	樱桃忍冬	*Lonicera fragrantissima* Lindl. et Paxt. subsp. *phyllocarpa* (Maxim.) Hsu et H.J.Wang		果可食或作砧木	河北中部、山西南部、陕西南部、安徽北部和南部及河南西北部（宜阳）。生长于山坡、山谷或河边，海拔480～2 000 m
768	忍冬科	刚毛忍冬	*Lonicera hispida* Pall. ex Roem. et Schult.	Hispid Honeysuckle	果可食或作砧木	河北西部、山西、陕西南部（泾源、隆德）、甘肃中部、青海东部、新疆北部、四川西部、云南西北部及西藏东南部和北部。生长于山坡林中、林缘灌丛中或高山草地上，海拔1 700～4 200 m，在川、藏一带可达4 800 m。蒙古、前苏联中亚地区至印度北部也有分布
769	忍冬科	甘肃忍冬	*Lonicera kansuensis* (Batal. ex Rehd.) Pojark.	Gansu Honeysuckle	果可食或作砧木	陕西（太白山）、甘肃南部和四川北部（松潘）。生长于山脊疏林中，海拔1 830～2 400 m
770	忍冬科	齿叶忍冬	*Lonicera setifera* Franch.	Setose Honeysuckle	果可食或作砧木	四川西部至西南部、云南西北部和西藏东南部。生长于云杉、冷杉、桦林或高山栎林中或林缘灌丛中，海拔2 300～3 800 m
771	山榄科	台湾胶木	*Palaquium formosanum* Hayata	Hayata Natotree, Formosan Natotree	果食用	台湾，生长于低海拔林中。菲律宾也有分布

序号	科名	中文名称	拉丁学名	英文名称	主要用途	产地及分布区
772	山榄科	桃榄	*Pouteria annamensis* (Pierre) Baehni	Annam Pouteria	果食用	海南、广西；生长于中海拔疏林或密林中，村边路旁偶见，越南北部也有分布
773	山榄科	狭叶山榄（海南山榄）	*Planchonella clemensii* (Lec.) van Royenyl	Clemens Wildolive	果食用	海南，越南也有分布。生长于溪边石缝中
774	山榄科	山榄（羔涂木）	*Planchonella obovata* (R. Br.) Pierre	Obvate Wildolive	果食用	海南、台湾；生长于低海拔丛林中。印度、中南半岛、日本的琉球群岛、菲律宾至澳大利亚北部也有分布
775	山榄科	五指山榄	*Sideroxylon rostratum* Merr.		果食用	海南
776	山榄科	神秘果	*Synsepalum dulcificum* (Sch.) Donjell		果食用	云南
777	紫金牛科	红凉伞	*Ardisia crenata* Sims var. *bicolor* C. Y. Wu et C. Chen.		果可食	西藏东南部至台湾、湖北至海南岛地区，海拔 90~2 400 m 的疏林、密林阴湿的灌木丛中。印度、缅甸经马来半岛、印度尼西亚至日本均有分布
778	紫金牛科	短梗酸藤子	*Embelia sessiliflora* Kurz	Sessil Embelia	果可食	贵州、云南，海拔 1 400~2 800 m 的林内、林缘及路旁灌木丛中，常见于新垦地或公路旁，阳光充足的地方。印度、缅甸至泰国均有分布
779	紫金牛科	大叶酸藤子	*Embelia subcoriacea* (C. B. Clarke) Mez	Subcoriaceous Embelia	果可食	贵州、云南、广西，海拔 1 400~2 300 m 的山谷、山坡林疏密林中。印度、越南、老挝、泰国、柬埔寨等也有分布
780	紫金牛科	密齿酸藤子	*Embelia vestita* Roxb.	Clothed Embelia	果可食	云南，海拔 200~1 700 m 的石灰岩山坡林下。尼泊尔、缅甸、印度也有分布
781	柿树科	刺柿	*Diospyros armata* Hemsl.	Spiny Persimmon	果可食	湖北宜昌、南沱一带，较少见，上海、杭州有栽培，供观赏
782	柿树科	乌柿	*Diospyros cathayensis* Slewar	Chinese Persimmon	果可食	四川西部、湖北西部、云南东北部、贵州、湖南、安徽南部，生长于海拔 600~1 500 m 的河谷、山地或山谷林中
783	柿树科	五蒂柿	*Diospyros corallina* Chun et L. Chen	Coralline Persimmon	果可食或作柴木	海南（崖县）；生长于山谷常绿阔叶混交林中
784	柿树科	岩柿	*Diospyros dumetorum* W. W. Smith	Small-leaved Persimmon	果可食	云南、四川盆地（北部、西部、西南部）、贵州西南部，生长于海拔 700~2 700 m 的山地灌丛、混交林中，山谷中，河边或村边田畔或石灰岩山上

序号	科名	中文名称	拉丁学名	英文名称	主要用途	产地及分布区
785	柿树科	光叶柿	*Diospyros diversilimba* Merr. et Chun	Glabrous-leaved Persimmon	果可食或作砧木	广东西南部和海南；生长于山坡疏林中、河畔林中、路旁灌丛中
786	柿树科	象牙柿	*Diospyros ferrea* (Willd.) Bokh.	Iron Persimmon	果可食	台湾省南部的恒春半岛和兰屿；生长于海岸阔叶林中常绿林中，台北有栽培。印度、斯里兰卡、缅甸、马来西亚、印度尼西亚等地有分布
787	柿树科	浙江柿	*Diospyros glaucifolia* Metc.	Zhejiang Persimmon	果可食或作砧木	浙江、江苏、安徽、福建、江西等地；生长于山坡、山谷混交疏林中或密林中，或在山谷涧畔
788	柿树科	琼南柿	*Diospyros howii* Merr. et Chun.	How Persimmon	果可食或作砧木	海南；生长于阔叶混交林中或林谷中
789	柿树科	柿	*Diospyros kaki* L.f	Persimmon, Kaki, Kaki Persimmon, Japanese Persimmon	果可食	原产我国长江流域，现在东辽宁西部，长城一线经甘肃南部，折入四川、云南，在此线以南，各省、区多有栽培。朝鲜、日本、东南亚、大洋洲、非洲的阿尔及利亚、法国、俄罗斯、美国等有栽培
790	柿树科	野柿	*Diospyros kaki* var. *silvestris* Makino	Persimmon, Kaki, Kaki Persimmon, Japanese Persimmon	果可食，砧木	产于我国中部，云南、广东和广西北部，江西、福建等省区的山区；生长于山地自然林或次生林中，或在山坡灌丛中，垂直分布约达1 600 m
791	柿树科	君迁子	*Diospyros lotus* L.	Date-plum Persimmon, Date-plum	果可食，砧木	山东、辽宁、河南、河北、陕西、甘肃、安徽、江苏、湖南、湖北、贵州、四川、云南、西藏等省区；生长于海拔500~2 300 m的山地、山坡、山谷的灌丛中，或在山麓。亚洲西部、小亚细亚、欧洲南部也有分布，在地中海各国已经驯化
792	柿树科	海滨柿	*Diospyros maritima* Bl.	Coast Persimmon	果可食	台湾省北部；散生长于海岸灌木丛中；分布于东南亚、日本的琉球半岛、中南半岛、印度尼西亚、菲律宾、南至澳大利亚北部、东至波利尼西亚
793	柿树科	南海柿（圆萼柿）	*Diospyros metcalfii* Chun et L. Chen	Metcalf Persimmon	果可食或作砧木	海南（崖县）；生长于沼溪的混交林中密阴处

序号	科名	中文名称	拉丁学名	英文名称	主要用途	产地及分布区
794	柿树科	罗浮柿	*Diospyros morrisiana* Hance	Morris Persimmon	果可食	广东、广西、福建、台湾、浙江、江西、湖南南部、贵州东南部、云南东南部、西川盆地等地；生长于山坡、疏林或密林中，垂直分布可达海拔1 100～1 450 m；生长于海拔1 000 m左右的落叶林中或近溪畔水边。越南北部也有分布
795	柿树科	红柿	*Diospyros oldhami* Maxim.	Oldham Persimmon	果可食	台湾省的中部和东部；生长于海拔1 000 m左右的落叶林中
796	柿树科	油柿	*Diospyros oleifera* Cheng	Oily Persimmon	果可食	浙江中部以南、安徽、江西、福建、湖南、广东北部和广西；通常栽培在村中、果园、路边、河畔等温暖湿润肥沃
797	柿树科	老鸦柿	*Diospyros rhombifolia* Hemsl.	Rhombic-leaved Persimmon	果可食	浙江、江苏、安徽、江西、福建等地；生长于山坡灌丛或山谷沟畔林中
798	柿树科	毛柿	*Diospyros strigosa* Hemsl.	Bristly Persimmon	果可食	海南和雷州半岛；生长于疏林或密林或灌丛中
799	柿树科	川柿	*Diospyros sutchuensis*	Sichuan Persimmon	果可食	四川东部华蓥山
800	茄科	云南枸杞	*Lycium yunnanense* Kuang et A. M. Lu	Yunnan wolfberry	果可食	云南
801	茄科	柱筒枸杞	*Lycium cylindricum* Kuang et A. M. Lu	Cylindric wolfberry	果可食	新疆
802	茄科	黑果枸杞	*Lycium ruthenicum* Murr.	Blackfruit wolfberry	果可食	陕西北部、宁夏、甘肃、青海、新疆和西藏
803	茄科	枸杞	*Lycium chinense* Mill.	China wolfberry	果可食	东北、河北、山西、陕西、甘肃南部及西南、华中、华南和华东各省
804	茄科	中宁枸杞	*Lycium barbarum* L.	Barbary wolfberry, Matrimonyvine	果可食	河北北部、山西北部、内蒙古、陕西北部、甘肃、宁夏、青海及新疆
805	棕榈科	椰子	*Cocos nucifera* L.	Coconut, Coconut Tree, Coco Palm, Coco Nut Palm	食用或加工	主产于我国广东省南部诸岛及雷州半岛、海南、台湾及云南南部热带地区
806	芭蕉科	小果野蕉	*Musa acuminate* Colla	Small Wild Banana	食用或加工	产于云南东南部至西南部及广西西部；多长于阴湿的沟谷、沼泽、半沼泽及山坡地上；海拔1 200 m以下。印度北部、缅甸、泰国、越南经马来西亚至菲律宾也有分布
807	芭蕉科	野芭蕉	*Musa balbisiana* Colla	Wild Banana	食用或加工	云南热带地区

经过 3 年的努力，完成了 635 种国产主要野生果树的系统编目，包括植物名称（中文名称、拉丁学名、异名）、隶属科属、主要形态特征描述、用途分述、国内分布、保护现状、电子照片等。完成的《汉拉英中国主要野生果树名录》包含 807 种（变种），涵盖了国产野生果树种类的 95%左右。

参考文献

[1] 中国科学院中国植物志编辑委员会. 中国植物志（各卷册）[M]. 北京：科学出版社，1974-2000.
[2] 任宪威，张玉钧，等. 汉拉英中国木本植物名录[M]. 北京：中国林业出版社，2003.
[3] 中国科学院植物研究所. 新编拉汉英植物名称[M]. 北京：航空工业出版社，1996.

附录2 中国重点保护野生果树（建议名单）

序号	科名	中文名称	拉丁学名	保护级别
1	蔷薇科	樱桃李	*Prunus cerasifera* Ehrh.	1级
2	胡桃科	核桃（野生）	*Juglans regia* Maxim.	1级
3	无患子科	龙眼	*Dimocarpus longana* Lour.	1级
4	无患子科	野生荔枝	*Litchi chinensis* Sonn. var. *euspontanea* Hsue	1级
5	胡桃科	漾濞核桃（野生）	*Juglans sigillata* Dode	1级
6	蔷薇科	野杏	*Armeniaca vulgaris* Lam. var. *ansu*（Maxim.）Yü et Lu	1级
7	胡桃科	麻核桃	*Juglans hopeiensis* Hu	1级
8	蔷薇科	新疆野苹果	*Malus sieverssii*（Ldb.）Roem.	1级
9	芸香科	道县野橘	*Citrus daoxianensis* S. W. He et G. F. Liu	1级
10	芸香科	红河橙	*Citrus hongheensis* Y. L. D. L.	1级
11	芸香科	莽山野橘	*Citrus mangshanensis* S. W. He et G. F. Liu	1级
12	蔷薇科	光核桃	*Amygdalus mira*（Koehne）Yü et Lu	1级
13	杨梅科	杨梅	*Myrica rubra* Sieb. et Zucc.	1级
14	漆树科	林生杧果	*Mangifera sylvatica* Roxb.	1级
15	蔷薇科	枇杷	*Eriobotrya japonica*（Thunb.）Lindl.	1级
16	猕猴桃科	中华猕猴桃	*Actinidia chinensis* Planch.	1级
17	柿树科	野柿	*Diospyros kaki* var. *silvestris* Makino	1级
18	胡桃科	喙核桃	*Annamocarya sinensis*（Dode）Leroy	2级
19	桑科	滇波罗蜜	*Artocarpus lacucha*（Roxb.）Buch.-Ham. ex D. Don	2级
20	榛科	维西榛	*Corylus wangii* Hu	2级
21	猕猴桃科	簇花猕猴桃	*Actinidia fasciculoides* C. F. Liang	2级
22	猕猴桃科	条叶猕猴桃	*Actinidia fortunatii* Finet et Gagn	2级
23	猕猴桃科	纤小猕猴桃	*Actinidia gracilis* C. F. Liang	2级
24	猕猴桃科	粉叶猕猴桃	*Actinidia glauco-callosa* Wu	2级
25	猕猴桃科	蒙自猕猴桃	*Actinidia henryi* Dunn	2级
26	猕猴桃科	贡山猕猴桃	*Actinidia kungshanensis* Wu et Chen	2级
27	猕猴桃科	滑叶猕猴桃	*Actinidia laevissima* C. F. Liang	2级
28	猕猴桃科	倒卵叶猕猴桃	*Actinidia obovata* Chun ex C. F. Liang	2级
29	猕猴桃科	疏毛猕猴桃	*Actinidia pilosula*（Finet et Gagn.）Stapf.	2级
30	猕猴桃科	花楸猕猴桃	*Actinidia sorbifolia* C. F. Liang	2级
31	猕猴桃科	藨状猕猴桃	*Actinidia rubus* Lévl.	2级
32	猕猴桃科	糙叶猕猴桃	*Actinidia rudis* Dunn	2级
33	猕猴桃科	星毛猕猴桃	*Actinidia stellato-pilosa* C. Y. Chang	2级
34	杜鹃花科	矮越橘	*Vaccinium chamaebuxus* C. Y. Wu	2级
35	杜鹃花科	四川越橘	*Vaccinium chengae* Fang	2级
36	杜鹃花科	贝叶越橘	*Vaccinium conchophyllum* Rehd.	2级
37	杜鹃花科	长穗越橘	*Vaccinium dunnianum* Sleumer	2级

序号	科名	中文名称	拉丁学名	保护级别
38	杜鹃花科	凹顶越橘	*Vaccinium emarginatum* Hayata	2级
39	杜鹃花科	台湾扁枝越橘	*Vaccinium japonicum* Miq. var. *lasiostemon*	2级
40	杜鹃花科	纸叶越橘	*Vaccinium kingdon-wardii* Sleumer	2级
41	杜鹃花科	台湾越橘	*Vaccinium delavayi* Franch. subsp. *merrillianum* Hayata	2级
42	杜鹃花科	轮生叶越橘	*Vaccinium venosum* Wight	2级
43	柿树科	川柿	*Diospyros sutchuensis*	2级
44	胡桃科	贵州山核桃	*Carya kweichouensis* Kuang et A. M. Lu	2级
45	榛科	台湾榛	*Corylus formosa* Hayata	2级
46	桑科	短绢毛桂木	*Artocarpus petelotii* Gagnep.	2级
47	桑科	荔波桑	*Morus liboensis* S. S. Chang	2级
48	桑科	奶桑	*Morus macroura* Miq.	2级
49	桑科	云南桑	*Morus mongolica* var. *yunnanensis*（Koidz.） C. Y. Wu et Cao	2级
50	桑科	川桑	*Morus notabilis* Schneid.	2级
51	桑科	长穗桑	*Morus wittiorum* Hand.-Mazz.	2级
52	木兰科	冷饭藤	*Kadsura oblongifolia* merr.	2级
53	木兰科	阿里山五味子	*Schisandra arisanensis* Hayata Ic.	2级
54	木兰科	兴山五味子	*Schisandra incarnata*	2级
55	蔷薇科	甘肃桃	*Amygdalus gansuensis*（Rehd.） Kov. et Kost.	2级
56	蔷薇科	钝核甘肃桃	*Amygdalus gansuensis*（Rehd.） Kov. et Kost. var. *obtusinucleata* Y.F.Qu， X.L.Chen et Y.S.Lia	2级
57	蔷薇科	西康扁桃	*Amygdalus tangutica* Korsh.	2级
58	蔷薇科	洪平杏	*Armeniaca hongpingensis* Yü et Li	2级
59	蔷薇科	背毛杏	*Armeniaca hypotrichodes*（Gard.） C. L. Li et S. Y. Jian	2级
60	蔷薇科	长梗梅	*Armeniaca mume* Sieb. var. *cernua*（Franch.）Yü et Lu	2级
61	蔷薇科	仙居杏	*Armeniaca xianjuxing* J. Y. Zhang et X. Z.Wu	2级
62	蔷薇科	政和杏	*Armeniaca zhenghensis* J. Y. Zhang et M. N. Lu	2级
63	蔷薇科	河北梨	*Pyrus hopeiensis* Yu	2级
64	芸香科	山橘	*Fortunella hindsii* Swingle	2级
65	芸香科	金豆	*Fortunella venosa*（Champ. ex Benth.） Huang	2级
66	无患子科	滇龙眼	*Dimocarpus yunnanensis*（Wang） Wu et Ming	2级
67	猕猴桃科	城口猕猴桃	*Actinidia chengkouensis* C. Y. Chang	2级
68	猕猴桃科	肉叶猕猴桃	*Actinidia carnesifolia* C.Y.Wu	2级
69	猕猴桃科	圆果猕猴桃	*Actinidia globosa* C. F. Liang	2级
70	猕猴桃科	黄毛猕猴桃	*Actinidia fulvicoma* Hance	2级
71	猕猴桃科	长叶猕猴桃	*Actinidia hemsleyana* Dunn	2级
72	猕猴桃科	全毛猕猴桃	*Actinidia holotricha* Finet et Gagnep.	2级
73	猕猴桃科	薄叶猕猴桃	*Actinidia leptophylla* Wu	2级
74	猕猴桃科	两广猕猴桃	*Actinidia liangguangensis* C. F. Liang	2级
75	猕猴桃科	海棠猕猴桃	*Actinidia maloides* Li	2级
76	猕猴桃科	红毛猕猴桃	*Actinidia rufotricha* Wu	2级

序号	科名	中文名称	拉丁学名	保护级别
77	猕猴桃科	栓叶猕猴桃	Actinidia suberifolia Wu	2级
78	猕猴桃科	毛蕊猕猴桃	Actinidia trichogyma Fr.	2级
79	猕猴桃科	显脉猕猴桃	Actinidia venosa Rehd.	2级
80	猕猴桃科	葡萄叶猕猴桃	Actinidia vitifolia Wu	2级
81	杜鹃花科	长尾越橘（长尾乌饭）	Vaccinium longicaudatum Chun ex Fang et Z. H. Pan	2级
82	杜鹃花科	宝兴越橘	Vaccinium moupinense Franch.	2级
83	杜鹃花科	椭圆叶越橘	Vaccinium pseudorobustum Sleumer	2级
84	杜鹃花科	广西越橘	Vaccinium sinicum Sleumer	2级
85	杜鹃花科	凸脉越橘	Vaccinium supracostatum Hand.-Mazz.	2级
86	杜鹃花科	红花越橘	Vaccinium urceolatum Hemsl.	2级
87	柿树科	刺柿	Diospyros armata Hemsl.	2级
88	柿树科	五蒂柿	Diospyros corallina Chun et L. Chen	2级
89	柿树科	琼南柿	Diospyros howii Merr. et Chun.	2级
90	柿树科	南海（圆萼）柿	Diospyros metcalfii Chun et L. Chen	2级
91	柿树科	红柿	Diospyros oldhami Maxim.	2级
92	柿树科	油柿	Diospyros oleifera Cheng	2级
93	柿树科	毛柿	Diospyros strigosa Hemsl.	2级
94	芭蕉科	野芭蕉	Musa balbisiana Colla	2级
95	蔷薇科	山楂海棠	Malus komarovii（Sarg.） Rehd.	2级
96	杨梅科	青杨梅	Myrica adenophora Hance	2级
97	松科	红松	Pinus koraiensis Sieb. et Zucc.	2级
98	胡桃科	胡桃楸	Juglans mandshurica Maxim.	2级
99	桑科	白（红）桂木	Artocarpus hypargyrea Hance	2级
100	杨梅科	毛杨梅	Myrica esculenta Buch.-HaMyrica	2级
101	杨梅科	矮杨梅	Myrica nana Cheval.	2级
102	胡桃科	山核桃	Carya cathyensis Sarg.	2级
103	胡桃科	湖南山核桃	Carya hunanensis Cheng et R.H.Chang	2级
104	胡桃科	越南山核桃	Carya tonkinensis Lecome	2级
105	榛科	华榛	Corylus chinensis Franchet.	2级
106	榛科	钟苞榛	Corylus chinensis Franchet. var. brevilimba Hu ex T. Hong et J. W. Li	2级
107	榛科	滇榛	Corylus yunnanensis（Fr.） A. Camus	2级
108	桑科	桂木	Artocarpus nitidus subsp. lingnanensis（Merr.） Jarr.	2级
109	蔷薇科	藏杏	Armeniaca holosericea（Batal.） Kost.	2级
110	蔷薇科	东北杏	Armeniaca mandshurica（Maxim.） Skvortz.	2级
111	蔷薇科	光叶东北杏	Armeniaca mandshurica（Maxim.） Skvortz. var. glabra（Nakai）Yü et Lu	2级
112	蔷薇科	厚叶梅	Armeniaca mume Sieb. var. pallescens（Franch.）Yüet Lu	2级
113	蔷薇科	长腺樱桃	Cerasus claviculata Yü et Li	2级
114	蔷薇科	毛梗李	Prunus simonii Carr.var.pubipes（Koehne）Bailey	2级

序号	科名	中文名称	拉丁学名	保护级别
115	蔷薇科	乌苏里李	*Prunus ussuriensis* Kov. et Kost.	2级
116	芸香科	宜昌橙	*Citrus ichangensis* Swingle	2级
117	芸香科	长叶金柑	*Fortunella hainanensis* Huang	2级
118	芸香科	金柑	*Fortunella japonica*（Thunb.） Swingle	2级
119	猕猴桃科	小叶猕猴桃	*Actinidia lanceolata* Dunn	2级
120	猕猴桃科	美丽猕猴桃	*Actinidia melliana* Hand.-Mazz.	2级
121	猕猴桃科	红茎猕猴桃	*Actinidia rubicaulis* Dunn	2级
122	猕猴桃科	钱叶猕猴桃	*Actinidia sabiaefolia* Dunn	2级
123	猕猴桃科	四萼猕猴桃	*Actinidia tetramera* Maxim.	2级
124	猕猴桃科	对萼猕猴桃	*Actinidia valvata* Dunn	2级
125	胡颓子科	云南沙棘	*Hippophae rhamnoides* L. subsp. *yunnanensis* Rousi	2级
126	胡颓子科	西藏沙棘	*Hippophae thibetana* Schlecht.	2级
127	杜鹃花科	乌鸦果	*Vaccinium fragile* Franch.	2级
128	杜鹃花科	有梗越橘	*Vaccinium henryi* Hemsl. var. *chingii*（Sleumer） C.Y.Wu et R.C.Fang	2级
129	杜鹃花科	峨眉越橘	*Vaccinium omeiense* Fang	2级
130	忍冬科	蓝靛果	*Lonicera caerulea* L. var. *edulis* Turcz et Herd	2级
131	柿树科	岩柿	*Diospyros dumetorum* W. W. Smith	2级
132	柿树科	光叶柿	*Diospyros diversilimba* Merr. et Chun	2级
133	芭蕉科	小果野蕉	*Musa acuminate* Colla	2级
134	杜鹃花科	泡泡叶越橘	*Vaccinium bullatum*（Dop） Sleumer	2级
135	杜鹃花科	抱石越橘	*Vaccinium nummularia* Hook. f. et Thoms. ex C. B. Clarke	2级
136	杜鹃花科	大叶越橘	*Vaccinium petelotii* Merr.	2级
137	杜鹃花科	耳叶越橘	*Vaccinium pseudospadiceum* Dop	2级
138	杜鹃花科	西藏越橘	*Vaccinium retusum*（Griff.） Hook. f. ex C. B. Clarke	2级
139	杜鹃花科	梯脉越橘	*Vaccinium subdissitifolium* P. F. Stevens	2级
140	蔷薇科	山杏	*Armeniaca sibirica*（Maxim.） Kost.	2级
141	胡桃科	华东野核桃	*Juglans cathayensis* Dode var. *formosana*（Hayata）A.M.Lu et R.H.Chang	2级
142	榛科	披针叶榛	*Corylus fargesii* Schneid.	2级
143	桑科	二色菠萝蜜	*Artocarpus styracifolia* Pierre	2级
144	桑科	胭脂（鸡脖子）	*Artocarpus tonkinensis* A.Chev. ex Gagnep.	2级
145	蔷薇科	毛杏	*Armeniaca sibirica*（Maxim.） Kost. var. *pubescens* Kost.	2级
146	蔷薇科	锥腺樱桃	*Cerasus conadenia*（Koehne） Yü et Li	2级
147	猕猴桃科	软枣猕猴桃	*Actinidia arguta*（Sieb. & Zucc.） Planch.	2级
148	猕猴桃科	毛花猕猴桃	*Actinidia eriantha* Benth.	2级
149	猕猴桃科	黑蕊猕猴桃	*Actinidia melanandra* Franch.	2级
150	胡颓子科	肋果沙棘	*Hippophae neurocarpa* S.W.Lin et T.N.He	2级
151	杜鹃花科	无梗越橘	*Vaccinium henryi* Hemsl.	2级
152	杜鹃花科	刺毛越橘	*Vaccinium trichocladum* Merr. et Metc.	2级
153	柿树科	乌柿	*Diospyros cathayensis* Slewar	2级

序号	科名	中文名称	拉丁学名	保护级别
154	柿树科	浙江柿	*Diospyros glaucifolia* Metc.	2级
155	柿树科	老鸦柿	*Diospyros rhombifolia* Hemsl.	2级
156	桑科	黄果菠萝蜜	*Artocarpus xanthocarpus* Merr.	2级
157	蔷薇科	蒙古扁桃	*Amygdalus mongolica*（Maxim.） Yü	2级
158	芸香科	云南山小橘	*Glycosmis lucida* Wall. ex Narayan.	2级
159	漆树科	长梗杧果	*Mangifera longipes* Griff.	2级
160	猕猴桃科	硬齿猕猴桃	*Actinidia callosa* Lindl.	2级
161	猕猴桃科	中越猕猴桃	*Actinidia indo-chinensis* Merr.	2级
162	胡颓子科	柳叶沙棘	*Hippophae salicifolia* D.Don	2级
163	杜鹃花科	团叶越橘	*Vaccinium chaetothrix* Sleumer	2级
164	杜鹃花科	苍山越橘	*Vaccinium delavayi*（Hayata） R. C. Fang	2级
165	杜鹃花科	树生越橘	*Vaccinium dendrocharis* Hand.-Mazz.	2级
166	杜鹃花科	软骨边越橘	*Vaccinium gaultherifolium*（Griff.） Hook. f.	2级
167	杜鹃花科	大苞越橘	*Vaccinium modestum* W. W. Smith	2级
168	杜鹃花科	腺齿越橘	*Vaccinium oldhami* Miq.	2级
169	杜鹃花科	毛萼越橘	*Vaccinium pubicalyx* Franch.	2级
170	杜鹃花科	荚迷叶越橘	*Vaccinium sikkimense* C. B. Clarke	2级
171	柿树科	象牙柿	*Diospyros ferrea*（Willd.） Bokh.	2级
172	蔷薇科	丽江山荆子	*Malus rockii* Rehd.	2级
173	棕榈科	椰子	*Cocos nucifera* L.	2级
174	蔷薇科	白梨	*Pyrus bretschneideri* Rehd.	2级
175	胡桃科	野核桃	*Juglans cathayensis* Dode	2级
176	榛科	川榛	*Corylus hteterophylla* Fisch. ex Trautv. var. *sutchuensis* Franch.	2级
177	壳斗科	锥栗	*Castanea henryi* Rehd. et Wils.	2级
178	壳斗科	茅栗	*Castanea seguinii* Dode	2级
179	木兰科	黑老虎	*Kadsura coccinea*（Lem.） A. C. Smith	2级
180	木兰科	南五味子	*Kadsura japonica*（L.） Dinal.	2级
181	蔷薇科	山桃	*Amygdalus davidiana*（Carr.） Yu	2级
182	蔷薇科	杏	*Armeniaca vulgaris* Lam.	2级
183	芸香科	酸橙	*Citrus aurantium* L.	2级
184	芸香科	代代花	*Citrus aurantium* var. *amara*.Engl.	2级
185	芸香科	香橙	*Citrus junos* Sieb. ex Tan.	2级
186	芸香科	香圆	*Citrus limonia* var. *meyerslemon* Wong	2级
187	芸香科	佛手柑	*Citrus medica* L. var. *sarocdactylis* Swingle	2级
188	猕猴桃科	阔叶猕猴桃	*Actinidia latifolia*（Gardn. et Champ.） Merr.	2级
189	胡颓子科	中国沙棘	*Hippophae rhamnoides* L. subsp. *sinensis* Rousi	2级
190	杜鹃花科	黄背越橘	*Vaccinium iteophyllum* Hance	2级
191	杜鹃花科	深红越橘（扁枝越橘）	*Vaccinium japonicum* Miq.var. *sinicum*（Nakai） Rehd	2级
192	榛科	刺榛	*Corylus ferox* Wall.	2级

序号	科名	中文名称	拉丁学名	保护级别
193	木兰科	合蕊五味子	Schisandra propinqua（Wall.） Baill.	2级
194	蔷薇科	川梨	Pyrus pashia Buch.-Ham.	2级
195	芸香科	马蜂橙	Citrus hystrix A. DC.	2级
196	芸香科	黎檬	Citrus limonia Osbeck.	2级
197	芸香科	海南山小橘	Glycosmis hainanensis Huang	2级
198	猕猴桃科	狗枣猕猴桃	Actinidia kolomikta（Rupr. et Maxim.） Maxim.	2级
199	杜鹃花科	樟叶越橘	Vaccinium dunalianum Wight	2级
200	蔷薇科	矮扁桃	Amygdalus nana L.	2级
201	杜鹃花科	红莓苔子	Vaccinium oxycoccos L. [Oxycoccus oxycoccus MacMill.]	2级
202	杜鹃花科	黑果越橘	Vaccinium myrtillus L.	2级
203	山龙眼科	假山龙眼	Heliciopsis terminalis（Kurz） Sleum.	2级
204	木兰科	翼梗五味子	Schisandra henryi Clarke	2级
205	木兰科	华中五味子	Schisandra sphenanthera Rehd. et Wils.	2级
206	蔷薇科	李	Prunus salicina Lindl.	2级
207	蔷薇科	沙梨	Pyrus pyrifolia（Burm.） Nakai	2级
208	蔷薇科	金樱子	Rosa laevigata Michx.	2级
209	蔷薇科	刺梨	Rosa roxburghii Tratt.	2级
210	芸香科	香橼	Citrus medica L.	2级
211	大戟科	余甘子	Phyllanthus emblica L.	2级
212	蔷薇科	长柄扁桃	Amygdalus pedunculata Pall.	2级
213	杜鹃花科	小果红莓苔子	Vaccinium microcarpum（Turcz. ex Rupr.） Schmalh.	2级
214	杜鹃花科	笃斯越橘	Vaccinium uliginosum L.	2级
215	柿树科	海滨柿	Diospyros maritima Bl.	2级
216	蔷薇科	锡金海棠	Malus sikkimensis（Wenz.） Koehne	2级
217	芸香科	富民枳	Poncirus polyandra S. Q. Ding et al.	2级
218	胡颓子科	翅果油树	Elaeagnus mollis Diels	2级
219	茄科	云南枸杞	Lycium yunnanense Kuang et A. M. Lu	2级
220	茄科	柱筒枸杞	Lycium cylindricum Kuang et A. M. Lu	2级
221	桑科	华桑	Morus cathayana Hemsl.	2级
222	木兰科	北五味子	Schizandra chinensis Baill.	2级
223	杜鹃花科	乌饭树	Vaccinium bracteatum Thunb.	2级
224	柿树科	罗浮柿	Diospyros morrisiana Hance	2级
225	虎耳草科	黑果茶藨	Ribes nigrum L.	2级

评述：《中国重点保护野生果树（建议名单）》包括225种，其中，建议1级保护种17种，建议2级保护种208种。

附录3 中国野生果树濒危状况评价结果表

序号	科名	中文名称	拉丁学名	濒危状况
1	蔷薇科	樱桃李	*Prunus cerasifera* Ehrh.	濒危
2	胡桃科	核桃（野生）	*Juglans regia* Maxim.	濒危
3	胡桃科	麻核桃	*Juglans hopeiensis* Hu	濒危
4	蔷薇科	新疆野苹果	*Malus sieverssii*（Ldb.） Roem.	濒危
5	芸香科	道县野橘	*Citrus daoxianensis* S. W. He et G. F. Liu	濒危
6	芸香科	红河橙	*Citrus hongheensis* Y. L. D. L.	濒危
7	芸香科	莽山野橘	*Citrus mangshanensis* S. W. He et G. F. Liu	濒危
8	漆树科	林生杧果	*Mangifera sylvatica* Roxb.	濒危
9	桑科	滇波罗蜜	*Artocarpus lucucha*（Roxb） Buch.-Ham. ex D. Don [*Artocarpus lakoocha* Roxb.]	濒危
10	蔷薇科	山楂海棠	*Malus komarovii*（Sarg.） Rehd.	濒危
11	松科	毛枝五针松	*Pinus wangii* Hu et Cheng	濒危
12	榛科	维西榛	*Corylus wangii* Hu	易危
13	猕猴桃科	簇花猕猴桃	*Actinidia fasciculoides* C. F. Liang	易危
14	猕猴桃科	条叶猕猴桃	*Actinidia fortunatii* Finet et Gagn	易危
15	猕猴桃科	纤小猕猴桃	*Actinidia gracilis* C. F. Liang	易危
16	猕猴桃科	粉叶猕猴桃	*Actinidia glauco-callosa* Wu	易危
17	猕猴桃科	蒙自猕猴桃	*Actinidia henryi* Dunn	易危
18	猕猴桃科	贡山猕猴桃	*Actinidia kungshanensis* Wu et Chen	易危
19	猕猴桃科	滑叶猕猴桃	*Actinidia laevissima* C. F. Liang	易危
20	猕猴桃科	倒卵叶猕猴桃	*Actinidia obovata* Chun ex C. F. Liang	易危
21	猕猴桃科	疏毛（贡山）猕猴桃	*Actinidia pilosula*（Finet et Gagn.） Stapf.	易危
22	猕猴桃科	花楸猕猴桃	*Actinidia sorbifolia* C. F. Liang	易危
23	猕猴桃科	藨状（昭通）猕猴桃	*Actinidia rubus* Lévl.	易危
24	猕猴桃科	糙叶猕猴桃	*Actinidia rudis* Dunn	易危
25	猕猴桃科	星毛猕猴桃	*Actinidia stellato-pilosa* C. Y. Chang	易危
26	杜鹃花科	矮越橘	*Vaccinium chamaebuxus* C. Y. Wu	易危
27	杜鹃花科	四川越橘	*Vaccinium chengae* Fang	易危
28	杜鹃花科	贝叶越橘	*Vaccinium conchophyllum* Rehd.	易危
29	杜鹃花科	长穗越橘	*Vaccinium dunnianum* Sleumer	易危
30	杜鹃花科	凹顶越橘	*Vaccinium emarginatum* Hayata	易危
31	杜鹃花科	台湾扁枝越橘	*Vaccinium japonicum* Miq. var. *lasiostemon*	易危
32	杜鹃花科	纸叶越橘	*Vaccinium kingdon-wardii* Sleumer	易危
33	杜鹃花科	台湾越橘	*Vaccinium delavayi* Franch. subsp. *merrillianum* Hayata	易危
34	杜鹃花科	轮生叶越橘	*Vaccinium venosum* Wight	易危
35	柿树科	川柿	*Diospyros sutchuensis*	易危
36	松科	红松	*Pinus koraiensis* Sieb. et Zucc.	易危
37	杜鹃花科	泡泡叶越橘	*Vaccinium bullatum*（Dop） Sleumer	易危

序号	科名	中文名称	拉丁学名	濒危状况
38	杜鹃花科	抱石越橘	*Vaccinium nummularia* Hook. f. et Thoms. ex C. B. Clarke	易危
39	杜鹃花科	大叶越橘	*Vaccinium petelotii* Merr.	易危
40	杜鹃花科	耳叶越橘	*Vaccinium pseudospadiceum* Dop	易危
41	杜鹃花科	西藏越橘	*Vaccinium retusum*（Griff.） Hook. f. ex C. B. Clarke	易危
42	杜鹃花科	梯脉越橘	*Vaccinium subdissitifolium* P. F. Stevens	易危
43	蔷薇科	矮扁桃	*Amygdalus nana* L.	易危
44	杜鹃花科	红莓苔子	*Vaccinium oxycoccos* L. [*Oxycoccus oxycoccus* MacMill.]	易危
45	杜鹃花科	黑果越橘	*Vaccinium myrtillus* L.	易危
46	蔷薇科	锡金海棠	*Malus sikkimensis*（Wenz.） Koehne	易危
47	芸香科	富民枳	*Poncirus polyandra* S. Q. Ding et al.	易危
48	胡颓子科	翅果油树	*Elaeagnus mollis* Diels	易危
49	茄科	云南枸杞	*Lycium yunnanense* Kuang et A. M. Lu	易危
50	茄科	柱筒枸杞	*Lycium cylindricum* Kuang et A. M. Lu	易危
51	无患子科	龙眼	*Dimocarpus longana* Lour.	近危
52	无患子科	野生荔枝	*Litchi chinensis* Sonn. var. *euspontanea* Hsue	近危
53	胡桃科	漾濞核桃（泡核桃）	*Juglans sigillata* Dode	近危
54	蔷薇科	光核桃	*Amygdalus mira*（Koehne） Yü et Lu	近危
55	蔷薇科	枇杷	*Eriobotrya japonica*（Thunb.） Lindl.	近危
56	胡桃科	喙核桃	*Annamocarya sinensis*（Dode） Leroy	近危
57	胡桃科	贵州山核桃	*Carya kweichouensis* Kuang et A. M. Lu	近危
58	榛科	台湾榛	*Corylus formosa* Hayata	近危
59	桑科	短绢毛桂木	*Artocarpus petelotii* Gagnep.	近危
60	桑科	荔波桑	*Morus liboensis* S. S. Chang	近危
61	桑科	奶桑	*Morus macroura* Miq.	近危
62	桑科	云南桑	*Morus mongolica* var. *yunnanensis*（Koidz.） C. Y. Wu et Cao	近危
63	桑科	川桑	*Morus notabilis* Schneid.	近危
64	桑科	长穗桑（湘桂桑）	*Morus wittiorum* Hand.-Mazz.	近危
65	木兰科	冷饭藤	*Kadsura oblongifolia* Merr.	近危
66	木兰科	阿里山五味子（台湾五味子）	*Schisandra arisanensis* Hayata Ic.	近危
67	木兰科	兴山五味子	*Schisandra incarnata*	近危
68	蔷薇科	甘肃桃	*Amygdalus gansuensis*（Rehd.） Kov. et Kost.	近危
69	蔷薇科	钝核甘肃桃	*Amygdalus gansuensis*（Rehd.） Kov. et Kost. var. *obtusinucleata* Y.F.Qu, X.L.Chen et Y.S.Lia	近危
70	蔷薇科	西康扁桃	*Amygdalus tangutica* Korsh.	近危
71	蔷薇科	洪平杏	*Armeniaca hongpingensis* Yü et Li	近危
72	蔷薇科	背毛杏	*Armeniaca hypotrichodes*（Gard.） C. L. Li et S. Y. Jian	近危
73	蔷薇科	长梗梅	*Armeniaca mume* Sieb. var. *cernua*（Franch.） Yü et Lu	近危
74	蔷薇科	仙居杏	*Armeniaca xianjuxing* J. Y. Zhang et X. Z. Wu	近危
75	蔷薇科	政和杏	*Armeniaca zhenghensis* J. Y. Zhang et M. N. Lu	近危
76	蔷薇科	河北梨	*Pyrus hopeiensis* Yu	近危

序号	科名	中文名称	拉丁学名	濒危状况
77	芸香科	山橘	*Fortunella hindsii* Swingle	近危
78	芸香科	金豆	*Fortunella venosa*（Champ. ex Benth.） Huang	近危
79	无患子科	滇龙眼	*Dimocarpus yunnanensis*（Wang） Wu et Ming	近危
80	猕猴桃科	城口猕猴桃	*Actinidia chengkouensis* C. Y. Chang	近危
81	猕猴桃科	肉叶猕猴桃	*Actinidia carnesifolia* C.Y.Wu	近危
82	猕猴桃科	圆果猕猴桃	*Actinidia globosa* C. F. Liang	近危
83	猕猴桃科	黄毛猕猴桃	*Actinidia fulvicoma* Hance	近危
84	猕猴桃科	长叶猕猴桃	*Actinidia hemsleyana* Dunn	近危
85	猕猴桃科	全毛猕猴桃	*Actinidia holotricha* Finet et Gagnep.	近危
86	猕猴桃科	薄叶猕猴桃	*Actinidia leptophylla* Wu	近危
87	猕猴桃科	两广猕猴桃	*Actinidia liangguangensis* C. F. Liang	近危
88	猕猴桃科	海棠猕猴桃	*Actinidia maloides* Li	近危
89	猕猴桃科	红毛猕猴桃	*Actinidia rufotricha* Wu	近危
90	猕猴桃科	栓叶猕猴桃	*Actinidia suberifolia* Wu	近危
91	猕猴桃科	毛蕊猕猴桃	*Actinidia trichogyma* Fr.	近危
92	猕猴桃科	显脉猕猴桃	*Actinidia venosa* Rehd.	近危
93	猕猴桃科	葡萄叶猕猴桃	*Actinidia vitifolia* Wu	近危
94	杜鹃花科	长尾越橘（长尾乌饭）	*Vaccinium longicaudatum* Chun ex Fang et Z. H. Pan	近危
95	杜鹃花科	宝兴越橘	*Vaccinium moupinense* Franch.	近危
96	杜鹃花科	椭圆叶越橘	*Vaccinium pseudorobustum* Sleumer	近危
97	杜鹃花科	广西越橘	*Vaccinium sinicum* Sleumer	近危
98	杜鹃花科	凸脉越橘	*Vaccinium supracostatum* Hand.-Mazz.	近危
99	杜鹃花科	红花越橘	*Vaccinium urceolatum* Hemsl.	近危
100	柿树科	刺柿	*Diospyros armata* Hemsl.	近危
101	柿树科	五蒂柿	*Diospyros corallina* Chun et L. Chen	近危
102	柿树科	琼南柿	*Diospyros howii* Merr. et Chun	近危
103	柿树科	南海（圆萼）柿	*Diospyros metcalfii* Chun et L. Chen	近危
104	柿树科	红柿	*Diospyros oldhami* Maxim.	近危
105	柿树科	油柿	*Diospyros oleifera* Cheng	近危
106	柿树科	毛柿	*Diospyros strigosa* Hemsl.	近危
107	芭蕉科	野芭蕉	*Musa balbisiana* Colla	近危
108	胡桃科	胡桃楸	*Juglans mandshurica* Maxim.	近危
109	桑科	白桂木（红桂木）	*Artocarpus hypargyrea* Hance	近危
110	桑科	黄果菠萝蜜（云南波罗蜜）	*Artocarpus xanthocarpus* Merr.	近危
111	蔷薇科	蒙古扁桃	*Amygdalus mongolica*（Maxim.） Yü	近危
112	芸香科	云南山小橘（亮叶山小橘）	*Glycosmis lucida* Wall. ex Narayan.	近危
113	漆树科	长梗杧果	*Mangifera longipes* Griff.	近危
114	猕猴桃科	硬齿猕猴桃	*Actinidia callosa* Lindl.	近危
115	猕猴桃科	中越猕猴桃	*Actinidia indo-chinensis* Merr.	近危

序号	科名	中文名称	拉丁学名	濒危状况
116	胡颓子科	柳叶沙棘	*Hippophae salicifolia* D.Don	近危
117	杜鹃花科	团叶越橘	*Vaccinium chaetothrix* Sleumer	近危
118	杜鹃花科	苍山越橘	*Vaccinium delavayi*（Hayata） R. C. Fang	近危
119	杜鹃花科	树生越橘	*Vaccinium dendrocharis* Hand.-Mazz.	近危
120	杜鹃花科	软骨边越橘	*Vaccinium gaultherifolium*（Grill.）Hook. F.	近危
121	杜鹃花科	大苞越橘	*Vaccinium modestum* W. W. Smith	近危
122	杜鹃花科	腺齿越橘	*Vaccinium oldhami* Miq.	近危
123	杜鹃花科	毛萼越橘	*Vaccinium pubicalyx* Franch.	近危
124	杜鹃花科	荚迷叶越橘	*Vaccinium sikkimense* C. B. Clarke	近危
125	柿树科	象牙柿	*Diospyros ferrea*（Willd.） Bokh.	近危
126	蔷薇科	丽江山荆子	*Malus rockii* Rehd.	近危
127	山龙眼科	假山龙眼	*Heliciopsis terminalis*（Kurz） Sleum.	近危
128	蔷薇科	长柄扁桃	*Amygdalus pedunculata* Pall.	近危
129	杜鹃花科	小果红莓苔子	*Vaccinium microcarpum*（Turcz. ex Rupr.） Schmalh.	近危
130	杜鹃花科	笃斯越橘	*Vaccinium uliginosum* L.	近危
131	柿树科	海滨柿	*Diospyros maritima* Bl.	近危
132	蔷薇科	草原樱桃	*Cerasus fruticosa*（Pall.）Goeon.	近危
133	蔷薇科	散毛樱桃	*Cerasus patentipila* Yü et Li	近危
134	蔷薇科	中甸山楂	*Crataegus chungtienensis* W.W.Smith	近危
135	蔷薇科	滇西山楂	*Crataegus oresbia* W.W.Smith	近危
136	蔷薇科	裂叶山楂	*Crataegus remotilobata* H.Raik.	近危
137	蔷薇科	陕西山楂	*Crataegus shensiensis* Pojark.	近危
138	蔷薇科	麻栗坡枇杷	*Eriobotrya malipoensis* Kuan	近危
139	蔷薇科	腾越枇杷	*Eriobotrya tengyuehensis* W. W. Smith	近危
140	蔷薇科	台湾林檎	*Malus formosana* Kawak. et Koidz.	近危
141	蔷薇科	杏叶梨	*Pyrus armeniacaefolia* Yu	近危
142	蔷薇科	新疆梨	*Pyrus sinkiangensis* Yu	近危
143	蔷薇科	狭苞悬钩子	*Rubus angustibracteatus* Yü et Lu	近危
144	蔷薇科	滇北悬钩子	*Rubus bonatianus* Focke	近危
145	蔷薇科	丽水悬钩子	*Rubus lishuiensis* Yü et Lu	近危
146	蔷薇科	草果山悬钩子	*Rubus zhaogoshanensis* Yü et Lu	近危
147	蔷薇科	瓦屋悬钩子	*Rubus wawushanensis* Yü et Lu	近危
148	蔷薇科	长果悬钩子	*Rubus dolichocephalus* Hayata	近危
149	蔷薇科	台湾悬钩子	*Rubus formosensis* Ktze.	近危
150	蔷薇科	红果悬钩子	*Rubus erythrocarpus* Yü et Lu	近危
151	蔷薇科	峨嵋悬钩子	*Rubus faberi* Focke	近危
152	山龙眼科	山地山龙眼	*Helicia clivicola* W. W. Smith.	近危
153	山龙眼科	瑞丽山龙眼	*Helicia shweliensis* W. W. Smith	近危
154	山龙眼科	林地山龙眼	*Helicia silvicola* W. W. Smith	近危
155	藤黄科	山木瓜	*Garcinia esculenta* Y. H. Li	近危
156	藤黄科	广西藤黄	*Garcinia lanessanii* Pier.	近危

序号	科名	中文名称	拉丁学名	濒危状况
157	藤黄科	长裂藤黄	*Garcinia lancilimba* C. Y. Wu et Y. H. Li.	近危
158	藤黄科	红萼藤黄	*Garcinia rubrisepala* Y. H. Li	近危
159	藤黄科	版纳藤黄	*Garcinia xishuangbannaensis* Y. H. Li.	近危
160	胡颓子科	勐海胡颓子	*Elaeagnus conferta* Roxb. var. *menghaiensis*	近危
161	胡颓子科	长柄胡颓子	*Elaeagnus delavayi* Lecomte	近危
162	胡颓子科	台湾胡颓子	*Elaeagnus formosana* Nakai	近危
163	胡颓子科	潞西胡颓子	*Elaeagnus luxiensis* C.Y.Chang	近危
164	胡颓子科	阿里胡颓子	*Elaeagnus morrisonensis* Hayata	近危
165	胡颓子科	越南胡颓子	*Elaeagnus tonkinensis* Serv.	近危
166	胡颓子科	白花胡颓子	*Elaeagnus pallidiflora* C. Y. Chang	近危
167	桃金娘科	尖萼蒲桃	*Syzygium acutisepalum* (Hayata) Mori	近危
168	桃金娘科	海南蒲桃	*Syzygium hainanense* Chang et Miau	近危
169	桃金娘科	台湾蒲桃	*Syzygium kusukusense* (Hayata) Mori	近危
170	桑科	棒果榕	*Ficus subincisa* Buch.-Ham. ex J. E. Sm	近危
171	蔷薇科	怒江枇杷	*Eriobotrya salwinensis* Hand. -Mazz.	近危
172	藤黄科	云树	*Garcinia cowa* Roxb.	近危
173	胡颓子科	钟花胡颓子	*Elaeagnus griffithii* Serv.	近危
174	胡颓子科	小胡颓子	*Elaeagnus schlechtendalii* Serv.	近危
175	无患子科	海南韶子	*Nephelium topengii* (Merr.) H. S. Lo	近危
176	五桠果科	毛果锡叶藤	*Tetracera scandens* (L.) Merr.	近危
177	葫芦科	藏瓜	*Indofevillea khasiana* Chatterjee	近危
178	蔷薇科	阿尔泰山楂	*Crataegus altaica* (Loud.) Lange	近危
179	蔷薇科	准噶尔山楂	*Crataegus songarica* Crataegus Koch	近危
180	买麻藤科	垂子买麻藤	*Gnetum pendulum* C. Y. Cheng	近危
181	壳斗科	银叶栲	*Castanopsis argyrophylla* King ex Hook. f.	近危
182	小檗科	峨眉小檗	*Berberis aemulans* Schneid	近危
183	虎耳草科	蓝果茶藨	*Ribes coeleste* Jancz.	近危
184	虎耳草科	单花茶藨	*Ribes uniflorum* Ku	近危
185	虎耳草科	密花茶藨	*Ribes densiflorum* Liou	近危
186	虎耳草科	城口茶藨	*Ribes fargesii* Frant.	近危
187	虎耳草科	台湾茶藨	*Ribes formosanum* Hayata	近危
188	虎耳草科	睫毛茶藨	*Ribes henryi* Franch.	近危
189	虎耳草科	矮醋栗（黄果茶藨）	*Ribes humile* Jancz.	近危
190	虎耳草科	南川茶藨	*Ribes rosthornii* Jancz.	近危
191	虎耳草科	乌苏里茶藨	*Ribes ussuriense* Turcz.	近危
192	蔷薇科	球花栒子	*Cotoneaster glomerulatus* W. W. Smith	近危
193	蔷薇科	蒙自栒子	*Cotoneaster harrovianus* Woils	近危
194	蔷薇科	白毛栒子	*Cotoneaster wardii* W. W. Smith	近危
195	蔷薇科	网脉栒子	*Cotoneaster reticulatus* Rehd.	近危
196	蔷薇科	台湾栒子	*Cotoneaster morrisonensis* Hayata	近危
197	蔷薇科	中华草莓	*Fragaria chinensis* A. Los.	近危

序号	科名	中文名称	拉丁学名	濒危状况
198	蔷薇科	坚(尖)核桂樱	*Laurocerasus jenkinsii*(Hook. f.) Yü et Lu	近危
199	蔷薇科	台湾火棘	*pyracantha koidzumii*(Hayata) Rehd.	近危
200	蔷薇科	裂叶悬钩子	*Rubus howii* Merr. et Chun	近危
201	蔷薇科	黄泡子(宜昌悬钩子)	*Rubus ichangensis* Hemsl. et Ktze.	近危
202	蔷薇科	刺莓	*Rubus taiwanianus* Matsum.	近危
203	蔷薇科	荚蒾叶悬钩子	*Rubus viburnifolius* Focke	近危
204	蔷薇科	三色莓	*Rubus tricolor* Focke	近危
205	蔷薇科	草果山悬钩子	*Rubus zhaogoshanensis* Yü et Lu	近危
206	蔷薇科	麻叶花楸	*Sorbus esserteauiana* Koehne	近危
207	芸香科	毛叶黄皮	*Clausena vestita* D. D. Tao	近危
208	芸香科	香花黄皮	*Clausena odorata* Huang	近危
209	芸香科	小叶九里香	*Murraya microphylla*(Merr. et Chun) Swing.	近危
210	楝科	榔色木	*Lansium dubium* Merr.	近危
211	漆树科	云南山檨子	*Buchanania yunnanensis* C. Y. Wu	近危
212	无患子科	灰岩肖韶子	*Dimocarpus fumatus*(Bl.) Leenh.	近危
213	五桠果科	五桠果	*Dillenia indica* L.	近危
214	杜英科	金毛杜英	*Elaeocarpus auricomus* C. Y. Wu ex H. T. Chang	近危
215	杜英科	滇南杜英	*Elaeocarpus austro-yunnanensis* Hu	近危
216	杜英科	大果杜英	*Elaeocarpus fleuryi* A. Chev. ex Gagnep.	近危
217	葫芦科	翅子瓜	*Zanonia indica* L.	近危
218	山榄科	台湾胶木	*Palaquium formosanum* Hayata	近危
219	山榄科	五指山榄	*Sideroxylon rosteratum* Merr.	近危
220	山榄科	神秘果	*Synsepalum dulcificum*(Sch.) Donjell	近危
221	红豆杉科	云南榧树	*Torreya fargessi* var. *yunnanensis*	近危
222	红豆杉科	榧树	*Torreya grandis* Fort. ex Lindl.	近危
223	红豆杉科	长叶榧	*Torreya jackii* Chun	近危
224	松科	台湾果松	*Pinus armandii* var. *mastersiana*(Hayata) Hayata	近危
225	木通科	三叶野木瓜	*Stauntonia brunoiana* Wall.	近危
226	番荔枝科	金平藤春	*Alphonsea boniana* Finet et Gagnep.	近危
227	虎耳草科	四川茶藨	*Ribes ambiguum* Maxim.	近危
228	蔷薇科	小石积	*Osteomeles anthyllidifolia* Lindl.	近危
229	蔷薇科	圆叶小石积	*Osteomeles subrotunda* K.	近危
230	蔷薇科	西藏草莓	*Fragaria nubicola*(Hook. f.) Lindl.	近危
231	蔷薇科	澜沧火棘	*Pyracantha inermis* Vidal.	近危
232	芸香科	细叶(小叶)黄皮	*Clausena indica*(Dalz.) Oliv.	近危
233	橄榄科	小叶榄	*Canarium parvum* Leenh.	近危
234	橄榄科	滇榄	*Canarium strictum* Roxb.	近危
235	橄榄科	毛叶榄	*Canarium subulatum* Guill.	近危
236	橄榄科	越榄	*Canarium tonkinense* Engl.	近危
237	漆树科	山檨子	*Buchanania arborescens*(Bl.) Bl.	近危
238	猕猴桃科	长毛水东哥	*Saurauia macrotricha* Kurz ex Dyer	近危

序号	科名	中文名称	拉丁学名	濒危状况
239	大风子科	山刺子	*Flacourtia montana* F. Grah.	近危
240	山榄科	狭叶山榄（海南山榄）	*Planchonella clemensii*（Lec.） van Royenyl	近危
241	紫金牛科	密齿酸藤子	*Embelia vestita* Roxb.	近危
242	松科	西藏白皮松	*Pinus gerardiana* Wall.	近危
243	虎耳草科	阔叶茶藨	*Ribes latifolium* Jancz.	近危
244	虎耳草科	西伯利亚醋栗（五刺茶藨）	*Ribes aciculare* Smith	近危
245	虎耳草科	高茶藨	*Ribes altissimum* Turcz. ex Pojark.	近危
246	虎耳草科	麦粒（五裂）茶藨	*Ribes meyeri* Maxim.	近危
247	虎耳草科	石生茶藨	*Ribes saxatile* Pall.	近危
248	蔷薇科	尖刺蔷薇	*Rosa acucularis* Lindl.	近危
249	蔷薇科	疏花蔷薇	*Rosa laxa* Retz.	近危
250	杜鹃花科	黑北极果	*Arctous alpinus*（L.） Nied.var. *japonicu*（Nakai） Ohwi	近危
251	松科	偃松	*Pinus pumila* Regel	近危
252	松科	新疆五针松	*Pinus sibirica*（Loud.） Mayr	近危

评述：评价结果表明，国产807种野生果树中，濒危种11种，易危种39种，近危种202种，安全种555种。

结 语

3年时光已经悄然而过，但野生果树专题组的工作仿佛还在紧张进行！回想3年的工作，感慨万千：我们不会忘记调查组奔赴大兴安岭辛苦调查的日子，蚊虫叮咬的无数"红包"为我们留下美好的记忆！我们也会永远铭记专题组在西藏林芝调查的日日夜夜，雄险的雅鲁藏布江峡谷、云雾缭绕的色季拉山、风光旖旎的尼洋河、朴实无华的藏族同胞……都会打开我们记忆的闸门！海南岛、安徽大别山炎热的夏天，广东、广西潮湿的气候，云南、贵州崎岖的山路，内蒙古、新疆火热的太阳……都将成为我们记忆中的财富！

感谢环境保护部自然生态保护司领导对专题组工作的支持，特别感谢张文国处长、蔡蕾副处长、张丽荣博士等对北京林业大学野生果树专题组工作的指导！

感谢全国生物物种资源联合执法检查和调查专家组对专题组工作的支持，特别感谢薛达元首席专家、李顺高工对北京林业大学野生果树专题组工作的指导！

感谢西南林学院、华南师范大学、西藏大学农牧学院、贵州大学、新疆农业大学、西藏自治区林业局、新疆自治区环保局、西天山天然林保护局、内蒙古大兴安岭林业局、安徽安庆市、太湖县、潜山县、怀宁县林业局等单位对专题组调查工作的支持，特别感谢边巴多吉、刘灏先生和索朗旺堆处长、高继承局长、张岱松主任、吴金峰站长、于海成主任、韩长久秘书、韦勤所长等对北京林业大学野生果树专题组调查工作提供的帮助！

感谢尹五元教授、周云龙教授、刘忠华副教授、张钢民副教授、王丰俊副教授、杨文丽副教授、丛林副教授、郭丽荣实验师、王宪昌助研及各小组人员3年辛勤的工作！感谢北京林业大学曲留柱博士、王文江、蔺立杰、魏会琴、刘渠道、李进宇硕士和许诺学士等协助完成部分工作。

感谢本书中所列文献的作者，你们的研究为我们提供了丰富的营养，限于时间，一些文献我们可能忘记标注，但毫无疑问，您也是本书的贡献者！

感谢所有帮助过我们的同仁！

北京林业大学野生果树专题组
王建中
2014年6月